천문고고통론

天文考古通論

Archaeoastronomy

천문고고통론(天文考古通論)

육사현·이적 지음

양홍진(책임번역)·신월선·복기대 옮김

최병식 펴냄

발행일 | 2017년 12월 27일

펴낸곳 | 주류성출판사 www.juluesung.co.kr

서울특별시 서초구 강남대로 435 주류성빌딩 15층

TEL | 02-3481-1024(대표전화)·FAX | 02-3482-0656

e-mail | juluesung@daum.net

값 30,000원

잘못된 책은 교환해 드립니다.

ISBN 978-89-6246-334-7 93440

천문고고통론

天文考古通論

Archaeoastronomy

육사현·이적 지음 **양홍진·신월선·복기대** 옮김

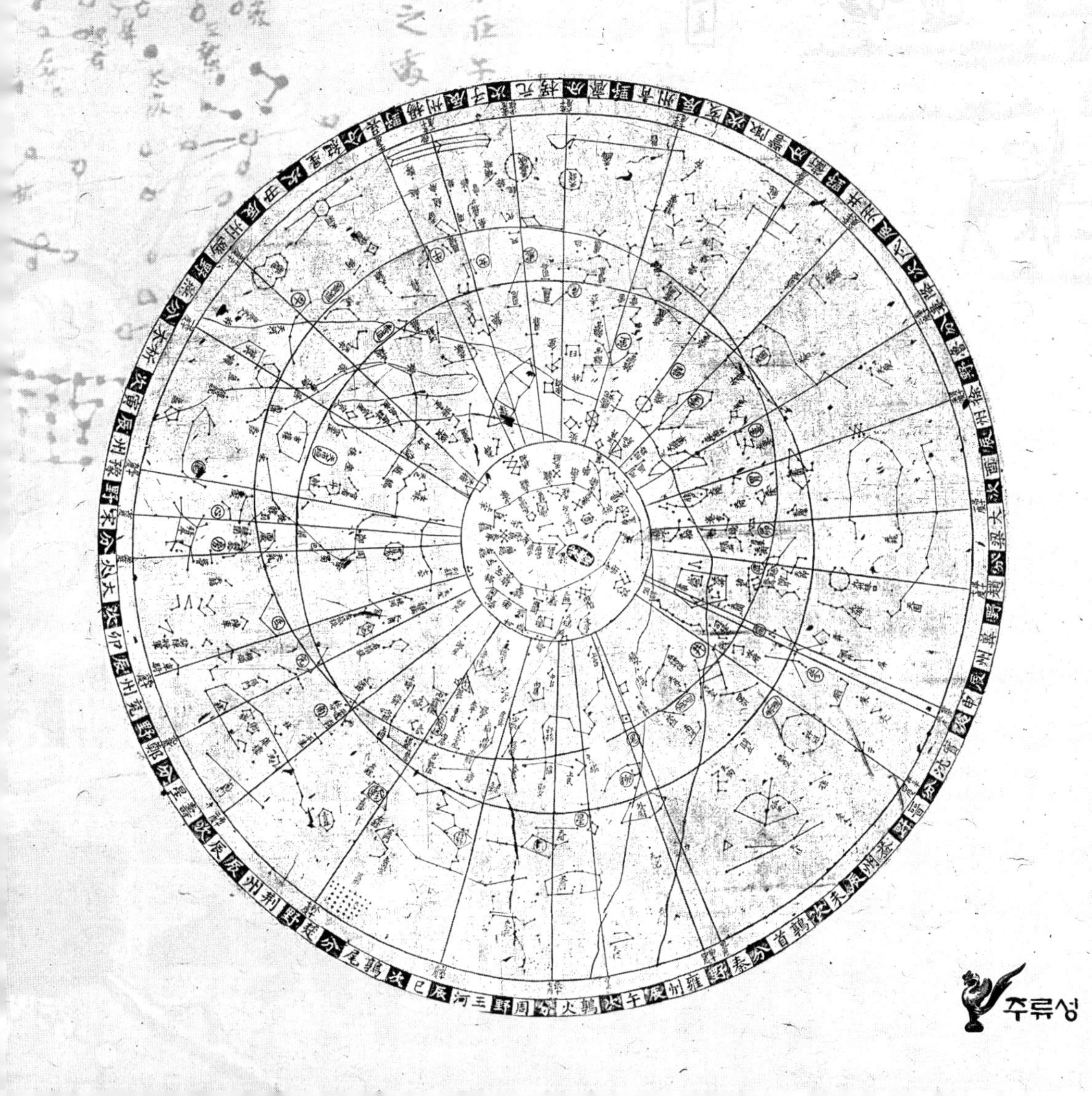

주류성

머리말

고천문학 연구 자료가 역사시대 이전으로 확장되다보니 고고천문학이라는 분야에 이르게 되었다. 고고천문학은 고고학과 천문학의 융합연구로 주로 역사시대 이전의 고고자료에 담겨 있는 천문학적 의미와 자료를 찾아 연구하는 학문 분야이다. 국내에도 고인돌 별자리 연구를 통해 고고천문학 연구가 이루어지고 있기는 하지만 우리의 고고천문학 자료를 체계적으로 정리하기 위해서는 앞으로 많은 시간과 노력이 필요한 상황이다. 중국은 지리적으로 우리와 가장 가까이 있어 많은 교류가 있어 왔다. 중국의 고고천문학을 이해하면 우리의 고고천문학을 이해하는데 도움이 되리라는 생각에 번역을 계획하게 되었다.

중국에서 발간된 고고천문 분야의 전문서로는 풍시(馮時)의 『중국천문고고학(中國天文考古學)(2007)』과 육사현(陸思賢)과 이석(李迪)이 서술한 『천문고고동론(天文考古通論)(2005)』이 질 알려져 있다. 두 책의 구성을 비교해보면 대부분 비슷한 주제로 구성되어 있으며 다루고 있는 내용도 비슷하다. 두 책 중에서 역사시대 이전의 고고천문 자료에 대한 설명이 좀 더 풍부한 『天文考古通論』을 번역하기로 하였다. 이 책은 고고학과 천문학 두 분야의 전문가가 집필한 책이기도 하거니와 풍시(馮時)의 연구 결과를 많이 포함하고 있다는 것이 선정의 이유이기도 했다. 또한, 풍시(馮時)의 책에 비해 인문학적 해석이 많이 포함되어 있어 고고학이나 역사 분야의 학자들이 접근하기에 쉬운 이점도 있다.

중국의 고고천문학은 서양과 다르게 다양한 고고유적의 독자적인 연구와 해석에서 시작되었다. 유물의 특징에 따라 새로운 용어도 많이 만들어졌고 해석의 시각도 다양하게 발전해왔다. 이 책에서 소개된 것처럼 중국에서는 이미 50여 년 전부터 고대 천문유물을 조사하고 해석하는데 천문학자와 고고학자가 함께 하였다. 그 결과 중국의 고유한 고고천문 전문서를 발간할 수 있을 정도로 다양하고 많은 고고천문 연구 성과가 만들어졌다. 그리고 그 연구 결과에 중국의 문화를 합쳐서 또 하나의 중국 고대 문화를 만들고 있다.

이 책에서 다루고 있는 고고천문 유물이나 유적에 대한 해석의 기초 자료와 해석 방법은 매우 낯설고 이해하기 어려운 부분도 있다. 천문학적 관점에서 본다면 9장까지는 논리 전개에 비약이 많고 해설 자료에 대한 기본 지식의 부족으로 책의 전반적인 내용을 이해하며 번역하는데 어려움이 있었다. 특히, 『주역』, 『회남자』, 『산해경』 등의 자료 인용과 새로운 용어는 과학적 입장에서 매우 낯설었다.

따라서 이 책을 번역하는데 천문학자, 고고학자, 중국어 전문가가 참여하여 원서에 있는 내용을 가능한 그대로 옮겨 해석하고자 하였다. 저자의 해석과 주장을 충실히 전달하기 위해 가능한 직역을 하였으며 원본의 자료가 오래된 것은 관련 사진과 자료를 새롭게 찾아 넣었다. 또한 단어들 중 이해가 어려운 부분이나 고유하게 사용하는 용어들은 한자를 병기하여 그 본래의 뜻을 전달하고자 하였다. 책의 내용상 불가피하기도 했지만 쉬운 말로 풀어쓰기가 역자에게 힘들었던 이유도 있었다. 그러다보니 곳곳에 문장이 매끄럽지 못한 부분이 많다. 독자들께서 양해해 주시기를 바라는 마음이다.

이 책을 내면서 우리 학계에 어떤 공헌을 할 것이라고 기대하는 것은 부끄러운 일이지만, 고고천문학에 관심 있는 고고학과 역사학 그리고 천문학을 연구하는 여러 학자들께서 우리의 고고천문학에 관심을 갖고 우리 역사에 담겨 있는 고고천문학적 자료를 찾아 함께 연구하게 되기를 기대한다.

이 책이 나오기까지 오랜 시간이 걸렸다. 중국 고고천문 서적을 보고 번역을 해서 국내 학자들과 이 내용을 함께 공유해야겠다는 생각을 하게 된 것이 5년 전의 일이다. 중국어로 쓰인 책을 함께 읽으며 중국의 고대 자료와 현대 해석을 비교하며 번역 · 교정하는 시간이 길었다. 그리고 중국 고고학 분야 전문가의 합류로 이 책의 발간에 큰 힘을 얻게 되었다. 마지막으로 출판을 결심해준 주류성 출판사의 배려와 관심 그리고 거친 원고를 잘 마무리하여 출판할 수 있게 도와주신 이준 이사님과 직원들의 노력에 감사드린다.

2017년 동지 무렵 꽃바위 자락에서 책임번역자 양홍진

■ 일러두기

- 원서에서 사용한 용어를 그대로 전달하기 위해 가능한 한자어를 그대로 표기하였다.
- 인명과 지명, 고유 명사의 경우 한자음대로 표기하였다. 이들이 처음 등장할 경우 한자를 병기하고 이후에는 가독성을 위해 한자 병기를 생략하기도 하였으나, 그 노출 간격이 긴 경우 다시 병기하였다.
- 본문에 수록된 인용문의 중국어 원문은 번체자(繁體字)로 표기하였고, 주석에 수록된 [참고자료]의 중국어는 간체자(簡體字)로 표기하였다.
- 인용그림의 번호는 원서를 따랐으며 추가된 그림은 별도의 번호를 지정하였다.
- 주석은 미주로 하고, 각 장별로 번호를 다시 매겨 정리하였다.
- 새로 추가된 그림은 최대한 소장처와 출처를 밝히려 하였으나 그렇지 못한 사진은 확인되는 대로 통상 기준에 따른 허가 절차를 받기로 한다.

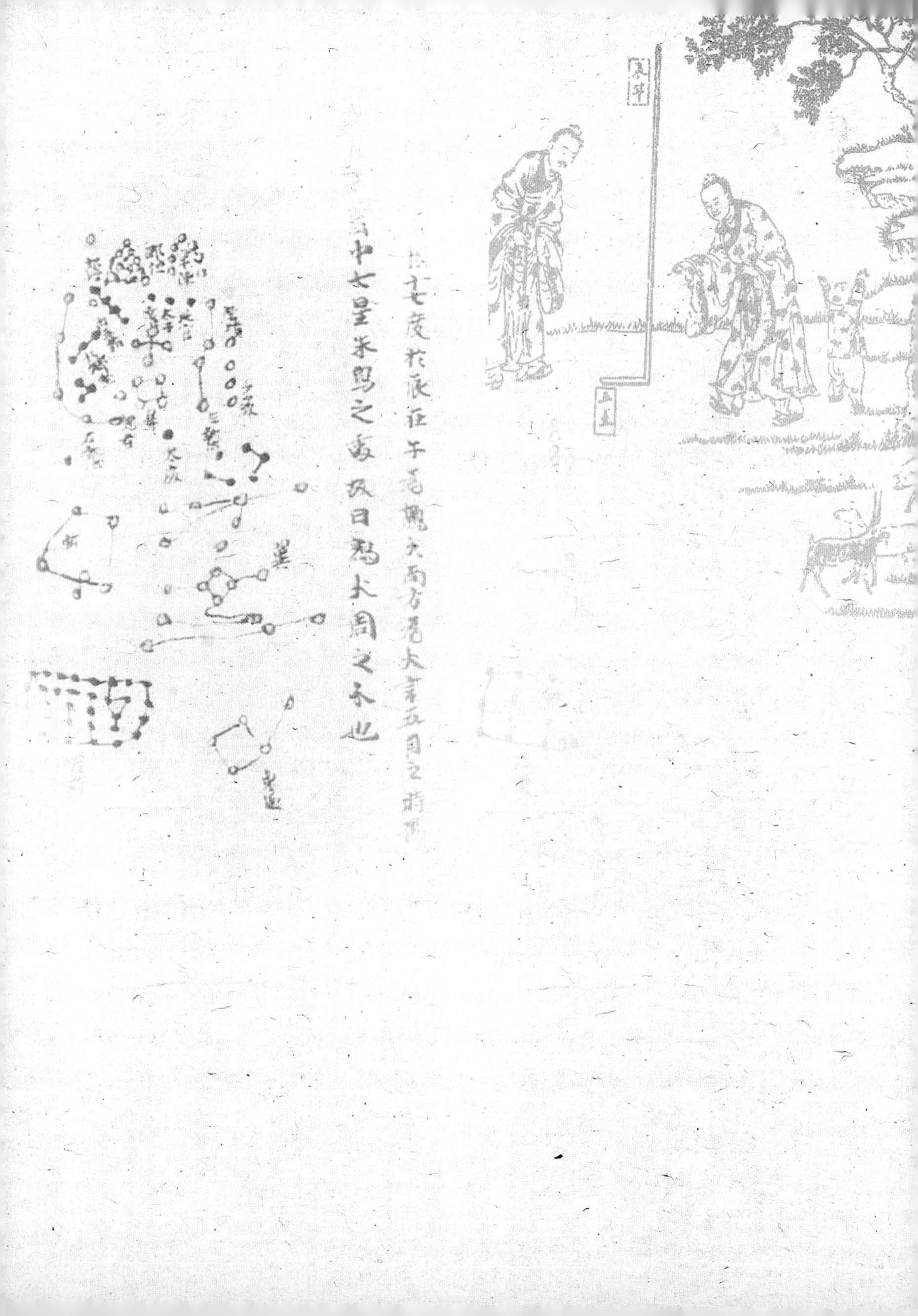

서 론

인류는 탄생을 통해 천지에 놓이게 되고, 하늘과 땅을 관찰하며 살아간다. 해는 동쪽에서 떠서 서쪽으로 지고, 달과 천체도 하늘을 운행한다. 하늘과 땅 사이에는 변화무쌍한 풍운뇌우(風雲雷雨)도 있고 계절의 변화에 따라 인류는 추위와 더위가 반복되는 환경에 놓이게 된다. 인류는 이러한 환경에서 생활하면서 하늘과 땅에 대한 지식과 경외심들이 생기게 되었다. 고대 인류는 그들의 삶 속에서 여러 유적과 유물을 남겼는데, 그 중에는 천문학과 관련된 것들이 있어 오늘날 고대 인류의 천문지식을 연구하는데 중요한 자료가 된다. 고고천문학은 이러한 유적과 유물을 연구하면서 만들어진 학문이다.

이 책의 본문에 앞서 '고고천문학' 및 관련 문제 그리고 책의 전반적인 서술 방향에 대해 설명하고자 한다. 이 책은『중국고고문물통론 中國考古文物通論』시리즈 중 하나이다.

1절. 고고천문학과 연구대상

먼저, "고고천문학"에 대해 알아보자. 지난 수십 년간 '고고천문학'과 '천문고고학'이라는 용어가 함께 사용되었다. 고고천문학은 '考古學(archaeology)'과 '天文學(astronomy)'의 합성으로, 서양에서는 'archaeoastronomy'라고 부른다. 천문고고학은 'archeaology of astronomy'를 말하는 것으로 서양에서는 'astro-archaeology'라고도 부른다. 이 두 단어는 같은 의미를 갖는 것으로 보이지만 명확하게 아래와 같은 차이가 있다.

'고고천문학(考古天文學)'은 고고학적 방법을 통해 역사상의 천문학을 연구하는 것으로, 특히 선사시대 천문학 연구를 말한다. 고고천문학은 고고학을 통해서만 연구가 가능하다. 그러나 역사시대의 천문학에 있어서도 고고학은 마찬가지로 중요한 역할을 한다. 고고천문학은 고고학 발굴 이전이나 과정 중에는 천문학과 관련된 것이 있는지를 알 수 없다. 예를 들면 고분 하나를 발굴하게 되면 발굴 전 미리 무덤 안에 천문 문물이 있는지는 알 수 없으며 발굴 이후에 비로소 관련 유물의 존재 여부를 알 수 있게 된다. 즉, 천문관련 유물이 출토되어야만 비로소 연구를 할 수 있게 되는 것이다. 여기서 중요한 것은 고고학적 발굴을 통해서만 천문 유물이 발견된다는 것이다.

'천문고고학(天文考古學)'은 '고고천문학'과 반대로 천문학적 연구 방법을 이용해 고고학을 연구하는 것이다. 예를 들면 천문학적 관점에서 유적과 유적을 연구하는 것이다. 물론 유적이나 유물이 천문과 관련이 있는 경우에 가능하다. 유물과 유적 중에는 고고학적 연구를 통해서는 그 용도와 목적을 이해하기 어려운 것들이 있는데 이 경우 천문학을 이용해 고고학의 문제를 해결하게 된다. 영국에 남아 있는 스톤헨지와 같은 거석군도 원래 어떤 용도로 만들었는지 알지 못했으나 천문학적 관점에서 해석하게 되었고 지금은 이러한 해석이 널리 받아들여지게 되었다. 만약 유적이나 유물이 천문학적 내용을 포함하고 있다면 그것은 고고천문학의 연구 대상이 된다.

'고고천문학'과 '천문고고학'의 학문의 경계는 분명하지 않아서 때로는 구분하기가 어려운 경우도 많다. 이 책에서는 주로 '고고천문학'에 대해 설명하고자 한다. 물론 일부 천문고고학적 내용도 포함되어 있다. 이 책에서는 '고고천문학'이라는 단어를 사용했는데 국제 학계에서도 일반적으로 고고천문학이라는 용어를 많이 사용한다.

고고천문학의 연구 대상은 주로 문자 기록이 아닌 천문 유적이나 유물이다. 문자가 기록된 사료를 연구하기도 하지만 대부분 보조 자료에 해당한다. 만약에 문자 기록만 남아있고, 유물이 없다면 고고천문학 연구라고 볼 수 없다. 고고천문학의 연구 대상은 아래의 세 종류로 나눌 수 있다.

첫째, 앞서 언급했던 스톤헨지와 같은 유적(遺跡)이 있다. 고천문 유적이나 하늘을 관측했던 표지 등도 이에 해당한다. 고대 인류는 하늘을 관찰하는 일과 하늘에 제사 지내는 일을 같은 장소에서 하였다. 초기의 제단 유적은 이렇게 두 가지 성격을 띠고 있는데 그 대표적인 일례가 중국의 고대 천문대이다. 제천(祭天)과 점성 그리고 천문 관측이 하나의 대(臺)에서 이루어졌기 때문에 이를 영대(靈臺)라고 불렀다. 고고천문학을 연구할 때 항상 이러한 이중적 의미에 대해 관심을 기울여야 한다. 그렇지 않으면 연구 대상을 찾지 못하는 경우가 생길 수도 있다. 또한 중국 북방의 홍산문화 유적처럼 큰 대(臺) 모양의 건축물도 있다. 4-5천 년 전에 고대인들이 만든 이러한 대형 피라미드식 평대(平臺)는 천문학적 관점으로 연구해야 해석이 가능하다.

둘째, 출토된 천문 유물로 이들은 다시 몇 가지로 나눌 수 있다. 예를 들면, 1 천문의기(天文儀器)로 강소성(江蘇省) 의정(儀征)에서 출토된 소형 동규표(銅圭表)와 하북성(河北省) 만성(滿城)에서 출토된 서한(西漢) 시대 누호(漏壺) 등이 이에 해당한다. 2 문자가 포함된 유물로 예를 들면 갑골문(甲骨文), 백서(帛書), 죽간(簡牘), 서적(書籍)과 석각(石刻) 자료 등이 있다. 위의 두 가지는 모두 유물 자체가 고고학 연구의 대상이기도 하다. 다른 나라의 경우, 이집트(埃及)의 파피루스문서(紙草書), 바빌로니아(巴比倫)의 점토판문서(泥板書) 등이 이에 해당한다. 3 무덤이나 동굴 그리고 사당(祠堂) 등의 벽화나 천장에 그려진 천문도나 천문 관련 그림으로 앞의 두 가지에 비해 많은 수가 남아 있다.

셋째, 후세에 전해지는 문물이다. 이들은 발굴을 통해 알려진 것이 아니라 대대로 사람에게 전해진 천문학 관련 유물을 말한다. 이것 또한 두 종류로 나눌 수 있는데, 1 오랜 시간 동안 전해진 것으로 유물의 출처와 역사에 대해서 자세히 알지 못하는 경우이다. 2 다소 후대의 것으로 예를 들면 명청시대(明淸時代)에 제작한 천문의기들로 이들은 북경고궁박물관(北京故宮博物院)이나 지방의 박물관 그리고 개인이 소장하고 있기도 하다. 명청 이전인 원대(元代)에 만들어진 누호(漏壺)나 고대부터 전해지는 석각도 이에 해당한다. 일부 고대 건물이나 성벽 중에는 별자리 모양으로 만들어진 것도 있는데 이들 역시 고고천문학 연구의 대상이다. 천단(天壇)이나 규성성(奎星城) 등이 이에 해당한다. 이들 건물은 유적에 해당하는 자료이며 호북성(湖北省) 수현(隨縣)에서 출토된 전국(戰國)시대 칠기상자의 28수(宿) 별자리 그림은 출토유물 또는 전해지는 유물로 볼 수 있다.

넷째, 고고학과 천문학의 연관성을 들 수 있다. 앞서 고고천문학은 고고학과 천문학의 결합이라고 언급하였다. 고고천문학은 두 분야의 융합 학문으로 천문학의 한 분야로 볼 수도 있으며 고고학의 한 분야로도 볼 수 있다. 이 책에서는 고고학의 한 분야로서 설명하도록 하겠다. 그러나 명확한 사실은 고고천문학은 천문학과 고고학 전문가들이 함께 진행해 나가야 하며 한 분야의 학자만으로는 학문의 성과를 이룰 수 없다. 연구 과정에서 때로는 천문학자가 결정적인 역할을 할 수도 있는데 예를 들면, 세차(歲差, precession) 계산을 통해 특정 고고유적이나 유물의 제작 연대를 추산하고 유적의 방위를 연구하거나 또는 밝은 별이 나타난 특정한 시기의 연대를 확인하는 등의 연구는 천문학자에 의해 이루어질 수 있다. 서양에서 고고천문학을 연구하는 대부분의 학자가 천문학자거나 과학사 연구자인 것은 고고천문학과 천문학의 밀접한 관계를 잘 보여준다. 고고천문학의 발전을 위해서는 천문학과 고고학 두 학문 분야가 서로 협력을 통해 깊은 연구를 이루어 나가야 한다.

2절. 외국 고고천문학의 역사와 현황

고고천문학은 오래된 것을 연구하는 학문이지만 비교적 최근에 시작된 학문으로 시기에 따라 크게 두 가지로 구분할 수 있다. 초기에는 주로 구체적인 연구 대상에 대한 개별 연구가 이루어졌는데 수백 년에서 수천 년 전에 시작되었다. 고대 이집트, 바빌로니아, 인도, 페르시아, 마야와 잉카 등의 유적과 유물을 천문학 관점에서 해석하는 것도 고고천문학 연구에 해당한다. 마야는 북아메리카에서 가장 발달한 문화로 이천 여 년 전에 시작하여 높은 수준으로 발전하다가 9세기에 이르러 갑자기 몰락하였다. 마야인은 아메리카에서 유일하게 고대 문자인 마야 상형문자를 만들었다. 마야는 자신만의 역법을 만들었는데 1 태양년은 365일, 1년은 18개월, 매 달은 20일로 하였다. 달력상의 1년은 360일이었고 5일은 금제일(禁祭日)로 삼았다. 잉카문화는 남아메리카에서 가장 우수한 문화를 보여주고 있는데 잉카인이 사용한 역법은 태음력이었다. 잉카는 1년을 12개월로 정하고 달력에 11일을 남겨 사용하였다. 당시 잉카에 문자는 없었다.

19세기는 고고천문학 발전사에 중요한 시기로 이후 발전의 기초를 다졌다. 영국의 유명한 천문학자 J. Norman Lockyer(1836—1920)는 최초로 영국 각지에서 큰 거석이 열 지어 놓여 있는 유적(環狀列石遺跡)을 찾아 조사하였다. 그는 특히 영국 솔즈베리 평원에 있는 BC 2000경의 스톤헨지를 조사하여 고대인들의 태양 관측 흔적이라고 주장하였다. 스톤헨지의 직경은 약 200m로 그 가운데에서 관측하면 거석 두 개가 일출과 일몰의 위치와 일치한다는 것을 알게 되었다. 그는 이러한 내용을 정리해서 1906년 'Stone-henge and other British Stone Monuments Astronomically Considered'라는 책을 출간하였다. 이후, 많은 사람들이 스톤헨지에 더 많은 관심을 가지게 되었으며 작가 Thomas Hardy(1840-1928)는 그의 소설에서 스톤헨지를 언급하기도 하였다. 미국 Smithsonian Observatory에 있었던 Gerald S. Hawkings은 1963년 『Nature』에 'Stonehenge Decoded'라는 논문을 게재하여 많은 주목을 받았다. 이후 1966년 Hawkings는 John B. White와 함께 'Stonehenge Decoded'라는 책을 출간하였다. 관련 연구자들이 점차 많아지면서 고고천문학도 하나의 학문 분야로 성장하였으며 70년대 초에는 두 번째 단계로 진입하기 시작했다.

고고천문학 분야의 연구 수준이 높아졌다는 것은 다음 세 가지를 통해 알 수 있다.

첫째, 명칭이 확정된 점을 들 수 있다. 70년대 이전, 고고천문학이라는 용어는 공식적으로 사용된 것은 아니었다. 다만, 미국천문학회에 'Historical Astronomy'라는 분과가 있어 고고천문학과 관련된 논문이 발표되곤 하였다. 그러나 일부 학자들은 60년대 말부터 더 적합한 이름에 관한 문제를 토론하였으나 이 문제는 70년대 초까지도 결론에 이르지 못했다. 일부는 'archaeo-astronomy'라는 용어를 사용하였고 일부는 'astro-archaeology'로 사용하였다. 어떤 논문에는 'Archaeoastronomy and Ethnoastronomy'라는 이름을 사용하였다. 70년대 중후반이 되면서 사람들이 대부분 'archaeoastronomy'라는 용어를 사용하게 되었다.

둘째, 연구 기구의 성립을 들 수 있다. 1976년 미국 메릴랜드대학에 'The Center for Archaeoastronomy'가 만들어지고 천문학자 John Carlson이 책임을 맡게 되었다. 세계 최초의 고고천문 연구센터로 생각된다. John Carlson은 1977년 고고천문 관련 서적의 일부를 편집 출판하였다. 이 출판물에는 『Time』, 『Nature』, 『Journal for the History of Astronomy』, 『Science』, 『American Scientist』, 『Antiquity』 등에 게재된 60-70년대 논문 34편을 수록 하였다. 그리고 70년대와 20세기 초에 발표된 논문 28편도 함께 수록 하였는데 대표적인 연구 몇 가지를 소개하면 아래와 같다.

Nutlall, Zelia "The Astronomical Methods of the Ancient Mexicans"(1906).
Spinden, Herbert J. "The Question of the Zodiac in America"(1916).

Spinden, Herbert J. "Ancient Maya Astronomy"(1928).
Ricketson, Oliver. "Notes on Two Maya Astronomical Observatories"(1928).
Teeple, John E. "Maya Astronomy"(1930).

위 논문은 주로 아메리카와 관련이 있는데, 특히 마야 천문학 관련 논문이 대부분이다. 이들을 통해 마야 천문학을 비롯한 고고천문학을 이해할 수 있게 되었다.

셋째, 전문적인 저널의 발간을 들 수 있다. 1978년, 메릴랜드대학의 고고천문 연구센터에서 관련 저널을 창간하였다. 저널은 연 4회 발간하였는데 John Carlson 박사가 초기 편집장을 맡았다. 처음에는 『Archaeoastronomy Bulletin』으로 발행하였으나 2권부터는 『Archaeoastronomy』라는 이름으로 발행하였다. 부제는 'The Bulletin of the Center for Archaeoastronomy'를 사용하였다. 저널은 고고천문학과 민속천문학의 연구와 교육을 촉진하고 일반인에게 관련 내용을 소개하기 위해서 발간하였다. 매 회마다 7-8편의 연구논문이 게재되었고 서평과 회의소식 등이 함께 실리기도 했다. 가끔은 중국의 고고천문 연구논문에 대해서도 소개하였다. 영국에도 같은 이름의 저널이 있었는데 영국 'Science History Publications Ltd'에서 출간한 『Journal for the History of Astronomy』의 Supplement에 고고천문 관련 내용이 실렸다. 1979년 10권부터 Supplement가 발행되었으며 1998년에는 Supplement 23까지 발행하였다. 여기에 포함된 내용은 메릴랜드대학에서 발행한 저널과 비슷했으며 논문 외에 서평도 함께 실었다. Supplement 끝부분에는 'Index to Archaeoastronomy'가 있었다. 흥미롭게도 첫 논문은 John C. Bramdt & Ray A. Williamson이 연구한 "The 1054 Supernova and Native American Rock Art"가 실려 있다.

넷째, 고고천문 관련 학술대회 개최를 들 수 있다. 70년대 중반부터 아메리카에서는 고고천문을 주제로 소규모 학술회의가 연이어 개최되었다. 1973년 6월 멕시코시티에서 처음으로 학술회의가 개최되었고 1975년 A. Aveni이 텍사스 대학 출판사에서 학회 결과를 모아 『Archaeoastronomy in Columbian American』이라는 책을 출판하였다. 1975년 9월에는 미국 Colgate University에서 'Native American Astronomy'라는 주제로 2차 학회를 개최하였으며 1977년 A. Aveni가 같은 제목의 책 한 권을 다시 출판하였다. 1979년에는 대형 학회가 미국과 캐나다에서 연이어 개최되었다. 1979년 6월에는 'Archaeoastronomy in the American'이라는 주제로 'The Santa Fe Conference'가 열렸다. 학회에는 A. Aveni의 고고천문학 하계 강습도 있었는데 펜실베니아 대학의 Jane Young이 함께 기획하였다. 이 학회에서는 37편의 논문이 발표되었으며 논문집도 발간하였다. 1979년 8월에는 캐나다 밴쿠버의 브리티시 콜롬비아대학에서 'The 43th International Congress of Americanist'가 개최되었다. 1980년 3월에는 영국의 뉴캐슬대학에서 'Megalithic Astronomy and Society'라는 주제로 학회를 개최했는데 110명의 고고학자, 천문학자, 수학자 그리고 관련 학자들이 참석하였다. 이후, 1981년 뉴욕에서, 1982년과 1984년에는 멕시코에서 고고천문 관련 학회가 개최되었다. 이렇듯 고고천문학은 70년대 중기에 시작되어 지금까지 약 20여 년의 짧은 역사를 가진 새로운 학문 분야이다.

3절. 중국의 고고천문학

중국에는 많은 고고천문 관련 발굴이 있었기 때문에 자료 또한 많이 남아 있다.

첫째, 중국에서 고고천문학 연구는 갑골문의 발견으로 시작되었는데 이와 함께 여러 천문의기 발견 또한 모두 20세기 초에 시작되었다. 이후, 고고천문 분야의 연구논문은 점차 증가하였으며 1980년대에 들어 더욱 급격히 늘었다. 1980년대는 중국 고고천문학에 있어서 매우 중요한 시기였다. 1980년에 출판된 『중국대백과전서(中國大百科全書)』의 '천문학'편에는 '고고천문학(考古天文學)' 항목이 수록되어 있는데, 로앙(盧央)이 집필을 맡아 고고천문학의 연구내용, 역사 및 중국에서의 연구 등을 간단히 소개하였다. 로앙(盧央)은 중국과 서양의 고고천문학 발전은 다른 길을 걸어왔다고 생각했다. 서양은 스톤헨지에 대한 고찰과 연구를 통해 점차 광범위하게 고고천문학을 형성하였으나 중국은 천문학 내용이 담겨 있는 대량의 출토 문물 연구에 집중했다는 것이다. 중국에서 처음으로 '천문고고(天文考古)'라는 단어를 사용한 사람은 주문흠(朱文鑫, 1883—1938)으로 그는 1933년 『천문고고록(天文考古錄)』이라는 책을 출판하였다. 그는 이 책에서 고문헌자료를 기초로 천문학을 연구하였다.

1980년 문물출판사는 『중국천문문물도집(中國天文文物圖集)』을 출판하였는데 책에는 천문관련 문물 사진 30장이 설명과 함께 수록되어 있다. 중국사회과학원 고고연구소(考古研究所)에서는 관련 학자들을 모아 천문관련 문물 논문을 편찬하여 발행하였고 이것이 바탕이 되어 1989년에는 『중국천문문물논집(中國天文文物論集)』을 출판하였다. 이 책에는 40편의 관련 논문이 수록되어 있는데, 신석기부터 명청(明淸) 시대에 이르기까지의 천문관련 문물과 문헌에 대한 연구뿐 아니라 몽골족(蒙族), 장족(藏族), 태족(傣族) 등의 소수민족의 역법에 관한 연구도 함께 수록되어 있다. 이 두 책은 고고천문학 전문서는 아니지만 대부분의 사진과 논문이 고고천문학의 성격을 띠고 있어 중국 고고천문학의 대표 서적이라고 볼 수 있다.

중국 고고천문학 연구는 발전과 함께 점차 국제화되었다. 70년대 중국 고고천문학 연구는 이미 외국학자들의 주목을 받았다. 1972년 12월 국제학회에서 중국 고고천문학 관련 논문이 발표되었고, 1974년 영국에서 발간한 'The Place of Astronomy in the Ancient World'의 proceeding에 논문이 게재되었다. 미국학자 Nathan Sivin은 미국 저널 『고고천문학』 1981년 1호에 'Some Important Publications on Early Chinese Astronomy from China and Japan, 1978—1980'라는 제목으로 논문 한 편을 게재하였는데 이 논문에는 1978년부터 1980년까지 중국과 일본학자의 중국 고고천문학 연구가 포함되어 있다. 중국의 석택종(席澤宗)은 1984년에 미국의 『고고천문학』에 'New Archaeoastronomical Discoveries in China'라는 논문을 게재하였다. 이 논문은 1973-1983년 동안의 중국 고고천문학상의 중요한 발견에 대해 설명하였다. 1980년대부터 국내외 학자들의 중국 고고천문학에 대한 교류가 증가하였다. 1985년 인도 뉴델리에서 개최한 '동방천문학사국제회의'와 1993, 1995, 1998년에 한국, 중국, 일본에서 개최한 '동방천문학' 관련 국제회의에서 중국 고고천문학 관련 논문이 발표되었다.

중국의 고고천문학은 현재 활발한 연구를 통해 많은 성과를 만들어 내고 있다. 그러나 연구 방식은 여전히 과거와 비슷한 실정이며 역사시대 이전의 연구는 아직 새로운 발견이 없었다. 연구 주제는 분산되어 있으며 개별적인 연구가 진행되고 있다. 중요 출토 유물이 발견되면 관련 연구에 집중되는 것은 당연하지만, 고고천문학의 어려움은 유물의 발굴에 따라 연구자가 피동 상태로 연구를 하게 되어 명확한 목표가 없게 된다는 문제가 있다. 중국의 고고천문학 연구는 서양과는 완전히 다른 길을 걷고 있다. 현재 중국에는 아직 전문적인 연구 기관이 없고 전문적인 학술지도 없는 등 미국 영국 등의 나라와 고고천문 연구에 큰 격차가 있다. 연구 성과로만 보면 외국에 뒤떨어지지 않으나, 현재 중국 고고천문 분야의 전문학술서가 너무 적은 것은 큰 문제로 생각된다.

4절. 이 책의 집필 구상

현재 중국 고고천문학은 학문적 체계가 아직 미흡한 상태이고, 참고 자료도 많이 부족한 상태이다. 그러나 한편으로는 연구 자료가 너무 폭넓고 다양해서 어떻게 『천문고고통론(天文考古通論)』을 써야할 지 많은 고민을 하였다. 가장 큰 어려움은 어떻게 이 많은 관련 자료들을 구성하고 이용하느냐 하는 것이었다. 여러 차례 토론을 걸쳐 다음과 같은 구상을 하였다.

전반적으로 역사시대 이전에 중점을 두었으며, '통론(通論)'의 의미상 역사시대 이후부터 청대(淸代)까지의 내용도 함께 포함하였다. 본문에 수록된 내용 가운데 역사시대 이전 부분이 많은 것은 '고고(考古)'의 의미에 적합하기도 하다. 책의 주요 내용은 15장으로 구성되어 있는데, 역사시대 이전 9장, 선진시기(先秦時期) 2장, 그리고 진(秦) 이후는 4장으로 구성하였다. 마지막 16장은 중국 고고천문학의 역사를 정리하였다.

책을 집필하는데 있어 두 가지 선택을 할 수 있었는데, 하나는 역사 순서에 따라 장(章)을 나누는 것이고, 다른 하나는 내용에 따라 주제별로 장(章)을 구성하는 것이다. 만약 시대순으로 정리하면 유물의 역사를 이해하기는 쉬우나 내용 중복을 피하기는 어렵다. 역사상, 많은 고고천문 내용이 오랜 시간에 걸쳐 점차 발전하는데 그 지속 시기가 매우 길어 내용을 설명하는데 이전의 역사를 재차 기술할 필요가 있기 때문이다. 주제별로 구성하게 되면 동일 주제에 대한 설명이 일관적이고 중복되는 현상을 막을 수 있다는 장점이 있다. 그러나 단점은 독자가 각 역사 단계의 전체적인 흐름을 이해하기가 어렵다는 문제도 있다. 여러 고민을 통해, 본 책은 후자인 주제별 구성을 선택하였다. 이 책은 중국 고고천문학에 대한 내용이지 고고천문학의 역사에 대한 것이 아니기 때문에 주로 중국의 고고천문학 연구 성과에 대해 설명하였다. 또한, 각 장의 내용 설명은 다음의 두 가지 기준을 따랐다. 첫째, 주제별 내용은 시간의 순서에 따라 배치하였다. 둘째, 주제별 내용에 있어서 유물의 발굴 연대가 아닌 발생 연대에 따라 내용을 기술하였다.

앞서, 고고천문 자료의 출처는 세 종류로 구분했었다. 중국 고고천문학의 현황을 살펴보면 유적은 그 수가 극히 적으며 가장 많은 것은 출토유물로 특히 초기의 것들이 많다. 전래 유물은 연대가 늦은 것일수록 더 많이 남아 있다. 이 책에서 설명한 자료는 대부분 이들 분류에서 벗어나지 않는다.

책에 포함된 자료의 선택에 있어서 중국의 고고천문 자료는 매우 다양하고 많아서 한 권의 책에 모두 포함하기는 어렵기 때문에 선택적으로 사용할 수밖에 없다. 자료의 선택은 아래 두 가지

기준을 따랐다. 첫째, 천문학사에 있어 중요한 자료를 우선으로 선택하였다. 두 번째는 비록 중요성은 떨어지지만 쉽게 볼 수 없는 희귀한 자료를 수록하였다. 예를 들면, 청대(淸代) 후기 추백기(鄒伯奇)가 만든 몇 가지 종류의 천문의기(天文儀器)를 들 수 있는데, 일구(日晷) 등은 비교적 특별한 모양이기 때문에 책에 수록하였다. 그가 제작한 태양계표연의(太陽系表演儀)는 외국에서 이미 만들어져 중국에 전해지기는 하였으나 추백기(鄒伯奇)가 직접 제조한 것은 희귀성과 중요성을 갖기 때문에 이 책에 포함하였다.

마지막으로 한 가지 언급할 내용이 있다. 고고천문 자료 중에는 논쟁의 여지가 명백히 있는 것들이 있다. 일반적으로 고고유물에 대한 해석은 시간이 지나면서 다른 의견이 제시되는 경우가 많다. 이러한 특징은 외국의 고고천문학도 마찬가지이다. 따라서 이 책에도 많은 부분 추측에 근거해 주장한 경우가 있으며 역사 시대 이전의 자료는 그러한 경우가 더 많다. 그러나 이러한 추측과 주장은 나름대로 합리적인 방법이라고 생각한다. 이러한 주장이 학자들의 지지를 받을 수 있을지 여부는 더 많은 시간이 필요하리라 생각한다. 그러나 만약 이러한 추측과 주장이 없다면 이 책은 중국 고고천문학 연구에 아무런 도움이 되지 않을 것이라 생각한다. 외국에서도 스톤헨지와 기타 여러 유적에 대해 다양한 가설과 연구가 이루어졌고, 이로부터 고고천문학이라는 학문이 발전되었기에 본 책에서도 이러한 방법을 통해 학문의 발전에 기여하고자 한다.

1

기원전 40세기 중엽의 사시천상도(四時天象圖)

복양(濮陽) 서수파(西水坡) 앙소문화(仰韶文化) 무덤도

고대 중국에서는 하늘의 별자리를 4개의 하늘영역으로 나누어, 사궁(四宮) 혹은 사상(四象)으로 불렀다. 동쪽 하늘영역은 '동방창룡'으로 '동륙춘분(東陸春分)'을 의미한다. 서쪽 하늘영역은 '남방주작'으로 '남륙하지(南陸夏至)'를 의미한다. 서쪽 하늘영역은 '서방백호'로 '서륙추분(西陸秋分)'을 의미하고, 북쪽 하늘영역은 '북방현무'(周代 이전엔 사슴이었음)로 '북륙동지(北陸冬至)'를 의미한다. 이들 창룡, 주작, 백호, 현무를 사상(四象)이라 부른다. 이 밖에 천북극 부근의 하늘 영역을 중궁(中宮)으로 부르는데, 종교 신앙에 있어서 북극성은 가장 높은 천제(天帝)의 신위(神位)가 있는 곳을 의미한다.

무진(戊辰)년 용의 해가 시작(1987년말~1988년초)되면서, 신화사(新華社)는 "중국 민족의 첫 번째 용(華夏第一龍)"의 출토를 보도했는데,[1] 소개한 것은 하남성 복양현 서수파(河南省 濮陽縣 西水坡)에서 출토된 조개껍질로 쌓아 만든 용이다. 지금으로부터 6천 년 전의 앙소문화 시대에 속한다. 이 유적에는 세 개의 조개 무덤이 함께 출토되었다. 첫 번째 조개 무덤은 고분과 결합해 있으며 45호 무덤으로 분류된다.[2] 여기에서 남쪽으로 20m를 가면 두 번째 조개 무덤이 있고 다

1) 陸軻: 「人民日報」 1987年 12月 12日.

2) 濮陽市文物管理委員會: 「河南濮陽西水坡遺址發掘簡報」, 『文物』 1988年 第3期.

시 남쪽으로 25m를 더 가면 세 번째 조개 무덤이 있다.[3] 세 개의 조개 무덤은 자오선(子午線, 진남북)상에 배열되어 있는데 모두 무덤 주인과 함께 순장하기 위해 만들어진 것으로, 무덤주인의 인격과 신격을 설명해주는 것 외에 더 중요한 것은 세 개의 조개 무덤이 내포하고 있는 사시천상(四時天象)의 내용이다. 이세동(伊世同)은 "발굴된 조개껍질 무덤의 용, 호랑이, 북두 도상(圖象)은 그 방위관계가 6천 년 전 하늘의 용, 호랑이, 북두 등의 성상(星象)과 서로 일치하고 하늘의 모습과 상응하기에 현재 중국 땅에서 발견 된 가장 오래된 천문도이다. 이후, 국내외 ^{14}C 동위원소측정과 나이테 측정을 거쳐 연대는 지금으로부터 6460±135년으로, 세계에서 가장 오래된 성상(星象) 체계도이다"라고 말했다.[4] 또 풍시(馮時)의 연구를 통해, 조개껍질 무덤과 무덤방(墓室)의 구조가 고대 개천설 우주론의 내용을 완전하게 설명해줄 수 있어, 이분이지(二分二至, 춘분, 추분, 하지, 동지)의 사시(四時)에 대한 개념도 이미 확립되었다고 볼 수 있다.[5] 1장에서는, 먼저 세 개의 조개 무덤이 사시천상도가 된 이유에 대해 설명하고자한다.

1절. 첫 번째 무덤도: 이분도(二分圖)

이분(二分)은 춘분과 추분을 뜻한다. 춘분에는 태양이 남쪽하늘에서부터 적도 안으로 진입해서(즉, 天赤道 북쪽), 북반구 관측자 입장에서는 매일 태양이 우리에게로 가까워지게 된다. 하지에는 태양이 머리 꼭대기 위에 있고 날씨도 가장 무더운 때가 되어 옛사람들은 하반년(夏半年)으로 여겼다. 하지가 지나면 태양은 다시 날마다 남쪽으로 이동하고, 추분이 되면 태양은 적도 밖으로 나오게 되어(즉 天赤道 남쪽) 날마다 우리에게서 멀어져간다. 동지가 되면 태양은 우리로부터 가장 멀어지고 날씨도 가장 추운 계절로 들어서게 되어, 옛 사람들은 동반년(冬半年)으로 여겼다. 동지가 지나면 태양은 또 북쪽으로 이동하기 시작해 이로부터 겨울과 여름이 반복되는 순환이 이루어져 춘하추동의 4계절이 이어지게 된다.

복양 서수파 첫 번째 조개 무덤도는 이분도(二分圖)로 고분과 서로 연관되어 있으며, 45호 무

---

3) 濮陽西水坡遺址考古隊: 「1988年河南濮陽西水坡遺址發掘簡報」, 『考古』 1989年 第12期.

4) 伊世同: 「萬歲星象」, 『第二屆中國小數民族科技史國際學術討論會論文集』, 社會科學文獻出版社, 1996年.

5) 馮時: 「河南濮陽西水坡45號墓的天文學硏究」, 『文物』 1990年 第3期.

덤으로 불린다. 무덤방 평면은 불규칙한 다변형(多邊形)으로 되어있고, 남반부(南半部)는 하늘을 본떠 세 개의 활모양의 아치 형태로 만들어져 있다. 중간의 원호(圓弧)는 북극성이 존재하는 창공을 의미하고, 동서 양쪽의 호형(弧形)은 동쪽 하늘과 서쪽 하늘을 의미한다. 옛 사람들의 의식 속에서 천궁(天穹)은 반투명의 딱딱한 고체 껍데기이며[6] 직접 대지와 결합하는 것으로, "천원지방(天圓地方)"[7]이라고 불렀다. 그래서 무덤방의 북반부(北半部)를 네모난 모양으로 만들어 네모난 대지를 표시하였다. 풍시(馮時)는 연구를 통해 모든 무덤방의 평면은 "천원지방"의 "개천설" 우주이론을 본떠 배치되어졌음을 확인하였다.[8] 무덤 안에는 4명의 사람이 매장되어 있는데, 무덤 주인의 머리는 남쪽으로 다리는 북쪽으로 향해있고 사지는 곧고 몸은 반듯하게 누워있다. 무덤방 중간에서 남쪽으로 치우쳐 편안하게 누워있는 것은 북극성이 존재하는 둥근 우주 안에 있다는 것을 의미한다. 무덤 주인은 남성으로 키는 184cm이다. 무덤주인의 동쪽에는 용 모양 조개 무덤이 있고, 그 무덤 동쪽의 아치형 벽(壁龕) 아래에 어린아이 하나가 순장되어 있다. 무덤주인의 서쪽에는 호랑이 모양의 조개 무덤이 있으며, 호랑이 조개 무덤 서쪽의 아치형 벽(壁龕) 아래에는 어린 여자 아이 하나가 순장되어 있다. 무덤방 북쪽의 네모난 벽 아래에도 어린아이 하나가 순장되어있다. 무덤방 중앙에 해당하는 곳에는 조개껍질로 만든 북두칠성 도안이 있는데 두병(斗柄)은 사람의 경골 두 개를 이용해 만들었고, 천북극 주위를 돌며 회전하는 북두칠성을 표시한다. 실제로 동청룡 서백호와 북두칠성은 모두 무덤 주인을 에워싼 채 회전하는 모습으로, 무덤 주인이 북극제성(北極帝星)의 신격을 갖추었다는 것을 알 수 있다(그림 1). 동룡서호(東龍西虎)와 북두칠성으로 이루어진 천상에 관하여, 「공양전. 소공17년(公羊傳. 昭公十七年)」에서는 다음과 같이 기록하고 있다.

> 大辰者何？大火也。大火爲大辰，伐爲大辰，北辰亦爲大辰。
> - 대진(大辰)이란 무엇인가? 大火이다. 大火는 大辰이고, 伐도 大辰이고, 北辰 역시 大辰이다.

---

6) 예를 들면 「회남자. 남명훈(淮南子.覽冥訓)」에서 말하길, "女媧煉五色石以补苍天"。五色石例如碧玉、水晶、瑪瑙、翡翠之類，都是半透明的。－여와가 오색 돌을 다듬어 창천(하늘)을 메꾸었다" 오색 돌은 벽옥, 수정, 마노, 비취 등의 종류로 모두 반투명한 것이다.
『周禮』說 "以苍璧禮天", 也取此意。－『주례』에서 말한 "以苍璧禮天"도 역시 이 의미에서 유래되었다.

7) 『周髀算經』 卷上: "方屬地, 圓屬天, 天圓地方"。
－「주비산경」 상권 : "네모난 것은 땅에 속하고, 둥근 것은 하늘에 속하니, 하늘은 둥글고 땅은 네모나다."

8) 馮時: 「河南濮陽西水坡45號墓的天文學研究」, 『文物』 1990年 第3期.

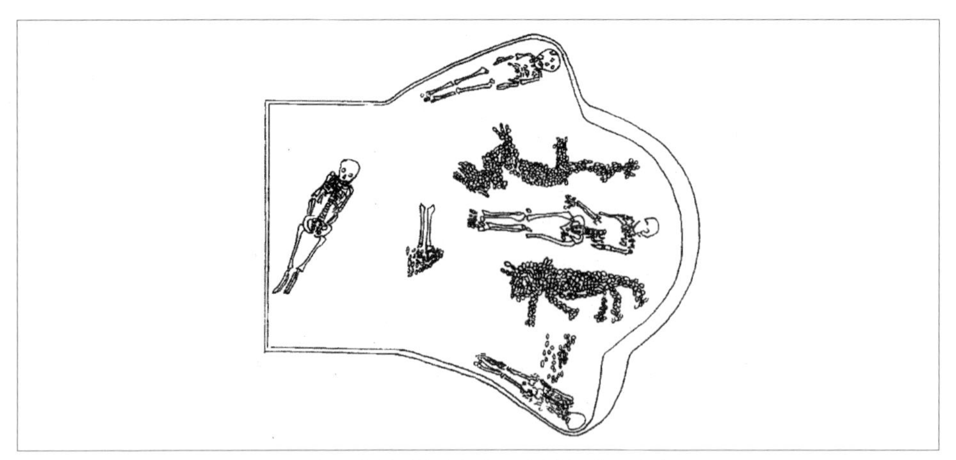

그림 1. 하남 복양 서수파 무덤 이분도(二分圖)

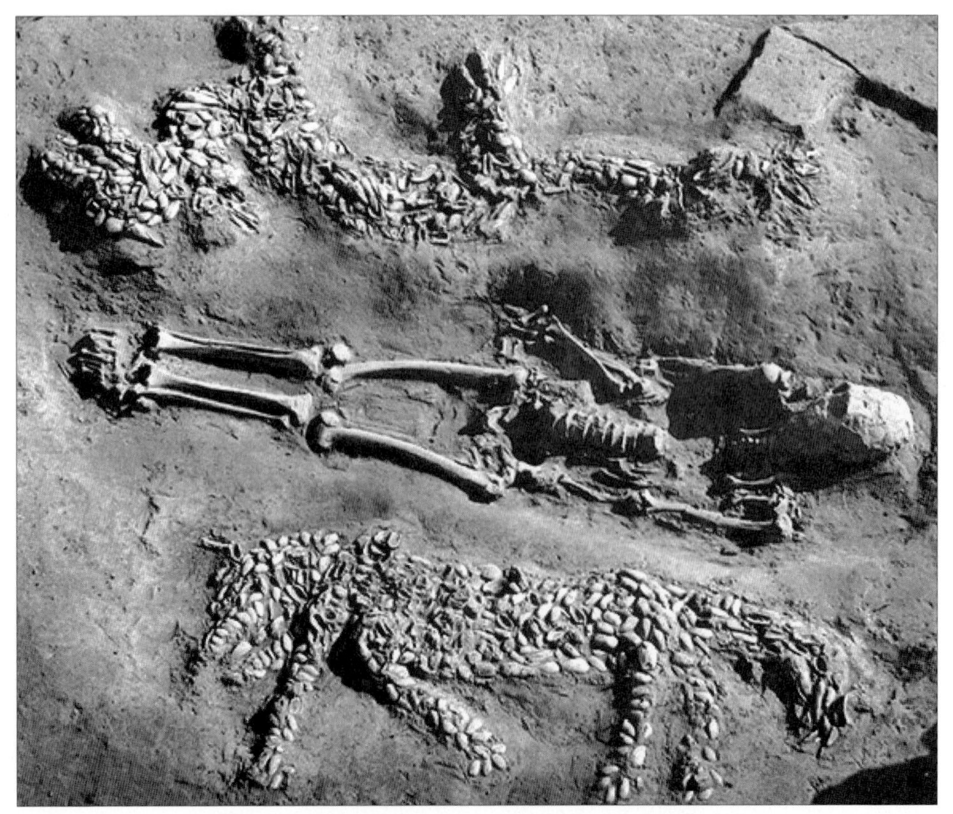

그림 1-1. 복양 앙소문화 무덤 용호도 (출처: 公祭軒轅黃帝網)

"대진(大辰)"은 민물조개의 껍데기 두 개가 벌렸다 다물어지는 것에서 뜻을 취했고, 일월성신이 밝았다 어두워졌다 하는 것을 의미한다. 마치 두 개의 입술이 벌렸다 다물었다하는 것과 같으며, 관상수시의 기본천상이 된다. 관련된 내용은 이 책 제2장 조보구문화(趙寶溝文化)의 야저수우각용(野猪首牛角龍) "영춘도(迎春圖)" 해석에서 자세히 설명하겠다.

"대화(大火)"는 별 이름으로, 동방창룡의 심수(心宿) 두 번째 별로서 용심(龍心)을 나타낸다. 심수(心宿) 별자리는 3개의 별로 이루어져 있어, 심수1, 심수2, 심수3으로 번호를 매긴다. 심수 두 번째 별자리는 정중앙에 위치해 있고 눈으로 관찰하면 붉은색을 나타내기에 "대화(大火)"라고 부른다. 해질 무렵 대화성(大火星)이 동쪽지평으로부터 올라올 때, 원시 시대의 "화전경작(刀耕火種)" 농업도 시작되었다.

『이아(爾雅)』「석천(釋天)」에서 말하길, "대화위지대진(大火謂之大辰)"이라. 곽박(郭璞)은 이에 대해 아래와 같이 주석을 달았다.

"大火, 心也, 在中最明, 故时候主焉"
- 大火는 心宿이다. 중간에서 가장 밝게 빛나면서, 시간과 절후를 정한다.

대화(大火)는 농사철 중의 생장년(生長年)을 알려주기 때문에, "대화(大火)는 대진(大辰)이다"라고 하는 것이다.

"벌(伐)"은 별이름으로, 서방백호에 속한 삼수(参宿)의 벌(伐)이다. 삼수(參宿) 별자리는 7개의 별로 이루어져 있다. 옛사람들은 마치 하늘에 호랑이 한 마리를 늘어놓은 것으로 여겼다. "삼(參)"은 혼합되었다는 뜻이 있는데, 호랑이 가죽의 털색깔이 뒤섞여있다는 뜻에서 유래되었다. 중간에는 가로로 별 세 개가 놓여있는데, 삼수1, 삼수2, 삼수3으로 호랑이 몸(虎身)을 의미한다. 그 아래에는 수직으로 나열된 세 개의 별이 있는데, 바로 삼벌(參伐)이다. 또 호랑이 몸의 위아래로 네 개의 별이 둘씩 벌려있어 옛사람들은 호랑이의 어깨와 다리로 여겼다. 위쪽은 삼수4, 5로 호랑이의 앞다리를 표시 한다. 아래쪽은 삼수6, 7로 호랑이의 뒷다리를 표시한다. 이밖에, 삼수5 안쪽에 자수(觜宿) 세 별이 있는데 삼각형 모양으로 배열되어 있어, 옛사람들은 호랑이 머리라고 생각했다. "벌(伐)"은 살육과 수확의 뜻이 있고, 황혼 무렵 삼벌(參伐) 세 별이 동쪽지평으로부터 올라올 때, 큰 수확의 계절도 시작된다. 삼벌(參伐)은 농사철 가운데 수장년(收藏年)을 주관하는데 이것이 바로 "벌위대진(伐爲大辰)"인 것이다.

"北辰亦为大辰 –북진 역시 大辰이다.–"이라는 말은, 중앙 하늘영역의 북극성과 북극 주위를 돌며 회전하고 있는 북두칠성을 가리킨다. 북두 별자리는 7개의 별로 이루어져 있으며 별들을 선으로 연결하면 마치 손잡이가 달린 국자 모양과 비슷하다. 이것은 고대인들이 질그릇 국자 혹은 나무 국자를 이용해 말(斗) 단위의 양을 재는데 사용한 것을 비유해 이름 붙여졌다. 북두칠성의 국자 입구부터 손잡이까지 별이름의 순서는 다음과 같다. 천추(天樞), 천선(天璇), 천기(天璣), 천권(天權), 옥형(玉衡), 개양(開陽), 요광(搖光).[9] 이 중에서 천선(天璇)과 천기(天璣)는 두괴(斗魁–북두칠성 국자에 있는 네 개의 별)중 아래쪽 양 모서리에 있어 두괴(斗魁)를 간단히 줄여 "선기(璇璣)"라고 부르며 회전하고 있는 기계에 비유해 밤낮 쉬지 않고 천북극 주위를 돌며 회전하고 있다는 것을 의미한다.

두표(斗杓)에는 중간에 옥형(玉衡)이라는 별이 하나 있는데, 전체 두병을 상징하는 것으로 마치 하나의 거대한 막대저울(衡杆)이 천체의 회전을 이끄는 것과 같다. 무덤 주인이 생존했던 시대에는 봄이 왔을 때, 황혼에 머리를 들어 천체를 관측했고 북두칠성의 두병이 동방창룡의 용각(龍角–角宿 별자리)을 붙잡고 동쪽지평에서 떠오르면, 서방백호는 서쪽지평으로 가라앉았다. 2월 춘분날이 되면, 창룡(蒼龍)의 몸체인 대화성(大火星)이 동쪽지평으로부터 올라올 때, 백호의 삼벌(參伐)은 서쪽 지평선으로 가라앉았다. 이러한 천상(天象)은 『사기(史記)』「천관서(天官書)」 중에도 명확하게 기록으로 남아있다.

> 北斗七星所謂璇璣玉衡, 以齊七政。杓携龍角, 衡殷南斗, 魁枕參首。用昏建者杓, 杓自華以西南; 夜半建者衡, 殷中州河濟之間; 旦建者魁, 魁海岱以東北也。斗爲帝車, 運於中央, 臨制四鄉, 分陰陽, 建四時, 均五行, 移節度, 定諸紀, 皆繫於斗。[10]

---

9) [역자주] 북두칠성의 별 이름은 천추(天樞), 천선(天璇), 천기(天璣), 천권(天權), 옥형(玉衡), 개양(開陽), 요광(搖光) 또는, 탐랑(貪狼), 거문(巨門), 녹존(祿存), 문곡(文曲), 염정(廉貞), 무곡(武曲), 파군(破軍)으로 불린다.

10) [참고자료] 北斗星有七颗,《尚书》所说的"旋、玑、玉衡以齐七政" 中的 "七政", 就是指这七颗星。北斗的斗杓与东宫七宿中的角宿相连, 斗衡与南斗宿殷殷相对, 斗魁枕于西方七宿中的参宿头顶。黄昏时以斗杓所指方位建明四时月份; 斗杓, 主华县西南方向的祸福吉凶。夜半时以斗衡所指方位建明四时月份; 斗衡, 主黄河、济水之间的中原地区的祸福吉凶。黎明时以斗魁所指方位建明四时月份; 斗魁, 主海、岱东北方向的祸福吉凶。北斗是天帝的车子, 在天球中央运行, 而主宰、钳制四方。分别阴阳, 建明四时, 平均五行, 移易节度, 确定十二辰纪的位置, 全都依靠北斗。(출처: 史記·卷二十七·十书·天官书第五〔刘洪涛 注译〕).

- 북두칠성은, 소위 선기옥형으로, 이로써 칠정을 가지런히 한다. 두병은 용각(角宿)을 붙들고, 두형은 남두의 중간에 있으며, 두괴는 參宿의 머리를 베고 있다. 그래서 저녁에 세워진(보이는) 것은 杓으로, 杓은 華山의 서남쪽에 위치해 있고, 한밤중에 세워진 것은 衡으로, 衡은 중원지역의 黃河와 濟水 사이에 위치해 있고, 아침에 세워진 것은 魁로, 魁는 태산의 동북쪽에 위치해 있다. 북두는 천제가 타는 마차가 되어, 중앙을 회전하는데, 네 방향에 이르게 되어, 음양을 나누며, 사시를 세우고, 오행을 고르게 한다. 절기의 도수에 맞게 이동하게 되어, 모든 해를 정하게 되니, 이 모든 것이 다 북두에 관련되어있다.

무덤의 북두칠성의 도안은 무덤방 중앙에 위치해 있기 때문에, "斗爲帝車, 運於中央-북두는 임금의 수레로 가운데에서 운행 한다.-"이라고 했다. 여기에서 북두칠성을 하나의 수레에 비유하였다. 두괴(斗魁)는 수레의 칸, 두표(斗杓)는 수레의 채, 두괴(斗魁) 아래 부분의 천선(天璇)과 천기(天璣) 두 별은 수레바퀴로 비유하였고, 북극성 주위를 돌며 밤낮으로 달릴 수 있다고 여겼다. 무덤주인의 맞은편을 보면, 바로 북두 도안의 위쪽으로, "천제의 수레"를 타고 있는 모습으로 무덤주인의 신격(神格)은 "제(帝)"로서 바로 지상천제(至上天帝)임을 나타낸다. 이 북두 도안은 두괴(斗魁)가 조개껍질 무덤으로 되어있고 두표(斗杓)는 사람의 경골 2개로 이루어져 있으며 한곳에 합친 것도 역시 "北斗七星所謂旋璣玉衡"이라 하는 것이다. 앞서 서술한 바와 같이, 선기(璇璣)는 두괴(斗魁)를 가리키며 회전하고 있는 기계를 의미하고 있어 하루의 낮과 밤이 천북극(北天極) 주위를 한 바퀴 회전함을 나타낸다. 또 사람의 경골로 "옥형(玉衡)"을 만든 것은 사람뼈의 표면이 옥(玉) 색깔의 광채와 비슷하며, 옥형(玉衡)이 바로 선기(璇璣)의 회전축이 되어 천체의 회전을 이끄는 것을 말한다. "以齊七政"은 해와 달과 오행성의 운행을 의미하는데 모두 북두칠성의 회전을 관측의 기준으로 삼았다. 더 구체적으로 말하자면 천체의 회전을 관측할 때 "표휴용각(杓携龍角)"을 기준으로 삼았다는 것으로 즉 북두칠성의 두표가 동방창룡의 용의 뿔(龍角)을 붙든 채로 동쪽 지평선으로부터 떠오르게 되는 것을 말한다. 각수(角宿) 별자리는 2개의 별로 이루어져 있는데 창룡 머리 위의 2개의 뿔(角)을 나타낸다. 조개 무덤을 주의해서 보면 북두칠성의 두표는 확실히 조개 무덤 용의 머리를 가리키고 조개 용의 이마 부위에는 용의 뿔(龍角)이 하나 붙어있는 것을 발견할 수 있다. 이것은 『사기. 천관서(史記. 天官書)』 중의 "표휴용각(杓携龍角)"의 천상을 의미하며 지금으로부터 6천여 년 전 앙소시대(仰韶时代)에 이미 확정되어진 것이다. 앙소시대 고대인들(仰韶先民)이 천체를 관측할 때 각수(角宿)를 회전하는 별자리의 출발점으로 삼아서 계속 역사시대까지 전해져왔다는 것이다. 조개 무덤 중의 북두의 두괴(斗魁)를 보면 조개 호랑이의 머리 부분과 서로 대응하고 있는데 이것이 바로 "괴침삼수(魁枕参首)"이다. 조개 무덤의 호랑이를 살펴보면 이마 위에도 뿔이 자라 있어 옛사람들의 생각 중에는 서방 백호도 또한 두괴(斗魁)가 호랑이 뿔에 걸린 채로 하늘 주위를 회전하고 있는 것으로 여겼음을 알 수 있다.

『사기』「천관서」에서는 다음과 같이 말하고 있다.

參爲白虎, 下三星, 兑(銳) 曰罰 (伐), 爲斬艾事; 其外四星, 左右肩股也; 小三星隅置, 曰觜觿, 爲虎首。

參은 白虎이다. 아래에는 별 3개가 있어, 兑(銳)를 罰(伐)이라고 부르고, 베고 자르는 일을 한다. 그 바깥쪽에는 별 4개가 있는데, 좌우 어깨와 허벅지이다. 작은 별 3개가 모퉁이에 놓여있어, 자휴(觜觿)라고 부르며 호랑이의 머리가 된다.

호랑이는 매우 사나운데, 이는 천상과 기상의 변화와도 일치한다. 가을이 오면 날씨는 서늘해지기 시작하고 초목도 날씨를 따라 시들어 누렇게 변한다. 이때, 서방백호는 동쪽에서 땅으로 올라와 천체를 운행한다. 호랑이도 산에서 내려가 동물을 사냥해 몸을 살찌워 겨울을 지내게 된다. 추분 즈음, 삼벌(參伐)이 동쪽 지평에서 떠오르고 대화심수(大火心宿) 둘째 별이 서쪽 지평선 아래로 사라지면 추수의 계절이 다가온 것이다.

「천관서」에서는 "下三星兑(銳)曰罰。"이라고 말하고 있으며, 『사기정의』에서는, "罰亦作伐 –罰 역시 베는 일을 한다"이라고 말한다. 즉 「공양전(公羊傳)」에서 말한 "伐爲大辰 –伐은 大辰이다.–"를 의미한다.

재배한 곡식을 모두 추수하기를 기다렸다가 북풍이 땅의 마른풀들을 휩쓸어 꺾으면 대지 또한 적막한 허허벌판이 된다. 그렇다면, 조개 호랑이 머리 위에 자라있는 뿔(角) 역시 곡식이나 풀을 베고 뽑는데 사용되는 것이다. 그것을 "小三星隅置, 曰觜觿, 爲虎首。"라고 적은 것은, "자휴(觜觿)" 역시 뿔로 해석되어져, 머리의 뿔로 볼 수 있다. 이것은 조개 호랑이 머리 위에 난 뿔(角)이 천상과 기상에 근거한 것임을 말해준다. 지금으로부터 6천 년 전 앙소시대에 이미 고대인들은 자수(觜宿)와 삼수(參宿) 등의 별자리에 대한 관념이 있었다고 볼 수 있다. 「천관서(天官書)」에는 아래와 같이 적고 있다.

用昏建者杓，杓自華以西南；夜半建者衡，衡殷中州河濟之間；平旦建者魁，魁海岱以東北也。

저녁에 세워진(보이는) 것은 杓로, 杓는 華山의 서남쪽에 위치해 있고, 한밤중에 세워진 것은 衡으로, 衡은 중원지역의 黃河와 濟水 사이에 위치해 있고, 아침에 세워진 것은 魁로, 魁는 태산의 동북쪽에 위치해 있다.

춘분날 초저녁부터 새벽까지 천체를 관찰해보면 천체는 하늘을 반 바퀴 돌고 별자리의 동서 위치도 서로 뒤바뀐다. "用昏建者杓"는 황혼 때 두병(斗柄)은 동쪽 방향을 가리키고 동방창룡을 잡은 채로 땅에서 나와 하늘을 돌아다닌다는 것이다. "夜半建者衡"의 "衡"은 두병(斗柄)을 가리키고 한밤중의 두병(斗柄)은 남쪽을 가리키며 두병(斗柄)과 서로 평행한 남두성(南斗星)이 동쪽지평에서 떠오른다. 이 남두는 북방현무의 두수(斗宿) 별자리로 6개의 별로 이루어져 있으며 선으로 연결해보면 북두와 비슷한 모양이다. 무덤 주인이 살았던 시대에는 춘분 때 한밤중에 남두성이 동방지평에 떠올랐는데 이것을 "衡殷南斗"라고 불렀다. 계명(啓明[11]-금성)이 새벽에 보일 때가 되면, "平旦建者魁"로 두괴(斗魁)는 서방백호를 벤 채로 동방지평에서 태양과 함께 나타난다. 이때, 북두칠성의 두병이 가리키는 방향은 서쪽이므로 "杓自華以西南"라 하였고 두괴(斗魁)는 동쪽을 가리키므로 "魁海岱以東北也"라 하였다. 그리고 두병과 두괴(斗魁) 사이의 "형(衡-玉衡)"이 마침 "中州河濟之間-중원지역 黃河와 濟水사이.-"에 놓이게 되는 시기이다. 고대사를 살펴보면 복양 서수파는 황하(黃河)와 제수(濟水) 사이에 있었다. 『사기. 천관서(史記.天官書)』에 기록된 것은 오래전부터 전해 내려오는 천문 지식으로 복양 서수파는 지금으로부터 6천 년 전의 앙소(仰韶) 시대에 있었던 중요한 농업과 관련된 천문 관측의 중심지였음을 알 수 있다.

복양 서수파 이분도(二分圖)의 천상도와 관련해 고대 신화 전설이 있다. 영국의 이약슬(李約瑟, Joseph Needham)은 「有關星辰的神話和民間傳說 -별과 관련된 신화와 민간전설」에서 "삼(參)과 대화(大火)는 서로 다투는 형제"라고 말했다.[12] 『간명천문학사전(簡明天文学辭典)』에도 다음과

11) [참고자료] 金星, 在我国古代称为太白, 早上出现在东方时又叫启明(qǐmíng)、晓星(xiǎoxīng)、明星, 傍晚(bàngwǎn) 出现在西方时启明星(太白金星) 也叫长庚(chánggēng)、黄昏星(huánghūnxīng)。(출처: baidu 백과사전 「启明星」)
금성은 고대에는 태백(太白)이라고 불렀고, 아침에 동쪽에서 나타날 때는 계명, 효성, 명성이라고도 불렀다. 해질 무렵 서쪽에서 나타날 때 계명성(태백금성)은 개밥바라기나 황혼성으로도 부른다.

12) (英) 李約瑟(J. Needham): 『中國科學技術史』 第四卷第一分冊, 254p, 科學出版社, 1975年.

같이 적혀 있다. “심수2(心宿二)는 ‘천갈궁 a별(天蝎座a星)’에 해당한다. 옛날에는 ‘상성(商星)’과 ‘대진(大辰)’으로 불렀다. 붉은 빛이 눈부시게 보이기에, ‘대화(大火)’라고도 불렀다.……그것은 오리온좌 가운데 3개의 밝은 별(參宿의 몸체)의 적경(赤經)과 서로 180도 차이가 나기 때문에 하나가 떠오르면 하나는 지고 한쪽이 잦아들면 다른 쪽이 들고 일어나 다른 시간에 하늘에 나타난다. 따라서 고대에는 삼상불상견(參商不相見) 고사(故事)로 서로 만나지 못하는 상황을 표현하였고, 이로써 사람들이 서로 잔인하게 죽이지 말고 화목하게 지낼 것을 훈계하였다.”[13] 앞서 언급한 서적에는 천문학의 기원과 고대 신화의 탄생이 밀접한 관계를 갖고 있다고 적고 있다. 아래에 서술할 내용 또한 이들과 관련이 있다. 위에서 언급한 “삼상불상견(參商不相見)”과 관련된 신화는 본 장의 마지막에서 다시 설명 하겠다.

2절. 두 번째 무덤도: 동지도(冬至圖)

동짓날에는 태양이 가장 남쪽에 있게 되고 우리에게서 가장 멀어진다. 북반구에서는 일조량이 적고 날씨가 춥기 때문에 한겨울이 된다. 관상수시에서 동지는 지난 회귀년의 종점이자 새로운 회귀년의 기점(起點)이 된다. 고대 중국에선 동짓날 천상과 기상의 관측을 중시했는데 이는 지난 해와 다음 해 그리고 추위와 더위의 변화 규칙에 대해 기본적으로 파악하고 있었다는 것을 설명해준다. 또한 복양 서수파 조개 무덤 동지도(冬至圖)의 출현은 앙소시대의 고대인들이 계절을 알 수 있는 기초적인 농업 역법도 있었다는 것을 의미한다.

무덤 동지도에는 조개 무덤 용, 조개 무덤 호랑이, 조개 무덤 거미와 돌도끼가 있다(그림 2). 이런 성도(星圖)는 영국의 Joseph Needham이 언급한 ‘미술적 성격을 갖추고 있는 것’에 해당한다. 그는 또한, “표현된 것은 별자리의 형상시의도(形象示意圖)일 뿐, 별 자체는 아니다”라고 언급했다.[14] 역사시대 이전의 모든 성도(星圖)나 기상도는 이러한 법칙을 따르고 있고 이것은 미술적 성격을 갖추고 있는 것이다. 복양 서수파의 조개 무덤 세 개 역시 먼저 미술계의 주목을 받아 미술 작품으로 여겨졌다. 그러나 이들은 또한 천문학적 의미를 담고 있기 때문에 전통

13) 葉叔華周編: 『簡明天文學詞典』 161p, 上海辭書出版社, 1986年.

14) (英) 李約瑟(J. Needham): 『中國科學技術史』 第四卷第一分冊, 253p, 科學出版社, 1975年.

문화의 관점에서 새로운 고찰이 필요하다.

무덤의 동지도 속의 조개용과 조개호랑이의 몸은 서로 함께 이어져있다. 조개용의 머리는 남쪽을 향하고 있으며 형태는 또렷하지 않지만 정신없이 겨울잠을 자고 있는 모습으로 보인다. 용과 호랑이의 몸은 서로 연결되어 마치 용과 호랑이가 교미중인 것처럼 보인다. 조개호랑이 머리는 북쪽을 향하고 있고 얼굴은 서쪽을 향하고 있다. 호랑이는 생김새가 또렷하고 눈빛이 번뜩이는 모습인데 연결되어 있는 용을 잡아 끌며 걷고 있는 것처럼 보인다. 호랑이의 등에는 사슴이 누워있다. 사슴은 머리를 호랑이 목에 기댄 채 비스듬히 누워있는 모습으로 임신하여 편히 자고 있는 모습을 보여준다. 용, 호랑이, 사슴의 남쪽 틈새에는 거미와 널찍한 돌도끼가 놓여있다. 이 동지도의 해석에서 돌도끼는 문제를 푸는 열쇠가 된다.

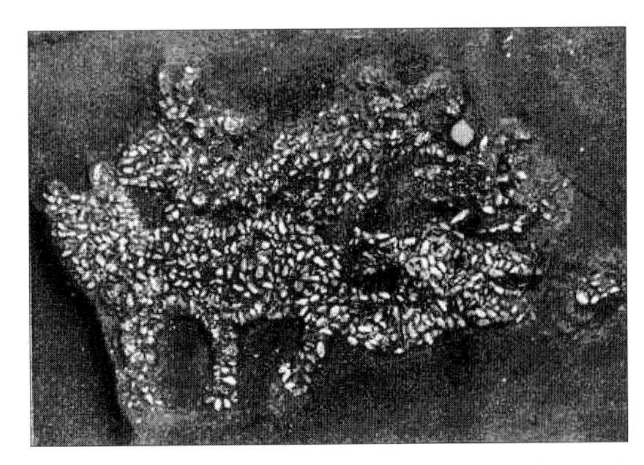

그림 2. 하남 복양 서수파 앙소문화 무덤 동지도(冬至圖)

이 돌도끼는 넓적한 형태로 석월(石鉞)로도 부르는데 『설문해자(說文解字)』에서는 "戉, 斧也。-월(戉)은 도끼다"라고 적고 있다. 서현(徐鉉)은 "今別作鉞, 非是。-현재의 鉞로 여기는 것은 옳지 않다"라고 주(注)를 달았다. 금속이 출현하지 않은 역사시대 이전에는 월(戉)만 있고 월(鉞)은 없었기 때문에 석월(石戉)은 석부(石斧)가 변해 온 것이다. 「설문(說文)」에는 또 다른 "월(鉞)"자가 있는데 서현(徐鉉)은 "今俗作鐬, 以鉞作斧戉之戉, 非是。-지금 속칭 회(鐬)라고 쓰는데, 鉞을 斧戉의 戉로 쓰는 것은 옳지 않다.-"라고 주(注)를 달았다. 이른바 "월(鉞)"은 "회(鐬)"의 이체자(異體字)로 나중에 첨가한 금(金)의 부수를 없애면 '월(戉)'은 '세(歲)'의 의미로 사용될 수 있다. 월(戉)은 원시시대 지도자가 동지세종대제(冬至歲終大祭-동짓날 천지인 모든 신께 제례를 지내는 것)때 사용한 의장(儀仗)[15]으로 볼 수 있다. 곽말약(郭沫若)은 「석세(釋歲)」에서 "歲字之使用爲時頗古 -'歲'라는 글자를 사용한 것은 시기적으로 꽤 오래되었다.-"라고 말했다.[16] 세(歲)라는 글자를 언제부터 사용하였는지는 갑골문과 금문(金文)을 통해서 고찰이 가능하다. 곽말약(郭沫若)은 모공정

15) [역자주] 의장(儀仗): 국가적인 의식(儀式)에 쓰는 물건으로 무기, 월부, 깃발 등이 있다.

16) 郭沫若: 「釋歲」, 『郭沫若全集』 '考古編 I', 科學出版社, 1983年. 그 다음 문장의 출처도 이와 동일함.

(毛公鼎)[17]에 새겨진 "세(歲)"자를 인용해 "則知歲之尤當爲戉。—즉 歲의 뛰어난 것을 아는 것이 戉에 해당한다"라고 적고 있다. 또한 자화자부(子禾子釜)[18]에 새겨진 "세(歲)"자를 이용해 "子禾子釜乃用戉爲歲 —子禾子釜는 곧 戉로써 歲를 삼다.—"라고 언급하였다. 또한 정묘부(丁卯斧)에 새겨진 "세(歲)"자에 대해서도 "此器爲斧而銘之以'歲', 是又歲戉通用之鐵証矣。—이 기물은 斧이고, '歲'로써 명문을 새기는 것은, 또한 歲와 戉이 통용되었다는 증거이다.—"라고 설명했다.

곽말약(郭沫若)은 "고대의 발음에서 세(歲)와 월(戉)은 어원이 같은 글자로 같은 부수의 글자는 서로 통용될 수 있다. 즉 세(歲)와 월(戉)은 원래 어원이 같은 것으로 서로 통용되었으며 이후의 여러 의미는 발전하면서 만들어진 것이다"라고 말했다. 즉 세(歲)와 월(戉)은 고대에 어원이 같은 글자라는 뜻이다. 이것에 근거하여, 동지도에 있는 돌도끼(石斧) 역시 "爲斧而銘之以歲 —斧이고 歲라고 명문을 새기다"로 볼 수 있으며 동짓날 제례 때 사용된 의장으로 생각된다. 1 회귀년의 종결(終結)을 "세(歲)"라고 불렀으며 『상서(尙書)』「요전(堯典)」에서는 다음과 같이 적고 있다.

> 帝曰: 咨! 汝羲既和, 朞(期)三百有六旬有六日, 以閏月定四時成歲。
>
> 堯 임금이 羲와 和에게 말하길, 366일이 반복되니, 윤달로써 사시를 정해 1년을 완성 하도록 하라.

전설 속의 제요시대(帝堯時代)에는 1 회귀년의 길이를 366일로 정하고, "세(歲)"라고 불렀는데 이는 정수를 취한 수치이다. 좀 더 자세히 살펴보면 동지 당일을 이틀로 나누어 사용하였다. 동지는 이전의 회귀년이 끝나고 새로운 회귀년이 시작되는 날이므로 하루를 두 회귀년에게 나누어 배당하게 되면 1 회귀년의 길이는 365 1/2일이 된다. 이 회귀년의 길이는 지평일구(地平日晷) 위에서 입간측영(立竿測影)[19]을 통해 얻은 것이다. 다시 복양 서수파 조개 무덤 동지도의 시대로 돌아가 보자. 동짓날의 측정은 지금으로부터 6천 년 전에 1 회귀년의 길이를 이미 알고 있다는 것을 의미한다. 복양 서수파 앙소시대 고대인(仰韶先民)들도 입간측영(立竿測影)의 방법을

---

17) [참고자료] 모공정(毛公鼎): 西周 말기의 청동 유물로 32줄 499개 글자가 새겨 있는데 이것은 현존하는 가장 긴 명문(銘文)이다(출처: baidu 백과사전 「毛公鼎铭文」).

18) [참고자료] 자화자부(子禾子釜): 산동에서 출토된 戰國 시대의 솥(출처: baidu 백과사전 「子禾子铜釜」).

19) [역자주] 막대를 세워 그림자를 측정한다는 의미로 수직한 나무 막대를 이용해 태양의 그림자 길이를 측정해 동지 날짜를 측정하는 것을 말한다. 즉, 고대의 규표를 의미한다.

통해 이분이지(二分二至)를 구했는데, 풍시(馮時)는 이에 대해 상세한 논술을 하였으며, 『주비산경(周髀算經)』의 원리에 부합한다고 언급하였다.[20] 고대 중국의 입간측영(立竿測影)은 동짓날 당일부터 시작해, 춘분, 하지, 추분을 지나 다시 동지로 돌아오면 이것이 바로 1 회귀년의 길이인 것이다. 「요전(堯典)」에서는 "以閏月定四時成歲"라고 말하였으며 동짓날 세종대제(歲終大祭)를 지내왔다. 세종대제(歲終大祭)에 관한 내용은 고대 사서에 많이 남아 있다. 예를 들면, 『태평어람(太平御覽)』 28권의 「역통괘험(易通卦驗)」을 인용하면 아래와 같다.

> 冬至之日立八神, 樹八尺表, 日中視其晷, 如度者則歲美, 人和順。不如度者歲惡; 晷入則水, 晷退則旱。
>
> 동짓날에 여덟 神을 세우고, 8尺 表를 세운다. 해가 가운데 떴을 때 그 그림자를 본다. 측량한 것이 맞으면 곧 한 해가 아름답고 사람들이 화목하고 순조롭게 지낸다는 것이다. 측량한 것이 맞지 않으면 한 해가 불길하다는 징조이다. 해 그림자가 들어오면(짧아지면) 홍수가 발생하고 해 그림자가 물러나면(길어지면) 가뭄이 든다.

여기에서 고대인들은 동짓날 해 그림자 측정을 매우 중시하였음을 알 수 있다. 측정한 해 그림자의 길이가 잘 맞기를 소망했다. 측정한 해의 그림자 길이가 잘 맞아 사람들이 화목하게 지내길 소망하였으며 측정한 것이 맞지 않아 불길한 일이 생기지 않기를 바랬다. 복양 서수파 동지도는 앙소문화 고대인들이 동짓날 측정에 대해 매우 중요시 여겼다는 것과 세종대제(歲終大祭)의 제사가 있었음을 설명해준다. 조개 무덤은 제례를 위해 만든 것이었다. "樹八尺表, 日中視其晷 –8척의 表를 세워, 해가 하늘 가운데 있을 때 表의 그림자를 살핀다.–"에서 "표(表)"는 입간(立竿)을 나타내는데 입간측영(立竿測影)에서 입간의 높이를 8척(尺)으로 했다는 것을 말한다. 앙소시대의 8척(尺) 길이에 대해 현재 정확히 알려진 수치는 없다. 그러나 원시시대의 기준 길이는 수령이나 부족장의 키를 기준하였기 때문에[21] 무덤 주인의 키를 8척(尺)으로 추정할 수

---

20) 馮時: 『星漢流年—中國天文考古錄』, 四川教育出版社, 1996年.

21) 如「史記. 夏本紀」說, 夏禹"身爲度"。注引「集解」說: "王肅曰: 以身爲法度。"
예를 들면 「사기. 하본기」에서는, 하우는 "신체를 척도로 삼았다"라고 말하고 있다. 「집해」를 인용한 注에서는 "왕숙은 신체로써 법도를 삼았다"라고 말하고 있다.
又「索隐」說: "與身爲律度則權衡亦出於其身"。
또한 「색은」에서는 "신체를 따라서 律度를 삼았고 權衡(法度) 역시 그 신체에서 나온다"라고 말하고

있다. 현재 측정한 무덤 주인의 키는 184cm로 당시 1척(尺)의 길이는 23cm 정도로 추정할 수 있다. 이 길이는 한척(漢尺: 한나라 때 길이 측정 단위)의 길이와 비슷하다.[22)]

먼 후대의 척도라 비교하기가 적절하지는 않지만 중국의 양천척(量天尺)의 길이와도 거의 비슷한 길이이다.[23)] 이것은 무덤 주인이 생존했을 때 직접 입간측영(立竿測影)과 관상수시(觀象授時)를 했다는 것을 의미한다.

무덤의 '동지도'라는 이름은 과거에 이미 정해졌으며 그림의 내용 또한 잘 알려져 있다. 앞서 설명한 바와 같이 용과 호랑이가 한 몸으로 연결된 그림의 주체는 조개호랑이이며 조개용은 보조적인 의미를 갖는다. 조개호랑이는 두 눈을 부릅뜨고 하늘을 운행하고 있다.

『상서』「요전」에서는 아래와 같이 적고 있다.

> 申命和叔, 宅朔方, 曰幽都, 平在朔易。日短星昴, 以正仲冬; 厥民隩, 鳥兽氄毛[24)]
>
> 또 화숙에게 명하여, 북방의 유도에 거하며, 태양이 북쪽으로 운행하는 상황을 분별하여 관찰하도록 하였다. 낮의 길이가 가장 짧고, 서방백호 7수중 묘성이 황혼에 정남쪽에 떠오르면 이 날을 동지로 정했다. 이 때, 사람들은 집안에 거하고, 날짐승들은 부드러운 솜털이 나온다.

위 문장에서 중동(仲冬)은 동지(冬至)가 포함된 달로 여기서는 동짓날을 가리킨다. 동짓날은

있다.

22) 天石: 「西漢度量衡略說」, 『文物』 1975年 第12期.

23) 伊世同說: "明代影表尺尺値爲24.525厘米, 與隋、唐小尺同。−明代 影表尺의 1척은 24.525cm로 隋대와 唐대의 小尺과 동일하다."
中国大百科全書. 天文卷 참조 :中国大百科全書出版社(1980) 출판.

24) [참고자료] 又命令和叔, 居住在北方的幽都, 辨别观察太阳往北运行情况。白昼时间最短, 西方白虎七宿中的昴星黄昏时出现在正南方, 这一天定为冬至。这时, 人们居住在室内, 鸟兽长出柔软的细毛。(출처: baidu 백과사전 「堯典」)
幽都: 即幽州。都与州古音相近。−바로 幽州이다. 都와 州의 古音은 비슷하다.
在: 『尔雅·释诂』: "在, 察也。" −"在는, 살피는 것이다"
朔: 北方。−북쪽
易: 改易。这里指运行。−변경하다, 바꾸다. 여기서는 운행하는 것을 가리킨다.
日短: 白昼时间短。−낮의 길이가 짧은 것을 말한다.
星昴: 昴, 星名, 西方白虎七宿之一。−昴는, 별이름으로, 서방백호 7宿 가운데 하나이다.
隩: 通"奥"。『后汉书·梁冀传』注: "奥, 深室也。" −"奥"로 통한다. 깊은 거처라는 의미이다.
氄: 柔软细毛。−부드럽고 가느다란 솜털。

낮의 길이가 가장 짧기 때문에 '일단(日短)'으로 적고 있다. 동짓날 밤에 하늘을 보면 Pleiades cluster(昴星團, 좀생이별)가 하늘 한가운데 떠 있는 모습을 볼 수 있었기 때문에 묘수(星昴)라고 적은 것이다. 한편, 제요 시대는 무덤 주인이 생존했던 시기보다 약 2000년이 지난 후대로 무덤 주인이 생존했을 시기에는 '삼수(星參)'나 '자수(星觜)'가 묘수의 역할을 했을 것이다. 「설문(說文)」에서는 "昴, 白虎宿星-묘는, 백호자리의 별이다.-"라고 적고 있다. 묘수(Pleiades cluster)는 백호에 포함된 별들로 서방백호가 하늘을 운행하는 모습을 조개호랑이가 두 눈은 부릅뜨고 하늘에서 땅을 감시하고 있는 것으로 표현하였다. 이때 동방창룡은 북극 아래에 숨어서 휴면(休眠) 상태에 있게 된다. 조개 무덤 동지도에서 아래쪽에 있는 용이 호랑이와 연결되어 서로 교미하는 모습으로 표현하였는데 이것은 조개호랑이가 조개용을 이끌고 하늘을 운행하는 모습을 나타낸다. '궐민오(厥民隩)'는 날이 춥고 땅이 얼음으로 뒤덮여 사람들이 실내에 머물며 추운 겨울을 보내고 있다는 것을 의미한다. 그러나 날짐승은 이 시기에 깃털이 자라나고 새끼를 낳을 준비를 한다. 용과 호랑이가 교미하는 모습은 동짓날 천상과 기상에서 그 의미를 취했다. 고대인들은 동짓날에 일월성 삼신(日月星 三辰)이 서로 만나고 하늘과 땅이 교차하며 사시와 음양이 함께 바뀐다고 여겼다. 사시의 바뀜 중에서 가장 중요한 것을 「요전(堯典)」에는 '평재삭역(平在朔易)'이라고 적고 있다. '역(易)'은 동짓날에 세시가 바뀐다는 것을 의미한다. 북경 고궁박물관 안에는 교태전(交泰殿)이 있는데 이곳은 황실에 시간을 알려주는 기구이다. 교태전의 가장 중요한 역할은 세시(歲時)의 바뀜을 알려주는 것이다. 『주역』「태」 괘(卦)는 아래와 같이 적고 있다.

彖曰: 泰, 小往大來, 吉亨, 則是天地交而萬物通也, 上下交而其志同也, 內陽而外陰, 內健而外順。……象曰: 天地交, 泰; 后以財(裁)成天地之道, 輔相天地之宜, 以左右民。[25)]

---

25) [참고자료] 【译文】《彖辞》说: "泰: 由小而大, 由微而盛, 吉利, 亨通。" 因为上卦为坤为地为臣, 下卦为乾为天为君。上坤下乾, 表示天地交感, 万物各畅其生。君臣交感, 志趣和同。內卦为阳, 外卦为阴, 预示阳气充实而阴气消散。乾卦有刚健之德, 坤卦有柔顺之性, 所以说內秉刚健之德而外抱柔顺之姿。天地交感, 是泰卦的卦象。君子观此卦象, 裁度天地运行的规律, 辅助天地的造化, 从而支配天下万民。
-「彖辭」에서는 다음과 같이 말했다. "泰라는 것은 작은 것에서 시작하여 커지는 것이요, 미약한 것에서 왕성해지는 것으로, 吉하면서, 형통한 것을 말한다." 上卦는 坤이면서 地이면서 臣이요, 下卦는 乾이면서 天이면서 君이다. 위가 坤이고, 아래가 乾이니, 이는 天地가 교감하는 것을 말하며, 만물이 각각 그 생명을 번성시키는 것을 뜻한다. 임금과 신하가 교감하여, 지향하는 바가 서로 맞게 된다. 內卦는 陽이요, 外卦는 陰으로, 양기가 충만해지면 음기는 흩어져 없어진다. 乾卦에는 강건함의 덕이 있고, 坤卦에는 유순한 성질이 있기에, 안으로는 강건함의 덕을 겸비하고 밖으로는 유순한 태도를 품는 것이다. 하늘과 땅이 교감하는 것이 泰卦의 卦象이다. 군자는 이 卦象을 살펴, 천지운행의

泰는 小가 가고 大가 오니, 길하고 형통한 것이다. 즉 하늘과 땅이 만나니 만물이 통하고 상하가 만나니 그 뜻이 같아진다. 내양과 외음으로 안은 굳건하고 밖은 순해진다. 象왈 하늘과 땅이 만나니 泰이라. 임금은 이로써 하늘과 땅의 도를 만들고, 하늘과 땅의 조화를 돕고 이로써 백성들을 지배한다.

'小往大来, 吉亨'은 요즘 말로 전반적인 정세나 작은 국면을 의미한다. 앞서 언급했듯이 동짓날 당일 일월성신이 서로 만나고 천지와 음양이 교차하고 신구(新舊) 회귀년도 이 날 바뀐다. 구(舊) 회귀년은 이미 지났기 때문에 '소왕(小往)'이라 하였고 신(新) 회귀년이 시작하기 때문에 '대래(大来)'라고 적었다. 『사기정의』에서는 "陰去故小往, 陽長故大来 –음이 가니 이를 小往이라 하고, 양이 길어지니 이를 大来라고 한다.–"라고 적고 있다. '음거(陰去)'라는 것은 동지(冬至) 이전을 '태음(太陰)'으로 여겨 이미 지나갔다는 것을 의미한다. '양장(陽長)'이라는 것은 동지(冬至) 이후를 "소양(少陽)"으로 여겨 시작되었다는 뜻을 의미한다. 동짓날 태양은 가장 남쪽에 있게 되고 다시 북쪽으로 올라가기 시작하기 때문에 원기가 소생하고 대지도 깨어나려고 한다. 『예기(禮記)』「월령(月令)」에서는 "仲冬之月, …… 是月也, 日短至, 陰陽争, 諸生荡。 –음력 11월은, ... 월이라. 해가 짧아지고, 음양이 다투니 모든 생물이 움직인다.–"라고 적고 있다. '음양쟁(陰陽争)'은 음기가 이미 절정에 이르러 쇠퇴하기 시작하고 양기는 다시 소생하기 시작한다는 의미이다. 『설문해자』에서는 "子, 十一月陽氣动, 萬物滋。 –子(月), 11월에 양기가 동하니 만물이 생장한다.–"라고 적고 있다. 음양이 만나게 되는 것을 '陽氣動, 萬物滋 –양기가 움직이니, 만물이 생장한다.–'로 적고 있다. 새로운 생장년이 곧 다가오는 것이다. 이러한 내용을 정리하여 '天地交, 泰–천지가 만나니, 泰이다.–'라고 적고 있다. 만난 뒤에 통하고(交而後通) 같아지고(交而後同) 천지(天地)의 도(道)가 완성되니(交而後成天地之道) 이것이 바로 조개용과 조개호랑이의 모습에 담겨 있는 의미라고 할 수 있다. 이 날 거행하는 교제(郊祭)를 동지세종대제(冬至歲終大祭)라고 부른다.

『예기』「교특생(郊特牲)」에서는 다음과 같이 적고 있다.

郊之祭也, 迎長日之至也, 大報天而主日也。兆于南郊, 就陽位也。掃地而祭, 於其質也。器用陶匏, 以象天地之性也。於郊, 故謂之郊。牲用騂, 尚赤也。用犢, 貴誠也。郊之用辛也, 周之始

규칙을 만들고, 천지의 조화를 도와서 천하의 만민을 지배한다.(출처: 搜搜百科「泰卦」)

郊, 日以至。

- 郊의 제사는, 해가 길어지기 시작할 때 태양에게 은혜를 갚는 것이다. 남교에 제단을 쌓는 것은 태양의 위치를 상징한 까닭이다. 땅을 쓸고 제사지내는 것은 그 본질에 기인한 것이다. 제기로 질그릇을 사용하는 것은 그 모습이 천지를 닮아서이다. 郊에 서 제사 지내기 때문에 郊라고 부른다. 산 제물에 붉은 말을 사용하는데 이것은 붉은 것을 상서롭게 생각하기 때문이다. 제물로 송아지를 사용하는 것 또한 귀한 정성이다. 郊에 살생하는 것은 周나라부터 시작된 郊로 동짓날에 하게 된다.

'일이지(日以至)'는 동짓날로 주대(周代)의 동지세종대제(冬至歲終大祭)를 의미한다. 역사시대 이전의 교(郊), 단(壇), 사당(廟) 등의 유적지 발굴을 통해 교제(郊祭)는 역사시대 이전부터 있었음을 알 수 있다. 그리고 복양의 조개용과 조개호랑이가 서로 연결되어 있는 모습은 '교(郊)'의 의미를 더욱 분명하게 보여준다.

가장 중요한 것은 동짓날 회귀년이 바뀌면서 세시(歲時)가 서로 교차한다는 것이다. 동짓날 정오, 태양은 가장 남쪽에 이르게 되고 입간측영(立竿測影)의 해 그림자도 가장 북쪽까지 이르러 가장 길어진다. 그래서 "迎長日之至也, 大報天而主日也。"라고 적고 있다. '기용도포(器用陶匏)'에서 도포(陶匏)는 구형의 질그릇(陶壺)을 나타낸다. 복양 서수파 유적에서 배가 볼록한 질그릇(陶壺) 하나가 출토되었는데 이것이 서수파 시대에 동지세종대제(冬至歲終大祭)에 사용했던 천지의 모양을 닮은(以象天地之性) 질그릇(陶壺)으로 보인다. "於郊, 故謂之郊"에서 교(郊)는 교외의 광야를 나타낸다. 넓은 황야는 "天地交泰 –하늘과 땅이 서로 만나 평안하다.–"의 자연 분위기를 설명하고 있다. 복양 서수파 고대인들이 만든 세 개의 조개 무덤은 교제(郊祭) 유적임이 분명해 보인다.

동지도 조개 무덤 중에는 한 마리의 거미가 표현되어 있는데 거미의 여러 다리는 방사(放射) 모양으로 표현되어 있다. 거미를 표현한 문화적 의미는 알아내기 어렵지만 갑골문과 금문을 살펴보면 "주(朱)"는 거미의 상형자(象形字)에서 변화된 것이다. 일반적으로 '주(朱)'는 붉은색이라는 의미로 앞서 「교특생(郊特牲)」에서는 "牲用騂, 尚赤也"라고 설명하고 있다. 성(騂)과 적(赤)은 모두 붉은색을 나타내는데 동짓날 새롭게 떠오른 태양이란 뜻을 포함하고 있으며 처음 솟아오르는 태양처럼 붉다는 의미이다. 조개 무덤 거미도 역시 붉은색의 태양에서 그 뜻을 취했음을 알 수 있다. 『상서』「요전」에서는 제요(帝堯)의 아들을 "주계명(朱啓明)"으로 적고 있는데 이것은 불처럼 붉고 밝은 태양에서 뜻을 취한 것이며 '단주(丹朱)'라고도 부른다. 옛 신화 중에 "太昊師蜘蛛而結網"[26]라는 기록이 있다. 태호(太昊)는 태호(太皞)로도 부르며 태양신을 의미한다. 태양신은 거미를 보고 그물 만드는 방법을 배웠다. 태양신이 만든 그물은 대지를 널리 비추고 있는 햇빛이 마치 하늘과 땅에 그물을 펼친 것과 같다는 의미를 나타낸다. 아래에는 단주(丹朱)와 관련된 거미 신화에 대해 설명하겠다.

『상서』「익직(益稷)」에는 아래와 같이 적혀 있다.

> 丹朱傲, 惟慢游是好, 傲虐是作, 罔昼夜頟頟, 罔水行舟, 朋淫於家, 用殄厥世。
>
> 丹朱는 오만하고 노는 것만 좋아하며 포악한 짓을 일삼았다. 밤낮으로 유희를 즐겼는데 밤새도록 물이 없는데 배에서 노를 젓고 놀았으며 무리를 이뤄 집에서 음탕한 짓을 하며 생애를 소진하였다.

'단주(丹朱)'는 제요(帝堯)의 아들 주계명(朱啓明)으로 그는 매우 자유롭게 살았으며 삶을 하찮게 여기며 행실도 바르지 못했다는 것을 나타낸다. 그러나 이것은 문장의 표면적 의미를 해석한 것이며 그 내용을 자세히 살펴보면 숨어 있는 의미를 찾을 수 있다. '罔水行舟'는 물이 없는 곳에서 배를 탔다는 것인데 상서의 주석을 보면 "陸地行舟 —육지에서 배를 운행한다.—"로 적혀있다. 이것은 '空中行舟'도 포함하는 것으로 어디든 틈만 있으면 들어간다는 의미이다. 거미는 어디든 거미줄을 치기 때문에 천지사방에 그물을 친다(天羅地網)는 의미를 나타내는 것이다. '오(傲)'와 '오학(傲虐)'은 사전적 의미와 달리 햇빛이 어두운 구석을 널리 비추고 있다는 의미이다. '惟慢游是好'는 천지 사방을 운행하는 태양을 상징한 것이다. '罔昼夜頟頟'은 낮과 밤이 쉼없이 하루에 한 바퀴 일주하는 것을 의미한다. 앞서 설명한대로 조개 무덤 거미는 동짓날 새로운 회귀년의 시작을 알리는 태양을 나타내며 태양을 상징하는 의미로 볼 수 있다.

마지막으로 조개호랑이 등 위에 비스듬히 누워 있는 사슴의 의미를 살펴보자. 현실적으로 사슴이 호랑이 등에 누워있다는 것은 이해하기 어려운 일이다. 그러나 고대인들은 그들만의 철학적 의미를 갖고 있었을 것이다. 「주역. 리(周易. 履)」 괘(卦)에서는 "履虎尾—호랑이 꼬리를 밟고

---

26) 『世本·作篇』注引「抱朴子」.
[참고자료] 伏羲从蜘蛛结网捕飞虫得到启发, 用绳子结成网用来捕鱼。(출처: 「伏羲生态思想及其现代意义」, 『理论学习』, 2009年 第05期, 吾喜杂志网)

있다", "柔履剛也 -부드러움이 강함을 밟고 있다"라고 적고 있다. 약자가 강자에게 부딪혀 보듯이 사슴이 호랑이의 엉덩이를 만져 본다는 것은 "以柔克剛 -부드러움이 강함을 이기다"의 의미와 같은 것이다. 이것은 부드러운 기운이 강력한 추위를 이겨낸다는 뜻과 같다. 더 깊은 뜻을 살펴보면 사슴이 호랑이 등 위에 누워 있으므로 위험하다는 위(危)자를 생각할 수 있다. 『주역. 감(周易. 坎)』 괘(卦)에서는 "彖曰: 重險也。 -매우 위험하다는 것이다"라고 적고 있다. 팔괘(八卦)의 방위에서 「감(坎)」 괘(卦)는 북쪽 동지의 물의 위치에 있는데 많은 위험이 있는 곳이다. 고대 동짓날에 태양이 위수(危宿)에 머무는 것에서 의미를 취했다고 생각된다. 위수(危宿) 별자리는 3개의 별로 이루어져 있으며 북반구에서 잘 보인다.

사슴을 표현한 위수를 후대에는 '북궁현무(北宮玄武)'에 포함시켰다. 무덤 주인이 살았던 시기에는 "녹궁(鹿宮)"[27] 으로 불렀을 것이다. 실제로 사슴류의 동물은 추분(秋分)을 전후해서 교배를 한다. 동지가 되면 임신한 사슴은 행동이 느려지고 늘 누워있게 된다. 얼음 위를 걷고 건초를 먹으며 추운 겨울을 지내는 것은 힘든 일이다. '이유극강(以柔克剛)'은 봄이 오면 대지가 소생하고 어미 사슴도 새끼를 낳는다는 뜻이다. 어미사슴이 새끼를 부르는 소리가 들리고 들판에 새싹이 다시 돋아나면 '녹명개춘(鹿鳴開春)-사슴이 우니 봄이 시작 된다'이 되므로 이로써 시후(時候)를 삼는다. 호랑이 등에 누워있는 사슴의 모습은 겨울에서 봄이 태어나 자란다는 의미를 나타낸다. 고대 문헌을 살펴보면 사슴류의 동물과 관련이 있는 인왕천제(人王天帝)로는 전욱(顓頊)이 있다. 『대대예기(大戴礼記)』 「제계(帝系)」에서는 다음과 같이 적고 있다.

顓頊娶於滕氏, 滕氏奔之子謂之女祿氏, 産老童。老童娶於竭水氏, 竭水氏之子謂之高緺氏, 産重黎及吳回。吳回氏産陸終。陸終氏娶於鬼方氏, 鬼方氏之妹謂之女隤氏, 産六子, 孕而不粥, 三年, 启其左脇, 六人出焉。

전욱(顓頊)은 슬씨(滕氏)와 결혼하였다. 등씨분(滕氏奔)의 자식을 여록씨(女禄氏)라 불렀는데 여록씨는 老童을 낳았다. 老童은 竭水氏와 결혼하였다. 竭水氏의 자식을 고과씨(高緺氏)라 불렀는데 고과씨는 重, 黎 그리고 吳回를 낳았다. 吳回氏는 陸終을 낳았고 陸終氏는 鬼方氏와

27) 据馮时考證, 周代之前的北宮是鹿, 到了春秋戰國之後, 北宮才改成玄武。而鹿成了麒麟居於中宮。見(星漢流午-中国天文考古錄) 182p
풍시의 고증에 의하면 周대 이전의 북궁은 사슴이었고, 춘추전국시대 이후에 이르러 북궁은 현무로 변경되었다.
그리고 사슴은 기린이 되어 중궁에 거하게 되었다.(星漢流午-中国天文考古錄) 182p 참조.

결혼하였다. 鬼方氏의 누이는 女隤氏였는데 여퇴씨는 6명의 자식을 낳았다. 여퇴씨는 처음에 임신을 했으나 아이를 낳지 못하다가 3년이 지난 후에 오른쪽 옆구리에서 아이가 나오기 시작하였는데 모두 6명이었다.

이 신화에서 언급한 내용은 다양한 뜻을 포함하고 있어 간단히 요약해서 해석하도록 하겠다. 전욱(顓頊)은 옛 신화 속의 북방천제로 동짓날의 태양신이다. '슬(滕)'은 '등(騰)'으로 쓰이는데 위 문장에서는 달린다는 뜻이다. '등씨분(滕氏奔)'은 달리고 있는 사슴을 의미한다. '록(祿)'은 '록(鹿)'의 의미로 쓰였는데 따라서 '여록씨(女祿氏)'는 어미 사슴을 상징하며 바로 조개 무덤 동지도의 사슴과 같다는 것을 나타낸다. 또한 '록(祿)'은 '륙(陸)'의 의미로도 쓰인다. 대지(大地)는 대륙(大陸)과 같은 의미로 따라서 여록씨(女祿氏)는 대지의 신인 지모신(地母神)이 된다. '노동(老童)'은 막내아들이라는 뜻으로 세시절기에서 동지를 상징하는 의미를 갖고 있다. '동(童)'과 '용(龍)'은 동음통차(同音通借)어로 '노동(老童)'은 '노룡(老龍)'을 의미하며 바로 동짓날 북극 지하에 있는 동방창룡을 가리킨다. 「주역. 건(周易. 乾)」괘에서는 '잠룡(潛龍)'으로 적고 있는데 이는 조개 무덤 동지도에서 깊은 잠을 자고 있는 조개용을 의미한다. '갈수씨(竭水氏)'는 북방수(北方水)에서 뜻을 취했는데 전욱(顓頊)의 수덕(水德)을 말한다. '고과씨, 중, 려급오회(高鍋氏, 重、黎及吳回)'는 입간측영(立竿測影)과 회전하는 천체를 관찰하는 것과 관련이 있는데 북두칠성과 별이 회전한다는 것에서 뜻을 취했다. '육종씨(陸終氏)'의 '종(終)'은 '동(冬)'으로도 쓰이는데 북륙동지(北陸冬至)에서 그 뜻을 취했다. '귀방씨, 여퇴씨(鬼方氏、女隤氏)'는 동지 세종대제(歲終大祭)에서 귀신을 물리치고 또한 임산부를 위해서 귀신을 물리친다는 것에서 뜻을 취했다. '육자(六子)'는 '육룡(六龍)'으로 동방창룡이 천체를 한 바퀴 회전하는 것을 말하며 「주역. 건(周易·乾)」에서는 '시승육룡이어천(時乘六龍以御天)'이라고 적고 있다. '잉이불육, 삼년(孕而不粥(育), 三年)'은 동반년(冬半年)이 하반년(夏半年)을 잉태하고 겨울이 봄을 잉태한다는 것을 의미한다. '삼년(三年)'은 동반년(冬半年)의 세 절기인 추분(秋分), 동지(冬至), 춘분(春分)을 나타낸다. '계기좌협(啓其左脇)'은 동쪽의 별이 떠오르는 곳을 나타낸다. 고대인들은 동쪽을 좌(左)로 여겼다. 동방창룡이 동쪽 지평에서 올라와 하늘을 운행하는 것이 '육인출언(六人出焉)'이며 봄이 왔다는 것을 의미한다. 이것은 전욱(顓頊)이 관상수시를 하는 과정에서 만들어진 신화로 관상 용어를 사람이나 부족의 이름으로 사용하였다. 이세동(伊世同)은 다음과 같이 말했다. "복양(濮陽)은 전설속 오제(五帝) 가운데 하나인 전욱(顓頊)의 고향으로 전욱(顓頊)은 복양에서 태어나 죽었기 때문에 복양을 제구(帝丘)라고도 부른다. 제구(帝丘)에서 고대인들이 숭배했던 토템을 표시한 천문 도상(圖象)이 발견되었는데 이것은 용의 후예(중국인)가 조상의 뿌리를 찾았다는 것을 의미한다."[28]

3절. 세 번째 무덤도: 하지도(夏至圖)

앞서 설명했듯이 동짓날 태양은 가장 남쪽에 이르러 가장 우리로부터 멀어지고 일조량 또한 적어서 날씨는 매우 춥다. 동짓날이 지나면 태양은 다시 북쪽으로 올라오기 시작해서 춘분이 되길 기다렸다가 하반년이 시작된다. 하짓날이 되면 태양은 북쪽 하늘에 가장 가까워지고 우리에게도 가까이 있게 된다. 정오가 되면 태양은 바로 머리 위에 있게 되며 햇빛은 강렬해지고 곧 복날(三伏–초복, 중복, 말복)이 다가온다.

그림 3. 하남 복양 서수파 앙소문화 무덤 하지도(夏至圖)

무덤 하지도는 동북에서 서남쪽으로 배치된 재구덩이 안에 놓여 있는데 최초 조사 보고서에는 아래와 같이 적혀있다. "이 구덩이는 마치 하늘의 은하수와 같고 구덩이에 있는 조개껍데기는 은하수를 구성하고 있는 많은 별들과 같다."[29] 이것은 정확한 표현이다. 앙소시대 한여름 초저녁

28) 伊世同: 「萬歲星象」, 『第二屆中國小數民族科技史國際學術討論會論文集』, 社會科學文獻出版社, 1996年.

29) 濮陽西水坡遺址考古隊: 「1988年河南濮陽西水坡遺址發掘簡報」, 『考古』 1989年 第12期.

에 밤하늘을 관찰하면 은하수는 동북에서 서남쪽을 가로질러 있다. 이것은 중국의 고대인들이 천상(天象)을 매우 자세히 관찰했음을 보여준다. 고대인들이 당시에 이미 사시의 천체 변화를 이해하고 있었음을 알 수 있다.

하지도는 재구덩이로 표현된 은하수의 가운데에 놓여있다. 태양과 달 그리고 우리가 살고 있는 지구도 우리 은하의 일부이기 때문에 고대인들은 천상을 관찰하는데 있어서 은하를 중요하게 여긴 것으로 생각된다. 하지도에는 사람이 용을 타고 있는 모습과 호랑이, 날짐승 그리고 원형 모양의 조개 무덤 등이 있다. 날짐승과 원형 모양의 조개 무덤은 재구덩이의 훼손으로 인해 원래 모습을 알아보기 어려운 상태이다(그림 3).

사람이 용을 타고 있는 무덤은 하지도에서 가장 중심적인 것이며 조개호랑이는 보조적 의미를 가지고 있다. 용과 호랑이는 등을 맞대고 반대로 돌고 있는 모습이다. 용이 뛰어올라 달리고 있을 때 호랑이는 사지가 축쳐져 기운을 잃은 채로 조개용을 따라 반대로 돌고 있는 모습이다. 이것은 깊은 잠을 자고 있는 호랑이를 표현한 것으로 보인다. 이러한 천상의 모습을 『주역』「비(否)」괘에서는 아래와 같이 적고 있다.

> 否, …… 大往小來。彖曰: 大往小來, 則天地不交而萬物不通也。……象曰:天地不交, 否。
> 비(否), …… 大가 가니 小가 온다. 단(彖)왈, 大가 가니 小가 온다. 즉 하늘과 땅이 만나지 못하니 만물이 불통이라.... 상(象)왈, 하늘과 땅이 만나지 못하니, 비(否)이다.

'대왕(大往)'은 여름날 태양을 의미한다. 하지가 되면 양기가 가장 강해지므로 하지를 '태양(太陽)'으로도 부른다. 하지때 양기는 가장 왕성했다가 점차 누그러지기 시작하므로 '대왕(大往)'인 것이다. 그리고 음기가 발생하기 시작하므로 절기는 '소음(少陰)'으로 바뀌고 따라서 이를 '소래(小來)'라고 적은 것이다. 「설문(說文)」에서는 "午, 牾也, 五月陰氣午逆 – 午는 바뀐다는 의미이다. 5월에 음기로 바뀐다.–"라고 적고 있다. 5월 하지에 음기오역(陰氣午逆)하므로 조개용과 호랑이는 서로 반대로 회전하는 모습을 하고 있다. 이것은 '천지불교(天地不交)'와 '만물불통(萬物不通)'을 나타낸 것이다. 조개 무덤 동지도에서 용과 호랑이가 한 몸으로 연결되어 '천지교태(天地交泰)'를 나타내는 것과는 정반대의 모습이다. 이러한 천상(天象)에 대해 『상서. 요전(尚書. 堯典)』에는 아래와 같이 기록하고 있다.

申命羲叔, 宅南交, 平秩南訛, 敬致。日永星火, 以正仲夏。厥民因, 鳥兽希革。[30]

또한 희숙에게 명을 내려 남교에 거하고 태양이 남쪽으로 운행하는 것을 측정하고 공손히 태양을 맞이한다. 낮이 길어지고 火星이 떠오르면 이를 통해 하지를 정한다. 이때 백성들은 높은 곳에 거하고 날짐승들의 깃털은 듬성듬성 해진다.

'남교(南交)'는 남쪽 교외(南郊)를 말한다. 주(注)에는 "거치남방지관(居治南方之官)"이라고 적고 있다. 조개 무덤 하지도는 세 개의 조개 무덤 중에서 가장 남쪽에 위치하여 남방하(南方夏) 즉, 남륙하지(南陸夏至)를 나타낸다. 이를 기초로 살펴보면 세 무덤의 중간에 놓여있는 동지도는 "북극동지"를 나타내며 우주의 중심에 위치한다는 것을 나타낸다. 나머지 두 개의 조개 무덤 이분도는 동지와 하지의 양측을 표시하는데 평면을 입체로 표시하기 위해서 북단(北端)에 배치하였다. 세 개의 조개 무덤은 하나의 완벽한 우주를 표현하고 있으며 복양 서수파 고대인들의 우주관을 나타내고 있다. '중하(仲夏)'는 하지가 포함된 달로 여기에서는 하짓날을 의미한다. 하짓날은 낮이 가장 길기 때문에 '일영(日永)'으로 불린다. 조개 무덤 하지도에는 원형 모양의 조개 무덤이 하나 있는데 이것은 '일영(日永)'을 표시한 태양문양이다. 천체 중에서 대화심수(大火心宿) 두 번째 별이 밤하늘에 남중하면 이를 '성화(星火)'라고 불렀다. 『이아』「석천」의 본문과 주(注)에는 아래와 같이 설명하고 있다.

大火謂之大辰 - 대화를 대진으로 부른다.

注) 大火, 心也, 在中最明, 故時候主焉

---

30) [참고자료] 又命令羲叔, 居住在南方的交趾, 辨别测定太阳往南运行的情况, 恭敬的迎接太阳向南回来, 白昼时间最长, 东方苍龙七宿中的火星, 黄昏时出现在南方, 这一天定为夏至。这时, 人们住在高处, 鸟兽的羽毛稀疏。
交: 古代的地名, 指交趾。 -고대의 지명, 交趾를 가리킨다. 平秩: 辨别测定。 -측정하여 판별하다. 讹: 运动, 运行。 -운행한다.
致: 到来。 -도착하다 永: 长。夏至这一天白昼最长。 -길다, 하지 이 날의 낮의 길이가 가장 길다.
星火: 即火星。东方青龙七宿之一, 夏至这一天的黄昏出现在南方。 -火星을 말한다. 동방창룡 중 하나로 하짓날 초저녁 남쪽에 보인다.
因: 『尚书集注音疏』: "因, 就也。就之言就高也" -因은, 就이다. 就라는 말은 높다는 뜻이다.
『月令』: '仲夏可以居高明。'"意思是就高地而居。 -이 말의 의미는 높은 곳에 거한다는 것이다.
希革: 希, 通 "稀"。郑玄说: "夏时鸟兽毛疏皮见" -希는 "稀"로 쓰인다. 정현은 "여름철 날짐승은 털이 듬성해 가죽이 보인다"고 하였다.(출처: baidu 백과사전 「堯典」)

- 大火는 心이라, 가운데에서 가장 밝게 빛나므로 時候를 정한다.

大辰, 房心尾也

- 대진은 방수, 심수, 미수를 의미한다.

注) 龍星明者以爲時候, 故曰大辰

- 용성이 밝게 빛나면 時候를 알게 되므로 대진이라 부른다.

하지도 중에서 용을 타고 있는 사람이 있는 조개 무덤을 대진(大辰)이라고 한다. 용을 타고 있는 사람은 중국 고대 신화에서 축융(祝融)이나 염제(炎帝)로 볼 수 있다. 『산해경』「해외남경」에서는 아래와 같이 적고 있다.

南方祝融, 兽身人面, 乘两龍。郭璞注: 火神也。

- 남쪽의 축융은 짐승 몸에 사람 얼굴로 두 마리 용에 올라타 있다. 곽박은 '火神'이라고 注를 달았다.

또한「회남자. 천문편(淮南子. 天文篇)」에서는 아래와 같이 적고 있다.

南方火也, 其帝炎帝, 其佐朱明, 執衡而治夏。

- 남쪽은 火이며 임금은 염제이다. 주명이 임금을 보좌하고 있으며 임금은 衡(저울)을 잡고 여름을 다스린다.

한편,「여씨춘추. 중하기(吕氏春秋. 仲夏紀)」에서는 "其帝炎帝, 其神祝融。

- 그 임금은 염제이고, 그 신은 축융이다"라고 적고 있다.

축융(祝融)은 고대신화에서 여름의 신(夏神)이자 불의 신(火神)인데 용을 타고 다닌다. 조개 무덤에서 사람이 용을 타고 있는 모습은 축융과 비슷하다. 조개 무덤에 표현된 사람의 입에서는 작은 조개껍질이 연이어 나오고 있는데 이것은 불을 뿜고 있는 것을 상징한 것으로 대지를 향해 불을 뿜고 있는 모습이다. 『산해경』「해외남경」에는 축융(祝融) 신화를 아래와 같이 보충해서 설명하고 있다.

厭火國在其南, 兽身黑色, 生火出其口中。

- 염화국은 남쪽에 있다. 검은 짐승의 입에서 불이 뿜어져 나온다.

'염화(厭火)'는 배에 불이 가득 채워져 있다는 것으로 '生火出其口中'은 대지를 향해 불을 뿜어내는 모습을 의미한다. 복양 서수파 고대인들은 여름의 무더위가 하늘의 신들이 대지를 향해 불을 뿜어내기 때문이라고 생각했음이 분명하다. 조개 무덤의 용에 타고 있는 신인(神人)은 축융(祝融)이 분명하다. 고대 신화 속의 염제(炎帝) 또한 불의 신(火神)이다. 「좌전. 소공17년(左傳. 昭公十七年)」과 『회남자』「兵略訓」에는 아래와 같이 적혀 있다.

炎帝氏以火紀, 故爲火師而火名。

- 염제씨는 불로써 일을 기록하여 火師[31]가 되어 불로써 이름을 얻었다.

炎帝爲火灾, 故黃帝禽之。

- 염제가 화재를 내자 황제가 그를 붙잡았다.

이러한 내용으로 살펴보면 용에 타고 있는 신인(神人)은 염제(炎帝)로도 볼 수 있다. 한여름 붉은 태양이 타오를 때 조개 무덤의 사람이 용을 타고 불을 뿜어내고 있으니 이것은 여름철 천상과 기상을 잘 표현하고 있다. 따라서 「요전(堯典)」에서는 "厥民因, 鳥兽希革。"라고 적고 있다. 이것은 날이 더워서 사람들이 웃옷을 벗고 날짐승의 깃털도 듬성듬성 빠지는 모습을 표현한 것이다.

하지도에는 날짐승을 표현한 조개 무덤도 있다. 하짓날 해가 남방주작에 머무는 천상(天象)을 상징적으로 표현한 것으로 보이지만 이미 많이 훼손되어 남아 있는 자료는 제한적이다. 이상은 복양 서수파 앙소문화 사시천상도의 내용을 설명한 것이다. 사시천상도는 예술적으로 표현한 성도(星圖)로 전통 문화적 관점에서 해석할 필요가 있다. 이 성도(星圖)들은 계절과 방위를 표현한 사상(四象) 체계를 가지고 있다. 이세동(伊世同)은 이에 대해 "중국의 성상 체계는 이미 6천여 년 전에 이루어져 전승되었음을 보여준다. 성상이 체계화되기 이전의 오랜 변화 시기를 살펴보면 중국 성상은 지금으로부터 만 년 전부터 시작되었음을 알 수 있는데 이것은 매우 놀라운 일이다"라고 말했다.[32] 앞서 설명한 조개 무덤 사시천상도를 자세히 살펴보면 약 6500년 전에 아래와 같은 천상관측의 기본 개념이 있었음을 알 수 있다.

---

31) [역자주] 火師(화사): 불을 담당하는 관직.

32) 伊世同: 「萬歲星象」, 『第二屆中國小數民族科技史國際學術討論會論文集』, 社會科學文獻出版社, 1996年.

1. 주극성(週極星: circumpolar star)과 북두칠성의 움직임을 관측해서 북극의 위치를 알았다.
2. 북두칠성의 두병이 가리키는 방향에 근거하여 하늘의 별자리를 4개의 영역으로 나누고 각수(角宿) 별자리를 기준점으로 삼았다.
3. 4개의 하늘 영역인 사궁(四宫)이나 사상(四象)은 동궁용(東宫龍), 북궁록(北宫鹿), 서궁호(西宫虎), 남궁조(南宫鳥)이다.
4. 4궁을 나누고 태양의 위치를 관측하였는데 춘분에는 호궁(虎宫)에 머물고 추분엔 용궁(龍宫)에 머물며 동지엔 녹궁(鹿宫)에 그리고 하지에는 해가 조궁(鳥宫)에 머문다.
5. 천상(天象)의 관측에는 입간측영(立竿測影)을 사용했을 것으로 보인다.
6. 회귀년의 길이를 측정하였다. 회귀년의 기점은 동짓날로 춘분(春分) 하지(夏至) 추분(秋分)을 거쳐 다시 동지로 돌아오는 것을 1 회귀년의 길이(세실(歲實))로 하였다.
7. 천문학의 발전은 미술과 문화의 형태로 나타났기 때문에 천문문화(天文文化)라고도 부를 수 있다.

4절. 고대 천문 관측자

복양 서수파(濮阳 西水坡) 45호 무덤 주인에 대하여 풍시는 "위대한 사천가(司天者)"라고 말했다.[33] 무덤 주인은 관상수시를 담당하였는데 고대에 관상(觀象)을 담당하던 주술사나 씨족의 어른이었을 수도 있다. 고대 중국은 제사와 정치가 같은 사람에 의해 주도되는 제정(祭政)일치 사회였다. 앞서 무덤 주인은 북극제성(北極帝星)의 신격을 갖추고 있다고 언급하였다. 따라서 고대 천문 관측자에 대해서 그의 인격과 신격은 서로 구분해서 이해할 필요가 있다.

남아 있는 유골로 판단해보면 45호 무덤 주인은 일반인과 같은 인격을 가지고 있었음을 알 수 있다. 기원전 40세기 무렵, 무덤 주인의 사회적 지위에 대해 살펴보자. 당시는 원시사회의 번영했던 시기로 계급이 없었으며 무덤주인 역시 원시공동체의 한 구성원이었을 것이다. 그러나 무덤 주인은 원시사회의 통치자로 생각되는데 그 이유는 관상수시를 책임지고 있었을 뿐만 아니라 사람들의 생산과 생활 그리고 종교적 제사를 지도하는 위치에 있었으며 죽은 후 무덤

33) 馮時: 『星漢流年—中國天文考古錄』, 四川敎育出版社, 1996年.

방(墓室)에는 세 사람이 함께 순장되었기 때문이다. 또한 45호 무덤에는 32호 무덤에 있어야할 사람의 경골(脛骨-종아리뼈) 2개가 추가로 놓여 있다. 이 경골은 조개 무덤 북두칠성의 두병으로 사용되었으며 '옥형(玉衡)'을 상징하고 있다. 50호 무덤에는 시신 8구가 매장되어 있는데 유골이 어지럽게 흩어져 있어 갑자기 죽은 것처럼 보인다. 아마도 45호 무덤 주인의 죽음에 따라 함께 제물로 바쳐진 사람들로 보인다. 그러면 45호 무덤 주인의 지위는 무엇이었을까? 아마도 씨족의 높은 어른이거나 부락의 족장 정도였을 것으로 생각된다.

만약 고성고국(古城古国) 시대였다면 무덤의 주인은 원시의 국왕(国王) 정도의 지위였을 것이다. 45호 무덤의 무덤방은 개천설 우주론 모형에 따라 배치되었다. 우주 모형에 따라 무덤 주인은 머리로 하늘을 받치고 있으며 발은 대지(大地)를 밟고 있어 왕(王)의 지위를 보여준다.

『설문해자』에서는 다음과 같이 적고 있다.

> 王, 天下所歸往也。董仲舒曰: 古文造字者三畫而連其中謂之王, 三者天地人也, 而參通者王也。孔子曰: 一貫三爲王。
>
> - 王은 천하가 모이는 곳이다. 동중서는 "고문에서 글자를 만들 때 三을 그리고 그 가운데를 연결한 것을 王이라 부른다. 三은 하늘과 땅과 사람을 나타내며 이 세 개를 통하는 자가 王이다"라고 말했다. 공자는 "一이 三을 관통하는 것이 王이다"라고 말했다.

『설문해자』에 기록된 '왕(王)'의 해석에 대해서는 많은 현대 학자들이 다른 견해를 가지고 있다. 그러나 45호 무덤 주인이 왕이었다는 의견에 대해서는 일치된 견해를 가지고 있다. 원시국왕 격인 무덤 주인의 인격이나 신격에 해당하는 옛 전설의 주인공을 살펴보자면 앞서 언급했던 조개무덤 이분도(二分圖) 중에서 '삼상(參商)' 두 별의 신화로 설명할 수 있다.

『좌전』「소공」 원년에는 아래와 같이 적고 있다.

> 昔高辛氏有二子, 伯曰閼伯, 季曰實沈, 居于曠林, 不相能也, 日尋干戈, 以相征討。后帝不臧; 遷閼伯於商丘, 主辰, 商人是因, 故辰爲商星; 遷實沈於大夏, 主參, 唐人是因, 以服事夏商。
>
> - 옛날에 고신씨에게 아들이 둘 있었는데 큰 아들은 알백 넷째 아들은 실침이라 불렀다. 넓은 숲에 살았으나 서로 화목하지 못했다. 매일 방패와 창으로 서로 다투었다. 제요는 이러한 상

황이 옳지 않다고 여겨 알백을 상구로 옮겨가게 하였다. 알백은 辰을 주관하며 상인의 조상이 되었으며 따라서 辰이 商星이 되었다. 실침은 夏로 옮겨가서 參을 주관하며 당인(唐人)의 조상이 되었다. 실침은 夏와 商을 다스렸다.

「참고자료」「背景故事」(출처: baidu 백과사전 「參商」)
古书左传上记载: 在远古的时代, 有一个叫高辛氏的人, 又叫帝喾, 他的儿子中, 老大叫阏伯, 还有个老四叫实沈。据说高辛氏的妃子有一天早餐吃了玄鸟(燕子)的蛋後, 有感应而怀孕, 後来生下了阏伯。阏伯自一出生就特别聪明与众不同, 因此高辛氏特别重视阏伯。
고서 좌전에는 다음과 같이 적혀 있다. 상고시대에 고신씨라는 사람이 있었는데 그를 '제곡'으로도 불렀다. 그의 아들 가운데 맏이는 알백이었고 네째는 실침이었다. 전설에 따르면 고신씨의 후궁이 어느 날 아침에 현조(제비)의 알을 먹은 후 감응하여 임신하였고 뒤에 알백을 낳았다. 알백은 태어나면서부터 매우 총명하였기에 고신씨는 알백을 특히 소중히 여겼다.
在所有兄弟之中, 除了阏伯之外, 就属老四实沈最有才华了, 所以特别不服长兄。两兄弟小的时候, 只要一见面, 就会因为一点小事就吵起来, 严重时还会打架, 没有片刻安宁, 常常弄得父亲又为难又生气。长大以後, 两兄弟相处的情况更加恶劣, 偏偏两兄弟同住在一个屋檐底下, 天天都得见面, 一见面总是无缘无故的就吵起架来, 最後甚至演变成动刀动枪, 见面就厮杀, 没有人可以排解这两兄弟的纠纷。
형제들 가운데 알백을 제외하면 네째인 실침이 가장 총명하였다. 실침은 특히 맏형에게 복종하지 않았는데 두 형제는 어렸을 때부터 만나면 작은 일로 논쟁을 벌이거나 다투었다. 둘 사이는 조용할 날이 없어 늘 아버지를 화나게 만들었다. 장성한 이후 두 형제는 사이가 더 나빠져 매일 집에서 이유 없이 싸우기 시작했고 결국에는 칼과 창을 가지고 싸우는 지경까지 이르렀다. 둘은 만나면 서로 죽일 듯 싸웠으나 누구도 두 형제의 다툼을 중재할 수가 없었다.
老爹高辛氏为此非常烦恼, 本来他以为兄弟间应该和睦相处, 没想到这对兄弟住得越近, 冤仇就结得越深。看样子这两兄弟是天生相克, 若没有把他们俩分开, 早晚会发生无法弥补的憾事, 毕竟手足相残, 是为人父母不愿意看到的。高辛氏经过一番的思考, 既然兄弟俩的仇恨无法化解, 就该让他们离得愈远愈好, 最好一辈子都不要再见面, 才可以让样这两兄弟平安无事。
아버지 고신씨는 이 때문에 고심하였다. 형제는 마땅히 화목하게 지내야한다고 생각했기 때문에 두 형제가 가까이 지낼수록 원한도 더 깊어진다는 것을 빨리 생각하지 못했다. 그러나 두 형제가 서로 상극이라 만약 둘을 갈라놓지 않으면 형제간에 서로 상처를 입히는 큰 일이 생길 것이라 생각하였는데 이것은 부모로써 원치않는 일이었다. 고신씨는 고심 끝에 형제간에 원한을 없앨 방법이 없다면 서로 멀리 떼어놓는 게 좋은 방법이라고 생각했다. 비록 일평생 다시 만나지 못하더라도 이렇게 해야만 두 형제가 아무 일 없이 평안히 살 수 있다고 생각했다.
千是高辛氏找到堯帝, 請堯帝下了一道詔令, 把閼伯封在商地, 把實沈封在大夏. 當時的商卽現在的河南東部一帶, 大夏則千是高辛氏找到尧帝, 请尧帝下了一道诏令, 把阏伯封在商地, 把实沈封在大夏。当时的商即现在的河南东部一带, 大夏则在山西南部, 两处地方以现代的交通情况来看, 离得并不远, 但在交通设备极为原始的远古, 除非这两兄弟有意派兵千里迢迢跨过许多封国互相征讨, 否则, 是不可能再见面的了。西南部, 兩處地方以現代的交通情況來看, 离得并

不遠，但在交通設備极爲原始的遠古，除非這兩兄弟有意派兵千里迢迢跨過許多封國互相征討，否則，是不可能再見面的了.

그래서 고신씨는 요임금을 찾아가 알백을 商땅에 봉하고 실침을 하(夏)에 봉해달라는 간청을 드렸다. 당시 商은 바로 현재의 하남 동부 일대이며 夏는 산서 남부이다. 현재 두 곳은 크게 멀지 않은 곳에 떨어져 있지만 교통이 불편했던 원시시대에는 두 형제가 일부러 군사를 파병하여 먼 길을 돌아 서로 정벌하지 않는 한 다시는 만날 수가 없는 상황이었다.

「希腊神话中有关故事 -그리스 신화에 있는 관련 고사」(출처: baidu 백과사전「參商」)

在88星座中，参宿对应猎户座，商对应天蝎座。希腊神话中猎户奥瑞恩(猎户座)被蝎子(天蝎座)蜇死，因而两星座永不相见，天蝎座升起，猎户座就落入地平线。

88개 별자리 가운데 參宿는 오리온 별자리에 해당하고 商은 전갈 별자리에 해당한다. 그리스 신화에서 사냥꾼 오리온은 전갈의 독침에 쏘여 죽는다. 따라서 두 별자리는 영원히 서로 만나지 못하고 전갈 별자리가 떠오르면 오리온은 지평선 아래로 내려간다.

「补充资料-참고자료」(출처: 互動 백과사전「參商」)

秋季傍晚西方天边上最早升起的那颗最亮的星叫太白星，其实就是金星。《西游记》里的太白金星就是它。它又叫长庚星，在古代也叫商星。现代天文学家认为它就是每天早上最后隐没的那颗最亮的星，一般称为启明星，古代叫做参星。也就是说，参商本是一星。当时天文知识不发达，不知它们原本是一个，就说它们是兄弟二人，因为不合而日寻干戈。所以上天把他们一个变作参星，一个变作商星，永远互相追逐，但却不能见面，所以把彼此不能相见叫做“参商”。如杜甫的诗：“人生不相见，动如参与商。”兄弟不和也叫“参商”。

가을 저녁 무렵에 서쪽에서 가장 먼저 보이는 밝은 천체는 태백성인데 금성을 부르는 다른 이름이다. 「서유기」에 등장하는 태백 금성이 바로 그것이다. 태백은 장경성(長庚星)으로도 불리는데 고대에는 상성(商星)으로도 불렀다. 현대에는 매일 아침 제일 마지막으로 사라지는 가장 밝은 천체로 보아 계명성(启明星)으로도 부르는데 고대에는 삼성(參星)으로 불렀다. 즉, 參과 商은 본래 같은 천체이다. 당시에는 천문지식이 발달하지 못했기 때문에 같은 천체라는 것을 알지 못했다. 그래서 하나의 천체를 두 형제로 설명하였다. 둘은 매일 서로 다투었기 때문에 하늘은 그 중 한 명을 參星으로, 나머지 한명은 商星으로 변하게 하여 영원히 서로 만날 수 없게 하였다. 그래서 서로가 만날 수 없는 상황을 “參商”이라고 불렀다. 예를 들면 두보는 그의 시에서 “인생에 서로 만나지 못하니 움직이는 것이 마치 參과 商 같다”라고 하였으며, 형제가 서로 화목하지 못한 것 또한 “參商”이라고 부른다.

이 신화를 천문학적 관점에서 해석해보면, 삼(參)과 상(商: 大火心宿二)의 두 별은 각각 춘분점과 추분점에 위치한다. 춘분 무렵 태양은 삼수(參宿)에 있게 되며 저녁 무렵 상성(商星)은 동쪽에서 올라와 하늘을 운행하고 삼수(參宿)는 서쪽의 지평선 아래로 사라진다. 추분 무렵 태양은 심수(心宿)에 있게 되며 저녁 무렵 삼수(參宿)는 동쪽에서 올라와 하늘을 운행하고 심수(心宿)는 서쪽의 지평선 아래로 사라진다. 하나가 동쪽에서 떠오르면 하나는 서쪽으로 사라져서 하늘에서 영원히 서로 만날 수 없기 때문에 ‘居於曠林, 不相能也’라고 한 것이다. 그러나 이 고사는 하상

(夏商)에서 서주(西周)시기까지 전해 내려온 것으로 45호 무덤 주인이 생존했던 시기와는 2000년 이상이 떨어져 있어서 춘분점과 추분점의 위치도 변하게 된다. 신화를 통해 별자리 위치를 확인하기는 어렵지만 이러한 중국의 고대 천상신화가 오래되었다는 점과 중국의 중요한 민족 전통 문화가 되었다는 것을 알 수 있다. 여기에서 무덤 주인은 고신씨(高辛氏)와 비슷하게 볼 수 있다.

『사기』「오제본기(五帝本紀)」에서는 다음과 같이 적고 있다.

帝嚳高辛者, 黄帝之曾孫也。……曆日月而迎送之, 明鬼神而敬事之。……日月所照, 風雨所至, 莫不從服。[34)]

제곡 고신씨는 황제의 증손자이다...... 역법은 일월의 운행에 부합하게 제정하고, 귀신의 도는 그것을 경건하고 정성스럽게 바쳐야함을 설명한다...... 일월이 비치는 바요 풍우가 미치는 바니 모두 따라야 한다.

황제(黄帝)의 증손자(曾孫)인 제곡 고신씨(帝嚳高辛氏)가 살았던 시기는 아마도 45호 무덤 주인보다 후대일 것이다. 여기서는 천문문화(天文文化)의 내용만 언급하고 고대 인왕천제(人王天帝)들의 가계도는 생략하겠다. 제곡 고신씨(帝嚳高辛氏)는 재위시 "曆日月而迎送之"의 관상수시를 담당하였는데 이것은 45호 무덤 주인이 맡았던 업무와 유사하다. 관상수시는 상고시대에 인왕천제(人王天帝)가 담당했던 직책 중 하나로 업무를 통해 숭고한 인격과 신성한 신격을 얻었을 것이다. 이외에 옛 문헌 기록 중에는 "高辛氏有才子八人 –고신씨는 재능 있는 아들 여덟이 있었다.–"(『좌전』「문공」18년)이나 "帝嚳之妃, …… 常夢吞日, 則生一子, 凡經八夢, 則生八子, 世謂之八神 –제곡의 아내... 늘 해를 삼키는 꿈을 꾸고 아들을 하나씩 낳았다. 모두 8번의 꿈을 꾸고 8명의 아들을 낳으니 세상 사람들이 이들을 8神이라 불렀다.–"(『습유기(拾遺記)』卷一)라는 내용이 있다. 팔자(八子)와 팔신(八神)은 앞에서 언급한 50호 무덤에 있던 8구의 유골 숫자와 일치한다. 그들은 45호 무덤 주인을 위해 순장되었으며 팔자(八子) 또는 팔신(八神)으로 불릴 수 있다. 이들은 "常夢吞日"과도 관련이 있기 때문에 8명의 태양신으로도 볼 수 있다. 이들을 전통의 사시절기와 비교해보면 사시팔절(四時八節)의 신(神)인 입춘(立春), 춘분(春分), 입하(立夏), 하지(夏至),

34) [참고자료] 制定历法以符合日月的运行, 季节嬗递的自然规律, 申明鬼神之道并虔诚的奉祀他们。(출처: 史记全译(经典珍藏版)/国学大书院, (汉)司马迁|译者:陈佾, 三秦出版社, 2007년 5월)

입추(立秋), 추분(秋分), 입동(立冬), 동지(冬至)로 볼 수 있다. 따라서 45호 무덤 주인이 생존했던 시기에 사시팔절(四時八節)을 포함한 역법의 기초가 만들어졌을 것으로 짐작할 수 있다.

45호 무덤주인의 신격에 대해 좀 더 살펴보면 무덤주인의 장의(葬儀)에는 동룡(東龍), 서호(西虎), 북록(北鹿), 남조(南鳥)가 나타나있다. 이것은 중국 상고시대의 "사령(四靈)"으로 무덤 주인은 사령(四靈)에 둘러싸여 있으며 그 또한 신령으로 인왕천제(人王天帝)인 것이다.

두 번째, 순장된 세 사람을 살펴보면, 비록 인격과 생존의 권리를 빼앗긴 채 순장되었지만 당시의 상황을 고려해보면 그들의 신격 역시 숭고한 것이다. 세 명은 각각 동방창룡, 서방백호 그리고 북두칠성과 함께 있는데 이는 모두 천신(天神)의 신격을 갖고 있는 것으로 볼 수 있다. 그리고 조개무덤의 하지도(夏至圖)에서 용을 타고 가는 사람을 포함시키면 사방천신(四方天神)이 된다. 사방천신은 모두 무덤 주인의 가신이나 보좌신이다. 세 번째, 고대 중국에 오제(五帝) 또는 오방제(五方帝)가 있었다는 설에 대해 『주례』「천관」'대재'의 소(疏)에서는 다음과 같이 말하고 있다. "東方青帝靈威仰, 南方赤帝赤熛怒, 中央黃帝含樞紐, 西方白帝白招拒, 北方黑帝汁光紀。—동방청제 영위앙, 남방적제 적표노, 중앙황제 함추유, 서방백제 백초거, 북방흑제 즙광기.—" 만약 상술한 사방천신(四方天神)을 사방천제(四方天帝)로 간주한다면 무덤방 중앙에 누워있는 무덤 주인은 "중앙황제 함추유(中央黃帝含樞紐)"로 볼 수 있다.

위의 분석을 통해 하나의 결론을 얻을 수 있다. 고성고국(古城古國) 시대에 천상, 기상, 물후를 관측하고 또한 역법을 제정하고 관상수시를 하는 일은 원시 국왕의 신성한 업무였다. 옛 문헌에 기록된 인왕천제(人王天帝)에 대해 살펴보면 황제 헌원씨(黃帝 軒轅氏)는 『사기』, 「오제본기(五帝本紀)」에서 "旁羅日月星辰 —일월성신이 널리 퍼져있다"와 "迎日推策 —태양을 맞이하는 제를 지내며 점을 쳐 미래의 절기를 미리 안다.—"[35)]라고 말하고 있는데 이것은 원시 국왕이 관상수시 업무를 담당했다는 것을 보여준다. 전욱 고양씨(顓頊 高陽氏)는 『사기』, 「오제본기」에서 "載時以象天 —천상을 이용해서 시간을 기록한다"와 "日月所照, 莫不砥厲 —해와 달이 두루 비치지 않는 곳이 없다"라고 말했는데 이 또한 관상수시의 업무를 말하는 것이다. 요 도당씨(堯 陶唐氏)는 『사기』, 「오제본기」에서 "敬順昊天, 數法日月星辰, 敬授民時 —공손히 마음을 다해 하늘을 대하여 일월성신으로 역법을 정하고 백성들이 시간을 알 수 있도록 정성을 다했다"라고 기록하고 있는데 이 또한 관상수시 업무를 말한 것이다. 순 유우씨(舜 有虞氏)는 『사기』, 「오제본

35) [참고자료] 迎日: 指古代帝王于正月朔日或春分日出东郊迎祭太阳。(출처: baidu 백과사전)
迎日推策: 谓经过推算而预知未来的节气历数。(출처: baidu 백과사전)

기」에서 "舜乃璿璣玉衡, 以齊七政 –순임금은 선기옥형으로 칠정을 가지런히 하였다.–"와 "合時月正日 –계절이 모여 달이 되고 날수를 결정한다"라고 말하였는데 이 역시 관상수시 업무를 말하는 것이다. 성탕(成湯)은 『사기』, 「은본기殷本紀)」에서 "湯乃改正朔, 易服色, 上白, 朝會以昼[36] –商의 湯王은 역법을 개정하였고, 의복의 색깔을 바꾸었다. 백색을 숭상하였으며 대낮에 조회를 거행하였다"라고 적고 있는데 이 역시 관상수시의 내용이다. 주후직(周后稷)은 『국어』 「주어하(周語下)」에서 "歲之所在, 則我有周之分野也。月之所在, 辰馬農祥, 我太祖后稷之所經緯也。 –歲星(목성)이 있는 곳은 바로 내가 있는 周의 분야이다. 月은 辰馬(房宿와 心宿에 해당)와 農祥(농사가 잘 되는 것)의 자리에 위치하며 중국 태조인 후직이 다스리는 바이다.–"라고 적고 있다. 이 글에서 관상수시의 목적은 농업을 위한 것임을 명확하게 설명하고 있다. 앞서 설명했듯이 고대에 천문학은 상류층 지배자가 담당하였으며 역사시대에 들어와서도 역대 황제들이 담당하였다. 따라서 풍시(馮時)는 중국의 고대천문학은 "관영(官營)"[37]이라고 말하였다. 영국의 조셉 니덤(李約瑟, Joseph Needham)은 이에 대해 "천문학은 고대에 정치와 종교가 하나였던 시대에 제왕이 장악했던 비밀지식이다"라고 말하였다.[38]

---

36) [참고자료] 商汤临政之后, 修改了历法, 把夏历的寅月为岁首改为丑月为岁首, 又改变了器物服饰的颜色, 崇尚白色, 在白天举行朝会。
商나라 湯은 임금에 오른 이후, 역법을 개정하여 夏曆의 寅月 歲首를 丑月 歲首로 바꾸었다. 또한 기물과 복식의 색깔을 바꾸어 흰 색을 숭상하였으며 대낮에 조회를 거행하였다.(출처: 「白话精编二十四史 (第1卷『史记』彩图版)」, 龚书铎, 巴蜀书社, 2012년 1월)

37) 馮時: 『星漢流年—中國天文考古錄』, 四川教育出版社, 1996年.
[참고자료] 官营 [guānyíng] : 주로 공적인 기관에서 공공의 이익을 위하여 경영하거나 관리함 또는 그렇게 하는 업무.

38) (英) 李約瑟: 『中國科學技術史』 第四卷第一分冊, 44p, 科學出版社, 1975年.

2

고대 관상수시에서의 '용(龍)'

길현(吉縣) 시자탄(柿子灘) 암각화와 조보구문화(趙寶溝文化)의 군용(群龍)

용(龍)은 중국 민족을 대표하는 상징이다. 용이 언제부터 등장했는가에 대해서 고고학계에서는 지금으로부터 약 만 년 전 산서성 길현 시자탄 암각화(山西 吉縣 柿子灘 岩畵)에 그려진 '어미녹룡(魚尾鹿龍)'을 그 기원으로 보고 있다. 그리고 요녕성(遼寧省) 부신 사해(阜新 査海) 유적에서 출토된 돌조각으로 쌓여진 거대한 용(길이 19.7m)은 약 8000년 전의 것으로 알려져 있다.[1] 이후, 내몽고 오한기(內蒙古 敖漢旗)에서 출토된 질그릇(陶尊) 위에 '어미녹룡(魚尾鹿龍)'과 '야저수우각룡(野猪首牛角龍)' 그림이 발견되었다. 이 외에도 책의 1장에서 소개한 하남성 복양 서수파(河南 濮陽 西水坡)의 조개껍질로 만든 용과 홍산문화(紅山文化)의 벽옥룡(碧玉龍) 등도 있다. 중국 남부의 호북성 황매초돈(湖北省 黃梅焦墩) 유적지에서는 하란석(河卵石)으로 만든 용이 출토되었다. 용의 전체 길이는 4.5m이며 용의 등 위에는 세 무더기의 하란석(卵石-알 모양의 돌)을 쌓아 성좌도(星座圖)를 표현했는데 이는 하늘의 심수(心宿) 별자리를 표현한 것으로 보인다.[2] 이들은 모두 기원전 30세기 이전의 유물과 유적들이다. 아래에서는 고대인들이 어떻게 용을 창조했으며 관상

1) [역자주] 이것은 인공으로 만든 것이 아니고, 자연 돌 맥으로 추정된다. 이런 현상에 대하여 복기대는 이것은 용이 아니라는 주장을 하였다. 최근 중국학계에서도 이런 견해에 점점 동의하고 있다.

2) 干振瑋:「龍紋圖象的考古學依據」,『北方文物』1995年 第4期.

수시에서 용이 갖는 의의와 위치에 대해 설명하고자 한다.

1절. 물후(物候)[3]와 관상(觀象)이 결합된 역법(曆法): 용력(龍曆)

복양 서수파 세 개의 무덤에 대한 해석을 통해 조개로 만들어진 용, 호랑이, 사슴, 거미 등이 갖는 관상수시에서의 의미에 대해 설명하였다. 용은 세 개의 무덤에 모두 등장하는데 이는 용이 사시관상의 주체라는 것을 말해준다. 따라서 고대인들이 사용한 역법을 용력(龍曆)으로도 부를 수 있을 것이다. 일부 학자들은 용력 대신에 '화력(火曆)'이라고도 부르는데 이는 동방창룡의 대화심수(大火心宿) 두 번째 별자리에서 유래한 이름이다.[4] 옛 문헌 중에는 용력에 대한 기록이 남아있는 자료가 있다. 대표적 경서 중 하나인『주역. 건(周易. 乾)』괘(卦)에서는 사시천상과 기상의 변화를 아래와 같이 여섯 마리 용으로 나누어 설명하고 있다. "象曰 …… 六位時成, 時乘六龍以御天 –단왈.... 여섯 위치가 절기로 완성되니 여섯 마리 용을 타고 하늘을 돌아다닌다." 이것은 1년 사시(四時) 12개월 동안 동방창룡이 하늘을 한 바퀴 운행하는 것을 나타낸다.『주역(周易)』의 내용은 관상과 역법의 기초 위에 쓰여진 것이기 때문에 고대에서 용력이 전해진 것으로 볼 수 있다. 절기와 방위의 차이에 따라『회남자』「지형훈(地形訓)」에서는 방위를 색깔로 표현하여 사시(四時) 용성(龍星)의 위치를 명명하였다.

그 위치를 보면 동쪽 땅은 봄을 주관하니 '청룡(青龍)'이고, 남쪽 땅은 여름을 주관하니 '적룡(赤龍)'이고, 여름과 가을 무렵은 '황룡(黃龍)'이며, 서쪽 땅은 가을을 주관하니 '백룡(白龍)'이다. 또한 북쪽 땅은 겨울을 주관하니 '현룡(玄龍)'이 된다. 이것은 오행설(五行說)의 영향을 받은 이후의 설명으로 고대의 천상과는 잘 맞지 않는다. 그러나 이러한 기록은 모두 고대에서 전래된 것으로 볼 수 있다. 즉 하늘에서 동방창룡의 위치를 관찰하여 농사짓는 절기를 결정했던 것이다. 고대 천문학에서 사상(四象)은 명확히 구분되었는데 용은 천상(天象)의 동방창룡을 나타낸다.

하늘에는 용성(龍星)이 있고 땅에는 용이 있다. 따라서 용신(龍神)의 개념이 만들어진 것은 용성이라는 별이 확정된 것 보다는 이른 시기일 것이다. 즉, 고대인들은 용의 개념이 생겨난 이후

---

3) 물후는 사물(四物)을 관찰하여 기후(氣候)를 연구하는 것을 말한다.

4) 龐朴:「火曆鈎沉」,『中國文化』, 1989년 12월, 창간호.

에 용을 이용해 성상(星象)에 이름을 붙인 것이다. 그러면 고대인들은 어떻게 용신(龍神)을 만들어낸 것인가? 아마도 농업에서 유래된 물후(物候)와 관련이 있어 보인다.

중국의 농업 기원에 대해 학계의 확정된 이론은 없다. 지금으로부터 만 수천 년 전부터 시작되었다는 의견도 있고 만년을 전후해 시작되었다는 의견도 있다. 그러나 8천 년 전 즈음에 이미 중국의 원시농업은 발달해 있었기 때문에 농업의 기원을 지금부터 만 년 전으로 보는데 큰 무리는 없을 것이다. 고고학에서 농업의 기원은 신석기시대의 도래와 밀접한 관련이 있다. 즉, 지금으로부터 만 년 전 즈음에 신석기시대가 이미 시작되었다는 것이다.[5] 그러면 농업의 기원은 용신(龍神)과 어떤 관련이 있을까? 일부 학자는 농(農–nóng)과 용(龍–lóng)의 발음이 비슷하기 때문에 그 기원이 같다고 주장한다. 즉, 진(辰)은 용(龍)이며 농(農) 또한 진(辰)에서 나왔기 때문에 용은 농사와 관련된 물후(物候)라고 주장하였다.

농사와 관련된 봄철 물후는 강이 녹기 시작하고 기러기가 날아오며 물고기와 민물조개는 물가에서 활동하기 시작한다. 그리고 각종 양서류들도 동면에서 깨어나 뛰어 다니고, 교미하여 번식하는 것을 말한다. 논밭과 들판에 농작물 씨앗을 뿌리면 싹이 나와 어린잎이 자라난다. 이렇게 새롭게 태어나는 것들이 바로 농(農)이자 용(龍)인 것이다. 봄철 물후에 대해서는 고대 신화에서도 그 흔적을 찾을 수 있는데, 『산해경. 해내경(山海經. 海內經)』에서는 다음과 같이 적고 있다.

> 有人曰苗民。有神焉，人首蛇身，長如轅，左右有首，衣紫衣，冠旃冠，名曰延維。人主得而飨食之，伯天下。
>
> - 사람들을 묘민(苗民)이라고 불렀다. 신이 있었는데 사람 머리에 뱀의 몸을 하였으며, 몸은 수레의 채처럼 길고 좌우로 각각 머리가 하나씩 있다. 자색 옷을 입었고 붉은 색 모자를 쓰고 있으며 연유라고 불렀다. 군주가 그것을 얻은 이후에 제사를 지내고 천하를 다스릴 수 있었다.

연유(延維)는 무엇인가? 글자의 뜻은 성장하고 수명을 연장한다는 뜻이다. 곽박(郭璞)의 주(注)에는 '위사(委蛇)'로 기록되어 있다. 위사는 인수사신(人首蛇身) 즉, 사룡(蛇龍)으로 인격화된

---

5) 戴國華:「華南地區新石器時代早期文化的類型與分期」,『考古學報』1989年 第3期。
列有十几个遺址謂 "絶對年代在距今10000多年以前"。–나열한 십 수 곳의 유적의 절대 연대는 지금으로부터 10000여 년 전으로 본다.

사신(蛇神)이거나 용신(龍神)으로 보인다. 그러나 신화의 실제 내용은 다르다. 이 신화는 콩나물의 생장과정을 얘기하고 있다. '有人曰苗民'은 농작물의 어린 싹을 가리킨다. 싹이 나서 어린잎이 자라나는 것을 묘민(苗民)으로 표현하였다. 콩나물처럼 식물의 싹이 난 후에 가늘고 긴 줄기가 생겨나는 것을 '人首蛇身, 長如轅'로 설명하였는데 이것은 신화의 과장된 표현이다. '左右有首'라는 것은 콩이 두 쪽으로 나뉘어 자라면서 두 개의 머리에 하나의 몸처럼 된다는 것을 표현한 것이다. '衣紫衣'이라고 것은 자홍색의 연두(連豆)나 붉은 콩이 자랄 때 줄기가 자색을 띠는 것을 나타낸 것이다. 콩의 싹이 자라면서 껍질에 싸여 있는 모습을 '冠旃冠'이라고 하는데 '戴甲而出-껍데기를 가지고 나온다.-' 또한 같은 의미이다. '人主得而饗食之, 伯天下'는 고대에 콩나물이나 농작물의 어린잎을 제사에 바치는 풍습이 있었음을 보여준다. 농작물이 종자에서 발아해서 어린잎이 되는 과정이 바로 용(龍)이자 농(農)인 것이다. 『옥편(玉篇)』에서는 "龍, 萌也 -龍은, 萌(싹이 돋아나는 것이다)이라"라고 적고 있는데 싹트는 과정에서 농작물 씨앗이 바로 용(龍)인 것이다. 한편, '무성하다는 뜻의 蘢(룡)'과 '바구니라는 뜻의 籠(롱)'도 초목이나 죽순이 어린 싹을 틔우는 것을 나타내는데 이들도 모두 용(龍)과 관련된 것으로 사물이 발아하고 생장하는 것을 의미한다. 『설문해자』에서 "龍, 童省聲 -龍은 童에서 줄어든 소리.-"라고 적고 있는데, 용(龍)과 동(童)은 서로 통용해서 사용할 수 있는 글자이다. 아이가 모태로부터 태어나는 것 또한 용(龍)으로 볼 수 있으며 용의 범위를 넓히면 각종 동물이 낳은 새끼도 용이 된다. 봄이 되어 낳은 사슴의 새끼가 녹룡(鹿龍)이다. 암퇘지가 낳은 새끼는 저룡(猪龍)이 되며 물고기 알이 부화한 것이 어룡(魚龍)이다. 따라서 고대인들이 만든 용신(龍神)은 고대의 어렵이나 목축과 관련이 있다고 볼 수 있다. 고대인들이 생각한 용은 매우 다양해서 하나로 단정 지어 말하기는 어렵다. 『설문해자』에서는 다음과 같이 적고 있다.

> '龍, 鱗蟲之長, 能幽能明, 能細能巨, 能短能長, 春分而登天, 秋分而潛淵, 從肉飛之形。'
> 龍은 비늘 있는 짐승의 우두머리로 어두울 수도 밝아질 수도 있고, 가늘어질 수도 커질 수도 있으며, 짧아질 수도 있고 길어질 수도 있다. 춘분에 하늘로 올라가고 추분에는 깊은 연못에 잠기며, 날고 있는 모양에서 유래되었다.

『설문해자』에 기록된 용에 대해 대부분의 학자들은 천상의 동방창룡으로 이해하고 있다. 창룡(별자리)은 춘분 때 동쪽에서 떠올라 하늘을 운행하다가 추분 때 서쪽 아래로 들어간다. '鱗蟲

之長'은 물고기를 의미하는 것으로 용의 비늘은 물고기 비늘에서 변화한 것이다. '어룡(魚龍)'은 고대인들이 만들어낸 용 중에서 가장 오래된 것이다. '能幽能明'은 낮과 밤의 의미를 가지고 있으며 모든 생물의 사시 생장주기를 나타낸 것이다. '能細能巨, 能短能長'은 사시에 성장하는 동물과 식물을 설명한 것이다. 봄에 나서 여름에 자라는 과정을 '등천(登天)'이라고 하고, 가을에 거둬서 겨울에 저장하는 과정을 '잠연(潛淵)'이라 한다. 용의 모습은 하늘에서 날아다니고, 물속에서 헤엄치고, 땅에서 기어 다니거나 흙 속에 숨어있는 등 다양하게 표현된다. 이것은 고대인들이 물후를 종합적으로 관찰했음을 보여준다. 즉, 이것은 「역전(易傳)」에서 말한 "天之大德曰生 –하늘의 큰 덕은 生하는 것이다.–"으로 볼 수 있으며 "生生之爲龍 –사물이 생장하는 것이 龍이다.–"의 의미와도 같다. 용에 대한 인식을 천상으로 옮겨보자. 천체(星空)가 하늘을 한 바퀴 도는 것은 각수(角宿) 별자리에서 시작된다. 각수는 용각(龍角)으로 동방창룡의 별자리이다. 따라서 이것이 '天之大德曰生'의 시작으로도 볼 수 있다. 천상(天象)과 농사, 물후는 밀접한 관련이 있음을 알 수 있다.

2절. 길현(吉縣) 시자탄(柿子灘) 바위그림 어록교회도(魚鹿交會圖) : 가장 오래된 용력(龍曆)

산서성 길현 시자탄(山西省 吉縣 柿子灘)은 여량산(呂梁山) 남쪽에 위치해 있으며 앞쪽으로 청수하(清水河)가 흐르고 있다. 청수하는 서쪽으로 2km 정도 흘러 황하로 들어간다. 시자탄의 수직한 암벽에는 바위 지붕(岩棚)이 있어 고대인들의 이상적인 거주 장소로 보이며 그 아래에는 바위그림이 남아 있다. 그림은 비탈진 지면에서 1.2m 높이에 그려져 있다. 오랜 세월의 풍화로 많이 훼손되었지만 붉은 철광석으로 그린 그림의 형태는 희미하게 남아 있다(그림 4).[6]

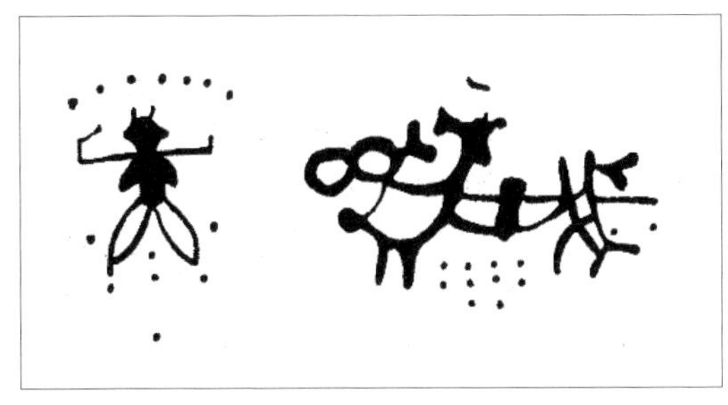

그림 4. 길현 시자탄 어록교회도(魚鹿交會圖)

바위그림의 왼쪽에는 20×17cm 크기의 인물성신도(人物星辰圖)가 그려져 있다. 별과 사람을 하나로 표현해 천신(天神)과 지모(地母)를 하나의 존재로 보았다. 사람의 머리 위에는 뿔(角) 두 개가 나와 있는데 발굴보고서에는 둘로 갈라진 쪽머리로 보인다고 기록되어 있다. 두 개의 쪽머리 또는 두 개의 뿔은 생물이 태어났을 때 각(角)이 있음을 함축적으로 나타내고 있다. 식물의 씨앗이 땅에서 나와 싹을 틔우는 것처럼 뿔은 이러한 모습을 나타내고 있다. 한편, 천상에서는 두 개의 뿔 모양인 각수(角宿)에서부터 별자리 운행이 시작된다. 따라서 그림에서 나타낸 뿔은 천지의 문을 열고 땅에서 나와 하늘을 운행한다는 의미를 나타낸다.

각수(角宿)는 두 개의 별로 이루어져 있으며 동방창룡의 두 개의 용각(龍角)에 해당한다. 시자탄(柿子灘) 바위그림의 시대에는 용성(龍星)이 동궁(東宮)의 위치에 있지 않았지만 별자리 관측은 당시에 이루어지고 있었다고 생각된다. 따라서 풍시(馮時)는 이 신인(神人)의 머리 위에 있는 일곱 개의 별은 북두칠성을 나타내는 것이라고 주장하였다.[7] 그 이유는 북두(北斗)의 두병만이 동방창룡의 용각을 들어 올릴 수 있기 때문이다. 일곱 개의 별은 아래쪽의 여섯 별과 대응하고 있는데 「역전(易傳)」에 기록된 天七地六(천수7 지수6)와 일치하고 있다. 이는 점성술에서 설명하는 천수7(天數七), 지수6(地數六)과도 일치한다. 신인(神人)은 머리로 하늘을 이고 있으며 발은 대지를 밟고 있는데, 이는 천원지방을 형상화한 복양 서수파 45호 묘의 구조와 비슷하다. 이 신인(神人)은 시자탄(柿子灘) 고대인들이 숭배했던 지상천신(至上天神)으로도 볼 수 있다.

바위그림의 오른쪽에는 어미사슴과 함께 새끼가 그려져 있어 새끼를 낳았다는 것을 알 수 있다. 사슴이 울면 봄이 오고 만물도 생장을 시작한다는 의미인데 이는 생장년의 주기가 시작되었음을 나타낸다. 사슴뿔이 달려있는 절반의 물고기 그림에는 뿔이 돌출되어 있다. 물고기 머리도 하나의 뿔로 볼 수 있기 때문이다. 『설문해자(說文解字)』에서는 다음과 같이 적고 있다. "角, 獸角也, 象形。角與刀魚相似, 凡角之屬皆從角。 -角은 짐승의 뿔을 나타내는데 상형자이다. 角과 갈치는 비슷한 모양으로 무릇 角이 포함된 모든 것은 角에서 유래했다.-" 뿔은 모두 각(角)에서 그 뜻이 유래되었으므로 물고기 머리는 하나의 뿔로, 꼬리는 두 개의 각(角)으로 볼 수 있다. 따라서 '어미녹룡(魚尾鹿龍)'은 '각룡(角龍)'으로도 부를 수 있다. 봄이 오면 어류들은 물 아래에서 수면 위로 떠오르고 물고기는 알을 낳아 새끼 물고기를 부화하기 시작한다. 따라서 물고기와 사슴이 그려진 아래에 물고기 알로 생각되는 열개의 별을 그려 넣어 생육 번식시킨다는 의미를

---

6) 山西省臨汾行署文化局: 「山西吉縣柿子灘中石器文化遺址」, 『考古學報』 1989年 第3期.

7) 馮時: 『星漢流年—中國天文考古錄』, 四川教育出版社, 1996年.

나타냈다. 그 개수가 열 개인 것은 『역전(易傳)』에 기록된 '지수10(地數十)'과 일치한다. 봄이 오면 대지(大地)의 초목은 새로운 싹을 틔우고 날짐승은 번식을 위해 교미하는 등 생물계는 쉼 없이 생장하게 된다. 한편 10개의 별이 고대 '시월력(十月曆)'을 상징했을 가능성에 대해서도 연구가 필요하다.[8)] 물고기의 꼬리 위에도 두 개의 별이 그려져 있는데 이들은 각수(角宿) 별자리로 생각되며 어미녹룡(魚尾鹿龍)이 나타내고자한 천상(天象)을 함축적으로 보여주고 있다. 머리 위의 각(角)이 천구를 일주하는 시간이 1 항성년이다. 지금부터 1만 년 전에 천구에서 각수(角宿)의 위치 계산을 통해 고대인들의 천체에 대한 인식을 연구하는 것 또한 매우 흥미로운 주제가 될 것이다.

앞서 설명한 복양 서수파(濮陽 西水坡) 무덤의 동지도에 따르면 동지 날 해는 위수(危宿)에 머무는데 이것은 지금으로부터 6500년 전의 하늘의 모습이다. 세차운동을 계산해 1만 년 전의 천체를 살펴보면 동지(冬至) 날 해는 규수(奎宿)에 머무르며, 해 질 무렵 각수(角宿)는 동쪽에서 떠오른다. 봄이 오면 대화심수(大火心宿) 두 번째 별도 동쪽에서 떠올라 하늘을 운행하는데 이는 원시시대의 화전경작이 시작되는 계절임을 알려준다. '천화(天火-대화심수 별)'와 '지화(地火-화전경작)'가 모두 절기와 잘 일치하는 모습을 보여준다. 봄비가 내리면 식물의 씨앗은 싹을 틔우는데 이때 각수(角宿)는 하늘 한 가운데 있게 된다. 하늘의 '용각(龍角)'과 곡물 씨앗의 '아각(芽角)'이 서로 호응하는 모습이다. 여름이 되면 만물은 무성하게 자라나고 저녁이 되면 각수(角宿)는 보이지 않게 된다. 천상에서 용(龍)의 머리가 보이지 않게 되므로 길현 시자탄(吉縣 柿子灘) 고대인들이 그린 어미녹룡(魚尾鹿龍)에 머리를 대신해 하나의 녹각(鹿角)을 그린 것이다. '녹(鹿)'을 '륙(陸)'으로도 사용했는데 이것은 용의 머리가 지평으로 사라졌다는 것을 의미한다. 이때가 되면 추수의 계절도 곧 다가온다. 이 그림에는 중국 고대인들의 천체에 대한 인식이 반영되어 있다. 천체의 기준은 북두칠성의 두병이 가리키는 각수(角宿)에서 시작하므로 각수(角宿)는 28수(宿) 별자리 중에서 가장 먼저 인식된 별자리이다.

마지막으로 바위그림에 그려진 어록교회(魚鹿交會)에 대해 살펴보자. 사슴과 물고기가 맞잡고 있는 것은 직사각형의 돌처럼 보이는데 뇌석(雷石)으로도 볼 수 있다. 『예기』「월령(月令)」에서는 다음과 같이 적고 있다. "仲春之月, ……是月也, 日夜分, 雷乃發聲, 始電, 蟄蟲咸動, 啓户始出。[9)] - 중춘의 달(음력 2월)에, ... 이달에는 낮과 밤이 같아지고 천둥이 치며 소리가 나고 번

---

8) 陳久金主編: 『中國少數民族科學技述史叢書 · 天文曆法卷』, 廣西科學技術出版社, 1996年.

9) [참고자료] 【译文】仲春二月, 这个月, 白天同黑夜的时刻逐渐相等, 可听到打雷、闪电。蛰虫都蠕动, 开

개가 치기 시작한다. 겨울잠을 자고 있던 동물들은 모두 깨어나 굴에서 나오기 시작한다.—"

계충(啓蟲)은 겨울잠을 자는 모든 동물로 수생동물과 양서동물 그리고 곤충 등을 일컫는다. 봄 절기인 우수(雨水)와 경칩(驚蟄)이 되면 '蟄蟲咸動—겨울잠을 자는 동물들이 모두 깨어난다.' 한다. 물고기들도 수면 위로 올라와 새끼 물고기를 부화하고 원시농업의 파종도 시작된다. 봄철에 우레가 치고 비가 내리면 천상의 어미녹룡(魚尾鹿龍)은 하늘을 한 바퀴 회전하게 되고 이러한 모습은 만물이 생장하는 주기와 일치하게 된다. 고대인들은 천체의 운행과 물후가 일치하는 주기를 살펴서 역법으로 사용했기 때문에 고대의 역법을 용력(龍曆)이라고 부를 수 있다.

시자탄(柿子灘)은 중석기 시대의 유적으로 발굴보고서에 따르면 당시에는 채집, 어렵생활과 함께 양을 키우고 있었다고 알려져 있다. 따라서 시자탄에 거주했던 사람들을 '엽양인(猎羊人)'이라고 부르기도 한다. 유적 발굴 결과 갈아 만든 석기와 질그릇 조각들이 발견되지 않았기 때문에 시자탄 유적은 신석기시대 이전으로 짐작할 수 있다. 시자탄 유적에서 방기(蚌器—조개로 만든 물건) 두 점이 출토되었는데 이것은 중요한 의미를 가지고 있다. 조개껍데기의 두꺼운 곡선부분을 손잡이로 사용하고 반대편을 갈아서 날카로운 삼각형의 형태로 만들어 사용했는데 이러한 방기(蚌器)는 식물이나 곡식을 베는데 사용했던 것으로 보인다. 비록 원시농업의 단계로 진입하지는 않았지만 야생의 곡물을 채집해서 양식으로 사용한 것으로 보인다. 어쩌면 시자탄(柿子灘)의 고대인들은 원시적인 농업이나 목축 단계에 근접해 있었으며 천상(天象) 관측도 이루어졌을 가능성도 있다. 초기 보고서에 따르면 시자탄(柿子灘) 고대인들이 생존했던 연대는 지금으로부터 1만 년 전으로 보고 있다. 이를 근거로 이세동(伊世同)은 중국 성상(星象)의 역사는 지금부터 1만 년 전이었을 것이라고 얘기하고 있다.[10] 그러나 중국 성상의 역사를 확정하기에는 아직 자료가 부족한 상황이다.

始从土洞里爬出。

10) 伊世同: 「萬歲星象」, 『第二屆中國小數民族科技史國際學術討論會論文集』, 社會科學文獻出版社, 1996年.

3절. 조보구문화(趙寶溝文化) 질그릇에 그려진 신수문(神兽紋) : 천상도(天象圖)

조보구문화(趙寶溝文化)는 내몽고 오한기 고가와포향(內蒙古 敖漢旗 高家窝鋪鄕)의 조보구촌(趙寶溝村)에서 가장 먼저 발견되어졌기에 붙여진 이름이다. 현재 수십 곳의 유적이 남아 있으며 탄소동위원소(^{14}C) 측정결과 연대는 기원전 4270±85년(지금부터 약 6천 년 전)으로 알려졌다.[11] 신수문 질그릇(神獸紋 陶尊)은 오길향 라마판촌(敖吉鄕 喇嘛板村)의 남대지(南臺地) 산비탈에서 발견되었다.[12] 남대지는 삼면이 산으로 둘러싸여 있고 서고동저(西高東低)의 지형으로 동쪽만이 시야가 트여 있다. 교래하(教來河)가 남쪽에서 북쪽으로 흘러가고 있어 고대인들이 생활하기에는 적합한 장소이다. 또한 원시 농업과 목축업이 발전하기에도 적합한 곳으로 보인다. 이 유적지에는 40여 개의 주거 유적지가 남아 있는데 신수문 질그릇(神獸紋 陶尊)이 출토된 곳은 1호 집자리로 유적지의 서쪽 높은 지역에 위치해 있다. 최초 보고에 따르면 이곳은 고대인들이 종교 활동을 행한 곳이거나 제사를 모셨던 장소로 보인다. 즉 하늘과 땅 그리고 조상께 제사 지냈던 묘당(廟堂)인 것이다. 집터에서 출토된 도준(陶尊)은 모두 14점으로 그 가운데 5점에 신수문천상(神兽紋天象)이 새겨져 있으며 훼손된 조각 위에도 신수문천상(神兽紋天象) 도안이 남아 있다. 최초 보고에서는 질그릇에 사시천상(四時天象)의 의미가 담긴 '사령(四靈)'이 그려져 있다고 기록하고 있다. 지금까지 알려진 것은 신수태양문(神兽太陽紋) 1점, 신수월상문(神兽月相紋) 2점, 신수성신문(神兽星辰紋) 1점이 있다.

1. 신수태양문도존(神獸太陽紋陶尊) 유물번호 F1 : 2

신수(神獸) 두 개가 왼쪽에서 오른쪽 방향으로 그려져 있는데 질그릇 몸체를 한 바퀴 돌며 하늘을 돌아다니고 있는 모습이다. 앞쪽에 그려진 신수(神獸)는 비교적 작은데 사슴 머리에 용의 몸체와 날개, 해당화 꽃잎 모양의 물고기 꼬리의 모습이다. 물고기 꼬리 사이에는 떠오르는 태양문(太陽紋)이 새겨있다. 최초 보고에서는 "떠오르는 햇살이 사방으로 퍼지며 빛나는 느낌으로

11) 劉晉祥: 「趙寶溝文化初論」, 『慶祝蘇秉琦考古五十五年論文集』, 文物出版社, 1989年.

12) 敖漢旗博物館: 「敖漢旗南臺地趙寶溝文化遺址調査」, 『內蒙古文物考古』 1991年 第1期.

'어미녹룡생일도(魚尾鹿龍生日圖)'라고 부른다"라고 적고 있다.

뒤쪽에 그려진 큰 신수(神獸)는 사슴 머리에 용의 몸 그리고 날고 있는 봉황의 날개가 그려져 있다. 해당화 꽃잎모양의 물고기 꼬리가 있으며 꼬리의 갈라진 사이에는 떠오르는 태양문(太陽紋)이 그려져 있어 '어미봉시녹룡생일도(魚尾鳳翅鹿龍生日圖)'라 부를 수 있다. 봉조(鳳鳥)와 태양(太陽)의 관계가 밀접한 옛 신화에 근거해 이 그림은 신수태양문(神獸太陽紋)으로 볼 수 있다(그림 5).

그림 5. 조보구문화 신수태양문도존(神獸太陽紋陶尊)

두 개의 어미녹룡생일도(魚尾鹿龍生日圖)는 일출에서 다음날 일출까지를 나타낸 것으로 고대인들이 일출을 하루의 시작으로 여겼음을 알 수 있다. 첫 날 일출부터 다음 날 일출까지를 하루로 여겼고 이 시간동안 태양이 하늘을 한 바퀴 돈다고 여겼다. 이 그림은 고대인들이 일출을 중시했음을 보여준다.

2. 신수월량문도존(神獸月亮紋陶尊), 2점, 일련번호 F1:1, F1:4

두 질그릇(陶尊) 위에는 두 마리의 어미녹룡(魚尾鹿龍)이 새겨져 있다. 시계방향으로 그릇을 한 바퀴 두르고 있는 모습은 하늘에서 움직이는 모습을 나타낸다. 두 마리 모두 사슴 머리에 월상(月相)의 변화를 표현한 몸체로 되어 있다. 솟아 오른 호면(弧面) 모양의 등은 초승달 모양을 하고 있다. 호면(弧面) 안은 그물 문양이 가득 새겨져 있어 보름달을 표현하고 있다. 어미녹룡(魚尾鹿龍)의 꼬리 부분을 살펴보면 다음과 같은 차이가 있다. F1:1에서 해당화 모양과 비슷한 어미녹룡(魚尾鹿龍)의 꼬리가 갈라진 사이에 있는 원호면(圓弧面)을 빛살로 그리지 않은 것은 월광(月光)과 일광(日光)을 구별했음을 보여준다. 그림에서 오른쪽 어미녹룡(魚尾鹿龍)의 꼬리가 위로 치켜든 것은 월주(月舟)가 하늘을 운행하는 모습을 표현한 것으로 보인다. F1:4에서 어미녹룡(魚尾鹿

龍)의 해당화 모양의 물고기 꼬리가 갈라진 가운데에 생겨난 호면(弧面) 위에는 빛살문양이 있어 달빛이 매우 밝음을 나타낸다(그림 6).[13] 모든 질그릇(陶尊) 위에는 두 개의 어미녹룡생월도(魚尾鹿龍生月圖)가 그려져 있는데 이것은 초승달이 보이기 시작해서 다음 초승달이 보일 때까지인 월상(月相)의 주기를 나타낸 것이다.

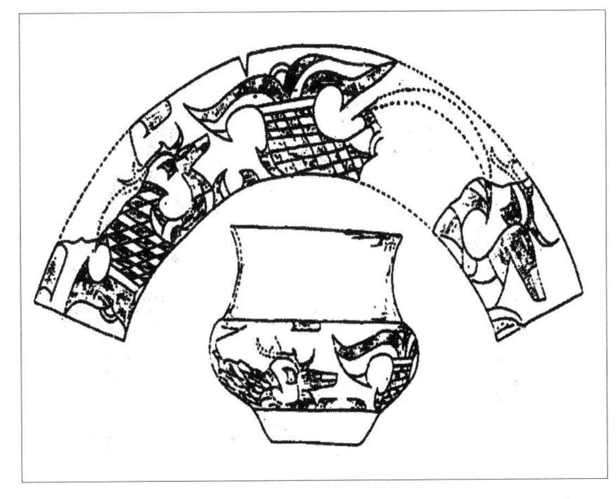
그림 6. 조보구문화 신수월량문도존(神獸月亮紋陶尊)

3. 신수성신문도존(神獸星辰紋陶尊), 1점, 일련번호 F1:3

두 개의 신수문(神獸紋)이 시계 방향으로 몸을 두르고 움직이는 모습을 하고 있는데 이 또한 하늘을 운행하고 있다는 것을 나타낸다. 오른쪽 신수(神獸)는 새 머리에 구부러진 긴 부리를 가지고 있으며 몸은 조개껍데기 모양이지만 꼬리 부분이 보이지 않기 때문에 '방봉(蚌鳳)'으로 부를 수 있다. 왼쪽에는 어미녹룡(魚尾鹿龍)이 그려져 있는데 몸은 이어진 조갯살 모양이며 몸체가 말려 있는 모습은 마치 고리로 연결된 구름 문양과 비슷하다. 해당화 모양의 물고기 꼬리가 갈라진 가운데 있는 호면(弧面)에는 빗살 문양이 있어 강한 빛을 방출하는 천체임을 나타내고 있다. '방봉(蚌鳳)'에 관한 고문헌 중에 『예기. 월령(禮記. 月令)』에서는 다음과 같이 적고 있다. "孟冬之月, ……水始冰, 地始凍, 雉入大水爲蜃, 虹藏不見 –음력시월에..... 물이 얼기 시작하고, 땅이 얼기 시작하면, 꿩은 물에 들어가 蜃(무명조개)이 되고, 무지개는 숨어 보이지 않는다.–" 이것에 대해 주(注)에서는 "皆記時候也, 大蛤曰蜃 –모두 시간과 절후를 기록한 것으로, 대합(大蛤)은 신(蜃)이라고 부른다.–"라고 적고 있다. 여기에서 '雉人大水爲蜃'은 조개(蚌)와 새(鳥)가 서로 결합한 것으로, '방봉(蚌鳳)'과 같은 의미이다. 방봉은 옛 문헌에서 천상(天象)과 기상(氣象)의 기

---

13) [역자주] 본문의 설명과 달리 신수문 월량 질그릇에 그려진(그림 6) 두 번째 어미녹룡(魚尾鹿龍)의 꼬리 사이에는 빛살문양이 보이지 않는다.

준이 되는 절기로 사용되었기 때문에 또한 별과 별자리(星辰)를 상징하는 것임을 알 수 있다(그림 7).

이 그림에는 하나의 별만이 그려져 있는데 강렬하게 빛을 내고 있어 동방창룡의 용성(龍星)인 대화심수(大火心宿)의 두 번째 별자리로 생각된다.

그림 7. 조보구문화 신수성신문도존(神獸星辰紋陶尊)

이러한 신수문(神獸紋)은 복합적인 형태의 신령스런 존재를 나타낸다. 이 가운데 어미녹룡(魚尾鹿龍)은 앞서 설명한 길현 시자탄 암각화의 어록교회도(魚鹿交會圖)에서 발전해온 것으로 보인다. 비록 두 유적지가 서로 수 천리 떨어져 있고 시간상으로도 수천 년의 차이가 있지만 변화 양상의 유사성이 분명하고 관념의 전승관계도 명확하게 보인다. 앞서 1장에서 영국의 조셉 니덤(李約瑟, Joseph Needham)은 "성신(星辰)의 신화와 민간전설" 그리고 "미술적인 성격을 갖추고 있는 것"에 대해 언급한 적이 있다. 고대의 예술가들은 회화의 형식을 통해 천상(天象)을 생동감 있게 표현하였으며 일월성신은 이러한 신령들로부터 태어난 것으로 보았다. 해와 달이 하늘을 운행하는 것과 별이 뜨고 지는 것을 모두 구체적으로 용(龍)의 모습으로 나타내었다. 과거에는 더 많은 신화의 내용이 있었겠지만 지금까지 전해지고 있는 것은 그리 많지 않다. 『산해경』에는 '乘兩龍'에 대해 많은 신화들이 기록되어 있다. 예를 들면 「해외남경(海外南經)」에서는 "祝融乘兩龍 –축융은 용 두 마리에 올라타 있다"이라고 적고 있는데 이것은 남륙하신(南陸夏神)을 가리키는 것이다. 「해외서경(海外西經)」에서는 "蓐收乘兩龍 –욕수는 두 마리의 용에 올라타 있다"이라고 적고 있는데 이는 서륙추신(西陸秋神)을 가리키는 것이다. 「해외북경(海外北經)」에서는 "禺彊踐兩青蛇 –우강은 파란 뱀 두 마리를 밟고 있다"라고 적고 있는데 이것은 북륙동신(北陸冬神)을 가리키는 것이다. 「해외동경(海外東經)」에서는 "句芒乘兩龍 –구망은 용 두 마리에 올라타 있다"이라고 적고 있는데 이것은 동륙춘신(東陸春神)을 가리키는 것이다. '乘兩龍'으로 표현한 이유는 과연 무엇일까? 앞서 설명한 도안을 통해 오래 전부터 전해 내려오는 것이라는 것을 알 수 있다. 두 마리의 용을 타고 우주를 돌아다니는 것은 용력(龍曆)이 절기를 나타내고 있음을 보여준다.

고대 신화 가운데 희화(羲和)는 10명의 아들(태양)을 낳았고 상희(常羲)는 12명의 딸(달)을 낳았다는 기록이 있는데 이 또한 예부터 전해져오고 있다. 「산해경. 대황남경(山海經. 大荒南經)」에서는 다음과 같이 적고 있다.

東南海之外, 甘水之間, 有羲和之國, 有女子名日羲和, 方日浴於甘淵。羲和者帝俊之妻, 生十日。

동남해의 바깥쪽 감수(甘水) 사이에는 희화국(羲和国)이 있다. 이곳에는 희화라는 여자가 있는데 감연(甘淵)에서 태양을 목욕시키고 있었다. 희화는 제준(帝俊)의 처로 10개의 태양을 낳았다.

「대황서경(大荒西經)」에서는 다음과 같이 적고 있다.

有女子方浴月, 帝俊妻常羲, 生月十有二, 此始浴之。

여자가 달을 목욕시키고 있었다. 여자는 제준의 처 상희로 12개의 달을 낳았으며 이후 달을 목욕시키기 시작하였다.

희화생십일(羲和生十日-羲和가 열 개의 태양을 낳았다)과 상희생십이개월(常羲生十二個月)의 신화에 대해서는 다음 장(章)에서 구체적으로 설명하도록 하겠다. 여기에서는 희화(羲和)와 상희(常羲)의 인격과 신격이 어떻게 변화 발전해 온 것인지에 대해 살펴보도록 하겠다. 희화(羲和)와 상희(常羲)의 글자 뜻은 모두 희(羲)자로부터 유래하였다. 『설문해자(說文解字)』에서 "羲, 氣也 -羲는, 氣이다.-"이며 "氣, 雲氣也 -氣는 雲氣이다"라고 적고 있다. 그러면 운기는 어디에서 유래한 것인가? 『설문해자(說文解字)』에서 "山, 宣也, 宣氣散生萬物, 有石而高, 象形。-山은 宣이다. 氣가 널리 퍼져 흩어지면 만물이 생장한다. 돌이 있고 높으며, 상형자이다.-"라고 적고 있다. 희화(羲和)와 상희(常羲)의 인격과 신격은 깊은 산속에서 일출과 월출을 관찰하는 것에서 기원한다. 제요시대에 이르러, 『상서. 요전(尚書. 堯典)』에서는 "乃命羲和, 欽若昊天, 曆象日月星辰, 敬授人時。[14] -이에 희화에게 명을 내려, 하늘을 공경하고 일월성신의 역상을 잘 살펴서 사람들

14) [참고자료] 于是指示羲和, 密切注视着时日的循环, 测定日月星辰的运行规律, 给大家制定出计算时间

이 때에 맞게 살도록 하라고 하였다.-"라고 적고 있다.

희화(羲和)는 사시(四時) 관상수시 업무를 담당하는 천문관이 된 것이다. 「요전(堯典)」 '후문(後文)'에 '사악(四岳)'에 대한 기록이 남아 있는데 그에 대한 주(注)에는 "四岳即上羲和之四子, 分掌四岳之諸侯, 故稱焉 -四岳은 바로 羲和의 네 아들로 각각 제후로 삼아 四岳을 담당하였기 때문에 그렇게 부른 것이다.-"라고 적고 있다. 희화(羲和)의 이름은 사방에 산악으로 둘러싸인 것에서 유래했기 때문에 사악(四岳)은 희화(羲和)의 아들로 이해 될 수도 있다. 사악(四岳)이 사람의 이름으로 사용되었으며 또한 사시(四時)의 깊은 산 속과 관련되어 있기 때문에 '麓(산기슭 록)'이라는 글자에 대해 다음과 같이 이해할 수 있다. 『설문해자』에서는 "林屬於山爲麓 -숲이 산에 속해 있는 것이 麓이다"이라고 적고 있으며 『석명(釋名)』에서는 "麓, 山足曰麓。麓, 陸也 -산기슭을 麓이라고 부른다. 麓은, 陸이다"라고 설명하고 있다. 여기서 희화(羲和)의 인격과 신격은 고대의 녹신(鹿神)에서 유래했다는 것을 알려준다. 아침에 산간의 평지에서 일출을 볼 때, 태양이 떠오르면 사슴 무리는 달리기 시작한다. 따라서 어미녹룡생일도(魚尾鹿龍生日圖)를 만들었으며 후대에 '희화생일(羲和生日)'로 변화된 것이다. 여기에는 생월생신(生月生辰-달과 별을 낳은 것)도 포함된다. 일월(日月)이 하늘을 지나는 것은 려(麗)나 리(離)로 불렸다. 『주역. 리(周易. 離)』 괘(卦)에는 "彖曰: 離, 麗(丽)也 -단왈 離는, 麗이다"라고 적고 있다. 일리월리(日離月離)가 바로 일려월려(日麗月麗)의 의미로 아름다운 태양이나 달이 하늘에서 운행하고 있는 것이 마치 사슴무리가 달리고 있는 것과 같다는 것이다. 어미녹룡문(魚尾鹿龍紋) 질그릇이 출토된 남대지(南臺地) 서쪽 언덕에서 일출을 관측하면 날이 밝아오려 할 때 산속 깊은 곳에서 먼저 붉은 빛을 보게 되고 이어서 알록달록한 꽃구름 같은 모습을 보게 되는데 이것이 바로 "羲, 氣也"인 것이다. 곧이어 태양이 산속 땅에서 떠오르는데 이것이 바로 "麓, 山足曰麓"이다. 태양빛이 산비탈을 비추면 사슴 떼는 달리게 되는데 이는 마치 어미사슴이 새끼를 낳은 것처럼 태양 또한 어미녹룡(魚尾鹿龍)으로부터 태어나게 된다. 태양은 이미 하늘에 떠 있기 때문에 '려-麗'가 된다. 이것은 한 마리의 아름다운 사슴인 것이다. 이러한 이유로 회화생십일(羲和生十日) 신화는 고대로부터 전해져온 것임을 알 수 있다. 앞에서 설명한 길현 시자탄(吉縣 柿子灘) 암화의 어록교회도(魚鹿交會圖) 아래에 그려진 열개의 별은 희화생십일(羲和生十日) 신화와 관련이 있어 보인다.

산의 평지에서 일출을 관찰하는 것에 대해 『산해경. 대황동경(山海經. 大荒東經)』에서는 다음과 같이 적고 있다. "有山名曰大言, 日月所出 -大言山이 있는데 해와 달이 떠오르는 곳이다."

的历法。(출처:baidu 백과사전 「羲和」)

계절에 따라 일출의 방위는 남북으로 이동하기 때문에 「대황동경(大荒東經)」에서는 다음과 같이 적고 있다. "有山名曰合虛, 日月所出 –合虛山이 있는데 해와 달이 떠오르는 곳이다.", "有山名曰明星, 日月所出 –明星山이 있는데 해와 달이 떠오르는 곳이다.", "有山名曰壑明俊疾, 日月所出 –학명준질산(壑明俊疾山)이 있는데 해와 달이 떠오르는 곳이다." 모두 여섯 개의 해와 달이 떠오르는 산은 1년 동안 해가 남회귀선에서 북회귀선을 오가며 떠오르는 일출 방위를 나타낸 것이다. 1년 동안의 일출 방위는 후세에 지평일구(地平日晷)에서 관측한 태양의 출몰방위와 관련이 있다. 『석명(釋名)』에서는 "麓, 陸也."라고 적고 있다. 대지(大地)를 대륙(大陸)으로 칭한 것이다. 고대인들은 일월성신(日月星辰)이 산간 평지에서 떠오르므로 일월이 대지로부터 탄생한 것으로 생각했다. 어미녹룡(魚尾鹿龍)은 생일(生日), 생월(生月), 생성신(生星辰)의 예술 작품으로 대지의 어머니가 태양과 달과 별을 낳았다는 것을 나타내는 것으로 작품에 담긴 풍부한 상상력은 현대인과 별 차이가 없어 보인다.

4절. 조보구문화(趙寶溝文化) 질그릇에 그려진 신수문(神獸紋) : 영춘도(迎春圖)

신수문도준(神獸紋陶尊)의 '영춘도(迎春圖)'는 오한기 보국토향 흥륭와촌(敖漢旗 寶國吐鄉 興隆洼村)의 소산유적지(小山遺址)에서 출토되었다. 이 지역은 대릉하(大凌河) 지류인 망우하(牤牛河)의 상류에 위치해 있으며 낮은 산 구릉지대에 속한다.[15] 신수문도준(神獸紋陶尊)은 일련번호 2호 집자리의 제사용 구덩이에서 출토되었고 구덩이의 평면은 직사각형으로 모서리는 둥근 형태로 되어 있으며, 사면이 서북(西北), 동북(東北), 동남(東南), 서남(西南)을 향해있다. 면적은 33m^{2}로 규모가 매우 큰 제사용 구덩이이다. 구덩이 중앙에 다시 원형의 얕은 구덩이를 하나 파서 사각형과 원이 서로 겹쳐있는 모양으로 만들었다. 원형의 얕은 구덩이 안에서 출토된 협사통형관(夾砂筒形罐–모래가 섞인 통 모양의 항아리) 5점은 하늘에 제사 지내기 위해 사용한 제물이다. 원형의 얕은 구덩이의 동(東), 서(西), 남(南), 북(北) 네 방위에도 제기(祭器)가 놓여 있었다. 동쪽은 갈판과 돌방망이가 놓여 있어 파종의 계절을 상징하는 것으로 보인다. 남쪽에는 통형관(筒形罐–통

15) 中國社會科學院考古研究所內蒙古工作隊: 「內蒙古敖漢旗小山遺址」, 『考古』 1987年 第6期.

모양의 항아리)이 놓여 있는데 하지에 하늘과 땅에 제사지내던 제기(祭器)로 보인다. 서쪽에는 인면문대석부(人面紋 大石斧)가 놓여 있어 수확의 계절임을 나타내고 있다. 북쪽에는 신수문 질그릇(神獸紋陶尊)이 놓여 있는데 동지세종대제(冬至歲終大祭)때 사용했던 제기(祭器)로 보인다. 제사를 지낼 때 가장 중시 했던 것은 동북 방위로 구덩이 동북쪽 가장자리 위에는 땔감을 태워 하늘에 제사지내고 남은 홍소토(紅燒土) 유적이 있으며 이것은 영춘제전(迎春祭典) 과정에서 남겨진 것으로 보인다.

신수문도준 위에 그려진 '영춘도(迎春圖)'를 소개하겠다(그림 8).

- 신수문도준 1점, 일련번호 F2②:30

질그릇의 볼록한 부분에 신수(神獸) 3개가 그려져 있다. 신수는 왼쪽에서 오른쪽을 향해 움직이는 모양으로 질그릇을 한 바퀴 두르고 있다. 이 그림은 생산년의 한 주기를 나타내고 있다. 오른쪽 맨 앞에 있는 것은 조룡(鳥龍)으로 긴 부리는 굽어있고 입 속에는 꼬리를 말은 형태의 물건을 물고 있다.

새의 머리에는 관장식이 있다. 짐승 몸에 뱀 꼬리는 위로 말려 있으며 날개 2개가 있고 몸통

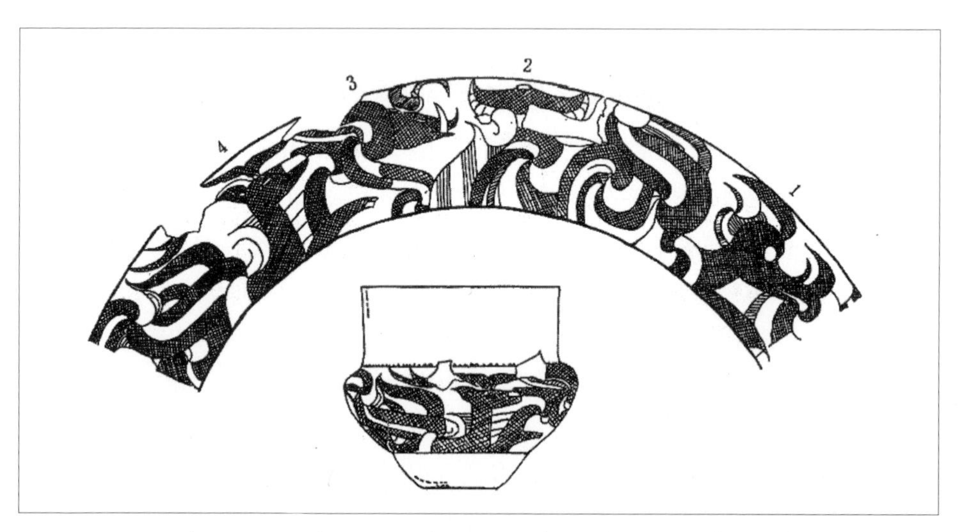

그림 8. 조보구문화 신수문도존(神獸紋陶尊)에 그려진 "영춘도(迎春圖)"
1.조룡(鳥龍) 2.입을 벌리고 있는 큰 조개(大蚌(辰)) 3.야저수우각룡(野猪首牛角龍) 4.녹봉(鹿鳳), 내몽고 오한기(內蒙古 敖漢旗) 소산유적(小山遺址)에서 출토

은 말려진 구름 문양 가운데를 통과하고 있어 앞에서 바람을 일으키고 구름을 드리운다는 것을 나타낸다. 뒤에 따르는 것은 야저수우각룡(野猪首牛角龍)으로 송곳니가 튀어나와 있고 입을 약간 벌려 입김을 내뿜고 있는 모습이다. 동그랗게 말려있는 뱀 형태의 몸통은 빠르게 움직이고 있는 모습이다. 조룡(鳥龍)과 야저수우각룡(野猪首牛角龍) 사이의 위쪽에는 삿갓모양의 도안이 하나 있는데 그 안쪽은 뱀의 배에 있는 호선과 같은 문양이 그려져 있다. 이 도안은 큰 조개의 두 껍데기가 전부 벌어져 속 안의 조갯살을 드러낸 것 같은 모습이다.

이 도안에서 주목할 부분이 있다. 조룡(鳥龍)이 꼬리 끝부분을 이용해 말려있는 구름을 조개 안에다 밀어 넣고 있고, 야저수우각룡(野猪首牛角龍)은 있는 힘껏 조개 안을 향해 입김을 불어넣으며, 기류(氣流)가 닿는 곳에는 끊임없이 빗줄기가 쏟아지고 있는 모습이 있다. 마지막에 따라가고 있는 것은 녹봉(鹿鳳)으로 사슴 머리, 사슴 뿔, 사슴 몸, 그리고 두 날개를 가지고 있으며 꼬리 부분에는 동그라미 문양이 하나 끼여 있어 태양을 낳았다는 것을 나타내고 있다. 그림은 전체적으로 봄바람에 비가 내리고 비가 지나간 뒤 날씨가 개는 모습을 나타내고 있다. 봄은 이미 왔고 새로운 생산년도 이미 시작되었으므로 그것을 '영춘도(迎春圖)'라 부르는 것이다. 봄이 왔을 때의 천상(天象), 기상과 물후에 관해 전국시대 말기의 『여씨춘추』「맹춘기(孟春紀)」에는 '천상(天象)이 세차로 인해 잘 맞지 않지만 기상과 물후는 참고할 만하다'고 적고 있다.

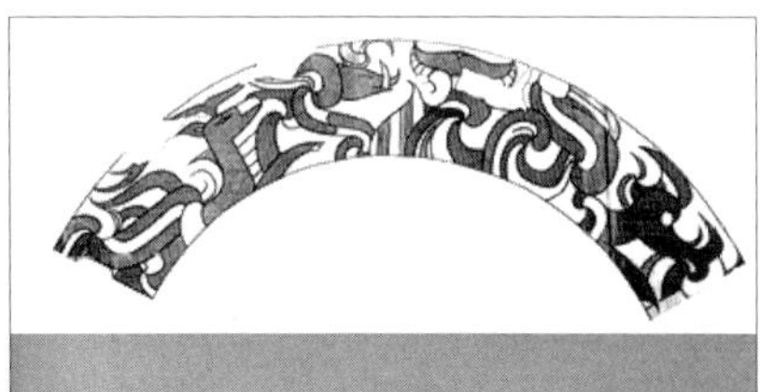

그림 8-1. 조보구문화(趙寶溝文化) 신수문도준(神獸紋陶尊)의 '영춘도(迎春圖)'(출처: Baidu 백과사전)

> 孟春之月, ……其蟲鱗, 其音角, ……東風解凍, 蟄蟲始振, 魚上冰, 獺祭魚, 候雁北。……是月也, 天氣下降, 地氣上騰, 天地和同, 草木繁動。16)
>
> 봄의 첫 번째 달에. ... 대표되는 동물은 비늘

16) [참고자료] 【译文】孟春正月, ... 同这个月对应的动物是鳞甲类, 同这个月对应的乐调是角音, ...东风吹化了冰雪, 冬眠的动物开始活动, 鱼儿从深水处游到冰层下, 水獭把猎到的鱼, 摆在岸上, 候鸟大雁开始北归。.... 这个月, 天空中的气流下沉, 地面上的气流上升, 天地气流合一, 草木繁殖生长。(출처: 『读点经典:吕氏春秋·左传』, 『读点经典』编委会 编 , 凤凰出版社, 2012년 8월)

있는 동물이요, 대표되는 음은 角음이다. ... 동풍이 얼음을 녹이면, 겨울잠을 자던 동물들도 떨쳐 일어나기 시작하고, 고기들도 얼음 위로 올라온다. 수달은 물고기로 제사지내고, 기러기는 북쪽으로 돌아간다. ... 이 달은, 하늘의 기운이 아래로 내려오고, 땅이 기운이 위로 올라가, 하늘과 땅의 기운이 하나가 되니, 초목이 번식하여 자란다.

맹춘(孟春)은 입춘이 포함된 달로 이 달에 천상을 관찰하면 동방창룡이 땅으로 나와 하늘을 운행하므로 '기충린(其蟲鱗)'으로 부른다. 전국시대 진(秦), 한(漢) 무렵에 이르면 맹춘이 포함된 달에는 자정이 넘어야 비로소 창룡이 땅으로 올라온 것을 볼 수 있었으므로 천상(天象)과는 일치하지 않았다. 따라서 진한시대에 '기충린(其蟲鱗)'은 물후의 의미로만 쓰였고 용은 비늘달린 짐승의 우두머리로 인식되었으며 봄은 만물이 생장하는 용의 계절임을 나타냈다. 그러나 '기충린(其蟲鱗)'의 천상(天象)에서의 모습은 조보구문화 질그릇의 '영춘도(迎春圖)'와 서로 일치하고 있어 당시의 물후와 기상도 당연히 일치하였음을 알 수 있다. 속담에서는 "春打六九頭"[17]라고 말하거나, "七九河开, 八九雁來[18]"라고 말하는데, 이것은 봄이 왔고 기러기는 북쪽으로 되돌아가는 '후안북(候雁北)'을 표현한 것이다. 영춘도(迎春圖)의 제일 앞에 그려진 조룡(鳥龍)은 '후안북(候雁北)'을 표현한 것이다. '魚上冰, 獺祭魚'라는 것은 얼었던 강이 녹고 기러기가 날아가면 물

---

17) [참고자료] 春打六九頭 −从冬至开始到立春, 一共经历冬至、小寒、大寒三个节气, 一个节气15天, 一共45天。从冬至那天开始数九, 到了五九最后一天, 一共是×9=45天, 所以, 刚刚好立春那个节气是六九的第一天。所以就有了"春打六九头"的说法。−동지부터 시작하여 입춘까지 모두 동지, 소한, 대한 세 절기를 거치며 한 절기는 15일씩으로 모두 45일이 된다. 동지 당일부터 数九를 시작하여, 五九 마지막 날이 되면 합계 5×9=45일이다. 그래서 입춘절기는 딱 좋게 六九의 첫 번째 날이 된다. 그래서 "봄은 六九의 머리를 때린다"라고 한 것이다.(출처: http://iask.sina.com.cn/b/11718216.htm)
数九 −동짓날로부터 81일간. 한겨울. 동지섣달. [동지부터 시작하여 매(每) 9일이 '一九'이고, '一九'부터 '九九'까지 모두 81일간임](출처: 네이버 중국어사전「数九」)

18) [참고자료] 七九河开, 八九雁来 −每年从冬至开始, 以每九天为一组, 第七个九天, 河冰融化, 第八个九天, 大雁北返。(출처: baidu 知道)
九九歌是一种节令民间歌谣。旧时, 冬季来临时, 小孩子们常会吟唱九九歌这样的歌谣。
"一九二九不出手; 三九四九冰上走; 五九六九沿河看柳; 七九河开八九雁来; 九九加一九, 耕牛遍地走。(출처: http://iask.sina.com.cn/b/11797102.html)
九九歌는 절기를 노래한 민간가요이다. 옛날에는 겨울이 왔을 대 어린아이들은 늘 九九歌라는 이 노래를 불렀다고 한다.
"一九二九에는 손을 내놓지 않고, 三九四九에는 얼음 위를 걸으며, 五九六九에는 강가에서 봄버들을 보고, 七九에는 강물이 녹고, 八九에는 기러기가 날아가고, 九九에 一九를 더하면, 밭갈이 소가 곳곳을 다닌다."

고기들은 얼음 사이로 떠올라 산소를 들이마신다는 의미이다. 수달은 얼음 틈새를 뚫고 물속으로 들어가 고기를 잡는다. 고기를 잡아 얼음 위에 올려놓고 먹고 가시를 남기는데 이것이 바로 '달제어(獺祭魚)'이다. 이때 큰 기러기도 물가에서 잡은 고기를 먹는데, 조룡(鳥龍)의 입에 들어있는 꼬리가 말려있는 물체는 바로 물고기를 상징한 것이다. 물새가 물고기를 입에 물고 있는 모습은 봄 절기의 물후를 나타낸다. 조룡(鳥龍)의 뒤쪽에 따르고 있는 것은 야저수우각룡(野猪首牛角龍)이다. 둥글게 말려있는 구름 문양 사이를 통과하기 때문에 '운종룡(雲從龍)'이라고 부른다. 구름이 비가 되니 이것이 바로 '天氣下降, 地氣上騰, 天地和同'이다. 비가 내린 후에는 씨를 뿌릴 수 있게 되므로 바로 '草木繁動'의 계절이 된다. 이러한 영춘제례(迎春祭禮–봄을 맞이하는 제례의식)는 후세까지 전해져 『여씨춘추』「맹춘기」에서는 "立春之日, 天子親率三公、九卿、諸侯, 大夫以迎春於東郊。[19] –입춘에는, 임금이 친히 三公, 九卿, 諸侯, 大夫들을 이끌고 東郊에서 봄을 맞이하였다.–"라고 적고 있다. 고대시대에는 동북 교(郊)에서 영춘(迎春) 제례를 행하였다. 이러한 영춘(迎春) 제례는 신화로 만들어졌는데 『산해경』「대황동경」에서는 다음과 같이 적고 있다.

東海中有流波山, 入海七千里。其上有兽, 狀如牛, 苍身而無角, 一足, 出入水則必風雨, 其光如日月, 其聲如雷, 其名曰夔。黄帝得之, 以其皮爲鼓, 橛以雷獸之骨, 聲聞五百里, 以威天下。

동해 가운데 유파산이 있는데, 뭍에서 동해로 7천리 되는 곳에 있다. 그 산 위에는 짐승이 있는데, 생김새가 소와 같고 푸른색의 몸체에 뿔은 없으며 다리는 하나이다. 바닷물에 들고 날 때는 세찬 바람과 비를 수반하였고 몸에서 내뿜는 빛은 해나 달과 같으며 울부짖는 소리는 우레와 같았으며 기(夔)라고 불렀다. 황제는 그것을 손에 넣은 후에 그 가죽으로 북을 만들고 雷獸의 뼈로 북채를 만들어 치니 울리는 소리가 5백리 밖까지 전해지며 천하를 위협하였다.

이것은 영춘(迎春) 제례 중에 밤에 동방창룡이 땅에서 올라와 하늘을 운행한다는 신화이다. '유파산(流波山)'은 하늘 끝까지 치솟는 파도를 나타낸다. 바다에서 큰 파도를 보면 파도가 해안을 때려 천지를 뒤흔드는 느낌이 나므로 동해를 진택(震澤 –천둥 못)이라고 불렀다. 『주역·설괘

19) [참고자료] 三公中国古代朝廷中最尊晏的三个官职的合称。周代已有此词, 西汉今文经学家据《尚书大传》、《礼记》等书以为三公指司马、司徒、司空。古文经学家则据《周礼》以为太傅、太师、太保为三公。(출처: baidu 백과사전「三公九卿」)

전(周易·說卦傳)』에는, "震爲雷, 震東方也 -震은 雷로, 동쪽을 뒤흔든다.-"라고 적고 있다. 진택(震澤)은 뇌택(雷澤)으로도 불린다. 『산해경』 「해내동경」에서는 "雷澤中有雷神, 龍身而人頭, 鼓其腹(則雷)。[20] -雷澤 가운데 雷神이 있는데, 용 몸에 사람머리를 하고 있으며, 배를 때린다(즉, 뇌신이 배를 때릴 때마다 천둥소리가 난다는 의미이다).-"라고 적고 있다. 여기서 뇌수(雷獸)는 바로 뇌신(雷神)으로 동방창룡이 바다 위로 떠오르는 것을 나타낸다. '狀如牛, 蒼身而無角'이라는 모습은 조보구문화의 영춘도(迎春圖)에 그려진 야저수우각룡(野猪首牛角龍)과 비슷한데 신화의 내용과는 완전히 일치한다. '出入水則必風雨'라는 것은 야저수우각룡(野猪首牛角龍)이 삿갓모양의 큰 조개를 향해 숨을 내뿜고 있는 모습을 나타낸다. 숨이 닿는 곳에 비가 연달아 내리니 그림과 신화 내용이 일치하며 오늘날 청명(清明)에 비가 내리는 것과 관련 있다. 밤에 하늘을 바라보면, 동방창룡이 땅에서 나와 하늘을 운행할 때 대화심수(大火心宿) 두 번째 별은 불꽃과 같은 붉은색을 띠고 있어 마치 불꽃이 활활 타올라 해나 달과 같이 밝게 보이므로 '其光如日月'이라고 적은 것이다. '其聲如雷'에 대해 『월령(月令)』에는 "仲春之月, 雷乃發聲"이라고 적고 있는데 따라서 동방창룡을 뇌수(雷獸)나 뇌신(雷神)으로도 부른다.

춘분(春分)이 되면 영춘대전(迎春大典)을 거행한다. 『좌전』 「환공」 5년에서는, "凡祀, 啓蟄而郊, 龍見而雩。[21] -모든 제사는, 계칩(경칩)이 되면 郊를 지내고, 동방창룡의 몸체가 보이면 기우제를 지낸다.-"라고 적고 있다. '우(雩)'라는 것은 노래하고 춤추며 축하하는 제례의식이다. 북을 치며 봄을 맞이하는 것으로 북소리, 천둥소리, 노래하고 춤추는 소리, 큰소리로 외치는 소리가 함께 어우러져 거행하던 성대한 제사의식이었다. 동방창룡이 땅에서 나와 하늘을 운행하기를 기다리니, "黃帝得之, 以其皮爲鼓, 橛以雷獸之骨, 聲聞五百里, 以威天下"라고 한 것이다. 춘뢰(春雷)가 끊임없이 치고 봄비가 내리면 새로운 생장년이 시작되었다는 것을 나타낸다. '以威天下'라는 것은 천하의 모든 백성들이 봄이 왔음을 알고 씨앗을 뿌리기 시작했다는 것이다. 조보구문화의 영춘도(迎春圖)는 기원전 40세기 이전의 영춘(迎春) 모습을 보여준다. 아래에서는

---

20) 이 신화 중의 雷澤은 역사의 흐름 속에서 이미 가리키는 바를 알 수가 없다. 원가(袁珂)는 『山海經校注』에서 "雷澤은, 震澤인 太湖라고 하는 것이 적당하다"(330p)라고 말했다. 즉 신화 속의 地名과 역사 속의 地名을 헷갈린 결과이다. 지금의 太湖 부근에는 震澤鎭이 있다.

21) [참고자료] 启蛰(qǐzhé)-1.节气名。动物经冬日蛰伏, 至春又复出活动, 故称"启蛰", 为了避汉景帝刘启的名讳而改称 "惊蛰"。
2.谓惊起蛰伏过冬的动物。(출처: baidu 백과사전 「启蛰」)
杜预 注: "龙见, 建巳之月。苍龙宿之体, 昏见东方, 万物始盛。待雨而大, 故祭天。远为百谷祈膏雨也。" (출처: baidu 백과사전 「龙见」)

인면문 대석부(人面紋大石斧-사람얼굴무늬 큰 돌도끼)에 대해 알아보도록 하겠다.

- 인면문대석부(人面紋 大石斧) 1점, 일련 번호 F2②:10

초기 보고서에는 "도끼 모양의 기물"이라고 적고 있는데 그 이유는 날이 세워져 있지 않아 칼로는 사용할 수가 없어 보였기 때문이다. 따라서 초기 보고에서는 용도에 대한 설명의 필요성을 크게 느끼지 못했다. 이 석부(石斧)는 출토되었을 당시 반짝이며 빛이 났는데 마치 광택이 나는 옥과 같은 모습이었다.

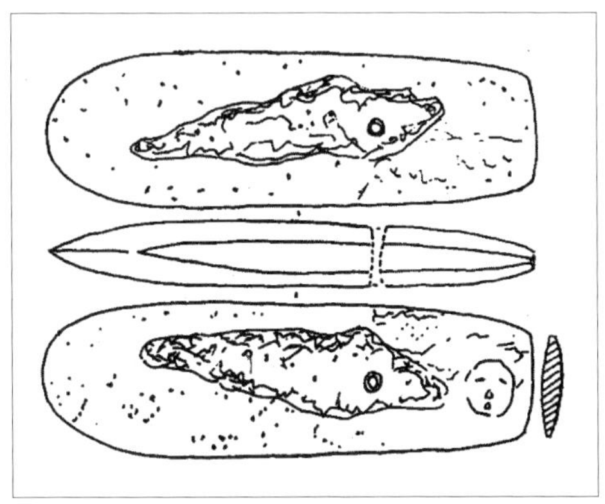

그림 9. 조보구문화(趙寶溝文化) 제사터에서 출토된 인면문석부(人面紋石斧)

실제 모습은 하늘색을 띠고 있으며 가운데는 자홍색의 얼룩무늬 반점이 둘러싸고 있어 마치 가을날 저녁 노을 같이 보인다. 석부 전체에 검은 반점이 섞여있어 겨울 밤하늘의 별처럼 보이기도 한다. 석부(石斧)의 한쪽 끝 주변에 인면문(人面紋) 하나가 새겨져 있다. 비록 가늘고 약하게 새겨져 있으나 얼굴과 두 눈은 또렷하게 보이며 삼각형 모양의 입과 귀도 보인다. 길이는 18.2cm, 가장 넓은 곳의 너비는 5.5cm, 두께는 2.4cm이다(그림 9).

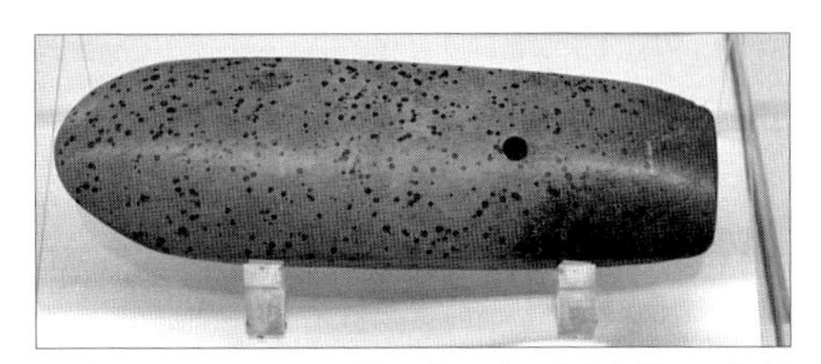

그림 9-1. 조보구문화(趙寶溝文化) 인면(人面) 석부(石斧) (출처: 大河收藏網)

이것은 지금까지 중국 고고학에서 알려진 가장 오래된 인면문석부(人面紋石斧)이다. 이 석부(石斧)의 제전(祭典)에서의 기능적 역할과 함께 인면문(人面紋)이 나타내고자 하는 의미에 대해서도 연구가 필요하다고 생각된다. 앞서 설명했듯이 F2 제사용 구덩이의 방위와 절기의 개념은 명확하다. 이 석부(石斧)는 서륙추분(西陸秋分)의 위치에 놓여 있었는데 이것은 '參星主伐 -삼성은 베는 것을 주관한다'을 상징한 것이다(1장 서수파 무덤의 호랑이에 대한 해석을 참조). 서륙추분(西

陸秋分)에 대해서 『산해경』 「해외서경(海外西經)」에서는 다음과 같이 적고 있다.

西方蓐收, 左耳有蛇, 乘兩龍。郭璞注: 金神也, 人面、虎爪、白毛、執鉞。

서쪽에 욕수(蓐收)라는 신이 있는데, 왼쪽 귀에는 뱀이 있으며 용 두 마리를 타고 있다. 郭璞은 注에서 다음과 같이 말하였다. "金神이다. 사람 얼굴에 호랑이 발톱 그리고 흰 털이 있으며 鉞을 손에 쥐고 있다."

앞서 설명했듯이 '乘兩龍'은 절기의 변화를 나타낸 것으로 여기에서는 추분(秋分) 절기를 나타낸다. '흰털과 호랑이 발톱'은 서방백호를 나타내는 것으로 욕수(蓐收)가 호랑이 신(神)임을 보여준다. '집월(執鉞)'과 '집부(執斧)'는 같은 의미로 부월(斧鉞)은 사형을 집행하는데 사용되었기 때문에 욕수(蓐收) 또한 사형을 집행하는 신(神)으로 볼 수 있다. 욕(蓐)자는 진(辰)에서 나왔는데 조개껍데기는 수확할 때 쓰는 도구이므로 욕수(蓐收)를 추수의 신(神)으로도 볼 수 있다. 따라서 석부(石斧) 위의 인면문(人面紋)은 인격화된 욕수(蓐收)임을 알 수 있다.

앞서 설명한 내용을 정리해보면 2호 집자리의 제례 구덩이는 사시 관상(觀象)의 내용을 포함하고 있으며 사시세제(四時歲祭)가 있었음을 보여준다. 동지세종대제(冬至歲終大祭)를 제외하면 봄과 가을 두 계절에 지내는 세제(歲祭)가 가장 중요한데, 봄이 왔을 때 춘세제(春歲祭)를 거행함으로써 새로운 생장년이 시작된다고 여겼다. 하지를 지나 추분이 되길 기다렸다가 추세제(秋歲祭)를 거행함으로써 생장년은 이미 끝나고 수장년(收藏年)이 시작되었다고 여겼다. 따라서 조보구문화의 고대인들은 사시의 구분은 있었으나 1년을 두 계절로 나누고 하반년(夏半年)을 생장년, 동반년(冬半年)을 수장년(收藏年)으로 여겼다는 것을 알 수 있다.

5절. 관상수시(觀象授時)에서 민물조개의 의미: 진(辰)

1장에서 설명한 하남 복양 서수파(河南 濮陽 西水坡)의 무덤은 조개껍데기로 만든 성상(星象) 예술품이다. 이 장에서 소개한 조보구문화 고대인들의 조개모양 도안도 또한 성상(星象) 또는 천상(天象)을 표현한 예술품이다. 천문학사(天文學史)에서 조개가 갖는 의미는 무엇일까? 조개는

'진(辰)'자와 관련되어 있는데 아직 명확하게 알려진 것은 아니다. 그러나 중국 천문학사와 역법사(曆法史)에 있어서 '진(辰)'자는 중요하게 사용되었는데 그 이유는 무엇일까? 일찍이 곽말약(郭沫若)이 '진(辰)'자의 뜻에 대해 밝힌 적은 있으나 천문학사가들에게는 여전히 중시되지 않았다. '진(辰)'자에 대한 구체적인 설명에 앞서 상고시대 고대인들의 방(蚌)에 대한 인식부터 설명하기로 하겠다.

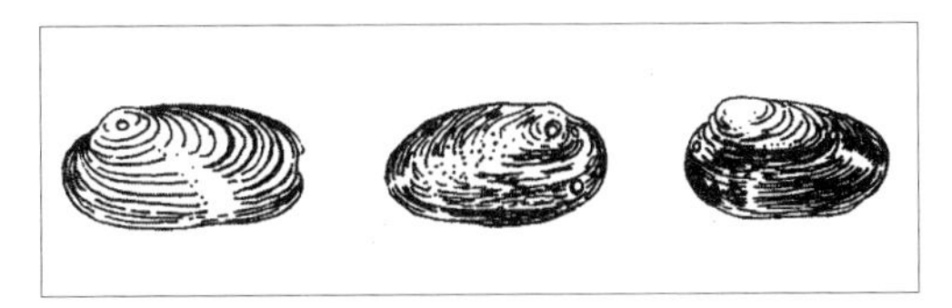

그림 10. 선인동(仙人洞) 유적지 출토 방기(蚌器) (출처: 互動 백과사전)

그림 10-1. 청해(青海) 유만묘지(柳湾墓地)에서 가공하여 사용한 적이 있는 조개껍데기 출토. 뚫려있는 구멍은 '진(辰)'을 표시하고 있는 것으로 보임.(출처: 청해유만(青海柳湾))

방(蚌)에 대한 인식은 고대의 어렵시대로부터 기원하였다. 산정동인(山頂洞人) 유적지에서 큰 조개껍데기가 출토되었는데 이것은 먹을 것을 얻기 위한 도구로 사용된 것으로 보인다. 앞서 길현 시자탄 암화를 설명할 때 소개한 조개껍데기 유적은 야생 벼를 자르기 위한 도구로 사용한 것으로 밝혀졌다. 신석기시대로 들어선 이후에 조개껍데기로 만든 도구는 점차 많아졌다. 신석기시대 초기의 강서 만년 선인동(江西 萬年 仙人洞) 동굴 유적지에서도 방기(蚌器) 52점과 함께 훼손된 조개껍데기 18점도 발견되었는데 이들에는 모두 가공한 흔적이 있었다. 가장 간단한 형태는 조개껍데기 가운데에 구멍 하나를 뚫어 놓은 것으로 구멍에 손가락을 끼워서 땅을 파고 농작물을 추수하는 도구로 사용한 것으로 보인다.[22] 조개껍데기는 가장 먼저 농업 생산도구로 사용된 재료 중의 하나였음을 알 수 있다.

『한비자』「오두(五蠹)」에는, "上古之世, 民食果蓏蚌蛤-상고시대에는, 백성들이 과실의 열매나 조개를 먹었다"라고 적고 있다. 봄이 되어 대지에 풀이 돋아날 때가 되면 고대에는 저장해 두었던 식물이 거의 떨어져 춘궁기에 들어서게 된다. 이때가 되면 수생과 양서류들은 동면에서

22) 江西省文物管理委員會等:「江西萬年大源仙人洞同穴遺址試掘」,『考古學報』1963年 第1期.

깨어나 수면 위로 올라오고 강기슭을 기어 다니게 되는데 고대인들은 허기를 채우기 위해 이것들을 잡아먹고 춘궁기를 보낼 수 있었다. 선인동(仙人洞) 유적지에서 출토된 불에 탄 조개껍데기는 이러한 사실을 뒷받침해주고 있다. 봄 농사가 시작되면 고대인들은 먹고 남긴 조개껍데기를 이용해 땅을 파고 씨를 뿌렸다. 이런 종류의 방기(蚌器)나 방제품(蚌製品)은 선사시대 유적지에서 많이 출토되고 있다. 곽말약(郭沫若)이 '진(辰)'을 해석하면서 글자의 형태를 이용해 다음과 같이 설명하였다.

(辰)字於骨文變形頗多, 然其常見者大抵可分爲二類: 其一上呈貝殼形作"[illegible]"若"[illegible]";
又其一呈磬折形作"[illegible]"若"[illegible]"。

- (辰)자는 갑골문에서 변형된 것들이 매우 많은데 가장 흔한 두 종류는 다음과 같다. 하나는 위가 조가비 형태로 보이게 만든 "[illegible]"이나 "[illegible]"와 비슷하며 다른 하나는 경절형(磬折形 -경처럼 구부러진 모양)으로 보이게 만든 "[illegible]"나 "[illegible]" 형태가 있다.

곽말약(郭沫若)은 진(辰) 자의 숨은 뜻에 대해 다음과 같이 설명하였다.

余以爲辰, 實古之耕器。其作貝殼形者, 蓋蜃器也, 『淮南子』「氾論訓」日: '古者剡耜而耕, 摩蜃而耨'。
辰本耕器, 故辱耨諸字均從辰。星之名辰者, 蓋星象與農事大有攸關。[23]
본인은 辰이 고대의 밭가는 도구였다고 생각한다. 농기구를 조개 모양으로 만든 이유는 조개를 농기구로 사용했기 때문으로 보인다. 『회남자』「사논훈」에서는 "옛날에는 날카로운 삽으로 밭을 갈고, 조개껍데기를 갈아 김을 맸다"라고 적고 있다. 辰은 본래 논밭을 가는 도구로 욕(辱)과 누(耨)는 모두 辰에서 유래하였다. 별의 이름을 辰이라고 하는 것은 아마도 성상과 농사일이 밀접하게 관련이 있기 때문으로 생각된다.

곽말약(郭沫若)은 하방(河蚌-민물조개), 진(辰), 농(農), 성상(星象) 사이의 관계에 대해 기본적으로 명확히 설명하였다. 글자의 구성을 살펴보면 '진(辰)'자는 민물조개의 상형자이다. 봄이 오면 민물조개를 포함한 조개류는 진흙에서 나와 강가에서 활동하는데 정오에는 조개껍데기를 살

23) 郭沫若: 『郭沫若全集』「考古篇」I, 科學出版社, 1982年.

짝 벌리고 햇볕을 쪼인다. 이러한 이유 때문에 '학방상쟁(鶴蚌相爭)'의 고사(故事)가 생겨난 것이다.[24)]

저녁 무렵이 되면 민물조개는 껍데기를 더 벌리고 조갯살을 드러내며 먹을 것을 찾는데 이것이 바로 '진(辰)'이자 '신(蜃)'인 것이다. 조개껍데기가 벌렸다 다물어지는 것이 '진(辰)'인데 항상 일정한 시간에 반복되므로 명확한 시간 개념이 포함되어 있다. 갑골문 가운데 '진(辰)'자는 민물조개의 껍데기가 벌어져 조갯살이 드러난 모양을 표현한 것이다. 그러나 곽말약(郭沫若)은 진(辰)자의 모양을 '경절형(磬折形-경처럼 구부러진 모양)'으로도 보았다. 즉, 고대의 석경(石磬)을 만들 때 조개껍데기가 벌리고 있는 모양을 본떠서 만들었다는 것이다. 또한 석경(石磬)은 두드려 소리를 내는데 시간을 알리는 데에도 사용되었다. 그래서 옛 신화에서 '진(辰)'을 '열명(噎鳴)'으로 부르기도 하였다. 『산해경』「해내경」에서는, "噎鳴生歲十有二。 -열명(噎鳴)이 1년 12개월을 낳았다.-"라고 적고 있다. 이 글에 대하여 원가(袁珂)는 주(注)에서 "蓋時間之神也[25)] -어쩌면 시간의 神이었을 것이다.-"라고 적고 있는데 후세의 십이진(十二辰)의 유래가 된다. 다시 야저수우각룡(野猪首牛角龍) 영춘도(迎春圖) 위의 그 삿갓형태의 도안을 자세히 살펴보면 고대의 석경(石磬)과 매우 비슷한 모습이다. 이것은 고대인들이 조개껍데기가 벌어져있을 때의 모양을 본떠 석경(石磬)을 제작하였고 처음에는 악기가 아닌 시간을 알리는 기구로 사용했음을 짐작할 수 있다. 옛 사람들은 시간을 알릴 때 천상(天象)의 변화에 기준하였는데 『이아』「석천」에서는 다음과 같이 적고 있다.

大辰房心尾也, 大火謂之大辰。郭璞注: "龍星明者以爲時候, 故日大辰。大火, 心也, 在中最明, 故時候主焉。

大辰은 房宿, 心宿, 尾宿이다, 大火는 大辰으로 부른다. 郭璞은 注에서 "龍星이 밝게 빛나면 때가 된 것이므로, 大辰이라 부른다. 大火는 心으로 가운데에서 가장 밝게 빛나므로 시간

---

24) [참고자료] 鹤蚌相争 = 鹬蚌相争 (휼방상쟁 yù bàng xiāng zhēng) 【解 释】出自《战国策 燕策二》"鹬蚌相争, 渔翁得利"的省语。比喻双方相持不下, 而使第三者从中得利。这则故事后来演化为成语: 鹬蚌相争, 渔翁得利。
「戰國策 燕策二」에 나오는 말로 "도요새와 조개가 서로 다투니, 어부가 이득을 얻는다"의 줄임말이다. 이 말은 쌍방간에 서로 대치하여 승부가 나지 않을 때, 제삼자가 그 속에서 이득을 취한다는 뜻이다. 이 고사는 이후에 "鹬蚌相争, 渔翁得利"라는 성어로 사용되었다.(출처: baidu 백과사전 「鹬蚌相争」)

25) 袁珂: 『山海經校註』 472p, 上海古籍出版社, 1980年.

과 절후를 주관한다.

이 문장에서 '시후(時候)'는 농사의 절기와 관련이 있는데 천상(天象)을 기준으로 한다. 여기에서 천상(天象)은 '대진(大辰)'으로 부르며 대방(大蚌)을 의미한다. '大辰房心尾也'는 동방창룡의 방수(房宿), 심수(心宿), 미수(尾宿)를 가리킨다. 지금으로부터 6천 년 전, 봄철 황혼 무렵에 하늘을 바라보면 북두칠성의 두병은 동북 방향을 가리키고 있으며 동방창룡 7수(七宿)의 용각(龍角)을 붙잡고 지평으로 올라오기 시작한다. 자정이 되면 방심미(房心尾) 세 별자리는 남쪽 하늘로 이동한다. 천상(天象)을 자세히 살펴보면 방수(房宿)는 민물조개의 껍데기가 벌려져 있는 모습과 비슷하다. 방수의 안쪽에 위치한 심수(心宿 – 특히 大火心宿 두 번째 별–)는 마치 조개 속에 싸여 있는 진주와 비슷해 보인다. 그리고 길게 펼쳐진 미수(尾宿) 별자리는 마치 조개 밖으로 나와 있는 조갯살과 같은 모습이다. 이것이 바로 곽말약(郭沫若)이 언급한 "星之名辰者"의 유래로, 방심미(房心尾) 세 별자리가 천상의 큰 조개인 대진(大辰)을 표현하고 있는 모습이다. 이런 천상에 대해 영국의 니덤도 아래와 같이 설명하였다. '진(辰)'이 갖고 있는 중요한 의미 중 하나는 이 글자가 고서(古書)에 자주 언급된 글자라는 것이다. 후대에는 진(辰)의 의미에 대해 여러 가지 해석이 등장하였다. 십이지(十二支)의 다섯 번째 지(支)라는 것 외에도 '시진(時辰)'의 진(辰)으로도 해석되어 일월오성(日月五星)의 회합(會合)과 길성(吉星)이나 흉성(凶星), 특정한 시기 등의 표현에도 사용되었다. 때로는 '삼진(三辰)'이나 '십이진(十二辰)'의 표현에도 사용되었다. 그러나 김장(金璋)은 이 글자가 처음에 전갈이나 용의 꼬리를 모방해 만들어졌기 때문에 전갈자리(房心尾 세 별자리를 포함하고 있음)의 일부 별자리 모양으로 봐야 한다고 언급하였다. 그의 주장에 따르면 고대 공양고(公羊高)가 『춘추(春秋)』에 주(注)를 달 때 언급했던 해석을 이해할 수 있다. 공양고는 '대진(大辰)'은 대화(大火: 心宿 중앙에 거한다)와, 伐(오리온자리(參宿)의 별) 그리고 북극성이라고 설명하고 있다.

우리는 전갈자리에 위치한 심수(心宿)가 동방창룡의 심(心)이라는 것을 알고 있다. 이를 통해 고서적에 남아 있는 글자의 자형(字形)이 기원전 2000년 이전의 천상(天象)과 관련이 있다는 것을 알 수 있다. 이러한 내용이 세차 운동의 원리가 발견된 이후에 위조 되었을 가능성은 거의 없다고 생각된다. 따라서 진(辰)의 옛 의미는 아마도 '천상의 표기점(標記點)'이었을 것이다.[26]

위에 서술한 내용은 조셉 니덤의 의견을 정리한 것으로 '진(辰)'은 방심미 3수(房心尾 三宿)의

26) (英) 李約瑟: 『中國科學技術史』 第四卷天學第一分冊, 179~180쪽, 科學出版社, 1975年.

상형자로 고대에 이미 사용된 것으로 보인다. 곽말약(郭沫若)의 의견도 니덤과 기본적으로는 비슷하지만 좀 더 구체적인 의견을 피력하고 있다. 곽말약은 농업생산의 기원에 근간을 두고 진(辰)을 해석하였다. 진(辰)은 농기구로 땅을 파고 밭을 맨다는 의미로 '누(耨-김맬 누)'자를 사용하였고 수확한다는 의미로는 '辱-욕될 욕(蓐-깔개 욕)'자를 사용하였다고 주장하였다. 이것을 하늘과 대응해 보면 '진(辰)'은 하늘의 조개로 방심미 3수(房心尾 三宿)의 상형자이며 갑골문의 진(辰)자와 같다. 진(辰)은 용(龍)의 옛 글자로 십이간지가 형성되기 수 천 년 전인 아주 오래전에 사용되었음을 의미한다. 복양 서수파 무덤 용은 진(辰)이 용(龍)이라는 것을 보여준다. 조보구문화의 '방봉(蚌鳳)'이 진(辰)이라는 것은 삿갓 모양의 조개 도안이 진(辰)이라는 증거를 보여준다. 옛 사람들은 하늘 전체를 대진(大辰)으로 생각하였다. 고대인들이 왜 큰 조개를 천상과 별자리에 비유했는지에 대해 그 이유를 아래에 간단히 정리하였다.

1. 천상(天象)의 가장 뚜렷한 특징은 밝고 어두움이 반복되면서 낮과 밤이 되는 것인데 이것은 큰 조개가 껍데기를 벌렸다 닫는 것과 같은 모습이다. 아침에 태양이 떠오르면 낮이 되는데 큰 조개의 껍데기가 벌어지는 모습에 비유하였다. 신(晨)은 일(日)과 진(辰)에서 유래되었기 때문에 태양도 대진(大辰)이 된다. 월상(月相)의 주기적인 변화와 성신(星辰)의 운행 또한 진(辰)과 관련이 있기 때문에 일월성삼진(日月星三辰)으로 합쳐진다는 것을 짐작할 수 있다.
2. 조보구문화의 영춘도(迎春圖)에 그려진 조개 모양 도안을 살펴보면 '天似蓋笠 -하늘은 삿갓모양과 비슷함'과 같은 모습이다. 조개껍데기가 벌어질 때 바로 삿갓을 덮어놓은 것 같은 모양이므로 하늘이 밝았다가 어두워지면서 낮과 밤이 되는 현상을 구체적으로 표현하고 있다. 밤낮의 변화는 조개가 열렸다가 닫히는 것과 비슷하기 때문에 껍데기를 벌리고 있는 조개를 하늘에 비유한 것이다.
3. 하남 복양 서수파의 세 무덤으로부터 사시천상(四時天象)의 변화가 모두 진(辰)으로 불릴 수 있음을 알게 되었다. 북륙동지(北陸冬至)는 1년의 끝이자 시작점으로 천상(天象)이 한 차례 열리고 닫히는 기점으로도 볼 수 있다. 즉 조개 무덤의 북두와 사슴 그리고 거미는 모두 대진(大辰)이며 북극성 또한 대진(大辰)인 것이다. 즉, 「공양전(公羊傳)」에 기록된 "北辰亦爲大辰"과 같다. 동륙춘분(東陸春分)에는 동방창룡이 땅에서 나와 하늘을 돌아다니고 새로운 생산년이 시작되며, 또한 하늘의 문이 크게 열리는 시점이다. 즉 조개 무덤 용이 대진(大辰)이

되며 「공양전(公羊傳)」에 기록된 "大火爲辰"을 나타낸다. 남륙하지(南陸夏至)는 1년을 상반년과 하반년으로 똑같이 나누는 시점이다. 하지가 되면 만물은 무성하게 자라게 되며 천상(天象) 또한 한차례 열렸다 닫히게 된다. 즉 조개 무덤 날짐승(飛禽)이 대진(大辰; 조보구문화에는 '蚌鳳'에 해당)이 되며 십이진(十二辰) 가운데 오(午)에 해당한다. 서륙추분(西陸秋分)은 서방백호가 땅에서 나와 하늘을 운행하며 농지에는 수확을 시작하는 시점이다. 생장년이 끝났기 때문에 천상(天象)에서는 닫히는 시점에 해당한다. 조개 무덤 호랑이가 대진(大辰)에 해당하는데 「공양전(公羊傳)」에 기록된 "伐爲大辰"과 같은 의미이다. 사시(四時)의 순환은 계속되어 후세에는 십이진(十二辰)으로 발전하였는데 곽박(郭璞)이 언급한 "時候主焉"과 같은 것이다.

4. 진(辰)자는 천상(天象)을 기록할 때에도 사용되었다. 대방(大蚌)이나 다른 조개류를 기록할 때는 '신(蜃-shèn 큰 조개 신)'이라는 글자를 만들어 구분지어 사용하였다. 모든 개합생장(開合生長)의 뜻을 나타내는 현상은 진(辰)자에서 유래되었다. 사람의 입을 열고 닫을 수 있는 부분을 '순(脣-chún)'이라고 부르며 여자가 아이를 임신하는 것은 '신(娠-shēn)'이라고 부르며, 나무가 요동치는 것은 '진(振-zhèn)' 그리고 땅과 산이 흔들리는 것도 '진(震-zhèn)'이라고 부르는 등과 같다. 문자의 변천 맥락은 분명하지만 진(辰)자의 본래의 의미는 사라져 버린 듯하다.

이상으로 곽말약(郭沫若)이 진(辰)자에 대해 해석한 의미를 살펴보았는데 결론적으로 농업 생산과 관련된 해석을 하고 있다. 앞서 곽말약은 "辰本耕器, 故辱耨諸字均從辰。星之名辰者, 蓋星象與農事大有攸關"라고 언급하였다. 그는 농사의 시기와 천상(天象)은 분명한 관련이 있다고 언급하고 있다. 이것은 고대인들의 인식에서부터 시작되어 발전하였는데 곽말약은 『설문해자』를 인용해 다음과 설명하고 있다. "辰, 震也, 三月; 陽氣動, 雷電振民, 農時也。物皆生, 從乙、匕, 匕象芒達; 厂, 聲。辰, 房星, 天時也。從二, 二, 古文上字。-辰은, 震이다, 3월에 양기가 움직이고, 천둥과 번개가 백성들을 진동시키면 농사철이 시작된 것이다. 만물은 모두 자라나고, 乙과 匕(숟가락 비)에서 그 뜻이 유래하였다. 匕는 싹이 트는 모양을 닮았으며 厂(공장 창-chǎng)은 소리를 나타낸다. 辰은 房星으로 천상의 시기를 나타낸다. 二에서 나왔고, 二는 古文에서 上字이다." 진(辰), 진(震), 뇌(雷), 전(電), 방성(房星)이 하늘에 보일 때가 "民農時也 -백성들이 농사를 시작하는 시기이다"이다. 농작물이 발아하여 생장하기 시작하는 천상(天象)과 기상(氣象)에 대해 『주역』「설괘전」에서는 "震은 雷이요, 龍이요, 玄黃(하늘과 땅의 색깔)이요, 敷(초목이 무성하다)이요, 大塗이다"라고 적고 있다. '대도(大塗)'는 바로 대토(大吐)로 초목의 가지와 잎이 대지의 모태로부터 나오는 것을 의미한다. 소(疏; 해설문)에서는 "爲大塗, 取其萬物之所生也。-大塗때문에 그 만물이 자라는 바를 취한다"라고 적고 있다. "春時草木蕃育而鮮明。-봄에 초목은 무성해지고 색깔이 선명해진다"라고도 적고 있다. 또한, "取其始生戴甲而出也。-그 자라기 시작한 껍데기로 부터 나오는 것이다"라고도 적고 있다. '始生戴甲'는 2장의 앞 부분에서 『산해경』의 연유(延維) 신화를 인용해 설명했던 "衣紫衣, 冠旃冠"로 농작물의 어린잎이 지면을 뚫고 나오는 것을 나타낸다. 농(農)자는 진(辰)에서 유래하였으며 『석명(釋名)』에서는 "辰, 伸也, 物皆伸舒而出也。-辰은, 伸이다, 만물이 모두 뻗어서 나온다는 것이다"라고 적고 있다. 이것은 농작물의 어린잎이 접혔다가 펴지면서 자라는 것이 진(辰)이라는 것을 가리킨다. 이러한 설명은 큰 조개(大蚌)가 진(辰)의 옛 의미를 나타내고 있음을 보여준다.

中七星朱鳥之頸故曰鶉火周之分也

3

고대인들의 우주에 대한 인식

'개천설(蓋天說)' 우주 모형

우주(宇宙)는 공간과 시간을 말하는 것으로 공간은 무한하며 시간은 영원한 것이다. 인류가 살아오면서 언제부터 천지와 우주에 대해 생각하게 되었는지는 알 수 없다. 고고학 자료를 살펴보면 신앙과 숭배가 생겨나면서부터 고대인들의 우주에 대한 인식이 시작된 것으로 보인다. 종교사를 연구하는 학자들은 일반적으로 인류에게 먼저 자연숭배가 있었다고 얘기한다. 즉, 동물이나 식물 자연에 대한 숭배를 말하는 것인데 정산(丁山)은 다음과 같이 설명하고 있다. "자연계의 동식물을 숭배하는 것은 비교적 원시적인 것으로 '지모(地母)'에서 '천부(天父)'까지 숭배가 이어지고 다음으로 조상의 영혼이 신령(神靈)이 되었을 때 종교적 사상이 완성됨을 알 수 있다."[1] 자연숭배와 천부지모(天父地母)의 숭배 사상은 오래되었지만 자료가 남아 있지 않아서 더 이상의 설명은 어렵다. 중국 상고시대 고대인들의 조상숭배는 대략 구석기 말기부터 시작되었고 이것은 매장제도를 통해서 살펴 볼 수 있다.

현재 북경의 주구점 용골산(周口店 龍骨山) 위에 거주했던 산정동인(山頂洞人)의 동굴을 살펴보면 상하 두 개의 층으로 나눠져 있다.[2] 사람들은 동굴의 위층에서 살았으며 죽은 자는 아래층

---

1) 丁山: 『中國古代宗教與神話考』, 上海文藝出版社, 1988年.

2) 지금으로부터 약 5만 년 전에 인류는 체질적으로 원(猿)의 특징을 벗어나 현대인과 현저한 차이가 구

동굴의 깊은 곳에 매장하였다.[3] 매장제도의 출현은 조상숭배에 대한 시작을 나타내는 것으로 사람이 죽은 후에 육체는 없어지지만 영혼은 불멸한다고 믿었다. 그러면 영혼은 어느 곳으로 가는 것일까? 산정동인은 자기 조상의 영혼을 위해 저승세계를 건축하여 산 사람들은 땅 위에서 살고 죽은 사람은 땅 밑에 있게 하였다. 지금으로부터 약 2만 년 전에 중국의 고대인들은 이미 조상에 대한 숭배를 시작한 것이다. 죽은 사람을 매장할 때 산정동인들에게는 특별한 추모의식이 있었다. 짐승 이빨, 청어 눈위뼈(青魚眼上骨), 새 뼈, 작은 난석(卵石) 등으로 장식품을 만들었으며 죽은 사람의 주위에 둥글게 붉은 색 철광 가루를 뿌렸다.

이것은 산정동인이 적철광(赤鐵鑛)을 숭배하였다는 것을 의미하며, 일종의 자연숭배에 해당한다. 고대인들이 왜 적철광을 숭배했는지 그 형태를 통해 내용을 살펴보고자 한다. 적철광은 붉은색으로 불꽃과 태양과 광명을 상징한다. 당시 사람들에게 불과 태양은 매우 중요한 것이었기 때문에 죽은 사람의 혼령이 밝은 신국(神國)에 도달할 수 있도록 기원하는 의미에서 태양을 상징하는 붉은색 철광 가루를 죽은 사람의 주변에 뿌려 놓았다.[4] 죽은 사람의 혼령이 이를 통해 천국으로 올라갈 수 있다고 생각했다. 이를 통해 당시 산정동인은 천상과 인간 그리고 지하라는 세 개의 개념이 있었음을 알 수 있다. 이것은 천지우주에 대한 최초의 인식으로 볼 수 있다.

지금으로부터 만 년 전의 유적인 산서 길현 시자탄암각화에는 천신(天神)이자 지모(地母)를 상징하는 여신상(女神象)이 남아 있는데 이것은 당시 하늘과 땅의 개념이 명확하게 형성되었음을 보여준다. 여신상의 머리 위쪽에는 일곱 개의 별이 그려있다. 별은 호선(弧) 모양으로 배치되어 있어 하늘의 모양이 호선처럼 보였음을 나타내고 있다. 이것은 인류가 최초로 인식한 하늘의 기하학적 모양이 둥근 모양임을 보여준다. 반면, 대지에 대해서는 남아 있는 자료가 없어 당시 대지를 어떤 모습으로 생각했는지는 알 수 없다.

신석기시대 초기 유적인 절강성(浙江省) 여요(余姚)의 하모도문화(河姆渡文化)의 고대인들은 질

별되지 않았다. 이들은 현대인과 비슷한 지능도 가지고 있어 '호모 사피엔스'라고 불리운다. 흔히 우리가 알고 있는 크로마뇽인이 대표적이다. 중국의 산정동인(山頂洞人) 등이 여기에 속한다.

3) 賈蘭坡: 『中國大陸上的遠古居民』, 天津人民出版社, 1978年.

4) 산정동인(山頂洞人)은 죽은 이의 주위에다 붉은색 철광분말을 뿌려 테두리를 그렸는데, 그것의 모양은 사각형원각(圓角)이나 타원형 모양이지 둥근 모양은 아니다. 그러나 20000년 전 고대인들이 그린 태양의 모습이라고 생각하면 나름 태양을 잘 표현한 것으로 보인다.

그릇 위에 그림 11과 같은 도안 하나를 새겨놓았다.[5] 이 도안의 전체적인 형태는 큰 눈 두 개가 그려진 간소화된 인면(人面)과 그 양쪽에 어조문(魚鳥紋-魚와 鳥가 합체한 도형) 도안이 있어 인면(人面)을 호위하고 있는 모습이다. 모영항(牟永抗)과 오여조(吳汝祚)는 "이것은 태양신의 형상으로 두 개의 큰 눈은 태양을 나타내고 있다"고 주장하였다. 이들은 "태양신 숭배는 곡물이 나타난 시대에 이미 등장하였고 태양신을 의미하는 이런 종류의 그림들은 중국의 하모도문화의 질그릇, 뼈 조각품이나 상아조각품 그리고 대문구문화(大汶口文化) 대하촌(大河村)의 채색질그릇 위에도 새겨져 있다"고 설명하고 있다.[6] 그림 11에서 두 개의 눈이 태양을 상징한다면 눈 위쪽의 긴 둥근선은 하늘을 표현하고 있음이 분명하다. 둥근선 위의 가장자리에는 반쪽의 별 모양이 그려져 있는데 이것은 별빛이 빛나고 있는 밝은 하늘을 표현한 것으로 '天似蓋笠 -하늘은 삿갓과 비슷하다'을 표현한 최초의 도형으로 볼 수 있다. 삿갓 모양의 궁형(弓形)은 곡물이 출현한 시대에 생겨난 것이다. 그러면 곡물에 관한 기록은 어디에 남아 있을까? 그림 12는 하모도문화의 고대인들이 곡물이 무성하게 자라는 것을 하나의 직사각형 도안에다 그려 놓은 것이다.

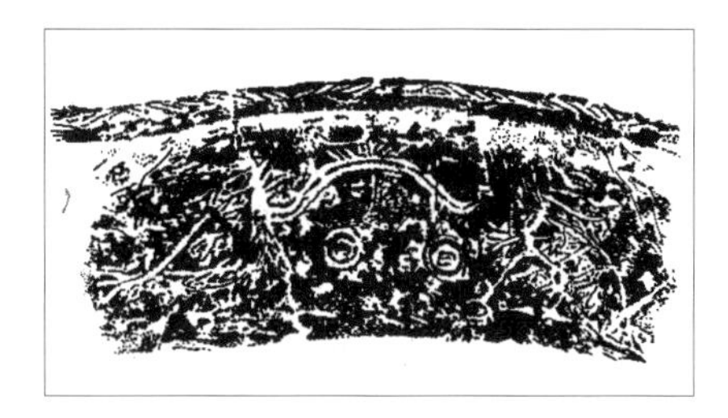

그림 11. 절강 여요 하모도문화 질그릇에 새겨진 궁형(弓形) 도안

이 직사각형 위쪽은 삿갓 모양의 하늘과 비슷한 모양으로 되어 있어 하늘과 땅이 합쳐진 모습과 같다. 이 도형은 '地法覆盤 -땅은 쟁반을 엎어놓은 모양이다'의 가장 오래된 모습을 보여준다. 어떤 학자는 그림 12의 도안이 분재를 닮았다고 주장하고 있는데 "음각된 5개의 잎 모양은 분재 식물과 비슷한 모습으로 가운데 잎 하나는 위를 향해 곧게 자라 있으며 다른 잎 4개는 양쪽으로 나눠져 서로 대칭을 이루고 있는 모습이

그림 12. 하모도문화 분경식도안(盆景式圖案)
(출처: 河姆渡遗址博物館, 浙江省博物馆藏)

5) 浙江省文物管理委員會:「河姆渡遺址第一次發掘報告」,『考古學報』1978年 第1期.

6) 牟永抗、吳汝祚:「水稻、蠶絲和玉器- 中華文明起源的若干問題」,『考古』1993年 第6期.

다"라고 설명하고 있다.[7] 하모도문화의 ^{14}C 측정 연대는 지금으로부터 약 7천 년 전(6960±100년)으로 밝혀졌다. 지금으로부터 7000년 전에 '천원지방(天圓地方)'을 기초로 한 '개천설(蓋天說)' 우주모형이 이미 생겨났음을 의미한다.

1절. 복양 서수파 45호 묘의 "개천설(蓋天說)" 우주모형

1장에서는 하남 복양 서수파에서 출토된 무덤 세 개를 소개하였다. 이들은 각각 이분도(二分圖)와 동지도(冬至圖) 그리고 하지도(夏至圖)로 불린다. 이 무덤 중 이분도는 고분의 평면구조인 남원북방(南圓北方)을 따라 남쪽이 하늘이고 북쪽이 땅이라는 것을 보여준다. 이것은 천원지방(天圓地方)의 '개천설(蓋天說)' 우주론에 따른 것이다. 풍시(馮時)는 이에 대해 추가적인 연구를 진행하였는데[8] 내용을 살펴보면 다음과 같다.

풍시는 그림 13에서 보이는 『주비산경(周脾算經)』의 '칠형도(七衡圖)'를 자신이 밝힌 논점의 기초로 삼았다. 칠형도에는 7개의 동심원이 그려져 있는데 '칠형육간도(七衡六間圖)'로도 불린다. 상남하북(上南下北-위는 남쪽, 아래는 북쪽)과 좌동우서(左東右西-왼쪽은 동쪽, 오른쪽은 서쪽)의 방위에 따라 그려졌는데 이것은 복양 서수파 45호 무덤의 평면배치와도 일치하는 방위배치로 옛날부터 대대로 전해진 회화방법으로 생각된다. 칠형육간(七衡六間)은 1년 사시 12개월의 천상과 기상을 포함하는 것으로 가장 오래된 개천성도로 알려졌다. 그러나 이지이분(二至二分) 점을 표시한 별자리는 오래된 것이 아니어서 전국(戰

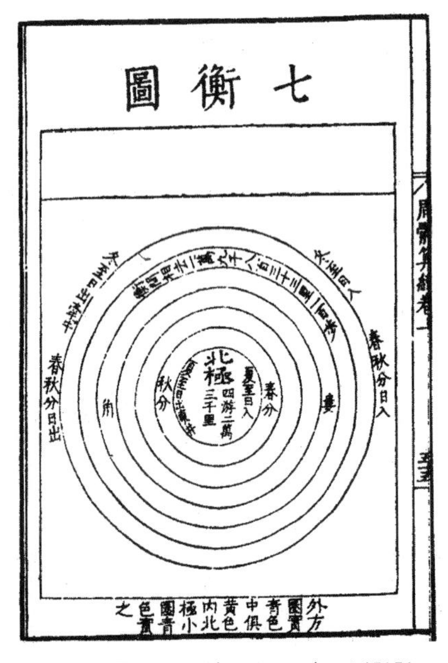

그림 13. 『주비산경(周脾算經)』의 '칠형도(七衡圖)'

7) 劉軍、姚仲源: 『中國河姆渡文化』, 浙江人民出版社, 1993年.

8) 馮時: 『星漢流年—中國天文考古錄·奇特的墓穴』, 四川教育出版社, 1996年.

國)시대 진(秦)나라와 한(漢)나라 사이에 다시 그려진 것으로 보인다. 동심원의 중심에는 천북극(天北極)이 있다는 것을 표시하고 있는데 이러한 방법은 지금까지 전해지는 개천성도와도 일치한다.

칠형육간(七衡六間)은 지금까지 전해지고 있는 개천 성도의 황도권, 적도권, 동지권, 하지권을 포함해 황경(黃經 celestial longitude) 위에 위치한 24절기도 포함하고 있다. 칠형육간(七衡六間)을 '황도화(黃圖畵)'로도 부르는데, 황도에 대해서는 언급하는 반면, 적도는 언급하지 않고 있으며 삼형(三衡)인 내형(內衡), 중형(中衡), 외형(外衡)에 대해 중점적으로 설명하고 있다. 원의 중심에서 가장 가까운 첫째 원(가장 작은 원)은 하지권(夏至圈)을 표시하는데 내형(內衡)으로 불린다. 옛 사람들은 하지 날에 태양이 대지를 중심으로 한 바퀴 공전한다고 이해했다. 가운데 있는 넷째 원은 이분권(二分圈)을 표시하며 중형(中衡)으로 불린다. 옛 사람들은 춘분이나 추분 날에 태양이 지구를 한 바퀴 공전한다고 이해했다. 춘, 추분 날에는 황도와 적도가 서로 교차하고 태양은 적도를 따라 돌게 된다. 즉 황도와 적도가 같은 원 위에 있게 되므로 지금 개천도의 적도권에 해당한다. 가장 바깥쪽에 있는 일곱째 원(가장 큰 원)은 동지권(冬至圈)을 표시하며 외형(外衡)으로 불린다. 옛 사람들은 동지 날에도 태양이 지구를 중심으로 한 바퀴 돈다고 이해했다. 칠형육간(七衡六間) 가운데 이 세 개의 원이 가장 중요한 것으로 이 원들을 간단하게 설명하면, 내형하지권(內衡夏至圈), 중형이분권(中衡二分圈), 외형동지권(外衡冬至圈)이라고 말 할 수 있다.

복양 서수파의 원시 고대인들은 이미 춘추분 날과 하지, 동짓날에 천상을 관측하였는데, 하지 날에는 태양이 가장 북쪽에 이르고 내형을 따라 움직인다는 것을 알고 있었다. 춘추분 날에 태양은 정동과 정서에서 떠오르며 중형을 따라 움직인다. 동짓날에 태양은 가장 남쪽에 이르게 되며 외형을 따라 움직인다. 이러한 이유로 당시에는 세 개의 환(環)이 동심원 모양으로 배치된 도형을 이해할 수 있었고 또한 몇 개의 환(環)이 더해진 동심원 모양의 개천도를 만들어 사용했을 가능성도 있다. 조개 무덤의 동지도와 이분도 그리고 하지도가 각각의 무덤에 만들어진 것 또한 동

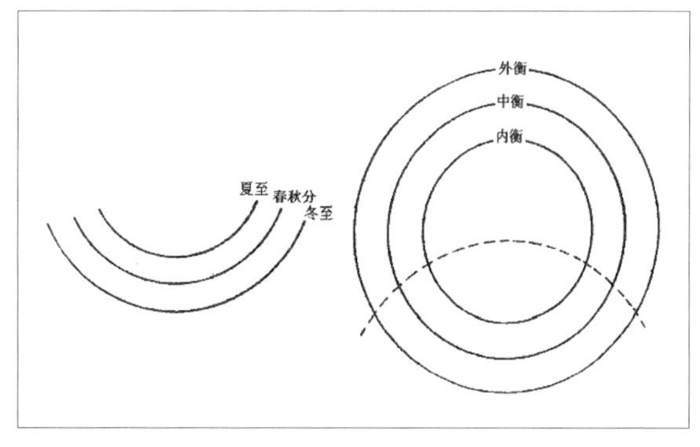

그림 14. 풍시(馮時)가 그린 이분이지(二分二至) 삼환(三環)

심원 안에 별도의 환(環)으로 그려진 것과 같은 의미이다. 이를 바탕으로 풍시는 그림 14와 같이 간단한 그림을 제시하였다.

이 세 개의 환(環)이 나타내는 것은 이분이지일(二分二至日)의 황도주천도(黃道周天圖)이다. 즉 태양이 이분이지일 하루 동안에 운행한 궤도를 말한다. 그러나 사람이 눈으로 볼 수 있는 것은 단지 낮에 태양이 하늘 위에서 운행하는 것만을 볼 수 있고 밤에는 볼 수 없게 된다. 또한 별은 밤에만 볼 수 있고 낮에는 볼 수 없게 된다. 그래서 풍시(馮時)는 하나의 점선으로 된 호(弧)를 그리고 황도선 위의 일부분을 이용해 이분이지일 낮에 볼 수 있는 태양의 운행궤도를 표시하였다. 이것은 사람의 눈으로 볼 수 있는 범위를 나타낸 것으로 조군경(趙君卿)은 「칠형도(七衡圖)」에 주(注)를 달아 '청도화(青圖畵)'라고 불렀다. 청도화(青圖畵)는 칠형육간(七衡六間)과는 또 다른 그림으로 문자 기록은 남아 있으나 그림은 남아 있지 않다. 조군경은 다음과 같이 설명하였다.

青圖畵者天地合際, 人目所遠者也。天至高, 地至卑, 非合也, 人目極觀而天地合也。日入青圖畵内, 謂之日出; 出青圖畵外謂之日入。青圖畵之内外皆天也。

- 청도화라는 것은 천지가 합해지는 곳의 틈으로 사람의 눈으로 멀리 볼 수 있는 곳을 말한다. 하늘은 매우 높고, 땅은 매우 낮아 합해지지 않는다. 사람이 눈으로 極을 보게 되면 하늘과 땅이 합해진다. 해가 청도화 안으로 들어오면 그것을 일출이라고 하고 청도화 밖으로 나가면 그것을 일몰이라 이른다. 청도화의 안과 밖은 모두 하늘이다.

청도화(青圖畵)는 사람이 눈으로 볼 수 있는 아득히 먼 하늘 끝을 말하지만, 실제로 하늘 끝은 알 수 없으므로 청도화(青圖畵)의 주변 안과 밖 모두를 하늘로 말한 것이다. 청도화(青圖畵) 바깥의 일월성신이 운행해서 안쪽에서 보이게 되면 사람이 비로소 눈으로 볼 수 있게 된다. 그리고 다시 청도화(青圖畵) 밖으로 나가게 되면 볼 수 없게 된다. 이것은 관측자가 특정 지역에 있을 때 하늘에서 볼 수 있는 천체의 변화를 설명한 것이다. 북극은 천지(天地)의 중심으로 중국의 고대인들은 그 남쪽에 살고 있다고 생각했다. 지금까지도 여전히 이러한 인식을 가지고 있는데 조군경(趙君卿)이 언급한 "내가 있는 곳은 북진의 남쪽이지 천지(天地)의 중심은 아니다"라는 말에서도 알 수 있다. 관측자 입장에서 보면 남쪽 하늘에 비해 북쪽 하늘은 적게 보인다. 청도화와 황도화를 겹쳐 놓은 그림에 대해 풍시(馮時)는 전옥종(錢玉琮)이 복원 연구한 개도(蓋圖)를 예로 들어 설명하였다(그림 15).

그림 15는 전옥종이 복원한 그림으로 현대 회화의 입장에서 보면 다음과 같다. 상북하남(上北下南)과 우동좌서(右東左西)의 방위체계에 따라 청도화와 황도화를 겹쳐 놓으면 위쪽이 청도화, 아래쪽에 황도화가 놓이게 된다. 청도화의 중앙은 북극이 있는 곳으로 관측자는 북극 너머까지 볼 수 있게 된다.[9] 남쪽으로 내려오면 이분이지(二分二至) 날의 태양운행 궤도를 볼 수 있으며 더 남쪽으로 내려오면 북극을 볼 수 없게 된다. 청도화가 고정되었다고 가정하고 천북극을 중심으로 황도화를 회전하면 사람들은 사시(四時) 태양의 운동과 천체의 변화를 볼 수 있게 된다.

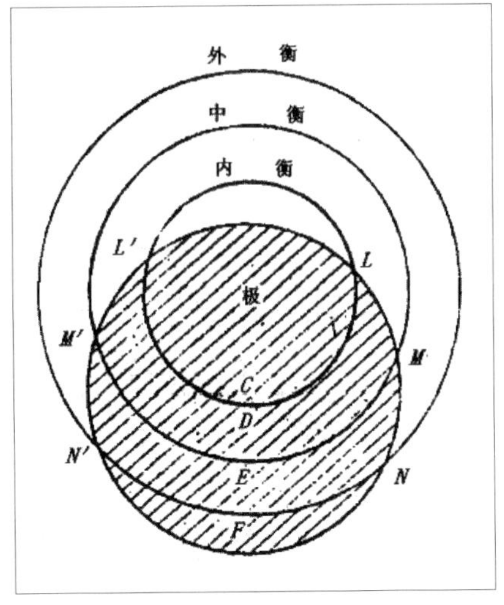

그림 15. 풍시(馮時)가 그린 청도화(靑圖畵)와 황도화(黃圖畵)를 겹쳐놓은 개도(蓋圖)

풍시(馮時)의 설명에 따르면 그림 15에서 C는 주(周) 왕조의 수도로 관측자의 위치를 나타낸다 (지금의 등봉 고성진 -登封 告成鎭). 먼저 내형하지권(內衡夏至圈)을 살펴보면 하지 날 태양은 가장 북쪽에 다다르고 해는 동북 모퉁이에서 나와 서북 모퉁이로 진다. 『주비산경』에는 아래와 같이 적고 있다.

> 夏至晝極長, 日出寅而入戌, 陽照九, 不覆三。
> - 하짓날 낮은 가장 길고, 해는 寅에서 나와 戌로 들어가니, 태양은 3/4를 비추고 1/4을 덮지 못한다.

관측자가 있는 C에서 동북쪽을 보게 되면(寅 방위에 해당) 하짓날 아침, 해는 L에서 나와 한낮 내내 태양은 LDL′ 선을 운행하는데 이는 '양조구(陽照九: 해가 9/12만큼 비친다)'에 해당한다. 그리고 해가 서쪽의 L′에 다다르면 지평으로 사라지게 되며(戌 방위에 해당), L′L호선은 '불복삼(不覆三: 해가 3/12만큼 비치지 못한다)'에 해당하며 밤을 나타낸다. D점은 하짓날 태양이 남중했을 때의 위치로 관측자의 위치인 C와 가장 가까운 머리 위를 의미한다. 해가 남중했을 때 입간측영(立

9) 풍시(馮時)는 그림 설명에서 "태양이 주극성(週極星: circumpolar star)으로 보인다"라고 적고 있는데 이는 백야처럼 태양이 항상 보이는 고위도 지방을 의미하는 것으로 보인다.

竿測影)을 하게 되면 그림자 길이가 가장 짧기 때문에 『주비산경』에서는 "夏至一尺六寸"이라고 적고 있다. 대략 C점에서 D점까지의 거리만큼 반대 방향에 있게 된다.

다음으로 중형춘추분권(中衡春秋分圈)을 살펴보자. 그림에 명확하게 표시되어 있지 않기 때문에 간단히 설명하도록 하겠다. 춘분날과 추분날 해는 정동쪽에서 떠서 정서로 진다. 조군경(趙君卿)은 "天地之卯酉"라고 말했는데, C에서 동쪽을 바라보면 아침에 태양은 M에서 떠올라(卯 방위에 해당) 한낮에는 MEM′ 호선을 따라 운행하고 서쪽 M′에 이르러 지평으로 사라진다(酉 방위에 해당). 나머지 호선인 M′M은 밤에 해당하는데 낮과 밤의 호선의 길이가 같지 않음을 알 수 있다. 풍시(馮時)는 "실제 천상(天象)을 살펴보면 춘분과 추분의 낮과 밤 길이는 마땅히 같아야 하나 그림 15에서 보이듯 춘추분의 낮 길이가 밤의 절반정도로 그려진 모순임을 알 수 있다"고 언급하였다. 마지막으로 외형동지권(外衡冬至圈)을 살펴보자. 동짓날 태양은 가장 남쪽에 이르게 되고 동남쪽에서 나와 서남쪽으로 진다. 「주비산경」에서는 "冬至晝極短, 日出辰而入申。陽照三, 不覆九。 -동짓날 낮은 가장 짧고, 해는 辰에서 나와 申으로 들어간다. 태양은 1/3을 비추고, 3/4를 덮지 못한다"라고 적고 있다. 관측자가 있는 C점에서 동남쪽을 보면 태양은 N에서 나와(辰 방위에 해당) 낮 동안 NFN′ 선을 따라 운행한다. 태양은 서쪽의 N′에 다다르면 지평으로 들어가는데(申 방위에 해당) 나머지 호선의 길이인 NN′는 밤을 나타낸다. F는 동짓날 태양이 남중 했을때의 위치로 1년 중 관측자가 있는 C점에서 태양이 가장 멀어지는 시기이다. 이때 입간측영한 그림자는 1년 중에 가장 길게 되며 『주비산경』에서는, "冬至晷長一丈三尺五寸 -동짓날 해 그림자 길이는 一丈三尺五寸이다"이라고 적고 있는데 대략 C에서 F까지 거리만큼 반대 방향으로 그림자가 생긴다. 즉 태양의 그림자가 북극에 도달하며 '북극동지(北極冬至)'인 것이다.

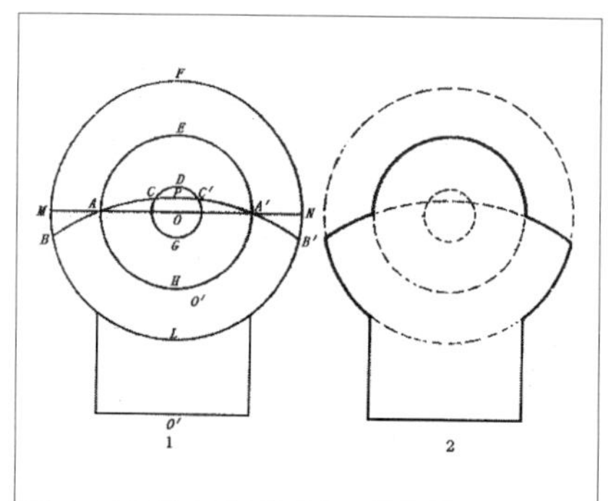

그림 16. 풍시(馮時)가 복원한 복양 서수파 45호묘 개천도(蓋天圖) 도안

앞서 설명한 것은 전옥종이 만든 그림으로 춘추분의 표시는 잘 맞지 않지만 동지와 하지는 비교적 정확하게 그려져 있다. 풍시는 이를 근거로 복양 서수파 45호 묘의 개천도 모식을 복원하였다(그림 16).

복양 서수파 45호 묘는 상남하북(上南下北), 좌동우서(左東右西)의 방위에 따라 배치된 것으로 위쪽에 세 번 구부러진 활 모양의 아치는 하늘을 나타내며 아래쪽의 사각형은 땅을 나타낸다. 무덤 주인은 남쪽으로 머리를 두고 발은 북쪽에 둔 채로 가운데에 반듯이 누워있다. 풍시(馮時)는 "고대 중국의 전통 관념에서 반드시 머리는 남쪽으로 하늘에 속하고, 다리는 북쪽으로 하여 땅에 속하는 것은 아니다"라고 언급했다. 그러면 이 무덤은 '천원지방(天圓地方)'에 기초한 완벽한 형태의 개천도인가? 풍시(馮時)는 이에 대해 이 무덤을 성도(星圖)로 본다면 천상(天象)이 투영된 모습을 배치한 것이라고 설명하였다. 만약 관측자가 천구 밖에서 별자리를 들여다보듯이 표현한다면 '부시식개천성도(俯視式蓋天星圖)'라 부를 수 있다. 풍시(馮時)는 45호 무덤을 축소된 입체 모형으로 표현하였다. 세 번 구부러진 궁형(弓形)의 아치는 하나의 천반(天盤-하늘)으로 보이며 개천도의 내형과 중형 그리고 외형을 표현하고 있다. 풍시(馮時)가 그린 그림 16: 1을 살펴보자. 세 개의 환(環)이 서로 겹쳐진 황도화로 O는 천북극이 있는 곳을 가리킨다. 황도화는 사각형의 대지(大地) 위에 엎어져 있으며 대지는 세로로 세워진 모습으로 그려져 있다. 실제로 대지는 평면에 펼쳐져 있어야하기 때문에 천반(天盤-하늘)과 대지는 위아래로 대응하고 있으며 O′는 관측자가 있는 평면으로 가정하였다. O′를 원의 중심으로 하여, 원호(圓弧) BPB′를 만들어 관측자가 볼 수 있는 범위, 즉 청도화의 일부를 표시하였다. 그러나 이 때 모순이 발생한다. 관측자가 있는 위치가 북극 너머의 장소까지 이르게 되는데 이것은 불가능한 일이다. 그래서 풍시(馮時)는 '동서 방향이 서로 바뀌었다'라고 말했다. 그렇게 되면 남북방향도 바뀌게 되어 그림 16은 상북하남(上北下南), 좌동우서(左東右西)의 방위로 배열된다. 이러한 배치는 천상 관측에서 '앙시식개천도(仰視式蓋天圖)'에 해당한다. 성도를 하늘과 비교하려면 손으로 그림을 잡고 고개를 들어 천상과 함께 관측해야 한다. 풍시(馮時) 또한 앙시도식(仰視圖式)에 따라 45호 무덤의 복원 원리를 설명하였다.

45호 무덤에서 무덤 주인이 있는 위치는 북진(北辰)이 있는 곳(원심 O)이 된다. 원의 중심을 통과하는 정동서횡선(正東西橫線) MAOA′N과 정남북종선(正南北縱線) FEDOGHL을 그리면 두 선은 십자 모양으로 교차한다. 이 때, 정동(正東)은 춘분, 정남(正南)은 하지, 정서(正西)는 추분 그리고 정북(正北)은 동지가 된다. 이것은 관측할 때 가장 기본적인 두 개의 선이다. 무덤의 묘 주인은 실제로 내형하지권에 놓여 있다. 그림에서 세워져 있는 대지를 평면으로 펼치게 되면 관측자의 위치는 하지권 안에 놓이게 된다. 내형하지권에서 C는 해가 뜨는 동북쪽이고 G는 태양이 하늘 가운데 떠 있을 때이고 C′는 해가 지는 서북쪽이 된다. 한낮에 태양은 CGC′의 호선 위를 운행한다. D는 한밤중으로 밤에 태양은 C′DC 호선 위를 운행하게 된다. 한낮에 이동하는 호선의 길이는 밤보다 길어지는데 이것은 하짓날 낮 시간이 길고 밤 시간은 짧은 자연 현상과도 잘 일치한다. 중형이분권을 살펴보면 A는 해가 뜨는 정동쪽이고 H는 태양이 중천에 떠 있을 때이며 A′는 해가 지는 정서쪽이 된다. 낮에 태양은 AHA′ 호선 위를 움직인다. E는 한밤중으로 밤에 태양은 A′EA 호선 위를 움직인다. 낮과 밤에 이동하는 호선의 길이는 같은데 이것은 춘추분날 낮과 밤의 시간이 같은 천상(天象)과 일치한다. 마지막으로 외형동지권을 살펴보면 B는 해가 뜨는 동남쪽이며 L은 태양이 하늘 가운데 떠있을 때이고 B′는 해가 지는 서남쪽을 나타낸다. 낮에 태양은 BLB′ 호선 위를 움직인다. F는 한밤중으로 밤에 태양은 B′FB 호선 위를 움직이게 된다. 낮에 이동하는 호선의 길이는 밤보다 짧은데 이것은 동짓날 낮 시간은 짧고 밤 시간이 긴 천상과 일치한다. 이것이 45호 묘의 개천도(蓋天圖) 원리이다. 이에 대한 풍시(馮時)의 연구는 여전히 진행 중이다.

위에서 말한 것과 같이 풍시(馮時)는 "무덤의 구덩이와 관련 있는 선은 실선으로, 다른 선을 점선으로 표시하면 그림은 서수파 45호 묘의 평면도와 완전히 일치한다(그림 16: 2)"라고 언급하였다. 복원작업이 완성되자 풍시(馮時)는 "서수파 원시 고대인들은 이미 개도를 그려 제작할 수 있었으며, 『주비산경』보다 더 합리적인 개도(蓋圖)가 역사시대 이전에 이미 있었다"고 주장하였다. 가능성이 있는 주장이기는 하지만 역사시대 이전의 실제 개도(蓋圖)가 땅 밑에서 보존되어 나타나기란 어려운 일이므로 더 구체적인 상황은 후속 연구를 기다려야할 것이다.

2절. 요녕성(遼寧省) 객좌현(喀左縣) 동산취(東山嘴) 홍산문화(紅山文化) 제단(祭壇)의 '천원지방(天圓地方)' 우주모형

홍산문화(紅山文化)의 동산취(東山嘴) 석축 제단은 대릉하(大凌河) 서북쪽 강기슭의 언덕 위에 위치해 있다. 제단이 차지하는 면적은 남북 길이 약 60m, 동서 넓이 약 40m로 선사시대의 유적지로는 비교적 큰 규모이다.[10] 제단의 북쪽은 황토마루가 위로 솟은 형태로 동서쪽으로 두 날개를 펼쳐 호선 모양으로 제단 유적지를 둘러싸고 있어 배산임수(背山臨水)의 모양을 갖추고 있다. 제단의 남쪽은 탁 트인 넓은 광야로 과거에는 제단을 향해 많은 사람들이 모였던 곳으로 보인다. 동산취는 대릉하(大凌河)를 지나 마가자산(馬架子山)과 대산(大山)의 산어귀와 마주하고

10) 郭大順、張克擧: 「遼寧省喀左旗東山嘴紅山文化建築群址發掘簡報」, 『文物』 1984年 第11期.

있으며 끝없이 펼쳐진 평야지대로 과거에는 비옥한 농지와 목장이었을 것이다. 제단의 주요 건축 유적지는 방형(方形)과 원형(圓形)의 석축 제단으로 사각 제단은 북쪽에 있으며 원형 제단은 남쪽에 있어 남쪽이 하늘이요 북쪽이 땅이라는 '천원지방(天圓地方)'의 의미를 담고 있다. 원형 제단의 남쪽에는 돌로 쌓아올린 세 개의 이어진 원형제단이 있는데 아마도 동지세종대제(冬至歲終大祭)를 상징하며 일월성(日月星) 삼신(三辰)이 짝을 이루고 있는 것을 표현한 것으로 보인다. 그 밖에 방형 제단의 동서쪽 양쪽에는 돌무지가 있는데 이들은 해가 떠오르는 산과 해가 지는 산을 나타내고 있다. 제단이 건축될 당시 의식을 거행한 정초식(定礎式)[11]의 흔적이 남아 있는데 각각을 소개하면 다음과 같다(그림 17 참조).

1. 땅을 모형화 한 사각 제단 건축

사각 제단은 유적지의 북쪽에 만들어져 있다. 기초는 사암석판(砂岩石板)이나 회암석판(灰岩石板)을 쌓아 만들었는데 테두리 외관은 가지런하며 청회색을 띄고 있다. 돌로 된 테두리 안쪽에는 대지를 상징하는 평평하게 깔아놓은 단단한 황토 바닥이 있다. 사각 제단의 안에는 세 개의 돌 더미가 있는데 이것은 세 개의 신산(神山)을 나타내고 있으며 하늘을 받치고 있는 세 개의 경천주(擎天柱)[12]를 상징하는 것처럼 보인다.

옛 사람들은 하늘이 대지를 덮고 있고 경천주가 하늘을 받치고 있다고 생각했다. 세 개의 돌 더미 중에서 중간에 있는 남쪽의 것이 가장 큰데 이것이 떠받치고 있는 것은 가장 높은 남반천(南半天)의 하늘이다. 북반천은 아래를 향해 기울어져 있는데 하늘의 중심인 북극 또한 기울어진 북쪽에 위치하고 있다. 고대인들은 사각 제단 위에서 나무를 태우며 하늘에 제사지냈기 때문에 황토의 중간 부분은 불에 타서 홍소토(紅燒土)가 되어 있다. 홍소토 위에는 많은 검은 석회토가 쌓여 있는데 이것은 오랜 시간 사용이 없었음을 보여준다. 사각 제단의 동서(가로) 너비는 11.8m, 남북(세로) 길이는 9.5m로 직사각형 모양이다. 이것은 『회남자』「지형훈(地形訓)」에서 고유(高誘)가 주(注)에서 말한, "海內東西長, 南北短 –나라 안에서 동서로 길고, 남북으로 짧

11) [참고자료] 정초식–건축 공사에서 기초 공사를 마쳤을 때에 공사 착수를 기념하는 의식

12) [참고자료] 경천주(擎天柱)–중국 전설에 나오는 것으로 곤륜산(昆侖山)의 하늘을 떠받치는 여덟 개 기둥

다”[13]의 개념과 일치한다.

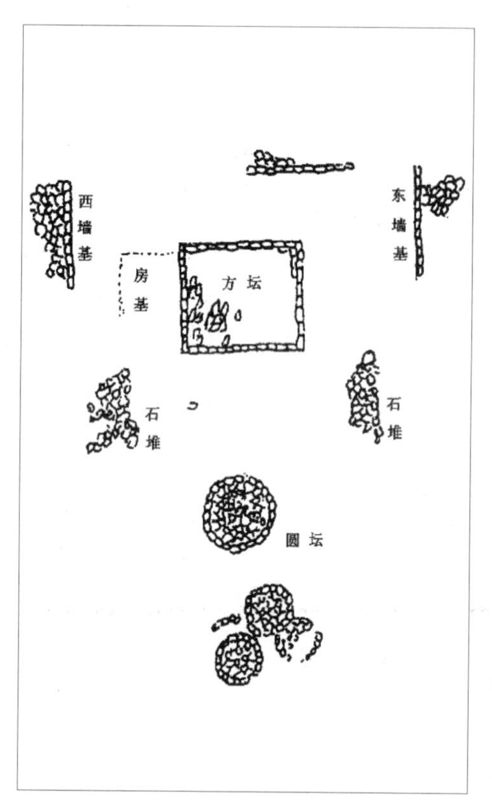

그림 17. 요녕 객좌 동산취(東山嘴) 홍산문화 석축 제단(祭壇) 유적

그림 17-1. 동산취(東山嘴) 유적지 사진(출처 : wikimapia)

그림 17-2. 동산취 원형제단 (출처: 考古匯)

또 다른 사각 제단 터의 동서 양측의 남북에는 돌담의 흔적과 돌 더미가 남아 있어 동짓날과 하짓날의 일출몰 방위를 나타내고 있다. 돌담과 돌 더미 사이의 틈은 춘분과 추분의 일출몰 방위를 나타내는데 이것은 1 회귀년을 하반년과 동반년으로 똑같이 나눈 것을 의미한다. 이 유적에서 눈여겨 볼 것은 양쪽 돌담의 북쪽에 쌓여 있는 돌 더미이다. 이들은 백색 회암(灰岩)의 기초 위에 만들어져 있으며 중심을 향해 기울어져 있다. 이들의 모습은 하늘에 제사 지낸다는 뜻을 나타내고 있는 것으로 보인다. 일반적으로 흰색은 빛을 상징하는데 『사기』 「봉선서(封禪書)」

13) [참고자료] 海內-옛날 중국 사람들이 중국의 사면이 바다라고 생각한 데서 이렇게 칭하게 됨.

에는, "東北, 神明之舍, 西方, 神明之墓也。 –동북쪽은 신명의 집이요, 서쪽은 신명의 무덤이다"라고 적고 있다. 『사기집해(史記集解)』에 기록된 장안(張晏)의 말을 인용해 보면 "神明, 日也。 –신명은 태양이다"라고 하였다. 이것은 하짓날 해가 동북쪽에서 떠서 서북쪽으로 지며 일 년 중 낮이 가장 긴 날을 의미한다. 동산취 유적의 사각 제단은 하짓날 땅에 제사지내는 가장 원시적인 모습을 보여주고 있다.

사각 제단 서쪽의 토대 주변의 아래에서는 제단을 만들기 전에 거행된 정초 의식의 유적으로 보이는 것들이 발견되었다. 사각 구덩이 하나가 발견되었는데(최초 조사자료 1호 집자리), 구덩이의 중간에는 또 하나의 직사각의 작은 구덩이가 있었다. 작은 구덩이 바닥에는 석부(石斧) 하나가 놓여 있었다. 도끼의 날은 정교하고 반짝였으며 날은 남쪽을 향하고 있었다. 최초 보고에서는 이 도끼에 대해 "일반적인 도구로 사용된 것은 아닌 것으로 보이며 제사와 관련된 유물인지의 여부에 대해서는 추가적인 연구가 필요하다"고 적고 있다. 이것을 다시 살펴보면 석부는 정초 의식에 사용된 것으로 사각 제단의 서쪽에 놓여 있어 서륙추분(西陸秋分)을 나타낸 것으로 보인다. 추분은 사시(四時)가 완성되는 계절로 농작물도 가을이 되어서야 수확을 할 수 있는 것이다. 제사 의식에 사용된 이 석부(石斧)는 '세(歲)'라고 불리는데, 그 뜻은 해마다 인구가 증가하고 씨족이 번영하도록 세신(歲神)이 보호하고 도와준다는 뜻에서 유래하였다. 더 자세한 내용은 이 책의 1장에서 설명하고 있는 하남 복양 서수파 조개 무덤 동지도 중의 석부(石斧)에 대한 내용을 참고하기 바란다.

2. 하늘을 모형화한 원형 제단 건축

원형 제단은 사각 제단에서 남쪽으로 15m 떨어진 곳에 있으며 '남천북지(南天北地)'의 사상에 따라 설계되었다. 원형 제단 주위에는 백색 석회암의 직사각형 석편으로 둥글게(正圓形) 테를 둘렀는데 직경은 2.5m로 매우 가지런한 모습이다. 백색은 빛(光明)을 상징하는 것으로 하얀색 돌로 테두리를 두른 것은 밝고 깨끗한 하늘을 나타낸다. 돌로 된 테두리 안에는 크기가 비슷한 작은 계란 모양의 둥근돌(河卵石)이 깔려 있다. 둥근 돌은 별을 상징하는 것으로 온 하늘에 별이 가득하다는 것을 나타낸다. 전체적인 구조를 살펴보면 원형 제단의 북쪽은 눈에 띄게 움푹 파여 있어 하늘의 북쪽이 기울어져있다는 것을 나타낸다. 즉, 『회남자. 천문훈』에 기록된 고대

전설 속의 "天傾西北 –하늘이 서북쪽으로 기울어져 있다."를 나타낸다. 이것은 홍산문화의 고대인들이 당시 천체 관측에서 북극(北辰)을 중시했다는 것을 의미한다. 원형 제단의 동북쪽에는 동쪽으로 사지를 뻗고 반듯하게 누워있는 시체 한 구가 발견되었다. 최초 보고에서는 '이 온전한 사람 유골은 유적의 전체적 특성과 관련이 있어 보인다'라고 적고 있다. 아마도 원형 제단의 정초 의식을 위해 매장된 것으로 생각된다. 원형 제단의 동북쪽에 매장되었다는 것은 "동북신명지사(東北神明之舍)"에서 알 수 있듯이 하짓날 태양이 떠오르는 방향으로 태양신에게 제사 지냈다는 의미로 볼 수 있다. 죽은 사람은 동쪽을 향하고 있는데 이것은 춘분날과 추분날 태양이 떠오르는 방위와 마주보는 모습으로 태양신에게 제사지내는데 사용되었다는 것을 알 수 있다. 원형 제단의 위에는 가부좌를 틀고 앉아있는 큰 여신상이 있었는데 출토 당시에는 일부 깨진 조각만 발견되었다. 이 여신은 땅의 여신(地母)이 아니라 하늘에 있는 천신(天神)이자 홍산문화(紅山文化) 고대 국가의 천제(天帝)를 나타낸다. 옛 전설 중에서 천제(天帝)로 기록되어 내려오는 여신은 오직 여와씨(女媧氏) 뿐으로, 『초사. 천문(楚辭. 天文)』에서는 다음과 같이 적고 있다. "登立爲帝, 孰道尙之? 女媧有體, 孰制匠之?" 이 내용은 여와씨가 천제가 되었는데 그녀는 어떤 천도(天道)를 숭상한 것일까? 전하는 말에 따르면 여와씨가 진흙을 빚어 사람을 만들었다고 하는데 그러면 여와씨는 누가 만들었다는 말인가? 이를 통해 사람이 생각한 최초의 천제는 바로 여신(女神)이라는 것을 알 수 있다.

3. 일월성 삼신(三辰)을 함께 표시한 세 개의 원형 석재 건축

원형 제단에서 남쪽으로 약 4m 떨어진 곳에 서로 연결된 세 개의 원형 유적이 남아 있다. 바깥은 계란 모양의 둥근 돌(河卵石)로 테두리를 둘렀고 안에는 작은 자갈을 깔아 바닥(臺面)을 만들었다. 서로 연결된 세 개의 환(三環)은 앞에서 설명한 개천도의 세 개의 겹쳐진 동심원과 문화적으로 비슷한 의미를 가지고 있으나 한편으로는 차이점도 보인다. 세 개의 연결된 원이 의미하는 것은 1 회귀년의 주기이다. 1 회귀년은 동짓날부터 춘분–하지–추분을 지나 다시 동지가 되는 주기를 나타낸다. 옛 사람들은 한 달에 한 번 해와 달이 만난다고 생각했기 때문에 유물 가운데 두 개가 서로 연결된 옥벽(玉壁)의 형태로 해와 달의 움직임을 표현하였다. 이러한 의미는 채도(彩陶器)에 그려진 두 개의 연결된 고리 모양에서도 찾아 볼 수 있다. 계절이 흘러 동지세종대제(冬至歲終大祭) 당일이 되면 옛 사람들은 일월성(日月星) 삼신(三辰)이 서로 만난다고 생각했다. 홍산문화 옥기 가운데 쌍저수삼환형옥패(雙猪首三環形玉佩)가 있는데 이것이 바로 일월성신 삼신이 서로 만난다는 의미를 보여준다. 여기에서 세 개의 원형 석축 제단은 1 회귀년을 나타내는 것으로 일월성신 삼신이 서로 만나면 동지세종대제를 거행하였다. 이것은 동짓날 둥근 언덕에서 하늘에 제사지냈던 가장 원시적인 모습이다.

동산취(東山嘴) 제단의 '천원지방(天圓地方)' 우주모형은 천단(天壇)을 원형으로 만들고 지단(地壇)을 사각으로 만든 가장 오래된 유적이다. 유적지의 발견 초기에 유진상(劉晋祥)은 다음과 같이 언급하였다. 그는 "유적의 형태가 사각이나 원형인 이유는 당시 사람들의 하늘과 땅에 대한 원시적인 인식의 반영이다"라고 설명하였다.[14] 소병기(蘇秉琦)는 "대릉하(大凌河) 상류의 광활한 지역에 생활하는 사람들은 일찍이 자연을 이용하여 중요한 의식을 거행하지 않았을까? 즉 옛 사람들이 전하는 바와 유사한 '교(郊)', '료(燎)', '체(禘)' 등의 제사 활동이 있었다"[15]고 설명하였다. 소병기의 견해는 일리가 있다고 생각된다. 옛 사람들이 하늘과 땅에 제사 지내는 것을 교(郊)라고 하였는데 동지에는 남교(南郊) 천단(天壇)에서 하늘에 제사 지냈고 하지에는 북교(北郊) 지단(地壇)에서 땅에게 제사 지냈던 것이 지금까지 전해져 북경 시내에 천단과 지단이 있게 되었다. 천단은 상, 중, 하 3층으로 나눠지는데 개천설 우주모형의 삼환(三環)에서 비롯되었으며 제사 의식 속에 천문지식이 들어 있었음을 나타낸다.

3절. 요녕성(遼寧省) 우하량(牛河梁) 홍산문화(紅山文化) 여신묘(女神廟)와 적석총(積石冢)의 우주모형

우하량(牛河梁)은 요녕성(遼寧省) 능원(凌源)과 건평(建平) 두 현(縣)이 만나는 지점에 위치해 있고, 연산산맥(燕山山脈)의 지맥(支脈)인 노로아호산(努魯兒虎山)의 산지와 구릉 사이에 위치해 있다. 망우하(牤牛河)가 산마루의 동쪽 기슭에서부터 시작되었기 때문에 우하량(牛河梁)이라고 불린다. 여신묘(女神廟)는 바로 우하량 북쪽 산의 언덕 위에 위치해 있다. 비교적 높은 곳에 위치해

14) 「座談東山嘴」 劉晋祥先生發言, 『文物』 1984年 第11期.

15) 「座談東山嘴」 蘇秉琦先生發言, 『文物』 1984年 第11期.

있기 때문에 하늘에 닿아 있는 것 같은 느낌이 든다. 홍산문화 시대의 고대인들은 이곳에 편평한 대(臺) 하나를 만들고 그 위에 올라가 하늘에 가까이 있는 느낌을 느꼈을 것이다. 이곳은 당시에 성스러운 장소였던 것으로 보인다. 대의 남쪽(아래쪽) 평탄한 비탈에서 여신묘가 발견되었다. 여신묘에서 남쪽을 바라보면 산세가 험준하고 그 모양은 마치 돼지 머리 같이 보여서 고고학자들은 이 산을 '저산(猪山)'이라고 부른다. 여신묘 유적에서는 여신 몸체의 부분 외에도 진흙으로 만든 저수룡(猪首龍)과 조류의 조각이 출토되어 여신묘의 내부가 사궁사상(四宮四象)에 따라 배치된 신성한 장소라는 것을 알려준다.[16)]

여신묘에서 1km 쯤 떨어진 곳에 산으로 둘러싸인 구릉지대가 있는데 이곳에는 홍산문화 당시 지배자들의 적석총 무덤이 발견되었다. 고분은 일련번호가 붙여진 6개를 포함해 모두 10 여개가 있다. 큰 무덤을 중심으로 주변으로는 중간 크기나 작은 무덤이 배치되어 있다. 흙과 돌로 만들어진 원형이나 사각의 적석총은 마치 언덕을 형성하고 있는 모습이다.[17)] 적석총 무덤군이 여신묘를 에워싸고 있는 형상은 많은 별들이 북극을 에워싸고 있는 모습과 같으며 죽은 사람을 위해 사후 세계를 준비해 놓은 것 같아 보인다.

여신묘에서 남쪽으로 멀지 않은 곳에 구릉 분지가 하나 있는데, 분지의 중심 부위에는 꼭대기가 평평한 피라미드식 건축물이 하나 있다.[18)] 실제로 이 건축물은 사각의 높은 대(臺) 모양으로 사방을 돌로 쌓아올려 보호 경사면을 만들어 놓았다. 건축물의 규모는 큰 편으로 세 개의 단으로 만들어져 있으며 제일 위층은 평대(平臺)로 되어 있다. 발굴조사를 통해서 이 건축물이 흙을 단단히 다져 만든 높은 대(臺)라는 것이 확인되었다. 대 위에서 사방을 둘러보면 주변의 들판을 많은 산들이 둘러싸고 있어 특별한 곳에 있는 것 같이 느껴진다. 비록 산으로 둘러싸여 있지만 일출 관측을 통해 방위개념을 알 수 있다. 붉은 노을 사이로 일몰을 바라보면 매우 멋진 경치가 펼쳐진다. 따라서 사람들은 이곳을 고대의 관상대(觀象臺)로 생각하고 있다. 초기에는 아마도 제단으로도 사용되었으며 대의 꼭대기에는 홍산문화 고대 국가의 토템기둥이[19)] 있었을 것으로 생각된다. 토템 기둥은 태양이 비치면 그림자를 만들게 되는데 그림자는 토템기둥의 영

16) 遼寧省文物考古研究所: 「遼寧牛河梁紅山文化 "女神廟"與積石冢發掘簡報」, 『文物』 1986年 第8期.

17) 郭大順: 「紅山文化的 "唯玉爲葬"與遼河文明起源特徵再認識」, 『文物』 1997年 第8期.

18) 「遼西紅山文化遺址又有驚人發現」: "중국은 역사시대 이전시대에 피라미드 형식의 거대한 건축물이 존재했었다", 『光明日報』 1989年 12月 23日.

19) [역자주] 여기에서 토템기둥은 고대의 입간측영에서 사용한 표 막대기를 의미한다.

혼으로 생각되어 '구영(晷影)'으로 불렸다. 고대인들은 토템기둥을 통해 태양이 뜨고 지는 방위와 한 낮의 그림자 길이를 관측하였으며 밤에는 월상(月相) 변화와 별의 위치를 관측하였다. 이것은 가장 원시적인 천체관측으로 볼 수 있다.

여신묘에서 남쪽으로 1km 안 되는 곳에 적석총 4개가 줄지어 있는 우하량2호 유적지가 있다. 우(牛)II 유적지의 동서 길이는 110m이며 서쪽에서 동쪽으로는 일련번호 Z1, Z2, Z3, Z4의 적석총이 있다. 이 유적은 고분과 제단으로 사용되었으며 흙으로 쌓아 만든 봉토적석총(封土積石冢)이라는 것이 밝혀졌다. 그 중에서 Z2와 Z3은 각각 사각과 원형으로 만들어져 있어 천원지방(天圓地方)의 우주모형과 일치한다. 이들의 배치는 사각과 원형이 가로방향으로 놓여 있으며 사각단(方壇)은 원형단(圓壇)의 서쪽에 있어 앞에서 설명한 남원북방(南圓北方)과는 다른 배치구조를 보인다(그림 18).

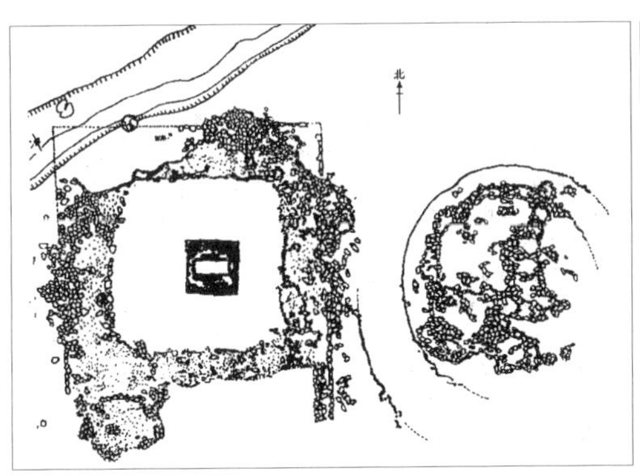

그림 18. 요녕 우하량 제2지점 원형과 사각 제단 모양의 적석총(積石冢)

그림 18-1. 우하량 유적지 사진(출처: 建平新問網)

1. 방단(方壇) Z2.

토대는 정방형으로 동서 17m, 남북 18.7m의 크기로 '회(回)'자 모양의 구조이다. 훼손으로 인해 바깥 테두리의 원래 모습은 복원이 어려운 실정이다. 돌을 쌓은 토대의 중앙에는 대형 석곽묘 하나가 있는데 네 변의 길이는 각각 3.6m인 정방형이다. 묘실은 이미 훼손되었으나 사람 뼈 한 조각과 돼지와 소뼈 일부 그리고 붉은 질그릇 파편이 발견되었다. 석곽묘는 위가 평평하고 '斗(두)'자가 뒤집힌 모양처럼 생긴 사각 대(臺)로 주변에 여러 무덤이 배치된 다른 묘들과는 다른 구조이다. 주변에 순장 무덤도 발견되지 않아 건축 초기에는 제단으로 사용된 것으로 보인다. 중심에 있는 이 사각 대(臺)는 작은 관상대와 닮은 모습이기 때문에 풍시(馮時)는 이 대를 '방구(方丘)'라고 불렀다.[20] '회(回)'자 모양의 사방 둘레는 제단의 담장으로 대지를 상징한다.

2. 원단(圓壇) Z3.

원단은 사각 단의 동쪽 2m에 위치해 있다. 제단의 바닥은 많이 훼손되었는데 동쪽과 동남쪽에 돌을 쌓은 구조는 이미 없어졌다. 서북쪽 꼭대기의 돌도 일부분 소실되어 현재는 전체의 반 정도만 남아 있다. 전체적인 구도는 원형이며 둥근 원 세 개가 겹겹이 쌓여 있는 모양이다. 둥근 단은 옅은 붉은색 화강암으로 둘러져 있다. 둘레에 있던 돌은 보수 과정에서 규(圭) 모양의 작은 돌기둥으로 대체되었다. 돌 기둥의 크기는 단마다 다른데 가장 바깥쪽은 35-40cm 높이에 넓은 단면은 10-12cm 정도이며, 가운데 단에는 평균 30cm 높이에 가장 넓은 단면은 8-10cm 정도이다. 가장 안쪽의 돌은 평균 높이 25cm로 두 단의 돌보다 작으며 가장 넓은 단면은 6-8cm 정도이다. 겉보기에는 태양의 모습과 비슷해 보이며 주변의 옅은 붉은색 돌은 밝은 빛이 주변으로 퍼져나가는 모습처럼 보인다. 세 개의 둥근 돌단의 크기를 살펴보면 내권(內圈)의 직경은 11m, 중권(中圈)기은 15.6m, 그리고 외권(外圈)은 22m 정도가 된다.

세 개의 둥근 돌단의 높이는 안쪽으로 갈수록 70cm씩 높아져 볼록한 삿갓 모양의 하늘을 표현하고 있는 것으로 보인다. 과거 발굴 조사에서 사람 뼈 세 구가 발견되었다. 그러나 부장품은 발견되지 않아 제단을 축조할 때 사람을 제물로 사용한 것으로 생각된다.

풍시(馮時)는 이 둥근 제단(祭壇)에 대해 다음과 같이 설명하였다. "초기 개도(蓋圖)의 주요한 특징은 삼환도(三環圖)인데 우하량의 둥근 석단이 이러한 특징을 잘 보여준다. 석단을 둘러싸고 있는 원형은 하늘을 상징하여 만든 것으로 보이며 동심원 세 개는 각각 춘추분과 하지 그리고 동짓날 태양의 일주 운동 궤도를 표시한 것으로 보인다."[21] 내형은 하지권, 중형은 이분권 그리

20) 馮時: 『星漢流年—中國天文考古錄』 "圓丘與方丘", 四川教育出版社, 1996年.

21) 馮時: 『星漢流年—中國天文考古錄』, "奇妙的三衡圖", 四川教育出版社, 1996年. 그 다음 문장의 출처도 이와 동일함.

고 외형은 동지권이 된다. 삼환도는 개천도를 상징하는데 원형단과 방단(方壇) Z2는 '천원지방(天圓地方)'의 우주모형을 상징하고 있다.

풍시(馮時)는 삼환석단과 『주비산경』의 '칠형도(七衡圖)'를 비교 하였다. 고고학자들이 계산한 결과를 살펴보면 다음과 같다.

D_1(내환 직경) = 11.0m, D_2(중환 직경) = 15.6m, D_3(외환 직경) = 22.0m
풍시는 둥근 환의 직경을 이용해 아래의 관계식을 제시하였다.
(1) $D_3 = 2D_1$, $22 = 2 \times 11$ 즉 외환 직경은 내환 직경의 2배와 같다.
(2) $D_1/D_2 = D_2/D_3$, $11.0/15.6 = 15.6/22.0$

내환과 중환 그리고 외환의 직경은 등비수열(等比數列)을 이루는데 그 비율 오차는 0.003으로 매우 작다.

풍시는 이에 대해 "수학적 기준에 따라 계산해도 매우 작은 오차인데 이렇게 큰 유적에서 측정한 값으로는 매우 정밀한 결과를 보여 준다"라고 설명하였다. 실제로 유적을 복원하고 측량하는 과정에서도 이러한 작은 오차는 충분히 발생할 수도 있다. 『주비산경』에 기록된 삼형(三衡)의 수치를 인용해 비교하면 아래와 같다.

內一衡(夏至), 徑二十三萬八千里, 周七十一万四千里; 次四衡(春秋分)徑三十五万七千里, 周一百七万一千里; 次七衡(冬至)徑四十七万六千里, 周百四十二万八千里。
- 제일 안쪽의 衡(하지)은 지름이 238,000리요, 둘레는 714,000리이다. 그 다음 네 번째 衡(춘추분)은 지름이 357,000리요, 둘레는 1,071,000리이며, 마지막 일곱 번째 衡(동지)은 지름이 476,000리요 둘레는 1,428,000리이다.

이 인용문장 가운데, 內一衡(내형夏至圈), 次四衡(중형春秋分圈), 次七衡(외형冬至圈)의 직경은 등비관계에 있다. 외형의 직경은 내형 직경의 두 배이다. 이러한 비율은 우하량 삼환석단의 외형 내형의 비율과도 일치한다. 가운데에 있는 중형의 비율 값이 다소 차이가 나는데 풍시는 "이것은 결코 『주비산경』 칠형도의 중형과 내형, 외형의 관계를 가지고 삼환석단의 두 번째 조(組) 관계를 계산할 수 있는 것은 아니다. 실제로, 삼환석단의 삼형(三衡)의 직경 등비관계는 고대인들의 높은 문명 수준을 보여주고 있다"고 설명하였다. 과학이 발전함에 따라 수치는 더욱 정확해지는데 홍산 문화의 고대인들의 이러한 유적은 역사 발전에 큰 공헌을 한 것으로 볼 수 있다.

『주비산경』이 책으로 완성된 시대는 비록 후대이지만 책에 기록된 이론과 수치는 매우 오래된 것임을 말해준다.

풍시의 연구에 대한 상세한 내용은 그의 논문을 참조하길 바란다. 그는 논문에서 방단(方壇)은 서쪽에 있고 원단(圓壇)은 동쪽에 있어, 춘분 아침의 일출과 추분 저녁의 달의 위치와 일치한다고 하였다. 이를 통해 홍산 문화시대에는 천지일월성신에 대한 제사의식이 있었으며 이것은 후세에까지 전해져 내려왔음을 알 수 있다.

4절. 안휘성(安徽省) 함산(含山) 옥거북(玉龜)에 표시된 '천원지방(天圓地方)' 우주모형

안휘성(安徽省) 함산현(含山縣) 능가탄(凌家灘)에서 지금으로부터 4500년 전의 옛 무덤인 능가탄 4호 묘가 발굴되었다.[22] 무덤 입구는 직사각형 모양이며 남북방향으로 길게 되어있다. 발굴 당시 무덤 입구를 받치고 있던 흙 위에서 큰 돌도끼(石斧) 하나가 발견되었다. 도끼날은 정남으로 놓여 있었는데 매장의식 뒤에 특별히 놓아둔 것으로 보인다. 이것은 부(斧)와 월(鉞)이 제례 의식에 있어 한 '해(歲)'의 의미로 사용된 것으로 볼 수 있다. 세제(歲祭) 의식에 사용된 이 유물은 죽은 자의 영혼이 유지되고 하늘로 올라가기를 바라는 뜻을 가지고 있다.[23] 이를 통해 무덤 주인은 생전에 높은 지위에 있었음을 짐작할 수 있다. 묘 주인은 신(神)으로도 숭배되었으므로 제사장이나 씨족부락의 지배자였음을 알 수 있다.

무덤에서는 옥기(玉器) 96점이 출토 되었는데 모두 인공적으로 광택을 냈다. 이들 옥기는 정교하고 아름다워 옥렴장(玉斂葬)으로도 불린다. 옥기 중에는 두 개가 한 세트로 된 옥 거북이 있

---

22) 安徽省文物考古研究所: 「安徽省含山凌家灘新石器時代墓地發掘簡報」, 『文物』 1989年 第4期.

23) 함산(含山)묘지의 고대인들은 해(歲)와 달(月)을 모두 돌도끼(石斧)로 표시하였다. 훼손된 무덤에서 초승달 문양이 새겨진 돌도끼(혹은 삽)가 한 점 출토되었는데 이것은 "月祭"를 의미하는 것으로 갑골문시대까지 전해지게 된다. 즉, 다달이 세제(歲祭)를 지냈다는 것을 뜻한다 그림은 張敬國、楊德標: 「安徽含山出土一批新石器時代玉石器」, 『文物』 1989年 4月을 참고하였음.

다. 옥 거북은 무덤 주인의 가슴 위에 놓여 있었으며 그 사이에는 직사각형의 옥 조각(玉片) 하나가 끼워져 있었다. 이것은 사람의 마음에 생각이 있다는 것을 상징하는 신령스러운 물건(神物)이다.

옥 거북은 등껍질과 배로 나누어지는데 모두 회백색의 옥으로 되어 있다. 등껍질은 위가 볼록 솟은 타원형 모습으로 위에는 볼록 솟은 등마루가 있으며 등마루 뒤쪽 양측에는 네 개의 구멍이 서로 마주보고 뚫려 있다. 거북이 등의 양쪽에는 각각 빗살무늬가 한 줄씩 새겨져 있고 양쪽 테두리에는 두 개의 구멍이 마주보고 뚫려있다. 배 껍질은 바닥이 편평하고 양쪽이 둥근(弧) 모양이며 끝이 위로 들려 있다. 두 개씩 마주보고 뚫려 있는 구멍은 등껍질과 서로 연결하기 쉽도록 되어있다. 배의 뒤쪽에는 또 하나의 구멍이 있어 등껍질의 뒤쪽에 있는 네 개의 구멍과 상하로 대응한다. 옥 거북의 길이는 9.4cm, 높이는 4.6cm, 너비는 7.5cm이고 비어있는

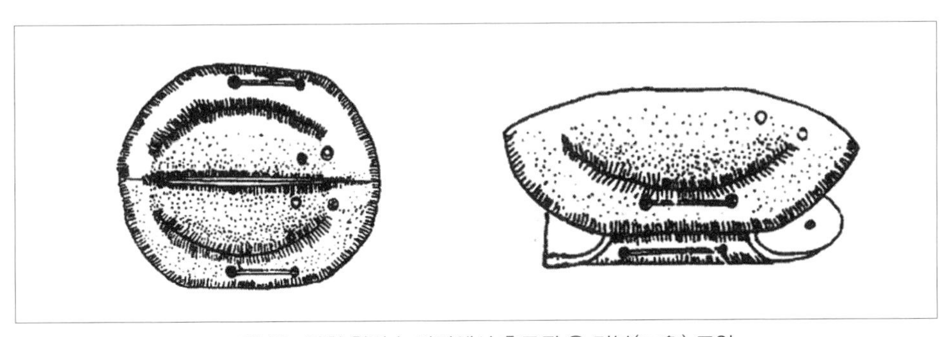

그림 19. 안휘 함산 능가탄에서 출토된 옥 거북(玉龜) 도안

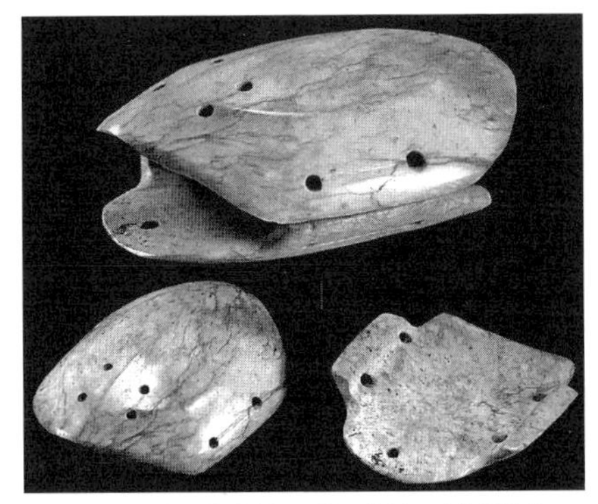

그림 19-1. 능가탄 출토 옥 거북(玉龜) (출처: 任南弘山文化網)

그림 19-2. 함산현 능가탄 출토 玉片 (출처: 中華玉網)

중간은 아치 형태로 되어 있다(그림 19).

옥 거북의 중간에 있는 옥 조각에 대해 최초 보고서에는 천문(天文)과 관련이 있는 것 같다고 적고 있다. 옥 조각에 새겨 있는 도형은 하(夏)나라 이전 시대에 있던 팔괘의 원시적인 형태로 해석되었다.[24] 즉, 옥 거북 사이에 있는 옥 조각은 천지 우주 사이에 팔괘가 있다는 것을 나타낸다. 옥 거북의 등껍질은 하늘을 상징하고 배 껍질은 대지를 상징하며 '천원지방(天圓地方)'의 우주모형을 상징하고 있다.

고대인들은 거북이를 이용해 천지우주를 상징하였는데 이러한 내용은 신화에도 남아 있다. 『회남자. 남명훈(淮南子. 覽冥訓)』에는 아래와 같이 적고 있다.

往古之時, 四極廢, 九州裂, 天不兼覆, 地不周載; 火爁炎而不灭, 水浩洋而不息; 猛兽食顓民, 鷙鳥攫老弱。于是女娲煉五色石以补苍天, 断鰲足以立四極, 殺黑龍以濟冀州, 積芦灰以止淫水。苍天补, 四極正; 淫水涸, 冀州平; 狡蟲死, 顓民生; 背方州, 抱圓天。.....當此之时, 禽獸蝮蛇, 無不匿其爪牙, 藏其螫毒, 無有攫噬之心。[25]

- 고대에 천지사방을 받치고 있던 네 개의 기둥이 무너지고 땅(九州)이 갈라졌다. 하늘은 만물을 덮을 수 없었고 땅은 만물을 모두 담을 수 없었다. 불의 기세는 널리 퍼져 꺼지지 않았고 세찬 물살도 멈추지 않았다. 맹수들은 선량한 백성들을 잡아먹고 맹금들은 노인과 아이들을 잡아갔다. 그래서 여와는 오색 돌을 다듬어 하늘을 메꾸고 거북이의 네 다리를 잘라 사방의 기둥을 세웠으며 흑룡을 죽여 중국을 구하고 갈대의 재를 이용해 홍수를 막았다. 하늘이 메꿔지고 천지 사방의 네 기둥이 다시 바로 세워졌으며 홍수가 없어지고 땅(冀州)은 평정을 되찾았다. 흉악한 짐승은 모두 죽고 선량한 백성들은 살아남았다. 이후 하늘은 서북쪽으로 기울어져

24) 陳久金、張敬國: 「含山出土玉片圖形試考」, 『文物』 1989年 第4期.

25) [참고자료] 远古之时, 支撑天地四方的四根柱子坍塌了, 大地开裂; 天不能普遍覆盖万物, 地不能全面地容载万物; 火势蔓延而不能熄灭, 水势浩大而不能停止; 凶猛的野兽吃掉善良的百姓, 凶猛的禽鸟用爪子抓取老人和小孩。于是, 女娲冶炼五色石来修补苍天, 砍断海中巨龟的脚来做撑起四方的柱子, 杀死黑龙来拯救中国, 用芦灰来堵塞洪水。天空被修补了, 天地四方的柱子重新竖立了起来, 洪水退去, 中国的大地上恢复了平静; 凶猛的鸟兽都死了, 善良的百姓存活下来.(출처: 360百科「女娲补天-中国古代神话传说」)
但是这场特大的灾祸毕竟留下了痕迹。从此天还是有些向西北倾斜, 因此太阳、月亮和众星晨都很自然地归向西方, 又因为地向东南倾斜, 所以一切江河都往那里汇流。当天空出现彩虹的时候, 就是我们伟大的女娲的补天神石的彩光。经过这场浩劫, 人类幸存者已经很少。为了使人类能再次发展增多, 女娲便以黄土和泥, 用双手捏起泥人来。(출처: baidu 백과사전「女娲」)

태양, 달, 별은 모두 서쪽으로 지게 되었고, 땅은 동남쪽으로 기울어져 모든 강물은 그리로 흘러들어갔다..... 이때, 금수와 독사는 그 발톱과 이빨 그리고 독을 숨기니 사람의 목숨을 빼앗고자하는 마음이 없었다.

여와(女媧)가 하늘을 메꾸고 물을 다스렸다는 이 신화가 문자로 기록된 것은 비록 오래 되지는 않았으나 그 안에 반영된 우주 관념은 매우 오래된 것이다. 학자들은 여와(女媧) 신화를 모계 씨족시대에서 기원하였다고 생각하였는데 이것은 앞에서 소개한 가장 오래된 여신상의 존재와 그 의미가 일치한다. 이것은 여와(女媧) 시대에 천지우주의 모형을 큰 자라(거북)에 비유했다는 것을 보여주며 능가탄에서 출토된 옥 거북도 이에 해당한다. '九州裂, 地不周載'에서, 구주(九州)는 대지를 상징한다. '四極廢, 天不兼覆'에서 사극(四極)은 하늘을 받치고 있는 네 개의 경천주(擎天柱)를 나타낸다. 다음 문장에 '断鰲足以立四極'이라고 했는데 이것은 큰 거북이 네 개의 다리로 하늘을 지탱하여 모든 것이 질서정연하게 되어 하늘과 땅은 거북이 땅 위를 기어다니는 것과 같이 안정되었다는 뜻이다. 고대인들은 거북의 등껍질을 하늘로 비유하였던 것이다. '女媧煉五色石以补苍天'에서 오색 돌은 벽옥, 수정, 마노(瑪瑙), 비취 등으로 하늘이 찬란하게 빛나는 것은 오색 돌로 장식하였기 때문이다. 능가탄의 고대인들이 옥 거북을 조각한 것도 같은 의미로 볼 수 있다. 옥 거북에서 보이는 우주론에서 하늘은 반투명한 고체의 딱딱한 껍데기로 표현되었다. 옥 거북은 등껍질과 배가 서로 맞물려 있어 실제 하늘과 땅이 서로 맞물려 있는 모습과 일치한다. '背方州, 抱圓天'이라는 말은 여와가 하늘을 메꾸고 물을 다스리는 일을 마친 후에 천원지방의 우주를 마음속에 품고 인류를 위해 새로운 생존 공간을 창조하였다는 것을 의미한다.

옥 거북의 등껍질은 타원형의 아치 모양으로 중간에 등마루 부분이 솟아 있어 거북의 등을 좌우로 나누면 하늘은 음과 양으로 나눌 수 있다는 것을 보여준다. 등껍질의 양쪽에 빗살무늬를 새긴 것은 밝은 하늘을 나타낸다. 등껍질을 열고 닫을 수 있다는 것은 하늘에서 낮과 밤이 분명하다는 것을 나타낸다. 회백색 옥에 조각한 것은 백색은 밝은 하늘(光明)을 회색은 어두운 밤을 상징하기 때문이다. 등껍질의 양쪽에 2개씩 뚫은 구멍은 두 껍질을 연결한 목적 외에 별자리를 표시한 것으로도 보인다. 이 구멍은 주천성좌(周天星座)의 기준 별자리인 각수(角宿)를 의미한다. 풍시(馮時)는 등마루에 뚫려있는 네 개의 구멍을 북두칠성의 두괴(斗魁)로 보았으며 배 껍질에 있는 하나의 구멍은 북극제성(北極帝星)을 표시하는 것으로 보았다.[26] 결과적으로 옥 거북의 등껍질과 배는 완벽한 천지의 모형을 이루고 있다. 배 껍질은 사각형의 편평한 모양으로 네 모서리가 둥글게 되어있어 전통적인 '아(亞)'자 모형으로 볼 수 있다. 옥 거북과 실제 거북의 배 껍질의 모양은 많은 차이가 있는데 이것은 고대인들이 네 모서리가 둥근 직사각형의 땅의 모습을 표현한 것으로 보인다. 이것은 원시 관상대의 상층부(臺面) 모양에서도 찾아볼 수 있다. 관상대의 상층부에는 네 모서리를 표시한 방위선이 있는데 이들을 4개의 직각 부호로 표현하면 네 모서리가 '아(亞)'자 모습으로 보인다. '천원지방(天圓地方)' 개념은 둥근 하늘과 땅의 모형을 상징하는 원시 관상대의 사각형 모형에서 기원한 것이다.

대문구문화(大汶口文化)에서는 전반적으로 거북을 숭배하였는데 능가탄 묘는 대문구(大汶口) 문화 말기에 해당한다. 대문구문화 무덤에서 20점 정도의 거북 껍질(龟甲)이 출토 되었는데 부장품으로는 비교적 귀한 것들이다. 고대인들이 거북을 숭배한 이유는 무엇일까? 식용의 목적은 아닌 것 같고 신령스런 동물로 여겨 점성에 사용하였을 것으로 보인다. 당시 사람들에게 거북이는 하늘과 통하고 백성들의 뜻을 이어주는 존재로 여겨졌기 때문에 거북의 껍질 위에 별자리 모양의 구멍을 뚫어 놓은 것이다. 엽상규(葉祥圭)는 이 거북의 껍질에 대해 다음과 같이 해석하였다. "거북의 등과 배 껍질 위에는 모두 8개의 인공적인 구멍이 있다. 첫 번째 척추 위에 앞뒤로 2개씩 대칭적으로 뚫려있으며 오른쪽 5번째 연판(緣板)[27]의 아래쪽(하연판)에도 하나의 구멍이 있다. 배 껍질의 전엽과 후엽`이 맞닿는 선 위에 세 개의 구멍이 있다. 배 껍질 위에 뚫려있는 구멍 중 바깥쪽의 것만 뚫려 있고 나머지 두 개는 미완성으로 남아 있다."[28] 그림 20에서 보

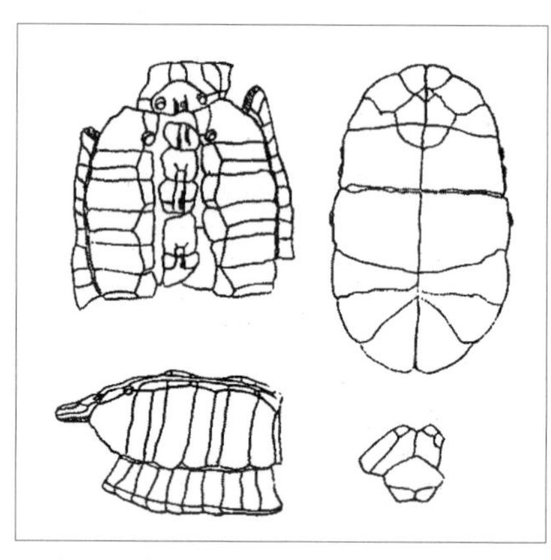
그림 20. 대문구문화 거북 등껍질에 뚫려 있는 구멍

26) 馮時: 『星漢流年—中國天文考古錄』, "崇祭北斗", 四川教育出版社, 1996年.

27) [참고자료] 玳瑁(대모): 바다거북과에 딸린 거북의 하나. 등딱지의 길이는 최장 85cm이나, 보통(普通)은 60cm 이하(以下)임. 주둥이는 뾰족하고 발은 지느러미 모양으로 편평(扁平)하며 두 개의 발톱을 가짐. 등딱지는 심장(心臟) 모양이며 중앙판(中央板)은 다섯 개, 중앙측판은 네 쌍, 연판(緣板)은 25개이며, 각판(脚板)은 반투명(半透明)한 누른 바탕에 암갈색(暗褐色) 구름무늬가 있는 데, 대개 지붕의 기와처럼 포개져 있음.(출처: 네이버 한자사전 '玳')

28) 葉祥奎: 「我國首次發現的地平龜甲殼」, 『大汶口』附錄二, 文物出版社, 1974年.

이는 등껍질 위의 네 개의 구멍은 능가탄 옥 거북 위에 있는 것과 같은 모양으로 북두칠성의 두괴(斗魁)를 표시한 것으로 보인다. 그림에서 보면 하나와 세 개로 이루어진 구멍들이 남아 있으나 명확하지 않기 때문에 현재로서는 해석하기 어렵다. 이를 통해 대문구(大汶口)문화의 고대인들 또한 거북을 천원지방(天圓地方)의 우주 모형으로 비유하였다는 것을 알 수 있다.

5절. 개천설(蓋天說) 우주론(宇宙論)의 전래

천원지방(天圓地方)의 개천설 우주모형은 역사시대 이전의 하모도문화에서 시작하여 원명(元明) 시대가 끝날 때까지 약 7천 년 동안 전승되었다. 하모도문화의 고대인들은 이미 당시에 개도(蓋圖)를 사용한 흔적이 남아 있는데 그림 21과 같다.

그림 21. 하모도문화 고대인들이 만든 태양조(太陽鳥) 개천도(蓋天圖)

이 유물은 하모도 고대인들이 제작한 것으로 발견 당시 이미 훼손되어 있었으며 최초의 보고서에는 다음과 같이 적혀있다. "한쪽 모서리만 남아 있는데 그 모습은 마치 날아가는 제비를 조각한 것과 같다. 질그릇 몸체에는 다섯 개의 동심원이 겹쳐진 문양이 남아 있다."[29] 날고 있는 제비는 하모도 고대인들이 숭배한 태양조(太陽鳥)의 토템으로 이것은 한 마리의 태양조를 나타낸다. 고대인들은 태양의 연주(年周)운동 관찰을 통해 동심원 5개를 그린 것으로 보인다. 이것은 앞에서 설명한 개천도를 근거로 사시팔절(四時八節)의 천상(天象)으로 해석할 수 있다. 내형(內衡)인 첫 번째 권(圈)은 하지권(夏至圈), 그 다음 두 번째 형(衡)은 입하-입추권(立夏立秋圈), 중형(中衡)인 세 번째 권(圈)은 춘분-추분권(春分秋分圈), 네 번째 형(衡)은 입추-입춘권(立秋立春圈) 그리고 외형(外衡)인 5번째 권(圈)은 동지권(冬至圈)이다. 이것은 현재 남아 있는 가장 오래된 개도(蓋圖)로 『주비산경』 중의 칠형도(七衡圖)가 역사시대 이전의 "오형도(五衡圖)"와 "삼형도(三衡圖)"에서 발전해 온 것이라는 것을 말해준다.

---

29) 劉軍、姚仲源:『中國河姆渡文化』, 浙江人民出版社, 1993年.

고대인들이 만든 천원지방(天圓地方)의 개천설 우주모형은 꾸준히 이어지다가 전국(戰國) 시대에 이르러 비로소 기록된 자료로 전해진다. 『대대예기』「증자천원(曾子天圓)」에서는 다음과 같이 적고 있다.

"單居離問於曾子曰: '天圓而地方者, 誠有之乎?" 曾子曰: "天之所生上首, 地之所生下首, 上首謂之圓, 下首謂之方, 如誠天圓而地方, 則是四角之不揜也。且来！吾語汝。參嘗聞之夫子曰: '天道曰圓, 地道曰方'"

- 단거리가 증자에게 다음과 같이 물었다. 하늘은 둥글고 땅은 네모난 것이 진짜로 그러하오? 증자가 대답하길, 하늘은 머리에서 나왔고, 땅은 몸에서 나왔으니, 머리는 둥글고 몸은 네모나다고 말하는 것이다. 만약 진짜로 하늘이 둥글고 땅이 네모나다면, 둥근 하늘이 땅의 네 모서리는 덮지 못할 것이다. 아, 당신에게 답하자면, 일찍이 공자께서 말씀하시길 '천도는 둥글고, 지도는 네모나다'라고 하셨소."

단거리(單居離)는 천원지방설(天圓地方說)에 대해서 의문을 제기하였는데 이는 당시에 혼천설(渾天說) 우주론이 막 생겨났거나 이미 생겨났음을 의미한다. 증자(曾子)의 대답 또한 맞는 것으로 천원지방설에 따르면 하늘과 땅은 서로 밀접하게 맞물려 있는 것이다. 그렇지만 '四角之不揜'으로 둥근 것과 원은 서로 포개질 수가 없다. 공자의 의견을 다음과 같이 해석하면 '天道曰圓, 地道曰方。-하늘의 道는 둥글고 땅의 道는 네모나다'고 할 수 있다. 고대의 천원지방 개천설 우주론이 존재했는지의 여부는 천문학사에 있어서 하나의 현안이 되었다. 진준규(陳遵嬀)는 "실제로 주비산경 첫 장에서 말하고 있는 것은, 네모난 것은 땅에 속하고 둥근 것은 하늘에 속하니, 하늘은 둥글고 땅은 네모나다는 것이다. 단지 기학학적 모양을 가지고 천도(天道)와 지도(地道)를 비유한 것이지 결코 하늘은 원형이고 땅은 사각형이라는 의미는 아니다"[30]라고 철학적인 관점에서 설명하였다. 한편, 개천설 우주론이 갖는 과학사적 의미에 대해서는 지금껏 관련 연구는 매우 적었다.

동한(東漢) 말년에 채옹(蔡邕)은 고대 우주론을 개천설(蓋天說), 선야설(宣夜說), 혼천설(渾天說)의 세 가지로 종합하였는데, 개천설을 첫 째로 꼽았다.

『진서(晉書)』「천문지(天文志)」에 기록된 개천설의 기본 이론은 다음과 같다.

---

30) 陳遵嬀: 「中國天文學史」, 第四冊 1827-1828p, 上海人民出版社, 1989年.

"周髀術數具存, 考驗天狀, 多所違失。
주비에는 계산과 숫자가 모두 존재하지만, 하늘의 형태를 검증해보면, 어긋나는 것이 많다."

이것은 『주비산경』의 구체적인 계산법과 숫자들에 대해 설명한 것이다. 『주비산경』이 책으로 만들어진 시대는 대략 한대(漢代) 후기로 비교적 오래되지 않았다. 아마도 한(漢)나라 학자들이 과거부터 전해 오는 것을 종합하여 책으로 만들었을 것이다. 『주비산경』의 서두에는 다음과 같이 적고 있다.

"昔者周公問於商高, 曰: "竊聞乎大夫善數也, 請問昔者包犧立周天曆度。
옛날에 주공이 상고에게 묻기를, "과인은 대부가 수에 능하다는 말을 들었다. 청컨대, 옛날에 포희가 주천역도를 세운 것에 대해 묻고자 하노라."

여기서 '석자(昔者)'는 누구도 알 지 못하는 연대를 의미하므로 『주비』의 기원시대는 분명하지 않다. 그러나 당시보다 앞선 문헌 중에서도 『주비산경』를 언급한 여러 내용들이 있으므로 복희씨 시대로까지 시대를 거슬러 올라갈 수 있을 것이다. 여기서 먼저 『주비산경』 책이름의 숨은 의미를 이론적으로 살펴보자. 『주비산경』에서는 다음과 같이 적고 있다.

"榮方曰: 周髀者何? 陳子曰: 古者天子治周, 此數望之從周, 故曰周髀。髀者表也。
영방이 주비가 무엇인가라고 묻자 진자가 대답하길, 옛날에 천자가 주나라를 다스렸고, 주나라에서 이 숫자를 측정하였기에 주비라고 불렀다고 하였다. 髀는 表이다."

이 대답은 비교적 정확한 것이다. 글자 뜻 그대로 얘기하면 나무랄 데가 없지만 깊이 생각해보면 여러 문제가 있다. 글자의 뜻을 살펴보면 '비(髀)'는 사람의 대퇴 뼈인데 어떻게 규표(圭表)의 '표(表)'가 되었을까? 앞에서 소개한 복양 서수파의 첫 번째 무덤도 중에 사람의 경골로 만든 북두의 두병이 있는데 이것이 바로 '비(髀)'로써 사람의 신체를 나타내며 고대 입간측영(立竿測影)을 한 사람이 '以身爲度', 즉 신체로써 척도의 기준을 삼은 것에서 기원한 것이다. 즉 사람의 키가 입간(즉, 表)의 높이에 해당하므로 '髀者表也'는 예로부터 전해 내려온 것이지 주대(周代)에 기원한 것은 아님을 알 수 있다. '주(周)'라는 글자에 대해서도 당연히 '주요(周繞-주위를 돌다)'의

'주(周)'로 해석해야 할 것이다. 예를 들면 입간측영에서 해가 동쪽에 있으면 해 그림자는 서쪽을 가리키며 해가 서쪽으로 지면 해 그림자는 동쪽을 가리킨다. 태양이 하늘 한 가운데 있을 때 해 그림자는 북쪽을 가리킨다. 하루 동안 입간측영의 해 그림자는 막대를 중심으로 한 바퀴 회전하므로(실제 둥근 호선모양) '주비(周髀)'라고 이름 지은 것이다. 『주비산경』에서 '주(周)'자는 일반적으로 이러한 의미를 나타낸다. 따라서 '주(周)' 역시 천자(天子)가 통치하는 주(周)나라의 '주(周)'가 아니라, 입간측영을 통해 1 회귀년 중 태양이 하늘을 한 바퀴 돈다는 의미의 '주(周)'로 볼 수 있다. '주비'는 입간측영의 고어(古語)로써 『주비산경』에서도 입간(立竿)을 중심으로 회전하는 해 그림자를 측정하는 것을 나타낸다. 입간측영을 통해 사방사시(四方四時)와 방원중차(方圓重差: 참고–汉代天文学家测量太阳高、远的方法。–한나라 천문학자들이 태양의 높이와 길이를 측량한 방법), 피타고라스 정리를 알게 되었고 천원지방(天圓地方)의 개천설 우주론이 정리되었다. 또한 동양 철학의 이론으로 발전시켜 고대 이래로 우주에 대한 인식을 구현하고 한대(漢代)로까지 전해졌다. 그러나 한(漢)나라 학자들은 '주비' 두 글자에 대해 확실한 주석을 달지 않았다.

기초적인 과학적 이론 외에도 사회와 문화적인 개념을 반영해야 비로소 진정한 "天道曰圓, 地道曰方"이 되는 것이다. 역사시대 이전 시대에는 문자 기록이 없었기 때문에 고대인들의 방원(方圓) 개념을 알기는 쉽지 않다. 그러나 고고학계가 발굴한 유적과 유물들을 살펴보면 고대인들은 방원(方圓)의 구조에 대해 매우 잘 알고 있었음을 알 수 있다. 예를 들면, 건물의 건축에는 방형, 장방형, 원형, 또는 원각방형 등이 사용되었는데 큰 면적이 발굴된 임동 강채(臨潼 姜寨)의 유적지를 살펴보면 전체 부락이 계획적으로 배치되었다는 것을 알 수 있다. 중간에는 방형(方形)의 광장이 있고 사방의 건물들은 모두 광장을 중심으로 배치되어 있어 방위개념이 분명히 드러나 보인다. 유적의 주변에는 수로로 둘려있는데 현존하는 수로 유적을 보면(서쪽의 절반은 이미 훼손되었다) 대체로 하나의 원형으로 되어 있어 전체 모습은 외원내방(外圓內方)의 구조로 보인다.[31)]

다시 말해서, 강채(姜寨) 부락의 전체적인 구조는 '천원지방(天圓地方)'으로 강채의 고대인들이 자신들만의 천상신국(天上神國)을 건설하려 한 것으로 보인다. 유물을 살펴보면 더 명확한데 가장 유명한 것은 옥종(玉琮)과 옥벽(玉璧)이 있다. 이들은 양저(良渚) 문화의 큰 무덤에서 가장 많이 출토되었는데 옥벽은 원형으로 되어 있으며 옥종은 외방내원(外方內圓)으로 되어있다.

『주례』「춘관」'대종백'에서는 다음과 같이 적고 있다.

---

31) 西安半坡博物館、陝西省考古研究所、临潼縣博物館: 『姜寨』, 文物出版社, 1988年.

"以蒼璧禮天, 以黃琮禮地。
- 푸른 옥으로 하늘에 제사지내고, 황종으로 땅에 제사 지낸다."
주(注)는 "琮, 八方, 象地。
- 종은 팔방으로, 땅을 닮았다."

이것은 제사의식도 천원지방의 개념에 따라 거행되었음을 말해준다. '종(琮), 팔방(八方), 상지(象地)'라는 것은 종(琮)의 절단면이 방형이면서 네 모서리가 둥근 속칭 '아(亞)'자 모양을 하고 있음을 나타낸 것이다. 상대(商代)에는 여기서 기원한 아(亞) 모양의 부족휘장을 이용해 방원(方圓) 지역을 표시하였다.

역사시대 이후에도 관련 문헌 기록이 남아 전해지는데 『주역』의 경우에도 방(方)과 원(圓)의 개념이 주된 내용이며 팔괘를 사용해 표현하였다. 주역에서는 건(乾)과 곤(坤)의 두 글자가 가장 중요한데, 『주역』「설괘전」에서는 "乾爲天, 爲圜。-건은 하늘이요, 원이다"이라고 적고 있다. '환(圜)'의 뜻은 '원(圓)'과 같으므로, 바로 '천원(天圓)'의 의미가 된다. "坤爲地, 爲大輿。-곤은 땅이요, 큰 수레이다"라고도 적고 있다. '여(輿)'는 사각 수레에서 그 뜻을 취했기 때문에 '지방(地方)'의 의미를 나타낸다. 두 괘의 내용을 살펴보면 「건(乾)」 괘에서 육룡(六龍)을 말하고 있는데, 이것은 동방창룡이 하늘을 중심으로 한 바퀴 일주하는 것이 1 회귀년이 된다는 것에서 뜻을 취했다. 「곤(坤)」 괘는 "직방대(直方大)"를 말하는데 이것은 대지가 반듯하고 평평하다는 것에서 그 뜻을 취한 것이다. 두 괘의 내용은 "夫玄黃者, 天地之雜也, 天玄而地黃 。-무릇 현황이라는 것은 천지가 섞인 것으로 하늘은 검고 땅은 누렇다"라고 설명하고 있다. '천현지황(天玄地黃)'은 '천원지방(天圓地方)'으로 '현(玄)'을 '선(旋)'으로 사용하였으며 회전하는 하늘을 의미한다. '황(黃)'은 '횡(橫)'의 의미로 가로로 놓여 있는 대지를 뜻한다. 하늘이 대지를 중심으로 회전하는 것을 '주(周)'라고 하며 그 결과 1 회귀년은 사시팔절(四時八節)의 계절이 바뀐다는('易') 것을 알아냈다. 『주역』의 팔괘는 역법을 기초로 구성된 하나의 거대한 문화와 사상의 철학이다. 이로부터 천원지방(天圓地方)의 개천설 우주론이 고대 사람들의 관상수시 및 역법제정과 밀접하게 관련되어 있다는 사실이 명확해진다. 따라서 원형(圓形)의 개천도와 방형의 대지 위에 사시팔절이 배열되어 있는 것이다. 『상서』「우공(禹貢)」을 예로 들면, 「우공」에는 하우(夏禹)가 치수(治水)하는 것이 기록되어 있다. 치수는 기주(冀州)에서 시작하는데 『설문해자』에서 "冀, 北方州也。-기는 북쪽의 땅이다"라고 적고 있다. 기주는 정북에 위치하기 때문에 북륙동지(北陸冬至)에 부합하고 겨울을 나타낸다. 둘째로 연주(兗州)는 동북쪽에 위치해 있는데 『설문해자』에서는 "兗, 九州之渥地也。 -연은, 구주의 젖은 땅이다"라고 적고 있다. 또한 "渥, 霑也。 -악은, 젖었다"라는 뜻으로 봄이 와서 대지가 촉촉해진다는 뜻으로 입춘에 해당한다. 셋째는 청주(青州)로 정동에 위치하고 있으며, 『주례』「직방씨(職方氏)」에서는 "正東曰青州-정동은 청주에 해당 한다"라고 적고 있으며 동륙춘분(東陸春分)이 이에 해당한다. 넷째는 서주(徐州)로 동쪽에서 약간 남쪽에 위치하고 있으며 『석명』에서는 "徐, 舒也, 土舒緩也。 -서는 완만하다는 뜻으로 땅이 완만하다는 뜻이다.-"라고 하였고, 씨를 뿌리고, 콩을 심는 절기인 청명(清明)에 해당한다. 이상이 봄철에 해당하는 것이다. 다섯째는 양주(揚州)로 동남쪽에 위치해 있다. 소(疏)에서는 "其氣燥勁, 厥性輕揚。 -그 강한 기운이 다 말라 성정이 가볍다"라고 하였고 입하(立夏)에 해당한다. 여섯째는 형주(荊州)로 정남에 위치해 있으며 『주례』「직방씨」에서는 "正南曰荊州-정남은 형주에 해당 한다 "라고 하였으며 남륙하지(南陸夏至)에 해당한다. 이상이 여름 절기에 해당하는 것이다. 일곱째는 예주(豫州)로 중앙에 위치한다. 『설문해자』에서는 "豫, 象之大者。 -예는 큰 코끼리이다"라고 적고 있다. 코끼리는 예(豫)로 고대 관상수시의 중심지인 하(夏) 왕조의 수도인 양성(陽城)을 말하고 주대(周代)에 이르러서는 지중(地中)으로 불렸으며 여름과 가을이 바뀌는 계절에 해당한다. 여덟째는 양주(梁州)로 서남쪽에 위치하고 있으며 『이아. 석천(爾雅. 釋天)』에서는 "大梁, 昴; 西陸, 昴也。 -대량은 묘에 해당하며 서쪽의 땅이다"라고 적고 있으며 입추(立秋)에 해당한다. 아홉째는 옹주(雍州)로 정서에 위치하고 있으며 『주례. 직방씨』에서는 "正西曰雍州 -정서는 옹주에 해당한다.-"라고 하였으며 이는 서륙추분(西陸秋分)에 해당한다. 이상은 하우(夏禹)가 구주(九州)를 치수(治水)하면서 모두 관상용어를 가지고 구주의 이름을 붙였고 사시(四時)는 대지를 한 바퀴 돌면서 대응하고 있어서 1 회귀년의 사시팔절과 대응된다.

하우(夏禹)는 다음과 같이 구주(九州)를 치수하였다. 예주(豫州)를 중심으로 사방의 팔각(八角)에 따라 배열하는 것이 이상적이라고 생각하였고 방형과 네 모서리가 둥근 판자 조각을 조합해서 실제로는 하나의 '아(亞)'자 모양을 만들었다. 고대인들은 그것을 명당(明堂) 제도로 옮겨왔고 채옹(蔡邕)은 「명당월령장구(明堂月令章句)」에서, "明堂制度之數, 九室以象九州。 -명당은 숫자로 구성되며, 구실은 구주에서 본뜬 것이다"라고 적고 있다. 『예기(禮記)』, 『대대례(大戴禮)』 등의 책에서는 모두 명당제도와 관련 있는 기록들이 있다. 그 건축형식은 '상원하방(上圓下方)'으로 천원지방을 나타낸다. 사면이 물로 둘러싸여 있어 '벽옹(辟雍)'이라고도 불렀다. 노식(盧植)은 『예기』 주(注)에서 다음과 같이 말했다.

"明堂卽太廟也, 天子太廟, 上可以望氣, 故謂之靈臺。
- 명당은 바로 태묘로 천자의 묘이다. 위에 올라가 기운을 살피는 곳을 영대라고 부른다."

영대(靈臺)는 바로 고대의 관상대(觀象臺)로 명당과 영대는 하나의 건축물로 이루어져 있기 때문에 고대인들이 관상수시 과정에서 천원지방의 이론을 만들어냈다는 것을 뒷받침해준다. 또한 "명당월령(明堂月令)"에 대해 노식(盧植)은 주(注)에서 "於明堂之中, 施十二月之令。 -명당 속에 12月令이 펼쳐져 있다"라고 하였다. 『예기』「월령」과 『여씨춘추』「사시기(四時紀)」에는 천자가 명당의 태묘에서 머무는 1년(사시) 12개월의 방위가 기록되어 있다. 문헌에 의하면 하나의 완벽한 사방팔각(四時八角) 모양인 팔각성문(八角星紋) 도안을 만들 수 있으며 이것은 사시팔절을 의미한다. 자세한 내용은 방위천문학의 전형적인 부호인 7장의 '팔각성문도안의 수수께끼를 풀다'를 참고하기 바란다.

고대인들은 관상수시 과정 중에서 다양하고 풍부한 내용의 제례 의식을 만들어 냈으며 동시에 정확한 방위관념도 사용하였다. 또한 하늘과 땅 그리고 조상에게 제사지내는 과정 중에 일련의 신화도 만들어졌다. 『산해경』을 예로 들어 간단하게 설명해보고자 한다. 『산해경』은 한 권의 지리서이다. 그러나 대부분의 산과 강의 명칭은 현재의 지리서에서는 찾아볼 수 없기 때문에 지금까지 풀리지 않은 수수께끼로 남아 있다. 『산해경』에서는 기본적으로 '천원지방설(天圓地方說)'을 적고 있다. 책 속에 '개천설' 우주론을 언급한 것은 신화로 표현된 "개국(蓋國)"(「해내북경」), "개산지국(蓋山之國)"(「대황서경」), "개여지국(蓋余之國)"(「대황동경」) 등에 나타나는데 이러한 나라 이름의 유래에 대해서는 사서(史書)에도 기록된 바가 없어 그 내용은 알 수 가 없다. 개천설 우주론에 따라 『산해경』의 내용을 하늘에 맞추어 읽어보면 많은 의문이 해결된다. 『산해경』의 첫 구절은 다음과 같다.

南山經之首曰鵲山。其首曰招瑤之山, 臨於西海之上, 多桂, 多金玉。
- 남쪽 산을 지나는 첫째 산을 작산이라고 한다. 그 첫 번째 산을 초요산이라고 하는데 서해 바다에 우뚝 솟아 있다. 산에는 많은 계수나무가 있으며 금속광물과 옥도 풍부하다.

고금의 지도를 찾아보면 작산(鵲山)과 초요산(招瑤山)은 어디에도 찾을 수 없다. 서해(西海) 역시 명확하게 어디인지 알 수 없다. 만약 하우(夏禹)가 치수하던 시대로 거슬러 올라간다면 우주

모형인 천원지방(天圓地方)에서 관상 업무를 보았으며 『하소정(夏小正)』에서는 "五月大火中, 六月斗柄正在上。 –오월에는 대화가 하늘 가운데 떠 있고, 유월에는 두병이 머리 위에 떠 있다"라고 적고 있다. 대화(大火)는 심수(心宿)의 두 번째 별로 동방창룡의 용의 심장에 해당한다. 이 때 동방창룡 7수(宿)인 각(角), 항(亢), 저(氐), 방(房), 심(心), 미(尾), 기(箕)는 바로 남쪽하늘에 보이고 각수(角宿)는 서남쪽에 미수(尾宿)와 기수(箕宿)는 동남쪽에 보이게 된다. 필원(畢沅)은 『산해경신주(山海經新注)』에서 "鵲作雀–까치를 참새라고 하였다"라고 적고 있다. 『시경』 「소남」 '행로'에서는 "誰謂雀無角, 何以穿我屋。 –누가 참새가 뿔이 없다고 하였는가? 어찌하여 우리 집을 관통했을까.–"라고 적고 있다. 여기서 '작산(鵲山)'을 '각산(角山)'으로 말한 것은 밤하늘의 각수(角宿) 별자리를 의미하는 것임을 알 수 있다. 또한 『설문해자』에서는 "海, 天池也。 –바다는 하늘의 연못이다.–"라고 적고 있는데 아름다운 남색 하늘이 마치 파란 바다와 같다는 것으로 '서해(西海)'는 바로 서쪽 하늘을 의미한다. 이 때 각수(角宿) 별자리는 서남쪽 하늘 위에 있게 되어 '臨於西海之上'이라고 한 것이다. 또한 『회남자』 「시즉훈(時則訓)」에서는 "季夏之月, 招搖指未。 –여름에 초요가 서남방향을 가리킨다.–"라고 하였는데 여기서 '미(未)'는 서남쪽의 하늘을 가리키고, '초요(招搖)'는 북두칠성 두병 꼬리부분의 작은 별을 나타낸다. 한편, '초요(招搖)'는 천상신화에 사용되어 '초요지산(招瑤之山)'으로도 불린다. '다계(多桂)'라는 것은 『시자』 「권하」에서 "春華秋英, 其名曰桂。 –봄에 화려하고 가을에 꽃이 피니 그 이름이 계수나무이다.–"라고 적고 있다. 고대인들은 1년을 봄과 가을로만 나누었고 계수나무는 관상수시의 대상으로 사용되었다. 또한 '다금옥(多金玉)'이라는 것은 『주역』 「설괘전(說卦傳)」에서 "乾爲天, 爲金, 爲玉。 –건은 하늘이요, 금이요, 옥이다"이라고 적고 있다. 금옥(金玉)은 광명한 하늘을 묘사한 것이다. 『산해경』에서는 이와 같이 설명하고 있다.

『산해경』을 하늘에 맞추어 이해해보면 통하지 않는 것이 없고 모두 쉽게 이해된다. 「남산경(南山經)」은 남륙하지(南陸夏至)를 나타내는데 이로부터 살펴보면 『산해경』 18편의 구성은 모두 명확해진다. 다섯 편의 『오장산경(五藏山經)』은 대지의 모습을 상징한다. 「남산경(南山經)」은 남륙하지(南陸夏至), 「서산경(西山經)」은 서륙추분(西陸秋分), 「북산경(北山經)」은 북륙동지(北陸冬至), 「동산경(東山經)」은 동륙춘분(東陸春分), 그리고 「중산경(中山經)」 12편은 1년 사시(四時)의 12개월을 종합하여 나타낸다. 이러한 남–서–북–동 그리고 중앙은 사방이 반듯한 대지의 모형을 나타낸다. 하늘은 대지와 상대적인 것으로 「해외서경」은 적도 밖의 하늘을 네 개로 나눈 것을 나타내며 「해내서경」은 적도 안을 네 개의 하늘로 나눈 것을 나타낸다. 「대황서경」은 황도대를 네 개로 나눈 하늘의 영역을 나타내며 마지막으로 「해내경」은 하늘의 중앙영역을 나타낸다. 둥근 하늘은 완벽하여 흠잡을 데가 없음을 의미한다. 『산해경』의 신화는 관상수시의 세시(歲時) 제례의식 과정에서 만들어진 것으로, 사용된 단어나 문장은 관상과 관련된 '관상명사'나 '관상용어'로 볼 수 있다. 책 속의 일부 관상명사나 용어는 이미 현실의 산이나 강 그리고 나라와 부족 이름 등에 사용되어졌으며 이들은 지도나 역사서에서 찾아 볼 수 있다.

천원지방(天圓地方)의 개천설 우주 개념은 중국의 역사시대 전체에 나타나고 있으며 현재 북경 시내에는 천단(天壇)과 지단(地壇) 같이 명청(明淸) 시대의 천원지방(天圓地方) 우주모형이 완벽하게 보존되어진 곳이 남아 있다. 천단은 자금성 남쪽에 지단은 자금성의 북쪽에 위치해 있다. 자금성은 하늘의 자미원(紫微垣)으로 비유되며 황제는 스스로를 북극성이라고 여기고 있어 천지(天地)의 중심에 거하는 모습과 같다. 명청(明淸) 시대의 황제들은 매년 동지(冬至)에 천단으로 가서 하늘에 제사 지냈다. 단(壇)의 중심은 대형 삼층 원형제단(三衡圖의 형식을 취했다)으로 꼭대기는 약간 호면(弧面)으로 보이는데 이것은 하늘이 원형이라는 것을 나타낸다. 천단의 북쪽은 긴 제방으로 연결되어 있는데 이 제방은 입간측영시 동짓날에 해 그림자가 가장 길어진다는 것을 의미한다. 북극 방향에는 사당인 기년전(祈年殿)을 건축하여 농신(農神)에게 제사지냈다. 황제들은 하늘에 제사지내는 것을 마치고 제방을 따라 기년전으로 와서 1년 동안의 풍년을 기원하였다.

봄에서 하지(夏至)로 넘어갈 때 벼와 곡식들은 무성하게 자라게 되는데 이때 황제는 다시 하지에 지단(地壇)으로 와서 대지의 신 및 산과 강 그리고 바다의 신들에게 제사 지내 수확이 풍성하기를 기원하였다. 지단(地壇)의 중심 건물은 사각의 큰 제단으로 사시(四時) 방위에 따라 벽돌을 바닥에 평평하게 깔아 놓았으며 둘레에는 수거가 있는데 이는 고대의 관상대 모습을 본떠서 건축된 것이다. 이 완벽한 천원(天圓)과 지방(地方)의 우주모형은 현재 중국의 국가문화재로 지정되어 있으며 또한 공원으로 개방되어 국내외 관광객들에게 볼거리를 제공하고 있다.

於七度於夜在午爲鶉火南方爲大暑五月之時也
宿中七星朱鳥之宿故曰鶉火周之分也

4

토템기둥으로 관측한 태양의 일주운동(日周運動)

가장 오래된 천상관측, 입간측영(立竿測影)

사림문에서 새가 울면 해가 떠오르고 해가 서산으로 지면 새들은 둥지로 돌아가는 것이 자연의 현상이다. 고대인들 또한 해가 뜨면 일을 하고 해가 지면 쉬었다. 고대부터 이렇게 살았기 때문에 이런 생활이 습관화되었다. 태양의 일주운동은 일상적인 자연 현상으로 고대인들에게 특별한 것은 아니었다. 농경생활을 시작하면서 농작물의 생장은 밤과 낮 그리고 계절의 변화에 따르게 됨을 알게 되었다. 계절도 농사의 주기에 따라 간단히 생장기와 수확기로 나누었다. 풍성한 수확으로 굶주리지 않기 위해서 인류는 자발적으로 천상, 기상, 물후의 변화를 관찰하기 시작하였는데 고고학 자료를 근거로 살펴보면 이들의 관측은 지금으로부터 약 만 년 전후에 시작되었다.

고대인들은 어떤 방법으로 천상과 기상 등을 관측하였을까? 영국의 조셉 니덤은 다음과 같이 설명하였다. “중국의 천문의기 가운데 가장 오래된 것은 간단한 구조로 만들어진 땅 위에 세우는 막대기로 볼 수 있다.”[1] 이 막대기의 기원에 대해 니덤은 은(殷)나라 시기까지 거슬러 올라갈 수 있으며 이 시기는 더 오래되었을 수도 있다고 설명하였다. 땅 위에 곧게 세운 막대기는 『주비산경』에서 ‘입간측영’으로 적고 있는데 평지 위에 죽간이나 목간을 세워 놓은 것을 말한

1) (英)李約瑟: 「中國科學技術史」 第四卷第一分冊, 科學出版社, 1975年.

다. 낮에는 해 그림자의 변화를 이용해 방위와 시간을 측정하고 아울러 사시(四時) 절기의 변화를 추산한다. 그러나 『주비산경』이 책으로 만들어진 시기는 매우 늦으므로 입간(측영)의 기원이 언제부터인지는 정확히 알 수 없다. 『주례』「지관(地官)」 '대사도(大司徒)'에는 "토규지법(土圭之法)"이라는 말이 있는데 현대 천문학자들은 이것을 '규표(圭表)'라고 부른다. 진준규(陳遵媯)는 다음과 같이 설명하였다.[2] "고대에 표(表)라는 것은 곧게 세워진 하나의 목간을 뜻했으며 고서에서도 표(表)를 '槷' 또는 '얼(臬)'로 부른다. 규(圭)라는 것은 『주례』「고공기(考工記)」에서 언급했던 토규(土圭)로 일종의 돌이나 옥으로 만들어진 단척(短尺-짧은 막대)이다. 오랫동안 관측에 사용되면서 토규(土圭)는 남북방향으로 고정되어 놓여있는 장척(長尺-긴 막대)으로 발전하였는데 이것이 바로 양천척(量天尺)이다. 규(圭)와 곧게 세운 간(竿)을 함께 설치해 놓은 것을 규표(圭表)라고 부른다." 이것은 천문학자들의 일반적인 해석으로 토규(土圭), 규표(圭表), 입간측영(立竿(杆)測影)을 동일하게 보았으며 기본적인 방법은 수평한 지면 위에 죽간이나 목간 또는 흙기둥을 세우고 해 그림자의 변화를 관측하는 것이다. 그러나 현존하는 천문의기들은 그리 오래되지 않았다. 그 중 가장 오래된 것은 수직으로 세워서 사용한 입간(立竿)인데 그 기원에 대해서는 문헌에 남아있지 않다. 니덤과 진준규(陳遵媯)는 모두 광서(光緒) 31년(1905)에 발간된 『서경도설(書經圖說)』 卷一, 「요전(堯典)」에 수록된 '하지치일도(夏至致日圖)'(그림 22)를 인용하여 설명하고 있으나 요 시대 이전에 입간이 사용된 것으로 생각되지는 않는다.

그림 22. 『서경도설』「요전」의 하지치일도(夏至致日圖)

한편, 역사시대 이전의 고고학 자료로부터 풍시(馮時)는 역사시대 이전에 이미 입간측영(立竿測影)을 사용했다고 주장하고 있는데 이는 분명해 보인다. 그러나 이 막대기를 함부로 설치할 수는 없었다. 왜냐하면 고대인들의 관념 속에 일월성신(日月星辰)은 모두 신(神)이고 천체를 측정(觀象)하는 막대와 행동 또한 신성한 것으로 여겼

2) 陳遵媯: 『中國天文學史』, 第四冊 1705p, 上海人民出版社, 1955年.

다. 고대인들은 토템기둥을 사용해 입간측영을 하였는데 이것은 토템기둥이 하늘과 통할 수 있고 천지의 조상에게도 이어질 수 있다고 여겼기 때문이다. 토템기둥을 이용해 낮에는 해가 떠서 지는 방위와 남중했을 때의 그림자 길이를 관측하였으며 밤에는 월상(月相)의 변화와 성신의 출몰을 관측하였다. 니덤은 다음과 같이 언급하였다. "이 나무막대기를 이용해 낮에는 해 그림자의 길이를 측정하여 동지와 하지를 정하고 밤에는 남중하는 별을 관측하여 항성년의 길이를 측정하였다." 이 막대기의 기원은 역사시대 이전의 토템기둥에서 찾을 수 있다.

'토템'은 씨족의 표지로써 씨족 제도 초기부터 씨족을 대표하는 상징물이 되었다. 씨족은 각자의 토템을 갖고 있었으며 토템의 모습은 씨족과 밀접한 관계가 있었다. 씨족시대에는 모두 토템을 가지고 있었으며 씨족 구성원들 역시 그들의 토템을 숭배하였다. 토템은 그들의 정신적 지주였으며 토템을 떠나서는 생명 역시 의지할 곳이 없다고 여겼다. 씨족시대는 바로 토템 시대였던 것이다. 토템 문화는 씨족 시대의 주된 문화의 주제였다. 토템의 모양은 일반적으로 특정한 동물이나 여러 동물이 섞인 복합적인 형상 또는 인격화된 인수수신(人首獸身)에서 그 형태를 취했다. 때로는 식물이나 천상(天上)의 일월성신 등 자연에서도 그 형태를 취하는 등 토템의 모양은 다양했다. 정산(丁山)은 다음과 같이 언급하였다. "씨족사회에서 토템은 종족의 신(神)으로 여겨졌고 모든 씨족의 마을 입구에는 토템기둥(Totem Pole)을 세워 그들의 씨족을 보호한다고 여겼다. 일반적으로 토템기둥에는 조수괴물(鳥獸怪物) 형태가 조각되어졌다."[3] 씨족시대에는 많은 씨족만큼이나 다양한 토템기둥이 있었다. 고대에는 일을 할 때 토템기둥의 해 그림자를 통해서 시각을 알 수 있었는데 이 그림자를 '구(晷)' 혹은 '구영(晷影)'이라고 불렀다. 『설문해자』에서는 "晷, 日景也 –晷는, 해의 그림자이다"라고 적고 있다. 구(晷–guǐ)와 규(圭–guī)는 같은 음을 통차한 것이다. '규(圭)'는 토(土)가 겹쳐 있는 모습으로 높은 대(臺)의 토규(土圭)로 부터 만들어진 해 그림자를 가리킨다. 안휘 함산현 능가탄(安徽 含山縣 凌家灘)에서 출토된 사시팔절(四時八節)을 표시한 옥편(玉片) 위에도 규형(圭形)의 전패(箭牌) 부호를 이용한 해 그림자가 남아 있다.[4] 지금까지 알려진 신석기 시대의 고고학 자료 가운데 토템 형상은 많이 남아 있는데 아래에서 몇 가지 예를 들어 설명하겠다.

---

3) 丁山: 『甲骨文所見氏族及其制度』, 科學出版社, 1956年.

4) 安徽省文物考古所: 「安徽含山凌家灘新石器時代墓地發掘簡報」, 『文物』 1989年 第4期.

1절. 하모도문화(河姆渡文化)에서 양저문화(良渚文化)까지의 태양조(太陽鳥) 토템기둥

하모도문화는 절강 여요(浙江 余姚) 하모도유적지 발굴로 인해 붙여진 이름이다.[5] 하모도문화의 고대인들은 이미 태양신을 숭배하고 있었다. 모영항(牟永抗)과 오여조(吳汝祚)는 "태양신 숭배는 적어도 농경생활이 기원한 시대에 이미 등장하였고 태양신을 의미하는 그림들은 하모도(河姆渡)문화의 질그릇, 뼈 조각 혹은 상아 조각이나 대문구(大汶口)문화와 대하촌(大河村) 유적지에서 발견된 채색질그릇에도 남아있다"고 언급하고 있다.[6] 하모도문화의 뼈에 새겨진 쌍조태양문(雙鳥太陽紋) 도안(그림 23)은 짐승의 갈비뼈를 이용해 만든 것으로 비슷한 도안 두 개가 나란히 새겨져 있다.

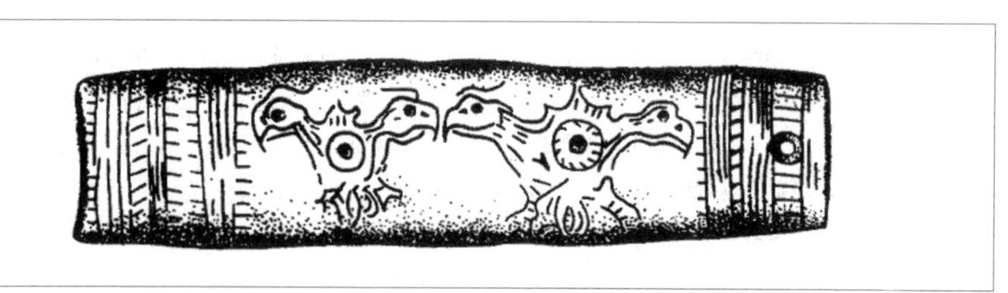

그림 23. 하모도문화 뼈에 새겨진 쌍조태양문(雙鳥太陽紋) 도안

몸에는 태양 문양이 그려져 있고 양쪽으로 두 개의 새 머리가 나와 있는데 서로 반대 방향을 보고 있다. 발굴 보고서에는 '쌍두봉문(雙頭鳳紋)'으로 적혀있으며 연체조문(連體鳥紋: 몸이 연결된 새 문양)으로도 불린다. 마치 두 마리의 새가 하나의 태양을 함께 등에 지고 있는 모습이다. 쌍두봉문의 오른쪽 그림의 몸 안에 있는 동심원에는 강렬한 햇빛이 나오는 모습이 표현되어 있다. 태양의 위쪽에는 화염모양의 '산(山)'자 문양이 있어 태양이 하늘 가운데 떠서 활활 타오르는 모습을 표현하고 있는 듯 보인다.

쌍두봉문의 왼쪽 그림에 있는 동심원에는 빛살 문양이 없다. 태양의 위쪽에 있는 화염문양 역시 약하게 표현되어 있어 육안으로 보이는 일출이나 일몰의 태양을 표현한 것으로 보인다.

---

5) 浙江省文物管理委員會, 浙江省博物館: 「河姆渡遺址第一次發掘報告」, 『考古學報』 1978年 第1期.

6) 牟永抗, 吳汝祚: 「水稻, 蠶絲和玉器 – 中華文明起源的若干問題」, 『考古』 1993年 第6期.

하모도문화의 상아에 조각된 쌍조태양문(雙鳥太陽紋) 도안은 다섯 개의 동심원으로 태양을 표현하고 있으며 위에는 화염문양을 새겨 놓아 태양이 활활 타오르는 모습을 나타내고 있다(그림 24).[7] 태양 양쪽에는 두 마리의 새(머리)가 서로 마주보는 모습이 새겨져 있다. 상아의 테두리에는 둥근 왕관 비슷한 문양(◡)이 새겨져 있는데 이것이 후세에 '화(火)'자로 사용되었으며 태양의 화염이 주변으로 확산되고 있는 모습을 보여준다. 그림 24는 가장 오래된 봉조태양문(鳳鳥太陽紋) 도안으로 7000년의 역사를 가지고 있다. 이 유물에 대해서는 추가적인 연구가 필요한 상황이다. 봉조태양문에서 태양을 표현한 다섯 개의 동심원은 무엇을 나타내는 것일까?『주비산경』의 '칠형도(七衡圖)'와 비교해보면 입간측영(立竿測影) 중 사시팔절(四時八節)을 측정했던 관점에서 다시 생각해 볼 수 있다. 바깥쪽부터 안쪽으로 각각의 원은 동지, 입동-입춘, 춘분-추분, 입하-입추, 그리고 하지를 나타낸다.

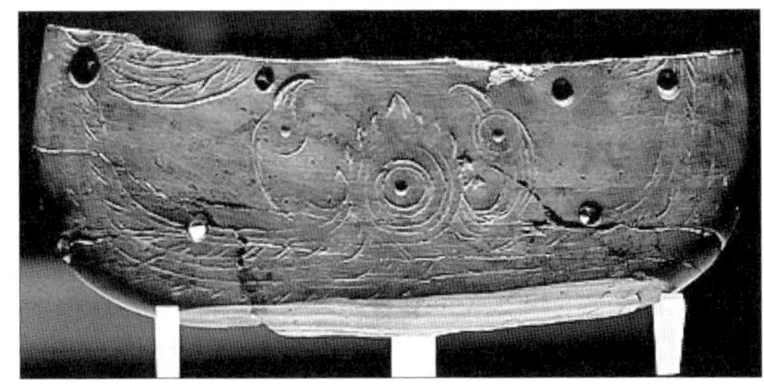

그림 24. 하모도문화 쌍봉조양문(雙鳳朝陽紋) (출처: 浙江省博物館)

태양의 동심원이 나타내는 사시팔절(四時八節)은 매우 완벽해 보인다. 이렇게 오래전에 어떻게 1년을 사시팔절(四時八節)로 구분할 수 있었는지 의심스럽기는 하지만 객관적인 자료가 남아 있으니 믿을 수밖에 없는 상황이다. 천문학자들은 일반적으로 다음과 같이 말하고 있다.[8] "천문현상에 대한 인류의 인식은 점차 높은 단계로 발전하였는데 초기 단계는 분명히 아주 먼 구석기시대로까지 거슬러 올라갈 수 있다." 하모도 고대인들이 살았던 약 7천 년 전 시기는 구석기 이후에 해당하므로 당시 하모도 사람들이 1년 사시팔절(四時八節)을 이미 인식하고 있었다는 것을 알 수 있다. 둥근 태양 위에 그려진 화염문양과 양쪽으로 머리를 내밀고 있는 두 마리의 새는 당시 고대인들이 일찍이 태양을 자세히 관찰해 왔음을 보여준다. 일반적으로 육안으로 밝은 태양을 직접 관측하기는 어렵다. 태양을 직접 관측하기 위해서는 일출이나 일몰 또는 일식(日蝕) 때에만 가능한 일이다. 일식은 역사시대 이전부터도 관측했음을 짐작할 수 있다. 개기일식이 일어나게 되면 태양의 전체가 가려져 마치 밤과 같이 된다. 그러나 태양의 바깥 테두리

7) 牟永抗:「試論河姆渡文化」,『中國考古學會第一次年會論文』, 文物出版社, 1979年.

8) 祖國天文學整理硏究小組:『中國天文學簡史』, 天津科學技術出版社, 1979年.

는 여전히 불꽃이 겹겹이 보이게 되므로 마치 새 무리가 날아오르고 있는 것과 같은 모습이 된다. 하모도 고대인들이 그렸던 태양 양쪽에 그려진 두 마리의 새는 개기일식 때 보였던 코로나(白光)를 형상화한 것이라고 생각된다.

하모도 유적지에서는 쌍조(雙鳥, 혹은 單鳥) 태양 문양의 실물이 출토되었다. 나무와 돌 그리고 뼈에 조각하여 만든 이들 문양은 마치 나비가 날개를 펴고 날고 있는 모습과 비슷하다. 발굴 보고서에는 이것을 '접형기(蝶形器-나비 모양의 기물)'라고 적고 있다. 나무로 만든 접형기(蝶形器)의 가운데에는 세로 방향의 넓은 띠가 볼록하게 솟아있는 등마루가 보인다. 등마루 위에는 양쪽으로 볼록하게 세로로 솟아 있는 부분이 있다. 양쪽으로 솟은 가운데는 오목하게 들어가 있으며 위쪽 또한 양쪽과 같이 볼록하게 솟아 있다. 등마루 위에는 구멍이 뚫려 있는데 이것은 기둥머리 장식으로 사용된 것으로 보인다. 이러한 접형기는 하모도문화 고대인들이 사용한 토템기둥으로 보인다. 작은 접형기가 많이 남아 있는 것으로 볼 때 씨족시대의 토템기둥은 씨족의 대표적인 장소에 두었던 것 외에도 집이나 특정 장소에 작은 토템기둥을 설치했었다는 것을 짐작할 수 있다. 이러한 '쌍봉조양(雙鳳朝陽) 토템기둥'은 하모도문화 고대인들의 태양신에 대한 숭배를 구체적으로 보여준다.

그림 24-1. 하모도문화의 접형기(蝶形器) (출처: 浙江省博物館)

하모도문화의 태양조(太陽鳥) 토템기둥은 2000여 년 동안 전승되었으며 양저(良渚) 문화(~ BC 3000)에 이르러서는 '작은 새(小鳥) 토템기둥'도 출현하였다. 정교하고 아름다운 옥기(玉器)가 출토됨에 따라 양저문화(良渚文化)는 학계의 주목을 받게 되었다. 옥기에 조각하거나 선으로 그린 '신인수면상(神人獸面像)'은 크고 특이한 모습으로 여러 의미를 포함하고 있으며 색채 또한 매우 아름답다. 신인수면상에 내포된 의미에 대해 많은 사람들이 궁금해 하고 있다. 모영항(牟永抗)과 오여조(吳汝祚)는 "양저문화의 옥기에는 신인수면상(神人獸面像)을 쉽게 볼 수 있다. 신인(神人)의 머리에 있는 관모는 태양 빛을 상징한 것으로 동물 얼굴을 닮은 신(獸面神)으로 하여금 태양신과 같은 지위를 갖게 하거나 태양신수(太陽神獸)가 신(神)의 의미를 내포하고 있다는 것을 의미하는 것으로 보인다"고 말하고 있다.[9] 관모는 햇빛을 나타내며 태양신을 상징한다. 그리고 이

9) 牟永抗、吳汝祚: 「水稻、蠶絲和玉器- 中華文明起源的若干問題」, 『考古』 1993年 第6期.

삿갓 모양의 관모는 또한 '天似蓋笠-하늘이 삿갓과 비슷하다'을 뜻하는 것으로 천지우주의 신(神)을 나타낸다. 이것은 하모도문화의 삿갓 모양의 간단한 수면상(獸面像)에서부터 유래된 것으로 보인다. 이런 신인(神人)들은 다원복합체의 천신(天神)으로, 풍시(馮時)는 "이런 신인(神人)들의 얼굴은 도제형(倒梯形-사다리를 거꾸로 한 모양, 즉 위쪽으로 갈수록 넓어지고 아래쪽은 좁은 모습)으로 되어 있어 북두칠성의 두괴(斗魁)를 모방한 것이다"라고 말했다.[10] 이 말은 신인(神人)이 북두성군의 신격도 갖추고 있다는 것을 의미한다.

그림 24-2. 양저문화의 신인수면상(神人獸面像) (출처: 浙江省博物館)

결론적으로 양저문화 고대인들이 숭배했던 천신(天神)은 관상수시(觀象授時)의 '세(歲)'와 '세신(歲神)'을 말한다. 자세한 내용은 제7장에서 다시 설명하겠다.

양저문화의 고대인들은 새를 토템으로 삼았으며 제단 위에 토템기둥을 세웠다. 장명화(張明華)에 의하면 "미국 Freer Gallery에는 수수께끼 같은 3개의 도안이 포함된 양저문화 옥벽(玉壁)이 소장되어 있다. 이들 도안은 매우 정교하게 조각되어 있다. 위에는 꼬리가 긴 새가 있으며 그 아래는 계단 모양의 장방형이 있으며 그 사이는 길쭉한 기둥이 연결하고 있다. 아래의 장방형(長方形) 도안 안에는 가늘게 새겨진 문양이 있다. 옥벽의 토템 그림 중 하나에는 그 바닥에 초승달 모양 문양이 덧붙여 있으며 다른 토템 그림 두 개에는 새와 장방형 도안 사이에 꽃의 암술대 모양이 그려져 있다. 양저문화 시대에 등장한 이렇게 아름답고 완벽한 도안은 실제로 매우 보기 드문 것이다"(그림 25).[11]

장명화(張明華)는 이들 그림에 대해 다음과 같이 해석하였다. "그림은 위에서 아래쪽으로 새, 암술대, 높은 산으로 구성되어 있다. 토템 그림 중에는 아래쪽에 타원형의 작은 도안이 하나 있는데 무엇을 표현한 것인지 명확하지 않다(그림 25의 두 번째 그림). 다른 토템 그림에는 마치 날개를 펼치고 있는 듯한 동물 문양이 새겨져 있다(그림 25의 세 번째 그림). 또 다른 그림은 위에서 아래로 작은 새, 높은 산 그리고 소용돌이 문양이 합쳐진 태양 도안과 함께 아래쪽에 초승달을 그

10) 馮時: 『星漢流年—中國天文考古錄』, 四川教育出版社, 1996年.

11) 張明華: 「良渚玉符試探」, 『文物』 1990年 第12期. 그 다음문장의 출처도 이와 동일함.

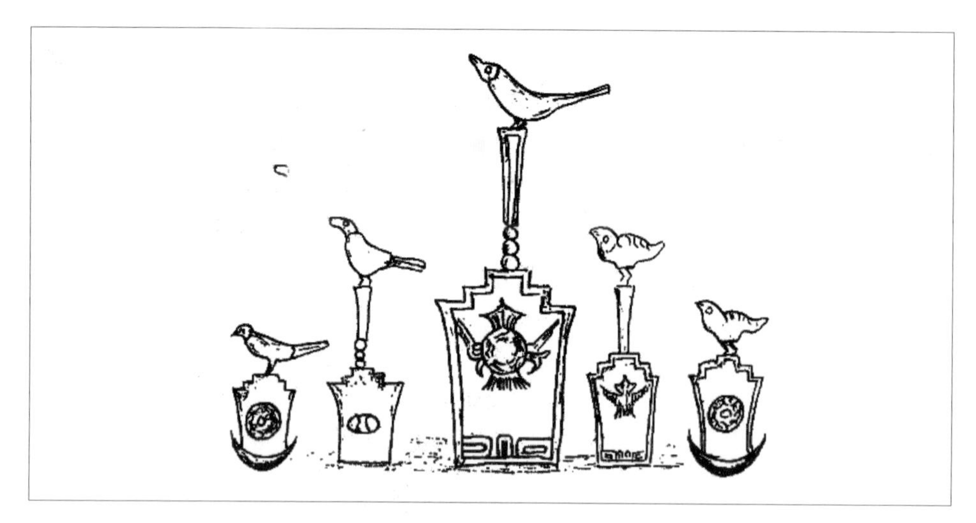

그림 25. 양저문화 옥기에 새겨져 있는 작은 새 토템기둥 그림

려 놓았는데(그림 25의 첫 번째 그림) 결론적으로 이것은 아마도 원시 씨족 부락이 새를 숭배했던 풍습 또는 새 토템기둥과 관계가 있을 것이다." 새는 양저문화 고대인들의 토템이 되었고 새가 암술대 위에 앉아 있는 모습이 바로 새 토템 기둥이다. 그림에서 보이는 새 토템기둥 아래의 계단 모양의 장방형 도안은 무엇일까? 장명화(張明華)는 '산형평면(山形平面)'으로 해석하였는데 이 또한 산꼭대기 위에 세워져 있는 토템기둥을 나타낸다. 양저문화 시대에 나타나는 토템 그림의 산은 자연적인 산이 아닌 인공산일 것이다. 지금까지 알려진 양저문화의 대형 유적이나 고분 또는 제단들은 대부분 인공으로 만든 높은 토대이다. 보통 6-7m의 높이지만 10m 가량 되는 것도 있다. 왕명달(王明達)은 이들 대형 토대를 '고대토총(高臺土冢)'이라고 불렀으며[12] 모영항(牟永抗)은 '토축금자탑(土筑金字塔-흙으로 쌓아올린 금자탑)'으로 불렀다.[13] 현재 민간에서는 이들을 '산(山)'이나 '돈(墩)'으로 부른다. 예를 들면 반산(反山)의 양저(良渚)문화 무덤이나[14] 요산(瑤山)의 제단[15] 등은 모두 인공으로 만든 높은 토대로 초기에는 그 위에 새 토템기둥이 있었을 것으로 짐작된다. 이것이 바로 '새, 암술대, 높은 산'이 서로 결합한 수수께끼 도안의 모습인 것이다.

---

12) 王明達: 「反山良渚文化墓地初論」, 『文物』 1989年 第12期.

13) 牟永抗: 「良渚玉器上神崇拜的探索」, 『慶祝蘇秉琦考古五十五年論文集』, 文物出版社, 1989年.

14) 浙江省文物考古研究所反山考古隊: 「浙江余杭反山良渚墓地發掘簡報」, 『文物』 1988年 第1期.

15) 浙江省文物考古研究所: 「余杭瑤山良渚文化祭壇遺址發掘簡報」, 『文物』 1988年 第1期.

모영항(牟永抗)과 오여조(吳汝祚)는 다음과 같이 설명하고 있다. "외형은 제단(祭壇)과 매우 비슷하고 내부는 태양을 상징하는 부호가 그려져 있다. 위쪽은 관모 모양의 도형으로 되어있고 양쪽에는 날개가 있어 신격화된 태양을 나타낸다."[16] 이 계단 모양 장방형 안에는 일월성신이 모두 나타나 있어 이러한 새 토템기둥이 고대의 관상대임을 알려준다. 양저문화의 고대인들은 여기에서 새 토템 기둥을 이용해 천상(天象)을 관측하였고 날짜를 세어 한 달과 일 년을 측정하는 관상(觀象) 업무를 보았다.[17] 고대의 토템 기둥은 『시경』「대아(大雅)」 영대(靈臺) 에서 말하는 "영대(靈臺)"에 해당하며 이곳에서 하늘과 땅 그리고 조상들에게 제사를 지냈을 것이다. 양저문화의 고대인들은 제단 위에 토템 기둥을 세워 입간측영을 관측하였으며 천상과 기상을 관측하는 일을 하였다.

2절. 대문구문화(大汶口文化)의 태양조(太陽鳥) 토템기둥

대문구문화는 주로 노서산지(魯西山地)와 평원 그리고 인접해 있는 소주(蘇州) 북부와 안휘성(安徽省) 동쪽 경계 지역에 분포해 있다. 대문구문화의 고대인들은 새를 숭배하여 토템으로 삼았으며 학계에서는 고대의 동이족(東夷族)[18] 즉 고문헌에 기록되어있는 '조이(鳥夷)'의 선조라고

---

16) 牟永抗、吳汝祚: 「水稻、蠶絲和玉器- 中華文明起源的若干問題」, 『考古』 1993年 第6期.

17) 획득한 觀象의 결과로 역법을 제정한 것에 대해선 이 책에 있는 '팔각성문도안의 수수께끼를 풀다' 章(第7章)을 참고하기 바란다.

18) [참고자료] 동이족(东夷族), 又称东夷或夷, 东夷系指中原之东方人, 是中国古代, 尤其是商朝、周朝时期, 对中国东部海滨不同部族的的泛称。中国史籍中有 "东夷", 意即东边的弓箭手。东夷是华夏民族对东方民族的称呼, 并非单指某一族群。其认定范围也随之更改。东夷是中国古代, 尤其是商朝、周朝时期, 对东部部族的称呼。随着商代的东夷与华夏的融合, 东夷后来改为对东方外族的泛称。在中国中心主义的天下观中, 东夷和北狄、西戎、南蛮并称四夷。-東夷族은 東夷나 夷로 부른다. 東夷는 중원의 동쪽사람을 가리키고, 고대 중국 특히 商 왕조와 周 왕조 때에는 중국 동부 해안가에 있는 여러 부족에 대한 통칭이었다. 중국 역사서에 "東夷"라는 말이 있는데, 바로 동쪽의 궁수라는 의미이다. 東夷는 중화민족이 동쪽 민족에 대해 불렀던 호칭으로 결코 어느 한 부족을 가리키는 것은 아니다. 동이로 인정되는 범위 역시 수시로 바뀐다. 東夷는 고대 중국에서 특히 商이나 周 왕조 때에는 동쪽 부족에 대한 호칭이었다. 商代에 東夷와 중화민족이 융합됨에 따라 东夷는 후에 동쪽의 이민족에 대한 통칭으로 바뀌었다. 中國 중심주의 세계관에서는, 東夷와 북적(北狄), 서융(西戎), 남만(南蠻)을 四夷라고 부른다.(출처: 互动百科「东夷族」)

보고 있다.[19] 출토된 문물들을 살펴보면 대문구문화에 속하는 새 모양의 질그릇이 특히 발달해 있는데 그 특징을 가장 잘 보이는 것은 질그릇으로 된 규(鬹)이다. 『설문해자』에서는 "鬹, 三足釜也。有柄喙。讀若嫢。從鬲規聲。-규는 세 발 달린 솥으로 손잡이와 주둥이가 있다. 嫢(규, guī)와 같이 발음되며, 鬲(솥력)에서 뜻이 왔고 規(규)에서 소리가 왔다"라고 적고 있다.

어떤 도규(陶鬹)는 목 부분이 매우 높고 주둥이의 모양은 새벽에 수탉이 하늘을 보고 우는 것 같아서 고고학자들은 '충천류(冲天流)'라고도 부른다.[20] 이러한 도규의 형태는 조류의 특징을 잘 나타내고 있으며 옛 문헌에서도 '조력(鳥曆)'과 밀접한 관련이 있음을 알 수 있다. 『사기』「역서(曆書)」에서는 다음과 같이 적고 있다. "昔自在古曆, 建正作於孟春。於時冰泮蟄, 百草奮興, 秭鳺先皋。-옛날 고력에서는 建正을 맹춘(음력 정월)으로 삼았다. 이때 얼음이 녹고 겨울잠을 자던 동물들이 깨어나고 풀이 나기 시작하며 자부(접동새, 두견새)가 울게 된다." 『사기집해』에서는 서광(徐廣)의 말을 인용해 "秭音姊, 鳺音規, 子鳺鳥也 -자(秭)는 자(姊)로 읽고, 부(鳺)는 규(規)로 읽으며 자부(子鳺)는 새이다"라고 주(注)를 달았다. 여기에서 도규와 자부새는 이름이 서로 밀접한 관련이 있으며 고대에는 시간(절기)을 알리는 새를 의미했다.

산동(山東) 태안(泰安)에서는 대문구문화시기의 신석기시대 무덤들이 발굴되었는데 75호 무

东夷发祥地是山东-夷,『说文解字』解释为"东方之人", 所指地域比较宽泛。郭沫若解释为"山东半岛之岛夷及淮夷"就具体了。自考古发现了北辛文化、大汶口文化、龙山文化和岳石文化遗址之后, 就出现了一个新的概念: 东夷文化。因为这些考古遗址分布于山东泰沂山区为中心的周边地区, 而又自成体系, 所以在这个新的概念中"夷"所指的地域就更加具体, 可以认定其发祥地就是山东。

东夷의 발상지는 산동이다- 夷는,『說文解字』에서는 "東方之人"이라고 해석되어 있는데 가리키는 범위가 비교적 광범위하다. 郭沫若은 "山東半島之島夷及淮夷-산동반도의 도이(島夷)와 회이(淮夷)"라고 해석하며 구체화하였다. 고고학계가 北辛文化, 大汶口文化, 龍山文化와 岳石文化 유적을 발견한 이후에 '東夷文化'라는 하나의 새로운 개념이 생겨났다. 왜냐하면 이 고고학계가 발견한 유적지들이 山東의 泰沂(태산과 기산) 산간지역을 중심으로 하는 주변지역에 분포되어 있어 자연적으로 개념이 만들어졌다. 이 새로운 개념속의 "夷"가 가리키는 지역은 더욱 구체화되어 그 발상지는 山東이라고 인정할 수 있겠다.

▶ 출처: 「丁再献의 저서 『东夷文化与山东·骨刻文释读-동이문화와 산동골각문 해독』 제19장 제1절 제662p, 中国文史出版社 2012年 2月版에서 참조」

19) 『史記』「夏本記」에서는 '鳥夷皮服'이라고 기록하고 있으며, 『集解』에서는 정현(鄭玄)의 말을 인용하여 다음과 같이 기록하고 있다.
'鳥夷, 東北之民搏食鳥獸者.' 조이는 중국의 동북쪽에 사는 민족으로 주로 조류를 잡아먹었다.

20) 高廣仁、邵望平: 「史前陶鬹初論」, 『考古學報』 1981年 第4期.

21) 山東省文物管理處, 濟南市博物館: 『大汶口』, 文物出版社, 1979年.

덤에서 발견된 질그릇의 배호(背壺) 위에는 붉은 색으로 그려진 도안(✻)이 발견되었다(그림 26).[21] 이 도안의 중심에는 태양을 상징하는 둥근 큰 점이 하나가 그려져 있다. 대문구(大汶口) 보고서 중에는 붉은 색으로 그려진 큰 원점을 태양으로 해석하는 경우가 있다.

그림 26. 산동 대문구문화 질그릇에 그려진 태양조(太陽鳥) 토템기둥

태양의 호면(弧面) 위쪽에는 왼쪽을 보고 있는 긴 주둥이의 새머리가 나와 있으며 좌우에는 가시 문양의 대칭된 날개를 펼치고 있는 모습(또는 태양의 빛살을 표시하기도 한다)이 있다. 그 아래에는 두 갈래로 갈라진 꼬리가 있는데 이것은 날개를 펼치고 날고 있는 모습이다. 새는 좌우를 살피는 모습으로 보이는데 마치 독수리가 날개를 펴고 있는 모습과 같아 '태양조(太陽鳥)'로 불린다. 새 아래의 '丄'형 문양은 '세워진 기둥(立柱)'을 표시하여 태양조가 막대의 꼭대기에 앉아 있는 모양으로 볼 수 있다. 또는 막대 위에 새가 고정되어 지면에 세워져 있는 모양으로 비교적 완벽한 토템기둥의 모양을 하고 있다. 이런 모양의 토템기둥은 옛 문헌 기록에도 남아있는데 『습유기(拾遺記)』 권1(卷一)에서는 아래와 같이 적고 있다.

> 少昊以金德王。母曰皇娥, 處璇宮而夜織。或乘桴木而晝遊, 經歷窮桑滄茫之浦。時有神童, 容貌絕俗, 稱為白帝之子, 即太白之精, ... 帝子與皇娥泛於海上, 以桂枝為表, 結薰茅為旌, 刻玉為鳩, 置於表端, 言鳩知四時之候, 故『春秋傳』曰 "司至", 是也。今之相風, 此之遺像也。.....及皇娥生少昊, 號曰窮桑氏, 一號金天氏。時有五鳳, 隨方之色, 集於帝庭, 因曰鳳鳥氏。[22]

---

22) [참고자료] 意思说, 皇娥处璇宫而夜织, 或乘桴木而昼游, 当她来到穷桑的沧茫之浦时, 遇到一位容貌俊美绝俗的神童, 自称为白帝之子, 即太白星之精。这位太白星化身的美少年, 下凡来到沧茫水边, 与皇娥相遇, 竟一见钟情, 从此与她嬉戏宴游, 乐而忘归。经过一段浪漫时间, 皇娥便怀有身孕, 后来生了一位圣子, 取名叫挚, 为了纪念皇娥与帝子穷桑相爱, 便又给他取名穷桑氏, 亦叫桑丘氏, 这就是黄姓与嬴姓的原始远祖少昊。少昊的父辈就以鸟为图腾, 将玉鸠置于船桅之上, 因尸鸠谷雨鸣, 夏至止, 知道四季起止;《左传》中的司至为伯劳, 夏至来, 冬至去, 亦为候鸟。后世为测风向, 以铜或木制成相风鸟, 置于桅端或屋顶, 即起源于此。—황아는 선궁에 거하면서 밤에는 베를 짜거나 작은 뗏목을 타고 낮에는 놀러 다녔다. 그녀가 궁상의 끝없이 넓은 물가에 왔을 때, 용모가 준수하고 비범한 신동을 한 명 만났

소호는 금덕왕으로 그 어머니는 황아이다. 황아는 선궁에 머물며 밤에는 베를 짜고 낮에는 뗏목을 타고 놀러 다니며 궁상(窮桑-옛 地名)의 끝없이 넓은 물 위를 다녔다. 당시 용모가 뛰어나 백제자로 불리는 신동이 있었다. ...... 황아는 제자와 함께 바다 위를 다니며 계수나무 가지로 표(表)를 삼고 향기 나는 풀로 띠(茅)를 묶어 기를 만들고 옥에 비둘기를 새겨 표의 끝부분에 놓고 비둘기로부터 사시의 절후를 안다고 말했다. 따라서 「춘추전」에서는 '司至-하지와 동지를 주관한다'라고 하였다. 지금은 사라지고 여기에 그 모양만이 남아있다. ...... 황아는 소호를 낳아 궁상씨 또는 금천씨로 불렀다. 봉황 다섯 마리가 있는데 그 색깔로 방위를 표시하며 임금의 정원에 모여 있기 때문에 봉조씨라고도 불렀다.

이것은 토템기둥으로 입간측영(立竿測影)을 하여 관상수시(觀象授時)를 했다는 이야기이다. '刻玉為鳩, 置於表端'는 바로 새가 표(表) 막대 꼭대기에 앉아 있다는 것으로 소호족의 새 토템기둥을 말한다. 새 토템기둥으로 입간측영을 하였는데 태양이 동쪽에서 떠서 남쪽으로 갔다가 서쪽으로 져서 북쪽으로 가는 것을 살폈다. 즉 '言鳩知四時之候'는 동지, 하지, 춘분, 추분을 포함한다. 아울러 『춘추전(春秋傳)』에는 "司至是也"[23]라고 적고 있다.

여기서 '사지(司至)'는 규표(圭表)를 이용하여 동짓날과 하짓날의 해 그림자를 측정하여 1 회귀년의 길이를 측정한 것을 가리킨다. '今之相風, 此之遺像也'라는 것은 후세에 상풍조(相風鳥)로

는데, 그는 스스로를 백제자, 즉 태백성의 정령이라 불렀다. 태백성이 인간의 모습을 한 이 미소년은 세상으로 내려와 넓은 물가로 와서 황아와 만났는데, 둘은 첫 눈에 반했다. 그때부터 그는 황아와 노는 것이 너무 즐거워 돌아가는 것을 까먹었다. 낭만적인 시간들이 지나서, 황아는 임신을 하게 되었고, 후에 아들 하나를 낳았다. 이름을 지(摯)라고 지었고, 황아와 백제자가 궁상에서 서로 사랑한 것을 기념하기 위해 "궁상씨"라는 이름을 지어주었는데 상구씨라고도 불렀다. 이것은 바로 黃씨 姓과 영(嬴)씨 姓의 원시 선조인 소호를 말한다. 소호의 아버지 대에는 새를 토템으로 삼았고, 옥으로 만든 비둘기를 배의 돛대에 매달았다. 뻐꾸기는 곡우에 울고 하지에 그치므로 사계절의 시작과 끝을 알 수 있었다. 「좌전」에서의 司至는 백로(伯勞)로, 하지에 와서 동지에 가니 이 역시 물후새라 하겠다. 후세에는 풍향을 측정하는 것으로 되어 동이나 나무로 만든 相風鳥를 돛대 끝이나 지붕 위에 설치하였는데, 바로 여기에서 기원한 것이라 하겠다.(출처: Soso 백과사전 「嬴姓」)

23) 이것은 『좌전 「소공」 '17년'에서 말했던 "伯趙氏, 司至者也(백조씨는 하지와 동지를 주관한다)"이다. 이 책의 '連雲港 將軍崖 岩畵 星象圖' 章에서 자세히 설명하겠다.
[참고자료] 伯趙氏 (bózhàoshì) : 古官名。少皞氏时主夏至、冬至之官。-옛날의 관직명. 소호씨 시대에는 하지와 동지를 주관하는 관직이었다. 晋나라의 杜预는「伯赵, 伯劳也。以夏至鸣, 冬至止。-백조는 백로이다. 하지에 울고, 동지가 되면 울음을 그친다」라고 注를 달았다.(출처: Baidu 백과사전 「伯趙氏」)

이어지는데 이것은 새 토템기둥에서 변화 발전해 온 것이다.

그 다음 문장에서 '時有五鳳, 隨方之色'이라 했는데 이것은 오행설(五行說)에 근거한 것으로 동쪽의 청색(靑色)은 동륙춘분(東陸春分)에 해당하고 남쪽의 적색(赤色)은 남륙하지(南陸夏至)에 해당하며 중앙의 황색(黃色)은 봄과 여름이 교차하는 시기에 해당한다. 또한 서쪽의 백색(白色)은 서륙추분(西陸秋分)에 해당하며 북쪽의 흑색(黑色)은 북륙동지(北陸冬至)에 해당한다. 월령(月令)에서 동지세종대제(冬至歲終大祭)를 "天子居玄堂大廟-천자가 현당 대묘에 거한다"라고 적고 있다. 여기서 현(玄-xuán)은 선(旋-xuán), 선(璇-xuán)과 발음이 같아 음차한 것이다. 그 의미는 회전하는 천체에서 유래했기 때문에 '母曰皇娥, 處璇宮而夜織-어머니는 황아로, 회전하는 천체를 보며 밤에 베를 짰다'라고 한 것이다. '황아(皇娥)'의 이름 역시 입간측영의 입간(立竿)에서 의미를 취했는데 자세한 내용은 갑골문의 입간측영 부분(제 10장)을 참고하기 바란다. 황아(皇娥)가 '處璇宮而夜織' 했다는 것은 바로 입간(立竿)을 이용해 천체의 남중 시각을 알았다는 것을 의미한다. 이 입간(立竿)은 '桂枝爲表'에서 보듯이 표(表)를 나타낸다. '계지(桂枝)'를 입간(立竿)으로 사용한 이유는 『시자(尸子)』 하권에서 "春華秋英, 其名曰桂 -봄에 화려하게 꽃피고 가을에 아름다우니 그 이름을 계수나무라 한다"라고 적고 있다. 옛 사람들은 봄과 가을로 1년을 삼았으며 '桂枝爲表'는 역법과 관련이 있다. 이 고사는 소호 금천씨(少昊 金天氏)의 탄생이 입간측영의 과정에서 만들어진 것임을 설명하고 있다. 소호(少昊)는 소호(少皞)로도 쓰인다. 고대 문자의 전래 과정에서 호(皞, 밝을 호)자의 이체자 표기법이 여럿 있는데 서욱생(徐旭生)은 다음과 같이 설명하고 있다.

"按古 '睪' '臯'二字常常互誤。實則睪讀同逆, 讀作皋的實用作臯。如人的陰丸常寫作睪丸, 却唸作皋丸, 則以寫作臯丸爲是(也有人這樣寫)。『荀子·解蔽篇』有'睪睪廣廣, 敦知其德'之文, 有的版本就把睪寫作臯。据楊倞(Yáng jìng)注: '臯讀爲皞', 則作臯爲是。皋、皐、臯雖有三体, 實系一字。皐、臯全是皋的別体, 可是前者現在还沿用, 后者已經很久不用了。皋又加白爲皞, 加日爲暤, 仍是一字。(也是前者用, 后者不用, 臯誤爲睪, 加日爲曎, 仍是此皋字)[24] 或体作昊, 也仍是此字。所以两曎就是两皞, 指太皞與少皞两氏族。"[25]

---

24) [참고자료] ( ) 안의 내용은 본 책에는 누락되어 있지만 서욱생(徐旭生)이 설명한 원문에는 포함되어 있다.

25) 徐旭生: 『中國古史的傳說時代』, 科學出版社, 1960年.

옛 글자 가운데 ‘睪(엿볼 역yì, 못 택zé, 고환 고gāo)’과 ‘睾(고환 고/못 고gāo, 넓을 호hào)’를 살펴보면 종종 잘못 사용된 경우가 있었다. 실제로 睪는 逆(nì)으로 읽었으며 皋(물가 고gāo)는 睾로 사용하였다. 예를 들어 사람의 음환(陰丸)을 고환(睪丸 nìwán)으로 써야 하지만 종종 고환(皋丸 gāowán)으로 사용한 것과 같다. 즉 睾丸(gāowán)으로 적는 것이 옳다고 여겼던 것이다. 『순자 해폐편(荀子 解蔽篇)』에는 ‘睪睪广广, 孰知其德 -높고 넓은 그 덕을 누가 알겠소’라는 문장이 있는데 어떤 版本에서는 睪를 睾라고 적고 있다. 양경(杨倞)의 注에는 ‘睪를 暤로 읽는다’라고 했는데 이것은 睾가 옳다고 본 것이다. 皋, 皐, 睾는 비록 다른 모양이지만 실제로는 같은 글자로 쓰였다. 皐와 睾는 모두 皋의 이체자이다. 그러나 皐는 현재까지도 사용되고 있으나 皋는 이미 오래전부터 쓰이지 않았다. 皋는 白을 덧붙여 皞(밝을 호hào)가 되었고 日을 덧붙여 暤(밝을 호hào)가 되었지만 이들은 같은 글자로 쓰였다(이 또한 전자는 사용하고 후자는 사용하지 않는 것으로 睾는 睪로 잘못 쓰였으며 日을 덧붙여 曎(빛날 역yì)이 되었으나 이것 또한 皋과 같이 쓰였다). 혹은 昊(하늘 호, 밝을 호hào)로 쓰기도 하였으나 이들은 모두 皋자를 나타낸 것이다. 따라서 이들 曎는 皞를 나타낸 것으로 太皞와 少皞 두 씨족을 가리킨다.

앞서 설명한 대문구문화의 태양조 토템 기둥의 ‘✻’ 도안은 ‘皐’나 ‘皋’의 원시 글자일 것이다. 『설문해자』에서는 “皋, 氣皐白之進也。從夲從白。『禮』: 祝曰皐, 登謌[26]曰奏。故皐奏皆從夲。-皋는, 氣가 하얗게 들어오는 것을 말한다. 夲과 白에서 유래하였다. 『禮』에서는 祝을 皐라 하고 登謌를 奏라 하였는데 皐와 奏는 모두 夲에서 나온 것이다”라고 적고 있다.

『주례』에서 “詔來, 鼓皐舞皐, 告之也。조칙이 오면 북을 치고 춤추며 그것을 고한다”라고 적고 있다. 이른바 ‘氣皐白之進也’라는 것은 하늘이 곧 하얗게 밝아지며 동쪽에서 태양이 곧 떠오르려는 모습을 말한다. ‘從夲從白’에서 ‘夲’은 입간 위에 새 깃털과 새 꼬리가 있는 모양을 본뜬 것이다. 즉 ‘白’은 태양에서 그 뜻을 취했고 하얀 해가 하늘에 있어서 천하를 환하게 비추고 있는 것을 나타낸다. ‘鼓皐舞皐’라고 한 것은 둥근 북이 태양을 상징하기 때문이다. 북을 치고 춤을 추면서 동쪽에서 떠오르는 태양을 맞이하는 것이다. 이에 대해 서욱생(徐旭生)은 ‘皋加日爲暤’라고 언급하였다. 『설문해자』에서는 “暤, 皓旰貌。從日皐聲。-호(暤)는 휘영청 밝은 저녁으

26) [참고자료] 登謌-dēng gē 升堂奏歌。古代举行祭典、大朝会时，乐师登堂而歌。(건물의 넓은 곳에 올라가서 노래를 연주하는 것. 고대에 제사 의식이나 큰 묘회를 거행할 때, 악사들이 홀에 올라가서 연주하는 것이나 그 노래를 이른다)(출처: Baidu 백과사전 「登謌」)

로, 日에서 뜻이 유래했으며 皐에서 소리가 왔다." 또한 "晧, 日出貌, 從日告聲 -호(晧)는 해가 뜨는 모습으로, 日에서 뜻이 나왔고 告에서 음이 왔다"고 적고 있다.

"旰, 晚也。從日干聲。『春秋傳』曰: "日旰君勞。-간(旰)은, 저녁이라는 것으로, 日에서 나왔고, 干에서 소리가 왔다. 『춘추전(春秋傳)』에서는 "日旰君勞。해가 지면 임금이 (천상을 관측하여) 수고로워진다"라고 하였다. 다시 해석해보면 다음과 같다. 아침에 해가 떠오를 때부터 정오를 지나 저녁에 해가 질 때까지 하루 동안의 태양 운동을 '호(皞)'라고 부른다. '日旰君勞'라는 것은 해가 떠오를 때부터 관측하여 해 그림자가 규표(圭表) 위에서 사라질 때까지 입간측영을 하는 임금의 수고로움을 얘기하는 것인가? 이것은 태호(太皞, 太昊)와 소호(少皞, 少昊) 씨족의 이름이 태양조(太陽鳥) 토템기둥 위에서 입간측영을 하는 일에서 유래하였음을 말해준다. '𐀀'을 원시글자로 보면 바로 고대에 태호족과 소호족이 태양조 토템기둥을 이용해 입간측영을 했다는 것을 말해준다.

대문구문화의 고대인들은 태양조 토템기둥 위에서 태양의 운동을 관측하고 그것을 '⺀'과 '⺀'의 두 원시글자로 표시하였다(그림 27).[27)]

그림 27-1. 대문구문화 질그릇에 새겨진 그림 문자(출처: 山東省文明辦)

학계에서는 모두 이들을 고대 문자로 보고 있다. 이러한 원시글자의 출현에 대하여 고광인(高廣仁)은 다음과 같이 언급하고 있다. "하늘에 제사지내는 것 특히, 관상수시와 같은 활동은 문자의 출현을 필요로 하였다."[28)] 여기서는 관상수시의 관점에서 이 두 원시글자에 대해 살펴보겠다. '⺀'는 '일출이작(日出而作-해가 뜨면 일을 시작하고)'을 나타내고 '⺀'은 '일입이식(日入而息-해가 지면 휴식을 취한다)'을 나타낸다. 'O'은 태양이고, '⺀'은 화염을 표시한다(하모도문화의 화염문양과 갑골문의 화(火)자는 모두 이런 형태로 되어 있다). '⺀'은 태양이 이글이글 타오르는 화염 가운데서 서서히 떠오르고 있는 것을 나타낸다. 두승운(杜升雲)은 현지 답

---

27) 산동(山東) 거현(莒縣) 능양하(陵陽河)와 제성시(諸城市) 전채(前寨)에 있는 대문구문화 유적지 두 곳에서 출토 되었다.
山東省文物管理所, 濟南市博物館:『大汶口』, 文物出版社, 1974年.
[역자주] 중국 고대 유물에서 발견된 그림 문자는 아래의 사이트를 참고하면 된다.
http: //cnki.hilib.com/CRFDHTML/R200612006/r200612006.1e180f4.html

28) 高廣仁:「大汶口文化的社會性質與年代」,『大汶口文化討論文集』

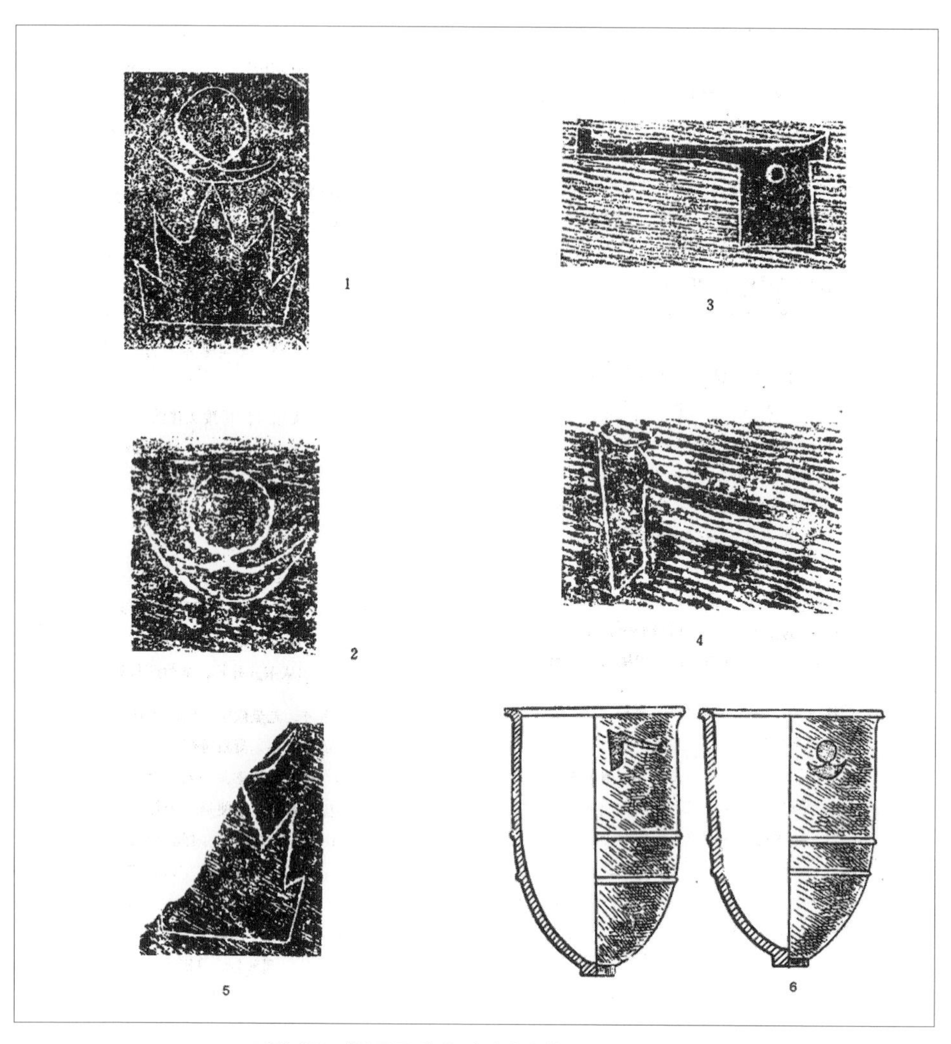

그림 27. 대문구문화 유적지에서 출토된 그림 문자
1~4 & 6. 거현(莒縣) 능양하(陵陽河) 유적지 출토　5. 제성(諸城) 전채(前寨) 유적지 출토

사에서 "이러한 원시 글자들이 출토된 거현(莒县) 능양하(陵陽河)의 작은 언덕은 지금으로부터 4500년 전의 천문대"라고 언급하였다.[29] 이곳은 동해안에서 가깝기 때문에 작은 언덕에 올라서 해가 떠오르는 동쪽을 바라보면 동틀 무렵 안개가 자욱해지면서 마치 망망한 푸른 바다 가

29) 杜升雲:「山東莒县史前天文遺址」,『科學通報』1986年 第9期.

운데 있는 것과 같게 된다. 『산해경』「대황동경」에서는 다음과 적고 있다. "東海之外大壑, 少昊之國。—동해의 밖에 큰 골짜기가 있는데 바로 소호국이다."

「대황동경」은 황도대(黃道帶)의 동쪽 하늘을 가리키는 것으로 '대학(大壑)'은 태양이 떠오르는 곳이다. '소호(少昊)'는 소호(少皞)를 의미하는 것으로 막 솟아오른 태양신을 말한다. 이 때 태양은 춘분점에 머문다. 춘분날 태양이 떠오르려는 것에 대해 『상서』「요전」에서는 다음과 같이 적고 있다. "寅賓出日, 平秩東作, 日中星鳥, 以殷仲春[30] —공손하게 해가 떠오르는 것을 맞이하고 동쪽에서 해가 떠오르는 시간을 측정하여 낮과 밤 길이가 같은 날을 찾아 이날을 춘분으로 정한다.—" 해가 동쪽에서 떠오르는 해맞이(迎日) 의식을 거행하며 사람들은 밤을 새워 '鼓皐舞皐(북을 치고 춤춘다)'한다. 새벽에 동쪽을 살펴보면 밤하늘이 점차 밝아오며 진홍색의 박명이 지면(地面)으로 올라온다. 자욱한 안개 사이로 해가 떠오르는데 마치 활활 타오르는 불길이 하늘의 끝자락을 태우는 것처럼 보인다. 자세히 살펴보면 빨간 둥근선 하나가 수면 위로 떠오르고 순식간에 아침 해가 떠올라 연꽃이 해를 받치고 있는 것처럼 매우 아름다운 모습이 되는데 고대인들은 그림 글자를 이용해 '&'로 표시하였다. 해가 떠오를 때 언덕 관천대에서 동쪽으로 멀지않은 사고산(寺崓山) 봉우리에 걸려 있는 이때가 바로 새로운 한 해가 시작되는 것이다. 이 날 입간측영을 하게 되면 해는 정동에서 떠올라 정서로 진다. 이때 낮과 밤의 길이가 같아지며 이때를 '일중(日中)'이라고 부른다. 밤에 천체를 관측하면 남방칠수(鳥星)가 남중하게 되어 '성조(星鳥)'라고 부른다. 이것은 춘분날의 천체의 모습으로 '이은중춘(以殷仲春—이날을 춘분으로 정한다)'이라고 하며, 이때 논밭에 파종도 시작하므로 '평질동작(平秩東作—동쪽에서 해가 떠오를 때를 춘분이라 한다)'이라고 한다. 이로써 원시글자 '&'은 일출을 맞이하는 제례를 표현한 그림 글자라는 것을 알 수 있다. 이 글자는 큰 질그릇 항아리 위에 그려져 있어 이 항아리 역시 제기(祭器)로 사용되었음을 알 수 있으며 고대에는 '신기(蜃器)'라는 고유한 이름을 갖고 있었다.[31] 이것은 하루

---

30) [참고자료] "寅: 恭敬。『孔疏』: "寅, 敬。"賓: 『史記·五帝本紀』作 "道", 通 "導"。『孔疏』: "賓者, 主行導引, 故賓為導也。"平秩: 辨別測定。『尚書核詁』: "秩, 察也。『釋訓』: '秩秩, 清也。'『釋言』: '察, 清也。"是秩察誼同。"作: 『廣雅·釋詁』: "作, 始也。"日中: 晝夜長短相等, 指春分這一天。星鳥: 星名。南方朱雀七宿在天呈鳥形, 因此稱星鳥。殷: 正, 定準。仲: 一年四季, 一季三個月, 每季中間的那一個月稱仲。—恭敬的迎接日出, 辨別測定太陽東升的時刻。晝夜長短相等, 南方朱雀七宿黃昏時出現在天的正南方, 這一天定為春分(해가 떠오르는 것을 공손하게 맞이하고, 태양이 동쪽에서 떠오르는 시각을 분별하여 측정한다. 낮과 밤의 길이가 똑같고, 남방주작 7宿가 황혼 때 하늘의 정남쪽에 나타나면, 이 날을 춘분으로 정한다) (출처: Baidu 백과사전 「堯典」))

31) 이 책의 八角星紋圖案謎章을 참고하기 바람.

의 시작이자 한 해의 시작이 된다. 봄에 나서 여름에 자란 이후에 추분이 되면 들판의 곡식들은 황금빛으로 넘실거린다. 그래서 '소호금천씨(少昊金天氏)'라고 부른 것이다. 『산해경』「서차삼경(西次三經)」에서는 다음과 같이 적고 있다.

> 長留之山, 其神白帝少昊居之。其獸皆文尾, 其鳥皆文首。是多文玉石。實惟員神磈氏之宮。是神也, 主司反景。
>
> 장류산은 백제 소호(神)가 사는 곳이다. 길짐승들의 꼬리에는 모두 문양이 있고 날짐승들은 모두 머리에 꽃무늬가 있다. 장류산에는 각양각색의 아름다운 옥이 많이 난다. 산 위에는 원신(員神)인 괴씨의 궁전이 있는데 해가 서쪽으로 질 때 반사되는 풍경을 주관한다.

'장류(長留)'는 해가 막 솟아오르는 것과 반대의 의미이다. 해가 솟아오를 때 해의 둥근 면이 물속에서 튀어 올라오는데 그 시간은 매우 짧다. 반면, 가을날 해가 질 때는 석양이 산머리 위에 걸려 천천히 아래로 떨어지게 되는데 시간이 비교적 길기 때문에 일몰을 '장류지산(長留之山)'이라 부른다. 곽성치(郭盛熾)는 "[illegible]"를 해가 서산으로 질 때의 웅장하고 아름다운 모습의 도안이라고 주장하였다.[32] 일반적으로 중국인들은 태산(泰山)의 일출을 잘 알고 있는데 태산에서 보는 일몰 역시 매우 아름다운 풍경이다. 태산은 하늘 높이 솟아있어 아래를 내려다보면 모든 산들이 작아 보인다. 해가 질 때 일몰의 풍경을 보면 마치 발아래 햇빛이 여러 산들에 의해 굴절되고 흡수되어 붉은 노을이 보인다. 산속의 짐승들도 화려한 모습을 보여주기 때문에 "其獸皆文尾, 其鳥皆文首。是多文玉石"라고 말한 것이다. 『상서』「요전」에서는 "寅餞納日, 平秩西成, 宵中星虛, 以殷仲秋[33] –공손하게 지는 해를 떠나보내고 해가 서쪽으로 지는 시각을 측정한다. 낮과 밤 길이가 같고 한밤중에 허수가 떠오르면 이날을 추분으로 정한다.–"라고 적고 있다. '납일(納日)'은 추분에 해가 서산으로 지는 것을 환송하는 것으로 『이아』「석산(釋山)」

---

32) 인용문장은 다음을 참조한 것임. 李斌: 「史前日晷初探——試釋含山出土玉片圖形的天文學意義」, 『東南文化』, 1993年 第1期.

33) [참고자료] 恭敬的送別落日, 辨別測定太陽西落的時刻。晝夜長短相等, 北方玄武七宿中的虛星黃昏時出現在天的南方, 這一天定為秋分
: 공손하게 지는 해를 배웅하고, 태양이 서쪽으로 지는 시각을 구별하여 측정한다. 낮과 밤 길이가 같고, 북방현무 7宿의 虛星이 황혼시 하늘의 남쪽에 나타나면, 이 날을 추분으로 정한다.(출처: Baidu 백과사전 「堯典」)

에서는 "山西曰夕陽"이라고 적고 있다. 대문구문화의 고대인들은 그림 문자 ‘’로써 표시하였다. 이 날 입간측영을 하게 되면 해는 정동에서 떠서 정서로 지며 낮과 밤의 시간은 같아지므로 ‘소중(宵中)’이라고도 부른다. 밤에 천체를 관찰하면 허수(虛宿) 별자리가 남중하는데 이를 ‘성허(星虛)’라고 부른다. 이는 추분날 밤하늘의 모습으로 ‘이은중추(以殷仲秋－이것이 바로 추분인 것이다)’라고 부른다. 가을에 추수하여 겨울에 저장하는 절기가 시작되므로 ‘평질서성(平秩西成－해가 서쪽으로 지는 시각을 측정한다)’이라고 한다. 한로(寒露), 상강(霜降)이 되면 북풍이 불어 마른 풀들을 휩쓸게 되고 대지는 적막해지므로 ‘白帝少昊居之’라고 한 것이다. ‘員神磈氏之宮’에서 ‘원(員)’은 ‘원(圓)’과 같은 의미이다. 즉, ‘’자 위의 ‘O’와 같은 의미로 해가 질 때의 태양신을 가리킨다. ‘외(磈)’는 귀(鬼)에서 나왔고 귀(歸)로 해석되며 태양이 대지로 돌아간다는 의미이다. 이것은 ‘是神也, 主司反景’라고도 말할 수 있다. 『태평어람(太平御覽)』 3권에서는 『찬요(纂要)』를 인용하여 다음과 같이 적고 있다. "日西落, 光返照於東, 謂之反景。－해가 서쪽으로 지면 빛은 동쪽을 비추게 되므로 이를 반경(반영)이라 한다.－"

추분 날에 해가 정서로 지고 이때 입간측영의 그림자는 정동을 가리키게 된다. 이 때가 하루의 끝이자 생산년(生産年)의 마지막이 된다. 즉, 고대인들은 1 회귀년을 봄과 가을 두 기준으로 나누었다.

위에서 ‘’와 ‘’ 두 글자의 모습에 대해 해석하였다. 이 외에도 대문구문화에는 ‘’와 ‘’의 두 그림 문자가 더 있다.[34] 두 글자들의 음과 뜻은 앞의 두 글자와 비슷한 의미를 가지고 있다. 앞 글자는 크고 넓은 도끼 모양으로 ‘월(戉)’이나 ‘세(歲)’로 해석된다. 이러한 해석은 1장 복양 서수파 무덤 동지도에서 이미 소개한 바가 있는데 동짓날 거행하는 세종대제(歲終大祭)의 ‘세(歲)’를 나타낸다. 사시세제(四時歲祭)에서도 ‘월(戉)’을 ‘세(歲)’로 해석하였다. 따라서 춘분에 해를 맞이하고 추분에 해를 떠나보내는 제례의식에 ‘’의 사용이 필요했다. 한편, 사계절이 한 번 끝났다는 것을 구분하기 위해서 동지 세종대제에는 ‘’ 하나를 추가하였다. 이 글자의 모습은 돌찌귀와 같다. 고대 문자에서 ‘부(斧)’는 ‘근(斤)’에서 나왔으며 『설문(說文)』에서는 "斤, 斫木也。象形。凡斤之屬皆从斤。－斤은 나무를 찍는다는 것이다. 상형자이다. 斤에 속하는 모든 것은 斤에서 나왔다"라고 적고 있다. 나무를 찍는다는 것은 바로 나무를 잘라 새로운 것을 취한다는 것으로 ‘신(新)’ 역시 근(斤)에서 나온 것이다. 『설문(說文)』에서는 또 다음과 같이 적고 있다. "新, 取木也, 從斤新聲。－新은 나무를 취하는 것으로, 斤에서 뜻이 나왔고 新에서

34) 山東省文物管理處, 山東省博物館: 『大汶口』, 文物出版社, 1974年.

소리가 왔다." 이것은 동지세종대제를 뜻하며 낡은 해를 보내고 새해를 맞이한다는 것이다.

이상은 대문구문화의 고대인들이 토템기둥을 통해 입간측영을 하였으며 또한 1년 사시(四時)와 1 회귀년의 길이를 측정하였다는 것을 보여준다.

3절. 반파유적(半坡遺址)의 양각(羊角) 토템기둥

반파유적은 관중평원(關中平原)의 계곡 강가의 평지에 있으며 다양한 채도(彩陶) 문화를 가지고 있어 앙소(仰韶)문화 반파유형(半坡類型)으로 불린다. 여기서 동쪽으로 가면 화산(華山)[35]의 동서 날개가 있는데 이곳이 바로 앙소문화 묘저구유형(廟底溝類型) 분포 지역이다. 반파유형과 묘저구유형은 같은 앙소문화에 속하지만 경제 유형에 따라 구별할 수 있는데 소병기(蘇秉琦)는 다음과 같이 설명하였다.

"반파 사람들은 농업과 어렵, 벌목을 모두 중요하게 여겼으나 묘저구 사람들은 주로 농업을 하였다. 따라서 반파 사람들의 의복은 동물 가죽이 많이 사용되었으나 묘저구 사람들은 주로 식물 섬유를 사용하였다. 이들 두 지역의 경제 발전 수준은 비슷했으나 경제문화의 형태는 많은 차이가 있었음을 보여준다."[36]

이러한 차이는 현재의 농업 민족과 목축업 민족의 차이와도 같다. 반파 사람들의 경제문화는 어렵과 목축 유형에 속하고 동시에 농업도 경영하고 있었기에, "의복에 동물의 가죽이 많이 사용되었다"라고 한 것이다. 반파유적 고대인들이 동물 가죽을 사용한 이유는 일부 고대인들 중에 '목양인(牧羊人)'들이 있었음을 의미한다. 반파 사람들은 양(羊)을 토템으로 삼았기 때문에 그들이 사용한 토템기둥을 '양주(羊柱)'나 '양각주(羊角柱)'로 부를 수 있을 것이다. 반파 채도문양

---

35) [참고 자료] 오악(五岳)– 中国五大名山的总称。即东岳泰山(海拔1545米, 位于山东省泰安市)、南岳衡山(海拔1300米, 位于湖南省衡阳市)、西岳华山(海拔2155米, 位于陕西省华阴市)、北岳恒山(海拔2016米, 位于山西省浑源县)、中岳嵩山(海拔1512米, 位于河南省登封市)。(출처: Baidu 백과사전 「五岳」)
[역자주] 오악은 중국 5대 명산을 지칭하는 말로, 동악태산(Tàishān/ 해발 1545m/ 산동성 태안시에 위치해있음), 남악형산(Héngshān/ 해발 1300m/ 호남성 형양시에 위치해 있음), 서악화산(Huáshān/ 해발 2155m/ 섬서성 화양시에 위치해 있음), 북악항산(Héngshān/ 해발 2016m/ 산서성 혼원현에 위치해 있음), 중앙숭산(Sōngshān/ 해발 1512m/ 하남성 등봉시에 위치해 있음)을 가리킨다.

36) 蘇秉琦: 『蘇秉琦考古學論述選集』, 文物出版社, 1984年.

중의 양각주(羊角柱) 도안이 대표적인 예이다. 『서안반파(西安半坡)』 1963년 도판(圖版) 122:19, 도판(圖版) 15: 3은 훼손된 질그릇에 남아 있는 양각주(羊角柱) 도안으로 완벽한 모양은 아니다. 『서안반파』 1982년 표지에는 비교적 완벽한 형태의 양각주(羊角柱) 도안이 수록되어 있다. 1963년 『서안반파』에서는 이 도안을 "굽은 뿔이 있는 양의 머리 모양"이라고 부르고 있는데 이것은 반파 고대인들의 양각(羊角) 토템기둥에서 그 형태를 취한 것이다(그림 28).

이 도안을 자세히 살펴보면 모두 각(角)으로 이루어진 것을 알 수 있다. 기둥의 중심은 두 개의 목재(木材) 뿔기둥으로 네 단(段)으로 나눌 수 있다. 아래쪽의 세 단(段)에는 작은 삼각형 주위로 나무 테가 둘러져 있어 '삼단육절(三段六節)'로 나누어 놓았다. 뿔기둥의 맨 위에는 꼭지각의 중간을 나눈 작은 나무 기둥이 세워져있고 중간을 나눈 꼭지각은 두 개의 직각삼각형으로 되어 있어 '일단양절(一段兩節)'의 모양이 된다. 전체 뿔기둥의 높이는 '사단팔절(四段八節)'인 8등분으로 되어있다. 후세에 입간측영(立竿測影)의 높이가 팔척(八尺)인 것과 일치한다. 뿔기둥 꼭대기에는 좌우로 교차하는 각반(角盤–뿔받침대) 2개가 있는데 이것은 일반적인 뿔 모양으로 반각양(盤角羊)의 정면 모습과 비슷하다. 각반(角盤)의 좌우에는 각각 3개와 2개의 별그림 문양이 그려져 있다.

이들 별자리 문양은 '각수(角宿)'와 '자수(觜宿)' 별자리를 나타낸 것으로 보인다. 앞에서 복양 서수파(濮陽 西水坡) 조개무덤 이분도(二分圖)를 소개할 때 언급했듯이 각수(角宿)는 동방창룡의 용각(龍角)이며 자수(觜宿)는 서방백호의 호각(虎角)에 해당한다. 복양 서수파 앙소문화 고대인들은 문양으로 표시한 반면 앙소문화 반파유적 고대인들은 별의 형태로 표현하였다. 이들 두 고

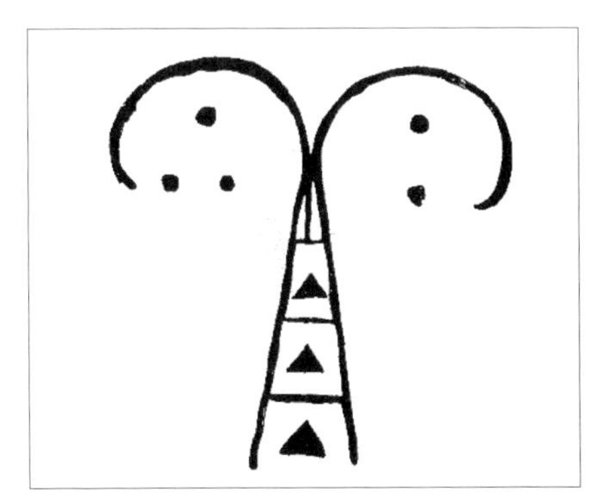
그림 28. 서안 반파유적 채도에 그려진 양각토템기둥 문양

그림 28-1. 반각양 모습(출처: baidu 백과사전「盘羊」)

대인들이 살았던 시기는 모두 기원전 40세기 이전으로 당시 중국 동부와 서부지역에 상호 문화 교류가 있었음을 보여준다.

각반(角盤)에는 각수(角宿) 별자리가 그려져 있어 양각 토템기둥이 천상을 관찰하는 입간측영으로 사용되었음을 보여준다. 양각주(羊角柱)는 당시 제단 위에 세웠던 것이거나 정산(丁山)이 말했듯이 각 가문들이 마을 어귀에 씨족을 보호하기 위해 세웠던 것으로 볼 수 있다. 토템기둥은 제단이나 마을 어귀 편평한 곳에 세웠다. 뿔기둥은 두 개의 나무로 협각을 만들고 기둥을 4등분으로 나눈다. 그리고 각각의 등분에 세 개의 작은 횡목을 고정시킨다. 뿔기둥의 아래쪽 세 단의 중심에는 정삼각형 나무로 테를 두른다. 이때 삼각형의 꼭지각은 위를 향하게 된다. 꼭대기는 뿔기둥의 꼭지각으로 중간은 작은 나무기둥이 세워져 있다. 작은 나무기둥의 길이는 뿔기둥 높이의 4분의 1과 같다. 뿔기둥의 꼭지각은 두 개의 각반(角盤)으로 나눠지는데 두 개의 각반과 뿔기둥은 반드시 같은 면에 있게 된다. 양각주(羊角柱)는 수직하게 편평한 바닥에 세우게 된다. 수직하게 세우는 방법은 뿔기둥의 꼭짓점을 통과한 수직선이 중간의 작은 나무기둥과 삼각형의 꼭짓점을 지나 땅과 수직하게 만나면 양각은 수직으로 세워진 것이 된다.

양각주(羊角柱)가 수직하게 세워지면 다음으로 방위를 맞추어야 하는데 그 방법은 다음과 같다. 지면 위에 양각주 중심을 기준으로 큰 원을 하나 그린다. 이때 원의 반경은 일출일몰시 양각주(羊角柱)의 그림자가 비치는 영역 안쪽에 있어야 한다. 해가 동쪽에서 떠올라 양각주(羊角柱)의 그림자가 생기면 그 순간 양각주 그림자와 원이 만나는 교점에 나뭇가지 하나를 꽂는다. 해가 서쪽으로 져서 양각주(羊角柱) 그림자가 사라질 때 다시 양각주 그림자와 원이 만나는 교점에 나뭇가지 하나를 꽂는다. 아침과 저녁의 두 교점을 연결한 연결선이 바로 정동서 방향이 된다. 동서 연결선의 중심점과 지면의 중심점(원심)을 서로 연결하면 정남북 방향이 된다. 동서와 남북 방향을 기준으로 양각주(羊角柱)의 방향을 맞추는데 각반(角盤) 입면(立面)을 정동서 방위에 놓고 뿔기둥 중간의 협각을 남북 방위에 놓게 되면 매일 입간측영을 할 수 있게 된다. 봄이 되면 태양은 동쪽에서 떠올라 서쪽으로 진다. 특히, 춘분 당일 해는 정동에서 떠올라 정서로 지게 된다. 이 때, 아침과 저녁의 해 그림자를 연결한 선은 지면과 가장 가까운 중심점(圓心)[37]을 통과하는 동서선(線)이 된다. 밤이 되어 천체를 살펴보면 동방창룡(東方蒼龍)의 각수(角宿)는 동쪽 지평으로부터 떠오르고 서방백호(西方白虎)의 자수(觜宿)는 서쪽 지평으로부터 사라지게 된다. 양각 토템주의 각반(角盤)에 그려진 2개와 3개의 별은 각각 천상(天象)의 각수(角宿)와 자수(觜宿)를

37) 연결한 선이 지면의 중심점을 통과할 가능성은 매우 희박하다.

표시한 것으로 반파 유적의 고대인들이 양각주(羊角柱)를 사용해 천체의 위치를 관측하였다는 것을 보여준다.

양각주(羊角柱)를 이용해 입간측영을 하였고 원의 중심점(圓心)을 통과한 동서 남북 방향에 따라 '十'자 문양을 그려서 1년의 사시(四時)를 대신한 것이다. 사시는 동륙춘분(東陸春分), 서륙추분(西陸秋分) 그리고 남륙하지(南陸夏至), 북륙동지(北陸冬至)를 말한다. 반파 유적의 고대인들은 채도의 도안을 이용해 사시를 표현하기도 하였는데 사록문도분(四鹿紋陶盆)이 그 일례이다(그림 29).[38] 앞서 1장과 2장에서 언급했듯이 '록(鹿)'은 '륙(陸)'으로도 사용하였다. 사록(四鹿)은 사륙(四陸)을 가리키며 춘하추동의 사시(四時)를 말한다. '十'자 문양과 바깥의 원은 서로 만나서 '⊕' 문양이 되었다. 고대인들은 이러한 도안이나 부호를 이용해 태양을 표현하였다.[39] 태양을 상징하는 이러한 문양은 앙소(仰韶)시대 채도에도 자주 나타나는데 윤형문(輪形紋-바퀴 모양 문양)이나 차륜문(車輪紋-차 바퀴 문양)으로 불린다. 반파의 채도에는 '⋇'형 부호도 있다. 이런 종류의 부호는 다른 지역의 채도에서도 발견된다. 하나의 원 안에 그려져 있는 도안은 사방의 방위를 나타내는데 사시팔절(四時八節)의 태양방위를 표시하기도 한다. 양각(羊角) 토템기둥을 사단팔절(四段八節)로 나눈 것 또한 기둥의 그림자를 관측한 사시팔절(四時八節)이라는 것을 나타낸다. 토템기둥을 이용한 그림자 측정은 1 회귀년 동안 매일 남중할 때에 이루어졌다. 이러한 관측은 양각주(羊角柱)의 북쪽 지면에 세로선 하나(정남북선)를 그리고 하나의 사단팔절(四段八節)을 놓게 되면 뿔기둥의 높이와 바닥의 길이는 같아지게 된다. 그리고 사단팔절(四段八節)의 두 배 길이를 바닥에 그리게 되면 팔단십육절(八段十六節)이 되는데 이러한 모양이 반파(半坡) 채도에 그려진 원시숫자 '☽ ☾'이다. 이것은 하나의 원주(圓周)를 사등분하여 이 중 두 개의 원호(圓弧)를 취한 것으로 사시팔절(四時八節)의 숫자 팔(八)과 같다. 옛 신화 가운데 '이팔신(二八神)'이 있는데 『산해경. 해외남경(山海經. 海外南經)』에서는 다음과 같이 적고 있다.

有神人二八, 連臂, 爲帝司夜於此野。在羽民東。其爲人小頰赤肩。盡十六人。

二八(16명)이라는 神人이 있는데 그들은 팔이 서로 붙어 있으며 광야에서 天帝를 대신해 밤을 지킨다. 이 神人 二八은 우민국의 동쪽에 살고 있다. 그곳 사람들은 모두 작은 뺨과 붉은 어깨를 갖고 있으며 모두 16명이다.

---

38) 中國科學考古研究所、陜西省西安半坡博物館: 『西安半坡』, 文物出版社, 1963年.

39) 何新: 『諸神的起源·十字圖紋與中國古代的日神崇拜』, 三聯書店, 1986年.

이 신화의 옛 의미는 전해지지 않고 있지만 원가(袁珂)는 그들을 '이팔신(二八神)'으로 부르고 있다.[40] 이 내용을 양각(羊角) 토템기둥이 입간측영에 사용되었다는 전제로 해석해보면 '제(帝)'는 입간측영에 사용된 토템기둥이 되며 '위인소협(爲人小頰)'은 그림자를 단(段)과 절(節)로 나눌 때 꽂아둔 나뭇가지 16개를 나타낸다. '연비(連臂)'는 이런 나뭇가지들이 남북의 세로 선상에 이어져 있었음을 나타낸다. '우민(羽民)'은 막 떠오른 초승달을 가리킨다. 입간 북쪽을 두 개의 '사단팔절(四段八節)'로 나눈 것은 '이팔신(二八神)'을 나타낸 것이다. 봄이 되면 입간측영의 그림자는 북쪽에서 남쪽으로 이동하고 그림자가 사단팔절(四段八節)에 다다랐을 때가 바로 춘분이 된다. 입간의 그림자는 계속 남쪽으로 이동하여 하지 날에 가장 남쪽에 이르렀다가 다시 북쪽으로 옮겨간다. 입간의 그림자가 사단팔절(四段八節)로 다시 돌아오면 추분이 된다. 이후, 그림자가 북쪽으로 옮겨가면 동반년(冬半年)에 들어서게 되는데 그림으로 표현하면 그림 30과 같다.

'위제야어차야(爲帝夜於此野)'에서 '야(野)'는 부락의 외곽으로 넓은 대지에서 입간측영을 했다는 것을 말해준다. 입간측영이 끝난 뒤 관측자는 입간의 그림자 길이를 근거로 세시 절기를 추

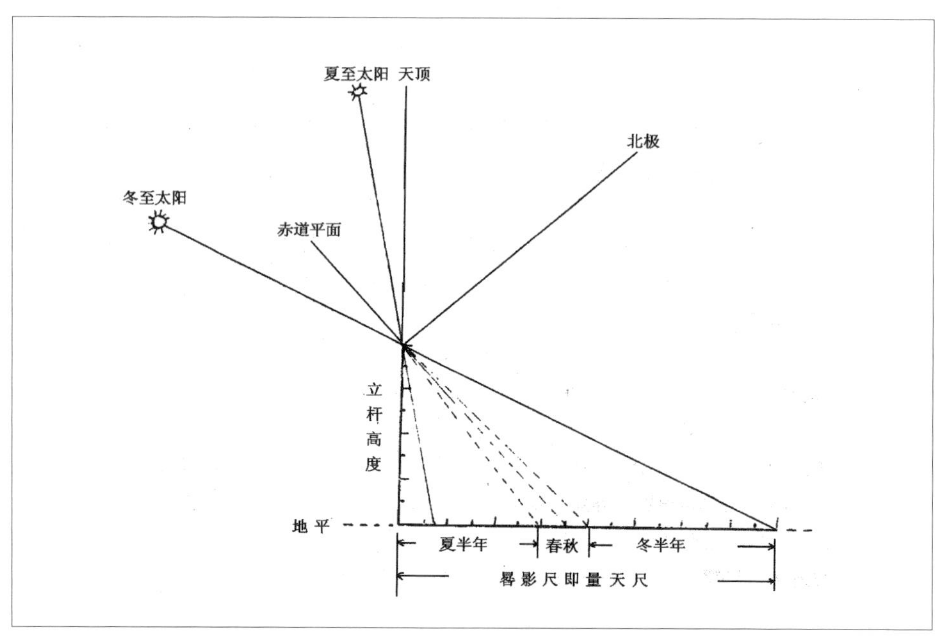

그림 30. 양각 토템기둥을 입간측영으로 사용한 모식도

40) 袁珂: 『山海經校註』, 上海古籍出版社, 1980年.

보해야만 했기 때문에 '爲帝司夜於此野'라고 하였다. '재우민동(在羽民東)'의 '우민(羽民)'은 떠오르는 초승달을 가리킨다. 이 때 초승달은 이미 서쪽 하늘 끝에 걸려있어 관측자는 계속 월상(月相)의 변화를 관측하는 일을 하게 된다. 『초사』「원유(遠游)」에서는 "仍羽人於丹丘兮, 留不死之舊鄕。[41]-飛仙들이 사는 단구(丹丘)로 걸어가서 이 장생불로의 선향(仙鄕)에 머문다." 소위 '불사(不死)'라는 것은 '사이부활(死而復活-죽으나 다시 살아나는 것)'을 가리킨다. 또한 『초사』「천문(天問)」에서는 "夜光何德, 死則有育。[42] -달은 무슨 특성을 갖추고 있는가? 사라졌다가 다시 자라나는가?" 왕일(王逸)은 주(注)에서 "夜光, 月也。育, 生也。言月何德於天, 死而復生也。-夜光은 달이요, 育은 태어난다는 것이다. 달이 무슨 덕이 있겠소, 하늘에 거하며, 죽었다 다시 살아나는 것을 말한다"라고 적었다. 원시 고대인들은 달의 현망회삭(弦望晦朔)을 달이 죽었다 살아나는 하나의 주기로 생각하였다. 이것은 또한 고대인들이 양각주(羊角柱)로 월상(月相)의 주기적 변화를 관측했다는 것을 말해 준다. 그렇다면 반파 유적의 고대인들은 어떤 형태로 월상(月相) 변화를 표시하였을까? 반파 유적지에서 출토된 '인면어문(人面魚紋)'으로부터 해석해 보겠다.

반파 유적지에서 출토된 여러 채도에는 '인면어문(人面魚紋)'이 그려져 있는데 주로 인면문(人面紋)의 모습 가운데 귀와 입 또는 모자 꼭대기 부분에 어문(魚紋)이 그려있는 독특한 모습이다. 이와 비슷한 모양의 '인면어문(人面魚紋)'은 보계 북수령(寶鷄 北首嶺) 유적지에서 출토된 채도에서 볼 수 있다.[43] 임동 강채(臨潼 姜寨) 유적지에서도 유사한 채도 문양이 발견되었다.[44] 이러한 종류의 '인면어문(人面魚紋)'이 출토된 이후, 1963년 『서안반파』에는 고대 반파문화 씨족 공동체의 토템으로 간주하여 '우인어어(寓人於魚[45]-물고기에서 온 사람을 뜻한다)'[47]라고 하였다. 일반적으로 학자들도 서안 반파와 임동 강채 채도에 있는 '인면어문(人面魚紋)'은 당시 씨족들이 물

41) [참고자료] 仍羽人於丹丘兮, 留不死之舊鄕: 走到飞仙们居住的丹丘, 留在这长生不死的仙乡。
王逸注: "『山海经』言有羽人之国, 不死之民。或曰: 人得道, 身生羽毛也。"
洪兴祖补注: "羽人, 飞仙也。"(출처: iask 知识人「屈原曰: "仍羽人于丹丘兮, 留不死之就乡。" 什么含义?」)

42) [참고자료] 夜光何德, 死則有育: 月亮具有什么特性, 消亡了又再长起? (출처: Baidu 백과사전「月」)

43) 中國社會科學院考古硏究所: 『寶鷄北首嶺』, 文物出版社, 1972年.

44) 西安半坡博物館、陝西省考古硏究所、臨潼縣博物館: 『姜寨- 新石器時代遺址發掘簡報』, 文物出版社, 1988年.

45) [참고자료] 在鱼头形的轮廓里面, 画出一个人面: 물고기 머리모양의 윤곽 안에다가 사람 얼굴 하나를 그려낸 것.(출처: 互動 백과사전「月」)

고기를 토템으로 하였으며 인면(人面)과 어문(魚紋)을 결합한 것은 사람과 물고기가 중요하게 여겨졌다는 것을 반영한 것이라고 보았다.[48] 인면어문(人面魚紋)은 반파, 강채, 북수령 유적에서 가장 특별한 도안이었으며 이들 씨족공동체 중에 물고기를 토템으로 하는 씨족이 있었음을 알 수 있다. 앞에서 살펴본 몇 가지 토템 숭배를 정리해보면 토템과 천상(天象) 숭배는 밀접한 관계가 있음을 알 수 있다. 인면어문(人面魚紋) 역시 천문과 관련이 있어 보인다. 인면어문(人面魚紋)은 대부분 두 눈을 감고 있어 수심이 가득한 보름달의 월상(月相)을 표현한 것으로 보인다. 눈을 감고 있는 것은 스스로 빛날 수 없음을 의미한다. 『주비산경』에는 "日兆月, 月光乃出, 故成明月。-달에는 해의 징조가 있다. 해에서 빛이 나오면 달은 밝아진다"라고 적고 있고 있다. 월광(月光)은 물과 같아 수생동물인 물고기로 달을 표현한 것이다. 인면어문(人面魚紋)을 자세히 살펴보면 이마에 중요한 것이 표현되어 있다. 1963년과 1982년 『서안반파』에는 다음과 같은 다섯 종류의 인면어문이 수록되어 있다(그림 31).

그림 31: 1은 이마에 두 개의 눈썹이 두드러지는데 이것은 월미(月眉-달의 눈썹)로 초승달이 떠오르는 모습을 표현한 것이다. 앙소(仰韶) 시기 채도에 그려진 반원(半圓)의 궁형호선(弓形弧線)은 호선문(弧線紋)으로 불리는데 이는 달을 표현한 것이다. 질그릇 전면에 그려져 있는 이러한

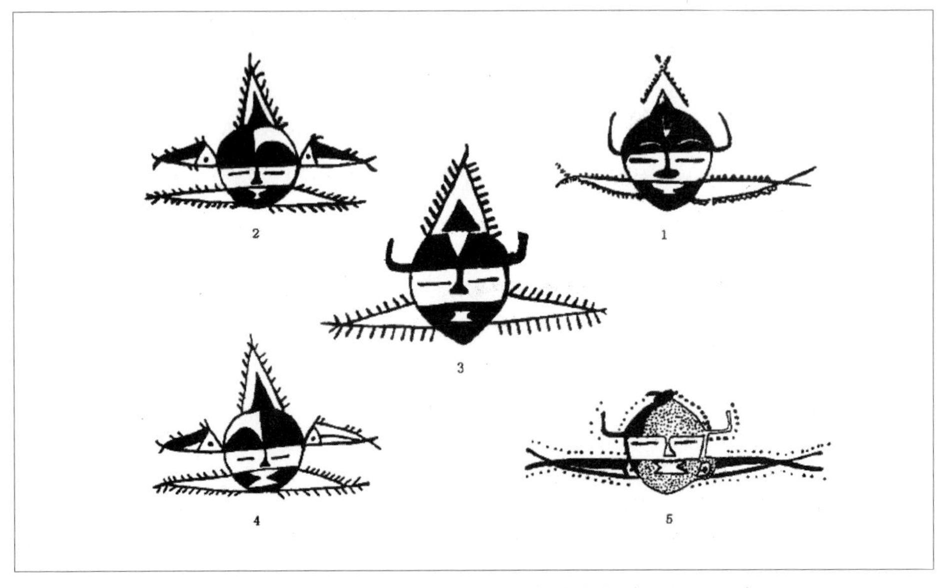

그림 31. 앙소문화 반파유형 인면어문 월상변화도(月相變化圖)
1.초승달 2.상현달 3.보름달 4.하현달 5.그믐

호선과 점 그리고 윤형문(輪形紋) 모양의 도형은 일월성신(日月星辰)을 나타낸 것으로 이들 질그릇이 하늘과 땅에 제사지내던 제기(祭器)임을 나타낸다. 후세의 갑골문 가운데, 석(夕)자와 월(月)자는 쌍구호선(雙勾弧線)으로 만들어진 글자로 역사시대 이전의 고대인들로부터 전해진 형태를 잘 보여준다. 『복사통찬(卜辭通纂)』 제 311-313편에는 은(殷)나라의 선왕(先王)인 왕항(王恒)의 이름이 기록되어 있는데 항(恒)자는 '[illegible]' 모양의 궁형호선으로 표현되어있다. 『시경. 소아(詩經. 小雅)』에는 "如月之恒[49]-마치 상현달 같다"이라고 적고 있고 『모전(毛傳)』에는 "恒, 弦也"라고 적고 있다. 이들 기록은 모두 궁형(弓形)의 원호(圓弧)로써 달을 표현한 것이다. 인면어문(人面魚紋)의 눈썹은 궁형으로 되어있는데 이는 월궁(月弓), 월아(月娥-달 속에 사는 신선), 월주(月舟)를 뜻한다. 상아분월(嫦娥奔月) 신화 또한 여기서 유래한 것이다.

그림 31: 2는 이마가 좌우로 둘로 나눠져 있다. 왼쪽은 검은색으로 칠해져있고 오른쪽 아래는 반원형호면(半圓形弧面)으로 되어있으며 위쪽은 비워져 있다. 이것은 상현달이 반원형으로 보이는 것을 표현한 것이다. 하늘의 오른편인 서쪽 하늘에 보이는 것을 나타낸다.[49] 그림 31: 3에는 이마의 중앙을 삼각형으로 만들어서 하얗게 남겨 두었다. 이마의 양측은 부채 모양으로 보이며 검게 칠해져 있다. 이것은 밝은 달이 하늘에 걸려 있는 모습을 표현한 것이다. 한 달을 상반월(上半月)과 하반월(下半月)로 나누는 모습으로 보름달을 의미한다.[50] 그림 31: 4는 이마를 반을 나누어 오른쪽 전체는 검은 색으로 칠해진 반면 왼쪽 아래는 반원형호면(半圓形弧面)이 그려져 있으며 그 위쪽은 비워져 있어 그림 31: 2와 좌우 반대 모양이다. 따라서 그림 31: 4는 하현달을 나타낸 것으로 달은 하늘의 왼편인 동쪽 하늘에 보인다는 것을 나타낸다.[51] 마지막으로 그림 31: 5는 이마가 모두 검게 칠해져 있고 그믐 무렵에 달이 보이지 않는 것을 나타낸다.[52]

그림 31: 1은 머리 위에 반어문(半魚紋)이 '오(五)'자가 교차된 모양처럼 그려있다. 오(五)의 원

---

46) 中國科學院考古研究所、陝西省西安半坡博物館: 『西安半坡』, 文物出版社, 1963年.

47) 宋兆麟、黎家芳、杜耀西: 『中國原始社會史』, 文物出版社, 1982年.

48) [참고자료] 月恒: 上弦月。好像上弦月逐渐圆满, 好像太阳刚刚升起来一样。月恒은 상현달이다. 상현달이 점점 둥글어지며 태양이 막 솟아오르는 모습과 같다.(출처: baidu 백과사전 「如月之恒」)

49) 『西安半坡』 1963年版圖版-114; 1982年版封面, 圖85.

50) 『西安半坡』 1963年版圖版-115; 1982年版 圖84、107、113.

51) 『西安半坡』 1982年版 속표지 彩版.

52) 『西安半坡』 1963年版圖版-112; 圖版-152: 1.

시 글자는 천지의 음양이 오(午)에서 만나 밝은 달이 떠오르기 시작한다는 것을 나타낸다. 『설문해자』에서 “五, 五行也。從二, 陰陽在天地閒交午也。凡五之屬皆從五。×, 古文五省。 -五는 오행이다. 二에서 나왔고, 음양이 천지간에 午에서 만난다. 무릇 五에 속하는 것은 모두 五에서 나왔다. ×는 옛 글자 五가 간단히 된 것이다.” 여기서 ‘교오(交五)’ 또는 ‘교오(交午)’는 왼손의 오(五)가 오른손 오(五)로 바뀌거나 오전과 오후가 서로 교차하는 것과 같은 의미이다. 새로운 것과 과거의 것이 오(午)에서 교차하고 지난 달은 이미 없어지고 새로운 달이 떠오른다는 의미를 나타낸다. 이를 통해 역사시대 이전 고대인들은 초승달이 보이기 시작할 때를 1 태음월(太陰月)의 시작으로 여겼음을 짐작할 수 있다. 그림 31: 2~4는 입 주변의 어문(魚紋)과 머리 위의 반어문(半魚紋) 몸에 가시가 그려져 있는데 이것은 달이 밤에도 밝게 빛나고 있다는 것을 나타낸다. 31: 5에 그려진 어문(魚紋)에는 가시 문양 대신 점선으로 테두리를 표현하였는데 이것은 달의 영혼이 죽어 보이지 않는다는 것을 의미한다. 이 그림은 역사시대 이전 고대인들에게 삭(朔)의 개념이 아직 정립되지 않았음을 보여준다. 고대 중국의 신화에도 이와 비슷한 내용을 찾아 볼 수 있다. 『산해경』「대황서경」에는 다음과 같이 적고 있다. “有女子方浴月。帝俊妻常羲, 生月十有二, 此始浴之。 -여자가 달을 목욕시키고 있다. 여자는 제준의 처 상희로 12개의 달을 낳았고 비로소 달을 목욕시키기 시작했다.-”

이 신화는 1년 12개월에 관한 신화로 각 달의 시작을 ‘생월(生月)’이라고 하였다. 즉 생월은 초승달이 보이기 시작하는 때로 삭(朔)의 개념은 담겨 있지 않다. 그러면 월상(月相)의 주기는 어떻게 계산되었을까? 왕국유(王國維)의 저서 『생패사패고(生覇死覇考)』[53]에는 주대(周代) 금문(金文)에 날짜를 기록할 때 생패(生覇), 기방생패(既旁生覇), 방생패(旁生覇)와 기생패(既生覇), 사생패(死生覇) 등의 용어가 있었다고 기록하고 있다. 관련된 용어의 내용을 찾아보면, 『설문해자』에는 “覇, 月始生魄然也, 承大月二日, 小月三日, 從月䨣声。 -覇는 달이 비로소 빛을 얻어 밝아지는 것이라. 大月은 二日에, 小月은 三日에 계승된다, 月에서 나왔고 䨣에서 소리가 왔다”라고 적고 있으며, 마융(馬融)은 「고문상서. 강고(古文尙書. 康誥)」의 주(注)를 통해 “魄, 朏也。謂三日始生兆朏, 名曰魄。 -백(魄)은 초승달이 빛을 발하기 시작한다는 것이다. 삼일에 초승달이 보이기 시작하여, 백(魄)이라고 이름 하였다”라고 설명하고 있다. 「법언. 오백편(法言. 五百篇)」에서는 “月未望則載魄於西, 既望則終魄於東[54] -보름 전에는 초승달이 서쪽에서 처음 보이고, 기망이후

53) 王國維: 『觀堂集林』 卷一, 中華書局, 1961年.

54) [참고자료] 月未望则载魄于西, 〔注〕载, 始也; 魄, 光也。载魄于西者, 光始生于西面, 以渐東满。

에는 그믐달이 동쪽에서 보인다"이라고 적고 있다.

이 내용을 정리해보면 "古代一月四分之術也 –고대에는 한 달을 4개로 나누었다"의 한 문장으로 요약할 수 있다. 이 내용을 인면어문월상도와 비교해 보자.

- 인면어문도(人面魚紋圖) 31: 1

초승달 모양의 눈썹이 핵심으로 "月三日始生兆朏, 名曰魄。"에 해당한다. 주대(周代) 금문에 기록된 '생패(生覇)'는 이 그림에서 유래한 것으로 보인다.

- 인면어문도 31: 2

이마의 오른쪽에 반원형 달이 그려 있어 "月未望則載魄於西"에 해당한다. 이 그림은 주대 금문에 기록된 '재생패(哉生覇)'에 해당하며 왕국유(王國維)는 "8日 上弦"이라고 주장하였다.

- 인면어문도 31: 3

이마의 정중앙에 삼각형이 있어 한 달을 반으로 나누어 상반월(上半月)과 하반월(下半月)이라는 것을 보여주고 있다. 현재의 망(望)과 같다. 한편, 왕국유(王國維)는 유흠(劉歆)이 주장한 "既生魄爲十五日"에 대해 '기생패(既生覇)'로 바꾸어야 한다고 주장하였다.

- 인면어문도 31: 4

이마의 왼쪽에 반원형 달이 그려 있어 "既望則終魄於東, 應是'哉死覇'"에 해당한다. 왕국유(王國維)는 "23日 下弦"이라고 주장하였다.

既望则终魄于東, 〔注〕光稍亏于西面, 以渐东盡。(출처: baidu 백과사전 「载魄」)
直到王国维研究青铜器铭文才发现了周朝初年有一种现存文献失载的记日法, 按月亮盈亏, 从月初至月末七天为一段, 取名为 "初吉"、"既生霸"、"既望"、"既死霸", "一日初吉, 谓自一日至七、八日也; 二曰既生霸, 谓至八、九日以降至十四、五日也; 三曰既望, 谓十五、六以后至二十二、三日; 四曰既死霸, 谓自二十三日以后至于晦也"(출처: 王国维: 『生霸死霸考』)
此 "月相四分术(월상사분술)"应是二十八宿月历的体现。-왕국유가 청동기 명문을 연구하면서 주 왕조 초년에 있었던 현존하는 문헌에는 기록되어 있지 않은 기일법을 발견했는데, 달이 차고지는 것에 따라 월초부터 월말까지 7일을 한 단락을 하여, 초길, 기생패, 기망, 기사패라고 이름 지었다. 초길은 1-7(8)일을 말하고 기생패는 8(9)-14(15)일을 말하며 기망은 15(16)-22(23)일을 말하며 기사패는 23일부터 그믐까지를 말한다.

- 인면어문도 31: 5

이마가 검게 칠해져 있어 달이 보이지 않는다는 것을 나타낸다. 현재의 회(晦)나 삭(朔)으로 왕국유(王國維)는 유흠(劉歆)이 주장한 "既死魄爲一日"에 대해 '사패(死霸)'로 바꾸어야 한다고 주장하였다.

인면어문(人面魚紋)의 월상(月相) 변화를 통해 시간을 구분하면 다음과 같다. 비(朏: 초승달)-상현(上弦)-만월(滿月: 보름달)-하현(下弦)-회(晦: 그믐)로 이것은 달이 태어나 없어질 때까지의 주기를 나타낸 것이다. 주대(周代) 금문에 기록된 생패(生霸)-재생패(哉生霸)-기생패(既生霸)-재사패(哉死霸)-사패(死霸)에 해당한다. 주대(周代) 금문에는 생패(生霸)와 사패(死霸)를 함께 기록한 기일법(記日法) 외에도 초길(初吉)과 삭망(朔望)을 이용해 날짜를 기록한 방법도 있었다. 두 종류의 기일법 가운데 전자는 '월상기일법(月相記日法)'으로 부를 수 있다. 왕국유(王國維)의 『생패사패고(生霸死霸考)』에서는 이들을 합쳐서 "초길(初吉), 기생패(既生霸), 기망(既望), 기사패(既死霸)"의 순서로 배열했는데 각각의 간격은 7~8일이 된다. 이것이 "古代一月四分之術也"인 것이다. 왕국유(王國維)는 나머지 월상(月相)에 대해 "재생패(哉生霸)-방생패(旁生霸)-방사패(旁死霸)[55]로 이름붙였으며 이들의 간격은 5~6일이 된다. 그러나 이 둘을 합치게 되면 '사분지술(四分之術)'이 성립되지 않게 된다.

고고학 자료에서 '망(望)'의 개념은 역사시대 이전에 이미 생긴 것으로 보인다. 예를 들면, 강채(姜寨) 유적지에서 출토된 인면어문월상도(人面魚紋月相圖)(그림 32)를 살펴보면 크게 뜨고 있는 두 눈은 하늘에 떠 있는 밝은 달로 대지(大地)를 바라보고 있는 모습을 표현한 것이다. 이는 '기

그림 32. 강채 채도에 그려진 인면어문(人面魚紋)

그림 32-1. 인면어문 그림 (출처: 西安半坡博物館)

55) [참고자료] 『前漢·律曆志』: "『周書·武成篇』: '惟一月壬辰, 旁死霸.' 又曰: '粵若來三月, 既死霸.' 又曰: '死霸, 朔也. 生霸, 望也.' 又曰: '惟四月既旁生霸'. 又曰: '甲子哉生霸.'

망(既望)'을 뜻하는 것으로 보이며 관련된 내용은 좀 더 깊이 있는 연구가 필요한 상황이다.

앞서 설명한 내용을 종합해보면 반파(半坡) 유적의 고대인들은 양각(羊角) 토템기둥을 사용하여 관상수시를 하였다. 낮에는 토템기둥을 이용해 태양의 위치에 따른 그림자 길이를 관측하였다. 밤에도 토템기둥을 이용해 월상(月相)의 위치와 모양 변화를 관측하였다. 이러한 원시 관상수시의 모습은 채도에 예술 형식으로 표현되었다. 예를 들면 반파(半坡) 채도에는 '인면어문(人面魚紋)'과 '어망문(魚網紋)'이 함께 그려진 그림이 있다(그림 33). 객관적으로 살펴보면 이 그림은 어렵생활의 모습을 반영한 것으로 보이지만 좀 더 깊이 있게 살펴볼 필요가 있다. 앞서 '인면어문(人面魚紋)'이 달로 해석되었기 때문에 '어망문(魚網紋)' 또한 천상(天象)과 관련지어 볼 수 있다. 『설문해자』에서는 "畢, 田網也。[56] -필은 밭에 놓는 그물이다"라고 적고 있다. 이것은 사냥하고 고기를 잡을 때 사용했던 그물로 이것을 별이름으로 사용한 것이다. 이 별자리는 서쪽 하늘에 보이는 필수(畢宿)이다. 『시경. 소아. 점점지석(詩經. 小雅. 漸漸之石)』에서는 "月離於畢, 俾滂沱矣。[57] -달이 畢宿와 가까워지면 비가 많이 내린다"라고 적고 있다. 밤에 하늘을 살펴보면 달과 필수(畢宿)가 가까워지면 우기(雨期)가 시작되는 절기가 되었음을 의미한다.

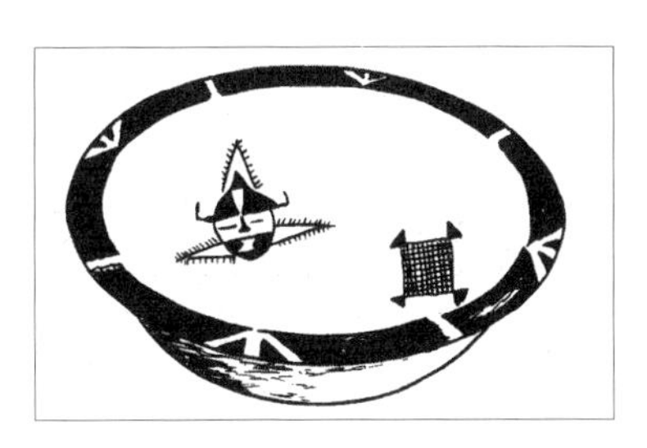

그림 33. 반파 채도에 그려진 인면어문(人面魚紋)과 어망문(魚網紋)

그림 33-1. 반파 채도 (출처: 中国歷史博物館)

56) [참고자료] 意思是田猎所用的网。本义: 打猎用的有长柄的网 밭에서 사냥할 때 사용하는 그물. 본뜻은 사냥할 때 사용하는 손잡이가 긴 그물을 나타낸다.(출처: baidu 백과사전「毕」)

57) [참고자료] 1. 谓月亮运行到某度次。『诗·小雅·渐渐之石』: "月离(離)于毕(畢), 俾滂沱矣。"朱熹 集传: "离, 月所宿也"
2. 月离于毕: 天象。月儿投入毕星, 有雨的征兆 / "月离于毕", 离作丽解, 附着、依附的意思, 月指满月。满月在毕宿的时候是冬天, 但六千年以前则是夏秋之交, 刚好是华北地区的雨季。(출처: baidu 백과사전「月离」)

하내(夏鼐)는 이를 6천여 년 전의 천상(天象)을 표현한 것으로 보았다.[58] 이는 반파(半坡) 유적이 있었던 시기와 일치한다. 반파유적의 이러한 채도 도안은 고대부터 천상(天象)을 기록해 왔음을 보여준다.

4절. 고대의 관상대(觀象臺)

입간측영(立竿測影)은 천상과 기상을 관측하는 일로 안정된 장소에서 할 필요가 있다. 현재는 천문대나 기상대가 별도로 있지만 고대에는 이러한 시설을 갖추기가 쉽지 않았을 것이다. 그러나 입간측영을 위한 장소가 있었음은 분명해 보인다. 진준규(陳遵嬀)는 중국 관상대의 기원이 하대(夏代)까지 거슬러 올라갈 수 있다고 주장하였다. 그의 주장에 따르면 '고대 왕조에는 천상을 관측하는 장소가 있었는데 하(夏) 왕조에는 청대(清臺), 상(商) 왕조에는 신대(神臺), 주(周) 왕조에는 영대(靈臺)가 있었다. 춘추시대에는 일부 제후들이 관대(觀臺)라는 천문대를 세웠다. 중국의 고대 천문대는 천문관측대와 동시에 신을 받들고 점성(占星)하는 장소이기도 했다. 따라서 역대로 여러 이름이 붙여졌는데, 예를 들면 청대(清臺), 신대(神臺), 영대(靈臺), 관대(觀臺), 첨성대(瞻星臺), 첨상대(瞻象臺), 사천대(司天臺), 관성대(觀星臺), 관상대(觀象臺), 후대(候臺), 운대(雲臺), 천대(天臺), 점대(漸臺) 등이 있다.' 여기서 열거한 이름 외에도 더 있을 것으로 생각된다. 비록 이름은 다르지만 이들 천문대는 천문 관측대임과 동시에 신을 받들고 점성하는 장소였던 것이다.[59] 역사시대 이전에 이러한 장소는 신을 받들고 점성하는 것이 주된 목적이었고 천문관측은 부수적인 목적으로 행해졌을 것이다. 천문학은 점성술로 인해 발전한 것으로 보인다. 진준규(陳遵嬀)는 『시경. 대아. 영대(詩經. 大雅. 靈臺)』를 인용해 '천자(天子)는 영대(靈臺)를 가지고 있는 사람으로 상서롭지 못한 상(象)과 기(氣)의 나쁨과 길함을 관찰하는 역할을 한다'고 하였다. 기상학은 구름과 기후를 보고 길흉을 점치면서 발전하였다. 고대에 과학과 미신은 동일시되었고 종교 숭배도 과학과 동일시되었다. 진준규(陳遵嬀)가 언급했듯이 고대 사람들이 말한

58) 夏鼐: 「從宣化遼墓的星圖論二十八宿和黃道十二宮」, 『中國古代天文文物論集』, 文物出版社, 1989年.

59) 陳遵嬀: 『中國天文學史』, 第四冊, 上海人民出版社, 1989年.

천문(天文)은 주로 신화나 점성에 가까운 것들이다.[60] 고대의 천문관측 장소는 '신대(神臺)'라고 불릴수 있었고 신(神)에게 제사 지내는 성지였던 것이다. 고고학에서 발굴한 제단은 고대의 신대(神臺)이며 동시에 천상을 관측하던 장소로 생각된다.

역사시대 이전, 천문관측은 신성한 일이었기 때문에 입간측영(立竿測影)을 할 때 간단히 나무막대 하나를 세우기보다는 토템기둥을 이용하였을 것이다. 토템기둥은 신주(神柱)였으며 일월성신(日月星辰)과 풍운우설(風雲雨雪) 또한 모두 신령스러운 대상이었기 때문이다. 토템기둥은 신대(神臺)나 제단 위에 세워져 신성한 권위를 갖게 되었다. 토템기둥은 씨족이나 부락의 표지이기 때문에 원시 국가가 탄생한 이후에도 국가의 상징이 되었다. 따라서 고대에는 토템기둥을 이용해 관상수시를 하였고 토템기둥은 일종의 신권(神權)의 상징이 되었다. 관상자의 신분이나 지위 또한 매우 높았을 것이다. 앞서 살펴본 복양 서수파(濮陽 西水坡) 45호 무덤에서 설명했듯이 풍시(馮時)는 무덤 주인을 '위대한 사천자(司天者)'라고 불렀으며 인간계의 왕이 천제(天帝)로 승격하였다고 보았다. 관상수시는 원시국왕이 직접 담당하였으며 이는 정권(政權)과 신권(神權)이 통일된 모습이라 할 수 있다.

현재 고고학계에 알려진 가장 큰 무덤과 제단은 홍산문화 유적지에서 찾아볼 수 있다. 곽대순(郭大順)의 설명에 따르면 '중심에 있는 큰 무덤 주변의 작은 무덤들이 받쳐주고 있으며 흙과 돌로 쌓아올려, 방형(方形)이나 원형(圓形)의 거대한 무덤 언덕을 이루고 있다. 큰 묘는 언덕 위에 우뚝 솟아 있으며 주변의 묘들은 층층이 이어져 중심에 있는 큰 무덤을 떠받들고 있어 큰 무덤의 주인이 신분이 높다는 것을 알 수 있다. 큰 무덤의 주인은 신과 연결된 신분으로 종교지도자이거나 왕의 신분이었음을 알 수 있다.'[61] 이러한 큰 무덤들은 종종 제단과 함께 배치되어 있는데 그 천문학적 의의는 매우 명확하다 할 수 있다. 무덤들은 하늘의 신국(神國)에 따라 배치된 것이다.

높은 대(臺) 형태의 봉토적석총(封土積石冢)은 제단으로 볼 수 있다. 원형이나 사각으로 만들어진 형태는 '천원지방(天圓地方)'의 우주 모형을 본뜬 것이다. 무덤 주인은 우주 천지신명의 신분과 함께 왕이나 종교 지도자의 신분도 겸하게 되었다. 그들의 가장 큰 권리는 관상수시를 맡는 것이었으며 시간을 담당하는 것은 가장 신성한 직분이었다. 왕권(王權)은 신권(神權)으로도 볼 수 있었다. 홍산문화의 적석총은 여신(女神) 사당을 에워싸고 있는데 마치 뭇별들이 북진(北辰)

---

60) 陳遵嬀: 『中國古代天文學簡史』, 上海人民出版社, 1955年.

61) 郭大順: 「紅山文化的報 "唯玉爲葬"與遼河文明起源特徵再認識」, 『文物』 1997年 第8期.

을 에워싸고 있는 것처럼 보인다. 여신 묘는 저두산(猪頭山)을 바라보는 모습인데 이것은 홍산 문화 고대인들이 돼지를 북두성군(北斗星君)으로 여겼던 함의(含意)를 잘 보여주는 배치로 볼 수 있다. 여신 묘에서 가까운 곳에는 삼층 피라미드식 형태의 윗면이 편평한 높은 대(臺) 하나가 있다. 이것은 고대의 관상대이자 제단으로 그 위에서는 저룡수(猪龍首) 토템기둥을 세워 입간측영(立竿測影)을 했던 것으로 생각된다. 홍산(紅山) 문화의 원시 국왕들은 신과 연결된 통치자로 직접 관상수시를 하였으며 1년 사시의 생산과 세시(歲時)의 제사를 주도하였다. 이런 종류의 높은 대(臺)는 고대에 '대(臺)'나 '단(壇)'으로도 불렸다. 예를 들면,『산해경. 해내북경(山海經. 海內北經)』에서는 다음과 같이 적고 있다. "帝堯臺, 帝嚳臺, 帝丹朱臺, 帝舜臺, 各二臺, 各四方, 在昆侖東北。[62] -제요대, 제곡대, 제단주대, 제순대는 각각 2개의 臺로 되어있고, 臺의 형태는 네모로, 곤륜산의 동북쪽에 있다.-" 고고학계가 발견한 이런 종류의 제단이나 고산총묘(高山冢墓)는 '대(臺)'로 불린다. 이들을 '제요대(帝堯臺)'나 '제곡대(帝嚳臺)'로 부르는 것은 그들이 생전에 대(臺)에서 관상 업무를 보았고 신의 뜻에 통달했다는 것을 의미한다. 죽은 후에는 이 대(臺)에 묻혔으며 대는 후세에 성지가 되었다. 인왕천제(人王天帝)가 직접 관상수시 업무를 보았다는 역사는 문헌을 통해 전해지고 있다. 예를 들면『사기』「오제본기(五帝本紀)」에서는 "帝堯者, ... 敬順昊天, 數法日月星辰, 敬授民時。[63] -제요는.... 하늘의 뜻을 따르고, 일월의 출몰과 성신의 위치이동에 근거하여 역법을 제정하고, 신중하게 백성들에게 농사의 절기를 알려준다"고 적고 있다. 또한 다음과 같이 기록되어 있다. "帝嚳高辛者, 曆日月而迎送之, 日月所照, 風雨所至, 莫不從服。[64] -제곡 고신씨는 일월의 운행을 추산하여 세시절기를 정하고, 공손히 일월이 뜨고 지는 것을 맞이하고 배웅한다. (제곡이 백성을 다스리는 것은 마치 비가 농토를 적시는 것처럼 미치지 않는 곳 없이 천하에 두루 미친다). 무릇 일월이 비추는 곳, 비바람이 머무는 곳에서 복종하지 않는 이가 없다.-" 이것은 '대(臺)'가 인왕천제(人王天帝)의 이름을 본뜬 것을 보여주며 인왕천제(人王天帝)들이 사용했던 관상대이자 하늘과 연결된 신대(神臺)임을 보여준다.

---

62) [참고자료] 帝尧台、帝喾台、帝丹朱台、帝舜台, 各是两座台, 台的形状是四四方方的, 在昆仑山的东北边。(출처: baidu 백과사전「帝尧台」)

63) [참고자료] 遵循上天的意旨, 根据日月的出没、星辰的位次, 制定历法, 谨慎地教给民众从事生产的节令。(출처: baidu 백과사전「五帝本纪」)

64) [참고자료] 帝喾高辛, (是黄帝的曾孙)。他推算日月的运行以定岁时节气, 恭敬地迎送日月的出入。帝喾治民, 像雨水浇灌农田一样不偏不倚, 遍及天下, 凡是日月照耀的地方, 风雨所到的地方, 没有人不顺从归服。(출처: Soso 백과사전「吴刘姓氏」)

앞서 양저문화의 소조(小鳥) 토템기둥에서 소개했듯이 토템기둥 아래의 삼단 계단 모양의 방형(方形) 도안은 제단이자 하늘과 통하는 신대(神臺)로 볼 수 있다. 양저(良渚)문화의 고대인들은 소조(小鳥) 토템기둥을 사용하여 하늘과 통하는 신대(神臺) 위에서 입간측영(立竿測影)을 하였다. 요산(瑶山)의 제단과 회관산(匯觀山)의 제단 두 곳 유적의 모습을 통해 이를 설명하고자 한다. 요산(瑶山) 제단을 살펴보면 제단은 전체적으로 사각 모양으로 20×20m의 크기이며 밖에서 안으로 세 겹(삼층 모양)으로 되어 있다. 안쪽은 홍토대(紅土臺)로 사각 형태이며 가장자리 벽은 나침반의 방향과 일치한다. 나침반을 기준으로 사각단은 사방의 방위에 맞게 되어 있다.[65] 동쪽 벽의 길이는 7.6m, 북쪽 벽의 길이는 5.9m, 서쪽 벽의 길이는 약 7.7m, 남쪽 벽(훼손됨)의 길이는 약 6.2m이다. 가운데는 석회토로 도랑을 에워싸고 있으며 너비는 약 1.7~2.1m로 균일하지 않다. 바깥쪽은 조약돌이 깔려있는 황갈색의 반점 무늬 토대이다(그림 34).

그림 34. 절강 요산(瑶山) 양저문화 제단유적

안쪽의 홍토대는 제단 유적의 핵심이다. 안쪽과 가운데의 홍토대와 석회토는 도랑을 에워싸고 있으며 그 바깥에는 조약돌을 깔아 놓은 모습이다. 유적의 바깥 테두리는 편평하며 반듯한 모양이다. 안쪽에서 바깥쪽까지 높이는 같다. 소조(小鳥) 토템기둥 아래의 삼층의 사각 계단은 고대의 제단이나 관상대가 세 겹이나 삼 층으로 이루어져 있다는 것을 표현한 것이다. 최초 보고에서는 다음과 같이 적고 있다. "단(壇)을 세운 지점으로 산꼭대기 위를 선택하였는데, ... 이 높은 곳에다 다시 대(臺)를 세운 것은 하늘과 통하고 싶다는 뜻일 것이다. 단(壇)이 사각 모양인 것은 고대의 '지방설(地方說)'과 연관이 있는 것이다. 이런 종류의 토단(土壇)은 하늘과 땅에 제사지내는 목적으로 사용되었던 제단이었다고 여겨진다.-"[66]

이 제단에서 다른 유적은 발견되지 않아, 고대에 어떻게 제사를 지냈는지는 알 수 없다. 전체적인 배치를 살펴보면 안쪽의 홍토방대(紅土方臺-붉은 흙으로 되어있는 네모난 臺)가 핵심으로 보인

65) 지구의 자기극(磁極)은 고정적인 것이 아니므로, 수천 년 전의 자기자오선(magnetic meridian) 방향은 현재 측정한 것과는 큰 차이가 있을 것이다.

66) 浙江省文物考古研究所: 「余杭瑤山良渚文化祭壇遺址發掘簡報」, 『文物』 1988年 第1期.

다. 고대인들은 전통적으로 붉은색이 불꽃과 태양 그리고 광명을 상징한다고 보았기 때문에 이곳을 태양신대(太陽神臺)라고 부를 수 있을 것이다. 고대인들은 이곳에서 태양의 일주운동을 관측했을 것이다. 제단의 네 벽은 모두 정방향으로 태양의 방위를 통해서 확정할 수 있다. 따라서 그 당시 홍토대에서 입간측영(立竿測影)의 작업을 했다고 짐작할 수 있다. 당시 관측에 사용되었던 입간(立竿)은 소조(小鳥) 토템기둥이었을 것이다. 입간측영(立竿測影)을 하려면 대면(臺面)이 편평해야 한다. 대면(臺面)이 편평할 때 태양의 그림자 측정도 정확해진다. 제단의 가운데층인 석회토의 도랑은 수평을 조절할 수 있는 수거의 용도로 사용된 것으로 보인다. 석회토는 비교적 무르기 때문에 때때로 작은 산가지를 꽂을 수 있는데 이를 통해 수직을 결정하였던 것이다. 여러 산가지를 끈으로 연결하면 푯대의 수직을 확인할 수 있기 때문이다. 그러면 홍토대의 중앙에도 수직하게 토템 기둥을 세울 수 있게 된다. 홍토대의 대면(臺面)은 이미 편평해졌고, 중심에 수직으로 소조(小鳥) 토템기둥을 세우고 나면 입간측영(立竿測影)을 할 수 있게 된다. 이러한 제단은 당시에 '모모제대(某某帝臺)'로 불렸으며 관상자가 죽으면 '제대(帝臺)'에 그를 묻었다.

요산(瑤山) 제단에서 양저(良渚)문화 큰 무덤 12구가 발굴되었다. 무덤에서는 높은 신분의 사람들이 사용한 것으로 보이는 많은 옥기가 출토 되었다. 이를 통해 이들 무덤이 양저(良渚) 원시 국왕이나 고관, 제사장 등의 상류층 인물의 것이었음을 알 수 있다. 제단은 비록 훼손되었으나 다행히 안쪽의 홍토대 가운데 남쪽을 제외한 나머지 부분은 잘 보존되어 있다. 제단이 무덤으로 사용되기는 했지만 제단에서는 관상 업무도 이어졌다는 것을 알 수 있다.

회관산(滙觀山) 제단은 요산(瑤山) 제단에서 동쪽으로 7km 떨어진 곳에 위치해 있는데 이곳은 양저(良渚) 원시 국가 가운데 작은 나라였던 것으로 생각된다. 제단은 장방형의 두(斗)가 엎어져있는 모습으로 안쪽과 바깥쪽의 높이는 비슷하다. 제단은 '회(回)'자 모양의 세 겹의 황토색으로 그 형태와 구조는 요산(瑤山) 제단과 비슷하다.[67] 제단 중심의 동쪽 석회토 도랑에 세 개의 좁은 수로가 보인다는 점만 다를 뿐이다(그림 35). 이 세 개의 수로는 무엇에 사용된 것일까? 회관산의 지리적 위도를 생각해보면 남쪽에 있는 작은 수로는 입간측영(立竿測影)의 동지호(冬至壕)로 생각할 수 있다. 동지에는 해가 동남쪽에서 떠오르므로 제단 중심점의 동남쪽에 있는 것이다. 가운데 수로는 이분호(二分壕)로 춘추분에는 해가 정동에서 떠오르므로 제단 중심점의 정동쪽에 있는 것이다. 하지에는 해가 동북에서 떠오르므로 제단 중심점의 동북쪽에 수로가 위치해

67) 浙江省文物考古研究所、余杭市文物管理委員會:「浙江余杭滙觀山良渚文化祭壇與墓地發掘簡報」,『文物』1997年 第7期.

있는 것이다. 고대의 지리 위도가 현재와 다름이 없다면 이러한 해석은 적절하다고 볼 수 있다. 이 제단에서는 훼손된 무덤 4기가 발견되었다. 안쪽의 대면(臺面) 주요 부분은 여전히 제단의 역할을 하였을 것으로 생각된다. 제단의 4호 무덤에서 옥월(玉鉞) 1점, 석월(石鉞) 48점이 출토되었다. 이러한 출토 유물은 관상수시의 의미를 가지고 있다. 앞서 1장에서는 '월(鉞)'이 '월(戉)'로 사용되어져 '세(歲)'로 해석될 수 있다고 설명하였다. 특히, 옥월은 품격이 높아 동지세종대제의 제기(祭器)임을 나타낸다. 석월 48점은 1년 사시 12개월의 네 배이다. 만약 1년 사시 12개월마다 세제(歲祭)가 있었다면, 12점만으로도 충분했을 것이다. 그렇다면 4년 동안의 세제(歲祭)에 사용될 수 있는 석월을 왜 만들어 놓았을까? 그 가능한 이유를 생각해보자. 양저(良渚) 문화의 고대인들이 사용한 역법은 음양력(陰陽曆)으로 4년마다 윤달을 두어야 한다. 비록 당시에 윤달을 두었는지의 여부는 알 수 없지만 만약 윤달 때문이라면 이는 중국 역법사에 있어 최초의 윤달 개념이 될 것이다.[68]

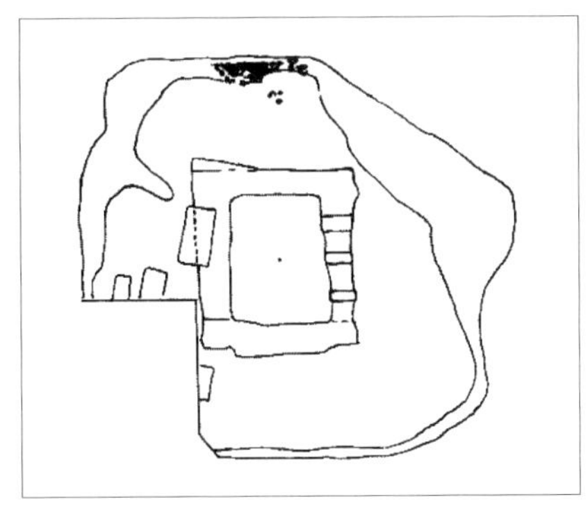
그림 35. 회관산(滙觀山) 양저문화 제단 평면도

원시 관상대에 대해 당시의 정해진 이름이 있었는지 확인할 수는 없지만 옛 신화 가운데 '박석(博石)'을 통해 추정해 볼 수 있다. 『산해경』 「남차이경(南次二經)」에서는 다음과 같이 적고 있다.

> 漆吳之山, 無草木, 多博石, 無玉。處於東海, 望丘山, 其光載出載入, 是惟日次。
>
> 칠오산에는 풀과 나무가 없고, 바둑알을 만들 수 있는 박석이 많이 생산되나 옥은 생산되지 않는다. 이 산은 동해의 해안가에 우뚝 솟아있고 산 위에서 멀리 丘山을 바라보면 神光이 환하게 빛나고 있어 태양이 머무는 곳이다.

이것은 관상대에서 입간측영(立竿測影)을 했다는 내용의 신화이다. 표면적인 글자의 뜻을 살

68) 양저(良渚)문화시대 사람들이 사용했던 원시역법에 관해서는 이 책의 '八角星紋圖案解謎章'을 참고하기 바란다.

펴보면 오월(吳越)과 관련된 것으로 해석할 수 있다. 그러나 실제로 '칠오지산(漆吳之山)'은 관상 용어로 새벽 여명이 시작되어 하늘이 점차 밝아지는 모습을 나타낸다. 관상용어를 산 이름으로 사용했는데 이 산은 아마도 오월(吳月)의 땅에 있었을 것이다. '동해(東海)' 역시 관상 용어이다. 『설문해자』에서는 "海, 天池也 –海는 하늘의 연못이라"라고 적고 있는데, 이는 동쪽의 하늘을 가리키는 것이다. 관상 용어를 바다 이름으로 삼은 것이다. 지금의 강소(江蘇)와 절강(浙江) 바닷가 지역을 가리킨다. '無草木, 無玉' 역시 새벽 여명이 시작되기 전의 밤을 가리킨다. 『주역』「설괘전」에서는 "乾爲天, 爲玉, 爲木果 –乾은 하늘이요, 옥이요, 나무의 과실이다"라고 적고 있다. 밤하늘에는 아무것도 볼 수 없기 때문에 '無草木, 無玉'이라 한 것이다. '구산(丘山)'은 허공을 가리키는 것으로 구(丘)와 허(虛)는 같은 의미로 일출 전의 동쪽 하늘에 아무것도 보이지 않는 것을 나타낸다. "其光載出載入"는 태양이 곧 떠오르려고 하는 것을 나타낸다. 곽박(郭璞)은 주(注)에서 "神光之所潛燿 –신의 빛이 숨어서 빛나는 것이다"라고 하였는데, 이 때 태양은 아직 수면 아래에 있게 된다. 태양이 떠오를 때 강렬한 빛이 방사되고 입간측영(立竿測影)의 입간(立竿) 아래에 바로 해 그림자가 생겨난다. 이것이 바로 '是惟日次'이다. 곽박은 주(注)에서 "是日景之所次舍 –해 그림자가 머무는 곳"라고 하였는데 태양의 일주운동을 관측하기 시작했다는 의미이다. 따라서 '박석(博石)'은 태양의 그림자를 관측하는 구영반(晷影盤)을 의미한다. 『설문해자』에서 "博, 大通也, 從十從尃。尃, 布也。–博은 大通하는 것이다, 十에서 나왔고 尃에서 나왔다. 尃는 퍼뜨린다는 뜻이다"라고 적고 있다. '대통(大通)'이라는 것은 해가 동쪽에서 떠오르면 그림자가 서쪽을 가리키며 해가 서쪽으로 지면 그림자는 동쪽을 가리킨다는 것을 의미한다. 또한 태양이 정남에 있게 되면 그림자는 정남북을 가리키고 온 천지(天地)를 밝히게 된다는 것을 의미한다. 그림자에 따라 구영반(晷影盤) 위에 정십자(正十字)를 만들 수 있는데 이러한 이유로 '從十從尃'라고 한 것이다. 세시 변동을 계산하기 위해서 입간측영(立竿測影)을 할 때 해 그림자의 이동에 따라 산가지를 꽂기도 하는데 이것이 '尃, 布也'의 의미인 것이다. '박석(博石)' 신화는 고대 제단의 기능에 대해 말해준다.

입간측영(立竿測影)을 이용한 원시 관상대의 현대적 이름은 '일구(日晷)'가 적당할 것이다. 일구(日晷)는 태양 그림자를 보고 시간을 확정하는 데에 사용되는 의기로 진준규(陳遵嬀)는 다음과 같이 설명하였다. "시각좌표망(時角坐標網)에 표(表)의 그림자가 투영되면 그림자의 위치로부터 시각을 알아낼 수 있다. 이것이 일구(日晷), 일규(日規), 일규(日圭)라고 부르는 의기이다."[69]

69) 陳遵嬀: 『中國天文學史』, 第四冊, 上海人民出版社, 1989年."

현존하는 해시계 유물 중에는 지평식일구(地平式日晷)와 적도식일구(赤道式日晷)가 있는데, 역사시대 이전에는 지평면 위에서 직접 입간측영(立竿測影)을 했기 때문에 '지평식일구'로 볼 수 있다. 간단히 '지평일구'라고 부른다. 높은 대에 건축한 일구는 '고대지평일구(高臺地平日晷)'라고 부를 수 있다. 앞에서 소개한 일부 신대(神臺)와 제단 또한 고대지평일구(高臺地平日晷)라고 부를 수 있다.

5

'희화점월(羲和占月)'과 가장 오래된 개천성도(蓋天星圖)

연운항(連雲港) 장군애(將軍崖)암각화의 천문학적 고찰

연운항시(連雲港市) 서남쪽으로 9km 떨어진 금병산(錦屛山) 마이봉(馬耳峰)의 남쪽 기슭에는 장군애(將軍崖)라는 암각화 유적이 남아 있다. 이 암각화는 다음과 같이 세 그룹으로 나눌 수 있다. 첫째(A) 그룹에는 인면문태양신(人面紋太陽神)이 그려져 있는데 '희화생십일도(羲和生十日圖)'나 '희화점일도(羲和占日圖)'라고 부른다. 둘째(B) 그룹에는 조수문(鳥獸紋)과 성운(星雲) 등 각종 부호가 그려져 있어 '조력천상도(鳥曆天象圖)'라고 부르며, 셋째(C) 그룹은 인면문(人紋面)과 성상(星象) 도안으로 이루어져 있으며 가장 높은 곳에 위치해 있기 때문에 '천정도(天頂圖)'라고 부른다. 세 그룹의 암각화 중간에는 성신(星辰)이 새겨있는 큰 돌 세 개가 있어 '천주(天柱)'라고 부른다. 이 암각화의 발견 초기에 이홍보(李洪甫)는 천상(天象)과 밀접한 관련이 있다는 것을 인식하였고 조사 보고서에 천상 내용을 비중 있게 소개하였다.[1] 그 내용은 아래와 같다. '암각화 B 그룹에는 성운(星雲)과 관련이 있어 보이는 네 곳의 도안이 있다. 그 중 한 곳은 길이가 6.23m이며 경사면에 세로로 새겨있어 마치 은하수(별 띠) 같은 모양이다. 세 개의 짧은 선이 별 띠를 네 부분으로 나누어 성운(星雲)의 변화를 표현하였다. 긴 띠 모양의 성운(星雲) 중에는

1) 連雲港市博物館等: 「連雲港將軍崖岩畵遺迹調査」, 『文物』 1981年 第7期.

태양과 달을 표시한 도형도 있다.'[2] 이 띠 모양의 성운(星雲)은 1년간 천체(星空)의 변화를 나타낸 것이다. 장군애암각화 자료가 발표된 이후 많은 학자들이 관심을 갖게 되었는데 개산림(盖山林)은 이것을 한 권의 '천서(天書)'라고 여겨 '천체암화(天體岩畵)' 또는 '천신암화(天神岩畵)'라고 주장하였다.[3] 소병(蕭兵)은 '민속신화학(民俗神話學)'의 관점에서 연구하여 다음과 같이 설명하였다. A 그룹 인면문(人紋面) 암각화에서는 태양을 얼굴이나 모자로 표현하였는데 이것은 태호(太昊)나 소호(少昊)에서 호(昊)의 의미와 일치하며 원시 농업생산과도 관련이 깊다고 언급하였다.[4] 천문학사 연구자들 또한 이 암각화에 주목하였다. 특히 이세동(伊世同)은 논문을 통해 고대의 입간측영(立竿測影)과 사시관상(四時觀象)의 연관성을 주장하였다. 예를 들면 그는 A 그룹 암각화의 인면문(人紋面)에 대하여 다음과 같이 설명하였다. "목간(木杆)은 서 있는 사람을 상징한 것으로 후대에는 표(表)나 얼(臬)로 불렸다. 『주비산경』에서는 표(表)를 '비(髀)'로 적고 있으며 『설문해자』에서는 비(髀)를 고(股)로 해석하였다.

목간은 실제로 서 있는 사람을 표현한 것으로 고대인들은 해 그림자를 측정할 때 사용하였다. 이것은 일주(日周)운동이나 연주(年周)운동을 측정하기 위한 가장 오래된 천문 의기이기도 하다."[5] A 그룹 암각화의 주요한 내용은 입간측영(立竿測影)을 통한 '희화생십일(羲和生十日)'이나 '희화점일(羲和占日)'을 표현한 것이다.

1절. A 그룹 암각화: 희화생십일도(羲和生十日圖)

희화(羲和)는 중국 전설 속의 가장 오래된 천문학자이다. 『세본(世本)』「작편(作篇)」에서는 "黃帝使羲和作占日–황제가 희화에게 태양을 점치라고 하였다"라고 적고 있다. 이에 대해 장주졸(張澍粹)은 "『여씨춘추(呂氏春秋)』에서 말하길, 희화(羲和)는 태양을 점친다. 해를 점친다는 것은

---

2) 李洪甫: 「將軍崖岩畵遺迹的初步探索」, 『文物』 1981年 第7期.

3) 盖山林: 「將軍崖岩畵題材芻議」, 『淮陰師專學報』 社會科學版 1983年 第3期.

4) 蕭兵: 「將軍崖岩畵的民俗神話學硏究」, 『淮陰師專學報』 社會科學版 1983年 第3期.

5) 伊世同: 「萬歲星象」, 『第二届中國少數民族科技史 國際學術討論會論文集』, 社會科學文獻出版社, 1996年.

해 그림자의 길이를 측정하는 것이다"라고 말했다. 다시 말하면 지평일구(地平日晷) 위에서 사시(四時)의 해 그림자를 측정하는 일을 했다는 것이다. 『상서』「요전」에서는 "乃命羲和, 欽若昊天, 曆象日月星辰, 敬授民时[6] –희씨와 화씨에게 명을 내려 엄숙하고 신중하게 하늘의 도수를 따르고 일월성신 운행의 규칙을 알아내 역법을 제정하고 절기와 때를 사람들에게 알려준다"라고 적고 있다.

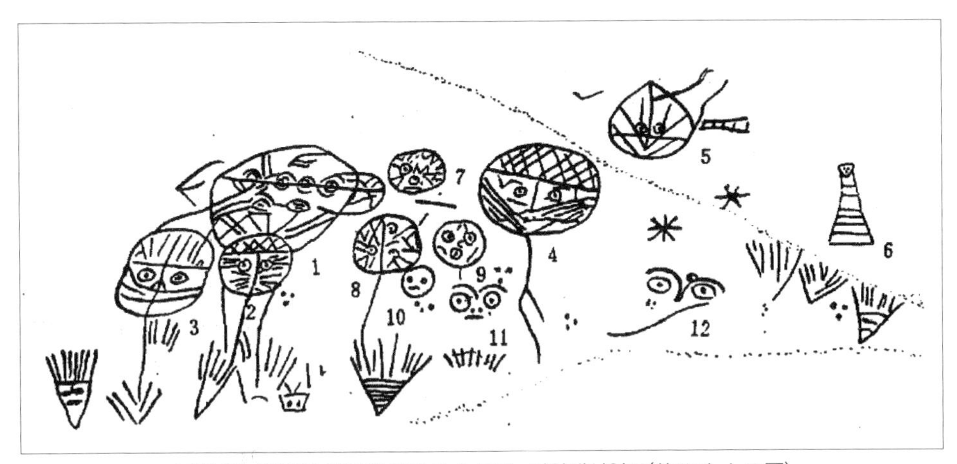

그림 36. 연운항 장군애 암각화 A 그룹: 희화생십일도(羲和生十日圖)

그림 36-1. 연운항 장군애 암각화 (출처: NLCTV 國圖空間)

희화(羲和)는 제요(帝堯)시대에 천문학자의 호칭이자 관직의 이름이었다. '曆象日月星辰'이라는 것은 입간측영(立竿測影)을 통해 낮에 해 그림자의 변화를 관측하고 밤에는 별자리가 뜨고 지

6) [참고자료] 译文: 于是命令羲氏和和氏, 严肃谨慎的遵循天数, 推算日月星辰运行的规律, 制定出历法, 把天时节令告诉人们。(출처: Baidu 백과사전 「尧典」)

는 것을 관측하는 것이다. 한편, 『산해경』에서 희화(羲和)는 열 명의 아들(태양)을 낳은 '日母(태양의 어머니)'로 적혀 있다. 이러한 신화 속의 이야기는 장군애 암각화를 통해 설명할 수 있다.

A 그룹 암각화에는 태양신 두상(頭像) 열 개가 새겨져 있다. 조사 보고서에 따르면 일련번호 A1, A2, A3, A4, A5, A7, A8, A9, A10이 있는데 이외에도 A1 오른쪽에 번호가 지정되지 않은 그림 하나가 겹쳐 있어 전체적으로 열 개의 태양신 두상을 확인할 수 있다. A6은 원통 모양으로 긴 도포를 입고 있는 사람의 모습인데 바로 희화(羲和)이다. 그 외에도 지면 가까이에 그려진 방사모양의 빛살무늬가 있으며 수면문(獸面紋; A11, A12) 모양과 점 세 개가 한 그룹으로 보이는 성신문(星辰紋)이 있으며 별 모양의 부호 두 개도 보인다. 최초 보고서에 따르면 A 그룹 암각화는 장군애 유적지의 서쪽편 면에 새겨져 있다. 고대 사람들이 제사의식을 거행했다면 암각화의 서쪽에서 암각화가 새겨져 있는 동쪽을 보며 지냈을 것이다. 희화생일(羲和生日)의 핵심은 일출의 풍경을 나타낸 것으로 '희화생십일도(羲和生十日圖)'라고 이름 붙여졌지만 낮과 밤의 천체 관측도 포함하고 있다(그림 36).

태양신의 머리 모양은 주로 '사람 얼굴에 새부리' 형태인데 A1, A2, A3, A4, A5가 이러한 것들이다. 뾰족한 부리는 선을 이용해 삼각형 모양으로 표현하였다. 부리는 모두 앞으로 뾰쪽하게 되어 있어 맹금(猛禽)임을 나타낸다. 태양과 새의 모습에서 고대인들이 흑점과 관련지어 이해했을 가능성은 매우 낮아 보인다. 『회남자』「정신훈(精神訓)」에서는 "日中有踆烏"라고 적고 있으며 이를 "삼족오(三足烏)"라고도 불렀으며 일반적으로 "태양조(太陽鳥)"로 부른다. 태양신 A1, A2, A3, A4의 원면(圓面) 아래에는 지면을 향해 구부러진 선이 하나씩 연결되어 있다. 그 가운데 태양신 A1, A2, A3은 방사 모양의 빛살 무늬로부터 자라나고 있는 모습으로 마치 태양이 막 떠오르려고 하는 모습과 같다. 지면 위에 아침 햇살이 먼저 보이고 이어서 강렬한 빛살이 비추면 붉은 태양이 지면 위로 떠오르게 된다. 이에 대해 정산(丁山)은 "『서경』「요전(堯典)」에서는 희화(羲和)는 ..... '아침 햇살이 희미하게 비추는 것'이라고 보는 것이 옳다"[7]고 설명하고 있다. 희화(羲和)는 일출 모습에 대한 관측 용어로 사람 이름 또는 신(神)의 이름으로 사용되었다. 『산해경』「대황남경」에서는 다음과 같이 적고 있다.

東南海之外甘水之間，有羲和之國，有女子名曰羲和，方日浴於甘淵。羲和者，帝俊之妻，生十日。

---

7) 丁山: 『中國古代宗教與神話考』, 上海文藝出版社, 1988年.

- 동해의 바깥 감수 사이에 희화국이 있다. 희화라는 여자가 있는데 감연에서 태양을 목욕시키고 있다. 희화는 제준의 처로 열 개의 태양을 낳았다.

고대인들은 태양, 달, 성신이 모두 생명이 있다고 생각했기 때문에 이들을 낳은 부모가 존재한다고 믿었다. 그들은 희화(羲和)가 태양을 낳은 어머니(日母)라고 생각했다. A 그룹 암각화 가운데 희화(羲和: A6)는 전체 그림의 남쪽에 있어 매우 중요한 위치를 차지하고 있다. 그의 머리 부분은 삼각형 얼굴 하나로만 표시하였고 간단하게 두 눈과 입을 표시해 놓았다. 몸에는 원통 모양의 도포를 입고 있으며 가로선으로 7칸을 나눠 놓아 만약 머리 부분을 더한다면 모두 8칸이 되고 입간측영(立竿測影)의 규표(圭表) 높이인 8척(尺)과 일치하게 된다. 전체적인 모습을 본다면 희화(羲和)의 형상은 아래가 넓고 위가 좁아 마치 흙기둥과 비슷하다. 이 흙기둥의 아래쪽에는 세 개의 빛살문양이 있어 희화(羲和)가 일출의 풍경을 관측하고 있다는 것을 보여준다.

곽박(郭璞)은 『산해경』에 주석을 달 때 『개서(開筮)』를 인용하여 다음과 같이 말하고 있다. "空桑之蒼蒼, 八極之既張, 乃有夫羲和, 是主日月, 職出入, 以爲晦明。-공상은 넓고 푸르고, 팔극은 이미 진열되어 있으며, 이에 그 희화라는 사람이 있는데 일월을 주관하여, 해와 달이 들고 나는 것을 책임지고 이로써 낮과 밤이 된다.-"

첫 번째 구절의 '空桑之蒼蒼'은 끝없이 넓은 하늘을 묘사한 것이다. '八極之既張'은 대지를 뒤덮고 있는 하늘을 여덟 개의 경천주(擎天柱)가 받치고 있다는 것을 말한다. 이것은 『초사』 「천문」에서 언급한 '天極焉加(架)? 八柱何當?'으로 "북극천이 어떻게 하늘의 중심점에 걸려있는 것인가? 천지간에 기둥 8개가 있는데 이는 어떻게 지탱하고 있는 것인가?"의 의미이다. 여기에서 '팔주(八柱)'는 '팔극(八極)'으로 동극(東極), 남극(南極), 서극(西極), 북극(北極), 동북유(東北維-구석, 모퉁이), 동남유(東南維), 서남유(西南維), 서북유(西北維)를 가리킨다. 사방사유(四方四維)가 천지우주를 구성하므로 다음 문장에서 '乃有夫羲和, 是主日月, 職出入以爲晦明'이라고 말한 것이다. 희화는 천지간에서 일월을 주관하는 입간측영(立竿測影)의 업무를 담당하고 있다. 희화는 규표(圭表)의 표(表)에 해당하고 규표(圭表)를 이용해 일출을 관측하기 때문에 '희화생일(羲和生日)'이라고 한 것이다. 장군애암각화 시대의 고대인들은 흙기둥 즉 토표(土表)를 사용하여 그림자를 측정하였으며 후세에는 이를 '토규(土圭)'라고 불렀다.[8]

---

8) "土圭之法": 『주례』 「지관」 '대사도'에 따르면 '土'는 '度'로 사용했다. 이것은 해 그림자 길이를 측정하는 자(尺)를 가리킨다. 장군애 암각화를 통해 '土圭'가 '圭表'임을 알 수 있다.

흙기둥으로 입간측영(立竿測影)을 하려면 넓고 트인 장소가 필요하다. 암각화가 있는 금병산 산마루 사이에는 유위초(兪偉超)가 언급한 '마이봉의 남쪽 기슭에 직경이 30-40m 되는 넓은 곳이 있는데 평탄하여 마치 자연이 만들어낸 제단'으로 보이는 장소가 있었을 것이다.[9] 평탄한 제단 위에는 당시 부족의 대표적인 흙기둥이 있었을 것이고 이 흙기둥을 이용하여 입간측영(立竿測影)과 관상수시 업무를 하였을 것이다. 이것은 A 그룹 암각화 위에 희화 그림이 있는 의미이다. 희화는 태양신의 어머니로서 열 개의 태양을 낳았다. 즉 A 그룹 암각화에 보이는 열 개의 태양신(頭像)을 의미한다. 그림에서 보면 희화는 작게 그려져 있는데 어떻게 열 명의 태양(아들)을 낳아서 일모(日母)가 된 것일까? 이것은 입간측영(立竿測影)과 관상수시를 통해 설명할 수 있다. 입간측영(立竿測影)에서 동륙(東陸) 춘분은 파종하는 절기이며 남륙(南陸) 하지는 생장의 절기, 서륙(西陸) 추분은 수확의 절기 그리고 북륙(北陸) 동지는 저장의 절기이다. 「대황남경(大荒南經)」에서 "東南海之外, 甘水之間"이라고 말한 것은 절기상 동륙(東陸)과 남륙(南陸)의 사이로 봄과 여름이 바뀌는 때가 되었다는 것이다. 이때가 되면 벼의 줄기에는 단맛이 나기 시작하고 월동작물의 이삭에도 알이 차서 미리 거두어 먹을 수 있게 된다. 『상서. 홍범(尙書. 洪範)』에서는 "가색작감(稼穡作甘-곡식이 달게 되다.)"이라고 적고 있는데 '감(甘)'은 '감수(甘水)'로 곡물의 단맛, 즉 벼에 들어 있는 단맛을 나타낸다. '감수지간(甘水之間)'이라는 것은 태양의 남중 고도가 봄과 여름의 중간 지점의 위치에 있게 된다는 것이다.

이때가 되면 일조량이 충분하여 햇빛과 강수가 만물을 생장시키므로 '羲和日浴於甘淵(희화가 태양을 감연에서 목욕 시킨다)'라고 한 것이다. 여기서 '감연(甘淵)'은 농작물이 가득한 농경지를 가리킨다. 『주비산경』에 따르면 이때의 그림자 길이는 6척(尺)이 되며 이를 2등분 하면 3단(段) 6절(節)의 의미가 된다. 앞서 설명했듯이 희화 즉, 입간(立竿)의 높이는 8척(尺)으로 반으로 나누면 4단(段) 8절(節)이 된다. 이 때 입간(立竿)의 꼭대기에서 해 그림자까지의 길이는 10척(尺)이 되는데 이를 2등분하면 5단(段) 10절(節)이 된다(그림 37).

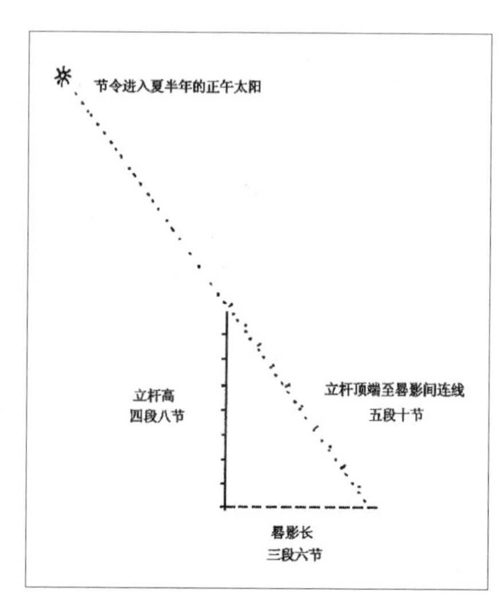

그림 37. 희화생십일 신화와 관련된 입간측영도

9) 兪偉超: 『先秦兩漢考古學論集』, 文物出版社, 1985年.

이것은 '희화생일(羲和生日)'의 신화에 대한 과학적인 설명으로 생일(生日)의 숫자는 입간(立竿) 끝에서 해 그림자까지의 길이를 이용해 설명한 것이다. 입간에서 그림자까지의 길이는 공중에 그려지는 허선(虛線)으로 눈으로는 보이지 않는다. '허(虛)'는 '희(羲)'로 사용되어 희화생일(羲和生日)의 숫자는 '5단(段) 10절(節)'이 되는 것이다. 『설문해자』에서는 "五, 五行也, 陰陽在天地間交午也。-五는 五行으로, 陰陽이 天地 간에 午에서 만난다"라고 하였다.

'양(陽)'은 태양이며 '음(陰)'은 해 그림자이다. 정오에 태양이 남중했을 때가 '교오(交午)'인데 '오(午)'는 '오(五)'와 같은 의미로 '오(烏)'로도 사용된다. 5단(段) 10절(節)은 '오유(烏有-존재하지 않는, 가공의)'의 선(線)이 된다. 태양조를 '오(烏)'라고 부르기 때문에 '십오(十烏)'는 바로 열 마리의 태양조이며 희화가 열 개의 태양을 낳은 것이 된다.

여기에서 '희화생십일(羲和生十日)' 신화는 입간측영(立竿測影) 측정에서 피타고라스 정리를 사용한 것임을 알 수 있다. 피타고라스 정리는 『주비산경』에도 기록되어 있는데, 간단하게 정리하면 아래와 같다.

$3^2+4^2=5^2$ 또는 $6^2+8^2=10^2$

학자들은 『주비산경』을 진, 한(秦, 漢) 시대의 책으로 간주한다. 『주비산경』의 개천설 우주론은 역사시대 이전시대까지 거슬러 올라 갈 수 있고 『주비산경』 역시 비슷한 시기에 만들어졌을 가능성이 있다.

희화는 열 개의 태양을 낳았으나 하늘에서 보이는 태양은 하나이기 때문에 『산해경』「해외동경」에서는 다음과 같이 설명하고 있다.

> 湯谷, 上有扶桑, 十日所浴, 在黑齒北。居水中, 有大木, 九日居下枝, 一日居上枝。
>
> 탕곡은 위쪽에는 부상수가 있으며 열 개의 태양이 목욕을 하는 곳으로 흑치국의 북쪽에 있다. 물 가운데 있으며 큰 나무가 있고 아홉 개의 태양은 아래쪽 나뭇가지에 머물고, 한 개의 태양은 위쪽 나뭇가지에 머문다.

A 그룹 암각화의 전체 구도를 살펴보면 태양신 A5와 다른 태양신 사이에 자연적인 경계선이 하나 있다. 이 경계선은 암각화가 새겨지기 이전부터 이미 있었겠지만 암각화를 새긴 사람은

선의 위쪽에 의도적으로 하나의 태양을 새겨 놓았다. 태양신 A5는 가장 위쪽에 놓여 있어 '日居上枝'가 되며 이것은 희화(입간)와 마주보고 있어 희화가 태양을 관측하고 있는 모습이 된다. 바위의 경계선 아래에 있는 나머지 태양신은 바로 '九日居下枝'가 된다. 위쪽 나뭇가지에 있는 태양신 A5는 남중 할 때의 태양을 표시하고 있는데 머리 위에는 화염이 나오고 있는 모습으로 뜨거운 태양이 하늘에 떠 있다는 것을 나타낸다. 태양이 남중 할 때 고도가 가장 높은 것과 일치한다. 남중한 태양신의 눈은 빛나고 생기가 넘치고 있어 하늘을 운행하며 땅을 밝히고 있음을 보여준다. 남중한 태양신의 눈 옆에는 4단으로 된 '𝌆'형 부호가 있는데 이것은 태양 남중을 이용해 일 년 사시(四時)를 측정했다는 것을 의미한다. 태양신의 아래에는 별 모양의 부호 2개가 있는데 하나는 '⋇'형으로 일 년 사시(四時)동안 일출몰 방위(또는 그림자)를 나타낸 것이다. 춘분일과 추분일 당일에는 해가 정동에서 나오므로 해 그림자는 정서쪽에 나타나며 일몰시에는 반대가 된다. 이것을 선으로 표시한 것이 바로 그림 38의 부호 중간에 있는 가로 선이다. 그리고 동짓날 해는 동남쪽에서 떠서 서남쪽으로 지는데 이때 해 그림자는 서북쪽에서 동북쪽으로 이동한다. 하짓날이 되면 해는 동북쪽에서 나와 서북쪽으로 지는데 이것을 선으로 표시한 것이 부호의 교차선이 된다. 이것을 간단히 표현하면 그림 38과 같다.

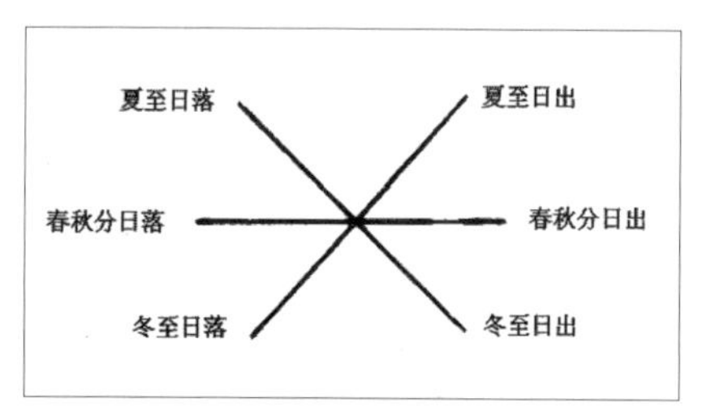

그림 38. 암각화 부호에 따라서 복원한 四時의 해 그림자 시의도(示意圖). 그림에서 교점은 입간(立竿)을 세우는 곳이다. 동짓(하짓)날 일출시 해 그림자는 하짓(동짓)날 일몰 방위와 같다.

또 다른 부호는 명확하지는 않지만 복원해보면 '⋇' 모습이다. 이것은 입간측영(立竿測影)을 통해 1 회귀년을 사시팔절(四時八節)로 나눈 것임을 알 수 있는데 자세히 표현하면 그림 39와 같다.

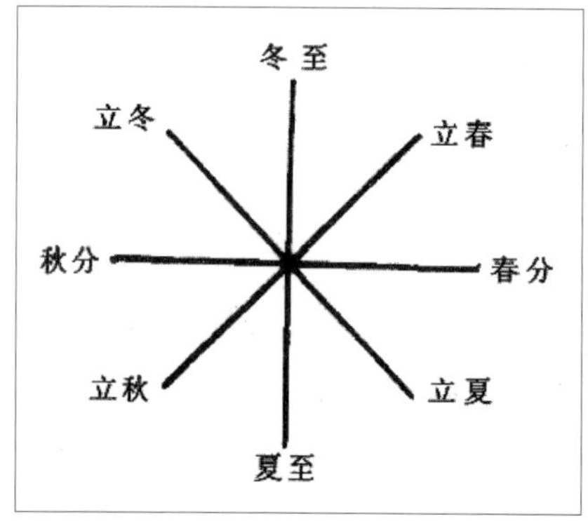

그림 39. 암각화 부호에 따라 복원한 사시팔절 방위도

이를 통해 장군애 암각화 시대의 고대인들은 1 회귀년을 사시팔절(四時八節)로 나누었음을 알 수 있다. 이것은 『상서』「요전」에서 1 회귀년을 사시(四時)로 나누었다는 내용보다 한층 더 자세

한 기록이다.

장군애 암각화가 있는 위치는 「요전」에 기록된 동표(東表)의 땅과 대체적으로 일치한다. 「요전」에서는 다음과 같이 적고 있다.

> 分命羲中, 宅嵎夷, 曰暘谷。寅宾出日, 平秩東作。日中星鳥, 以殷仲春。厥民析, 鳥兽孳尾[10)]
>
> 각각 희와 중에게 명하기를 동쪽의 양곡에 거하면서 공손히 해가 뜨는 것을 맞이하고 태양이 동쪽에서 떠오르는 시각을 측정하라고 하였다. 낮과 밤의 길이가 같아질 때 남방주작의 7宿가 황혼 때 하늘의 정남쪽에 보이게 되고 그러면 이날을 춘분으로 정한다. 이 때, 사람들은 논밭과 들판으로 나가고, 새들은 생육 번성하기 시작한다."

'양곡(暘谷)'은 앞서 『산해경』에서 인용한 '탕곡(湯谷)'으로 주(注)에서는 "暘, 明也, 日出於谷而天下明-양은 밝다는 것으로, 해가 골짜기에서 나와 천하를 밝힌다-"라고 하였고, 동쪽의 해가 떠오르는 땅을 가리킨다. 희중(羲中)은 동쪽의 해가 떠오르는 곳을 맡아 관장하는 천문관이다. '우음우(嵎音隅)'는 주(注)에서 "海嵎也 -해안가이다.-"라고 하였다. 장군애가 있는 지리적 위치와 일치한다. 또한 주(注)에서 "宅, 居也, 東表之地稱嵎夷。-宅은, 거한다는 뜻으로, 東表의 땅을 우이(嵎夷)라고 부른다.-"라고 적고 있다. 표(表)는 입간측영(立竿測影)의 입간(立竿)으로 동쪽에 위치하고 있기 때문에 '동표(東表)'라고 적은 것이다. 동표는 앞에 『산해경』에서 언급한 '부상(扶桑)'과 같다. 부상(扶桑)은 신수(神樹)로서 태양이 떠오를 때 입주(立柱) 위에서 회오리 바람을 타고 하늘로 올라간다는 것에서 그 뜻을 취했다. 또한 위에서 언급한 희화 신상(神像)은 입간측영(立竿測影)에서 사용된 규표(圭表)를 의미한다. '인빈출일(寅賓出日)'은 해를 맞이하는 의식으로 태양이 동쪽 바다에서 떠오르는 것을 맞이하는 것이다. 시간은 '이은중춘(以殷仲春)' 즉 춘분날을 가리킨다. 이 날은 낮과 밤의 길이가 같아서 '일중(日中)'이라고 부른다. 밤에 하늘을 바라보면 남방주작이 하늘 한 가운데 있기 때문에 '성조(星鳥)'라고 부른다. 장군애 A 그룹 암각화는 고대에 해를 맞이하는 제례의식이 있었다는 것을 보여준다. 고대인들은 입간측영(立竿測影)을 통해 천상(天象)을 관찰하고 다가오는 춘분날을 확정하였다. 이때 제물과 제례용 가축

---

10) [참고자료] 分头命令羲仲, 居住在东方的汤谷, 恭敬的迎接日出, 辨别测定太阳东升的时刻。昼夜长短相等, 南方朱雀七宿黄昏时出现在天的正南方, 这一天定为春分。这时, 人们分散在田野, 鸟兽开始生育繁殖。(출처: Baidu 백과사전 「尧典」)

을 준비하고 모닥불을 피워 음식을 먹으며 밤새도록 춤추고 노래하며 새벽이 되면 태양이 떠오르는 것을 맞이하였다. 관측자가 금병산(錦屛山) 마이봉(馬耳峰) 정상에서 멀리 동쪽의 바다를 바라보면 여명 전에는 어두워서 아무것도 보이지 않는다. 그러나 하늘에서 희미하게 빛이 비추면 바다 위로 아침 햇빛이 드러난다. 이것은 희화가 해를 낳기 시작하는 것으로 A 그룹 암각화에서는 방사형 빛살 무늬로 표시하였다. 고대인들은 일출 전의 햇빛을 신(神)으로 여겨 '구망(句芒)'으로도 불렀으며 『산해경』「해외동경」에서는 다음과 같이 적고 있다.

東方句芒, 鳥神人面, 乘兩龍。
동쪽의 구망은, 새 몸에 사람얼굴을 하고 있으며, 두 마리의 용에 올라타 있다.

또한 『회남자』「천문훈」에서는 다음과 같이 적고 있다.

東方木也, 其帝太皞, 其佐句芒, 執規而治春。
동쪽은 木으로, 임금은 태호요, 보좌하는 이는 구망으로, 規(각 질그릇)을 들고 봄을 다스린다.

태호(太皞)는 태호(太昊)로도 불리며 고대 신화 속의 태양신이다. 앞서 언급했듯이 소병(蕭兵)은 '장군애 암각화는 고대의 태호족(太昊族) 또는 소호족(少昊族)의 유적'이라고 주장하였다. '구(句-gōu)'는 '구(勾-gōu)'로 발음되고, '구망(句芒)'은 태양이 막 떠오르려고 할 때 지면 위로 드러나는 햇빛을 의미한다. 마치 봄에 초목이 자라서 갈고리 모양으로 구부러지고 각(角)이 생기는 것과 같은 모양이라 '구망(句芒)'으로 부르는 것이다.[11] 최초 보고에서도 빛살문양(光芒紋)을 '화묘문(禾苗紋)'이라고 불렀다. 아침에 해가 떠오를 때 강렬한 햇빛은 마치 벼이삭이 자라 나오는 것과 같아서 고대인들은 빛살을 방사형으로 표시하였다. 또한 인면문(人面紋)을 각(角)으로 표현하였는데 이것은 '東方句芒, 鳥身人面'의 신화와 일치한다. 고대인들은 떠오르는 태양이 마치 곡물의 씨앗이 발아할 때 지면을 뚫고 나오는 머리 부분(頭) 같다고 여겼다. 두(頭)는 두(豆)에서 나온 것으로 곡식의 낟알에서 비롯된 글자이다.

곡식이 발아하면 땅속으로 뿌리가 뻗어가는 형상이 되기 때문에 암각화에서는 태양신 A4와 같이 아래로 연결된 선이 뿌리털 모양으로 되어 있다. 이것은 태양이 대지의 모태로부터 태어

11) 袁珂: 『古神話選擇』, 人民文學出版社, 1982年.

난 것이라는 것을 나타낸다. 따라서 A 그룹 암각화가 표현하려는 내용 가운데 하나는 봄이 왔다는 것이다. 즉, 땅 속의 벼이삭도 발아 생장하여 초목도 이미 새로운 어린잎을 움틔우고 있으며 새로운 생장년(生長年)이 시작되었다는 것이다. 이것은 「요전」에 적혀 있는 "평질동작(平秩東作)"과 같다.

A 그룹 암각화 가운데 A11과 A12는 짐승 얼굴 모양으로 얼굴의 외곽선은 없고 눈썹과 눈, 입, 코만 그려져 있다. 이들은 마치 고양이나 부엉이와 비슷한 모습으로 보인다. 그러나 이것 또한 천상(天象)을 표현한 그림으로 고대 신화를 인용하면 쉽게 설명할 수 있다. 『산해경』 「대황동경」에서는 다음과 같이 적고 있다.

> 東海之渚中, 有神, 人面鳥身, 珥两黄蛇, 踐兩黄蛇, 名曰禺虢。黄帝生禺虢, 禺虢生禺京。禺京處北海, 禺虢處東海, 是惟海神。
>
> 동해의 섬 위에는 神人이 하나 있는데 사람 얼굴에 새의 몸을 하고 있다. 황색 뱀 두 마리가 귀에 걸려있고, 발아래에 황색 뱀 두 마리를 밟고 있다. 이름은 우괵(禺虢)으로, 황제가 우괵을 낳고 우괵이 우경(禺京-禺京이 바로 禺疆、禺强으로 北海의 海神을 말한다)을 낳았다. 우경은 북해에 살고 우괵은 동해에 사는데 모두 바다의 신이다.

이 신화는 장군애 암각화 이전에 이미 존재했을 것이다. '東海之渚中' 또한 장군애가 있는 지리적 위치와 일치한다. 태양이 막 떠올랐을 때 입간측영(立竿測影)을 했던 고대인들은 입간(立竿)의 아래에 해 그림자가 나타나길 기다렸다. 막 떠오르는 붉은 태양 빛은 입간(立竿)의 그림자를 만들지 못하지만 태양이 입간(立竿)을 따라 떠오르면 순식간에 강렬한 햇빛으로 인해 해 그림자가 생겨나고 입간측영(立竿測影)을 시작할 수 있게 된다. 이 때 일제히 큰 소리로 태양신을 맞이한다. 해 그림자(晷影) 신(神)을 '우괵(禺虢)'이라고 부른다. 즉, A 그룹 암각화 위의 수면문(獸面紋) A12를 말한다. 태양이 점점 높이 떠올라 정오가 되면 태양은 하늘 가장 높게 있게 되고 입간(立竿)의 그림자는 정북을 가리키게 되는데 이때 해의 그림자 신을 '우경(禺京)'이라고 부른다. 즉 A 그룹 암각화 위의 수면문(獸面紋) A11을 말한다. '黄帝生禺虢, 禺虢生禺京'이라는 것은 황제(黄帝) 역시 태양신의 신격이 있음을 의미한다.

마지막으로 A 그룹 암각화에는 별자리 문양이 있는데 모두 '∵'모양으로 새겨져 있다. 세 점으로 하나의 각(角)을 만들어 놓은 것은 밤에 하늘을 볼 때 각성(角星—용각(龍角)인 각수(角宿)와 호각(虎角)인 자수(觜宿))를 주의 깊게 관찰했음을 의미한다.

2절. B 그룹 암각화: 조력천상도(鳥曆天象圖)

이 암각화는 '조력천상도(鳥曆天象圖)'라고 부르는데 최초 보고서에 의하면 조수문(鳥獸紋)과 성상(星象)의 모습이 비슷해서 붙여진 이름이다(그림 40).

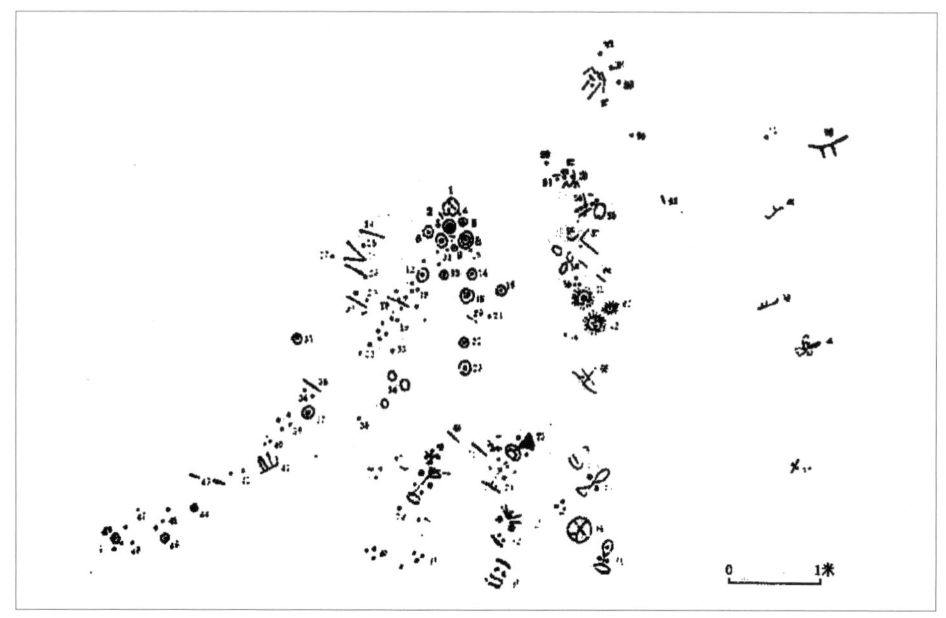

그림 40. 연운항 장군애 암각화 B 그룹: 조력천상도(鳥曆天象圖)

개산림(盖山林)은 이 그림을 '천서(天書)'라고 불렀는데 미술사 관점에서 본다면 예술적 가치가 높지 않을 뿐만아니라 천문학 관점에서도 과학적 가치는 높지 않은 것으로 보인다. 따라서 이 암각화에 대한 연구는 많이 이루어지지 않았다. 이세동(伊世同)의 「連雲港將軍崖石刻的天文含意」는 1989년 곤명(昆明) 천문학사토론회에서 발표된 것으로 알려져 있으나 더 이상의 자료는 찾을 수 없다. 필자들이 보기에 이것은 가장 오래된 개천성도(蓋天星圖)로서 조수문(鳥獸紋)을 그렸기 때문에 '조력천상도(鳥曆天象圖)'라고도 부를 수 있을 것이다.

이것을 가장 오래된 개천성도라 할 수 있는 이유는 개천설에 따라 하늘의 모양을 새겨놓았기 때문이다. 『주비산경』 1권에서는 "笠以寫天 —삿갓으로 하늘을 묘사하다.—"라고 적고 있으며 2권에서는 "天象蓋笠 —하늘은 삿갓을 본뜬 것이다.—"라고 적고 있다. 주(注)에서는 "삿갓의 모양이 하늘을 닮았고 『시경』에서는 '何蓑何笠。此之義也。 —도롱이를 걸치고 삿갓을 썼다는 뜻이다—"라고 적고 있다. 립(笠)은 바로 죽립(竹笠)으로 대쪽을 이용해 엮은 것으로 끝이 뾰쪽하고 납작한 원추 모양으로 간단히 '△'으로 표현할 수 있다. 실제 생활에서는 그릇의 뚜껑이나 햇빛과 비를 피하는 모자의 모양과 같다. 청(淸)나라 관원들이 머리에 썼던 관모(官帽)와도 같은 모양이다. 앞에서 언급했듯이 『주비산경』이 책으로 완성된 시기는 오래되지 않았으나 그 안에 기록된 개천설 우주론은 매우 오래된 것으로 '천사개립(天似蓋笠)'은 고대인들이 하늘의 구조에 대해 갖고 있던 직관적인 인식으로 볼 수 있다.

장군애 B 그룹 암각화는 유적의 남쪽에 위치한다. '천사개립(天似蓋笠)'의 모양으로 보자면 피라미드 모양의 암각화 분포에서 별자리는 전반적으로 피라미드의 위쪽에 집중되어 있다. 별자리 배치를 자세히 살펴보면 암각화의 서쪽에 집중되어 있으며 동쪽에는 약간의 부호만이 있을 뿐 별자리는 매우 적다. 특히 동남쪽 모서리는 완전히 비어있는데 이것은 천상(天象) 신화를 이용해 설명할 수 있다. 『회남자』「천문훈」에서는 다음과 같이 적고 있다.

昔者共工與顓頊爭爲帝, 怒而觸不周之山, 天柱折, 地維絶。天傾西北, 故日月星辰移焉; 地不满東南, 故水潦塵埃歸焉。[12]

옛날에 共工과 顓頊이 제왕의 자리를 놓고 싸울 때 共工이 노하여 不周山과 부딪혀 天柱(하늘의 기둥)를 부러뜨리고 땅을 매고 있던 밧줄을 끊어버렸다. 하늘은 서북쪽으로 기울어져 일월성신은 모두 서북쪽으로 옮겨졌다. 대지의 동남쪽 모서리는 아래로 무너져 내려 강물과 흙모래가 동남쪽 모서리로 흘러갔다.

'천주(天柱)'는 경천주(擎天柱)로 하늘이 무너지지 않은 것은 경천주가 받치고 있기 때문이라

12) [참고자료] 译文: 从前, 共工与颛顼争为帝王, (共工)发怒撞不周之山, 支撑天的柱子折了, 系挂地的绳子断了。天向西北方倾斜, 所以 日月星辰都朝西北方移动; 大地的东南角陷塌了, 所以江河泥沙朝东南角流去。(출처: Baidu 백과사전「共工氏与颛顼争为帝」)

고 생각하였다. 원래 천지는 질서정연하게 배치되고 하늘의 북극 또한 우리들이 머리 위에 있었다. 그러나 고대에 지상천제의 신위(神位)를 놓고 쟁탈전이 있었고 그 과정에서 공공씨(共工氏)가 싸움에서 졌다. 공공씨는 화가 나서 경천주 가운데 하나인 불주산(不周山)을 넘어뜨렸다. 주(注)에서는 "不周山在西北也"라고 적고 있다. 결국 서북쪽의 경천주가 부러졌다는 것이다. '天柱折, 地維絶'은 하늘과 대지가 모두 모양이 바뀌었다는 뜻으로 '天傾西北, 故日月星辰移焉'이 된 것이다. 하늘의 북극 또한 북쪽으로 기울어졌다. 이것은 장군애 B 그룹 암각화에서 별자리가 서쪽에 집중되어 있고 특히 서북쪽에 가장 많이 새겨진 이유이기도 하다. '地不滿東南'이기 때문에 B 그룹 암각화의 동남쪽에는 아무것도 새기지 않은 것이다. 공공씨(共工氏)가 노하여 불주산(不周山)과 부딪힌 신화의 이야기는 전국(戰國)시대까지 거슬러 올라갈 수 있다. 굴원(屈原)은 『초사(楚辭)』「천문(天文)」에서 다음과 같은 의문을 제시하였다.

"康回馮怒, 地何以東南傾? -강회가 아무리 화를 냈어도 땅이 어찌하여 동남쪽으로 기울었는가?-" 강회(康回)는 공공씨(共工氏)로 공공씨가 노하여 하늘을 서북쪽으로 기울게 하였고 땅은 동남쪽으로 꺼지게 하였다는데 가능한 일인가? 『회남자』 기록 가운데 일부는 이러한 고사를 전욱(顓頊) 시대까지 추정할 수 있게 한다. 비록 『회남자』가 후대에 완성되기는 했지만 기록된 일부 내용들은 매우 오래된 것으로 보인다. 장군애 B 그룹 암각화를 보면 고대인들이 하늘과 땅을 인식하는 과정으로 볼 수 있다. 장군애 암각화 시대의 고대인들은 이미 하늘의 북극은 영원하다는 것을 알고 있었다. 그리고 '天傾西北'의 신화를 B 그룹 암각화 위에 구체화 시킨 것이다. 암각화를 서남쪽과 북쪽으로 기울어진 바위 위에다 새긴 것은 암각화에서 북진(北辰)의 정점이 하늘의 북극을 가리키도록 하여 하늘의 실제 모습과 일치시키는 모습을 보여준다. 실제로 암각화가 분포하는 면은 적도와 수직인 평면에 있는데 이것은 제작자가 의도적으로 배치한 것으로 보인다.

아래의 설명에서 B 그룹 암각화를 몇 개로 나누어 구체적으로 설명하도록 하겠다.

첫째는 B86-B90으로 가장 높은 곳에 위치해 있다. 이들이 새겨진 피라미드의 뾰쪽한 꼭대기는 하늘의 북극으로 보인다. 더욱이 몇 개의 별 배치는 북극 별자리와 매우 유사한 모습이다. 동양의 전통 성도에서 북극 별자리는 5개의 별로 이루어져 있는데[13] 이들의 이름은 태자(太子), 제(帝), 서자(庶子), 후궁(后宮), 천추(天樞)이다. 하늘에서 천추(天樞)는 다른 4개 별들의 간격보다 멀리 있는데 암각화에 새겨진 모습과 유사하다. 그 가운데 제성(帝星: B88에 해당함)은 기원전

13) 『中國大百科全書』「天文學」, 彩圖第43p, 星圖1. 中國大百科全書出版社, 1980年.

3000년 무렵의 북극 근처의 별이다. 하늘의 북극은 암각화에서 B87로 표현하였는데 '[symbol]' 부호 가운데 새겨진 별이 바로 당시 북극의 위치에 해당한다. 이 부호가 무엇을 의미하는지 정확하게 알기는 어렵다. 만약 종교적인 관점에서 본다면 이것은 지상천제의 신위(神位)가 소재한 것을 표시한 것으로 갑골문의 '제(帝)'자와 비교할 수 있다.

갑골문의 제(帝)는 '[symbol]' 또는 '[symbol]'로 되어있는데[14] 나누어 보면 'T'형 문양, 'X'형 문양, '⊢⊣', '▭' 이나 'O'형 문양으로 이루어져 있다. 암각화에 있는 문양을 분석해보면 'T'형 문양이나 '⌈'형 문양(이 역시 '規'로, 規矩문양을 銅鏡에서 보게 되면 이런 문양이 됨)도 있고, 이 외에도 'T'문양과 '⌈'문양으로 이루어진 네모난 틀과 호(弧)도 있다. 이로부터 고대인들이 컴퍼스와 곱자(規矩)의 사각형과 원을 이용해 '제(帝)'자를 만들었다는 것을 알 수 있다. 이러한 주장은 고대 신화 속에서도 찾을 수 있는데 예를 들면『회남자』「천문훈」에서는 "執規而治春－컴퍼스를 잡고 봄을 다스린다.－"라고 적고 있으며 또는 "執矩而治秋－곱자를 잡고 가을을 다스린다.－"라고도 적고 있다. 컴퍼스와 곱자(規矩)가 사방사시(四方四時)를 측정하는데 사용될 수 있고 사각과 원형을 그리는데에도 사용되기 때문이다. 그래서 고대인들은 '하늘은 둥글고 땅은 네모지다'는 생각을 하였다. 규(規)로 원을 그려 하늘을 상징하였고 구(矩)로 네모를 그려 땅을 상징하였다. 천지우주를 주관하는 존재가 상제(上帝)이기 때문에 규구방원(規矩方圓)의 부호로써 제(帝)자를 만든 것이다. 암각화 위의 이 복잡한 부호는 이미 규구(規矩)와 변형된 부호로 이루어진 것일 뿐만 아니라 '제(帝)'자의 원시 글자로도 해석할 수 있다. 중간에 있는 작은 별(B87)은 북극제성(北極帝星)의 위치를 표시한 것이다.

둘째는 B50－B65로 일렬로 된 별 모양의 점(星點)과 문양이 세로 방향으로 있으며 전체 암각화의 가운데에 있어 중요한 부호임을 알 수 있다. 그 가운데 B61, B62, B63은 3개의 태양 도안으로 아래쪽 B65와 함께 전체 B 그룹 암각화의 정중앙에 위치하고 있어 가장 중요한 문양임을 보여주며 태양이 관상수시(觀象授時)의 중심이라는 것을 말해준다. '±' 문양은 성점(星點)의 특성을 알 수 있는 것으로 보인다. 따라서 먼저 살펴보도록 하겠다. 위에는 '+'가 있고 아래에는 물결무늬가 있다. 이를 앞에서 언급한 규(規), 구(矩), 방(方), 원(圓) 부호와 서로 비교해보면『회남자. 천문훈(淮南子. 天文訓)』에서 언급한 "執繩而制四方－줄을 잡고 사방을 바로잡는다.－"와 일치한다.

아래의 물결무늬는 먹줄을 표시한 것이며 위쪽의 十자는 먹줄로 측정한 사시(四時) 방위를 나

14) 中國社會科學院考古研究所:『甲骨文編』, 卷一、二, 河三八三, 掇二、一二六, 中華書局, 1975年.

타낸 것이다. 이로부터 태양 도안 세 개를 삼각형으로 배열한 의미를 이해할 수 있다. 이것은 일출, 일중, 일몰의 태양 방위 3개를 표시한 것으로 입간측영(立竿測影)에서 태양의 일주(日周) 운동 중에서 중요한 세 방위를 의미한다. 따라서 둘째 문양은 '황도대(黃道帶)의 별무리(星群)'로 부를 수 있겠다.

이 별무리 가운데 신령(神靈) 하나가 그려있는데 바로 B53이다. 간단한 선을 이용해 눈썹과 눈, 입과 코의 윤곽을 간단히 그렸으며 얼굴의 테두리는 없다. 사람 얼굴이나 새머리처럼 보이기도 하지만 자세히 살펴보면 새 부리를 한 사람 얼굴의 태양신 모습으로 보인다. 태양신은 별무리 사이에 있어 신령이 태양의 운행을 담당하고 있다는 것을 의미한다. 이 별무리에 있는 별들은 실제 하늘의 별과 대부분 비교하기 어렵다. 그러나 삼각형으로 배열된 B52와 B59는 '각(角)'을 표시한 것으로 보인다. 이는 각수(角宿)가 황도(黃道) 상에서 관측의 기준이 되는 것임을 나타낸다. 다섯 개의 별이 한 줄로 나열된 B54는 다섯별을 한 줄로 연결해서 표시하려 한 것으로 보인다. 그 외에 몇 개의 동그라미 문양(B58), 짧은 선 문양(B60), 규(規)형 문양(B57), 구(矩)형 문양(B56) 등은 『회남자』 「천문훈」에서 "執規而治春-컴퍼스를 잡고 봄을 다스린다.-", "執衡而治夏-저울대를 잡고 여름을 다스린다.-", "執矩而治秋-곱자를 잡고 가을을 다스린다.-", "執權而治冬-저울(추)를 잡고 겨울을 다스린다.-"라고 말한 내용처럼 이들 문양이 태양을 관측하는데 사용한 의기(儀器)들로 생각된다. 물론, 입간측영(立竿測影)의 입간(立竿)도 함께 사용되어졌을 것으로 생각된다.

고대인들의 황도(黃道)에 대한 지식은 안시 관측에 의존하였다. 일출, 일몰과 함께 태양의 위치를 관측적 경험을 통해 알아냈으며 사시(四時)에 해가 머무는 위치를 판단하였다. 황도대 위에 태양 도안 3개를 그린 것 또한 이러한 의미라고 볼 수 있다.

셋째는 B1-B23(이 별무리는 넷째 별무리의 일부임)으로 중앙의 서쪽에 위치하고 있으며 10여 개의 별이 세로로 나열되어 있다. 이들 모습에 대해 이홍보(李洪甫)는 다음과 같이 해석하였다. B3과 B8은 달 모형인데 달의 위치 변화를 표시하기 위해 '·)' 또는 '·))' 문양으로 표시하였다.[15] 이들 문양은 최초보고서에서 작성된 본 책의 그림 40에는 누락되어 있다. 달 문양은 B3 위에 있는 인면문(人紋面) B1은 월신(月神)으로 달과 관련된 이들 별무리는 백도대(白道帶)라고 부를 수 있다. 하늘에서 달의 궤도를 나타낸 것이다. B15는 인면문(人紋面)처럼 보이지만 또 한편으로는 짐승 모습과 유사해 보인다. B15와 월신(月神)은 줄지어 배열되어 있기 때문에 세음(歲陰-태

15) 李洪甫: 「將軍崖岩畵遺迹的初步探索」, 『文物』 1981年 第7期.

세. 목성의 옛 이름)이나 태세신(太歲神)을 표시한 것으로 보인다. 가장 아래에 있는 별 B23은 특히 크게 그려져 있어 암각화 중에서 비교적 중요하다는 것을 보여주는데 세성(歲星-목성)을 표시한 것으로 보인다.

넷째는 B1-B49로 전체 암각화의 서북쪽에 위치하고 있다. 하나의 긴 열로 배열되어져 있으며 동북쪽에서 서남쪽으로 기울어져 있다. 이홍보(李洪甫)는 "이것은 마치 은하수의 띠와 같은데 세 개의 짧은 선이 그것을 네 구역으로 나누고 있어 성운(星雲)의 변화를 표시한 것 같다"라고 말했다. 이것은 전체 성도(星圖) 중에 중요한 주천성좌(周天星座)를 표시한 것이다. 세 개의 짧은 선으로 주천성좌를 네 구역으로 나눈 것은 사시(四時) 성공(星空)의 변화를 표시한 것이다. 사시(四時) 성공(星空)을 하나의 성좌대(星座帶) 위에 그렸고 또한 서북쪽에 비스듬히 기울어져 있어 당시의 '천경서북(天傾西北)' 우주론에 따라 그려진 것으로 보인다. 이들 성도(星圖)는 체계를 갖춘 성도가 아니기 때문에 실제 하늘의 모습과 비교할 수는 없다. 당시 고대인들은 하늘의 구면을 원면에 표시하는 원면성도(圓面星圖)의 도법지식이 없었을 것이다. 또한 당시에는 전천(全天)에 대한 체계적인 별자리 체계도 갖추어 있지 않았기 때문에 별자리는 시의(示意)적인 성격을 띠고 있어 보인다. 그러나 이것은 지금까지 발견된 가장 오래된 고대 성도(星圖)로 볼 수 있으며 이러한 의미로도 그 가치가 높다고 할 수 있다. 당시에는 신령이 우주를 지배하고 있다고 믿었기 때문에 별자리와 천신(天神)이 함께 섞여 있는 이러한 시의성도(示意星圖)를 만들었을 것이다. 선으로 나누어진 하늘의 네 구역에 포함된 별자리의 개수는 일정하지 않다. 각 구역에는 평균적으로 6개의 별자리가 포함되어 있는데 제 2구역에는 3개만 있다. 제 1구역의 시작부와 달의 궤도는 서로 겹쳐져 있는데 이로부터 이 구역이 관측의 핵심 지역이었을 것으로 생각된다. 제 1구역의 초입에 있는 B1은 월신(月神)이며 그 아래에 있는 두 개의 큰 별인 B3과 B8은 달을 표현 한 것으로 보인다. 그리고 월신(月神)과 달 사이에 있는 별 B4와 B5는 각수(角宿) 별자리로 보인다. B4와 B5는 위아래로 놓여 있는데 이는 실제 하늘에서 각수(角宿)의 위치와 일치한다. 그 아래의 세별인 B6, B7, B9는 서로 연결되어 있어 심수(心宿) 별자리처럼 보인다. 심수(心宿)의 가운데 별인 B7은 그 중 가장 밝은 별로 표시되어 있다. 그 외의 나머지 별자리는 확인이 어렵다. 제 3구역(B36-B42)에 있는 B41 문양은 네 구역을 전체적으로 설명하는 중요한 것으로 짐작되지만 정확한 해석은 어려운 실정이다. 네 구역의 전체적인 외형을 살펴보면 몇 가지 동물을 포함하고 있는 것으로 보이는데 용이나 호랑이와 비슷해 보이기도 한다. 제 3구역이 하늘로 떠오르는 계절에 용과 호랑이가 교합한다는 것을 나타낸 것으로 보인다. 장군애 암각화 시대의 고대인들은 1 회귀년을 두 개의 계절로 나눈 것으로 보이는데 달이 각수(角宿)와 가까워지면 새로운 생장년(生長年)이 시작되는 것이다. 즉, 제 1, 2 구역이 하늘에 보일 때가 생장년(生長年; 봄과 여름)이 되고, 제 3, 4구역이 보이면 수장년(收藏年; 가을과 겨울)이 된다.

다섯째는 B24-B28로 그 가운데 B24, B26, B28은 모두 별에 꼬리가 달려 있어 혜성이나 유성으로 보인다.

여섯째는 B66-B85로 별자리와 부호 그리고 간단한 조수(鳥獸) 문양으로 이루어져 있다. 그 가운데 B84는 '⊗'형으로 눈에 띄는 모습인데 원 안쪽에 양각주(羊角柱)가 보인다. 이 문양은 B 그룹의 전체 성상도를 대표적으로 설명하고 있는 것으로 보인다(그림 41).

그림 41. 장군애 암각화 B 그룹에 그려진 문양

바깥 원은 '天似蓋笠'을 뜻하는 것으로 하늘이 대지를 덮고 있는 둥근 덮개임을 나타낸다. 안쪽에 있는 양각주(羊角柱)는 입간측영(立竿測影)의 입간(立竿)에서 형태를 본뜬 것으로 입간측영(立竿測影)을 통해 1 회귀년의 사시팔절(四時八節)을 확정한다는 것을 나타낸다. 이홍보(李洪甫)는 B75를 말굽 문양으로 불렀는데 '걸어 다니며 하늘을 관측(觀象步天)한다'는 뜻을 가지고 있다. B83은 무엇인지 알기 어려우나 작게 조각난 모습으로 예측하건데 세종대제(歲終大祭)때 바쳐진 희생물로 보인다. 나머지 별들과 조수(鳥獸) 문양 8개(B69, B70, B72, B73, B74, B76, B82, B85)는 사시팔절(四時八節)의 조신(鳥神)을 나타내고 있는 것으로 보이는데 『좌전』「소공」 17년에는 다음과 같이 기록되어 있다.

少皞摯之位也, 鳳鳥適之, 故紀於鳥, 爲鳥師而鳥名。鳳鳥氏, 曆正也。玄鳥氏, 司分者也; 伯趙氏, 司至者也; 青鳥氏, 司啓者也; 丹鳥氏, 司廢者也[16)]

소호 지(摯)가 왕위에 오를 때, 봉조가 마침 날아왔기에 새(鳥曆)로 기록하고 鳥師로 삼았으며 새 이름을 관직명으로 삼았다. 봉조씨는 역정(曆正)이라. 현조씨는 춘분과 추분을 관장하고, 백로(백조)씨는 하지와 동지를 관장한다. 청조씨는 입춘과 입하를 관장하고, 단조씨는 입추와 입동을 관장한다.

16) [참고자료] 以玄鸟为司分, 掌管春分和秋分; 以伯劳为司至, 管理夏至和冬至; 以青鸟司启, 管理立春和立夏; 以丹鸟司闭, 管理立秋和立冬。(출처: Baidu 백과사전 「少皞」)

이것은 소호(少皞) 조(鳥) 왕국 신화의 한 부분으로 장군애 암각화가 고대의 소호족(少昊族) 유적지의 일부분임을 나타낸다. 이 조력(鳥曆) 신화의 기록은 장군애 암각화 보다 약 2천 년 늦은 것이지만 장군애암각화의 내용과 일치하고 있다. '역정(曆正)'은 주(注)에 "鳳鳥知天時, 故以名曆正之官。—봉조는 하늘의 때를 알기 때문에 曆正의 관직명으로 삼았다.—"라고 적혀 있다. 봉조(鳳鳥)가 사시(四時) 물후 새의 대표가 된 것이다. '사분(司分)'은 춘분과 추분으로 '玄鳥氏, 司分者也'라 하였다. 이에 대해 주(注)에는 "玄鳥, 燕也, 以春分來, 秋分去。—玄鳥는 제비로, 춘분에 날아와서 추분에 떠난다.—"라고 적고 있으며, 소(疏)[17]에서는 "以春分來, 秋分去, 故以名官。—춘분에 와서, 추분에 날아가기 때문에 이로써 관직명으로 삼았다.—"라고 적고 있다. 조관(鳥官) 현조씨(玄鳥氏)는 역사상 실제로 존재했던 민족으로 후세의 상족(商族)을 가리킨다. '사지(司至)'는 동지와 하지를 말하며 '伯趙氏, 司至者也'라고 하였다. 주(注)에서 "伯趙, 伯勞也, 以夏至鳴, 冬至止。—伯趙는 백로이다. 하지에 울고, 동지에 그친다.—"라고 하였다. 소(疏)에서 "以鳥以夏至來, 冬至去, 故以名官。—새가 하지에 왔다가 동지에 가므로, 이로써 관직명으로 삼았다.—"라고 하였다. 지금의 종달새를 가리킨다. '사계(司啓)'는 입춘과 입하를 말하며, '青鳥氏, 司啓者也'라고 하였다. 주(注)에서 "青鳥, 鶬(재두루미 창/ 꾀고리 창)鴳(세가락 메추리 안)也, 以立春鳴, 立夏止。—青鳥는 재두루미와 세가락 메추라기이다. 입춘에 울고 입하에 그친다.—" 이런 종류의 새들은 한대(漢代) 이전에 사라진 것으로 보여 해석할 방법이 없으며 '先儒相說耳 —선대의 유가들이 말했던 것일 따름이다.—'라고 하는 전설 속의 새가 되었다. '사폐(司廢)'는 입추와 입동을 말하며, '丹鳥氏, 司廢者也'라고 하였다. 주(注)에서 "丹鳥, 鷩(biē—금계 별/ 붉은 꿩)雉(zhì—꿩 치)也, 以立秋來, 立冬去, 入大水爲蜃。—丹鳥는 금계(金鷄)이다. 입추에 왔다가 입동에 가고, 큰 강에 들어가 조개가 된다.—"라고 하였다. 원가(袁珂)는 별치(鷩雉)를 금계(錦鷄—金鷄: 꿩과의 새. 붉은 꿩.)로 해석했는데[18] 산계(山鷄)의 일종이다. '入大水爲蜃'이라는 것은 북방의 수(水)가 상징하는 겨울에 세종대제(歲終大祭)를 거행할 때 하늘에 조개(蜃)를 제물로 바쳤다는 것을 뜻한다.

조력천상도(鳥曆星象圖)는 문헌 기록으로 남아 있는데 고대의 소호족(少昊族)이 남긴 유적이 확실해 보인다. 한편, 암각화 성도(星圖)의 동쪽 절반에는 약간의 깃털문양과 새머리 문양이 있지만 동남쪽에는 아무것도 없이 비어있어 끝없이 넓은 공간이라는 것을 표시하고 있다. 이것은 고대인들이 당시 남쪽하늘 별자리는 관심 있게 관찰 하지 않았음을 보여준다.

---

17) [역자주] 소(疏): 고서에서 '주(注)'에 덧붙인 '주'를 가리킨다.

18) 袁珂: 『古神話選擇』, 人民文學出版社, 1982年.

3절. C 그룹 암각화: 천정도(天頂圖)

C 그룹은 장군애암각화의 가장 높은 곳에 위치해 있으므로 '천정도(天頂圖)'로 부르기로 하겠다. 고대인들은 하늘에 지붕이 있다고 여겼는데 이것은 개천설 우주론에서 나온 것이다. '天似蓋笠'에서 윗부분에 덮개(속칭, 蓋帽)가 있어야만 손으로 잡기에 편한 것과 같다. 덮개가 있으면 천신(天神)들도 하늘 꼭대기에서 생활하기가 편해지므로 천정도(天頂圖) 위에 성신과 천신(天神) 두상(頭像)을 함께 새긴 것이다(그림 42).

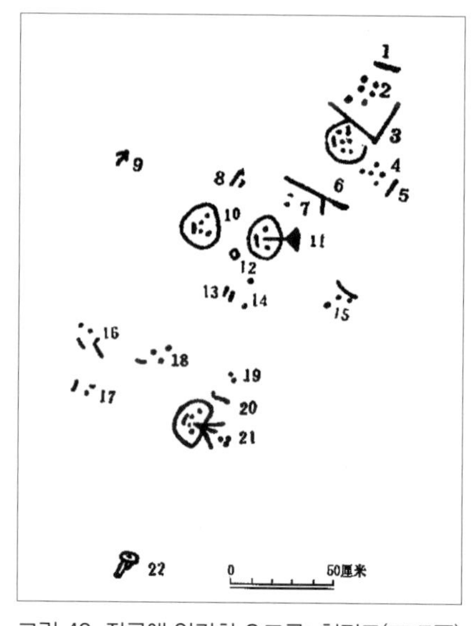

그림 42. 장군애 암각화 C 그룹: 천정도(天頂圖)

천정도(天頂圖)의 세 부분에는 별이 밀집되어 있는데 그 중 한 곳에는 여섯 개의 별(C2)이 직각선의 안쪽에 새겨져 있다. 다섯 개의 별로 이루어진 나머지 두 곳(C3, C4)은 각각 원 안쪽과 직선의 사이에 새겨져 있다. 이들을 하늘의 별과 비교해보면 세 곳 모두 묘수(昴宿) 성단과 비슷한 모양이다. 묘수 옆에는 방원(方圓)과 직선이 있는데 그 의미는 다음과 같다. 묘수는 남중하면 천장에 위치하게 되므로 천지사방(天地四方)과 1년 사시팔절(四時八節)의 관상수시를 관장하게 된다. 별 이름인 묘(昴–mao, 못과 발음이 같다)는 머리가 큰 못(鉚釘–rivet)으로 하늘에 박혀있다(鉚)는 뜻이다. 묘(昴–mǎo)와 묘(鉚–mǎo)는 모두 묘(卯–mǎo)에서 나왔다. 『설문해자』에서는 "卯, 冒(mào)也 –卯는, 밖으로 튀어나오는 것을 말한다.–"라고 적고 있는데 묘수(昴宿) 별자리가 튀어나온 모습을 설명한 것이다. 이러한 설명은 묘수가 남중할 때 천정에 있는 위치 때문에 기인한 것이다. 고대 북반구에서 추수를 끝낸 후 밤에 하늘을 올려다보아야 찾을 수 있었으며 그 모습은 모자의 꼭지와 비슷하게 보였을 것이다. 묘수는 고대 천문관측에 중요한 별자리였다.『상서』「요전」에서는 "日短星昴, 以正仲冬[19] –낮의 길이가 가장 짧고 서방백호 7宿 가운데 묘수가 초저녁에 보이면 이 날을 동지로

19) [참고자료] 白昼时间最短, 西方白虎七宿中的昴星黄昏时出现在正南方, 这一天定为冬至。(출처: Baidu 백과사전「尧典」)

정한다.-”라고 적고 있다

중동(仲冬)은 동짓날이 있는 달로 여기서는 동짓날 당일을 가리킨다. 동지에는 낮의 길이가 가장 짧아 ‘일단(日短)’이라고부른다.

저녁때 하늘을 바라보면 묘수가 머리 위에 있고 이 때 천신(天神)인 상제(上帝)에게 제사를 지내므로 천정도 위에 세 개의 천신(天神) 두상(頭像)을 그려 넣었다. C10은 머리카락이 없는 모습으로 월신(月神)을 나타낸다. C11은 신(辛)자(역삼각형) 모양의 관을 머리에 쓰고 있는데 일신(日神)을 나타낸다. C21은 깃털 모자를 쓰고 있으며 성신(星神)을 나타낸다. 일월성(日月星) 삼신(三神)이 함께 그려져 있어 한 해의 마지막인 동지에 일월성 삼신이 서로 만난다는 것을 나타낸다. 이 외에 천정도의 가장 아래쪽에는 C22 문양이 있는데 그 형태는 못 모양으로 전체 그림의 내용과 일치하며 ‘큰 못(鉚釘-rivet)’을 나타내고 있다고 볼 수 있다. 이것은 묘수가 천정에 있을 때 동지(冬至) 세종대제(歲終大祭)를 거행하여 천신(天神)께 제사 드린다는 것을 나타낸다.

4절. 하늘 기둥(天柱)

천주(天柱)는 장군애 암각화의 중간 끝자락에 한 그룹을 이루고 있다. 최초 보고에서는 다음과 같이 적고 있다. “세 그룹의 암각화 중간에 세 개의 큰 돌 A, B, C가 있다. A는 길이 420cm, 너비 260cm이며, B는 길이 220cm, 너비 180cm이며, C는 길이 220cm, 너비 140cm이다. 장군애에서 이 몇 개의 큰 돌들은 눈에 잘 드러나 보인다. 돌의 표면에는 대칭되는 원와(圓窩-둥글게 움푹 들어간 곳) 문양이 있는데 움푹 들어간 곳의 직경은 7~8cm 정도이다.”[20] 세 개의 큰 돌에는 모두 성신 도안이 새겨져 있는데 장군애암각화 성도의 일부분으로 볼 수 있다.

천주(天柱)가 세 개 밖에 없는 것에 대해 해석이 필요하다. 앞에서 ‘희화생십일(羲和生十日)’신화를 해석 할 때 『초사』「천문(天問)」을 인용하여 “天板焉加(架)? 八柱何當 -북극천이 어떻게 하늘의 중심점에 걸려있는 것인가? 천지간에 기둥 8개가 있는데 이는 어떻게 지탱되고 있는 것인가?-”라고 말하였다. 하늘을 지탱하는 것은 8개의 경천주이다. 팔주설(八柱說)은 보다 늦은 시기의 주장으로 보인다. 가장 오래된 것은 사주설(四柱說)로 『회남자』「남명훈(覽冥訓)」의 견해를

20) 連雲港市博物館等: 「連雲港將軍崖岩畵遺迹調査」, 『文物』 1981年 第7期.

인용해 설명하겠다.

往古之時，四極廢，九州裂；天不兼覆，地不周載；……于是女娲煉五色石以补苍天，断鰲足以立四極。[21)]

고대에 천지사방을 받치고 있던 기둥 네 개가 무너지고 땅이 갈라졌다. 하늘은 대지를 전부 덮을 수 없었고 땅은 만물을 완전히 지탱할 수 없었다. 그리하여 여와는 오색 돌을 다듬어 하늘을 메꾸고 거북이의 네 다리를 잘라 사방의 기둥을 세웠다.

고대에 하늘을 받치고 있던 기둥은 네 개였다. 그러면 어떻게 하나가 없어진 것일까? 앞에서 B 그룹 암각화를 해석할 때 『회남자』「천문훈」을 인용하여 말한 적이 있는데 서북쪽의 경천주(擎天柱) 하나가 공공씨(共公氏)로 인해 끊어졌기 때문에 이로부터 '天傾西北'이 되었고, 하늘의 중심점도 북천극으로 옮겨가게 되었다. 따라서 장군애 암각화를 새긴 고대인들은 세 개의 경천주만 새긴 것이다.

5절. 장군애(將軍崖)암각화 성도(星圖) 시대

앞에서 장군애 암각화 성도는 과학적이지 못하다는 것을 설명하였다. 장군애암각화는 원시적인 개천도(蓋天圖)로 후세의 개도(蓋圖)보다 실제 하늘의 모습을 잘 반영하지 못하고 있어 무엇을 표현한 것인지 해석이 어려웠으며 지금까지 연구가 부진했었다. 그러나 암각화에 새겨진 것은 분명히 성도(星圖)로서 태양, 달, 성신의 문양이 모두 새겨져 있다. 이 암각화의 가치는 과학적 의미보다는 그 오랜 역사성에서 찾을 수 있다. 장군애암각화 성도(星圖)는 중국에서 가장 오래된 성도(星圖)일 뿐 아니라 세계적으로도 가장 오래된 성도(星圖)로 이집트나 고대 바빌로니아에서도 찾아볼 수 없는 천문 자산이다. 따라서 성도(星圖)가 새겨진 연대를 확인하는 것은 필요

---

21) [참고자료] 翻译：远古之时，支撑天地四方的四根柱子坍塌了，大地开裂；天不能把大地全都覆盖，地不能把万物完全承载。……于是，女娲冶炼五色石来修补苍天，砍断海中巨龟的脚来做撑起四方的柱子。(출처: Baidu 백과사전「女娲补天」)

한 일이다.

우선 '십일(十日)' 신화를 살펴보면 전해온 시기는 대략 전국(戰國)이나 진, 한(秦, 漢) 시대로 그리 오래되지 않아 보인다. 그러나 『회남자』 「본경훈(本經訓)」을 살펴보면 제요(帝堯) 시대까지 거슬러 추정할 수 있다.

> 堯之時, 十日幷出, 焦禾稼, 殺草木, 而民無所食。....堯乃使羿 , ... 上射十日。
>
> 요임금 시대에 태양 10개가 한꺼번에 나와 곡식을 마르게 하고 초목이 죽으니 백성이 먹을 것이 없었다. .... 요임금은 이에 예(羿)를 시켜.... 태양 10개를 활로 쏘았다.

십일(十日) 신화는 앞에서 설명하였듯이 피타고라스 이론을 근거로 보면 그리 오래되지 않았지만 고고학적으로 살펴보면 매우 오래되었음을 알 수 있다. 제요(帝堯) 시대에 이미 '십일신화(十日神話)'의 전설이 있었으므로 장군애 암각화가 제요(帝堯) 시대보다 빠른 시기라는 것을 알 수 있다.

장군애 암각화가 포함하고 있는 천상(天象)을 살펴보면 C 그룹 암각화는 묘수가 천정에 있을 때 동지 세종대제(冬至歲終大祭)를 거행한다는 것을 나타내고 있는데 이것은 「요전」의 기록과도 일치한다. 이 외에도 B 그룹 암각화는 북극성이 북극 근처의 제성(帝星) 가까이에 있다는 것을 의미하며 시대는 대략 기원전 3000년경으로 볼 수 있다.

마지막으로 B 그룹 암각화에는 4개 구역의 시작점에 달을 그렸는데 각수(角宿)를 감싸고 있어서 달이 각수(角宿)에 머물 때 새로운 생장년(生長年)이 시작된다는 것을 나타낸다. 『사기』 「역서」에서는 "古曆建正作於孟春 –고력에서는 맹춘으로서 정월을 삼는다.–"라고 적고 있다. 축가정(竺可禎)은 이에 따라 다음과 같이 추산하였다. "사마천(司馬遷)은 예로부터 정월을 맹춘(孟春)으로 삼았고 28수(宿)는 동방창룡에서 시작한다고 설명하였다. 즉 각수(角宿)는 입춘절기에 일전(日躔–태양에 머무르거나) 또는 월리(月离–달이 있는 곳)에 있는 것을 말한다.[22] 달이 각수(角宿)에 머무는 것은 세수(歲首)가 입춘(立春)이었던 시대로 지금으로부터 5000년 전이 된다.[23] 장군

---

22) [참고자료] 陈遵妫 『中国天文学史』第四编第三章二: "一般所说的日躔, 月离都是指日月在黄白道上的位置 –진준위는 「중국천문학사」 제4편 제3장 2에서 일반적으로 日躔과 月离는 모두 日月이 황도와 백도 위에 있다는 것을 나타낸다고 설명하고 있다.(출처: Baidu 백과사전 「月离」)

23) 竺可禎: 「二十八宿起源之時代與地點」, 『思想與時代』 1944年 第34期."

애 암각화는 달이 각수(角宿)에 머무는 현상을 표현한 것이다.[24] 따라서 장군애 암각화는 기원전 30세기에 만들어진 것으로 지금으로부터 5000년의 역사를 지니고 있다고 볼 수 있다.

---

24) [참고자료] 月离–谓月亮运行到某度次。『诗·小雅·渐渐之石』: "月离于毕, 俾滂沱矣。" 朱熹 集传: "离, 月所宿也。"(출처: Baidu 백과사전 「月离」)

6

선기(璇璣), 북두(北斗)와 북극성(北極星)

고대의 북극 천체의 관측

해와 달이 뜨고 지고 북두와 별은 회전하고 있으며 일월성신이 항상 규칙적으로 운행하고 있다. 『주역』「건(乾)」 괘(卦)에서는 다음과 같이 말하고 있다. "天行健, 君子以自强不息。[1] –하늘의 운행이 확고하니 군자도 마땅히 스스로 분발하여 끊임없이 강해지려고 노력해야한다.–" 천체 운동의 근원은 무엇일까? 고대인들은 지구 자전과 공전의 결과인 것을 모르고 일월성신이 대지(大地) 주위를 돌며 회전하고 있다고 생각했다. 『장자』「천운편(天運篇)」에는 다음과 같이 적혀 있다.

"天其運乎? 地其處乎? 日月其爭於所乎? 孰主張是? 孰維綱是? 孰居無事推而行是? 意者其有機緘而不得已邪? 意者其運轉而不能自止邪?"[2]

---

1) [참고자료] 意谓: 天(即自然)的运动刚强劲健, 相应于此, 君子应刚毅坚卓, 发愤图强".(출처: Baidu 백과사전 「天行健, 君子以自强不息; 地势坤, 君子以厚德载物」)

2) [참고자료] 译文: 天在自然运行吧? 地在无心静处吧? 日月交替出没是在争夺居所吧? 谁在主宰张罗这些现象呢?
谁在维系统带这些现象呢? 是谁闲暇无事推动运行而形成这些现象呢? 揣测它们有什么主宰的机关而出于不得已呢? 还是揣测它们运转而不能自己停下来呢? (출처: SOSO 백과사전 「天運」)

하늘은 (스스로) 움직이고 있는 것인가? 땅은 그 자리에 있는 것인가? 해와 달이 (교대로 출몰하는 것은) 서로 다투고 있는 것인가? 누가 이것들을 주관하는가? 누가 이것들의 중심을 유지하고 있는 것인가? 누가 부지불식간에 이것들을 그렇게 되게 하는가? 짐작컨대 주관하는 기계가 있어 부득이 그렇게 하는 것인가? 아니면 그들의 운행이 스스로 멈출 수가 없어 그리하는 것인가?

장자는 천체 운행에 대해 바른 이해를 못했던 고대인들의 일반적인 생각을 대변하고 있다. '하늘이 대지 주위를 돌며 회전하는 것인가?'에 대해 장자는 여러 추측을 통해 다음과 같은 결론을 내렸다. 하늘은 스스로 끊임없이 회전하고 있다. 그러면 하늘을 움직이는 동력의 근원은 어디에서 온 것인가? 그는 기계 하나가 천체운행을 이끌어 간다는 생각을 가졌다. '기함(機緘)'은 현대의 '기기(機器)'를 말한다. 원래 기계를 움직이는 힘은 인력(人力)이었다. 예를 들면, 질그릇 돌림판(陶輪)이나 수레바퀴는 모두 인력(人力)으로 움직이거나 가축들의 힘으로 움직였기 때문에 고대인들은 하늘을 '회전판(大鈞)'이라고 부르며 회전하는 하늘을 큰 돌림판으로 비유하였다. 천궁의 운행은 분명히 주관적인 요소를 가지고 움직이는 것이다. 이렇게 주관하고, 스스로 중심을 잡고, 또 부지불식간에 천체 운행을 이끌어 가는 존재는 무엇일까? 오직 천신(天神)만이 가능한 일이다.

그러면 천신(天神)은 어디에 있는 것인가? 고대인들은 북천구의 중심에 있다고 여겼다. 『사기. 천관서(史記. 天官書)』에는 다음과 같이 적고 있다. "中宮天極星, 其一明者, 太一常居也。[3] –천구 북극에 북극성이 있는데 그 가운데 밝은 것 하나(太一)가 있어 항상 그곳에 머물러 있다.–" '중궁(中宮)'은 하늘의 중심영역이고 '천극성(天極星)'은 북극성을 가리킨다. 『사기색은』에 인용된 『문요구(文耀鉤)』에서는 다음과 같이 적고 있다. "中宮大帝, 其精北極星, 含元出氣, 流精生一也。–중궁에 대제가 있는데 그 정기는 북극성으로 원기를 품었다가 기(氣)를 내뿜으면 그 정기가 흘러나가 일(一)이 생긴다.–" 북극성은 천신(天神)으로 대제(大帝)나 태일(太一), 태일(泰一)

---

3) [참고자료] 索隱則引『爾雅』、『春秋合誠圖』等古籍註解了此語: 中宮天極星即指北極星, 也就是所謂的北辰; 而北辰有五顆星, 在紫微之中; 紫微乃大帝室, 太一之精也; 而太一即泰一, 是天上最尊貴之神" 색인에서는 「이아」와 「춘추합성도」등의 고서적을 인용하여 다음과 같이 해석하였다. 中宮天極星은 북극성을 가리킨다. 즉 소위 말하는 북진이다. 북진은 별 5개로, 자미의 가운데에 있다. 자미는 바로 大帝가 머무는 곳으로, 太一의 정기이다. 太一이 바로 泰一로, 천상에서 가장 존귀한 신이다."(출처: http://tw.knowledge.yahoo.com/question/question?qid=1305092410927)

로도 불린다. 『사기정의(史記正義)』에서는 유백장(劉伯莊)의 말을 인용하여 다음과 같이 적고 있다. "泰一, 天神之最尊貴者也。 -태일은 천신 중에서 가장 존귀한 자이다.-" '含元出氣'라는 것을 『사기색은』에서는 『춘추원명포(春秋元命包)』를 인용하여 "宮之爲言宣也。 -宮을 宣이라 말한다-"라고 적고 있다. '선(宣)'은 '선(旋)'과 같은 의미로 중궁의 북극성이 '含元出氣'한다는 것은 천체 회전의 근원을 말하는 것이다.

고대인들은 북극성의 '원기(元氣)'가 북두칠성을 이끌고 있다고 믿었다. 북두칠성의 두병(자루)이 전체 성공(星空)을 이끌고 있고 밤낮으로 북천극 주위를 돌면서 회전한다. 모든 별은 하늘에서 회전하며 한 해의 절기와 계절 변화를 만들게 된다.

중앙 하늘 영역에 대한 관찰은 고대의 관상수시(觀象受時)에서 매우 중요했다. 앞에서 하남(河南) 복양(濮陽) 서수파(西水坡) 조개무덤 이분도를 소개할 때, 묘 주인이 누워있던 위치가 북극성이 있던 곳이다. 또한 홍산(紅山)문화의 개천설 우주론 모형을 소개할 때 적석총 무덤들이 여신묘(女神廟)를 에워싸고 있는 것이 마치 뭇 별들이 북극성을 에워싸고 있는 것과 같다고 설명하였다. 북극성과 북두칠성은 중앙 하늘 영역에서 핵심적인 존재이다.

1절. 선기옥형(璇璣玉衡)

고고 발굴 유물 중에는 모양이 특이하거나 아름다운 것들이 더러 있다. 그러나 그 용도나 문화적 의미는 잘 알려지지 않은 것들이 많은데 선기옥형도 그 가운데 하나이다.

선기(璇璣)는 선기(璿璣)라고도 부른다. 글자의 뜻은 옥(玉)에서 유래하였고 고대인들이 만든 옥 공예품을 말한다. 지금까지 선기가 출토된 지역은 비교적 많으나 대부분 황하유역이나 그 이북지역에 분포하고 있다. 이들 유적의 분포시대는 대문구문화에서 주대(周代)까지 수 천 년간 이어져 왔다. 이런 종류의 선기가 일찍부터 천문관측 의기로 사용되어졌는지에 대해 관련 학계에서는 100년 가까이 연구하였으나 여전히 수수께끼로 남아있다. 하내(夏鼐)의 「所謂玉璿璣不會是天文儀器」라는 발표는[4] 선기의 용도에 대한 결론이 해결되지 않았음을 잘 보여준다. 선기가 천문의기가 아니라면 무엇일까? 하내는 '아벽(牙壁)'이나 '삼아벽(三牙壁)'이라는 새로운 이름

4) 『考古學報』 1984年 第4期. 그 뒤에 이어지는 내용의 출처도 이와 동일하다.

으로 선기를 불렀다. 그는 다음과 같이 언급하였다. "以三牙雖最常見, 但也有四牙或更多的牙。 -三牙가 가장 흔하기는 하나, 四牙 혹은 더 많은 牙를 갖고 있는 것도 있다.-" 즉 '사아벽(四牙壁)' 혹은 '다아벽(多牙壁)'으로도 부를 수 있다. 그는 '선기(璿璣)'라는 단어에 대해서도 부정적이다. 아래에서는 '선기(璇璣)'뿐 아니라 하내가 명명한 '아벽(牙壁)'도 함께 사용하도록 하겠다.

하내는 선기(璇璣)에 대한 인식을 100년 전으로 거슬러 올라가 오대징(吳大澂: 1835-1902)으로부터 시작되었다고 보았다. 오대징의 『고옥도고(古玉圖考)』에 선기의 그림이 실려 있는데 이런 형태의 옥기(玉器)를 선기(璇璣)라고 불렀다.

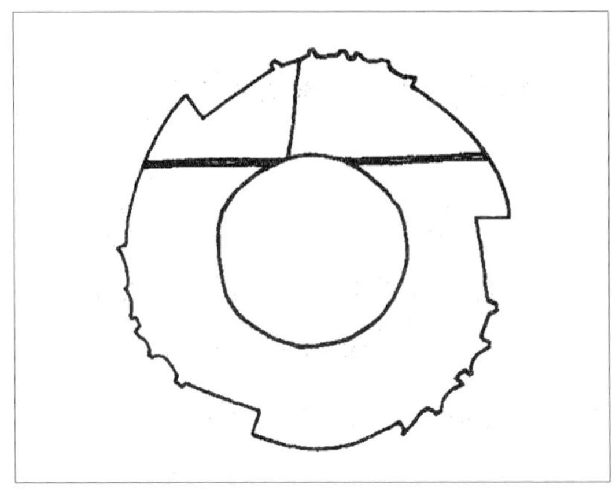

그림 43. 『고옥도고(古玉圖考)』에 수록된 옥선기(玉璇璣)

선기(璇璣)가 천문의기로 사용되어졌는지에 대한 문제 역시 오대징이 제기한 것이다. 하내는 다음과 같이 말했다. "이후에 미국의 한학자(漢學者) B. Laufer(1874-1934)는 『옥기(玉器)』(Jade)라는 책에서 '선기(璿璣)'를 포함한 오대징의 의견을 대부분 받아들여 인용하였으며 단지 물체의 형태적 특징에 대해 종교적 해석을 추가했을 뿐이다. 이 두 학자가 학계에서 차지하고 있던 위치 때문에 이후 중국과 외국의 학자들은 거의 모두 이 두 사람의 견해를 믿었다." 이것이 옥선기라는 이름으로 불려져 온 내력이다. Laufer는 "기물형태 특징의 종교적 의의"를 제시하였으나 천문 의기로써 실험해보지는 않았

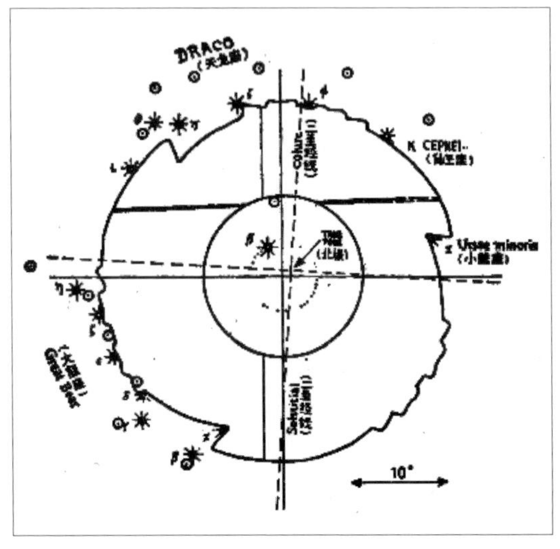

그림 44. H. Michel이 그린 성상도(별을 ¤모양으로 표시함), 附卡楞이 수정한 교정도(별을 ⊙모양으로 표시함)

다. 하내는 또한 다음과 같이 주장하였다. “1947년 벨기에 사람 H. Michel은 한 가지 견해를 밝혔는데, ... 그는 이것을 천문의기라고 단정하였다. 이후 오대징의 그림을 연구하여 ‘북극성 주변 별자리판(環極星的觀測板)’이라고 확신하고 그림 44를 그렸다.” 이 그림이 발표된 이후 하내는 다음과 같이 말했다. “최근 영국 학자 Christopher Cullen(중국 이름 古克禮)은 H. Michel이 많은 별들의 위치를 고의로 옮겨 자신의 견해를 설명했다는 것을 알아냈다. 실제로 많은 별들은 가장자리의 오목한 부분에서 매우 멀리 떨어져 있고 북극성 또한 구멍 중심에서 벗어나 있어 근본적으로 관측 도구로 활용할 수 없다. 그래서 Cullen은 Michel의 의견을 잘못된 것으로 보았다.”

앞에서 언급했듯이 옥선기가 천문의기로 사용되었다는 것에는 부정적이다. 그러면 옥선기는 어떤 용도로 사용된 것일까? 하내는 다음과 같이 말했다. “장식품으로 의례 또는 종교적 의의를 지니고 있었을 것이다.” 이것은 정확한 견해로 보인다. 고대인들은 종교 의례적 목적으로 선기 또는 아벽(牙璧)을 만들었을 것이다. 그러면 어떤 종교 의식에서 선기나 아벽이 사용되었을까? 잘 알려져 있듯이 고대 사람들은 “以蒼璧禮天-창벽으로 하늘에 제사지내다-”하였다. 둥근 환 모양의 창벽(蒼壁)은 개천설 우주론의 창천(蒼天) 모식(模式)을 상징하고 있으며 하늘의 회전은 벽(壁)처럼 둥글고 끝이 없다는 것을 나타낸다. 그러면 선기 또는 아벽은 무엇을 상징하는가? 선기나 아벽의 모양은 환(環) 형태로 일종의 제천의식과 관련이 있다고 볼 수 있다. 그러나 그 가장자리에는 볼록하게 튀어나온 3개 또는 4개의 아각(牙角)이 있어 회전하지 않는 환(環)이거나 완전히 둥글지 않은 환(環)이라는 것을 나타내고 있다. 아각(牙角) 사이의 톱니모양으로 볼록 튀어나온 부분은 가시 문양으로 빛살이 비추는 것을 표시한다. 하늘 위에서 빛을 발하고 있는 물체는 오직 일월성신뿐이므로 선기나 아벽의 제작은 천상(天象)의 제례의식과 관련이 있어 보인다. 그러면 선기가 종교 의식에서 어떻게 사용되어졌는지 살펴보자. 『상서』「순전(舜典)」에서는 다음과 같이 적고 있다.

正月上日, 受終於文祖, 在璿玑玉衡, 以齊七政。肆類於上帝, 禋於六宗, 望於山川, 遍於群神。辑五瑞。既月乃日, 觐四岳群牧, 班瑞於群后。

정월 초하루, 舜은 문조(堯시대 종묘)에서 왕위를 계승한다. 선기옥형을 보고, 칠정(일, 월, 오성)의 운행변화를 살핀다. 이에 상제에게 제사지내고, 육종에게 연기를 올려 제사지내고, 산천에게 제사지내고, 모든 신들에게 두루 고한다. 오서(등급을 나타내는 다섯 가지 종류의 옥, 제후들의 신분을 나타냄)를 모은다. 1월 말에(길일을 골라), 각 지역의 제후들과 목민관을 접견하고, 그들에게 瑞를 수여한다.

이것은 요가 순에게 선양한 경축 의식으로 지금의 개국 기념행사에 해당하므로 의식은 매우 성대했을 것이다. 그리고 '肆類於上帝'를 운운하는 것 역시 가장 성대한 제전임을 알 수 있다. 날짜는 '正月上日'에서 골랐는데, 바로 정월(正月) 초하루를 말한다. 제요(帝堯) 시대의 역법에 따르면 음력 정월 초하루 아침은(「요전(堯典)」에서는 사중중성(四仲中星)으로 판단) 지금의 정월 초하루 새벽에 해당한다. 고대인들은 이 날을 가장 길한 시점으로 여겼다. 이때에 '受終於文祖', 즉 선양 의식을 거행한다는 것이다. 문조(文祖)는 제요(帝堯)를 말하며 '천(天)'을 나타낸다. 제요(帝堯)가 바로 인왕천제(人王天帝)이기 때문이다. 주(注)에는 다음과 같이 적고 있다. "文祖, 天也. 天爲文, 萬物之祖, 故曰文祖。 -문조는 天이다. 天은 文으로, 만물의 조상이다. 고로 文祖라고 말한다.-" 이른바 '萬物之祖'는 새로운 생산년이 다시 시작되었다는 것을 말한다. 제요(帝堯)는 만물생장을 주관하는 신(神)인 춘신(春神)인 것이다.[5] 선양의식은 '在璿璣玉衡, 以齊七政' 가운데 시작되었다. 선기(璿璣)가 바로 선기(璇璣)이다. 공안국(孔安國)은 다음과 같이 설명하였다. "正天文之器, 可運轉者。 -천문의 의기가 정확해야 천체 운행이 일치하게 된다-." 또 주(注)에서 적기를 "七政, 日月五星各異政. 舜察天文, 齊七政, 以審己當天心與否。[6] -칠정은 일, 월, 오성으로 각각 다르게 움직인다. 순임금은 천문을 관찰하여, 七政의 움직임을 알고, 이로써 자신이 天心에 합당한지 여부를 살폈다.-"

이것은 마치 지금의 서약서 같은 것이다. 칠정을 바로 잡고 순 임금은 선기를 '천심(天心)'으로 여기고, 상제, 제요(帝堯), 사악군목(四岳群牧 -각 지역의 목민관), 군후(群后 -제후들), 군신(群神 -여러 신들)들에게 서약을 하였다. '천심(天心)'은 북극성으로 이른바 '己當天心與否'라는 것은 선기로 북극성에게 제사 드리며 마음속의 다짐을 하였을 것이다. 이 때 '肆类于上帝'한다. 주(注)에서는 "上帝, 天也. 馬云: 上帝太一神, 在紫微宮天之最尊者。[7] -상제는 天이다. 마융(馬融)은 상

5) 丁山: 「中國古代宗教與神話考」 301쪽, 上海文藝出版社, 1988年. 丁山선생은 '堯舜禪讓卽春歸夏至寓言'이라 하여 요(堯)를 춘신(春神)으로 순(舜)을 하신(夏神)으로 보았다.

6) [참고자료] 以齐七政: 观北斗七星的方位, 可以知四时, 定节气, 从北斗的转移, 可以齐日月五星和定年月日时诸纪。(출처: chazidian(查字典).com에서 「汉书新注卷二十六 天文志第六」)

7) [참고자료] 马融(79-166): 东汉儒家学者, 著名经学家。-동한시기의 유가학자로, 저명한 경학자이다.(출처: Baidu 백과사전 「马融」)

제는 태일신으로 자미궁에 거하며 하늘에서 가장 존귀한 자라고 말했다.–"라고 말한다.

태일(太一)은 바로 북극성이다. 이상은 요·순 임금의 선양의식 가운데 선기를 사용하였고, 선기를 제물로 바치면서 서약을 했다는 내용이다. 이것에 근거해보면, '正天文之器'에서 선기는 '천심(天心)'에 제사드릴 때만 사용했던 즉 북극성의 제사의식에 사용되어진 제례 의기였다. 선기는 인심(人心)과 천심(天心)의 정령을 상징하였고, 천심(天心)과 인심(人心)이 완전히 융합되었음을 나타낸 것으로 천문의기는 아니라는 의견도 있다.

이상으로 선기가 종교 의식에서 갖는 의의를 알아보았다. 이제 선기의 생김새에 대한 구체적인 분석을 해보겠다. 하내의 논술에서는 가장 먼저 요녕성(遼寧省) 장해현(長海縣) 광록도(廣鹿島) 오가촌(吳家村)에서 출토된 저수형(猪首形) 선기를 예로 들었다. 3개의 아각(牙角) 중에 하나가 돼지머리 모양을 하고 있다. 전체적인 생김새는 두꺼비 모양이고, 다른 2개의 아각(牙角)은 물갈퀴를 갖고 있는 동물의 발바닥 모양으로 되어있다. 그 가운데 발 하나는 뒤집어진 모양을 하고 있어 회전하고 있다는 뜻을 나타내는데, 대문구문화 시기의 것으로 보인다(그림 45-1).

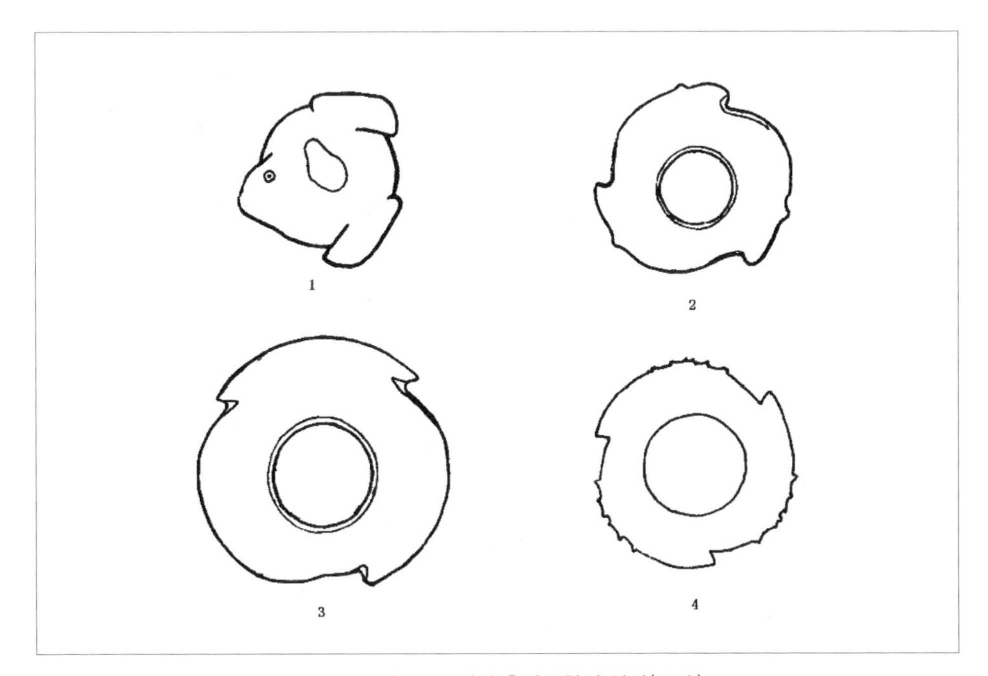

그림 45. 대문구문화와 용산문화의 선기(璇璣)
1.요녕 장해현 장록도 출토 2~3.산동 교현 삼리하 출토 4.『고옥도고』

하내는 대문구문화 유적 중에 산동(山東) 교현(膠縣) 삼리하(三里河) 제1기 고분 중에서 출토된 선기 2개를 예로 들어 설명하였다. 그 가운데 그림 45: 1은 세 개의 아각(牙角)이 있어 두꺼비 머리와 비슷한 모양이다. 각각의 아각(牙角) 위에 돌기가 하나씩 튀어나와 있어 마치 두꺼비의 눈같이 보이며 전체적으로 두꺼비 세 마리가 선기를 밀며 회전하고 있는 것처럼 보인다(그림 45: 2). 그림 45: 3의 평면의 모습은 부엉이와 닮았다. 위쪽의 아각(牙角) 두 개는 좌우로 나눠져 있어 부엉이의 귀와 닮은 모습이다. 아래쪽의 아각(牙角) 한 개는 반시계 방향으로 회전하는 모습이어서(牙角 3개의 회전 방향과 반대) 뒤집혀 있는 모습을 나타낸다(그림 45: 3). 두 개의 선기가 출토된 이후 하내는 초기 발굴보고서를 참조하여 "이들은 대부분 죽은 이의 흉부 위에 있었다"[8]라고 언급하였는데 이는 매우 흥미로운 것이다. 인체의 흉부에는 심장이 있다. 위에서 말했듯이 선기는 종교 의식에 있어서 인심(人心)과 천심(天心)이 마주하고 있음을 나타낸다. 즉 인심(人心)이 북극성과 마주하고 있다는 것이다. 과거 매장 의식에서 선기는 분명히 인체의 심장 위에 놓였는데, 이것은 의심할 여지없이 선민들의 머릿속에 '인심(人心)은 천심(天心)과 같은 것으로 천심(天心-북극성)은 전체 우주의 중심이고 심장은 인체의 중심이다'라는 생각을 반영한 것이다. 따라서 인체의 심장과 북극성을 모두 선기라고 부를 수 있다. 하내가 네 번째로 예를 든 것은 산동(山東) 등현(滕縣) 장리서(庄里西) 유적에서 수집한 것이다. 새부리 모양의 세 개의 아각(牙角)이 있으며 아각과 아각 사이에는 톱니 모양의 볼록하게 튀어나온 것이 있다.

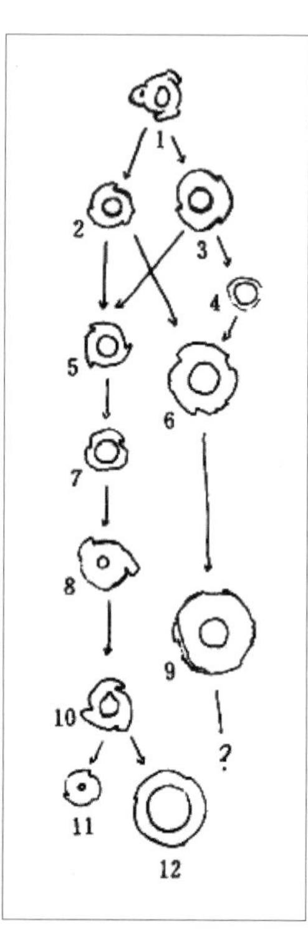

그림 46. 선기(璇璣)변천도「대문구(大汶口)문화」 1. 광록도(廣鹿島) 2. 삼리하(三里河) 3. 삼리하(三里河)「용산(龍山)문화」 4. 오련단토촌(五連丹土村) 5. 영성소사평산(營城小四平山) 6. 등현장리(滕縣庄里) 7. 신목석묘(神木石峁)「상(商)문화」 8. 고성대서촌(藁城臺西村) 9. 소둔(小屯) 10. 부호묘(婦好墓)「주(周)문화」 11. 능현신촌(淩縣辛村) 12. 황피노대산(黃陂魯臺山)

예를 들어 설명할 것은 많지만 여기서는 더 이상 언급하지 않겠다. 그림 46은 하내가 그린 것으로 '선기(璿璣)'의 변천을 보여준다. 하내가 언급한 '사아벽(四牙壁)' 또는 '다아벽(多牙壁)'은 찾아보기가 힘들고 여기서는 홍산문화의 '구운형옥패(勾雲形玉佩)'를 예로 들어 설명하겠다.

홍산문화유적이나 고분에서 평면의 직사각형 또는 방원형(方圓形-사각형이면서 모서리가 둥근 형태)의 투각한[9] 옥 장신구가 출토되었다. 대부분은 양면에 모두 새겨져 있으며 중심부에는 구운(勾雲) 형태로 조각되어있는 반권식(盤卷式: 똬리를 틀고 있는) 동물문양(주로 용무늬)으로 되어있다. 네 개의 아각은 둥글게 말려있는 동물의 발 갈퀴 모양(대다수 새 모양)으로 되어있어 추상화된 동물 형태로 보인다. 따라서 고고학계에서는 이를 '구운형옥패'[10]라고 부른다. 중심에 똬리를 틀고 있는 동물 모양과 네 개의 아각이 둥글게 말려있는 발 갈퀴를 분석해보면 깊은 문화적 의미를 찾아볼 수 있다.

'구운형옥패'의 중심에 돌돌 말려있는 동물 형태는 여러 가지로 해석할 수 있는데 동물 자신의 몸을 똬리 형태로 만들었거나 자연계에 있는 소용돌이를 상징한 것이라 할 수 있다. 물이나 바람의 소용돌이 또는 나선형의 물체 등을 예로 들 수 있다. 고대인들의 관점에서 관상(觀象)을 살펴보면 천체 역시 하나의 큰 소용돌이로 북천극을 중심으로 매일 한 바퀴씩 회전하는 것과 같다. 둥글게 말려있는 동물 문양을 살펴보면 머리도 있고 꼬리도 있다. 머리는 크고 꼬리는 작으며 머리는 밖에 있으며 꼬리는 똬리의 중심에 있는 모습이다. 신석기시대의 고고학 자료 가운데 이런 종류의 돌돌 말려있는 동물 모양과 비교할 만한 예가 하나 있는데 바로 산서성(山西省) 양분현(襄汾縣) 도사촌(陶寺村) 묘지에서 출토된 용문도반(龍紋陶盤 -용 무늬 질그릇 쟁반-)에 그려진 반용(蟠龍 -또아리를 틀고 있는 용-)을 들 수 있다.

이 반용 역시 머리는 밖에 있고 꼬리는 중심에 있다.[11] 홍산문화 구운형옥패 가운데 전체가 똬리를 틀고 있는 용 형태로 되어있는 것도 있다(그림 47: 1). 이 구운형옥패는 내몽고(內蒙古) 파림우기(巴林右旗)에서 출토되었다.[12] 옥패의 중심에는 돌돌 말려있는 도마뱀 모양의 용이 있는

8) 초기 발굴보고서는 『考古』 1977年 第1期, 「山東膠縣三里河遺址發掘簡報」를 참고 바람.

9) [참고자료] 투각(透刻)은 조각에서 묘사할 대상의 윤곽만을 남겨 놓고 나머지 부분은 파서 구멍을 내거나 윤곽만을 파서 구멍이 나도록 만드는 방법을 말한다.(출처: 네이버 국어사전)

10) 孫守道、郭大順: 「論遼河流域的原始文明與龍的起源」, 『文物』 1984年 第6期.

11) 中國社會科學院考古研究所山西工作隊等: 「1978-1980年 山西襄汾陶寺墓地發掘簡報」, 『考古』 1983年 第1期.

12) 張乃江、田廣林、王惠德: 『遼海奇觀』, 天津人民出版社, 1989年.

데 머리는 오른쪽 아래 모서리에 있고 몸체에는 앞다리 두 개가 달려있어 급 하강하는 모양을 나타낸다. 그 외에 세 개의 구각(勾角)은 모두 짐승머리 모양으로 되어있는데 홍산문화의 다른 옥기와 비교해 본다면 '저취용(猪嘴龍)'의 머리를 닮아 있다.[13] 전체적인 모습은 각각의 네 모서리에 용이 말려 있는 모습으로 '용문사패(龍紋飾牌)'라고 부를 수 있다. 파림우기에서는 구운형옥패 하나가 또 출토되었다(그림 47: 2). 전체적으로는 편평한 직사각형의 모양으로 끝이 둥글게 굽어 있으며 부엉이의 얼굴과 비슷한 모양이다. 몸체는 돌돌 말려있는 용 문양으로 네 개의 구각(勾角)은 새 날개 또는 새 부리와 비슷한 모습이다. 마치 날고 있는 새가 공중에서 몸을 뒤집고 있는 모습으로 '용봉옥페(龍鳳玉佩)'라 부를 수 있다.

고고학계의 발굴 가운데 이런 종류의 구운형옥패는 모두 고분 안에서 발견되었다. 예를 들면 요녕(遼寧) 우하량(牛河梁) 제Ⅱ지점의 1호 적석총 M14에서 돌돌 말려있는 상태의 용문(龍紋) 몸체 하나가 출토되었는데(그림 47: 3) 머리부위는 다치(多齒) 모양으로 뚫려있는 구멍 두 개는 눈과 같이 보인다. 네 개의 구각(勾角)은 마치 수족동물의 물갈퀴 또는 지느러미 모양으로 만들어져 있다. 출토 당시 묘주인의 가슴 위에 놓여 있었으며[14] 제작 형태는 앞에서 언급한 옥선기와

그림 47. 홍산문화의 구운형옥패

1,2,5. 내몽고(内蒙古) 파림석기(巴林石旗)에서 수집 3. 요녕(遼寧) 우하량(牛河梁) 여신묘(女神廟) 적석총 출토 4. 요녕(遼寧) 능원(凌源) 삼관전자 (三官甸子) 출토

13) 발굴보고서에는 홍산문화의 용(龍)모양 옥기를 가리키는 전문적인 용어가 있다. 그 옥기의 모습이 머리 부분은 돼지와 흡사하고 입 부분은 편평하게 잘려있기에 '저취용(猪嘴龍)'이라고 부른다.

같다.

또한 제 5지점 1호 적석총의 중심에 있는 큰 묘인 M1은 홍산문화 고성고국(古城古國) 시대의 원시국왕의 묘로 그의 흉부에도 구운형옥패 하나가 놓여있었다.[15] 매장의식의 종교적 관점에서 본다면 홍산문화 시대의 원시국왕이 왕위를 계승할 때 '선양(禪讓)'의식이 있었음을 알 수 있다. 구운형옥패 역시 북극성을 상징한다.

그림 47-1. 고성고국(古城古國) 원시국왕의 묘 출토 모습(출처: 遼沈晚報)

옥선기 또는 구운형옥패는 모두 고대인들이 북극성의 정령을 상상하여 만든 것이다. 속설에 따르면 이들은 '天機不可泄漏–천기를 누설해서는 안 된다–'는 뜻을 담고 있으며 사람의 '심기(心機)'에 비유한 것으로 보인다. '천기(天機)'는 어디에 있는 것인가? 천기는 북천극에 있다. 즉, 북천극이 '함원출기(含元出氣)'인 것이다. 고대인들은 또한 북극성이 조금씩 회전한다고 생각했기 때문에 '선기(璇璣)'라고도 부른 것이다. 구운형옥패 또한 '선기(璇璣)'로 부를 수 있다.

'선기(璇璣)' 두 글자가 포함하고 있는 의미를 살펴보면 선(璇)은 선(旋)이며 기(璣)는 기(機)로 볼 수 있다. 회전하고 있는 기계라는 뜻이다. 기(璣)와 기(機)는 모두 기(幾)에서 기원하였다. 『설문해자』에는 다음과 같이 적고 있다. "幾, 微也。–幾는 微이다"; 또 "機, 主發謂之機。–機는 主發로 기계를 말한다.–" '주발(主發)'이라는 것은 동력의 시발점으로 현대의 '발동기'를 말한다. 다시 말해서 장자(莊子)가 말했던 "意者其有機緘而不得已邪! –짐작건대 주관하는 기계가 있어 부득이 그렇게 하는 것인가?–"로 이 기계는 조금씩 회전하고 있어 알게 모르게 위치가 변경된다. 육안으로는 이동을 알 수 없기에 중앙의 하늘 영역을 '자미원(紫微垣)'으로도 불렀던 것이다. 별자리의 위치 변화는 의기로 관측해야만하고 장기간의 관측이 축적되어야만 회전의 규칙을 알 수 있다.

'선기옥형(璇璣玉衡)'이라는 단어에 대해서 한대(漢代)부터 두 개의 다른 견해가 있었다. 하나는 성상설(星象說)을 주장하는 것이요, 다른 하나는 의기설(儀器說)을 주장하는 것이다.[16] 성상설

14) 遼寧省文物考古硏究所: 「遼寧牛河梁紅山文化 "女神廟"與積石冢群發掘簡報」, 『文物』 1996年 第8期.

15) 遼寧省文物考古硏究所: 「遼寧牛河梁第五地點一號冢中心大墓(M1) 發掘簡報」, 『文』 1997年 第8期.

16) 李鑒澄、李迪: 「璇璣玉衡」, 『中國大百科全書』 「天文學」 492쪽, 中國大百科全書出版社, 1980年.

은 다시 두 가지 종류로 나누는데 하나는 북두성설(北斗星說)이고, 다른 하나는 북진설(北辰說)이다. 북진설을 예로 들면 『상서대전(尙書大傳)』에서는 다음과 같이 말하고 있다. "琁者, 還也, 璣者幾也, 微也, 其變幾微而行動者大, 謂之琁璣. 是故琁璣謂之北極。 -琁이라는 것은, 還이요, 璣라는 것은 幾(매우 작다)요, 微(작다)이다. 매우 작은 것이 변하여 움직여 크게 되면 그것을 선기라고 부른다. 고로 선기는 북극을 일컫는 것이다.-" 또 「설원(說苑)」에서는 다음과 같이 적고 있다. "琁璣謂北辰。 -선기는 북진을 일컫는다.-" 또 『성경(星經)』에서 말하길: "琁璣者北極星也, 玉衡者北斗九星也。 -선기는 북극성이요, 옥형은 북두의 9성을 의미한다.-"

「순전(舜典)」에 기록되어 있는 요·순의 선양 의식을 고려해 보면 선기(琁璣)와 천심(天心)은 서로 대응하는 것으로 북극성을 나타낸다. 『주비산경』에는 아래와 같이 더욱 명확히 기록되어 있다.

欲知北極樞璿周四極, 常以夏至夜半時, 北極南游所極, 冬至夜半時, 北游所極, 冬至日加酉之時, 西游所極; 日加卯之時, 東游所極; 此北極璿璣四游。正北極璿璣之中, 正北天之中, 正極之所游, 冬至日加酉之時, 立八尺表, 以繩繫表顚, 希望北極中大星, 引繩致地而識之...

북극 축에 따라 璿이 돌아가는 4극을 알아보면, 하지 야반에는 축이 북극이 남유하는 곳에 있게 되고, 동지 야반에는 북유하는 곳에 있게 된다. 동짓날 酉時만큼 더해지면 축이 서쪽에 있게 된다. 하루가 지나 卯시가 되면 북극성이 동쪽에 있게 된다. 이것을 북극선기 사유라고 한다. 정북극은 선기의 중심으로 정북이 하늘의 중심이 되는 것이며 정극은 동지를 지나 酉時가 되었을 때 축이 머무르는 곳이다. 8척 표를 세우고 끈으로 표 꼭대기를 묶어 북극 가운데 가장 큰 별을 보기위해 끈을 땅으로 당겨 그것을 확인한다.

이 문장은 북극성 역시 북천극 주위를 회전하고 있다는 것을 말하고 있으며 따라서 '北極璿璣四游'라고 부른 것이다. 여기서 북천극은 진북극으로 고정되어 움직이지 않는다고 가정하면 북극성은 진북극 부근의 밝은 별 하나로 1년 동안 조금씩 진북극을 중심으로 한 바퀴 회전하므로 이를 선기(琁璣)라고 부르는 것이다. 측정 방법은 '立八尺表

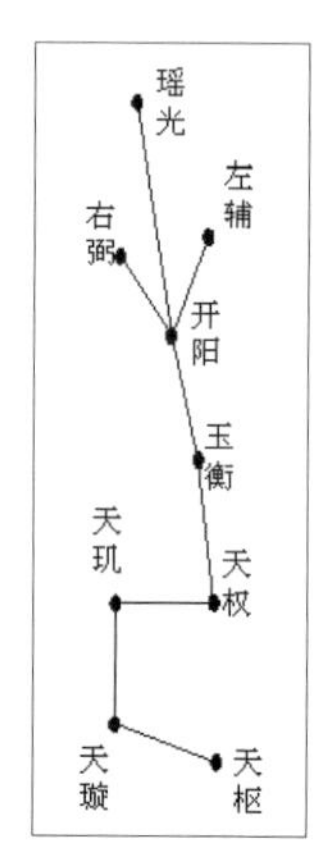

그림47-2. 북두 9성(출처: baidu 백과사전「北斗九星」)

–8척 표를 세운다'로 입간(立杆)을 사용하는데 이는 선기(璇璣)가 천문의기가 아니라는 것을 말해준다. 하내(夏鼐)가 언급한 "옥선기(玉璿璣)는 천문의기 일리가 없다"라고 말했던 결론과도 일치한다.

2절. 북두칠성(北斗七星)의 관찰과 숭배

북두칠성은 중국 고대 천문학 체계를 수립하는데 있어서 특별한 의미를 지니고 있다. 북극성은 지상천제(至上天帝)이면서 북두칠성을 붙들고 있다. 북두칠성의 두병은 다시 전체 성공(星空)을 붙잡고 회전하고 있다. 따라서 사방사시사계(四方四時四季)가 구분되고 관상수시의 기초가 된다. 이러한 천문학 체계는 적어도 기원전 40세기 중엽에 이미 기초가 확립되기 시작하였다. 앞에서 복양 서수파의 조개 무덤도 세 개를 소개할 때 구체적인 설명을 하였다. 조개무덤 이분도(二分圖) 가운데 북두도안 형상이 의미하는 것은 '杓携龍角, 魁枕参首 –두병이 용각을 잡고, 두괴가 삼수(參宿)의 머리를 괸다(즉, 북두의 두병은 동방창룡의 角宿를 가리키고, 두괴는 서방백호의 參宿를 가리킨다)'–이다. 이것은 동쪽과 서쪽의 하늘을 구분한 것으로 바로 동방창룡과 서방백호를 의미한다. 하지도 중에는 태양조(太陽鳥)가 있어 남쪽 하늘의 개념도 생겨나기 시작했음을 의미하는데 이것은 후세에 남방주작이 된다. 동지도 가운데 조개무덤 사슴(鹿)과 거미(蜘蛛)가 있는데 이것은 동지에 해가 위수(危宿)에 있게 되며 북쪽 하늘도 이미 정해졌다는 것을 뜻한다. 사슴(鹿)은 옛 신화 가운데 '기린(麒麟)'의 원생동물로 '북궁기린(北宮麒麟)'으로 불렀으나 후세에는 북궁현무(北宮玄武)로 바뀌었다. 무덤 이분도에서 무덤 주인은 천북극의 위치에 있는 지상천제(地上天帝)로 천신태일(天神太一)이 된다. 그의 발아래에는 바로 북두가 있으며 북두가 '제차(帝車–천제의 마차)'가 되는 개념은 이미 매우 오래된 것이다. 『사기』「천관서」에서는 다음과 같이 적고 있다.

斗爲帝車, 運於中央, 臨制四鄕。分陰陽, 建四時, 均五行, 移節度, 定諸紀, 皆系於斗.[17]

---

17) [참고자료] (12)帝: 谓天帝。(13)运: 运转。中央: 谓天之中央。(14)临制: 居高临下地统制。四海: 谓四方。(15)阴阳: 谓昼夜。(16)四时: 春、夏、秋、冬四季。(17)均: 调节。五行: 渭金、木、水、火、土。(18)移:

북두칠성은 천제가 타는 마차로 하늘의 중앙을 운행하며 사방을 다스린다. 낮과 밤이 나뉘고 사계절이 생겨나고 오행을 고르게 한다. 24절기의 도수가 바뀌고 세시가 정해지는 모든 것이 북두칠성의 운행에 근거한 것이다.

'두(斗)'는 바로 북두칠성으로 지상 천제인 북극성군이 타는 수레로 '제차(帝車)'라고 부른다. '運於中央'은 중앙 하늘영역에서 운전한다는 의미이다. 『회남자』「천문훈」에는 다음과 같이 주(注)를 달았다. "運, 旋也", 중앙 하늘영역은 마치 큰 소용돌이 같으며 북두칠성이 관상수시의 여러 방면을 총괄하고 있기에 '皆系於斗'라고 하였다. 그 중에서 가장 중요한 것은 '臨制四鄉'으로 두병이 전체 성공(星空)을 붙잡고 회전하고 있어 동방하늘 서방하늘과 북방하늘이 나눠지고 이로써 사시팔절(四時八節)과 십이기(十二紀) 그리고 음양오행 등이 모두 분명해지는 것을 말한다. 『한서. 천문지(漢書. 天文志)』에서는 "臨制四海"라 하였는데 이는 짙은 남색의 하늘을 바다와 같이 본 것이다. 이것은 개천설 우주론의 개념으로 하늘과 땅의 바깥주변을 모두 물이 에워싸고 있다고 여기는 것이다. 『산해경』 가운데 「해외사경(海外四經)」과 「해내사경(海內四經)」은 모두 남륙하지(南陸夏至), 서륙추분(西陸秋分), 북륙동지(北陸冬至), 동륙춘분(東陸春分)의 천상과 기상의 신화를 기록하고 있다. 북두칠성에 대한 인식은 중국 전통천문학 체계의 주요한 관건이다.

북두칠성은 '제차(帝車)'로서 차에 바퀴를 달아 주어야만 운행할 수 있으므로 『사기』「천관서」에서는 또 다음과 같이 적고 있다.

北斗七星, 所謂旋璣玉衡, 以齊七政。「索隐」引「春秋運斗枢」說: "第一天枢, 第二旋, 第三璣, 第四權, 第五衡, 第六開陽, 第七摇光。第一至第四爲魁, 第五至第七爲杓, 合爲斗。居陰布陽, 故稱北斗。[18]

북두칠성은 선기옥형으로 칠정을 가지런히 한다. 「색은」에서 인용한 「춘추운두구」에서는 다음과 같이 말하고 있다. "(북두칠성의) 첫 번째는 천추, 두 번째는 선, 세 번째는 기, 네 번째는 권, 다섯 번째는 형, 여섯 번째는 개양, 일곱 번째는 요광이다. 첫 번째부터 네 번째까지가 괴,

---

改变。节度: 二十四节气的度数。(19)诸纪: 谓岁时、历数等等。(20)系: 归属, 依据.(출처: chazidian(查字典).com에서 「汉书新注卷二十六. 天文志第六」)

18) 「春秋運斗樞」에서 인용한 문장. 『中國大百科全書』「天文卷」의 '선기옥형(璇璣玉衡)' 부분에 근거하여 대조 확인함."

다섯 번째부터 일곱 번째까지가 표로, 모두 합해서 북두칠성이 된다. 북쪽에 있으며 널리 밝게 비추고 있으므로 북두라고 부른다.

여기에서 선기(旋璣) 두 글자를 두 개의 별에 배치하여 두괴(斗魁) 아래쪽의 두 모서리에 두었다. 하나의 명사를 두 개로 나누었으며 합하면 '선기(旋璣)'가 된다. 두 수레바퀴가 회전하며 달려 나갈 수 있다는 것을 의미하고 있다. 즉 전체 두괴(斗魁)를 수레 칸에 비유하였고 두병은 수레의 채(손잡이)에 비유하여 마차와 같은 모습이다. 산동 가상(山東 嘉祥)의 한대(漢代) 무량사(武梁祠) 화상석 위에는 제차도(帝車圖)가 있다(그림 48).

그림 48. 한(漢)나라 무량사(武梁祠) 화상석 '제차도(帝車圖)'

이 그림은 무량사 전체 묘실의 뒷부분에 있는데 중앙 하늘이 실제 관측에서 북쪽에 있다는 것을 의미한다. 즉, '居陰布陽'의 '음(陰)'이다. 그림에서 제차(帝車) 안에 있는 북두성군은 황제(黃帝)로 간주된다. 황제(黃帝)는 헌원씨(軒轅氏)로도 불리는데 '헌원(軒轅)'이 바로 수레의 고급스런 호칭인 것이다. 황제의 탄생신화 역시 북두칠성과 밀접한 관계가 있으니 북두칠성이 선기옥형이 되는 개념 역시 매우 오래된 것이다. 『진서(晉書)』「천문지(天文志)」에서는 다음과 같이 적고 있다. "魁四星爲璇璣, 杓三星爲玉衡。 –괴 4성은 선기이고, 표 3성은 옥형이다.–" 손잡이 세 별이 옥형이 되는 개념은 복양 서수파의 이분도까지 거슬러 올라갈 수 있다. 무덤 북두 도안에서 두괴는 조개껍데기로 쌓아 만들었고 두병은 두 개의 사람 경골로 만들었다. 사람의 뼈가 시각적으로는 옥과 비슷하기 때문에 뼈로 옥을 대신한 것이며 이것은 고대인들이 두병의 세 별로 옥형을 삼은 것이 확실하다는 것을 보여준다. 북두칠성은 실제로 두 그룹으로 나뉘어 있다. 두괴의 네 별은 선기가 되고 천체 회전의 동력이 되는 큰 기계가 된다. 두병의 세 별은 옥형이 되어 지렛대가 회전하는 것처럼 전체 별들을 붙들고 회전하는 모습이다. 고고학계의 자료 중에서 두괴의 네 별로 전체 북두를 표시한 것은 많지 않다. 풍시(馮時)는 원시 공예미술품 가운데 북두를 돼지 또는 돼지머리 모양으로 만든 것을 발견하였고 이를 상세히 조사하였다.[19] 그의 주장은 북두칠성이 돼지가 된 고사로부터 시작하는데 이 내용은 당대(唐代)『명황잡록(明皇雜錄)』에 기록되어 있다.

> 行幼時家貧, 鄰有王姥, 前後濟之約數十萬, 一行常思報之。至開元中, 一行承玄宗敬遇, 言無不可。未幾, 會王姥兒犯殺人, 獄未具, 姥詣一行求救。一行曰:「姥要金帛, 當十倍酬也。君上執法, 難以情求, 如何？」王姥戟手大罵曰:「何用識此僧!」一行從而謝之, 終不顧。[20]
>
> 일행은 어렸을 때 집이 매우 가난했다. 옆집에 王씨 할머니가 살았는데 그에게 수 십 만원의 돈을 지원해주었기에 일행은 늘 그것을 보답할 생각을 갖고 있었다. 개원 연간에 일행은 현종의 총애를 입어 현종은 그의 말이라면 무엇이든 다 들어주었다. 얼마 지나지 않아 王씨 할머니의 아들이 살인을 해서 감옥에 갇혔으나 아직 형벌 판결이 나지 않았다. 할머니는 일행을 찾아와서 아들을 구해달라고 부탁하였다. 일행이 말하길 "할머니께서 돈을 원하시면 제가 10배에 해당하는 돈을 드릴 수 있어요. 그러나 임금이 법을 집행할 때는 엄하고 공정해야하므로 부탁드리기는 어려워요. 할머니 생각은 어떠신지요？" 왕씨 할머니는 손가락질 하며 크게 욕하면서 말하길 "너 같은 중을 알고 있다는 게 무슨 소용이란 말이냐!" 일행은 그녀에게 사죄한 후 다시는 그 일에 관여하지 않았다.

---

19) 馮時:「星漢流年—中國天文考古錄·崇祭北斗」, 四川教育出版社, 1996年.
王仁湘:「新石器時代葬猪的宗教意義」,『文物』1981年 第2期에서 '그 원시시대의 혼돈된 인류의 기억 속에서 돼지(猪)는 '신성(神聖)'한 의미를 지니고 있었다'라고 기록하였다. 그러나 가정에서 제사 지낼 때 돼지를 사용하였고 또한 무덤에서 제사 지낼 때 돼지를 사용했다는 사실만 알 수 있을 뿐 더 이상 깊이 있는 내용은 알 수가 없다.

20) [참고자료] 一行(xíng)尊法: 一行和尚尊重法律。一行年幼时, 家境贫寒, 邻居中有个王姥姥, 前后共接济他家约几十万个钱, 一行常常想着报答她。到了开元年间, 一行受到玄宗的宠遇, 他要求什么, 皇帝没有不满足他的。没过多久, 赶上王姥姥的儿子犯了杀人罪, 关在狱中尚未判刑。王姥姥找到一行求他救儿子, 一行说: "姥姥若跟我要钱, 我会以十倍的钱送给您。皇上执法严明, 难以向他求情。您看怎么办？"王姥姥用手指点着他的脑门子大骂道: "认识你这个和尚有什么用!？"一行向她谢罪后, 再也不管了。(출처:『太平广记』卷92 异僧六)

行心計渾天寺中工役數百, 乃命空其室內, 徙一大甕於中央, 密選常住奴二人, 授以布囊, 謂曰:「某坊某角有廢園, 汝向中潛伺, 從午至昏, 當有物入來, 其數七者, 可盡掩之。失一則杖汝。」如言而往, 至酉後, 果有羣豕至, 悉獲而歸。一行大喜, 令置甕中, 覆以木蓋, 封以六一泥, 朱題梵字數十, 其徒莫測。[21)]

일행은 속셈이 하나 있어 혼천사에서 일하는 사람 수 백 명에게 명을 내려 방 하나를 비우게 하고 큰 항아리 하나를 방의 가운데로 옮겼다. 비밀리에 이곳에 항상 머물 하인 2명을 선발하고, 그들에게 보자기 배낭을 나눠주면서 말하길 "어느 골목 어느 모퉁이에 버려진 정원이 있는데, 너희들은 그곳 안으로 들어가 정오부터 저녁 무렵까지 숨어 기다리면 어떤 물체가 들어올 것이다, 그 숫자는 일곱으로 전부 잡아가지고 와야 한다. 만약 하나라도 놓치는 날에는 곤장을 맞게 될 것이다"라고 하였다. 두 사람은 일행의 말대로 갔다. 5시가 지나니 과연 한 무리의 돼지들이 정원으로 뛰어 들어와 모두 잡아가지고 돌아왔다. 일행은 매우 기뻐하며 돼지들을 항아리 안에 넣으라고 시키고, 나무 뚜껑으로 덮고, 六一散을 진흙과 합쳐 봉한 후 붉은 색 붓으로 범어(梵語) 문자 수십 개를 적었는데 제자들도 그가 무엇을 하려는지 알지 못했다.

詰朝, 中使叩門急, 召至便殿, 玄宗迎問曰:「太史奏昨夜北斗不見, 是何祥也? 師有以禳之乎?」一行曰:「後魏時失熒惑, 至今帝車不見, 古所無者, 天將大警于陛下也。夫匹婦匹夫, 不得其所則殞霜赤旱, 盛德所感, 乃能退藏。感之切者, 其在葬枯出繫乎? 釋門以瞋心壞一切喜, 慈心降一切魔, 如臣曲見, 莫若大赦天下。」玄宗從之。又其夕, 太史奏北斗一星見, 凡七日而復。[22)]

---

21) [참고자료] 一行在心里盘算, 浑元寺里的工人有几百名, 于是叫他们空出一间房子, 把一只大缸搬到中间, 又暗中挑选了两名常住在这里的仆人, 每人送给一个布口袋, 叮嘱道: "某某角落有个荒废的园子, 你们到里面藏起来等着, 从中午到黄昏, 会有东西进去, 数量是七个, 你们要全部抓住。漏掉一个就打你们棍子。"两人照他说的去了。到了五点以后, 果然有一群猪进了园子, 两人全都抓回来了。一行十分高兴, 让他们把猪放在缸里, 扣上木盖, 用六一散合泥封好, 又用红笔题上几十个梵文字。门徒们不知他要干什么。(출처: 『太平广记』卷92 异僧六)

22) [참고자료] 第二天早晨, 中使叩门急忙宣召一行。来到便殿后, 玄宗迎着他问道: "太史奏称, 昨夜北斗星没有出现。这是什么征兆? 法师有办法消除灾祸吗? "一行说: "后魏时失没过火星。如今帝车(北斗星)不见了, 这是自古以来所没有的现象, 上天要大大地敦告陛下呀!如果天下的男男女女不能得其所, 就会发生早霜与大旱。只有以盛德来感化, 才能使灾祸退让。最有力的感化, 大概是埋葬已经枯死的尸体而放出正被拘囚的人犯吧。佛门以为怒心会毁坏一切好事, 慈心能降服一切邪魔。若依我的意见, 不如大赦天下。"玄宗听从了他的建议。又一天晚上, 太史奏禀有一颗北斗星出现了。一连经过七天, 七颗

다음 날 아침 궁에서 나온 사자가 문을 두드리며 급히 임금이 부르신다 하여 궁으로 나아가니, 현종이 맞이하며 그에게 묻는다. "태사가 아뢰길 어제 저녁에 북두칠성이 보이지 않았다고 하던데, 이것은 무슨 징조인가? 법사께서는 재앙을 물리칠 방법이 있으신가?" 일행이 말하길 "후위 시대에 형혹(화성)이 사라졌고 지금은 帝車(북두칠성)가 보이지 않은 것은 자고이래로 없었던 일입니다. 하늘이 장차 폐하께 크게 경고하려고 하는 것입니다. 만약 천하의 남녀들이 그 머물 곳을 얻을 수 없다면 이른 서리가 내리고 큰 가뭄이 들 것입니다. 성덕으로 감화시키는 것만이 재앙을 물리칠 수 있습니다. 가장 힘 있는 감화는 이미 말라죽은 시체를 매장하고 구금한 죄인들을 풀어주는 것입니다. 성내는 마음은 좋은 일을 무너뜨릴 수 있고 자애로운 마음은 사악한 것을 굴복시킬 수 있을 겁니다. 만약 저의 의견대로라면 큰 사면을 하시는 것이 낫습니다." 현종은 그의 건의에 따랐다. 그 다음날 저녁에 태사는 북두칠성의 별 하나가 보인다고 아뢰었고 연이어 7일이 지나자 북두칠성의 별 7개가 모두 보이기 시작했다.

북두칠성을 일곱 돼지에 비유한 뜻은 무엇일까? 사람들은 알 길이 없었다. 이약슬(李約瑟)의 『중국과학기술사』 '천학(天學)' 중에도 이 고사를 인용하였고 "북두칠성의 점성술에서의 의의"라고 지적하였다. 풍시는 또 한대(漢代)의 『춘추설제사(春秋說題辭)』 중에서 북두(北斗)의 정령을 없애버리고 북두 대신 돼지로 기록한 것을 찾아냈다. 시대를 거슬러 역사시대 이전에 여러 마리의 돼지를 주제로 논의했다. 즉, 고대인들이 돼지를 북두칠성의 정령으로 여긴 사실은 일찍이 신석기시대 초기에 이미 나타났다.

그림 49. 하모도에서 출토된 저문도발(猪紋陶鉢) (출처: 浙江省博物館)

北斗星便全部恢复了。(출처: 『太平广记』卷92 异僧六)

절강성 여요(余姚) 하모도 유적에서 저문도발(猪紋陶鉢-돼지무늬 질그릇 사발) 하나가 출토되었다(그림 49).[23] 이 질그릇 사발은 방원형(方圓形) 주둥이로 되어있고 주둥이가 바닥보다 약간 크다. 마치 세로로 면을 자른(縱斷面) 모양을 하고 있고 두괴(斗魁) 네 별을 선으로 연결한 것 같은 모습이다. 전체 그릇의 모양도 두괴처럼 보인다. 질그릇 사발의 한쪽 측면에 돼지 한 마리가 그려져 있는데 돼지의 배에는 동심원 문양 하나가 그려 있어 성상임을 표시하고 두괴 네 별을 나타낸 것임을 알 수 있다. 별 하나로 북두를 나타낸 것은 모순이므로 풍시는 다음과 같이 설명하였다. "만약 이 별이 북두칠성의 상징 외에 다른 의미가 있다면 아마도 당시의 북극성(北極星)을 표현한 것으로 생각할 수 있다. 당시의 극성은 북두칠성 중의 별 하나였음이 분명하다."

중국의 고대 천문학을 이해하는데 필요한 정보가 있는데 중국의 지리적 위치는 북반구에 위치해 있으며 주요 고대문명 발상지인 황하유역, 장강유역, 요하의 중하류 유역은 북위 30도-45도 사이에 위치한다. 이 위도에서 생활했던 고대인들은 동쪽에서 떠올라 서쪽으로 지는 천체를 관측하게 된다. 개천설 우주론에 따르면 천체는 기울어진 상태로 회전하고 있다. 『진서』「천문지」에는 "天旁轉如推磨而行-하늘은 기울어진 채로 회전하는데 마치 맷돌이 돌아가는 것처럼 움직인다-"라고 적고 있다. 회전의 중심점은 바로 북천극이다. 북천극은 고정되어 있어 움직이지 않는데 북천극에서 가장 가까이 있는 별 하나를 사람들은 북극성이라고 불렀다. 약 천 년 동안 북극성의 임무는 구진성좌(UMi α)가 담당하였다. 지구는 태양의 둘레를 공전한다. 태양은 고정되어 있고 지구가 움직이는데 지구가 한 바퀴 자전하면 하루의 낮과 밤이 생겨나고 태양 둘레를 한 바퀴 공전하면 1 항성년(恒星年)이 되는 것이다. 이 때, 태양의 두 극점인 남황극과 북황극은 움직이지 않게 된다. 지구는 회전축의 이동으로 인해 세차가 생겨난다. 이에 따라 모든 항성의 위치는 황도가 지나는 방향을 따라서 매년 50.2초씩 증가한다. 이로 인해 천구상에서 천극이 이동하게 된다. 황도의 평면과 적도의 평면은 하나의 교각(황적교각)을 이룬다. 로앙(盧央)과 소망평(邵望平)의 추산에 의하면 기원전 4500년에는 24.14°였다고 한다.[24] 북황극은 상대적으로 고정되어 있고 북천극은 이 교각에 따라 북황극 둘레를 조금씩 회전하는데 약 26,000년에 한 바퀴 돌게 된다. 풍시는 이러한 내용을 그림으로 표현하였다(그림 50). 그림 50에서 둥근 원은 천북극이 황북극을 중심으로 회전하는 것을 표시하고 있는데 천황대제는 바로 구진일(勾陳一)로 지금의 북극성이다. 시계방향에 따라 과거로 이동하면 북극성좌의 천

23) 劉軍、姚仲源: 『中國河姆流文化』104쪽, 浙江人民出版社, 1993年.

24) 盧央、邵望平: 「考古遺存中所反映的史前天文知識」, 『中國古代天文文物論集』, 文物出版社, 1989年.

추(天樞)는 한대(漢代)의 북극성이 되며 제성은 중화문명 시작시기의 북극성으로 이는 제요(帝堯) 제순(帝舜) 시대에 해당한다. 이와 관련해서 풍시(馮時)는 다음과 같이 설명하였다. "대략 기원전 3000년에 실제 천극의 위치는 자미원 궁문의 좌추(左樞)와 우추(右樞) 두 별 사이에 있었다. 그곳은 실제로 밝은 별이 없는 곳이다. 그러므로 당시 극성(極星)은 천극에서 비교적 가깝고 밝게 빛나던 북두일 수 밖에 없었을 것이다. 계산에서 보여주듯이 지금부터 약 5000년 전, 북두의 여섯 번째 별인 개양(開陽)은 천북극에서 약 10° 되는 각거리에 있었다. 지금부터 6000년 전에는 북두의 여섯 번째 별인 개양(開陽)과 일곱 번째 별인 요광(搖光)이 천북극에서 약 13° 떨어진 곳에 있었다. 이 별들은 당시의 극성(極星)으로 여겨졌을 것이다. 아울러, 북두 역시 당시의 천신인 태일(太一)의 자격을 갖추고 있었을 것이다." 풍시의 이러한 추산은 천문고고학계에서 차지하는 의미가 매우 크다. 지금부터 약 5000–6000년 전에 북두칠성의 별이 북극성으로 여겨지는 시대였다. 앞서 설명한 하모도(河姆渡) 유적에서 출토된 저문도발(猪紋陶鉢)은 지금으로부터 7000년 전의 유물로 사발은 북두 모양을 하고 있고 돼지 문양의 몸체에는 별이 하나 그려져 있어 이것이 바로 북극성과 북두칠성을 함께 표현한 유물임을 보여준다. 풍시는 "이러한 돼지모양 도상들, 즉 북두를 표현한 유물은 당시에 제천(祭天) 의식에 사용되었던 제기로 생각된다"라고 설명하였는데 이것은 타당한 주장으로 생각된다. 앞에서 선기를 설명할 때 '저수형선기(猪首形璇璣)'와 '저용체구운형옥패(猪龍體勾雲形玉佩)'를 예로 들었는데 이것은 북극성군의 정령을 나타내는 것으로 유사한 문화적 의미도 갖고 있다고 할 수 있다.

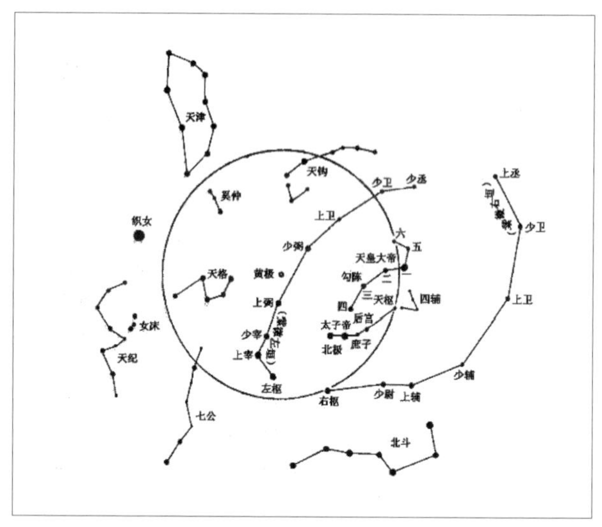

그림 50. 풍시(馮時)가 그린 천구적극(天球赤極) 이동 노선 및 고금(古今)의 극성(極星) 변화

영하(寧夏) 융덕현(隆德縣) 사탕진(沙塘鎭) 신석기(新石器) 유적에서 형태가 특이한 사공옥기(四

孔玉器–구멍이 4개인 옥기) 하나가 발견되었다. 사탕진의 많은 신석기시대 출토 유물 뿐 아니라 중국의 다른 지역에서도 출토된 적이 없는 특이한 옥기였다. 옥기 전문가 양백달(楊伯達)에 의해 전국시대 신석기 유물 가운데 매우 특이한 것으로 확정되었다. 옥기의 이름은 모양에 근거해 '사공옥기(四孔玉器)'로 붙여졌다(그림 51).[25] 전체적인 모습을 살펴보면 이 옥기는 두괴(斗魁)의 모양을 하고 있으며 네 구멍의 배열 역시 두괴와 비슷하다. 이 옥기는 길이 25.1cm, 너비 17.5cm로 신석기 시대의 귀중한 유물로 볼 수 있다. 구멍의 직경은 0.8–1.0cm로 작지 않으며 하늘의 밝은 별을 나타내고 있다. 옥기 중간 부분은 흑녹색을 띠고 있으며 가장자리는 흰색으로 되어있다. 흑녹색은 검은색에 가까운데 옛사람들은 검은색을 '음(陰)'으로, 흰색을 '양(陽)'으로 생각하였다. 이 유물은 '居陰布陽, 故稱北斗'의 옛말과도 잘 맞는다.

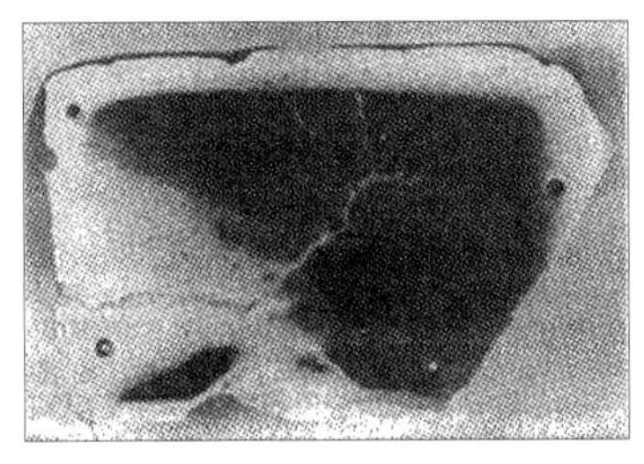

그림 51. 두괴(斗魁)의 네 별 모양과 비슷한 신석기시대 사공옥기(四孔玉器)

앞서 고대인들의 천지우주에 대한 인식(1장)을 설명하는 과정에서 안휘성(安徽省) 함산현(含山縣) 능가탄(凌家灘) 4호 묘에서 출토된 옥귀(玉龜–옥 거북이)를 예로 들었다. 이것은 고대인들이 천지우주모형을 표현할 때 사용한 것으로 옥 거북의 등딱지 뒷부분에 구멍 네 개가 뚫려 있었는데 풍시는 이것이 바로 북두칠성의 두괴(斗魁)라고 주장하였다. 등딱지와 대응되는 배 껍질의 뒷부분에도 구멍이 하나 뚫려있었는데 풍시는 이것이 당시의 극성(極星)을 표현한 것이라고 주장하였다.[26] 대문구(大汶口) 무덤 안의 부장품에서도 이와 비슷한 형태의 유물이 발견되었다.

그림 51-1. 안휘(安徽) 함산현(含山縣) 능가탄(凌家灘)에서 출토된 옥 거북 [北京故宮博物院 소장]

25) 馬建軍:「形製獨特的四孔玉器」,『中國文物報』 1998年 10月 25日, 第4版.

26) 馮時:『星漢流年——中國天文考古錄』, 四川教育出版社, 1996年.

풍시는 또한 대문구(大汶口)문화에 그려진 부호 가운데 북두 형상이 있음을 밝혔다(그림 52). 북두 부호 두 개는 제사에 사용된 큰 도존(陶尊) 위에 새겨 있었으며 산동(山東) 거현(莒縣) 능양하(陵陽河) 대문구 유적지에서 출토되었다. 전체적인 형상은 띠를 두른 도제형(倒梯形-거꾸로 된 계단 모양)으로, 이 도제형(倒梯形)이 바로 두괴의 형상을 하고 있다. 두괴의 입구 위에는 수직인 손잡이가 달려있어 두병의 역할을 한다. 그림 52는 입체적인 모습을 평면으로 나타낸 것이다.

그림 52. 대문구문화 그릇에 새겨있는 부호 '북두도(北斗圖)'

두 도안의 두병 그림에는 모두 별이 하나씩 그려져 있다. 풍시(馮時)는 이에 대해 "도안에 그려진 북두칠성 별의 위치로부터 두병의 별 하나가 당시의 북극성(極星)을 표현한 것으로 볼 수 있다. 손잡이와 두괴에 있는 별의 모습은 이들이 북두칠성을 표현하고 있음을 명확히 보여준다"고 주장하였다.

북극성(북두칠성)의 정령을 돼지로 보았는데 이것은 고대에 돼지 숭배에 대한 의문점을 해결해주는 자료가 된다. 예를 들면 대문구(大汶口) 고대인들의 무덤 중에는 돼지 머리를 함께 묻는 풍속이 있었다. 발굴된 대문구 무덤 132구 가운데 43구의 무덤에서 돼지 머리가 발견되었다.[27] 돼지 머리는 무덤의 발 아래쪽에 한 두 개가 놓여 있었다. 때로는 3~5개의 돼지 머리가 발견되기도 하였는데 돼지 머리의 위치는 일정하지 않았다. 돼지 머리의 배치에 따른 규칙이 있었을 것으로 생각되나 현재로서는 밝혀진 바가 없다.

대문구 무덤 제13호 무덤에서는 가장 많은 14개의 돼지 머리가 한 줄로 놓여 있었다. 돼지

그림 53. 대문구문화 묘지에서 출토된 저이(猪彝) 형태와 사진(출처: 山東省博物館)

머리는 묘 장구(葬具-장례(葬禮)에 쓰이는 온갖 器具) 우측에 놓여 있었는데 7개는 온전한 형태였으며 나머지는 잇몸뼈(牙床骨)만 발견되었다. 아마도 제물로 사용된 돼지들은 묘 주인의 영혼을 하늘로 인도하기 위한 목적으로 사용된 것으로 보인다. 질그릇으로 저이(猪彛 -돼지모양 제기)를 만들어 부장품으로 사용한 경우도 있다. 일례로 제9호 묘에서 동물 모양의 붉은색 질그릇(紅陶獸形器)이 하나 출토되었는데 높이는 21.6cm로 코는 들려 있고 입은 벌어져 있으며 짧은 꼬리가 위로 치켜진 모습이다. 비록 용감하고 씩씩해 보이지만 자세히 보면 돼지의 모습이다. 이것은 하늘을 향해 포효하고 있는 모습으로 후세에 만들어진 하늘을 향해 울부짖는 동물 모양 질그릇의 원형으로 볼 수 있다(그림 53).

유적이나 유물을 발굴하는 과정에서 발견된 특이한 유물들은 신비감을 주며 때로는 이해하기 어려운 경우도 있다. 그러나 연구가 깊게 진행됨에 따라 베일은 걷히고 진상이 드러나게 된다. 예를 들면, 7000년 전 유적인 흥륭와문화(興隆渦文化) 무덤에서 사람과 돼지가 합장된 모습이 발견된 적이 있다.[28] 사람과 돼지의 합장묘는 사람들을 어리둥절하게 만들었다. 그러나 지금의 학자들은 죽은 이의 영혼이 하늘로 올라갈 때 북극 별자리(돼지)와 함께 갔다고 이해하고 있다. 흥륭와문화 유적에서 출토된 돼지 뼈는 대부분 나이 든 돼지라는 것이 밝혀졌다.[29] 고대인들이 돼지를 기른 것은 식용뿐 아니라 제천의식에도 사용한 중요한 제물이었음을 말해준다. 흥륭와문화의 뒤를 이은 조보구문화와 홍산문화의 고대인들도 역시 돼지의 정령(猪靈)을 숭배하였다. 잘 알려진 홍산문화의 벽옥룡(碧玉龍)은 '저취룡(猪嘴龍)' 혹은 '저룡(猪龍)'이라고 불리는데 옥에 돼지머리를 조각하여 말갈기와 뱀의 몸을 덧붙인 다원복합체 신령으로 전체적인 형상은 굽은 갈고리 모양(彎勾狀)으로 보인다. 이러한 모습은 일종의 천상을 표현한 것으로 생각된다.

요녕성 우하량(遼寧 牛河梁) 제2지점 1호 적석총의 제21호 묘에서 돼지 얼굴 모양의 옥 장식품 하나가 출토되었다(그림 54).[30]

옥 장식품은 연녹색의 옥을 갈아 만든 것으로 납작한 모양으로 윤이 난다. 전체 높이는 10.2cm, 넓은 곳의 너비는 14.7cm로 중요한 유물로 볼 수 있다. 최초 보고서에서는 "신비하고

---

27) 山東省文物管理處, 濟南市博物館: 『大汶口』 表9, 文物出版社, 1974年.

28) 趙芳志主編: 『草原文化』 圖版22, 商務印書館(香港), 1966年.

29) 中國社會科學院考古研究所內蒙古工作隊: 「內蒙古敖漢旗興隆洼遺址發掘簡報」, 『考古』 1985年 第10期.

30) 遼寧省文物考古研究所: 「遼寧牛河梁第二地點一號冢21號墓發掘簡報」, 『文物』 1997年 第8期.

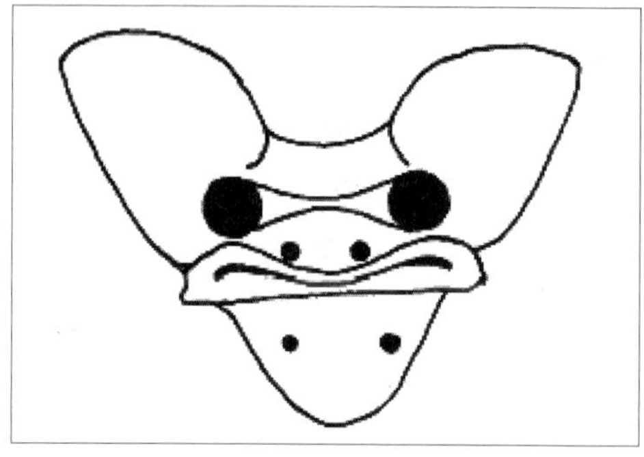
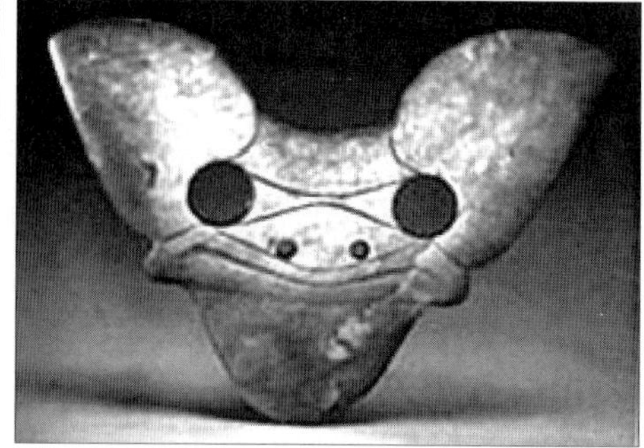

그림 54. 우하량(牛河梁) 홍산문화 돼지 얼굴 모양의 북두 별자리 형태와 사진(출처: 遼寧省博物館)

장중하며 선이 간결하고 명쾌하다"고 적고 있다. 곽대순(郭大順)은 저룡(猪龍)의 얼굴에서 형태를 본떴다고 주장하였다. 돼지처럼 큰 귀가 튀어나와 있고 큰 입도 새겨져 있다. 입 모양은 돼지보다는 사람과 비슷해서 반인격화된 돼지의 모습으로 보인다. 입의 위 아래로 각각 두 개의 별이 새겨있다. 이들 별 4개를 선으로 연결하면 두괴(斗魁)의 모습과 비슷해 보인다. 결과적으로 반인격화된 돼지 모양의 옥 장식품은 북두 별자리를 표현한 것이다. 옥 장식품이 출토되었을 때 묘주인의 배 위에 놓여 있었다. 만약 인체를 천체에 비유한다면 옥 장식품은 하늘의 북쪽에 위치하게 된다. 이 외에도 묘 주인의 흉부에는 구운형옥패가 하나 놓여 있었는데 앞에서 구운형옥패는 북극성군의 정령을 상징한다고 설명하였다. 이 두 개의 옥기를 연관지어 생각해 보면 북두칠성이 북극의 주위를 돌고 있다는 사실을 표현한 것으로 보인다.

역사시대 이전에 이미 인격화된 북두칠성 또는 북극성이 등장한 것으로 보인다. 운남성(雲南省) 개구시(個舊市) 당전(倘甸) 신석기시대 중기와 말기 유적에서 돌로 조각된 사람머리 인두상(人頭像)이 출토되었다(그림 55). 인두상의 정면에는 사람얼굴이 조각되어 있고 뒷면에는 4개의 별이 새겨져 있다.[31)]

네 개의 별은 북두칠성의 두괴(斗魁)가 틀림없으며 돌로 조각된 사람 얼굴 역시 북두 별자리를 의미하는 것으로 보인다. 북두 별자리를 상징하는 대표적인 것으로는 안휘성 함산 능가탄(凌家灘) 4호 묘에서 출토된 옥인(玉人)이 있다. 그의 얼굴 형태는 북두(斗魁) 모양으로 만들어져 있다(그림 56).

풍시는 중국 고대인들이 처음으로 북두칠성을 관찰한 것은 만 년 이전으로 볼 수 있다고 주

31) 紅河州文管所、個舊市博物館: 「雲南個舊市倘甸新石器時代遺址」, 『考古』 1996年 第5期.

그림 55. 신석기시대 인격화된 북두 별자리 석조(石雕)

그림 56. 옥인(玉人)
안휘성 함산 능가탄(凌家灘) 4호 무덤에서 출토. 함께 출토된 천지우주 상징물인 옥 거북과 원시팔괘옥편(原始八卦玉片)을 고려하면 옥인은 북두 별자리가 분명하다. 얼굴은 두괴 모양으로 만들어졌으며 머리에는 삿갓 모자를 쓰고 있다.(출처: baidu 백과사전 「凌家灘玉人」)

장하였다. 북두칠성은 시간과 계절을 알려주는 역할을 하였으며 중국 전통천문학 체계를 수립하는데 직접적인 영향을 미쳤다고 주장하였다. 이것은 서양이나 주변국의 천문학과 구별되는 본질적인 차이로 중국의 고대 천문학이 자체적으로 발전해 왔음을 보여준다.

3절. 천체 회전의 중심

고고자료 가운데 와문(渦紋)과 원와문(圓渦紋) 그리고 선와문(旋渦紋)은 자주 나타난다. 이들 문양의 기초는 '원(圓)'으로 대표적으로는 원점문(圓點紋)과 동심원(同心圓) 등이 있다. 자연계에서 원(圓)은 가장 흔히 볼 수 있는 기하학적 문양으로 야생의 과일, 곡식의 낟알, 덩이뿌리 외에도 새와 파충류의 알 그리고 사람과 동물의 눈동자 또한 모두 원형을 기본으로 하고 있다. 자연에서 생활하던 고대인들이 늘 보았던 나뭇가지와 줄기도 모두 원기둥 형태이다. 천체를 살펴보면 태양은 하나의 큰 구(球) 모양이며 달도 삭망의 변화가 있지만 구 형태이다. 별도 둥근 점으로 보이며 하늘 또한 큰 구의 형태이다. 원은 원시 고대인들이 인식했던 첫 번째 기하학 도형이었을 것이다.

회전은 원운동의 기본이자 물질의 기본 운동 중 하나이다. 자연계에서는 물질의 회전운동을 늘 볼 수 있는데, 예를 들면 바람의 회전(회오리바람), 물의 회전(소용돌이), 새의 공중회전, 수생 동물의 회전운동, 동물의 회전운동과 과실이 땅으로 떨어질 때의 회전 등이 있다. 고대인들은 이런 것들을 보고 모방하고 싶은 호기심을 느꼈으며 회전이 바로 동력이라는 것을 발견하였다. 예를 들면, 구석기시대 말기에 산정동인(山頂洞人)은 작은 하란석(河卵石-강가에서 볼 수 있는 알처럼 생긴 돌), 골관(骨管), 짐승의 이빨과 청어(青魚)의 눈 위쪽 뼈에 구멍을 뚫어 줄로 꿰어 목걸이 장식을 만들어 사용하였다. 이것은 고대인들의 회전 운동에 대한 인식이 매우 오래된 것임을 보여준다. 당시 회전 동력을 이용해 구멍을 뚫었던 방법은 비록 낙후된 것이었지만 오늘날 드릴을 이용하여 구멍을 뚫는 원리와 같은 것이다. 두 방법 모두 하나의 점에 집중하여 계속 회전해야만 구멍을 뚫을 수 있는 것이다. 이것을 기초로 고대인들은 물레를 발명하여 실을 뽑았고 회전판을 발명해 둥근 질그릇을 만들었으며 차바퀴를 이용해 물건을 싣고 운행하였는데 이들은 원시시대의 생산력 향상에 큰 역할을 하였다. 이들은 모두 회전원리를 이용한 것이다. 인류는 회전원리를 이용해 부싯돌로 불씨를 얻었는데 이것의 발명 시기는 명확치 않아 고고학에서 관련 유물을 찾기는 어려운 실정이다. 『시자. 권하(尸子. 卷下)』에는 "燧人上觀辰星, 下察五木以爲火-수인씨는 위로는 성신을 관찰하고, 아래로는 五木(五种取火的木材-불을 얻을 수 있는 5가지 목재)을 살펴 불을 만드는데 사용하였다-"라고 적고 있다. 이것은 고대인들이 성신을 불로 생각하였음을 말해준다. 생산 활동에서 회전 원리를 사용하였다는 것은 매우 중요하다. 고대인들은 관측을 통해 천체 역시 하나의 큰 소용돌이로 밤낮으로 쉬지 않고 회전한다는 것을 알게 되었으며 선와문(旋渦紋)이나 원와문(圓渦紋) 등을 천상을 그리는 도안으로 즐겨 사용하였다(그림 57).

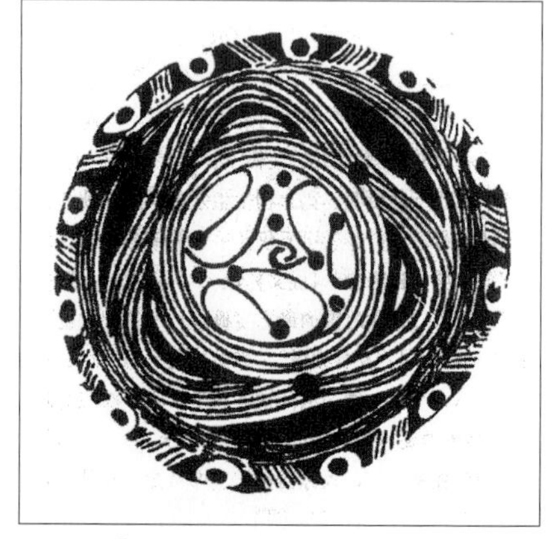

그림 57. 『감숙채도』 도판 30에 수록된 질그릇

그림 57은 『감숙채도(甘肅彩陶)』 도판(圖版) 30에 발표된 것으로[32] 높이 11cm 직경 29cm인 진흙으로 만든 붉은 질그릇이다. 그림에서 선은 검은 색으로 그려져 있으며 바닥의 중심에는 곡선, 원점, 동심원 그리고 호선 삼각 문양이 그려져 있다. 질그릇의 바깥 테두리에는 호선과 원점문(圓點紋)이 그려져 있다. 전체적인 모양을 살펴보면 이것은 시의식(示意式) 개천성도로 별은 모두 상징적이나 예술적으로 그려져 있어 실제 천상과 비교하기는 어렵다. 그러나 이것이 천체의 큰 소용돌이를 나타내고 있음이 분명하다. 자세히 살펴보면 모든 선들은 회전하는 모습으로 동적(動的)으로 그려져 있다. 중심의 '곡선원점(曲線圓點)'은 함께 회전하는 두 개의 호선(弧線)으로 나타냈으며, '֍'형태로 그려져 있다. 이것은 회전의 중심으로 전체 천체를 이끌며 회전하고 있는 모습이다. 함께 회전하는 두 개의 호선은 머리는 안에 꼬리는 밖에 있는 형태로 '태극도(太極圖)'에서 볼 수 있는 음양어(陰陽魚)[33]를 단순화해서 회전을 표현하고 있다.

이것은 천체 회전의 중심으로 천북극에 해당한다. 바깥에는 하늘의 덮개처럼 보이는 다섯 개의 동심원이 에워싸고 있다. 고대인들이 생각한 하늘은 원형으로 5개의 동심원 위에 사시팔절(四時八節-사계절 여덟 절기)이 분포하고 있다고 여겼다. 안쪽의 첫 번째 원은 하지권(夏至圈), 두 번째 원은 입하(立夏)와 입추권(立秋圈), 세 번째 원은 춘분(春分)과 추분권(秋分圈), 네 번째 원은 입동(立冬)과 입추권(立秋圈), 그리고 가장 밖의 원은 동지권(冬至圈)이다. 동심원의 바깥은 호선삼각문(弧線三角紋)으로 물결무늬를 나타내는데 이것은 물결이 전체 하늘을 에워싸고 있어 개천설에서 말하는 천지의 밖을 물이 에워싸고 있다는 주장과도 일치한다. 질그릇 테두리 위에는 12개의 원점문(圓點紋)이 배치되어 있어 천체가 한 바퀴 회전하는데 12달이 걸린다는 것을 나타낸다.

고대인들이 찾아낸 천체 회전의 중심점은 북천극으로 고대인들은 북천극을 천체 회전의 동력으로 생각했다. 앞서 선기(璇璣)와 북두를 설명할 때에도 북천극을 언급하였다. 앞에서 언급했듯이 『사기. 천관서(史記. 天官書)』에서도 "中宮天極星, 其一明者太一常居也."라고 적고 있다. '중궁(中宮)'은 바로 선궁(旋宮)이나 현궁(玄宮)으로 소용돌이의 중심점을 나타낸다. 주(注)에

32) 甘肅省博物館: 『甘肅彩陶』, 文物出版社, 1974年.

33) [참고자료] 음양어(陰陽魚): 阴阳鱼是指太极图中间的部分, 太极图被称为 "中华第一图"。这种广为人知的太极图, 其形状如阴阳两鱼互纠在一起, 因而被习称为 "阴阳鱼太极图"。음양어는 태극도 중간 부분을 가리키는 것으로 태극도는 "중화제일도"라고도 불린다. 태극도는 그 모양이 마치 음과 양의 두 마리 물고기가 서로 함께 휘감겨있는 것과 같기 때문에 "음양어태극도"라고도 불린다.(출처: Baidu 백과사전 「阴阳鱼」)

서 인용한 『춘추원명포(春秋元命包)』에서는 다음과 같이 적고 있다. "宮之爲言宣也, 宣氣立精爲神垣。 -宮은 宣으로도 말할 수 있는데, 宣은 氣가 회전하며 정기를 세우는 神의 영역(자미원)을 말하는 것이다-". 여기에서 '선(宣)'은 선(旋)으로 회전의 중심이라는 의미이다. 『설문(說文)』에서는 "宣, 天子宣室也, 從宀亘聲"; 又 : "亘, 求亘也, 從二從回, 回古文回, 象亘回形。 -宣은 천자의 宣室(大室)이라. 宀에서 뜻을 취하고, 亘에서 소리를 취했다. 또한 亘은 구한다는 뜻으로, 二와 回에서 뜻을 취했으며, 回는 고대 문자의 回자로 그 모양은 回回와 같다-" 천체의 회전이 '선(宣)'이고 '선기(宣氣)'라는 것은 '원기(元氣)'의 근본이다. 주(注)에서 『문탁구(文濯鈎)』를 인용하여 언급하길 "中宮大帝, 其精北極星, 含元出氣, 流精生一也。 -중궁대제는 그 정기가 북극성으로, 근본을 잡아서 기를 내보내니, 그 정기가 흘러나가 一이 생겨난다.-" 여기서 '함원출기(含元出氣)'의 또 다른 뜻은 '원기(元氣)'의 탄생으로 만물이 태어나는 근본이 된다. 이것은 '流精生一'로 정리할 수 있는데 '태일(太一)'을 이용해 북극성을 상징하는 것과 같다. 여기서 '일(一)'은 단순한 숫자일 뿐만 아니라 심오한 의미로도 사용되었으며 고대인들의 우주관을 포함하고 있다. 『설문해자』에서 말하길, "一, 惟初太始, 道立於一, 造分天地, 化成萬物。 - 1은 오직 태초에서부터 시작하며, 道는 1에서부터 이루어진다. 이로부터 천지가 나누어지고 만물이 이루어진다.-" 이것은 중국의 고대 철학을 집약해서 표현한 것으로 '惟初太始, 道立於一'이라는 것은 천지만물의 근원이 '일(一)'이라는 것이다. 예를 들면 '易有太極'과 같은 것으로 태극 또한 천지만물의 근원으로 본 것이다. 여기에서, 초(初), 시(始), 일(一), 극(極) 글자들의 개념은 기본적으로 같다. 천체 관측을 예로 들어 보면 북극이 소재한 위치가 바로 일(一)이다. '北極之下爲天地之中'에서 북극은 하늘과 땅의 회전의 중심점으로 '造分天地, 化成萬物'이 된다. 고대인들이 사용한 역법을 살펴보면 동지가 소재한 위치는 일(一)로 옛사람들이 초궁초도(初宮初度)로 불렀던 0도로 '造分天地, 化成萬物'의 근원이 된다. 고대인들은 이런 철학적 의미를 선와문(旋渦紋) 또는 원와문(圓渦紋) 등의 도안으로 표현하였다. 신석기시대 질그릇 위에는 많은 선와문[34)]이 있는데 하나를 예로 들어 설명해 보겠다(그림 58).

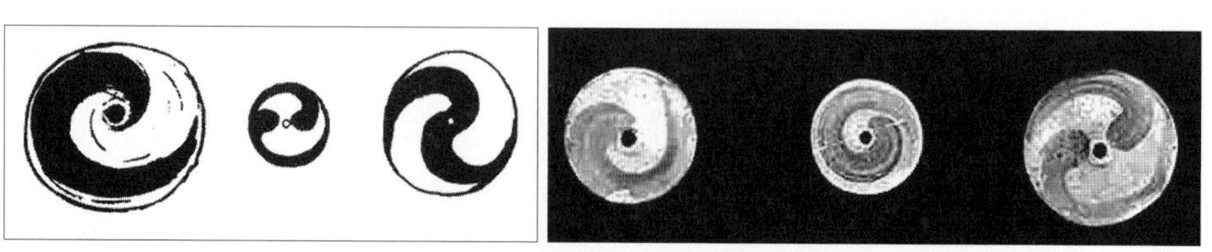

그림 58. 굴가령문화의 태극도식 선와문(旋渦紋) 우측사진(출처: 湖北省博物馆)

이런 종류의 선와문이 익숙한 그 이유는 태극도 문양과 매우 비슷하기 때문이다. 따라서 이러한 선와문을 태극도식선와문(太極圖式旋渦紋)이라고도 부른다. 그림 58에 보이는 세 개의 선와문(旋渦紋) 도안은 모두 굴가령문화(屈家岺文化)의 질그릇 물레바퀴(陶紡輪) 위에 그려져 있었다. 물레바퀴 가운데의 구멍이 중심이 되며 이를 중심으로 같은 넓이의 호선이 반원이나 원 전체에 걸쳐 그려져 있다. 중심에는 원형 그림이 있으며 바깥으로는 뾰족한 꼬리가 그려져 있다. 선와문은 좌선식(左旋式)과 우선식(右旋式)의 두 종류로 나눌 수 있다. 전체적인 모양은 회전하고 있는 한 마리나 두 마리의 물고기와 비슷하며 달팽이 모양의 연체동물과 닮아 있다. 문양은 흑백이 엇갈려 있어 가장 원시적인 태극도로 볼 수 있다. 이런 종류의 원시 태극도식선와문(太極圖式旋渦紋)은 고고학 자료에서 그 기원을 찾을 수 있는데 앞에서 소개한 선기와 구운형옥패 등이 그것들이다. 선기의 예술적 모습은 동물의 회전에서 그 형상을 취했다. 구운형옥패의 경우, 중심에 용이 그려져 있는데 용의 그림은 봉황이 함께 회전하며 춤추고 있다는 의미를 나타난다. 회전을 상징하는 동물 문양을 단순화한 것이 태극도식선와문이며 지금은 '음양어(陰陽魚)'라고도 부른다. 이 '어(魚)'가 바로 '용(龍)'을 상징하는 것이다. 그러나 사람들은 물고기의 원래 모습이 용이라는 것은 미처 생각하지 못하고 있다. 상주(商周) 시대에 이르러 원와문(圓渦紋)은 청동기에 그려진 대표적인 도안이다(그림 59). 원와문의 기본적인 형태는 중심은 비워두고 호선(弧線)으로 소용돌이를 나타내는 모습이다. 원와문은 하나의 원 안에 그려지는데 대부분 네 줄이 많지만 다섯줄이나 여섯 줄로 그린 것도 있다. 많은 유물에서 선와문이 발견되는데 일부에는 유물의 중심이나 중요한 위치에 새겨져 있다. 유물에 보이는 선와문은 표준화되고 정형화된 문양으로 상주(商周)시대 고대인들이 그린 태극도로 보인다. 그림 59의 아래쪽 그림 두 개는 전국(戰國)시대 칠기 위에 그려진 태극도이다. 태극도의 중심에 그려진 소용돌이는 용을 표현하고 있음을 알 수 있다.

오늘날 많은 사람들이 '역학(易學)'을 깊이 연구하고 있지만 '태극(太極)'의 의미와 '태극도(太極圖)'의 유래에 대해서는 여전히 알지 못한다. 오히려 태극과 태극도는 신비주의로 사람을 현혹시키는 현대 신앙의 상징적인 존재가 되었다. 풍시(馮時)는 다음과 같이 말했다. "그 기원은 모호하기 때문에 더 이상 언급하지 않겠다. 그러나 그것이 나타내는 의미는 매우 다양하다. 때로는 월체납갑[35](月體納甲 –納甲의 원리를 달의 변화로 나타낸 魏伯陽의 월체납갑설–)으로 달의 밝기와

34) 선와문(旋渦紋)은 신석기시대 질그릇에 사용된 주요문양 중 하나로 매우 다양한 종류가 있다. 陸思賢의 『神話考古』 234쪽의 '論旋渦紋(선와문을 논하다)'를 참고하기 바란다(文物出版社, 1995)

모양이 바뀌는 것으로 설명하고 있으며, 다른 한 편으로는 태양계의 열 번째 행성을 예측하는 그림으로 해석하여 사람들을 혼란스럽게 한다. 그러나 그 근본적인 의미를 찾아 연구하는 것은 어려운 상황이다. '태극권(太極圈)'의 모양은 익숙하지만 그 본래의 의미에 대해서는 명확하게 알지 못하고 혼란스러워한다.[36] 태극도를 정확하게 해석하는 일은 고고학적 난제를 해결하는 것 외에도 현대에 미신을 타파하는 일이기도 하다.

그림 59. 청동 시대의 원와문(圓渦紋)

현재 전해지고 있는 태극도는 송나라 학자가 『주역』 「계사상(系辭上)」의 "易有太極, 是生兩儀, 兩儀生四象, 四象生八卦 –역에는 태극이 있고, 태극은 양의(兩儀)를 낳고, 양의는 사상(四象)을 낳고, 사상은 팔괘를 낳는다–"라는 이론을 근거로 그린 것(그림 60)으로 고대로부터 전해진 태극도 모양은 아니다. 송대(宋代)에 만들어진 태극도의 이론적 근거는 『주역(周易)』을 기초로 하고 있다. 고대와 송대의 태극도는 그 체재와 의미에 있어 유사점이 많다. 먼저 두 마리의 음양어(陰陽魚)를 살펴보면 그 의미는 끊임없이 회전하는 것

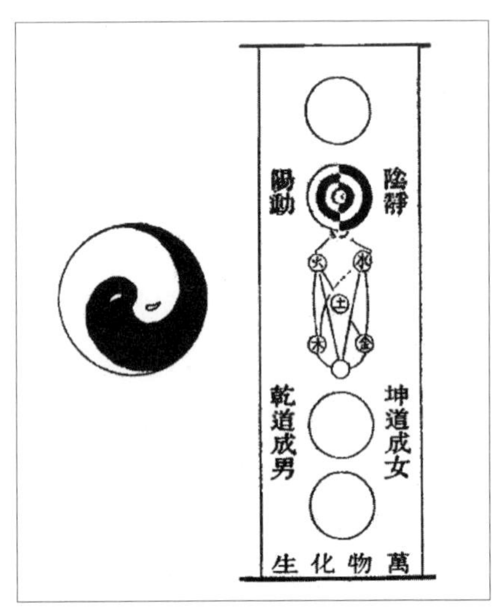

그림 60. 송대(宋代)의 태극도(太極圖)

35) [참고자료] 청대(清代) 혜동(惠棟)이 그린 월체납갑도(月体納甲圖)

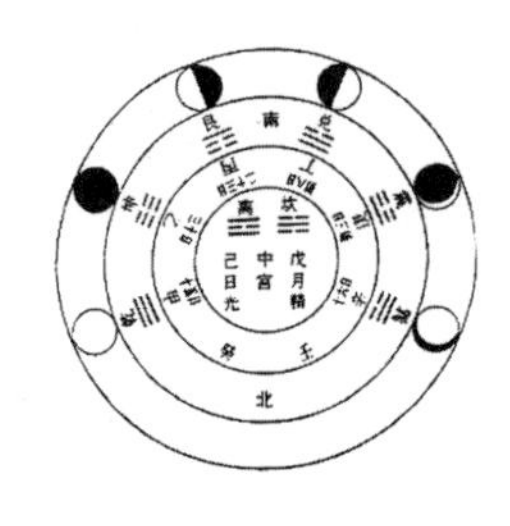

으로 여기서 회전은 '역학(易學)'의 기본 원리가 된다. 회전을 통해 그 위치를 바꾸는 것이 바로 '역(易)'이다. 역(易)은 천문관측에서 천체의 위치가 서로 바뀌는 가장 일반적인 의미인 것이다.

일반적으로 일월성신 위치가 바뀌는 것을 '역(易)'이라고 말한다. 『설문해자』에서는 "易, 秘書說, 日月爲易, 象陰陽也。-易은 비서에서 말하길 일월이 易으로, 모양은 음양을 본떴다-"라고 적고 있다. 이것은 천체의 위치 변화를 말한 것이다. 천체 회전의 중심은 북천극으로 '북천극(北天極)'이 바로 '태극(太極)'이며 이것이 '일(一)'인 것이다. '역(易)'은 천상이 회전하면서 만들어진 사계절의 변화이다. '易有太極'에서 북극의 위치 또한 사시 변화의 중심인 북륙동지(北陸冬至)나 북극동지(北極冬至)를 가리키는데 이것이 바로 '이(二)'의 의미이다. 동짓날이 되면 1 회귀년이 끝나고 새로운 회귀년이 다시 시작되므로 『상서. 요전(尙書. 堯典)』에서는 "平在朔易"이라고 적고 있다. 주(注)에서는 "北稱朔, ...易, 謂歲改易於北方。-북쪽을 朔이라고 부른다. 역은 해가 바뀌어 북쪽에서부터 바뀌는 것을 의미한다-"이라고 적고 있다. 한 회귀년이 동반년과 하반년으로 다시 나뉘는 의미와 같다. 이것이 '是生兩儀'이다. 다시 사시(四時)로 나눠지면 '兩儀生四象'이 된다. 그리고 다시 사시팔절(四時八節)로 나눠지면 '四象生八卦'가 된다. 이것은 태극도가 설명하는 것이 북륙동지(北極冬至)라는 것을 보여준다.

고대인들은 북륙동지(北陸冬至)나 북극동지(北極冬至)에 음기가 극점에 이르렀다가 쇠락하기 시작한다고 여겼다. 양기가 쇠락하여 극점에 달하면 다시 소생하기 시작하는데 이것이 바로 '含元出氣' 또는 '流精生一'이다. 하나의 새로운 생산년이 곧 다가오고 있음을 의미한다. 여기서 '기(氣)'나 '원기(元氣)'는 것은 중국 철학사에서 심오한 의미를 갖는다. 노장(老莊) 철학 가운데 '허(虛)', '무(無)', '도(道)'의 근원 역시 '기(氣)'에서 기원한 것으로 예를 들면 『노자도덕경(老子道德經)』 16장에서는 다음과 같이 적고 있다.

"致虛極、守靜篤、萬物並作, 吾以觀其復。王弼注: "以虛靜觀其反復。凡有起於虛, 動起於靜, 故萬物雖並動作, 卒復歸虛, 靜是物之極篤也。

허가 극에 이르러 안정을 지키고 돈독해지면 만물이 함께 생장한다. 그것으로 순환의 원리를 볼 수 있다. 왕필이 注에 적기를, "虛와 靜으로 만물의 생사가 반복되는 것을 살핀다. 무릇 有는 虛에서 시작되고 動은 靜에서 시작한다. 그러므로 만물은 비록 함께 생장하지만 결국 虛로 돌아가며 靜은 만물이 지극히 돈독해지는 것을 말한다"

---

36) 馮時: 『星漢流年——中國天文考古錄』 228-229쪽, 四川教育出版社, 1996年.

허(虛), 무(無), 도(道)는 노장철학의 이론을 세운 기초가 된다. '致虛極'이란 무엇인가? 『이아. 석천(爾雅. 釋天)』에서는 "玄枵, 虛也; 顓頊之虛, 虛也; 北陸, 虛也-현효는 虛이다; 전욱의 虛는 虛이다; 북쪽 땅은 虛이다"라고 적고 있다. 이러한 철학적 의미의 근본은 동지에 해가 허수(虛宿)에 머물고 원기가 가장 쇠약해지는 시기라는 천문학적 사실에 기인한다. 이 시기를 초궁초도(初宮初度)[37]라고 부르는데 초궁초도의 시작은 0(零)이기 때문에 '致虛'라고 하였다. 이를 '虛極'이라고도 하는데 가장 허(虛)하다는 것을 의미한다. 허(虛)가 극(極)에 달하면 원기가 다시 소생하는데 이런 이유로 '吾以觀復'이라고 말했다. '복(復)'은 두 가지 뜻을 갖고 있다. 첫째는 부활이요, 둘째는 새로 태어난다는 것이다. 옛 것은 죽고 새로운 것이 계속 생장하기 때문에 '萬物竝作'이라 하였다. 이것은 바로 '有起於虛', '動起於靜'이다. 이는 만물이 생장을 마친 뒤에 다시 죽음으로 돌아간다는 의미로 '卒歸於虛'를 의미한다. 허(虛)는 만물의 끝이면서 시작이기도 하다. 그러나 동짓날 해가 허수(虛宿)에 머물렀던 시대는 제요(帝堯)시대까지 거슬러 올라간다. 이 시기는 노자의 시기보다 2000년 정도 빠르다. 따라서 노장철학은 대대로 전해 내려오는 원시 철학을 기초로 했음을 알 수 있다. 노장철학을 추상화 한 것이 바로 '도(道)'인데, 『장자. 대종사(莊子. 大宗師)』에서는 다음과 같이 적고 있다.

夫道, 有情有信(1), 無爲無形(2)。可傳而不可受(3), 可得而不可見(4)。自本自根(5), 未有天地, 自古以固存(6)。神鬼神帝(7), 生天生地, 在太極之先而不爲高(8), 在六極之下而不爲深(9), 先天地生而不爲久長, 於上古而不爲老。狶韋氏得之(10), 以挈天地(11); 伏戲氏得之, 以襲氣母(12); 維斗得之, 終古不忒(13); 日月得之, 終古不息(14); 堪坏得之(15)。以襲昆侖(16); 馮夷得之(17), 以游大川(18); 肩吾得之(19), 以處大山(20); 黃帝得之(21), 以登雲天(22); 顓頊得之(23), 以處玄宮(24); 禺强得之(25), 立乎北極 (26); 西王母得之(27), 坐乎少廣(28), 莫知其始, 莫知其終; 彭祖得之(29), 上及有虞(30), 下及五伯(31); 傅說得之(32), 以相武丁(33), 奄有天下(34), 乘東維(35), 騎箕尾(36), 而比於列星。[38]

무릇 道라는 것은 情이 있고 믿음이 있으나(따라서 객관적으로 존재하는 것이다), 행함도 없고

37) 중국 周天曆度의 설치는 어느 때부터 시작되었는지 알 수 없으나 『주비산경』에 "古者包犧立周天曆度-옛날에 포희씨가 주천역도를 세웠다"라는 기록은 너무 이른 시기까지 거슬러 올라간 것으로 보인다. 그러나 역사시대 이전의 선민들은 동짓날 해가 머무는 위치를 이미 알고 있었고 또한 그 날을 1 회귀년 관상(觀象)의 기점으로 삼았는데, 이것은 서양천문학에서 춘분점을 기점으로 삼는 것과는 다른 것이다.

형태도 없다. 마음으로 전할 수는 있으나 입으로 받을 수는 없으며 터득할 수는 있으나 볼 수는 없다. 자기 스스로가 근본이자 뿌리가 된다. 천지가 있기 전부터 자고이래로 존재하고 있었다. 도는 귀신과 천제를 신령화 하였으며 천지를 만들었다. 태극의 위에 있으나 높다하지 않고 육극(상하 사방)의 아래에 있으나 깊다하지 않으며 천지보다 앞에 살았으나 오래되었다하지 않고 上古보다도 더 오래되었지만 늙었다고 하지 않는다. 희위씨(고대 전설 속의 제왕)는 도를 얻어 천지를 개벽하였고 복희씨는 그것을 얻어 음양의 원기를 합하는데 사용하였다. 북두는 도를 얻어 영원히 별자리 위치가 틀리지 않을 수 있었다. 태양과 달은 도를 얻어 영원히 쉬지 않고 운행할 수 있었다. 감배(堪坏-곤륜산의 신)는 도를 얻어 곤륜산을 화합하는데 사용했고 풍이(冯夷-黄河의 水神)는 도로써 큰 강물을 흐르게 하였다. 견오(肩吾-태산의 신)는 도를 얻어 태산에 들어가 살 수 있었으며 황제(헌원씨)는 도를 얻어 구름과 하늘에 오를 수 있었다. 전욱(고양씨-황제의 손자)은 도를 얻어 현궁에 살았으며 우강(북해의 신)은 도로써 북극을 세울 수 있었다. 서왕모는 도를 얻어 소광산에 머물 수 있었으나 그 시작과 그 끝을 알 수가 없다. 팽조(颛顼的玄孙-전욱의 고손으로 800세까지 살았다함)는 도를 얻어 위로는 순임금부터 아래로는 오패시대(五霸时代)까지 살았다. 부열은 도를 얻어 은나라 무정을 보좌하여(재상이 되어) 천하를 다스렸으며 죽은 후 동유(동쪽의 주요 별자리)에 올라타고 기수와 미수를 이끌고 뭇별들과 함께 있게 되었다.

---

38) [참고자료]

(1)有情: 实在, 有信: 真确。有情有信: 指客观存在. (2)无为: 没有作为。无形: 没有形状。 (3)可传: 可以心传。受: 通授。 (4)得: 内心领悟。 (5)自本自根: 自己产生自己, 自为自的根本。 (6)以: 而。固存: 本来就存在。 (7)神鬼神帝: 使鬼和上帝变成神灵。 (8)太极: 最高的极限, 派生万物的本源。 (9)六极: 上下四方, 即六合。 (10)豨(xī)韦氏: 传说中的古代帝王。 (11)挈(qiè): 提挈, 提举, 开辟。 (12)袭, 合。气母: 指元气。 (13)维斗: 北斗星。忒(tè): 差错。 (14)息: 息止。 (15)堪坏(pēi): 昆仑山神。 (16)袭: 入。 (17)冯夷: 人名, 得水仙或野浴于河而死, 成为河神。亦称河伯。(18)大川: 大河。 (19)肩吾: 泰山神。 (20)大山: 大山即泰山。 (21)黄帝, 传说中的帝王, 轩辕氏。(22)登云天: 相传黄帝采首山之铜, 铸鼎山之下, 鼎成后, 有龙垂于鼎迎帝, 帝遂将群臣及后七十二人, 白日驾云乘龙, 登天而去。 (23)颛顼(zhūanxù): 古代部落首领, 号高阳, 黄帝之孙, 又称玄帝。 (24)玄宫: 北方宫。玄: 为黑色, 代表北方的染色。 (25)禺强: 又叫禺京, 水神名。 (26)北极: 北方极地。(27)西王母: 居海涯的神人。 (28)少广: 山名。 (29)彭祖: 相传颖硕的玄孙, 长寿八百岁。 (30)有虞, 指舜。 (31)五伯(bà): 齐桓、晋文、秦穆、楚庄、宋襄。 (32)傅说(yuè): 人名, 原为奴隶, 后殷高宗任用为相。 (33)武丁: 殷高宗。 (34)奄: 才。 (35)东维: 東方之星宿。 (36)箕尾: 星名。为二十八宿中的两个星座。

「译文」 道是客观存在的, 又是无为无形的; 可以心传而不可以口授, 可以领悟而不可以认识; 自己为本, 自己为根。没有天地之前; 从古以 来就存在了; 使鬼帝变成了神灵, 产生天地; 它在太极之上不算

이 문장의 내용 중에서 중요한 몇 부분만 다시 설명하도록 하겠다. '부도(夫道)'의 '부(夫)'는 발어사이고 '도(道)'는 천지와 자연에 내재된 도(道)를 의미하는 것으로 고대인들이 천지와 우주의 법칙을 설명하는데 사용하였다. 예를 들어, 해가 뜨고 달이 지고 추위와 더위가 서로 교차하며 별이 뜨고 지는 세시의 변화 등은 모두 하나의 '도(道)'를 따른다. '도(道)'는 추상적이며 구체적인 의미를 가지고 있다. 만약 이 문장에서 설명한 '도(道)'의 위치를 정한다면 북극동지의 자리로 볼 수 있다. 고대인들은 천지 우주의 규칙적인 변화를 관측하여 북천극의 위치를 정하였다. '維斗得之, 終古不忒'이라는 문장에서 '두(斗)'는 북두칠성을 나타낸다. 북두칠성은 앞서 설명한 바와 같이 고대인들이 북극을 찾기 위해 관측한 공극성(拱極星)이 된다. 북극성은 북두칠성을 잡고 하루 동안 한 바퀴를 돌고(지구자전), 1년 후에는 다시 원점으로 돌아온다(지구공전). 따라서 영원히 변하지 않는다는 의미에서 '終古不忒'이라고 한 것이다. '黃帝得之, 以登雲天'은 북천극의 위치가 확정되었다는 것을 나타낸다. 고대 문헌에서 황제(黃帝)는 중앙천제(中央天帝)로 북극 제성의 신격을 갖추고 있다. '以登雲天'은 황제가 천지 우주 사이를 자유롭게 돌아다니는 우주의 신이라는 직분도 겸하고 있다는 것을 나타낸다. 고대인들은 천상(天象)을 근거로 역법을 변화 발전시켰는데 가장 먼저 동짓날을 확정해야만 했다. '도(道)'는 당연히 동지(冬至)에 위치해야 하므로 '日月得之, 终古不息'이라고 한 것이다. 고대인들은 동짓날부터 태양의 운동을 관측하였다. 춘분, 하지, 추분을 지나 다시 동지로 돌아오는 것을 1 회귀년으로 정했다. 고대인들이 1 삭망월에 해와 달이 한 번 만난다고 여겨서 '日月得之'라고 하였으며 동짓날이 되면 해와 달과 별이 모두 하늘의 한 자리에서 만나 1 회귀년을 완성한다고 여겼다. 해와 달의 운동은 해마다 끊임없이 순환하는데 따라서 '終古不息'이라고 하였다. 이는 영원한 천도(天道)를 말한다. '顓頊得之, 以處玄宮'에서 전욱은 고대 문헌의 북방천제(北方天帝)로 동짓날의 태양신이다. 전욱이 머물고 있는 '현궁(玄宮)'은 북륙동궁(北陸冬宮)이나 중궁(中宮)이 된다. 이는 또한 북극동지의 궁을 의미한다. '禺强得之, 立乎北极'에서 '우강(禺强)'은 고대 신화 중에서 동신(冬神)으로 대지를 얼어붙게 만드는 신이다. 우강은 북극에 있으므로 북극동지로 해석할 수 있다. 이러한 일

高, 在六极之下不算低, 生于天地之前不算久, 长于上古之前不算老。狶韦氏得到它, 用它开辟天地; 伏戏氏得到它, 用以合阴阳元气; 北斗得到它, 就能永远不错星位; 太阳和月亮得到它, 就能终始运行不息; 堪坏得到它, 用以合于昆仑; 冯夷得到它, 用来游历大河; 肩吾得到它, 就能进住太山; 黄帝得到它, 就能登上云天; 颁硕得到它, 就能进住玄宫; 禺强得到它, 能站立在北极; 西王母得到它, 就能坐守少广山上, 不知道它的开始, 不知道它的终了; 彭祖得到它, 上从有虞, 往下活到五霸时代; 傅说得到它, 用以辅佐武丁, 才统治天下, 他死后乘着东维星, 骑着箕尾星, 与众星并列在一起。(출처: 『庄子译』, [战国] 庄周 著, 百花洲文艺出版社, 2010. 9.)

련의 '도(道)'에 대한 설명은 '有情有信, 無爲無形'으로 '도(道)'는 객관적인 법칙으로 개인의 지배를 받지 않는다는 것을 의미한다. '自本自根, 未有天地, 自古以固存'이라는 것은 도가 천지개벽 이전에 존재했다는 것을 의미하며 인류의 역사보다도 훨씬 더 오래되었다는 것을 나타낸다. 고대인들이 '도(道)'를 매우 높게 받들었다는 것은 이 문장을 통해서도 잘 알 수 있다.

마지막으로 '豨韋氏得之以挈天地; 伏戲氏得之, 以襲氣母'에 대해 알아보자. '득지(得之)'라는 것은 위에서 말한 '도(道)'를 얻었다는 것으로 북극동지의 위치에 있게 되었음을 말한다. 복희(伏戲)는 고대 문헌에서 중국인의 조상으로 알려져 있는 복희씨(伏羲氏)를 말한다. 복희씨가 물려 받은 '기모(氣母)'는 아마도 '함원출기(含元出氣)'의 북천극일 것이다. 이는 복희씨가 천상을 관찰했을 당시 북천극의 위치가 확정되었음을 의미한다. 이 문장에서 가장 오래된 신인(神人)은 '희위씨(豨韋氏)'로 '以挈天地-천지를 이끌다'의 일을 하였다. 즉, '천지개벽'의 일을 한 것이다. 이것은 다른 고서에서는 볼 수 없는 내용이다. '복희와 여와'는 비록 오래전의 신이기는 하지만 천지를 창조한 신은 아니다. 반고씨(盤古氏)가 천지를 창조했다는 이론도 있지만 시대적으로 너무 늦으므로 희위씨(豨韋氏)와 비교하기는 어렵다.[39] 희위씨(豨韋氏)가 천지를 창조했다는 사실로부터 북극동지를 확정할 수 있다. 동짓날은 새로운 회귀년이 다시 시작하는 것으로 새로운 천지의 개벽을 의미한다. '희위씨(豨韋氏)'는 고대 동지 세종대제(歲終大祭)에 사용했던 희생물인 돼지로부터 관련성을 찾을 수 있다. 고대인들은 관상(觀象) 용어를 이용해 씨족의 이름을 정

---

39) [참고자료] 반고신화: 盘古是中国古代传说中开天辟地的神。在天地还没有开辟以前, 宇宙就像是一个大鸡蛋一样混沌一团。有个叫做盘古的巨人在这个"大鸡蛋"中一直酣睡了约18000年后醒来, 盘古凭借着自己的神力把天地开辟出来了。天日高一丈, 地日厚一丈, 盘古日长一丈, 如此万八千岁。天数极高, 地数极深, 盘古极长。盘古氏之死也, 他的左眼变成了太阳, 右眼变成了月亮; 头发和胡须变成了夜空的星星; 他的身体变成了东、西、南、北四极和雄伟的三山五岳; 血液变成了江河; 牙齿、骨骼和骨髓变成了地下矿藏; 皮肤和汗毛变成了大地上的草木; 汗水变成了雨露。盘古的精灵魂魄也在他死后变成了人类。所以, 都说人类是世上的万物之灵。(출처: SOSO 백과사전「盘古」)
- 반고는 중국 고대 전설 속의 천지를 개벽한 신이다. 천지가 아직 개벽되기 이전에 우주는 하나의 큰 계란처럼 몹시 혼돈된 상태였다. 반고라고 불리는 거인이 이 큰 계란 속에서 18000년 동안 깊은 잠을 자다가 깨어나 자기의 神力을 이용해 천지를 개벽하고 나왔다. 하늘은 하루에 1丈씩 높아지고 땅은 매일 1丈씩 두터워지고 반고도 매일 1丈씩 자라나 18000살이 되었다. 하늘은 한없이 높아졌고 땅은 한없이 두꺼워졌으며 반고도 한없이 자라나 결국엔 죽게 되었다. 그가 죽자 그의 왼쪽 눈은 태양으로 변하고 오른쪽 눈은 달로 변했다. 머리카락과 수염은 밤하늘의 별로 변했으며 그의 몸은 웅대하고 기세가 넘치는 三山과 五岳 그리고 동, 서, 남, 북의 네 극으로 변했다. 피는 강과 하천으로 변했고 이빨 골격과 골수는 지하자원으로 변했으며 피부와 솜털은 대지 위의 초목으로 변했다. 땀은 비와 이슬로 변했으며 반고의 정령과 영혼은 그가 죽은 후에 인류로 변했다. 그러므로 모든 인류가 세상 만물의 영혼(영장)이라고 말할 수 있다.

했는데 '희위씨(狶韋氏)'는 바로 돼지에서 유래된 이름이다. '희(狶)'는 '희(豨)'로도 쓰이는데 바로 시(豕)나 저(猪)라는 의미이다. 상(商)대에는 '시위씨(豕韋氏)'가 있었는데 희위씨의 후손으로 생각된다. '시위(豕韋)'는 또한 별의 이름으로도 쓰였다. 「박아(博雅)」에서는 "營室謂豕韋。 -영실을 시위라고 부른다-"라고 하였다. 천문에서 저성(猪星)을 '봉시(封豕)'로도 불렀으며 영실과 가까이에 있다. 『사기. 천관서(史記. 天官書)』에서는 "奎曰封豕, 爲溝瀆。 -규수를 봉시라 부르고, 구독(溝瀆)이다-"라고 적고 있다.

봉시(封豕)가 바로 대저(大猪)이며 천저(天猪)이다. 규수(奎宿)는 16개의 별로 이루어져 있는데 별자리의 전체적인 모습은 돼지 머리 두 개가 함께 붙어있는 것처럼 보인다. 숭택(崧澤)문화 유물 중에는 저수형질그릇(猪首形陶器)이 있다(그림 61). 그림 61의 저수형질그릇은 실용질그릇이라기 보다는 규수(奎宿) 별자리에 제사 지낼 때 사용했던 제기로 생각된다. 이 돼지 얼굴 모습의 신(神)이 희위씨(狶韋氏)이다. '희위씨득지(狶韋氏得之)'라는 것은 동짓날 해가 규수(奎宿)나 영실(營室)에 있던 시대를 가리키는 것으로 지금으로부터 7000년~10000년 전의 시기에 해당한다. 앞서 2장에서 언급한 산서성 길현 시자탄 암각화 시대에 동짓날 해가 규수에 머문다는 시기와 비슷하다. 규수(奎宿) 별자리 모습은 배가 불룩한데 돼지와 같은 모습이다. 고대인들은 불룩한 배가 원기(元氣)를 품고 있고 매우 혼탁하다고 여겼다. 마치 천지개벽 이전의 혼탁한 우주의 모습으로 여겨 '구독(溝瀆)'으로 불렀다. '伏戲得之, 以襲氣母'에서 '기모(氣母)'는 희위씨(狶韋氏)로 볼 수 있으며 우주의 신(神)을 의미한다. 고고유물을 근거로 살펴보면 이러한 개천신화의 역사는 매우 오래된 것으로 보인다. 개천신화는 『장자(莊子)』가 저술된 시대보다고 한참 이전부터 유래되었음을 알 수 있으며 고대의 여러 기록에도 남아 전해지고 있다.[40]

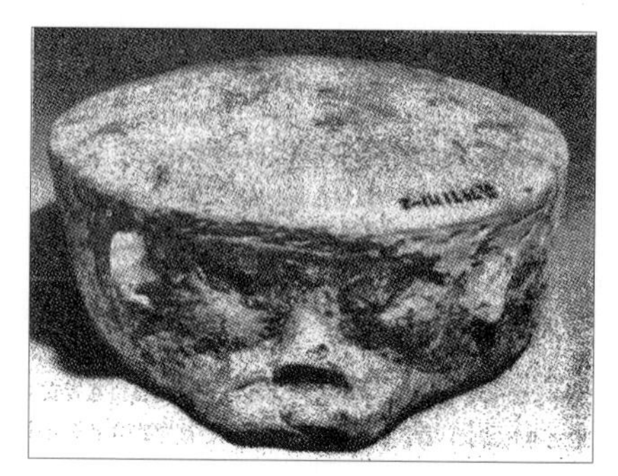
그림 61. 상해(上海) 청포(青浦) 숭택(崧澤) 유적지에서 출토된 저수형질그릇(猪首形陶器)

---

40) 축가정(竺可楨)은 고서에 기록된 상고시대의 天象 기록을 처음으로 발견하였다. 그는 "『史記』와 『淮南子』및 경전에 기록된 천체의 모습은 세차(歲差)로 인해 현대에는 맞지 않을 뿐 아니라 원서(原書)의 제작 시대와도 맞지 않지만 천상(天象)은 상고시대의 유산이다"라고 언급하였다. 竺可楨, 「二十八宿起源的時間和地點」, 『思想與時』 第34期.

7

방위천문학(方位天文學)의 대표적인 부호(符號)

팔각성문도안(八角星紋圖案)

방위천문학의 기원은 매우 오래 되었다. 천문학자들은 오래전 신석기 시대 고대인들도 방위를 확정하는 방법을 알고 있었으며 나침반이 발명되기 이전에는 천문 관측에 의해서 방위를 확정하였다고 생각하고 있다.[1] 로앙(盧央)과 소망평(邵望平)은 역사시대 이전 신석기 시대 고분과 유적 6곳에서의 하지와 동짓날의 태양 출몰 방위를 계산하였다(표 1).

표 1. 신석기 시대 유적 6곳의 하지와 동짓날의 태양 출몰 방위

유적	하지일출방위	하지일몰방위	동지일출방위	동지일몰방위
반파(半坡)	60°20′	299°40′	119°37′	240°23′
강채(姜寨)	60°22′	299°38′	119°38′	240°23′
대문구(大汶口)	59°48′	300°12′	120°12′	239°48′
유림(劉林)	60°17′	299°43′	119°35′	240°23′
대돈자(大墩子)	60°21′	299°39′	119°39′	240°23′

1) 祖國天文學整理研究小組:『中國天文學簡史』, 天津科學技術出版社, 1979年.

북음양영(北陰陽營)	61°12'	298°48'	119°48'	240°12'

로앙과 소망평은 다음과 같이 설명하고 있다. "명확한 방위 개념은 태양의 시운동 관찰로부터 확정된다. 즉, 태양이 특정한 위치에 있을 때 관측을 통해 방위를 확정하게 된다. 가장 먼저 동쪽과 서쪽에 대한 개념이 확정되고 뒤이어 남북의 개념이 확정된다. 그리고 동남, 동북, 서남, 서북 등의 8 방위의 개념도 생겨났다. 그리고 이들을 측정하기 위한 원시적인 측정 방법이 생겨났다."[2] 로앙과 소망평이 언급한 방위 측정은 지리방위를 확정하는 가장 원시적인 방법들이었으나 그 당시에 사용한 측정 방법에 대해서는 현재 알기 어렵다. 입간측영(立竿測影)을 통해서 사방과 사우(四隅)가 확정되고 이들은 다시 천체의 방위와도 연결되어 사시팔절(四時八節)이 확정되었다. 이러한 방위 개념 확정은 역사시대 이전에 이미 보편화되었다. 팔각성문도안은 바로 이러한 방위 개념의 확정에 따라 만들어진 것이다.

1절. 팔각성문도안(八角星紋圖案)의 예시

팔각성문도안의 기본 형식은 중간에 정사각형이 있고 정사각형 네 변의 바깥쪽에는 각각 연미식(燕尾式-제비꼬리 모양)의 교각(交角)들이 그려져 있다. 각각의 연미식(燕尾式) 교각들은 두 개의 직각 삼각형으로 나눌 수 있어 모두 8개의 직각삼각형을 보여준다. 이것이 '사방팔각(四方八角)'으로 하나의 정사각형을 8개의 직각삼각형으로 나눈 것으로 그림 62와 같다.

1. 대계문화(大溪文化)의 팔각성문도안(八角星紋圖案)

대계문화(大溪文化)는 사천성(四天省) 무산(巫山) 대계유적지에 기인하여 생긴 이름으로 장강(양자강) 중류지역에 분포되어 있다. 대계문화 고대인들의 무덤은 대부분 정방향으로 놓여 있다.

2) 盧央, 邵望平: 「考古遺存中所反映的史前天文知識」, 『中國古代天文文物論集』, 文物出版社, 1989年.

머리는 남쪽에 발은 북쪽으로 놓여 정남북 방향을 향하고 있다. 일부는 머리가 북쪽에 발이 남쪽으로 놓여있지만 여전히 정남북 방향으로 배치되어 있다. 일부 무덤에서는 머리는 서쪽에 다리는 동쪽으로 향하고 있어 정동서 방향으로 배치되어 있다.[3] 이것은 대계문화 고대인들의 방위 측정 기술이 매우 우수했음을 말해준다. 대계문화에 속하는 호남성(湖南省) 안향현(安鄕縣) 탕가강(湯家崗) 신석기유적에서 출토된 진흙 백자와 흰 띠를 두른 붉은 질그릇 안쪽 바닥에서 팔각성문도안이 발견되었다. 일련번호 M1: 1인 팔각성문도안을 예로 들어보겠다.[4] 팔각성문도안 가운데의 네모난 테두리는 정사각형인데 정사각형의 중심부에는 왼쪽으로 회전하는 모습을 표현한 호선문 4개가 그려있어 소용돌이의 중심임을 나타내고 있다.[5] 동서남북 방향의 팔각(八角)에는 각각 두 개의 직각삼각형이 한 조로 그려져 있는데 M자형으로 어미형(魚尾形-물고기꼬리) 또는 연미형(燕尾形-제비꼬리)으로 부를 수 있다. 모든 연미형(燕尾形)의 사이에는 'ㄴ'자 문양이 대칭으로 그려있어 직각을 표시하고 있다. 연미형의 교각 안쪽에는 '⺮'형(弓形) 부호가 그려져 있는데 이것은 크게 벌어진 '광각(廣角)'을 의미한다.[6] 팔각성문도안은 원형 테두리 안쪽의 주요한 주제이며 그 사이의 공간에는 '亦'과 '㑒' 문양이 그려져 있다. 앞쪽의 문양은 기둥 위에 모자가 씌워진 모습으로 입간측영을 나타낸다. 두 번째 문양은 날아가던 새가 대(臺-받침대) 위에 내려앉은 모습으로 태양조(太陽鳥)가 빛을 발산하는 모습을 나타낸다. 두 문양의 뜻은 입간측영을 하던 높은 대(臺)와 지평일구에서 그 뜻을 취했음을 알 수 있다. 테두리의 원 사이는 칸이 나눠져 있는데 모두 3조(組) 6변(邊)의 육면형점문(六面形点紋)으로 되어있다. 그 중 각 조(組)의 한 단은 3개의 점으로 그려져 있어 해 그림자의 단(段)과 절(節)을 나누는 것에서 그 뜻을 취했을 것으로 생각된다(그림 62: 1).

대계문화 팔각성문도안의 또 다른 예는 『용봉문화원류(龍鳳文化源流)』 책 뒤표지를 참고할 수 있다.[7] 중앙의 정사각형 안에는 날개를 펼치고 비상하는 새 한 마리가 그려져 있다. 머리는 위로 향하고 꼬리는 늘어뜨리고 있으며 몸체와 두 날개는 각각 네 방향으로 나눠어 있는 모습이

---

3) 四川省博物館: 「巫山大溪遺址第三次發掘」, 『考古學報』 1981年 第4期.

4) 湖南省博物館: 「湖南安鄕縣湯家崗新石器時代遺址」 圖六: 10, 『考古』 1982年 第4期.

5) 天象이 왼쪽으로 돈다는 것에 부합한다. 고대인들은 동쪽을 왼쪽으로 서쪽을 오른쪽으로 여겼으므로, 밤하늘의 별들을 서쪽에서 동쪽으로 나열하였다. 즉, 왼쪽으로 돈다는 것을 뜻한다.

6) 천상을 관측할 때 방위각(方位角)을 취했다는 것에 부합한다.

7) 王大有: 『龍鳳文化源流』 封底圖案, 北京工藝美術出版社, 1988年.

그림 62. 역사시대 이전시대의 팔각성문(八角星紋) 도안

다. 소용돌이의 중심에 새가 있다는 것을 표시하고 있다. '선조(旋鳥-회전하는 새)'나 '현조(玄鳥-선조와 중국어 발음이 같음)'로 부를 수 있으며 태양조를 나타낸다. 4개의 연미형 교각 안에 장식무늬가 있는데 직각 부호는 굽어있는 뱀 문양으로 표시하였다. 뱀 문양은 '신(神)'을 나타내는 것으로 태양의 빛을 표시한다. 이를 통해 고대인들이 태양 빛을 신(神)으로 여겼음을 알 수 있다. 팔각성문과 안쪽 테두리 원 사이에 그려진 도안 역시 뱀 또는 새 문양이다. 뱀은 하나의 머리와 두 개의 몸을 가지고 있으며 머리를 위로 향하고 똬리를 틀고 있는 모습으로 교미하는 것을 나타낸다. 새는 날개를 펼치고 날고 있거나 날개를 펴고 웅크려 앉은 모습 등으로 형상이 비교적 복잡하다. 그 의미는 천체 가운데 회전하고 있는 사룡(蛇龍)과 조봉(鳥鳳)에서 취했으며 '용봉팔각성문도안(龍鳳八角星紋圖案)'이라고 부를 수 있다. 팔각성문과 동심원 문양의 안쪽에는 가시문양이 그려져 있는데 이 책의 저자인 왕대유(王大有)는 이를 구체적으로 '팔망태양문(八芒太

陽紋)'이라고 불렀다. 동심원문양 위에는 쌍구육변형점문(雙勾六邊形点紋)으로 칸이 나눠져 있어 3조(組) 6단(段)으로 볼 수 있다. 안쪽과 바깥쪽의 테두리 원 사이에는 새머리 도안이 빙 둘러져 그려져 있는데 그 모습은 'S' 모양으로 보인다. 두 개의 호구(弧勾-둥근 고리)는 입을 벌린 채 눈을 부릅뜨고 있는 두 마리의 새로 그려놓았는데 새의 머리는 어린 제비새끼가 먹이를 다투는 모습처럼 보인다. 이 도안 역시 3조(組) 6단(段)으로 나누어져 있다. 전체적으로 볼 때 매우 정교하고 아름다운 예술품이다(그림 62: 6).

2. 대문구문화(大汶口文化)의 팔각성문도안(八角星紋圖案)

『대문구(大汶口)』 책에는 팔각성문 도안이 그려져 있는 질그릇 조각 사진이 수록되어 있다.[8] 선은 간단하고 구도(構圖)는 투박하다. 문양을 복원해 보면 먼저 선 하나로 '정(井)'자 모양을 그려 중간에 정사각형을 놓고 정사각형의 네 모서리 안쪽을 둥글게 검은 색으로 칠하여 사각형 안쪽에 원이 겹쳐 있는 모습처럼 보이게 하였다.

4조(組)의 M자 모양 직각삼각형 사이에는 검은 색을 칠하여 흑백이 서로 교차하면서 선명한 대비를 이루고 있는데 이는 '방원천지음양(方圓天地陰陽)'의 의미를 나타낸다.

안휘성(安徽省) 함산(含山) 능가탄(凌家灘) 묘지는 대문구문화에 속한다. 이곳에서 출토된 응형조수팔각성옥조(鷹形鳥獸八角星玉雕-매 모양의 동물 팔각성 옥조각)는 매우 보기 드문 예술품이다. 팔각성문도안 안에 있는 원은 태양을 나타내고 있으며 별 문양 안에 성점(星點) 하나가 있다. 도편의 전체적인 모양은 태양조로 사방사우의 의미를 나타낸다. 동서 방향에는 두 마리의 짐승 모습을 볼 수 있다. 태양원면 안에 있는 흑점은 이것이 태양조라는 것을 더욱 명확히 보여준다.

그림 63. 안휘성(安徽省) 함산(含山) 능가탄(凌家灘)응형조수팔각성옥조(鷹形鳥獸八角星玉雕) [含山博物館 소장]

8) 山東省文物管理處, 濟南市博物館: 『大汶口』 圖版 106, 文物出版社, 1974年.

3. 청연강문화(青蓮崗文化)의 팔각성문도안(八角星紋圖案)

그림 64. 청연강문화(青蓮崗文化)질그릇에 그려진 팔각성문도안(八角星紋圖案) [南京博物院 소장]

청연강문화(青蓮崗文化)는 강소성(江蘇省) 회안(淮安) 청연강 유적에서 기인한 이름이다. 『강소채도(江蘇彩陶)』 책 속에는 비현(邳縣) 대돈자(大墩子) 유적지에서 출토된 팔각성문채도분(八角星紋彩陶盆-질그릇 대야) 하나가 수록되어 있다.[9)]

대야의 복부를 한 바퀴 둘러 도안이 그려져 있다. 팔각성문 도안은 검은색으로 테두리를 그렸으며 흰색으로 평도(平塗-테두리 안을 흰색으로 칠함)했고 중간의 정사각형은 붉은색 그대로 남아있다. 이 팔각성문도안은 정확한 직각삼각형 모양은 아니다. 도안의 중앙은 은홍색으로 칠해져 있으며 백색의 빛살이 방사되는 모습을 하고 있다. 도분(陶盆)의 입구 가장자리 위에는 여섯 마리의 날아가는 새가 그려져 있는데 이것은 태양과 새의 관계를 나타내고 있다(그림 64). 『강소채도(江蘇彩陶)』 도판(圖版) 42에는 훼손된 상태로 남아있는 태양문양 하나가 있다. 태양문양의 좌측에 훼손된 각형문(角形紋)이 하나 남아있는데 팔각성문의 각형(角形)과 같은 모양으로 팔각성문과 태양이 같은 의미라는 것을 보여준다.

4. 마가요문화(馬家窯文化)의 팔각성문도안(八角星紋圖案)

마가요문화(馬家窯文化)는 감숙성(甘肅省) 임조(臨洮) 마가요 유적지에 기인하여 붙여진 이름으로 마가요와 마창(馬廠) 그리고 반산(半山) 유형의 세 시기로 나눌 수 있다. 마창 시기의 채문질그릇 위에는 큰 동그라미 문양이 매우 많은데 동그라미 문양 안에는 변형된 다양한 기하학적 문양이 있다. 팔각성문 도안도 그 중에 하나이다.

『청해유만(青海柳灣)』[10)] 책에 수록된 「도보(圖譜)」에는 두 가지 팔각성문 도안이 실려 있다. 최

9) 南京博物院編: 『江蘇彩陶』, 文物出版社, 1978年.

10) 中國社會科學院考古研究所編: 『青海柳灣』, 文物出版社, 1984年.

초 일련번호 [圖譜1(5): 218]에는 동심원 안에 팔각성문이 그려져 있는데 '정(井)'자 모양의 사각 틀을 기본선으로 하여 8개 끝점에서 안으로 좁아지는 각(內收角)의 형태로 그려져 있다. 동심원과 팔각성문 사이의 빈 공간에는 그물 문양이 그려져 있다. 또 다른 팔각성문인 최초 일련번호 [圖譜1(5): 219]에는 동그라미 문양 안에 팔각성문이 그려져 있어 전체적으로는 위와 같으나 팔각성문 중심의 사각 테두리 안에 그물 문양을 추가한 모습이다(그림 62:10).[11]

5. 소하연문화(小河沿文化)의 팔각성문도안(八角星紋圖案)

소하연(小河沿)문화는 내몽고(內蒙古) 오한기(敖漢旗) 소하연향(小河沿鄕) 백사랑영자유적(白斯郎營子遺址)에 기인해 붙여진 이름이다. 출토된 도존(陶尊-질그릇으로 만든 술을 담는 용기)의 사각 받침대의 네 모서리에 각각 연미형 도안이 그려져 있어 팔각 문양처럼 보인다.[12] 사각 받침의 중심은 마름모 모양과 비슷한 두 개의 변형된 조우문(鳥羽紋-새 깃털 문양)으로 이루어져 있으며 두 개의 조우문(鳥羽紋) 사이에는 비스듬한 사선이 있다. 사선은 마치 둘을 서로 연결한 것처럼 보이고 이것은 연결되어 회전하며 날고 있는 두 몸체의 중심을 나타내고 있다. 두 개의 조우문(鳥羽紋) 연장선은 비스듬히 팔각성문으로 이어져 있다. 따라서 팔각성문은 조우문과 연결되어 회전하며 날고 있는 새를 표시한 것으로 보인다. 팔각성문의 바깥 테두리는 정사각형으로 네 모서리와 위아래 중심에는 'ㄷ'자 모양의 부호가 그려져 있어 네 각의 내수(內收)를 표시하고 있다. 이것은 아마도 나무막대를 세워 해 그림자를 측정하는 지평일구에 '아(亞)'자 모양의 평면판이 있다는 것을 보여준다(그림 62: 4). 그 외의 팔각성문 도안에 대해서는 여기서 더 이상 언급하지 않겠다.

팔각성문도안의 발견은 일찍부터 학계의 주목을 받았다. 그 분포 범위를 살펴보면 남쪽으로는 장강하류의 숭택문화(崧澤文化)와 양저문화(良渚文化)로부터 서남쪽으로는 호북성과 사천성의 경계선이 되는 대계문화(大溪文化)까지 이르고 북쪽으로는 만리장성과 내몽고 그리고 요서 산지의 소하연문화(小河沿文化)에까지 이른다. 동쪽으로는 발해부터 태산까지의 지역과 산동 그

11) [역자주] 실제로 내용에서 설명하고 있는 팔각성문 도안의 모습은 그림 62-8과 같아 보인다.

12) 徐光金, 張敬國: 「白斯郎營子遺址」 揷圖, 『中國大百科全書·考古學』 32p, 中國大百科全書出版社, 1986年.

리고 강소성 북부의 대문구문화(大汶口文化)에서 시작하여 서쪽으로는 감숙성과 청해성 황토고원의 마가요문화(馬家窯文化)에 걸쳐 팔각성문도안이 발견되었다. 이들 지역을 살펴보면 대체로 하(夏), 상(商), 주(周) 세 왕조가 지배했던 영토이거나 그 보다 넓은 지역으로 보인다. 이들은 지금으로부터 약 6000~4000년 전부터 만들어진 것으로 보이며 청동기 시대의 유적에서도 발견되고 있다. 팔각성문도안이 광범위하게 분포하고 있으며 또한 여러 시대의 문화 유형과도 관련이 있다는 것은 역사시대 이전에 팔각성문도안이 보편적인 개념이었음을 알 수 있다. 일반적으로 학계에서는 팔각성문 도안이 태양과 방사된 빛을 상징한다고 보고 있다.[13] 광범위한 의미로 살펴보면 팔각성문 도안은 모두 회전의 의미를 가지고 있다. 특히 물레 위에 그려진 일부 정교한 팔각성문 도안은 회전의 의미를 더욱 명확하게 나타낸다. 팔각성문 도안은 회전하고 있는 하늘과 천체를 나타낸 것으로 보인다. 방사하는 빛을 상징하는 태양과 천체의 회전을 상징하는 팔각성문 도안은 다른 의미를 보여준다.

팔각 성문의 가장 두드러진 특징은 '사방팔각'이다. 사방을 향해 튀어나온 여덟 개의 각은 모두 정확한 방위를 나타내고 있으며 수직 형태를 기초로 하고 있다. 고대인들은 입간측영의 과정을 통해서 방위와 수직을 측정하였으며 입간측영을 할 때에도 수직을 이용하였다. 입간과 지평일구의 바닥이 수직을 유지해야만 정확한 측정값을 구할 수 있는데 하루 동안 입간측영을 측정하는 것 또한 직각을 구하는 과정이다. 수많은 직각 중에는 평면과 입체적인 것이 있는데 가장 간단한 것은 가로와 세로를 하나씩 사용해 '십자(十字)'를 만들어 네 개의 직각을 얻는 것이다. 사방을 가리키는 십자 문양은 태양의 방위인 동-남-서-북을 나타낼 수 있다. 십자문은 팔각성문도안을 간소화한 것으로 고대인들의 생각 속에서도 이것은 매우 신성한 것이었다. 십자 문양은 갑골문 시대까지 널리 전해져 천간(天干)의 '甲'자로 사용되어졌다. 상(商)족의 선조인 상갑미(上甲微)는 갑골문에 '⊞'로 기록되어 있는데 정산(丁山)은 이 글자(⊞)가 일신(日神)과 갑(甲)이 합쳐진 문자라고 언급하고 있다. 또한 상갑(上甲)은 바로 '일신갑(日神甲)'의 고유명사이자 '천유십일(天有十日)'의 첫 번째 태양으로 일신(日神)의 영도자를 말한다고 언급하였다. 그의 의견에 따르면 상갑(上甲)은 바로 십자 모양이 되는 것이다.[14]

십자 문양은 팔각성문 도안의 문화가 이어져 만들어진 것으로 고대인들의 생각 속에 일찍이 '팔각성문'과 '십자문'이 하나의 문화로 자리 잡고 있었다고 볼 수 있다.

13) 陳久金, 張敬國: 「含山出土玉片圖形試考」, 『文物』 1989年 第4期.

14) 丁山: 「中國古代宗教與神話考」 488-491쪽, 上海文藝出版社, 1988年.

2절. 팔각성문도안(八角星紋圖案)의 제작과 응용

이런 종류의 팔각성문 도안은 원주를 8등분하여 그려진 팔각성이나 두 개의 정사각형을 교차해서 만든 팔각 문양과는 엄격히 차이가 있다. 팔각성문 도안은 명확한 '사방팔각'의 개념이 내재된 것으로 네 조(組)로 이루어진 8각(角)은 동서남북의 방위 개념을 표현하고 있다. 네 방향을 향해 튀어나온 여덟 개의 각은 다시 내수(內收-안으로 들어간)한 8개의 각을 만들게 되어 모두 16개의 각이 만들어진다. 이 16개의 각을 하나의 정사각형 혹은 '亞'자 모양의 평면 위에 배치해보면 바로 지평일구의 구영반(晷影盤)이 된다. 사각내수(四角內收)가 바깥의 원과 만나서 만들어지는 문양은 고대의 천원지방(天圓地方)의 우주 모양과 일치한다. 고대인들이 팔각성문 도안을 하나의 원 안에 겹쳐 놓은 것은 전형적인 방원(方圓)의 결합 모양으로 천원지방의 개천설 우주모형을 나타내고 있다. 또한 사각테두리 안에 비스듬히 놓여있는 팔각성문 도안은 사방사우(四方四隅)와 사시팔절(四時八節)의 의미를 나타내고 있다. 이런 종류의 팔각성문은 방(方), 원(圓), 각(角)의 관계를 충분히 반영하고 있다. 대계문화의 규격화된 팔각성문도안은 제작방법의 난이도가 매우 높아 현재 고등학교를 졸업한 학생이라도 이런 도형을 쉽게 그려낼 수 있는 것은 아니다. 『주비산경』 중에는 '구고원방도(勾股圓方圖)', '원방도(圓方圖)', '방원도(方圓圖)', '일고도(日高圖)' 등이 있는데 이들 역시 방(方), 원(圓), 각(角)의 관계를 말하고 있는 것으로 구고정리(勾股定理-Pythagoras 정리)를 이용해 입간측영에 사용한 것이다. 그러나 간단한 팔각성문 도안만으로 이러한 문제를 해결하기에는 어렵기 때문에 『주비산경』에 그려진 그림들은 후세 사람에 의해 그려진 것으로 보인다. 『주비산경』에는 다음과 같이 적고 있다.

數之法出於圓方, 圓出於方, 方出於矩, 矩出於九九八十一。故折矩, 以爲勾廣三, 股修四, 徑隅五。既方之外半其一矩, 環而共盤, 得成三四五。兩矩共長二十有五, 是謂積矩。故禹之所以治天下者, 此數之所生也。

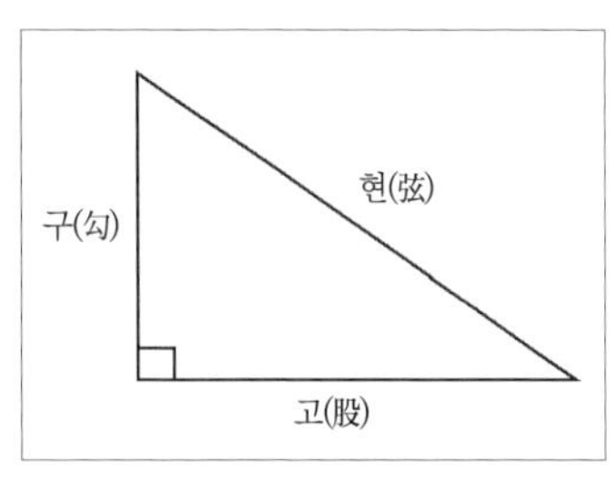

그림 64-1. 직각 삼각형 구(矩)

- 數의 법칙은 원과 사각형에서 나왔다. 원은 사각형에서 나왔고 사각형은 구(矩-곱자, 曲尺)에서 나왔으며 구(矩)는 '9×9=81'에서 나왔다. 구(矩: 직각 삼각형)에서 구(勾)의 길이가 3, 고(股)의 길이가 4이면 현(弦)의 길이는 5가 된다(그림 64-1). 사각형의 바깥쪽

반이 하나의 구(矩)가 되는데 연결시켜 보면 한 변의 길이가 3인 구방(勾方)과 한 변의 길이가 4인 고방(股方) 그리고 한 변의 길이가 5인 현방(弦方)을 얻게 된다. 두 구(矩)의 긴 변의 곱은 25로 이것을 적구(積矩)라고 불렀는데 이것은 우(禹) 임금이 천하를 다스린 수가 되었다.

앞의 설명을 계산식으로 간단히 표현하면 '$3^2+4^2=5^2$'이 된다.
『주비산경』에서는 또 다음과 같이 적고 있다.

周髀長八尺。…… 髀者股也, 正晷者勾也。日益表南, 晷日益長, 候勾六尺, …… 勾股各自乘幷而开方除之, 得邪至日從髀所旁至日所十万里。
- 주비는 길이가 8척이다. 髀는 股이며 정오의 해 그림자 길이는 勾이다. 해가 표는 남쪽을 지나게 되면 해 그림자는 점점 길어진다. 구(勾-그림자)가 6척이 되기를 기다려서, …… 구(勾)와 고(股)를 각각 제곱해서 더한 다음 다시 제곱근으로 나눠주면 현(弦)의 길이가 구해지고 이때, 비(髀)로부터 해가 있는 곳까지의 거리는 십만 리가 된다.

위의 내용을 계산식으로 표현해 보면 $6^2+8^2=10^2$ 이다. 이것이 바로 피타고라스 정리이다.
고대인들은 입간측영의 과정 중에서 피타고라스 정리를 발견하여 응용하였는데 어느 시대부터 사용했던 것일까? 수학사 학자들은 일반적으로 춘추전국(春秋戰國) 시대로 보고 있다. 현재 역사 시대 이전의 천문학에 대해서는 고고학적 자료를 이용하고 있는데 그 이유는 실증적인 자료가 고고학에 남아 있기 때문이다. 이 책에서 인용한 희화생십일(羲和生十日) 신화는[15] 바로 피타고라스 정리를 응용하여 해석한 것이다. 위에서 인용한 대계문화의 팔각성문도안은 동심원 간의 점문(點紋)이 3조 6단으로 그려져 있어 이 또한 피타고라스 정리를 이용해서 설명할 수 있다. 이 모습은 해 그림자가 3조 6단에 있을 때를 나타낸 것으로 하반년(夏半年)의 천상(天象)을 표현하고 있다. 다시 말해서 '비(髀)'는 신석기 시대 유적인 복양 서수파의 45호 무덤에서만 발견되었다. 『주비산경』에서는 "數之法出於圓方"이라고 적고 있다. 고대인들은 왜 원(圓)과 방(方)을 그린 것일까? 『주비산경』에서는 그 이유를 명확하게 설명하고 있으나 현대적인 관점에서

15) [참고자료] 『山海經』「大荒南經」記載: "東南海之外, 甘水之間, 有羲和之國。有女子曰羲和, 帝俊之妻, 生十日, 方日浴於甘淵"。동, 남해 밖의 감수 사이에 '희화국'이란 나라가 있었다. 그곳엔 희화라고 부르는 여자가 있었는데, 제준의 처로, 10개의 태양을 낳았다. 바로 감연(연못)에서 태양을 목욕시켰다. 책 79-80쪽 참조.(출처: Baidu 백과사전 「羲和」)

는 이해하기 어렵다. 고대인들에게 방원(方圓)을 그리는 것은 공예나 미술을 표현하기 위한 것이 아니라 생산과 공공의 이익을 달성하기 위한 목적이었다. 농사시기를 정하기 위해서 입간측영을 하였는데 이때 정방향으로 놓인 사각형의 지평일구를 사용하게 된다. 이를 이용해 해그림자를 측량하기 위해서는 원(圓)을 다시 그리게 되는데 이러한 과정이 바로 '圓出於方'인 것이다. 『주비산경』에서는 방원(方圓) 도형의 유래가 생략되어 있는데 그 이유는 이러한 용어들을 좀 더 신비스럽게 보이게 하고자 한 것으로 생각된다. 한편, '方出於矩'는 무엇을 의미하는 것일까? '구(矩)'는 수평과 수직을 나타내는 것으로 지평일구의 지면은 반드시 수평이 되어야 하고 입간은 반드시 수직으로 놓여야 한다. 현재 팔각성문도안을 살펴보면 고대인들은 방(方), 원(圓), 수직을 그리는 방법을 잘 알고 있었던 것으로 보인다. 『주비산경』에서는 또 다음과 같이 적고 있다.

> "平矩以正繩, 環矩以爲圓, 合矩以爲方, 方屬地, 圓屬天, 天圓地方-矩를 평평하게 하면 끈(먹줄)이 곧게 되는데 이 矩를 회전하면 원이 되고 矩 두개를 합하면 사각형이 된다. 사각형은 땅에 속하고 원은 하늘에 속하므로 천원지방인 것이다.-"

'천원지방(天圓地方)'의 우주론은 이 팔각성문도안 가운데 집약되어있다. 아래는 『주비산경』의 설명에 따라 방원(方圓)을 이용해 팔각성문 도안을 그리는 것을 설명한 것이다.

1. 원(圓)을 그리고 원주를 8등분으로 나눈다.
2. 원 안에 정사각형 2개를 교차하게 그려 팔각성문을 그린다.
3. 정사각형의 모든 변에는 각각 두 개의 교점이 있게 되어 모두 8개의 교점이 된다.
4. 각각 대응하는 2개의 교점을 선으로 연결해보면 사방 사우에는 각각 직각삼각형 2개가 한 조로 된 팔각성문도안을 구할 수 있다.
5. 팔각의 꼭대기 점을 연결하여 원을 그리면 바로 탕가강(湯家崗) 모양과 같이 동심원 안에 팔각성문도안이 있는 형태를 구하게 된다(그림 65). 이런 종류의 팔각성문도안의 제작방법은 완전히 『주비산경』에서 언급한 "環矩以爲圓, 合矩以爲方"과 "方數爲典, 以方出圓–각형의 수가 기본으로, 사각형을 근거로 원이 나온

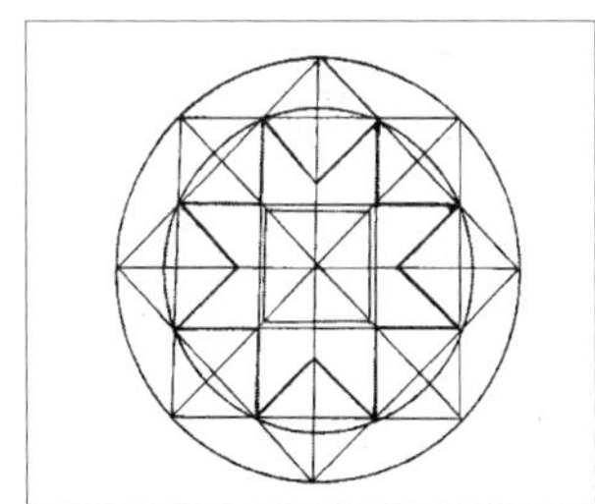
그림 65. 팔각성문도안 복원도

다.−"의 이론과 일치한다. 그러나 『주비산경』이 완성된 시대에는 이런 도형은 보이지 않기 때문에 『주비산경』의 기록은 오래전부터 내려온 것임을 알 수 있다.

팔각성문도안은 방위천문학의 대표적인 기호로 사시팔절의 태양 방위뿐 아니라 성공(星空−천체)의 위치도 표시할 수 있었으므로 이를 이용해 고대인들은 역법을 만들 수 있었다. 앞에서 천원지방−개천설 우주론을 해석할 때 언급했듯이 『예기』「월령」에 기록된 '명당위(明堂位)'[16]는 1년 사시 12월에 따라서 배치된 것으로 이를 발췌하여 인용해 보겠다. 「월령(月令)」에는 다음과 같이 적고 있다.

孟春之月, …… 天子居青陽左個。注: 東室北偏。

맹춘의 달(정월)에 天子는 청양의 좌개에 거한다. (注)동실의 북편에 위치해 있다.

맹춘(孟春)은 봄의 첫 번째 달로 천자는 동궁의 북쪽에 있는 각루(角樓)에 거한다. '개(個)'는 '각(角)'과 뜻이 같고, '각루(角樓)'나 '정자간(亭子間)' 또는 '개이(個簃−누각 곁채)'라고도 한다.

仲春之月, …… 天子居青陽大廟。

중춘의 달(2월)에 天子는 청양의 대묘(太廟)에 거한다.

중춘(仲春)은 봄의 두 번째 달로 천자가 동궁 정전 안에 거한다.

季春之月, …… 天子居青陽右個。注: 東堂南偏。

계춘의 달(3월)에 天子는 청양의 우개에 거한다. (注) 동당(東堂)의 남편에 위치해 있다

계춘(季春)은 봄의 세 번째 달로, 천자는 동궁의 남쪽에 치우쳐있는 각루(角樓)에 거한다. 이상은 봄철 3개월 동안 천자는 동궁과 동궁의 북쪽에 있는 각루와 남쪽에 있는 각루에 거한다. 여름이 되면 천자는 남궁에 머문다.

孟夏之月, …… 天子居明堂左個。注: 南堂東偏。

맹하의 달(4월)에 天子는 명당에 있는 좌개에 거한다. (注)남당(명당)의 동편에 위치해 있다

仲夏之月, …… 天子居明堂大庙。

중하의 달(5월)에 天子는 명당의 대묘(태묘)에 거한다.

季夏之月, …… 天子居明堂右個。注: 南堂西偏。

계하의 달(6월)에, 天子는 명당의 우개에 거한다. (注)남당(명당)의 서편에 위치해 있다

16) [참고자료] 明堂− 고대 제왕이 政教를 베풀던 장소. 조회, 제례, 교학, 경상 등의 국가주요업무가 이곳에서 시행됨.(출처: Baidu 백과사전)

이상은 여름철 3개월 동안, 천자는 남궁과 남궁의 동쪽-각루와 서쪽-각루에서 거한다는 것을 설명하고 있다. 여름과 가을이 교차하면 천자는 (팔각성) 궁전의 정중앙에 머물게 된다.

中央土, …… 天子居大廟大室。注: 大廟大室, 中央室也。[17)]

중앙은 土로, 天子는 대묘대실에 거한다. (注)대묘대실은 정중앙에 있는 방이다.

가을이 되면 천자는 서궁에 머문다.

孟秋之月, …… 天子居總章左個。注: 西堂南偏。

맹추의 달(7월)에 天子는 總章의 좌개에 거한다. (注)서당(西堂)의 남편에 위치해 있다

仲秋之月, …… 天子居總章大廟。

중추의 달(8월)에 천자는 종장의 대묘에 거한다.

季秋之月, …… 天子居總章右個。注: 西堂北偏。

계추의 달(9월)에 천자는 종장의 우개에 거한다. (注)서당(西堂)의 북편에 위치해 있다

겨울이 되면 천자는 북궁에 거한다.

孟冬之月, …… 天子居玄堂左個。注: 北堂西偏。

맹동의 달(10월)에 천자는 현당의 좌개에 거한다. (注)북당(北堂)의 서편에 위치해 있다

仲冬之月, …… 天子居玄堂大廟。

중동의 달(11월)에 천자는 현당의 대묘에 거한다.

季冬之月, …… 天子居玄堂右個。注: 北堂東偏。

계동의 달(12월)에 천자는 현당의 우개에 거한다. (注)북당(北堂)의 동편에 위치해 있다.

이상은 대묘대실을 중심으로 1년 사계절 12개월 동안 한 바퀴 회전하며 머무는 것을 설명한 것으로 이를 평면도로 그리면 그림과 같다(그림 66).

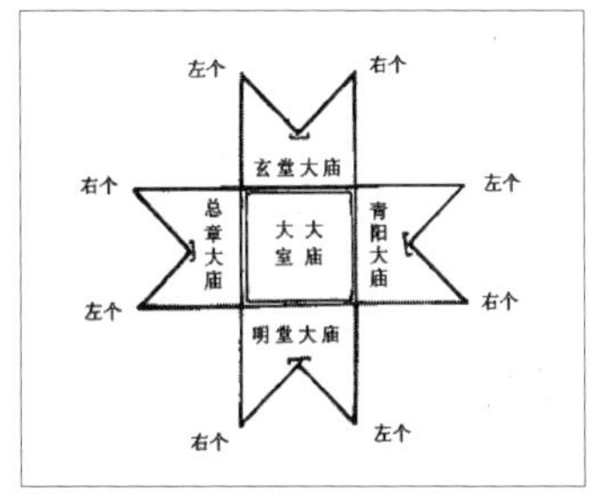

그림 66. 『예기』 「월령」에 따라 그린 '팔각성궁전(八角星宮殿)' 평면도

그림 66의 도형과 위에서 언급한 팔각성문도안은 완전히 일치하는 것으로 이것을 팔각성궁전(八角星宮殿)이라고 부를 수 있다. 그러나 지금까지 고고학계의 자료 중에서 팔각성궁전과 관련된 발견은 없었다. 현재 알려진

17) [참고자료] 남향을 하고 있고, 중앙에 있는 室들을 太廟라고 부르는데, 또한 그 중에서도 정중앙에 위치하고 있기 때문에, 太室이라 부른다.

가장 오래된 원시 궁성 유적은 감숙성(甘肅省) 진안(秦安) 대지만(大地灣)에서 발견된 901호 유적(房址-집터)이다.[18] 대지만 원시 궁성유적은 오영향(五營鄉) 소전촌(邵田村) 오영하(五營河) 옆의 언덕 평지에 위치하고 있다. 배산임수(背山臨水)의 지형으로 북쪽으로는 룽산(隴山-六盤山육반산)이 남쪽으로는 위하(渭河)가 흐르고 있다. 궁성 터의 총면적은 420m^2로 중심 건물은 직사각형 모양으로 되어 있다. 북쪽 담장에는 8개의 기둥 구멍 흔적이 남아있다. 모서리의 기둥과 측면 벽은 하나로 연결되어 있어 현재 건축물 구조로 보면 10개의 기둥이 있는 9칸 건물로 보인다. 가운데 5칸은 주실(主室)로 131m^2를 차지하고 있다. 직경 57cm인 큰 대들보 두 개는 불에 타고 흔적만 남아있다. 정문은 남쪽 벽 중앙에 있으며 좌우로 각각 작은 문이 하나씩 있다. 세 개의 벽이 좌우 측실과 후실을 나누고 있는데 홍소토(紅燒土)[19] 벽면 위에는 석회가 칠해져 있다. 주실 바닥은 탄소성분의 재질을 이용하여 돌을 바닥에 붙여 깔아 놓았는데 검은색을 띠고 있다. 연마하여 빛이 나며 강도는 현재의 인조 대리석과 비슷하다. 지금까지 5000여 년을 유지해왔으나 훼손된 곳이 거의 없다. 무너져 내린 지붕의 서까래를 살펴보면 위에 풀과 진흙이 섞여 덮여 있었음을 알 수 있다. 이것과 대들보와의 형태를 고려해보면 지붕 위에는 평대가 설치되어 있었던 것으로 보인다. 궁전 앞에는 인공으로 만든 광장과 부속 건물이 있으며 또한 6개씩 3줄로 가지런히 놓여있는 주춧돌도 보인다. 이처럼, 주전(主殿), 좌우측실, 후실, 맨 앞쪽의 부속건물을 복원한 전체 평면도를 보면 '亞'자형 또는 '十'자형의 형태가 예측된다(그림 67).

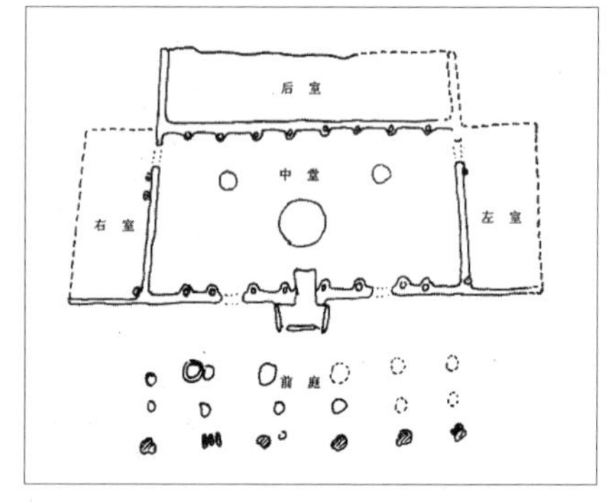

그림 67. 감숙성(甘肅省) 진안(秦安) 대지만(大地灣)원시궁전 건축 평면도

이 원시 궁성의 방위 개념은 정확해 보인다. 아마도 당시에 사방팔각의 개념이 있었던 것으로 보인다. 이것은 팔각성궁전이 건축으로 구체화된 모습을 보여준다. 이 건축을 어떻게 불러야 하는지 명당(明堂) 제도로부터 살펴봐야 한다. 청(淸)대 학자 대진(戴震)이 저술한 『고공기도(考工記

18) 甘肅省文物工作隊: 「甘肅秦安大地灣901號房址發掘簡報」, 『文物』 1986年 第2期.

19) [참고자료] 紅燒土: 当时的人类用粗木和泥土混合物搭建出墙体和屋顶, 再用火烘烤, 直至整个房屋变成红色。这样的房屋冬暖夏凉, 坚固美观 -그 당시 사람들은 굵은 나무와 진흙을 섞은 혼합물로 담장과 지붕을 세운 후, 불로 구워, 전체 집을 붉은 색으로 만들었다. 이렇게 한 집들은 겨울에는 따뜻하고 여름에는 시원하였으며 구조가 견고하고 보기에도 좋았다.(출처: Baidu 백과사전)

圖』[20]에는 "夏后氏世室, 殷人重室, 周人明堂 – 하나라 때는 세실, 은나라 때는 중실, 주나라 때는 명당으로 부른다–"라고 기록되어 있다. 이들을 그림으로 그려보면 모두 정사각형의 구조로 배치되어 있다. 당시에는 사방팔각의 핵심을 이해하지 못한 것으로 보인다. 왕국유(王國維)가 지은 『명당묘침통고(明堂廟寢通考)』[21]에는 복원된 평면이 '亞'자형으로 되어 있어 이때에 이르러 사방팔각의 의미를 이해했음을 짐작할 수 있다. 대지만 원시궁성과 비교해 보아도 건축물은 '亞'자형으로 짓는 것이 합리적으로 보인다(그림 68).

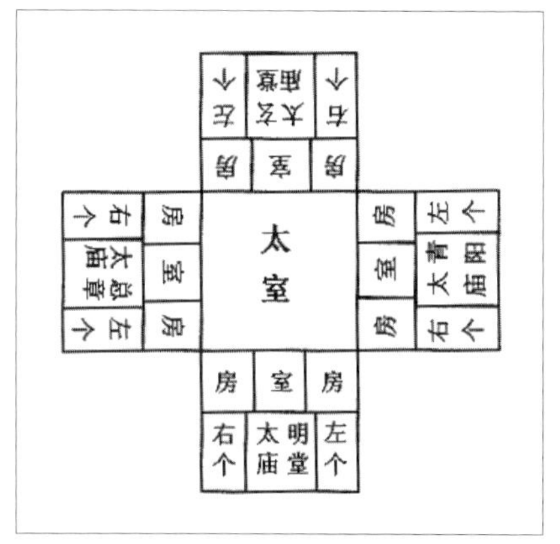

그림 68. 왕국유(王國維)가 그린 명당(明堂) 평면도

'亞'자형의 명당 제도는 팔각성문도안을 건축에 구체화한 것이다. 대지만처럼 규모가 큰 원시궁전을 하후씨(夏后氏)의 세실(世室)이나 은인(殷人)의 중실(重屋)과 비교할 수는 없다.[22]

소병기는 대지만(大地灣) 원시궁전을 '세실(世室)'로 부를 수 있다고 주장하였다. 그 원류를 찾아보면 갑골문에 있는 궁실 제도를 참고할 수 있다. '실(室)'은 '선(宣)'으로 불릴 수 있는데, '실(室)'은 궁실을 의미하는 것으로 『설문해자』에서는 다음과 같이 적고 있다. "宮, 室也–宮은 실이다"이며 "宣, 天子宣室也, 從宀亘聲–宣은 천자의 선실이다. 뜻은 宀에서, 소리는 亘에서 취했다–"이다. 宣室이 '현궁(玄宮)', '선궁(旋宮)' 또는 '현당대묘(玄堂大廟)'로 그 뜻은 천상(天象)의 회전에서 왔다. 관련 자료를 살펴보면 아래와 같다.

東室: 戊戌卜, 賓貞, 其爰東室; 貞, 勿其爰東室 (《乙》4699)[23]

동실: 무술일에 점을 치다. 賓씨(왕실의 점치는 일을 담당하는 관리)가 동실에서 제사를 지낸다; 점괘 - 동실에서 제사를 지내지 말라

20) 戴震: 『考工記圖』, 商務印書館, 1955年.

21) 王國維: 『觀堂集林』 卷三.

22) 蘇秉琦: 「關於重建中國史前史的思考」 『考古』 1991年 第12期.

23) [참고자료] 貞人은 卜人이라고도 하는데, 貞은 점을 묻다(卜問)라는 뜻으로 바로 商王을 대신하여 거북으로 점치는 일을 고하고 점을 묻고(卜問命龜) 그 내용을 기록하는 사관(史官)이다.

南室: 乙酉卜, 兄貞, 叀令夕告於南室 (《前》 3.33.7)

史其彡告於南室 (《續》 2.6.3)

남실: 을유일에 점을 치다. 점치는 사람은 兄씨로 남실에서 저녁에 고하기를 명하다.

사관이 남실에서 술을 올리다.

西室: …… 丁西室 (《人》 1794)

서실: …… 정서실

中室: 丁巳卜, 叀小臣剌以汇於中室,

丁巳卜, 叀不臣□以汇於中室

庚申卜, 其奏宗汇, 又尞东室(?)小宰(《甲》 624)

정사일에 점을 치다, 오로지 小臣이 중실에서 황망히...

정사일에 점을 치다, 오로지 不臣이 중실에서 황망히...

경신일에 점을 치다, 그것을 조상들에게 황망히 고하고, 또 동실에서 불을 켜고...

大室: 乙丑卜, 㚇貞, 其福告於大室 (《金》 1251)

司母大室 (《粹》 36)

을축일에 점을 치다, 㚇가 점을 쳐서 그 복을 대실에서 고하다.

대실에서 제사지내다.

宣 室: 丁巳卜, 於南宣召 (《綴一》 459)

정사일에 점을 치다, 남쪽 선실에서 모이다.

앞에서 설명한 자료에는 중실, 대실, 동실, 서실 등이 있다.[24] 이들은 팔각성궁전의 방위와 일치하는데 그 중에 중실(中室)의 설명을 살펴보면, 정사(丁巳)에 중실에서 점을 치고 경신(庚申)에 또 동실(東室)로 가서 제사지냈다고 하는데 이들은 이틀 간격으로 두 기록은 서로 관련이 있는 것처럼 보인다. 즉, 동, 서, 남의 모든 실(室)은 중실과 대실을 중심으로 지어져 있으며 서로 가까이 있었던 것으로 보인다. 따라서 주대(周代)의 명당(明堂) 제도는 이미 상대(商代)의 궁실제도에서 확립된 것으로 보인다. 이 외에도 후가장(侯家庄)에서 출토된 동우(銅盂-동으로 만든 큰 사

24) 陳夢家: 「殷墟卜辭綜述」 475-477쪽, 科學出版社, 1956年.
溫小峰, 袁庭棟: 『殷墟卜辭研究-科學技術篇』 380쪽, 四川省社會科學院出版社, 1983年

발)의 명문에 '추소실(帚小室)'[25]이란 말이 있는데 이 소실(小室)이 바로 '각실(角室)' 즉, '좌개(左個), 우개(右個)'의 '개(個)'로 보인다. 상술한 내용과 연관해서 생각해보면 다음과 같이 이해할 수 있다. '선실(宣室)'은 다른 건축물인지 아니면 동일한 건축물을 부르는 다른 이름인지 명확하지 않다. 『갑골문편(甲骨文編)』 권7.17에서는 이 항목을 다음과 같이 말하고 있다. '宮室名: 丁巳卜, 於南宣占 –궁실명 : 정사일에 점을 쳤다, 남쪽 선실에서 점을 쳤다–". 즉, 선실(宣室)의 용도가 중실과 비슷하고 또한 여기에서도 점을 쳤다는 것이다. 앞서 『설문(說文)』에서 설명한 선(宣)자는 바로 '亘'에서 왔고 "亘, 求亘也, 從二囘, 囘古文回, 象亘回形, 上下所求物也" –亘는 '亘를 구하다'라는 뜻으로, 二와 囘에서 뜻을 취했으며 囘는 고문의 回자이다. 모습은 亘回자 형태이며 위아래에서 사물을 구하는 바이다–". 이것은 '선(宣)'이 바로 '회전(回旋)'이라는 것을 의미한다. 오늘날 은허(殷墟)가 있던 곳에는 원수(洹水)가 있는데 원수는 은대(殷代) 왕궁에 있는 선실에 기인하여 붙여진 이름으로 원(洹)의 발음이 '선(璇)'이나 '선(旋)'으로 바뀐 것으로 보인다. 『회남자. 본경훈』에는 다음과 같이 적고 있다. "晩世之時, 帝有桀, 爲琁室, 瑤臺, 象廊, 玉床 –夏나라가 쇠퇴해 갈 무렵인 걸(桀) 임금 시절에 선실, 옥으로 쌓아올린 臺, 상아로 장식한 회랑, 옥으로 만든 침대가 있었다.–" 주(注)에는 다음과 같이 적고 있다. "琁或作旋, 瑤或作搖, 言室施機關, 可以轉旋也, 臺可搖動 –琁은 旋으로도 말하며 瑤은 搖로도 쓰인다. 室에는 기계장치가 있어 회전 할 수 있고, 臺는 흔들어 움직이게 할 수 있다.–" 선실(琁室)이나 선실(旋室)은 선실(宣室)과 같은 뜻으로 명당 제도 중의 '현당(玄宮)'을 말한다. 모두 사시(四時)의 천체회전에서 그 뜻을 취한 것으로 팔각성 왕궁에서 사계절에 따라 돌아가며 거주하는 것과 그 형식이나 내용이 일치한다. 위에서 예를 든 팔각성문도안 가운데 중앙에 회전을 나타내는 몇 개의 호선이나 회전하는 새 문양과 새 깃털문양(鳥羽紋)이 그려져 있는데 이 또한 회전하고 있다는 것을 나타낸 것이다. 그러면 선실(宣室)이나 선실(旋室)은 원시 왕궁의 본래 이름임을 짐작할 수 있으며 이것은 천상의 회전을 비유한 것임을 알 수 있다. 「본경훈」에서 "古者明堂制"라고 말하고 있는데 주(注)에서는 다음과 같이 적고 있다. "其中可以序昭穆,[26] 謂之太廟; 其上可以望氛祥, 書雲物, 謂之靈臺 –

25) 陳夢家: 『殷墟卜辭綜述』, 科學出版社, 1956年.

26) [참고자료] 소목(昭穆)–宗法制度对宗庙或墓地的辈次排列规则和次序。二世、四世、六世, 位于始祖之左方, 称 "昭"; 三世、五世、七世, 位于始祖之右方, 称 "穆"。坟地葬位的左右次序也按此规定排列。以周代天子七庙为例, 自始祖之后, 父为昭, 子为穆。排列时, 大祖居中, 三昭位于大祖的左方; 三穆位于大祖的右方, 以此来分别宗族内部的长幼次序、亲疏远近。历代学者大都认为昭穆制是周人的制度, 据张光直研究, 商王世系中也存在着昭穆制。–종묘사직에서 종묘 또는 묘의 세대간 배열의 순서 및 규칙을 말한다. 2

그 가운데에서 소목의 순서를 정할 수 있는데 그것을 태묘라 부른다. 그 위에서 천기를 살필 수 있고 운물(구름과 사물)을 기록하니 그 곳을 영대라 부른다.–"

영대(靈臺)는 현대의 천문–기상대에 해당하며 천상과 기상을 관측하는 곳이었다. 영대는 명당 위쪽에 설치되었다. 따라서 '室施機關, 能轉旋'이 가리키는 것은 입간측영(立竿測影)으로 관상수시에 사용된 의기들이다. 일월성신의 회전을 관찰하였기 때문에 '현궁(玄宮)'이나 선궁(旋宮) 또는 '선실(宣室)'로 불렸던 것이다. 대지만(大地灣) 원시궁성 유적은 왜 그렇게 큰 기둥을 사용하였을까? 꼭대기에는 하늘을 관측하는 평대가 설치되어 있었을 것이며 따라서 '현궁(玄宮)'이나 '선궁(宣宮)'으로 불렸을 것이다. 이에 근거하면 중국 고대에 있던 우주론인 '선야설(宣夜說)'에 대한 설명이 가능해진다.

'현관(玄官)'과 '선실(宣室)'을 만들었던 이전의 황제들은 '선야설' 우주론도 만들었으나 이미 사람들에게 잊혀져 있었다. 『진서』「천문지」에는 채옹(蔡邕)이 한대(漢代) 이전의 우주론인 개천설, 혼천설, 선야설을 총괄하여 기록한 것이 남아 있다. 개천설과 혼천설은 문헌 자료가 남아 있으나 선야설은 일찍이 전해지는 것이 없으며 아래에 언급한 내용만이 유일하게 남아 있다.

宣夜之書亡, 惟漢秘書郎郄萌記先師相傳云, 天了無質, 仰而瞻之, 高远無極, 眼瞀(mào, 音冒)精絶, 故苍苍然也。譬之旁望遠道之黄山而皆青, 俯察千仞之深谷而窈黑。夫青非眞色, 而黑非有体也。日月衆星, 自然浮生虛空之中, 其行其止皆須氣焉[27]。

선야설을 설명한 책은 없어지고 다만 漢代의 秘書郎 극맹(郄萌)이 先師로부터 전해 받은 내

세, 4세, 6세는 始祖의 좌측에 있게 되며 "昭"라 불린다. 3세, 5세, 7세는 始祖의 우측에 있게 되며 "穆"이라 불린다. 묘지 매장위치의 좌우 순서도 이 규칙에 따라 배열된다. 周나라 천자묘(天子墓) 일곱의 예를 들어보면 始祖 이후에 아버지는 昭 자식은 穆이 된다. 배열시 시조가 가운데 위치하고 3昭가 시조의 좌측에 3穆은 시조의 우측에 위치하는데 이것은 집안에서 장유유서(長幼有序)와 촌수를 구분하기 위함이다. 지금까지 학자들은 모두 소목제(昭穆制)를 周나라 제도로 간주한다. 장광직의 연구에 따르면 商王가계도에도 이 제도가 존재한다고 얘기하고 있다.(출처: Baidu 백과사전 「昭穆」)

27) [참고자료] 这是关于宣夜说的一段最完整的史料, 它包含了有关宣夜说的许多内容。首先, 宣夜说起源很早, 汉代郄萌(公元1世纪)只是记下了先帅传投的东西。第二, 宣夜说认为天是没有形体的无限空间, 因无限高远才显出苍色。第三, 以远方的黄色山脉看上去呈青色, 千仞之深谷看上去呈黑色, 实际上山并非青色, 深谷并非有实体, 以此证明苍天既无形体, 也非苍色。第四, 日月众星自然浮生虚空之中, 依赖气的作用而运动或静止。第五, 各天体运动状态不同, 速度各异, 是因为它们不是附缀在有形质的天上, 而是漂浮在空中。(출처: Baidu 백과사전 「宣夜说」)

용만 남아 있는데 그 설명은 다음과 같다. 하늘은 형체가 없는 무한한 공간으로 우러러 보면 높고 멀어서 끝(極)이 없다. 사람의 눈은 가물거리고 정신은 혼미해지는데 하늘의 푸르고 넓음이 이와 같다. 예를 들어 멀리 있는 黃山을 보면 모두 푸르게 보이고 고개를 숙여 천 길 깊은 계곡을 보면 어두운 검은색인데 그 푸른색이나 검은색은 모두 본래의 색이 아니고 그 형체도 본래의 것이 아니다. 해와 달과 뭇 별들은 자연스럽게 허공 가운데를 떠돌아다니는데 그 움직임과 멈춤은 모두 기(氣) 때문이다.

이것은 '선야설' 우주론의 유일한 기록으로 석택종(席澤宗)은 그 이론의 기원이 등석(鄧析, BC 546-501)까지 올라갈 수 있다고 주장하였다. 그 이론은 이후 혜시(惠施), 공손룡(公孫龍), 시교(尸佼)에게 이어졌으며 이후 묵가의 시공관(時空觀-사람의 시간과 공간에 대한 관점-)에 영향을 미쳤다. 송형(宋鈃)과 윤문(尹文)을 시작으로 순황(荀況)과 왕윤(王允) 등의 사람을 거쳐 선야설은 '원기론(元氣論)'으로 발전하였다.[28] 팔각성문도안의 문화적 의미가 반영되어 복원된 '선실(宣室)'과 '현실(玄室)'의 고고학 자료를 통해 다음과 같이 생각할 수도 있다. 선야설은 등석, 혜시, 공손룡의 제자들이 선도한 사상으로 즉, '원기론'은 '선야설' 우주론의 기원이었으며 팔각성문도안이 생겨난 시대까지 거슬러 올라갈 수 있다. 이것은 원기론이 개천설 우주론보다 시기적으로 늦지 않다는 것을 의미한다. '天了無質'은 무한한 창공에 대한 고대인들의 원시적인 감정을 적은 것이다. 이것은 초기 '원기론'의 모습을 표현한 것으로 하늘을 반투명의 딱딱한 고체 껍데기로 인식한 '개천설'보다 더 오래된 것으로 보인다. '日月衆星, 自然浮生虛空之中'에 대한 설명은 성신이 하늘에 고정되어 하늘을 따라 회전한다는 '개천설'의 주장보다 더욱 소박해 보인다. '高遠無極'이나 '俯察千仞之深谷而窈黑'은 계곡의 메아리를 표현한 것으로 원시적이며 소박해 보인다. 태양이 동쪽에서 떠서 서쪽으로 지고 모든 별들이 북극을 중심으로 회전하므로 '선야(宣夜)' 또는 '선야(旋夜)'로 부른 것이다. 이것은 선실(宣室)이나 명당(明堂)을 선실(旋室)로 부르는 것과 같은 맥락으로 팔각성문도안의 의미가 반영된 것이다. 팔각성문도안은 고대인들의 천지우주에 대한 종합적인 인식이 반영된 작품이라 할 수 있다.

28) 席澤宗:「宣夜說的形成和發展- 中國古代的宇宙無限論」,『自然辨證法』1975年 第4期.

3절. 함산(含山) 능가탄(凌家灘) 옥편(玉片) 위의 팔각성문도안(八角星紋圖案)

앞에서 개천설 우주론을 소개할 때 안휘성 함산현 능가탄 제4호 묘에서 출토된 옥 거북(玉龜)을 예로 들었다. 옥 거북이의 등딱지와 배딱지 사이에는 옥편(玉片) 하나가 끼워져 있다. 이 옥편은 회백색의 직사각형 모양으로 가로 11cm, 세로 8.2cm 크기이다. 옥편 위에는 두 개의 동그라미가 겹쳐 그려져 있고 가운데 작은 원 안에는 팔각성문도안이 그려있는데 작은 원과 큰 원 사이를 여덟 등분으로 나누고 모든 칸마다 여덟 개의 규형전패(奎形箭牌)[29] 부호를 새겨놓았다. 큰 원 밖의 네 모서리에도 같은 모양의 부호 네 개가 있다. 옥편 위쪽에는 아홉 개의 구멍이 있으며 좌우에는 각각 다섯 개의 구멍이 그리고 아래에는 네 개의 구멍이 뚫려 있다(그림 69).

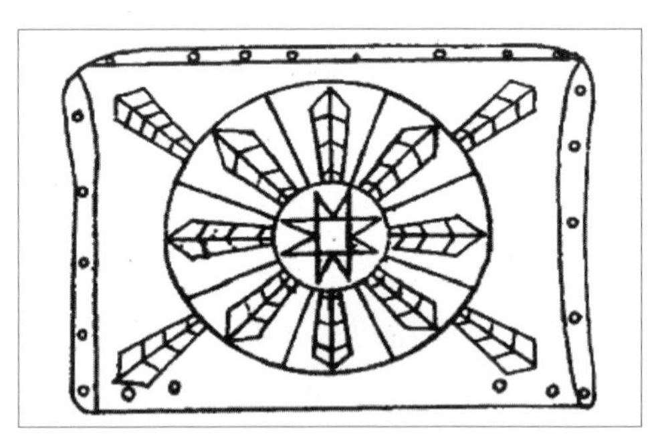
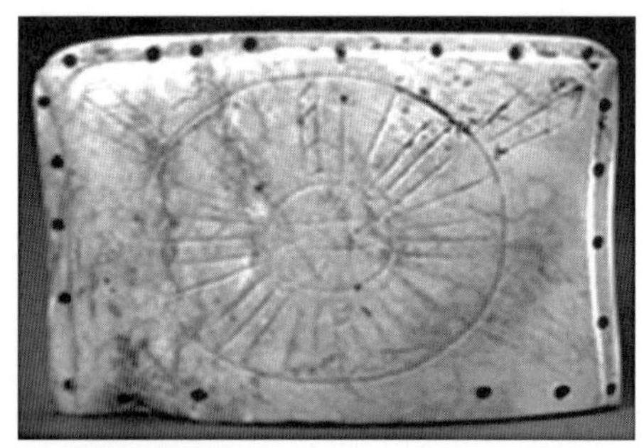

그림 69. 함산(含山)에서 출토된 옥편(玉片)위에 그려진 원팔괘도형(原八卦圖形) (출처: 故宮博物院)

이 옥편이 옥 거북이 가운데에 끼워져 있었다는 것은 이들의 관계가 밀접하다는 것을 보여준다. 옥 거북은 고대인들의 천지우주에 대한 견해를 함축적으로 나타낸다. 하늘은 마치 거북이의 등딱지와 같고 대지는 거북의 배딱지와 같다고 생각했다. 이 옥편은 천지우주 사이에 있다는 것을 나타내며 옥편 위의 주제는 팔각성문도안이다. 팔각성문도안은 하늘과 땅 그리고 우주 만물을 포괄하는 의미를 가지고 있으므로 간단히 '관상수시옥편(觀象授時玉片)'이라 부를 수 있다. 사계절은 순환하며 만물의 생장도 쉼 없이 이루어지고 있다는 것은 모두 이 옥편을 통해 알

---

29) [참고자료] 圭(규): 옥으로 만든 홀(笏). 위 끝은 뾰족하고 아래는 네모남. 옛날 중국에서 天子가 제후를 봉하거나 신을 모실 때 쓰임.
箭牌-방패

수 있다. 한편, 진구금(陳久金)과 장경원(張敬園)은 이 옥편만을 연구한 논문 「含山出土玉片圖形試考」[30]을 써서 옥편 위에 그려있는 도형의 의미에 대해 해석하였다. 옥편 중앙의 작은 원 안에 있는 팔각성문도안은 가장 명확한 방위 부호로 사방팔각(四方八角)으로 되어 있다. 진구금과 장경원은 '함산(含山) 옥편의 정중앙에 태양 하나가 그려져 있기 때문에 옥편의 큰 원에서 나눠진 8개의 방위 도형은 계절과 관련 있는 것으로 간주할 수 있다'고 설명하였다. 여기서 '태양'은 바로 옥편 중앙의 작은 원 안에 새겨진 팔각성문도안을 말하는 것으로 고대인들이 태양운동을 관찰하여 사시팔절(四時八節)을 구분한 것을 나타낸다. 사시팔절 방위는 여덟 개의 규형전패부호를 이용하여 표시하였는데 동북을 가리키는 것은 입춘, 정동을 가리키는 것은 춘분, 동남을 가리키는 것은 입하, 정남을 가리키는 것은 하지, 서남을 가리키는 것은 입추, 정서를 가리키는 것은 추분, 서북을 가리키는 것은 입동, 그리고 정북을 가리키는 것은 동지임을 알 수 있다. 이것은 계절을 표시한 여덟 개의 방위로 옥편의 가장 기본적인 기능인 수시(授時)를 의미한다.

옥편의 외형을 살펴보면 옥편 한편(위쪽)이 약간 높게 솟아있어 북륙동지(北陸冬至)와 대응하는 모습인데, 높이 솟은 위쪽(북쪽)에 천수(天數) 9를 이용하여 9개의 작은 둥근 구멍을 뚫어 놓았다. 아래쪽(남쪽)은 편평하게 되어있어 가장 낮은 위치인 남륙하지(南陸夏至)를 나타내며 지수(地數) 4를 이용하여, 4개의 작은 둥근 구멍을 뚫어 놓았다. 좌우 양쪽은 약간 안으로 좁아져 오른쪽은 동륙춘분(東陸春分) 왼쪽은 서륙추분(西陸秋分)을 나타낸다. 춘분과 추분이 동반년(冬半年)과 하반년(夏半年)으로 일 년을 똑같이 나눠 천지의 가운데 거하는 것을 나타내며 중수(中數) 5를 이용하여 양측에 각각 5개의 작은 구멍을 뚫어 놓았다. 옥편은 직사각형 모양으로 동서(가로)로 길고 남북이 짧은데 여기에는 여러 의미가 담겨있다. 첫 번째 의미는 개천설 우주론을 소개할 때 언급한 적이 있는데 고대인들은 대지의 모양이 동서로 넓고 남북으로 좁다고 여겼다는 것이다. 두 번째 의미는 겨울과 여름 두 계절의 시간은 길고 봄, 가을 두 계절의 시간은 짧다는 것을 나타낸 것으로 이것은 현재 장강(長江) 이북의 기후 상황과 대체적으로 비슷하다. 마지막 의미는 입간측영을 통해 관측된 하지와 동짓날의 해 그림자 길이에 근거하여 만들어진 평면도로 동서 방향이 긴 직사각형이라는 것이다. 하짓날 해는 동북 모퉁이에서 떠올라 서북쪽으로 지는데 이때 해 그림자는 서남방향에서 동남쪽으로 옮겨가게 된다. 동짓날 해는 동남 모퉁이에서 나와 서남쪽으로 지는데 이때 해 그림자는 서북방에서 생겨 동북쪽으로 옮겨가게 된다. 능가탄 묘는

30) 陳久金, 張敬國: 「含山出土玉片圖形試考」, 『文物』 1989年 第4期. 이어지는 내용의 출처도 이와 동일하다.

대문구문화에 속한다. 로앙(盧央)과 소망평(邵望平)이 제시한 대문구(大汶口) 시대의 일출에 근거해서 일몰의 방위각 수치(7장 표1 참조)를 그림으로 그려보면 다음과 같다(그림 70). 이 평면도와 능가탄 옥편의 형식은 완전히 일치한다. 이것은 옥편 사각(四角)의 규형전패부호 네 개가 정사각의 네 모퉁이에 있지 않는 이유로 이러한 위치는 바로 당시 하지와 동짓날에 입간측영(立竿測影)시 일출-일몰의 해 그림자에서 기원한 것이다. 진구금과 장경원 두 사람 역시 이미 옥편 위에서 태양 방위에 대해 생각했기 때문에 아래와 같이 설명하였다.

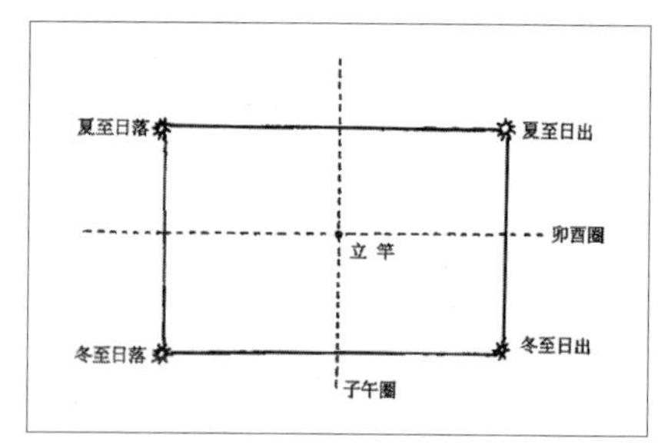

그림 70. 대문구문화 하지-동지의 일출일몰 방위평면도

"하늘에 떠 있는 태양의 위치 변화를 통해 계절을 결정하게 된다. 예를 들면, 해가 동북에서 떠오르면 여름이요, 정동에서 떠오르면 봄과 가을이고 동남에서 떠오르면 겨울이 되는 것 등이다." 이것은 옥편이 가로로 긴 형태로 만들어진 원인을 말하고 있는 것이다. 이 역시 규형전패부호가 입간측영(立竿測影)의 해 그림자를 나타낸다는 것으로 '토규지법(土圭之法)'으로 얻은 해 그림자에서 뜻을 취했다는 것을 설명한다. 큰 원과 작은 원 사이의 규형전패부호 여덟 개는 의심의 여지없이 사시팔절에 태양이 하늘 가운데 있을 때의 해 그림자를 이용해 정한 것이다.

진구금과 장경원은 또한 『주역』 팔괘를 이용해 옥편의 도형을 해석하였다. 『주역. 계사상(周易. 系辭上)』을 인용하여 다음과 같이 적고 있다. "易有太極, 是生兩儀, 兩儀生四象, 四象生八卦 -역에는 태극이 있는데, 태극은 양의를 낳고 양의는 사상을 낳고 사상은 팔괘를 낳았다-". 옥편도형 중의 사방(四方)과 팔방(八方)은 앞에서 언급한 사상(四象)과 팔괘의 개념과 일치한다." 그리고 "옥편 위에 새겨진 도형은 하(夏)시대 이전의 원시팔괘 도형임이 분명하다"고 결론을 내렸다. 이에 따르면 옥편 위의 팔각성문도안 역시 '易有太極'의 위치에 놓인다. 그러면 '太極'은 과연 무엇인가? 진구금과 장경원은 "태극은 '천일(天一)'로도 부르는데 천문역법의 개념으로 볼 때 천구 북극을 의미한다"고 말하고 있다. 그러면 팔각성은 북극이 있는 위치를 상징하므로 북극성으로 해석할 수도 있다. 팔각성문도안의 문화적 의미는 매우 다양하기 때문에 이러한 해석도 가능하다. 팔각성문도안은 북극제성(北極帝星)의 위치에 있으므로 진구금과 장경원은 『사기. 천관서』를 인용하여 다음과 같이 설명하였다.

"北斗七星, 所謂璇璣玉衡, 以齊七政.... 斗爲帝車, 運于中央, 臨制四鄕, 分陰陽, 建四時, 均五行, 移節度, 定諸紀, 皆繫於斗。[31)]

- 북두칠성은 이른바 선기옥형으로 칠정을 가지런히 하는 것이다.... 북두는 천제가 타는 마차로 하늘의 중심을 회전하는데 네 방위로 나누어지며 음양으로 분리되고 사시를 세우고 오행을 고르게 한다. 절기에 따라 이동하여 모든 때를 정하게 되니 이 모든 것이 다 북두와 관련되어 있다"

옥편 위에 북두는 새겨있지 않으나 옥편과 함께 출토된 옥 거북의 등껍질 위에 4개의 구멍이 북두 모양으로 뚫려있어 북두가 북극성 주위를 돌며 회전하고 있다는 것을 의미한다. 따라서 밤에 보이는 천체의 변화 역시 옥편 위에 반영되어 나타나는 것이다. 진구금과 장경원은 또한 다음과 같이 주장했다. "천문학에 있어서 큰 원은 흔히 우주와 천구 그리고 계절의 변화를 나타낸다. 만약 큰 원을 하늘의 회전과 계절의 순환으로 연관시켜보면 화살촉의 개수인 4와 8은 특별한 의미를 갖게 된다." 이것은 실제로 옥편을 하나의 성도(星圖)로 간주한 것으로 "큰 원은 우주를 상징한다"는 것을 의미한다. 큰 원은 당시 고대인들이 볼 수 있는 가장 넓은 하늘의 범위로 후세의 개천도에 그려진 외규(外規)에 해당한다. 그리고 중앙의 작은 원은 하늘의 중앙에 해당한다. 실제로 옥편 위에 표시된 것은 분명 성도(星圖)는 아니기 때문에 진구금과 장경원은 "북두칠성이 가리키는 방향은 단지 계절을 정하는 방법의 한 종류일 뿐이다"라고 설명하고 있다.

진구금과 장경원은 또 '太極生兩儀'는 일 년을 음양에 따라 상하 두 개로 나눈 것으로 동반년과 하반년을 말한다고 설명하고 있다. '兩儀生四象'은 음과 양을 각각 반으로 나눈 것으로 소음과 태음이 동반년이 되고 소양과 태양이 하반년이 된다. 그리고 "이것이 바로 팔괘 중의 사상(四象)으로 옥편사각의 4개의 화살촉이 의미하는 것이다"라고 결론짓고 있다. 큰 원에 그려진 화살모양(전패) 8개를 선천팔괘(先天八卦) 방위에 따라 해석해보면 다음과 같다.

진(震)은 동북방에 있으며 소양(少陽) 가운데 음괘이며 양괘 가운데에서는 가장 추운 달인 초춘(初春–음력 정월)이 된다. 옥편에서는 동북을 가리키는 전패에 해당한다. 리(離)는 정동방에 있으며 소양(少陽) 가운데 양괘로 진(震)괘 보다는 좀 따뜻한 중춘(仲春)으로 옥편에서는 정동을 가리키는 전패에 해당한다. 태(兌)는 동남방에 있으며 태양 가운데 음괘로 리(離)괘보다는 더 따뜻

31) [참고자료] 《史记·天官书》说: 北斗七星, 分阴阳, 建四时(春、夏、秋、冬), 均五行(金、木、水、火、土), 移节度(二十四节气), 定诸纪(年、月、日、时、星辰、历数)。(출처: Baidu 백과사전 「北斗真君」)

한 초하(初夏)이며 옥편에서는 동남을 가리키는 전패에 해당한다. 건(乾)은 정남방에 있으며 태양 가운데 양괘로 양기가 가장 성하여 양괘 중에 가장 더운 달인 성하(盛夏–음력 6월)에 해당하며 옥편에서는 정남을 가리키는 전패에 해당한다. 손(巽)은 서남방에 있으며 소양(少陽) 가운데 양괘로 양괘 중에서 가장 더운 달인 초추(初秋)로 옥편에서는 서남을 가리키는 전패에 해당한다. 감(坎)은 정서쪽에 있으며 소음(少陰) 가운데 음괘로 손(巽)괘보다 좀 추운 중추(中秋)이며 옥편에서는 정서를 가리키는 전패에 해당한다. 간(艮)은 서북방에 있으며 태음(太陰) 가운데 양괘로 감(坎)괘보다 더 추운 초동(初冬)으로 옥편에서는 서북을 가리키는 전패에 해당한다. 곤(坤)은 정북방에 있으며 태음(太陰) 가운데 음괘로 음괘 중에 가장 추운 달인 한동(寒冬)이며 옥편에서는 정북을 가리키는 전패에 해당한다. 팔괘 가운데 사시팔절의 개념은 분명하므로 진구금과 장경원은 다음과 같이 결론 내렸다. "『周易』은 단순한 점복서(占卜書)라고 볼 수 없는 중국 역사상 최초의 역법서로 사람들에게 잊혀진 오래전 고대 역법에 대해 소개하고 있다." 또한 "『주역. 건괘』의 여섯 용(龍)은 이러한 역법의 계절 별자리 모습을 기록한 것이다"라고 말했다.

진구금과 장경원은 마지막으로 하도(河圖)와 낙서(洛書)의 사각형 모양 숫자 배열을 이용해 옥편에 있는 구멍 개수와의 관계를 해석하였다. 또한 『한서』 「공안국전(孔安國傳)」을 인용하여 다음과 같이 설명하였다.

"天與禹洛出書。神龜負文而出, 列於背, 有數至於九。禹遂因而第之, 以成九類常道。
- 하늘은 禹임금에게 洛水에서 나온 책(낙서)을 주었다. 신귀(神龜)의 등껍질에 글이 적혀져 나왔는데 9까지의 숫자가 나열되어 있다. 禹임금은 즉시 그것의 순서를 정하여 아홉 개의 규칙을 완성하였다-"

함산(含山) 옥편이 출토될 당시 옥 거북이 사이에 끼워져 있었는데 이것은 고전(漢書. 孔安國傳)의 내용과 일치한다. 또한 옥편의 위쪽에 9개의 구멍이 뚫려 있는 것은 바로 '有數至於九'를 의미한다. 『상서. 홍범(尙書. 洪範)』에서는 "五行: 一曰水, 二曰火, 三曰木, 四曰金, 五曰土。"라고 적고 있는데, 1에서 5까지는 천수오행(天數五行) 즉 생수오행(生數五行)으로 1년의 전반년이 된다. 이어서 "六曰水, 七曰火, 八曰木, 九曰金, 十(五)曰土。"는 지수오행(地數五行) 또는 성수오행(成數五行)으로 불리며 1년 중에 하반년이 된다. 마지막으로 『역건착도(易乾鑿度)』의 정현(鄭玄)의 주(注)에는 "太一下行八卦之宮, 每四乃還中央。–태일이 밑으로 내려와 팔괘의 궁을 만들고, 동서남북에 네 방향은 곧 중앙으로 돌아온다.—"라고 적고 있다. 5는 중궁(中宮)을 나타내는 숫자로 태일(太一)은 1부터 4까지 운행한 뒤에 중앙의 5로 되돌아온다. 6, 7, 8, 9와 1, 2, 3, 4의 숫자는 서로 짝을 이룰 수 있으므로 태일(太一)은 1에서 9까지 운행한 후에 다시 중앙 5로 되돌아온다. 진구금과 장경원은 "이것이 바로 옥편의 구멍 개수가 4, 5, 9, 5로 조합된 이유이다"라고 말했다. 그들은 결론에서 "옥편 도형이 표현한 내용은 원시 팔괘이다"라고 말하고 있다. 또한 "옥 거북과 옥편은 고대의 낙서(洛書)와 팔괘(八卦)일 가능성이 있다"고 적고 있다.[32]

그들의 주장은 개연성이 높아 보인다. 이것은 원시천문학의 발전을 반영하였고 수학의 발전을 촉진하였으며 천문학과 수학이 서로 뗄 수 없는 사이임을 보여준다. 낙서(洛書)는 세시(歲時)를 숫자로 표현하였는데 '수(數)'는 옥 거북과 옥편 위에 뚫린 구멍이며 '歲'는 무덤에서 출토된 돌자귀와 돌도끼이다. 초기 발굴보고서에 따르면 "돌자귀는 직사각형이다. 돌도끼의 형식은 다양하고 양쪽을 관통한 구멍이 있다. 대다수의 석기(石器)에는 사용 흔적이 없다."[33] 이것은 새로운 것을 무덤 안에 묻어서 세제(歲祭)에 의장[34]용(儀仗用)으로 사용하였음을 의미한다. 학계에서는 하도(河圖)와 낙서(洛書)의 기원과 의미에 대해서 여전히 논쟁 중에 있다. 그 결과는 앞으로 차차 밝혀질 것으로 기대한다.

함산(含山) 옥편의 심오한 문화적 의미는 아직 완전히 밝혀지지는 않았지만 이빈(李斌)은 함산 옥편을 "역사시대 이전의 일구(日晷)"[35]로 보는 견해를 가지고 있다. 그는 천원지방(天圓地方)의 개천설 우주론을 자신의 논점의 기초로 삼아 다음과 같이 주장하고 있다. "옥편은 '천원지방'을 상징하고 있을 뿐 아니라 중간이 높게 솟아있고 양옆이 낮게 되어있는데 이것은 바로 '天象蓋笠, 地法覆盤 —하늘의 모양은 덮어쓴 삿갓 같고, 땅은 대야로 덮어버린 것을 모방하다—"의 내용과 정확히 일치한다. '퇴하(隤下)'는 『주비산경』에서 "極下者其地高人所居六萬里, 滂池四隤而下。—북극은 아래에 사람이 거하는 곳보다 60000리가 높고 사방의 물이 아래로 쏟아져 내린다.—"라고 기록되어 있다. 이것은 바로 옛사람들이 대지모형을 '方'인 것으로 이해했을 뿐 아

32) 馮時 역시 이와 기본적으로 같은 견해를 보였는데, 『星漢流年—中國天文考古錄』를 참조하기 바란다.

33) 安徽省文物考古研究所: 「含山凌家新石器時代墓地發掘簡報」, 『文物』 1989年 第4期.

34) [참고자료] 仪仗 [yízhàng][옛날, 제왕, 관리들이 행차할 때 위엄을 보이기 위해 호위 및 시종들이 들고 있는 무기나 깃발 등.(출처: 네이버 중국어사전「仪仗」)

35) 李斌: 「史前日晷初探— 試釋含山出土玉片圖形的天文學意義」, 『東南文化』, 1993年 第1期. 그 다음 인용부분도 이와 동일함.

니라 중간이 솟아 보이는 호면(弧面) 사각형으로 여겼다. 이것을 옥편 위에 구체화한 것으로 이 호면사각형의 가장 높은 곳이 북극 주변에 해당하며 옥편 중앙의 작은 원 안에 있는 팔각성문 도안이 위치한 곳을 말한다.

이빈(李斌)은 "옥편은 '法天象地 –하늘을 본뜨고 땅을 모방하다–'의 의미를 갖추고 있을 뿐 아니라 고대인들이 해를 측정하여 시간을 정하는데 사용했던 의기로 일종의 원시적인 일구이다"라고 말했다. 그는 또한 옥편 위의 큰 원과 작은 원 사이에 8개로 나눠져 있는 칸을 규형전패 부호를 통해 다시 반으로 나누어 16칸이 되게 하고 "이것은 바로 고대 중국에서 하루를 16개 시간 구역으로 나눠 시간을 기록했던 제도와 일치 한다"라고 말했다. 이것은 매우 흥미로운 문제이다.

과거 원시 고대인들의 생활은 해가 뜨면 일하고 해가 지면 쉬고 해가 중천에 떠 있으면 매매를 하는 3개의 낮 시간 개념만이 존재하는 것으로 이해하고 있었다. 밤에는 쉬고 잠을 자는 것이다. 그러나 고대의 유적과 유물을 살펴보면 역사시대 이전의 고대인들도 이미 하루의 시간을 구분해서 사용한 것을 알 수 있다. 예를 들면, 역사시대 이전 유적인 자산(磁山) 유적지에서는 주로 수탉 뼈가 출토되었으며[36] 조보구문화(趙寶溝文化) 유적에서도 닭 머리가 그려진 도존(陶尊)이 발견되었다. 도존에 그려진 닭 머리는 태양을 정면으로 마주하고 있어 바로 金鷄報曉(금계가 새벽이 왔음을 알리다)로 시간을 알려주는 의미를 담고 있음을 알 수 있다.[37] 대문구문화 유적지에서 출토된 도규(陶鬹)는 대부분 금계보효(金鷄報曉)의 형태로 만들어져 있다. 금계보효(金鷄報曉)는 태양의 방위에 따라 이루어지면서 규칙적으로 바뀌므로 하루의 시간을 나누는 가장 원시적인 방법 중에 하나였을 것이다. 이빈은 또한 고대인들은 이미 규표(圭表)를 이용해 시간을 측정하였을 것으로 생각하였다. 또한 이지초(李志超)의 말을 인용해 다음과 같이 말하였다. "(규표로 시간을 측정하면) 1등분씩 나눈 간격에 해당하는 시간은 균등하지 않다. 아침과 저녁에는 같은 시각에 해당하는 한 칸의 간격이 넓어지고 정오에는 한 칸의 간격이 짧아지는데 이것은 개천설 천체 모형에서 이해될 수 있는 내용이다." 이런 추정은 분명히 존재하였고 후세에는 적도식일구의 발명으로 이어졌다. 이것은 바로 지평식일구로 측정할 때 시각이 정확하지 않은 이유이기도 하다.

---

36) 周本雄: 「河北武安磁山遺址的動物骨骸」, 『考古學報』 1981年 第3期.

37) 敖漢旗博物館: 「敖漢旗南台地趙寶溝文化遺址調查」 圖六: 1, 『內蒙古文物考古』 1991年 第1期.

4절. 숭택문화(崧澤文化) 호로형(葫蘆形) 신인족채(神人足跴)의 팔각성문도안(八角星紋圖案)

숭택(崧澤)문화는 상해시(上海市) 청포현(青浦縣) 숭택 유적지 발굴로 인해 붙여진 이름으로 장강 하류의 태호(太湖) 지역에 분포해있다. 절강성(浙江省) 가흥현(嘉興縣) 대교향(大橋鄉) 대분(大墳) 유적을 발굴하는 과정에서 숭택 문화층에서 사람형상 호로병(人像葫蘆瓶) 한 점이 출토되었다(그림 71). 최초 발굴보고에서는 다음과 같이 묘사하고 있다.

인상호로병(人像葫蘆瓶)은 세 마디로 되어있는데 위는 작고 아래는 크다. 맨 위에는 인두상(人頭像)을 흙으로 빚어 놓았다. 그 아래 몸체의 위쪽에는 비스듬히 타원형의 구멍이 하나 있으며 둥근 발에는 8개의 십자형 홈이 있다. 이 홈들은 4조로 나누어지는데 이것이 숭택문화 질그릇의 특징적인 장식이다. 인두상은 작은 머리에 긴 목을 갖고 있으며 머리 뒤에는 수직 방향의 작은 구멍이 하나 있어 관모를 끼워 넣기 위한 용도로 보인다. 얼굴은 반듯하며 두 눈은 둥글고 오목하게 파였으며 눈의 양옆에는 짧은 선이 새겨져 있다. 코는 삼각형으로 볼록하게 솟아 있으며 콧구멍은 하나만 뚫려있다. 입은 가로로 길게 파여 있으며 머리 양옆으로는 납작한 모양의 귀가 튀어나와 있다. 귀의 윗부분에는 작은 구멍이 있어 아마도 귀걸이를 달기 위한 용도로 보인다. 뒷머리는 밖으로 볼록하게 튀어나와 약간 위로 솟아있는 상투가 있다. 상투 끝에는 작은 구멍이 있는데 아마도 머리장식을 위해 사용한 것으로 보인다. 목 아래 중앙부분에도 작은 구멍이 하나 있는데 장식품을 위한 용도로 보인다. 조각상의 전체적인 이미지는 모성을 상징하는 것으로 보인다. 전체 높이는 21cm이며 둥근 발의 직경은 7cm이다.[38]

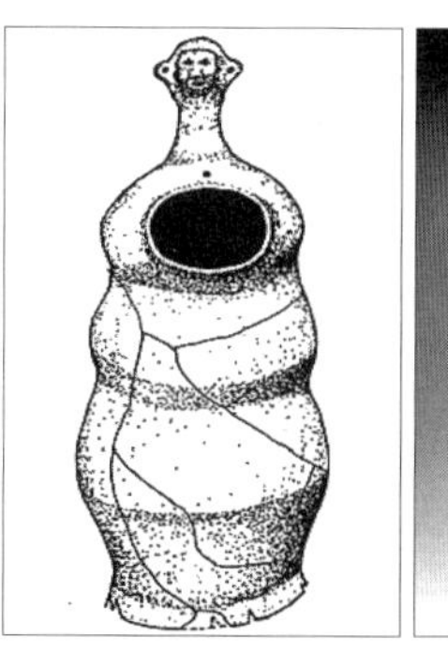

그림 71. 숭택문화 호로형신인(葫蘆形神人) (사진출처: [Baidu 백과사전「崧澤古文化遺址」)

외형이 매우 아름다운 이 인상호로병(人像葫蘆瓶)은 숭택문화 고대인들의 우상 숭배를 나타내는 대표적 작품으로 '호로형신인(葫蘆形神人)'으로도 불린다. 신인(神人)의 눈가는 불꽃처럼 빛나고 생기가 넘치는 모습으로 보인다. 만약 원형을 복원한다면 '삽대관모(插戴冠帽)'는

38) 陸耀華:「浙江嘉興大坟遺址的清理」,『文物』1991年 第7期.

양저(良渚)문화 신인(神人)의 휘장처럼 삿갓모양의 관모를 쓰는 것이 적합할 것이고 깃털은 부채모양으로 배열될 것이다. 이 모습은 태양의 찬란한 빛과 같이 신인(神人)을 더욱 엄숙하고 신성하게 보이게 할 것이다. 두 귀에는 귀걸이를 하고 목 아래쪽의 작은 구멍에 꽃 매듭을 꽂으면 정면에서 볼 때 더욱 아름다울 것이다. 숭택문화 고대인들이 만든 이 신인(神人)은 무엇을 의미하는 것일까? 최초 보고에서는 "모성을 표현한 질그릇 인형(母性陶偶)"이라고 말하고 있다. 즉, 숭택문화 고대인들의 모성 숭배를 나타낸 작품으로 이 신인은 씨족의 우두머리이자 씨족의 구성원들을 낳아준 어머니가 된다. 씨족제사를 지낼 때 숭배하는 대상이었을 것으로 보인다. 이 신인을 이해하기 위해서는 "발 둘레에 8개 십자형의 홈이 있으며 이것은 숭택문화 질그릇의 특징적인 장식이다"라는 것에서부터 살펴봐야 할 것이다. 그림을 이용해 설명해 보고자 한다(그림 72). 그림 72: 1은 질그릇의 둥근 발에 있는 8개의 십자형 홈을 보여준다. 그림 72: 2는 이 8개 십자형 홈을 선으로 연결한 모습이다. 이것이 바로 숭택문화 질그릇에 나타나는 독특한 팔각성문도안이다. 앞에서 이미 팔각성문도안의 천문학적 의미에 대해 살펴보았다. 관련해서 생각해 보면 첫째, 태양의 빛살을 나타내는데 호로형 신인(神人)은 태양 위에 서 있는 태양신이라는 것이다. 눈의 양쪽 끝은 칼끝처럼 날카롭고 생기가 넘치는 모습으로 바로 태양신의 빛살임을 보여준다. 둘째, '역유태극(易有太極)'을 표시한다. 앞에서 태극, 양의, 사상, 팔괘의 밀접한 관계에 대해 이미 소개하였다. 호로형 신인(神人)은 '역유태극'의 위치에 서 있고 북극제성을 상징하는 지상천제로 그녀의 두 눈은 북진(北辰)을 상징한다고 할 수 있다.

옛 문헌을 살펴보면 팔괘는 복희씨가 만든 것으로 호로형 신인(神人)을 복희씨와 대등한 존재로 이해한 것이다. 문일다(聞一多)는 『복희고(伏羲考)』에서 '복희'가 바로 '호로(葫蘆)'이고, '여와(女媧)'가 바로 '여호로(女葫蘆)'라고 말했다. 이것은 반세기 이전에 내린 결론으로 오늘에서야 비로소 숭택문화 호로형 신인(神人)을 통해 증명할 수 있게 되었다. 『주역』 「계사하(繫辭下)」에서는 다음과 같이 적고 있다.

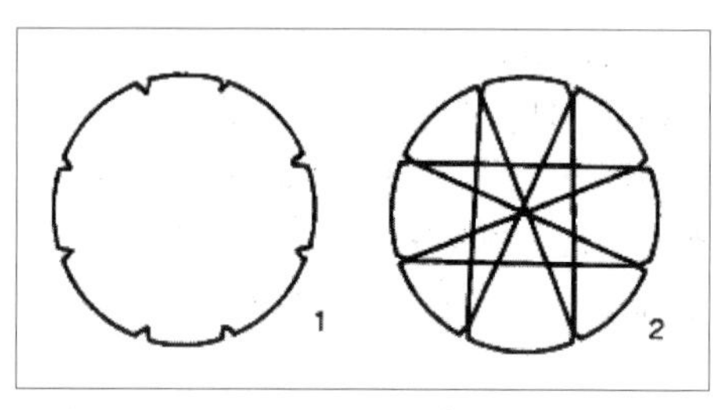

그림 72. 숭택문화 호로형신인(葫蘆形神人)의 둥근 발에 남아있는 팔각성문 도안

古者包犧氏之王天下也, 仰則觀象於天, 俯則觀法於地, 觀鳥獸之文與地之宜, 近取諸身,遠取諸物, 於是始作八卦, 以通神明之德, 以類萬物之。[39]

옛날 포희씨가 천하의 왕일 때에 위로는 천상을 살피고 아래로는 땅의 형상을 살피며, 鳥獸(四象)의 모양과 천지가 어울리는지를 살폈다. 가까이는 몸에서, 멀게는 사물에서 그 의미를 취하며 팔괘를 그리기 시작하여 신명의 덕을 통하고 이로써 만물의 이치를 비교하였다.

'포희씨(包犧氏)'는 복희씨로 바로 호로형 신인이다. 그는 숭택문화 시대의 관상자였다. 신인의 발은 방위천문학의 팔각성문부호를 상징하고 있다. '앙즉관상어천(仰則觀象於天)'은 낮에 입간측영(立竿測影)의 방법을 통해 태양이 동쪽에서 떠서 서쪽으로 지는 것과 남중할 때 해 그림자를 관측하고 밤에는 입간을 통해 월상(月相) 변화와 성신이 뜨고 지는 것을 관측하는 것을 말한다. '부즉관법어지(俯則觀法於地)'는 관상수시를 의미한다. 입간측영(立竿測影)의 과정에서 태양의 그림자가 변화하는 모습은 인류를 포함한 모든 만물에도 해당되는 원리로 여겼다. 왜냐하면 고대에는 천상과 물후에 대한 관찰이 동시에 진행되었기 때문이다. 복희 신화의 문헌기록은 오래되지 않았으나 오래된 물증이 이렇게 남아 있으며 내용 또한 보편성을 지니고 있다.[40] 그러면 고대인들이 호로형 신인(神人)을 만든 목적은 무엇일까? 숭배와 신앙에서 그 목적을 찾아야 할 것이다. 호로병은 옛 문헌 중에 '도포(陶匏)'로 불렸는데 여기서 포(匏)가 바로 호로(葫蘆)이다. 고대인들은 하늘과 땅 그리고 선조들에게 제사지내는 성대한 의식에 질그릇으로 만든 호로병

39) [참고자료] 包犧氏: 傳說中原始社會聖王, 風姓。被稱為三皇之一。伏, 服。戲, 化。據說伏戲畫八卦以治天下, 天下服而化之, 故稱「伏戲氏」。又說即太昊氏。其族居位於黃河流域自東向西、泰山一帶高地, 以漁獵為主。為中國東方氏族之祖。
象: 天象。法: 形。鳥獸: 先儒多釋為飛鳥走獸者。由上下文義讀之, 似指天上四象, 即朱雀、白虎、蒼龍、玄武。文: 文彩。
與地之宜: 《後漢書. 荀爽傳》引作「與天地之宜」。「宜」在此有適宜、適合之義。諸: 之乎, 即于。
神明之德: 指天地變化神妙之德, 也指健順動止之性。類: 比擬。情: 情況。(출처: 刘大钧 林忠军著 『《周易传文白话解』山东友谊书社, 1993年 4月, 第1版)

40) 신석기시대의 사람형상 호로병은 이미 여러 차례 발견되었다.(『慶祝蘇秉琦考古五十五年論文集』 89쪽, 圖六: 1-3),
이를 통해 복희 탄생신화가 중화문명기원시대에 보편적으로 존재했던 농업관상신화라는 것을 알 수 있다. 『太平御覽』 78권에서는 『詩含神霧』를 인용하여 "大跡 出雷澤, 華胥履之, 生宓犧."라고 적고 있다. "뇌택(雷澤)"은 봄이 오고 곡식이 자라기에 알맞은 봄바람과 비가 내린다는 것을 뜻하고, "대적(大跡)"은 소가 밭을 갈며 밟은 소 발굽 자국을 가리킨다. "화서(華胥)"는 농작물의 씨앗을 가리키고, "복희(宓犧)"는 농작물의 씨앗이 발아하여 자라는 것을 가리키며, 이로써 복희씨는 춘신(春神)인 것이다.
육사현(陸思賢) 『神話考古』, 문물출판사, 1995년 참조.

을 제단에서 사용하였다. 『예기』「교특생(郊特牲)」에서는 다음과 같이 적고 있다.

郊之祭也, 迎長日之至也, 大報天而主日也。兆於南郊, 就陽位也。掃地而祭, 於其質也。器用陶匏, 以象天地之性也。

郊의 제사는, 해가 길어지기 시작할 때 태양에 은혜를 갚기 위한 것이다. 남교에 제단을 쌓는 것은 태양의 위치를 말하는 것이다. 땅을 쓸고 제사하는 것은 그 본질에 기인한 것이다. 제기로 도포(호로형 질그릇)를 사용하는 것은 형상이 천지의 성품을 닮아서이다.

이 인용문장은 제 1장에서 해석한 적이 있다. 이것은 주(周)나라 사람들의 동짓날 거행하는 세종대제(歲終大祭)에 관한 기록으로 시기적으로 매우 오래 되었다. 소병기(蘇秉琦)의 고성고국(古城古國)에 관한 논술에 의하면 교제(郊祭)는 고대의 씨족제도 시대에서부터 시작되었다.[41] '교(郊)'는 주로 교천(郊天)과 제천(祭天)을 의미한다. '器用陶匏'는 바로 호로병으로 '以象天地之性也'에 사용되어졌고 이것은 도포의 생김새가 원구형(圓球形)으로 생겼기 때문에 하늘에 비유한 것이다. 하늘은 땅을 감싸고 있으므로 이것이 '以象天地之性也'의 자연적인 특성인 것이다. 교제(郊祭)의 시간은 '迎長日之至'인 날로 바로 동짓날을 말한다. 이 날은 태양이 가장 남쪽에 이르러 우리에게서 가장 멀어지고 입간측영(立竿測影)의 해 그림자는 가장 북쪽에 이르러 해 그림자가 가장 길어지므로 '長日之至'라고 한 것이다. 교제(郊祭)의 주요내용은 '보천주일(報天主日)'로 천제가 만물을 키워준 은혜에 보답한다는 것이다. 천상에서 가장 대표적인 것은 태양으로 햇빛과 비와 이슬이 만물이 생장하도록 도와준다. 호로형 신인(神人)은 천지우주의 신으로 모든 만물을 포함하고 있다는 의미를 갖고 있다.

호로형 신인의 몸체는 세 마디로 만들어져 있다. 이것은 고대인들이 의도적으로 만든 것으로 일반적인 호로형 모양과는 다르다. 질그릇을 자세히 살펴보면 세 개의 둥근 항아리를 서로 포개어 놓은 모양이다. 이것은 해와 달과 별, 삼신(三辰)이 서로 만난다는 것을 나타낸다. 옛 사람들은 해와 달이 서로 교대로 뜨고 별이 하늘에서 회전하며 매일 조금씩 변화하는 것을 태양과 달이 한 달에 한 번 만난다고 여겼으며 삼신은 1 회귀년에 한 번 회합한다고 생각했다. 호로형 신인의 몸체를 삼신이 연결되어 있는 것으로 만든 것은 숭택문화 고대인들이 이미 날짜를 계산하였으며, 달과 해를 계산하는 원시 역법이 있었음을 의미한다. 이것은 1 회귀년의 길이를 알

41) 蘇秉琦:「筆談東山嘴遺址」,『華人·龍的傳人·中國人−考古尋根記』75쪽, 遼寧大學出版社, 1994年.

고 있었다는 것을 의미한다. 호로형 신인을 전체적으로 살펴보면 머리 부분을 포함하면 네 부분으로 나눌 수 있다. 이것은 중국의 전통 역법에서 1 년을 춘, 하, 추, 동의 사시(四時)로 나눈 것과 같은 의미이다. 사시의 중기(中氣)는 동지와 하지, 춘분과 추분을 가리키며 일반적으로 '二分二至'로 부른다.

사시(四時) 변화를 알기 위해서는 태양의 일주운동 변화 뿐 아니라 매년 반복되는 천체의 변화도 함께 알아야만 한다. 따라서 호로형 신인(神人)의 가슴에 뚫려 있는 구멍과 목 아래쪽의 작은 구멍은 관상의 목적으로 만든 것임을 짐작할 수 있다. 고대인들의 천상 관측에 관한 내용은 대부분 신화로 전해 내려온다. 예를 들면, 「산해경·해외남경(山海經·海外南經)」에서는 다음과 같이 적고 있다.

海外自西南陬至東南陬者。結胸國在其西南, 爲人結胸。貫胸國在其東, 其爲人胸有竅。交脛國在其東, 其爲人交脛, 一曰在穿胸東。

해외의 서남쪽 모퉁이로부터 동남쪽 모퉁이에 이르는 지역에 대한 기록이다. 결흉국은 서남쪽에 있고 이 나라 사람들은 닭처럼 튀어나온 가슴을 갖고 있다. 관흉국은 동쪽에 있고 그곳 사람들은 가슴에서 등까지 구멍이 뚫려있다. 교경국은 동쪽에 있으며 사람들은 두 다리가 좌우로 교차해 있다. 다른 기록에 의하면 교경국은 천흉국(穿胸國)의 동쪽에 있다고 한다.

'결흉국(結胸國)'과 '관흉국(貫胸國)' 그리고 '교경국(交脛國)'은 모두 관상용어에서 유래한 것이다. 한 씨족이나 부락을 지칭하는 이름이 관상 용어에서 기원했다는 의미이다. 호로형 신인의 가장 두드러진 특징은 가슴 앞에 있는 큰 구멍으로 바로 '관흉국(貫胸國)'이나 '천흉국(穿胸國)'을 의미한다. '결흉(結胸)'이나 '교경(交脛)'은 모두 하짓날에 나타난 천상의 모습에서 유래한 것이다. 『상서』「요전」에서는 다음과 같이 적고 있다.

"申命羲叔, 宅南交。平秩南訛, 敬致。日永, 星火, 以正仲夏。[42]

- 거듭 희숙에게 명령하여 남쪽교지(古代的地名, 指交趾)에 거하면서 태양이 남쪽으로 운행하

---

42) [참고자료] 又命令羲叔, 居住在南方的交趾, 辨别测定太阳往南运行的情况, 恭敬的迎接太阳向南回来, 白昼时间最长, 东方苍龙七宿中的火星, 黄昏时出现在南方, 这一天定为夏至。(출처: Baidu 백과사전 「尧典」)

그림 72-1. 관흉국 사람 모습(출처: 明朝·胡文焕《山海經圖》)

그림 72-2. 교경국 사람 모습(출처: 明朝·胡文焕《山海經圖》)

는 상황을 관측하고 구별하여 태양이 남쪽으로 돌아오는 것을 공손하게 맞이하고 낮의 길이가 가장 길고 동방창룡의 7宿 중의 대화성(大火星)이 황혼 때 남쪽에 나타나면 이 날을 하지로 정한다."

'중하(仲夏)'는 하짓날이 포함된 달을 의미하며 '경치(敬致)'는 하짓날 입간 위에서 측정하는 것을 의미한다. 하짓날은 낮의 길이가 가장 길기 때문에 '일영(日永)'이라고 부른다. 밤에 하늘을 관찰하면 대화성(大火星)은 하늘 가운데 떠있어 '성화(星火)'라고 부른다. 한 낮의 태양과 밤의 대화성은 모두 밝음의 상징으로 빛의 신이다. 따라서 낮과 밤이 밝아 빛의 신이 되며 바로 '관흉국(貫胸國)'과 '천흉국(穿胸國)'이 되는 것이다. '흉유규(胸有窍 -가슴에 구멍이 있다)'는 매우 밝다는 것을 의미하며 가슴 앞에서부터 등 뒤까지 볼 수 있다. 이것은 호로형 신인의 가슴부분을 표현한 것으로 호로형 신인이 빛(광명)의 신인 것이다. 『이아. 석천(爾雅. 釋天)』에서 말하길 "大火謂之大辰。 -大火는 大辰이라고 부른다.-"이라. 주(注)는 다음과 같다. "大火, 心也, 在中最明, 故時候主焉。 -대화는, 心宿이다. 가운데 별이 가장 밝으므로 時候(시간과 절후)를 주관한다.-" 씨족시대에는 대화성을 이용하여 하늘의 시간을 결정하였으며 농사시기를 알려주는 별로 인식했다. 대화성이 황혼 무렵 하늘의 가운데 떠 있을 때가 바로 하지이다. 이때 태양이 천체에 머무는 위치가 바로 하지점으로 이 '점(點)'이 하나의 교결점(絞結點)이 된다. 예를 들어 『시경. 조풍. 시구(詩經. 曹風. 鳲鳩)』에서는 "心如結兮。 -心宿가 마치 묶여져 있는 것 같구나.-"

라고 하였다. 따라서 호로형 신인의 가슴 위에 매듭을 꽂아서 하지점을 표시하였고 『산해경』에서는 '결흉국(結胸國)'이라고 표현한 것이다.

'교경(交脛)'은 '교지(交趾)'라고도 하는데 두 종아리가 교차하는 것을 나타낸다. 두 발이 교차하는 모습으로 『요전』에서 표현한 '택남지(宅南交)'를 말한다. 호로형 신인의 모습은 특별히 다리가 표현되지 않고 팔각성문부호로 발만을 표시하고 있다. 이 팔각성문도안을 살펴보면 가로 세로로 2개의 '오(五)'자가 교차하여 이뤄졌으며 이것은 교경(交脛) 또는 교지(交趾)의 모습과 일치한다. 두 개의 '五'가 교차한 모습은 위에서 언급한 함산 옥편 양쪽 측면에 있는 5개의 둥근 구멍과 서로 일치하며 중궁(中宮) '五'를 나타낸다. 『주역. 계사(周易. 系辭)』에서 말한 "天數五, 地數五"와도 일치하는 내용이다. 세시 절기에 있어서도 춘분과 추분을 중분선(中分線)으로 삼아 1 회귀년을 동반년과 하반년으로 나눈다. '五'에 대해 살펴보면 그 자체는 '교(交)'를 표현한 것이다. 『설문해자』에서는 "五, 五行也。从二, 陰陽在天地間交午也。 –五는 오행이라. 천지(음양)에서 나왔고, 음과 양이 천지간에 교차하는 것이다– "라고 적고 있다.

'교오(交午)'는 절기가 하지 당일에 이르러 양기가 절정에 이르고 음기가 생겨나기 시작한다는 것을 나타낸다. 『설문해자』에서 "午, 牾也, 五月陰气午逆, 陽冒地而出。 –午는 바뀐다는 뜻이다. 5월의 음기가 午에서 반대로 되면 양기가 땅을 뚫고 나온다.–"라고 적고 있다. 5월은 하지가 포함된 달로 '陽冒地而出'은 태양이 강렬하게 내려쬐어 대지가 불타는 것과 같고 음기 역시 소생하기 시작하여 음양이 서로 교차하면서 전환하기 시작하는 것을 말한다. 이것이 바로 '교경국(交脛國)'이며 호로형 신인의 다리가 나타내고 있는 팔각성문도안의 본질적 의미인 것이다.

앞에서 설명한 내용들을 종합해보면 호로형 신인의 발이 나타내고 있는 팔각성문도안은 고대인들의 사시팔절과 천지우주에 대한 인식을 종합한 것으로 천문과 관련된 우수한 예술작품이라고 할 수 있다.

5절. 양저문화(良渚文化) 원시문자 속의 팔각성문부호(八角星紋符號)

강소(江蘇) 징호(澄湖) 양저문화 유적지에서 출토된 흑도어루형(黑陶魚簍形-검은색 질그릇으로 물고기를 담는 바구니 모양) 항아리 윗면에는 네 개의 원시문자가 새겨져 있다(그림 73).

이 네 개의 원시문자는 최초 발굴보고에 다음과 같이 소개되어있다. "네 개의 문자는 하나의 질그릇 위에 나란히 기록되어 있다. 시기적으로 가까운 상주(商周)시대 청동기 명문이나 은상(殷商)시대 갑골문과 문자의 형태는 비록 다르지만 문자로서 중요한 의미를 갖고 있는 것으로 보인다. 이것은 지금까지 중국에서 발견된 가장 원시적인 문장이며, 이로 인해 중국의 최초 명문 역사는 약 1000년 정도 앞당겨지게 되었다."[43] 양저문화 고대인들이 질그릇 위에 새겨놓은 네 글자는 '어렵역법(漁獵曆法)'[44]으로 해석되고 있다. 그 내용을 자세히 살펴보면 아래와 같다.

그림 73. 양저문화 어루형(魚簍形) 항아리에 새겨있는 원시문자 우측 [蘇州博物館 소장]

먼저 맨 앞 글자를 살펴보면, '✻' 모양으로 새겨놓았는데, 이것은 팔각성문도안을 단순화하여 만든 부호이자 원시 글자로도 볼 수 있다. 앞에서 보았던 팔각성문도안과 비교해보면 이것은 숭택문화의 호로형신인(神人)의 발에 나타난 팔각성문도안과 비슷하다. 사방팔각은 두 개의 '五'자로 이루어져 있으며 그 중 하나의 '五'자는 갑골문에서 늘 볼 수 있듯이 평평하고 바르게 새겨져 있다. 나머지 '五'자는 세로로 세워져 있어 신석기시대의 질그릇이나 갑골문에서 가끔 보이는 모습과 비슷하다. 이것을 함산(含山) 옥편과 비교해보면 옥편 양쪽 옆면에 각각 5개의 둥근 구멍이 있는 것은 '중수오(中數五)'를 표시하는 것과 비슷하다. 중수(中數)에는 '五'가 두 개 있는데 『주역. 계사(周易. 系辭)』에서 다음과 같이 적고 있다.

> "天數五, 地數五, 五五相得各有合, 天數二十又五。
> - 천수와 지수는 5이다. 천수와 지수를 각각 얻게 되니 그 결과 천수는 25가 된다-."

---

43) 張明華、王惠菊: 「太湖地區新石器時代的陶文」, 『考古』 1990年 第10期.

44) 陸思賢: 「在 "長江文化"中見到的 "漁獵文明"曙光」, 『文藝理論研究』 1990年 第5期.

‘天數五, 地數五’가 나타내는 것은 팔각성문도안이 입간측영(立竿測影)에서 비롯되었다는 관점에서 살펴봐야 한다. 입간측영의 핵심은 동지와 하지를 측정해서 춘분과 추분을 정하고 사시팔절을 구하는데 있다. 그 중에서 하지와 동지를 측정하는 것이 기본이다. 『주비산경』에서는 다음과 같이 말하였다.

> “冬至晝極短, 日出辰而入申, 陽照三不覆九。夏至昼極長, 日出寅而入戌, 陽照九, 不覆三。
> - 동짓날 낮이 가장 짧고 해는 진(辰)에서 나와 신(申)으로 들어간다. 태양은 세 개의 시진을 비추고 아홉 개의 시진은 비추지 못한다. 하짓날 낮이 가장 길고 해는 인(寅)에서 나와 술(戌)로 들어간다. 태양은 아홉 개의 시진을 비추고 세 개는 비추지 못한다.”

지평일구 위에서 12지지(地支)의 배열 가운데 진(辰)은 동남방에 있고 신(申)은 서남방에 있다. 인(寅)은 동북방에 그리고 술(戌)은 서북방에 있게 된다. 따라서 동짓날 해는 동남 모퉁이에서 떠오르고(辰) 입간측영의 해 그림자는 서북 방향(戌)을 가리킨다. 해는 서남 모퉁이(申)로 지고 해 그림자는 동북 방향(寅)을 가리킨다. 하짓날 해는 동북 모퉁이(寅)에서 떠서 입간측영의 해 그림자는 서남 방향(申)을 가리킨다. 해는 서북 모퉁이(戌)로 지고 해 그림자는 동남 방향(辰)을 가리킨다. 현재 입간이 있는 곳을 중심으로 지평일구 위에서 선으로 연결해보면 다음과 같은 그림이 그려진다(그림 74).

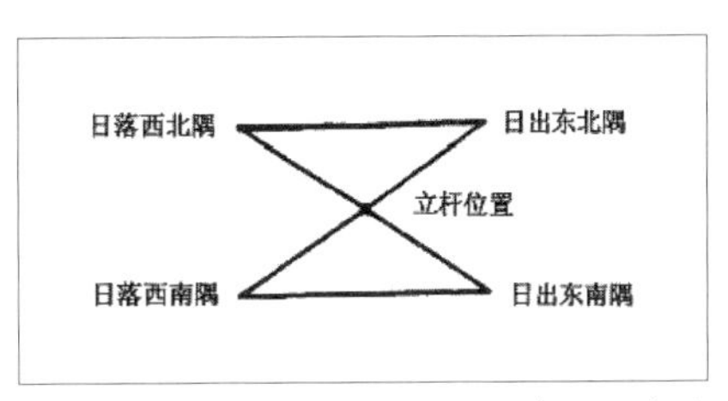

그림 74. 입간측영을 통한 ‘지수오(地數五)’의 시의도(示意圖)

이상으로 일출과 일몰의 방위로부터 ‘地數五’를 확정하였다. 이것은 팔각성문부호에서 편평하고 반듯하게 놓인 ‘五’자와 같다. 이 ‘五’자는 꼭짓점을 맞대고 있는 두 개의 삼각형 모습으로 아래쪽 삼각형은 동반년(冬半年)을 나타내고 위쪽 삼각형은 하반년(夏半年)을 나타낸다. 일출과 일몰의 위치 변화에 따라 해당하는 절기를 추산할 수 있는데 일출과 일몰이 동일한 가로 선상에 놓일 때 바로 춘분과 추분이 된다.

한편, 입간측영에서 태양이 남중할 때의 위치에 따라서 ‘天數五’를 구할 수 있다. 『주비산경』에서는 “冬至晷長一丈三尺五寸, 夏至一尺六寸。—동짓날 해 그림자의 길이는 1丈 3尺 5寸이고, 하지 날은 1尺 6寸—”이라고 적고 있다. 입간의 막대 끝을 중심으로 해의 위치와 그림자 길이를 그려보면 다음과 같이 그려진다(그림 75).

이것이 바로 '天數五'로 기울어져 있는 모습으로 나타난다. 이것을 세로로 바르게 세워 팔각성문부호의 '五'자로 사용한 것이다. 여기에서도 꼭짓점을 맞대고 있는 두 개의 삼각형이 보이는데 우측의 삼각형은 하반년, 좌측의 삼각형은 동반년을 나타낸다. 해 그림자 위치 변화에 따라 해당하는 세시절기를 추산할 수 있다.

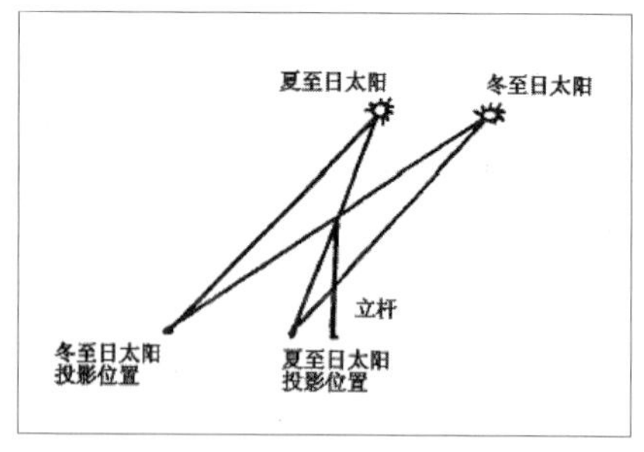

그림 75. 입간측영을 통한 '천수오(天數五)'의 시의도(示意圖)

위에서 설명한 '天數五'와 '地數五'를 합하면 '✵'모양의 팔각성부호가 만들어지면서 '天數 25'를 나타낸다. 정산(丁山)은 "황제의 자식은 25명으로 12개의 성(姓)으로 구분되는데 이것은 세차 12궁과 12월을 상징하는 것으로 완전한 하늘의 신화를 얘기하는 것이다"라고 언급하였다. 이것은 신화 전설의 시대에 이미 12차와 12월의 구분에 대한 개념이 생겨났음을 의미한다. 그러나 팔각성문도안이 나타난 역사 이전 시대에 원시 천문학이 어느 수준까지 발전했는지는 정확히 알 수 없다. 이것은 앞으로 해결해야 할 과제이지만 문자 기록이 남아 있지 않아 주로 관련 자료를 이용해 문제를 해석하는데 시대의 선후가 뒤바뀌는 등 여러 어려움이 있다. 예를 들어 팔각성문도안은 기하학적 도형인 원이나 사각형, 각을 이용해 표현된다. 이것이 규표의 그림자와 천원지방의 우주 모형과 결합하게 되면 관련 내용이 나타나게 된다. 예를 들면 사방팔각은 하늘을 네 개로 나눈 것과 사시팔절에 근거해서 만들어진 것이다. 만약 '사방팔각이 기원전 20-30세기의 원시사회에 있었을까?'라고 의문을 제기한다면 간단하게 답변할 방법은 없다. 일반적으로 중국의 전통천문학은 주진(周秦)시대 이후에서야 발전하기 시작하였다. 『상서. 요전』중에 사중중성(四仲中星)의 기록이 있기는 하지만 책이 완성된 시기는 그 이후이기 때문에 천문학의 학술적 기반은 여전히 완성되지 못한 것으로 보인다. 니덤은 다음과 같이 언급하였다. "중국 고대에는 인문과학이 주된 학문이었다. 중국의 과학사를 기술한 과거의 자료 중에서 과학 기술의 발전시기를 앞당기기 위해 옛 문헌을 위조하거나 변조하는 일은 거의 없었다고 생각된다.

현재에도 이러한 위조나 변조는 없는 것으로 생각된다. 사회적으로 과학과 기술이 특별한 지위를 가지고 있지는 않은 것으로 생각된다."[45] 이것은 이약슬이 생전에 갖고 있던 중국 과학계

45) (英)李約瑟: 「中國科學技術史」 中譯本 第四卷, 『天學』 第一分冊 第18쪽 注(2), 科學出版社, 1975年.

에 대한 생각이었다. 또한, 『주비산경』에 적고 있는 "古者包犧周天曆度。 -옛날에 포희씨가 주천역도를 세웠다.-"의 내용에 대해 학자들은 그 가능성과 근거를 생각해 보지 않았을 것이다. 왜냐하면 『주비』는 한(漢) 시대의 저서이고 복희씨의 이름은 단지 빌려온 것이기 때문이다. 현재 팔각성문도안에 대해 살펴보면 대계(大溪)문화 팔각성문도안의 바깥 테두리에 그려 있는 큰 원은 단과 칸으로 나누어 놓았는데 이것은 하늘의 둘레를 이미 작게 구분하였다는 것을 알 수 있다. 그러면 주천분도(周天分度)는 어느 시기에 기원한 것일까? 한편, '五'와 '五'가 교차하게 그려진 팔각성부호를 예로 들어보면 이것은 동지와 하지를 측정한 결과이다. 그렇다면 황도와 적도 그리고 황적도 교각에 대한 개념은 어느 시기에 생긴 것일까?[46] 이 문제에 대한 해답은 더 깊은 연구가 필요해 보인다.

두 번째 원시글자는 '𐌃' 모양으로 그려져 있다. 이것은 양저문화의 가장 두드러진 특징인 '월(鉞)'의 상형 부호로 앞서 복양 서수파 동지도에서 살펴본 적이 있다. '월(鉞)'은 '월(戉-도끼 월)'로 사용하며 '세(歲)'로 해석한다. 글자의 '금(金)' 부수는 나중에 첨가한 것으로 『상서』「요전」에서는 '세(歲)'에 대해 다음과 같이 적고 있다. "朞(期), 三百有六旬六日, 以閏月定四時成歲。 -366일이 반복되는데 윤달을 두어 사시가 정해지고 일 년이 완성 된다-". 어루형(魚簍形) 항아리 위에 새겨진 '월(鉞)'형 부호 또한 사시팔절을 표시하는 팔각성문부호로 원시 역법에서는 '사시성세(四時成歲)'를 추보하는 의미로 사용되었으며 석부(石斧)와 석월(石鉞) 등의 실물을 사용하여 '세(歲)'를 표시하기도 하였다. 이러한 과정에서 '세(歲)'를 표시하는 도형이나 원시글자가 만들어졌을 것으로 보인다.

양저문화의 또 다른 특징으로는 '옥렴장(玉斂葬 -무덤에 玉을 함께 묻는 장례풍속-)'의 무덤 중에 석월(石鉞)이나 옥월(玉鉞)이 많이 출토되었는데 이들의 개수는 주로 12의 배수[47]로 되어있다.

46) 일부 학자들은 이에 대한 연구를 진행하였다. 로앙(盧央)과 소망평(邵望平)은 여섯 곳의 신석기시대 방위 자료를 조사하고 천체 운행의 계산을 통해 BC 4500-2500년의 황적교각(黃赤交角) 값을 아래와 같이 추산하였다.

년도	황적교각ε값	Sinε
BC 4500	24.14°	0.4089
BC 4000	24.11°	0.4085
BC 3500	24.07°	0.4079
BC 3000	24.03°	0.4072
BC 2500	23.81°	0.4064

47) 예를 들면 반산(反山) 14호 묘에는 24점의 석월(石鉞)이 출토되었으며 회관산(匯觀山) 4호 묘에서는 옥월(玉鉞) 1점과 석월(石鉞) 48점이 출토되었다. 『考古』 1992년 第6期 530p 「中國文明起源硏討會

이것은 『산해경』「해내경」의 기록과도 일치한다. "噎鳴生歲十有二。 -열명(噎鳴)이 12개월을 낳았다.-" 곽박(郭璞)은 주(注)에서 "열 두 아들을 낳아 모두 세명(歲名)으로 그들의 이름을 지었다.[48] '세(歲)'는 고대인들의 관상수시와 역법제정의 핵심이 되었다. 『산해경. 해외남경(山海經.海外南經)』에서는 다음과 같이 적고 있다.

> 地至所載, 六合至間, 四海之内, 照之以日月, 經之以星辰, 紀之以四时, 要之以太歲, 神靈所生, 其物異形, 或天或壽, 唯圣人能通其道
>
> 땅이 거하는 곳은 육합(상하-동서남북)의 가운데 있으며 사해(四海)의 안쪽에 있다. 해와 달이 비치고 별과 별자리가 지나가며 사시(四時)를 정하는데 목성이 주요한 역할을 한다. 신령이 생기는 곳으로 물체마다 그 모양이 다르고 수명이 달라서 오직 성인만이 그 道를 안다.

이 내용은 일월성신과 사시팔절의 신물, 영물 등의 천지우주의 만물을 포함하고 있다. '육합(六合)'은 천지사방을 말하는 것으로 우주의 대명사이다. 천체 중에서 '經之以四时, 要之以太歲, 神靈所生'이므로 목성은 가장 중요한 존재이다. 이른바, '要之以太歲'인 것이다. 원가(袁珂)는 주석에서 고유(高誘)의 말을 인용해 다음과 같이 말했다. "要, 正也, 以太歲所在正天時。 -要는 正이다. 태세가 머무는 곳으로 천시(12개월)를 바로 잡는다.-" 천시(天時)는 1년 사시 12개월을 뜻한다. 한 달을 다시 순(旬)으로 나누기 때문에 원가는 다음과 같이 말하고 있다.

> 按太歲有年太歲, 月太歲, 旬中太歲之别。年太歲亦名歲陰, 太陰, 亦曰青龍, 天一, 昔時所称紀歲者。此所謂太歲, 即年太歲。[49]
>
> 태세는 연태세, 월태세, 순중태세로 구분된다. 연태세는 세음과 태음 또는 청룡이나 천일로도 불린다. 옛날에는 기세(紀歲)로 불렸다. 여기서 태세는 연태세를 말한다.

紀要」의 왕명달(王明達) 의견을 참조.

48) 12세명(十二歲名)은 『爾雅』「釋天」에서 다음과 같이 적고 있다. "태세(太歲)가 인(寅)에 있는 것을 섭제격(攝提格)이라 부르고 묘(卯)에 있는 것을 단알(單閼)이라 부르며 진(辰)은 집서(執徐), 사(巳)는 대황락(大荒落), 오(午)는 돈장(敦牂), 미(未)는 협흡(協洽), 신(申)은 군탄(涒灘), 유(酉)는 작악(作噩), 술(戌)은 엄무(閹茂), 해(亥)는 대연헌(大淵獻), 자(子)는 곤돈(困敦), 그리고 축(丑)에 있을 때는 적분약(赤奮若)이라 부른다." 곽말약의 이에 대한 연구는 「釋支干」과 『郭沫若全集』 考古編 I 를 참조."

49) 袁珂: 『山海經校註』 184p, 上海古籍出版社, 1980年.

세신(歲神)의 이름이 다양했기 때문에 양저문화의 고대인들이 사용한 석월(石鉞)이나 옥월(玉鉞) 또한 다양했던 것이다. 여러 세신(歲神) 가운데 연태세가 가장 으뜸이다. 여항 반산(余杭 反山) 양저문화 무덤 중에서 옥월(玉钺) 하나가 출토되었다(최초 일련번호 M12: 100).[50] 이것은 지금까지 발견된 것 중에서 가장 화려한 옥월로 위에는 신휘(神徽-신을 상징하는 문양)가 그려져 있는데 그 모양은 옥종(玉琮) 위에 새겨진 것과 유사하다. 전체적인 모습은 준도식(蹲跳式-쪼그리고 앉아 뛰려는 모습) 호면인형(虎面人形-호랑이 얼굴의 사람 모양)으로 되어있다. 신휘의 위쪽 한 가운데는 인면(人面)이 그려 있는데 도제형(위가 좁아지는 모양)으로 부릅뜬 눈과 넓은 코 그리고 노출된 치아의 모습으로 테두리가 넓은 깃털 모자를 쓰고 있다. 두 다리는 허리의 바깥으로 벌려있고 종아리는 안으로 접혀 있으며 호랑이 발톱 두 개가 엉덩이 밑에 바싹 붙어 들려 있는 모습이다. 허리 부분은 호면형(虎面形)으로 되어있고 두 개의 돌출한 둥근 눈과 넓은 코 그리고 약간 벌어진 입과 입술 밖으로 노출된 뻐드렁니가 있다. 온몸은 원와문(圓渦紋)과 권운문(卷雲紋)으로 그려져 있으며 두 팔꿈치와 무릎 끝에는 날개깃털 문양이 더해져 전체적으로 날개를 펴고 나뭇가지에 쭈그려 앉아 있는 독수리 모습과 유사하게 보인다(그림 76 & 77).

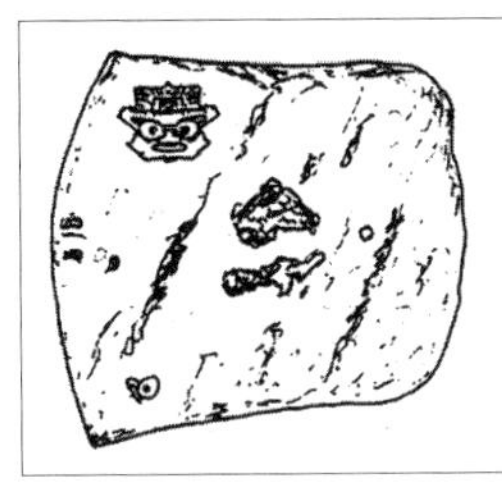
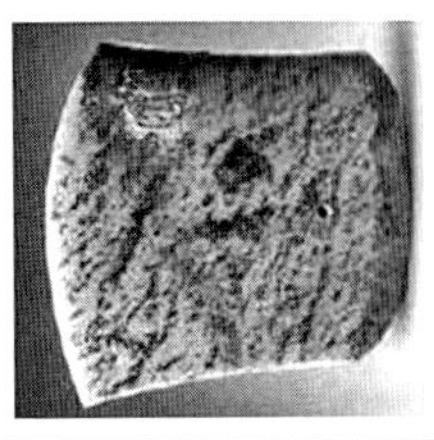

그림 76. 양저문화 옥월(玉鉞). 우측사진 [浙江歷史博物館 소장]

그림 77. 양저문화 옥종(玉琮)에 새겨진 신인수면신휘(神人獸面神徽). 우측사진(출처: 天津網)

이것은 『산해경』에서 설명한 "要之以太歲, 神靈所生"의 '신령(神靈)'으로 지금까지 알려진 가장 전형적인 '인수문(人獸紋)' 도안이다. 이것은 다원복합체의 '인격화'된 신령으로 조류와 어류 그리고 땅에서 다니는 모든 동물을 상징하고 있다. 도형에서 인면(人面)과 호면(虎面)이 두드러져 보이기 때문에 '인호문(人虎紋)' 또는 '호인(虎人)'으로도 부른다. 옛 신화 가운데 '호인(虎人)'으로 가장 유명한 인물로는 서왕모(西王母)가 있다. 그러나 서왕모와 '월(鉞)'과의 관계는 아직 명확하게 밝혀지지 않았다. 이 외에도 월(鉞)을 손에 들고 있는 '호인(虎人)'으로 욕수(蓐收)가 있는데

50) 浙江省文物考古研究所反山考古隊: 「浙江余杭反山良渚墓地發掘簡報」, 『文物』 1988年 第1期.

『산해경』「해외서경」에서는 다음과 같이 적고 있다.

西方蓐收, 左耳有蛇, 乘兩龍。郭璞注: “金神也, 人面虎爪, 白毛, 執鉞。
서방에 욕수(蓐收)가 있는데 왼쪽 귀 위에 뱀 한 마리가 있고 두 마리의 용을 타고 날아다닌다. 곽박은 注에서 말하길 “욕수는 금신(金神)으로 사람 얼굴에 호랑이 발톱을 가지고 있으며 머리카락이 희며 손에 월(鉞)을 들고 있다”

‘금신(金神’은 ‘금추지신(金秋之神))’으로 욕수를 추신(秋神)이나 호신(虎神)으로 여긴 것이다. 손에 월(鉞)을 들고 있는 것은 양저문화 옥월(玉鉞) 위에 새겨져 있는 신휘의 의미와 일치한다. 고대인들은 일 년을 봄과 가을로 나누었고 춘신(春神)은 삶을 주관하고 춘생하장(春生夏長-봄에 나서 여름에 자란다)을 상징한다. 추신(秋神)은 죽음을 주관하고 추수동장(秋收冬藏-가을에 거둬 겨울에 저장한다)을 상징한다. 추신(秋神)은 수확을 주관하고 동신(冬神)은 저장을 주관하므로 신인호면(神人虎面)을 그린 ‘신휘(神徽)’의 움츠린 두 어깨와 두 다리는 곡식을 거두어 저장하는 것을 형상화해서 그린 것으로 생각된다. 동지 세종대제에 이 세신(歲神)에게 제사지내는 것은 지나간 해를 보내고 새해를 맞이한다는 것을 의미한다. 옥월(玉鉞)은 묘주인의 부장품으로 묘주인의 현생의 생명은 끝났고 새로운 생명이 다시 시작된다는 것을 나타낸다. 이것은 삶과 죽음이 순환하며 묘주인의 생명 또한 영원하다는 것을 의미한다.

양저문화 고대인들이 일월성신과 천상 그리고 절기의 세제(歲祭)에 월(鉞)을 사용하였다는 것은 날짜를 계산했다는 것을 의미하며 이것은 당시에 1 회귀년의 길이를 측정했음을 알려준다.

세 번째 원시글자는 ‘𝐗’ 모양으로 그려져 있다. 최초 보고서에는 이 글자를 ‘오(五)’ 또는 ‘五’와 관련된 합문(合文)으로 해석하였다.[51] 글자 형태는 ‘𝐗’를 기준으로 양쪽 측면에 세로 선을 하나씩 더해서 사방과 상하로 통해 있다는 것을 표시하며 ‘天數五, 地數五’를 나타낸다. 두 개의 ‘五’가 서로 반대방향으로 합쳐져 ‘호(互)’가 만들어졌다. 『설문해자』에서 말하길 “五, 五行也, 从二, 陰陽在天地閒交午也。-五는 오행이라. 천지에서 나왔고, 음양이 천지간에 교차하는 것이다.-” ‘교오(交午)’가 바로 ‘교오(交五)’, ‘교호(交互)’로, ‘오(五)’와 ‘오(午)’ 그리고 ‘호(互)’는 모두 동음통차(同音通借)로 양기와 음기가 서로 통한다는 것을 뜻한다. 이것은 기후와 절기의 변화를 나타내므로 하늘과 땅에 제사 지낼 때 ‘호물(互物)’로 표현한 것이다. 『주례. 천관(周禮. 天官)』에

51) 張明華、王惠菊: 「太湖地區新石器時代的陶文」, 『考古』 1990年 第10期.

서는 다음과 같이 적고 있다.

鱉人掌取互物, 以時以时簎鱼鳖龟蜃, 凡狸物, 春献鳖蜃, 秋献龟鱼, 祭祀共蠯蠃蚳。[52]

별인은 갑각류의 동물을 모으는 일을 관장한다. 계절에 따라 작살로 물고기, 자라, 거북이, 조개 등을 잡고, 진흙 속에 숨어 있는 동물들도 잡는다. 봄에는 자라와 조개를 바치고, 가을에는 거북이와 물고기를 바친다. 제사지낼 때는 조개와 달팽이 그리고 개미 알을 바친다.

『주례』「지관(地官)」에서는 다음과 같이 적고 있다.

掌蜃掌斂互物, 以共闉壙之蜃。祭祀共蜃器之蜃, 共白盛之蜃。[53]

장신은 호물(互物)을 모으는 일을 관장한다. 묘 구덩이 바닥을 채워 넣는데 필요한 조개를 제공한다. 제사 때는 제기에 필요한 조개를 제공하고, (가루로 만들어) 기물이나 벽에 발라 하얗게 만드는 데 필요한 조개를 제공한다.

하늘과 땅에 제사지내는 호물(互物)은 모두 수생 동물이다. 신(蜃)은 민물조개로 일반적으로 모든 수생 동물을 가리킨다. 하늘과 땅에 제사지낼 때 사용한 제물인 방(蚌)은 '辰'이나 '大辰'에서 뜻을 취했으며 일월성신을 상징한다. 봄과 가을의 제례에 호물을 사용하였는데 이것은 고대인들이 일 년을 봄과 가을로 나눈 사실과도 일치한다. 또한 「지관(地官)」에서 '共(供)蜃器之蜃'이라고 적은 것은 본문에서 언급한 어루형 질그릇 항아리가 바로 '신기(蜃器)'임을 나타낸다. 이 질그릇은 제례에만 사용되었다. 반산(反山) 양저문화 고분 중에 옥어(玉魚)와 옥귀(玉龜)가 출토되었다. 요산(瑶山) 양저문화 고분에서는 옥으로 만든 개구리가 출토되었다. 이것은 옥어(玉魚)나 옥귀(玉龜)와 마찬가지로 모두 수생동물인 호물(互物)로 제사에 사용된 제물이거나 제례에 주술사가 소지했던 물건으로 보인다.

'五'는 천지에 제사지낼 때 사용한 숫자로 제물을 '호물(互物)'로 불렀으며 갑골문 시대까지

---

52) [참고자료] 译文: 鳖人掌管捕取有甲壳的动物, 按季节叉取鱼鳖龟蛤等, 凡埋藏在泥中的动物。春季献鳖蛤, 秋季献龟鱼。祭祀时供给蛤、蜗牛和蚁卵, 交给醢人。(출처: Baidu 백과사전 「天官冢宰」)

53) [참고자료] 译文: 掌蜃掌管征收蚌蛤中的蛤类, 以供填塞墓坑底部所需的蛤。举行祭祀供给勘祭器所需的蝗。供给[研粉]涂饰器物或墙壁使成白色所需的蛤。(출처: Baidu 백과사전 「天官冢宰」)

전해져 내려왔다. 곽말약은 제사에 사용된 제물의 개수가 5나 그 배수를 사용하였다는 사실을 발견하였다. 이와 관련된 자료를 살펴보면 『복사통찬(卜辭通纂)』16편(片)에 왕이 제사지내고 점칠 때 사용한 제물의 숫자가 다음과 같이 기록되어 있다.

丁酉卜, 王: 정유일에 왕이 점을 쳤다.
犬十五, 羊十五, 豚十五; 개 15마리, 양 15마리, 돼지 15마리
犬二十, 羊二十, 豚二十; 개 20마리, 양 20마리, 돼지 20마리
犬三十, 羊三十, 豚三十; 개 30마리, 양 30마리, 돼지 30마리
犬五十, 羊五十, 豚五十。개 50마리, 양 50마리, 돼지 50마리

위에서 설명한 대로 신석기시대 질그릇 위에서 '五'자가 자주 발견된다. 이것은 단순한 숫자를 넘어 신앙과 제사의 의미를 포함하고 있는 것으로 보인다. 이러한 질그릇 역시 호물(互物)을 바칠 때 사용한 제기로 실생활에 사용한 질그릇과는 구별해야 한다. 이들은 고대 역사 연구에 중요한 자료이다.

마지막 원시문자는 '↑' 모양으로 되어있다. 이것은 화살촉과 비슷한 모양으로 화살이 날아가는 방향을 표시한 것이다. 이 문자는 '시(矢)'로 해석되는데 질그릇에 마지막으로 새겨진 것으로 보인다. 따라서 결론의 의미를 담고 있다고 생각된다. 갑골문에서는 '시(矢)'자를 '[illegible]'로 적어 놓았는데 이것은 꼬리부분에 깃털을 덧붙여 화살이 날아가고 있다는 의미를 명확하게 해준다. 갑골문에는 '인(寅)'자 또한 간단히 '[illegible]'로 적어 놓았는데 이에 대해 곽말약은 다음과 같이 적고 있다.

寅字之最古者爲矢形, 弓矢形或奉矢形, 與引, 射同意。『漢書』「律曆志」: "引達於寅"。故有急進虔敬義。甲骨文之寅字乃矢形或弓矢形, 當爲引之初字; 寅在十二岁名爲攝提格, 攝提格在「天官書」爲大角。[54]

寅자의 가장 오래된 모양은 矢形으로 궁시형 또는 봉시형이 있는데 '당기다' 또는 '쏘다'라는 것과 같은 의미이다. 『한서』「율력지」에는 "당겨서 寅에 도달한다"고 적고 있다. 이것은 빠르게 움직이며 공경한다는 의미를 가지고 있다. 갑골문의 寅자는 矢形이나 弓矢形으로 引자의

54) 郭沫若: 「釋支干」, 『郭沫若全集』 考古篇 I, 科學出版社, 1982年.

원시 글자이다. 寅은 12歲名의 攝提格으로 攝提格은『천관서』에서 말한 大角에 해당한다.

따라서 어루형 항아리의 '↑' 모양 역시 '인(寅)'으로 해석된다. 이것은 화살이 날아가는 방향을 강조한 '각(角)'으로 '引射 –활을 당겨 쏘다'의 의미를 갖고 있다. '대각(大角)'은 별이름으로 북두칠성 두병이 가리키는 방향에 있는 1등급(magnitude)의 밝은 별이다. 대각(大角) 좌우에는 3개의 별로 이루어진 '좌섭제(左攝提)'와 '우섭제(右攝提)'가 있다. 대각(大角)이 바라보는 곳에는 '각수(角宿)'라는 밝은 별 두 개가 있는데 바로 동방창룡의 용각(龍角)이다. 봄날 초저녁에 밤하늘을 살펴보면 북두칠성의 두병은 동북방을 가리킨다. 이것은 '인(寅)'의 방위로 수면 위로 밝은 별 하나가 떠오르는데 이것이 바로 대각성(大角星)이다. 물안개로 인해 대각성 옆의 별들은 마치 섭동(攝動)하는 것처럼 보이고 바다로부터 무거운 물체를 꺼내는 것 같아 보이기 때문에 '섭제격(攝提格)'이라고 부른다.

이후, 각수(角宿)는 천천히 수면 위로 떠오른다.『사기』「천관서」에서는 "표휴용각(杓携龍角)"이라고 적고 있는데 이것은 북두칠성의 두병이 지평에서 용각을 끌어 올린다는 뜻이며 이것이 바로 古曆(古代曆法)의 '건인(建寅)'으로 관상수시의 시작을 의미한다.『한서』「율력지(律曆志)」에서는 "인달어인(引達於寅)"이라고 적고 있는데 곽말약은 이에 대해 다음과 언급하고 있다. "인(寅)의 가장 오래된 모양은 시형(矢形)으로 인(引)자의 원시 글자이다." 어루형 항아리 위의 '↑' 모양 부호는 바로 고력(古曆)에서 말하는 '건인(建寅)'의 가장 오래된 기록이다.『사기』「역서」에는 다음과 같이 적고 있다.

昔自在古曆, 建正作於孟春, 於時冰泮發蟄, 百草奮興, 秭鳺先滜。注引「索隐」: 按古曆者, 謂黃帝調曆以前, 有上元太初曆等, 皆以建寅爲正。及顓頊, 夏禹, 亦以建寅爲正。[55]

옛부터 古曆에서는 建正을 맹춘으로 삼았다. 이때 얼음이 녹고 동물이 겨울잠에서 깨어나며 모든 초목들이 피어나고 두견새가 먼저 운다.『사기 색은』의 注를 보면 古曆은 黃帝의『調曆』이전에 있었던『上元』과『太初曆』등을 말하는데 모두 建寅을 정월로 삼았다. 또한 전욱과 하우 역시 建寅을 정월로 삼았다.

---

55) [참고자료] 古历 –泛称古代历法。『史记·历书』"昔自在古, 历建正作於孟春" 唐司马贞索隐: "古历者, 谓黄帝『调历』
以前有『上元』,『太初历』等, 皆以建寅为正, 谓之孟春也。" (출처: Baidu 백과사전「古历」)

'자부(秭鳺-두견새)'에 대해 『사기 색은』에서는 『초사(楚辭)』를 인용해 다음과 같이 적고 있다. "虙鸍鳺之先鳴, 使夫百草爲之不芳。[56] -두견새가 (춘분보다) 먼저 울면 많은 초목들이 꽃을 피우지도 못하고 질까봐 걱정된다.-" 자부는 장강유역에 서식하는 춘조(春鳥)이다. 봄이 되면 자부(秭鳺)가 울고 초목이 자태를 뽐내며 피어나는 자연을 묘사한 것이다. '빙반발칩(冰泮發蟄)'은 어루형 항아리에 기록된 내용으로 겨울이 가고 봄이 오면 각종 동물들이 동면에서 깨어나고 어부가 고기를 담는 어루를 메고 강에서 고기를 잡는 내용과 일치한다. 『월령(月令)』과 『여씨춘추(呂氏春秋)』에서는 "孟春之月, 其音角, 其蟲鱗。-맹춘의 달에 소리는 角이 되며 곤충은 비늘달린 것이 해당한다.-"라고 적고 있다. '기음각(其音角)'은 '건인(建寅)'의 달에 각수의 별이 지평 위로 올라오고 호각을 불어 어렵(漁獵)과 수렵을 시작하는 것으로 이것이 바로 '↑' 모양 부호가 나타내는 의미이다.

네 개의 원시 문자를 이용해 다음과 같이 생각해 볼 수 있다. 양저문화 고대인들은 세시(歲時)의 생산 활동의 기초로 천상과 물후를 관찰하였고 새 토템기둥을 이용한 입간측영을 통해 태양의 방위를 관측하였다. 또한 사시팔절 성공(星空)의 변화를 관측하여 역법을 제정하였는데 이것은 지금까지 알려진 가장 오래된 역법 관련 기록으로 옛 문헌에 기록된 고력(古曆)의 '건인(建寅)'에 해당한다.

6절. 팔각성문도안(八角星紋圖案)의 문화적 의미

고대인들이 사용한 팔각성문도안의 더 깊은 문화적 의미에 대해서는 앞으로 추가적인 연구가 필요한 것으로 보이며 여기서는 간단히 소개하고자 한다. 팔각성문도안의 전체적 모양에서 사방팔각은 화체형(花蒂形-꽃자루 모양)으로 보인다. 꽃이 피고 열매를 맺는 것은 농업에서 풍성한 수확의 기초가 된다. 신석기시대 고대인들은 다양한 꽃 도안을 즐겨 그렸는데 팔각성문은 꽃 모양이 잘 표현된 도안으로 농업생산과 관상수시의 밀접한 관계를 반영하고 있다. 화체(花

56) [참고자료] 这句话出自屈原的《离骚》"恐鹈鴂之先鸣兮, 使夫百草为之不芳。" "鹈鴂"即杜鹃, 鸣时百花皆谢。意思是我恐鹈鴂以先春分鸣, 使百 草华英摧落, 芬芳不得成也。(以喻谗言先至, 使忠直之士蒙罪过也。)(출처: Baidu 知道「"恐鹈鴂之先鸣兮, 使夫百草为之不芳"象征着什么?」)

蒂)에 대해 곽말약은 「석조비(釋祖妣)」에서 다음과 같이 적고 있다.

古人固不知所謂雌雄蕊, 然觀花落蒂存, 蒂熟而爲果, 果多碩大無朋, 人畜多賴以爲生。果復含籽, 子之一粒復可化而爲億萬無窮之子孫。所謂韡韡鄂不, 所謂綿綿瓜瓞, 天下之神奇更無有過於此者矣。此必至神者之所寄, 故宇宙之眞宰即以帝爲尊號也。人王乃天帝之替代, 因而帝遂通攝人神矣。

옛 사람들은 꽃을 수술과 암술로 구분하지 않았다. 꽃이 떨어지고 남은 꼭지는 익으면 열매가 되는데 작은 꼭지에 열매가 달리게 되면 사람들은 많은 열매를 저장하여 그것으로 생활했다. 열매는 씨앗을 품고 있으며 씨앗은 다시 번식하여 후대로 이어진다. 활짝 핀 꽃자루에 열매가 끊임없이 열리면 세상에 이보다 더 신기한 것은 없다. 이것은 하늘에 의해 이루어지는 일이다. 그러므로 우주의 주재자 즉 帝로 높여 부른다. 왕이 천제를 대신하므로 이런 이유로 帝가 人神을 대행하는 것이다."

화체(花蒂)는 '제(帝)'로 고대 중국의 인왕천제(人王天帝)의 칭호는 화체(花蒂)에서 기원했으며 이 말은 오대징(吳大澂)이 처음 사용한 이후 왕국유(王国维)도 "제자체야(帝者蒂也)"[57]라고 사용하였다. 그러나 그들은 고대 문자의 필획으로만 고증했을 뿐 자세하게 설명하지 않았다. 곽말약(郭沫若)은 "帝之興必在漁獵牧畜已進展於農業種植以後。-帝가 興하기 시작한 것은 반드시 어렵목축이 이미 농업경작으로 발전한 이후이다-"라고 말하였다. 이것은 농업이 기원한 고대에 '제(帝)'가 바로 '화체(花蒂)'의 모양에서 기원하였다는 근거를 보여주는데 이것이 바로 잘 알려진 팔각성문도안인 것이다. 이 화체형(花蒂形-꽃자루형)의 팔각성문도안은 당시에는 '화(花)'로도 불렸다. 이것은 '화(華)'와도 같은 글자로 '광화(光華-광채. 찬란한 빛)'라는 뜻을 가지고 있으며 햇빛을 의미한다. 따라서 '중화고국(中華古國)' 역시 태양신의 국가라는 의미로 옛날에는 '적현신주(赤縣神州)'라고 불렀다. 불과 같이 붉은 태양이 대지를 내려쬐고 있음을 비유한 것이다. 태양신을 숭배했기 때문에 원시 국왕들은 자신을 태양신처럼 꾸몄다. 앞에서 언급한 양저문화의 '신휘(神徽)'에 대해 모영항(牟永抗)과 오여조(吳汝祚)는 '태양신이자 양저문화 원시국왕의 장식품으로 보았으며, 왕은 살아서는 인왕(人王)이요 죽은 후에는 천제(天帝)로 추앙되는 중국 고대문명의 창시자였다'고 설명하였다. 이런 의미에서 팔각성문도안은 고대 중국을 상징하는 의미를

57) 王國維: 「釋天」, 『觀堂集林』 卷六.

갖는다.

팔각성문도안의 기본 수(數)는 '팔(八)'로 중국 문화에 있어서 지금까지 깊고 큰 영향을 미치고 있다.

8

천상(天象)을 표시한 도안과 부호

태양, 달, 별 등의 도안과 원시문자

'천상(天象-氣象을 포함)'의 '상(象)'자는 원래 코끼리를 가리킨다. 잘 알려진 대로 코끼리는 몸체가 거대하며 긴 코에 한 쌍의 긴 상아와 기둥과 같은 네 다리를 갖고 있고 열대나 아열대 지역의 밀림에서 생활하고 있다. 중국 운남성 서쌍판납(雲南省 西雙版納)에는 지금도 코끼리가 있다. 고대에 중원 지역의 기후는 지금보다 따뜻했을 것이며 코끼리가 살기에 더 적합했을 것이다. 역사시대 이전의 고대인들은 코끼리를 사냥해 상아로 공예품을 만들었을 것이다. 흙으로 빚은 코끼리 모형이 출토됨에 따라 고대인들이 코끼리에 대해 매우 잘 알고 있었다는 것이 알려졌다. 옛 문헌 가운데 우순순상(虞舜馴象[1]-우순이 코끼리를 길들이다)이라는 고사가 있는데 여기

---

1) [참고자료] 舜, 传说中的远古帝王, 五帝之一, 姓姚, 名重华, 号有虞氏, 史称虞舜。相传他的父亲瞽叟及继母、异母弟象, 多次想害死他: 让舜修补谷仓仓顶时, 从谷仓下纵火, 舜手持两个斗笠跳下逃脱; 让舜掘井时, 瞽叟与象却下土填井, 舜掘地道逃脱。事后舜毫不嫉恨, 仍对父亲恭顺, 对弟弟慈爱。他的孝行感动了天帝。舜在历山耕种, 大象替他耕地, 鸟代他锄草。帝尧听说舜非常孝顺, 有处理政事的才干, 把两个女儿娥皇和女英嫁给他; 经过多年观察和考验, 选定舜做他的继承人。舜登天子位后, 去看望父亲, 仍然恭恭敬敬, 并封象为诸侯。-舜은 전설 속의 고대의 제왕으로 五帝 중의 한 명이다. 성은 姚, 이름은 重华, 호는 虞氏로 역사에서는 虞舜으로 불린다. 전하는 바에 의하면 그의 눈먼 아버지와 계모, 이복동생 象은 여러 차례 그를 죽이려고 했었다고 한다. 舜에게 창고 지붕을 수리하게 하고 아래에서 불을 놓았으나 舜은 두 손에 삿갓을 쥐고 뛰어내려 죽음을 면했다. 舜이 우물을 팔 때 아버지와 象이 흙을 덮어 우물을 막으려 하자 舜은 땅굴을 파서 도망쳤다. 이러한 일이 있은 이후에도 舜은 조금도 그들을

서 코끼리는 인격화 된 신(神)으로 우순의 남동생이다. 고사의 저변에는 고대인들이 이미 코끼리를 사냥하고 길들였다는 내용이 담겨있다. 고대인들은 천상을 코끼리로도 여겼는데 코끼리를 사냥한 것처럼 우순순상(虞舜馴象)은 하늘(天象)을 관찰했다는 의미를 가지고 있다. 고대인들이 천상으로 표현한 코끼리는 그림 78에서 확인할 수 있다.[2)]

그림 78. 하모도문화의 진흙으로 빚은 코끼리, 우측 사진 [河姆渡遺址博物館 소장]

이 진흙 코끼리는 절강성 여요(浙江省 余姚) 하모도(河姆渡) 유적지에서 출토되었다. 발견 당시 머리와 꼬리는 이미 훼손되어 있었다. 최초 보고에는 '도수소(陶獸塑-흙으로 빚어 만든 동물 土偶)'라고 불렀으며 "뿔이 하나 달린 코뿔소 모양이다"라고 적혀있다. 이것은 지금으로부터 7000-6500년 전의 것으로 전체적인 모양은 기둥과 같은 네 다리가 있으며 등은 높고 머리는 치켜들고 있어 코끼리로 생각할 수 있다. 하모도 유적지에서 동시에 출토된 상아조각 공예품은 하모도인들이 코끼리를 사냥했다는 것을 말해준다. 진흙 코끼리는 몸 전체에 교차하는 사선 문양이 새겨져 있으며 동심원 문양도 뚜렷하게 남아 있다. 동심원의 원은 정확하게 그려져 있는데 동심원의 바깥쪽에는 세 개의 동그라미가 서로 겹쳐져 돌출되어 보인다. 세 개의 겹쳐진 원은 사시의 태양운행을 상징하고 있으며(즉, 외형이 동지권 중형이 춘분추분권 내형이 하지권을 상징) 동심원은 태양을 나타낸다. 『주역. 계사(周易. 系辭)』에서는 "懸象著明, 莫大乎日月。-天象에서 분명하게 드러나는 것이 일월보다 큰 것은 없다-"이라고 적고 있다. 이로부터 고대인들이 태양과 달을 모두 '상(象)'으로 불렀다는 것을 알 수 있다. 「계사」에서는 또 다음과 같이 적고 있다. "在天成象, 在地成形。-하늘에서는 象을 만들고 땅에서는 形을 만든다.-" 본문을 설명한 소(疏)에서는 "象謂懸象日月星辰也, 形謂山川草木

미워하지 않고 여전히 아버지에게는 공손했으며 남동생에게도 사랑을 베풀었다. 그의 효행은 천제를 감동시켰다. 舜이 려산(厲山)에서 땅을 갈고 파종할 때 코끼리가 대신 땅을 갈아 주었고 새들이 대신 김을 매주었다. 요임금은 舜이 매우 효성스럽고 정사를 돌볼만한 재능이 있다는 얘기를 듣고 두 딸 娥皇과 女英을 舜에게 시집보내 몇 년을 지켜본 후 舜을 자신의 후계자로 결정하였다.(출처: Baidu 백과사전 「二十四孝故事」)

2) 劉軍, 姚仲源: 『中國河姆渡文化』, 浙江人民出版社, 1993年.

也。懸象運轉而成昏明, 山澤通氣而雲行雨施。-象은 천상인 일월성신의 드러난 모습을 일컫는 말이며 形은 산천초목을 일컫는다. 천상이 회전하면 낮과 밤이 만들어지며 산과 강에 氣가 통하면 구름이 움직여 비를 내리게 된다-"라고 적고 있다. 여기서 '상(象)'은 일월성신을 포함한 모든 천체를 말한다. '형(形)'에 대해 공영달(孔穎達)은 "산택통기(山澤通氣)"로 해석하였는데 이것은 지리와 기상을 포함한 내용이다. 한편, 『주역』에서는 구체적인 내용을 해석할 때, 천상과 기상 그리고 물상을 총괄하여 '상(象)'이라고 하였다. 예를 들어 「건(乾)」 괘(卦)에는 "象曰: 天行健。-하늘의 행함이 강건하다"이라고 적고 있다. 즉, 일월성신을 포함한 전체의 하늘을 '상(象)'으로 본 것이다.

「곤(坤)」 괘(卦)에는 "象曰: 地勢坤。-땅의 형세가 곤이다-"이라고 적고 있다. 이것은 모든 대지를 '상(象)'으로 본 것이다. 또한 「태(泰)」 괘(卦)에는 "象曰: 天地交, 泰。-하늘과 땅이 교합하니 태이다-"라고 적고 있는데 하늘과 대지가 하나로 합쳐진 것을 '상(象)'이라 하였다. 「수(需)」 괘(卦)에는 "象曰: 雲上於天, 需。-구름이 하늘 위로 올라가는 것이 需이다-"라고 적고 있는데 천상과 기상을 포함한 것을 '상(象)'이라 하였다. 또한 「둔(屯)」 괘(卦)에는 "象曰: 雲雷, 屯。-구름과 천둥이 둔이다"라고 적고 있다. 「소축(小畜)」 괘(卦)에는 "象曰: 風行天上, 小畜。-바람이 하늘 위로 움직이는 것이 소축이다-"라고 적고 있다. 이상은 모두 기상을 '상(象)'으로 본 것이다. 「몽(蒙)」 괘(卦)에는 "象曰: 山下出泉, 蒙。-산 아래 로 샘이 흘러나오는 것이 몽이다-"이라 하여 지리의 현상을 '상(象)'이라 하였다. 「대유(大有)」 괘(卦)에는 "象曰: 火在天上, 大有。-불이 하늘 위에 있는 것이 대유이다"라 하였는데 이것은 무더운 시기의 기후를 '상(象)'으로 본 것으로 가뭄으로 이해할 수 있다. 「대과(大過)」 괘(卦)에는 "象曰: 澤滅木, 大過。-못에 나무가 빠진 것이 대과이다"라 하였는데 이것은 침수 재해를 '상(象)'으로 본 것이다. 이러한 것들을 『주역』에서는 '대상(大象)'으로 부르는데 현재는 '형상(形象)'으로도 부른다. "재지성형(在地成形)"에서의 '형(形)' 또한 '상(象)'을 말하는 것으로 우주에 포함된 모든 천상과 기상 그리고 물상을 의미한다. 고대에는 천상과 기상 그리고 물상을 모두 '상(象)'으로 불렀다. 천상과 기상을 구분하기 시작한 것은 역사시대에 이후의 일이다.

1절. 금오부일(金烏負日)과 태양우주도(太陽宇宙圖)

고대인들에게 가장 친숙한 천체는 태양이다. 천문학사 연구자들은 천문학의 기원이 구석기 시대로 거슬러 올라가며 고대에는 태양을 가장 먼저 인식했다고 얘기한다. 일부 학자들은 "동물들도 태양을 인식했다는 근거가 있다"고 주장하는데[3] 이것은 일리가 있는 주장이라 생각된다. 사립문에서 새가 울면 태양이 떠오르고 태양이 지면 새들이 둥지로 돌아가는 것은 새들이 태양을 좋아한다는 것을 보여준다. 어떤 짐승들은 낮에는 숨었다가 밤에만 나오는데 이것은 이 짐승들이 태양을 무서워한다는 것을 말한다. 태양에 대해 가장 민감한 것은 날짐승이다. 수탉이 새벽이 올 것을 알리는 것은 아마도 고대부터 이어진 일일 것이다. 내몽고(內蒙古) 오한기(敖漢旗) 조보구문화(趙寶溝文化) 유적지에서 발견된 질그릇 조각에는 새머리가 태양 빛을 정면으로 마주 보고 있는 그림이 남아 있다. 이것은 아마도 가장 오래된 금계보효도(金鷄報曉圖-수탉이 새벽이 오는 것을 알리는 그림)로 약 6000년의 역사를 지니고 있다.[4]

그림 79. 조보구문화의 금계보효도(金鷄報曉圖)

이 밖에도 대문구문화와 용산문화의 많은 도규(陶鬹-진흙으로 구운 세 발 달린 가마솥)[5]에도 날이 밝았음을 알리는 수탉의 모습이 남아 있다. 신석기 시대의 유적에는 닭 뼈가 흔히 출토되기도 한다.

그림 79-1. 용산문화의 붉은도규(陶鬹)

태양은 불타고 있는 가스 덩어리로 많은 빛을 발산하고 있다. 낮에는 태양을 직접 눈으로 보기 어렵지만 일출과 일몰 때에는 빛이 줄어들어

3) 孫曉琴, 王紅旗:『天地人鬼神圖鑒』, 中國對外飜譯出版公司, 1977年.

4) 敖漢旗博物館:「敖漢旗南臺地趙寶沟文化遺址調査」 圖六: 1,『內蒙古文物考古』 1991年 第1期.

5) 安立華:「'金烏負日'探源」,『史前硏究』 1990-1991年.

태양의 둥근 테두리를 눈으로 볼 수 있다. 따라서 고대인들은 태양을 간단히 하나의 동그라미나 둥근면으로 표현하였을 것이다. 일부 태양 그림은 붉은색 철광석 가루나 주사(硃砂-천연적으로 짙은 붉은 색 광택이 나는 광물)를 이용해 그렸다. 산정동인(山頂洞人)들이 죽은 사람을 매장할 때 시체 주위에 붉은 색 철광 가루를 뿌려 죽은 사람의 영혼이 밝은 신국(神國)에 가기를 바랬는데 이것은 가장 오래된 태양 문양 도안으로 생각된다. 신석기 시대에 이르러 사람들은 사후에 신국에 가거나 부활하기를 더욱 소망하게 되었고 따라서 질그릇 위에 그려진 태양 문양이나 기타 천상(天象) 도안도 더 많아지게 되었다. 예를 들면 산동 대문구문화 무덤에서 출토된 질그릇에는 유명한 태양문양 부호(그림 문자)와 주사를 이용해 태양을 표현한 큰 원이 남아 있다.[6] 또한 정주(鄭州) 대하촌(大河村) 앙소문화 채도 조각에서는 더 많은 천상 도안이 발견되는데 태양과 일이(日珥-홍염), 달, 별자리 그리고 기상의 회오리 문양 등이 있다.[7] 이 중에서 태양 문양은 동그라미(일부에는 가운데 점을 그려 넣음)로 그렸는데 바깥은 빛살 문양을 더해 태양이 빛나고 있음을 표현하였다. 일이(日珥)는 태양의 바깥에 간단히 쌍조희광문(雙鳥曦光紋-두 마리 새를 빛처럼 그린 문양)을 덧붙인 문양으로 태양의 바깥에서도 빛이 발산되고 있음을 표현하고 있다. 일이(日珥)는 일반적으로 직접 태양에서 관측하기는 어렵지만 개기일식(日全食)이나 금환일식(環食) 때에는 맨눈으로도 관측이 가능하다.

이것은 대하촌 고대인들이 일식을 자세하게 관찰했었음을 말해준다. 대하촌에서 발견된 또 하나의 채도발(彩陶鉢-채색 질그릇 사발)에는 12개의 태양이 그려져 있어 대하촌 사람들이 당시에 이미 12개월의 개념을 가지고 있었음을 짐작할 수 있다. 한편, 연운항 장군애(連雲港 將軍崖)암각화에 새겨진 태양 문양은 원 안에 점(單圈圓點)을 그리거나 겹 동그라미 안에 점(雙圈圓點)을 그리고 원 바깥으로 빛살 문양을 더해 태양을 표시하였다. 또한 태양과 함께 성상도(星象圖)를 그려 태양이 천체 주변을 운행하며 이동한다는 사실을 표현하

그림 80. 정주 대하촌(鄭州 大河村) 앙소문화 유적에서 출토된 채도 조각위의 태양문양 및 빛살 문양

6) 山東省文物管理處, 濟南市博物館: 『大汶口—新石器時代墓葬發掘報告』, 圖九四: 1, 2, 3, 5, 圖五九: 9 等, 文物出版社, 1974年.

7) 鄭州市博物館: 「鄭州大河村遺址發掘報告」, 『考古學報』 1979年 第3期.

였는데[8] 이것은 꾸준히 일출과 일몰 등 천상을 관측해야만 알 수 있는 것들이다. 실제로 고대인들은 일출과 일몰 때의 태양을 그렸는데 이리두문화(二里頭文化)의 훼손된 질그릇 위에는 겹 동그라미로 표현된 태양 문양이 남아 있다. 태양 문양의 양 옆에는 운기문(雲氣紋)이 있고 아래에는 화염문이 그려져 있어 활활 타오르는 화염 속에서 태양이 떠오르자 구름이 흩어지는 모습을 표현하였다.[9] 일몰 때의 모습 또한 일출과 비슷하다. 대문구문화의 질그릇에는 그림 문자로 표현한 일출과 일몰이 있는데 '[illegible]' 문양이 바로 활활 타오르는 화염 속에서 태양이 떠오르는 것을 나타낸다. '[illegible]' 문양은 활활 타오르는 불과 함께 태양이 산꼭대기로부터 떨어지는 것을 나타낸다. 그 외에도 여러 그림이 있다(그림 80, 81 & 82).

그림 81. 마가요문화(馬家窯文化) 채도(彩陶) 위의 태양문 도안

질그릇 배 부분을 한 바퀴 빙 둘러 4組가 있고, 각 組는 모두 4개의 십자문양이 서로 연결된 4개의 태양 문양으로 되어있어 사방사시의 태양 방위를 뜻한다.

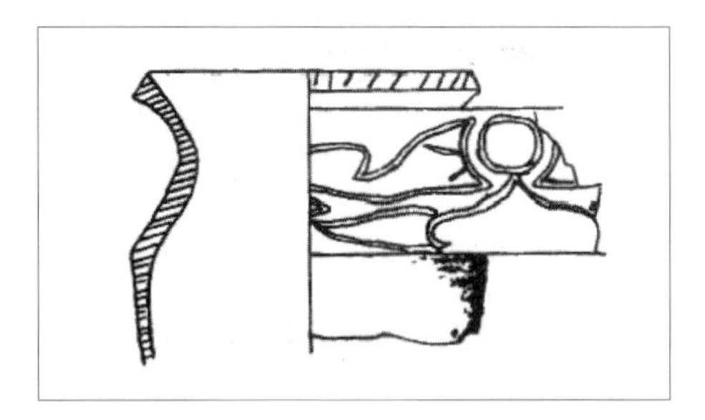

그림 82. 이리두(二里頭) 문화 질그릇 위에 새겨 그려진 일출도(日出圖)

원면(圓面)은 태양이고 태양 아래에는 화염 모양의 꽃잎이 있다. 이것은 새벽에 태양이 땅에서 떠오르는 모습을 나타낸 것으로 태양의 양 옆에는 붉은 빛살이 굴절되어 비추고 있는 무지개가 그려져 있다.

태양은 어떻게 땅에서 나와 하늘로 올라가는 것일까? 앞서 소개했듯이 사립문에서 새가 울고 날이 밝았음을 알리는 수탉이 울면 태양이 떠오르는 것은 자연현상과 관련이 있다. 날짐승의 생활 습성은 태양의 일주(日周), 연주(年周) 운동과 관련이 있다. 강의 얼음이 녹고 기러기가 날아오면 태양이 남쪽에서 북쪽으로 이동하며 조금씩 날씨가 따뜻해진다. 가을에 바람이 불고 서리가 내리면 기러기는 남쪽으로 돌아가고 태양은 다시 멀어져 날씨는 추워진다. 고대인들은 상상 속에서 태양이 새의 우두머리가 되어 하늘을 날고 사해(四海)를

8) 連雲港市博物館: 「連雲港將軍崖岩畵遺迹調査」, 『文物』 1981年 第7期.

9) 河南省文物研究所, 澠池縣文化館: 「澠池縣鄭窯遺址發掘報告」 圖一O: 1, 『華夏考古』 1987年 第2期.

가로질러 움직인다고 여겼는데 이것이 '금오부일(金烏負日)' 신화의 기원이다. 『회남자. 정신훈(淮南子. 精神訓)』에서는 "일중유준오(日中有踆烏)"라고 적고 있는데 '오(烏)'는 검은색 '까마귀'를 나타낸다. 학자들은 고대인들이 이미 태양의 흑점을 관측해 기록한 것이라고 여기고 있지만 한편으로 고대인들의 인식 속에 태양 자체가 바로 새를 의미하기도 한다. 앞에서 언급한 산동 대문구(大汶口)문화의 태양조토템주(太陽鳥圖騰柱)는 태양 원면을 새의 몸으로 대체하고 머리와 날개 그리고 꼬리가 밖으로 나온 모습을 하고 있다. 절강 하모도문화의 '쌍봉조양문(雙鳳朝陽紋)' 또한 태양 원면을 몸으로 표현하고 그 양측에 머리 두 개를 그려 놓은 쌍조부일(雙鳥負日) 문양이다.

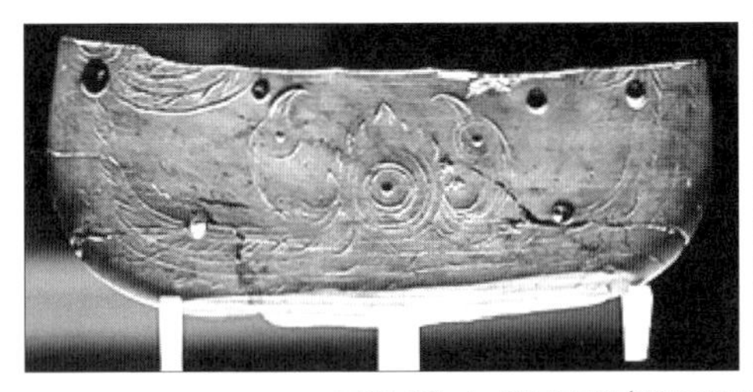
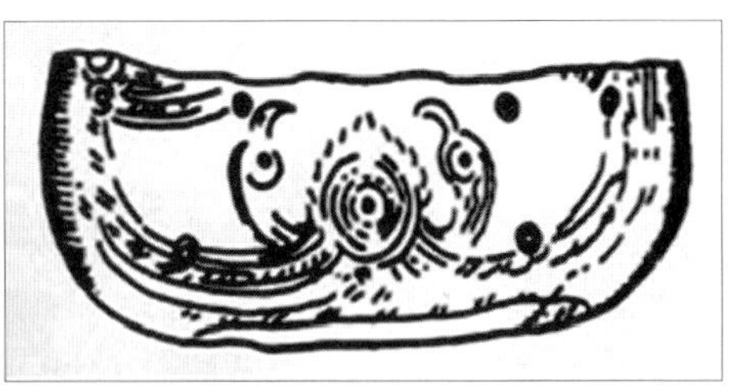

그림 82-1. 쌍봉조양(雙鳳朝陽) 문양[浙江省博物館 소장]

하모도(河姆渡)문화에서 발전한 양저(良渚)문화에는 날개를 펼쳐 날고 있는 새 모양의 태양 문양뿐 아니라 새와 태양을 별도로 그려 놓은 도안도 있다(그림 83).[10] 이것은 양저문화의 흑도두반(黑陶豆盤)에 그려진 도안으로 반(盤-접시)의 주둥이는 직경 19.3~12.3cm의 타원형 모습이며 반(盤)의 중심에는 태양을 나타내는 겹으로 그려진 동그라미 문양이 있다. 동그라미 바깥 둘레에는 화염문을 그려 태양이 활활 타오르는 불덩어리라는 것을 나타내고 있다. 태양문의 양측에는 날개를 펼치고 날아오르는

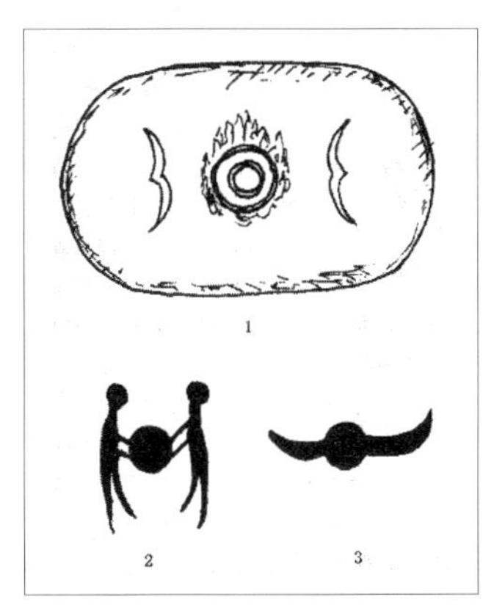

그림 83. 역사시대 이전 질그릇 위에 남아있는 태양문 도안
1. 양저문화 흑도두반(黑陶豆盤) 쌍조협태양문(雙鳥夾太陽紋) 2. 마가요문화 채도에 새겨진 인격화된 쌍조봉일도(雙鳥捧日圖) 3. 앙소문화 채도 파편에 남아있는 태양조(太陽鳥)

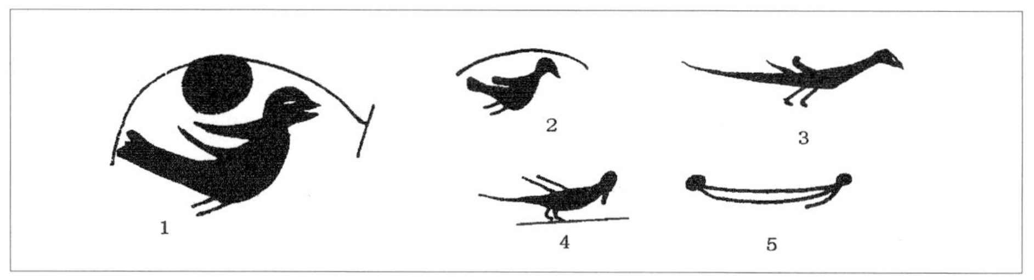

그림 84. 앙소문화 묘저구 질그릇에 그려진 새 문양의 발전과정

두 개의 새 문양이 있어 두 마리의 새가 태양을 사이에 끼고 하늘을 운행하고 있다는 의미로 보인다. 대표적인 금오부일 도안은 앙소문화 묘저구유형(廟底溝類型)의 질그릇 위에 남아있다(그림 84).[11] 그림 84는 소병기(蘇秉琦)가 제시한 새 문양의 발전 단계를 보여준다. 왼쪽에 그려진 새의 등 위에는 태양이 있고 그 위에 호선으로 하늘을 표현하였는데 새의 날개와 발은 뒤를 향하고 있어 태양을 이고 날아가는 모습을 표현하고 있다. 이런 모습을 『산해경』 「대황동경」에서는 다음과 같이 적고 있다.

大荒之中, 有山名曰孽搖頵羝。上有扶木, 柱三百里, 其葉如芥。有谷曰温源谷。[12] 湯谷上有扶木, 一日方至, 一日方出, 皆載於烏。

대황 중에 얼요군저(孽搖頵羝)라 불리는 산이 있다. 산 위에는 부상수(부목)가 있는데 기둥의 높이는 300里로 우뚝 솟아 있으며 잎은 겨자 잎과 비슷하다. 온원곡(탕곡)이라 불리는 골짜기가 있는데 그 위에도 부상수가 있다. 하나의 해가 탕곡으로 들어오면 다른 하나의 해는 부상수 위로 올라가 까마귀 등 위에 얹혀 있게 된다."

이 신화가 설명하고 있는 것은 높은 대(臺)에서 지평일구로 일출을 관측하는 모습이다. '대황지중(大荒之中)'은 천지우주를 가리킨다. 고대에 천상 관측의 장소는 마을에서 떨어진 교외로 성지(聖地)이자 제단의 의미를 지니고 있었다. 위로는 높은 하늘을 보고 아래로는 넓은 들판을 살

10) 沈德祥: 「餘杭南湖出土良渚文化陶文探討」, 『上海博物館集刊』, 上海古籍出版社, 1992年.

11) 蘇秉琦: 「蘇秉琦考古學論述選集」 16쪽, 文物出版社, 1984年.

12) [참고자료] 온원곡(温源谷): 탕곡(湯谷)과 같은 뜻으로 물이 매우 뜨거우며 이곳에서 태양이 목욕을 한다.(출처: 「圖解山海經」 522p, 江西科學技術出版社, 2012年)

필 수 있었기 때문에 '大荒之中'이라 불렀다. '유산(有山)'은 높은 대(臺)에 있는 지평일구로 원시적인 관천대를 나타낸다. '孽搖頵羝'는 양각(羊角) 토템기둥 위에서 입간측영을 했다는 것을 나타낸다. 『설문해자』에서는 "頵, 頭頵頵大也。-균(頵)은 머리가 크다는 의미이다-"이며 "羝, 牡羊也。-저(羝)는 숫양이다-"라고 적고 있다. 이것은 큰 머리에 큰 뿔을 갖고 있는 숫양 머리 모양의 토템기둥으로 고대인들이 토템 기둥을 이용해 입간측영을 했다는 것을 나타낸다. 『장자. 소요유(莊子. 逍遥游)』에서는 "搏扶搖羊角而上者九萬里。[13] -양각 기둥을 타고 회오리바람이 구만리까지 하늘에 이른다.-"라고 적고 있는데 이것은 지평일구로 천상과 기상을 관측했다는 의미를 나타낸다. '얼요(孽搖)'의 '얼(孽)'은 '역(逆)'의 의미로 사용되는데 반대 방향으로 움직인다는 의미이다. 태양이 동쪽에서 뜰 때 그림자는 서쪽에 나타나고 태양이 서쪽으로 질 때 그림자는 동쪽에 나타나는데 하루 동안 태양으로 인해 만들어진 토템 기둥의 그림자가 태양의 움직임과 반대로 회전하며 나타나는 것이 '얼요(孽搖)'이다. '부목(扶木)'은 입간측영의 입간(立竿)을 나타낸다. 태양이 지평에서 떠올라 입간을 따라서 회전하며 위로 올라가기 때문에 '부목(扶木)'이라고 한다. '주삼백리(柱三百里)'는 그 높이가 높다는 것을 표현한 것이다. '三'은 '참(參)'으로도 사용되는데 이것은 천지간에 통할 수 있다는 의미를 가지고 있다. '기엽여개(其葉如芥)'에서 개(芥-겨자)는 풀이름으로 그 잎이 자라면 마치 칼과 같은 모양이 되는데 여기서는 태양의 빛살이 검과 같이 뻗어 가는 모습을 비유하고 있다. '온원곡(温源谷)'은 '탕곡(湯谷)'을 말하는데 태양이 떠오르는 계곡의 물이 끓고 있다는 의미를 나타낸다. '일일방지 일일방출(一日方至 一日方出)'은 하늘에서 열 개의 태양이 교대로 움직이고 있는 모습을 설명하고 있다. 태양이 떠오를 때 수탉이 울고 새 무리가 함께 날아오르는 것이 바로 '개재어오(皆載於烏)'로 삼족오가 태양을 이고 하늘로 올라가는 것을 의미한다.

'금오부일(金烏負日)'의 신화는 수 천 년의 시간을 거쳐 '단봉조양(丹鳳朝陽)'으로 변화하였다. 봉조(봉황)와 태양이 한 몸으로 합쳐진 것이다. 『설문해자』에서는 다음과 같이 적고 있다.

鳳, 神鳥也。天老曰: "鳳之象也, 鴻前, 麐後, 蛇頸, 魚尾, 鸛顙, 鴛思, 龍文, 虎背, 燕頷, 雞喙, 五色備舉, 出於東方君子之國, 翺翔四海之外, 過昆侖, 飲砥柱, 濯羽弱水, 暮宿風穴, 見則天下大安寧。

13) [참고자료] 乘着旋风环旋飞上几万里的高空。搏, 环旋着往上飞。扶摇, 旋风。(출처: 《汉字文化》 2009年 第5期 76p)

봉황은 신령스런 새이다. 천노(황제의 신하)는 봉황의 생김새를 다음과 같이 말했다. 앞은 기러기요 뒤는 기린이며 뱀의 목에 물고기 꼬리를 갖고 있고 황새의 이마에 원앙의 수염이 있다. 용무늬와 호랑이 등 그리고 제비 아래턱에 닭 부리 모습을 하고 있으며 다섯 가지 색을 띠고 있다. 동방의 군자의 나라에서 나와 사해 밖을 날아 곤륜을 지나 저주산(砥柱山)에서 (물을) 마신다. 약수에서 깃털을 씻고 날이 저물면 풍혈에서 잔다. 봉황이 보이면 천하가 평안하게 된다.

'동방군자지국(東方君子之國)'이라는 말에 대해 『산해경』에서는 태양을 높여 '군자대검(君子帶劍)'이라 적고 있는데 이것은 태양에서 나오는 빛살을 검에 비유한 말이다. 즉, '出於東方君子之國'은 태양이 동쪽 지평에서 떠오르는 것을 나타낸다. '사해(四海)'는 『산해경』에서 사방의 하늘을 의미한다. '고상사해지외(翶翔四海之外)'는 태양의 일주운동과 연주운동을 나타낸다. '오색비거(五色備擧)'는 태양의 다섯 색깔인 '일오색(日五色)'을 의미한다. '곤륜(昆侖)'은 고대의 관상대로 높은 대(臺)에 있는 지평일구를 의미한다. 『산해경』에서 '약수(弱水)'는 달빛이 물과 같다는 것을 나타내는 의미로 여기서는 태양 빛이라는 뜻으로 사용되었다. '풍혈(風穴)'은 『산해경』에서 서왕모 '혈처(穴處)'의 '혈(穴)'을 의미하는데 여기서는 해가 지는 곳이라는 의미로 사용되었다. 아침에 태양의 정령인 봉조는 동방의 군자의 나라로부터 날아와 태양빛 속에서 목욕하고(濯羽弱水) 높은 대(臺)의 지평일구에 투영되어(過昆侖) 태양이 남중했을 때 해 그림자를 측정하며(飮砥柱) 밤이 되면 땅 속으로 들어가(暮宿風穴) 사시 성공(星空) 중에 하늘을 한 바퀴 운행한다(翶翔四海之外)는 것을 나타낸다. 태양의 정령은 신령스런 새(神鳥)가 되어 그의 몸 역시 하늘 위를 나는 것(기러기, 제비), 땅위에서 뛰는 것(기린), 물속에서 헤엄치는 것(물고기) 등의 여러 가지 동물의 특성을 종합하여 하늘로 오르고 땅으로도 들어가며 바다로도 들어 갈 수 있는 것이다. 또한 사시에 보이는 천상의 모습인 동방창룡(龍文) 남방주작(기러기, 황새, 제비, 닭) 서방백호(호랑이) 북방현무(뱀, 사슴) 등의 특징을 종합하여 우주에서 가장 신성한 새(神鳥)인 태양조로 표현한 것이다. 『좌전』. 소공 17년에는 "鳳鳥氏, 曆正也。 -봉조씨는 천문역법을 관장하는 관원이다-" 라고 적고 있다. 태양은 일 년에 하늘을 한 바퀴 돌며(지구 공전) 일 년 중의 사시 팔절(四時八節)을 정한다.

태양이 천지 사방을 운행하여 사시(四時)가 나눠지므로 고대인들은 '사조(四鳥-네 마리 새)' 도안을 이용하여 사시팔절을 나타냈다. 하모도문화 지역에서 발견된 도반(陶盤)에 이러한 도안 하나가 그려져 있다(그림 85).[14] 원반의 주둥이는 우주를 상징하는 듯 큰 원으로 보이며 그 중심에는 태양을 상징하는 것으로 보이는 작은 원이 그려져 있다. 이 도안은 태양 중심설을 표현한 것으로 보인다. 태양(작은 원)에서 새의 머리 4개가 밖으로 나와 있어 사방사시(四方四時)를 상징하고 있으며 새 부리는 시계방향으로 회전하는 우선식(右旋式)으로 되어 있어 태양이 동쪽에서 서쪽으로 움직이는 방향과 일치한다. 이 도안에 대해 풍시(馮時)는 다음과 같이 설명하였다. "태양문양 사조도상(日紋四鳥圖像)은 가운데에 네 마리의 새가 둥글게 원으로 그려져 있어 새가 각각의 한 방위씩 지키고 있는 모습이다. 가운데 원은 마치 태양 같아서 사시(四時)와 사방(四方)을 연상시킨다. 태양이 하늘에서 운행하는 이유에 대해 고대인들은 금오(金烏)가 태양을 이고 날아가기 때문이라고 생각했다. 따라서 금오가 날아가는 곳이 바로 태양이 운행하는 길임을 의미한다. 이러한 관점에서 생각해보면 하늘에서 태양의 위치 변화는 금오에 의해서 이루어지는 것이다.

그림 85. 하모도문화 사조태양문(四鳥太陽紋)

고대인들이 태양의 연주(年周) 운동을 자세히 관측했다면 금오가 태양을 실어 나르기 때문에 동서로 이동하거나 남북으로 움직인다는 것은 사실이 아님을 알았을 것이다."[15] 그림 86은 풍시가 예로 든 인디언 문화의 일조도(日鳥圖)로 동아시아의 역사이전 문화에 남아있던 것에서 기초한 것으로 보인다. 이것은 하모도문화가 동쪽으로 전래되었다는 것을 의미한다. 고대인들은 사시의 천체 관측을 '사사조(使四鳥)'라고 불렀는데 『산해경』에 관련된 기록이 남아 있다. 앞서 살펴본 일문사조우주도(日紋四鳥宇宙圖)에는 대지의 모습이 누락되어 있어 하모도문화의 고대인들이 대지를 포함한 태양우주도(太陽宇宙圖)를 만들어냈음을 알 수 있다(그림 87).[16]

하모도문화의 태양우주도는 질그릇으로 만들어진 물레바퀴에 새겨져 있는데 우주를 표시하는 바깥 원은 겹 동그라미로 그려져 있다. 우주 안에는 15개의 각진 별을 그린 태양문(角星太陽

14) 梁大成:「河姆渡遺址幾何圖形試析」圖五: 5,『史前研究』1990-1991年.

15) 馮時:『星漢流年—中國天文考古錄』, 四川教育出版社, 1996年.

16) 劉軍, 姚仲源:『河姆渡文化』, 浙江人民出版社, 1993年.

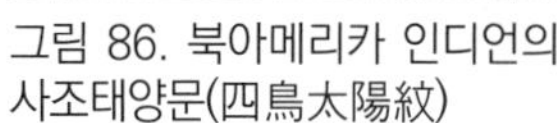

그림 86. 북아메리카 인디언의 사조태양문(四鳥太陽紋)

그림 87. 하모도문화 질그릇 물레바퀴에 새겨진 태양우주도(太陽宇宙圖) (사진출처: 浙江省博物館)

紋: 옛 사람들은 하늘에 제를 지낼 때 5의 배수 사용)을 그려 넣어 태양이 하늘을 일주(一週)하는 모습을 표현하였다. 물레바퀴 중심의 작은 구멍 주위에는 겹 동그라미가 그려져 있어 우주의 중심(입간 측영의 시반권(時盤圈))을 나타내고 있다. 중심의 겹 동그라미 바깥쪽은 4개로 나누어진 '亞'자 모양의 사각 테두리가 있어 땅이 네모지다는 것을 표시하고 있다. 사각테두리는 안쪽이 좁은 '亞'자 모양(지평일구의 구영반(晷影盤)에서 형태를 취함)으로 되어 있는데, 문양의 전체적인 내용은 천지간에 태양이 운행하고 있다는 것을 나타낸다.

그림 88은 태양우주도가 인디언 문화에 전해진 이후에 다시 만들어진 우주모형으로 '亞'자 모양의 사각 그림은 하모도문화의 것들과 매우 유사하다. 이 도형에 대해 하신(何新)은 다음과 같이 설명하였다. "이것은 아메리카 고대 인디언들의 우주도이다. 십자는 천지사방을 나타내며 중심에 있는 신(神)은 빛의 신과 화신(火神)을 나타내는데 바로 상제(上帝)를 의미한다. 그림의 윗부분은 양계(陽界)와 천당을 나타내는데 각(角)이 많은 태양과 꽃이 피어 있는 우주수(宇宙樹)와 까마귀(踆烏)가 그려져 있다. 그림의 아래쪽은 음계(陰界)와 밤을 나타내며 오른쪽은 사신(死神)을 나타내고 왼쪽은 마계(魔界)를 나타낸다."[17] 인디언의 우주도에서는 화신(火神) 숭배와 태양 숭배가 합쳐져 표현되었는데 이와 같은 형태는 하

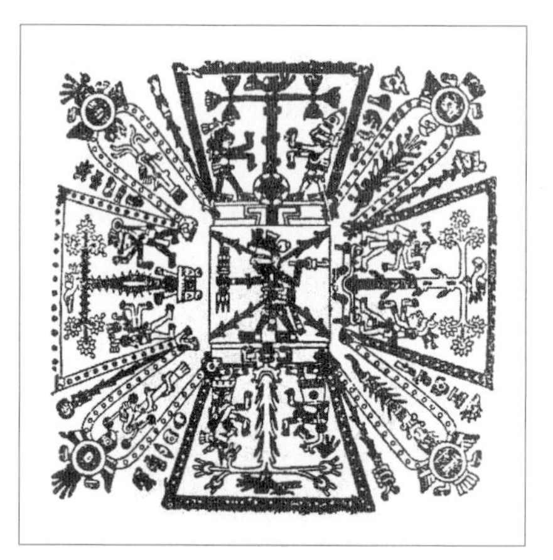

그림 88. 북아메리카 인디언의 우주도(宇宙圖)

17) 何新: 『諸神的起源』, 生活、讀書、新知三聯書店, 1986年.

모도문화의 화염모양 태양문에서 가장 명확하게 나타난다.

2절. 고대인들의 달 표면 그림자(陰影)에 대한 이해

고대인들의 달에 대한 인식은 어렵(漁獵) 시대의 시작과 밀접한 관계가 있다. 밝은 달이 떠오르면 어류는 수면 위로 올라와 산소를 마시는데 이 때, 그물을 이용하면 많은 고기를 잡을 수 있다. 따라서 역사시대 이전의 유적에서 망추(網墜-고기 그물의 추)가 빈번히 발견되며 채색질그릇 위에도 어망문(魚網紋)과 인면어문(人面魚紋)의 월상(月相) 변화도가 발견되고 있다. 어렵 활동은 신석기 시대에 중요한 의미를 지닌다. 고대인들이 하늘(천체)을 그릴 때 달은 자주 활용된 주제 중의 하나였다. 초승달에서 보름달 등으로 주기적으로 변하는 모습은 고대인들에게 달을 더욱 신비스럽게 느끼게 하였다. 초승달은 호선(弧線) 모양으로 '월아(月蛾-달의 눈썹)'라고도 부른다. 따라서 미녀의 눈썹을 '아미(蛾眉)' 또는 '아미(娥眉)'라고 부르며 달의 여신을 '항아(嫦娥)'[18]라고 부른다. 신석기 시대의 채도에는 초승달을 호선으로 표현한 경우가 많다. 예를 들어 앙소문화 묘저구 유형의 채도에는 호선문이 특히 많이 그려져 있다. 이들 호선문은 성운문(星雲紋)과 함께 그려져 있어 마치 초승달이 하늘에 떠 있는 것처럼 보인다. 묘저구 유형 시대의 고대인들은 붓을 이용해 선을 매우 능숙하게 그렸는데 점과 선 그리고 원 등을 자연스럽게 표현하였다. 그림의 구성과 주제가 매우 뚜렷하여 표현하고자 하는 의미가 명확했다. 예를 들어 그림 89와 같이 둥근 원을 그릴 때, 마치 상현과 하현달을 표현하듯 두 개의 반원을 이용해 보름달이 가장 크고 둥근 모습임을 표현하고 있다.

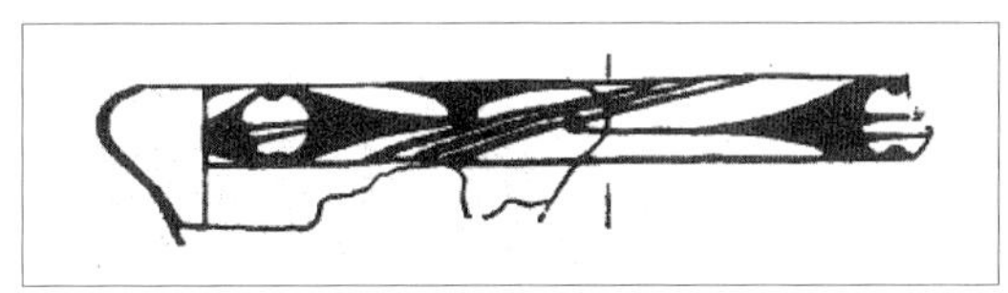

그림 89. 앙소문화 질그릇에 새겨진 성운문(星雲紋) 도안

달은 지구의 위성으로 빛을 내지 않는 천체이기 때문에 "日兆月, 月光乃出。[19] -태양은 달의

18) 嫦娥는 항아 또는 상아로 발음되는데 달에 사는 미인이나 달을 표현할 때에는 상아라고 발음한다.

19) [참고자료] 注释: 日兆月-太阳运行位置的变化成为月光变化的先兆。古人认识到了月光变化的根源在

근원으로, 달빛은 태양에서 비롯된다.–"라고 말한다. 이것은 고대인들이 오래전부터 인식한 내용이다. 현대 과학적 측면에서 살펴보면 달의 표면은 매우 복잡하다. 산봉우리가 굴곡을 이루며 이어져 있다. 달에는 둥글게 굽은 모양의 산과 낭떠러지, 달의 바다와 달의 계곡 등이 있다. 연한 백색의 사장암(斜長岩)으로 이루어진 산봉우리는 반사율이 높아 밤에 매우 밝게 보이며 검은색의 현무암으로 만들어진 낮은 웅덩이와 평원은 반사율이 매우 낮아 어두운 그림자로 보인다. 달이 밤하늘에 떠 있을 때 밝았다 어두워지는 월면(月面)의 모습은[20] 한 폭의 신비한 그림이 되어 고대인들에게 끝없는 상상력을 갖게 하였다.

고대인들은 이러한 월모도(月貌圖)나 월면도(月面圖)를 어떻게 생각했을까? 반파문화 인면어문월상도(人面魚紋月相圖)를 소개할 때 언급했듯이 고대인들은 달 표면의 그림자를 어두운 얼굴로 생각하였다. 이러한 생각은 인면도상에 잘 나타나 있는데 섬서(陝西) 부풍(扶風) 강서촌(姜西村)에서 발견된 앙소문화의 인면문(人面紋) 질그릇이 대표적인 예이다(그림 90).[21]

그림 90. 섬서 강서촌(姜西村)에서 수집한 앙소문화 질그릇 인면월상도(人面月相圖) 우측 그림(출처: 中国雕塑学会)

인면월상도는 길고 둥근 얼굴과 넓고 납작한 입 그리고 반쯤 뜨고 있는 두 눈의 모습이다. 또한 눈썹 꼬리는 뺨 쪽으로 쳐져있고 코가 늘어져 있어 의기소침한 모습으로 보인다. 근심이 많은 얼굴로 눈물을 흘리며 울고 있는 모습처럼 보인다. 이 얼굴은 보름달 전후의 달 표면 음영과 매우 비슷한 모습이다. 고대인들이 그림을 그리거나 질그릇에 월상(月相)을 표현할 때 생동감 있게 실물과 비슷하게 표현하는 수준에 이르렀음을 알 수 있다. 울고 있는 모습의 달에 대한 고대인들의 철학적 이해는 다음과 같다. 태양은 불덩어리로 낮에 운행하며 사람들에게 온기를 나눠주는 반면 달은 밤에 운행하며 바다의 물과 같이 서늘함을 전해준다. 역사시대 이전에는 문자 기록이 없었으므

太阳。(출처: 『九章算术』, (汉)张苍者, 2011年 3月, 江苏人民出版社)

20) 이것은 달의 자전주기와 지구를 중심으로 도는 공전주기가 27.3일로 같기 때문이다. 따라서 영원히 동일한 월면(月面)이 지구와 마주하게 된다.

21) 楊曉能: 『中國原始社會雕塑藝術』 圖版 37, (出國文物展英文本說明書)

로 이후 문헌 기록을 통해 그 의미를 살펴볼 수 있다. 『회남자. 천문훈』에서는 다음과 같이 적고 있다. "積陽之熱氣生火, 火氣之精者爲日. 積陰之寒氣爲水, 水氣之精者爲月。 -양의 열기가 쌓여 불이 만들어지는데 火氣의 정기는 태양이 된다. 음의 寒氣가 쌓이면 물이 되고 水氣의 정기는 달이 된다.-" 또한, 『주역. 설괘전』에서는 "坎爲水, 爲月。 -坎은 물이며, 달이 된다.-"라고 적고 있다. 달과 물은 불가분의 관계이다.

그러면 비는 어디에서 오는 것일까? 『시경』 「소아」, '점점지석'에서는 다음과 같이 적고 있다. "月離於畢, 俾滂沱矣。 -달이 畢宿에서 멀어지면 비가 많이 내린다.-" (이것은 지금부터 6000년 전의 천상과 기상을 말한 것으로 9장에서 자세히 설명하겠다). 달이 필수(畢宿) 별자리에 가까워지면 하늘에서는 많은 비가 내리게 된다. 물이 달의 울음에서 시작된다는 것을 설명하는 것인가? 고대인들은 이렇게 이해하였고 이것을 그림과 도안으로 표현하였다.

마가요문화(馬家窯文化) 채도에는 사람이 울고 있는 인면문(人面紋) 도안이 그려져 있다(그림 91).[22]

그림 91. 감숙성에서 출토된 마가요문화 채도분에 그려진 울고 있는 인면월상도(人面月相圖)
질그릇 안쪽에 두 개의 도안이 서로 마주보고 있는데 하늘을 둘러싸고 파도문양 안쪽에 그려져 있다. 달이 물의 정기라는 것을 나타내고 있다. 『감숙채도(甘肅彩圖)』에서 인용

두 개의 인면문(人面紋)은 채도분(盆) 안쪽에 그려져 있어 서로 마주보고 있다. 인면문은 거칠고 호방한 선으로 눈썹, 눈, 입, 코를 그렸는데 모두 한 획으로 되어 있다. 눈 아래에는 두 개의 물방울이 달려있어 울고 있는 것을 나타낸다. 눈물은 하늘에 파도를 일으켜 물이 세차게 흘러가는 모습을 표현하고 있다. 파도문양은 채도분의 바깥에도 그려져 있다. 채도분의 바닥 중심에는 방원(方圓)이 결합된 대지모형이 그려져 있는데 홍수에 의해 포위된 모습이다. 이것은 월신(月神)의 넘쳐나는 눈물에 관한 이야기이다. 현대에는 달에 물이 없다는 것을 알고 있지만 과거 고대인들은 이렇게 생각하였던 것이다.

달과 물의 이러한 이야기는 고대인들의 체험에서 기원하고 있다. 여름이나 초가을 무렵 밝은 달을 보며 바람을 맞으면 더위도 점점 사라진다. 평안한 밤에 시원한 바람과 이슬은 사람들의 온 몸에 스며든다. 시원한 바람이나 이슬은 어디에서 오는 것인가? 사람들은 자연히 물을 떠

22) 甘肅省博物館編: 『甘肅彩陶』 圖版 26, 文物出版社, 1979年.

올리게 되었다. 월신(月神)의 눈물이 우주에 뿌려져 다시 대지에 가득 차는 것이다. 고대인들은 두꺼비와 개구리가 연못에서 시끄럽게 우는 모습은 마치 달 표면의 우울한 얼굴과 닮아 있다고 생각했다. 달빛 아래에서 울고 있는 개구리나 두꺼비를 달의 정령으로 생각하였다.

비가 내리고 난 뒤 밤의 달빛은 유난히 밝다. 괴로움을 쏟아내고 물에서 목욕을 하고 나온 듯 달의 표면은 더욱 깨끗해 보인다. 이 무렵 개구리도 더 세차게 울어대기 때문에 고대인들은 개구리를 달의 정령이자 주인으로 여겼다. 신석기시대 채도나 공예품에서 두꺼비나 개구리 모양의 도안을 자주 볼 수 있는 것은 이러한 이유 때문이다(그림 92). 근세에 이르러 상아분월(嫦娥奔月)[23] 고사는 두꺼비와 관련된 이야기나 오강벌계(吳剛伐桂)[24] 또는 월토도약합마환(月兎搗藥蛤蟆丸)[25] 신화로 변화하였다.

---

23) [참고자료] 嫦娥奔月 –中国古代神话传说, 古代天空中有10个太阳同时出来, 大地被烤成焦土, 后羿为民除害射掉了9个太阳, 西天的王母娘娘奖赏他长生不老的仙药。他的妻子嫦娥趁后羿不注意时偷吃了这些药, 突然她就成仙飞向月宫, 王母娘娘惩罚她, 让她在广寒宫里度过。但琼楼玉宇, 高处不胜寒, 嫦娥向丈夫倾诉懊悔后, 又说: "明天乃月圆之候, 你用面粉作丸, 团团如圆月形状, 放在屋子的西北方向, 然后再连续呼唤我的名字。三更时分, 我就可以回家来了。" 翌日, 照妻子的吩咐去做, 届时嫦娥果由月中飞来, 夫妻重圆。中秋节做月饼供嫦娥的风俗, 也是由此形成。
[嫦娥가 달로 도망가다] 중국 고대 신화에 따르면 하늘에 열 개의 태양이 동시에 떠올라 대지가 모두 불에 타게 되었다. 후예는 백성들을 위해 아홉 개의 태양을 화살로 쏘아 없애 버렸다. 그러자 서왕모는 그에게 장생불로의 선약(仙藥)을 상으로 주었다. 후예의 아내 상아는 남편이 소홀한 틈을 타 약들을 몰래 먹고 신선이 되어 월궁(月宮)으로 날아갔다. 이에 서왕모는 상아를 벌주기 위해 넓고 추운 궁에서 지내게 하였다. 옥으로 만든 궁전과 옥우(玉宇-전설에서 옥황상제나 신선이 사는 곳)는 높은 곳에 있어 너무 추웠기 때문에 상아는 남편에게 잘못을 뉘우치며 "내일 보름달이 뜰 것이니 밀가루로 동그란 달 모양의 환(丸)을 만들어 집의 서쪽에 놓고 계속 저의 이름을 불러주세요. 그러면 3경(更) 무렵에 제가 집으로 돌아갈 수 있어요"라고 부탁하였다. 후예가 아내의 말대로 하였더니 상아는 정말로 달에서 내려오게 되어 부부는 다시 만나게 되었다. 중추절에 월병을 만들어 상아에게 바치는 풍속 또한 이로부터 유래되었다.(출처: Baidu 백과사전 「嫦娥奔月」)

24) 「참고」 吴剛伐桂 –相传在月亮上有一棵高五百丈的月桂树。汉朝时有个叫吴刚的人, 醉心于仙道而不专心学习, 因此天帝震怒, 把他拘留在月宫, 令他在月宫伐桂树, 并说: "如果你砍倒桂树, 就可获仙术。" 吴刚便开始伐桂, 但吴刚每砍一斧, 斧起而树创伤就马上愈合, 日复一日, 吴刚伐桂的愿望仍未达成, 因此吴刚在月亮上常年伐桂, 始终砍不倒这棵树, 因而后世的人得以见到吴刚在月中无休止砍伐月桂的形象。见『唐·段成式·酉阳杂俎·卷一·天咫』.

3절. 고대인의 별자리 관측
-천사(天駟)[26] 방수(房宿): 배리강문화(裵李崗文化)의 점성(占星) 석편(石片) -

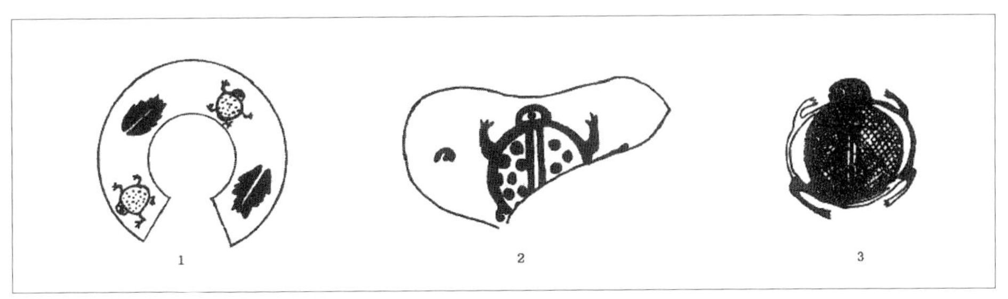

그림 92. 신석기시대 두꺼비 문양 도안
1.앙소문화 반파(半坡)유형 2.앙소문화 묘저구(廟底溝)유형 3.마가요문화 마창(馬廠)유형

배리강문화는 하남(河南) 신정(新鄭) 배리강 유적지에서 기인한 이름이다. ^{14}C로 측정한 유적

[吳剛이 계수나무를 베다] 오래전부터 달에는 높이 500장(丈)인 월계수가 한 그루 있었다고 한다. 한(漢)나라에 오강이라는 사람이 있었는데 선도(仙道)에 심취하여 공부를 게을리하자 천제가 진노하여 그를 월궁(月宮)에 가두고 계수나무를 베도록 하였다. 천제는 오강에게 "만약에 계수나무를 벨 수 있다면 선술(仙術)을 알려 주겠다"고 말했다. 오강은 계수나무를 베기 시작했으나 도끼질을 하면 베었던 자리가 다시 살아나 오랜 시간이 흘러도 오강은 계수나무를 벨 수 없었다. 그래서 사람들은 오강이 달에서 쉬지 않고 월계수를 베는 모습을 볼 수 있게 되었다. 『당. 단성식. 유양잡조. 권1. 천지』를 참고.(내용과 그림 출처: 互动百科(백과사전)「吴刚伐桂」)

25) [참고자료] 月兎搗藥蛤蟆丸 -玉兔捣药，道教掌故之一，见于汉乐府《董逃行》。相传月亮之中有一只兔子，浑身洁白如玉，所以称作"玉兔"。这种白兔拿着玉杵，跪地捣药，成蛤蟆丸，服用此等药丸可以长生成仙。久而久之，玉兔便成为月亮的代名词。

[옥토끼가 약을 빻아서 蛤蟆丸을 만들다] 옥토끼가 약을 빻는 것은 도교(道敎)의 일화 중 하나로 한 대(漢代) 악부 『동도행』에서 볼 수 있다. 전하는 바에 따르면 달에는 토끼가 한 마리 있는데 온 몸이 옥처럼 하얘서 "옥도끼"라고 불렀다고 한다. 이 옥토끼는 손에 옥으로 만든 절구공이를 들고 있고, 땅에 무릎 꿇고 앉아 약을 빻아 합마환(蛤蟆丸)을 만든다고 한다. 이 약을 먹게 되면 오래 살고 신선이 될 수 있다고 한다. 오랜 시간이 지나 옥토끼는 달을 대표하는 상징이 되었다.(내용과 그림 출처 : Baidu 백과사전 『玉兔捣药』)

26) [참고자료] 天駟(천사) -房宿的别名。방수의 별칭.

지는 약 7445-7145년 전 것으로 신석기시대 초기에 해당한다. 이곳에서 발굴된 무덤은 모두 114기인데 38호 무덤에서 원와문(圓窩紋-둥글게 패인 홈 문양)이 새겨진 석기 한 점(M 38: 5)이 출토되었다. 석기의 전체적인 형태는 길고 좁으며 길이는 35cm이다. 양면에는 작고 둥근 홈이 새겨져 있는데 한쪽에는 6개 반대쪽에는 2개가 있다. 석기는 출토 당시 묘 주인의 가슴 위에 놓여 있었는데[27] 심장에 가까이 있어 중요하다는 의미를 나타내고 있다.

이것은 점성 석편(石片)으로 묘 주인이 생전에 했던 일을 알려준다. 이 석편은 사후에 천상으로 가는 것을 점친 것으로 석편 위의 둥글게 패인 홈은 별자리를 표시한다. 이것은 묘 주인이 생전에 성점과 관상을 보는 일에 종사했다는 것을 나타낸다. 석편의 한 면에는 세로로 두 개의 원와(圓窩)가 멀리 떨어져 새겨져 있다. 이것은 하늘에 세로로 배열된 두 개의 별이 있음을 나타내고 있는데 묘 주인이 맨 먼저 점친 천상으로 보인다. 현재 하늘의 별자리와 비교해 보면 이 세로로 놓인 두 개의 별은 각수(角宿) 별자리로 보인다. 이것은 현재 알려진 중국 전통천문학에서 28수(宿)의 첫번째 별자리이자 동방창룡의 용각(龍角)에 해당한다. 이것은 지금으로부터 7000년 전 이전에 고대인들이 별자리를 이용해 점을 쳤다는 사실을 알려준다. 석편의 다른 면에는 여섯 개의 별이 새겨져 있는데 마치 구슬을 꿴 것처럼 상하로 배열되어 있다. 두 번째 별이 약간 왼쪽으로 치우쳐 있어 마치 말이 고개를 들고 있는 모습과 비슷하다(그림 93). 이것을 별자리와 비교해 보면 천사방수(天駟房宿)에 해당한다. 방수는 동방창룡 몸에 해당하는 방수(房宿), 심수(心宿), 미수(尾宿)의 세 별자리를 이끌고 있으며 점성에서는 '화방(火房)'이라고 불린다. 방수(房宿)는 대화(心宿)의 두 번째 별을 에워싸고(매장 의식에서 심장 부위를 싸매는 것과 유사) 미수(尾宿)를 끌어당기고 있어 동방창룡의 몸체를 나타내고 있다. 고대의 중국인들은 전통천문학에서 동방창룡을 첫째 별자리로 인식하였다.

점성에서 천사방수(天駟房宿)는 '용마(龍馬)'를 의미한다. 고대 문헌에 "伏羲時龍馬負圖出河。-복희씨 시대에 龍馬가 그림 (하도)를 등에 지고 황하에서 나왔다-"라는 전설이 있다. 『주역』「계사상」에서는 "河出圖, 洛出書, 聖人則之。[28] -황하에서는 圖가 나오고, 洛水에서는 書가 나오니, 성인이 이를 본받았다 (복희씨가 河圖를 본떠 팔괘도를 그렸으며 夏禹씨는 洛書를 본 떠 『홍범』「구

---

27) 中國社會科學院考古研究所河南一隊: 「1979年裵李崗遺址發掘報告」, 『考古學報』 1984年 第1期.

28) [참고자료] ①出图: 传说伏羲时, 黄河里出了一匹神马, 背上画着图, 伏羲就照着此图, 画出了八卦。河, 指黄河。②洛出书: 传说夏禹治水时, 洛水出了个神龟, 背上刻有文字, 大禹就照此写出了《洪范·九筹》(治国的九种大法)。《尚书·洪范》: "天乃赐禹洪范九筹。" ③圣人则之: 指伏羲依(效法)《河图》画出了(得到了)八卦图, 夏禹依(效法)《洛书》写出了(得到了)《洪范·九筹》。(출처: Baidu 백과사전 「河图」)

주」를 썼다).–"라고 적고 있다.

하도낙서(河圖洛書)란 무엇인가? 『주역』「계사」에서는 『춘추위(春秋緯)』를 인용해 소(疏)에서 다음과 같이 적고 있다. "河以通乾, 出天苞, 洛以流坤吐地符, 河龍圖發, 洛龜書感。–황하는 乾과 통하므로 天苞(천포–하도)가 나오고 洛水는 坤이 흘러가므로 地符를 토해냈다. 황하에서는 용이 圖를 지고 나타났고 낙수에서는 거북이가 書로 감응했다"–. 하도낙서는 천문과 지리를 설명하는 것으로 후세에 알려진 하도낙서 숫자를 이용한 마방진(碼方陣)과는 별개의 것이다.[29] '하(河)'는 하늘의 은하를 가리키는 것으로 천체를 강 이름으로 부른 것이며 현재의 황하에 해당한다. 배리강유적지는 고대 하낙(河洛, 현재의 하남성 서부 지역) 문화지역 안에 분포하고 있다. '건(乾)'은 '천(天)'을 나타낸다. 『주역』「건」에서는 "象曰: 天行健"이라고 적고 있는데 이것은 일월성신이 하늘에서 운행하고 있다는 것을 나타낸다. '河以通乾'은 점성(占星)에서 지상의 황하와 천상의 은하가 서로 이어진다는 것을 나타내며 천지가 서로 감응한다는 의미이다. 따라서 이어진 문장에서 '出天苞洛以流'라고 적고 있다. '낙(洛)'은 낙수(洛水)로 황하의 지류이다. 천문학적 의미로 살펴보면 '락(絡)'으로 '휘감다'라는 뜻과 같다. '苞洛以流'는 대지를 감싸고 그 주위를 회전한다는 의미로 높은 대(臺)의 지평일구 주변에 수거를 두어 물을 흘려 수평을 확인한다는 것과 같은 의미로 대지를 상징한다. '河龍圖發'은 천체 관측에서 동방창룡이 땅에서 나와 하늘을 운행한다는 것을 의미한다. '洛龜書感'은 지상에서 사시팔절의 방위를 관측한다는 것을 나타낸다. 이와 관련된 내용은 안휘 함산 능가탄에서 출토된 옥 거북이와 옥편의 도형을 통해 이미 자세히 소개 한 바 있다.

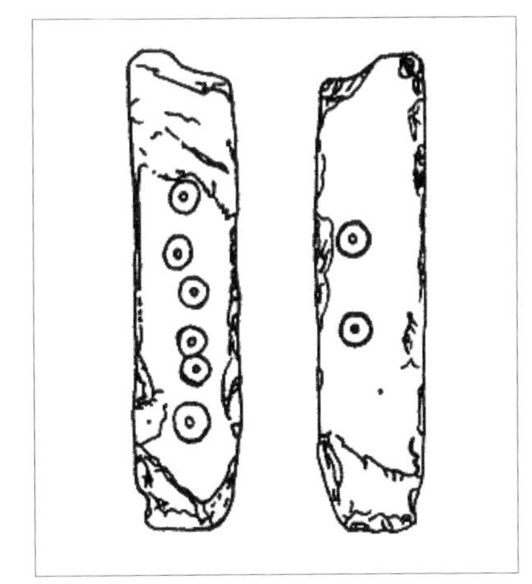

그림 93. 신정(新鄭) 배리강문화 점성 석편(石片)

주대(周代)까지 전해진 하도(河圖)가 있는데 『상서』「고명」에서는 다음과 같이 적고 있다.

29) 후세에 알려진 하도낙서 숫자를 이용한 마방진(碼方陣)은 원점(圓點)문양과 작은 동그라미문양으로 숫자를 표시하였다. 1–9의 합은 45로 낙수의 수(數)를 나타내고, 1–10의 합은 55로 하도의 수(數)를 나타내며 그 둘의 합계는 100이 된다.

大玉, 夷玉, 天球, 河圖, 在東序。[30)]

- 큰 옥, 東夷의 아름다운 옥, 천구, 하도가 동쪽에 차례로 배열되어있다-.

여기에서 천문과 관련된 '천구(天球)'와 '하도(河圖)'를 함께 언급하였지만 이 둘은 구분해서 봐야 한다. 천구는 사궁사상(四宮四象)을 중심으로 한 예술효과도(藝術效果圖)라 할 수 있으며 하도는 성도(星圖)로 볼 수 있다. 공영달(孔穎達)은 주(注)에서 "河圖八卦, 伏犧王天下, 龍馬出河, 遂則其文, 以畵八卦, 謂之河圖。-하도팔괘는 복희씨가 왕으로 천하를 다스리던 시기에 용마가 황하에서 나올 때 드러난 것으로 그 문양(文)을 본떠서 팔괘를 그렸는데 이를 하도라고 부른다.-"라고 적고 있다. 팔괘는 능가탄 옥 거북 사이에 끼여 있던 옥편에 새겨진 문양이다. 이것은 하(夏)나라 이전시대의 원시팔괘로 낙서(洛書)와도 관련이 있으며 사시팔절의 역법을 나타낸다. 하도(河圖)는 팔괘와는 관계가 없음을 알 수 있다. '龍馬出河'는 황하 지역에 살던 고대인들이 봄날 저녁에 하늘을 관찰한 모습으로 은하수를 쫒아 천사방수(天駟房宿)가 황하 위로 뛰어올라 오는 모습을 나타낸다. 이 시기는 봄갈이가 한창인 절기이다. 은하수는 동북쪽에서 서남쪽으로 기울어져 나타난다. 동방창룡의 미수(尾宿)와 기수(箕宿)가 은하의 가운데에 있을 때 용의 몸은 이미 은하 밖으로 나오게 되는데 이 모습이 '龍馬出河'이다. 『이아』「석천」에서는, "箕斗之間, 漢津也。"라 했는데, 주(注)에서 "箕, 龍尾; 斗, 南斗。天漢之津梁。-箕는 龍의 꼬리이며 斗는 南斗로 은하의 나루터와 다리를 나타낸다-"라고 적고 있다. 용의 꼬리는 은하의 가운데 있게 되어 '龍馬出河'의 자연스런 모습이 된다. 풍시는 '하도(河圖)'를 다음과 같이 설명하였다. "'하(河)'를 하늘의 은하수로 본다면 용(龍)도 별자리로 볼 수 있다. 실제 하늘을 살펴보면 용의 몸은 은하수로부터 나와 있어 '龍馬出河'의 내용과 일치하는 모습이다."[31)] 『사기. 천관서』에서는 "宋, 鄭之彊, 候在歲星, 占於房, 心。-송나라와 정나라의 영토에서는, 세성을 관찰하고, 房宿와 心宿로 점을 쳤다.-"라고 적고 있다. 신정(新鄭) 배리강유적의 점성 석편(石片)의 출토는 고대 중국

30) [참고자료] 『尚书·顾命篇』在记述周康王即位时的陈设时写道: "越玉、五重、陈宝、赤刀、大训、弘壁、琬琰、在西序。大玉、夷玉、天球、河图在东序。"其中, "河图"就是指的雕刻在石头上的《河图》。它陈列在大殿东墙前的席上。可见周康王对 "河图"的重视和保护.- 『상서 고명편』에는 주나라 강왕이 즉위할 때 진열한 물건을 다음과 같이 적고 있다. 월옥, 오중, 진보, 적도, 대훈, 홍벽, 완염은 서쪽에 진열하였으며 대옥, 이옥, 천구, 하도는 동쪽에 진열하였다. 하도는 돌 위에 새겼던 하도를 나타내는 것으로 大殿의 동벽 앞에 진열해 놓았다. 이로부터 주 강왕이 하도를 매우 중요하게 여겼음을 알 수 있다.(출처: http: //blog.sina.com.cn/s/blog_02e32d8a0100pnmr.html)

31) 馮時: 『星漢流年—中國天文考古錄』, 四川教育出版社, 1996年.

의 중원 지역에 "占於房, 心"이라는 풍속이 있었음을 말해준다. 『좌전』「소공」 17년에는 다음과 같이 적고 있다.

若火作, 其四國當之, 在宋, 衛, 陳鄭乎。宋, 大辰之虛; 陳, 太皞之虛; 鄭, 祝融之虛; 皆火房也。[32]

만약 火가 만들어진다면, 네 나라에 해당하는 것인데, 송나라, 위나라, 진나라, 정나라가 바로 그것이요. 송나라는 대진의 허요. 진나라는 태호의 허요. 정나라는 축융의 허이니, 이들 지역 모두 火房이다.

'화방(火房)'의 본래 의미는 방수(房宿)가 대화(心宿)의 두 번째 별자리를 에워싸고 있다는 것으로 '심방(心房)'으로도 부를 수 있다. 송(宋), 위(衛), 진(陳), 정(鄭)은 지금의 하남성(河南省) 황하의 중류와 하류가 만나는 곳으로 신정 배리강유적이 분포한 지역에 해당한다. 고대의 '화방(火房)'에 해당하는 곳이다. 중국 중원지역의 고대인들은 예술적인 모습으로 대화심수(大火心宿)의 두 번째 별을 그려 놓았다.

4절. 대화심수(大火心宿) 두 번째 별에 대한 가장 오래된 기록 : 앙소문화(仰韶文化) 묘저구유형(廟底溝類型) 화염(火焰) 성신문(星辰紋) 도안

앙소문화 묘저구유형의 채도에는 화염 문양 도안이 있는데 겉모습은 불덩어리나 화구(火球) 또는 화주(火珠)처럼 보인다. 네다섯 개의 불기둥이 서로 감싸고 있는 모습이다. 위로 활활 타오르는 화염의 안쪽에 별 하나가 그려져 있어 '화(火)' 또는 '대화(大火)'라는 것을 생동감 있게 표현하고 있다(그림 94).[33]

---

32) [참고자료] 若火作, 其四国当之, 在宋、卫、陈、郑乎! 宋, 大辰之虚也(大辰, 大火, 宋分野)。陈, 太皞之虚也(太皞居陈, 木火所自出)。郑, 祝融之虚也(祝融高辛氏之火正, 居郑)。皆火房也(房, 舍也)。(출처: 『文献通考』 卷二百八十六·象纬考九, 马端临 著)

33) 中國科學院考古研究所: 『廟底溝與三里橋』, 科學出版社出版, 1959年.

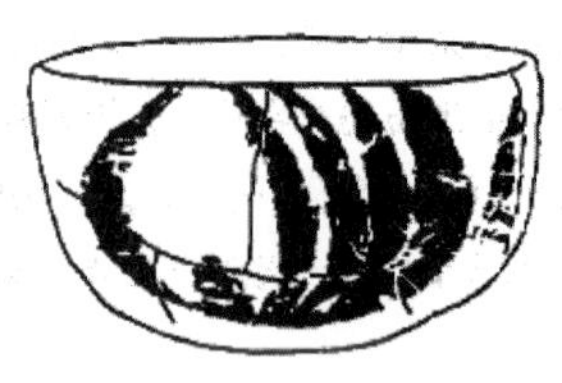

그림 94. 앙소문화 묘저구(廟底溝)유형 채도에 그려진 화염(火焰) 성신문(星辰紋) 도안 −대화심수이(大火心宿二)

채도에 그려진 별은 '대화심수이(大火心宿二)'라고 불리는데 앙소시대의 때를 알려주는 대표적인 별이다. 갑골문 중에는 '화(火)'라는 복사(卜辭) 기록이 있어 고대부터 상대(商代)까지 줄곧 가장 중요한 수시성상(授時星象)이었음을 설명해주고 있다. 『이아. 석천』에서는 다음과 같이 적고 있다.

大辰, 房心尾也, 大火謂之大辰。郭璞注: "龍星明者以爲時候, 故曰大辰。大火, 心也, 在中最明, 故時候主焉。

大辰은 房宿 心宿 尾宿로 구성되어 있으며 大火는 大辰으로도 불린다. 郭璞은 注에서 말하길 "龍星(대화성)이 보일 때를 기준으로 四時를 결정하므로 大辰이라고 부른다. 大火는 心宿의 가운데에서 가장 밝게 빛나므로 이를 기준으로 시간과 절후를 정한다."

여기에는 두 개의 개념이 있다. 첫째, 동방창룡에서 방(房), 심(心), 미(尾) 세 별자리가 대진(大辰)이 되는 것이며 둘째는 심수(心宿)의 가운데 별인 대화성(大火星)이 대진(大辰)이 되는 것이다. 시각 기준(수시성상)의 관점에서도 두 개의 개념이 있다. 하나는 '龍星明者以爲時候'로 창룡 전체를 수시성상의 별로 보는 것이요, 둘째, '大火, 心也, 在中最明, 故時候主焉'로 대화심수(大火心宿) 두 번째 별을 시각 측정의 기준 별로 보는 것이다. 이 두 가지 개념은 본질적으로는 차이가 없다. 고대인들이 천상을 관측할 때 동방창룡 전체의 별자리를 중시하거나 또는 대화 심수의 두 번째 별만을 중시했다는 정도의 차이이다. 심수(心宿)는 동방창룡에서 용의 심장(龍心)을 나타낸다. 중국 전통의학에서는 '心屬火−心은 火에 속한다−'라고 생각하는데 즉 사람의 마음은 불과 같으므로 심수(心宿) 두 번째 별을 대화(大火)라고 하였다. 앞서 언급했듯이 배리강문화의 점성 석편(石片)은 출토당시 죽은 이의 가슴 위에 놓여있었다. 천체의 모습 또한 방수(房宿)가

심수(心宿)를 에워싸고 있으므로 인심(人心)을 대화성(大火星)에 비유하여 고대 '천인감응(天人感應)' 사상의 이론적인 기초를 만들었다. 심수(心宿)는 동방창룡 일곱 별자리 중에 다섯째로 세 개의 별로 이루어져 있으며 '𝓇' 모습을 하고 있다. 가운데 별이 심수2(心宿二-전갈자리 α)이기 때문에 '화(火)'나 '대화(大火)'로 부른다. 이것은 우리 은하에서 가장 크고 붉은 거성으로 하늘에 보이는 별 중에서는 14번째로 밝은 별이다. 이 별은 마치 하늘에서 활활 타오르는 불덩이가 걸려 있듯 보이며 화염처럼 붉은 색은 많은 별들 중에서 항해를 안내하는 등대와 같이 밝고 크게 보인다. 『시자(尸子)』 권하(卷下)에서는 "燧人氏上觀辰星, 下察五木以爲火。-수인씨는 위로는 辰星(즉, 心宿)을 관찰하고 아래로는 五木을 살펴 불을 만들었다-"라고 적고 있다. 이것은 원시농업에서 산에 불을 놓아 '화전경작'을 하였다는 사실을 기록한 것이다. 수인씨 시대에 '진성(辰星)'을 보았을 때 불을 놓았다는 것은 대화성이 동쪽 지평에서 떠오르는 시기에 불을 놓아 산을 태우기 시작했다는 것이다. 일반적으로 '오목(五木)'은 동남서북중(東南西北中)의 다섯 방위의 목(木)을 가리키고 불을 놓아 태워버렸기 때문에 하늘 위의 불(대화성)과 땅의 불(화전을 위에 산이나 들에 불을 지르는 것)이 서로 호응하여 불이 벌판을 태우고 있는 것이다. 들판의 불이 꺼지고 나면 초목이 자라기에 알맞은 비와 바람이 오는 시기로 고대인들은 화전으로 생긴 재를 비료로 삼아 농사를 지었다.

앙소문화 묘저구유형의 고대인들은 대화심수(大火心宿) 두 번째 별을 채도 위에 그렸는데 이것은 대화성에 대해 전문적인 제례행사가 있었음을 의미한다. 이런 종류의 제사는 모든 사람이 참여하게 되는데 『좌전』. 「환공」 5년에서는 "凡祀, 啓蟄而郊, 龍見而雩[34] -무릇 제사는 계칩에 郊에서 지내니 동방창룡이 저녁에 동쪽에 보이면 만물이 번성하기 시작하고 기우제를 지낸다.-"라고 적고 있다. 여기서 "계칩(啓蟄)"은 『하소정(夏小正)』에서 적고 있는 "정월계칩(正月啓蟄)"으로 '龍抬頭(음력 2월 2일)'를 가리키는데 이때 동방창룡의 각수(角宿)가 동쪽 지평에서 처음으로 보이는 때이다. 이 때 봄을 맞는 제례 의식을 행하는데 모닥불을 피우고 야외에 모여 노래와 춤을 추며 큰 소리로 외치면서 땅에서 나와 하늘을 돌아다닐 동방창룡을 맞이한다. 정주(鄭州) 대하촌(大河村) 앙소문화 유적에서 출토된 채도 조각에는 별 세 개가 서로 연결되어 있는 별자리 문양이 있는데 바로 심수(心宿) 별자리 모양과 일치한다. 또한, 호북(湖北) 황해(黃海)에서 발

34) [참고자료] 杜预 注: "龙见, 建巳之月(夏历四月), 苍龙宿之体, 昏见东方, 万物始盛。待雨而大, 故祭天。远为百谷祈膏雨也。" "용현(龍見)은, 建巳(하나라 역법에선 4월을 말함)의 달로, 창룡의 몸체에 있는 별자리가, 황혼에 동쪽에 나타나면, 만물이 번성하기 시작한다. 비가 오기를 기원하는 제사를 하늘에 지낸다. 멀리는 모든 곡식에게 비가 촉촉이 내리길 기원한다.(출처: Baidu 백과사전 「龙见」)

견된 6000년 전의 석룡(石龍)의 머리는 서쪽을 향하고 있으며 꼬리는 동쪽을 향하고 있어 동방창룡이 하늘을 돌아다니는 모습과 일치한다. 용의 등에는 세 무더기의 돌무지가 있는데 이것은 천상의 심수(心宿)를 본뜬 것이다. 이것 역시 '용견이우(龍見而雩)'와 관련 있는 제례유적이다.

『하소정』에서 말한 "正月啓蟄"은 용이 머리를 들어 보이는 계절로 하(夏)나라 우(禹) 임금이 치수(治水)를 하던 시대의 천상과 일치한다. 이 때 용의 몸은 아직 땅 밑에 있기 때문에 볼 수 없으므로 하늘을 운행하는 동방창룡을 대신하여 서방백호 별자리를 관측하였다. 『하소정』에서는 "正月, 初昏參中。蓋記時也云。斗柄县(懸)在下。言斗柄者, 所以著参之中也。-정월 초혼에 參宿가 남중한다. 대략적인 시간은 이와 같다. 두병은 땅에 걸려있으며 參宿의 중간 부분을 향하고 있다-"라고 적고 있다. 주(注)에서는 "『天官書』云: '斗杓携龍角, 魁枕參首, 參中在上, 斗魁枕之, 則其杓在下矣。-「천관서」에서는 다음과 같이 말하고 있다. '북두의 두병은 용각을 향하고 있으며(北斗斗杓指向东方的龙星之角), 두괴는 서쪽의 서방백호의 머리를 향하고 있고(斗魁指向西方的虎星之首), 參宿의 중심이 남중할 때 두괴는 그것(땅)을 베개 삼으니 즉, 바로 두병이 땅 아래에 있게 된다-"라고 적고 있다. 여기서 '初昏參中'은 대화성이 삼수의 반대편인 땅의 제일 아래에 있는 것과 일치한다. '其杓在下矣'라는 것은 두병 끝의 별이 동북쪽을 가리키고 있으며 이때 동방창룡의 각수(角宿) 또한 동북쪽에 있게 된다. 이후, 얼마 지나지 않아 지평에서 각수가 올라오게 되는데 이때가 바로 '正月啓蟄'이 된다. 이것은 선하(先夏-하나라 시대 이전) 시대에 각수(角宿)가 지평에서 보일 때 봄이 왔음을 알려주는 천체의 모습으로 여겼다는 것을 말해준다. 선하(先夏) 시대는 시대적으로 제요(帝堯)시대와 가깝기 때문에 『상서. 요전(尙書. 堯傳)』에서는 "日永星火, 以正仲夏"라고 적고 있다. 중하(仲夏)는 하지가 포함된 달로 여기서는 하짓날을 나타낸다. 하지 당일 낮의 시간이 가장 길기 때문에 '일영(日永)'이라고 부른다. 밤에 천체를 관찰하면 대화 심수(心宿) 두 번째 별이 하늘 한가운데 있으므로 '성화(星火)'라고 부른다. 주(注)에서는 "(永, 長也, 謂)夏至之日。火, 蒼龍之中星, 擧中則七星見可知, 以正仲夏之氣節。-永은 길다라는 뜻으로 하짓날을 가리킨다. 心宿는 창룡의 가운데 별로 이 별이 남중하면 북두칠성이 보이게 되고 이때 仲夏의 절기가 왔음을 알 수 있다-"라고 하였다. 『요전』에서 언급한 사중중성(四仲中星)의 천상은 일반적으로 기원전 2400년으로 추정된다.[35)]

한편, 한여름에 동방창룡이 돌아다니는 천상의 모습은 이미 기원전 40세기 중엽에 복양 서수파 조개 껍질 무덤인 하지도에 나타나 있다. 이것은 대화심수(大火心宿)의 두 번째 별이 농업

---

35) (英)李約瑟: 『中國科學技術史』 中譯本 第四劵第一分冊 168p, 科學出版社, 1975年.

의 절기를 알려주는 별이었으며 기원전 40세기 전에 이미 확정되었다는 사실을 보여준다.

대화심수(大火心宿) 두 번째 별이 고대의 중요한 수시성상이 된 것은 하반년의 성장기와 밀접하게 결부되어 있다. 역사시대 이전에는 대체적으로 춘분 때 대화심수(大火心宿) 둘째 별이 땅에서 올라와 하늘에서 운행하였다. 하지가 되면 대화심수(大火心宿) 두 번째 별은 하늘 한 가운데에 있었으며 추분 때가 되면 서쪽 지평으로 사라지기 시작했다. 주대(周代)에 이르러 시간은 이미 2000년 이상을 거쳤고 천상도 한 달이 더 늦어지게 되었다. 『주례. 하관. 사관. (周禮. 夏官. 司爟)』에서는 "季春出火, 民咸從之; 季秋內火, 民亦如之。[36] –늦봄에 (들에) 불을 놓으니 백성들이 모두 그것을 따른다. 늦가을에 대화성이 들어가면 백성들이 역시 그것을 따른다.–"라고 말했다.

'출화(出火)'는 대화심수(大火心宿) 두 번째 별이 황혼 때에 동쪽 지평에서 떠오르는 것을 의미하며, 내화(內火)는 황혼 때 서쪽으로 대화심수가 사라지는 것을 의미한다. 이 때 계절의 변화에 따라 천체의 위치는 변하게 된다. 그러나 옛 신화에서는 여전히 동반년을 동방창룡의 잠복기로 여겨 북쪽이 어두워 햇빛을 볼 수 없다고 얘기하고 있으며 오직 대화심수(大火心宿) 두 번째 별만이 지하에서 어두운 세계를 비추고 있다고 적고 있다. 『산해경』「해외북경」에서는 다음과 같이 적고 있다.

> 鐘山之神, 名曰燭陰, 視爲晝, 眠爲夜, 吹爲冬, 呼爲夏, 不飮, 不食, 不息, 息爲風; 身長千里, 在無晵之東, 其爲物, 人面, 蛇身, 赤色, 居鐘山下。
>
> 종산의 신을 촉음이라고 부른다. 이 신이 눈을 뜨면 낮이 되고 눈을 감으면 밤이 된다. 또 입김을 불면 추운겨울이 되고 숨을 내쉬면 더운 여름이 된다. 이 신은 물을 마시지도 않고 음식을 먹지도 않으며 숨을 쉬지도 않는다. 그러나 한 번 숨을 쉬면 바로 바람이 된다. 몸의 길이는 千里이고 무계(無晵)라는 나라의 동쪽에 있으며 생김새는 사람의 얼굴에 뱀의 몸을 하고 있으며 온몸이 붉은 색을 띄고 있다. 이 신은 종산의 기슭에서 살고 있다.

또한 「대황북경」에서 말하길, "西北海之外, 赤水之北, 有章尾山。有神, 人面蛇身而赤, 身長

---

36) [참고자료] 郑玄 注引 郑司农 云: "以三月本时昏, 心星见于辰上, 使民出火; 九月本黄昏, 心星伏在戌上, 使民内火。"(출처: 汉典 zdic.net「内火」) 정현은 정사농의 주(注)를 인용하여 다음과 같이 언급하였다. "3월 초저녁이 되면 심성이 진(辰) 방위 위로 떠오르는데 이때 백성에게 출화하도록 하였으며, 9월의 초저녁에는 심성이 술(戌) 방위로 들어가는데 이때 사람들에게 내화하도록 하였다."

千里,[37] 直目正乘, 其瞑乃晦, 其視乃明。不食不寝不息, 風雨是謁。是烛九陰, 是謂燭龍。-서북쪽의 바다 바깥에 있는 적수(赤水)의 북쪽에 장미산이 있다. 이곳에 신이 있는데 사람 얼굴에 뱀의 몸으로 전신이 붉고 몸길이는 千里에 달한다. 세로로 생긴 눈은 얼굴의 정중앙에 있는데 눈을 감으면 어둔 밤이 되고 눈을 뜨면 밝은 낮이 된다. 먹지도 않고 잠자지도 않고 숨도 쉬지 않으며 비바람만을 먹는다. 그는 어두컴컴함 곳을 밝게 비출 수 있어 촉룡(燭龍)이라고도 불린다.-"

이것은 내용이 같은 두 편의 신화이다. 겨울에 동방창룡은 지하에 있으며 지하의 어두운 세계(반쪽 하늘)를 비추고 있기 때문에 '촉룡(燭龍)'이나 '촉음(燭陰)'으로 불린다. 『주역. 건(周易.乾)』에서는 '잠용(潛龍)'으로 적고 있다. 복양 서수파 조개 무덤 동지도에는 '와룡함주(臥龍銜珠) -누워있는 용이 구슬을 머금고 있다-'의 모습으로 되어 있다. 『산해경』에서 적고 있는 '鐘山之神'의 '종(鐘)'은 '종(終)'으로 사용된다. 동지 세종대제에서 그 의미를 취했으며 동방창룡이 북극의 땅 속에 숨어있다는 것을 나타낸다. '赤水之北, 有章尾山'의 '적수(赤水)'는 지평일구 위의 양천척(量天尺)에 있는 수거를 가리키며 '赤水之北'의 의미 역시 북륙동지(北陸冬至)에 이르렀다는 것을 의미한다. '장미산(章尾山)'은 '세지미(歲之尾)[38]에서 그 의미를 취했으며 이 또한 북륙동지를 의미한다.

동짓날 북극 지하에 '有神, 人面蛇身而赤'라는 것은 인격화된 동방창룡을 나타낸다. '적색(赤色)'은 대화심수 두 번째 별을 눈으로 보면 화염처럼 붉은 색으로 보인다는 것을 의미한다. '身長千里'라는 것은 일반적으로 동방창룡의 각거리(angular distance)를 나타낸다. 또한 '不飮, 不食, 不寢, 不息'이라는 것은 북극 지하에서 동면상태로 있는 것을 묘사한 것이다. '直目正乘, 其瞑乃晦, 其視乃明'은 대화심수(大火心宿) 두 번째 별이 사람에게 보이는 모습을 묘사한 것이다. 봄이 오면 '息爲風', '風雨是謁'이라고 했는데 이것은 동방창룡이 땅에서 나와 운행하면 초목이 자라기 알맞은 비와 바람이 불고 파종을 하는 계절이 시작되었음을 의미한다. 이것은 바로 동양의 고대 별자리 신화로 태양과는 관련이 없다. 『초사』「천문(天問)」에서는 "日安不到, 燭龍何

37) '身長千里'의 네 글자는 이 책에는 빠져 있으나 『산해경』 원문에는 기록되어 있어 본 해석에서는 이 내용을 추가하였다.

38) 『산해경』 중의 '장산(章山)'이나 '장미산(章尾山)'은 모두 천문관련 용어이다. '章山'은 가지런한 농경지로 논두렁마다 벼가 무성한 것을 가리킨다. '章尾山'은 가을걷이 이후의 농경지로, 벼 이삭대나 보리 밑동만이 남겨져 황무하게 변한 것을 나타내며 이미 겨울철에 이르렀음을 의미한다.'

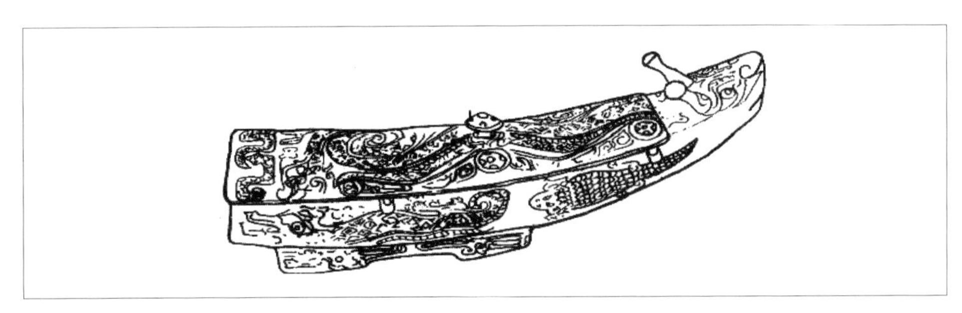

그림 95. 상대(商代) 용 모양 청동굉(觥)

耀?[39] –태양은 왜 그곳을 비추지 못하는가? 촉룡은 왜 빛을 발하는가?–"라고 하였으며 『회남자』「지형훈(地形訓)」에서는 "燭龍在雁門北, 蔽於委羽之山, 不見日, 其神人面龍身而無足。–촉룡은 안문의 북쪽에 있으며 위우산에 가려져있어 태양을 볼 수 없다. 그 곳에 신이 있는데 사람 얼굴에 용의 몸을 하고 있으며 다리가 없다–"라고 적고 있다. '委羽'는 많은 눈이 흩날리는 북쪽의 풍경을 묘사한 것인데 이른바 '鵝毛大雪(거위털처럼 가벼이 흩날리는 함박눈)'로도 불린다. 촉룡(燭龍)은 태양을 볼 수 없는 얼음과 눈으로 뒤덮인 북쪽의 지하에 있다는 것을 말한다. 곽박은 『시함신무(詩含神霧)』를 인용한 주(注)에서 "天不足西北, 無有陰陽消息, 故有龍銜花精以往照天門中也。–서북쪽은 하늘이 부족하고 음양의 변화가 없기 때문에 용이 불의 정기(火精)를 입에 물고 天門 가운데를 향해 비추고 있다–"라고 말하였다. '화정(火精)'은 화주(火珠)나 화구(火球)를 말하는 것으로 앙소문화 묘저구 유형의 화염 성신문(星辰紋)도 여기에 속한다. 후세의 '이룡희주(二龍戲珠)' 신화는 동방창룡이 화주용심(火珠龍心)을 갖고 있다는 것에서 기원한 것으로 초기 모양은 상주(商周) 시대의 청동기에서도 발견된다(그림 95).

5절. 동짓날 일전허수(日躔虛宿) 성도(星圖) : 마가요문화(馬家窑文化)의 우는 사람 얼굴도안, 허제문(嘘啼紋)

동짓날 해가 허수(虛宿)에 머무는 것은 『상서. 요전』에 기록된 사중중성(四仲中星)에 근거하여

39) [참고자료] 太阳为什么照不到那里? 烛龙为什么发出光明? (출처: Baidu 백과사전 「烛龙神」)

추산할 수 있다. 「요전」에는 "宵中星虛, 以殷[40]仲秋。 –한 밤에 虛宿가 남중할 때 이로써 仲秋를 정했다–"라고 적고 있다.[41] 여기서 중추(仲秋)는 추분 날을 가리킨다. 추분에는 밤과 낮의 길이가 거의 비슷하기 때문에 '소중(宵中)'이라 부른다. 이때 밤하늘을 살펴보면 허수 별자리가 남중하기 때문에 '성허(星虛)'라고 부른다. 이때 태양은 대화심수(大火心宿) 두 번째 별자리에 머무른다. 또한 "日短星昴, 以正仲冬。 –해가 가장 짧아질 때 남중하는 별자리는 昴宿이며 이때가 바로 동지가 된다–"라 하였다. 여기서 중동(仲冬)은 동짓날을 가리킨다. 동짓날은 낮의 길이가 가장 짧으므로 "일단(日短)"이라 부른다. 밤하늘을 살펴보면 묘수(昴宿)가 남중하기 때문에 '성묘(星昴)'라고 부르며 이 때 태양은 허수 별자리에 머물게 된다. '허(虛)'는 원기가 소모되었다는 뜻이다. 태양은 이미 가장 남쪽(남회귀선) 하늘에 이르게 되고 북반구에서 일조량은 줄어들고 날씨가 매우 추워지므로 고대인들은 천지간의 원기가 거의 소모되어 하늘과 땅이 통하지 않는다고 생각했다. 따라서 『이아』「석천」에서는 "玄枵, 虛也; 顓頊之虛, 虛也; 北陸, 虛也。 –현효는 虛이다. 전욱의 虛도 虛이다. 북쪽 땅은 虛이다–"라고 적고 있는데, 곽박(郭璞)은 주(注)에서 다음과 같이 적고 있다. "虛在正北方, 色黑, 枵之言耗, 耗亦虛意。 –虛는 정북에 있으며 색이 검다. 枵는 耗(소모하다)라고 말하는데, 耗 또한 虛의 의미이다.–" 또한, "顓頊水德, 位在北方 –전욱의 수덕은 북쪽에 있다.–"라고 적고 있으며,[42] "虛星之名, 凡四。 –虛宿로 불리는 것은 모두 4개이다.–"라고 말하였다. '사(四)'는 별의 개수를 의미하는데 허수 2개의 별과 곡성(哭星), 읍성(泣星)을 가리킨다.[43] 별의 개수가 '사성(四星)'이라는 의미이다. 탄식하며 우는 것(嘘啼哭泣)은 허수 별자리를 나타낸다. 마가요문화 마창(馬廠) 유형의 채도 호(壺) 위에는 울고 있는 사람 모양의 도안

---

40) [역자주] 여기서 "殷"은 정하다, 기준으로 삼다는 뜻이다.

41) [참고자료] 宵中為夜晝時間相等。整句指的是日夜長度相等時, 若名為【虛】之星宿, 出現在夜半星空中之中點, 則為【秋分】之節令。
-宵中은 밤과 낮의 길이가 같다는 것이다. 전체 문장이 가리키는 것은 낮과 밤의 길이가 같을 때, 虛宿 별자리가 남중하면 이때가 바로 추분이 된다.(출처: 『地理冰海』书中【中火二星论】之天文验证与臆解, 作者: 陈炳旭)
[역자주] 허수는 현대 천문학에서 물병자리와 조랑말자리에 해당한다. 현재 태양은 1월 중순에서 2월 초에 물별자리에 머문다.

42) [참고자료] 帝颛顼所居玄宫为北方之宫, 北方色黑, 五行属水, 因此古人说他是以水德为帝, 又称玄帝。
–임금 전욱이 머무는 현궁은 북쪽에 있는 궁으로, 북쪽의 색깔은 검고, 오행 가운데 水에 속한다. 그래서 옛 사람들은 그가 水德으로 임금이 되었다고 말하면서, 玄帝라고도 불렀다.(출처: 维基百科(위키 백과사전) 「颛顼」)

43) 『簡明天文學詞典』 '虛宿', 上海辭書出版社, 1986年.

(人形紋)이 있는데 그림 96과 같다.[44)]

그림 96. 마가요문화의 마창(馬廠) 유형 질그릇에 그려진 도안 -허수 별그림

이 채도 호 위에 그려진 신인(神人)의 머리는 별도로 만들어 붙였으며 다른 부분은 그림으로 표현하였다. 그림에서 몸은 보이지 않으며 8자로 갈라진 다리만이 머리 뒤로 굽혀져 그려 있다. 이 신인은 울고 있는 모습이다. 눈에는 눈물이 흘러내리고 있으며 입에는 침을 흘리는 모습을 하고 있어 무척 슬픈 모습으로 보인다. 이런 모습의 신인은 『산해경. 대황서경』에서도 찾아볼 수 있다.

大荒之中, 有山名日月山, 天樞也。吳姖天門, 日月所入。有神, 人面無臂, 两足反屬於頭山, 名曰噓。顓頊生老童, 老童生重及黎。帝令重献上天, 令黎邛下地, 下地是生噎, 處於西极, 以行日月星辰之行次。

- 대황의 한 가운데, 일월산이라고 부르는 산이 있는데 하늘의 중심축이다. 이 산에서 가장 높은 봉우리는 오거천문(吳姖天門)으로 해와 달이 지는 곳이다. 神이 하나 있는데, 사람 얼굴에 팔이 없으며 양 다리는 머리 뒤로 둘러져 있는데 허(噓)라고 부른다. 전욱(顓頊)은 노동(老童)을 낳고 노동은 중(重)과 려(黎)를 낳았다. 전욱은 重에게 힘껏 하늘을 들어 올리라고 명했으며 黎에게는 힘껏 아래로 땅을 누르라고 하였다. 이후 黎는 땅으로 내려와 열(噎)을 낳았고 땅의 서쪽 끝에 살면서 태양, 달, 성신의 운행을 주관하였다.

이것은 관상신화로 내용이 너무 광범위하기 때문에 여기서는 간단히 설명하도록 하겠다. '有神, 人面無臂, 两足反屬於頭山'에서 신인은 앞에서 설명한 채도 호 위에 그려진 신인과 일치한다. '名曰噓'에서 '허(噓)'는 '허(虛)'로 사용되었으며 허수 별자리를 나타낸다. 곽박은 주(注)에서 "言噓啼也。-탄식하며 우는 것을 말한다-"라고 하였다. 또한 『사기』「천관서」에서는 "虛爲哭泣之事。-虛는 흐느껴 우는 일이다.-"라고 적고 있다. 『사기색은』은 요씨(姚氏)[45)]의 말을

44) 青海省文物考古隊: 『青海彩陶』 圖版 79, 文物出版社, 1980年.

45) [참고자료] 姚氏应为唐代或唐前佚名史家 -요씨는 당대나 그 이전에 이름이 실전된 역사가로 보

인용하여 다음과 같이 설명하였다. "荊州占以爲其宿二星, 南星主哭泣。虛中六星不欲明, 明則有大喪也。-荊州占을 치니 그 별자리는 두 개의 별이며 남쪽에 있는 별로 우는 것을 주관한다. 虛宿 중에 별 여섯 개는 빛나지 않으나 밝게 빛나게 되면 큰 슬픔이 있게 된다.-" 허수의 성신(星神)은 흉신(죽음을 관장하는 신)이다. '虛中六星'이라는 것은 허수 왼쪽의 어두운 별들로 눈으로 볼 때는 정확하게 보이지 않지만 가을날 비온 뒤 맑은 밤하늘에서는 빛나는 것을 볼 수 있다. 이때는 수확의 계절로 옛 신화에서는 '收割-수확하다'을 '살벌(殺伐)'로 비유하여 "明則有大喪也"라고 하였다. 이것은 만물이 수확되어 거의 사라졌다는 의미로 허수 성신(星神)이 우는 원인이기도 하다. 천상과 기상의 변화로 추수가 끝난 뒤 자연은 죽음의 절기로 들어섰다는 것을 나타낸다.

이 신화는 동반년(冬半年)의 관상수시 내용을 포함하고 있다. 「요전」에서는 "宵中星虛, 以殷仲秋 -한밤중에 虛宿가 남중할 때 이로써 仲秋를 정했다-"라고 하였는데 이것은 추분날부터 동반년이 시작된다는 것을 의미한다. 서륙추분(西陸秋分)에는 허수 성신(星神)이 서쪽 끝에 머물기 때문에 '處於西極'이라 하였다. '有山名日月山, 天樞也'에서 '일월산(日月山)'은 관측용어를 이용해 산 이름을 정한 것인데 현재 청해성(青海省)에 있는 일월산(日月山)을 가리킨다. 일월산이 있는 곳은 앞에서 언급한 허수 성신이 그려진 채도 호가 발견된 장소와 일치한다. '천추(天樞)'라는 것은 계절 변화의 중심축으로 여기서는 추분을 기준으로 천상과 기상이 변화하는 것을 나타낸다. 다음 문장에서 '吳姖天門, 日月所入'이라고 적고 있는데 '오(吳)'는 천체가 하늘을 한 바퀴 회전하는 것으로 동에서 떠서 서쪽으로 지는 것을 나타낸다. '거(姖)'자의 의미는 명확하지 않은데 '거(巨)'에서 유래된 것으로 생각된다. 『회남자. 천문훈』에서 적고 있는 "執矩而治秋。-矩(곱자)를 잡고 가을을 다스린다-"도 같은 의미이기 때문에 '오거(吳姖)'가 가리키는 것은 추분점이 되며 "天門, 日月所入"에서 '천문(天門)'은 '서극(西極)'이 된다. "以行日月星辰之行次"라는 것은 절기상 '추분-입동-동지-입춘'을 포함하고 있으며 춘분이 되면 동반년도 곧 끝나게 된다. 이것은 허수 성신(星神)이 동반년을 주관하고 있다는 것을 명확하게 보여준다.

이 신화에서 가장 대표적인 인물은 전욱(顓頊)인데 그는 황제(皇帝)의 손자이다. 사람이 신으로 승격되어 동짓날 태양신인 북방천제가 되었다. 동짓날 태양이 허수(虛宿)에 머무를 때 전욱이 노동을 낳았다고 적고 있다. 『설문해자』에서 "龍, 童省聲。-龍(lóng)은 童(tóng)에서 생략된 소리-"이라고 적고 있는데 '노동(老童)'이 바로 '노룡(老龍)'으로 동짓날 북극지하에 숨어있는 동

임.(출처: 「温州日报」 东瓯国都城在温州, 2012年 11月 22日)

방창룡을 의미한다. 이때, 용은 동면하고 있어 가장 허약한 상태가 되는데 이것은 태양이 허수에 머무는 천상과 서로 일치하게 된다. "老童生重及黎"라는 것 역시 천체관측의 뜻을 지니고 있으며 동짓날에 입간측영을 했다는 것을 나타낸다. 태양은 동짓날에 가장 남쪽으로 이동하므로 '고양(高陽)'이라고 부른다. 동짓날이 되면 지난 회귀년은 끝나고 새로운 회귀년이 시작되기 때문에 일 년을 둘로 나누게 되므로 '중화(重華)'라는 이름으로도 불린다. 중화를 간단히 '중(重)'으로도 부르는데 이것은 동짓날 남중하는 태양을 가리키는 말로 일반적으로 겨울의 태양을 의미한다. 동짓날 태양은 가장 남쪽에 다다르고 입간측영의 해 그림자도 가장 북쪽으로 이동하기 때문에 '북정려(北正黎)'라고 부른다. '정(正)'은 정남북을 의미하고 '려(黎)'는 구영(晷影) 즉, 그림자를 나타낸다. 곽말약은 "犁當說爲黧黑字, 典籍多以黎爲之。-리(犁)는 리(黧)라는 것으로 검다는 의미를 나타내는데 고서에서는 黎를 黧으로 대신해서 사용하곤 했다-"라고 말했다.[46] '려(黎)'는 입간측영을 할 때 땅에 보이는 막대의 그림자로 일반적으로는 겨울에 보이는 해 그림자를 나타내지만 여기서는 특별히 동짓날 태양이 남중할 때의 해 그림자를 의미한다. 따라서 옛 신화와 역사에 기록된 '중(重)'과 '려(黎)'는 사람 이름으로 사용되어 천문학자를 지칭함과 동시에 초나라 사람들(楚族)의 선조가 된다.

신화의 주제는 "帝令重献上天, 令黎邛下地"이다. 하늘과 땅에 관한 내용은, '절지천통(絶地天通)'의 이야기로 발전하게 되었다. 『상서. 여형(尙書. 呂刑)』에서는 "乃命重黎, 絶地天通, 罔有降格。[47] -重과 黎에게 명을 내려 땅과 하늘이 통하는 것을 금하여 천신은 땅으로 내려올 수 없고 땅의 신은 하늘로 올라갈 수 없게 되었다-"라고 적고 있다. 이 문장의 의미는 옛날에 천지가 혼돈상태였을 때 하늘과 땅이 서로 통해 있어 사람들은 하늘로 올라갈 수 있었고 천신 역시 땅으로 내려올 수 있었다는 것이다. 그러나 '중(重)'과 '려(黎)'가 '絶地天通'한 이후에 천상과 지상이 나누어졌다. 『국어』「초어하(楚語下)」에는 초(楚)나라 소왕(昭王)이 관사부(觀射父)에게 다음과 같이 묻고 있다. "『周書』所謂重, 黎實使天地不通者, 何也? 若無然, 民將能登天乎? -『周書』에서는 重과 黎가 실제로 하늘과 땅을 통하지 못하게 하였다는데 어찌된 일인가? 만약 그렇지 않았다면 사람도 하늘에 올라갈 수 있었다는 것인가?-" 관사부(觀射父)는 다음과 같이 대답하였다. 고대에는 "民神雜糅 -사람과 신이 뒤섞이다-", "民神同位 -사람과 신이 같은 위치에 놓이다"

46) 郭沫若: 「甲骨文字研究·釋勿」, 『郭沫若全集』 考古篇 Ⅰ, 科學出版社, 1982年.

47) [참고자료] 孔传: "重即羲, 黎即和。尧命羲和世掌天地四时之官, 使人神不扰, 各得其序, 是谓绝地天通。言天神无有降地, 地祇不至於天, 明不相干。(출처: SOSO 백과사전 「绝地天通」)

–, "神狎民則 –신이 사람을 허물없이 가까이 대하다–"의 상황을 설명하고 다음과 같이 결론지었다. "顓頊受之, 乃命南正重司天以屬神, 命火正黎司地以屬民[48] –전욱은 그것을 받들어 南正인 重에게 명하여 신이 속한 하늘을 주관하게 하였고 火正인 黎에게 명하여 사람들이 속한 땅을 주관하게 하였다.–"

남정(南正)인 중(重)은 하늘에서 신의 일을 담당하였고 화정(火正)인 려(黎)는 땅에서 사람의 일을 담당하게 되었다. 이때부터 하늘과 땅의 통로가 단절되었기 때문에 "絶地天通"이라고 부르게 되었다. 신화를 연구하는 학자들은 이를 근거로 더 많은 이야기들을 만들어냈다.

"重實上天, 黎實下地"라는 말은 천상과 기상 그리고 역법이 서로 융합된 신화이다. 앞서 입간측영의 내용은 천상을 해석한 것이므로 여기서는 기상 관측에 관해 설명하고자 한다. 『예기』「월령」에서는 "孟冬之月, ... 天氣上騰, 地氣下降, 天地不通, 閉塞而成冬。 –음력 시월에.... 하늘의 기운은 위로 올라가고 땅의 기운은 아래로 내려가 하늘과 땅이 통하지 않게 되니 (하늘과 땅의 기운이 막혀서) 겨울이 된다.–"라고 적고 있다. 맹동(孟冬)은 겨울철 첫째 달로 절기가 이미 입동에 이르렀고 날씨는 매우 추우며 대지 또한 얼어붙기 시작하므로 '천지불통(天地不通)'이라고 여겼다. 이것이 바로 '絶地天通'의 시작인 것이다. 『하소정』에서는 "十一月, ...於是月也, 萬物不通。 –11월, ...이 되면 만물이 통하지 않게 된다.–"이라고 적고 있다. 이때는 한 겨울로 온 세상이 얼음과 눈으로 뒤덮이며 하늘과 땅 사이의 원기도 모두 소모되게 된다. 또한 허수 별자리도 정북쪽으로 움직여 이동한다. 『주역. 부괘(周易.否卦)』에서는 "天地不交, 而萬物不通也 –하늘과 땅이 만나지 못하니 만물이 불통한다"라고 적고 있다. 이것은 『여형 呂刑』에서 말한 "乃命重黎, 絶地天通, 罔有降格"과 일치한다. 하늘과 땅 사이에 통로가 이미 막힌 것이다. 그러나 동지가 지나면 태양이 남쪽에서 다시 북쪽으로 이동하기 때문에 원기도 다시 소생하기 시작한다. 정월 입춘이 되면 대지에는 초목이 어린 싹을 틔우기 시작한다. 『사기』「초세가(楚世家)」에서는 "帝乃以庚寅日誅重黎。 –제곡(帝嚳)은 바로 경인일에 중과 려를 죽였다–"[49]라고 적고 있는데 이것은 중과 려의 '絶地天通'의 임무가 끝났다는 것을 의미한다. 춘분이 지나면 하반년에

48) [참고자료] 颛顼承受了这些, 于是命令南正重主管天来会合神, 命令火正黎主管地来会合民, 以恢复原来的秩序, 不再互相侵犯轻慢, 这就是 所说的断绝地上的民和天上的神相通。(출처: 『国语』译注 | 卷十八 楚语下)

49) 경인일(庚寅日)은 음력 정월(孟春)에 있다. 『초사』「이소(離騷)」에는 '攝提貞於孟陬兮, 惟庚寅吾以降' 라고 기록하고 있는데 여기서 '맹추(孟陬)'는 건인입춘(建寅立春)으로 경인일(庚寅日)과 대응하며 간지기일(干支記日)이 된다.

들어가게 된다. 하짓날에 대해 『주례』「지관」 '대사도'에서는 다음과 같이 적고 있다. "天地之所合也, 四時之所交也, 風雨之所會也, 陰陽之所合也, 然百物阜安-천지가 서로 합하고 四時가 만나고 바람과 비가 모이고 음양이 합해지니 모든 만물이 풍성하고 편안해진다.-" 즉, 하늘과 땅이 다시 통하게 되었다는 것을 의미한다.

마지막으로 "黎邛下地, 下地是生噎"에 대해 살펴보도록 하자. '려(黎)'는 땅의 신이며 '열(噎)'도 땅의 신이다. 고대인들은 높은 대(臺)에 있는 지평일구를 통해 땅의 모양을 상징하였으며 구영반(晷影盤) 위에 12지신의 이름을 표시하였다. 그러므로 『산해경』「해내경」에서는 "后土生噎鳴, 噎鳴生歲十有二 -후토(后土)가 열명(噎鳴)을 낳았고 열명(噎鳴)이 1년 12개월을 낳았다.-"라고 적고 있다. '열명(噎鳴)'은 '열(噎)'을 의미한다. 고대인들은 종과 북으로 시간을 알렸다. 동지는 한 해의 끝이며 또한 한 해의 시작이므로 종과 북을 두드려 시간을 알리는 첫 번째 소리가 되므로 '열명(噎鳴)'이나 '열(噎)'로 부른 것이다.

마가요문화의 허수 성신(星神)은 몸과 팔이 없으며 두 다리가 거꾸로 머리 위에 붙어서 큰 원형으로 감겨 있는 모습이다. 얼굴은 울부짖는 모습으로 허공에 아무 것도 없음(虛空無物)을 나타내고 있다. 천상의 출발점은 허(虛)와 무(無)이며 세시(歲時) 또한 허(虛)와 무(無)에서 시작하므로 만물의 출발점은 허(虛)와 무(無)가 된다. 허(虛)와 무(無)는 중국 철학사에서 매우 깊은 의미를 지닌다. 예를 들어 『노자. 도덕경(老子.道德經)』 16장에서는 다음과 같이 적고 있다.

> 致虛極, 守靜篤, 萬物幷作, 吾以觀復。王弼注: "以虛靜觀其反復, 凡有起於虛, 動起於靜, 故萬物雖幷動作, 卒復歸虛, 靜是物之極篤也
>
> 허가 극에 이르러 안정되고 진실함에 이르게 되면 만물이 생장한다. 나는 그것으로 순환의 원리를 보았다. 왕필이 注를 달기를, "虛와 靜으로 만물의 생사가 반복되는 것을 살핀다. 무릇 有는 虛에서 시작되고, 動은 靜에서 시작한다. 그러므로 만물은 비록 함께 생장하나 결국은 다시 虛로 돌아가고 靜은 사물이 지극히 돈독해지는 것이다.

이 문장은 자연을 추상적으로 요약한 것으로 앞서 언급했기 때문에 여기서는 간단히 설명하도록 하겠다. '致虛極'은 바로 동지의 초궁초도(初宮初度)로 0에서 시작하기 때문에 '지허(致虛)'라고 부른다. 즉 가장 허(虛)한 것을 나타낸다. '허극(虛極)' 또한 가장 허(虛)한 것을 나타낸다. 허(虛)가 극(極)에 이르면 원기가 다시 소생하므로 '吾以觀復'이라고 하였다. '복(復)'은 두 개의 의미가 있는데 부활과 새로 태어난다는 것이다. 즉, 옛 것은 죽고 새로운 것이 이어져 자란다는 뜻으로, '萬物幷作'이라고 하였다. 이것은 바로 '有起於虛'와 '動起於靜'을 의미하는 것으로 사물이 생장을 마친 뒤에 다시 사망으로 돌아가는 '卒歸於虛'가 되는 것이다. 허(虛)와 무(無)는 만물의 종점이자 기점이 되므로 노자(老子) 철학사상의 기초가 된다. 이 내용을 『주역』과 비교해 보면 "易有太極"(「系辭上」)은 '역(易)'을 전체적으로 설명한 것으로 왕필(王弼)은 "夫有必始於無 – 무릇 有는 반드시 無에서 시작한다–"라고 주(注)를 달았는데 이 또한 허(虛)와 무(無)가 종점이자 기점이 된다는 것을 의미한다. 공영달은 『사기정의』에서 "즉시태초(卽是太初)"라고 적고 있는데 명사 하나를 바꾸었을 뿐 그 의미는 변하지 않았는데 동짓날 태양이 허수(虛宿)에 머무는 천체의 모습으로 해석한다면 모두 자연스럽게 설명될 수 있다.

6절. 가장 오래된 유성(流星)과 운석(隕石) 기록 : 소하연문화(小河沿文化)의 원시문자

유성은 밤하늘에 밝은 빛을 내며 날아가다가 순식간에 사라진다. 유성은 빛이 나누어지기도 하며 때로는 두 개의 빛이 합쳐지는 것처럼 보이기도 한다. 고대인들은 이런 신기한 현상을 하늘이 인간에게 전해주는 계시라고 여겼다. 여러 고고학 자료에는 고대인들이 남긴 유성 그림이 남아있다. 성점문(星点紋)과 호선문(弧線紋)을 연결해 그린 도안들이 대표적인 사례로 이들은 유성이나 혜성을 그린 것으로 알려져 있으며 여러 학자들이 이에 대해 관련 연구를 하였다.[50)]

유성이 대기 중에서 다 타지 않고 땅에 떨어진 것이 운석과 운철이다. 하북 고성 대서(河北 藁城 臺西)[51)]에 위치한 상대(商代)의 112호 무덤에서 철인동월(鐵刃銅鉞)이 출토되었는데 운철을 이

50) 山西省考古研究所晋南工作站: 『山西長治小祁村遺址』 圖三: 6: 남아있는 도안의 좌측에는 x모양의 문양이 있으며, 중간에는 마치 혜성의 긴 꼬리처럼 생긴 가늘고 긴 모양의 문양이 있다.

51) [참고자료] 고성 대서 상대 유적 (藁城 台西 商代遗址 - Gǎochéng táixī Shāngdài yízhǐ) 台西遗址[主要包括商代中期的居住遗存和墓葬, 同时在此处遗址还发现两眼水井 : 台西 유적은 주로 商대 중기의 주거유적과 고분이 발견되었다. 아울러 우물 2개도 함께 발견되었다.(출처: Baidu 백과사전 『藁城台西商代遗址』)

용해 만든 것으로 보인다.[52] 이것은 고대인들이 운석과 운철에 대해 오래 전부터 특별히 인식하고 있었다는 것을 보여준다.

그림 96-1. 「철인동월(鐵刃銅鉞)」 길이 8.7cm, 1977년 출토 『中國通史陳列』一書, 36p; 中國、北京、朝華出版社, 1998年)

내몽고 적봉시 옹우특기 해영자향 남구촌(內蒙古 赤峰市 翁牛特旗 解營子鄕 南溝村)의 석붕산(石棚山)에서는 4500년 전의 소하연문화의 옛 무덤군이 발견되었는데 52호 묘에서 출토된 항아리(주둥이가 크고 속이 깊은) 표면에 여섯 개의 원시 글자와 한 개의 산석(山石) 모양 도안이 새겨져 있다.[53] 이것은 유성과 운석에 대한 고대의 기록으로 보인다(그림 97). 이 그림 원시글자는 3개의 그룹으로 나눌 수 있다. 첫 번째 그룹에는 글자 하나가 있으며 두 번째 그룹

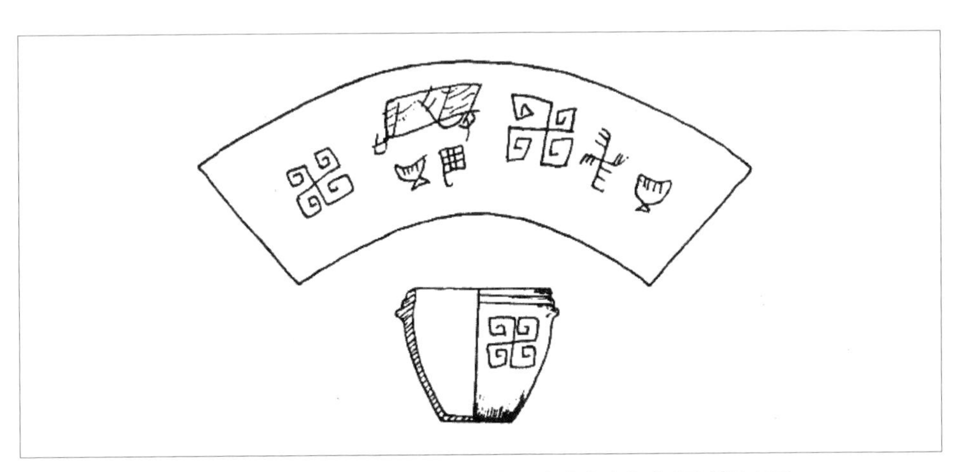

그림 97. 석붕산 소하연문화 묘에서 출토된 항아리에 새겨진 원시 문자

에는 산석(山石) 모양 도안이 하나 있고, 그 아래에는 글자 두 개가 있다. 세 번째 그룹에는 세 개의 글자가 있는데 해석해보면 다음과 같다.

첫 부분은 '䷀' 모양으로 무늬 2개가 교차하며 회전하는 모습으로 각각의 무늬는 회전(回) 또

52) 河北省文物管理處台西考古隊:「河北藁城台西村商代遺址發掘簡報」,『文物』1979年 第6期.

53) 李恭篤:「昭烏達盟石棚山考古新發現」,『文物』1984年 第9期.

는 운뇌문(雲雷紋)으로 볼 수 있다. 이들 무늬는 천둥(雷), 전기(電), 신(神)으로 볼 수 있는데 여기서는 천둥(雷)으로 해석하겠다(雷에 대해서는 기상장에서 자세히 설명하겠다). 이 원시글자의 오른편에 이어지는 문양은 '전(田)'으로 번개가 들판(밭)에 떨어졌다는 것을 나타낸다.

둘째 부분에는 산석(山石) 도안이 ' ' 모양으로 남아 있다. 이것은 천둥이 칠 때 하늘에서 돌이 떨어져 내리는 것을 나타낸 것으로 운석을 표현한 것으로 보인다. 그 아래쪽에 있는 원시 글자 두 개는 ' ' 모양으로 지면에 날개를 펼치고 아래로 날고 있는 새를 표현한 것으로 보인다. 새의 머리는 삼각형으로 홍산문화의 옥조(玉鳥)나 옥효(玉鴞-옥 올빼미)의 모습과 유사하다.[54] 실제로 새가 아래로 날아가는 모습을 보기는 쉽지 않지만 제비는 벌레를 잡을 때 이렇게 날아가므로 여기에 그린 새는 제비일 가능성이 높다. 『설문해자』에서는 "燕, 玄鳥也。籋口, 布翅, 枝尾。象形。-제비(燕)는 검은 새이다. 집개 모양의 주둥이와 펼친 날개, 갈라진 꼬리 모양으로 상형 문자이다-"라고 적고 있다. 포시(布翅)는 날개를 펼쳤다는 의미이고 섭구(籋口)는 머리를 숙이고 입에 먹이를 물고 있는 모습이다. 지미(枝尾)는 꼬리부분이 가위처럼 갈라져 있다는 것으로 원시 문자의 모습을 표현한 것으로 보인다. 지금 사용하는 '연(燕)'자의 아래쪽 점 네 개를 없애면 입을 아래로 하고 거꾸로 날고 있는 제비의 모습과 비슷하다. 연(燕)자의 점 네 개는 나중에 추가된 것으로 제비가 불꽃처럼 진홍색(자주빛 흑색)을 띠고 있다는 것을 나타낸다. 갑골문을 살펴보면 거꾸로 날아가는 새 모양의 글자는 없고 위쪽에 삼각형 부수를 가지고 있는 것은 '봉(鳳), 제(帝), 불(不)' 세 글자만 있으므로 '불(不)'자 또한 날고 있는 새라는 것을 알 수 있다. 『설문해자』에서 "不, 鳥飛上翔不下來也。从一, 一猶天也。象形。-不은 새가 위로 날아올라 아래로 내려오지 않는다는 것이다. 一에서 뜻을 취하였는데 하늘과 같다는 의미이며 상형 문자이다-"라고 적고 있다. 이것은 하늘로 날아오르는 새를 나타낸다. 반대의 의미를 갖고 있는 '지(至)'자를 살펴보면 『설문해자』에서 "至, 鳥飛從高下至地也。從一, 一猶地也。象形。不, 上去; 而至, 下來也。-至는 새가 높은 곳에서 땅으로 내려오는 모습이다. 一에서 왔고 땅과 같다는 의미로 상형 문자이다. 不은 위로 올라가는 것이고 至는 아래로 내려오는 것이다.-"라고 적고 있다. 즉, 땅에서 하늘로 올라 가는 것이 '불(不)'이고, 하늘에서 땅으로 내려오는 것이 '지(至)'이다. 갑골문에서 '불(不)'과 '지(至)' 두 글자를 살펴보면 위로 날아가고 아래로 내려오는 새 모양으로 적혀 있다. 그러므로 아래로 날고 있는 새 모양의 원시문자는 새가 하늘에서 땅으로 내려온다는 의미인데, 산석(山石) 도안이 함께 그려져 있어 날고 있는 새가 산석(山石)을 등에 지고 하늘에

54) 方殿春, 劉葆華: 「遼寧阜新縣胡頭溝紅山文化玉器墓的發現」, 『文物』 1984年 第9期.

서 내려왔다는 것을 나타내고 있다. 나머지 원시문자는 '[illegible]' 모양으로 밭(田)으로 해석할 수 있는데, 앞에서 설명한 산석(山石)이 천둥과 함께 제비 등에 실려와 땅 위에 떨어졌다는 것을 의미한다.

마지막으로 세 개의 원시문자가 있는데 첫째 '[illegible]'는 주로 번개(電)나 신(神)으로 해석된다. 『설문해자』에서 "電, 陰陽激燿也。從雨從申。 −電은 음양이 강렬하게 빛나는 것이다. 雨와 申에서 그 의미를 취했다−"라고 적고 있다. 또한, "申, 神也。七月, 陰氣成, 體自申束。 −申은 神이다. 7월에는 음기가 완성되어 귀신이 스스로 묶여있다−"라고 하였으며 "朿, 木芒也, 象形。 朿은 나무의 가시로 상형 문자이다−"라고 적고 있다. 종합적으로 해석해보면 여름에서 가을로 넘어가는 7월경에 천지에는 음양이 교감하고 번쩍이며 번개가 치는데 이것이 바로 신(神)인 것이다. 번개를 신으로 이해한 것이다. 뇌석(雷石)이 번개와 함께 위에서 떨어져 내렸다는 것은 고대인들이 운석을 신성시 했다는 의미로 질그릇에 그려진 그림이 이와 관련된 오래된 기록으로 볼 수 있다. 두 번째 원시문자는 '[illegible]'으로 꺾인 선이 교차하는 날개문양(交叉折線羽紋)으로 그려져 있으며 회전하고 있다는 의미를 나타낸다. 새가 날개를 펴고 회전하고 있음을 나타낸다. 석붕산의 다른 묘에서는 이 원시문자를 더 간단히 '[illegible]'으로 표현하였다. 세 개의 깃털이 그려져 있으며 양 날개를 펼치고 새가 날면서 춤추는 모습과 같다. 아래쪽으로 늘어져 있는 꼬리는 소전(小篆)의 비(飛)와 비슷한 모양으로 날고 있다고 해석할 수 있다. 『설문해자』에서 "飛, 鳥翥也。象形。 −飛는 새가 날아오르는 것으로 상형 문자이다−"이며 "翥, 飛舉也。從羽者聲。 −저(翥)는 날면서 들어 올린다는 것으로 羽에서 의미를 취했고 者의 발음을 따랐다−"라고 적고 있다. 이를 종합해보면 새는 물건을 옮겨 나르는 역할을 하는 것으로 보인다. 마지막 원시문자로 '[illegible]'이 있는데 이것 또한 제비로 볼 수 있으며 제비가 천제(天帝)의 명을 따른다는 것을 의미한다.

앞에서 살펴본 원시문자를 종합해서 살펴보면 다음과 같다. 갑자기 하늘에서 폭발이 있어 큰 천둥이 치고 빛이 사방으로 퍼져나갔다. 천둥소리가 끊임없이 들리고 매우 큰 산석(山石) 하나가 떨어졌는데 제비(玄鳥)가 그 돌을 싣고 내려와 들판에 내려놓았다. 이것은 천제(天帝)가 제비에게 명하여 땅위에 내려놓은 신물(神物)로 고대의 유성이나 운석에 관한 기록인 것이다.

옛 역사 기록 중에는 상족(商族)과 진족(秦族)의 기원에 관한 신화가 있는데 모두 현조(玄鳥)인 제비와 관련이 있다. 예를 들면, 『사기. 진본기(史記. 秦本紀)』에서는 다음과 같이 적고 있다.

秦之先, 帝顓頊之苗裔, 孫曰女脩。女脩織, 玄鳥隕卵, 女脩呑之, 生子大業。

秦나라의 조상은 임금 전욱의 후예로 그 손녀는 여수(女脩)이다. 여수가 옷감을 짜고 있는데 현조가 알을 떨어뜨리자 그것을 먹고 아들 대업(大業)을 낳았다.

여수(女脩)는 모계 씨족제 시대의 진족(秦族)의 오랜 조상으로 여수는 선궁(旋宮)에 머물며 밤에 옷감을 짰다. '玄鳥隕卵'은 제비의 알 하나가 하늘에서 떨어져 내린 것으로 여수가 그것을 삼키자 임신하게 되어 아들 대업(大業)을 낳아 진족(秦族)의 후손이 이어지게 되었다는 것이다. 제비의 알은 후대 「진본기(秦本紀)」에서 '진보(陳寶)'로 바뀌었으며 『한서. 교사지(漢書. 郊祀志)』에는 다음과 같이 적고 있다.

文公獲若石云, 於陳倉北阪城祠之。其神或歲不至, 或歲數來也, 常以夜, 光輝若流星, 從東方来, 集於祠城, 若雄雉, 其聲殷殷云。野鷄夜鳴, 以一牢祠之, 名曰陳寶。注引臣瓚說: "陳仓縣有寶夫人祠, 或一歲二歲, 與葉君合。葉君神來時, 天爲之殷殷雷鳴。" 又注引蘇林說: "質如石, 似肝。[55])

(秦) 문공이 돌 같은 물건을 얻어 진창 북판성(陳倉 北阪城)에서 제를 지냈다. 神은 매년 오지는 않았지만 때로는 한 해에 여러 차례 왔다. 밤에 찬란하게 빛나는 유성(流星)처럼 동쪽에서 날아와 사성(祠城)에 모였다. 또한 수꿩의 소리처럼 하늘에 가득 찼다. 꿩이 밤에 울자 사당에서 제를 지내고 그 돌을 진보(陳寶)라 이름 불렀다. 注에서는 신찬(臣瓚)의 말을 인용해 "진창현에는 寶부인의 사당이 있는데 1년이나 2년 마다 엽군(葉君)과 함께 제사지낸다. 엽군이 올 때마다 하늘에서는 우레 소리가 울린다"고 적고 있다. 蘇林은 注에서 "재질이 돌과 같고, 肝과 비슷하다"라고 적고 있다.

이 신화에서는 '현조(玄鳥)'를 '野鷄夜鳴'으로 바꿨는데 이들은 모두 날짐승이다. 또한 시간도 밤으로 확정하였다. '光輝若流星'은 운석과 관련 있음을 보여준다. 돌 이름을 '약석(若石)'이라고 한 것은 돌과 비슷하기 때문인데 당시에는 '운석(隕石)'이라는 이름이 없었기 때문으로 보인다. 소림(蘇林)은 '質如石, 似肝'이라고 적었는데 최종적으로 돌로 확정하고 그 색깔이 간(肝)의

55) [참고자료] 则陈宝在汉初常常显灵。关于陈宝的性质, 历代学者曾倍感费解。马非百『秦集史』认为陈宝为陨星, "光辉若流星"为星初陨之景象, "野鸡夜雊"为星陨有声, 野鸡皆惊而鸣, "质如石, 似肝"是因为陨石成分多铁。此说甚有见地。古人不理解陨石现象, 将之与迷信联系起来。(출처: 「汉初祀時考」, 杨英 著, 世界宗教研究, 2003年 6月)

색깔과 비슷하다고 설명하였다. 간 표면의 색깔은 흑홍색이나 은홍색(짙은 검붉은 색)으로 볼 수 있는데 이것은 표면이 타서 흑홍색으로 된 운석의 특징과 일치한다. 운석의 색깔은 반짝거리는 제비 깃털의 색과도 비슷하기 때문에 옛 신화 중에서 제비를 '현조(玄鳥)'라 하여 운석을 상징한 것이 남아 있다. '其声殷殷'은 운석이 하늘에서 떨어질 때 나는 요란한 소리가 마치 '野鷄夜鳴' 처럼 들린다는 의미이다. 옛 사람들은 땅 위에 떨어진 운석을 보배로 생각하여 '名曰陳寶'라 하였다. 『상서. 고명(尙書. 顧名)』에는 '진보(陳寶)'와 '천구(天球)'를 관련지어 설명하고 있는데 진보(陳寶)는 천상과 관련 있는 돌(若石)이나 운석(隕石)임을 알 수 있다. 소병기(蘇秉琦)는 운석과 관련된 신화를 자세히 조사하였으며 '진보(陳寶'와 관련된 문헌도 함께 정리하였다. 아래에서 관련된 두 가지 예를 살펴보겠다. 『사기』「봉선서」에서는 다음과 같이 적고 있다.

> 來也常以夜, 光輝若流星, 從東南來集於祠城, 則若雄鷄, 其聲殷云, 野鷄夜雊。
> 항상 밤에 오며 유성처럼 밝게 빛난다. 동남쪽에서 날아와 사성에 모인다. 수꿩의 울음처럼 소리가 우렁차며 밤에 들린다.

『한서』「교사지하(郊祀志下)」에서 유향(劉向)은 다음과 같이 적고 있다.

> 光色赤黃, 長四五丈, 直祠而息。音聲砰隐, 野鷄夜雊。
> 그 색은 적황색으로 길이는 4-5丈이 된다. 사당에 세워서 모셔놓는다. 요란한 소리를 내면서 숨는데 밤에 꿩이 우는 소리와 같다.

이 외에도 『수경주』에 기록된 "暉暉聲若雷 -휘휘하는 소리가 천둥과 같다"이나 「열이전(列異傳)」을 인용한 『사기색은』에 기록된 "祭, 有光, 雷電之聲 -빛이 있으며 천둥과 번개소리가 나는 것에 제를 지낸다-"등이 있다. 정리해보면 천둥, 번개와 함께 적황색의 유성이 넓은 하늘을 가로지르며 날아와서 땅에 떨어지면 마치 꿩이 갑자기 우는 것과 비슷한 소리가 난다. 고대인들은 이를 신성하게 여겨 '약석(若石)'이나 '진보(陳寶)'로 불렀다. 또한 보부인(寶夫人)과 엽군(葉君)이 만나는 고사를 만들었는데 이것은 '여수탄연란(女脩呑玄鳥卵)' 신화가 변형된 것으로 보인다. 소병기(蘇秉琦)는 "所謂 '若石', 所謂 '陳寶' 原不過爲 '流星', '隕石', 特神乎其說而已。[56] -'若

56) 蘇秉琦: 『蘇秉琦考古學論述選集』: 7쪽, 文物出版社, 1984年.

石'이나 '陳寶'라고 하는 것은 '유성'이나 '운석'에 해당하며 특별히 신비롭게 부르는 것일 뿐이다–"라고 설명하였다. 석붕산 원시문자의 그림은 제비(玄鳥)가 뇌석(雷石)을 등에 지고와 땅에 떨어뜨렸다는 의미가 명확해진다. 따라서 이것은 고대의 운석에 관한 기록으로 볼 수 있다.

진족(秦族)과 관련된 '여수탄연란(女脩呑燕卵)' 신화는 상족(商族)의 "天命玄鳥, 降而生商 –천제가 현조에게 명하여, (알)을 내려 商이 태어났다–"의 이야기를 그대로 모방한 것이다.

또한, 『사기』「은본기」에서는 다음과 같이 적고 있다.

殷契, 母曰簡狄, 有娀氏之女, 与帝喾次妃, 三人行浴, 見玄鸟墮其卵, 简狄取吞之, 因孕生契。

- 은나라 계(契)의 어머니는 간적(簡狄)으로 유융씨의 딸이자 제곡의 둘째 부인이었다. 세 사람이 함께 목욕을 하는데 현조가 떨어뜨린 알을 보았다. 간적은 그것을 삼키고 이후 임신하여 契를 낳았다.

이 신화는 『여씨춘추』「음초편(音初篇)」에도 아래와 같이 기록되어 있다.

有娀氏有二佚女, 为之九成之台, 饮食必以鼓。帝命燕往视之, 鸣若嗌嗌。二女爱而争搏之, 覆以玉筐。少选, 发而视之, 燕遗二卵, 北飞, 遂不反。二女和歌一终, 曰: "燕燕往飞"。实始作为北音。

- 융씨에게 예쁜 두 딸이 있는데 높은 누대를 만들어 먹고 마실 때에는 반드시 그곳에서 악기를 연주하였다. 제비가 천제의 명을 받아 내려왔는데 그 소리가 우는 것과 같았다. 두 딸은 옥바구니를 이용해 제비를 잡았다. 잠시 후 바구니를 열어보니 제비는 두 개의 알만 남겨둔 채 북쪽으로 날아가고 다시 돌아오지 않았다. 이에 두 딸은 "燕燕往飛"라는 노래를 만들어 불렀다. 이로부터 북음(北音)이 시작되었다.

'玄鸟墮其卵'은 '燕遺二卵'을 표현한 것으로 운석이 땅에 떨어졌다는 의미이다. 간적(簡狄)은 모계 씨족시대 이전의 상족(商族)의 오랜 조상으로 유융씨(有娀氏)의 딸이자 융족(戎族)의 후손으로 적녀(狄女)라고도 불렀다. 고대에 융(戎)과 적(狄)은 혼용해서 사용하였다. 융족은 북방의 초원민족으로 융적(戎狄)의 후손 중에 상족(商族)의 시조가 탄생하였다.

땅에 떨어진 운석이 '현조생상(玄鳥生商)'의 신화로 만들어진 것은 고고학 연구를 통해 내몽고 적봉시 석붕산에서 기원했음을 알 수 있다. 『시경』「상송」'현조'에서는 "天命玄鳥, 降而生商, 宅殷土芒芒[57] –천제가 현조에게 명을 내려, (알)을 내려 商이 태어나, 넓고 광활한 殷土에 살았다–"라고 적고 있는데 은(殷)은 검붉은 색으로 은색(殷色)은 운석이나 운철의 색깔을 나타낸다. 고대인들은 붉은 색을 숭배하여 붉은색 언덕이나 흙이 있는 곳을 '은토(殷土)'라고 불렀는데 바로 적봉시(赤峰市) 홍산(紅山)을 표현한 것으로 볼 수 있다. 노래에서 "燕燕往飛, 北飛, 遂不反"이라고 한 것은 북쪽 초원으로 돌아갔다는 것을 나타낸다. 석붕산에서 서쪽으로 약 100km 지점에 상족(商族)의 발원을 표시한 지석(砥石)[58]이 남아있어 '玄鳥生商'의 신화가 이곳에서 기원했음을 알 수 있다. 간적(簡狄)이 제비 알을 삼켜 계(契)를 낳았는데 계(契)는 쪼갠다는 의미를 가지고 있다. 계(契)는 상족(商族)에게 천지를 개벽한 신(神)과 같은 존재로 넓은 하늘을 가르는 유성에서 그 뜻을 취했으며 운석이 땅으로 떨어지며 하늘과 땅의 문을 갈랐음을 나타낸다. '은(殷)'도 유성이나 운석에서 기원한 이름으로 생각된다. '天命玄鳥, 降而生商'에서 '현조(玄鳥)' 또한 유성이나 운석을 의미한다.

57) [참고자료] 译文: 天帝发令给神燕 生契建商降人间 住在殷地广又宽。(출처: Baidu 백과사전 「商颂·玄鸟」)

58) 金景芳: 「商文化起源於我國北方說」『中華文史論叢』第7輯.
석붕산에서 서쪽으로 약 100km 떨어진 곳에 商族의 선조 지석(昭明居砥石)이 남아 있다. 현재의 백차산(白岔山)에 해당한다.

翼

9

기상변화(氣象變化)를 표시한 예술적 도형

바람(風), 구름(雲), 천둥(雷), 비(雨) 등의 문양과 부호

고고학계에서는 최근 몇 년간 인류발전이 생태환경에 미친 영향을 연구하는 '환경고고학'이 중시되고 있다. 이것은 과학기술과 고고학이 합쳐진 분야로 최근 새로운 여러 결과를 도출하였다. 고대에 인류가 생존 환경을 바꾸는 것은 주로 논과 밭을 개간하거나 화전 경작을 위해 불을 놓아 산을 태우는 것이었다. 그러나 고대에는 인구가 매우 적었기 때문에 전체 자연환경에 미친 영향은 그다지 크지 않았다. 원시 농업과 목축업은 천상(天象)과 기상(氣象)의 제약을 많이 받았으며 발전 속도도 비교적 느렸다. 그러나 기후 변화로 인해 농사를 짓던 땅이 황무지로 변하고 야생식물의 채취가 늘어나자 환경변화에 어느 정도 영향을 미치게 되었다.

지금부터 약 6000년 전 황하(黃河) 유역은 지금보다 고온다습했으며 절기도 거의 한 달 정도 앞당겨진 상태였다. 고광인(高廣仁)과 호병화(胡秉華)는 산동성(山東省) 연주시(兗州市)에 있는 왕인(王因) 유적지에서 출토된 짐승 뼈와 조개껍데기 그리고 토양에 포함된 포자를 연구하여 당시에 장강 유역에 야생 악어가 살고 있었으며 고대인들이 이를 사냥하여 식용하였고 껍질(골판)과 잔해(동물의 해골)는 버렸다는 사실을 알아냈다. 이러한 대형 수륙 양서류의 존재는 당시 왕인 유적지 부근이 수초가 무성한 큰 호수나 강이 있었다는 사실을 말해준다. 대량의 민물조개껍데기의 출토는 당시 사람들에게는 조개가 중요한 먹을거리였음을 말해준다.[1] 현재 중국에는 장강

(長江) 이남에만 여방(麗蚌-진주 조개류-)이 남아 있는데 왕인 유적지에 남아있는 이러한 민물조개껍질은 당시에 이곳에 살던 사람들이 습하고 무더운 환경에 적응해서 살았음을 보여준다. 그 밖에도 이 지역의 토양에서 벼의 화분과 아열대에서 생활하는 양치류의 포자도 발견되었다. 결론적으로 "신석기시대 황하유역에는 이미 지금의 장강유역과 같이 따뜻한 기후를 가지고 있었으며 장강(長江) 유역은 지금의 영남(岭南-岭南은 五岭의[2] 남쪽을 가리킴)의 아열대 기후와 같았다"는 사실을 알 수 있다.[3] 황하 중류와 위하(渭河) 유역의 옛 유적지에 살던 고대동물(古動物)이나 고대 군락식물 그리고 고기후(古氣候)에 대한 연구에서도 비슷한 결론이 나타났다.[4]

고대는 현재와 기후가 달랐으므로 계절에 따른 세시 절기도 달랐는데, 영국의 니덤은 "고대(古代)의 날씨는 분명히 지금보다는 더 따뜻했을 것이며, 최근 몇 년간 연구를 살펴 보건데 고대는 지금보다 1주일에서 1개월 정도 절기가 빨랐을 것이다"[5]라고 말했다. 현재의 기후를 살펴보면 황하와 장강 유역은 봄과 가을이 짧고 겨울과 여름이 길며 사계절이 분명하다. 이러한 기후는 대략 춘추(春秋)시대 이후부터 변함없이 기록되어 있다. 1 회귀년을 24절기로 나누었으며 사시(四時)의 천상과 기상 그리고 물후의 변화도 함께 기록하였다. 천상의 사시(四時) 순환은 주기적으로 기상에 변화를 주는데 이러한 주기적인 계절 변화를 알기위해서 고대인들은 천상을 이해하고 기상과의 관련성을 알려고 노력하였다.

『주역. 계사하(周易. 系辭下)』에서는 다음과 같이 적고 있다.

日往則月來, 月往則日來, 日月相推而明生焉; 寒往則暑來, 暑往則寒來, 寒暑相推而歲成焉。

해가 지면 달이 뜨고 달이 지면 해가 드니 해와 달이 서로 번갈아 떠올라 밝게 비춘다. 추위

---

1) [역자주] 조개껍데기가 많이 나온다고 하여 조개가 주식이라고 판단하기는 어렵다. 조개껍데기는 썩지않기 때문에 많이 남아 있을 수 있기 때문이다.

2) [역자주] 五岭은 월성령(越城岭)、도방령(都庞岭)、맹저령(萌渚岭)、기전령(骑田岭)、대유령(大庾岭)의 5개의 산으로 이루어져있다. 대략적으로 广西省 동쪽에서 广东省 동부와 湖南省、江西省 등 5개 省의 경계부분에 있다.

3) 高廣仁, 胡秉華: 「王因遺址形成時期的生態環境」, 『慶祝蘇秉琦考古五十五年論文集』 165-171쪽, 文物出版社, 1989年.

4) 柯曼紅, 孫建中: 「西安半坡遺址的古植被與古氣候」, 『考古』 1990年 第1期; 孔昭宸, 杜乃秋: 「山西襄汾陶寺遺址孢粉分析」, 『考古』 1992年 第2期. 두 논문에서는 모두 벼의 재배에 관해 소개하고 있는데 기후조건이 왕인(王因)유적지와 동일하다.

5) (英)李約瑟: 『中國科學技術史』, 科學出版社, 1975年.

가 가면 더위가 오고 더위가 가면 추위가 오니 추위와 더위가 번갈아 바뀌며 한 해가 이루어 진다.

사계절 동안 추위와 더위가 서로 바뀌면서 '한 해(歲)'를 만드니, '세(歲)'는 1년 사계절의 천상과 기상 변화를 전체적으로 말한 것이다. '日月相推'와 '寒暑相推'는 각각 천상과 기상을 설명한 것인데 고대 중국에서는 천상과 기상을 별도로 구분하지 않고 함께 설명하였다. 기상의 변화는 주로 '日來月往'에 영향을 받았는데 그 중에서도 태양의 일주(日周) 운동과 연주(年周) 운동이 가장 큰 영향을 미쳤다. 고대 중국에서 태양 운동은 동짓날을 기점으로 삼았는데 이것은 하남(河南) 복양(濮陽)의 세 개의 무덤에도 분명히 드러난다. 1년은 이분이지(二分二至)를 기점으로 사시(四時)로 나뉘고 태양이 가장 남쪽(남회귀선)에 이르는 동지가 되면 북반구에서 생활하던 고대 중국인들은 가장 추운 계절을 맞게 된다. '수구한천(數九[6]寒天)'이라는 말이 있는데 이 역시 동짓날부터 날짜를 계산한다. 농업에 관련된『구구가(九九歌)』에는 다음과 같이 전해지고 있다.

"一九二九不出手；三九四九冰上走；五九六九沿河看柳；七九河开八九雁来；九九加一九，耕牛遍地走。
- "一九二九에는 손을 내놓지 않고, 三九四九에는 얼음 위를 걸을 수 있으며, 五九六九에는 강가에 봄버들이 보이며, 七九에는 강물이 녹고, 八九에는 기러기가 날아가고, 九九에 一九를 더하면 소가 밭을 가며 곳곳을 다닌다."

'四九' 이전이 가장 추운데 절기상으로는 소한과 대한을 지난 때이다. 이어서 입춘, 우수, 경칩이 다가오면[7] 날씨는 따뜻해지고 초목은 어린잎이 자라나니 '연하간류(沿河看柳)'라 부를 수 있으며 봄기운이 완연해진다. 강에 얼음이 녹고 기러기도 되돌아가므로 '九九加一九'가 되면 춘분에 이르게 된다. 농사도 가장 바쁜 절기가 되고 이 때 태양은 적도 안쪽으로 이동하기 때문에 날씨는 따뜻하고 천둥과 봄비가 농작물을 싹틔워 자라나게 한다.

---

6) [참고자료] 数九 –동짓날로부터 81일을 뜻하며 한겨울이나 동지섣달을 뜻한다. 동지에서부터 매(每) 9일이 '一九'이며 '一九'부터 '九九'까지는 모두 81일이 된다.(출처: 네이버『中國語辭典』「数九」)

7) 현재의 24절기는 입춘 이후에 우수와 경칩이 있으나,『하소정』의 처음 시작부분에는 '正月啓蟄'이라고 기록하고 있어 절기가 현재보다 반 달에서 한 달이 앞서있음을 알 수 있다.

고대의 기후는 현재와 달랐기 때문에 영국의 니덤은 다음과 같이 말했다. "중국의 기후는 고대부터 지금까지 얼마나 많은 변화가 있었을까? 이 문제에 관해서는 많은 이견들이 있으나 공통된 의견은 다음과 같다.

고대 중국(적어도 화북(華北)[8] 지방)은 지금보다는 따뜻했고 다습한 기후였을 것이다. 또한, 고고학자들도 공통적으로 "상(商)대의 기후가 지금보다 습하고 따뜻했을 것이다"라고 말하고 있다. 이 외에도 니덤은 '계절풍환류(季候風環流)'가 중국의 기후 변화에 끼친 영향에 대해서도 지적하였는데 이 또한 중국의 지리적인 환경과도 밀접한 관련이 있다.[9] 관련해서 모영항(牟永杭)과 오여조(吳汝祚)의 연구 결과를 살펴보면 그들의 주장은 다음과 같다. "황하와 장강은 동아시아에서 가장 긴 두 물줄기로 유프라테스-티그리스 강과 마찬가지로 하나의 수원(水原)에서 갈라져 나와 다시 한 방향으로 흘러가는 쌍둥이 강이다. 중국은 동아시아의 중심 지역으로 중화문명은 아래와 같은 자연환경에서 만들어졌다. 지구에서 가장 큰 대륙과 바다 사이에 위치해 있기 때문에 계절풍이 있으며 기후가 뚜렷하다. 겨울철에는 동일 위도 상에서 가장 추운 지역으로 편북풍(偏北風)이 발생한다. 여름철에도 사막의 건조지역을 제외하면 동일 위도에서 가장 덥고 남풍(南風)이 불어온다. 여름에는 작물의 생장에 필수인 고온 다습한 조건이 만들어지므로 작물이 자라나기에 좋은 조건이 된다."[10]

이러한 환경 속에서 만들어진 계절풍은 사계절 동안 적당히 불어오는데, 특히 봄과 가을에 불어오는 계절풍은 사람들에게 많은 영향을 미친다.

---

8) [역자주] 화북(華北) : 중국 북부 지역. 베이징(北京), 톈진(天津), 허베이(河北), 산시(山西), 네이멍구(內蒙古) 지역을 포함함)

9) 지구생태학적 환경에서 보면, 티벳고원과 신강(新疆)지역에 대한 古今의 기후변화 연구는 현재로서는 전무하다고 볼 수 있다.

10) 牟永杭, 吳汝祚: 「水稻, 蠶絲和玉器- 中華文明起源的若干問題」, 『考古』 1993年 第6期.

1절. 바람을 표시한 문양과 부호
: 봉조문(鳳鳥紋), 풍랑문(風浪紋), 선풍문(旋風紋)

공기가 움직이면 바람이 만들어지는데 바람은 볼 수도 없고 만질 수도 없다. 그러나 한편으로 바람은 볼 수도 느낄 수도 있다. 바람이 불면 초목이 움직이므로 바람을 알 수 있으며 불어오는 방향 또한 알 수 있다. 바람은 기후에서 가장 민감한 요소 중의 하나이다. 바람은 미풍만 불어도 시원하게 느껴지며 광풍이 불 때에는 호랑이가 포효하는 것 같은 소리가 나기도 한다.

고대인들은 만물에 영혼이 있다고 믿었는데 바람은 신령스런 존재가 숨 쉬거나 화를 내거나 또는 기뻐하는 등으로 변한 모습으로 그 본질은 '기(氣)'이다. 그러면 '기(氣)'는 어디에서 오는 것일까? 고대인들이 인식한 바람에 대한 생각은 다양하였다. 선기(璇璣)와 북두(北斗) 그리고 북극성을 설명한 앞 장에서 언급했듯이 북극성은 '함원출기(含元出氣)'의 신령으로 그 정령은 저신(猪神)으로 표현되었다. 고대인들은 돼지의 배가 부풀어 있기 때문에 기를 뿜어낼 수 있다고 생각했다. 바람을 예술적인 도안으로 표현한 것은 용력(龍曆)을 설명했던 장(章)에서 언급한 조보구문화의 야저수우각룡(野猪首牛角龍)이 그려진 '영춘도(迎春圖)'가 있다. 이 영춘도는 돼지를 중심으로 표현한 다원복합체 신령 도안이다. 야저수우각용(野猪首牛角龍)이 힘껏 조개(하늘이 큰 조개-大辰 임을 의미) 속으로 기를 불어넣으면 곳곳에서 가랑비가 내리게 되는데 이것은 '기(氣)'가 용의 입에서 나온 것이라는 것을 의미한다. 이것은 지금부터 약 6-7천 년 전의 고대인들의 '기(氣)'에 대한 생각으로 고대 신화에도 이러한 생각이 남아 있다. 예를 들어 『산해경』에는 촉룡(燭龍)이 다음과 같이 묘사되어 있다. "吹爲冬, 呼爲夏, 不飮, 不食, 不息, 息爲風 -입으로 바람을 불면 겨울이 되고 숨을 쉬면 여름이 된다. 먹지도 마시지도 숨 쉬지도 않는데 숨을 쉬면 바람이 된다-". '不息'은 기(氣)를 내뱉지 않는다는 뜻이다. '息爲風'은 기를 내뱉으면 바람이 된다는 뜻으로 바람은 용이 내보내는 기(氣)인 것이다. '吹爲冬, 呼爲夏'는 동반년과 하반년을 구분한 것이다. 이 고사는 후세에 반고신화(盤古神話)로 발전하였으며 후대에 알려진 '기성풍운(氣成風雲)'도 이와 비슷한 내용이다. 바람이 일고 구름이 피어오르는 것은 반고씨(盤古氏)가 내뿜는 '기(氣)'로 이로부터 사계절의 바람과 구름의 변화가 생긴다.

고대에 '후기법(候氣法)'이 있었는데 천문학자들은 그 내용을 알 수 없다고 얘기한다. 풍시(馮時)는 하남(河南) 무양가호(舞陽賈湖) 신석기시대 유적지에서 출토된 7000년 전의 골적(骨笛-뼈로 만든 피리)을 근거로 고대의 후기법(候氣法)[11]을 다음과 같이 추정하고 있다. 골적(骨笛)은 맹금류의 다리뼈로 만들어졌는데 8웅(雄)과 8자(雌)로 나뉘며 모두 16자루로 이루어져있다. 대부분의 골적에는 7개의 구멍이 뚫려 있다. 이것은 웅률자려(雄律雌呂)[12]의 팔율팔려(八律八呂)에 맞추어진 것이다. 이것으로 1년의 사시팔절(四時八節)을 관측하게 된다.[13] 이것은 고대에 기후를 예측했던 하나의 방법으로 과학적 의미도 가지고 있다고 생각된다.

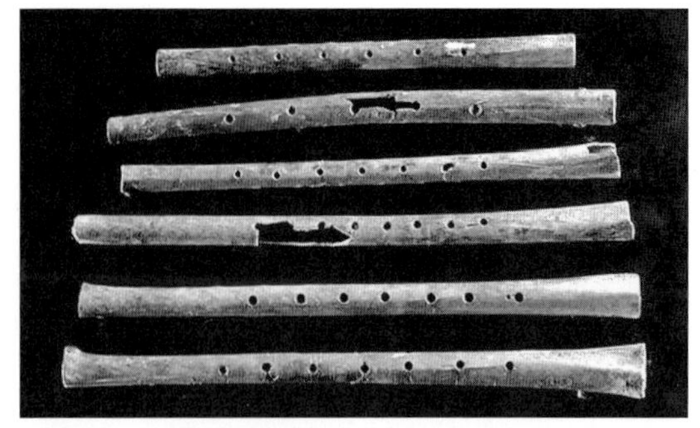

그림 97-1. 「하남(河南) 무양가호(舞陽賈湖) 骨笛」(출처: baidu 백과사전 「骨笛」)

고대인들은 기(氣)에 대해 여러 가지로 생각하였다. 그리고 이를 확인하기 위해 후기법(候氣法)을 이용해 외부의 영향이 없는 밀실에서 천기(天氣)와 지기(地氣)를 확인하려 했던 것이다. 『예기. 월령(禮記. 月令)』에서는 "孟春之月, 天氣下降, 地氣上騰 –맹춘(음력 정월)에는 천기가 아래로 내려오고 지기가 위로 올라간다–"라고 적고 있는데 이것은 기후가 따뜻해져 대지가 소생하기 시작하니 봄바람이 얼음을 녹인다는 뜻이기도 하다. 『장자』 「제물론(齊物論)」에서는 "大塊噫氣,

---

11) [참고자료] 후기법(候氣法)–后汉书记载实验方法候气实验, 将一房间密封, 其中放置木案数张, 每一声律各占一张, 按声律从低到高由内向外摆放, 将葭莩灰填于管内。每到一个节气, 相应律管中的灰就被吹动。被气吹动者散, 被人或风吹动者聚, 共振的音高, 就是每个节气的正声。–후한서에 기록된 候氣의 실험방법은 다음과 같다. 방 하나를 밀봉하고, 그 가운데에 나무로 만든 책상을 여럿 놓아두고 각 聲律 마다 하나씩 점을 친다. 聲律에 따라 낮은 것부터 높은 것까지 안쪽에서 바깥쪽으로 진열하고 갈대의 청을 태운 재를 管 속에 채워 넣는다. 매 절기가 되면 律管 속의 재는 기에 의해 움직이게 된다. 재는 氣에 의해 흩어지게 되며 사람이나 바람에 의해 모이게 된다. 共振(공명)된 음의 높낮이가 각 절기에 해당하는 소리가 된다.
候气实验使用律管作为实验材料。律管由十二个管组成, 其由右至左分别为: 黄钟, 大吕, 泰簇, 夹钟, 姑洗, 仲吕, 蕤宾, 林钟, 夷则, 南吕, 无射, 应钟。-候气의 실험은 율관을 이용하였다. 율관은 12개의 관으로 이루어져 있는데 황종(黃鐘) 대려(大呂) 태주(泰簇) 협종(夾鍾) 고선(姑洗) 중려(仲呂) 유빈(蕤宾) 임종(林鍾) 이칙(夷則) 남려(南吕) 무역(無射)과 응종(應鍾)이다.(출처: 维基百科(위키 백과사전) 『候气』)

12) 雄鸣为律, 雌鸣为吕–수컷이 울면 律이 되고 암컷이 울면 呂가 된다.

13) 馮時: 『星漢流年—中國天文考古錄』, 四川教育出版社, 1996年.

其名爲風[14] –대지가 탄식하며 氣를 내뿜는데 그것을 바람이라고 부른다–"라고 적고 있는데, '대괴(大塊)'는 대지의 신이라는 의미로 '대괴회기(大塊噫氣)'는 대지가 기를 내뿜어 강한 계절풍이 만들어졌다는 것을 나타낸다. 이것은 앞서 언급한 야저수우각룡(野猪首牛角龍)이 내뿜는 기가 바람이 되었다는 생각과 같은 것이다. 용 또한 대지의 신격(神格)을 갖추고 있기 때문에 『좌전』. 소공 29년에는 "共工氏有子曰勾龍, 爲后土[15] –공공씨에게 구룡이라 부르는 아들이 있었는데 후토라고도 부른다–"라고 적고 있다.

후토(后土)는 토지신(土地神)이며 대지의 신을 뜻한다. 예를 들면 홍산문화의 저수벽옥룡(猪首碧玉龍)은 구부러진 갈고리 모양으로 되어있는데 이것이 바로 구룡(勾龍)이다(그림 98).[16]

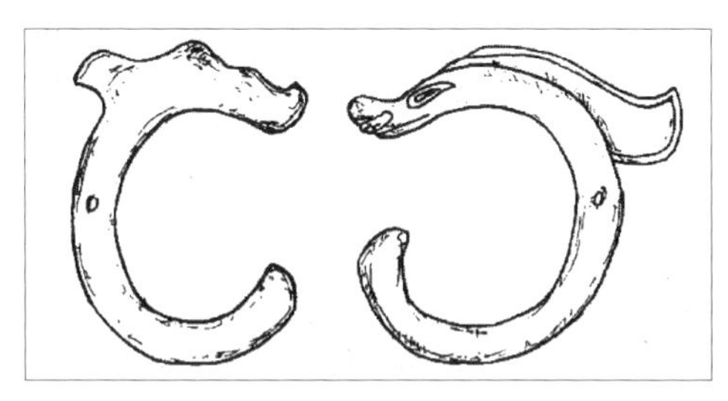

그림 98. 홍산문화 황옥룡(黃玉龍, 좌측)과 저수벽옥룡(猪首碧玉龍, 우측)

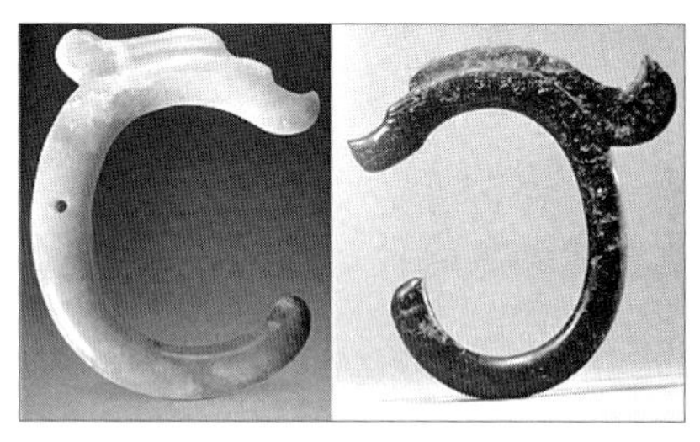

그림 98-1. 홍산문화의 황옥룡(黃玉龍, 좌측)과 저수벽옥룡(猪首碧玉龍, 우측) (출처: 翁牛特旗博物館, 國家博物館 소장)

구룡(勾龍)은 고대에 기를 내뿜을 수 있는 권한이 있었으며 바람과 구름을 변환할 수 있는 신격을 가지고 있었다. 이 외에 홍산문화의 옥기 중에는 조룡(鳥龍)이 있었는데(그림 99),[17] 이것은 조신(鳥神)과 사신(蛇神)이 서로 결합된 신령으로 풍신(風神)을 나타내고 있다. 아래에서 해석하고자 하는 '어조문(魚鳥紋)' 도안과 같은 개념이다. 바람을 표시하는 주체는 주로 새이기 때문에

---

14) [참고자료] 成玄英 疏: "大块之中, 噫而出气, 仍名此气而为风也。" 陈鼓应 今注: "噫气, 吐气出声。" 李善 注: "大块, 谓地也。–大块는, 地를 말한다." (출처: 汉典 zdic.net 『噫气』)

15) [참고자료] 勾龙是社神名, 在古史传说中为 "共工"之子 "后土"的别称, 为中华民族远古祖先之一。–勾龙은 土地神의 이름이다. 옛 전설 속에 "共工"의 아들이 "后土"라는 이름으로 불리는데 그는 고대 중국의 조상 중의 한 명이다.(출처: Baidu 백과사전 「勾龙」)

16) 翁牛特旗博物馆: 「內蒙古翁牛特旗三星他拉村發現玉龍」, 『文物』 1984年 第6期.

17) 巴林右旗博物館: 「內蒙古巴林右旗那斯臺遺址調查」, 『考古』 1987年 第6期.

갑골문에는 '제사봉(帝使風(鳳)' (『卜通』 398)이라고 기록되어 있다. 이 또한 봉조(鳳鳥)를 풍신(風神)으로 생각한 것으로 '풍(風)'자를 모두 '봉(鳳)'자로 기록하였는데 이것은 신석기 시대부터 이어진 개념이다. 신석기시대 도안 중에는 하늘에서 부는 장풍(長風)을 변형된 조문(鳥紋-새 문양)으로 표시한 그림이 있다(그림 100-2). 이 그림은 앙소(仰韶)문화 묘저구유형(廟底溝類型) 의 채도에 그려진 변형된 조문(鳥紋)[18]으로 추상적인 모습으로 그려져 있다. 새의 머리는 허상(虛像)의 원점 문양으로 표시되어 있으며 비어있어 보이지 않는 '풍두(風頭)'를 나타내고 있다.

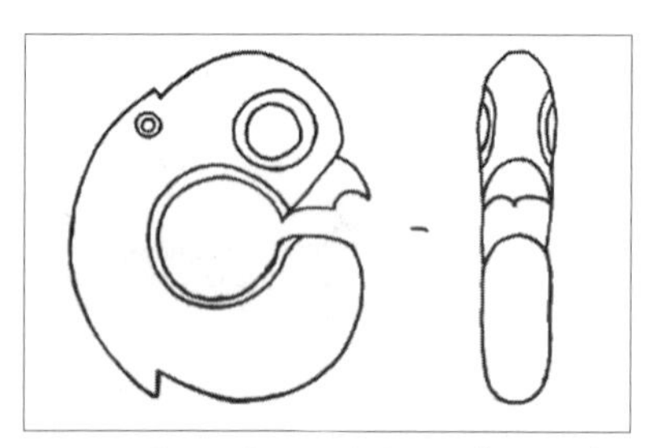

그림 99. 홍산문화 옥조룡((玉鳥龍), 우측사진 (內蒙古 巴林石旗博物館 소장)

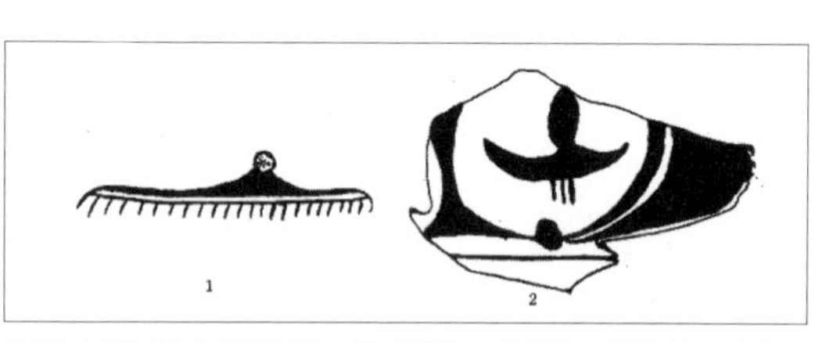

그림 100. 앙소문화 질그릇 위에 그려있는 변형된 조문(鳥紋) -풍문(風紋)

그림 100: 1 도안을 살펴보면 몸은 한 줄의 새 깃털 문양으로 되어있으며 정면으로 날개를 펼치고 날아오르는 대붕조(大鵬鳥-하루에 구만 리를 날아간다는 상상의 새)로 '비조전시문(飛鳥展翅紋-나는 새가 날개를 펼친 모양)'으로 부를 수 있으며 바람이 불고 있다는 것을 나타낸다. 정주(鄭州) 대하촌(大河村) 앙소(仰韶)문화 채도본(彩陶鉢-그림이 그려있는 사발)에 그려져 있는 대붕조(大鵬鳥, 그림 100: 2)[19]는 두 날개를 펼치고 넓은 꼬리를 늘어뜨리고 있다. 이것은 곤붕(鯤鵬kūnpéng 곤과 붕. 곤어와 붕새. 『장자(莊子)』에 나오는 큰 물고기와 큰 새)이 날개를 펼치고 있다는 것을 나타낸다. 이 바람은 강풍으로 모래가 하늘을 뒤덮는 봄 계절풍의 황사라는 것을

18) 中國科學院考古研究所: 『廟底溝與三里橋』, 科學出版社, 1959年.

19) 鄭州市博物館: 「鄭州大河村遺址發掘報告」, 『考古學報』 1979年 第3期.

나타내고 있다.

마가요문화의 채도에는 새가 마주보며 회전하는 문양을 그린 선조문(旋鳥紋-회전하는 새 문양)[20]이 있다(그림 101). 그림 101: 2에는 원안에 서로 마주보며 회전하고 있는 조문(鳥紋) 두 개가 그려져 있다. 새의 머리는 모두 원의 중심을 향하고 있고 꼬리와 날개는 세 개의 호선으로 표현하였는데 이것은 빠르게 회전하고 있는 회오리 바람(선풍문, 旋風紋)을 나타내고 있는 것으로 보인다. 비슷한 문양으로 채도의 안쪽에 그려진 그림 101: 1이 있다.[21] 이 그림에는 원의 중심을 가로지르는 선이 하나 그려져 있으며 양쪽에는 방사 모양의 호선 세 개가 그려져 있다. 방사형 호선은 방향이 반대로 그려져 있어 바람이 빠르게 회전하며 불고 있음을 나타낸다. 이것은 후세에 용권풍(龍卷風)으로 불리는 회오리바람의 일종으로 역사시대 이전에도 존재했음을 알 수 있다.

그림 101. 마가요문화 질그릇에 그려있는 새가 마주보며 회전하는 형식의 선와문(旋渦紋)

회오리바람은 차바퀴가 빠르게 회전하는 모습으로 고대인들도 바퀴 모양의 선풍문(旋風紋-회오리 바람 문양)으로 표현하였다. 하모도문화의 질그릇에도 선풍문(旋風紋) 도안을 볼 수 있는데(그림 102)[22] 그 모양이 앞에서 설명한 선기(璇璣)와 비슷하다. 회전하는 바퀴에 세 개의 날개 모양의 풍엽(風葉)이 달려 있는데 중심에서 같은 방향으로 회전하는 모습으

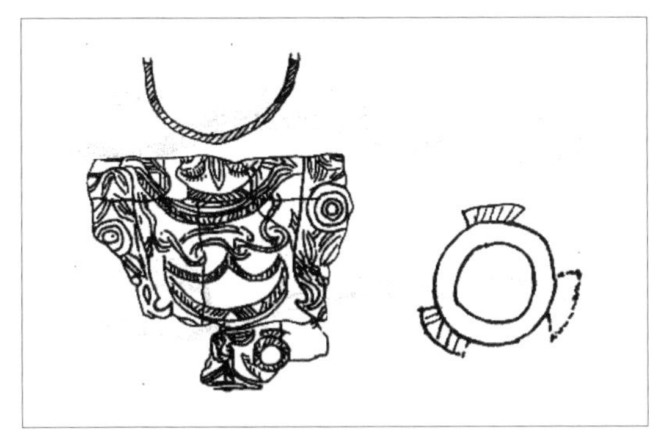
그림 102. 하모도문화 질그릇에 그려있는 풍차(風車) 모양 선와문(旋渦紋)

20) 吳山: 『中國新石器時代陶器裝飾藝術』 41p, 文物出版社, 1982年.

21) 甘肅省博物館: 『甘肅彩陶』 圖18, 文物出版社, 1979年.

22) 浙江省文物管理委員會: 「河姆渡遺址第一次發掘報告」, 『考古學報』 1978年 第1期.

로 보인다. 이 질그릇 파편의 중심에는 화염 문양 ‘ ’이 그려져 있다. 그 위에는 연결된 고리 문양이 그려져 있어 열기(熱風)를 표현하고 있다. 화염의 좌우에는 태양 문양이 그려져 있다. 이것은 한 폭의 천상기상도(天象氣象圖)로 하늘까지 치솟은 열기를 회오리바람이 사방으로 빠르게 퍼뜨려 폭풍이 곧 오려는 여름의 모습을 나타낸다.

앙소문화 대하촌(大河村) 유형의 채도 파편 위에도 선풍문(旋風紋)이 그려져 있다(그림 103).[23] 원의 중심에서 회전하는 방사형 문양이 그려져 있어 회오리바람이 빠르게 회전하며 불고 있음을 나타낸다.

그림 103. 정주(鄭州) 대하촌 유적지 앙소문화 채도 파편에 그려있는 선풍문(旋風紋)

고대인들은 질그릇에 거센 풍랑을 물결문양으로 표현하였는데 일부에는 풍랑문(風浪紋)이 명확히 그려져 있다. 예를 들면 마가요문화 채도분(彩陶盆)의 바깥에는 그림 104와 같은 도안이 그려져 있는데[24] 그림 104: 1은 5개의 구부러진 호선으로 표현한 물결 문양이다. 물결이 말려 있는 곳은 조시문(鳥翅紋-새 날개 문양)으로 그렸는데 이것은 풍문(風紋)으로 거센 바람과 풍랑이 있다는 것을 표현하고 있다. 그림 104: 3과 104: 4는 세 개의 긴 호선을 그려 물결 사이의 간격이 매우 넓다는 것을 표시하고 있다. 물결이 말려 있는 하나의 호선은 조시문(鳥翅紋)을 표시하고 있는데 바람의 세기가 매우 약해 풍랑이 없이 잔잔하다는 것을 나타낸다. 그림 104: 5는 하나의 호선으로 물결을 표시하였는데 두 물결의 위아래에는 변형된 조문(鳥紋)이 그려져 있다. 물결 사이의 간격이 매우 좁아 바람이 세고 파도가 거세다는 것을 나타내고 있다.

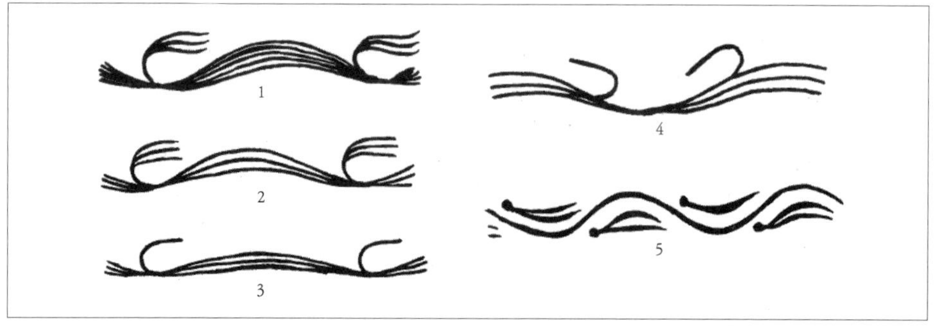

그림 104. 마가요문화 채도에 그려진 풍랑문(風浪紋)

2절. 봄의 계절풍
: 어조문(魚鳥紋) 도안이 나타내는 천상(天象)과 기상(氣象)

추운 겨울이 지나면 봄바람에 얼음이 녹고 초목도 소생하여 새로운 생산년이 시작된다. 해안성 난류의 영향으로 초목이 자라기 적당한 환경이 되고 씨를 뿌려 농사를 시작하는 바쁜 절기가 된다. 춘분이 지나면 들판은 푸른 초목으로 뒤덮이고 각종 농작물들의 새싹들도 자라나기 시작한다. 태양도 점차 강해져 북쪽 땅의 얼음을 녹이고 차갑고 따뜻한 공기가 대류로 순환하며 계절풍을 만들어낸다. 이러한 계절풍은 고대의 문헌 기록에도 그 흔적을 찾아 볼 수 있다. 아래에서는 '어조문(魚鳥紋)' 도안을 예로 들어 설명하겠다.

1. 어조(魚鳥) 문양 도안 예시(1)

하남(河南) 임여염촌(臨汝閻村)에서 출토된 '학어석부도(鶴魚石斧圖)'[25](그림 105)는 속칭 '이천항(伊川缸)'이라고 부르는 채도 위에 그려져 있다. 이런 종류의 항아리가 무더기로 출토되었는데 대부분 그림이 그려져 있지 않았다. 일부 채색 그림에는 천상, 기상, 동물, 사람, 생식기 또는 특이한 도안이 그려져 있다. 대부분의 그림은 죽은 사람의 영혼이 광명한 세상에 도달 할 수 있기를 기원하거나 자손들이나 씨족들이 번창하기를 기원하는 내용이다. 학어석부도(鶴魚石斧圖)의 왼쪽에는 오른쪽을 향해 서 있는 백학(白鶴) 한 마리가 있는데 가는 목에 긴 주둥이 짧은 꼬리에 높은 다리를 하고 있으며 몸 전체가 하얗게 그려져 있다. 입에 물고 있는 물고기는 머리와 몸통 그리고 꼬리, 눈, 지느러미 등이 간단하게 그려져 있다. 물고기는 흰색으로 그렸으며 비늘은 그려 있지 않아 연어 중에서 세연어(細鰱魚-몸이 홀쭉한 연어)로 보인다. 연어는 물 위의 개구리밥(부평초)을 즐겨 먹는 성질이 있어 종종 물새들의 먹이가 된다. 너무 큰 물고기를 물고 있어서 학의 몸통은 약간 뒤로 젖혀져 있고 머리와 목은 세워져 있어 균형 있는 모습을 보여주고 있다. 어조문(魚鳥紋)의 오른쪽에는 도끼 하나가 있는데 도끼 자루에는 'X'모양 부호가 그려져 있다. 이 도

---

23) 鄭州市博物館:「鄭州大河村遺址發掘報告」,『考古學報』1979年 第3期.

24) 甘肅省博物館:『甘肅彩陶』, 文物出版社, 1979年; 青海省文物考古隊『青海彩陶』, 文物出版社, 1980年.

25) 嚴文明:「仰韶文化研究」,『鶴魚石斧圖跋』, 文物出版社, 1989年.

끼는 전체 그림을 설명하는 역할을 하고 있다. 과거에 '부(斧)'는 '무(戉)'나 '세(歲)'로 쓰였는데 이것은 사시세제(四時歲祭)의 도구로, 여기서는 춘분세제(春分歲祭)만을 나타내고 있다. 봄의 자연 변화에 대해 제를 지내는 것이다. 도끼 손잡이 위의 'X'모양 부호는 원시숫자의 오(五)에 해당하는데 고대인들은 종종 제사에 5라는 숫자를 사용하였다. 『설문해자』에서는 "五, 五行也。从二, 陰陽在天地間交午也。 - 五는, 五行이다. 二에서 나왔고, 陰陽은 天地間에 午에서 만난다.-"라고 적고 있다. 고대의 장례의식에서 이 도끼는 천지와 음양 그리고 조상의 신전(神殿)을 나누는 역할을 하였다. 이 항아리는 장례 의기로 사용되었고, 하나의 생명이 끝나고 새로운 생명이 다시 시작하기를 바라는 의미를 지니고 있다.

그림 105. 임여염촌(臨汝閻村)에서 출토된 "학어석부도(鶴魚石斧圖)" 우측 사진 (출처: 中國国家博物館 소장)

2. 어조(魚鳥)문양 도안 예시(2)

섬서(陝西) 보계(寶鷄) 북수령(北首嶺)에서 출토된 '수조함어도(水鳥銜魚圖)'[26](그림 106)는 키가 크고 목이 가는 질그릇으로 질그릇의 배 위에는 물새가 그려져 있다. 새의 몸은 타원이면서 마름모 형태로 두 날개는 꼬리를 덮고 있다. 새는 짧은 꼬리에 투박해 보이는 뾰족한 주둥이 그리고 짧은 다리에 큰 눈을 뜨고 있는 모습으로 비둘기처럼 보인다. 『산해경. 해내동경』에서는 비둘기를 '시구(始鳩)'라고 부른다. 『예기. 월령』에서는 "仲春之

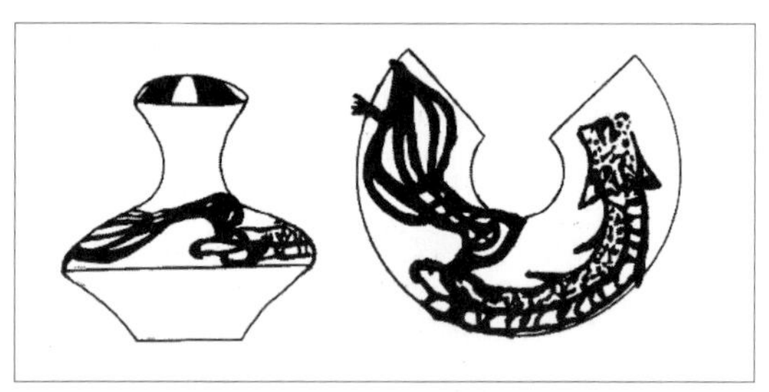

그림 106. 보계 북수령에서 출토된 수조함어도(水鳥銜魚圖)

26) 中國科學院考古研究所編著: 『寶鷄北首嶺』 圖八六: 1, 文物出版社, 1983年.

月, 鷹化爲鳩。 –중춘에 매가 비둘기가 된다.–"라고 적고 있는데 이런 종류의 비둘기는 매와 같이 사나우며 강이 녹고 기러기가 날아가는 봄이 되면 물고기를 잡아먹는다. 비둘기들은 대부분 높고 멀리 날지 않기 때문에 강가에서만 물고기를 잡아먹는다. 비둘기가 먹고 있는 물고기의 꼬리는 강의 바깥쪽으로 향해 있으며 작은 새가 큰 물고기를 물고 있어 매우 힘든 모습이다. 마치 진흙 속에 있는 물고기를 새가 밖으로 꺼내는 모습처럼 보인다. 물고기는 신령스럽게 그려져 있는데 머리는 계단 모양의 수면식(獸面式–짐승얼굴 형식)으로 그려져 있다. 전체 얼굴에 반점이 있으며 네모난 입에 둥근 눈 그리고 수직으로 서 있는 삼각형의 두 귀는 경계하는 모습으로 호랑이 얼굴을 한 미꾸라지와 같은 모습이다. 즉 염어(鮎魚–메기 염/메기 점)로 불리는 큰 미꾸라지를 말한다. 몸은 굽은 막대기 모양의 뱀과 같은데 등에는 점모양의 비늘이 있으며 척추에는 가시가 그려져 있다. 배는 호선의 물결 문양으로 되어 있으며 지느러미도 함께 그려져 있다. 꼬리는 세 갈래로 갈라진 타원형으로 사룡(蛇龍)을 표현한 것으로 보인다. 미꾸라지는 여전히 겨울잠(봄잠)을 자느라 깨어나지 않는 상태로 머리는 진흙 속에 있으며 몸은 바깥에 나와 있어 물새에게 꼬리를 물린 것이다. 시(詩)에 춘면불각효(春眠不覺曉)[27]라는 말이 있는데 봄이 온 이후 많은 물고기들이 수면 위로 올라와 알을 낳고 부화할 때 미꾸라지는 여전히 물 밑에서 봄추위를 피하고 있는 모습이다. 학계에서는 이 그림이 그려진 질그릇을 '신령호로(祖靈胡蘆)'[28]라고도 부른다. 이 질그릇은 청명 절기에 조상께 제를 지낼 때 사용한 제기(祭器)이다. 여기에 그려진 그림은 중국에서 가장 오래된 용봉문(龍鳳紋) 도안이다.

3. 어조(魚鳥)문양 도안 예시(3)

섬서(陝西) 임동(臨潼) 강채(姜寨)에서 출토된 '어조조합도(魚鳥組合圖)'(그림 107)는 주둥이가 작은 채색 호로병 위에 그려져 있다.

어문(魚紋)과 조문(鳥紋)은 이미 추상적으로 그려져 있어 어떤 물고기와 새를 그린 것인지를

27) [참고자료] 春曉. 孟浩然 (唐 689–740)
春眠不覺曉 봄잠에 취해 새벽인 줄 몰랐더니 處處聞啼鳥 곳곳에서 새 소리 들려오네
夜來風雨聲 간밤에 비바람 소리 들려오니 花落知多少 얼마나 많은 꽃잎이 떨어졌을까

28) 劉堯漢: 『中國文明源頭新探』 216쪽, 雲南人民出版社, 1985年.

그림 107. 임동(臨潼) 강채(姜寨)에서 출토된 '어조조합도(魚鳥組合圖)' 도안 우측 사진(출처: 西安 半坡博物館 소장)

알기는 어렵다. 그림의 도안은 복부(腹部)의 두 손잡이를 중심으로 대칭으로 그려져 있다. 조문(鳥紋)은 그림의 대표 문양으로 호로병의 볼록한 앞뒷면에 각각 한 쌍씩 그려져 있다. 한 쌍의 새 그림은 머리를 서로 맞대고 등을 돌리고 있는 모습으로 상하로 배열되어 있다. 전체적으로 새머리는 네 개가 그려져 있는데 『산해경』에 있는 '사조(四鳥)'와 같은 것으로 보인다. 이것은 천지 사방의 '사유(四維)'를 상징하는 것으로 '유(維)'는 '추(隹새 추-鳥)'에서 나왔으므로 사조(四鳥)를 의미하게 된다. 새는 고개를 들고 멀리 바라보는 모습인데 마치 무엇인가를 기다리고 있는 것 같다. 새가 기다리고 있는 것은 앞에서 언급한 '후기(候氣)'로 보인다. 이것은 어떤 절기를 설명하는 것일까? 「월령(月令)」에서는 "仲春之月, 倉庚鳴。 -중춘(음력 2월)에는 꾀꼬리가 운다-." 이라고 적고 있다. "春日載陽, 有鳴倉庚。 -봄날에 태양이 떠오르면, 꾀꼬리가 운다-"은 봄날의 가장 아름다운 날들을 의미한다. 네 개의 새 머리는 사각형 테두리 안에 그려져 있는데 여백에는 삼각형 모양의 가지와 잎을 그려 넣었다. 특히, 조문(鳥紋) 위쪽의 질그릇 목 부분에 그려진 세 개의 삼각추 문양은 봄에 새싹이 땅 위로 올라오는 모습을 표현한 것으로 보인다. 뾰족한 추의 위쪽에는 점 두 개가 그려져 있는데 이것은 각수(角宿)의 별자리를 표현한 것으로 식물의 새싹이 뿔 모양으로 자라나는 모습을 나타낸 것이다. 질그릇의 한쪽 손잡이 위아래로 그려진 어문(魚紋)은 두 마리의 물고기가 서로 마주보며 헤엄치는 모습으로 쌍어문(雙魚紋)을 나타낸다. 그리고 또 다른 손잡이의 위아래로는 변형된 어문(魚紋)이 한 쌍씩 그려져 있다. 물고기 도안은 모두 삼각형으로 그려져 있어 교미하거나 머리를 맞대고 있는 모습이다. 이 그림은 "鳥獸孳尾 -새들이 생육번성하기 시작한다-"의 의미를 나타낸다. 질그릇의 손잡이 양쪽에는 각각 점이 하나씩 그려져 있는데 이 또한 '각(角)' 별자리를 나타내는 것으로 네 면에 있는 각(角)은 각각 조각(鳥角)과 어각(魚角)을 나타내며 천지의 문을 열어 봄이 왔다는 것을 나타내는 의미로 해석할 수 있다. 이 질그릇 역시 조상께 제사 지낼 때 사용했던 조령호로(祖靈葫蘆)로 춘사(春社-중춘(仲春)에 토신(土神)에게 농사의 순조로움을 비는 제사)에 남녀가 교회(交會)할 때 조상의 사당 위에 바쳤던 것으로 보인다.

고대인들은 일 년에 두 번, 춘사(春社)와 추사(秋社)에 남녀가 만날 수 있었다. 어문(魚紋)과 조문(鳥紋)을 이용해 남녀 간의 사랑을 표시하였는데 후세에 용봉(龍鳳)으로 표현한 것과 같은 의미이다. 남녀의 만남은 대개 조상들의 제사에서 이루어졌는데 「월령(月令)」에서는 또한 다음과 같이 적고 있다. "仲春之月, 是月也, 玄鳥至, 至之日, 以大牢祠於高禖。-중춘의 달에 제비가 날아온다. 그 날 대뢰(牛、羊、猪 三牲全备-소, 양, 돼지 세 종류의 제물을 갖춰)에 고매 신에게 제사 지낸다-". 고매(高禖)는 생육의 신으로 알려져 있지만 씨족과 부락의 조상신이기도 하다. 남녀가 만날 때 조령호로(祖靈葫蘆)를 바치며 고매께 제사 지낸다.

그림 108. 섬서 무공 유풍에서 출토된 어조합체도(魚鳥合體圖)

4. 어조(魚鳥)문양 도안 예시(4)

섬서(陝西) 무공(武功) 유풍(游風)에서 출토된 어조합체도(魚鳥合體圖)는 주둥이가 큰 질그릇의 볼록한 윗면에 그려져 있다(그림 108).

질그릇에는 물고기와 새가 각각 그려져 있는 것처럼 보이지만 한편으로는 새머리에 물고기의 몸이 하나로 결합된 것처럼 보인다. 하나이면서 둘이고 둘이면서 하나라는 것을 나타내고 있다. 두 개가 하나로 합쳐진 것은 서로 바뀔 수 있다는 의미로 새와 물고기가 서로 변환할 수 있음을 나타낸다. 예를 들면 『장자. 소요유(莊子. 逍遥游)』에서 말한 "곤화위붕(鯤化爲鵬)"[29]의 의미와 같다. 이 채도병(彩陶瓶)은 조령호로(祖靈葫蘆)로 볼 수 있다. 물고기와 새가 결합된 이 그림은 물고기와 새 토템의 남녀가 만나서 후세를 낳아 대대로 이어져 간다는 것을 나타낸다. 물고기와 새 역시 고대인들이 숭배했던 생육신(生育神)으로 특히, 물고기는 옛 신화에서 '어부(魚婦)'로도 불렀다. 『산해경』「대황서경 大荒西經」에서는 다음과 같이 적고 있다.

有魚偏枯, 名曰魚婦。顓頊死即復蘇。風道北來, 天乃大水泉, 蛇乃化爲魚, 是爲魚婦。顓頊死即復蘇。

- 魚婦라고 불리는 반신불수의 물고기가 있었다. 이 물고기는 전욱이 사후에 다시 환생한 것이다. 바람이 북쪽에서 불어오자 하늘은 많은 물을 넘쳐나게 하였고 뱀이 곧 물고기로 변하였는데 이것이 바로 魚婦인 것이다. 전욱은 죽었으나 다시 환생한 것이다.

이 신화는 겨울이 가고 봄이 와서 고대인들이 춘사(春社) 의식을 했다는 내용이다. 전욱(顓頊)은 신화 가운데 북방천제로 동짓날의 태양신을 의미한다. '顓頊死即復蘇'는 겨울이 지나가고 생명이 다시 소생하는 봄이 온다는 것을 의미한다. '有魚偏枯, 名曰魚婦'은 동면하는 어류를 표현한 것으로 몸이 얼었기 때문에 반신불수로 표현한 것이다. 그러나 동면중인 물고기의 뱃속에는 알이 가득 차 있어 봄이 오면 산란하여 새끼 물고기를 부화하므로 '어부(魚婦-어미 물고기)'라고 부른 것이다. '風道北來, 天乃大水泉'은 봄바람에 얼음이 녹고 봄비가 내리는 절기를 말한 것이다. '蛇乃化爲魚'는 뱀이 동굴에서 나와 물에서 헤엄치며 물고기와 함께 뒤섞여 있는 모습을 뜻한다. 어린 물고기는 못 안에 가득하고 어미 물고기는 새끼들과 함께 자유롭게 돌아다닌다. '是爲魚婦'는 물고기와 뱀 부락의 남녀들이 춘사(春社)에서 만나 후세를 낳아 기른다는 것이다. '魚鳥合體圖' 역시 같은 의미로 물고기와 새 부락의 남녀들이 만나 후세를 낳아 기른다는 것을 나타낸다.

앞에서 살펴본 네 개의 '어조문(魚鳥紋)' 도안은 천상과 기상 그리고 물후를 반영한 것으로 『상서. 요전(尙書. 堯典)』에서는 다음과 같이 적고 있다.

---

29) [참고자료] 鲲鹏 [kūn péng] 곤과 붕. 곤어와 붕새. 『장자』에 나오는 큰 물고기와 큰 새 / 곤(鯤)이 변해서 대붕(大鵬)이 됨.(출처: 네이버 중국어 사전)

分命羲仲，宅嵎夷，曰暘谷。寅宾出日，平秩東作；日中星鳥，以殷仲春。厥民析，鳥獸孳尾。[30]

희와 중에게 명하여 동쪽의 양곡에 거하면서 공손히 해가 뜨는 것을 맞이하고 동쪽에서 태양이 떠오르는 시각을 분별하여 측정한다. 낮과 밤의 길이가 같을 때 남방주작의 7宿가 황혼 때 하늘의 정남쪽에 보이면 이날을 춘분으로 정한다. 이 때 사람들은 논밭과 들판으로 나아가고 새들은 번식하기 시작한다."

'희중(羲仲)'은 제요(帝堯) 시대의 천문관으로 동륙춘분(東陸春分) 절기의 관상수시 업무를 주관한다. 주(注)에서는 "東表之地稱嵎夷。 -東表가 있는 땅을 우이(嵎夷)라고 부른다-"라고 하였다. 입간측영(立竿測影)의 입간을 '표(表)'라고 부르며 '동표(東表)'는 춘분 측정에만 사용하였으며 동쪽 바닷가에 세워 놓았다. '양곡(暘谷)'은 『산해경』에서 '탕곡(湯谷)'으로 적고 있는데 동해에서 해가 떠오르는 계곡을 표현한 것이다. '인빈출일(寅宾出日)'은 춘분에 해를 맞이하는 의식으로 춘분이 되면 사람들은 제물을 준비하고 새벽까지 노래하고 춤추며 태양이 동쪽에서 떠오르기를 기다린다. 태양이 떠오르면 입간측영(立竿測影)의 규면(圭面)에 해 그림자가 생겨나는데 이때 제례 의식은 최고조에 달한다. 이때의 천상을 '日中星鳥, 以殷仲春'이라 하는 것이다. 중춘(仲春)은 춘분이 있는 달로 여기서는 춘분날을 나타낸다. 춘분날에는 낮과 밤의 길이가 같아지므로 '일중(日中)'이라고도 부른다. 밤에 하늘을 보면 남방주작 별자리가 남중하므로 '성조(星鳥)'라고 부른 것이다. 이 때 동방창룡 7수(宿) 가운데 대화심수(大火心宿)의 두 번째 별이 동쪽 지평선에서 올라와 하늘을 회전하기 시작하는데 이 모습은 남방주작이 동방창룡을 이끌어 동쪽 지평에서 떠오르게 하는 것과 같다. 고대인들은 물고기와 용을 하나의 물체로 인식하였으며 밤하늘에서 남방주작이 동방창룡을 이끌고 하늘을 돌아다니는 모습을 새가 물고기를 물고 있는 '어조문(魚鳥紋)' 도안으로 표현한 것이다. 이 '어조문(魚鳥紋)' 도안이 표현하는 것은 천상도(天象圖)이다. 이 무렵이 봄 농사 시기이므로 '평질동작(平秩東作)'이라고 하였다. '厥民析, 鳥獸孳尾'는 남녀들이 춘사(春社)에서 만나 결혼하고 자연에서는 조류나 짐승들이 교미하여 부화한다는 것을 의미한다. 갑골 복사(「合」 261) 가운데 "帝於東方曰析, 風曰劦。 -임금이 동쪽에 있는 것을 석(析)

30) [참고자료] 分头命令羲仲，居住在东方的汤谷，恭敬的迎接日出，辨别测定太阳东升的时刻。昼夜长短相等，南方朱雀七宿黄昏时出现在天的正南方，这一天定为春分。这时，人们分散在田野，鸟兽开始生育繁殖。(출처: Baidu 백과사전 「尧典」)

이라 부르고 바람은 협(劦)이라고 부른다–"라고 하였다. '협(劦)'은 따뜻한 봄바람을 나타낸다. 『산해경』「대황동경」에서는 "東方曰折, 來風曰俊 – 處東極以出入風[31] –(折丹이라는 神人이 있었는데) 동쪽 사람들은 그를 절(折)이라고 부르고 동쪽에서 불어오는 바람을 준(俊)이라고 불렀다. 신인은 땅의 동쪽 끝에 거하며 바람이 불고 그치게 하는 것을 주관한다–"이라고 적고 있다.

'來風曰俊?'는 무슨 뜻일까? 곽박은 주(注)에서 "未詳來風之所在也。–어디서 바람이 불어오지 확실하지 않다–"고 해석하고 있다. 봄 계절풍이라는 것은 현대의 기상학적 기준에서 설명한 것이다.

'어조문(魚鳥紋)' 도안에서 보이는 봄 계절풍의 모양은 『장자』「소요유(逍遥游)」의 '곤화위붕(鯤化爲鵬)'의 고사를 이용해 설명할 수 있는데 「소요유」에서는 다음과 같이 적고 있다.[32]

北冥有魚, 其名爲鯤, 鯤之大不知其幾千里也, 化爲鳥, 其名爲鵬。鵬之背不知其幾千里也, 怒而飛, 其翼若垂天之雲。是鳥也, 海運則將徙於南冥; 南冥者天池也, 齊諧者志怪者也; 諧之言曰: 鵬之徙於南冥也, 水擊三千里, 搏扶搖而上者九萬里, 去以六月息者也。

북쪽의 어두운 곳(큰 바다 속)에 鯤이라 불리는 물고기 한 마리가 있었다. 물고기의 크기는 몇 천리인지 가늠하기 어려우며 鵬이라는 새로 변한다. 鵬의 크기도 몇 천리인지 가늠하기 어려운데 세차게 날아오를 때 펼쳐진 두 날개는 마치 하늘의 구름과도 같아 보인다. 이 鵬鳥는 바다의 움직임(용솟음치는 파도)을 따라 남쪽의 어두운 곳(큰 바다)으로 옮겨갔다. 남쪽의 어두운 곳은 하늘의 연못이다. 「제해(齊諧)」는 기이한 일들만 적은 책으로 다음과 같이 적고 있다.

---

31) [참고자료] 有人名曰折丹 –东方曰折, 来风曰俊– –处东极以出入风。" 郭璞 注: "折丹, 神人。"『骈雅·释天』: " 折丹、飞廉, 风师也。"(출처: Baidu 백과사전「折丹」)

32) [참고자료] 釋文: 北方的大海里有一條魚, 它的名字叫做鯤。鯤的體積, 真不知道大到幾千里; 變化成為鳥, 它的名字就叫鵬。鵬的脊背, 真不
知道長到幾千里; 當它奮起而飛的時候, 那展開的雙翅就像天邊的雲。這只鵬鳥呀, 隨里海上洶涌的波濤遷徙到南方的大海。南方的大海是個天然的大池。『齊諧』是一部專門記載怪異事情的書, 這本書上記載說: "鵬鳥遷徙到南方的大海, 翅膀拍擊水面激起三千里的波濤, 海面上急驟的狂風盤旋而上直沖九萬里高空, 離開北方的大海用了六個月的時間方才停歇下來"。"在那草木不生的北方, 有一個很深的大海, 那就是'天池'。那里有一種魚, 它的脊背有好幾千里, 沒有人能夠知道它有多長, 它的名字叫做鯤, 有一種鳥, 它的名字叫鵬, 它的脊背像座大山, 展開雙翅就像天邊的雲。鵬鳥奮起而飛, 翅膀拍擊急速旋轉向上的氣流直沖九萬里高空, 穿過雲氣, 背負青天, 這才向南飛去, 打算飛到南方的大海。風聚積的力量不雄厚, 它托負巨大的翅膀便力量不夠。所以, 鵬鳥高飛九萬里, 狂風就在它的身下, 然後方才憑借風力飛行, 背負青天而沒有什麼力量能夠阻遏它了, 然後才像現在這樣飛到南方去。(출처: Baidu 백과사전「鯤魚」)

"붕조가 남쪽의 어두운 곳(큰 바다)으로 날아가면 바다 위에는 3천리나 되는 물결이 일어나고 빠르고 맹렬한 회오리바람이 9만 리의 높은 하늘로 솟아오른다. 6개월이 지나야 비로소 바람이 멈추게 된다.

窮發之北有冥海者, 天池也。有魚焉, 其廣數千里, 未有知其修(身長)者, 其名曰鯤。有鳥焉, 其名為鵬, 背若太山, 翼若垂天之雲, 摶扶搖、羊角而上者九萬里, 絕雲氣, 負青天, 然後圖南, 且適南冥也。

- 궁발(초목이 자라지 않는)의 북쪽에 어두운 바다가 있는데 바로 '天池'이다. 천지에 곤이라고 불리는 물고기가 있는데 등의 길이와 너비는 몇 천리인지 가늠하기 어렵다. 붕이라 불리는 새가 한 마리 있는데 그 크기는 마치 태산과 같고 펼친 날개는 하늘에 늘어뜨린 구름과도 같다. 붕조가 세차게 날아오르면 양각(羊角) 위로 회전하는 바람이 9만 리나 높게 치솟으며 구름을 뚫고 푸른 하늘에 닿게 된다. 이러한 뒤에야 비로소 남쪽의 큰 바다로 날아갈 수 있게 된다.

風之積也不厚, 則其負大翼也無力, 故九萬里則風斯在下矣; 而後乃今培風背, 負青天, 而莫之夭閼者, 而後乃今將圖南。

바람이 쌓인다고 큰 힘이 되지는 않는다. 단순한 바람의 힘으로는 큰 날개를 펼쳐 날 수 없다. 붕조가 9만 리의 높이를 날 수 있는 것은 붕조 아래에 광풍이 있어 그 힘을 의지하여 날 수 있는 것이다. 푸른 하늘까지 닿았으니 붕조를 가로막을 것은 아무것도 없게 되어 이후에 남쪽까지 날아갈 수 있게 된다.

앞의 문장은 늦봄에서 초여름 사이에 발생하는 황사를 포함한 봄 계절풍을 나타낸다. '북명(北冥)'은 북쪽의 추운 지역을 가리킨다. '명(冥)'은 어둡다는 의미로 북쪽의 겨울은 일조량이 적으며 북극으로 가면 동반년(冬半年)은 늘 깜깜한 밤이 된다. '窮發之北有冥海者, 天池也'에서 '궁발(窮發)'은 북쪽의 불모지를 뜻한다. 작은 풀도 자라지 않는 사막이 천리나 펼쳐져 있어 '천지(天池)'라고 부르며 광활한 모래 바다를 가리킨다. '北冥有魚, 其名爲鯤'에서 '곤(鯤)'은 '용(龍)'을 의미한다. 물고기는 비늘이 있는 동물인데 비늘 있는 동물 중의 우두머리는 용이다. 용은 한겨울에 북극 지하에 잠복해 있는 동방창룡을 가리킨다. 『주역』. 「건(乾)」 괘(卦)에서는 '잠룡(潛龍)'이라고 적고 있으며 『산해경』「대황북경(大荒北經)」에서는 '촉룡(燭龍)'이라고 적고 있다. 복양(濮陽) 서수파 무덤의 동지도(冬至圖)에 동면하고 있는 조개 무덤 용도 같은 의미를 나타낸다. '其名爲鯤'에서 '곤(鯤)'은 '곤(坤)'으로도 사용되는데 『주역』「설괘전(說卦傳)」에서는 "坤爲地"라고 적고 있다. 또한 『주역』「곤(坤)」 괘(卦)에서는 "象曰: 履霜堅冰, 陰始凝也; 馴致其道, 至堅冰也 –象曰, 서리가 내리면 얼음이 단단해지고 음기가 모이기 시작한다. 점차 그 道에 이르게 되면 단단한 얼음이 된다–"라고 적고 있다. '곤(鯤)'은 얼어붙은 겨울의 대지를 가리킨다. "鯤之大不知其幾千里也"와 "有魚焉, 其廣數千里, 未有知其修(身長)者, 其名曰鯤"은 북국(北國)의 얼어붙은 땅이 수 천리나 되는 곤(鯤)에 의해 뒤덮일 수 있어 매우 작게 느껴진다는 것을 말한 것이다. 겨울이 지나 봄이 오면 동방창룡도 땅에서 나와 하늘을 운행하는데 남방주작이 남중하면 이때에 '(鯤)化爲鳥, 其名爲鵬'이 된다. '붕(鵬)'은 '봉(鳳)'과 '풍(風)'으로도 사용되었는데 봄이 오면 얼었던 대지의 찬 공기가 밖으로 나와 봄철 계절풍이 만들어진다는 것을 의미한다. 봄 계절풍의 특징은 다음과 같이 간단하게 설명할 수 있다. 태평양의 난류와 중앙아시아/시베리아의 한류가 중국에서 만나 주기성환류(週期性還流)를 형성한다. 영국의 조셉 니덤(李約瑟)은 다음과 같이 설명하였다. "중앙아시아의 건조한 공기는 중국에서 동남아시아의 해양성 습한 공기와 만나 일 년 내내 대립한다." 이런 종류의 난류와 한류의 움직임은 패턴이 분명하여 봄에는 열흘에 한 번씩 한류와 난류의 만남이 주기적으로 나타난다. 초봄에는 햇볕이 따뜻하고 아래쪽으로 내려오는 찬 공기도 비교적 적어 초목이 자라기에 알맞은 기후가 된다. 바로 따뜻한 봄이 되는 것이다. 햇빛이 점차 강렬해지고 해양성 난류가 대륙의 중심으로 들어오면 얼었던 북쪽의 땅도 가장 깊은 곳까지 녹아내리기 시작한다. 얼음이 녹으면서 생기는 많은 찬 공기가 강한 한류를 형성하여 동남쪽으로 밀고 나간다. 이 때 많은 진흙과 모래도 함께 북국(北國)에서 남국(南國)으로 바람에 실려 이동한다. 「소요유」에서는 "風之積也不厚, 則其負大翼也無力"라고 적고 있다. '노이비(怒而飛)'가 있어야만 급격한 광풍이 불 수 있다. '搏扶搖羊角而上'라는 것은 광풍이 양 떼 속 평지에서부터 일어나기 시작한다는 것이다(지금도 이러한 돌풍이 나타난다). '부요(扶搖)'는 진동한다는 의미로 양각(羊角)이 바람의 회전을 따라 흔들리고 바람 또한 양각(羊角)을 휘감으며 하늘로 올라가는데 마치 용권풍(龍卷風)이 대붕조(大鵬鳥)를 받쳐 들고 있는 것과 비슷하기 때문에 '九萬里則風斯在下矣'라고 하였다. '대붕조(大鵬鳥)'는 남쪽으로 날아간다. '絶雲氣, 負靑天'은 온 하늘이 황사에 뒤덮이고 먼지가 자욱하여 '其翼若垂天之雲'라고 하였다. 바람이 바다를 지나면 파도가 치솟기 때문에 '水擊三千里'로 적고 있다. 마지막에 '남명(南冥)'은 남쪽 바다에 도달한다는 것을 의미한다. '去以六月息者也'는 남쪽바다에서 광풍이 부는 것을 말하는데 현재의 태풍을 나타낸다.

이상은 '어조문(魚鳥紋)' 도안이 역사 이전 시대의 봄철 천상과 기상을 반영하였음을 설명한 것이다. 물고기와 새는 중국 씨족 시대의 대표적인 토템으로 용봉(龍鳳) 문화의 기초가 된다. 토템의 모습은 생명이 소생하거나 새로운 생명이 시작한다는 것을 표현하고 있다. '곤(鯤)'의 본래의 뜻은 '어자(魚子)'로 작은 물고기를 말하는데 '곤화위붕(鯤化爲鵬)'은 결과적으로 큰 물체로 변했다는 의미이다. 이것은 씨족의 번영을 기원하는 뜻을 담고 있다. 전설 속의 복희씨(伏羲氏)와 여와씨(女媧氏)는 모두 '풍(風)'씨인데 '人身蛇軀'나 '人身鱗體'로 표현되어 있다. 이들 역시 봄바람이 얼음을 녹이고 수생 동물이 동면에서 깨어난다는 것에 기초한 이야기이다. 남매인 복희와 여와가 결혼한 전설은 고매신(高禖神)으로 되었는데 지금의 출생을 담당하는 생육신(生育神)에 해당한다. 한대(漢代)의 화상석 중에는 복희가 해를 받들고 여와가 달을 받들고 있는 것이 있는데 이것은 복희와 여와가 천지를 개벽하는 신의 역할을 한다는 의미를 나타낸다. 이런 관점에서 어조문(魚鳥紋)과 용봉(龍鳳) 문화의 기원을 연구한다면 더 많은 정보를 얻을 수 있을 것이다.

지금까지 알려진 용과 봉황이 함께 있는 유물로는 호남(湖南) 장사(長沙) 진가대산(陳家大山)에서 출토된 초(楚)나라 용봉백화(龍鳳帛畫)가 있다(그림 109).

『중국대백과전서』 고고편에서는 이 그림에 대해 아래와 같이 소개하고 하였다. "그림에는 초승달 모양의 물체 위에 여자 한 명이 서 있다. 뒤로 쪽머리를 하였으며 두 손은 합장하는 모습이다. 긴 두루마기를 입었고 넓은 소매의 옷자락 위에는 운기(雲氣) 문양이 장식되어있다. 여자의 왼편 위에는 용과 봉황이 한 마리씩 있다. 용에는 뿔이 없으며 굽어져 활기차게 위로 올라가는 모습이다. 봉황에는 관(冠)이 있으며 발톱은 무언가를 움켜잡고 있는 모습이다." 이것을 앞에서 설명한 '학어석부도(鶴魚石斧圖)'와 비교해보면 형식은 기본적으로 동일하다. 그러나 전국(戰國)시대 용봉(龍鳳) 문양이 나타내고자 했던

그림 109. 장사(長沙) 진가대산(陳家大山) 초(楚) 나라 묘에서 출토된 용봉백화(龍鳳帛畫)

천상과 기상의 개념은 이미 바뀌어 있다.

마지막으로 곤붕(鯤鵬) 고사는 비록 오래되지 않은 전국(戰國)시대에 지어졌지만 그 내용은 매우 오래되었다. 이러한 사실은 '摶扶搖羊角而上'을 통해 알 수 있다. '양각(羊角)'이 의미하는 것은 무엇인가? 앞에서는 양뗴를 이용해 설명하였는데 이것은 글자의 표면적인 뜻을 설명한 것이다. 양각의 본질적인 의미는 양각 토템 기둥을 의미한다. 고대인들은 양각 토템기둥을 이용하여 관상수시를 하였고 천상과 기상을 관측하였다. 광풍이 불 때 양각 토템기둥의 흔들림을 관측하였다. 토템기둥은 신주(神柱)로 누구든 함부로 흔들 수 없으며 오로지 신성한 대봉조(大鵬鳥)만이 흔들 수 있었다.

3절. 고대인들의 뇌성(雷聲)과 번개에 대한 숭배 : 천둥 부호와 천둥 번개의 신

천둥은 음전하와 양전하가 대기 중에서 부딪히며 내는 폭발음이며 번개는 이들이 서로 부딪힐 때 발생하는 강렬한 빛이다. 고대에는 천둥과 번개에 대한 이러한 과학적 지식이 없었으므로 천둥소리와 번개를 모두 자연계의 신령(神靈)이라고 여겼다.

앞에서 '영춘도(迎春圖)'를 소개할 때 조보구문화의 야저수우각룡(野猪首牛角龍)을 언급한 적이 있는데 이것은 『산해경』에 기록된 뇌수(雷獸)와 뇌신(雷神)과 같은 것이다. 이것은 춘뢰(春雷)가 시작되고 농사에 적당한 바람과 비가 내려 새로운 하나의 생산년이 다시 시작되었다는 것을 나타낸다. 『주역』 「설괘전(說卦傳)」에서는 "震爲雷, 爲龍 –震은 천둥이며 龍이다–"이라고 적고 있다. 용신(龍神) 역시 뇌신(雷神)과 마찬가지로 신의 성격을 가지고 있다. 야저수우각룡(野猪首牛角龍)과 함께 출토된 큰 돌도끼에는 인면문(人面紋)이 새겨져 있다. 이 인면문은 인격화된 뇌신(雷神)으로 돌도끼는 '뇌공부(雷公斧)'라고 부를 수 있다. 고대인들의 인식 속에 천둥과 번개가 치는 것은 뇌신(雷神)이 커다란 도끼로 하늘을 쪼개어 생긴 문에서 벼락과 천둥소리가 끊임없이 들린다는 것을 의미한다. 번개신이 빛을 세차게 만들고 바람신(風神)과 구름신(雲神)이 먹구름을 휘날리게 하니 곧 폭풍우가 오려고 한다는 것을 나타낸다. 눈에 띄는 사실은 이 인면문이 새겨진 큰 돌도끼에는 날이 없어서 실제로는 사용할 수 없다는 것이다. 더구나 도끼는 오색찬란한 옹

회암(凝灰巖)으로 만들어졌으며 광택을 내면 물방울이 떨어지는 것처럼 보인다. 마치 아침 햇살 속의 안개 같은 모습으로 신성한 도끼(神斧)처럼 보인다. 신석기시대의 신부(神斧), 신월(神鉞), 신산(神鏟-삽) 등은 이미 여러 개가 출토되었다. 일부에는 주름문양장식(縷紋飾)이나 채색 도안이 새겨있는데 그들은 대부분 제사와 관련된 것으로 알려져 있다. 양저(良渚)문화에서는 석월(石鉞)과 함께 옥월(玉鉞)도 발굴되었다. 석월(石鉞)을 제작한 재료는 얼룩무늬가 있는 화성암(火成岩)으로 주로 적갈색과 청회색 두 종류이다.[33] 이들 석부의 표면을 연마해서 광택을 내면 청회색의 천막 위에 오색찬란한 노을이 있는 것처럼 보인다. 양저(良渚)문화의 석월(石鉞)과 옥월(玉鉞)은 모두 신월(神鉞)로 당시에 주술사가 천지(天地)를 쪼갤 때 사용했던 것으로 천신(天神)과 지신(地神) 그리고 인귀(人鬼)와 통하는 법기(法器)[34]였다는 것을 알 수 있다.

조보구문화의 야저수우각룡(野猪首牛角龍)은 뇌수(雷獸)와 뇌신(雷神)을 표현한 것으로 복양(濮陽) 서수파(西水坡)의 앙소(仰韶)문화시기 무덤 이분도(二分圖)의 용(龍)도 뇌수(雷獸)와 뇌신(雷神)을 표현한 것으로 볼 수 있다. 앞서 언급했듯이 이 무덤 용(龍)의 머리는 악어와 비슷한데 역사시대 이전의 고대인들은 악어가죽을 이용해 북을 씌워 사용하였으며[35] 후세에는 이를 타고(鼉鼓-악어 북)라고 불렀다. 『시경』. 「대아. 영대(大雅. 靈臺)」에서는 "鼉鼓逢逢, 矇瞍奏公。[36] -악어로 만든 북을 둥둥 울리고, 눈먼 소경이 연주를 시작한다-"이라고 적고 있다. '봉봉(逢逢)'이라는 것은 천둥소리를 표현한 것으로 관상대(영대) 위에서 하늘에 제사지낼 때 사용했던 뇌고(雷鼓)를 나타낸다. '봉봉(逢逢-féngféng)'과 '팽팽(彭彭-péngpéng)'은 '방(蚌-bàng)'과 발음이 비슷하기 때문에 복양 서수파 용을 조개껍데기로 만든 이유는 고대인들이 '방(蚌)'을 '뇌(雷)'로 이해했음을 보여준다. 조개의 외부는 단단하기 때문에 두드리면 '팽팽(彭彭)'과 같은 소리를 낸다. 조개 속에는 연체 생명이 살고 있기 때문에 앞에서 설명했듯이 조개가 입을 벌리고 있을 때 '진(辰)'으

---

33) 浙江省文物考古研究所, 余杭市文物管理委員會: 「浙江余杭滙觀山良渚文化祭壇與墓地發掘簡報」, 『文物』 1997年 第7期.

34) [역자주] 법기(法器)-승려나 도사가 종교 의식에 쓰는 인경, 법고, 징, 바라, 목어 등의 불구(佛具)를 일컫는다.

35) 산동(山東) 대문구문화(大汶口文化) 고분과 산서(山西) 도사(陶寺) 용산문화(龍山文化)의 고분에서 모두 악어 비늘 조각이 출토되었는데 학자들은 이것을 당시 북을 씌우는데 사용했던 악어가죽에서 나온 것이라고 보았다.

36) [참고자료] 毛传: "公, 事也。" 朱熹 集传: "闻鼍鼓之声, 而知蒙、瞍方奏其事也。"一说, 犹唱歌。高亨 注: "公, 当读为颂。颂, 歌也。奏颂, 即唱歌。(출처: Baidu 백과사전 「奏公」)

로 부른다. '진(震)'자는 '진(辰)'에서 온 것으로 '震爲雷 –震은 우뢰이다–'인 것이다. 봄철 '정월계칩(正月啓蟄)'이 되면 민물조개들은 겨울잠에서 깨어나기 시작한다. 『주역』「설괘(說卦)」에서는 "離爲火, 爲蚌。 –離는 불이요, 민물조개이다–."이라고 적고 있다. 민물조개가 천천히 입을 벌리기 시작하면 마치 불이 붙어 폭발하는 것 같고 춘뢰(春雷)도 생겨나기 시작하기 때문에 '하방(河蚌–민물조개)'은 '뇌(雷)'의 의미를 갖게 된다.

앞에서 소개한 옹우특기(翁牛特旗) 석붕산(石棚山) 소하연(小河沿)문화의 가장 오래된 운석 기록을 살펴보면 고대인들은 땅에 떨어진 운석을 '뇌(雷)'에 비유하였는데 뇌(雷)의 실체를 돌로 본 것이다. 고고학 유적 가운데 운석이 발견되었다는 보도는 없으나 고고 유적에서 일반 돌은 자주 발견되고 있다. 유적에서 발견된 이러한 돌의 기능이나 의미는 잘 알려지지 않아 지금껏 중요하게 다루어지지 않았다. 내몽고(內蒙古) 오한기(敖漢旗) 소산(小山)의 조보구문화 집터에는 인면문(人面紋) 대석부(大石斧)와 함께 조개모양 석편(石片)들이 많이 출토되었다.[37] '방(蚌)'은 '뇌(雷)'를 의미하는 것으로 '뇌석(雷石)'의 개념이 역사시대 이전에 이미 있었다는 것을 의미한다. 후세에는 운석을 '뇌설(雷楔)' 또는 '뇌공묵(雷公墨)'이라고 불렀다.[38] 운석을 뇌석(雷石)으로 인식한 것이다. 소하연(小河沿)문화에서 발견된 가장 오래된 운석기록에는 뇌(雷)를 '[symbol]' 모양으로 표시하였는데 이런 종류의 부호나 문양은 역사시대 이전의 질그릇 그림에서 자주 볼 수 있다. 운석의 도안을 약간 변형해서 표현한 것도 있는데 뇌문(雷紋), 회문(回紋) 또는 운뇌문(雲雷紋)으로 부른다. 지금까지 가장 독특한 모습은 청해(青海) 낙도(樂部) 유만(柳湾)의 채도 항아리에 그려진 '[symbol]' 문양으로 볼 수 있다(그림 109).[39]

그림 109. 낙도(樂部) 유만(柳湾) 출토 채도 항아리에 그려진 뇌문(雷紋) 우측 그림(출처: 青海省彩陶中心 소장)

이 채도 항아리는 마가요문화의 마창유형(馬廠類型)에 속하는 것으로

37) 中國社會科學院考古研究所內蒙古工作隊:「內蒙古敖漢旗小山遺址」,『考古』1987年 第6期.

38) 孫曉琴, 王紅旗:『天地人鬼神圖鑒』, 中國對外翻譯出版公司, 1997年.

39) 青海省文物管理處考古隊, 中國社會科學院考古研究所:『青海柳灣–樂都柳灣原始社會墓地』圖八五: 6, 圖版一三七: 1, 文物出版社, 1984年.

흰색(번개가 눈부시게 비칠 때의 광명을 뜻한다)으로 바탕을 칠하고 자홍색(번개 자체의 색깔을 뜻한다)으로 문양을 그렸으며 주둥이 안쪽은 직선으로 그려져 있다. 그리고 질그릇의 목에는 비스듬한 빗금이 그려져 있다. 양쪽 손잡이 위쪽으로는 와문(蛙紋-개구리 문양) 또는 인형문(人形紋)이 그려져 있으며 그 양쪽에는 '' 문양이 그려져 있다. 항아리의 앞쪽과 뒤쪽에 그려져 있는 ''이 질그릇의 주된 문양인 것이다. 와문(蛙紋)이나 인형문(人形紋)은 보조 장식으로 항아리의 양쪽에 그려져 있다. '' 문양은 구부러지고 심하게 변형되어 자유로운 모습으로 보인다. 선의 끝에는 손톱문양이 더해져 있어 회전하며 움직이는 모습을 표현하고 있다. 이것은 천둥이 울리며 끊임없이 회전하고 있는 모습을 표시한 것으로 보인다. 이 '' 문양은 후세에 뇌(雷)자를 만든 기원이 되었으며 우뢰를 의미한다. 『설문해자』에서는 다음과 같이 적고 있다.

雷, 陰陽薄动, 雷雨生物者也。从雨畾, 象回轉形。'', 古文雷。'', 古文雷。'', 籒文雷。間有回, 回, 雷聲也。

雷는 음과 양이 희미하게 움직이는 것이며 雷雨는 사물을 생겨나게 한다. 雨畾에서 나왔고 회전하는 모양을 본뜬 것이다. ''는 고문의 雷이다. ''는 고문의 雷이다. ''는 주문(籒文-대전(大篆)의 雷이다. 중간에 있는 回는 雷聲을 뜻한다.

뇌(雷)가 우(雨)에서 왔다는 것은 두 가지 뜻을 갖고 있다. 첫째는, 천둥번개가 친 후에 비가 내리는 것을 말하는 것으로 '뇌우(雷雨)'로도 적는다. 두 번째는 하늘에서 천둥이 쳐서 땅 위로 떨어지기 때문에 '낙지뢰(落地雷)'라고 한다. 뇌(雷)자가 전(田)에서 유래되었다는 것은 또한 다음의 두 가지 의미를 갖고 있다. 첫째는 '전(田)'자와 '회(回)'자의 모양이 비슷하므로 회(回)자에서 변형되어 온 것으로 볼 수 있다. 두 번째는 '뇌고(雷鼓)'를 나타낸 것으로 원형(圓面)에서 방형(方形)으로 변한 것을 나타낸다. '우(雨)'자의 머리 부분은 후대에 첨가한 것임을 알 수 있다. '뇌(畾)' 또는 '' 문양은 '' 문양에서 발전된 것으로 전형적인 구부러진 회(回)자 문양이다. 이 문양을 쪼개보면 '' 모양이 된다. 즉 '間有回, 回, 雷聲也'를 의미한다. 이런 회(回)자 문양은 역사시대 이전의 질그릇 위에서도 자주 볼 수 있으며 그것이 의미하는 것 중의 하나는 '뇌(雷)'이다. 영국의 니덤은 왕충(王充)의 『논형(論衡)』을 인용해 다음과 같이 설명하였다. "『예기 禮記』에 기록된 술잔 위에 새겨진 뇌(雷)에 대해서 다음과 같이 적고 있다. 뇌(雷) 하나는 뚫고 나오며 다른 하나는 안으로 들어가 있으며 또 다른 하나는 회전하는 모습이며 나머지는 곧게 뻗은 모습이다. 이들은 서로 부딪치며 소리를 내게 되는데 서로 엇갈려 충돌하여 우르릉 쾅쾅하는 큰 소리를 낸다." (原文: "禮曰: 刻尊爲雷之形, 一出一入, 一屈一伸, 爲相校則鳴")[40] 이 설명 또한 '回, 雷聲也'와 잘 일치한다. 왕충(王充)은 『논형』「뇌허 雷虛」에서는 다음과 같이 적고 있다. "뇌(雷)의 모양을 그리는 방법은 층층이 쌓아올려 마치 북을 연결한 모양과 같다. 한 명의 역사(力士)를 그려 놓았는데 그를 뇌공(雷公)이라 부른다. 왼손에는 연결된 북을 들고 있으며 오른손으로는 그것을 두드리고 있다. 두드리는 모습은 뇌성(雷聲)이 치는 모습을 표현하고 있으며 북을 서로 연결해 두드리며 소리를 내는 것이다." 뇌(雷)자를 '𠁥'로 표현한 것은 '전(田)'에서 그 뜻이 왔다는 것을 의미한다. 연결된 북에서 그 형태를 취했으며 그 중간에 원형(圓形)의 회(回)자 문양은 천둥소리를 나타낸다.

후세에 뇌공(雷公)이나 뇌신(雷神)을 그린 그림이 남아 있는데 『삼교원류수신대전(三敎源流搜神大全)』 중의 뇌공(雷公)이 그 일례이다. 이 뇌공은 사람 얼굴에 새부리의 모습이며 등에는 두 개의 날개가 있고 짧은 치마를 걸치고 있다. 왼손과 오른손에 각각 끌과 망치를 들고 있는 역사(力士)의 모습이다. 연결된 북과 화염문양으로 둘러싸여 있으며 민간전설 속의 뇌공(雷公)의 모습과 비슷하다.

그림 109-1. 뇌공(雷公)의 모습(출처: Baidu 圖片)

더 오래된 그림으로는 마왕퇴(馬王堆) 한묘(漢墓) 비단에 그려 있는 뇌공(雷公)이 있다. 뇌공의 얼굴은 원숭이와 비슷하고 머리에는 두건을 쓰고 있으며 큰 눈을 동그랗게 뜨고 있다. 입은 새부리와 비슷하고 짧은 치마를 입고 있는 모습이다. 하늘에는 오색구름이 선(線)으로 가득 그려져 있어 천둥번개가 치는 것을 연상케 한다.[41] 이것은 역사시대 이후에 상상력이 가미된 뇌공(雷公)의 모습이다. 그 이전 시대의 뇌공(雷公), 뇌신(雷神), 뇌수(雷獸)와 뇌(雷)의 그림은 다른 방식으로 표현되었을 것이다.

장사(長沙) 자탄고(子彈庫)에서 출토된 『초백서(楚帛書)』에는 정월(正月) 건인(建寅)의 위치에 큰

---

40) (英)李約瑟: 『中國科學技術史』, 中譯本 第四卷 第二分冊 747-749p.

41) 周世榮: 「馬王堆漢墓的 "神祇圖" 帛書」, 『考古』 1990年 第10期.

조개 하나가 그려져 있다. 조개의 양쪽으로 뱀의 머리와 꼬리가 그려져 있어 '방(蚌)'이 '뇌(雷)'가 되어 뇌수(雷獸)나 뇌신(雷神)을 나타낸다. 뱀 머리는 인면(人面) 모양으로 인격화된 뇌신(雷神)을 나타내고 있다. 역사시대 이전의 뇌공(雷公)이나 뇌신(雷神)은 다양한 모습으로 그려졌을 것이다.

앞서 언급한 조보구(趙寶溝)문화의 인면문(人面紋) 대석부(大石斧)에 그려진 인면(人面) 또한 인격화된 뇌신(雷神)의 모습이다. 마가요(馬家堯)문화 마창유형(馬廠類型) 항아리 위의 '𠴨' 문양과 함께 그려진 와문(蛙紋, 개구리 문양)이나 인형문(人形紋, 사람모양 문양)[42] 또한 인격화된 뇌신(雷神)을 그린 것으로 보인다. 이 뇌신(雷神)은 겹쳐진 동그라미로 머리를 표현하였으며 몸에서 꼬리까지 직선 하나로 그려져 있다. 양쪽으로 나와 있는 세 쌍의 꺾은 선은 다리를 표현하고 있다. 발끝에는 발톱이 그려져 있어 '인와문(人蛙紋)'임을 알 수 있다. 이 그림은 선을 이용해 그리는 방식을 사용하고 있으며 몸에는 여러 열은 선들이 남아 있어 물속에서 나온 청개구리의 모습과 비슷하다. 아마도 원래의 모습은 청개구리를 표현한 것으로 보인다. 청개구리는 입에 바람을 넣어 소리를 낼 수 있다. 여름밤에는 개굴개굴 여기저기서 끊임없이 개구리들이 우는 소리를 들을 수 있기 때문에 고대인들은 청개구리를 뇌신(雷神)의 정령으로 여긴 것으로 보인다.

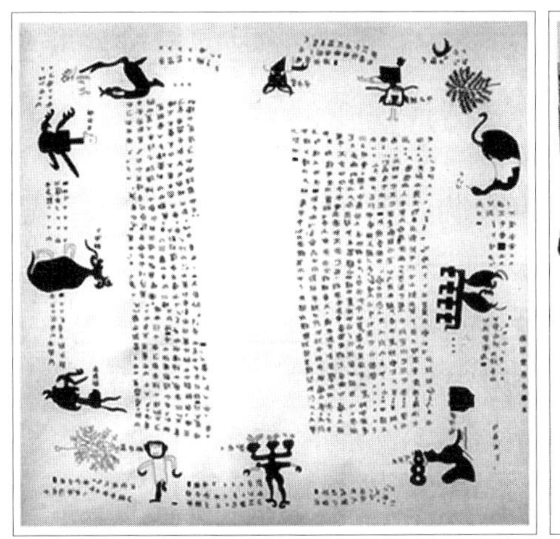
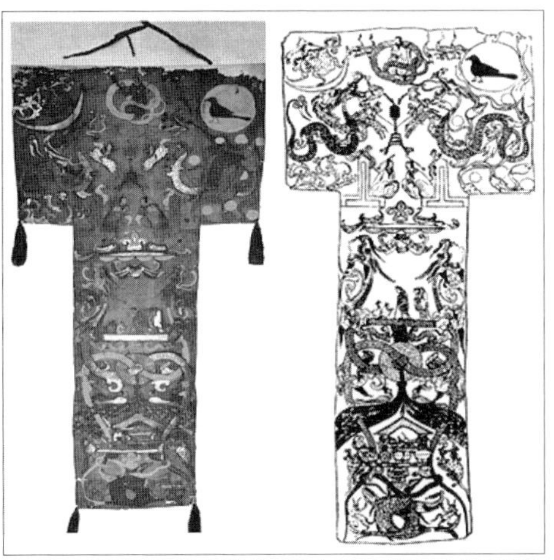

그림 109-2. 장사(長沙) 자탄고(子彈庫) 초백서(楚帛書, 좌측)와 마왕퇴(馬王堆) 한묘(漢墓) 백화(帛畫, 가운데와 우측) (출처: 中國國家圖書館, 國圖空間)

42) 와문(蛙紋) 또는 인형문(人形紋)으로 불리는 이 문양은 감숙(甘肅)과 청해(青海)지역의 마가요(馬家堯)문화 채도 위에서 찾아볼 수 있는 특색 있는 문양장식이다. 이 문양이 갖고 있는 문화적 함의에 대해서 많은 학자들은 다방면으로 연구하였다. 뒤에서 이 문양에 대해 다시 한 번 언급하겠다.

뇌(雷)자는 갑골문에서 '[illegible]'(「粹」 一五七0), '[illegible]'(「前」 七, 二六, 二), '[illegible]'(「前」 四, 一一, 七), '[illegible]'(「前」 七, 二四, 四) 등으로 표현되어 있다. 글자의 형태에 있어서 '[illegible]' 문양과는 공통점이 없어 보이는데 그 이유는 갑골문의 뇌(雷)는 이미 천둥소리와 번개를 하나로 조합하였기 때문으로 보인다. 뇌자는 '전(田)'에서 뜻을 취했으며 북을 연결한 모습으로 천둥소리가 나는 것을 표현하고 있다. '[illegible]'는 '회(回)'자를 간단히 줄인 것으로 천둥소리가 연속해서 난다는 것을 나타낸다. '[illegible]'는 조개모양으로 조개의 양쪽 껍질이 벌어질 때 하늘에서 천둥이 치는 것을 표현한 것으로 '뇌석(雷石)'을 나타낸다. '∴'은 빗방울을 표시한 것으로 하늘에서 천둥이 치니 곧 비가 오려고 한다는 것을 표현한 것이다. '[illegible]'은 번개가 번쩍이는 모습을 표현한 글자로 '신(申)'자와 같으며 '電'자의 의미이다. 신(申)자는 본래 '신(伸)'자로 번개가 번쩍일 때 구부러졌다 펴지는 모습을 표현한 것으로 '시(示)' 부수를 더해 '신(神)'자를 만들었다. 즉 옛날에는 번개가 번쩍이며 움직이는 것을 신(神)으로 여겼던 것이다.

자연현상 가운데 많은 경우 천둥소리와 번개가 함께 나타나는데 마가요(馬家堯)문화 마창유형(馬廠類型)의 채도에도 천둥소리와 번개가 함께 표현된 그림이 있다(그림 110).[43] 채도에는 천둥 문양을 주제로 표현한 그림이 있는데 하늘에서 천둥이 치고 있다는 것을 의미한다. 질그릇 전체에 걸쳐 파절문(波折紋 –구부러진 파동문양)이 장식되어 있으며 그 위에는 가시 문양이 그려져 있다. 이것은 방사되어 나오는 번개를 나타내는데 천둥과 번개가 결합된 모습이다. 기상 현

그림 110. 마가요(馬家堯)문화 마창유형(馬廠類型) 채도에 그려있는 '뇌전문(雷電紋)'

그림 111. 마가요(馬家堯)문화 마창유형(馬廠類型) 채도에 그려있는 '섬전문(閃電紋)'

43) 青海省文物考古隊: 『青海彩陶』 圖版95, 折紋罐, 樂都柳灣出土, 文物出版社, 1980年.

상 중에 천둥소리는 있으나 번개는 보이지 않고 또는 반대의 경우도 있는데 마가요문화 마창유형(馬廠類型)의 채도에는 번개만 그려놓은 것이 있다(그림 111).[44] 이 채도의 주된 문양은 파절문으로 그 위에 구부러진 가시문양을 덧붙여 번개가 더욱 강하게 빛나고 있는 것을 표현하였다.

고대인들은 번개를 신(神)으로 생각하였다. 민간에는 '번개아버지(電父)', '번개어머니(電母)', '번개마마(閃電娘娘)' 등의 별칭이 있었으며 그림에 그려진 번개 또한 이전 시대와는 다른 모습이었다. 역사시대 이전의 번개신은 와문(蛙紋)이나 인형문(人形紋)으로 표현하였다. 즉, 인격화된 와신(蛙神)이었다. 아래에서 운남(雲南) 암각화에 새겨진 뇌전도(雷電圖) 한 폭을 예로 들어 설명해 보겠다(그림 112).[45]

이것은 천상과 기상을 표현한 한 폭의 암각화이다. 제일 위에는 태양이 새겨져 있는데 작게 그려져 있기는 하지만 한낮임을 나타내고 있다. 중간 좌측에는 여러 별이 함께 새겨져 있어 박명(薄明)을 표시하고 있는 것으로 보인다. 낮과 밤을 한 그림에 표현하고 있고 모두 하늘과 관련된 내용이다. 별의 아래쪽에는 큰 조개가 새겨져 있는데 조개의 양 끝에는 뱀의 머리와 꼬리가 있어 조개와 용을 함께 표현한 것으로 보인다. 즉, '진위뢰 위룡(震爲雷, 爲龍)'인 것이다. 이것은 '우뢰(雷)'를 표현한 것으로 하늘에서 천둥이 강하게 친다는 것을 나타낸다. 암각화의 오른쪽에는 두 개의 인격화된 와형(蛙形) 도안이 있는데 하나는 다른 것에 비해 크게 새겨져 있다. 와형 도안은 번개 신(神)으로 휘어져 춤추는 모양으로 새겨져 있어 번개가 여러 곳에서 치고 있다는 것을 나타낸다. 큰 그림의 머

그림 112. 운남 암각화에 새겨있는 '우뢰(雷-조개신)', 묘성단(昴宿, 좌측 중간)과 와문(蛙紋-번개신)

44) 青海省文物考古隊: 『青海彩陶』 圖版88, 長頸壺, 樂都柳灣出土, 文物出版社, 1980年.

45) 楊元佑: 「雲南元江它克岩畵」, 『文物』 1986年 第7期.

리 위에는 광관(光冠)이 있어 '번개어머니(電母)'를 표현하고 있다. 작은 것은 '번개아버지(電父)'를 표현한 것으로 보인다. 번개 신 양쪽에 있는 마름모 또는 원형의 '회(回)'자 문양은 천둥이 강하게 치고 번개가 번쩍이고 있다는 것을 표현한 것이다. 이것이 바로 "陰陽相薄爲雷, 激揚爲電。-陰과 陽이 서로 살짝 부딪히면 천둥이 되고, 크게 흔들리면 번개가 된다-"인 것이다.

4절. 봄 가뭄 때의 기우(求雨)와 여름-가을의 홍수범람 : 운문(雲紋), 우문(雨紋), 파도문(浪濤紋), 무도문(舞蹈紋)

물은 모든 생명의 근본으로 날씨에 의지해 살아간다는 것은 바로 물에 의지한다는 의미이다. 원시농업의 수원(水源)은 주로 빗물로 하늘에서 비를 내려주지 않으면 굶주리게 되므로 고대인들은 가뭄이 들거나 홍수가 나면 하늘에 빌었다. 봄이 오면 곡식이 자라기 적당한 비가 내려 씨앗을 파종할 수 있게 된다. 파종한지 며칠이 지나면 어린 싹이 돋아난다. 그러나 이때가 되면 봄 가뭄이 시작되어 땅속의 수분은 계절풍에 의해 모두 날아가 버린다. 땅은 메마르고 갈라져 어린 새싹은 자라기 어렵게 된다. 더구나 아직 싹이 나지 않은 씨앗은 상황이 더 어렵게 된다. 자연환경에 영향을 덜 받는 작물인 경우에도 봄비는 매우 귀한 존재이다. 비가 내리지 않으면 사람들은 가뭄을 이겨내야 한다. 이러한 봄 가뭄은 자연의 규칙으로 사람들의 의지로 바꿀 수 있는 것은 아니다. 봄 가뭄이 지나면 연이어 여름과 가을 가뭄이 이어지는데 그러면 벼에 이삭이 달리지 않는다. 가뭄에 대한 지식이 부족했던 고대에는 가뭄이 들면 하늘에 빌 수밖에 없었다.

자연계에는 또 하나의 규칙이 있는데 큰 가뭄이 든 해에는 반드시 큰 홍수가 난다는 것이다. 역사 기록을 살펴보면 제요(帝堯) 시대에 큰 가뭄이 있었다. 『회남자. 본경훈(淮南子. 本經訓)』에 적고 있는 "堯之時, 十日幷出, 焦禾稼, 殺草木, 而民無所食。-堯임금 때 열 개의 태양이 동시에 나와서 곡식을 마르게 하고 초목을 죽이니 이에 백성들이 먹을 것이 없었다-"는 큰 가뭄이 있었던 해를 언급한 것이다. 이어서 홍수가 있었는데 『상서』「요전」에 적고 있는 "湯湯洪水方割, 蕩蕩懷山襄陵, 浩浩滔天。-큰 홍수가 사방을 끊어놓고 넘쳐서 산과 언덕을 감싸고 한없이 넓게 흘러 하늘까지 닿았다-"는 하곤(夏鯤)과 하우(夏禹)가 치수(治水)했다는 신화로 제요(帝堯)

시대부터 홍수와 가뭄이 연이어 있었다는 것을 보여준다. 역사시대 이전의 가뭄과 홍수의 피해 기록으로부터 일찍부터 홍수와 가뭄이 있었음을 알 수 있다. 『산해경』「대황북경」에는 "황제여발(黃帝女魃)"과 "천여발(天女魃)"이라는 기록이 있다. 발(魃 bá-가물귀신 발/가뭄을 일으킨다는 전설상의 괴물)은 발(妭 bá-예쁜 여자 발)로도 쓰는데 '黃帝女妭'은 봄 가뭄의 신(神)이며 '天女妭'은 여름과 가을 가뭄의 신(神)이다. 『회남자』「남명훈(覽冥訓)」에는 여와(女娲)시대에 "水浩洋而不息-물이 끊이지 않고 넘쳐흘렀다-"이라는 기록이 있는데 이것은 모계 씨족사회 시대에 큰 홍수가 있었다는 것을 말해준다. 고대인들은 홍수를 물의 신인 공공씨(共工氏)의 잘못으로 돌려 "共工振滔洪水, 以薄空桑。[46] -(舜임금 때) 공공씨 때문에 홍수가 나서 공상(지명)이 물에 잠겼다-"라고 말하였는데 이것은 바로 홍수가 있었다는 것을 의미한다. 과거의 가뭄과 홍수의 피해는 고고학에서 확인하기 어려운 일로서 환경고고학을 통해 간접적으로 판단할 수 있다.

현재 학계에서는 고기후(古氣候) 및 고자연환경(古自然環境)에 대한 연구를 통해 많은 성과를 얻고 있다. 유적지에서 출토된 동물 뼈의 잔해나 토양에 남아 있는 포자 분석을 통해 연구가 진행된다. 일례로, 반파(半坡) 유적지 주변의 절단면에 남아 있는 포자 분석을 통해 세 개의 식생(植生)이 있었음을 확인하였다. 이것은 세 차례의 기후변화가 있었다는 것을 보여준다. Holocence epoch(全新世)[47]은 온난기에 존재했으며 반파(半坡) 유적지에서 그 증거를 확인할 수 있다. 초기 Holoence epoch은 온화 다습한 기후에서 따뜻한 기후로 바뀌었고 이후 습하고 서늘한 기후를 거쳐 건조한 기후로 변했다. 중기 Holoence epoch에는 온난 다습했다가 차갑고 서늘한 기후로 변했으며 이후, 고온 다습을 거쳐 따뜻하고 건조한 기후가 되었다. 후기 Holoence epoch에는 서늘하고 건조한 기후가 이어졌다. 기온은 지금보다 2~3도 정도 높았을 것으로 추정된다.[48] 이것은 반파(半坡) 시대의 다양한 기후 변화를 말해준다. 기상 변화를 살펴보면 건한기(干寒期)와 온습기에는 가뭄과 홍수가 있었을 것이다. 이것은 반파(半坡) 시대 사람들이 가뭄과 홍수의 재해를 겪었다는 것을 말해준다. 최근 환경고고학 연구를 통해 회하(淮

---

46) [참고자료] 舜的时期, 因治理洪水方法不对, 洪水肆虐, 到处汪洋.(출처: Baidu 知道)

47) [참고자료] 全新世(Holocene epoch)是最年轻的地质年代, 从11700年前开始。(출처: 维基百科(위키백과사전))
홀로세(Holocene)는 가장 젊은 지질 년대로 11700년 전부터 시작되었다. 충적세(沖積世) 또는 현세(現世)라고도 부른다. 지질 시대의 마지막 시대에 해당한다.

48) 柯曼紅, 孫建中: 「西安半坡遺址的古植被與古氣候」, 『考古』 1990年 第1期.

河,[49] [Huái] 유역은 일찍이 온난 다습한 기후에서 한랭 건조한 기후로 바뀌었다는 사실이 밝혀졌다.[50] 일부 연구자들은 호북(湖北) 지역의 석가하(石家河)문화 몰락이 기후조건이 악화된 이후 대홍수와 관련이 있다고 주장하기도 한다.[51]

하늘에서 비가 내리는 이유는 구름 때문이다. 고대인들은 대부분 산에서 거주하였는데 산비탈이나 구릉 등 높은 지역에 거주하면서 산에서 운기(雲氣)가 나오고 구름의 변화를 볼 수 있는 기회가 많았다. 따라서 유운문(流雲紋-떠가는 구름 문양), 권운문(卷雲紋-말린 구름 문양), 운뢰문(雲雷紋) 등을 이용해 종종 예술품을 장식하였다. 『설문해자』에서 "雲, 山川氣也, 从雨, 雲象雲回轉形。 -雲은 산천의 기운으로 雨에서 뜻이 왔다. 雲은 구름이 회전하는 모습을 본뜬 것이다-"라고 적고 있다.

구름과 비는 늘 함께 나타난다. 일 년 사계절 동안 비가 오거나 눈이 오거나 우박이 쏟아질 때면 늘 하늘에 구름이 있다. 봄이 오면 농사에 알맞은 바람과 비가 내린다. 봄이 되면 황하 유역에는 자주 비구름이 쌓이는데 청명(淸明)에 비가 내리게 되면 논밭에 뿌린 씨앗에서 새싹이 돋아난다. 월동 작물 역시 빠르게 자라난다. 황하 유역에 분포하는 앙소문화의 채도에는 구름 문양(雲紋)과 물문양(水紋) 등의 장식이 발견된다. 일례로 굽은 호선문(弧線紋)으로 표시된 구름이 하늘 가득히 흘러가는 모습이나 늘어진 장막 문양으로 표시한 적운(積雲-뭉게구름) 등이 있다. 호선문이 구름이라는 것을 명확하게 표현하기 위해서 중간에 별 문양을 첨가한 것도 있는데 이들은 성운문(星雲紋)으로 불린다(그림 113).[52] 구름과 별이 함께 그려져 있

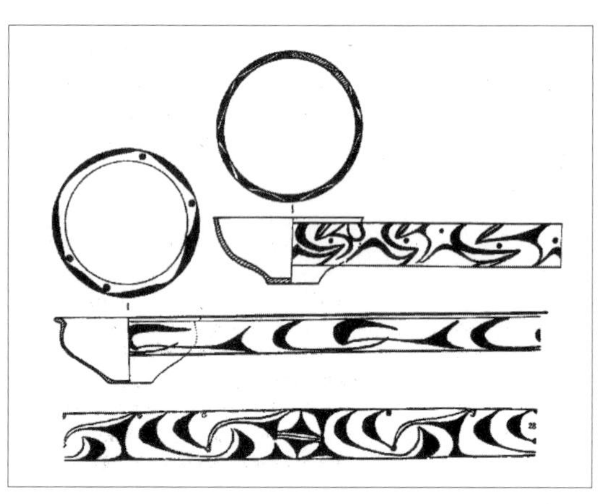

그림 113. 앙소문화 채도에 그려진 성운문(星雲紋)

49) 하남(河南)성에서 발원하여 안휘(安徽)성을 거쳐 강소(江苏)성으로 유입되는 강 이름.

50) 北京大學考古學系, 駐馬店市文物保護管理所: 『駐馬店楊庄- 中全新世淮河上游的文化遺址與環境信息』, 科學出版社, 1998年.

51) 水濤: 「淮河上游地區史前考古的新篇章- 評「駐馬店楊庄」, 『中國文物報』 1998年 7月 22日第三版.

52) 慶陽地區博物館, 正寧縣文化館: 「甘肅正寧縣宮家川新石器時代遺址調査記」 圖二: 1, 『考古與文物』

는 것은 고대인들이 천상과 기상을 동시에 점쳤다는 것을 알려준다. 이 성운도(星雲圖)를 통해서 봄은 구름도 엷고 비도 많이 내리지 않는 좋은 날씨라는 것을 알 수 있다. 그러나 '春日載陽 –봄날 햇빛이 따사로워진다.' 이후에는 햇빛이 점차 강해지고 천상과 기상 또한 변하게 된다. 『시경』「주송」'신공'에서는 "維莫之春, 亦有何求。 –저물어가는 봄에 또한 무엇을 구할 것이 있겠는가?–"라고 말하고 있다. '莫(저물 모)'는 '暮(저물 모)'로 사용되어 늦봄에 먼지가 가득한 날씨를 나타낸다. 이때 풍신(風神)인 기수(箕宿) 별자리가 하늘에 보이게 되면 사방에 광풍이 불고 모래 먼지가 날리게 되므로 봄 가뭄이 시작되었음을 알려준다.

가뭄에 비가 오기를 기원하는 내용은 옛 문헌 속에 많이 남아 있다. 『춘추번로(春秋繁露)』「구우(求雨)」에는 사시(四時)에 비가 오기를 기원하는 방법을 다음과 같이 적고 있다.

"春旱求雨, ... 爲大蒼龍一, 長八丈居中央; 爲小龍七, 各長四丈。... 舞之。 –봄 가뭄에 비오기를 기원하는데.... 큰 창룡 하나를 만드는데 길이는 8丈으로 중앙에 위치한다. 그리고 작은 용 7마리를 만드는데 그 길이는 각각 4丈으로... 춤을 추며 간다–." 비가 오기를 바라며 흙이나 돌로 용(龍)을 만들고 사람들은 노래하고 춤을 춘다.

이러한 행위와 함께 고대에는 주술사가 자신을 불태우며 비 내리기를 기원하는 등의 의식이 있었을 것이다. 『산해경』「대황동경」에는 "旱而爲應龍之狀, 乃得大雨。 –가뭄이 들면 사람들은 응룡(전설 속의 날개 달린 용)의 모양으로 분장하고 기원하였는데 그러면 큰 비가 내렸다.–"라고 적고 있다.

고대인들이 만든 석룡(石龍)이나 방소룡(蚌塑龍) 또는 질그릇에 그려진 용은 모두 가뭄에 비가 오기를 기원하는 의미를 담고 있다. 『주역』「건」괘에는 "雲從龍 –구름은 용을 따른다.–"이라고 적고 있다. 소(疏)에서 "龍是水畜, 雲是水氣, 故龍吟則景雲出, 是雲從龍也 –용은 수생동물이고 구름은 水氣이므로 용이 울부짖으면 구름이 나오게 되는데 이것은 구름이 용을 따르기 때문이다.–"라고 적고 있다. 앞서 언급한 조보구문화의 야저수우각룡(野猪首牛角龍)의 '영춘도(迎春圖)'에서도 용은 하늘에 오를 수 있고 구름의 한 가운데를 뚫고 지날 수 있으며 구름을 일으켜 비를 내릴 수 있다는 내용과도 일치한다. 『좌전』「환공」5년에는 "啓蟄而郊, 龍見而雩。[53] –

1998年 第1期.

53) [참고자료] 『左传·桓公五年』: "凡祀, 啟蛰而郊, 龙见而雩" 杜预 注: "龙见, 建巳之月。苍龙宿之体, 昏见东方, 万物始盛。待雨而大, 故祭天。" –注: 龙见은, 夏曆 4월을 말한다. 그 때에 동방창룡 별자리가 저녁에 동쪽에 보이면 만물이 빠르게 성장하기 시작한다. 비가 많이 내리기를 기원하기 때문에 하늘에 제사를 지낸다.

계칩에 郊(교외에서 지내는 제사)를 지내고 동방창룡이 (저녁에 동쪽에) 보이게 되면 기우제를 지낸다.-"라고 적고 있는데 이 또한 같은 의미이다. '우(雩)'는 하늘에 기원하는 것으로 노래하고 춤추며 소리 지르는 등의 행위를 말한다. 고대의 무도도(舞蹈圖)는 암각화로 많이 남아 있으며 질그릇에 남아 전해지는 것은 그 수가 비교적 적다. 질그릇에 남아 있는 무도문(舞蹈紋)으로는 청해성(青海省) 대통현(大通縣) 상손가채(上孫家寨)에서 출토된 마가요문화의 채도분 그림이 있다(그림 114).[54)]

그림 114. 마가요문화 채도의 무도문(舞蹈紋)과 어룡문(魚龍紋)

1.청해 대통 상손가채에서 출토된 무도문(舞蹈紋) 채도분 2.『청해채도(靑海彩陶)』 圖16 채도분 위의 어룡문(魚龍紋) 3.무도문(舞蹈紋) 채도분을 펼친그림 . 모든 춤추는 그룹의 사이에는 우문(雨紋)과 어룡문(魚龍紋)을 이용해 간격을 띄웠다.

채도분 그림에서 춤추는 사람은 모두 15명이 그려져 있는데 다섯 명씩 세 그룹으로 나뉘어 있다.[55)] 사람들은 서로 손을 잡고 한 줄로 늘어서 있으며 질그릇의 안쪽 둘레에 걸쳐 그려져 있다. 춤추는 사람들은 날짐승 모습처럼 꼬리날개가 있다. 춤추는 모습은 빙빙 돌며 틈 사이를 통과하는 '조룡무(鳥龍舞)'를 연상케 한다. 각 그룹은 여러 선의 호선으로 둘러 싸여 있는데 여러 겹의 호선은 비가 내리는 것을 표현한 것으로 보인다. 호선 사이에는 물고기 모양의 사선이 있는데 형태는 명확하지 않다. 『청해채도(青海彩陶)』 도판 16을 참고해보면 채도에 그려진 물고기는 뛰어오르는 모습으로 머리를 위로 향하고 있는 유선형이다. 물고기 이마에는 가시가 있어 한 마리의 '신어(神魚)'로 보인다. 앞쪽의 지느러미와 꼬리는 과장되어 있으며 굽어진 모습은 위를 향해 뛰어 오르며 물을 흩뿌리는 모습을 나타낸다. 마치 비가 내리는 가운데 조룡(鳥龍)이 용솟음 치고 있는 모습과 비슷하다. 물고기와 용은 같은 것으로 용이 춤추며 비 내리기를 기원한

54) 青海省文物考古隊: 『青海彩陶』 彩版6, 圖版12, 文物出版社, 1980年.

55) 金家廣: 「磁山晚期 "組合物"遺迹初探」, 『考古』 1995年 第3期.

다는 내용이다. 채도분의 바깥에는 풍랑문(風浪紋)이 그려져 있는데 간격이 큰 풍랑은 잔잔하고 따뜻한 봄바람과 함께 고요한 모습을 나타내고 있다. 이때가 바로 새싹이 무럭무럭 자라나는 시기이다.

여름이 오면 우기가 시작되어 회오리바람과 폭우를 동반한 날씨가 많아진다. 때때로 한쪽에는 강렬한 태양이 내리쬐는 동시에 다른 쪽에는 구름 속에서 비가 내리기도 한다. 후대에는 비가 억수같이 내리는 모습을 '병호기우(荓號起雨)'로 표현하였으며 우신(雨神)을 '병예(屛翳)'(『초사. 천문(楚辭. 天問)』)라고 불렀다. 한여름에서 가을로 절기가 바뀌게 되면 비가 점점 더 많이 내리기 시작한다. 마른하늘에 벼락이 치고 먹구름이 피어오르며 천둥과 번개를 동반한 폭풍우가 자주 나타난다. 이 때 하늘에 보이는 두꺼운 뇌우운(雷雨雲)이나 천둥번개 그리고 고적운(高積雲)은 역사시대 이전의 질그릇 위에 구연운문(勾連雲紋-고리모양으로 연결된 구름문양)으로 표시되어 있다. 그 예로 양저(良渚)문화의 흑질그릇(黑陶器) 위에 그려진 구연권운문(勾連卷雲紋)이 있다(그림 115).[56]

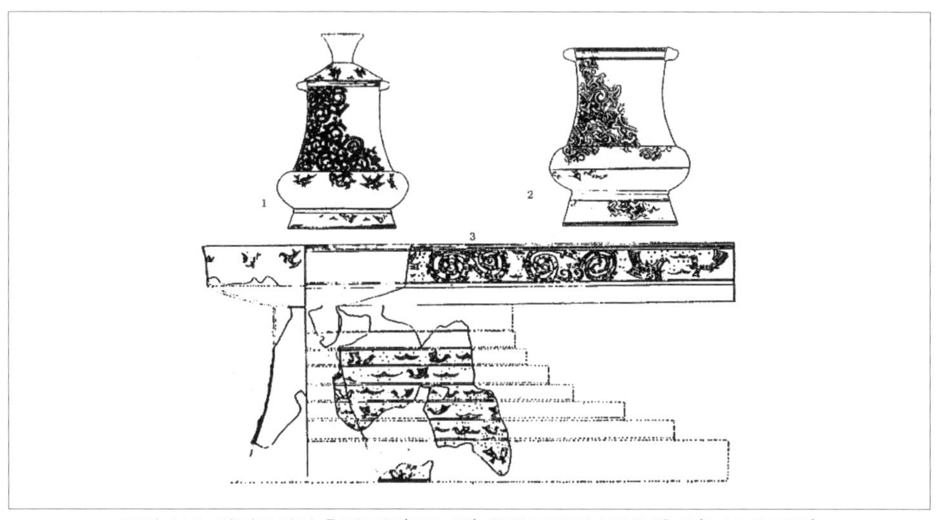

그림 115. 양저문화의 흑질그릇(黑陶器) 위의 그려진 구연권운문(勾連卷雲紋)

양저문화 무덤에서 출토된 이러한 질그릇들은 하늘과 땅에 제사지내던 제기(祭器)로 죽은 신령이 하늘로 잘 올라가기를 인도해 주는 목적으로 사용되었다. 이들 문양은 천상과 기상을 표

56) 孫維昌:「良渚文化陶器紋飾研究」,『上海博物館集刊』第6期, 上海古籍出版社, 1992年.

현한 것으로 질그릇을 가득 채우고 있는 구연운문(勾連雲紋)은 고적운(高積雲)을 표현한 것으로 보인다. 손유창(孫維昌)은 "사문(蛇紋)과 비조문(飛鳥紋)의 조합"이라고 불렀다. '조(鳥)'는 바로 '오(烏)'로 먹구름인 '오운(烏雲)'을 '조운(鳥雲)'으로 표현하였다. 『태평어람(太平御覽)』 8권에서는 『경방역(京房易)』을 인용하여 다음과 같이 적고 있다. "凡候雨, 有黑雲如羊群, 奔如飛鳥, 五日必雨。-무릇 비가 오려는 징후에는 양떼 모양의 먹구름이 있게 되고 새가 날아가는 것처럼 빠르게 지나가면 5일간 비가 온다-". 흑운(黑雲)과 조운(鳥雲)은 모두 비구름을 의미한다. 뱀은 양서동물로 물과 밀접한 관계가 있는데 뱀 문양으로 그려진 권운문(卷雲紋)이 바로 '운종룡(雲從龍)'의 의미인 것이다. 권운문은 여러 용이 구름 속에서 놀고 있는 모습과 같은데 이것과 더불어 성점문(星點紋)과 대조문(對鳥紋-새가 마주하고 있는 문양)이 함께 그려져 있는 모습은 큰 비가 내리려 한다는 것을 나타낸다. 용이나 뱀 문양의 그림에 머리는 그려져 있지 않다. 그림에는 오히려 많은 새의 머리가 그려져 있으므로 오룡(烏龍)이라 부르는 것이 적합해 보인다. 용은 새처럼 하늘로 날아 올라갈 수 있기 때문에 고대인들은 용을 응룡(應龍)이라고 불렀다. 『산해경』 「대황북경(大荒北經)」에서는 "應龍畜水, 蚩尤請風伯雨師, 縱大風雨。-응룡은 많은 물을 비축하고 치우는 風神과 雨神을 불러 큰 비바람을 불러일으켰다-"라고 적고 있는데 여기서 응룡(應龍)은 동방창룡을 나타내며 바람과 비를 내리게 하는 수신(水神)을 의미한다. '應龍畜水'는 여름에서 가을로 바뀔 무렵 밤하늘의 동방창룡이 지하에 숨어 있다는 것을 나타낸다. 비가 걷히고 별이 보이게 되면 달은 필수(畢宿)와 함께 동쪽 지평에서 떠오르기 시작한다. 『시경』 「소아」 '점점지석(漸漸之石)'에서는 "月離於畢, 俾滂沱兮。-달이 畢宿에 머물게 되면 큰 비가 내린다-"라고 적고 있는데 큰 비가 끝없이 내리는 것을 의미한다. '蚩尤請風伯(箕宿), 雨師(畢宿), 縱大風雨'는 매년 겪는 홍수의 범람이 시작되었다는 것을 의미한다.[57)]

1998년 초가을에 중국 장강(長江)과 송화강(松花江) 유역에 백년에 한번 있을 정도의 큰 홍수가 일어나 고고학자들에게 홍수로 인한 고대의 재해를 다시금 생각하는 계기가 되었다. "長江之險, 險在荊江-장강의 위험은 형강(荊江)[58)]에 있다-"라고 하는 것은 여름에서 가을로 접어드

57) 竺可禎: 「二十八宿起源的時間與地點」, 『思想與時代』 第34期. 축가정(竺可禎)은 다음과 같이 설명하고 있다. "畢宿 별자리가 비를 좋아한다는 이치는 바로 고대 중국의 초가을 보름 때에 달이 畢宿에 머물렀기 때문이다." 또한 "6천 년 전, 處暑에 보름달이 畢宿에 머물렀다." 이것은 고대에 홍수가 범람했던 계절을 의미한다.

58) [역자주] 형강은 장강(양자강)의 지류로 호북성 지강(枝江)에서 호남성 악양현(岳陽縣)의 성릉기단(城陵磯段) 지역을 일컫는 이름이다.

는 시기에 차가운 공기와 따뜻한 공기가 형강 유역에서 만나 폭우가 오랫동안 내려 홍수가 자주 발생한다는 의미이다. 지리적으로 강한(江漢)[59] 지역에 위치하고 있던 굴가령(屈家岭)과 석가하(石家河)문화 시대의 고대인들은 어떻게 홍수로부터 농작물의 피해를 대비했을까?

홍수를 어떻게 대비했는지는 알 수 없지만 유적을 통해 홍수를 대비했던 사실은 확인할 수 있다. 정착지를 결정할 때 홍수에 대비하기 위해 높은 지대를 선택하였다. "예를 들면 선도(仙桃–원지명은 면양(沔陽)), 잠강(潛江), 홍호(洪湖), 감리(監利) 등의 유적지는 대부분 해발 40–50m 가량의 산 구릉지에 위치하고 있으며 반달 모양의 형태로 분포하고 있다."[60] 그러나 큰 홍수가 발생하면 치명적 재난을 맞기도 했다. 관련 연구에 의하면 지금부터 5000–5300년 전후에 강한(江漢) 지역에 폭우로 인한 큰 홍수가 있었는데 해발 59m에 있었던 의도(宜都) 홍화투(紅花套) 유적지는 홍수로 수몰된 것으로 알려졌다.

이것은 앞서 「요전」을 인용해 언급했던 "懷山襄陵, 浩浩滔天 –(홍수가 넘쳐서) 산과 언덕을 감싸고 한없이 넓게 흘러 하늘까지 닿았다–"와 같이 매우 큰 홍수로 보인다. 강한(江漢)지역의 고대인들은 더욱 적극적으로 홍수에 대비하였다. "초기에는 마을 주변에 도랑을 만들어 완충지대를 만들었는데 호남(湖南) 예현(澧县) 팽두산(彭頭山)과 팔십당(八十壋) 유적지에 남아있는 환호(環壕)가 이에 해당한다(7000–8000년 전). 큰 홍수에는 환호(環壕)도 쓸모없었기 때문에 도랑 아래의 흙을 파서 두렁을 쌓아 홍수를 막는 방법을 생각해냈다. 팔십당(八十壋) 유적지 주변에 남아

그림 115–1. 팔십당(八十壋, 좌측)과 팽두산(彭頭山, 우측) 유적지)(출처: 中文百科在線/百度百科)

59) [역자주] 江漢 지역은 강한평원 일대와 장강의 중류 그리고 호북성의 중남부에 해당하는 지역으로 동으로는 무한(武漢), 서로는 의창(宜昌), 북으로는 형문(荊門), 남으로는 동정호 평원 일대에 해당한다.

60) 何努力: 「98荊江特大澇災的考古學啓示」, 『中國文物報』 1998年 8月 26日 第3版.

있는 흙담이 그 시초로 보이는데 이로 인해 강한(江漢) 지역의 성벽 건축이 발전하게 되었으며 결국 초기 대계(大溪)문화 유적지인 예현(澧县) 성두산(城頭山)에 성벽이 만들어지게 되었다." 마을의 바깥을 둘러싸고 있는 도랑과 성벽은 처음에는 홍수를 대비하기 위한 목적과 관련이 깊은데 이것은 하곤(夏鯀- 하(夏)나라 우(禹) 임금의 아버지)이 치수(治水)를 위해 성(城)을 쌓았다는 전설과도 같은 내용이다. 내용을 정리해보면 아래와 같다.

"강한(江漢) 지역 굴가령(屈家岭)과 석가하(石家河)문화 시기에는 빈번한 홍수에 대비하기 위하여 성(城-방죽)을 축조하여 물길을 여러 곳으로 나누었는데 이것은 지금의 제방 즉 저수지를 만들어 홍수를 예방하는 방법과 비슷하다고 볼 수 있다." 이상으로 고대에 홍수를 예방하기 위해 만든 유적들을 살펴보았다.

고대인들은 생존과 작물 생산을 위하여 가뭄과 홍수에 대비하였으며 이를 위해서 천상과 기상을 열심히 관찰하였다. 그리고 천상과 기상을 관찰한 모습을 질그릇나 옥석기에 '관상화도(觀象畵圖)'로 그려 넣었다. 이러한 그림을 통해 당시의 천문과 기상 상황을 정확히 알 수는 없지만 관측 활동이 있었다는 사실은 알 수 있다. 강한(江漢) 지역의 굴가령문화(屈家岭文化) 이전에는 대계문화(大溪文化) (BC 약 4400-3300)의 고대인이 거주하였는데 그들은 이미 사시(四時) 태양의 방위를 정확하게 측정할 수 있었다.

이것은 질그릇에 새겨진 팔각성문도안(八角星紋圖案)을 통해 알 수 있다. 이러한 팔각성문도안은 명확한 사방팔각(四方八角)의 개념을 갖고 있으며 1년 사시팔절을 표현하였다. 사시팔절에 대한 내용은 7장(방위천문학의 전형적 부호)에서 이미 상세히 설명하였다. 대계문화의 채도에는 흥미로운 문양이 남아 있는데, 바로 '日'자 부호 바깥으로 여러 둥근 테두리가 그려져 있는 문양이다(그림 116).[61]

그림 116. 대계문화 질그릇 위의 '일(日)'자 문양과 물로 표현된 선와문(漩渦紋)

이것은 마치 태양을 표현한 것처럼 보인다. 이로부터 대계문화 시기에 문자가 있었다고 주장

61) 湖北省荊江地區博物館: 「湖北王家崗新石器時代遺址」 圖五: 14, 『考古學報』 1984年 第2期.

할 수는 없지만 이러한 문양은 천상을 반영하고 있는 것으로 보인다. 대계문화의 채도에는 다양한 많은 물결 문양이 남아 있다. 물결 문양은 선와문(漩渦紋-소용돌이문양), 와류문(渦流紋-소용돌이문양), 파랑문(波浪紋-물결문양), 낭도문(浪濤紋-파도문양) 등이 있는데 일부 질그릇에는 수직으로 채색 선이 그려져 있다. 이것은 장강(長江) 유역에서 볼 수 있는 용권풍(龍卷風-용오름 현상)과 같이 물기둥이 하늘로 말려 올라가는 모습이다. 굴가령문화(약 기원전 3000-2600)는 대계문화를 이은 원시문화로 동일한 지역에 분포하며 비슷한 형태를 계승하고 있다. 굴가령문화 시기에도 채도가 발달하였는데 이곳에도 다양한 물결 문양이 남아 있다. 채도 그림 중에는 방직 물레바퀴를 표현한 독특한 문양이 있는데, 회전을 표현하기 위해 중간의 구멍을 중심으로 선와문(漩渦紋-소용돌이문양), 선랑문(漩浪紋-소용돌이 치는 파도), 선륜문(旋輪紋 -회전하는 바퀴 문양) 등이 그려져 있다. '태극도(太極圖)' 모양의 선와문(漩渦紋)의 출현은 천상과 기상에 대해 예측하기 어려웠던 굴가령(屈家岭) 시대에 천상과 기상에 많은 관심이 있었다는 것을 보여준다. 이 외에도 수륜문(水輪紋)이나 광란문(狂瀾紋) 등의 문양이 남아 있는데 수륜문은 물이 바퀴를 밀어 빠르게 회전하는 모습을 나타내며 광란문은 사납고 거친 파도를 나타내고 있다. 채도에 엷게 그려진 수묵담채 그림은 마치 몸이 망망한 홍수의 한 가운데 놓인 것과 같은 느낌으로 후세의 '발묵산수(潑墨山水)'[62]와 비슷한 효과를 나타낸다(그림 117). 이런 종류의 예술적 그림은 고대인들이 홍수에 대해 많은 생각을 하고 있었음을 보여준다.

그림 117. 굴가령문화 질그릇에 그려있는 물 문양

고대의 홍수범람은 장강(長江) 유역뿐 아니라 황하(黃河)나 그 이외의 지역에도 자주 발생하였

62) [참고자료] 발묵산수(潑墨山水) : 산수화법(山水畫法)의 하나로 붓글씨나 그림에서 진한 먹 덩어리를 화면(畫面)에 떨어뜨려 그곳에서부터 그려 나가거나, 붓을 화면에 순서(順序) 없이 두들겨서 그려 가는 화법으로 운연(雲煙)의 경치(景致)를 나타내는데 쓰인다.(출처: 네이버 한자사전『潑墨』)

그림 118. 마가요문화 채도기 위에 그려진 수문(水紋) 도안

다. 예술적 방법으로 표현된 것으로는 황하상류 감청(甘靑) 지역의 마가요문화 채도에 그려진 수문(水紋)을 예로 들 수 있다. 권랑문(卷浪紋-말린 파도문양)이나 낭도문(浪濤紋-파도문양)은 마치 풍랑이 크게 일어나 파도가 연이어 세차게 흘러가는 모습처럼 보인다(그림 118). 파도나 홍수를 예술적으로 표현했다는 것은 당시 홍수가 자주 발생하였음을 의미한다. 홍수는 주로 여름 장마철에 발생하는데 마가요(馬家窯)문화의 채도에는 빗방울 문양을 그린 여러 도안이 남아 있다. 예를 들면 『감숙채도(甘肅彩陶)』의 그림 126이 그것이다. 이것은 마가요문화 반산(半山)유형의 채도관(罐-항아리)으로 입구 가장자리 안과 질그릇 양쪽 귀 아래 부분에 물고기 비늘문양이 장식되어 있다. 이 문양은 '어린운(魚鱗雲)'[63]을 표현한 것으로 '운종용(雲從龍)'이라는 의미를 나타낸다. 비늘 있는 동물의 대표는 용(龍)으로 용은 구름을 일으켜 비를 내릴 수 있다. 질그릇의 가운데에는 세 줄의 직선이 나란하게 그려져 있는데, 양쪽의 두 줄은 검은색이고 중간의 한 줄은 붉은 색으로 되어 있다. 직선에는 가시 문양이 더해져 있어 먹구름 가운데에서 눈부신 빛을 뿜어내는 번개를 표현하고 있다. 다른 곳에는 마름모 격자 문양이 그려져 있어 하늘을 표현하고 있다. 마름모 격자 사이에는 수주문(水珠紋-물방울 문양)이 있어 하늘에서 큰 비가 내리고 있다는 것을 표현하고 있다. 또한 실심점문(實心點紋-속이 채워진 점)이 있어 빗방울 속에 우박이 함께 내리는 뇌우(雷雨)를 표현하고 있다. 그림 119는 마가요문화 마창(馬廠) 유형의 채도호(壺)로 외부는 와문(蛙紋)이나 인형문(人形紋)이 주로 그려져 있다. 이것은 인격화된 와신(蛙神)이자 뇌우신(雷雨神)을 의미한다. 이 와신(蛙神)의 두 팔과 다리 사이에는 빗방울 문양이 그려져 있는데 이것은 낟알 문양과도 비슷하다. 고대인들은 하늘에서 비가 내리는 것은 곡식 낟알이 내리는 것과 같은 것으로 생각하였는데 옛 신화에서 "神農之時, 天雨粟-신농씨 시대에 하늘에서 조(곡식)가 비로 내렸다-"라고 말한 것과 같은 의미이다.

그림 119. 마가요문화 질그릇 위의 와문(蛙紋)과 우점문(雨點紋) (사진출처: 博寶網店)

이 와신(蛙神)은 비를 기원하거나 치수(治水)를 표현하고 있다. 마창(馬廠) 유형의 와문(蛙紋)이

63) 『淮南子』 「覽冥訓」에는 '수운어린(水雲魚鱗)'으로 기록하고 있다.

나 인형문(人形紋) 도안을 부호로 간단히 표현한다면 아마도 후세 '하(夏)'자의 원시글자와 관련 있을 것으로 생각된다. 『설문해자』에서는 "夏, 中國之人也。从夊从頁, 从臼。臼, 兩手; 夊, 兩足也。[64] −夏는 중국인이다. 글자의 의미는 夊와 頁과 臼에서 비롯되었다. 臼는 두 손을 夊는 두 발을 나타낸다−"고 적고 있다. 이 와문(蛙紋)이나 인형문(人形紋)은 사지를 모두 갖고 있는 '하인(夏人)'을 나타낸다. 고대의 '하우치수(夏禹治水)' 신화는 여름에 홍수를 다스렸던 역사적 사실에 근거하고 있는 것으로 보인다.

5절. 가을의 계절풍
: 인호문(人虎紋) 도안이 나타내는 천상(天象)과 기상(氣象)

봄에는 꽃이 피고 가을에 열매를 맺으니 가을은 수확의 계절이다. 『상서. 요전』에는 아래와 같이 적혀 있다.

> 分命和仲, 宅西, 曰昧谷。寅餞納日, 平秩西成; 宵中星虛, 以殷仲秋。厥民夷, 鳥獸毛毨。[65]
> 화중에게 명하여 서쪽에 거하게 하니 그곳을 매곡이라 불렀다. 지는 해를 공손히 배웅하고 태양이 서쪽으로 지는 시각을 분별하였다. 낮과 밤 길이가 같은 날, 북방현무 7宿 가운데 虛宿가 남중하면 이날을 추분으로 정했다. 이때 백성들은 다시 평지로 돌아와 머물고 날짐승들은 털갈이를 한다.

'화중(和仲)'은 요 임금 시대의 천문관으로 서륙추분(西陸秋分) 절기의 관상수시 업무를 담당하였기 때문에 '이은중추(以殷仲秋)'라고 불렀다. '택서(宅西)'는 서륙추분(西陸秋分)을 의미한다. '매곡(昧谷)'은 고대인들이 생각한 해가 지는 곳으로 해가 떠오르는 탕곡(湯谷)과 대응되는 곳이다.

---

64) [참고자료] 会意。据小篆字形, 从页, 从臼, 从夂。页, 人头。臼, 两手, 夂, 两足。合起来象人形。本义: 古代汉民族自称) (출처: Baidu 辭典『夏』)

65) [참고자료] 又命令和仲居住在西方的昧谷, 恭敬的送别落日, 辨别测定太阳西落的时刻。昼夜长短相等, 北方玄武七宿中的虚星黄昏时出现在天的南方, 这一天定为秋分。这时, 人们又回到平地上居住, 鸟兽换生新毛。(출처: Baidu 백과사전「尧典」)

'인전납일(寅餞納日)'은 추분 날에 해를 배웅하는 제례의식으로 태양신이 서쪽 지평으로 지는 것을 환송하는 것이다. 춘분날에 해를 맞이하는 제례의식인 '인빈출일(寅賓出日)'과 대응하는 것이다. 춘분과 추분은 1 회귀년을 절반으로 나눈 하반년(夏半年)과 동반년(冬半年)의 경계이다. 추분날은 하반년이 끝나고 동반년이 시작되는 시점인데 고대인들은 1년을 봄과 가을로 나누었다. 춘분부터 시작된 하반년은 생장년(生長年)이고 추분부터 시작된 동반년은 수장년(收藏年)이 된다. 밤에 천문을 관측하면 춘분세제(春分歲祭)는 동방창룡이 땅에서 나와 하늘에 운행하는 것을 영접하고 추분세제(秋分歲祭)는 서방백호가 땅으로 나와 하늘을 돌아다니는 것을 영접하는 것이다. '평질서성(平秩西成)'은 곡식이 다 익어 수확이 시작되었다는 것을 나타낸다. 추분날은 밤과 낮의 길이가 같아지므로 '소중(宵中)'이라고 부르는데 이날 밤에 별자리를 살펴보면 허수(虛宿) 별자리가 남중하므로 '성허(星虛)'라고도 부른다.

『사기』「천관서」에서는 "虛爲哭泣之事。-虛는 흐느껴 우는 일이다.-"라고 적고 있다. 허수 별자리는 왜 우는 의미를 가지고 있는가? 그 이유는 생장 주기를 마쳐 낡은 생명이 이미 끝났기에 가을바람에 슬퍼지는 것을 나타낸 것으로 '수(愁)'라고 표현하였으며 흐느껴 울어야만 한다는 것이다. '궐민이(厥民夷)'의 '이(夷)'는 수확한다는 의미를 가지고 있으며 추수할 때라는 것을 나타낸다. 이 때 날짐승도 새로운 깃털이 자라나므로 '조수모선(鳥獸毛毨)'이라고 하였다.

가을이 되면 허수 별자리가 남중하고 묘수(Pleiades cluster)는 동쪽 땅에서 나와 하늘을 운행한다. 『설문해자』에서 "昴, 白虎宿星-묘는 백호의 별자리이다-"이라고 적고 있다. 『사기』「천관서」에서는 "昴曰髦頭, 胡星也, 爲白衣會。[66] -昴는 묘두(髦頭)이다. 胡星 또는 白衣會로도 불린다-"라고 적고 있다. 민간에서는 장례에 흰색을 사용하였기 때문에 이 별(昴, 白衣會)은 상문성(喪門星-죽음을 관장하는 신)이기도 하다. 가을의 천상과 기상은 사람들에게 우울한 느낌을 준다. 『태평어람』 24권에서는 『상서고령요(尙書考靈曜)』를 인용하여 "虛星爲秋候, 昴星爲冬期, 陰氣相佐。-虛星은 가을 기후를 나타내고 昴星은 겨울의 별자리이므로 음기가 서로 보좌한다(계절이 겨울이 된다)-"라고 적고 있다. '음기상좌(陰氣相佐)'라는 것은 날이 어둡고 쌀쌀해지며 곧 서

66) [참고자료] 髦頭, 也即是二十八宿中的昴宿, 旧时以为胡星。-髦頭는 28宿 별자리 가운데 昴宿를 나타낸 것으로 고대에는 '胡星'이라 불렀다. 또한 髦頭는 옛날 아이들의 이마에 내려오는 짧은 머리를 나타내는데 여기서는 昴宿를 가리킨다.(출처: 『唐诗三百首全唐诗』: 卷199_5, 『轮台歌奉送封大夫出师西征』, 岑参 著)
白衣會-昴星为著名之星团。其星气如云非云, 似烟非烟, 望之如白气, 故称。后世星象家附会成为有凶灾之征兆。-昴星은 유명한 星團이다. 그 모습이 구름 같기도 하고 연기 같기 때문에 붙여진 고대의 이름이다. 후세 점성술사들은 흉조의 징조로 보았다.(출처: Baidu 백과사전「白衣會」)

북풍이 불어오려는 것을 나타낸다. 고대인들은 동반년을 '음(陰)'이라 하였고 이와 대응하는 하반년을 '양(陽)'으로 보았다. 음과 양이 바뀐다는 것은 천상과 기상이 모두 변한다는 것을 의미한다. 고대인들이 그린 관상(觀象) 그림도 계절에 따라 바뀌었으며 '인호문(人虎紋)' 도안을 이용해 동반년의 천상과 기상을 표현하였다. 아래에서는 마가요(馬家窯)문화 채도에 그려진 '인호문(人虎紋)' 도안을 예로 들어 설명하겠다.

마가요문화의 채도에는 인두호면(人頭虎面) 모양의 채도가 있다. 이는 간단히 '인호문(人虎紋)'으로도 불린다. 고대의 예술가들은 인호문 제작을 중시하였는데 이것은 이 문양 자체가 문화적 의미를 갖고 있기 때문으로 보인다. 비록 많이 발견되지는 않았지만 그것이 갖고 있는 의미는 연구할 가치가 있어 보인다. 호랑이는 동물의 왕으로 역사시대 이전에도 비슷한 의미로 인식되었을 것이다. 더구나 과거에는 호랑이의 숫자가 더 많았고 호랑이로 인한 피해도 더 컸을 것이다. 고대인들에게 호랑이는 위협적인 존재였으며 호랑이 사냥은 매우 중요한 일 중의 하나였을 것이다. 일례로 산정동인(山頂洞人) 시대에 이미 호랑이 이빨로 장식품을 만들어 사용하였다.

오래 전에 스웨덴 고고학자 Johan G. Andersson(1874-1960)은 감숙(甘肅)에서 인두호(人頭虎)로 장식된 채도 뚜껑 세 점을 발견하였다.[67] 뚜껑은 인두호면(人頭虎面) 모양으로 손잡이는 선명한 목의 형태로 되어 있으며 어깨에 해당하는 둥근 뚜껑의 가장자리는 톱날 형태로 되어 있는 매우 독특한 모습이다. 그림 120: 1은 전형적인 인두호면 채도로 그 모습은 뜬 눈, 오뚝한 코, 작은 입, 납작하고 평평한 고양이 머리 모양의 얼굴을 하고 있다. 얼굴에는 수직한 호랑이 줄무

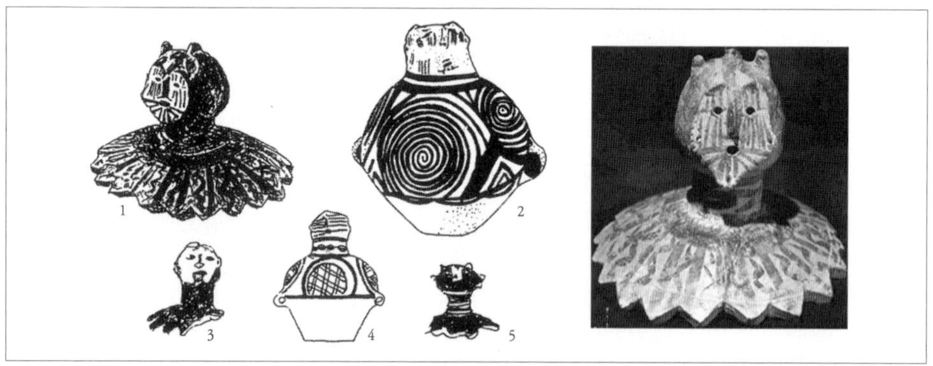

그림 120. 마가요문화의 인두호면(人頭虎面) 형태의 질그릇 장식(사진출처: 中國彩陶藝術)

67) 邵望平:「史前藝術品的發現及史前藝術功能的演變」,『慶祝蘇秉琦考古五十五年論文集』, 文物出版社, 1980年.

늬가 그려져 있고 수염도 눈에 띄게 그려 놓았다. 머리 위에는 두 개의 뿔이 솟아 있어 고양이의 쫑긋한 두 귀와 비슷한 모습이다. 가운데 머리 위쪽은 볼록하게 솟아있으며 길게 땋은 머리와 하나로 이어져있어 이 호면신인(虎面神人)이 여성, 즉 어미 호랑이라는 것을 나타내고 있다.

학자들은 길게 땋은 뒷머리를 뱀으로 보았다.[68] 고대인들은 뱀을 용과 같은 것으로 여겼으며 호면신인의 뱀은 용을 표현한 것으로 보았다. 용과 호랑이가 하나로 연결되어 있는 것은 호신(虎神) 또는 용신(龍神)을 의미한다. 목 아래쪽 앞면은 호랑이 얼룩무늬로 장식되어 있으며 뒷면은 사선의 격자무늬(운뢰문(雲雷紋))로 장식되어 있다.

그림 120: 5는 얼굴에 호랑이 줄무늬가 가득한데 줄무늬 가장자리에는 가시가 그려져 있어 일종의 천상이나 기상에서 빛을 내는 현상을 보고 표현한 것임을 짐작할 수 있다. 머리 위에는 두 개의 볼록하게 솟은 것이 있는데 고양이의 귀를 본 떠 만든 것으로 보인다. 그것과 별도로 사람의 귀 모양에 구멍을 뚫어 놓았는데 아마도 귀걸이가 있었던 것으로 보인다. 목에는 가로 줄무늬가 그려져 있고 어깨에는 호선(弧線)의 가시 문양이 그려져 있다. 그림 120: 3(120-1)에도 고양이와 사람의 귀 모양이 있으며 얼굴에는 간단한 문양이 그려져 있다. 얼굴 옆에는 호랑이 얼룩무늬가 있으며 두 눈 아래에는 눈물 자국이 그려져 있어 수심에 잠겨 있는 모습을 표현한 것으로 보인다. 입 아래에는 침이 흐르는 모습이 여러 선으로 표현되어 있어 울면서 침을 흘리는 모습을 표현한 것으로 보인다. 목에는 가로 문양이 그려져 있는데 그 중간에는 가시 문양이 더해져 있다.

그림 120-1. 마가요문화의 인두호면 형태의 질그릇(그림 120: 3) (출처: 中國彩陶藝術)

어깨에는 톱날 형태로 그린 햇살이 그려져 있으며 빗방울 문양도 있다. 전체적으로 보면 이 세 호면신인(虎面神人)은 모두 슬프고 고통스런 모습을 하고 있어 가을의 바람과 비가 사람을 슬프게 한다는 의미를 담고 있다.

청해성 낙도(樂都) 유만(柳灣)에서 인두호(人頭虎) 장식의 채도호 두 점이 최근 출토되었다.[69]

---

68) 楊曉能: 「中國原始社會雕塑藝術概述」, 『文物』 1989年 第3期.

69) 青海省文物管理處考古隊, 中國社會科學院考古研究所: 『青海柳灣-樂都柳灣原始社會墓地』 圖八二: 4-7, 文物出版社, 1984年.

이 가운데 하나는 '의인두상(擬人頭象)'으로 부를 수 있다(그림 120: 4). 사람 모습 같기도 하고 호랑이를 닮은 것 같기도 하다. 질그릇의 입구는 비스듬히 뚫려 있어 마치 호랑이가 입을 벌리고 있는 모습과도 같다. 뒤통수에는 볼록하게 솟은 부분이 있는데 작은 입이 그려져 있어 사람 얼굴과도 비슷한 모습이다. 그러나 양쪽에 가로 줄무늬의 호랑이 무늬가 그려져 있어 호랑이의 뒤통수와도 같은 모습으로 '호인(虎人)'의 모습에 더 가까워 보인다. 머리 아래의 짧은 목에는 연주문(聯珠紋–구슬이 연결된 문양)이 그려있어 목걸이를 표현하고 있다. 질그릇의 볼록한 배에는 네 개의 큰 동그라미가 그려져 있다. 엄문명(嚴文明)의 연구에 따르면 네 개의 큰 동그라미는 태양숭배를 나타낸 것으로 사시(四時)의 태양을 의미한다고 한다.[70] 다른 채도호(그림 120: 2)는 사람의 얼굴 모습으로 귀, 눈, 입, 코를 모두 가지고 있다. 고양이의 귀를 닮은 부분은 명확하지 않으며 마치 머리 위에 두 개의 뿔이 볼록하게 솟아있는 모습이다. 두 눈은 우는 모습이며 얼굴에는 눈물이 가득하다. 목은 명확하지 않으며 질그릇의 배 윗쪽에는 네 개의 커다란 소용돌이 문양이 그려져 있어 사시 천체의 회전을 나타내고 있다.

이러한 호면신인(虎面神人)들은 모두 천신이다. 그러면 이들은 왜 우는 모습으로 그려진 것일까? 『사기』「천관서」에서는 "昴(白虎星)爲白衣會"라고 적고 있는데 이것은 마음속에 슬픈 일을 품고 있다는 것이다.

이 외에도 청해(青海) 유만(柳灣)에서는 마창(馬廠) 유형의 효면도관(鴞面陶罐) 두 점과 제가(齊家)문화의 효(鴞, 올빼미), 또는 밤 고양이라 불리는 질그릇 9점이 출토되었다.

아홉 점의 질그릇은 호랑이 얼굴과 비슷한 모양을 하고 있다. 이것은 인두호면(人頭虎面) 문양의 변화된 모습이다.

인두호면(人頭虎面) 문양은 고대인들이 생각한 인격화된 호신(虎神)으로 용맹스러운 호랑이 모습보다는 울고 있는 모습을 하고 있다. 어떤 이유로 우는 모습으로 표현하였는지는 알 수 없다. 고대인들은 호랑이가 착한 마음을 가지고 있다고 생각하였다. 비록 호랑이가 사람에게 위협적이지만 곡식이 익어갈 무렵 농작물에 피해를 주는 멧돼지, 오소리, 곰 등의 천적이기도 했기 때문이다. 옛 이야기 중에는 호랑이가 사람의 아기를 키워준 고사가 있는데[71] 이를 통해 어미 호랑이에게서 사람의 성품과 유사한 점을 찾을 수 있다. '호(虎)'자 또한 사람과 연관된 의미를 가

---

70) 嚴文明: 「甘肅彩陶源流」, 『文物』 1978年 第10期.

71) 『左傳. 宣公四年』에는 초(楚)나라의 영이자문(令尹子文)이 태어날 때 "使棄諸(雲)夢中, 虎乳之。–운몽(雲夢)에 버려졌으나 호랑이가 그에게 젖을 먹였다"라고 기록하고 있다.

지고 있는데 『설문해자』에는 "虎, 山獸之君。從虍, 虎足象人足。象形。 -호랑이는 산짐승의 왕이다. 虍에서 뜻이 나왔다. 발은 사람의 발을 닮았으며 상형자이다.-"라고 적고 있다. 『갑골문편(甲骨文編)』 5권 10장 11절을 살펴보면 호(虎)자의 45개 사례가 있는데 그 가운데 호(虍)와 인(人)이 관련된 네 개의 예시가 있다. 주(注)에는 "從人, 與「說文」篆文同。 -人에서 나왔고, 「설문」의 전서로 쓰인 글자와 동일하다.-"라고 적고 있다. 즉 '호인(虎人)'이 사람의 조상이라는 것을 알 수 있으며 이것은 역사시대 이전의 토템으로 보인다. 앞에서 복양(濮陽) 서수파(西水坡) 조개무덤 이분도(二分圖)를 소개할 때 언급한 적이 있는데 조개 무덤 호랑이와 함께 있던 여자 아이는 서방(西方) 천제의 신격을 갖추고 있으며 여성이기 때문에 서왕모(西王母)로 숭상되었음을 짐작할 수 있다. 갑골문 중에 '서모(西母)'가 있다는 것은 호신(虎神) 서왕모가 예전부터 전래된 것임을 보여준다. 『산해경』에는 서왕모와 관련 있는 신화가 있는데 「대황서경(大荒西經)」에서는 다음과 같이 적고 있다.

> 西海之南, 流沙之濱, 赤水之後, 黑水之前, 有大山, 名曰昆侖之丘。有神, 人面虎身, 有文有尾, 皆白, 處之。其下有弱水之淵環之, 其外有炎火之山, 投物輒然。有人戴勝, 虎齒, 有豹尾, 穴處, 名曰西王母。
> - 서해의 남쪽, 흐르는 물가의 모래, 적수의 뒤쪽, 흑수의 앞쪽에 곤륜이라 불리는 큰 산이 있다. 산에는 신이 있는데 사람 얼굴에 호랑이 몸을 하고 있으며 꼬리에는 백색 반점이 가득하다. 그 아래에는 약수가 모여 만들어진 깊은 못이 곤륜산을 에워싸고 있고, 못의 바깥에는 염화산이 있어 물건을 그 안에 던지면 바로 타버린다. (곤륜산에는) 머리에 옥으로 만든 장식을 꽂고 있는 사람이 살고 있는데 호랑이 이빨에 범 꼬리를 가지고 있으며 동굴에 살고 있는데 서왕모라고 부른다.

이것은 수확의 계절이 다가온다는 것을 설명하고 있는데 '곤륜지구(昆侖之丘)'는 고대의 관상대를 뜻한다. 즉 높은 대(臺, 지평일구)를 의미한다. 서왕모는 곤륜산의 언덕 위에 산다. 이것은 고대인들이 높은 대를 배경으로 만들어낸 신화이다. '서해지남(西海之南)'은 서남 방향을 나타내며 바로 입추(立秋)를 의미한다. 입추가 되면 무더위가 지나가고 삼복(三伏)의 절기에 여문 곡식이 온 들판을 황금색으로 물들여 마치 불이 타오르는 모습과 비슷해진다. 이것이 바로 '其外有炎火之山, 投物輒然'의 모습인 것이다. 고요한 밤, 은색의 밝은 달빛은 물과 같고 이슬이 흩날리며 내리므로 '其下有弱水之淵環之'라고 하였다. '약수(弱水)'는 은색의 가을 달빛을 의미한다. 따라서 이제 추수의 절기도 곧 시작된다는 것을 말한다. 밤에 천체를 살펴보면 서방백호가 땅에서 나와 운행하기 때문에 '有神, 人面虎身, 有文有尾, 皆白處之'라고 하였다. '유신(有神)'은 백호의 별자리(白虎星神)를 의미하며 '개백처지(皆白處之)'는 가을의 절기를 나타낸다. '백(白)'은 추수한 뒤의 자연을 묘사한 것으로 농경지에 남아 있는 작물의 흰 밑둥을 표현한 것이다. 잠삼(岑參)[72]은 시(詩)에서 "北風卷地白草折, 胡天八月卽風雪。 -북풍이 대지를 휩쓸어 마른 풀들을 꺾어 놓으면, (만리장성 이북의) 하늘은 8월인데도 눈꽃이 휘날린다.-"이라고 하였다.

서북풍이 불고 찬 기운이 남으로 내려오면 눈이 흰 풀에 뒤섞여 온 하늘에 춤추듯 날리니 이것이 바로 '개백처지(皆白處之)'이다. 이때 황하 유역은 수확과 월동 작물을 파종하는 절기가 된다. 풍성한 수확은 창고를 가득 채우고 언덕에는 가축이 가득하기 때문에 '차산만물진유(此山萬物盡有)'라고 하였다. 큰 풍년을 설명한 것이다. '有人戴胜, 虎齒, 有豹尾, 穴處, 名曰西王母'라는 것은 서왕모의 용모와 차림새를 구체적으로 설명한 것이다. 그녀는 사람이 분명하지만 '호랑이 이빨과 범의 꼬리(虎齒, 有豹尾)'를 가지고 있기 때문에 인격화된 호랑이와 표범(虎豹)의 신(神)을 의미한다. '혈처(穴處)'는 산속 동굴에 살면서 낮에는 숨어 있다가 밤에 밖으로 나오는 삶을 의미하는데 이것은 호랑이의 습성과 비슷하다. 여기서 '혈(穴)'은 실제로 '풍혈(風穴)'과 '풍문(風門)'을 가리키는 것으로 『회남자. 남명훈(淮南子. 覽冥訓)』에서는 "鳳凰 ......, 羽翼弱水, 暮宿風穴。 -봉황은 ...... 날개를 약수에 담갔다가, 저녁에 風穴에서 잔다"라고 적고 있다. 주(注)에서는 "風穴, 北方寒風從地出也。 -풍혈은 북쪽의 차가운 바람이 땅에서부터 나온다.-"라고 적고 있다. 서왕모가 동굴에서 나오게 되면 차가운 바람도 곧 불어온다는 것을 의미한다.[73]

『산해경』「서차삼경(西次三經)」에서는 다음과 같이 적고 있다.

> 玉山, 是西王母所居也。西王母其狀如人, 豹尾虎齒而善嘯, 蓬髮戴勝, 是司天之厲及五殘。[74]

---

72) [참고자료] 岑參 (Cén Cān, 잠삼 715-770): 중국 당나라의 시인으로 시의 품격이 높았다고 한다.(출처 : 네이버 한자사전)

73) 이 인용문장에서 "流沙"는 "紗幕"이나 "夜幕"을 뜻한다. 여기에서는 추분(秋分) 이후에 햇빛이 약하고 날씨가 어두워진다는 것을 의미한다. "赤水"는 지평일구 위의 수거(물홈)를 나타내며 "赤水之後"는 동반년(冬半年)을 의미한다. "黑水"는 밤을 의미하는데 여기에서는 동반년을 나타낸다.

74) [참고자료] 五殘(五刑): 고대의 다섯 가지 주요 형벌. 은주(殷周) 시기에는 '墨(이마에 자자(刺字)하는

옥산은 서왕모가 사는 곳이다. 서왕모의 모습은 사람과 비슷하지만 표범 꼬리와 호랑이 이빨을 갖고 있고 포효하기를 좋아한다. 덥수룩한 머리에는 옥으로 만든 장신구인 勝이 꽂혀있으며, 역병과 오잔(오형)을 주관하는 신이다.

'옥산(玉山)'은 '천산(天山)'을 말한다. 『주역』「설괘(說卦)」에서는 "乾爲天, 爲玉, 爲寒, 爲冰。-乾은 하늘이요, 옥이요, 추위요, 얼음이라.-"이라고 적고 있다. 서왕모는 하늘에 사는 천신이다. '옥산(玉山)'은 얼음과 옥처럼 맑고 깨끗하고 차다는 의미로, 하늘에 찬 공기가 가득하여 날씨가 이미 변했다는 것을 의미한다. '西王母其狀如人, 豹尾虎齒而善嘯'라는 것은 앞에서 설명한 청해(靑海) 유만(柳灣)에서 출토된 '인호문(人虎紋)' 채도호와 마찬가지로 입을 크게 벌리고 포효하는 모습을 나타낸다. 호랑이가 포효하고 서북풍이 불어오니 시베리아의 한류가 왔다는 것을 나타낸다. 하늘에서 바람이 부는 것은 사나운 호랑이가 산에서 내려온 것과 같이 음산한 기운으로 '愁雲慘淡萬里程。-음산한 구름 기색이 만리를 간다.-'고 적고 있으며 『주역』「건」괘에서는 "풍종호(風從虎)"라고 적고 있다. 소(疏)에서는 호랑이는 용맹스런 짐승으로 바람을 일으키는 기운과 같아 서로 감응한다고 보았다. 바람이 부는 것은 마치 호랑이가 포효하는 것과 같이 황사가 자욱해지고 풀들은 꺾이며 초가집은 가을바람에 망가지게 된다. 바람은 높은 하늘에서 불고 낮은 골짜기에도 휘몰아치니 이것이 호신(虎神)인 서왕모의 위엄이자 본래 모습인 것이다. '봉발대승(蓬髮戴勝)'에 대해 곽박(郭璞)은 "蓬頭亂髮; 勝, 玉勝也。-헝클어진 머리카락; 勝은 옥으로 만든 머리장식이다-"라고 설명하였다. 서풍에 휘날려 떨어지는 낙엽처럼 머리가 흩날리는 모습을 나타낸다. 산발한 머리에 옥으로 만든 장신구(勝)를 꽂았으니 미친 노인의 모습과 같다. '풍(瘋)'은 '풍(風)'에서 차용한 것으로 서왕모 역시 풍신(風神)이라 할 수 있다. 차가운 바람이 불면 매미는 울음을 멈추고 사마귀는 숨어버리며 파리와 모기도 자취를 감춘다. 이것이 '서왕모사천지려(西王母司天之厲)'이다. 이때가 되면 뱀, 개구리, 지네 등은 진흙이나 동굴로 들어가 겨울잠을 자기 시작한다. 이것이 바로 '오잔(五殘)'으로 서왕모에 의해 형벌을 받았다고 본 것이다. 차가운 기운은 서리를 내리게 한다. 『태평어람(太平御覽)』 24권에서는 『춘추감정부(春秋感精符)』를 인용하여 "霜, 殺伐之表, 季秋霜始降, 鷹隼擊。-서리는 죽음의 징표로 가을에 서리가 내

것), 劓(코를 베는 것), 剕(다리를 자르는 것), 宮(거세하는 것), 大辟(사형)'이었으며, 수(隋)대 이후에는 '笞(태형), 杖(곤장형), 徒(징역형), 流(유배형), 死(사형)'를 의미한다.(출처: 네이버 중국어사전「五刑」)

리기 시작하면 송골매가 공격을 시작한다.-"라고 적고 있다. 또한 『산해경』「해내북경」에서는 다음과 같이 적고 있다.

> 西王母梯幾而戴勝杖, 其南有三青鳥, 爲西王母取食, 在昆侖墟北。
>
> 서왕모는 작은 탁자에 기대어있고, 머리에는 막대 장식을 꽂고 있으며, 그녀의 남쪽에는 삼청조가 있어, 서왕모에게 먹을 것을 주는 것을 담당하고 있다. 서왕모는 곤륜산의 북쪽에 산다.

겨울이 되어 날씨가 추워지면 대지는 적막강산이 된다. 밤에 천상을 관찰하면 서방백호는 하늘을 운행하기 때문에 '西王母梯幾而戴勝杖'라고 하였다. 생산년이 이미 끝나고 풍성한 수확을 거두었으니 서왕모는 옥승(玉勝)을 차고 승장(勝杖, 승리의 지팡이)을 지닌 승리의 여신이 된 것이다. 송골매는 하늘을 날면서 얼어붙은 대지에서 산토끼나 들쥐 같은 먹이를 찾아다니므로 "三青鳥, 爲西王母取食"이라고 한 것이다. 『설문해자』에서는 "冬, 終也。-겨울은 마친다는 것이다.-"라고 적고 있는데 이것은 한 해가 끝났다는 것을 의미한다.

10

은허복사(殷墟卜辭)에 나타난 천문(天文), 역법(曆法), 기상(氣象)

은허복사에 기록된 천상과 역법을 처음 연구한 자료는 동작빈(董作賓)의 『은력보(殷曆譜)』이다. 그 뒤를 이어 곽말약(郭沫若), 호후선(胡厚宣), 우성오(于省吾) 등의 학자들이 관련 연구를 하였다. 진몽가(陳夢家)의 『은허복사종술(殷墟卜辭綜述)』[1]과 온소봉(溫少峰)-원정동(袁庭棟)의 『은허복사연구(殷墟卜辭研究)-과학기술편(科學技術篇)』[2]은 천상과 역법을 체계적으로 정리한 책이다.[3] 풍시(馮時)는 『은복사사방풍연구(殷卜辭四方風研究)』[4]에서 은(殷)대에 이미 사시(四時)의 개념이 있었다는 것을 알아냈는데 여기서 그 내용을 다시 설명하고자 한다. 천문 관측에서 가장 중요한 것은 관측의기인데 지금까지 많은 상(商)대의 청동기가 출토되었음에도 불구하고 천문 관측에 사용된 것으로 보이는 것은 발견되지 않았다. 따라서 상(商)대에 천문 관측 도구로 사용된 것으

1) 陳夢家: 『殷墟卜辭綜述』, 科學出版社, 1956年.

2) 溫少峰, 袁庭棟: 『殷墟卜辭研究—科學技術篇』, 四川省社會科學院出版社, 1983年.

3) [참고자료] 동작빈(董作賓: 1895~1963), 곽말약(郭沫若: 1892-1978), 호후선(胡厚宣: 1911~1995), 우성오(于省吾: 1896~1984), 진몽가(陳夢家: 1911~1966), 원정동(袁庭棟: 1940~) (출처: Baidu 백과사전)

4) 馮時: 「殷卜辭四方風研究」, 『考古學報』 1994年 第2期.

로 생각되는 것은 입간(立竿) 정도로 생각할 수 있다. 여기서는 최초의 의기인 입간으로부터 곽말약의 『복사통찬(卜辭通纂)』[5] 중에 선상(先商)시대(商나라 이전 시대)를 연구한 내용과 함께 고대 신화 연구 결과를 설명하고자 한다. 은상(殷商) 시대의 천문과 역법 그리고 기상에 대해 알아보도록 하자.

1절. 입간측영(立竿測影)

앞에서 역사시대 이전에는 토템기둥을 이용하여 입간측영(立竿測影)과 관상수시(觀象授時)의 업무를 하였다고 설명하였다. 그러나 온소봉(溫少峰)과 원정동(袁庭棟)이 지적한 것과 같이 은상(殷商) 시대의 갑골문에서 지금까지 '규(圭)'와 '표(表)'의 두 글자가 발견되지 않았기 때문에 은대(殷代)에 입간측영이 있었는지의 여부에 대해서는 명확하게 말하기 어렵다. 온소봉과 원정동은 당시 입간측영이 있었을 것이라고 주장하고 있는데 그 근거는 다음과 같다.

1. 갑골문의 '얼(臬)'자는 '[illegible]'로 되어있는데 이것은 고대인들이 사용한 입간(立竿)의 모습으로 보인다.
2. 갑골문에서 '갑(甲)'자는 '+'와 '⊞'로 되어 있다. 『설문해자』에서는 "甲, 從日在甲上。 -甲은 해가 입간 위에 있다는 의미에서 나왔다-"라고 적고 있다. '+'는 정오에 입간측영에서 나무가 종횡으로 교차하며 만들어지는 그림자 모습이다.
3. 갑골문에서 '丨'자는 『설문해자』에 따르면 "丨, 上下通也"이다. 입간의 위쪽(하늘)이 태양 그림자에 의해 지면에 투영되므로 '上下通也'라고 한 것이다.
4. 갑골문의 '‖'자는 『회남자. 천문훈』에 따르면 표(表) 두 개를 표현한 것이다.
5. 갑골문에서 '士'자는 '⊥'로 되어있는데 이것은 입간을 지면에 세워 놓은 모양과 같다.
6. 갑골문에 기록된 '입중(立中)'은 목간(木竿) 기둥을 세워 해 그림자를 측정해 동지와 하지를 측정했다는 것을 나타낸다.[6]

---

5) 郭沫若: 「卜辭通纂」, 『郭沫若全集』 考古篇 I, 科學出版社, 1982年.

6) 소량경(蕭良琼)도 이와 같은 견해를 주장하였다. 「卜辭中的 "立中"與商代的立表測量」, 『科技史文集·

이와 관련된 많은 연구 논문이 있기는 하지만 여기에서 상세히 언급하지는 않겠다. 다만, 과학의 발명과 사회발전 단계는 매우 관련성이 높기 때문에 이와 관련해서 간단히 살펴보겠다. 은상(殷商)은 노비 제도가 있던 시대로 신화시대에 해당한다. 일월성신(日月星辰)과 풍운우설(風雲雨雪)이 모두 신으로 여겨졌으며 천상과 기상의 변화는 천지신명이 인간에게 주는 경고로 여겨졌다. 따라서 입간측영은 천상의 변화를 관측하는 일종의 신성한 직책으로 생각되었다. 천문학은 점성학의 도움으로 발전해 갔으며 당시의 천문학은 정치와 종교가 일치했던 상(商) 왕조의 근간이기도 했다. 실제로 '입간'은 매우 간단한 모습이지만 당시에는 '신주(神柱)'로 숭배되었다. 지면에 투영되는 '입간의 그림자(晷影)' 역시 신으로 여겨져 제사와 숭배의 대상이었다. 따라서 입간측영 과정에서 신(神)의 이름이 생겨났으며 그것을 관상 용어로 불렀다. 고대인들은 관상 용어를 이용해 사람 이름을 짓기도 하였다. 예를 들어, 앞서 언급한 상(商) 민족의 조상인 '제상토(帝相土)'를 살펴보면 입간측영과 관련이 있다. 한편, 황제인 상토(相土)가 관찰한 입간은 어떤 특징을 갖고 있는 것일까? 복사 글자 중에서 입간과 관련된 글자를 상(商)나라 이전시대의 가계(家系)에서 찾아보면 '아(娥, 예쁠 아)'자가 가장 관련성이 높다. 곽말약(郭沫若)의 『복사통찬(卜辭通纂)』에 기록된 은상(殷商) 시대의 이름에 나타난 '아(娥)'와 관련된 기록은 다음과 같다.[7]

第三五五片 (鐵, 二六四一)

貞子漁㞢𠬝於婁酒

第三五六片 (馬衡氏藏片: 馬衡씨 소장)

貞㞢龜於婁

第三五七片 (前四, 五二, 二)

貞㞢犬於婁, 卯龜

天文史傳輯(三)』를 참고하기 바람.

7) [참고자료] 前辞: 记叙占卜的时间(干支)、地点和主持占卜的人名, 即遵循 "干支卜, 某贞"、"干支卜, 某(贞人名)在某(地名)贞"、"干支卜"或 "干支、贞"等句式。(출처: 王蘊智: 『殷商甲骨文研究』, 科學出版社, 2010)
前辞는 점술시각(간지)과 장소, 그리고 점술가의 이름을 기록한 것을 말한다. 즉, "干支卜, 某贞"는 모 날, 모 점술가가 점을 쳤다는 것이며, "干支卜, 某(贞人名)在某(地名)贞"은 모 날, 모 점술가가, 모 지역에서 점을 쳤다는 것이다. '날짜' 또는 '날짜와 점술가' 등으로 기록한 형식도 있다.

第三五八片 (日本故富岡謙藏氏藏片, 松浦氏拓贈: 일본인 고富岡謙藏씨 소장, 松浦씨가 탁본 기증)

貞勿於娥告

第三五九 (林一. 二一. 一四)

□卯卜, 㱿, 貞求年娥於河

第三六O片 (山內孝卿氏拓本: 山內孝卿씨 소장)

癸丑卜, 𡧊貞㞢犬於娥, 翌言正(征)

庚子卜, 亘, 貞勿曰之令□

右六片中均有人名娥者, 此外尚有一二例, 曰貞御子𣎆家於娥。(戩. 九. 五)。曰 "貞於娥告。" (同上四)。

因原片不明, 故未收入。娥字羅振玉釋爲娥。今按「說文」云: "娥, 帝堯之女, 舜妻, 娥皇字也。「山海經」言: "帝俊妻娥皇, 生此三身之國, 姚姓。(「大荒南經」)。今知帝舜卽卽帝俊, 卽帝嚳, 而在卜辭作娥, 則此娥者卽娥皇, 亦卽羲和矣。

원래의 도편이 명확하지 않기 때문에 여기에 수록하지는 않겠다. 나진옥은 '娥'자를 아(娥)로 해석하였다. 설문을 살펴보면, 娥는 堯 임금의 딸이자 舜 임금의 부인으로 娥皇이라고 불린다. 『산해경』에 따르면 제준의 처가 아황인데 三身國의 사람들이 바로 이들의 후손들이다. 三身國 사람들의 성은 요(姚)씨이다. 오늘날 알려진 제순은 제준, 제곡으로도 불렸다. 복사에서는 '娥'로 되어있으며 앞서 언급한 娥는 아황이자 희화를 의미한다.

곽말약은 '희화(羲和)'를 '아황(娥皇)'으로 해석하였는데 이로부터 그가 복사(卜辭)에 기록된 '아(娥)'자의 의미를 알고 있었음을 짐작할 수 있다. 앞서 연운항(連雲港) 장군애(將軍崖) 암각화에 새겨진 '희화생십일도(羲和生十日圖)'를 설명할 때 '희화(羲和)'를 '입주(立柱)'로 설명하였는데 입주는 바로 입간측영의 입간이며 입간측영에 사용한 토템기둥을 의미한다. 이로부터 '아(娥)'는 복사에서 토템 기둥을 의미하며 또한 입간측영에 사용된 신주(神柱)임을 알 수 있는데 그 모양은 나무 막대기와 비슷하다. 갑골문에서 '아(娥)'는 '아(我)'에서 유래했으며 '𢦏' 모양(后二. 五. 三)으로 표현되어 있다. 이것은 막대 기둥 위에 톱날 모양이 덧붙여진 모습이다. 『설문해자』에서는 "我, 施身自謂也。或說我, 頃頓也。從戈從𠂿。𠂿, 或說古垂字。一曰古殺字。−我는 몸을 스스로 드러내는 것이나 또는 머리를 숙여 조아리는 것을 의미한다. 그 뜻은 戈에서 나오고 𠂹에서 나왔다. 𠂹는 垂자 또는 殺자의 古문자로 알려져 있다.–"라고 적고 있다. 하나의 글자가 여러 뜻을 가지고 있는데 '或說古垂字'는 세워진 기둥 위에 구슬을 매달아 수직을 확인하기 위한 수선(垂線)의 역할을 한다는 의미이다. 선조를 나타낼 때 쓰는 비(妣)는 인명(人名)을 대신해 사용된 것인데 '아(娥)'자와 같다. 이것은 복사에서 제를 지내거나 풍년을 기원하는 의식을 할 때 쓰는 '아(娥)'와도 같은 것이다. "貞㞢犬於娥, 翌言正"(第三六O片)에서 '정(正)'은 수직을 의미하며 '아(娥)'는 입간측영에 쓰이는 수직 막대를 의미한다. 관상 용어를 인명(人名)으로 사용한 예는 곽말약(郭沫若)이 설명한 『산해경』에 기록된 '아황(娥皇)'을 들 수 있다. 『산해경』「대황남경」에는 다음과 같이 적고 있다.

有人三身, 帝俊妻娥皇, 生此三身之國 , 姚姓, 黍食, 使四鸟[8]

몸이 세 개인 사람이 있다. 제준의 처는 아황으로 이 삼신국 사람들은 그들의 후손이다. 성은 요씨로 기장(노란 쌀밥)을 먹고 네 종류의 야수를 길들였다.

'삼신지국(三身之國)'의 기록은 『산해경』「해외서경」에서 살펴볼 수 있다.

三身國在夏後啓[9]北, 一首三身

삼신국은 하후계가 살고 있는 북쪽에 있는데 사람들은 모두 하나의 머리에 세 개의 몸을 갖고 있다.

『산해경교주(山海經校注)』에는 하나의 머리에 세 개의 몸을 가진 기괴한 모습의 사람이 있는데 주(注)에는 『회남자』「지형훈(地形訓)」을 인용하여 "삼신민(三身民)"으로 적고 있다. 이것은 한대(漢代) 이후부터 '삼신민(三身國)'의 의미를 이해하지 못했음을 보여준다.

---

8) [참고자료] 该国的人都长著一个头, 却有三个身体。他们都姓姚, 以黍为食品, 能使唤四鸟, 应该是属於鸟族的。: 虽說是四鸟, 其实是指豹子、老虎、狗熊、人熊四种野兽这些人都是帝俊的后代。当年帝俊的妻子娥皇所生的孩子就是一首三身, 他们的后代繁衍生息, 渐渐地成了三身国。(출처: Baidu 백과사전 『三身国』)

9) [참고자료] 하후계: 전하는 바에 따르면 夏왕조의 개국군주인 大禹의 아들로, 夏왕조의 제1대 國君이다. 夏后는 바로 夏王을 의미한다.

『산해경』, 「해내경」에는 '삼신국(三身國)'에 대해 다음과 같이 적고 있다.

帝俊生三身, 三身生義(义)均, 義均是始爲巧倕, 是始作下民百巧。

제준이 삼신을 낳고, 삼신이 의균을 낳았다. 의균은 기술자의 시초가 되어 이때부터 각종 공예 기술들이 발명되기 시작했다.

'삼신지국(三身之國)'이 제준(帝俊)의 후예라는 것은 분명하다. 제준은 은허 복사에 '고조준(高祖夋)' 또는 '고조夒(高祖夒)'으로 제곡(帝嚳) 고신씨(高辛氏)이며 상족(商族)의 조상이다. 인간계의 왕이 천제로 승격되었고 제준은 『산해경』에서 해와 달의 아버지가 되어 천지우주를 돌아다니는 지상천신(至上天神)이 되었다. '帝俊妻娥皇'은 태양신과 입간을 하나의 부부로 본 것이다. '娥皇生此三身之國'의 의미는 아침에 해가 떠오르면 입간측영의 그림자는 서쪽을 가리키게 되는데 이것이 일신(一身)인 것이며, 정오에 해가 남중하여 그림자가 북쪽을 가리키게 되면 이 때 이신(二身)이 되며, 해질녘 입간의 그림자가 동쪽에 나타나면 삼신(三身)이 된다는 것이다(그림 121). '三身之國'은 사람이 아닌 신(神-晷影神)이기 때문에 인간 세상에서는 볼 수가 없다. 「해내경」에서는 '三身生義(义)均'이라고 적고 있으며 은허 복사에는 '의균(義均)'을 '의경(義京)'으로 적고 있다. 곽말약(郭沫若)의 『복사통찬(卜辭通纂)』 세계편(世系篇)에는 다음과 같은 기록이 있다.

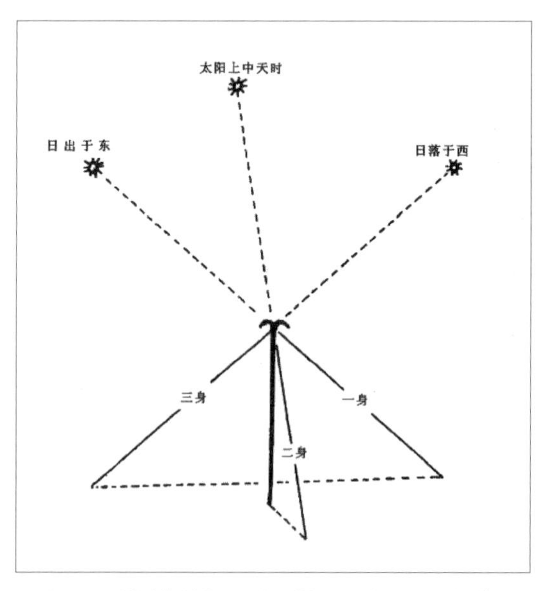

그림 121. 입간측영을 통해 구할 수 있는 삼신지국(三身之國) 시의도

第三六一片 (林二. 二. 一二; 前六. 二. 三 同出). "已未, 圉於夒, 丂三, 卯十牛, 中。

第三六二片 (前六. 二. 二). "已未, 圛......, 𦏲亐口人, 卯十牛, 左。

右二片中人名奇字王國維疑峨, 羅振玉謂 "從義京"(見商承祚所錄「待問編」)。余謂乃義京二字合文。以𠦃之讀五千, 𠦄之讀五十例之, 則𦏲當讀京義, 卽常儀矣。

- 오른쪽의 두 片 중에는 이상한 글자가 사람 이름에 포함되어 있는데 왕국유는 아(峨)와 같다고 추정하였으며 나진옥은 의경에서 나왔다고 주장하였다(상승조가 기록한 「대문편」을 참조). 곽말약은 義와 京의 두 글자가 합해진 글자로 보았다. 𠦃를 오천으로 읽고 𠦄을 오십으로 읽은 예를 들어 𦏲는 경의(京義)로 읽어야 한다고 주장하였다. 경의는 제준의 부인인 상의(常儀)를 의미한다.

'의경(義京)'은 「해내경」에서 설명한 '의균(義均)'으로 『산해경』 「대황동경」에는 '우경(禺京)'으로 기록되어 있다. '禺京處北海 –우경은 북해에 산다.–'라고 적고 있는데 여기서 '우(禺)'는 빛이 희미하다는 의미로 입간이 지면에 투영된 구영(晷影)을 가리킨다. '경(京)'은 '경(景)'으로 사용되어졌으며 구영(晷影)은 '일영(日景)'[10]으로도 불린다. '우경(禺京)'은 입간측영 할 때 북쪽에 투영된 검은 그림자이기 때문에 '禺京處北海'로 기록되었다.

정산(丁山)의 『중국고대종교와신화고(中國古代宗敎與神話考)』에는 '의경(義京)'과 관련된 문장 7개가 수록되어 있는데 그 중 5개는 다음과 같다.

巳未, 圛於義京, 亐口人, 卯十牛。左。(前六. 二. 二)

巳未, 圛於義京, 亐三人, 卯十牛。中。(前六. 二. 三)

癸酉, 圛於義京, 亐三人, 卯十牛。右。(續一. 五二. 二)

口寅, 圛於義京, 亐三人, 卯十牛。右。(續. 一. 六一. 二)

丁酉, 圛於義京, 亐二人, 卯十牛。中。(粹續四一二)

정산(丁山)은 '의경(義京)'과 '아(娥)'를 비교하여 이들이 서로 관련이 있음을 알아냈으며 북방천제를 보좌하는 신인 '현명(玄冥)'[11]을 '우경(禺京)'과 '우강(禺疆)'으로 해석하였다. 또한 정산은

---

10) [역자주] 영(影)자가 사용되기 이전, 일영(日影)은 고대에 일영(日景)으로 쓰였다. 발음은 일영으로 불러야 한다.

11) [참고자료] 最著名的四时、四方之神之中的冬天之神北方玄冥。玄冥, 表示冬天光照不足、天气晦暗的特

『장자』「대종사(大宗師)」를 인용하여 다음과 같이 설명하였다. "禺疆得之, 立於北極。 -우강이 그것을 손에 넣고 북극에 세웠다.-" 이것은 북점(北點, 북극)에 도달했다는 의미이다.[12] '立於北極'에 대해 고대 문헌에는 별다른 설명이 없다. '의경(義京)'은 동짓날의 구영신(晷影神)으로, 동짓날 태양이 남중하면 입간측영의 그림자는 가장 북쪽에 다다르게 되는데 이것이 바로 '禺疆得之, 立於北極'의 의미이다. 또한 「해내경」에서 말한 "삼신생의균(三身生義均)"과 같은 의미이다. '의(義)'는 갑골문에서 '𢍃'(甲三四四五)로 적혀 있는데 이것은 양각(羊角) 기둥 위에 직선과 구슬이 걸려있는 모양과 같다. '의(義)'자는 양(羊)과 아(我)로 구성되어 있는데 곽말약(郭沫若)은 "常儀[13]矣"로 표현하였다. 그러나 곽말약은 달 속의 '항아(常娥)'로는 해석하지 않았으며 '의기(儀器)'의 '의(儀)'로 해석하였다. '의(義)'는 지면과 수직을 이루는 양각주(羊角柱)로 관측에 사용하는 의기를 나타낸다. 양각주(羊角柱) 그림자가 지면에 투영되는 것이 '의경(義京)'인데 갑골문에는 '𢍃'(卜通 三六一片)로 새겨져 있다. '경(京)'은 일영(日景)과 구영(晷影)에서처럼 '영(景)'으로 사용되었다. 고대인들은 동짓날 해 그림자 측정을 중시하였다. '丂人卯牛'의 제사의식이 있었으며 복사 중에도 여러 차례 '左', '中', '右'가 사용되었다. '左, 右'라는 것은 해 그림자가 동쪽이나 서쪽으로 치우쳤다는 의미이며 '中'은 해가 남중한 상태를 말한다. 실제로 남중 시각에 측정하여도 해 그림자가 중심에서 약간 치우치는 경우가 있으며 그림자 길이도 정확하지 않을 수 있다. 따라서 '中'일 때 해 그림자를 측정하면 정확한 값을 얻을 수 있다. 이것은 고대인들이 남중했을 때 해 그림자 측정을 중요하게 여겼음을 보여준다. 「해내경」에서는 "義均是始爲巧倕, 是始作下民百巧 -의균은 기술자의 시조가 되고, 이때부터 세간에는 각종 공예기법들이 발명되기 시작했다"라고 적고 있다. 『주역』「설괘전(說卦傳)」에서는 "坤爲地, 爲均。 -坤은 땅이요, 均이다.-"이라고 적고 있다. '義均'은 입간이 땅 위에 투영된 그림자를 나타낸다. '是始爲巧倕'에서 '교수(巧倕)'는 관측 용어이지만 여기서는 사람 이름으로 사용되었다. 즉 『상서』「순전(舜典)」에 기록된 "수

点。禺强(玄冥)是传说中的海神、风神和瘟神, 也作"禺疆"、"禺京", 据传为黄帝之孙。(출처: Baidu 백과사전「玄冥」)
현명은 사시(계절)의 神 중에서 가장 유명한 겨울 북방의 신을 일컫는 말이다. 현명은 햇빛이 부족하고 암울한 날씨를 나타낸다. 우강(현명)은 전설 속의 해신, 풍신, 역신으로 '우강' 또는 '우경'으로도 불리며 황제의 손자(후손)로 알려져 있다.

12) 丁山: 『中國古代宗教與神話考』 61-63쪽.

13) [참고자료] 『산해경』에 따르면 상의(常儀)는 상희(常羲)로도 쓰이는데 후대에는 尙儀, 姮娥 등으로 사용되었다. 「대황서경」에 따르면 상의는 재준의 처로 상희로도 불리며 12개의 달을 낳았으며 달의 어머니로도 불린다.(출처: 360doc, 唐善純(南京理工大學), 中國古代拖着蛇尾的女神們)

(垂)"를 의미한다. 이것은 여러 기술을 상징하며 수직이 모든 기술의 기초로 사용되었음을 나타낸다. 상대(商代)에는 수공예가 매우 발달하였는데 이들을 살펴보면 당시 장인들이 여러 기하학적 도형을 잘 알고 있었음을 알 수 있다. 컴퍼스, 곱자, 먹줄 등을 익숙하게 사용하였을 것이며 건축에 있어서도 수평과 수직을 정확하게 측정하였으며 매우 높은 정밀도의 지평일구를 만들어 사용하였을 것으로 생각된다.

위에서 말한 내용들을 정리해보면, 은허 복사 가운데 입간측영에 사용한 입간은 '아(娥)'나 '의(義)'로 불렸다. 이들은 양각주(羊角柱)를 뜻하는 말로 양각 토템주가 이들의 기원이 된다. 갑골문에 '干'자는 "Ұ"(前二. 二七. 五) 또는 "Ұ"(鄴三下, 三九二一)로 적혀 있는데, 이 또한 양각주 또는 단순화된 수각주(獸角柱)를 본뜬 것이다. 고대인들은 양각주를 이용해 입간측영을 하였으며 천상의 변화도 관측하였다. 『장자』「소요유(逍遙游)」에서 "鯤化爲鵬—곤이 붕으로 되었다"이라는 말로 봄철 계절풍을 표현하였는데 "摶扶搖羊角而上者九萬里 —급속하게 회전하며 위를 향해 올라가는 기류가 9만리나 되는 높은 하늘로 치솟는다.—"라고 적고 있다. 바람의 방향 또한 입간을 이용해 확인하였다. 앞서 언급했듯이 「대황남경」에서는 "三身之國, 姚姓, 黍食, 使四鳥"라고 적고 있다. '요(姚)'는 '부요(扶搖)'의 '요(搖)' 의미로 사용되었으며 입간측영의 그림자가 입간 주변을 회전하는 것을 의미한다. 관측 용어를 성(姓)으로 사용하였는데, 이는 곽말약(郭沫若)이 언급한 "此三身之國, 姚姓, 今知帝舜卽帝俊"에서 살펴볼 수 있다. 제순(帝舜)의 성은 '요(姚)'로 입간측영에서 기원한 것이다. '사조조(使四鳥)'에서 '조(鳥)'는 '유(維)'의 의미로 사용되었다. 즉 입간측영으로 사방사우(四方四隅)와 사시팔절(四時八節)을 측정한다는 의미이다. '서식(黍食)'이라는 것은 농업과 관련된 신화를 의미한다. 「해내서경」에는 "三身國在夏後啓北, 一首三身。—삼신국은 하우계 북쪽에 있는데 사람들은 하나의 머리에 몸이 세 개이다.—"라고 적고 있다. 여기서 '하후계(夏後啓)' 또한 관측용어로 여름철 우기가 지난 후에 맑고 시원한 가을이 왔다는 것을 나타낸다. 다시 말해서 여름(盛夏)이 지나고 가을(商秋)이 왔다는 것을 의미한다. 탕(湯)이 하(夏)나라 걸(桀)왕과 싸워 이겨서 상(商)나라를 세웠다는 의미와도 통한다. 따라서 하후계(夏後啓)의 북쪽에 있는 '삼신국(三身國)'은 갑골문의 "𠀠" 글자임을 알 수 있다. 갑골문에서 '상(商)'자의 원형은 높은 대(臺)의 지평일구이며, '상(商)'나라는 농업 관상수시를 기초로 건립된 것임을 알 수 있다.

참고로 은허 복사 가운데 동짓날의 입간 그림자의 신을 '의경(義京)'이라고 부르는데 이로부터 사시의 모든 그림자를 신으로 여겼음을 짐작할 수 있다. 『갑골문편』 부록 상권 58에는 다음과 같은 글자들이 남아 있다.

"亰"(京津二八五五), "亰"(佚六O一), "亰"(拾一二.五), "亰"(前六. 二. 一), "亰"(後二. 二五. 一四) 등.

이들은 모두 '京'이나 '景'이 포함된 글자로 하지, 춘분, 추분의 그림자 신을 포함하고 있는 것이다.

2절. 태양의 일주(日周)와 연주운동(年周運動)의 관측

고대인들은 표(表)를 세워 해 그림자를 관측하였으며 양각주를 이용해 매일 태양의 운동을 관측하였다. 갑골문 가운데 목(目)과 양(羊)에서 유래한 글자가 있는데 다음과 같다.

"䍃"(佚二七六), "䍃"(掇二·一五九), "䍃"(乙四七八). 이것은 양각주와 사람의 눈이 함께 결합된 회의자(會意字)로 상하와 좌우를 모두 관측할 수 있다는 의미를 가지고 있다. 한쪽이나 두 눈을 모두 사용할 수 있어 복사에서는 "羞(眻—눈 아름다울 양)日"이라고 적고 있다.

…… 羞日, 大啓, 昃亦雨自北。(乙三二)

壬戌卜, 雨。今日小采, 允大雨。..... 羞日隹啓。(佚二七六)

진몽가(陳夢家)는 "'羞'은 목(目)과 양(羊)에서 나왔고, 정오 무렵의 식사시간으로 생각된다. 즉, 오시(午時)의 식사시간을 의미한다"라고 설명하였다. 이것은 위의 복사 첫 줄에 대한 해석이다. 아랫줄 복사에서 '羞日'은 '소채(小采)' 다음에 나오므로 진몽가(陳夢家)는 '소채(小采)'를 정오가 아닌 오후 6시로 보았다.[14] 따라서 '羞'은 '상(相)'으로 사용한 것으로 보인다. 또한 하(夏)나라 세보 중의 '제상(帝相)'과 은(殷)나라 세보 중의 '상토(相土)'의 '상(相)'도 같은 의미로 보인다. '상(相)'은 나무 기둥을 이용해 천체를 관측하는 것이며 '羞(眻)'은 양각주를 이용해 천체를 관측하는 것이다. '羞日'이라는 것은 양각주를 이용해 태양의 운행을 관측하는 것이다. 즉, 앞에서 설명한 입간측영을 의미한다. 복사에서는 '일출(日出)'을 '출일(出日)'로, '일몰(日沒)'을 '입일(入日)'로 '일중(日中)'을 '중일(中日)'로 앞뒤 글자를 바꿔서 적고 있다. '出日'과 '入日'은 시간의 개념으로 사

14) 陳夢家: 『殷墟卜辭綜述』, 科學出版社, 1956年.

용된 것으로 단(旦), 명(明), 모(暮), 석(夕)과는 명확하게 구분된다. 예를 들면 다음과 같다.

..... 出日, 福。 (南·明一二四)

丁巳卜, 又出日。 (佚四O七)

丁巳卜, 又入日。 (佚四O七)

..... 出, 入日, 歲三牛。 (粹一七)

癸酉..... 入日......其尞。 (粹七三三)

辛未卜, 又於出日。 (粹五九七)

辛未, 又於出日, 兹不用。 (粹八六)

'출일(出日)'과 '입일(入日)'이 기록된 날에는 반드시 제사를 지내야 했으며 '기료(其尞)'와 '세삼우(歲三牛)'는 제사 의식을 나타낸다. 그러나 매번 이러한 날에 제사를 지내야만 했던 것은 아니다. '자부용(兹不用)'은 그림자가 가리키는 시각에 아직 도달하지 못한 것을 나타내는데 이 경우에는 제사를 지낼 필요가 없다는 의미이다. '세삼우(歲三年)'의 제례에 따르면 출일(出日)과 입일(入日)은 매년 거행하는 제사로 『상서』 「요전」에 있는 "寅賓出日"과 "寅餞納日"에 해당한다. 즉, 춘분날에는 동쪽 지평에서 떠오르는 해를 맞이하고 추분날에는 서쪽 지평으로 지는 해를 환송한다는 의미이다. 여기에서 출일(出日)과 납일(入日)은 모두 같은 의미로 생각하였으며 입간측영을 이용해 확정하였다. 예를 들어, 춘분에 해를 맞이하는 것에 대해 「요전」에서는 다음과 같이 적고 있다. "分命羲仲, 宅嵎夷, 曰暘谷, 寅宾出日, 平秩東作。 -각각 희중에게 명령을 내려, 동쪽의 양곡에 거하면서, 공손히 해가 뜨는 것을 맞이하고, 태양이 동쪽에서 떠오르는 시각을 분별하여 측정한다.-" 주(注)에는 "宅, 居也。東表之地稱嵎夷。暘, 明也, 日出於谷而天下明, 故稱暘谷。 -宅는 머문다는 뜻이다. 東表의 땅을 嵎夷라고 부른다. 暘은 밝다는 의미로 해가 골짜기에서 나오면 천하가 밝아지니 暘谷이라고 부른다.-"라고 적고 있다. 주(注)에는 "寅, 敬; 賓, 導; 秩, 序也。歲起於東而始就耕, 謂之東作。東方之官, 敬導出日, 平均次序, 東作之事以務農也。 -寅은 공경한다는 뜻이고 賓은 인도한다는 뜻이며, 秩은 순서를 정한다는 뜻이다. 歲는 동쪽에서 비롯되고 이때 농사를 시작하게 되므로 東作이라고 부른다. 동쪽의 관원이 공손히 해가 뜨는 것을 맞아 순서를 정하게 되는데 東作은 바로 농사를 의미한다.-"라고 적고 있다. 출일(出日)과 입일(入日)의 관찰은 표(表)를 통해서만 가능했으며 이것은 입간측영을 통해 확정했다는 것을 나타낸다. 일출(日出)을 예로 들어 그 이유를 살펴보면, 해가 뜰 무렵 관측자는 높은 대(臺)의 지평일구에서 일출을 기다린다. 미명의 대지를 덮고 있던 하늘이 갑자기 더 어두워지는데 이를 '여명(黎明)의 어두움'이라고 부른다. 이후, 순식간에 동쪽 지평선이 서서히 밝아지면서 어둠이 걷히기 시작하는데 이것을 아침햇살인 '신희(晨曦)'라고 부른다. 동쪽지평 위로 붉은 빛이 보이기 시작하면 새벽하늘의 별은 서서히 사라진다. 붉은 빛은 점차 커지며 불꽃이 타오르는 모습과 같아진다. 이것이 복사에서 언급한 '미단(妹旦)'으로 해가 떠오르려는 모습을 나타낸다. 태양의 윗부분이 지면을 뚫고 올라오면 붉은 빛이 사방으로 퍼져나간다. 지평선에 걸쳐 떠오르는 태양의 모습은 마치 애기의 탯줄이 어머니의 몸과 연결된 것과 같아 보인다. 붉은 빛이 태양을 받치고 있기 때문에 사람들은 '서연봉일(瑞蓮捧日)―상서로운 연꽃이 해를 받치고 있다.―'이라고 말한다.

태양이 완전히 지평 위로 떠오르면 붉은 빛은 불처럼 화려한 모습이 된다. 이것이 복사에서 말한 '단(旦)'과 '경도출일(敬導出日)'의 과정이다. 여전히 빛이 약하기 때문에 입간 아래에 해 그림자가 생기지는 않는다. 이후, 해가 떠올라 강렬한 빛살이 나오면 입간의 그림자가 나타나는데, 이것이 '출일(出日)'로 '暘, 明也, 日出於谷而天下明'의 의미와 같다. 복사에서는 출일을 '명(明)'이라고 적고 있다. 이것은 '출일(出日)'의 과정으로 해가 나무막대 위에 있게 되면 모든 것이 분명하게 보이게 되는 때로 이때가 바로 '대채(大采)'인 것이다. 진몽가(陳夢家)는 '대채(大采)'를 오전 8시라고 주장하였다. '입일(入日)'의 과정에 관해서는 신화를 인용해 설명하고자 한다. 『산해경』「서차삼경(西次三經)」에서는 다음과 같이 적고 있다.

長留之山, 其神白帝少昊居之。其獸皆文尾, 其鳥皆文首。是多文玉石。實惟員神磈氏之宮, 是神也, 主司反景。15)

장류산은 신 백제 소호가 살고 있는 곳이다. 산속의 짐승들은 모두 무늬가 있는 꼬리를 갖고 있고, 새들은 모두 머리에 무늬가 있다. 산에서 나오는 많은 옥석에도 아름다운 무늬가 있다. 장류산에는 오직 神인 괴씨의 궁전이 있는데, 그는 태양이 서쪽으로 진 이후에 동쪽에 반사되는 빛을 주관하고 있다.

---

15) [참고자료] 叫做长留山, 是神白帝少昊住的地方。山中 野兽都长着有花纹的尾巴, 而山中鸟都长着有花纹的头。长留山盛产各色美玉。山上有惟员神磈氏的宫殿, 主管太阳落西山后向东反照之景。(출처: Baidu 백과사전「长留山」)

'장류지산(長留之山)'은 해가 지는 풍경을 나타낸다. 태양이 산에 걸쳐 천천히 떨어지는 모습으로 비교적 오랜 시간에 걸쳐 해가 지기 때문에 '長留之山'이라고 하였다. '백제소호(白帝少昊)'는 고대 신화 속 인물로 추분날 태양의 신이며 해가 지는 서쪽에 살고 있다. 해질녘, 햇빛은 약해지고 땅에 비친 저녁노을은 찬란하게 빛나게 되는데 『태평어람』 3권에서는 『시자(尸子)』를 인용하여 "少昊金天氏邑於窮桑, 日五色, 互照窮桑。 -소호 금천씨는 궁상에 도읍지를 정하였고, 햇빛이 오색찬란하게 궁상(지명)을 두루 비춘다"이라고 하였다. 장류산의 경치가 매우 아름답기 때문에 "其獸皆文尾, 其鳥皆文首。是多文玉石"이라고 하였다. 이것은 복사의 '소채(小采, 오후 6시)'에 해당한다. '員'은 '圓'의 의미로 '員神'은 태양을 나타낸다. '괴(磈-돌무더기 괴)'자는 '귀(鬼)'에서 나왔으며 '귀(歸)'의 의미이다. 즉, 태양이 땅으로 돌아가려 한다는 의미로 '員神磈氏之宮'이라고 적었다. 해질녘 태양은 서쪽에 있고 입간 그림자는 동쪽을 향하므로 '是神也, 主司反景'이라고 한 것이다. 곽박(郭璞)은 주(注)에서 "해가 서쪽으로 지면 그림자는 동쪽에 나타나는데, 이것을 관찰하는 일을 주관한다"라고 적고 있다. 이것은 앞서 언급한 복사에 기록된 "小采, ... 䧹日隹啓"와 같은 의미이다. 해가 지면 빛이 점차 약해지는데 이때, 눈으로 붉은 해를 직접 볼 수도 있다. 그리고 지평일구에서 해의 그림자가 사라지게 되는데, 이것이 바로 '입일(入日)'이나 '납일(納日)'을 의미한다. 해가 지는 모습을 『산해경』 「서차삼경(西次三經)」에서는 다음과 같이 적고 있다.

泑山, 神蓐收居之。其上多嬰短之玉, 其陽多瑾瑜之玉, 其陰多青雄黃。是山也, 西望日之所入, 其氣員, 神紅光之所司也。[16)]

유산은 神 욕수가 살고 있는 곳이다. 산 위에는 목에 두를 수 있는 옥이 매우 많고, 산의 남쪽에는 근(瑾)과 유(瑜)와 같은 옥이 많으며, 산의 북쪽에는 석청(石靑)과 웅황(雄黃)이 많다. 서쪽을 바라보면 해가 지는 모습을 볼 수 있는데 그 모양은 둥글다. 욕수가 붉은 빛을 주관한다.

'유산(泑山)'에서 '유(泑)'는 검은색이라는 의미로 해가 지평선 아래로 내려가려는 때를 의미한다. 이때 빛은 매우 약해져서 산은 검은 색으로 보이게 된다. 그러나 반사된 석양빛이 있기 때

---

16) [참고자료] 叫做泑山, 神蓐收居住在此。山上盛产婴垣之玉, 山向阳的南面多产叫一种瑾瑜的美玉, 背阴的北面多色彩艳丽的鸡血石。从这个山的顶峰, 向西望去可以看太阳之落山的情景, 日形圆。其气象也是圆形的。神红光, 也就是蓐收主管这件事情。(출처: Baidu 백과사전 「泑山」)

문에 '其上多嬰短之玉'이라고 언급한 것이다. 이것은 하늘색을 묘사한 것으로 『주역』 「설괘전」에서는 "乾爲天, 爲玉–乾은 하늘이고, 옥이다.–"이라고 적고 있다. 고대인들은 여러 종류의 옥이 하늘에 뿌려져 있다고 생각하였다. 고대 신화에서 '욕수(蓐收)'는 추분날 태양의 보좌 신으로 여기에서는 태양이 땅으로 들어가려고 한다는 것을 의미한다. 이때 검붉은 태양은 산으로 사라져 버렸기 때문에 '其氣員(圓), 神紅光之所司也'라고 하였다. 이것을 복사에는 '各(落)日'로 적고 있다. 태양이 점차 지평선 아래로 사라지고 석양빛이 약해지면 얇은 막으로 하늘을 덮은 듯 느껴지므로 복사에는 '莫(暮)'로 적고 있다. 석양빛이 사라지고 박명이 되면 별빛이 점차 밝게 보이게 되므로 복사에는 '혼(昏)'과 '석(夕)'으로 적고 있다. 이러한 과정을 통해 하루의 태양운동 관측을 마치게 된다.

은허 유적지 발굴에서 높은 대(臺) 지평일구와 관련된 원시 관상대 유적은 발견되지 않았다. 그러나 복사 중에는 원시 관상대와 관련 있는 '단(單)'의 기록이 남아 있다. 갑골문에 기록된 '단(單)'자는 "Y"(乙四六八O反), "Y"(前七. 二. 六四), "Y"(乙一O四九), "Y"(菁五. 一), "Y"(存下九一七) 등으로 기록되어 있다. 가장 간단한 형태는 동물의 머리 모양을 닮은 양각주(羊角柱)와 비슷하다. 조금 더 복잡한 글자는 동물 머리 모양의 기둥을 들판 가운데에 꽂아놓은 형태로 후대에는 '선(墠)', '단(壇)' 또는 '대(臺)'로 바뀌었다. 복사에는 다음과 같이 기록되어 있다.

庚辰王卜, 才[illegible]貞, 今日其逆旅, 從執於東單, 亡灾。 (續存下九一七)

[illegible]於南單。[illegible]於三門。[illegible]於楚。 (粹七三)

庚辰卜, 爭貞, 爰南單。 (乙 三七八七)

☑南單☑。 (庫四九一)

庚辰卜, □貞, 翌癸未, [illegible]西單田, 受[illegible]年 , 十三月。 (續存下一六六)

☑寀[illegible]雲自北, 西單雷。 (前七. 二六. 三)

☑竹□北單。 (後上一三. 五)

복사 기록 중에 '동단(東單)', '남단(南單)', '서단(西單)', '북단(北單)'은 은허 유적지 주변의 건물 이름으로 생각된다. 한편, 유위초(兪偉超)는 이에 대해 "호후선(胡厚宣)은 '단(單)'을 제사터인 '선(墠)'으로 해석하였으며 교외의 넓은 평지로 보았다. 우성오(于省吾)는 '단(單)'을 '대(臺)'로 해석하여 흙을 쌓아 만든 높은 단으로 보았으며, 정산(丁山)도 비슷하게 해석하였다"라고 설명하였다. 정산(丁山)은 우성오(于省吾)가 언급한 『수경』 「기수주(淇水注)」를 이용해 “남단(南單)의 대(臺)는 개록대(蓋鹿臺)의 다른 이름이다”라고 주장하였다. 또한 『국어』 「초어(楚語)」의 위소(韋昭)의 주(注)를 인용해 “臺所以望氛祥而備災害[17] -臺에서 氣의 좋고 나쁨을 살펴 재해에 대비한다”라고 하였다. ‘망분상(望氛祥)’은 천상과 기상을 관측했음을 말해주며 앞서 언급한 복사의 “☐采𡛵雲自北, 西單雷”와 같다. 이것은 ‘單’이 ‘壇’과 ‘臺’로 사용되었으며 천상과 기상의 관측과 관련이 있었음을 말해준다. 금속에 남아 있는 기록 중에는 ‘남단(南單)’, ‘서단(西單)’, ‘북단(北單)’ 외에도 ‘중단(中單)’이라는 기록도 남아 있다. 아마도 중단은 은허 유적지의 중앙에 있었던 관측을 위한 높은 대(臺) 건축물로 생각된다. 금속에 기록된 내용 중에는 “단경(單景)”이라는 글자가 남아 있는데 “□”, “□” 모양으로 되어 있다. 송대(宋代)의 왕구(王俅)는 『소당집고록(嘯堂集古錄)』에서 ‘단경(單景)’을 다음과 같이 해석하였다. ‘경(景)’자는 아래쪽은 등을 맞대고 있는 사람의 측면 모습과 비슷하며 윗부분은 화염문(光)의 모습과 비슷한 형태로 구성되어 있다. 이것은 입간측영을 할 때 태양과 그림자의 위치가 서로 등지고 있는 모습을 설명한 회의자이다. 금속 기록문 중에는 “□” 모양의 글자도 있는데 이것은 동물 머리 모양의 막대를 ‘아(亞)’형의 중앙에 꽂아 놓은 모습과 같다. 이것은 갑골문과 금속 문자에 많이 보이는 ‘亞’ 부호의 기원이 높은 대(臺) 지평일구 위의 구영반(晷影盤)에서 기원하였음을 보여준다. 갑골문과 금속 문자 시대에 있었을 높은 대(臺) 지평일구를 복원해 보면 그림 122와 같다.

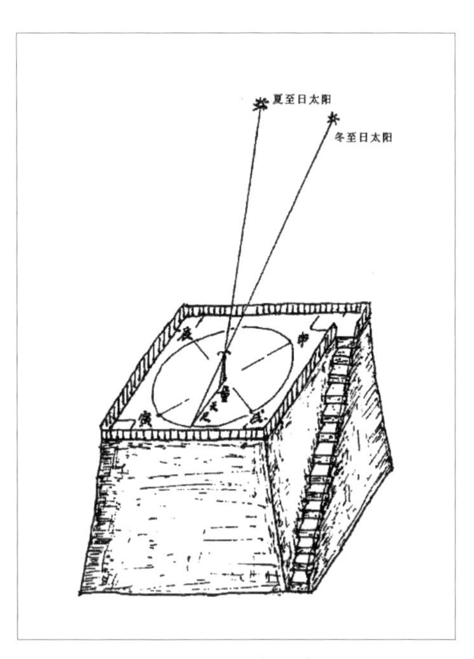

그림 122. 갑골문과 금문(金文)시대의 높은 대(臺) 지평일구 구영반 모형도

지평일구로 일출과 일몰을 관측하면 동서의 정확한 방위를 알 수 있으며 일출과 일몰 즈음에 보이는 천상을 이용하면 천구에서 태양의 위치를 추산할 수 있게 된다. 복사에

---

17) 兪偉超: 『中國古代公社組織的考察-論先秦兩漢的單-墠-彈』, 文物出版社, 1988年. 그 뒤에 인용한 금문(金文) 자료의 출처도 이와 동일하다.

서는 다음과 같이 적고 있다.

貞, “”於東西。〇貞, 正。〇貞, “”五牛, 正 (前編一. 四八. 六)

‘정(正)’은 정확한 동서 방위를 알아내는 것을 의미한다. 이것은 지평일구에서 ‘위규식경(爲規識景)’을 이용해 알아내는 것으로 『주례』「동관」 ‘고공기’에서는 다음과 같이 적고 있다.

匠人建國, 水地以縣(懸), 置𣐈以縣(懸), 眂(視)以景, 爲規識日出之景, 與日入之景, 昼參諸日中之景, 夜考之極星, 以正朝夕陽。[18)]

장인이 나라를 세울 때 바닥의 물과 막대에 매단 줄을 이용해 수평과 수직을 측정하였다. 편평한 땅 위에 측량대를 세우고 막대에 매단 줄을 곧게 바로잡아 해 그림자를 관측하였다. (막대 주변에) 원을 그려 일출과 일몰시의 해 그림자를 각각 기록하였다. 낮에는 정오 때의 그림자를 관찰하였고 밤에는 북극성의 위치를 관측하여 동서남북의 방위를 알아냈다.

‘𣐈’는 입간측영의 입간을 나타낸다. ‘장인건국(匠人建國)’이라는 것은 성(城), 연못, 궁전 등을 건축할 때 먼저 방위를 측정해 정확한 동서남북의 방향을 구했다는 것을 의미한다. 방향 측정은 먼저 ‘수지이현(水地以縣(懸))’을 이용해 수거[19)]에 물을 부어 수평을 확인하고 수선(垂線)과 물 표면의 연장을 이용해 수평한 지면을 구한다. 두 번째는 ‘치𣐈이현(置𣐈以縣(懸))’으로 수평한 지면 위에 수직한 막대 하나를 세우고 막대의 사방 둘레에 수선(垂線)을 매단다. 수선(垂線)이 막대와 가깝게 있어야 수직을 확인하기 쉽다. 세 번째는 ‘위규(爲規)’로 막대를 중심으로 지면에 원(지평일구의 구영권)을 그린다.

그 이후에 ‘식경(識景)’을 통해 그림자를 측정할 수 있다. 동쪽에 해가 떠올라 서쪽에 그림자

---

18) [참고자료] 『周礼·考工记·匠人』: “匠人建国, 水地以县。” 郑玄 注: “於四角立植而县以水, 望其高下; 高下既定, 乃为位而平地。” 孙诒让 正义: “水地以县者, 将建国, 必先以水平地, 以为测量之本。”
译文: 匠人建造城邑。应用悬绳, 以水平法定地平, 树立标杆, 以悬绳校直, 观察日影, 画圆, 分别识记日出与日落时的杆影。白天参究日中时的杆影, 夜里考察北极星的方位, 用以确定东西(南北)的方向。(출처: Baidu 백과사전 「水地」)

19) 제13차 은허발굴과정 중, 궁전터에서 수평한 지면을 구할 때 사용하던 수거 유적이 발견되었다. 유적은 이미 수평면을 유지하고 있었으며 수거 안은 흙으로 채워 다져놓았다.

가 생기면 구영권 위에 첫 번째 산가지를 꽂는데 『주례』 「지관」 '대사도'에서는 "日東則景夕-해가 동쪽에 있으면 해 그림자는 서쪽을 가리킨다.-"이라고 적고 있다. 서쪽으로 해가 지고 동쪽에 그림자가 생기면 구영권 위에 마지막 산가지를 꽂는데 『주례』 「지관」 '대사도' 에서는 "日西則景朝-해가 서쪽에 있으면 해 그림자는 동쪽을 가리킨다.-"라고 적고 있다. 하루 동안의 입간측영의 측정이 끝나고 앞서 설명한 두 개의 산가지를 하나의 직선으로 연결하면 정확한 동서 방향의 선이 된다. 앞에서 언급했던 복사의 "貞, 賁於東西"의 의미와 같다. 방향 측정의 검증 방법은 다음과 같다. 동서로 이어진 선의 중심에서 입간의 중심을 통과하는 직선을 연결한다. 이 직선이 정오의 해 그림자의 남북방향의 선과 겹치게 되면 이것이 바로 "昼參諸日中之景"으로 정남북 방향의 직선이 된다. 앞에서 인용한 복사의 '정(貞)'이나 '정(正)'과 같은 것이다. 좀 더 정확한 방법은 밤에 입간에 매어진 끈을 이용해 북극성을 관측하는 방법으로 입간의 끈과 낮에 측정한 남북 직선이 동일한 수직면위에 놓이게 되면 정확한 남북 방향이 된 것이다. 앞에서 인용한 복사의 "貞, 賁五牛, 正"(그림 123)과 같은 의미이다. 정확한 방위 측정을 위한 이러한 방법은 갑골문 복사 시대에 이미 잘 알려져 있었을 것으로 생각된다.

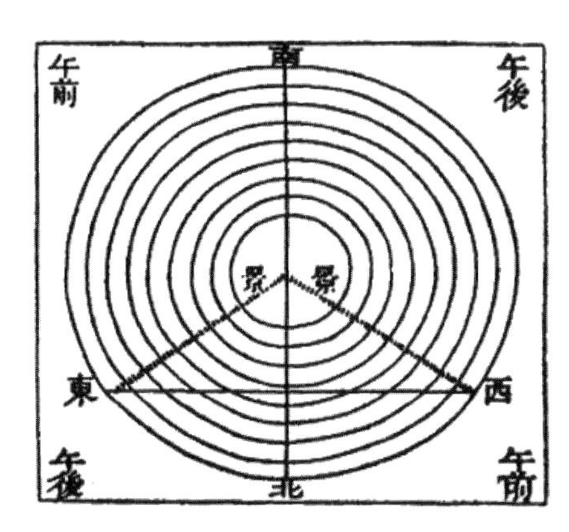

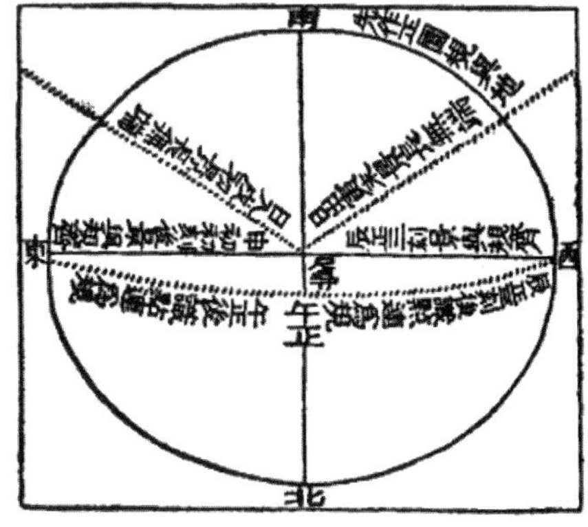

그림 123. 대진(戴震)의 「위규식경(爲規識景)」 그림

복사 가운데 정오의 해 그림자 측정에 관한 기록은 없다. 그러나 '일중(日中)' 즉 '중일(中日)'의 개념에 대해서는 아래와 같이 명확하게 적고 있다.

中日至昃其雨。 (掇一. 三九四)

郭兮雨一中[日雨]。 (林一. 九. 九)

丙辰中日亦雨自北。 (乙編四七. 八)

中日亦雨自南。 (乙四七八)

中日雪。 (林二. 一六. 四)

中日往, 不雨, 吉。 (甲二O五二)

莫於中日迺往 , 不雨。 (粹六八二)

中日至昃其雨。 (掇一、三九四)

中日至郭兮督, 吉丝用。 (甲五四七)

中日大督。 (甲一五六一)

於南兮□於正京北。 (佚存三七四)

'中日'은 '日中'을 의미하고 '出日'은 '日出', '入日'은 '日入'을 의미하는데 이들은 입간측영에서 하루 동안에 가장 중요한 관측 시각을 뜻한다. 정오에 해 그림자를 측정하면 태양은 정남쪽에 있게 되고 그림자는 정북쪽을 가리킨다. 1 회귀년 중에 동짓날을 기점으로 태양은 남북회귀선을 중심으로 남북으로 옮겨가며 해 그림자도 지평일구 위에서 옮겨 다니게 된다. 고대인들은 천상과 기상을 별도로 구분하지 않았기 때문에 "중일대계(中日大督)", "중일역우(中日亦雨)", "중일설(中日雪)" 등의 기록이 남아 있다. 이것은 1년 내내 어떤 날씨에도 계속해서 관측이 이루어 졌음을 의미한다. '中日大督'는 입간측영 중에 해 그림자가 정확하게 남중했다는 것으로 현재의 정오와 같다. '中日亦雨'나 '中日雪'은 태양을 직접 볼 수 없는 상황인데 어떻게 태양의 남중을 알 수 있었을까? 아마도 고대에는 물시계를 이용해 시간을 알 수 있었을 것이다. 그러나 현재까지 한대(漢代) 이전에 사용한 물시계 유물이 발견되지 않고 있기 때문에 증명할 수 있는 방법은 없다. 한편, 하(夏) 왕조의 가계 중에 '제설(帝泄)'을 설명할 때 그의 이름이 물시계에서 유래했다고 설명했었다. 상대(商代)의 많은 청동기 유물이 출토되었으나 물시계의 부품으로 보이는 유물은 아직 발견되지 않았다. 그러나 문자를 연구하는 일부 학자들은 '상(商)'자가 물시계의 뜻을 포함하고 있는 것이라고 주장하고 있다. 『의례』「사혼례(士婚禮)」의 주(注)에서는 『정목록(鄭目錄)』을 인용하여 "일입삼상위혼(日入三商爲昏)"[20]이라고 적고 있으며 또한 "商爲商量, 是漏

---

20) [참고자료] 商과 관련된 고대의 의미를 살펴보면 아래와 같다.

1. 古代用漏刻计算时间, 叫作商。三商也就是三刻。고대에는 물시계로 시간을 측정하는 것을 商이라

刻之名 –商은 商量과 같은 것으로 누각(물시계)의 이름이다.–"이라고 적고 있다. '누각(漏刻)'은 '상(商)'으로도 쓰였으며 이것은 하늘의 시간을 계산한다는 의미도 갖고 있기 때문에 상(商) 왕조를 '천조(天朝)'라고 불렀던 이유이기도 한다. 상대(商代)에 이미 물시계가 있어 시간을 측정할 수 있었기 때문에 흐리거나 비오는 날에도 정오의 시각을 정확하게 알 수 있었던 것이다. 그러나 일 년의 대부분은 맑은 날이었기 때문에 복사에서는 다음과 같이 적고 있다.

於南兮□於正京北。 (佚存三七四)

이것은 틀림없이 동짓날을 확인하기 위한 측정 기록이다. '영(景)'은 '일영(日景)'을 의미한다. '정경(正京)'은 태양이 남중할 때의 해 그림자를 나타낸다. '정경북(正京北)'은 해 그림자가 가장 북쪽까지 이르렀다는 것을 가리키며 일 년 중 해 그림자가 가장 긴 날이 된다. 앞에서 언급한 『장자. 대종사(莊子. 大宗師)』에서 말했던 "禺疆得之, 立於北極–우강이 그것을 얻어 북극에다 세웠다.–"에 해당하며 '북극(北極)'은 북륙동지(北陸冬至)를 나타낸다. 이 때 태양은 가장 남쪽에 이르렀기 때문에 복사에서는 '어남혜(於南兮)'라고 적고 있다. 정산(丁山)의 해석은 비교적 정확하게 보이는데 바로 "남정중 북정려(南正重, 北正黎)"라고 해석하였다.[21] 이 내용은 제 8장 '절지천통(絶地天通)'의 해석을 참고하면 된다. 이 밖에도 복사 중에는 '지일(至日)'에 관한 기록이 여럿 남아 있다.

今日至日。 (甲五五五O)

壬辰卜: 弗至日? - 壬辰卜: 至日。 (乙五三九九)

고 불렀다. 三商은 三刻을 의미한다.

2. "士娶妻之礼, 以昏为期, 因而名焉。阳往而阴来, 日入三商为昏。" 意思就是在我国古代的婚礼中, 男方通常在黄昏时到女家迎亲, 而女方随着男方出门。这种 "男以昏时迎女, 女因男而来"的习俗, 就是 "昏因"一词的起源, 也就是后来人们常说的 "婚姻"一词。--就是指太阳落山后, 再过三刻, 在那个时候举行亲迎之礼。중국 고대의 혼례에서는 신랑이 보통 황혼 때 여자 집으로 가서 신부를 데리고 온다. 신랑이 황혼에 신부를 데리러 가고, 신부가 신랑을 따라 나오는 풍습이 바로 "昏因"이라는 단어의 기원이며 후대에는 "婚姻"이라는 단어로 사용되고 있다. 해가 지고 다시 삼각(三刻=45분)이 지난 뒤에 신랑이 신부를 맞이하러 신부 집에 가는 의식을 행했다.(출처: 『永川办传统婚俗文化节 汉服婚礼还原传统礼制』, 华龙网(雷其霖 记者), 2013年 6月 13日)

21) 丁山: 『中國古代宗教與神話考』 51쪽.

其至日, 戌彭。 (甲一五二O)

여기에서 '지일(至日)'은 '일지(日至)'를 의미하는 것으로 '동지'나 '하지'를 나타낸다. 하지와 동지의 입절 시각을 알고 있었기 때문에 1 회귀년의 길이도 알고 있었다. 따라서 복사 시대에 이미 음양력 계산의 기초인 태양의 회귀년과 달의 삭망(朔望)월을 알고 있었음을 알 수 있다. 또한, 춘추분을 측정하였는데 이때에는 태양이 적도면을 지나게 된다. 해는 춘추분 날에 정동에서 떠서 정서로 지게 되며 그 그림자는 서쪽에서 동쪽으로 이동하게 된다. 복사에 기록된 "於西方東鄕, 於東方西鄕 (粹一二五三)"은 바로 이러한 의미를 나타낸다. 그림자가 지나는 면적은 지평일구의 구영권을 둘로 나누게 되는데 이러한 이유 때문에 갑골문에서 '분(分)'자는 "[illegible]"(前五. 四五. 七)로 적혀 있다. 원을 반으로 나눴다는 의미가 '분(分)'이며, 이것은 춘추분에서 비롯된 회의자로 생각된다.

위에서 언급한 복사에서 "貞, 尞於東西。 □貞, 正。 □貞, 尞五牛, 正"라고 적고 있는데 이 또한 춘추분 측정과 관련이 있어 보인다. '정(正)'은 일출과 일몰시에 해 그림자가 모두 정동서에 있다는 의미이다. 이때 尞祭를 진행했는데 이것이 바로 춘분세제(歲祭)나 추분세제이다. 학자들은 은허 복사의 역법에는 일 년을 춘세(春歲)와 추세(秋歲) 두 개로 나누었다고 여겼다. 춘세는 춘분부터 시작하여 봄에 태어나 여름에 자라는 시기까지로 하반년을 의미하고, 추세는 추분부터 시작하여 가을에 수확하여 겨울에 저장하는 시기까지인 동반년을 의미한다.

3절. 천상(天象)과 역법(曆法)

고대인들은 태양의 일주운동과 연주운동을 관측하여 이분이지(二分二至)의 사시(四時)가 천체와 대응한다는 것을 알았다. 복사에서 비롯되어 상(商)대까지 이어진 천문 지식은 하늘을 동궁룡(東宮龍), 남궁조(南宮鳥), 서궁호(西宮虎), 북방록(北方鹿)의 네 개의 영역으로 나누었다. 『갈관자(鶡冠子)』「도만(度萬)」 8장에서는 "麒麟者玄枵之獸, 陰之精也-기린은 현효(玄枵) 별자리의 동물로, 陰의 정기를 나타낸다.-"라고 적고 있다. 기린(麒麟)은 신격화된 사슴이며 현효는 북궁(北宮)에 위치하고 있다. 네 영역 외에도 하늘의 중앙 영역이 있는데 이곳은 북두칠성이 북극 주변을 회전하고 있는 영역이다. 북극성은 천제 또는 상제가 머무는 곳이다.

갑골문 복사 시대에는 동방창룡의 각수(角宿)가 초저녁에 동쪽 지평에 나타나는 시기를 봄의 시작으로 여긴 것으로 보이는데 복사에서는 다음과 같이 적고 있다.

癸酉卜, ☐貞: 㞢啓龍, 王比, 受㞢又。
貞: 㞢啓龍, 王勿比。 (外四五三)
丁卯卜, 貞: 史以又告啓.... 在二月。 (南上一四)

'계(啓)'와 '계룡(啓龍)'은 「하소정」에 기록된 "정월계칩(正月啓蟄)"을 의미한다. 동방창룡의 각수(角宿)가 초저녁에 동쪽 지평에 보이는 시기를 나타내는 것이다. 복사에 기록된 '在二月'과 관련해서 은(殷) 나라는 하(夏) 나라보다 후대이기 때문에 세차의 영향이 있을 수는 있지만 한 달의 차이까지는 생길 수 없다. 따라서 봄의 시작을 2월로 기록한 것은 역법에서 윤달로 인한 오류에 기인한 것으로 보인다. 계칩 한 달 이후가 되면 대화심수(大火心宿) 두 번째 별이 초저녁에 동쪽 지평에서 보이는데 이 별은 상족(商族)을 상징하는 별이며 또한 국성(國星)이었다. 『좌전』 「양공(襄公) 9년에는 다음과 같이 적고 있다.

陶唐氏之火正閼伯, 居商丘, 祀大火, 而火纪时焉。相土因之, 故商主大火
도당씨(陶唐氏)는 화정(火正)관이 된 알백(閼伯)으로, 상구(商丘)에 거하며, 대화성(大火星)에 제사 지내고, 이 별을 보고 시간을 기록하였다. 相土(알백의 손자)가 이를 따랐기 때문에 商나라는 大火를 중요하게 여겼다.

복사 가운데 대화심수 두 번째 별을 전문적으로 관측하는 관원이 있었는데 "화사(火司)(掇一.四三)"로 불렸으며, 직위는 『주례』 「하관(夏官)」의 "사관(司爟)"인 "화정(火正)"에 해당한다. 복사 중에도 '화(火)'와 관련된 많은 기록들이 아래와 같이 남아있다.

...... 卜: 其告火, 自後祖丁。 (南明五九九)
貞: 隹火, 五月。 (後下三七. 四)
..... 七日, 已巳, 夕㞢, ... 㞢新大星幷火。 (後下九. 一)

'고화(告火)'는 대화심수 두 번째 별이 초저녁에 동쪽 지평에서 보이기 시작한다는 의미이다. 복사에는 기록이 없지만 2월로 짐작된다. 세차를 계산해보면 주(周)나라 시기가 되어야만 3월에 이 별이 초저녁에 보이게 되므로 복사 기록이 3월 이후는 아닐 것이다. 『주례』「하관」'사관(司爟)'에는 "季春出火, 民咸從之。季秋內火, 民亦從之。[22] 봄에 대화가 나오면 백성들이 出火(들에 불을 놓기 시작함)하였고, 가을에 대화가 들어가면 백성들이 內火(들에 불을 금지함)하였다. 즉 대화의 움직임에 따라 백성들이 움직였다.-"라고 적고 있다.

상(商)나라의 세시는 주(周)나라보다 빨랐다. 만약 계춘(季春)인 음력 3월에 '출화(出火)'하였다는 기록이 있다면 이것은 음력 3월 이전에 윤달이 있었음을 의미한다. 왜냐하면 또 다른 복사에 "隹火, 五月"이라고 적고 있기 때문이다.

학자들은 이것이 5월 밤하늘에 보이는 심수 대화(大火)를 기록한 것으로 「하소정」에 기록된 "五月初昏大火中-5월 초저녁에는 대화가 하늘 한 가운데 떠있다.-"와 같은 의미라고 생각한다. 절기상으로 하지(夏至)가 되려는 시점에 해당한다는 의미이다.[23] 이것은 상(商)대에 항성의 남중을 관측해 시각을 정확하게 측정하였음을 보여준다. 이것은 또한 천문관측에 있어서 큰 발전을 의미하는데 성도(星圖)를 통해 태양의 위치를 추산하는 기초적인 지식이 있었음을 의미한다. 복사에 기록된 "㞢新大星幷火"와 관련해, 학자들은 '화(火)'가 바로 '대화(大火)'이며, '신대성(新大星)'은 신성(新星)을 의미한다고 주장한다. 또한 '성(星)'을 '청(晴)'으로 사용하여 맑은 밤에 별을 볼 수 있다는 의미를 나타낸다는 의견도 있다.

동방창룡 7수(宿)의 별자리는 각(角), 항(亢), 저(氐), 방(房), 심(心), 미(尾), 기(箕)이다. 대화(大火, 心宿 두 번째 별)는 심수(心宿)에 포함되어 있다. 복사에서는 대화 외에도 심수(心宿)와 미수(尾宿) 등의 별자리가 기록되어 있는데 풍시(馮時)는 갑골문과 청동기에 남아 있는 '용(龍)'자는 동방창룡 7수에서 그 모습을 본뜬 것이라 주장하였으며 이와 관련해 변천 모습을 형상화한 그림을 그렸다(그림 124). 풍시는 결론에서 다음과 같이 적고 있다. "각수(角宿)는 용의 뿔이며 항수(亢宿)는 목구멍, 저수(氐宿)는 머리, 방수(房宿)는 배, 심수(心宿)는 심장, 미수(尾宿)는 꼬리이다. 기수(箕宿)는 직접적으로 용과는 무관하지만 상대(商代)에 이르러서는 용의 꼬리에 연결되어 동방창룡 전

---

22) 『左傳』「昭公」十七年에는 '火出於夏爲三月, 於商爲四月, 於周日爲五月, 夏數得天'이라고 기록하고 있다. 이것은 '三正'에 근거하여 추론한 것으로 근거로 삼을 수는 없어 보인다.

23) 「요전」에 '日永星火, 以正仲夏'라고 기록하고 있기 때문에 학자들은 은주(殷周)시기에 대화(大火)가 망종(芒種)부터 하지(夏至)昏中까지 떠올랐다고 보았다.

체의 모습에 포함되어 있다.”[24)]

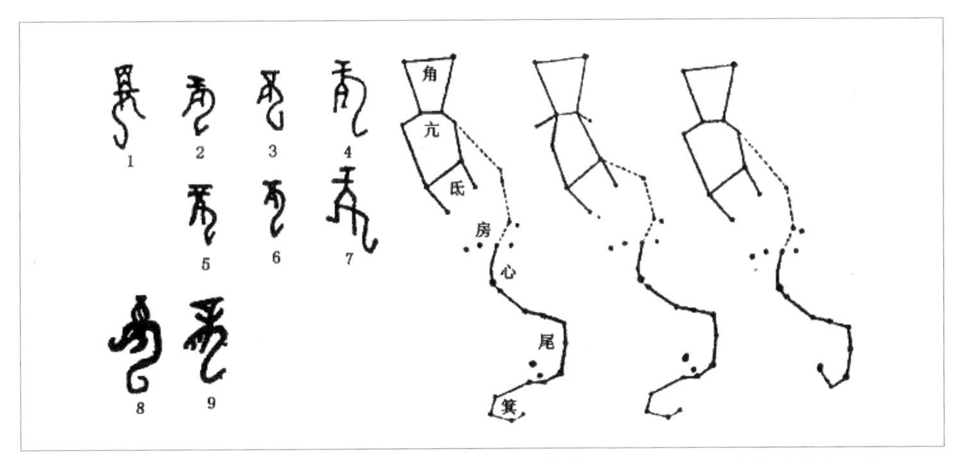

그림 124. 풍시(馮時)가 그린 상주(商周) 고문자 ‘용(龍)’과 동방창룡 7수(宿) 별자리 그림

춘분에 동방창룡이 땅에서 나와 운행하는 모습을 『상서』 「요전」에서는 “日中星鳥, 以殷仲春”이라고 적고 있다. ‘중춘(仲春)’은 춘분을 나타내는데 춘분날은 낮과 밤의 길이가 같으므로 ‘일중(日中)’이라고 부른다. 춘분날 초저녁에 남쪽 하늘을 보면 남방주작이 남중해 있는데 이것을 ‘성조(星鳥)’라고 부른다. 『좌전』 「양공」 9년에는 “古之火正, 或食於心, 或食於咮, 以出内火。[25)] −고대에 화정(관직 이름)은 화성(火星)에 제사지낼 때 심수(心宿) 별자리 또는 류수(柳宿) 별자리도 함께 제사지냈다. 이것은 화성이 이 두 별자리 사이를 운행하기 때문이다.−”라고 적고 있다. ‘주(咮)’는 남방주작의 ‘류주(柳注)’이며 ‘조주(鳥注)’라고도 부르는데 이들 7개의 별을 선으로 연결하면 그 모양이 새의 부리와 비슷하기 때문이다. 복사에서는 다음과 같이 적고 있다.

..... 取𠙵友於鳥。 (京二四九四)

𠙵友, 隹於鳥。 (林二, 一六, 一九)

---

24) 馮時: 『星漢流年—中國天文考古錄』, 四川教育出版社, 1996年.

25) [참고자료] “古代的火正, 祭祀火星的时候或者用心宿陪祭, 或者用柳宿陪祭, 由于火星运行在这两个星宿中间。(출처: 勸學網 www.quanxue.cn 『左傳』)

여기서 '조(鳥)'는 남방주작을 의미한다. '우어조(友於鳥)'라는 것은 봄을 맞이하는 일종의 제사 의식으로 『산해경』 「대황동경」에서는 다음과 같이 적고 있다.

有五采之鳥, 相鄕奔沙, 惟帝俊下友, 帝下兩壇, 采鳥是司。[26)]

오색의 깃털을 갖고 있는 새 두 마리가 서로 마주보고 춤을 추고 있다. 천제인 제준이 하늘에서 내려와 그들과 친구가 된다. 인간 세상에 있던 제준의 제단 두 개는 이 새들이 관리한다.

여기서 '오채지조(五采之鳥)'는 '일중성조(日中星鳥)'를 의미한다. 낮에는 '태양조(太陽鳥)'를 관측하고 밤에는 '성조(星鳥)'를 관측하기 때문에 '제하양단(帝下兩壇)'이라고 적은 것이고 각각을 맞이했다가 떠나보낸다는 의미이다. 성조는 후세에 봉황으로 전해지고 있으며 간단히 봉조(鳳鳥)로 부른다. '상향기사(相鄕棄沙)'는 제단에서 새 분장을 하고 춤을 추고 있다는 것으로 그 의미가 '유제준하우(惟帝俊下友)'가 된다. 예를 들면 복사에서 상왕(商王)이 '우어조(友於鳥)'라는 것과 같은 의미이다. '고지화정 혹식어주(古之火正, 或食於咮)'는 남방주작만을 전문적으로 관측하던 관원을 말하는 것이다.

동방창룡과 남방주작은 하반년에 하늘을 운행하는 반면 서방백호와 북방록(北方鹿)은 동반년에 하늘을 운행한다. 복사 중에는 호랑이와 관련된 기록이 남아 있는데 호랑이는 대부분 사냥의 대상이 된다. 호랑이는 '후호(侯虎)'로도 불리는데 이것은 제후국을 의미하는 것으로 생각된다. 『복사통찬(卜辭通纂)』 세계편(世系篇)에는 호랑이와 별자리의 관계를 아래와 같이 적고 있다.

...... 其又(有)歲於虎......。 (卜通三四八)

곽말약(郭沫若)은 '호(虎)'를 사람의 이름으로 여겨 "殷之先人名虎者, 高辛氏之才子伯虎也[27)]

26) [참고자료] 有两只五彩鸟, 相对而舞, 是帝俊在人间的朋友, 帝俊在人间的两个祭坛, 便是由它们管理的。这里的五彩鸟, 实际上便是神话中的"凤鸟", 它与帝俊有着极为亲密的关系, 应是帝俊部族的崇拜物。更主要的是, 战国以来, 人们称日中神鸟为"俊鸟", 何新『诸神的起源』云"俊鸟"便是帝俊, 为太阳神的代名词。(출처: Baidu 백과사전 『帝俊』)

27) [참고자료] 高辛氏有才子八人, 伯奋、仲堪、叔献、季仲、伯虎、仲熊、叔豹、季貍, 忠、肃、共、懿、宣、慈、惠、和, 天下之民谓之八元。(출처: baidu.com 『左传·文公十八年』)

–은나라의 선조 중에 이름이 虎라는 사람이 있었는데 고신씨의 재덕이 많은 후손인 伯虎를 말한다.–"라고 해석하였다. 상(商)대의 조상들은 모두 관측 용어를 이름으로 사용했다고 알려져 있다. 따라서 '호(虎)'는 '성호(星虎)'를 나타내며 서방백호를 의미한다는 것을 알 수 있다. 복사에서는 일 년을 춘추(春秋) 두 개로 나누었는데 '세어호(歲於虎)'는 추분을 상징하는 서방백호로 보인다. 서궁(西宮)을 백호라고 부르는 것은 복양 서수파 무덤에 남아 있는 호랑이로부터 정형화되었다고 볼 수 있다. 복양 서수파의 호랑이 머리 위에 있는 두 개의 뿔은 글자의 유래와도 관련이 있다. 갑골문 중에는 호(虎)자 위에 뿔이 있는 경우가 여럿 있는데 그 예를 살펴보면 다음과 같다(그림 125).

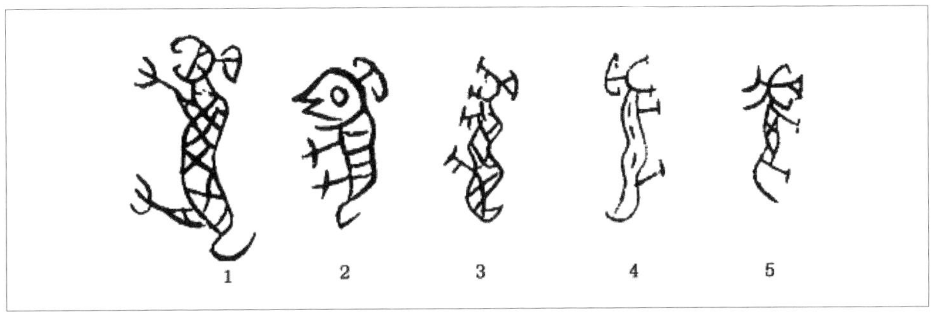

그림 125. 갑골문 '호(虎)'자 머리 위에 '뿔(角)'이 있는 사례
갑골문 번호 1.佚一0九 2.乙九0 3.綴二, 七七 4.鐵六二, 三 5.存七六八

이 몇 개의 호(虎)자 머리 위의 '신(辛–호랑이 뿔 부분)'자 관모는 '호각(虎角)'을 나타내는데, 이것은 갑골문에서 용과 봉황을 상징하는 글자에 뿔(角)이 있는 모습과 같은 의미이다. 청동기 유물 중에도 호랑이 문양에 뿔(角)이 남아 있는데 잘 알려진 것으로는 '유호식인유(乳虎食人卣[28] –어린 호랑이가 사람을 잡아먹는 모양의 술통)'가 있다.

이마 양쪽에는 귀가 있어 두 개의 뿔처럼 보인다. 호랑이는 별자리에서 '삼위백호(參爲白虎)'의 뜻을 가지고 있는데 여기서 자수(觜宿) 별자리가 호랑이의 뿔이 된다(그림 126). '유호식인유

高辛氏有有才德的子孙八人，世人称之为"八元"，意思就是八个善良的人。(출처: baidu.com『史记』卷一「武帝本纪」)

28) [참고자료] 卣 [yǒu] 술통 유–옛날에 제사를 지낼 때 술을 담았던 병으로 주둥이는 작고 배가 큰 청동 그릇.(출처: 네이버 중국어사전 「卣」)

(乳虎食人卣)'에 새겨진 문양은 각각의 의미를 지니고 있다. 호랑이의 목 위에는 사슴 한 마리가 서 있는데 호랑이를 두려워하지 않는 용감한 모습을 하고 있다.

그림 126. 상대(商代) 청동기 유호식인유(乳虎食人卣) 우측사진 (출처: 互动百科)

호랑이와 사슴의 관련성은 복양 서수파(濮陽 西水坡) 조개 무덤 동지도에서 찾아 볼 수 있다. 동지도에는 사슴이 호랑이의 등 위에 누워 있는데 이는 동반년이 하반년을 이끌어준다는 의미를 가지고 있다. 유호식인유(乳虎食人卣)의 등에는 용이 한 마리 있으며 그 양쪽에 각각 물고기 한 마리가 있다. 용과 호랑이의 관련성 또한 복양 서수파(濮陽 西水坡) 조개 무덤 동지도에서 찾아 볼 수 있다. 용과 호랑이는 한 몸으로 이어져있는데 이것은 물고기와 용이 겨울에 동면하게 되면 서방백호가 하늘을 돌아다닌다는 것을 의미한다. 결과적으로 유호식인유(乳虎食人卣)는 가을과 겨울을 상징하는 것으로 동반년의 천상과 기상을 나타낸다. 호랑이와 사람이 표현된 이러한 모습은 역사시대 이전의 '인호문(人虎紋)' 채도에서도 살펴볼 수 있다. 여기서 호랑이는 인격화된 신의 모습인데 이것은 앞서 『산해경』의 서왕모(西王母) 신화(제9장)에서 살펴보았다.

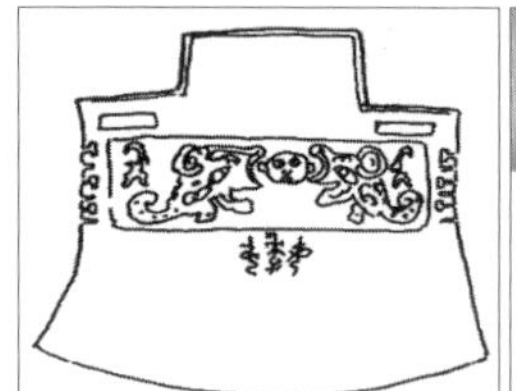

그림 127. 부호묘에서 출토된 청동월(鉞), 우측사진 (출처: 豆瓣)

청동기 문양 중에는 이유호식인두(二乳虎食人頭–두 마리의 어린 호랑이가 사람 머리를 먹으려는 모습) 도안도 있다. 은허(殷墟) 부호묘(婦好墓)에서 두 개의 청동 월(鉞)이 출토되었는데 그 중 하나에 이유호식인두(二乳虎食人頭) 도안이 있다(그림 127).

앞에서 '월(鉞)'을 '세(歲)'로 해석한 적이 있는데 이것은 앞서 언급한 '세어호(歲於虎)'의 의미와 관련이 있으며 상(商)나라 제례 의식에 월(鉞)이 사용되었음을 말해준다.

서방백호는 규(奎), 루(婁), 위(胃), 묘(昴), 필(畢), 자(觜), 삼(參) 7개의 별자리로 이루어져 있으며 가을이 오면 규수(奎宿) 별자리는 초저녁에 동쪽 하늘에 떠오른다. 금문(金文) 가운데 저(猪)나 천시(天豕)를 이용해 부족의 문양(그림 128)으로 사용한 자료가 남아 있는데 이것은 규수(奎宿) 별자리를 나타낸 것이다.

갑골문 복사 시대에 북궁(北宮)은 사슴(鹿)으로 표현했는데 유호식인유(乳虎食人卣)의 목 위에도 사슴이 보인다. 정산(丁山)은 『중국고대종교와 신화고』에서 북궁의 별자리와 관련된 내용을 다음과 같이 적고 있다.

"貞, 翌戊申, 婕其 ……。 (甲骨七集 B43-12)"

'婕'자의 전서는 "[illegible]"이다. 『사기』「천관서」에는 "北宮玄武, 有虛, 危, 建星, 婺女, 織女-북궁 현무에는, 허(虛), 위(危), 건성(建星), 무녀(婺女), 직녀(織女)가 있다-"라고 적고 있다. 『사기색은』의 주(注)에는 「이아(爾雅)」를 인용해 "須女謂之務女-수녀(須女)를 무녀(務女)라고 부른다.-"라고 적고 있어 무녀는 북방현무 별자리임을 알 수 있다. 한편, 상(商)과 주(周)나라 이전에는 북궁을 '현무(玄武)' 대신에 '녹(鹿)'이라고 불렀다. 이 복사는 동짓날 태양이 여수(女宿) 별자리에 머무는 것과 관련이 있어 보이며 신화 '여록씨(女祿氏)'와도 연관성이 있는듯 하다. 『대대예기』「제계」에서는 "顓頊娶於滕氏, 滕氏奔之子謂之女祿氏-전욱이 등씨와 결혼하여 등씨분의 자식을 낳아 여록씨라고 불렀다.-"라고 적고 있다. 이 신화는 앞에서 설명한 적이 있는데 '등(滕)'은 '등(騰)'과 '등씨분(騰氏奔)'으로 표현하였으며 달리고 있는 사슴을 나타낸다. '여록씨(女祿氏)'는 무녀(婺女) 또는 직녀(織女)로 정산(丁山)은 아래의 복사를 다음과 같이 설명하고 있다.

貞, [illegible]子, □[illegible]" (鐵拾 一一. 一O)

隹 [illegible] [illegible] (鐵藏五、二)

[illegible]。(佚存三七一)

夫[illegible]。(佚存六O五)

"녹자(娽子)는 여록씨(女祿氏)의 자식을 말하는 것으로 보인다.[29] 여록씨(女祿氏)는 여록씨(女鹿氏)를 의미한다. 또한 '녹(鹿)'은 '육(陸)'으로도 사용되었기 때문에 북륙동지(北陸冬至)를 의미

29) 丁山: 『中國古代宗敎與神話考』 317쪽.

한다.”

결론적으로 은허복사 중에 사상(四象)의 개념은 있으나 구체적인 형상은 완성되지 않은 것으로 보인다. 복사 가운데 북쪽 하늘과 관련된 것은 주로 북두칠성에 제사 지내는 내용이 많다. 복사의 기록은 아래와 같다.

乙亥卜: 夕, 庚比斗, 𢓊雨?
庚子[卜]: 夕, 辛比斗?
巳酉卜: 夕, 翌辛[比]斗?
[庚]戌卜: 夕, 翌辛[比]斗? (合三六二)
庚午卜: 夕, 辛未比斗? (乙一七四)
丙辰卜: 夕, 丁比斗? (乙一一七)
癸亥, 夕, 甲比斗? (乙一三四)

‘비두(比斗)’는 ‘𥘵斗’로 북두칠성에 대한 제사와 숭배를 의미한다. 북두칠성의 두병(국자의 손잡이 부분)은 매일 천구 북극을 중심으로 한 바퀴 회전하는데 두병의 방향은 밤시각이나 계절을 알려주는 역할을 한다. 앞서 언급한 복사 가운데 ‘계룡(啓龍)’이 있는데, 이것은 바로 두병이 동방창룡의 각수(角宿)를 이끌고 땅위로 올라오는 것을 의미한다. 이러한 천체 운행을 전통천문학에서는 ‘천좌선(天左旋)’이라고 부른다. 이것은 천체 운행에 관한 인식이 복사 시대부터 전래되었음을 말해준다.

그림 128. 금문에 기록된 ‘저(猪)’와 ‘천시(天豕)’ 관련 족휘(族徽)
1.시작부기유(尸作父己卣) 2.시작부기호(尸作父己壺 3.비신궤(妣辛簋)

태양과 달의 운행을 살펴서 고대인들은 “日月之行, 一歲十二會–해와 달은 일 년 동안 하늘에서 열두 번 만난다(『月令』)–”라고 하였다. 또한 1회귀년 동안 해와 달은 별자리를 한 번씩 만나게 된다.[30)]

30) 마가요문화의 채도 위에는 일월이 서로 만나는 도안이 그려져 있는데 이것을 “호로문(葫蘆紋)”이라

고대인들은 이를 근거로 역법을 만들었는데, 해와 달이 만나는 것을 '삭망월(朔望月)'이라 부르며, 음력 초하루는 '삭(朔)', 보름은 '망(望)'이라고 부른다. 음력 초하루에 달은 태양과 지구 사이에 놓이게 되는데 이때 지구에서는 월면(月面)이 완전히 어둡게 되어 사람들은 달빛을 볼 수 없게 된다. 그렇다면 고대인들은 어떤 방법으로 삭일을 알 수 있었을까? 삭일의 결정은 '비일(朏日-초승달이 보이는 날)'을 근거로 추산하게 된다.[31] 갑골문에는 '屰(거스를 역)'자가 있는데 "ᛘ"(乙八五O五) 모양으로 되어있다. 머리는 아래에 있고 발은 위쪽에 있어 물구나무를 서 있는 사람의 모습으로 뒤집혀 있다는 의미이다. 『설문해자』에서 "朔, 月一日始蘇也, 從月屰聲。 삭(朔)은, 매 월 초하루에 시작하는 것으로, 月에서 유래하였고 屰에서 소리가 나왔다"이라고 적고 있는데 이 또한 천체의 모습을 보고 추산하였다는 의미이다. 삭일(朔日) 당일에는 달이 태양과 지구 사이에 놓이기 때문에 달이 해를 가리는 현상이 발생하기도 하는데 이것이 바로 일식이다. 복사에는 아래와 같이 일식에 관한 여러 기록이 있다.

貞: 日㞢食。 (林一. 一O. 五)

癸酉貞: 日夕又食, 隹若?

癸酉貞: 日夕又食, 非若? (佚三七四)

癸酉貞: 日夕[又]食, ... 田(上甲)。 (京三九六五)

이 가운데 첫 문장은 무정(武丁, BC1250-1192) 시대의 복사이고 이어진 두 개의 문장은 무을(武乙, BC1147-1113)과 문정(文丁, BC1112-1102) 시대의 복사로 "일유식지(日有食之)"의 내용과 같은 의미이다. 무을(武乙)과 문정(文丁) 시기의 복사 가운데에는 일식을 '일시(日戠)'나 '일우(유)시(日又(有)戠)'라고 기록한 것도 있다. 아래는 문정(文丁) 시기의 복사 기록이다.

庚辰貞: 日又戠, 非𡆥(咎)? 隹若?

庚辰貞: 日戠, 其告於河?

庚辰貞: 日又戠, 其告於父丁, 用牛九、才𩁹。(粹五五)

고 부른다. 역사시대 이전의 옥기 가운데 "쌍련벽(雙聯璧)" 또한 일월이 만나는 것을 표현한 것이다. "삼련벽(三聯璧)"은 해와 달과 별이 하늘에서 만나는 것을 표현한 것이다.

31) 中國文學史簡史編寫組: 『中國天文學簡史』 24쪽.

辛巳貞: 日又戠, 其告於父丁? (後上二九. 六)

乙巳貞: 酚, 其𠮷 (舌, 讀祏, 祭名) 小乙, 丝(玆)用。日又戠, 夕告於田(上甲), 九牛。 (甲七五五)

壬子卜, 貞: 日戠於甲寅? (佚三八四; 鄴一, 二六, 五)

앞에서 언급한 복사 가운데 다섯 문장에 대해서는 이미 구체적인 연대가 밝혀졌으며 안양(安陽) 지역에서 관측된 것임이 확인되었다(표 2 참조).

표 2. 상나라 시대 복사 가운데 관측 시기와 지역이 확인된 기록

복사 기록 내용	추정 관측 시기	식의 형태
庚辰貞: 日又戠	BC 1198.10.21	금환일식
癸酉貞: 日夕食	BC 1176.08.19	개기일식
辛巳貞: 日又戠	BC 1172.06.06	금환일식
戊申貞: 日又戠	BC 1161.05.07	개기일식
乙已貞: 日又戠	BC 1161.10.03	금환일식

월식은 삭망월 기준으로 15일이나 16일에서 발생한다. 이 때 지구는 태양과 달 사이에 위치하므로 달의 밝은 면이 지구를 향하게 된다. 만약 지구가 달을 가리게 되면 월식이 일어나는데 복사에서는 다음과 같이 적고 있다.

[癸]未卜, 爭貞: 翌甲申易日? 之(玆)夕月㞢食, 甲𩇯, 不雨。之(玆)夕月㞢食? (丙五六)

癸未卜, [爭]貞: 旬亡𡆥(咎)? 三日乙酉, 夕月㞢食, 聞, 八月。 (甲一二九十一七四九)

癸丑卜, 貞: 旬亡𡆥? 七日已未, 夕䖵。庚申, 月㞢食。 (庫一五九五; 金五九四) ...... 旬。壬申夕, 月㞢食。 (簠天二)

[已]丑卜, 賓貞: 翌乙[未]..... 黍登於且乙, [王]占曰: 祟, 不其雨? 六日[甲]午, 夕, 月㞢食。 (丙五)

壬寅貞: 月又戠, 其又土尞大牢?

壬寅貞: 月又戠, 王人於一人𡆥? 又𡆥? (屯南七二六)

위에서 언급한 복사는 모두 월식을 기록한 내용이다. 학자들은 이 월식이 약 3,300년 전에 기록된 것으로 추정하고 있다.

은(殷)나라 사람들은 일식과 월식을 관측하고 이를 이용해 점을 쳤는데 이것은 당시에 삭망월의 개념을 파악하고 있었음을 말해준다. 역법 계산에서 큰달(大月)은 30일, 작은달(小月)은 29일로 사용하였다. 태양의 회귀년을 기준하여 연대를 기록하고 간지(干支)로 날짜를 기록하였는데 평년은 12달, 윤년은 13달로 하였다. 따라서 갑골문 복사에서 사용한 것은 음양력임을 알 수 있다. 역법을 만들기 위해서는 세수(歲首) 즉, 1년의 시작점을 정해야 한다. 『사기』 「역서(曆書)」에 의하면 "昔自在古曆建正作於孟春。 -옛 역법에서 정월을 맹춘으로 하였다.-"이라고 적고 있다. 이것은 일반적인 고대 역법을 설명한 것이다. 주(注)에는 「색은(索隐)」을 인용하여 다음과 같이 말하였다. "案古曆者, 謂黃帝 「调历」以前有「上元」、「太初历」等, 皆以建寅为正。 -옛 역법은 황제의 「調曆」이전에 있던 「上元」, 「太初曆」 등을 말하는 것으로, 이들은 모두 인월(寅月)을 정월로 사용하였다.-" 「상원 (上元)」과 「태초력 (太初曆)」에 '건인(建寅-인월을 정월로 사용)'을 사용했는지 여부를 증명할 수 있는 정확한 문헌 자료는 없다. 역사시대 이전인 양저문화(良渚文化)의 원시역법 기록에 의하면 '건인(建寅)'을 사용했던 흔적이 있다. 하(夏)나라 왕의 계보 기록에 따르면 십간(十干)을 이용한 왕의 이름이 보이는데 이것은 간지(干支)의 사용 시기가 복사 시대보다 앞섰을 가능성을 말해준다. 『사기』 「역서(曆書)」에는 다음과 같이 적고 있다. "夏正以正月, 殷正以十二月, 周正以十一月。 -하나라는 1월을 정월로 삼았고, 은나라 12월을 정월로 삼았고, 주나라는 11월을 정월로 삼았다.-" 다시 말해서 "夏正建寅, 殷正建丑, 周正建子。 -하나라는 인월(寅月)을 정월로 삼았고, 은나라는 축월(丑月)을 정월로 삼았고, 주나라는 자월(子月)을 정월로 삼았다.-"이다. 『사기색은』에서는 "唯黃帝及殷, 周, 魯幷建子爲正。 -황제와 은나라, 주나라, 노나라는 모두 자월(子月)을 정월로 삼았다.-"라고 적고 있다. 은력(殷曆)의 세수(歲首) 기준에 대해서는 과거부터 여러 이견이 제시되고 있어[32] 향후 추가적인 연구가 필요하다고 생각된다. 은나라 사람들은 세성(歲星-목성)에 대해서도 알고 있었던 것 같다. 복사 중에 '빈세(賓歲)'라는 기록이 여러 번 나오는데 이것은 빈제세신(賓祭歲神-목성에 제사 지낸다)을 의미한다. 복사 중에 '세(歲)'자는 다양하게 기록되어 있다. 일월이 만나고 절기가 바뀌는 것(예를 들면 앞에서 인용

32) 풍시(馮時)는 복사(卜辭)에 기록된 월식과 대화성의 출현에 근거하여 은력(殷曆)의 세수(歲首)를 10월로 추정하였다. 온소봉(溫少峰)과 원정동(袁庭棟)은 대화(大火)가 저녁무렵 보이는 것이 세수라고 보고 하력 3월이나 4월에 부합한다고 하였다. 따라서 은력 세수는 반년의 시간차가 생겨나게 되었다.

했던 복사 '歲於虎'가 있다)은 모두 '세(歲)'와 관련되어 있다. 따라서 곽말약(郭沫若)은 "殆無月不可以擧行歲祭。[33] -달이 없으면 세제를 거행할 수 없다.-"라고 말했다. 즉 1달이 1세(歲)가 되고 1년 12달은 12세(歲)가 되며, 윤년은 13세(歲)가 되는 것이다. 또한 1년 사시(四時)는 사세(四歲)로도 볼 수 있다. 그리고 일 년을 동반년과 하반년으로 나누게 되면 춘추(春秋)의 2세(二歲)가 되며 동지세종대제(冬至歲終大祭)를 기준으로 보면 1년이 1세(歲)가 된다.

4절. 사시(四時)의 기상(氣象)

은허복사에는 기상 관련 기록이 많이 남아 있다. 복사에는 날씨의 변화와 구름의 모양, 강수, 바람, 천둥 등을 점치고 기록하였는데 이 외에도 햇무리, 무지개, 안개, 눈 등과 같은 기록이 남아 있다. 이러한 기록은 연구 자료로 활용될 수 있다. 아래에서는 사시(四時)의 기상 변화를 소개하고자 한다.

복사에서는 일 년을 춘분, 추분, 하지, 동지의 사시(四時)로 나누고 있으며 기상(氣象)과 물후(物候)의 변화는 이러한 사시(四時)에 따라 순환하고 있다고 적고 있다(그림 129, 130).

東方曰析, 鳳(風)曰協。

南方曰因, 鳳(風)曰微。

西方曰朿, 鳳(風)曰彝。

[北方曰]九, 鳳(風)曰役。 (合集一四二九四)

辛亥, 內貞: 今一月帝令雨? 四日甲寅夕, ...。 一二三四

辛亥卜, 內貞: 今一月[帝]不其令雨? 一二三四

辛亥卜, 內貞: 禘於北, 方曰九, 鳳(風)曰役, 桒[年]? 一二三[四]

辛亥卜, 內貞: 禘於南, 方曰微, 鳳(風)曰遲, 桒[年]? 一二三[四]

貞: 禘於東, 方曰析, 鳳(風)曰協, 桒年? 一二三[四]

---

33) 郭沫若: 「釋歲」, 『郭沫若全集』 考古篇 I, 科學出版社, 1982年.

貞: 禘於東, 方曰彝, 鳳(風)曰𦬊, 奉年? 一二三四 (合集一四二九五)[34]

그림 129.『갑골문합집(甲骨文合集)』 14294 사방풍명(四方風名) 탁본 일부

그림 130.『갑골문합집(甲骨文合集)』 14295 사방풍명(四方風名) 탁본 일부

이 두 개의 복사는 사시(四時) 기상의 물후에 대해 점을 치고 길흉을 예측한 내용이다. '奉年'은 '제어북(禘於北-북쪽에서 지내는 제사)'에서 시작하는 것으로 세종대제(歲終大祭) 때에는 천지신명과 농신(農神)에게 풍년을 기원한다. 사시(四時)의 기상 변화는 '동방왈석(東方曰析)'에서 시작하는데 여기서 '금일월제령우(今一月帝令雨?)'와 '금일월제불기령우(今一月[帝]不其令雨?)'는 「월령」에서 '맹춘지월(孟春之月)'에 해당한다.

초목이 자라기 적당한 봄비가 내리면 파종의 시기가 다가오고 새로운 생산년도 시작된다. 「요전」에는 "동방왈석(東方曰析)"을 "궐민석(厥民析)"이라고 적고 있으며 『산해경』 「대황동경」에서는 "有人名曰折丹, 東方曰折-折丹이라고 부르는 신이 있는데, 동쪽 사람들은 그를 折이라

34) 여기에 수록된 이 복사에 대한 해석은 馮時의 「殷卜辭四方風硏究」, 『考古學報』 1994年 第2期를 참고하였다.

고 부른다.–"이라고 적고 있다. 풍시(馮時)는 "析(쪼갤 석)와 折(꺾을 절)은 똑같이 나눈다는 의미로, 卜辭東方析訓分, 意爲春分時晝夜平分 –복사에서는 東方析을 나눈다라고 해석하였으나 그 뜻은 춘분에 낮과 밤의 길이가 똑같이 나뉜다는 의미이다"라고 말하였다. 은(殷)나라 사람들은 춘분을 동쪽에 배치하였고, 동방석(東方析)은 춘분을 담당하는 신으로 이해하였다. 또한 복사에서는 "남방왈인(南方曰因)"이라고도 적고 있는데, 「요전」에서는 "厥民因–因: 『尚书集注音疏』: "因은 높다는 의미이며 《月令》에서는 높은 곳에 머문다는 의미"이라고 적고 있다. 『산해경』 「대황남경」에서는 "有神名因因乎, 南方曰因乎 –인인호(因因乎)라는 이름의 신이 있는데, 남쪽 사람들은 그를 因이라고 불렀다.–"라고 하였다. 풍시(馮時)는 "卜辭南方因訓長, 意爲夏至時日長至.–복사에서는 南方因은 길다는 의미로 하지 때에 해가 가장 길어지는 것–"이라고 설명하였다. 복사에서 남방신(南方神)을 '지(遲)'라고 부르는데 이에 대해 풍시(馮時)는 다음과 같이 설명하였다. "'卜辭南方神名遲, 以長爲訓, 同指夏至時日長至.–복사에서는 남방신을 지(遲)라고 부르는데 길다는 의미이며 하지 때에 해가 가장 길어지는 것–'을 나타내는 것이다. 은나라 사람들은 하지를 남쪽에 배치하였는데, 남방인(南方因(遲))은 하지를 담당하는 신으로 볼 수 있다." 복사에서 "서방왈이(西方曰夷)"라고 적고 있으며 「요전」에서는 "궐민이(厥民夷)"라고 적고 있다. 『산해경』 「대황서경」에서는 "有神名曰石夷, 西方曰夷 –石夷라는 이름의 신이 있는데, 서쪽사람들은 夷라고 불렀다.–"라고 적고 있다.

풍시(馮時)는 "夷는 平을 뜻하는 것으로, 卜辭西方彝訓平齊, 意爲秋分之時晝夜平分.–복사에서는 서방이(西方彝)를 평평하고 가지런하다는 의미로 추분 때의 낮과 밤의 길이가 똑같이 나뉜다는 것–"이라고 설명하였다. 은나라 사람들은 추분을 서쪽에 배치하였으며 서방이(西方彝)를 추분을 담당하는 신으로 보았다. 복사에서는 또한 "北方曰𠂀"이라고 적고 있는데 「요전」에서는 "궐민오(厥民隩)"라고 적고 있다. 『산해경』 「대황동경」에서는 "유인명원(有人名鵷)"이라고 적고 있다. 풍시(馮時)는 "𠂀와 夗(wǎn; 누워 뒹굴 원), 宛(wǎn; 굽을 완)의 발음이 과거에는 서로 같았다"고 언급하였다. 또한 "卜辭北方𠂀(宛)以短屈爲本訓, 意爲冬至之時日短至–복사에서 북방𠂀는 본래 짧게 구부린다는 의미로 동지 때에 해가 가장 짧다"는 의미를 말한다. 은(殷)나라 사람들은 동지를 북쪽에 배치하였으며 '北方𠂀(宛)'을 동지를 담당하는 신으로 이해하였다. 결론적으로 은(殷) 시대의 사방신(四方神)은 분지(分至–춘분 추분 하지 동지)의 신으로 이들 이름은 본래 낮밤의 길이가 같거나 짧고 길다는 것을 의미하며 사방풍(四方風)은 분지(分至) 때의 기후를 나타낸다.

분지(分至)와 사시(四時)의 개념은 명확하였으며 기상과 물후 또한 밀접한 관계가 있음을 알았다. 한편, 복사 60간지표(干支表)에는 "월일정 왈식맥(月一正 日食麥)"이라고 적고 있는데 곽말약(郭沫若)은 「월령」을 인용하여, "孟春之月食麥與羊-맹춘의 달에 보리와 양고기를 먹는다"이라고 설명하였다. 이것은 복사에 기록된 매 달의 기후가 하력(夏曆)이나 주력(周曆)과 더 비슷하다는 것을 보여준다.

복사시대 황하유역의 기상과 환경은 그 이전시대와 비슷했던 것으로 생각된다. 당시의 기후는 지금보다는 더 따뜻하고 습했으며 수목이 울창하고 많은 호수가 있었으며 코끼리를 포함한 다양한 야생동물이 살고 있었던 것으로 보인다.[35]

복사에 기록된 기상 자료를 살펴보면 일 년 내내 비가 내렸으며 서리로 인한 냉해는 매우 적었다. 기상 기록 중에 '설(雪)'자는 있었으나 '빙(氷)'자는 없었다. 그러나 상족(商族)의 조상인 왕해(王亥)의 이름이 『여씨춘추』「물궁편(勿躬篇)」에서 '왕빙(王冰)'으로 기록된 것으로 짐작컨대 얼음을 볼 수 있는 계절도 있었음을 알 수 있다. 동지세종대제(冬至歲終大祭)가 지나고 나면 농사준비를 시작하였는데 복사에서는 다음과 같이 적고 있다.

王大令衆人曰協田, 其受年。[36] 十一月。 (粹八六六)

'협전(協田)'이라는 것은 노비를 이끌고 농지를 정리하는 것으로 겨울에 논밭을 가는 것을 말한다. 협전을 하면 딱딱한 토양 속으로 공기가 통하게 되어 토지가 수분을 잘 유지하게 된다. 복사에는 12월에 비가 내렸다는 기록이 있는데 다음과 같이 적혀 있다.

貞: 日雨。十二月。 (粹七六六)

---

35) 하남성(河南省)의 옛 명칭인 예주(豫州)의 글자는 코끼리가 있었다고 여겨져 붙여진 이름이다. 천상(天象) 관측에 "象"자를 사용하는 것은 역사시대 이전부터 전해져 내려오는 것으로 사람들이 일월성신을 "大象(코끼리)"에 비유했기 때문으로 보인다.

36) [참고자료] 受年, 指丰收的意思 -受年은 풍년을 가리키는 뜻이다.
在商王或其臣僚的命令、监督下进行的。如卜辞 "王大令众人曰: 协田, 其受年"(『合集』1), "协田"是协力耕作, 此辞是商王下令众去耕种。(협전은) 상왕이나 그 신하들의 명령이나 감독아래에 진행되었던 것으로 위 복사 내용에 기록된 내용과 같다. 협전이라는 것은 협력해서 경작하는 것으로 이것은 상왕이 백성들에게 경작을 명령하였음을 의미한다.(출처: 杨升南, 「从 "人身被占有"说商代为奴隶社会」, 『中国社会科学报』, 2013年8月12日 第487期)

癸未卜, 貞: 旬? 甲申卩人(?) 雨…… 祉雨, 大…… 十二月。 (合七八)

겨울의 날씨가 춥기 때문에 눈과 비는 얼음과 서리 형태로 땅에 쌓여 토지에 습도를 유지시켜준다. 천둥소리가 들리면 봄이 왔음을 알 수 있다. 복사에서는 다음과 같이 기록하고 있다.

癸未卜, 貞: 旬? 一月。 昃雨自東; 九日辛未, 大采各雲自北, 雷祉, 大風自西, 剌雲率雨, 允 晔日……(合七八)

'양일(晔日)'은 양각주(羊角柱) 위에서 천문 관측과 함께 기상도 관찰하였음을 의미한다. '측우자동(昃雨自東)'은 동쪽에서 부는 바람에 비가 실려 온다는 의미이다. 이것은 앞에서 인용했던 복사의 '풍왈협(風曰協)'과 같은 뜻으로 부드러운 바람과 함께 가랑비가 내린다는 것이다. 이후, 9일이 지나면 "九日辛未, 大采各雲自北, 雷祉, 大風自西—9일 辛未, 오전 8시에 구름이 북쪽에서 흘러오며 천둥이 치고 큰 바람이 서쪽에서 불어온다.—"는 의미로 날씨가 변한다는 것을 나타낸다. 북극의 얼어붙은 대지가 녹기 시작하고 해양성 난류와 북쪽에서 불어온 찬 공기가 중원(中原)에서 서로 만나면 봄 천둥이 치기 시작한다. 즉 '雷祉'는 끊임없이 천둥소리를 낸다는 것을 의미한다. 이것은 「하소정」에서 말했던 "정월필뢰(正月必雷)"와 같은 의미이다. 복사에는 윤년 13월에 천둥 친 것을 점친 기록이 남아 있는데 아래와 같다.

貞: 帝其及今十三月令雷? 帝其於生一月令雷? (乙三二八二)

貞: 生一月, 帝其弘令雷? (乙六八O九)

'13월(十三月)'은 바로 윤년의 마지막 달로 절기로는 입춘이 된다. 따라서 '금십삼월령뢰(今十三月令雷?)'라고 한 것이다. 이것은 당시에 천상과 기상을 관찰하고 점을 쳤다는 것을 의미한다. 그러나 13월에 천둥이 치는 일이 없었기 때문에 '생일월령뢰(生一月令雷)'나 '제기홍령뢰(帝其弘令雷)'로 기록한 것이다. 천둥도 쳤고 파종도 시작되었으므로 복사에서는 다음과 같이 적고 있다.

貞: 叀(惟)小臣衆麥 一月。 (前四. 三O. 二)

이것은 은(殷) 왕실의 소신(小臣, 관직 이름)이 여러 사람들을 데리고 가서 땅에 보리를 심었다는 것을 말한다. 한두 달 지나면 이삭이 나오게 되고 이를 이용해 작황 여부를 점쳤는데 복사에서는 다음과 같이 적고 있다.

我受黍年。二月。 (續一. 三七. 一)

受黍年。三月。 (粹八九四)

2월이나 3월은 춘분이나 청명(淸明)의 절기이다. 이들과 관련된 농사 속담으로 '淸明前後, 種瓜點豆 –청명 전후로 오이도 심고 콩도 심는다'라는 것이 있는데 이것은 파종의 절기가 되어 바쁜 계절이 되었음을 뜻한다. 이로부터 복사시대의 파종기는 현재보다 한 달 정도 빠르다는 것을 알 수 있다. 이삭이 처음 나오면 '春雨貴如油 –봄비는 기름처럼 귀하다'라고 하는데 복사에서는 다음과 같이 적고 있다.

黍才龍囿啬, 受㞢年。二月。 (前四. 五三. 四)

我其受苗耤才姐。三月。 (乙三一五五)

乙酉卜, 大貞: 及兹 二月, 㞢大雨。 (前三. 一九. 二)

丁未卜, 昍貞: 及今二月雨。王占曰: 吉, 其雨。 (前七. 一六. 四)

禾出及雨, 三月。 (前三. 二九. 三)

복사에 기록된 '급우(及雨)'는 '급시우(及時雨– 때맞춰 내리는 비, 단비)'와 같은 의미이다. 고대인들은 자연에 의지하며 생활하였는데 모든 지역에 물이 많지 않았기 때문에 모를 심을 때 내리는 단비는 이삭을 튼튼하게 하여 풍성한 수확에 대한 희망을 갖게 하였다. 이 때 가장 걱정스러운 것은 한파와 봄 가뭄으로 복사에서는 다음과 같이 적고 있다.

貞: 亡其雪? 二月。 (存一. 一七一)

貞: 勿雪? 五月。 (南南二. 四三)

앞에 기록된 '이월설(二月雪)'은 씨앗에서 싹이 자라나 어린새싹이 되었을 때를 나타내며, '오월설(五月雪)'은 봄과 여름이 바뀌는 계절에 이삭이 영그는 때로 이때 내리는 눈은 모두 곡식에 냉해 피해를 준다. 한편, 봄부터 여름으로 바뀌는 계절에 가장 심각한 피해는 봄 가뭄으로 강한 계절풍은 땅 속의 수분을 모두 날려버리며 때로는 황사로 인해 농작물에 큰 피해를 입힌다. 복사에서는 다음과 같이 적고 있다.

甲辰 卜, 永貞: 西土其㞢降㞢莫(暵)。二月。 (存二. 一一五)

辛未, 大采各雲自北, 雷祉。大風自西。……不祉風, ……大風自北。 (合七八)

甲寅大啓, 乙卯, 大風自北 (佚三八八)

庚午……其雨? ……用。庚午日祉, 大風自北 (前四, 四五, 三)

……大 ……暈。四月。 (粹八二二)

貞: 丝雨不隹霾?

貞: 丝雨隹霾? (甲二八四O)

丁酉卜, 爭貞: 風隹㞢霾。 (明七五八)

이러한 복사는 모두 봄철 가뭄과 관련 있는 기록으로 보인다. '이월강한(二月降旱)'은 토양이 수분을 잃어버렸다는 것으로 씨앗을 땅에 심었으나 가뭄으로 말라죽게 되었다는 의미이다. 강한 서북풍으로 모래가 하늘을 뒤덮고 태양과 달도 황사로 가려져 햇무리와 달무리가 만들어지게 되므로 '사월대훈(四月大暈)'이라고 기록한 것이다. '천우사(天雨沙)'는 '霾(흙비 매)'로 현재의 황사(黃砂)를 나타낸다. 흉년이 들면 비를 기원했다. 복사 중에도 비를 기원한 행동이 남아 있는데 봄 가뭄의 해갈을 기원한 것을 복사에서는 다음과 같이 적고 있다.

丙辰卜, 貞: 今日奏舞, 㞢從雨。 (粹七四四)

貞: 勿舞, 亡其從雨。舞, 㞢從雨。 (合二三九)

貞: 勿烄。亡其從雨。 (前五, 三三, 二)

其作龍於凡田, 又雨; 叀庚烄 (合10, 二九九九O) 又雨, 龍, 十人又五 (合9, 二七O二一)

'주무(奏舞)'는 '종무(從舞)' 또는 '용, 용, 종(龍, 龍, 從)'(合7, 二一四七三)으로 기록되어 있는데 이것은 용춤을 표현한 것이다. 용춤에는 15명이 필요한데, 마가요(馬家窯)문화 채도분(盆)에 그려진 무도문(舞蹈紋-춤추는 문양)은 용춤을 그린 것으로 보인다. 그림에는 다섯 사람씩 손을 잡고 한 줄로 서 있고 세 줄로 그려진 15명의 사람은 뱀과 용이 서로 교차하는 모습이다. 이들은 빠르고 즐겁게 움직이는 모습으로 '용, 용, 종(龍, 龍, 從)'을 표현하고 있다. 이런 종류의 춤은 토룡(土龍)이 비를 원하며 밭에서 뒹굴고 있는 모습과 같다. 고대인들이 만든 석룡(石龍) 유적은 가뭄에 비를 기원하는 것과 관련이 있다. 상(商)나라 때에는 대부분 흙으로 '토룡(土龍)'을 만들었기 때문에 대부분 훼손되어 없어졌다. 비를 기원하는 과정 중에는 무당에게 위해를 가하거나 분신(焚身)하는 행위도 있는데 이것이 바로 '교(烄-태울 교)'자이며, 갑골문에는 "[illegible]" 또는 "[illegible]"(前五. 三三. 二)로 쓰여 있다. 이 갑골문은 사람이 불타고 있는 모습을 표현하고 있다. 이러한 행동으로 천지신명의 동정을 얻게 되어 '㞢從雨'가 된다. 즉 충분한 비가 내려 농작물이 무성하게 자라게 된다는 것을 나타낸다.

봄과 여름의 교차 시기부터 하지 전까지가 농작물이 가장 잘 자라는 계절이다. 이때, 날씨는 그다지 무덥지 않고 적당한 비바람이 있게 된다. 월동 작물도 이때 수확하게 된다. 복사 중에는 "수래, 화(受來, 禾)"(粹八八七)라는 기록이 있는데, '래(來)'는 가을에 씨를 뿌려 이듬해 초여름에 거둬들이는 말이고, '화(禾)'는 곡식류를 나타내며 '수(受)'는 풍성한 수확을 의미한다. 하지가 지나면 무더위와 장마가 시작된다. 천둥과 번개를 동반한 소나기가 이어지면서 가을의 문턱에 다다르게 된다. 복사에서는 다음과 같이 적고 있다.

> 壬寅卜: 癸雨, 大掫(驟)風。 (合下三三. 六)
>
> 貞: 今日其大雨? 七月。 (前三. 一六一)
>
> 自今辛至於來辛, 又(有)大雨? (粹六九二)
>
> 癸未卜, …… 兹月又(有)大雨? 兹卸(御)月(夕)雨。於生月又(有)大雨? (後下一八. 一三)
>
> 冬(終)日雨, 大水。 (別二. 東大五)
>
> 乙亥卜, 今[illegible](秋)多雨? (鐵二四九. 二)

진몽가(陳夢家)는 "무정복사(武丁卜辭)에 '대추풍(大掫風)'이라는 기록이 있는데, 우성오(于省吾)는 이것이 큰 폭풍을 의미한다고 주장하였다"라고 설명하였다. 큰 폭풍은 늘 비를 동반한다. 점치는 사람이 '칠월대우(七月大雨)?'라고 묻고 있는데 이때가 바로 여름에서 가을로 넘어가는 계절로 홍수가 범람하는 시기이다. '금신지어래신(今辛至於來辛)'은 최소 10일의 기간이다. '又(有)

大雨'는 큰 폭우로 재해가 있었음을 의미한다. 비가 많이 내렸기 때문에 복사 중에는 '령우(寧雨)' 또는 '정우(停雨)'라는 기록이 있는데 이것은 비를 그치게 해달라고 비는 것을 의미한다. 하늘에서 계속 많은 비가 내리게 되면 '종일우, 대수(終日雨, 大水)'가 되는데, 이것은 범람하는 홍수를 나타낸다. 강수량이 많을 때에는 추분 전후까지 강수가 이어지므로 '금추다우(今秋多雨)'라고 적고 있는데 당시에 농작물 수확에도 큰 영향이 있었음을 알 수 있다. 일반적으로 추분 전후가 되면 우기(雨期)는 끝나고 수확의 계절인 천고마비의 날씨가 이어진다. 복사에서는 다음과 같이 적고 있다.

貞: 生八月, 帝不其令多雨。 (乙五三三九)
啟, 若。八月。 (人一四八)
丁酉, 易日, 不雨。八月。 (勿一九三. 一)
丙子, 其立中。亡風。八月。 (存二. 八八)
貞: 帝不降大𦰩(暵)。九月。 (乙五三三九)

8월은 추분이 있는 달로, '제불기령다우(帝不其令多雨)'라는 것은 우기가 이미 지났다는 것을 의미한다. '팔월계(八月啟)'는 8월이 되면 날씨가 쾌청하고 맑은 날이 많다는 것을 의미한다. '팔월역일(八月易日)'은 추분에 '역일(易日)'이 있다는 의미로 하반년(夏半年)이 끝나고 동반년(冬半年)이 시작되었다는 것을 나타낸다. '팔월입중(八月立中)'은 은(殷)나라 시대에 왕이나 점술사가 추분에 해 그림자를 측정했다는 것을 나타낸다. 이때가 되면 바람도 불지 않고(亡風) 비도 오지 않는(不雨) 좋은 날씨가 된다. 추분 이후에 이어지는 가뭄은 '구월대한(九月大旱)'으로 이때에 수확을 하게 된다. 이어서 가을에 땅을 뒤엎고 씨를 뿌리게 되니 냉해의 피해 시기도 곧 다가오게 된다는 것을 나타낸다.

앞에서 언급했듯이 상족(商族)의 국호는 '상추(商秋)' 즉 '추상(秋霜)'에서 뜻을 취했다. 상강(霜降) 이후 날씨는 추워지고 초목은 시들어 바람에 낙엽이 떨어진다. 세찬 서북풍이 불어오면 대지는 적막하게 바뀐다. 복사에서는 '𠔇'자를 '동(冬)'으로 해석하고 '종(終)'으로 사용하였다. 이것은 초목이 시들고 낙엽이 나무에 매달려 있는 모습으로 가을이 지나고 겨울이 왔으며 한 해의 끝도 곧 다가온다는 것을 의미한다. 복사에서는 다음과 같이 적고 있다.

癸亥卜, 狄貞: 又(有)大颩?

癸亥卜, 狄貞: 今日亡大颩。 (甲三九一八)

진몽가(陳夢家)는 "늠신복사유'대颩'(廩辛卜辭有'大颩')"(甲3918)이라고 설명하고 있으며 『광아(廣雅)』「석고(釋詁)」 4에서는 "怳, 狂也-怳은, 狂(사납다, 기세가 세다)이다"라고 적고 있다. '형(兄)'은 강하게 부는 광풍을 의미한다. 서풍과 북풍이 세차게 불면 차가운 공기가 밀려와 대지가 얼어붙게 된다. 이제 겨울이 되어 하나의 생산년이 마무리되었음을 나타낸다.

十七度於辰在午爲鶉火南方
中七星朱鳥之度故曰鶉火周之分也

11

초백서(楚帛書)와 28수(宿) 성도(星圖)

중국의 전통 천문학은 발전을 거듭해 서주(西周), 춘추(春秋), 전국(戰國) 시기에 기본적인 체계가 완성되었다. 하남(河南) 등봉(登封)의 고성진(高成鎭)에는 과거에 만들어진 주공측경대(周公測景臺)가 남아 있는데 이것은 주(周)나라 초기에 이미 천문 관측을 중시했음을 보여준다. 『주비산경』이 완성된 시기는 비록 후대이지만, "막대기를 세워 해 그림자를 측정한다(立竿測影)"는 기록이 명확하게 남아있기 때문에 주(周)나라 시대부터 입간측영을 했다는 것은 분명해 보인다. 『상서』 「고명(顧命)」 중에는 "천구, 하도(天球, 河圖)"라는 기록이 남아 있는데 여기서 '천구'는 무엇일까? 후대에 제작된 천체의(天體儀)처럼 정밀한 관측기기는 아니겠지만 간단히 천상(天象)을 구면 위에 새겼을 가능성이 있다. 이 장(章)에서 소개하려고 하는 증후을묘 칠기상자 위의 28수 성도 또한 '사각 천구의'로 볼 수 있다. 『주역(周易)』은 건(乾)과 곤(坤) 두 괘를 시작으로 천지우주 만물을 설명하고 있으며 이것은 주(周)대 이후로 체계화 되었다고 알려져 있다. 그 외에도 『주서』, 『시경』, 『국어』 등의 고대 경전에도 천상기록이 남아 있어 주(周)나라 시대에 천체에 대해 많은 지식이 있었음을 말해준다. 춘추전국시기에는 제자백가들이 자유롭게 논쟁하면서 많은 천문학자들이 배출되었다. 『사기』 「천관서」에는 아래와 같이 적혀 있다.

昔之傳天數者, 高辛之前重黎, 於唐虞羲和, 有夏昆吾, 殷商巫咸, 周室史佚, 苌弘, 於宋子韋, 鄭則裨灶, 在齊甘公, 楚唐眛, 赵尹皐, 魏石申。

옛날에 천수(天數)를 전하는 사람으로, 고신씨 이전에 중려가 있었고, 당우(요순) 시대에는 희화, 하나라 시대에는 곤오, 은상 시대에는 무함, 주 왕조 때에는 사협과 장홍, 송나라 때는 자위, 정나라 때는 비조, 제나라 때는 감공, 초나라 때는 당매, 조나라 때는 윤고, 위나라 때는 석신이 있었다.

이 글에 기록된 중려(重黎), 희화(羲和), 곤오(昆吾)는 신화 속 인물이며, 무함(巫咸)은 상(商)대의 유명한 점술가였다. 고대에 천상을 관측하는 것은 점술가의 일이었음을 복사(卜辭)를 통해 알 수 있다. 주(周)나라 이후의 천문학자에 대한 기록은 구체적으로 남아있는데, 감덕(甘德)은 『천문성점(天文星占)』 8권을, 석신(石申)은 『천문(天文)』 8권을 저술하였다고 전해지고 있다. 이 책에 기록된 천문학은 점성학의 일부로 알려져 있다. 이것은 중국 고대 천문학의 특징 중 하나로 아래에서 소개하려고 하는 초백서와 28수 성도 역시 비슷한 특징을 가지고 있다.

1절. 초백서(楚帛書)의 도안과 문자

1942년 9월 장사시(長沙市) 동쪽교외 자탄고(子彈庫)의 한 초묘(楚墓)에서 백서(帛書)가 발견되었다. 전체적인 크기는 세로 38.7cm, 가로 47cm이며, 사시(四時) 12개월의 내용이 그림과 글자로 사각형 모양으로 배치되어 있다. 백서에 그려진 방위는 현재의 지도와 마찬가지로 북쪽이 위, 남쪽이 아래, 동쪽이 오른편, 서쪽이 왼편으로 되어 있다. 동쪽은 봄철 3개월, 남쪽은 여름철 3개월, 서쪽은 가을철 3개월, 북쪽은 겨울철 3개월에 해당한다. 매 달마다 채색 신괴(神怪-신선 및 요괴)의 그림과 내용을 설명하는 글이 있다.

문자 기록 내용은 백서병편(帛書丙篇) 또는 '월기편(月忌篇)'으로 불린다. 네 모서리 중에서 동북쪽과 서남쪽에는 나무가 한그루씩이 그려져 있다. 동남쪽과 서북쪽 모서리의 그림은 훼손되었지만 나뭇가지나 나뭇잎의 흔적을 찾아볼 수 있다. 진몽가(陳夢家)의 설명에 따르면 동북은 청목(青木)으로 봄을 나타내며, 동남은 주목(朱木)으로 여름을 나타내며, 서남은 황목(黃木)으로 가을을 나타내고, 서북은 흑목(黑木)으로 겨울을 나타낸다. 이것은 봄, 여름, 가을, 겨울 사계의 명확한 구분을 나타낸다.[1)]

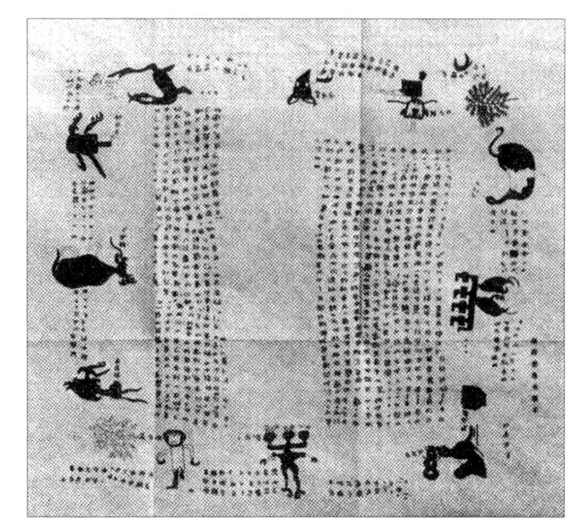

그림 131. 전국(戰國)시대 초백서(楚帛書) 인본

사각형 안쪽에는 두 부분의 글이 있는데, 오른쪽은 백서갑편(帛書甲篇) 또는 '천상편(天象篇)'으로 불린다. 글은 위에서 아래로, 오른쪽에서 왼쪽으로 적혀 있으며 모두 13줄로 쓰여 있다. 왼쪽은 백서을편(帛書乙篇) 또는 '신화편(神篇話)'으로 불리는데, 같은 방식으로 모두 8줄이 쓰여 있다(그림 131).

백서가 출토된 이후 많은 학자들이 백서의 내용을 연구하였다. 진몽가는 『관자』「유관편(幼官篇)」과 『주서』「월령」 등 7개의 전국(戰國) 진한(秦漢)의 문헌들과 비교하였다. 그 결과 백서는 전국시대의 "월령(月令)"으로 병편(丙篇)에는 1년 12개월의 월명(月名)과 금기(禁忌)가 적혀있는데, 월명은 『이아』「석천(釋天)」의 것과 기본적으로 동일하다고 설명하였다. 정월은 추(陬)로 기록되어 있는데 내용은 심하게 훼손되어 있다. 진몽가는 정월을 '취(取)'로 보았다. 2월은 여(如)로 백서가 많이 훼손되어 있는데 진몽가는 여(如)를 여(女)'로 주장하였다. 3월은 병(寎)으로 백서에는 '병사춘(秉司春)'으로 적혀 있다.

4월은 여(余)인데 백서에도 '여(余)'로 적혀있다. 5월은 고(皐)인데 백서의 글자는 알아보기 힘들다. 6월은 차(且)인데 백서에 '䖣司夏'로 적혀있다. 7월은 상(相)인데 백서에는 '倉'라고 적혀있다. 8월은 장(壯)인데 백서에 '장(臧)'으로 적혀있다. 9월은 현(玄)인데 백서에는 '현사추(玄司秋)'라고 적혀있다. 10월은 양(陽)인데 백서에는 글자가 훼손되어 있다. 11월은 고(辜)로, 백서에는 '고(姑)'로 적혀있다. 12월은 도(涂)인데 백서에는 '금사동(荃司冬)'이라고 적혀있다. 진몽가는 여기에 12달과 12진, 사방과 사시를 함께 적은 그림 132를 완성하였다.

백서에 그려진 12개의 신상에 대해 학자들은 『산해경』의 그림과 비슷하다고 생각하고 있다.

---

1) 陳夢家: 「戰國楚帛書考」, 『考古學報』 1984年 第2期.

이들은 12개월의 천상, 기상, 절기를 나타내는 신으로 보인다. 이들 그림을 완벽하게 해석하는 것은 어렵지만 일부 그림에 대해서 개인적인 해석을 해 보겠다.

1월 신상은 백서의 동북쪽에 위치하고 있는데 천상과 기상의 물후를 통해 봄이 왔다는 것을 표현하고 있다. 신상의 몸은 훼손되었으나 전체적인 윤곽은 알아볼 수 있다. 손과 발이 없는 거대한 타원형의 몸체가 마치 조개껍질과 비슷한 모양인데 어두운 녹색으로 그려져 있으며 신령스런 '조개신(蚌神-방신)'을 나타낸 것으로 보인다. 몸체(조개껍질)에는 두 개의 둥근 모서리가 있는데 한 쪽에는 목을 내밀고 있는 사람 머리가 그려져 있으며 머리끝에는 하나의 더듬이가 있다.

다른 모서리에는 하나의 꼬리가 뻗어있어 전체적으로 인수문(人獸紋)과 비슷한 모습이다(그림 133).

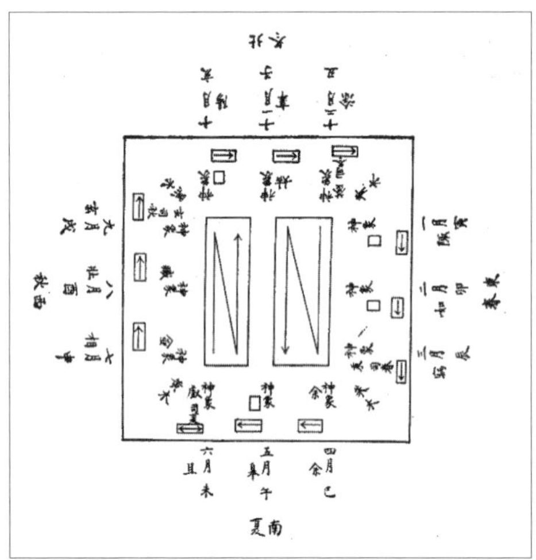

그림 132. 진몽가(陳夢家)의 「초백서(楚帛書)」 월령방위도(月令方位圖)

그림 133. 초백서에 그려 있는 1월 신상(神像)

조개신의 아래에는 1월의 금기를 적은 기록이 있는데 그림과는 무관해 보인다. 고대인들의 조개에 대한 인식은 물고기를 잡고 사냥하던 채렵 생활에서 기원하였다. 천문에서 사용하는 '진(辰)'은 입을 벌리고 있는 조개 모양에서 기원한 것으로 이것은 조보구문화의 조개 도안을 해석할 때 설명한 적이 있다. 복양 서수파의 용과 호랑이 등도 조개로 만든 것이다. 이러한 사실에 근거해 조개신 그림을 다시 살펴보면 머리 위의 뿔은 동방창룡의 용각(龍角)을 표현한 것으로 생각된다. 조개껍질 모양의 몸체는 방수(房宿)를 나타내고 꼬리 부분은 미수(尾宿)를 나타내고 있어 '대신방심미야(大辰房心尾也 –大辰은 房宿, 心宿, 尾宿 이다–)'라고 할 수 있다.

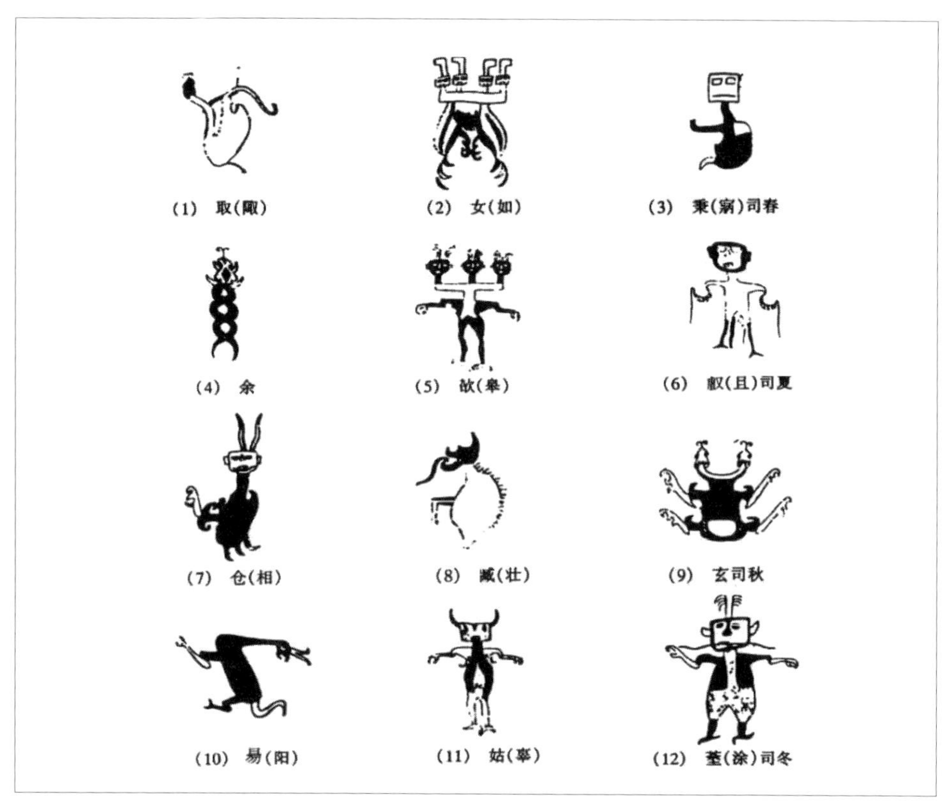

그림 133-1. 초백서에 그려 있는 12개의 신상(神像) (출처: 中國民俗學網)

이것은 동방창룡이 땅 위로 올라왔다는 것을 표현한 것으로 봄이 오려는 것을 의미한다. 전국시대 기록은 오래전의 하늘로 『여씨춘추』 「십이기」에는 다음과 같이 적고 있다.

"孟春之月, 日在營室, 昏參中, 旦尾辰。 정월에 해는 영실에 머무르며 초저녁에는 삼수가 남중하며 새벽에는 미수가 남중한다.–" 즉 황혼 때에 각수(角宿)는 아직 땅 아래에 있다는 것을 의미한다. 이를 통해 초백서에 기록된 천문지식은 오래 전의 것임을 알 수 있다. 시간이 지남에 따라 천문학 지식도 발전하였다. 해와 달이 만나는 것을 진(辰)이라고 하였는데 1월은 첫 번째

진(辰)이 되며 12개월은 12지지(地支)인 12진(辰)에 해당한다.

초백서에 그려진 2월의 신상은 동쪽 중간에 위치해 있으며 춘분 절기의 천상과 기상 그리고 물후를 표현하고 있다. 신상은 온전하게 남아 있는데 새 모양의 몸체 두 개에는 날개, 발톱, 꼬리가 모두 잘 남아 있다. 오른쪽 새의 발톱 안에는 알 모양의 물체 하나가 매달려 있다. 이들은 암수 두 마리의 새를 그린 것으로 두 마리의 몸체가 함께 그려져 있어 춘분을 표현하고 있는 것으로 보인다. 신상의 머리는 매우 독특하게 그려져 있어 봉주(鳳舟) 또는 용주 (龍舟)처럼 보인다. 배 안에는 4개의 'ㄱ'자 모양이 그려져 있다. 그림에 있는 직사각형의 눈은 신령(神靈)스런 존재임을 표현하고 있다(그림 134). 이 신상은 춘분을 나타낸다.

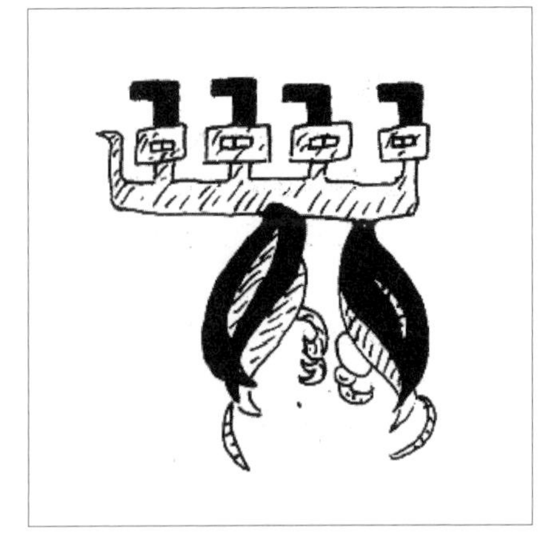

그림 134. 초백서에 그려있는 2월 신상(神像)

『상서』「요전」에는 다음과 같이 적고 있다. "厥民析, 鳥獸孳尾。—백성들이 많이 늘어나고, 날짐승들도 교미하고 번식한다"—. 주(注)에는 다음과 같이 적고 있다. "乳化曰孳, 交接曰尾。—키우는 것은 '孳'요, 교미하는 것은 '尾'라고 한다.—" 『예기』「월령」에는 다음과 같이 적고 있다. "仲春之月, 玄鳥至, 至之日, 以大牢祠於高禖。—음력 2월에 제비가 날아오고, 제비가 오는 날 가축을 잡아 고매에게[2] 제사 지낸다.—" 현조(玄鳥)는 제비를 의미하는데 혼인을 주관하는 신이 된다. 이것은 신상에 그려진 새알이 나타내는 본래의 뜻이다. 새의 머리를 배 모양으로 그

그림 135. 장사 자탄고(子彈庫) 초(楚)나라 묘에서 출토된 어룡승천도(御龍乘天圖) 백화(帛畫)

2) [역자주] 고매(高禖)—혼인과 출산을 관장하는 신으로 고대 중춘 제사의 유일신이다.

린 것은 고대 사람들이 춘분날에 '봉주(鳳舟)' 또는 '용주(龍舟)'를 만들어 시합하던 풍습이 있었음을 말해준다. 『목천자전(穆天子傳)』 5권에서는 다음과 같이 적고 있다. "天子乘鳥舟龍浮於大沼-천자가 鳳舟와 龍(舟)를 타고 큰 호수에 떠 있다." 1973년 자탄고(子彈庫) 초(楚)나라 묘에서 승룡어천도(乘龍御天圖) 한 폭이 출토되었다. 용의 몸은 배 모양으로 그려져 있으며 그 가운데에 남자 한 명이 그려져 있다. 이 그림은 묘 주인이 용을 타고 하늘로 올라가는 것을 표현한 것으로 보인다(그림 135). 신상의 머리를 배 모양으로 만든 것은 용(龍-달을 상징)과 봉황(鳳-해를 상징)이 하늘을 돌아다니며 1년 사시팔절(四時八節)을 결정한다는 것을 의미한다. 배에 그려진 'ㄱ'자는 '규(規-각질그릇)'에서 그 형태를 취했으며 『회남자』「천문훈」에서 말한 "執規而治春-각질그릇을 잡고 봄을 다스린다.-"으로 춘분이 사시(四時)의 시작임을 의미한다.

고대인들은 천상과 기상을 관측할 때 춘분, 추분, 하지, 동지를 중요하게 여겼다. 춘분과 추분은 서로 대응하는 것으로 춘분 신상의 의미가 명확해졌으므로 추분 신상의 의미 역시 쉽게 해석할 수 있다.

8월의 신상은 초백서의 서쪽 중간에 위치해 있는데 추분 절기의 천상과 기상 그리고 물후를 표현하고 있다. 이 그림 또한 온전하게 남아 있는데 거대한 몸체에 '신자관(辛字冠)'을 쓴 호랑이(혹은 용) 머리가 그려져 있다. 입에서는 무언가가 뿜어져 나오고 있으며 꼬리는 매우 가늘게 그려져 있다. 두 다리는 꺾여 있는 모습인데, 그림의 옆에는 '장룡구(臧龍口)'라는 신명(神名)이 남아 있다(그림 136). 이 그림은 추분 즈음에 동방창룡이 땅 아래로 숨어들기 시작하는 모습을 표현하고 있다. 전국시대의 하늘을 고려해보면 창룡은 여전히 하늘에 보인다. 이 신상은 용호(龍虎)와 다른 것이 함께 그려진 것으로 거대한 몸집은 호랑이의 몸을 표현하고 있지만 오히려 풀무질에 사용하는 소가죽포대와 비슷한 모습이다.

그림 136. 초백서에 그려있는 8월 신상(神像)

신상의 머리에 있는 '신자관(辛字冠)'은 용이나 호랑이의 뿔을 표현한 것으로 갑골문의 용과 호랑이 뿔에서 유래한 것으로 보인다. 입에서 뿜어져 나오는 것은 기체로 보이는데 『산해경. 서차삼경(山海經. 西次三經)』에서 "豹尾虎齒而善嘯。-표범 꼬리에 호랑이 이빨을 하고 있고 포효하기를 잘한다.-"라고 묘사한 서왕모(西王母)의 모습과 비슷하다. 이 그림은 가을에 한파가 시작되어 서북풍이 불어오면 땅은 적막해지고 절기는 동반년(冬半年: 10월~3월)이 되었다는 것을 나타낸다. 그렇기 때문에 신상의 몸체를 풀무질하는 부푼 모습으로 그린 것으로 보인다. 다리가 꺾인 것은 '구(矩-곱자)' 모양과 같은데 『회남자』「천문훈」에서 말한 "執矩而治秋-곱자를 잡고 가을을 다스린다.-"와 일치하는 내용이다.

춘분과 추분날의 신상을 고려하면 하지와 동짓날의 신상의 의미를 짐작할 수 있다. 5월의 신상은 초백서의 남쪽 중간에 위치해 있는데 하지의 천상과 기상 그리고 물후를 표현하고 있다. 신상은 사람의 모습을 하고 있는데 초족(楚族)의 기원 신화와 관련이 있어 보인다. 이 그림 역시 온전하게 잘 남아 있다. 머리 3개가 나란히 그려져 있는데 모두 풀잎 모양의 모자를 쓰고 있다. 두 팔은 밖으로 뻗쳐 있으며 두 다리는 약간 굽어 있는 모습이다. 손발은 모두 갈고리 모습으로 그려져 있다(그림 137).

그림 137. 초백서에 그려있는 신상(神像)
1. 11월 신상 2. 5월 신상

그림 137: 2의 '삼두인(三頭人)' 또는 '삼면인(三面人)'은 『산해경』에도 기록이 남아 있는데 「대황서경(大荒西經)」에서 언급한 설명을 보면 다음과 같다.

有蓋山之国。有樹, 赤皮枝干, 青葉, 名曰朱木。有一臂民。大荒之中, 有山名曰大荒之山, 日月所入。有人焉三面, 是顓頊之子, 三面一臂, 三面之人不死, 是謂大荒之野。

개산국 이라는 나라가 있는데 이곳에 나무가 하나 있다. 나무의 잎은 파란색이지만 껍질, 가지, 줄기가 모두 붉어 주목이라고 불렀다. 팔이 하나만 있는 사람이 있다. 대황 가운데 산이 하나 있는데 대황산이라고 부르며 해와 달이 머무는 곳이다. 어떤 사람은 얼굴이 세 개인데 전욱의 자손으로 팔은 하나이다. 세 개의 얼굴을 가진 사람은 영원히 죽지 않는데 이들이 사는 곳을 大荒野라고 불렀다.

'개산지국(蓋山之国)'은 하늘이 큰 덮개라는 의미로, 전국시대에 '개천설' 우주론이 존재하고 있었음을 나타낸다. 『산해경』에서와 마찬가지로 백서에도 '주목(朱木)'이라는 표현이 있는데 백서의 '주목(朱木)'은 여름철을 나타낸다. 백서의 주목은 또한 입간측영에서 입간을 나타낸다. '유일비민(有一臂民)'은 다음 문장에서 '삼면일비(三面一臂)'로 적혀있는데 이것은 태양이 매일 동쪽에서 떠서 서쪽으로 지기 때문에 하나의 어깨만 있다고 생각한 것이다.

백서에 그려진 두 개의 팔(그림 137: 2)은 하짓날 남중한 태양신을 상징한다. 동서로 벌려 있는 두 팔의 모양은 약간 다르게 그려져 있다. '大荒之中, 有山名曰大荒之山'은 하늘 전체가 황폐해서 아무것도 없음을 의미한다. '일월소입(日月所入)'은 태양과 달이 지평으로 들어가는 위치를 나타낸다. '有人焉三面'에서 '삼면(三面)'은 하짓날 태양신이 세 개의 얼굴을 갖고 있다는 것을 의미하는데 이들은 각각 일출과 남중 그리고 일몰 때의 해의 모습을 나타낸다. 신상의 머리에 그려진 풀잎모양의 빛살은 태양빛을 나타낸다.

'是顓頊之子'에서 전욱은 고대 신화 가운데 동짓날의 태양신을 상징한다. 동반년이 하반년을 만들어 냈다는 의미로 볼 때 하짓날의 태양신은 전욱의 아들이 되는 것이다. '三面之人不死'는 영원히 죽지 않는 태양신을 의미한다. 하지와 대응되는 절기는 동지이다. 초백서에 그려진 11월의 신상은 백서의 북쪽 중간에 그려져 있는데 동지 무렵의 천상, 기상, 물후 그리고 제사와 관련이 있어 보인다. 머리를 제외한 신상의 그림은 훼손되었다. 신상의 머리는 사람과 살쾡이가 섞인 모습으로 귀걸이 두 개를 하고 있는데 이것은 어린 사람이라는 것을 나타내고 있다. 대부분의 신체는 훼손되었지만 팔 하나는 확인할 수 있다. 손은 고양이와 비슷하거나 어린 양의 발굽 모양과 비슷하다(그림 137: 1). 이 신상은 초(楚)나라의 선조인 '미성계련(芈姓季連)'으로, 『사기』「초세가(楚世家)」에서는 다음과 같이 적고 있다.

楚之先祖出自帝顓頊高陽。高陽者黃帝之孙, 昌意之子也。高陽生稱, 稱生卷章, 卷章生重黎。重黎爲帝嚳高辛居火正, 甚有功能, 光融天下, 帝嚳命曰祝融。共工氏作亂, 帝嚳使重黎誅之而不盡。帝乃以庚寅日誅重黎, 而以其弟吳回爲重黎後, 居火正爲祝融。吳回生陸終, 陸生終子六人, 坼剖而産焉。其長一曰昆吾, 二曰參胡, 三曰彭祖, 四曰会人, 五曰曹姓, 六曰季連, 芈姓, 楚其後也。

초의 선조는 전욱 고양씨에서 비롯되었다. 고양씨는 황제의 손자이자 창의의 아들이다. 고양씨가 칭을 낳고, 칭이 권장을 낳고, 권장이 중려를 낳았다. 중려는 제곡 고신씨의 치세에 화정(불을 관장하는 관리)의 자리에 오르고, 그 공적이 매우 높아 그 빛으로 천하를 밝게 밝혔다. 이에, 제곡은 그를 축융이라 부르게 하였다. 공공씨가 난을 일으키자 제곡은 중려에게 공공씨를 죽이라고 하였으나 그러지 못하자, 제곡은 庚寅일에 중려를 죽이고, 그 동생 오회에게 중려의 역할을 대신하게 하였으며 축융으로 불렀다. 오회는 육종을 낳고, 육종은 여섯 자식을 낳았다. 그 첫째 아들이 곤오이며, 둘째는 삼호, 셋째는 팽조, 넷째는 회인, 다섯째는 조성, 여섯째는 계련, 미성인데, 초나라는 이들의 후손이 된다.

이 가계도를 간단히 요약하면 다음과 같다. 전욱은 동짓날의 태양신으로 북쪽 땅에 머문다. 동짓날 태양이 남중했을 때 하루 중 가장 높은 위치에 있게 되므로 '고양(高陽)'이라고 부른다. 초(楚) 나라는 남쪽에 위치하며 전욱 고양씨의 후손이다. '高陽生稱'에 대해 『설문해자』에는 다음과 같이 설명하고 있다. "稱, 銓也, 從禾爯声。春分而禾生。日夏至, 晷景可度禾。-칭은 저울질 하는 것이다. 禾에서 나왔고 爯에서 소리가 비롯되었다. 춘분에 벼의 싹이 자라기 시작하고 하지가 되면 벼의 그림자 길이를 잴 수 있다.-"

북쪽의 동지와 남쪽의 하지는 서로 대응된다. 초나라 선조들이 관상 용어인 '칭(稱)'을 사람이름으로 사용한 것은 남쪽에서 중원을 지나 북쪽 땅까지 차지해 천하를 통일하고자 하는 마음을 나타낸 것으로 보인다. 『대대예기』「제계」와 『산해경』「대황서경」에는 '권장(卷章)'을 모두 '노동(老童)'으로 기록하고 있다. '중려(重黎)'와 관련된 신화 내용은 이 책의 8장에서 설명하고 있는 '절지천통(絶地天通-땅과 하늘이 서로 통하지 못하게 하여, 천상의 신은 인간세상으로 내려올 수 없었고, 지상의 사람들은 다시는 하늘로 올라갈 수 없었다.)'의 내용을 참고하기 바란다.

'吳回生陸終'에서 '오회(吳回)'는 천체가 회전한다는 의미로 1년 사계절 동안 하늘에서 큰 원을 그리며 돈다는 것을 가리킨다. '육종(陸終)'은 북쪽 땅의 얼어붙은 대지와 동지를 나타낸다. 겨울이 가고 봄이 오면 '陸生終子六人, 坼剖而産焉'이 된다. 여기서 '육인(六人)'은 『주역. 건』괘에서 언급한 "時乘六龍以御天-여섯 마리 용을 타고 하늘을 운행한다-"으로, '육룡(六龍)'은 동방창룡을 의미한다. 고대인들은 일월성신이 모두 대지로부터 생겨나는 것으로 땅을 뚫고 나오기 때문에 '탁부이산언(坼剖而産焉)-가르고 쪼개어 나온다'이라고 말한 것이다. 『대대예기』「제계」에서는 다음과 같이 적고 있다. "昆吾者, 衛氏也。参胡者, 韓氏也。彭祖者, 彭氏也。云鄶人者, 鄭氏也。曹姓者, 朱氏也。季連者, 楚氏也。-곤오는 위씨요, 삼호는 한씨요, 팽조는 팽씨이다. 운회인은 정씨요, 조성은 주씨이며 계련은 초씨이다.-" 앞에서 설명한 위, 한, 팽, 정, 주나라는 모두 초나라와 같은 조상에서 비롯되었기 때문에 하나의 초씨(楚氏)로 볼 수 있다. ‘계련(季連)’이라는 이름은 『사기』 「주본기」의 ‘계력(季歷)’에서 비롯된 것으로 ‘막내 아들인 계력’을 나타낸다. 계련은 동지세종(冬至歲終)에 태어난 어린 아들을 의미하는데 이것은 백서의 신상이 어린 아이 모양으로 만들어진 의미와도 통한다. 『좌전』 「문공」 18년에는 ‘계리(季貍)’라는 말이 있는데 ‘리(貍)’는 일명 ‘살쾡이(貍猫)’로 신상의 얼굴이 고양이를 닮은 것과도 관련이 있다. 『의례』 「대사(大射)」에 ‘리수(貍首)’라는 말이 있는데 주(注)에 기록된 「일시(逸詩)」에는 “증손야(曾孫也)”로 기록되어 있으며 후대에는 ‘현손(玄孫)’으로 전해지고 있다. 북방은 ‘현(玄)’이라고도 한다. 따라서 현손은 동지세종대제에 태어난 가장 어린 아들을 의미한다. 이 시기는 곰도 겨울잠을 자는 가장 추운 계절로 『사기』 「초세가(楚世家)」에서는 다음과 같이 적고 있다.

“季連之苗裔曰鬻熊(穴熊)。 –계련의 후예를 육웅(혈웅)이라고 부른다.–” 백서에 그려진 신상의 두 귀는 고양이보다는 양과 비슷한데, 『주례』 「하관」 ‘양인’에서는 다음과 같이 적고 있다. “凡祭祀飾羔, 祭祀, 割羊牲, 登其首。 –무릇 제사를 지낼 때 새끼 양으로 장식하는데, 제사에 양을 제물로 잡아 그 머리를 바친다”–. 또한 소(疏)에는 다음과 같이 적고 있다. “報陽者, 首爲陽” 이것은 새끼 양의 머리로 태양에 제사 지낸다는 뜻이다. 어린양(羔羊–Gao Yang)은 임금인 전욱의 다른 이름인 고양(高陽–Gao Yang)과 발음이 같기 때문에 양(陽)과 양(羊)을 통차해서 사용한 것으로 보인다. “季連, 芈姓, 楚其後也。”에 대해 송충(宋忠)은 주(注)에서 다음과 같이 적고 있다. “芈音弥是反, 羊聲也。 –미(芈)의 발음은 미(弥)에서 비롯된 것으로 양의 울음소리를 나타낸다” –. 백서 동지 신상의 모습은 사람과 살쾡이 그리고 양 등을 결합해 만든 복합적인 신령으로 초나라의 선조를 나타낸다. 나머지 신상에 대해서는 앞으로 더 깊은 연구가 필요하다.

2절. 백서갑편(帛書甲篇): 천상(天象)

백서 갑편은 사시 12월을 표현한 사각의 안쪽(오른쪽)에 적혀있다. 이것은 해와 달의 운행과 1년 동안의 점괘에 대해 설명하고 있다. 백서에 대해 상승조(商承祚)는 “점술을 위한 미신과 관련된 물건”[3]으로 설명하고 있다. 따라서 천문학과 관련성이 없으므로 여기서 원문을 소개하지는

3) 商承祚: 「戰國楚帛書述略」, 『文物』 1964年 第9期. 아래 문장의 출처도 이와 같다.

않겠다. 상승조의 해석을 간단히 정리하면 아래와 같다.

첫째 단락은 점성가들이 천지기운의 정상 여부를 설명한 내용으로, 이상적인 천문 현상과 특별한 기후현상, 조류의 역류, 자연 재해 등 일반적인 계절 상황과 다른 내용을 기록하고 있다. 원문에는 1월부터 5월까지만 기록되어 있는데 이것은 고대인들이 이 계절의 천상과 기상 변화를 가장 중시했음을 의미한다. 이 계절은 인간의 삶과 농경에 있어서도 중요한 시기이다. 원문 중에는 "전진우토(電震雨土)–번개, 천둥, 황사"라는 기록이 있다. 이것은 소나기가 내리는 계절이 앞당겨졌음을 보여준다. '천우토(天雨土)'는 황사를 나타내는데, 봄 계절풍이 매우 강했음을 나타낸다. 이러한 기상 이상현상으로 인해 초목의 성장도 일반적이지 않았음을 예상할 수 있다. 백서의 기록은 봄에 가뭄과 홍수가 동시에 있었음을 말하고 있다. 홍수에 따른 범람은 농작물을 물에 잠기게 하여 자연의 질서를 혼란스럽게 하고 재해를 불러왔다.

천체 운행 또한 정상이 아니었기 때문에 "日月星辰, 亂逹亂行"라고 적고 있다. 이것은 일월성신의 운행에서 순서와 방향이 바뀐 것을 나타낸다. 즉 천체 운행에 변화가 있었음을 말한다. 이 기록에 대해 몇 가지 가능성을 생각해 볼 수 있다. 첫째, 정확히 알 수는 없으나 특별한 천체현상이 있었을 수 있다. 둘째, 천문 관측과 역법이 여전히 불안정하였을 가능성이 있다. 예를 들어 세수(歲首)가 명확하지 않았던 기록이 있는데 원문을 살펴보면 "寅歲, 西國又吝, 日月既亂–인월 세수이나 서쪽 나라는 다르게 사용한다. 달력이 이미 혼란해졌다–" 여기서 '인세(寅歲)'는 인월(建寅)을 세수로 사용한 것으로 천체의 운행이 1월부터 시작된다는 것을 의미한다. 셋째 묘 주인의 죽음을 하늘이 무너지고 땅이 갈라지는 것처럼 묘사하였는데 원문에는 "추색유창(秋索有常–가을에 구하는 것은 일정한 규율이 있다–)"이라고 적고 있다. '색(索)'은 생명을 걷어간다는 의미로 "생무상 사유상(生無常, 死有常–태어나는 것은 정해져 있지 않으나, 죽는 것은 정해져있다–)"과 같은 의미이다. 죽음은 필연적인 것으로 1월 월기(月忌)와 연결시켜 보면, "삼자 적자흉(三子, 嫡子凶–세째 아들 적자가 사망하다–)"으로 볼 수 있다. '흉(凶)'은 사망으로 묘 주인이 1월에 죽었으며 청년이었음을 알 수 있다. 이 글에서 고대 사람들은 봄과 가을을 죽음의 계절로 인식하고 있었음을 알 수 있다. 이러한 상황은 현재와도 비슷한데 봄과 가을에 위생, 방역 등을 통해 질병을 예방하는 것과 비슷하다.

둘째 단락의 내용은 다음과 같다. 둘째 단락은 몇 개의 작은 절로 나뉘어 있는데 첫 문장에서는 천체의 기운이 재난의 조짐을 나타내고 있음을 적고 있다. 재난을 피하는 유일한 방법은 신을 공경하고 의심을 품지 않는 것으로, 만약 재난이 닥치더라도 신이 도와줄 것임을 설명하고 있다. 여기서 설명하는 재난은 '천도(天道)'와 '지도(地道)'로 표현하고 있는데 이들은 천신, 지신, 귀신을 포함하는 여러 신들의 역할을 강조하고 있다. 그들의 최고 통치자는 '상제(上帝)'가 된다.

맺음말에서는 다음과 같이 적고 있다. "帝曰: 繇, □之哉! 毋弗或敬, 維天作福, 神則格之; 維天作災, 神則惠之; 各敬維永, 天像是測, 成維天□, 下民之□, 敬之毋忒 ! –상제께서 말씀하기를, '주(점사)'는, ~하구나! 공경하지 않는 것은 하지 말라. 하늘이 복을 주기만을 바라면 신은 그것을 방해할 것이다. 재난을 걱정하면 신은 은혜를 베푼다. 영원히 공경하며 바라면, 천상은 헤아릴 수 있다. 하늘이 이루어 주기를 바라면, 백성들은 ~, 공경하고 의심하지 말라." 이 글은 천상과 기상의 변화를 모두 천신의 의지로 설명한 것이다. 하민(下民)과 군민(郡民)은 신을 경외하고 제사지내며 하늘의 뜻을 따라 신에게 기도해야한다. 이것은 상주(商周) 시대부터 이어진 전통적인 종교사상으로 보인다. 원문에서는 지하를 황천(黃泉)으로 적고 있다. 상승조는 "땅의 악한 기운은 황천에서 나와 하늘까지 닿고 하늘의 악한 기운은 땅으로 내려와 두 기운이 서로 만나 재난이 된다는 것이다. 따라서 경거망동을 하면 불행을 당할 것이다"라고 설명하고 있다. 이것이 백성이 경거망동 할 수 없는 이유이다. 사계절의 일월성신 변화 중에 원문에 "성신불예(星辰不翳)–성신은 가리지 않는다"라는 기록이 있는데 상승조는 이에 대해 "문장에서 태(殆)는 방성(房星)을 가리킨다. 입춘 아침에 남중하면 이때가 농사의 계절이다"라고 설명하고 있다. 한편, "방성신중어오(房星晨中於午)"는 『국어』「주어상(周語上)」에서 말한 "농상신정(農祥晨正[4] –날이 밝아올 때, 방수심수 두 별자리가 정남쪽 하늘에서 반짝이면, 선민들은 바로 봄 농사철이 왔음을 알았다)"이나 『주어하(周語下)』에서 말한 "신마농상(辰馬農祥)"과 같은 내용이다. 이 또한 상주(商周) 시기의 천상으로 백서의 기록이 매우 오래되었다는 것을 보여준다.

세 번째 단락에 대해 상승조는 다음과 같이 설명하였다. "사람들이 무지하여 산천기후가 성신운행과 만날 때의 길흉화복을 이해하지 못했다. 재앙이 내리는 원인은 신에게 불경했기 때문으로 재난을 없애기 위해서는 평상시에 신을 공경해야한다는 것을 말하고 있다." "또 한편, 지신(地神)에게 함부로 제사지내며 화풀이해서 오히려 위험을 초래하는 것을 방지하려 한다." 원문에 "帝將由以亂□之行"이라는 말이 있는데 이 문장은 은허복사에 기록된 '帝若(상제가 만약)',

4) [참고자료] 天穹苍龙七宿乃是七个星座, 角, 亢, 氐, 房, 心, 尾, 箕, 自西向东横排, 夏夜南天可见。房宿四星, 龙的胸房。心宿三心, 龙的心脏。如果天刚亮时, 看见房心二宿闪亮在正南方天空, 先民便知春耕时节到了。这就是「国语」上说的 "农祥晨正"。古代中原称呼房宿四星为农祥星, 又名晨星。(출처: 『文字侦探 — 一百个汉字的文化谜底』 作者: 流沙河)

‘帝非若(상제가 만약 아니라면)’과 비슷해서 초백서 역시 오래된 기록임을 말해준다.

3절. 백서을편(帛書乙篇): 신화(神話)

백서 을편(乙篇)은 사시(四時) 12월의 사각 안쪽(왼쪽)에 기록되어 있다. 원문은 세 단락으로 나뉘어 있는데 우주의 기원, 해와 달의 운행, 천체의 운행과 관측 등에 대해 적고 있다.

또한 신화 속의 많은 인물들이 기록되어 있어 천문학사 연구에 의미 있는 자료로 보인다. 이 책에서는 연소명(連邵名)의 해석을 기초로 소개하겠다.[5] 첫째 단락의 원문은 다음과 같다.

> 曰古□能雹戱, 出自□(震), 居於__□。氒田漁二□□□女。梦梦墨墨, 亡章弼弼。□□水□風雨。是於乃取(娶)□□子之子, 曰女皇, 是生子四□, 是襄天踐, 是各參化法逃。爲禹爲萬(契), 以司堵, 襄咎天步, 逞乃上下朕(騰)傳(轉)。山陵不疏, 乃命山川四海, □_氣金氣, 以爲其流, 以涉山陵瀧汩淵澫。未有日月, 四神相戈, 乃步以爲歲, 是惟四時。[6]

우주의 탄생에 대해 백서에서는 다음과 같이 적고 있다. ‘몽몽묵묵, 망장필필(梦梦墨墨, 亡章弼弼)’. 『초사』「천문」에는 우주의 탄생에 대해 “명소몽암, 빙익유상(冥昭瞢暗, 馮翼惟像)”이라고 적고 있다. 이것은 희미하고 어두우며 캄캄하고 형태가 없어 맑음과 탁함을 구별하기가 어렵고, 나쁜 기운이 섞여 있어 그 끝이 어디인지 알기 어렵다는 의미이다. 고대 신화 중에는 “혼돈

---

5) 連邵名:「長沙楚帛書與中國古代的宇宙論」,『文物』1964年 第9期. 아래 문장의 출처도 이와 같다.

6) [참고자료] 在天地尚未形成, 世界处于混沌状态之时, 先有伏羲、女娲二神, 结为夫妇, 生了四子。这四子后来成为代表四时的四神。四神开辟大地, 这是他们懂得阴阳参化法则的缘故。由禹与契来管理大地, 制定历法, 使星辰升落有序, 山陵畅通, 并使山陵与江海之间阴阳通气。当时未有日月, 由四神轮流代表四时。(출처: 互动百科『中华民族的始祖』)
천지가 만들어지지 않았을 때, 세상은 혼돈한 상태에 있었다. 복희씨와 여와씨 두 神이 있었고, 둘은 부부가 되어 4명의 아들을 낳았다. 이 4명의 아들은 뒤에 사시를 대표하는 4명의 神이 되었다. 4명의 神이 천지를 만들었는데 이는 그들이 음양조화의 법칙을 알고 있었기 때문이다. 禹와 契가 대지를 다스렸고 역법을 제정하였다. 성신의 뜨고 지는 질서와 산맥이 통함을 원활하게 하여 산과 강, 바다 간에 음양의 기운을 통하게 하였다. 당시에는 해와 달이 없었기 때문에 4명의 神들이 번갈아가며 사시(四時)를 대표하였다.

(渾敦)"(『산해경』「서차삼경」)과 "혼돈(渾沌)"(『장자』「응제왕」)이라고 적혀 있다. 『회남자』「정신훈(精神訓)」에서는 우주의 탄생에 대해 "古未有天地之時, 惟像無形, 窈窈冥冥, 芒芠漠閔, 澒蒙鴻洞, 莫知其門。 -옛날에 천지가 만들어지기 전에는 형태가 없었으며 매우 어둡고 희미하여 분간이 안 되고 아득하고 까마득해서 그 끝이 어디인지 알 수 없었다-"라고 적고 있다. 혼돈한 우주론은 '혼천설' 이론의 기초를 탄생시켰으며 전국(戰國) 시대에 이해하고 있던 우주론을 반영하고 있다. 이 혼돈한 우주 속에서 박희(雹戲)가 태어났다(雹戲出自□(震). 박희(雹戲)는 중국의 시조로 복희씨(伏羲氏)를 나타낸다. 우주가 혼돈한 시기에 태어난 박희는 여와를 부인으로 맞아 자식을 낳았다(乃取(娶)□□子之子, 曰女皇). 여황(女皇)은 여와(女媧)를 나타내며 박희와 여황은 천지가 개벽한 이후 첫 번째 부부로 그들은 처음으로 인류와 만물을 만들었다.

『회남자』「정신훈」에는 다음과 같이 적고 있다. "有二神混生, 經天營地, 孔乎莫知其所終極, 滔滔乎莫知其所止息。 於是乃別爲陰陽, 離爲八極, 剛柔相成, 萬物乃形. -두 신이 함께 살면서 천지를 경영하였다. 구멍(하늘)은 그 끝을 알 수 없었고, 물은 滔滔히 흘러 멈추는 곳을 알 수 없었다. 마침내 음과 양으로 나누어지고 다시 흩어져 팔극이 되니 강약이 서로 어우러져 비로소 만물이 만들어졌다.-" 여기에서 이신(二神)은 복희씨와 여와씨를 말한다. 복희씨의 탄생에 대해 백서에서는 "出自□(震)-천둥에서 나왔다"라고 적고 있다. 『주역』「설괘전」에서는 "帝出乎震-帝는 천둥에서 나왔다-"라고 적고 있는데 여기의 '제(帝)'는 복희씨를 가리킨다. 「설괘전」에서는 또한 "震東方也"라고 적고 있다. '震'은 '辰'에서 나왔으며 동방창룡을 의미한다. 춘분즈음에 밤하늘을 살펴보면 동방창룡이 동쪽 지평에서 떠올라 운행하는데 이것이 바로 복희씨라는 이름의 기원이 된다. 고대 전설에는 "복희린신, 여와사구(伏羲鱗身, 女媧蛇軀)[7] -복희씨의 몸은 비늘로 덮여있고 여와의 몸은 뱀으로 되어 있다-"라고 적혀 있다. 린신(鱗身)과 사구(蛇軀) 또한 용의 몸으로 중국 민족이 용의 후손임을 보여준다. 복희와 여와는 '궐전어이(氒田漁二)-밭을 갈고 물고기를 잡다'의 생활을 하였는데 즉 채집, 수렵, 어렵을 하며 살았음을 의미한다.

복희씨와 여와는 결혼 후에 네 명의 자식을 낳았다. 백서 중에 4명 아이들의 이름은 나와 있지 않지만 풍시(馮時)는 이들 네 명의 아이가 바로 춘분, 추분, 하지, 동지의 신이라고 주장하였다. 또한 『상서. 요전(尙書. 堯典)』에는 4명의 이름에 대해 춘분신 희중(羲仲), 하지신 희숙(羲叔), 추분신 화중(和仲), 동지신 화숙(和叔)으로 적고 있다고 설명하였다.[8] 네 아들은 태어난 이후에

7) [참고자료] 출처: 『노영광전부 (魯靈光殿賦)』

8) 馮時: 『星漢流年—中國天文考古錄』, 6쪽.

“是襄天践, 是各参化法逃。 –하늘을 움직이는 일을 하면서 각각 관찰하며 돌아다녔다”라고 적고 있다. 이들은 천상으로 올라가 천상의 모든 변화를 관찰하였다. “爲禹爲萬(契), 以司堵 –禹와 契로 하여금 대지를 다스리게 했다–”의 문장에서 ‘사도(司堵)’는 ‘사토(司土)’로 대지를 다스렸다는 의미이다. ‘상구천보, 령내상하짐전(襄咎天步, 逞乃上下朕(腾)傳(轉)’은 천체의 운행이 정상적으로 이루어졌고 모든 것이 질서정연하게 정리되어 천지가 조화를 이루게 되었다는 것을 나타낸다. 한편, ‘山陵不疏’는 높은 산과 계곡의 하천이 정비되지 않아 홍수가 범람하므로 따라서 ‘(帝)乃命山川四晦, □寶氣金氣, 以爲流’하게 하였다. 여기에서 ‘제(帝)’는 상제를 가리키는데 복희씨를 의미한다. 복희씨는 4명의 아들과 우(禹), 계(契)에게 명하여 산과 계곡의 하천을 정비하여 물길이 막힘없이 잘 통하도록 하였다. 문장에서 ‘사회(四晦)’는 ‘사해(四海)’를 나타내는 것이며 사계절에 천체를 자연스럽게 운행하도록 하였다. 마지막으로 ‘이섭산릉롱감연만(以涉山陵瀧汨淵漫)’에 도달하였다는 문장은 좋은 자연환경을 나타낸 것으로 농업의 기원이 포함되어 있다. ‘섭(涉)’은 평지를 걸어 산과 강을 지나 산등성이에 오른다는 뜻으로 ‘섭산릉(涉山陵)’으로 볼 수 있다. ‘롱(瀧)’은 『설문해자』에서 “우롱롱모(雨瀧瀧貌)”라고 적고 있는데 부드러운 바람과 비가 대지를 적셔 초목이 무성해지고 벼도 잘 자라게 된다는 의미이다. ‘감연(汨渊)’은 『산해경』「대황동경」에서 ‘감연(甘淵)’으로 적혀 있다. 『상서』「홍범(洪范)」에서는 “가색작감(稼穡作甘)–곡식에 단물이 들다–”이라 말하고 있는데 곡식의 낱알에 단물이 가득 찼다는 것을 나타낸다. ‘감연(甘淵)’은 넓은 풀밭이나 광활한 농지를 표현하고 있다. 상승조는 ‘만(漫)’을 위수(潙水)의 ‘위(潙)’라고 해석하였다. 이것은 고대 사람들에게 있어서 천상을 관측하고 하늘과 땅을 다스리는 모든 일은 풍성한 수확을 얻기 위한 것임을 나타낸다.

마지막으로 농업 역법에 대해서 살펴보겠다. “未有日月, 四神相戈, 乃步以爲歲, 是惟四時。”

이때는 하늘에 태양이나 달도 없었고 ‘사신(四神)’인 네 명의 아들만이 교대로 하늘을 지키고 있었다. 동지를 기점으로 동지세신(冬至歲神)은 춘분세신과 교대하고, 춘분세신은 하지세신과 하지세신은 추분세신과 그리고 추분세신은 동지세신과 교대하였기 때문에 “乃步以爲歲。 –사시가 한 바퀴 도는 것을 한 해로 삼았다”라고 한 것이다. 1년을 12달과 12진(辰)에 배치해보면 12세(子歲, 丑歲, 寅歲, 卯歲, 辰歲, 巳歲, 午歲, 未歲, 申歲, 酉歲, 戌歲, 亥歲)가 된다.[9] 두 번째 문장의 원

9) 寅歲와 戌歲는 甲篇을 참조. 은허복사에는 매달 마다 세제(歲祭)가 있었다.
‘시유사시(是惟四時)’는 병사춘(秉司春), 사하(叡司夏), 현사추(玄司秋), 금사동(荃司冬)을 가리킨다.

문은 다음과 같다.

長曰青干, 二曰朱四单, 三曰□黃難, 四曰□墨干。千又百歲, 日月夋生, 九州不平, 山陵備备岐。四神乃作, 至於覆(天蓋), 天旁動, 杆蔽之青木、赤木、黃木、白木、墨木之精。炎帝乃命祝融以四神降, 奠三天□思敎, 奠四極。曰: 非九天則大岐, 則毋敢蔑天靈。帝夋乃爲日月之行。[10]

'준(夋)'이나 '제준(帝夋)'은 『산해경』에 '제준(帝俊)'으로 쓰여 있으며 은허복사에서는 '고조준(高祖夋)'으로 적혀 있는데 원래 상족(商族)의 선조이다. 백서에서는 "千又百歲, 日月夋生"라고 적고 있다. 이것은 천지가 개벽한 '千又百歲−오랜시간' 뒤에 제준(帝俊)이 해와 달을 낳았음을 의미한다. 『산해경』「대황남경」에는 "羲和者, 帝俊之妻, 生十日。−희화는 제준의 처로 10개의 태양을 낳았다.(郭璞注−희화는 제준의 처로, 10명의 아들을 낳았고, 모두 日로 이름을 삼았다)−"라고 적고 있으며, 「대황서경」에는 "帝俊妻常羲, 生月十有二。−제준의 처 상희는 12개의 달을 낳았다.−"라고 적고 있다. 태양과 달은 제준의 아들과 딸임을 보여준다. 그러나 제준의 신화가 어느 시대에서 유래된 것인지 전국(戰國)시대에 이르러 알 수 없게 되었다.

백서에는 '간(干)'과 '목(木)'에 관한 기록이 여러 번 적혀있는데 '간(竿)', '간(杆)', '주(柱)'등으로 기록하였다. 글자의 의미는 모두 같은데 상징하는 모습은 나무나 대나무로 볼 수 있으며 간단하게 '목간(木杆)' 또는 '죽간(竹竿)'을 나타낸다. 입간측영시 나무 막대를 세워 해 그림자를 측정할 때는 나무기둥을 사용하므로 '입간(立杆)'이라 부른다. 이것을 단순화 시킨 것이 '간(干)', 또는 '목(木)'이 된다. 진몽가(陳夢家)가 그린 백서 방위도의 네 모서리에는 청목, 주목, 황목, 흑목이

丙篇을 참조.

10) [참고자료] 四神的老大叫青干, 老二叫朱四单, 老三叫□黃難, 老四叫□墨干。一千数百年以后, 帝□生出日月。从此九州太平, 山陵安靖。四神还造了天盖, 使它旋转, 并用五色木的精华加固天盖。炎帝派祝融以四神奠定三天四极。人们都敬事九天, 求得太平, 不敢蔑视天神。帝□于是制定日月的运转规则。(출처: Baidu 백과사전 「伏羲画卦」)
4명 神의 첫째는 청간, 둘째는 주사단, 셋째는 -황난, 넷째는 -묵간이라고 부른다. 오랜 시간이 흐른 뒤, 제준이 해와 달을 낳았다. 이로부터 九州는 태평하고 산릉이 안정되었다. 4명의 神은 하늘을 만들어 회전시켰으며, 또한 五色나무의 정기를 이용해 하늘을 견고히 하였다. 염제는 축융을 보내 4명의 神이 三天四極을 세우도록 하였다. 사람들은 모두 하늘을 경외하며 태평하기를 바랐으며 天神을 업신여기지 못했다. 제준은 이에 해와 달의 운행규칙을 만들었다.

기록되어 있는데 이것은 백서 원문의 "长曰青干, 二曰朱四单, 三曰□黃難, 四曰□墨干。 -첫째는 청간이요, 둘째는 주사단이요, 셋째는 ~황난이요, 넷째는 묵간이다.-"에 해당한다. '단(單)' 또한 '간(干)'의 의미로 앞에서 언급했던 복사(卜辭)의 입간측영에서는 동물의 머리 기둥 또는 양의 뿔기둥으로 해석되었다.

'황난(黃難)'에 대해 『집운(集韻)』에서는 "난동나(難同檂)"라고 적고 있는데 나무 목간이나 기둥이라는 의미이다. '묵간(墨干)'은 '흑간(黑干)'을 의미한다. 이들은 오래전 '사방색(四方色)'으로 '杆蔽之青木、赤木、黄木、白木、墨木之精'로 설명하고 있는 '오방색(五方色)'과는 차이가 있다. 동륙춘분은 청목으로 위치는 백서의 '二月如'에 해당한다. 남륙하지는 적목으로 위치는 백서의 '五月皐'에 해당한다. 중앙 '土'는 황목으로 『주례』에서는 '地中'으로 불렀으며 백서의 중앙에 위치한다. 서륙추분은 백목으로 위치는 백서의 '八月壯'에 해당한다. 북륙동지는 묵목(墨木)으로 위치는 백서의 '十一月辜'에 해당한다. 정리해보면 사각 평면 안에 9개의 간(竿, 杆: 기둥)을 세웠다는 것이다. 9개의 기둥은 하늘 아래에 놓여 있으며 이에 대해 백서에서는 "至于覆(天盖), 天旁动"이라고 적고 있다. 연소명은 "覆, 此處指天蓋。 -覆는 여기서 하늘 덮개를 가리킨다"라고 설명하고 있다. 하늘은 회전하고 있으므로, 『진서』「천문지(天文志)」에서는 다음과 같이 적고 있다. "天旁轉如推磨而左行, 日月右行, 随天左轉。 -천체(하늘)가 회전하는 것은 맷돌이 돌아가는 것처럼 좌선(시계방향 회전)한다. 해와 달은 실제로 오른쪽으로 회전하지만 하늘에서는 좌선하는 것처럼 보인다.-" 이것이 바로 '천방동(天旁動)'이다. 백서에서는 "帝夋乃为日月之行。 -제준이 이에 일월의 운행규칙을 정하다.-"라고 적고 있는데 해와 달을 관측하기 시작했음을 보여준다. 관측할 때 '간폐(杆蔽)'라는 것은 앞서 언급한 입간(立杆) 또는 입주(立柱)의 의미로 고대 문헌에는 '표(表)'라고 적혀 있다.

앞서 소개한 것처럼 규표는 수직 막대 하나를 사용해 측정하며 여러 작은 나무 막대 또는 산가지는 보조수단으로 사용된다. 9개의 막대를 사용하는 방법에 대해 『회남자』「천문훈」은 다음과 같이 적고 있다.

正朝夕, 先樹一表東方, 操一表却去前表十步。 以參望日始出北廉. 日直入, 又樹一表於東方, 因西方之表以參望日, 方入北廉則定東方. 两表之中, 與西方之表, 則東西之正也。

아침과 저녁에 측정을 하는데, 먼저 아침에 表(1) 하나를 동쪽에 세우고, 다른 表 (2)하나를 손에 쥐고, 앞의 표(1) 뒤쪽(서쪽) 십 보 지점에서. 태양이 처음으로 북쪽모퉁이에서 떠오르기 것을 관찰한다. 해가 바로 들어갈 때는, 또 표 하나(3)를 동쪽에 세우고, 서쪽의 表(2)에 의해, 해가 북쪽모퉁이로 지는 것을 관측한다. 그러면 동쪽이 정해지게 되고, 동쪽의 두 표(1, 3)의 중앙과 서쪽의 表(2)가 동서의 정방위가 된다.

이것은 태양을 이용해 동서 정방위를 측정한 것으로, 동(東), 중(中), 서(西) 3개의 표(表)를 사용하였다. 앞서 설명한 백서에 따르면, 중표(中表)는 황목(黃木), 동표(東表)는 청목(青木), 서표(西表)는 백목(白木)으로 보인다. 「천문훈」에는 다음과 같이 적고 있다.

日冬至, 日出東南維, 入西南維。至春秋分, 日出東中, 入西中。夏至, 出東北維, 入西北維。至則正南。欲知東西, 南北廣袤之數者, 立四表以爲方一里岠。[11]

동짓날 해는 동남쪽에서 나와 서남쪽으로 들어간다. 춘분과 추분이 되면, 해는 정동에서 나와 정서로 들어간다. 하지에는 동북쪽에서 나와 서북쪽으로 들어간다. 하지와 동지 시각에는 해가 정남에 이르게 된다. 동서남북의 넓이를 계산하고자하면, 표 4개를 사방 1里 거리에 세운다.

이 표(表)는 동, 서, 남, 북 정방위의 표 4개를 가리키며, 앞서 언급한 동, 서의 표(表) 두 개를 제외하고 『회남자』 「천문훈」에서는 '남표(南表)'와 '북표(北表)'로 부르고 있다. 백서의 기록에 따르면, 남표(南表)는 '적목(赤木)', 북표(北表)는 '묵목(墨木)'이라 부른다. 「회남자. 천문훈」에는 또 다음과 같이 적고 있다.

從中處欲知南北極遠近, 從西南表參望日, 日夏至始出, 與北表參, 則是東與東北表等也。

중심에서 남극과 북극에 이르는 거리를 알고자하면 서남쪽 표에서 해를 바라봐야 한다. 하짓날 해가 떠오르기 시작해서 북표에 그림자가 드리우면 동쪽의 표와 동북의 표 사이의 거리

---

11) [참고자료] 冬至时, 太阳从东南方升起, 向西南方落下。在春分和秋分时, 太阳从正东升起, 正西落下。夏至时太阳从东北方升起, 向西北方落下。冬至夏至日太阳在正午(子)的位置正好是正南和正北。要想知道大地东西南北的宽广度, 可以树四根标竿组成每边长一里的正方形。(출처: 古诗词网, 「淮南子·天文训_原文|翻译」)(동지에 해는 동남방향에서 떠서 서남방향으로 진다. 춘분과 추분에는 동쪽 중앙에서 떠올라 서쪽 중앙으로 진다. 하지에는 해가 동북방향에서 떠서 서북방향으로 진다. 동지하지에는 해가 정오에(자시)의 위치에 있게 되어 정남과 정북이 된다. 동서남북의 넓이를 알고자하면, 각 변의 길이가 1里로 이루어진 정사각형에 표 4개를 세우면 된다)

가 같게 된다.

여기에 '서남표(西南表)'와 '동북표(東北表)'가 언급되었는데 백서(帛書)에서 동북 모서리를 "장왈청간(長曰青干)"이라고 한 것과 서남 모서리를 "삼왈□황난(三曰□黃難)"이라고 부른 것과 일치한다. 동남과 서북쪽 모서리 두 표는 설명에서 빠져 있다. 앞의 내용을 살펴보면 백서의 설명은 높은 대(臺) 지평일구 위의 구영반(晷影盤)에서 기원한 것을 모형으로 취하였는데 이것은 고대 관상대 위에 설치했던 것임을 알 수 있다. 고대 관상대 위에는 9개의 표를 세웠고(그림 138), 이것은 상주(商周) 시대부터 점차적으로 형성된 것으로 보이는데 그 이유는 은주(殷周) 문자 중에 동단(東單), 남단(南單), 중단(中單), 서단(西單), 북단(北單) 등의 기록이 있기 때문이다. 지평일구 위에 세운 9개의 표는 고대 신화 전설에도 남아있다.

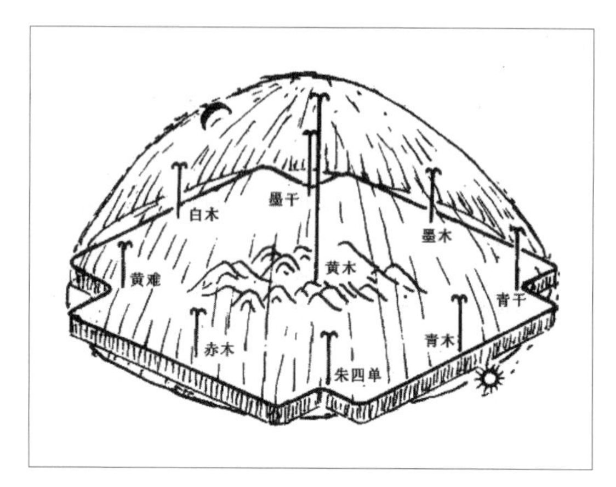

그림 138. 전국(戰國)시대 초백서(楚帛書)에 그려져 있는 '개천설(蓋天說)' 우주 모형

『산해경』「해외북경」에는 다음과 같이 적고 있다.

共工之臣曰相柳氏, 九首, 以食於九山. 相柳之所抵, 厥爲澤溪. 禹殺相柳, 其血腥, 不可以樹五谷種. 禹厥之, 三仞三沮, 乃以爲衆帝之臺. 在昆侖之北, 柔利之東. 相柳者, 九首人面, 蛇身而青. 不敢不北射, 畏共工之臺. 臺在其東. 臺四方, 隅有一蛇, 虎色, 首冲南方.

공공의 신하를 상류씨라고 불렀는데, 그는 머리가 9개로 9개 산에서 나는 음식을 먹고 살았다. 상류씨가 머물던 곳은 연못과 시내가 생겨났다. 우는 상류씨를 죽였는데 그 피비린내로 인해 곡식을 심을 수가 없었다. 우는 여러 차례 땅을 파서 메꾸고 파낸 진흙으로 중제(衆帝: 전설 중의 제요, 제곡, 帝丹朱, 제순 등 상고시대 왕을 지칭함)를 위한 제단을 만들었다. 이 제단은 곤륜산의 북쪽, 아리국의 동쪽에 있었다. 상류씨는 9개의 머리와 사람얼굴을 하고 있으며 뱀 모양의 몸에 얼굴은 푸른색이었다. 사람들이 북쪽을 향해 활을 쏘지 못하는 이유는 북쪽에 있는 공공의 제단을 두려워하기 때문이다. 제단은 동쪽에 있었는데 사각형으로 되어 있으며 모서리마다 뱀 한 마리씩이 있었다. 뱀의 무늬는 호랑이 문양과 비슷하고 머리는 남쪽을 향하고 있다.

「대황북경」에도 비슷한 기록이 남아 있다.

共工之臣名曰相繇, 九首蛇身, 自環, 食於九土。其所歍所尼, 即爲源澤, 不辛乃苦, 百兽莫能處。禹湮洪水, 殺相繇, 其血腥臭, 不可生谷, 其地多水, 不可居也。禹湮之, 三仞三沮, 乃以爲池, 群帝因是以爲臺。在昆侖之北。

공공의 신하인 상유는 머리가 9개로 몸은 뱀을 닮았고 똬리를 틀고 있으며 9개의 산에서 나는 음식을 먹었다. 상유가 토하고 머물렀던 곳에는 늪과 못이 생겨났는데 매우 쓴 악취로 인해 모든 짐승들이 그곳에서 살지 못했다. 대우(大禹)는 치수를 위해서 상유를 죽였는데 상유의 피비린내 때문에 곡식을 키울 수가 없었다. 또한 물이 많아서 사람이 살기도 어려웠다. 대우(大禹)는 그것을 파고 메꾸어 연못을 만들었다. 여러 임금(제요, 제곡 等)들은 그곳에 제대(祭臺)를 만들었는데 곤륜산의 북쪽에 위치해 있다.

이 두 신화는 같은 내용으로 고대의 높은 대(臺) 지평일구의 건축 과정을 기록하고 있다. '중제지대(衆帝之臺)'와 '공공지대(共工之臺)'는 모두 높은 대(臺) 지평일구를 가리킨다. '중제(衆帝)'는 백서 중에 언급된 복희(伏羲), 여와(女媧), 제준(帝俊), 염제(炎帝), 공공(共工), 하우(夏禹), 은계(殷契) 등을 말한다. 그들은 모두 나무막대를 세워 해 그림자를 측정하는[12] 과정 중에 생겨난 관상(觀象) 용어들로 사람이나 임금을 가리키는 말로 사용되었다. '재곤륜지북(在昆侖之北)'에서 '곤륜(昆侖)' 또한 관상 용어로 백서에는 "지어복 천방동(至於覆, 天旁動)"이라고 적혀 있다. 그 의미는 지평일구 위에서 일월성신의 운행(회전)을 관찰하는 것이 바로 '곤륜(昆侖)'인 것이다. 공공의 신하 상류(相柳)는 높은 대 지평일구 위에 입간과 관련이 있는데 백서의 모서리에 그려진 나무를 살펴보면 그 잎과 가지는 버드나무와 비슷하다. '상류(相繇)'라는 것은 흔들린다는 의미의 '요(搖)'와 같은데 입간측영시에 해 그림자가 막대 주위를 회전하는 의미를 나타낸다. 따라서 '구수사

12) 백서의 내용에 따르면 "立竿測影"은 "立杆測影"으로 봐야한다. 그 이유는 대나무막대를 사용한 것이 아니라 나무기둥을 사용했기 때문이다. 아래에도 이와 같다.

신 자환(九首蛇身, 自環)'은 해 그림자가 막대 주변을 회전하고 있다는 것을 나타낸다. '구수(九首)'라는 것은 9개의 기둥을 의미하며 동물 머리모양 또는 양각 기둥을 상징한다. '식어구산(食於九山)이나 식어구토(食於九土)'는 백서에서 언급한 "九州不平, 山陵备趺"의 의미와 같다. 여기서 '구산(九山)', '구주(九州)', '구토(九土)'는 모두 관상용어로 지평일구의 표면을 '아(亞)'자 모양으로 칸을 나누고 9개의 토지로 나누었다는 것을 의미한다(그림 139).

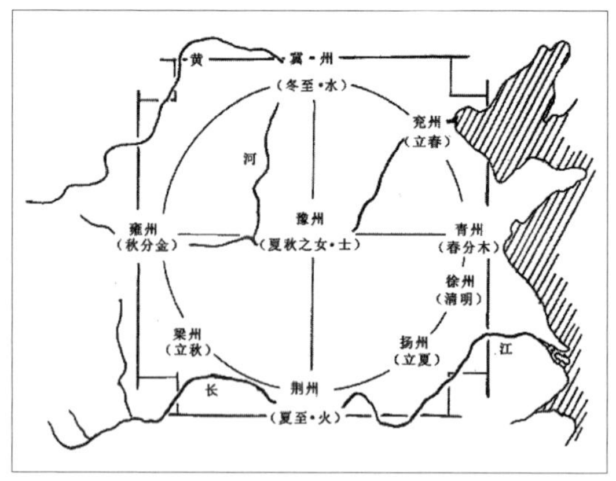

그림 139. 입간측경(立杆測景)
관상수시 과정을 통해 알 수 있는 '구주분포도(九州分布圖)'

'상류지소저, 궐위택계(相柳之所抵, 厥爲澤溪)' 또는 '소오소니 즉위원택(所歍所尼, 即爲源澤)'이라고 말하는 것은 모두 높은 대 지평일구의 바깥 둘레에 있는 수거(水槽)를 가리키는 것으로 즉, '유수사방(有水四方-사방에 물이 있다)'[13]을 의미한다. '우궐지, 삼인삼저(禹厥之, 三仞三沮)'와 '우연지, 삼인삼저(禹湮之, 三仞三沮)'의 의미는 수거를 사람의 힘으로 팠다는 것을 나타낸다.

'삼인삼저(三仞三沮)'는 삼층의 계단식 건축물을 나타낸다. 이와 비슷한 형태의 구조물로는 앞서 언급한 홍산(紅山)문화의 관상대와 근세 한위(漢魏) 낙양성(洛陽城)의 고관상대가 있다. '우살상류(禹殺相柳)'나 '우연홍수 살상류(禹湮洪水, 殺相繇)'는 막대를 수정하여 수직하게 바로잡는 것을 말한다. 앞서 『설문해자』을 인용하여 입간측영을 다음과 같이 설명하였다. "我, ... 從戈從𠦔。𠦔, 或說古垂字。一曰古殺字。-我는 戈(창과)와 𠦔에서 나왔다. 𠦔는 垂의 古字이며 殺의 古字라고도 한다.-" 이것은 입간을 수정하여 수직하게 세워져 있는지 확인하는 것이다. '기혈성(其血腥)'이나 '기혈성취(其血腥臭)'는 지평일구를 높게 만든 뒤에 혈제(血祭)를 거행해야 한다는 것을 의미한다. 이곳은 신성한 곳으로 왕의 권력을 상징하므로 그 주위에는 나무를 심거나 가축을 방목하거나 사냥도 허락되지 않았다. '외공공지대(畏共工之臺)'는 이러한 의미로 백성들은 그 곳을 경외하였다는 것을 나타낸다.

---

13) 『山海經』「大荒南經」: "有水四方, 名曰俊壇." 이것은 제준(帝俊)의 관상대를 의미한다. 현재 북경에 위치한 지단(地壇) 주변에는 사방에 물이 있는데, 이 문헌에서 유래된 것으로 보인다.

한대(漢代)의 화상석 중에도 상류신화 속에 나오는 신주(神柱)와 비슷한 기둥이 있는데 그림 140의 모습과 같다. 앞서 설명한 입간과 비슷한 형태이다.

그림 140. 한대(漢代) 화상석의 '상류신주(相柳神柱)'

높은 대 지평일구는 이미 세워졌고 백서에서는 다음과 같이 적고 있다. "炎帝乃命祝融以四神降, 奠三天□思敎, 奠四极。 –염제가 축융에게 명을 내려 四神을 내려가게 하고 삼천□思敎와 사극을 안정시켰다.–" "四神乃作" 염제는 옛 신화에서 하짓날의 태양신이고, 축융은 하짓날 태양신의 보좌신이다. 하지가 되면 임금은 남쪽을 향해 앉게 되는데 입간측영에서 하짓날의 해 그림자를 '지중(地中)'이라고 불렀다(『주례』「지관」'대사도'). 따라서 문헌에서도 하짓날의 관상 업무를 중요하게 여겼음을 알 수 있다. '사신강(四神降)'은 동지신, 춘분신, 하지신, 추분신이 지평일구 위에 내려와 그 위치가 이미 확정되었다는 것을 나타낸다. '사신내작(四神乃作)'은 '일출이작(日出而作)'의 의미를 갖고 있는데 해가 떠오르면 입간측영도 시작된다. 해는 '간폐지청목, 적목...(杆蔽之青木, 赤木...)' 등으로 하지, 동지, 춘분, 추분 날에 해의 위치를 측정한다는 것을 나타낸다. '존삼천□사□(奠三天□思敎)'에 대해 연소명은 다음과 같이 설명했다. '삼천(三天)'은 태양이 지나가는 궤도로 외형(外衡), 중형(中衡), 내형(內衡)을 말한다. 외형은 동짓날 태양이 지나는 길이며 중형은 춘분과 추분에 태양이 지나는 길이며, 내형은 하짓날 태양이 지나는 길이다. 이것을 근거해보면 전국(戰國) 시대에는 이미 완전한 성도(星圖)가 있었음을 짐작할 수 있다. '존사극(奠四極)'은 원심을 통과하는 정동서와 정남북의 십자선이 개천성도의 외규와 만나는 4개의 교점을 말한다. "非九天則大峡, 則毋敢蔑天靈。 –구천이 아니면 ~~, 즉 감히 하늘의 신령함을 업신여길 수 없다는 뜻이다"–. 즉 '구천(九天)'과 '구주(九州)'는 서로 대응하는데 하늘에는 구중

(九重)이 있음을 나타낸다. 『초사』「천문」에는 "圜則九重–동그라미가 9겹이다–"라고 적고 있다. 이것은 오래된 전설로 하늘을 9조각으로 나눈 일부 문헌의 내용과는 다른 것이다. '천령(天靈)'에 대해 연소명은 다음과 같이 적고 있다. "천령(天靈)은 북진을 나타내는데 북극이나 천극으로도 불린다." 이것은 천북극 또는 북극성과 관련된 가장 오래된 기록으로 볼 수 있다. 세 번째 단락의 원문은 다음과 같다.

"共工□步十日四时, □神則閏, 四□毋思. 百神風雨晨□亂作. 乃□日月, 以轉相思, 又宵又朝, 又昼又夕。"[14]

공공(共工)은 높은 대 지평일구의 관상 용어로 사람 이름으로 사용되었다. '공공(共工)'의 신분은 관상자로 높은 대 지평일구 위에서 십간과 사시를 추보하였다. 이것은 십간십이지를 사용하여 1년 사시에 12달과 윤달을 두었다는 의미이다. '백신풍우신의란작(百神風雨晨禕亂作)'은 1년 사시의 천상과 기상의 변화를 가리킨다. '우소우조, 우주우석(又宵又朝, 又晝又夕–밤이었다가 아침이 되고, 낮이었다가 저녁이 된다.)–'은 해와 달 그리고 천체가 회전한다는 의미이며, '이전상사(以轉相思–회전하면서 서로 그리워한다.–)'는 끝없이 회전한다는 것을 나타낸다.

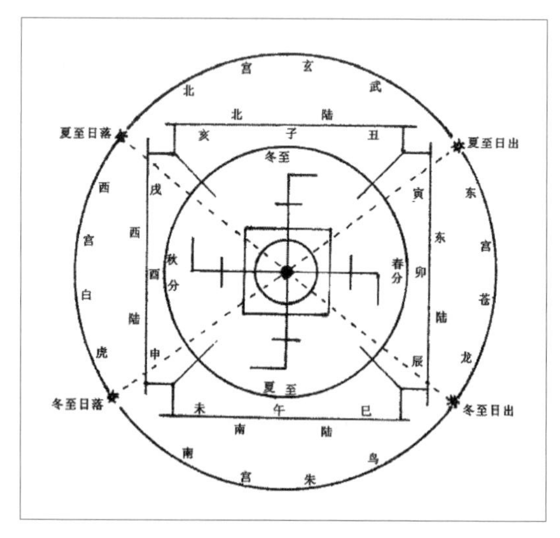

그림 141. 공공(共工)이 추보한 사시(四時)를 그린 우주의 개도(盖圖) 모형

14) [참고자료] 后来共工氏制定十干、闰月, 制定更为准确的历法, 一日夜分为宵、朝、昼、夕.
이후에 공공씨는 십간과 윤달을 정하고 더 정확한 역법을 만들어 하루를 밤, 아침, 낮, 저녁으로 나누었다.(출처: 董楚平. 中国上古创世神话钩沉[J]. 中国社会科学. 2002, (5))

4절. 28수(宿) 성도(星圖)

1978년 호북(湖北省) 수주시(隨州市) 서쪽 교외의 증후을묘(曾侯乙墓)에서 칠기상자가 하나 출토되었다. 상자는 전체적으로 직사각형 모양이고 뚜껑은 볼록한 형태로 되어있다. 상자 뚜껑과 양 측면 그리고 앞면에 별그림과 함께 28수 별자리 이름이 적혀있다(그림 142).[15)]

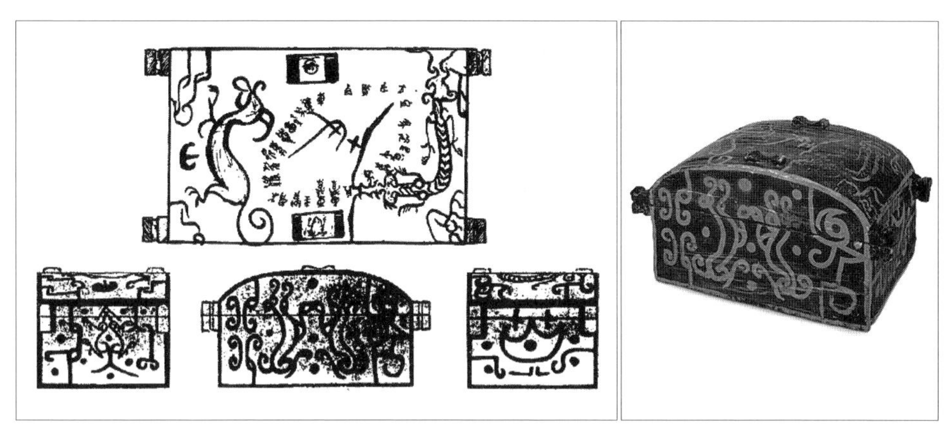

그림 142. 증후을묘(曾侯乙墓) 별자리 칠기상자

그림 142-1. 증후을묘 칠기상자 [湖北省博物館 소장]

이 상자에는 특별히 '흘(曶)'과 '자금지의(紫錦之衣)'라는 글자가 새겨져 있다. '흘(曶)'은 '일(日)'에서 나온 것으로 묘의 주인이 죽어 영혼이 밝은 하늘로 올라가서 신이 되었음을 의미하는 것으로 보인다. '자금지의(紫錦之衣)'는 죽은 사람이 하늘에서 입는 옷으로 생각된다. 사람이 죽으면 몸은 땅에 묻히고 영혼은 하늘로 올라가는데 초백서에도 같은 내용이 담겨있다. 죽은 사람의 영혼이 하늘로 올라간다는 생각은 이미 오래전부터 이해되어온 전통이다. '산정동인'에게는 죽은 사람의 주위에 붉은색 철가루를 뿌리는 제도가 있었는데 그것은 죽은 사람의 영혼이 밝은 하늘에 도달할 수 있기를 바라기 때문이었다.

신석기시대의 것으로 알려진 많은 천상과 기상 유물은 대부분 무덤에서 출토된 것들이다. 은상(殷商) 시대에 갑골문이 생겨났고 많은 천상과 기상 기록들이 갑골에 새겨졌다. 은허(殷墟) 지역에서 출토된 큰 무덤을 자세히 살펴보면 모든 무덤은 죽은 사람을 위해 만들어 놓은 지하 세

15) 隨縣擂鼓墩一號墓考古發掘隊: 「湖北省隨縣曾侯乙墓發掘簡報」, 『文物』 1979年 第7期.

계의 모습이다. 예를 들면 ‘아(亞)’자 형태의 큰 무덤은 바로 높은 대(臺) 지평일구의 모양을 본떠서 만든 것이다. 전국시대에 이르러 ‘월령(月令)’을 성도(星圖)나 백서에 그려 죽은 자의 세상을 상징하는 의미로 땅에 묻고 지하 세계로 인식하였는데 이러한 인식은 이후 중국의 역사 시대에까지 영향을 미쳤다. 대부분의 고고천문 자료들은 고분에서 출토된 유물들이다. 증후을묘의 유물이 바로 앞서 설명한 성상도(星象圖)로 사후의 세계를 상징한 것이다. 증후을묘 무덤에서 출토된 상자 덮개에 그려진 별그림의 배치는 다음과 같다.

볼록한 직사각형 모양의 덮개는 천반(天盤)을 나타낸다. 천반의 중앙에는 변형된 ‘두(斗)’자가 크게 그려져 있는데 이것은 북두칠성이 모든 별들을 이끌며 회전하고 있음을 표시한 것이며 한편으로는 하늘의 중심 영역임을 상징한 것이다. ‘두(斗)’자 주변에 28수 별자리 이름이 적혀있다. 각수(角宿)를 시작으로 우측 상단에서 시계 방향으로 회전하면서 별자리 이름이 쓰여 있으며 진수(軫宿)에서 끝난다. 상자 덮개의 오른쪽에는 각, 항 저, 방, 심, 미, 기, 두, 우, 녀, 허, 위, 실, 벽의 14개 별자리 이름을 품에 안고 있는 창룡이 그려져 있다. 이것은 하반년(夏半年)에는 동방창룡이 하늘을 운행한다는 것을 나타낸다. 상자 덮개의 좌측에는 규, 루, 위, 묘, 필, 자, 삼, 정, 귀, 류, 성, 장, 익, 진의 14개의 별자리 이름을 등에 짊어진 백호가 있는데 이것은 동반년(冬半年)에는 서방백호가 하늘을 운행한다는 것을 나타낸다. 백호의 배 아래에는, ‘ ’ 형태의 부호가 하나 있다. 이것은 안쪽이 채워진 화염문 부호로 추분 이후에 창룡 몸체의 대화심수이(大火心宿二)가 땅 아래로 가라앉기 시작한다는 것을 의미한다. 이것은 문헌에 기록된 ‘내화(內火)’를 나타내는 것으로 앞서 설명한 백서에서 8월을 “臧龍□”라고 표현한 것과 같은 의미이다. 상자 덮개의 중간 위아래에는 볼록하게 튀어나온 직사각형 모양의 홈이 하나씩 있다. 위쪽 홈에는 해의 정령인 금오(金烏)가 그려져 있는데 이것은 태양이 남중했을 때 1년의 계절과 열두 달을 구분해 낼 수 있음을 나타낸다. 아래쪽 홈에는 달의 정령인 두꺼비가 그려져 있는데 음력 초하루에 달이 정북쪽에 있게 되면 이때가 삭망월의 기점이 되는 것을 나타낸다. 상자 뚜껑의 네 모서리에는 선이 안으로 꺾여 그려져 있는데 그 의미는 하늘의 덮개가 ‘아(亞)’자 형의 받침으로 받쳐져 있음을 나타낸다. ‘아(亞)’자 모양의 테두리는 땅을 상징하고 또한 지평일구의 모형이 된다. 상자 뚜껑에 그려져 있는 것은 ‘천지반(天地盤)’으로 후대의 식반(式盤)의 기원이 된다.

상자의 동쪽 면에는 다음과 같은 별 그림이 있다.

풍시(馮時)의 연구에 의하면 상자 동쪽에 그려진 별 그림은 동궁(東宮)을 나타내며 성도 중앙에 그려진 ‘ ’형 부호는 화염문을 그린 것이다. 화염문 안쪽에 그려진 큰 별 하나는 대화심수이(心宿二)로 봄 이후에 대화 심수가 땅으로 나와 하늘을 운행하는 것을 나타내며 이것은 문헌에 기록된 '출화(出火)'를 의미한다. 양쪽의 작은 별 두 개는 심수(心宿)의 나머지 두 별로 보인다. 우측 하단 모서리에 그려진 별 하나는 방수(房宿)의 중심별이며, 좌측 하단 모서리에 그려진 별 하나는 미수(尾宿)의 중심별이다. 이들은 하나의 별로 각각의 별자리를 상징하고 있는데[16] 이러한 형태를 통해 완벽한 창룡의 방수–심수–미수를 구성하고 있다.

상자의 서쪽 면에는 다음과 같은 별 그림이 있다.

이 별그림은 서궁(西宮)을 표시한 것으로 성도의 중간부분에 복합적인 도형으로 그려진 신령이 하나 있다. 추상화된 모습에서 머리 위의 뿔은 끝이 날카롭고 몸의 양쪽에는 네 개의 발톱이 그려져 있으며 몸에는 꼬리 두 개가 그려져 있다. 풍시는 이 모습을 '자휴(觜觿 –角宿)'[17]라고 불렀다. 자휴의 뿔 부위에 있는 별 6개는 자수(觜宿)와 삼수(參宿)를 상징한다. 삼수의 우측 여백에는 필수(畢宿)를 상징하는 중심별 하나를 그려놓았다. 삼수 좌측 상단에는 별 두 개가 수직하여 놓여 있는데 정수(井宿)를 나타낸다. 좌측 하단에 그려진 하나의 별은 천랑성(天狼星)으로 보인다.

상자의 앞쪽 면에는 다음과 같은 별 그림이 있다.

이 그림은 북궁(北宮)을 나타낸다. 성도의 가운데에는 마주보고 있는 기린 한 쌍의 모습이 그려져 있다. 그림에서 사슴은 신격화된 존재로 북궁 사슴을 나타낸다. 두 기린 사이에 그려진 별 세 개는 위수(危宿)로 보인다. 우측 기린 뒤에 수직으로 그려진 별 두 개는 허수(虛宿)에 해당하며 좌측 동물 뒤에 그려진 별 하나는 뇌전(雷電)의 여섯 별 중의 하나로 보인다. 나머지 별 하나는 여수(女宿)를 상징하는 중심별로 보인다.

풍시는 다음과 같이 설명하고 있다. "증후을묘 칠기상자 위에 그려진 4폭의 별그림을 살펴보면 모든 별자리의 중심에는 북두칠성이 위치하고 있다. 북두칠성과 함께 동궁의 심수(心宿), 서궁의 자수(觜宿) 그리고 북궁의 위수(危宿)의 위치를 살펴보면 이들 별자리 위치는 실제 하늘의 모습을 잘 반영하고 있다."

칠기상자의 마지막 측면에는 별그림이 보이지 않는다. 그러나 다른 별자리 위치를 고려해 보

16) 馮時: 『星漢流年—中國天文考古錄』, 197–198쪽. 그 다음에 설명하고 있는 상자의 서쪽 면과 앞쪽 면의 별 그림 설명의 출처도 이와 같다.

17) '자휴(觜觿)'는 '觜宿'를 의미하며 '角'으로 해석한다. 『산해경』 「남산경지수(南山經之首)」에는 '현귀(玄龜)'로 기록되어 있다.

면 비어 있는 측면은 남궁(南宮)의 장수(張宿) 위치에 해당한다. 증후을묘 칠기상자 위의 4궁(宮)의 내용은 비교적 정확한 것으로 보인다. 칠기상자의 세 면에 그려진 별자리를 살펴보면 시계방향으로 배치되어 있지만 실제 하늘에서의 별자리는 반시계방향으로 놓여 있다. 이러한 문제는 고대인들이 성도를 그리는 방법에서 비롯된 것으로 보인다. 전통적으로 별자리를 그리는 방법은 두 가지가 있다. 첫째는 위에서 아래로 내려다보는 방식의 부시도(俯視圖)이며, 둘째는 땅에서 하늘을 쳐다보며 그리는 앙시도(仰視圖) 방법이다. 증후을묘 칠기상자에 그려진 별그림은 앙시도이다. 칠기상자에 그려진 별그림과 천체를 비교해 보면 반대로 그려져 있는데 이것은 하늘을 향해 누워서 보이는 대로 그린 별자리 배치이다. 따라서 상자에 그려진 별자리 배치처럼 보려면 상자를 하늘로 들고 별자리와 맞추어 보아야 한다.

증후을묘의 시기는 전국(戰國)시대 초기(상한년도-BC433)이다. 따라서 전국시대 이전에 28수 별자리 체계와 4방위 그리고 4상(象) 체계가 이미 갖추어진 것으로 보인다. 중궁(中宮) 자미원의 개념 또한 이미 있었을 것이다. 앞서 소개한 '자금지의(紫錦之衣)'는 묘 주인이 하늘로 올라간 후에 입는 것으로 중궁인 자미원에 가서 입었던 것으로 볼 수 있다. 4방위와 4상 그리고 28수 체계의 형성과 완성은 오랜 시간의 과정을 거쳤을 것이다. 앞서 언급한 기원전 40세기 중엽의 복양 서수파에서 발견된 세 개의 조개 무덤 성도에서 북두가 사방사시를 가리키는 표준별이었음을 알 수 있다. 또한 당시에는 중궁에 북두를 두었음을 알 수 있다. 춘추분 성도에 있는 용모양 조개무덤은 『사기. 천관서』에서 적고 있는 '표휴용각(杓携龍角) —북두의 斗柄이 각수를 잡는다—'과 같은 내용으로 이미 각수(角宿)가 있음을 말해준다. 용은 조개껍데기를 이용해 만들었는데 조개(蚌)는 별을 상징하는 것이며 용의 형태는 방수, 심수, 미수 세 별자리에서 취했다. 조개로 만든 호랑이의 이마에 있는 뿔은 자수(觜宿) 세 별에 해당하며 호랑이의 몸은 삼수(參宿)와 일치하는 모습이다. 조개무덤 동지도 가운데 사슴이 있다. 사슴은 호랑이 등 위에 누워있는데 이것은 태양이 동짓날 위수(危宿) 별자리에 위치한다는 것을 의미한다. 이 별자리의 흔적이 사천여년을 지나 증후을묘의 칠기상자에 그려진 것은 천문 문화가 대대로 전해지면서 사람들의 생활과 인식에 깊은 영향을 끼쳤음을 보여준다. 이는 역사시대 이전부터 역사시대까지 성도가 계속 이어져왔다는 것을 말해준다. 조개무덤 하지도에는 조개로 만든 새가 있는데 이것은 4궁에 조성(鳥星)이 있음을 설명해준다. 이것은 4방위와 4상의 가장 초기적 형태로 후대에 28수 체계를 형성하는데 기초가 되었다. 현재로부터 6000년 전의 유적인 반파(半坡)문화 양각(羊角) 토템기둥의 각반(角盤)에 새겨진 각수(角宿) 2성과 자수(觜宿) 3성은 각각 동궁과 서궁을 의미한다고 알려져 있다. 반파유적에서 출토된 사녹문(四鹿紋)이 그려진 질그릇 대야로부터 당시에 '사륙(四陸)'의 개념이 이미 있었음을 알 수 있다. 추가로 살펴볼 것은 묘저구 유형(廟底溝 類型)의 채색질그릇에 그려진 화염문이다. 화염문 중간에 별 하나를 그려 대화 심수이(大火 心宿二)를 표현했는데 이 또한 증후을묘 시대까지 계속 이어져 왔음을 알 수 있다. 지금으로부터 5000년 전후에 새겨진 연운항(連雲港) 장군애(將軍崖) 암각화(岩刻畵) 성상도(星象圖)는 지금까지 발견된 가장 오래된 개천(蓋天) 성도로 여기에는 황도와 백도뿐만 아니라 천구의 별자리를 네 영역으로 나누고 있어 당시에 하늘을 네 개의 영역으로 인식하였음을 알 수 있다.

『상서』「요전」에는 4중중성(四仲中星)에 관한 설명이 있다. 비록 이 책이 만들어진 시기가 후대이기는 하지만 하늘을 네 영역으로 나눈 개념의 기초는 이미 오래전에 만들어진 것을 알 수 있다. 이러한 기초에 근거해 4중중성이 완성된 것이다. 4중중성 역시 각각 4궁에 나뉘어 있다. 동짓날 해는 허수(虛宿)에 위치하고, 춘분에는 묘수(昴宿)에 있으며, 하지에는 조성(鳥星)에 있게 되며, 추분에는 심수(心宿) 위치에 놓인다. 고대인들은 오래전부터 묘수(昴宿) 성단에 관심을 갖고 있었다. 앞서 언급한 장군애 암각화의 천정도에 새겨진 무더기 형태의 점들은 묘수 성단을 표현한 것으로 보인다. 은허 복사시대로 이어지면서 4궁4상(四宮四象)의 개념도 더욱 명확해졌다. 그러나 안타깝게도 기록으로 전해지는 별자리는 매우 적어 연구에 어려움이 많다. 「하소정」이나 『시경』등 고대문헌에도 28수(宿) 별자리가 기록되어 있으나 28수 별자리 체계가 언제 정립되었는지는 알려져 있지 않다. 증후을묘 칠기상자에 그려진 28수 성도는 유용한 정보를 알려준다. 증후을묘 칠기상자는 전국(戰國)시대 이전의 것으로 앞서 언급했듯이 동짓날 해가 위수(危宿)에 위치하는 것은 기원전 40C 이전임을 말해준다. 칠기상자 몸체의 서쪽면에 그려진 성도는 '8월장(八月臧)'인 '내화(內火)'를 나타내며, 동쪽면에 그려진 성도는 '이월출화(二月出火)'를 나타내는 것으로 보인다. 이로부터 유추해보면 각수(角宿)가 황혼 무렵에 동쪽 지평에 처음 보이는 것은 「하소정(夏小正)」에서 설명한 "정월 계칩(正月啓蟄)[18] –정월에 겨울잠을 자던 동물

18) [참고자료] 驚蟄: 该节气在历史上也曾被称为 "启蛰"。「夏小正」曰: "正月启蛰"。在现在的汉字文化圈中, 日本仍然使用 "启蛰"这个名称。汉朝第六代皇帝汉景帝的讳为 "启", 为了避讳而将 "启"改为了意思相近的 "驚"字。同时, 孟春正月的驚蛰与仲春二月节的 "雨水"的顺序也被置换。同样的, "谷雨"与 "清明"的顺次也被置换。
汉初以前 立春—启蛰—雨水—春分—谷雨—清明
汉景帝代 立春—雨水—驚蛰—春分—清明—谷雨
进入唐代以后, "启"字的避讳已无必要, "启蛰"的名称又重新被使用。但由于也有不用惯的原因, 大衍历再次使用了 "驚蛰"一词, 并沿用至今。

들이 땅에서 나온다–"에 해당한다.

천상(天象) 역시 『주례』에서 적고 있는 "季春出火, 季秋內火–봄에 大火가 저녁에 보이기 시작하고, 가을에 大火가 숨기 시작 한다–"보다 1개월 빠른 것이다. 이것은 증후을묘 칠기상자의 28수(宿) 성도 이전에 더 오래된 성도가 있었음을 의미한다. 그러나 고고학계에서는 아직 관련 증거를 찾지 못했다. 이러한 사실로부터 28수 별자리 체계는 전국시대보다 더 오래전에 형성되었음을 알 수 있으나 어느 시기에 별자리 체계가 완성되었는지는 아직 알려져 있지 않다.

(출처: Baidu 백과사전 「驚蟄」)
경칩- 이 절기는 역사상에서 일찍이 "계칩"으로 사용되어 왔다. 「하소정」에서는 "정월 계칩"이라고 적고 있다. 현대 한자 문화권 중에서 일본은 여전히 "계칩"이라는 명칭을 사용하고 있다. 漢왕조 여섯 번째 황제였던 漢 景帝의 이름인 "劉啓"의 "啓"자를 피휘하기 위하여, "啓"자와 의미가 비슷한 "驚"자로 바꿔 쓴 것이다. 이와 동시에, 정월의 경칩과 2월 절기인 우수의 순서도 뒤바꿨다. 똑같이, 곡우와 청명의 순서도 뒤바꿨다.
한초 이전: 입춘-계칩-우수-춘분-곡우-청명
한경제 때: 입춘-우수-경칩-춘분-청명-곡우
唐대에 이르러서는, "啓"자를 피휘 할 필요가 없었으므로, "계칩"의 명칭은 다시 사용되었다. 그러나 그동안 사용하지 않았던 이유로, 대연력에서는 다시 "경칩"이라는 단어를 사용하여 지금에 이르고 있다.

12

고대의 천문대 유적과 유적지

천문대는 천문학을 연구하는 중요한 장소로 천문의기와 같은 관측 장비를 설치하여 하늘을 관측한다. 천문 관측은 천체를 관측해야하기 때문에 천문대는 주변보다 높고 편평한 장소에 세워진다. 산의 꼭대기나 인공적으로 만든 높은 지역에 관측소를 세우기도 한다. 가장 최초의 천문대가 언제 어디에 세워졌는지는 알기 어렵다. 현재 사람들은 영국에 남아있는 기원전 2500-1700에 만들어진 '스톤헨지'를 참고해서 인류가 만든 천문대가 4-5천 년의 역사를 지니고 있다고 생각한다. 중국에 천문대가 만들어진 시대도 다른 국가보다 늦지 않을 것으로 생각된다.

1절. 원시 천문대

중국의 역사에서 천문대는 다양한 이름으로 불려왔다. 예를 들면, 청대(淸臺), 관대(觀臺), 영대(靈臺), 관상대(觀象臺), 후대(候臺), 관영대(觀景臺-觀影臺) 등이 있다. 고대에 어떻게 불렀는지는 자료가 남아 있지 않아 확인할 방법은 없으나 고유한 명칭은 없었던 것으로 보인다. 중국 역사상 얼마나 많은 천문대가 있었는지 정확하게 알기는 어렵지만 하(夏)시대 이후로 약 40개 정도의 천문대가 있었을 것으로 짐작된다. 안타깝게도 현존하는 천문대가 매우 적고 고고학계에서 발견한 유적지 또한 많지 않다. 이 책에서는 단편적인 기록과 조사에서 밝혀진 자료를 간단히 설명하도록 하겠다.

중국의 천문대는 오랜 기간 동안 두 개의 주요한 기능을 수행해왔다. 첫째는 제천(祭天)이고 둘째는 천문관측이다. 이들 두 개의 기능이 서로 연계되어 초기의 높은 대(臺)의 건축물은 모두 혼합된 두 가지 특성을 함께 지니고 있었다. 예를 들면 앞서 언급한 홍산(紅山)문화의 피라미드식 높고 편평한 높은 대(臺) 건축물과 적석총의 꼭대기에는 평대(平臺)가 있었다. 양저(良渚)문화에도 높은 대(臺) 건축인 제단과 총묘(冢墓)가 있었으며 기타 역사시대 이전의 제단 역시 같은 기능을 갖고 있었다고 볼 수 있다.

예를 들면 1956년 사천성 성도 양자산(成都 羊子山)에서 발견된 토대(土臺)의 모형을 살펴보면[1] 세 개 층으로 나눠져 있고, 서쪽, 남쪽, 동쪽 삼면에 계단이 있어 사람이 직접 대(臺)의 꼭대기로 올라 갈 수 있도록 되어 있다(그림 142-2). 토대가 어떤 용도로 만들어졌는지는 정확하게 알 수 없으나 천문과 연관이 있어 보인다. 제례의 목적으로 만들어진 곳이라면 천문과도 관련이 있을 것이다. 이 토대는 서주(西周) 시대의 유적으로 2-3천 년 전에 당시 주민들의 제천장소이자 동시에 천문대의 역할을 하였을 것으로 생각된다.

그림 142-2. 四川省 成都 羊子山 土台遺址(출처: 金沙遺址博物館)

전해져오는 바에 따르면 하(夏) 대에 천상을 관측하는 전문적인 관측 장소가 있었다고 한다. 정확한 기록으로 남아있는 것은 서주(西周)의 영대(靈臺)이다.

『시경』「대아」'문왕지십', '영대'에는 서주 초기에 만들어진 영대에 대해 다음과 같이 설명하고 있다.[2]

---

1) 필자는 사천성박물관(四川省博物馆)에서 문물관계자가 그린 입체도형을 보았다.

2) [참고자료]【译文】开始规划筑灵台，经营设计善安排。百姓出力共兴建，没花几天成功快。开始规划莫着

經始靈臺, 經之營之, 庶民攻之, 不日成之. 經始勿亟, 庶民子來.

영대를 지으려고 측량을 시작하니, 백성들이 도와주어 하루도 안 되어 영대가 완성 되었다. 측량할 때 서두르지 말라 했으나 백성들이 자식이 아버지 일 돕듯 스스로 하였다.

정현(鄭玄, AD127-200)은 다음과 같이 주석을 달았다. "천자는 영대를 갖고 있는 사람으로 상서롭지 못한 기운을 관찰하고 길흉의 징조를 살핀다." 주희(朱熹, 1130-1200)는 다음과 같이 더 구체적인 해석을 내놓았다. "영대는 문왕(文王)이 만든 것이다. 영(靈)이라 부르는 것은 그것이 갑자기 만들어졌고 신령이 머물기 시작한 곳이라는 의미이다. '영(營)'은 '표(表)'요, '공(攻)'은 '작(作-만들다)'의 의미이다. '불일(不日)'은 하루도 걸리지 않았다는 뜻이다. '극(亟)'은 急(급하다)의 의미이다. 국가에 천문대가 있으니 상서롭지 못한 기운을 살피고 길흉을 살피며 때로는 경치를 감상하고 절기에 따라 일하니 편안하였다. 문왕의 영대는 측량을 시작하여 기초를 세우려 할 때 백성들이 와서 영대를 만드니 하루도 걸리지 않아 완성되었다." 『맹자』「양혜왕장구상(梁惠王章句上)」에는 『시경』을 인용하여 다음과 같이 적고 있다. "문왕은 백성들의 힘으로 대(臺)와 소(沼-연못)를 만들었는데 백성들이 이에 즐거워하니 그 대(臺)를 영대(靈臺)라 부르고 그 소(沼)를 영소(靈沼)라 불렀다"

앞에서 영대라고 이름붙인 이유를 간단하게 설명하였으며 기능도 명확하게 설명하였다. 영대의 기능 가운데 하나가 하늘을 관측하는 일이다. 기록으로 남아 있는 '불일성지(不日成之)'의 영대는 어디에 있는 것인가? 이 영대는 매우 빨리 만들어졌기 때문에 규모가 작을 것으로 추정된다. '고이장 주회백이십보(高二丈, 周回百二十步-높이 2丈, 둘레를 돌면 120보)'[3]로 구조도 흙으로 쌓아 올렸을 것이다.

흙으로 대(臺)를 만들었기 때문에 주변에 물이 있는 못과 늪이 생겨나게 되었고 이것이 바로 영소(靈沼)이다. 이렇듯 영대와 영소는 서로 관련이 있는 것이다. 연구를 통해 당시 영대의 터가 현재 섬서성(陝西省) 안에 있다는 것을 알아냈으나 구체적인 장소에 대해서는 여러 견해가 있다. 장안현(長安縣) 객성장(客省庄)에 있었다는 주장[4]과 호현(户縣) 진도진(秦渡鎭) 북쪽 1km에 있

急, 百姓如子都会来。

【注释】1.经始: 开始计划营建。灵台: 古台名, 故址在今陕西西安西北。2.攻: 建造。3.亟: 同"急"。4.子来: 像儿子似的一起赶来。(출처: Baidu 백과사전『大雅·文王之什·灵台』)

3) 陳直:『三輔黃圖交證』卷五, 陝西人民出版社, 1980年.

는 풍하북안(沣河北岸)에 있었다는 주장이 대표적이다.[5] 두 지역의 거리는 매우 가깝다. 당(唐)나라 이태(李泰)는 「괄지지(括地志)」에서 다음과 같이 후자의 견해가 더 가능성이 높다고 언급하고 있다. "영유(靈囿-영대 안에 있던 동물원) 중의 다른 시설은 모두 사라졌고, 오직 영대만이 2장(丈)의 높이로 홀로 서있고, 그 주위의 둘레는 120보(步)이다." 청필원(淸畢沅, 1730-1797)의 기록을 인용해보면 토대로 만들어진 영대는 주변에 비해 솟아 있는 형태였기 때문에 명(明) 대에는 불사(佛寺)로 활용되었는데, 청필원은 직접 가서 관측과 보수를 했다고 한다. 이 영대의 지형은 주변보다 높다. 현재는 벽돌담으로 둘러싸여 있는데 약 6-7묘(亩)[6]의 땅으로 고평등사(古平等寺)로 불리고 있으며 여승들이 머물며 관리하고 있다.

영대는 뜰 안의 서쪽 끝에 위치하며 동쪽을 향하고 있다. 대의 기단 높이는 약 2.5m로, 위에는 건물이 3칸으로 나뉘어 있으며 안에는 주(周) 문왕의 상(像)이 놓여 있다. 뜰 안의 북쪽에는 새로 지은 불당 하나가 있다. 영대 유적 부근에서 신석기 시대의 붉은색 질그릇이 출토되었는데 이것은 주 문왕이 영대를 만들 때 유골을 함께 매장했다는 의견을 뒷받침해준다.[7] 주나라 척도(尺度)에서 1척(尺)은 약 16~20cm로 추정된다.[8] 현존하는 대의 기단 높이는 약 2.5m로, 주척(周尺)으로 환산하면 12.5~15.6척(尺)이 된다. 세월이 오래되어 무너지고 풍화되었기 때문에 높이가 변했을 것으로 생각된다(그림 142-3).

그림 142-3. 주대 영대 유적(출처: 鳳凰論壇)

서주(西周)의 영대 유적은 중국 최초의 천문대 유적으로 알려져 있다. 주 문왕은 백성들이 세

4) 上同

5) 劉次元: 「陝西關中古代天文遺存」, 「陝西天文臺臺刊」, 1992年, 第15期.

6) [참고자료] 亩(畝): 이랑 묘, [양사] 중국식 토지 면적의 단위. '10市分=1市亩', '100市亩=1顷'이다. '1(市)亩'=~666.7m², 1m²=0.0015亩(출처: 네이버 중국어사전 「亩」)

7) 劉次元: 「陝西關中古代天文遺存」, 『陝西天文臺臺刊』, 1992年, 第15期.

8) 邱隆等: 「中國古代度量衡圖集」, 說商代牙尺, 長 15.78, 或 15.8; 戰國銅尺, 長 23.1cm; 無周尺. 由此推測, 周尺應在 16-20cm.

운 영대에 올라 하늘에 제사지내고 천상을 관측했을 것이며 천문학자들도 함께 다녔을 것으로 추정할 수 있다.

무왕 희발(武王 姬發)은 상(商) 나라를 멸망시킨 후, 호(鎬-지금의 섬서 서안시 서쪽)에 수도를 세웠고 뒤에 풍(豊-鎬 서남쪽에 위치)으로 천도하였는데 문왕의 영대에서 멀지 않은 곳이다. 무왕(武王)과 성왕(成王) 시기에는 지속적으로 낙읍(雒邑[9]-지금의 하남 낙양시에 위치)을 두었으며, 근처의 한 지역을 '천하지중(天下之中)'으로 삼았다.

천하지중은 이후에 '지중(地中)'으로 불렸으며 현재의 하남성 등봉현 고성진에 해당한다. 지중(地中)은 또한 천문 관측을 하던 곳으로 무왕 희발이 지중을 확정하는데 결정적인 역할을 했다고 알려져 있다. 희발은 상고(商高)[10]의 가르침을 받아 수학적 계산을 통해 지중의 위치를 의심하지 않고 결정했다고 한다.[11] 이후에 지중은 중국 천문학자들의 활동 장소가 되었으며 앞으로도 관련된 설명이 있을 것이다.

기원전 770년 주(周) 평왕 희의구(平王 姬宜臼)는 동쪽 낙양으로 천도하였는데 성 안에 영대가 있었을 것으로 여겨진다. 따라서 문왕이 세운 영대는 자연스럽게 사용되지 않게 되었다. 낙양은 지중에서 매우 가까워 동주(東周)의 천문학자들은 자주 지중에 왔을 것이다. 『주례』에 기록되어 있는 '측지중(測地中)'은 고성진에서 측정이 이루어진 것으로 자세한 기록은 다음과 같다.

> 大司徒之職: 掌建邦之土地之圖. 與其人民之數, 以佐王安擾邦國……以土圭之法測土深。正日景, 以求地中。日南則景短, 多暑; 日北則景長, 多寒…… 日至之景, 尺有五寸, 謂之地中, 天地之所合也。[12]
>
> 大司徒란 직책은 천하 각국 토지의 지도와 그 백성의 수를 관장하고, 임금을 보좌하여 각 나라들을 안정시킨다... 토규로 해 그림자를 측정하는 방법으로 땅의 깊이를 측정하고, 해 그림자를 바로잡아 地中의 위치를 구한다. 해가 남쪽에 있으면 그림자가 짧아 너무 덥고, 해가 북

---

9) [참고자료] 락읍: 西周周成王时, 周公修建城都雒邑, 以作为防备东方叛乱的根据地。西周灭亡后, 周平王东徙迁都于雒邑(今日洛阳王城公园附近) (출처: Baidu 백과사전 「雒邑」)

10) [참고자료] 商高: 서주 초기의 수학자. 기원전 1000년에 피타고라스정리의 일부를 발견하였다.(출처: Baidu 백과사전 「商高」)

11) 李迪: 『中國數學通史』(上古到五代卷), 江蘇敎育出版社, 1997年.

12) 『周禮』 卷二 「地官司徒·大司徒」.

쪽에 있으면, 그림자가 길어 너무 춥다... 하지에 해 그림자가 1尺 5寸이 되는 곳을 地中이라 고 부르며, 하늘과 땅의 기운이 만나는 곳으로 여겼다.

평왕(平王)은 낙양에 수도를 세웠는데 춘추전국시대가 시작된 시점이다. 주나라에 천문대가 있었던 것 외에도 여러 제후국에도 천문대가 있었을 것으로 생각된다. 예를 들면, 노(魯) 나라에는 '관대(觀臺)'가 있었다. 『좌전』「희공」'5년'(기원전 655)의 기록에 보면 다음과 같다.

正月辛亥朔, 日南至. 公(僖公)旣視朔, 遂登觀臺以望, 而書, 禮也。凡分至啓閉, 必書雲物, 爲備故也。[13)]

희공 5년, 봄 1월 초하루 해가 남쪽에 다다랐다. 희공은 시삭(視朔-초하루에 태묘에서 한 달간의 정사를 듣는 것으로, 청삭(聽朔)이라고도 한다)을 한 뒤에 관대(영대)에 올라서 기상을 관측했다. 「춘추」에 이 글을 적은 것은 자연스러운 것이다. 일반적으로 이분(춘분추분)과 이지(하지동지), 계(啓-입춘입하), 폐(閉-입추입동)에는 구름의 기운과 색을 기록하였는데 이것은 혹시나 있을 재해에 대비하기 위한 것이다.

짐작하건데 관대(觀臺)는 이미 세워져 있어서 제후국의 임금이 자주 올라 왔고 이것이 '일남지(日南至)'이다. 일남지는 동짓날을 의미한다. 정월은 동지가 포함된 달로 후대의 기준과는 다르다. 소공 20년(昭公, 기원전 520) "春, 王二月已丑, 日南至, 梓愼望氛。-봄, 2월1일, 해가 남쪽에 다다르니, 재신이 천기를 관찰했다.-"라고 적고 있다. 재신(梓愼)은 당시 노(魯) 나라의 천문관으로 짐작된다. 두 번째 해에 "秋七月壬午朔, 日有食之-가을 7월 1일, 일식이 있었다.-" 노(魯) 소공이 재신에게 무슨 일인지 물었고 재신은 "二至二分, 日有食之, 不爲災-하지동지 춘분추분에는 일식이 일어나도 재앙이 아닙니다.-"라고 대답하였다. 이날은 하짓날로 짐작된다. 이후에도 이것과 비슷한 기록이 남아 있다. 노(魯) 나라의 수도는 곡부(曲阜)에 있었고, 관대(觀臺) 유적은 남아있지 않다.

13) 『四書五經(下)·春秋』 卷五引 『左傳』, 中國書店, 1985年.

2절. 한당(漢唐) 시대의 천문대

진(秦)은 기원전 221년에 중국을 통일하고 함양(咸陽)에 수도를 세웠으나 통일국가는 15년이라는 짧은 기간 동안만 유지되었기 때문에 천문대를 세웠는지 여부는 알려져 있지 않다. 그러나 진시황처럼 공명심이 강했던 통치자라면 함양 근처에 천문대를 세웠을 가능성이 높다고 여겨진다. 아래에서 설명할 천문 기록을 살펴보면 진(秦) 시대에 천문대를 세웠다는 간접적인 증거를 찾아볼 수 있다.

한(漢) 대에는 여러 개의 천문대가 존재했었다. 기록에 따르면 다음과 같다.

> 漢靈臺, 在長安西北八里, 漢始曰清臺, 本爲候者觀陰陽天文之變, 更名曰靈臺。郭延生《述征記》曰: "長安宮南有靈臺, 高十五仞, 上有渾儀, 張衡所製。又有相風銅鳥, 遇風乃動。又有銅表, 高八尺, 長一丈三尺, 廣尺二寸, 題云太初四年造。[14]
>
> 한(漢)나라 영대는 장안 서북쪽 8리에 위치해 있다. 한나라 초기에는 청대(清臺)라고 불렀으나 제후가 음양 천문의 변화를 관측한 곳이기 때문에 영대(靈臺)로 이름을 바꾸었다. 곽연생(郭延生)은 「술정기」에서 다음과 같이 적고 있다. '장안궁 남쪽에 영대가 있는데 높이는 15인(仞)[15]이고 영대의 위에는 장형이 만든 혼의가 놓여 있다. 또한 동으로 만든 풍향계가 있어 바람이 불면 움직인다. 동표(銅表)도 있는데 높이는 8尺, 길이는 1丈3尺, 너비는 2寸이며, 태초 4년에 제작되었다고 새겨져 있다.

이 문장에서 영대가 서한과 동한의 어느 시대에 만들어진 것인지 확정할 수는 없지만 기록에 따르면 장안(섬서성 서안)에 두 개의 천문대가 있었음을 알 수 있다. 천문대 하나는 장안에서 서북쪽 8리(里)에 있었으며 또 다른 하나는 장안궁 남쪽에 있었다. 장안궁 남쪽에 세워진 천문대의 동표에는 서한 태초(太初) 4년(기원전 101)에 만들어졌다는 기록이 있으며 청동으로 만든 풍향계도 있었다. 또한 동한시대 장형이 만든 혼의도 있었다. 동한의 수도는 낙양으로 장형이 만든 혼의는 당연히 낙양의 천문대에 있어야 하는데 어떻게 장안에 있게 된 것일까? 이에 대해 일부

---

14) 陳直: 『三輔黃圖交證』 卷五, 陕西人民出版社, 1980年.

15) 인(仞) : 고대 중국의 측량단위로서 주척 7-8척 정도의 길이에 해당한다(주척 1척≒23cm). 참고문헌 : Baidu 백과사전

학자는 다음과 같이 주장하고 있다. "其時帝都不在長安, 或者衡儀已成, 亦分置長安候臺耶。[16) -그 당시에는 임금이 장안에 있지 않았거나, 혹은 장형이 만든 혼의가 완성되자 장안 천문대에도 별도로 설치되었던 것이다.-" 그러나 당시의 유적은 모두 사라져 찾을 수 없는 상황이다.

동한의 천문대 유적은 지금까지 전해지고 있다. 고고학자들이 1974년 겨울부터 1975년 봄까지 한위 낙양성(漢魏 洛陽城) 남쪽 교외에서 영대 유적 하나를 발굴하였다. 이 유적은 하남성 연사현(河南 偃師縣) 전장공사(佃庄公社, 현재 전장향(佃庄鄕))의 강상촌(岡上村)과 대교채(大郊寨) 사이에 위치해 있으며 한위 시기 낙양성의 남쪽 교외에 해당한다. 발굴 보고서를 근거로,[17) 아래에서 간단히 소개하고자 한다(그림 143).

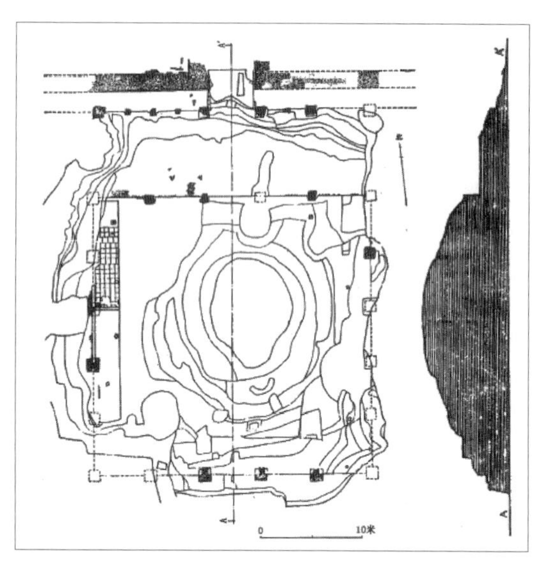

그림 143. 영대유적 평면, 분할면 시의도

영대 유적의 면적은 약 44,000m^2 (220×200m)이고 동쪽과 서쪽에는 흙을 쌓은 담장이 발견되었다. 담장 안에는 사각형의 높은 대(臺)가 하나 있다. 높은 대(臺)는 전체적으로 흙을 쌓아 만든 것으로 대의 길이와 너비는 각각 약 50m이다. 흙을 쌓아 만든 대는 시대를 거치면서 훼손되어서 외형은 원래의 모습과 다르게 되었다. 현존하는 항토대(夯土臺-흙을 다져만든 臺)의 남북 길이는 약 41m, 동서 넓이는 약 31m가 남아 있다. 대(臺)는 2층의 평대(平臺) 구조로 되어 있으며 평대의 위에는 건축물 유적이 남아 있다. 아래층 평대 주위에는 회랑이 있었으나 발굴 당시에는 북쪽의 회랑만 비교적 잘 보존되어 있을 뿐 나머지 세 곳의 회랑은 훼손되어 있었다. 북쪽의 중앙에는 2층으로 올라가는 길이 있다. 대(臺)의 두 번째 층은 첫 번째 층 회랑보다 약 1.86m 높은데 사방이 5칸인 건축물 흔적이 남아 있다. 건축물 네 변의 길이는 각각 27m 정도이며 각 칸의 넓이는 약 5.5m 정도이다. 1층 북쪽에 남아 있는 회랑의 주춧돌과 2

16) 原載「雍錄」, 轉引自陳直: 『三輔黃圖交證』 卷五, 陝西人民出版社, 1980年.

17) 中國社會科學院考古研究所洛陽工作隊: 「漢魏洛陽城南郊的靈臺遺址」, 『考古』 1978年 第1期.

층 북쪽 주춧돌 사이의 거리를 측정해보면 두 층의 북쪽 변 남북 폭의 길이는 약 8.5m이다.

영대 유적의 동쪽 담 밖에는 남북으로 놓여 있는 고대의 큰 길이 하나 있는데 북으로는 낙양성 안으로 통한다. 이 길은 천문학자 또는 한(漢) 대의 임금이 낙양성에서 영대까지 다니던 길로 짐작된다.

한(漢)대의 영대는 항상 명당(明堂),[18] 벽옹(辟雍[19])과 가까운 곳에 세워졌다. 기록에 의하면 중원원년(中元元年)에 "初起明堂, 靈臺, 辟雍及北郊兆域[20] -명당, 영대, 벽옹과 북쪽 교외에 묘역을 건축하기 시작했다.-"라고 적혀 있다. 중원원년은 서기 56년으로 동한(東漢) 초기에 해당한다. '초기(初起)'는 건축을 시작했다는 의미이다. 임금은 영대에 오르기 전에 항상 명당에 먼저 들러 제례를 행하였다. 여기에서 언급한 영대는 연사시(偃師市)에 있는 천문대 유적으로 약 2천년 이전에 만들어진 것이다. 이것은 지금까지 중국에 전해 내려오는 가장 오래된 대형 천문대 유적으로 서주(西周) 영대 유적보다도 훨씬 큰 규모이다.

동한(東漢) 중기의 유명한 장형(張衡) 등의 천문학자들이 이곳에서 관측을 했음을 짐작할 수 있다. 이곳은 당시 유명한 천문 관측 장소로 수십 명이 근무했던 곳이다. 동한(東漢) 이후에 위(魏)를 거쳐 서진(西晉)에 이르기까지 이 영대는 계속 이어졌으며 이후에는 사용되지 않았다.

그림 143-1. 동한 낙양 영대(靈臺) 유적지(출처: 洛陽市委宣傳部)

오호십육국(五胡十六國)부터 남북조 시기까지는 정권이 자주 바뀌었는데 각 정권마다 천문대를 세웠다. 예를 들면 후조(后趙)의 석계룡(石季龍)은 일반적인 천문대 뿐 아니라 내관상대(內觀象臺)도 만들어[21] 왕궁의 내외에 하나씩 두었다. 북위(北魏)는 평성(平城- 현재 山西성 大同市 동남쪽)에, 남조(南朝)는 건강(建康-현재 강소성 남경시) 등지에 천문대를 세웠다. 수(隋) 왕조가 중국을 통일한 후에 수도 장안(長安)에 천문

18) [역자주] 고대에 임금이 정사를 보고 의례를 행하던 곳으로 제례, 조회, 경축 등을 거행하던 곳.

19) [역자주] 주나라 시대의 천자가 설립한 대학으로 고대에 교육이나 의례를 거행하던 곳.

20) 『東觀漢記』 卷一, 據「四部備要」 本第一冊.

21) 郭世榮, 李迪: 「中國歷史上的內觀象與 "欽天監司天臺"」, 『尋根』 1999年 第一期.

대를 세웠다. 수나라의 뒤를 이은 당(唐) 시대에도 수도를 장안으로 하였으며 천문대 2-3개를 건축하였다. 이들 중 등봉(登封) 고성(告成)에 천문대가 남아 전해지고 있다.

당(唐) 개원(開元) 9년(721)에 장수(張遂=僧, 一行, 683-727)[22]는 당 현종(玄宗)의 명을 받들어 역법 개혁을 담당하였는데 천문역법 연구를 통해 큰 성과를 거두었다.[23] 그는 개력(改曆)에는 반드시 실제 관측이 있어야만 한다고 다음과 같이 주장하였다. "-今欲創曆立元, 須知黃道進退, 請更令太史測候。[24] -현재 새로운 역법을 만들고자하면, 반드시 황도의 나가고 들어옴을 알아야 하므로, 다시금 태사에게 명을 내려 기후를 관측하게 하다.-"

장수(張遂)는 수(隋) 나라의 유작(劉焯, 544-610)의 제안에 따라 "河(黃河)南北平地之所-황하 남북 평지의 장소"에서 천문과 지리에 대한 측량을 실시하였다. 실제적인 측량은 황하 남북보다 넓은 지역에서 이루어졌으며 등봉의 고성은 그 가운데 중요한 관측소였다. 등봉 고성의 측량은 당시 유명한 천문학자 남궁설(南宮說)이 이끌었으며, 그는 '지중(地中)'인 고성에 상징적인 석표(石表)를 세웠다. 석표에는 다음과 같이 적혀 있다. "陽城 有測景臺, 開元十一年, 詔太史監南宮說, 刻石表焉。[25] -양성(陽城)에 측경대가 있는데, 개원11년(723) 태사감 남궁설이 천자의 명을 받아 석표를 만들었다.-"

실질적인 측량은 724년 여름에 진행되었는데 4월 23일(양력 5월 20일) 측량을 담당했던 사람들은 려정서원(麗正書院)에서 "定表樣, 幷審尺寸[26] -표의 형태를 정하고, 아울러 치수를 조사하다"하고 준비를 마친 후에 팀을 나누어 여러 지점에서 측량을 하였다.

남궁설이 세운 석표는 지금까지 비교적 잘 보존 되어 남아있다. 1930년대 동작빈(董作賓)은 석표에 대해 과학적 조사와 관측을 진행하였으며 그 결과를 보고서에 자세히 남겨놓았다.[27]

---

22) [참고자료] 一行和机械制造专家梁令瓒合作创制了黄道游仪、水运浑天仪等大型天文观测仪, 仪器为修订历法准备了物资技术条件。一行还主持了一次大规模地大的实测活动, 为制订历法做准备工作。일행은 기계제작전문가 양령찬과 함께 황도유의, 수운혼천의 등의 대형 천문관측 기계를 처음으로 제작하였는데 의기는 개력을 위한 중요한 도구였다. 일행은 또한 한차례 대규모의 관측을 통해 역법 제정을 위한 준비 작업을 진행하였다.(출처: 互动百科「僧一行」)

23) 李迪: 『唐代天文學家張遂(一行)』, 上海人民出版社, 1964年.

24) 『唐會要』 卷四 「渾儀圖」.

25) 『新唐書』 卷 三八, 「河南府河南郡·陽城」.

26) 『唐六典』 卷一O 「秘書省」, 『唐會要』 卷四二「測景」.

27) 董作賓, 劉敦楨, 高平子: 『周公測景臺調查報告』, 商務印書館, 1937年.

1980년대 초 필자도 두 차례 조사를 통해 많은 성과를 얻었다(그림 144).

석표는 사각기둥 모양으로 위에는 석모(石帽)가 있으며 석표는 사다리꼴 모양의 편평한 대(臺) 위에 놓여있다. 석표의 남쪽 면에는 '주공측경대(周公測景臺)'라는 글자가 희미하게 남아 있다. 1980년 4월 1일 필자가 나침반을 이용해 석표의 남북 기준을 측량했는데 지자기 남북과 방향이 일치했다.

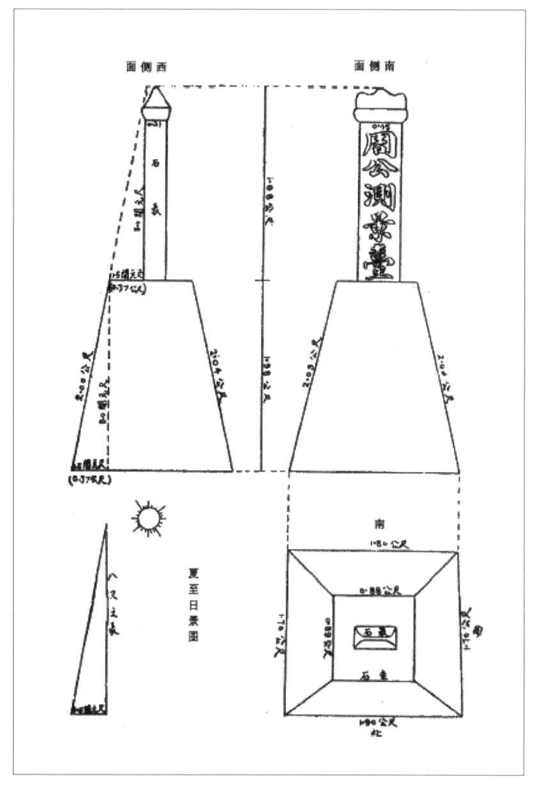

그림 144. 주공측경대 평면도와 측면도(출처: 周公測景臺調查報告)

이 석표에 연대 표시는 없지만 역사 기록에 근거해 천문학과 고고학 학계에서는 모두 당(唐)대의 유물로 보고 있다. 동작빈 등의 조사 보고서를 정리해보면 다음과 같다. 석표와 석모 그리고 받침대는 모두 돌로 만들어졌는데, 표는 높이 1.64m,[28] 너비 0.45m, 두께 0.21m의 크기이며, 석모의 높이는 0.34m로 표와 석모의 전체 높이는 1.98m이다.[29]

받침대는 사다리꼴 모양으로 수직 높이는 1.98m로 표와 석모의 전체 높이와 같다. 받침대의 경사면의 길이는 남쪽 2.04m, 북쪽 2.00m, 동서쪽 2.03m이며, 받침대의 윗면은 동서 0.89m, 남북 0.88m의 크기이다. 받침대의 아래쪽은 남쪽 1.90m, 북쪽 1.80m이며 동서의 길이는 1.70m이다.

석표 받침대의 북쪽 면에는 후대에 새겨놓은 두 문장이 있다. "道通天地有形外, 石蘊陰陽無影中–도는 천지를 통해 형태가 밖으로 드러나고, 돌은 음양을 품고 그림자가 없는 곳에 위치

28) 단위는 원래 公尺으로 표시되어있었으나 여기서는 모두 'm'로 표시하였다.

29) 원래 '1.94公尺'으로 기록되어있으나 이는 틀린 것으로, 여기서는 '1.98m'로 표시하였다.

한다.-" 이것은 석표를 찬미한 것으로 현재까지 잘 남아있다.

당(唐)대 고성에 세운 '주공측경대'는 비록 실용적인 천문대는 아니지만 천 이삼백년 전의 천문활동을 보여주는 유물로 역사적 가치가 높다. 당(唐)이 망한 이후에 반세기를 지속했던 '오대(五代)'는 이어진 전쟁 때문에 실제로 천문 활동은 미미했다고 판단된다. 당시 두 차례의 역법 개혁이 있었으나 천문대를 세웠다는 기록은 찾아볼 수 없다.

3절. 송원(宋元) 시대의 천문대

조광윤(趙匡胤)은 960년에 후주(後周)를 계승하여 송(宋)나라를 세웠다. 그리고 이후 1126년에 여진이 세운 금(金)나라에 정복당했다. 그래서 조구(趙構)는 장강 남쪽(초기에는 건강(建康)에, 이후 임안(臨安)으로 이동)에 남송 왕조를 세웠다. 송나라는 300여 년 이어지다가 1279년에 원(元)에 정복당했다. 송 시대를 전후해 요(遼)와 금(金)이 있었으며 송의 서북쪽에는 서하가 있었다. 원(元)나라는 1368년까지 이어졌다.

이 시기는 중국 역사에서 가장 많은 천문대가 만들어진 시기로 10개 정도가 있었다고 알려져 있다. 요(遼, 907-1125) 시대에 천문대가 있었는지 여부는 알려져 있지 않으나, 금나라 때에는 중도(中都)에 천문대가 있었다. 북송 때에는 개봉(開封)에 4개의 천문대가 있었고 서북쪽 교외인 준의(浚儀)에는 악대(岳臺)라는 관측대가 있었다.[30] 남송 대에는 지금의 항주 오산(吳山)에 천문대를 세웠다. 서하에는 천문대가 있었는지 알려져 있지 않다. 그러나 당시 천문 역법을 담당하던 관원이 있었던 것으로 미루어볼 때,[31] 관측을 했던 장소가 있었던 것으로 생각된다. 원(元)대에는 상도(上都)와 대도(大都)에 모두 천문대가 있었으며 그 규모 또한 매우 컸다. 고성은 또 하나의 중요한 관측지점으로 대도(大都) 천문대의 지역 관측소(分臺)에 해당된다. 원대 말기에는 절강성 지방관이었던 첩목이(貼睦爾)가 뛰어난 실력으로 남송 오산(吳山) 천문대를 재건하였다.[32]

---

30) 李迪: 「以岳臺爲 "地中"的經過」, 『中國科學史國際會議·1987年京都シンポジウム』報告書, 日本京都大學人文科學研究所, 1992年, 89-96p.

31) 湯開建: 「西夏天文學初探」, 『中央民族學院學報』, 1985年 第2期.

여러 천문대 중에서 현재 두 곳의 원(元)대 천문대만 남아있다. 하나는 상도(上都)의 회회사천대(回回司天臺) 유적이고, 다른 하나는 고성 관성대이다. 나머지 천문대는 모두 남아 있지 않다.

원(元)대 통치자인 몽고인은 1206년에 고비사막 북쪽(외몽고)에서 시작하여 1215년 금(金)나라 중도(中都)를 공격하였다. 원대는 오랜 기간 동안 천문기구나 천문대는 없었다. 개국 이후 20년이 지난 1235년 몽고 태종 우구데이(窩闊合) 칸은 금(金)의 중도에 있던 천문대와 관련 의기들의 복원을 명령하였다. 쿠빌라이(忽必烈)가 1260년에 칸(왕위)에 즉위한 후에 천문관련 관청을 설치하였다. 당시에는 서역에서 온 많은 천문학자들이 있었는데, 예를 들면 찰마노정(札馬魯丁) 등이 몽고 왕실에서 근무하였다. 1263년 개평부(開平府)가 상도(上都)로 승격되었는데 찰마노정(札馬魯丁) 등은 그곳에서 회회천문학을 연구했을 것으로 생각된다, 그러나 당시 왕실에 천문관련 관청은 없었을 것으로 생각된다. 지원 8년(至元, 1271), "以上都承應闕官, 增置行司天監–상도 승응궐 관리들을 늘려 사천감 업무를 담당하게 하였다"–, "始置司天文臺, 秩從五品[33] –천문대를 담당하는 관청을 처음으로 설치하였고 품계는 종5품으로 하였다.–" 또한 "設回回司天文臺官屬, 以札馬魯丁爲提點[34] –회회 천문대를 담당하던 관청을 설치하고, 찰마노정이 제점(提点, 관직이름)을 맡게 하였다. "–.

원의 말기 지정 8년(至正, 1348)에는 "立司天臺於上都[35] –상도에 사천대를 세우다"하였다. 승응궐의 유적은 아직까지 남아 있지만 당시 사천대가 승응궐이나 그 주변에 있었는지의 여부에 대해서는 알 수 없는 상황이다.

상도 천문대 유적에 대해서는 예전에 아래와 같이 언급한 적이 있다.[36]

원(元) 상도(上都)는 지금의 내몽고 석림곽륵맹(锡林郭勒盟) 정람기(正蓝旗) 상도진(上都镇) 고륵소목(高勒蘇木)에 위치해 있다. 상도성은 내성, 중성, 외성 세 겹으로 되어있다. 내성은 지면보다 높게 되어 있으나 많이 훼손된 상태이다. 내성 북쪽 벽 가운데에는 특수한 건축물인 높은 대(臺)

32) 郭世榮: 「元代重建南宋吳山天文臺初探」, 『中國少數民族科技史研究』 第二輯, 內蒙古人民出版社, 1988年.

33) 『元史』 卷九O 「百官六」.

34) 『元史』 卷七 「世祖本紀四」.

35) 『元史』 卷四一 「本紀」 第四十一.

36) 陸思賢, 李迪: 「元上都天文臺與阿拉伯天文學之傳入中國」, 『內蒙古師院學報』 (自然科學版) 1981年 第1期.

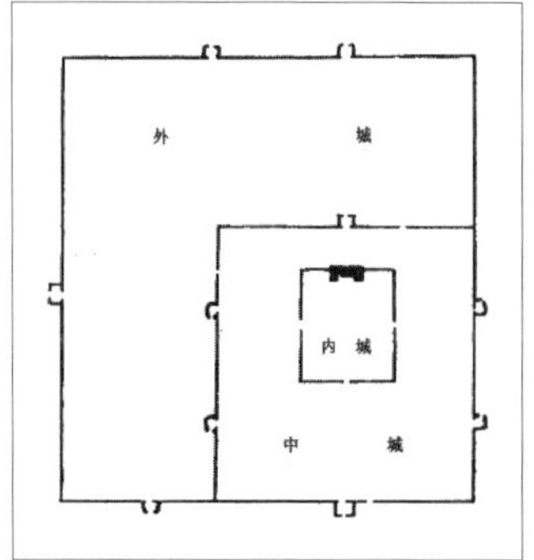

그림 145. 원(元) 상도(上都) 승응궐(承應闕) 위치 모형도그림

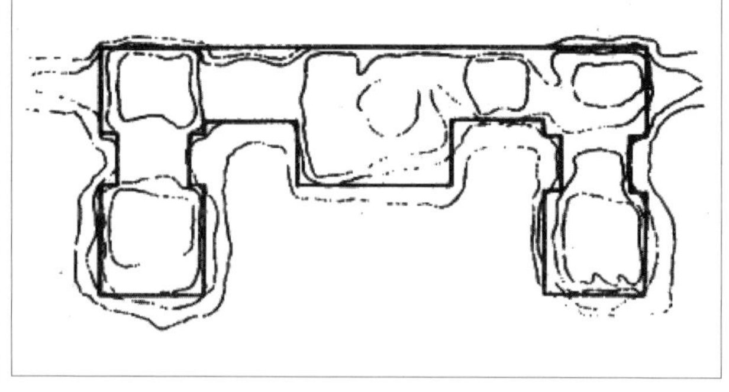

146. 원(元) 상도(上都) 승응궐(承應闕) 회회사천대(回回司天臺) 유적지 평면도그림

유적 하나가 남아 있는데 크기는 동서 132m, 남북 52m, 바닥은 '요(凹)'자 모양이다. 내성 북쪽 유적의 양쪽 측면은 북쪽의 성벽과 연결되어 있어 전체 성벽의 일부로 보인다. 그러나 다른 부분보다 약간 높고, 뒷벽은 담 밖으로 약 1m 돌출되어 있다. 조사 결과 이것은 대도(大都)의 유일한 궁궐식 건축물로 승응궐(承應闕)로 생각된다(그림 145, 146).

146-1. 상도(上都) 회회사천대(출처: 360百科)

승응궐에는 천문대를 담당하던 관청이 있었다. 연구에 따르면 승응궐에는 목청각(穆清閣)이라는 건축물이 있었는데[37] 이 건물은 '凹'자 모양의 돌출된 부분에 있었다고 알려졌다. 양 옆에 크게 돌출된 부분은 천문을 관측하는 장소였으며 서북과 동북의 양쪽 모서리 위에는 작은 건축물이 있어 천문학자가 일하거나 자료를 보관하는 장소로 쓰였다고 생각된다. 천문학자들은 목청각 뒤쪽의 담장 위로 동서로 통행했을 것으로 생각된다.

실제 조사를 통해 동쪽에는 소형가옥 앞에 하나의 건물이 더 있었는데 두 건물은 작고 낮은 약 0.5m 폭의 통로로 서로 연결되어 있었음이 알려졌다. 서쪽도 동쪽과 같은 형태를 하고 있었

37) 陳高華, 史衛民: 『元上都』, 吉林教育出版社, 1988年.

다. 천문관측은 아마도 동서의 비교적 높은 두 개의 건축물 위에서 이루어졌을 것이다(그림 147). 찰마노정이 만든 회회천문의기가 이 두 개의 건축물 위에 설치되었을 것으로 추측할 수 있다.[38)]

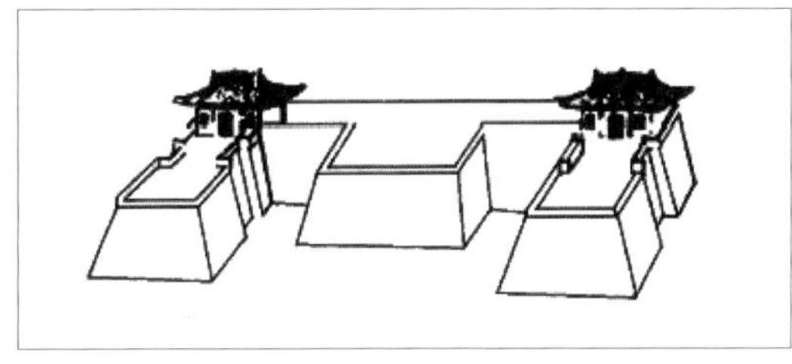
그림 147. 원(元) 상도(上都) 승응궐(承應闕) 복원 모형도

현존하는 유적은 땅을 다져 만든 구조로 되어 있다. 땅은 회색으로 작은 모래들이 섞여 있으며 다져진 층의 두께는 7−10cm로 다양하지만 일반적으로 8−9cm 두께이다. 다져진 땅 사이에는 기둥이 꼽혀있던 구멍이 있다. 한 층의 높이는 약 2m 정도이며 기둥 사이의 간격은 약 3m 정도이다. 기둥의 구멍은 대부분 사각형이며 원형의 구멍도 몇 개 남아 있다. 기둥의 직경은 약 20−30cm이다. 대(臺)의 현재 높이는 8m이지만 원래의 높이는 10m이상이었을 것으로 생각된다. 대 위에는 많은 벽돌과 돌들이 남아 있다. 벽돌은 직사각형 모양과 손자국 무늬가 새겨진 사각의 벽돌 두 종류가 있다. 이상은 원(元) 상대(上都) 회회천문대 유적에 대한 개략적인 설명이다.

앞서 언급했듯이 몽고는 금(金) 나라의 중도(中都)에 있던 이전의 천문대를 이용하였다.

원나라 지원 13년(至元, 1276)에는 유병충(劉秉忠, 1216−1274)이 생전에 건의했던 역법 개혁을 실시하였다. 그러나 실질적인 개혁은 지원 16년(1279) 전국이 통일될 무렵에 전면적으로 시행되었다. 대도(大都)의 '동용(東墉−동쪽 성벽)' 아래에 큰 규모의 천문대를 세웠고 천문기구인 태사원도 이 천문대 안에 있었다. 이 천문대는 원이 망한 이후에 소실되었다. 문헌 기록에 따라 대략적인 위치만 알려져 있다. 국내외에서 이 천문대의 복원 연구가 이루어지고 있지만 건축물인 영대에만 국한되고 있다. 전중담(田中談), 이세동(伊世同), 이적(李迪), 채니마(蔡尼瑪) 등이 각각 제시한 영대 복원도 4−5폭 정도가 남아 있다.

대도(大都)에 천문대가 세워짐과 동시에 곽수경(1231−1316)은 전국적인 천문과 지리 측량을 담당하게 되었다. 여러 관측 지점 가운데 상도와 고성은 가장 중요한 기준점이었다. 당시 상도에서의 측량 관련 자료는 모두 사라졌지만 천체 관측 유적인 고성 관성대와 양천척(量天尺)이 잘 남아 있다. 관성대와 양천척은 두 부분으로 나누어져 있지만 실제로는 하나의 연결된 유물

38) LI Di(李迪), Shangdu Observatory of the Yuan Dynadty: From the Beginning to the End. 第二屆東方天文學國際會議論文, 中國 鷹潭, 1995年.

이다(그림 148). 관성대의 아래는 사각 뿔 모양으로 되어 있으며 위쪽에는 관측대가 만들어져 있다. 건물은 동서남북의 정방향으로 놓여 있으며 위쪽의 북편에는 작은 집(관측대)이 있으며 나머지 세 면은 나지막한 담으로 둘러싸여 있다. 아래쪽 북편으로는 위로 통하는 계단이 있어 별을 관측하는 사람은 건물을 둘러싸고 이어져 있는 계단을 따라 올라가 위쪽의 남쪽을 통해 관성대 위로 올라갈 수 있는 구조로 되어 있다.

그림 148. 하남 등봉 고성관상대그림

148-1. 고성관성대(사진: 양홍진·김상혁)

고성 관성대의 크기는 1930년대와 1970년대 측정한 값에 일부 차이가 있다. 1970년대 측정한 값은[39] 관성대 높이 9.46m, 작은 집을 포함한 전체 높이는 12.62m이다. 관성대 위쪽의 평면은 정사각형으로 각 변의 길이는 약 8m이며 지면의 한 변의 길이는 약 16m 정도이다. 양천척의 특징적인 구조로는 관성대 북쪽 벽 정중앙에 지면과 수평인 수거(水渠 물도랑)가 있으며 수거의 양쪽 윗면은 바깥쪽으로 약간 비스듬하게 경사진 모양이다. 양천척의 윗면(수거)과 관성대 윗면은 평행하며 양천척의 남쪽 끝은 관성대의 북면 중앙의 오목한 부분에 놓여 있다. 양천척은 바닥에 길게 놓여있어 앞뒤로 해를 가리

그림 148-2. 고성관성대(출처: 新华网)

39) 張家泰:「登封觀星臺和元初天文觀測的成就」,『考古』1976年 第2期.

그림 148-3. 고성관성대와 양천척(출처: Baidu 贴吧/河南登封告成观星台)

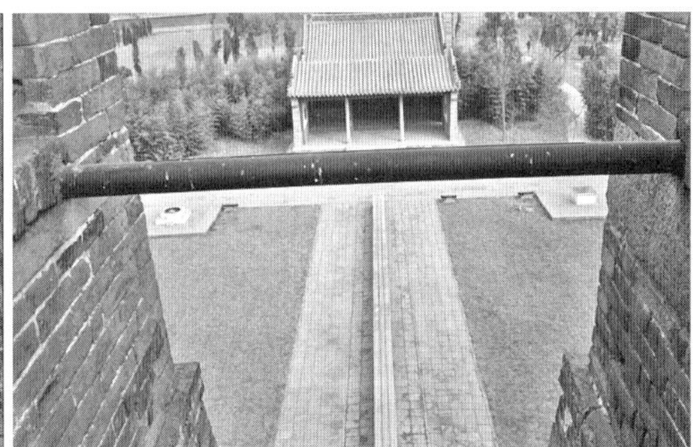

그림 148-4. 고성관성대의 횡량(사진: 양홍진·김상혁)

는 벽이 없다. 따라서 햇빛의 그림자는 직접 양천척의 윗면에 그림자를 드리우게 된다. 양천척의 남쪽과 관성대의 북면 사이에는 36cm 정도의 틈이 있는데 이는 아마도 관성대의 표의 횡량(横梁)에서 아래로 추를 늘어뜨리기 위한 것으로 보인다.

양천척 윗면에서 횡량까지의 높이는 40척이 되는데 이것은 곽수경이 제작한 고표(高表)의 높이이다. 건축물의 구조를 살펴보면 고성 관성대에는 40척의 고표(高表) 대신에 횡량에서 추를 내려 수직으로 놓인 양천척의 수거를 이용해 고표를 대신한 것으로 보인다(그림 149).

관성대 북쪽으로 지면 위에는 석규(石圭)가 깔려 있다. 관성대 북쪽 아래의 수거에서 시작해서 정북으로 36개의 석규(石圭)가 이어져 있다. 길이는 일정하지 않는데 가장 긴 것은 0.93m 가장 짧은 것은 0.50m이며 대부분은 0.86-0.90m 길이로 평균 0.85m 정도이며 전체 길이

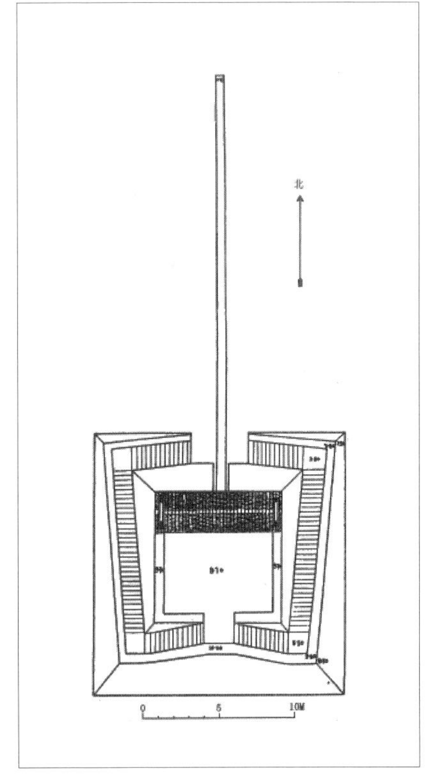

그림 149. 고성 관성대 및 석규(石圭) 평면도

는 30.86m이다.[40] 석규의 두께는 대부분이 0.21m이고, 너비는 0.53m로, 서로 잘 연결되어 있으며 편평한 모습이다. 이것이 바로 앞에서 언급한 '양천척(量天尺)'이다.

석규 남북 양쪽 끝 돌에는 각각 지(池)가 하나씩 있고 나머지 34개 돌에는 표면에 수거가 두 줄로 파여 있다. 수거의 너비는 2.2cm, 깊이는 1.6cm, 동쪽과 서쪽의 수거는 각각 가장자리에서 17.4cm와 16.3cm 떨어져 있다. 수거 사이의 거리는 14.6cm이다. 양쪽의 수거는 남북에 있는 지(池)와 연결되어 있다. 북쪽 지(池)의 돌 양 옆에는 작은 구멍이 있는데 물이 유입되었다가 다시 작은 구멍으로 흘러나오는 것을 살펴 돌의 수평을 측정한다. 수거 사이에는 남북으로 눈금이 새겨져 있어 표의 그림자 길이를 관측할 때 사용한다. 정오에 관성대 위쪽의 건물 가운데를 통한 햇빛이 석규 위에 횡량의 그림자를 만들게 되면 이때 40척 규표의 길이를 측정하게 된다. 양천척이라는 이름은 이러한 이유에서 유래되었다.

고성의 관성대와 양천척은 천문 관측을 위한 전문적인 목적으로 만들어진 것으로 현존하는 중국의 천문 건축물 가운데 매우 소중한 유물이다. 석규 14번째 돌의 서쪽 측면에는 아래와 같이 보수한 기록을 새겨놓았다. "大明嘉靖二十一年孟冬重修. 督工义官□□, 医生□□, 老人劉三, □□-대명 가정 21년(1542) 음력 10월 改修하다. 공사감독의관□□, 의생□□, 노인 유삼, □□ ." 현존하는 건축물은 기본적으로 원대의 원형을 유지하고 있으며 이후에 진행된 보수에서 크게 변경된 것은 없어 보인다.

4절. 명청(明淸) 시대의 천문대

주원장이 원나라를 멸망시키고 수도를 남경에 정한 이후 얼마 지나지 않아 남경 계명산 북극각(鷄鳴山 北極閣)에 관상대를 만들고 원의 대도(大都)에 있던 여러 천문 의기들이 옮겨 왔다. 1403년 주체(朱棣)가 즉위하고 연호를 영락(永樂)으로 하였다. 영락 19년(1427)에 명나라는 수도를 북경으로 옮겼다. 당시에는 천문대가 없었으나 16년이 지난 영종(英宗) 정통2년(正統二年 1437)에 북경 동남쪽에 있던 제화문(齊化門) 위에 관상대를 설치하였다. 명실록에 따르면 정통

40) 1930년대 측정 시에는 35개의 규석만 확인되어 30m 길이였으나 이후, 소실된 하나를 찾게 되어 전체 길이가 30.86m가 되었다.

(正統) 7년(1442) "二月壬子造會同館及觀星臺, 三月戊子造觀星臺成, 四月癸卯建欽天監於大明門之東, ...正統十一年造晷影堂[41] -2월 임자일에 회동관과 관성대를 만들고, 3월 무자일에 관성대 건축을 완성하고, 4월 계묘일에 대명문 동쪽에 흠천감을 세우고.... 정통 11년에 구영당을 만들었다"-. 이 기록은 새롭게 만든 관상대가 제화문 위가 아닌 별도의 장소에 만들어졌음을 의미한다. 이후부터 명나라 천문학자들은 이 관상대 위에서 천문을 관측하였다.

청나라 왕조가 들어서면서 명대에 만들어진 천문대를 사용하였는데 그 천문대가 바로 현존하는 북경 건국문에 있는 고관상대(古觀象臺)이다. 청나라 초기에 관상대에서 사용하던 천문의기는 모두 원명(元明) 시기에 만들어진 간의, 혼의 등이었다. 청대 강희제 초기에 벨기에 선교사 남회인(南懷仁)은 역법 제작에 참여하면서 새로운 의기 여러 개를 만들었는데 이때 만든 의기들은 천문대에 새롭게 설치되어 현재까지 전해지고 있다. 남회인은 명대 천문대를 측정하여 아래와 같은 기록을 남겼다.

> 仁數載京華, 凡所閱曆, 安定日晷諸儀, 多所測試, 每有南北之墻四五丈內偏三尺餘者. 夫觀象臺原屬安諸儀, 以測天定諸星諸天象, 正方向之所, 究之四面之方向大謬. 仁於康熙十年以正法考之, 其東西墻五丈內離正東西二尺有餘
>
> (남회인) 수년간 북경에서 머물며 역법을 계산하여 일구와 모든 의기들을 설치하였다. 그리고 많은 장소에서 의기를 측정하였는데 각각 남북쪽 담 방향을 기준으로 4-5丈의 거리에서 3尺정도의 오차를 가지고 있었다. 관상대에 있던 모든 의기들을 이용해 천체를 관측하여 별자리 및 정방향을 측정하였으며 이 과정에서 방위의 큰 오류를 발견하였다. 나는(남회인) 강희 10년에 이를 연구하여 교정하였는데 동서담장 5丈 안에서 정동서의 오차가 2尺정도였다."
>
> "五里遠, 愈遠愈多, 相離五里, 卽有數丈之差
>
> - 5리의 거리가 되고 더 멀어지게 되면 그 차이는 더 심해진다. 5리 정도 떨어지게 되면 몇 丈의 차이가 생기게 된다.-"

이어서 남회인은 세 가지 정밀하고 새로운 측량 방법을 제시하는데 지평경위의와 항성법 그리고 묘파법을 이용하는 것이다. 또 다음과 같이 말했다.

---

41) 『明實錄』「英宗朝」卷八九, 九O, 九一, 一四一.

今依三角法..... 因而推知己癸戊兩角之大減於小而餘數平分, 隨筆記之, ... 然後將上所筆記分秒而加於南北線之東西, 以爲原移改之界[42]

지금 삼각법에 의거해... 기, 계, 무 삼각에서 큰 각에서 작은 각을 빼고 이를 나눈다. 이 값을 기록하고 이렇게 기록된 분초의 오차 값을 남북선에서 동서 오차로 원래의 위치에서 오차만큼을 옮기게 되면 이것이 수정된 것이다.

이것은 남회인이 강희제 초기에 명대에 세워진 천문대의 담장 기준선(baseline) 방위에 대해 삼각법 측량을 했음을 말해준다. 실제로 기준선(baseline)의 방위편차는 교정할 방법이 없다.

현재의 북경 고관상대는 명청(明淸) 시대의 천문대이지만 원나라 대도(大都)의 천문대보다는 뒤떨어지는 것으로 생각된다. 고관상대는 지금으로부터 5-6백 년 전에 만들어진 것이다(그림 150).

그림 150. 청대(淸代) 관상대 정상부 도안

수 백 년의 역사 속에서 자연스레 변화도 있었을 것이다. 현재 사람들이 볼 수 있는 고관상대는 자미전(紫微殿)과 관상대 두 부분으로 나눌 수 있다.

동서의 배치로 구분해보면 서쪽은 자미전, 동쪽은 관상대가 놓여 있다. 자미전은 청대의 건물로 흠천감 관원들이 관상대에서 관측하며 머물렀던 곳이다.

관상대는 벽돌로 이루어진 사각기둥 모양의 건축물로 북경 동성(東城) 담장 안쪽을 따라 만들어졌다. 관상대 평면은 정사각형에 가깝고 바닥에서 위쪽의 낮은 담장까지의 높이는 15.7m이다. 동쪽과 서쪽 담장은 보수되었기 때문에 원래의 길이는 알 수 없다. 현존하는 관상대 아래쪽과 위쪽의 남북 길이는 25.0m와 20.4m이며 동서의 길이는 23.9m이다. 벽돌로 쌓은 대(臺)는

42) (比) 南懷仁: 『靈臺儀象志』

성벽을 쌓을 때와 동일한 방법으로 되어 있다. 네면 모두 수분(收分)[43] 모양으로 되어 있다. 대(臺)의 아래는 돌로 기초가 깔려있다. 관상대 아래 중앙에는 남북으로 아치형 문이 있고 문의 양측에는 여섯층의 돌이 쌓여 있으며 그 위에는 벽돌을 둥글게 쌓아 아치형 문을 만들어 놓았다. 아치형 남문의 위에는 '觀象臺(관상대)'라는 글자가 해서체로 양각되어있다. 관상대의 서쪽과 북쪽을 둘러싸고 이어진 돌계단은 모두 102개로 남쪽에서 올라와 북쪽으로 꺾어서 다시 동쪽으로 향하면 바로 관상대 정상에 이르게 된다. 성벽이 철거되기 전에는 관상대의 남쪽과 북쪽의 성벽 옆으로 말이 다닐 수 있는 길이 있었다.[44]

자미전은 사합원 형식의 건축물로 모두 단층으로 되어있다. 북쪽 건물이 자미전의 주요 건물로 5칸으로 되어 있으며 폭은 22.6m, 길이는 8.3m이다. 자미전은 현재 중국 고대 천문의 성과를 보여주는 전시실로 사용되고 있다. 동쪽과 서쪽 그리고 남쪽에 있는 건물은 자미원보다 약간 작다. 동서쪽 건물은 모두 5칸으로 되어 있으며 동쪽 건물은 현재 매점으로 사용하고 있다. 남쪽 건물은 3칸으로 그 동서 양측으로 사랑채가 하나씩 있는데 사랑채는 3칸짜리 건물이다. 관상대 건물은 외형상으로는 큰 변화는 없으나 위쪽에 설치한 천문 의기에는 약간의 변화가 있다. 일부는 후대에 설치한 것도 있다.

고관상대의 의기에 대해서는 관련 장에서 자세히 설명하겠다.

청(淸)대는 원(元)과 명(明)의 전통을 계승하여 모두 내관상대가 있었으나 현재는 모두 없어졌다. 상해(上海) 강남제조국(江南製造局)에는 작은 천문대 하나가 있었는데 이곳은 독립적으로 항해 역서를 편찬하기 위함이었으며, 천문학자인 가보위(賈步緯, 1827-1902)가 책임을 맡았었다.

---

43) [참고자료] 수분(收分): 中国古代的圆柱子上下两端直径是不相等的, 除去瓜柱一类短柱外, 任何柱子都不是上下等径的圆柱体, 而是根部略粗, 顶部略细, 这种作法, 称为 "水溜" 又称 "收分"。柱子做出收分, 即稳定又轻巧。小式建筑收分的大小一般为柱高的1/100, (柱高为3米, 收分为3厘米, 假定柱根直径为27厘米, 柱头收分后直径为24厘米)。大式建筑柱子的收分规定为1/1000。(출처: Baidu 백과사전 「收分」)
(고대 중국의 둥근기둥의 위아래 양끝 직경은 모두 같지 않았다. 瓜柱(대들보를 받치고 있는 짧은 기둥)류의 짧은 기둥들을 제외하면, 대부분은 상하직경의 길이가 다른 둥근기둥이므로, 아래쪽이 약간 두껍고, 윗부분이 약간 가늘다. 이렇게 만드는 법을, "水溜" 혹은 "수분(收分)"이라고 말한다. 기둥을 수분으로 만들어내면, 안정적이면서 가볍고 정교하다. 소형건축물 수분의 크기는 일반적으로 기둥 높이의 100분의 1이다.(기둥의 높이가 3m이면, 수분은 3cm이고, 기둥의 아랫부분 직경이 27cm라고 가정한다면, 기둥윗부분의 수분후의 직경은 24cm가 된다) 대형건축기둥의 수분은 1000분의 1로 정해있다.

44) 于杰, 伊世同: 「北京古觀象臺」, 『中國古代天文文物論集』, 文物出版社, 1989年.

상해 천문대는 대략 40여 년 동안 유지되었다.[45]

그림 150-1. 고관상대 자미전과 앞쪽의 천문의기(출처: 旅游百科)

45) 李迪: 「簡述江南製造局天文臺」, 『中國科技史料』 第16卷 第4期(1995年).

13

현존하는 천문의기(天文儀器)

천문학 연구 방법 중에 가장 기본적인 것은 천문관측이며 중국에서도 오랫동안 이어져 왔다. 천문관측은 직접 눈으로 관측하는 것 외에도 관측의기를 사용하기도 한다. 일찍이 동한(東漢) 말기 조군경(趙君卿)은 "천지(天地)는 높고 두꺼워 천상의 움직임은 심오해 보인다. 천체의 운행을 볼 수는 있지만 하늘이 너무 넓어서 손으로 자세히 가리킬 수 없기 때문에 구의(晷儀)로 천체를 측정해야 한다. 하지만 여전히 광활한 우주 전체를 측량하기는 어렵다"고 하였다. 중국의 천문학자들은 꾸준히 천문의기를 제작해 왔으며 그 시작은 3-4천 년 전으로 거슬러 올라간다. 역대 천문학자들이 꾸준히 천문의기를 제작하고 개발해온 것은 역사서에도 그 기록을 찾아 볼 수 있다.

중국 역사상 많은 천문의기가 제작되었다. 혼의나 혼상 등 비교적 큰 천문의기만을 살펴보더라도 대략 40-50개 정도가 있었다고 짐작되지만 지금까지 전해지는 것은 전체의 25%도 되지 않는다.

이 책에서 말하는 천문의기는 넓은 의미에서 일상적으로 사용하는 계시기(計時器)도 포함하고 있다. 이것은 천문학계에서 일반적으로 사용하는 기준이다. 계시기 등과 같은 유형의 천문의기를 제외하면 천문의기는 크게 두 가지 유형으로 나눌 수 있다. 첫 번째는 규표, 혼의 등과 같이 천문관측에 사용하는 실용의기이고, 두 번째는 혼상, 태양계모형의 등과 같은 모델의기이다. 아래에서는 현존하는 천문의기를 역사시대에 따라 소개하고자 한다.

1절. 송대(宋代) 이전의 천문의기

이 시기의 역사는 비교적 길며 제작된 의기도 많은 것으로 알려져 있다. 이 시기의 대표적인 의기로는 장사훈(張思訓)이 제작한 '태평혼의(太平渾儀)', 소송(蘇頌)과 한공렴(韓公廉)이 제작한 '수운의상대' 등의 대형 의기가 있는데 이들은 모두 현재 남아 있지 않다. 현재까지 전해지는 이 시기의 천문의기는 대부분 계시기와 규표 종류이다.

문헌기록을 살펴보면 최초의 천문의기는 규표로 생각된다. 규표는 지평면과 수직으로 세운 측량대(표) 하나로 이루어져 있는데 정오의 해 그림자의 길이 변화를 측정해 계절을 알아내는 의기이다. 특히 일 년 중 해 그림자 길이가 가장 긴 날과 가장 짧은 날 두 날을 측정해 동지와 하지를 정한다. 표(表)의 높이는 주(周) 나라 시대에는 8척으로 정했는데 그 길이는 평균적인 사람의 눈높이에 해당한다. 주나라 시대의 8척 표(表)는 절대적인 길이가 아니었기 때문에 척도(尺度)의 변화에 따라 그 길이도 바뀌었다.

초기의 규표는 모두 없어졌으며 현존하는 가장 오래된 규표는 동한(東漢) 시대에 만들어진 작은 동규표(銅圭表)이다(그림 151).[1] 이 규표는 1965년 5월 강소성(江蘇省) 의정현(儀征縣) 석비촌(石碑村)에 있는 동한 1호 목곽묘에서 출토되었다. 전체가 청동으로 주조되었으며 길이 34.5cm, 너비 2.8cm, 두께 1.4cm 크기이다. 표는 규의 몸체에 끼워져 있는데

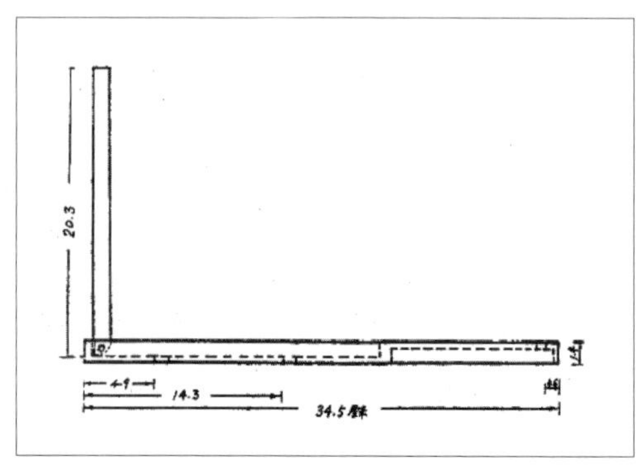

그림 151. 동한(東漢)시대 의정(儀征) 동규표 실측도

1) 車一雄, 徐振韜, 龍振堯:「儀征東漢墓出土銅圭表的初步硏究」,『中國古代天文文物論集』, 文物出版社, 1989年.

표의 길이는 20.3cm, 너비 2.2cm, 두께 1.3cm이다. 표의 한쪽 끝은 규와 서로 연결되어 관측할 때 펴서 사용할 수 있도록 되어 있다. 관측할 때는 표를 곧게 세우고 규는 정남북 방향으로 편평하게 놓는다. 사용하지 않을 때 표는 규의 홈 안으로 접어 넣도록 되어 있다. 규면의 가장자리에는 눈금이 새겨있는데 큰 눈금 15개는 다시 10개의 작은 눈금으로 나누어 새겨져 있다. 큰 눈금은 선으로, 작은 눈금은 점으로 구분해 놓았다. 큰 눈금의 길이는 일정하지 않는데 평균적으로 2.3cm 정도이다. 큰 눈금은 당시의 1촌(寸)으로, 큰 눈금의 전체 길이는 15촌(寸)이 되고 작은 눈금 하나는 1분(分)이 된다는 것을 말해준다. 이 표(表)는 매우 소형으로 당시의 8척(尺)이나 8촌(寸)의 길이도 아니기 때문에 전통적인 길이 기준을 따르지 않았음을 알 수 있다.

지금까지 전해오는 한(漢)대 누호 3개는 모두 서한(西漢) 시기의 유물이다. 그 중 하나가 만성누호(滿城漏壺)인데, 1968년 하북 만성(河北 滿城) 서쪽 교외에 있는 서한의 황족으로 보이는 유승(劉勝)의 무덤에서 출토되었다. 원정 4년(元鼎, 기원전 113) 이전의 유물이다. 누호는 동으로 제작되었는데 원통형으로 아래에는 발 세 개가 달려있다. 누호의 전체 높이는 22.5cm, 깊이는 15.6cm이며 원통의 직경은 8.6cm이다. 원통형 몸체의 아래쪽에는 물이 나오는 작은 관이 밖으로 연결되어 있다. 출토 당시 물이 나오는 작은 관은 부러져 있었다. 누호의 뚜껑 위에는 네모난 손잡이가 달려있는데 뚜껑에서부터 손잡이까지의 높이는 4.3cm이다. 손잡이 양편으로 누호 뚜껑에는 같은 크기의 직사각형 구멍이 있는데 길이 1cm, 너비 0.4cm이다. 이 구멍은 부전(浮箭)이 위아래로 움직이기 위한 것이다. 부전은 이미 없어졌지만 구멍의 크기 보다는 작았을 것으로 생각된다.

흥평누호(興平漏壺)[2]는 1958년 여름 섬서성(陝西省) 흥평현(興平縣) 성의 동문 밖에 있던 한(漢)대의 묘에서 출토되었다. 그 형태는 만성누호와 비슷하고 출토 당시 외형은 온전한 상태였다. 만성누호와 마찬가지로 흥평누호도 원통형의 무늬 없는 단색으로 위에는 손잡이가 있는 뚜껑이 있었으며 아래에는 세 개의 발이 있었다. 누호의 아래쪽에는 바깥으로 돌출된 꼭지(小管) 하나가 있다. 전체 높이는 32.3cm이고 누호 뚜껑 직경은 11.1cm 뚜껑의 두께는 1.7cm 손잡이

그림 151-1. 한대의 오수전(五铢钱) (출처: Baidu 백과사전)

2) 興平縣文化館, 茂陵文化館: 「陝西興平漢墓出土的銅漏壺」, 『考古』 1978年 第1期.

높이는 6cm이다. 손잡이 양편으로 누호 뚜껑에는 같은 크기의 직사각형 구멍이 있는데 길이는 1.75cm, 너비는 0.5cm로 부전을 꽂는데 사용하였다. 누호의 원형 몸통 구경은 10.6cm이며 높이는 23.8cm이다. 물이 나오는 꼭지의 길이는 3.8cm, 구경은 0.25cm로 작은 원통 모양이다. 누호와 동시에 출토된 오수전(五銖錢)[3] 등으로 유물의 시기를 추정한 결과 서한(西漢) 중기의 것으로 밝혀졌다.

이극소누호(伊克昭漏壺)[4]는 1976년 5월 내몽고 이극소맹(伊克昭盟) 항금기(杭錦旗) 아문기일격(阿門其日格)의 모래언덕 위에서 발견되었다. 이 누호의 형태는 앞서 설명한 두 개의 누호가 비슷하지만 누호에 명문이 남아 있어 정확한 제작 시기를 알 수 있었다. 누호의 밑바닥에는 양각으로 '천장(千章)'이라는 두 글자가 주조되어 있으며 누호 몸체의 수도꼭지 위에는 "千章銅漏一, 重卅二斤, 河平二年四月造-천장 동누호一, 무게 32근, 하평 2년 4월 제작-"이라고 새겨져 있다. 하평(河平) 2년은 기원전 27년으로 앞서 소개한 두 개의 누호보다는 늦은 시기에 만들어졌다. 제작된 곳은 천장현(千章縣)이지만 두 번째 손잡이 위에 '중양동루(中陽銅漏)'로 미루어 짐작하건대 이 누호는 원래 천장현에 있었으나 이후 낙양으로 옮겨지면서 새롭게 새겨진 것으로 보인다. 명문에 '천장(千章)'이란 두 글자가 때문에 연구자들은 종종 이 누호를 '천장동호(千章銅壺)'라고 부른다(그림 152).

그림 152. 서한시대 내몽고 이극소맹(伊克昭盟)에서 출토된 이극소누호(伊克昭漏壺) (우측 사진 출처: 山西省考古研究所)

이극소맹(伊克昭盟) 동누호의 전체 높이는 47.9cm, 원통 안쪽의 깊이는 24.2cm, 직경은 18.7cm이다. 원통 바닥 가까이에 원형 수도꼭지가 달려있는데 아래로 비스듬하게 뚫려 있으며 몸통 아래에는 세 개의 발이 달려있다. 앞서 소개한 두 개의 누호와 다른 점은 이 누호는 뚜껑과 연결된 2층으로 된 손잡이가 있다는 점이다. 2층 손잡이와 뚜껑의 중앙에는 직사각형 모양의 구멍이 하나씩 있어 위아래가 서로 비슷한 형태이다. 뚜껑과 두 단의 손잡이에 있는 구멍의 크기는 아래 표에 정리하였다.

	길이	너비
뚜껑	1.75cm	0.9cm
1단 손잡이	1.8cm	0.93cm
2단 손잡이	1.9cm	0.97cm

이 누호의 명문에는 32근(斤)이라는 무게가 적혀 있는데 서한(西漢) 시기의 도량형을 고려해 보면(서한시대 1斤=257.8g) 현재의 8,250g의 무게에 해당한다.

앞에서 소개한 세 개의 누호는 모두 설수형(泄水型)이다.[5] 즉, 물이 꼭지를 통해 흘러나오면 누호의 수위가 점점 낮아지고 따라서 부전이 아래로 내려가면서 부전에 새겨진 눈금이 시간을 알려주게 된다. 따라서 부전에 기록된 시각 눈금은 부전의 아래에서부터 시작되어야 한다.

당시에는 하루를 100각으로 나누었는데 50각이 될 때마다 누호에 물을 한 번씩 부어 새롭게 시각을 측정하게 하였다. 부전은 가벼운 재질의 대나무로 만들어졌었기 때문에 남아 있는 경우가 거의 없다. 따라서 부전의 구체적인 모습은 알려져 있지 않다. 그러나 다음과 같이 부전의 모습을 추측할 수 있다. 일반적으로 하나의 부전에는 양면에 눈금을 새길 수 있다. 한 쪽에는 0각에서 50각까지 새기고, 다른 면에는 50각에서 100각까지 새겨 물을 채워 줄때 부전의 앞 뒤 면을 바꿔 주기만하면 되었을 것이다. 그러나 하나의 부전을 이용한 시각 측정에는 여러 문제

3) [참고자료] 한대 오수전(漢代五銖錢): 중국역사상 사용기간이 가장 길었던 화폐이자 중량 단위를 화폐단위로 삼았던 돈. 서한, 동한의 4백년 역사동안 사용했었음. 겉은 둥글고 속은 네모난 구멍이 뚫린 돈의 시조임. "銖"는 고대의 중량을 말하던 단위로, 1兩의 24분의 1이 바로 1銖로, 실제로 "五銖"는 매우 가볍다.(출처: Baidu 백과사전 「五铢钱」)

4) 伊克昭盟文物工作站: 「內蒙古伊克昭盟發現西漢銅壺」, 『考古』 1978年 第5期.

5) 陳美東: 「試論西漢漏壺的若干問題」, 『中國古代天文文物論集』, 文物出版社, 1989年.

가 있다. 왜냐하면 1년 중에 낮과 밤의 길이 변화가 너무 크기 때문이다. 예를 들어 북위 40도 지역에서 하지 때 낮의 길이는 16시간이지만 밤의 길이는 8시간 정도가 된다. 그러나 동지 때는 이와 반대가 된다. 만약 부전을 이용해 낮과 밤의 길이 변화를 고려하고자 한다면 낮과 밤의 길이 변화에 따른 여러 부전을 만들어야만 하고 절기에 따라 다른 부전을 사용해야 한다. 역사상 실제로 이러한 상황이 전개되었는데 송(宋)대에는 48개의 부전을 이용해 7-8일에 한 번씩 부전을 교체해 사용한 기록도 있다.

누호는 설수형(泄水型)에서 수수형(受水型)으로 바뀌며 발전하였다. 누호가 수수형으로 바뀐 이유는 수위가 낮을 때 부전이 짧아져 눈금을 읽기가 어려웠기 때문이다. 수수형(受水型) 누호를 사용할 경우 시간이 지나면 부전이 떠올라 눈금을 읽기 편리해진다. 문헌 기록에 따르면 동한 시기에 이미 설수형(泄水型) 누호가 수수형(受水型)으로 대체되고 있었다.

한(漢)대의 누호 중에는 앞에서 설명한 세 개 이외에 적어도 두 개 이상의 누호가 문헌에 기록되어 있다. 그 중 하나는, 북송 이래로 끊임없이 언급되었던 '승상부누호(丞相府漏壺)'이며, 다른 하나는 근대 학자 유체지(劉體智)가 저술한 『선재길금록(善齋吉金錄)』에 실려 있는 은으로 만든 누호가 있다. 그러나 이들 누호가 어디에 있는지 또는 존재 여부도 명확하지 않은 실정이다.

아래에서는 일구(해시계)로 사용되었던 구의(晷儀)에 대해서 알아보겠다.

1897년(光緒 23) 내몽고 탁극탁(托克托)에서 돌로 만든 유물 하나가 출토되었다. 이 유물은 일구(日晷)라고 불리고 있으며 현재 중국역사박물관에 소장되어 있다. 유물의 전체적인 모양은 정사각형으로 잘 만들어진 대리석 재질이며 각 변의 길이는 27.4cm, 두께는 3.5cm이다. 정중앙에는 직경 1cm의 둥근 구멍이 하나 있는데 약 1.2cm 깊이의 홈이 바닥으로 뚫려 있다. 중앙의 구멍을 중심으로 두 개의 동심원이 있는데 바깥 원의 직경은 23.2-23.6cm이고 안에는 작은 원이 있다. 작은 원의 바깥에서 큰 원 안쪽으로 69개의 균일한 방사선이 있으며 작은 원의 안쪽은 비워져 있다. 큰 원과 방사선이 만나는 곳에는 선명한 홈이 있으며 그 바깥으로 "一", "二" … "廿一(21)" … "六十九"까지의 숫자가 새겨져 있다. 69개의 방사선은 전체 원의 3/4 정도에만 그려져 있다. 비워져 있는 부분에 방사선을 그리게 되면 31개가 그려지는데 그러면 원 전체에는 모두 100개의 방사선이 그려질 수 있다. 작은 원과 큰 원의 사이에는 사각형이 하나 있는데 네 꼭짓점에서 바깥으로 연결된 직선에는 화살표 모양이 표시되어 있다. 사각형 각 변의 중심에서 바깥으로도 직선이 연결되어 있는데 이것은 마치 네 방향을 표시하는 것처럼 보인다. 사각형에 그려진 직선이나 화살표 표시는 그 의미가 명확하지 않아 추가적인 연구가 필요하다

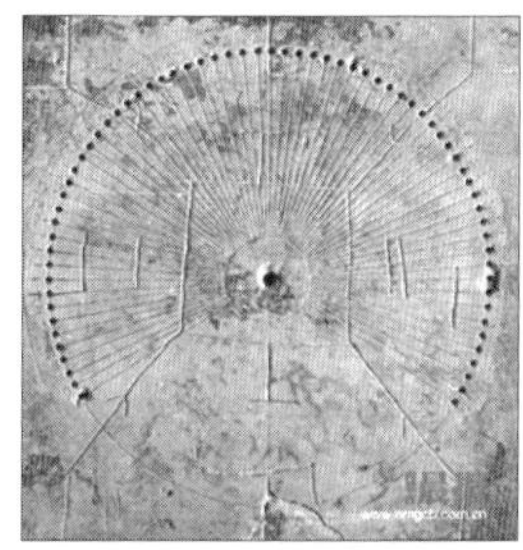
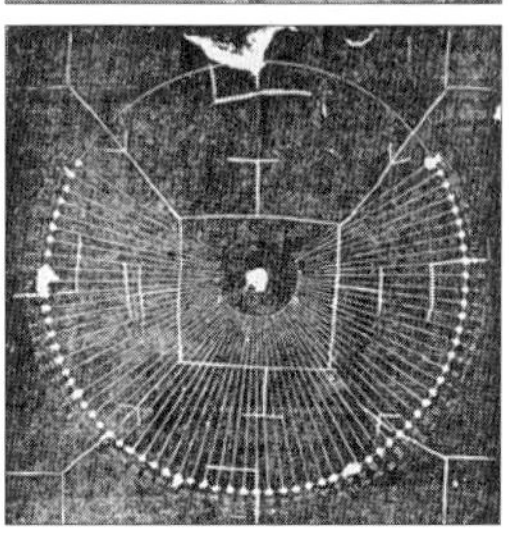

그림 153. 내몽고 탁극탁(托克托)에서 출토된 서한시대 일구(좌측)와 기타 일구(우측) (우측 사진 출처: 内蒙古晨报, 中国历史博物馆馆刊-1981.03(孙机))

(그림 153).

이 석제 유물의 용도에 대해 다수의 학자들은 일구(해시계)라고 주장한다.[6] 그러나 일부 다른 의견도 있다. 다른 의견은 『한서』「율력지(律曆志)」에 기록된 다음의 기록에 근거하고 있다.

..議造漢曆: 乃定東西, 立晷儀, 下漏刻, 以追二十八宿相距於四方, 擧終以定朔晦分至, 躔離弦望...

漢대의 曆法에 대해 논의하다: 동서 방향을 정해서 일구를 놓았으며 누각도 아래에 놓고 측정하였다. 사방에서 28수의 거극도수를 측정하고 이를 근거로 음력 초하루, 2분2지 그리고 삭망과 천체의 이동 위치를 추정하였다.

위 문장의 '입구의(立晷儀)'에서 '구의(晷儀)'는 다르게 해석되기도 하였는데, 최근 이감징(李鑒澄)은 이것이 일구(해시계)가 아니라 방향을 측정하는 의기이므로 일구가 아닌 '구의(晷儀)'로 불

6) 孫機: 「托克托日晷」, 『中國歷史博物館館刊』 1981年 第3期.

러야 한다고 주장하였다.[7] 따라서 여기에서도 구의라고 부르기로 하겠다. 구의를 측정하는 방법은 다음과 같다. 중간의 구멍에 막대 하나를 꽂고 고정시킨 후 구의를 수평하게 놓고 방사선 눈금선이 북쪽으로 향하게 놓으면 된다. 그리고 아침과 저녁에 방사선 끝의 작은 구멍에 유표(游表)를 꽂으면 된다. 해가 떠올라 중심의 표(表) 그림자가 어느 선 위에 비치는지 확인해서 유표를 그 선 끝의 작은 구멍에 꽂고, 해가 지기 전에도 같은 방법으로 표(表) 그림자의 끝에 또 다른 유표 하나를 꽂는다. 그리고 두 유표를 연결한 선이 바로 동서 방향이 된다. 『주비산경』 권하(卷下)에서는 다음과 같이 설명하고 있다.

其術曰: 立正勾定之, 以日始出, 立表而識其晷. 日入, 復識其晷. 晷之兩端相直者, 正東西也. 中折之指表者, 正南北也。

그 방법을 설명하면 다음과 같다. 矩(곱자)를 똑바로 세워 고정시키고 해가 떠오르기 시작하면 表를 세워 해 그림자 길이를 잰다. 해가 질 때 다시 해 그림자 길이를 잰다. 그림자의 양 끝을 서로 직선으로 연결한 것이 東西 방향이 된다. 동서 길이의 중간과 表를 연결하면 바로 南北 방향이 된다.

이러한 방법은 탁 트인 넓은 평지만 있으면 측정이 가능하고 특별한 구의(晷儀)가 필요하지는 않다.

구의에 새겨진 방사선과 여백에 새겨질 수 있는 방사선을 모두 합하면 100개가 되는데 이것은 과거에 하루를 100각으로 나눈 것과 일치한다. 일구로 사용할 때에는 방사선 눈금을 북쪽 방향에 두고 눈금이 새겨있지 않은 곳을 남쪽으로 두어야 한다. 그러나 구의를 지면에 수평하게 놓았는지 아니면 적도면과 평행하게 놓았는지는 알 수 없다. 만약 지면에 수평하게 놓았다면 지평식일구가 되는 것이며 적도에 평행하게 놓았다면 적도식일구가 되지만 어떻게 사용하였는지는 알 수 없다. 그러나 지평식일구로 사용하였다는 것이 일반적인 견해이다. 지평식일구는 고대부터 사용해온 일반적인 일구 형태이기 때문에 여기에서도 지평식일구로 간주하도록 하겠다.

이 외에도 비슷한 석제 유물이 남아 있는데 1932년 낙양 금촌(洛陽 金村)의 고대 무덤에서 유

7) 李鑒澄: 「晷儀– 我國現存最古老的天文儀器」, 『科技史集第一輯天文學史專輯』(1), 上海科學技術出版社, 1978年.

물 하나가 출토되었다. 지금은 캐나다 Royal Ontario Museum에 소장 되어있다. 그 형태와 구조는 탁극탁(托克托) 구의와 거의 유사하며 정사각형에 가까운 석재이다. 두 개의 동심원, 69개의 방사선 눈금, 큰 원 위의 작은 구멍, 그리고 중앙의 구멍 등 모든 구조에서 비슷하다. 유물의 크기는 한 변의 길이 28.4cm, 너비 27.5cm, 두께는 3cm이다. 이 밖에도 훼손된 조각 하나가 더 발견되었는데 그 위에는 '31(卅一)'에서 '38(卅八)'까지의 눈금 숫자가 새겨 있다.[8)]

앞서 설명한 유물들을 비교해보면 새겨진 숫자의 글자체는 거의 비슷하고 연대도 비교적 이른 편으로 금문(金文)과 거의 흡사하다. 일반적으로는 모두 진, 한(秦, 漢) 또는 한대(漢代)의 것으로 여겨진다. 이러한 석제 구의가 중국의 여러 곳에서 발견되고 있기 때문에 당시에 널리 사용되었고 광범위하게 분포되어 있음을 짐작할 수 있다. 현재 이 유물의 용도에 대해 여러 견해가 있지만 천문과 관련이 있다는 것은 공통된 의견이다. 구의의 제작목적과 사용법 등에 관한 내용은 추가적인 연구가 필요하다.

한대 이후에 만들어진 천문의기 유물은 많지 않다. 송대에 이르기까지 약 천 년 동안 전해지는 유물은 매우 드물다. 다만 수, 당(隨, 唐) 시기의 시각측정기 한 두 개 정도만 겨우 알려져 있다. 그 가운데 가장 중요한 것으로는 서안(西安) 소안탑(小雁塔) 일구가 있다. 이 일구는 1976년 7월 서안시(西安市) 신성광장(新城廣場)에서 발견되었으며 현재 소안탑(小雁塔) 박물관에 소장되어 있다. 이 일구는 돌로 만들어진 낮은 원주 모양으로 되어있는데 두께 4.5cm, 직경 33cm의 크기이다. 일구의 한쪽 측면에는 원통형태로(가로로 된 돌쩌귀) 볼록하게 튀어나온 것이 있다. 원통의 직경은 1.5cm인데 구멍 가운데다 원통형 축을 꽂으면 일구는 축을 중심으로 남북으로 회전할 수 있는 형태이다.

그림 154. 서안 소안탑(小雁塔) 일구 도안

일구의 앞면 중앙에는 작은 구멍이 있는데 이 구멍에서부터 바깥으로 균일한 방사선 12개가 새겨져 있다. 방사선은 직경이 각각 27.5cm, 17.7cm로 새겨진 동심원 2개를 모두 12칸으로 나누어 놓은 모양이다. 각각의 모든 칸에는 시계 방향에 따라 12간지('子', '丑', '寅', '卯', '辰',

8) 李鑒澄: 「晷儀– 我國現存最古老的天文儀器」, 『中國古代天文文物論集』, 文物出版社, 1989年.

'巳', '午', '未', '申', '酉', '戌', '亥') 12자가 새겨져 있는데 글자(해서체)는 모두 중심에서 바깥으로 새겨져 있다. '子'와 '午' 두 글자는 돌출된 원통 형태에서 직선으로 마주보며 새겨져 있는데 이들 두 글자의 방향이 바로 남북을 나타낸다. "子"가 새겨진 바깥의 측면에는 깊이 2.3cm, 직경 0.8cm의 작은 구멍이 뚫려있는데 이것은 금속 막대를 꽂아 방향을 가리키는 용도로 사용했을 것으로 짐작된다. 구반의 뒷면에는 남북으로 13개의 작은 둥근 구멍들이 있는데 각각의 간격은 1.4cm이다. 구멍의 좌우 양쪽에는 24절기의 명칭이 적혀 있다. 남쪽과 북쪽의 아래와 위쪽에는 '冬至'와 '夏至'가 중복되어 적혀 있다.

이러한 모양을 고려해 보면 이것은 적도식일구임을 알 수 있다. 원통형의 구반은 축을 따라 남북으로 회전할 수 있기 때문에 북반구 어느 지역에서도 모두 사용할 수 있다. 관측시에는 구면을 적도면과 평행하게 놓도록 설치하여 측정해야 한다. 이 일구의 제작 년대는 수, 당시기로 추정하고 있다.[9)]

서안의 비림(碑林)에는 당(唐) 시기의 월령이 새겨진 돌이 하나 있다. 비록 천문의기는 아니지만 간단히 소개하고자 한다. 이 비석은 '開成石經'[10)] 중의 한 부분으로 의미 있는 것은 천체의 일부 기록을 당시의 실제 관측을 근거로 『예기』「월령」의 문장 일부를 수정해서 새겼다는 것이다.[11)]

그림 154-1. 서안 비림에 있는 "개성석경(開成石經)"(출처: 中國大百科智慧藏)

9) 白尚恕: 「小雁塔日晷初探」, 『北京師範大學學報』(自然科學版) 1987年 第2期.

10) 「참고자료」: 唐文宗(李昂)大和四年(公元830年)由艾居晦、陈玠等人用楷书分写, 约用了七年时间刻成的一部石经。开成石经, 唐代的十二经刻石。又称唐石经。始刻于文宗大和七年(833), 开成二年(837)完成。中国清代以前所刻石经很多, 唯开成石经保存最为完好, 是研究中国经书历史的重要资料。(당 문종(이앙) 大和4년(서기 830)에 애거회와 진개 等의 사람들이 해서로 나눠 적은 것을, 약 7년 동안 돌에 새겨 완성한 石經이다. 개성석경은 唐대의 12經을 돌에 새긴 것으로 당석경이라고도 부른다. 문종 大和 7년(833)에 새기기 시작하여, 開成2년(837)에 완성하였다. 중국 清대 이전에 새겨진 석경은 많으나, 오로지 개성석경만이 가장 보존상태가 완벽하여, 중국 經書역사 연구에 중요한 자료가 된다) (출처: Baidu 백과사전 「開成石經」)
[역자주] 唐 開成2년(837)에 완성되었기 때문에 開成石經으로 불린다.

11) 劉次元, 張銘洽: 「陝西關中古代天文遺存」, 『陝西天文臺臺刊』 1992年 第15期.

2절. 원명(元明) 시대의 천문의기

원명(元明) 두 왕조 동안에 많은 천문의기들이 만들어졌다. 특히 원(元)대에는 수준 높은 많은 의기 제작이 이루어졌으나 안타깝게 모두 전해지지 않고 있다. 지금까지 남아 있는 유물로는 원명(元明) 시대의 유물 두세 점을 비롯해 명(明)대의 복제품 두 점이 있다.

원대의 천문의기는 크게 두 종류로 나눌 수 있다. 그 첫째는 찰마노정(札馬魯丁)이 지원(至元) 4년(1267)에 상도(上都)에서 만든 '서역의상(西域儀象)' 7점이 있는데 이들 중에는 지구의, 성반(星盤) 및 대형 춘추분구영당(春秋分晷影堂) 등이 있다.

이들 유물은 상도 승응궐(承應闕)에 설치했던 것이다. 두 번째는 곽수경(郭守敬)이 지원13년에서 지원16년(至元, 1276-1279)까지 설계하여 제작한 것으로 그 이전에 제작한 '보산루(寶山漏)'까지 합하여 거의 20점에 이른다.

곽수경이 만든 천문의기 가운데 대표적인 것으로는 고표, 간의, 앙의, 정방안, 영롱의 등이 있으며, 그 가운데에서 간의는 가장 뛰어난 창작품이라 할 수 있다. 곽수경이 전통적인 혼의를 만들었는지 여부는 명확하지 않지만 원(元)대에 혼의가 제작되었다는 것은 확실하다. 지원(至元) 26년(1289)에 혼의를 만들었다는 기록은 있지만 설계자에 대한 정보는 없다.[12] 네팔에서 중국으로 온 기술전문가 아니가(阿尼哥, ?-1305)가 지원 28년(1291)에 "造渾天儀及司天器物-혼천의와 사천기물을 제작하다-"이라고 전해지고 있다.[13]

원대의 천문의 중에서 상도에 있던 '서역의상'은 원이 망하기 전에 모두 훼손되었다. 문헌기록을 통해 당시의 천문유물에 대한 대략적인 정보를 알 수 있을 뿐이다. 대도(大都)의 천문대에 설치된 의기들 중에서 간의와 혼의 등은 원이 망한 이후에 남경의 계명산 북극각(鷄鳴山 北極閣) 관상대로 옮겨졌다. 남경으로 옮겨진 의기들은 남경의 고도에 맞추어 북극 출지고도가 낮게 조정되었다. 명대에 주체(朱棣, 1360-1424)가 북경으로 천도한 이후부터 10여 년간 천문의기는 남경에 남아 있었다. 이에 당시 북경 사천감감정(司天監監正)을 맡고 있던 황보중화(皇甫仲和)는 정통(正統) 2년(1437)에 남경에 사람을 파견하여 북경에 맞는 천문의기를 제작할 것을 아래와 같이 건의하여 "用木造做, 挈赴北京, 以較驗北極出地高下, 然後用銅別鑄, 庶幾占測有憑 -나무로 모형을 만들어, 북경으로 옮겨와서 북극출지 고도를 비교하고 맞추어 동으로 주조하고, 설치하

12) 『元史』 卷一五 "世祖本紀一二".

13) (元) 程鉅夫: 『雪樓集』 卷七, 「凉國慧敏公神道碑」.

여 측후하기를 바랍니다.-" 황제의 비준을 얻었다. 그리고 다음해 겨울에 다음과 같이 의기 제작을 시작하였다.[14] "乃鑄銅渾天儀, 簡儀於北京-이에 북경에서 동으로 혼천의와 간의를 주조하였다.-".

당시의 천문의기들은 남경의 북극 출지에 맞추어 만들어진 혼의와 간의로 이들을 기초로 나무로 만들어진 모형을 북경으로 가지고 온 것이다. 실제 제작에 있어서 북경에 설치한 천문의기들은 남경의 북극출지 고도를 북경의 값으로 수정해야 했지만 남경의 의기와 같게 만들어 졌다. 실제로, 북경의 북극출지 고도는 남경에 비해 8도정도 높다. 따라서 이렇게 만들어진 의기들은 북경에서 사용할 수 없었고 오랜 기간 전시용으로 관상대 위에 놓여 있었다. 이 외에도 혼의 위에 새겨진 황도와 적도의 교차점 또한 원대의 교점(交點) 위치인 규수(奎宿)에 위치하고 있었다. 실제로 황적도의 교차점은 70여 년이 지날 때마다 세차로 인해 황도 위에서 1도가량 뒤로 옮겨져야 한다. 정통(正統) 2년에 이르러 2도 정도 뒤로 옮겨져 있으나 이 역시 당시의 세차변화 값은 아니었다.

홍치(弘治) 2년(1489)에 이르러 새로 사천감 감정을 맡게 된 오호(吳昊, 1447-1509)는 이 문제에 대해 주목하였다. 그는 북경의 위도와 황적도의 시대에 따른 교차점 이동이 반영되어야 함을 아래와 같이 건의하였다.

> 如其說, 製木樣測驗, 久之乃鑄爲新儀, 更二道環交於壁軫, 其經緯, 雲柱, 自是皆與天合
>
> 예컨대 그것을 말하자면, 나무로 모양을 만들어 관측한 것이 오래되어 이에 새로운 의기를 주조해야 한다. 황도와 적도의 環도 壁宿와 軫宿에서 만나도록 하면 그 경도와 위도 및 받침대가 자연히 모두 천상과 부합하게 된다.[15]

홍치14년(1501), 흠천감 장신(張紳)은 나무로 견본을 만들어 혼의를 개조하였으며, "簡儀則比舊少加高大 -간의는 예전 것보다 약간 크게 만들었다.-"라고 하였다.[16] 그리고 가청(嘉淸) 2년(1523) "修相風杆及 簡, 渾二儀 -풍향계 및 간의, 혼의를 수리하다.-"라고 하였다.[17]

---

14) (明) 王鏊: 「皇甫仲和事迹」, 載『獻征錄』 卷七 「欽天監」.

15) (明) 費宏: 「太常寺卿掌欽天監事吳君墓志銘」, 載『獻征錄』 卷七九 「欽天監」.

16) 『明孝宗弘治實錄』

17) 『明史』 卷二五 「天文志」 一.

이상으로부터 원(元)대와 명(明)대에 걸쳐 여러 차례 간의와 혼의의 제작 수리가 있었음을 알 수 있다. 지금까지 알려진 바에 따르면 원(元)대에 제작된 오래된 의기들은 청(淸)대의 선교사 Bernardur Kilnan Stumpf(1656-1720)에 의해 훼손되었다. 현재 남경 자금산천문대에 있는 간의와 혼의는 1931년 북경에서 옮겨온 명(明)대의 유물이다.

현존하는 실물들 중에는 서진도(徐振韜)는 자료를 통해 오호(吳昊)가 만든 것으로 알려진 것이 있다. 서진도는 다음과 같이 언급하였다. "과거에 내가 기록한 것을 정리해보면, 혼의의 출지고도는 지금의 40도이고, 북경 위도에 따라서 설치한 것이다. 춘분점은 벽수(壁宿) 3도에 있고, 추분점은 진수(軫宿) 2도에 있어, 명대 좌표에 따라서 정해진 것이다. 간의의 출지고도 값은 찾아내지 못했으나, 북경의 위도로 기억하고 있다. 북극의 운주 아래에 동(銅)으로 만든 받침이 있어 높낮이를 조절할 수 있는데 결국 북극출지를 조정할 수 있다."[18] 현존하는 남경의 혼의와 오호(吳昊)의 유물 설명이 일치하므로, 오호(吳昊)는 북경의 위도와 당시의 춘분점과 추분점 위치에 따라서 황적도의 두 교점을 조정하였을 것으로 보인다. 오호(吳昊)가 만든 의기 중 일부는 황보중화(皇甫仲和)가 만들었던 혼의를 기초로 만들었을 것으로 생각된다.

현존하는 고대의 간의는 황보중화(皇甫仲和)가 남경의 것을 본떠서 만든 것으로 보인다. 따라서 북경에 설치할 경우 북극에 있는 운주의 길이가 짧게 된다. 오호는 북극의 운주 아래에 동(銅)을 받쳐 극축의 고도를 북경의 북극출지 고도까지 높일 수 있었다.

혼의와 간의는 중국을 대표하는 천문의기이므로 아래에서 간단히 설명하고자 한다.

혼의는 중국 역사에서 혼천설의 모형이며 천체의 좌표를 측정하는 중요한 의기이다(그림 155). 혼천설은 '하늘(天)'을 완전한(渾) 구(球)로 생각하여, 일, 월, 오성, 항성 등이 모두 이 구면에 있다고 여긴다. 혼의는 몇 개의 둥근 환으로 구성되어 있으며 늦어도 한(漢)대에 등장하였고 일부 학자들은 더 이른 시기부터 있었다고 주장한다.[19] 초기의 혼의는 비교적 간단한 구조였으나 이후에 점점 더 복잡해졌다. 당(唐)대의 이순풍(李淳風)은 혼의의 구조를 세 겹으로 나누었는데 밖에서 안으로 각각 육합의(六合儀), 삼진의(三辰儀)와 사유의(四游儀)이다.

혼의의 모든 환은 두 겹으로 이루어져 있다. 현존하는 명(明)대의 유물은 모두 이러한 구조로 만들어져 있다. 육합의는 지평환과 자오쌍환 그리고 적도단환으로 이루어져 있으며 고정되어 움직이지 않는다. 삼진의는 적도환, 황도환과 백도환(明대 혼의에는 이 環은 없다)으로 구성되어 있

18) 서진도(徐振韜)선생이 1996년 11월 26일 이적(李迪)에게 보냈던 편지내용의 일부이다.

19) 徐振韜: 「從帛書「五星占」看 "先秦渾儀"的創造」, 『考古』 1976年 第2期.

그림 155. 혼의(渾儀), 우측 사진- 북경 고관상대 자미원 앞에 설치된 혼의(渾儀) (사진: 양홍진)

으며, 축을 중심으로 회전할 수 있다. 사유환은 극축을 중심으로 회전하는 하나의 쌍환과 규형으로 구성되어 있다. 극축의 양쪽 끝은 자오환에 끼워져 있고, 중간은 두 개의 평행한 동(銅) 막대로 되어 있으며, 규형은 두 막대의 중앙에 설치되어 있다. 막대와 규형 사이에는 연결하는 축이 있어 사유환 안에서 회전할 수 있도록 되어 있다. 따라서 규형은 사방으로 움직이며 천체를 관측할 수 있도록 되어 있다.

혼의는 구조가 복잡하고 게다가 관측시에 시선이 가려지는 문제점이 있다. 특히 삼진의는 '삼진'의 궤도만을 표시하고 있기 때문에 실제 관측과는 별로 상관이 없다. 그래서 송(宋)대의 천문학자 심괄(沈括, 1030-1094)은 혼의를 간단하게 만들게 되었다. 그러나 명(明)대의 혼의가 여전히 복잡한 구조를 가지고 있는 이유는 아마도 원(元)대 이후로 혼의를 간단하게 만든 간의가 만들어지면서 혼의는 전시품으로 사용되었기 때문으로 보인다.

그림 156. 명대(明代) 간의(簡儀)

간의는 혼의를 간단하게 만든 것으로 두 세 개의 환(環)으로 된 간단한 구조를 가지고 있다. 간의에는 사유의(단환과 규형(窺衡)), 백각환(百刻環)과 적도환(赤道環-극축의 가장 남쪽에 위치) 그리고 정극환(극축 북쪽에 위치)과 입운의(극축 북쪽의 아래쪽에 위치)가 있다. 사유단환에는 주천도수가 새겨있다. 백각환과 적도환은 함께 있는데 백각환은 고정되어 있으며 적도환은 사유환과 마찬가지로 동서로 회전할 수 있도록 되어 있다. 적도환과 백각환 사이에는 함께 사용하는 회전축이 있는데 이것은 기계 구조에서 중요한 발명이라 할 수 있다(그림 156).

적도환 위에는 28수 주천분도가 새겨져 있으며 직경은 6척(尺)이다. 백각환의 직경은 6척(尺) 2촌(寸)으로, 환(環)의 주변에는 12시진 100각(刻)이 새겨져 있으며, 매 각(刻)은 다시 36분(分)으로 세분되어 있다. 눈금은 적도환 바깥쪽으로 새겨져 있다. 간의의 사유환에는 규형이 설치되어 있는데 과거 혼의에 있던 것과는 그 모양이 다르다. 혼의에 있던 규형은 가늘고 긴 통(筒)으로 가운데가 비어 있어 '규관(窺管)'으로 불렀다.

곽수경이 설계한 간의에 설치된 규형은 청동 막대의 양 끝 쪽에 입이(立耳)를 만들어 세우고 입이(立耳)의 정중앙에는 각각 직경이 6분(分)인 둥근 구멍을 하나씩 뚫어 놓았다. "其中心上下一線界之 – 각각의 중심 위아래에 선을 두어 기준선이 되도록 하였다.–". 즉 둥근 구멍에다 가는 두 개의 선을 추가해 실제로 후세의 망원경 위에 십자선을 두는 기원이 되었다.

사유의와 규형을 움직여 관측하였고, 백각환과 사유환 위의 값을 읽어서 천체의 적도좌표를 측정하였다. 혼의와 간의를 막론하고 규환들은 모두 축을 중심으로 4개의 기둥에 의해 받쳐져 있고 그 아래에는 받침대가 있다. 의기는 관측자가 서서 관측하기에 적합한 높이로 만들어져 있다. 의기의 받침대 위에는 '부(趺)'라고 부르는 수거가 있어 물을 부어 의기의 수평 여부를 측정하였다. 이 방법은 늦어도 한(漢)대에는 사용되었을 것이며 큰 천문의기 뿐만 아니라 규표의 규면(圭面)에도 사용되었다. 원래 곽수경이 설계한 간의는 평지가 아닌 높은 천문대 위에 설치했던 것으로 간의는 원실(圓室–원형돔) 안에 있었을 것으로 생각된다.[20]

지금까지 전해져오는 원대(元代)의 천문유물로는 누호(漏壺) 세트 하나가 있을 뿐이다. 이 누호는 원(元) 연우(延祐) 3년 12월 16일(1316. 12. 30.)에 만들어진 것으로 현재 북경 중국역사박물관에 소장되어있다. 이것은 현존하는 중국에서 가장 오래되고 완전한 형태의 누호 세트이다. 이 누호는 모두 네 개의 물통으로 구성되어 있으며 높이가 다른 네 개의 계단에 물통이 각각 하나씩 놓여있다. 위쪽에 있는 3개의 누호를 각각 '일호(日壺)', '월호(月壺)', '성호(星壺)'라고 부르고, 가장 아래에 있는 것은 수수호(受水壺)라고 부른다. 모두 동으로 만들어졌으며 물통의 크기는 다음과 같다.[21]

일호(日壺) : 높이 75.5cm, 바깥원테두리 74.0cm, 안쪽원테두리 68.2cm, 바닥직경 60cm

---

20) 李迪: 「關於簡儀的地盤與圓岩」, 『自然科學史研究』 1999年 第18期.

21) 胡繼勤: 「我國現存唯一完整的一件元代銅壺滴漏」, 『文物參考資料』 1957年 第10期.

월호(月壺) : 높이 58.5cm, 바깥원테두리 59.5cm, 안쪽원테두리 54.5cm, 바닥직경 53cm
성호(星壺) : 높이 55.4cm, 바깥원테두리 51.1cm, 안쪽원테두리 44.0cm, 바닥직경 39cm,
수수호(受水壺) : 높이 75.0cm, 바깥원테두리 38.5cm, 안쪽원테두리 32.0cm, 바닥직경 31cm

그림 157. 원대(元代) 연우(延祐) 동누호 명문 탁본

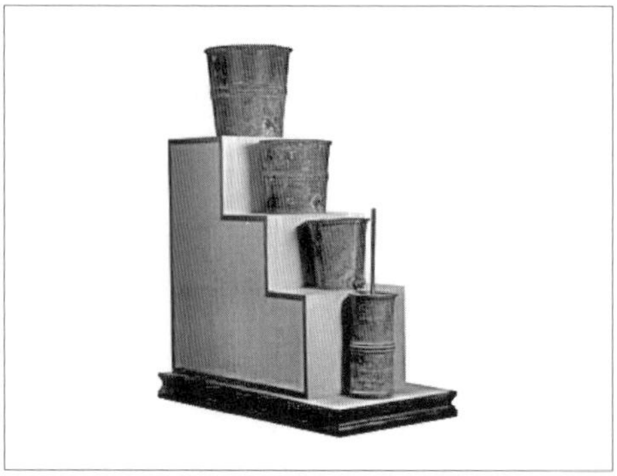

그림 157-1. 원대의 연우누호(延祐漏壺) (출처: 中國經濟網/華夏文明)

각 물통의 용량은 점차 감소하여 위에서 부터 217, 117, 63, 49리터이다. 모든 물통 위에는 동으로 만든 덮개가 있으며 위쪽 누호 3개의 바닥 부근에는 물이 나오는 관이 연결되어 있다. 아래 누호 3개의 뚜껑에는 물이 나오는 관에서 이어지는 작은 구멍이 있어 위쪽 물통의 물이 이곳을 통해 아래 누호로 들어간다. 수수호의 뚜껑 중앙에는 직사각형 홈이 있으며 동척(銅尺) 하나가 꼽혀 있는데 동척의 길이는 66.5cm이다. 동척에는 아래에서 위쪽으로 '자(子)'에서 '해(亥)'까지의 12시진이 새겨 있는데 동척은 고정되어 움직이지 않는다. 동척의 앞쪽에는 나무 부전이 하나 꽂혀있고 부전의 아래는 부주(浮舟)가 있다. 부주와 함께 부전이 물에 떠오르면 동척 위의 눈금을 가리켜 시각을 알려준다. 이것은 이전에는 찾아볼 수 없던 새로운 방법이다(그림 157).

앞서 언급했듯이 중국 최초의 누호는 설수형(泄水型)으로 하나의 누호로 구성되어 있어 시간이 지나면 부전이 아래로 가라앉는다. 누호 아래에 물을 받는 그릇이 있지만 의기에 포함된 구성품은 아니다. 부전을 아래쪽 물통에 넣고 물이 차면 부전이 떠오르는 방식을 수수형 누호라고 부른다. 수수호 누호에서 위쪽에 놓이는 물통을 파수호라고 부르는데 파수호로부터 흘러나

온 물의 양이 항상 균일하지 않기 때문에 부전이 떠오르는 속도가 달라져 시각 또한 일정하지 않고 틀린 경우가 있었다. 파수호의 물을 일정하게 떨어지게 하기 위해 옛 사람들은 여러 해결방법을 고안했는데 그 중에 하나가 여러 개의 파수호를 두는 것이었다. 원(元)대의 연우누호(延祐漏壺)에는 '월호'와 '성호'라는 두 개의 파수호가 더해졌는데 이들이 만들어진 이유는 이 때문이다.

원대의 누호 세트에는 일호(日壺) 정면에 명문이 새겨있다는 특징이 있다. 명문의 내용은 누호 제작을 감독했던 관원과 제작에 참여했던 사람들 등 20인의 이름과 제작연월일이 새겨져 있다.

서안(西安) 청진대사원(清眞大寺院)안에는 정사각형의 석재 지평식일구(地平式日晷)가 하나 있는데, 필자는 1980년 5월에 직접 보았다. 그 당시 일구는 돌로 된 기둥 위에 놓여있었고, 기둥 위에는 둥근기둥(圓盤柱)이 하나 더 있었고, 아래에는 벽돌로 쌓아올려 있었다. 구반의 한 변의 길이는 62cm, 두께는 9cm이다. 구반면의 한쪽 측면의 가운데에는 시표(時表)를 꽂았던 곳으로 보이는 길이와 너비가 각각 2.7cm, 1cm인 직사각형 홈이 하나 있다. 사각 홈을 중심으로 작은 홈들이 3열로 나열되어 있는데 모두 사각 홈과 마주보고 있다. 작은 홈의 직경은 약 0.5cm로 모두 45개가 있다. 일구의 바닥은 돌출된 형태로 아래쪽 원반과 맞물려 회전할 수 있도록 되어 있다. 직사각형 홈에 끼워서 사용했을 것으로 생각되는 시표(時表)는 이미 없어졌다. 표의 그림자가 작은 홈 위에 비치면 시간을 확인했을 것이다. 필자와 동행했던 백상서(白尙恕) 선생은 이후, 이 일구 관련 논문[22]을 발표하였는데 그는 이 일구에 대해 원(元)대에 만들어진 것으로 제례를 행할 때 사용했을 것으로 추측하였다.[23]

남경 자금산천문대에는 명대(明代)의 규표가 하나 있는데, 이것은 1930년대 북경에서 옮겨온 것이다. 규표의 바닥은 길이 1장(丈) 6척(尺) 2촌(寸), 너비는 2척(尺) 7촌(寸)이다. 동표의 높이는 원래 8尺(척)이었으나 청(淸)대에 표(表)의 꼭대기에 구부러진 모양의 동판을 더해 길이가 1장(丈)으로 바뀌었다. 규(圭)면에는 수거와 눈금이 있으며 표(表)를 높였기 때문에 규(圭)의 길이도 함께 길어져야 하므로 규(圭)의 북쪽 끝에 수직으로 규(圭)를 덧붙여 세워 규의 길이를 연장하여 사용할 수 있도록 하였다.

---

22) 백상서(白尙恕): 「清眞大寺日晷初探」, 『西北大學學報』 自然科學版 1987年 第2期.

23) 白尙恕: 「清眞大寺日晷初探」, 『西北大學學報』(自然科學版) 1987年 第2期.

3절. 청대(淸代)의 천문의기

청대는 시기적으로 비교적 현대와 가깝기 때문에 남아 있는 천문의기도 비교적 많은 편이다. 청대에는 서양의 영향을 많이 받았기 때문에 일부 천문의기들은 서양 방식으로 만들어졌다. 심양고궁(沈陽古宮)[24]과 북경고궁에는 청대에 제작된 적도식일구가 있으며, 북경고궁의 교태전에는 누호 세트도 하나 있지만 여기서 자세히 소개하지는 않겠다. 아래에서는 지금까지 소개한 것들과는 다른 형태의 천문의기를 소개하고자 한다.

청대의 중요한 천문의기는 모두 북경의 고관상대에 남아 있다. 고관상대에 남아 있는 8개 중에서 7개의 천문의기는 강희제 시대에 제작되었으며 나머지 하나는 건륭제 시대에 만들어졌다. 남아 있는 천문의기로는 천체의(天體儀), 지평경의(地平經儀), 황도경위의(黃道經緯儀), 기한의(紀限儀), 상한의(象限儀), 적도경위의(赤道經緯儀), 지평경위의(地平經緯儀)와 기형무진의(璣衡撫辰儀)가 있다. 앞의 6개는 남회인이 강희 8년-13년까지(1669-1674)에 제작한 것으로 남회인의 저서 『영대의상지(靈臺儀象志)』에 그림이 수록되어 있다.

천체의(天體儀)는 천구의(天球儀)라고도 부르는데, 직경 2m의 동(銅)으로 만든 구(球)의 속은 비어 있으며 지평권과 자오권에 고정되어 있다. 남쪽과 북쪽의 적도 극(極)에는 볼록하게 축이 돌출되어 있는데 이것이 자오권의 묘안(卯眼)[25]에 끼워져 있어 극축을 중심으로 회전할 수 있도록 되어 있다. 천체의 구면 위에는 남북극의 중앙에 적도를 새겨놓았으며 적도와 비스듬하게 황도가 교차하여 그려져 있다. 적도와 황도에는 모두 주천도수 360도가 새겨져 있으며 1도(度)는 60분으로 나뉘어 있다. 황도 위에는 12궁이 고르게 나뉘어 있으며 모든 경계선은 구면의 두 점

---

24) [참고자료] 沈陽古宮: 1625年, 清太祖努尔哈赤建立的后金迁都于此, 更名盛京。1636年, 皇太极在此改国号为 "清", 建立清朝。1644年, 清军入关定都北京后, 以盛京为陪都。清初皇宫所在地——沈阳故宫, 是中国现今仅存最完整的两座皇宫建筑群之一。(심양고궁-1625년, 청 태조 누루하치가 후금을 세운 후 이곳으로 천도하였고, 盛京으로 이름을 바꿨다. 1636년, 황태극이 이곳에서 국호를 "淸"으로 바꾸고, 淸왕조를 수립했다. 1644년, 청나라 군대가 入關한 후 북경을 수도로 정하고, 聖京을 제2의 수도로 삼는다. 淸대 초기 황궁소재지인 심양고궁은, 중국에 현존하는 가장 완벽한 두 개의 황궁 건축群 중에 하나이다.(출처: Baidu 백과사전 「沈陽」)

25) [참고자료] 卯眼[mortise] 木器部件相连接时插入榫头的凹进部分: 나무제품의 부속품을 서로 연결할 때 榫头를 삽입하는 오목한 부분.
榫头[(in woodworking) a tenon] 指器物两分利用凹凸相接的凸出的部分 : 두 개로 나눠진 사물을 오목한 부분과 볼록한 부분으로 나누어 연결할 때 볼록한 부분을 가리킴.(출처: Baidu 백과사전 「卯」, 「榫头」)

(황극)에서 만난다. 자오권의 양쪽 면에는 거극도가 새겨져 있는데 적도는 0도이며, 남북극은 각각 90도가 된다. 지평권의 안쪽에는 수평한 원형(環形)의 수로가 있어 지평권을 내외, 두 개의 환으로 나누고 있다. 지평권의 내환면(內環面)에는 지평경도가 새겨져 있고 외환면(外環面)에는 12시(時)가 새겨져 있으며 다시 그 밖으로는 32개 방향이 새겨져 있다. 구면 위에는 6등급으로 구분된 항성(별)이 새겨져 있으며, 별자리는 중국 전통방식에 따라 새겨 놓았다.

천체의(天體儀)는 실제로 중국 역사에서 혼상으로 불리고 있으며 과거에도 여러 차례 제작된 적이 있다. 예를 들면, 북송의 소송(蘇頌)과 한공렴(韓公廉)이 제작해서 수운의상대 위에 설치했었으며 더 빠른 시기의 것으로는 한(漢)대의 장형(張衡) 등이 만들었다는 기록이 있으나 모두 전해지지 않는다. 천체의와 같은 의기들은 전시를 목적으로 만든 것으로 사람들은 천체의를 보며 하늘 위에 있는 별의 위치와 관련된 천문 지식을 알 수 있었다.

지평경의(地平經儀)는 동으로 만든 큰 둥근 환(環, 지평권)이 수평으로 놓여있다. 환의 바깥 직경은 2m이며 환의 너비는 6.1cm, 두께는 약 4.6cm이다. 환에 있는 네 개 상한(象限)의 위쪽과 옆쪽 면에는 모두 눈금이 새겨져 있다. 환(지평권)은 두 개의 받침과 두 개의 용주로 고정되

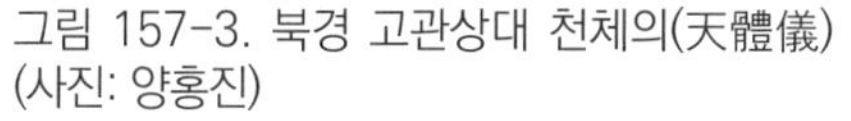

그림 157-3. 북경 고관상대 천체의(天體儀) (사진: 양홍진)

그림 158. 북경 고관상대 지평경의(地平經儀) (사진: 양홍진)

어 있으며 환의 중심 아래쪽에는 둥근 축이, 위쪽으로는 두 개의 기둥이 수직하게 세워져 있다. 지평권의 동서 양쪽에 있는 용주의 상단은 횡량과 연결되어 있다. 횡량의 중앙에는 구멍이 하나 있어 천정이 되며 선 하나가 아래로 드리워져 지평권의 중심과 마주보고 있다.

지평권 중심의 둥근 축 위에는 높이 1.4m의 표(表)가 세워져 있어 위쪽의 횡량 구멍과 서로 마주보고 있다. 입표(立表) 아래에는 횡표(橫表) 하나가 설치되어 있다. 횡표의 길이는 지평권의 직경과 같으며 수평으로 회전할 수 있도록 되어 있다. 입표(立表)는 속이 비어 있고 위아래에 작은 기둥이 하나씩 세워져있다. 위쪽의 막대에는 구멍이 수직하게 하나 뚫려있고 옆으로도 두 개의 구멍이 뚫려있다. 중간을 수직하게 일직선으로 묶고 비스듬한 두 개의 구멍에서 나온 선은 횡표(橫表)의 양쪽 끝에 연결한다. 관측시에는 먼저 횡표(橫表)를 회전하여 세 개의 직선이 관측하려는 천체와 일치시킨 뒤에 횡표(橫表)가 가리키는 지평권 위의 눈금을 읽으면 관측하려는 천체의 지평경도를 알 수 있다(그림 158).

적도경위의(赤道經緯儀)는 동으로 만들어졌으며 세 개의 환이 삼중(三重)으로 설치되어 있다. 가장 바깥쪽 환은 남북으로 놓여 있는 자오권으로 양면에 거극도가 새겨져 있다(그림 158-1). 적도에서 남북으로 90도씩 나누어져 있으며 1도는 다시 60분으로 나누어져 있다. 두 번째 환은 적도권으로 자오권의 적도에서 자오권과 서로 만나며 안쪽과 위쪽에는 주일(周日)[26] 시각이 새겨져 있다. 환의 바깥쪽과 아래에는 주천도분이 새겨져 있다. 적도권은 기울어져 있으며 남극에서 연결된 두 개의 상한호(象限弧)가 받쳐주는 역할을 하고 있다. 가장 안에 있는 환은 적경권으로 전통 혼의의 사유의에 해당하고 극축을 중심으로 회전할 수 있다. 적경권의 네 면에는 적도 위도가 새겨져 있다. 이들 값은 진태양시(眞太陽時)와 천체의 경위도를 측정할 때 사용한다. 기록에 따르면 적도권과 적경권에는 모두 유표(游表)가 있어 값을 정확히 읽어내기 위해 사용되었으나 현재는 모두 유실되었다.

황도경위의(黃道經緯儀)는 고정된 자오권과 과극지권(過極至圈) 그리고 황도권으로 구성되어 있다. 자오권 위에는 북황극과 남황극 부분에 구멍이 하나씩 있어 황극축을 관통한다. 별도로 있는 황도경권은 북황극, 남황극과 연결되어 있어, 축을 중심으로 좌우로 회전할 수 있다. 황도

---

26) [참고자료] 周日시각: 中间的圆环呈南高北低, 与天赤道平行, 因此, 叫做 "赤道环"。环面上均匀地刻有24个大格, 代表24小时, 每个大格再分成4个小格, 代表15分钟。: 중간의 둥근 環은 남쪽이 높고 북쪽이 낮게 되어있어, 천적도(celestial equator)와 평행하므로, "적도환"이라고 부른다. 環면 위에는 24개의 큰 눈금으로 24시간을 나타낸다. 큰 눈금은 4개의 작은 눈금으로 나뉘어져 있으며 작은 눈금 하나는 15분을 나타낸다.(출처: Baidu 백과사전 「赤道经纬仪」)

경권은 적도경위의의 적경권과 비슷하고 황도경권의 네 면에는 황도위도가 새겨져있다. 황도권의 한 면에는 12궁이 새겨져 있고 다른 쪽에는 24절기가 새겨져 있다.

그림 158-1. 중국 고관상대 적도경위의(赤道經緯儀) (사진: 양홍진)

그림 158-2. 중국 고관상대 황도경위의(黃道經緯儀) (사진: 양홍진)

둥근 환 네 개는 서로 연결되어 있으며 아래에는 반원형의 운좌(雲座)가 받치고 있다. 운좌의 아래에는 용 두 마리가 운좌를 받치고 있다. 황도경위의는 천체의 황도경위도를 측정하는데 사용된다.

기한의(紀限儀)는 간단한 구조로, 60도 원각의 부채꼴 모양과 관측에 사용되는 규관 하나로 이루어져 있다(그림 158-3). 부채꼴 구조는 수직 기둥과 연결되어있는데 지평면과 수직으로 놓여야만 사방으로 회전할 수 있다. 기한의는 60도 안쪽에 있는 두 천체의 각거리를 측정하는 데 사용된다.

상한의(象限儀)는 원의 4분의 1에 해당하는 부채모양(즉 상한 1개)과 규관 1개로 구성되어 있다(그림 158-4). 부채꼴의 한 변은 지평면과 평행하고, 눈금은 0-90도까지 아래쪽으로 새겨져 있다. 상한은 기둥에 연결되어 있으며 기둥 위에는 용 모양의 위쪽이 구부러진 횡량과 서로 이어져 있으며 횡량의 양쪽에 두 개의 기둥이 받치고 있다. 상한은 기둥을 중심으로 좌우로 회전할 수 있다. 상한의는 천체의 고도, 즉 지평위도를 측정하는데 쓰이므로 지평위의(地平緯儀)라고도 부른다. 관측하고자 하는 천체의 지평위도가 90도보다 크면 측정값에 90도를 더하게 된다.

그림 158-3. 북경 고관상대의 기한의(紀限儀) (사진: 양홍진)

그림 158-4. 북경 고관상대의 상한의(象限儀) (사진: 양홍진)

지평경위의(地平經緯儀)는 지평경의와 상한의의 기능을 합한 것으로 지평경도와 지평위도를 측정할 수 있다(그림 158-5). 이것은 남회인이 제작한 의기는 아니다. 필자가 살펴보기에 지지대와 받침대의 형식과 장식 등은 중국 형태가 아닌 서양식으로 만들어져 있다. 남회인이 제작한 의기와 달리 이 의기의 기둥에는 용 모양의 장식이 보이지 않는다. 이 의기의 유래에 대해서 여러 의견이 있는데 기리안(紀理安, Kilian Stumf-독일선교사)이 강희 54년(1715)에 만들었다는 설도 있고, 프랑스 황제 루이14세가 강희제에게 선물하였으나 기리안(紀理安)이 본인이 만들었다고 거짓으로 보고했다는 설도 있다. 의기의 형태로 미루어 보면 후자일 가능성이 있지만 만약 루이 14세가 강희제에게 선물한 것이라면 강희제가 의기를 직접보지 않았다는 것 또한 이해할 수 없는 부분이다. 지평경위의의 역사에 대해서는 여전히 불분명하다.

그림 158-5. 북경 고관상대 지평경위의(地平經緯儀) (사진: 양홍진)

기형무진의(璣衡撫辰儀)는 건륭 9년(1744)부터 19년(1754)까지 10년에 걸쳐 형태를 만들고 주조해서 완성하였다(그림 158-6). 기형무진의는 제작 초기 삼진공구의(三辰公晷儀)라고 불렸는데 [27] 당시의 모형은 2개만 남아 있다. 모형은 동으로 제작하여 도금하였으며 조각된 나무받침대 위에 놓여있다. 받침대 위에는 기둥이 하나 있고, 기둥 위에는 자오환이 수직으로 놓여 있는데 전체 높이는 67cm, 자오환 바깥지름은 39cm이며 자오환의 둘레에는 360도가 새겨져 있다. 묘유환(卯酉環)은 자오환과 교차하고 있으며 바깥지름 36cm의 묘유환 둘레에는 시진(時辰)을 나타내는 숫자가 새겨져 있다. 묘유환의 안쪽지름은 33cm로 동서로 회전할 수 있으며 둘레에는 12궁이 새겨져 있다. 두 개의 삼진공구의 소형 모형은 현재 북경고궁박물관에 보존되어있다(그림 158-7). 그 중 하나의 나무 받침대 옆에는 당시 유명한 과학자였던 하국종(何國宗)이 새겨 놓은 자세한 설명이 남아 있다. 이들 모형은 수정을 거쳐 동으로 주조되기 전에 새로운 모형으로 만들어졌다. 실제 의기는 건륭 19년에 완성되었고 정월 5일에 건륭제는 이 의기를 '기형무진의'라 이름 지었다. 같은 해 3월 16일 기형무진의 위에는 만주어와 중국어로 다음과 같은

그림 158-6. 북경 고관상대 기형무진의(璣衡撫辰儀) (사진: 양홍진)

그림 158-7. 북경 고궁박물관 삼진공구의(三辰公晷儀) (출처: 中國科技史料, 1998(4)「明製渾儀與璣衡撫辰儀之比較研究」(李東生))

27) 白尙恕, 李迪:「從三辰公晷儀到璣衡撫辰儀」,『中國科技史料』1982年 第2期.

내용을 새겨놓았다. "御製璣衡撫辰儀乾隆甲子造 -황제의 명으로 기형무진의를 건륭 갑자에 제작하다". 여기에 새겨진 '건륭갑자'는 삼진공구의를 시험 제작하기 시작한 1744년을 말한다. 이 의기는 동으로 만든 대형 기형무진의로 현재는 북경고관상대에 있다.

기형무진의는 전통적인 천체관측 의기인 혼의를 개조한 것으로 서양 천문학의 영향도 반영되었다. 이것은 중요한 천문의기 중 하나로 중국 역사에서 유사한 형태의 의기로는 가장 후기에 만들어진 것이다. 기형무진의는 세 겹으로 구분할 수 있는데 바깥층은 육합의에 해당한다. 일반적인 육합의와 달리 지평권을 없앴고 남북으로 쌍환 자오권이 놓여 있다. 환의 바깥지름은 약 2.1m, 너비는 10cm, 그리고 모든 환의 두께는 약 3cm이다. 두 환 사이의 거리는 약 3cm이며 그 중앙은 자오정선(子午正線)이 된다. 자오권과 연결된 적도단환은 두 개의 용주가 받치고 있다. 가운데 층은 삼진의에 해당하는데 황도권을 없앴으며 양극을 관통하는 쌍환 적도경권이 하나 있고 그 가운데에는 자유롭게 회전하는 적도가 있다.

가장 안쪽은 사유의에 해당한다. 양극의 축을 관통하는 쌍환은 축을 중심으로 회전한다. 쌍환 안에는 직거(直距)가 설치되어있고 그 가운데에 규관을 끼워 넣었다. 규관의 중간에는 둥근 구멍이 뚫려있고 위쪽의 구멍 중심에는 십자모양의 선이 있다. 직거를 이용해 두 천체간의 적경차와 적위차를 측정할 수 있으며 또한 직접 특정 천체의 적경을 측정할 수도 있다.[28)]

앞서 설명한 대형 의기들 외에도 북경고궁박물관에는 많은 명청(明淸) 시기의 천문 관련 의기가 소장되어 있다.[29)] 예를 들면, 천구의(天球儀) 5점, 삼진의(三辰儀) 4점, 삼진간평지평합벽의(三辰簡平地平合壁儀) 1점, 지구의(地球儀) 3점, 성반삽좌(星盤插座) 2세트, 만수천상의(萬壽天常儀) 1점, 간삭망입교의(看朔望入交儀) 1점, 삼구의(三球儀) 1점, 월상연시의(月相演示儀) 1점 그리고 영국에서 제작한 칠정의(七政儀)와 혼천합칠정의(渾天合七政儀)가 각각 1점씩 있다. 또한, 여러 종류의 망원경 100-200여 개가 있으며 다양한 종류의 일구 50-60개, 월구(月晷) 3개, 성구(星晷) 2개 등이 있다. 제작 시기가 기록된 것들은 대부분 강희제 시대의 것이며 건륭제 시대의 것들도 더러 있다.

다음으로 북경고궁박물관에 소장되어 있는 특이한 누호 하나를 간단히 소개하도록 하겠다.

강희제 말기에 제작된 것으로 보이는 이 누호는 원래 명칭이 없었으나 누호의 특징을 따라 연구자들이 "수이팔괘전명각누호(獸耳八卦篆銘刻漏壺)"라고 명명하였다. 수이팔괘전명각누호의

---

28) 陳遵嬀: 『中國古代天文學簡史』, 上海人民出版社, 1955年.

29) 李迪, 白尙恕: 「故宮博物院所藏科技文物概述」, 『中國科技史料』 1981年 第1期.

주요 특징은 파수호와 수수호가 하나의 몸체에 있는 것으로 펌프를 이용해 물을 순환시켜 사용한다. 누호는 동으로 만들어졌으며 모양은 주둥이가 넓은 큰 화병처럼 생겼고 부전은 한 가운데에 꽂도록 되어있다. 전체 높이는 51cm이고 윗 입구 지름은 32cm이다. 윗 입구의 안쪽이 누호의 윗부분이 된다. 입구 아래는 비교적 굵은 목과 어깨 그리고 허리로 구성되어 있다. 어깨 위에는 팔괘 부호가 있으며 허리의 남북 양쪽에는 모두 전서(篆書)로 된 명문이 남아 있다(그림 160-1).[30)]

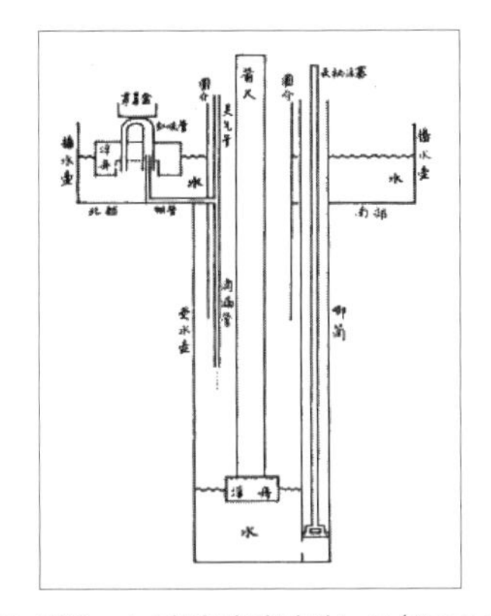

그림 160. 수이팔괘전명각누호(兽耳八卦篆銘刻漏壺) 내부구조 모형

그림 160-1. 북경 고궁박물관 수이팔괘전명각누호(兽耳八卦篆銘刻漏壺) (출처: Baidu 백과사전)

누호의 어깨부분은 파수호로 물이 적루관(滴漏管)을 통해 수수호로 들어간다(그림 160). 파수호에 있는 적루관의 한 쪽(북쪽부분)에는 물의 양을 조절하는 장치가 있다. 누호의 남쪽 내부에는 펌프가 하나 있는데 수수호 바닥과 높이가 같다. 수수호의 바닥 가까이에는 작은 구멍이 있는데 펌프와 서로 연결되어있다. 수수호의 수위가 일정 높이에 이르게 되면 펌프는 피스톤(長柄活塞)을 이용해 물을 파수호로 빼낸다.[31)] 이렇게 순환이 반복되도록 되어 있어 이상적인 구조를 가지고 있지만 실제로 만들기는 매우 어렵다

청대에는 민간에서도 많은 소형 천문의기가 제작되었다. 예를 들면 제언괴(齊彦槐, 1771-1841), 장작남(張作楠, 1771-?), 추백기(鄒伯奇, 1819-1869) 등이 만든 의기들은 지금까지 보존되어 전해지고 있다. 제언괴와 장작남은 동시대의 사람으로 서로 연관이 있다. 제언괴는 사구(斜

---

30) 白尙恕, 李迪: 「康熙朝刻漏壺」, 『故宮博物院院刊』 1983年 第1期.

31) 李迪, 白尙恕: 「清代兽耳八卦篆銘刻漏壺」, 『科技史文集』 第10輯, 上海科學技術出版社, 1983年.

晷), 중성의(中星儀)와 작은 천구의를 만들었는데 사구(斜晷)는 장작남의 저서에 비교적 자세히 소개되어 있다.[32] 중성의는 제언괴가 직접 소개한 글이 남아 있지만[33] 두 종류의 의기는 모두 현재 전해지고 있지 않다. 제언괴가 만든 작은 천구의는 현재 북경중국역사박물관에 소장되어 있다.

제언괴가 제작한 천구의(小天球儀)는 높이 33.4cm의 크기로 황도권은 구면(球面) 위에 그려져 있으며 지평권과 적도권은 구면 밖에 놓여 있다. 구면 위에는 전통방식에 따라 별과 별자리가 새겨져 있는데 277개 성좌 1,319개의 별이 그려져 있다. 별자리는 남극 주변의 23개 성좌 150개의 별을 함께 포함하고 있다. 구(球)의 중간 아래에는 열쇠를 꼽을 수 있는 작은 구멍 하나가 있는데 열쇠로 태엽을 감아주면 천구의는 지구의 자전속도로 회전하게 된다. 따라서 시각을 맞추고 천구의를 관찰하게 되면 실제 천체의 위치와 출몰을 확인할 수 있다. 이러한 구조는 고대 수격식 혼상(渾象)의 구조와 비슷하다. 수격식 혼상은 물의 흐름을 이용해 회전하는 것으로 제언괴가 태엽으로 바꿔 사용한 것은 하나의 과학 기술사적 진보이며 이것은 실제로 작은 천문시계이다.[34]

강소성(江蘇省) 상주시(常州市) 천령사(天寧寺) 안에는 돌로 만들어진 두 개의 일구가 소장되어있다. 필자는 1979년 4월 3일 직접 조사하였다. 당시 천령사는 관리인이 없어 잡초가 우거져 있었다. 일구 두 개 중 하나는 사찰의 정전(正殿-본당) 앞에 있었다. 약간의 풍화를 제외하고는 전체적으로 잘 보존된 상태였다. 일구는 직사각형 석판(石板)으로 길이 100cm, 너비 63cm, 두께 20cm이며 윗면에는 시각선이 새겨져 있고 중심의 북쪽에는 둥근 원이 하나 새겨져 있다. 원의 직경은 26.5cm로 원의 가장 남

그림 160-2. 천령사(天寧寺) 석판 평면일구(平面日晷)
(출처: 天宁区档案信息网)

32) 張作楠:「揣筌小錄」, 見『翠薇山房數學』.

33) 齊彦槐:『梅麓文抄』

34) 史樹靑:「齊彦槐所製天文鐘」, 文物參考資料 1958年 第7期; 張江華:「齊彦槐及所製天文儀器」,『文物』1997年 第8期.

쪽이 일구의 중심이 된다. 일구의 중심에는 작은 구멍이 하나 있는데 구침(晷針)을 끼워 넣는 곳으로 보인다. 일구의 측면에는 다음과 같은 명문이 있다.

余既按常州北極高度, 作東西面日晷。復屬(囑)全椒江云樵臨泰作平面晷, 以相參驗. 盖既得子午眞線, 則咸(或)用橫表, 以取風(倒)景(影), 復屬竪表, 以取地平之景, 俱可得天正□列也。作(?)□又□。

나는 상주의 북극고도에 따라 동서면 일구를 제작하였다. 다시 전초출신 임태 강운초에게 부탁하여 평면 일구를 제작하고 서로 비교해 보았다. 이미 진남북선(子午眞線)은 알고 있기 때문에 만약 횡표를 사용하면 거꾸로 비친 해 그림자를 구할 수 있다. 다시 表를 바르게 세워서 지평의 해 그림자를 구하니 모두 하늘의 바른 시각을 구할 수 있었다.

명문에서 알 수 있듯이 이 일구는 "평면구(平面晷)"라고 불렸으며 장작남이 강운초(임태)에게 부탁하여 제작한 것이다. 평면구는 자신이 제작한 "동서면일구(東西面日晷)"와 "相參驗–서로 참조하여 실험해보다.–"하기 위해 만들었다. 1979년 4월 필자가 조사했을 당시 장작남의 "동서면일구"는 몇 조각으로 깨어져 바닥에 버려져 있었다. 그 중 5조각은 서로 맞출 수가 있었으나 나머지 부분은 찾을 수 없었다. 일구의 윗면이 보이는 가장 큰 부분에는 오른쪽 위 모서리에서부터 왼쪽아래 방향으로 절기선이 새겨져 있었다. 선은 모두 13개로 선의 끝에는 절기가 적혀 있었는데 맨 위의 선은 "동지"이고 맨 아래 선은 "하지"이다. 나머지 선에는 두 개의 절기가 함께 적혀 있었는데 "소한, 대설", "대한, 소설", "입춘, 입동", "우수, 상강", "경칩, 한로", "춘분, 추분", "청명, 백로", "곡우, 처서", "입하, 입추", "소만, 대서", "망중, 소서" 등으로 적혀 있었다. 일구 왼쪽의 위쪽과 아래쪽 모서리에는 문자가 남아 있었는데 비교적 선명한 아래쪽의 문자는 아래와 같다.

午前景在東, 午後景在西, 午初二刻後, 午正二刻前, 表形大長, 晷不能列。但未至午, 正景仍在東, 一過正午, 景卽在西。若交午正, 則兩面俱無影。二分日卯酉亦無景。

오전에 해 그림자는 동쪽 면에 있고 오후에는 서쪽 면에 있게 된다. 오전 11시 30분에서 정오12시 30분 사이에 표의 모습은 크고 길어져 구의에서 측정할 수 없게 된다. 午(12시)시에 이르지 않으면 해 그림자는 여전히 동쪽 면에 있게 되고 정오를 지나면 해 그림자는 바로 서쪽

면에 보인다. 만약 정오가 되면 동쪽과 서쪽 면에서는 그림자를 볼 수 없게 된다. 춘분과 추분 날 해가 동쪽과 서쪽(卯酉)에 와도 역시 그림자는 볼 수 없게 된다.

깨진 해시계 주변의 작은 조각을 이용해 전체적인 형태를 맞춰 연결할 수 있었다. 한쪽의 윗면에는 다음과 같은 글자가 새겨져 있었다.

橫爲時刻線, 每小時分四刻, 東面自上順數而下; 西面自下逆數而上。縱爲節氣線, 節氣未交, 景尙在線內; 節氣一過, 景卽在線外, 若過數日, 則在兩線間。

가로는 시각선으로 매 시간은 4刻으로 나뉘어 있다. 동쪽은 위에서부터 아래로 차례로 내려오며 서쪽면은 아래부터 위로 올라간다. 세로는 절기선으로 절기가 바뀌지 않으면 해 그림자는 선 안에서 움직이며 절기가 지나면 그림자는 선 밖에 나오게 된다. 여러 날이 지나게 되면 두 선 사이에 보이게 된다.

장작남이 『췌첨소록(揣签小錄)』에서 상세히 기록한 동서면 일구는 좋은 참고 자료가 된다. 동서면 일구는 정남북 방향으로 지면에 수직하게 세워져있으며 오전에는 동쪽면, 오후에는 서쪽면을 이용해 관측한다. 일구에서 시각을 측정하는 방법은 동서 양면의 절기선이 지나는 상단에(일구의 상단에서 남쪽으로 치우쳐진 곳에 위치) 수평한 횡표(橫表-晷針)가 하나씩 있어 이를 이용해 구면 위에 비쳐진 해 그림자를 측정해 시각을 확인한다(그림 160-3).

동서면 일구에 적힌 설명은 양면 모두에 대한 것이다. 절기선은 하지에서 동지까지 남쪽에서 북으로 배치되어 있고 동지를 지나면 다시 하지의 위치로 되돌아온다. 이런 종류의 일구는 먼저 그 지역의 하지선과 동지선을 측정하야하고 북극출지 고도도 알아야 한다. 동서면 일구는 동일 위도 선상에서는 어디든 사용이 가능하지만 경도선 방향(남북)으로 이동해서 사용할 수는 없다.[35]

그림 160-3. 천령사(天寧寺) 동서면(東西面) 일구(日晷)(출처: 鳳凰佛教)

---

35) 鄧可卉:「東西面日晷在清代的發展」,『中國科技史料』1999年 第20期.

동서면 일구의 원리는 서양에서 전해진 것으로 『수리정온(數理精蘊)』에 상세한 기록이 남아 있으나 당시의 유물이 전해지는 것은 없다. 장작남이 제작한 동서면 일구는 현재 볼 수 있는 유일한 것으로 가치 있는 유물이다.

앞서 언급한 학자들보다 다소 늦은 시기에 활동한 광동(廣東) 출신 추백기(鄒伯奇, 1819-1869)는 여러 개의 소형 천문의기를 제작하였다. 그 중에는 여러 일구 및 천구의와 '태양계표연의(太陽系表演儀)' 등이 포함되어 있다. 현재 중국 광주시(廣州市) 박물관에 소장되어있다.

그림 161. 추백기가 제작한 지평일구

추백기가 제작한 2개의 지평식일구(地平式日晷)는 나무로 만들어졌는데 그 중 하나는 다음과 같다. 직사각형 구반(晷盤)의 크기는 길이 16.4cm 너비 8.8cm이며 구반의 한쪽 끝에는 높이 13.8cm, 길이 1.5cm, 너비 1cm의 사각형기둥 모양의 입표(立表)가 수직하게 세워져있다. 구반의 둘레에는 '卯', '辰', '巳', '午', '未', '申', '酉'의 시각선이 새겨져 있다. 구반의 중앙에는 나침반이 하나 있고 나침반 주위로 팔괘명과 천간 지지가 적혀있다. 입표 꼭대기와 구반의 반대편 가장자리는 날실로 연결되어 있어 날실의 그림자가 시각을 알려준다(그림 161). 다른 지평식 일구도 비슷한 구조로 되어 있다.

추백기(鄒伯奇)의 일야구(日夜晷)는 나무로 만들어졌는데 받침대(구반)와 입표로 구성되어 있으며 전체 높이는 17.5cm이다(그림 162). 직사각형 구반의 크기는 길이 16cm, 너비 10.01cm, 두께 2.5cm이며, 구반 위에는 다음과 같은 명문이 새겨져 있다.

> 凡測日: 置座正南北, 令横表影端指本節氣卽得時刻。就板下視懸針所指, 卽爲本處北極出地高度。此仿『周禮』土圭以致日以度地之意也。
>
> 무릇 해는 다음과 같이 측정한다. 받침대를 정남북방향으로 놓고, 횡표의 그림자 끝이 관측 당시의 절기에 놓이게 되면 시각을 알 수 있다. 구반 아래에 있는 자침이 가리키는 방향을 측정하면 관측자의 북극출지 고도를 알 수 있다. 이것은 「주례」의 토규를 모방한 것으로 해를 이용해 지리적 위도를 측량한다는 의미이다.

구반 위에는 나침반이 하나 있는데 길이 3.5cm의 자침이 놓여 있다. 자침 주위에는 내반(內

盤)과 외반(外盤)이 있으며 내반은 다시 내권(內圈)과 외권(外圈)으로 나뉜다. 내권에는 28수(宿)와 주요 별자리가 새겨져 있으며 외권에는 24절기가 표시되어있다. 외반에는 시진(時辰)을 나타내는 12지지가 새겨져 있는데 모든 시진은 8칸으로 나눠져 있어 하루를 96각(刻)으로 사용했음을 알 수 있다.

받침대의 한 쪽 끝에는 '십자반(十字板)'이 세워져 있는데 십자반은 수평한 횡표(横表)가 수직한 수표(竪表)에 끼워져 있다. 수직한 수표(竪表)는 높이 15cm, 너비 4.8cm, 두께 1cm이며 수표의 5.7cm 높이에 위치한 횡표는 길이 10.0cm, 너비 4.8cm, 두께 1cm의 크기이다. 수표의 안쪽 부분 중 횡표 아래쪽은 상한호형(象限弧形)으로 되어 있는데, 호의 둘레에는 북극출지를 나타내는 눈금이 새겨져 있으며, 눈금 옆에는 '북극출지고도(北極出地高度)'라는 여섯 글자가 새겨져 있다. 수표의 10cm 높이에는 3.5cm 길이의 구침이 양쪽에 수평하게 놓여 있으며 그 주변에는 시각선이 새겨져 있다. 구침의 그림자를 이용해 시각을 알 수 있으므로 동서면 일구와 같은 기능을 하는 구조로 되어있다(그림 162).

그림 162. 추백기가 제작한 일야구(日夜晷)

그림 163. 추백기가 제작한 천구의

추백기가 만든 일야구의 횡표 뒷쪽에는 "周行日晷。咸豊甲寅春鄒特夫製-주행일구. 함풍 갑인년 봄에 추백기가 제작하다.-"라는 명문이 있다.[36] 함풍 갑인은 1854년이며 특부는 추백기의 자(字)이다.

추백기의 천구의는 제언괴(齊彦槐)가 만든 것과 비슷한 모습이다. 추백기의 천구의는 50cm

36) 李迪, 白尚恕: 「我國近代科學先驅鄒伯奇」, 『自然科學史硏究』 1984年 第4期.

높이로 제언괴의 것보다는 좀 크다. 천구의의 바깥에는 지평환 자오환 적도환과 황도환이 있는데 이들은 극축과 연결되어 있으며 천구의는 극축에 매어져 있다. 아래 그림에 보이는 천구의는 둥근 받침대 위에 서로 교차하는 두 개의 반원호가 수평한 지평환 아래쪽을 받치고 있다(그림 163).

천구의는 극축을 중심으로 회전할 수 있고 구면 위에는 적경과 적위가 그려져 있다. 천구의 표면에는 별자리가 그려져 있는데 중국의 전통적인 별자리 체계를 따랐다. 별자리에는 한자로 별자리 이름을 적어 놓았다. 지평환 위에는 '午', '丁', '未', '坤', '申', '庚', '酉', '辛', '戌', '乾', '亥', '壬', '子', '癸', '丑', '艮', '寅', '甲', '卯', '乙', '辰', '巽', '巳', '丙'이 새겨져 있어 24방위를 나타낸다. '子'는 정북에 있고, '午'는 정남에 있다. 자오환 위에는 주천도수가 새겨져 있다. 적도환 위에는 '子初', '子正', '丑初', '丑正', '寅初', '寅正', '卯初', '卯正', '辰初', '辰正', '巳初', '巳正', '午初', '午正', '未初', '未正', '申初', '申正', '酉初', '酉正', '戊初', '戊正', '亥初', '亥正' 24쌍의 시각이 있어 주야 24개의 시진(時辰)을 나타낸다. 추백기의 천구의 내부에는 태엽 장치가 없어 자동 운행이 안 되는데 이 부분이 제언괴의 것과 다른 점이다.

추백기가 제작한 '태양계표연의(太陽系表演儀)'는 중국에서 처음으로 제작한 것이다. 북경 고궁박물관에 소장되어 있는 영국에서 만든 '칠정의(七政儀)'만큼 정밀하게 제작되지는 않았지만 개념을 쉽게 이해 할 수 있도록 만들어져 있다. '태양계표연의'라는 이름은 추백기가 명명한 것이 아니라 후대의 연구자가 의기의 특징을 살펴서 붙인 이름이다.

'태양계표연의'의 기능은 태양을 중심으로 행성과 위성의 모습을 입체적으로 보여주는 것으로 원칙적으로는 시연을 통해 태양계 운행을 보여주는 역할을 하지만 추백기가 만든 것은 입체적인 모습만 볼 수 있다(그림 164).

그림 164. 추백기가 제작한 태양계표연의(太陽系表演儀)

'태양계표연의' 아래쪽은 3개의 다리가 원반(圓盤)을 받치고 있으며 원반의 가운데 축의 끝에는 태양을 상징하는 큰 구가 놓여져 있다. '태양' 아래에는 8개의 수평 축이 연이어 있다. 각각의 축에는 길이가 다른 막대가 수평하게 이어져 있으며 막대의 끝에는 행성을 상징하는 구가 있다. 구의 바깥쪽에는 위성을 상징하는 더 작은 구가 설치되어 있다. 행성은 태양에서의 거리에 따라 '수성(水星)', '금성(金星)', '지구(地球)', '화성(火星)', '목성(木星)', '토성(土星)', '천왕성(天王星)'과 '해왕성(海王星)'이 있는데 행성들은 같은 평면상에 놓여 있다. 가장 바깥쪽에 있는 해왕성의 회전 직경은 80cm이다. 태양계표연의에서 지구는 다른 행성보다 크게 과장되어 있는데 이것은 지구와 달의 운동을 잘 보기 위한 목적으로 생각된다. 각각의 행성과 위성 등에 대해서는 표 3에 정리하였다.

표 3. 추백기가 제작한 태양계표연의 구조와 상태

행성이름	의기 표현 위성수	1869년 발견한 위성수	현재 발견된 위성수	기타
수성	0	0	0	
금성	0	0	0	
지구	1	1	1	
화성	0	0	2	
목성	4	4	14	의기에 작은 球가 1개 손실
토성	7	8	10	의기에 작은 球가 2개 손실, 바깥쪽에는 둥근 環이 있다.
천왕성	6	4	5	
해왕성	2	1	2	의기 위 '행성' 바깥쪽으로 둥근 環이 있다.

표 3을 통해 다음을 알 수 있다. 추백기가 의기를 설계할 때 당시의 서양천문학을 잘 알고 있었고 새로운 성과까지 포함했다는 것이다. 예를 들면, 해왕성은 1846년에 발견하였으며 천왕성의 위성 2개와 해왕성의 위성 1개는 1851년에 발견하였는데 추백기가 제작한 의기에 모두 반영되었다.

행성의 위성을 살펴보면 토성에는 7개의 위성이 있는데(그 중에 작은 구(球) 2개는 손실) 당시에 알려진 8개와 비교해 보면 의기에는 1개가 누락되어 있다. 천왕성의 위성은 당시에 발견된 4개보다 2개가 많은 6개가 있다. 해왕성에는 2개의 위성이 설치되어 있는데 당시까지는 한 개만 발견되었고 두 번째 위성은 1949년에 발견되었다. 또한 토성 바깥에 둥글게 생긴 물체가 있는데 어떤 이유로 이렇게 되었는지는 알 수 없다. 특히 위성의 개수가 적은 것은 이해할 수 있지만 많은 것은 이해하기 어렵다. 추백기가 의기를 제작할 당시 특정한 근거를 활용했음은 일부를 통해 짐작할 수 있다. 예를 들면 천왕성의 6개 위성의 경우, 1787년 윌리엄 허셸(W. Herschel, 1738-1822)이 2개의 위성을 발견한 이후, 1851년 2개를 더 발견하였다. 그러나 그 사이 1797년 허셸은 추가로 4개를 발견했다고 발표한 적이 있는데,[37] 추백기는 아마도 1797년 허셸의 발표를 근거로 본인의 의기에 6개의 작은 위성을 추가했던 것으로 짐작할 수 있다. 해왕성 바깥에 추가한 환에 대해서는 추가적인 연구가 필요한 실정이다.

그림 164-1. 북경 고궁박물관 소장 동도금혼천합칠정의(銅鍍金渾天合七政儀) (출처: www.boosc.com)

추백기의 천문학 연구는 다양한 방면에 걸쳐 진행되었는데 예를 들면 천문도를 제작한 적도 있었고,[38] 물리학과 수학의 분야에 있어서도 좋은 성과를 얻었다. 중국의 19세기 과학사에서 추백기는 중요한 위치를 차지하고 있다.

37) G-de 伏古勒爾: 『天文學簡史』, 上海科學技術出版社, 1959年 李曉舫譯.

38) 李迪, 戴學稷: 「邹伯奇首創我國第一架自製的太陽系表演儀及其他」, 『學術研究』 1981年 第4期.

於七度於辰在午名鶉火南方星火言五月之時
昏中七星朱鳥之處故曰鶉火周之分也

14

고고학에서 발견한 천문도(天文圖)

천문도는 성도(星圖)로도 부르는데, 간단히 설명하면 천구(天球)에 있는 별(항성)을 평면 위에 옮겨 그려 놓은 것을 말한다. 망원경 발명 이전의 천문도는 모두 육안으로 보이는 항성을 그렸다. 서양에서는 눈으로 볼 수 있는 별들을 밝기에 따라 여섯 등급으로 나눴다. 인류가 처음으로 관심을 갖고 보았던 별은 1, 2 등급의 밝은 별들이었다. 항성은 천구에 불규칙하게 분포하고 있으며 때로는 무리지어 있기 때문에 별무리는 땅위의 특정한 사물의 모습에 따라 이름 붙여졌다. 동서양이 모두 이러한 과정을 거쳤는데 이것이 바로 별자리가 만들어진 유래이다. 천문도를 그릴 때 주변의 별들을 선으로 연결해 별자리를 만들었기 때문에 별자리 모습은 실제 사물과 비슷하게 보인다. 일례로, 서양의 전갈자리는 전갈 한 마리 모습으로 별자리를 그렸으며, 중국의 북두칠성은 손잡이가 달린 국자(斗)[1] 모습으로 그려져 있다.

인류의 생활이 오랜 시간 북반구에서 이뤄졌기 때문에 별이나 별자리도 자연히 북반구 중심으로 그려졌으며 남반구 하늘의 경우, 북반구에서 볼 수 있는 제한된 부분만 그려졌다. 따라서 천문도의 별이 남반구의 모든 별들을 포함하고 있지는 않는다. 중국 초기의 천문도는 남위 36°

1) 두(斗) : 중국 고대의 도량(度量) 기구로 대부분 긴 손잡이가 있었으나 한(漢)대 이후에는 손잡이가 없어졌다.

까지만 그려졌고 그 아래쪽은 모두 비워져 있다. 북반구에서 가장 쉽게 관측할 수 있는 하늘의 영역은 황도와 적도 영역을 포함해 그 북쪽 지역에 해당한다. 황도와 적도의 교각은 약 23.5° 인데 이 주변의 별은 가장 자세하게 관측되어 천문도에 기록되어 있다. 동양의 전통방식에 따라 중국의 천문도는 적도와 28수 별자리를 이용해 적도좌표계를 만들었는데 이것이 동양의 전통적인 적도좌표계이다. 적도좌표계에서 위도(緯度)는 적위(赤緯)가 된다. 반면, 서양에서는 황도좌표계를 사용하였는데 경도의 기준점은 춘분점이 되며 춘분점을 지나는 경도선이 0°가 된다.

중국의 고대 성도는 크게 두 종류로 나눌 수 있는데, 그 중 하나는 시의성(示意性) 성도이다. 시의성 성도는 임의대로 그렸기 때문에 그 개략적인 형태만 있을 뿐, 별의 위치도 부정확하고 별자리 개수도 매우 제한적이다. 다른 하나는 천문학의 학문적 기초 위에 만들어진 것으로 이들은 과학적 연구 자료로 사용된다. 실질적인 천문도는 실제 관측에 근거해 경위도(經緯度)에 따라 만들어져야 하지만 고대의 성도가 모두 이러한 체계로 만들어지지는 않았다. 중국고고학계에서 발견한 초기의 성도는 대부분 시의성 성도이다.

1절. 원시 천문도(天文圖)

고고 출토 유물을 살펴보면 중국의 성도는 한(漢)대에 이르러서야 보이기 시작하는데, 예를 들면 일부 부장품 위에 북두 등의 별자리가 보인다. 서한(西漢)시대 여음후묘(汝陰侯墓)에서 출토된 점반 위에 북두도(北斗圖)[2]가 발견되었는데 연구 결과 서한 초기의 것으로 확인되었다(그림 165).

무덤의 내부 천장에 천문도가 발견되었는데, 무덤 천장에 천문도를 그린 시기는 진시황 시대부터 이어졌다고 생각된다. 문헌에는 "上具天文, 下具地理[3] –위에는 천문이 있고, 아래에는 지리가 있다"라고 기록되어 있다. 여기서 언급한 천문은 천문도로 짐작되지만, 천문도가 그려진 당시의 무덤이 아직 발굴되지 않아 자세한 내용은 알 수 없다. 다만 북두도와 같이 간단한

2) 殷滌非 : 「西漢汝陰侯墓出土的占盤和天文儀器」, 『考古』 1978年 第5期.

3) 『史記』 卷六 「秦始皇本紀」.

별자리 그림보다는 많은 별자리가 그려진 성도일 것이라는 추정만 할 뿐이다. 중국에서 출토된 최초의 성도는 하남성(河南省) 낙양(洛陽)의 서한(西漢)시대 묘에서 발견되었다. 이 성도는 묘의 전실 천장에 해와 달 그리고 별이 그려진 벽화로 발견되었다(그림 166).[4] 하내(夏鼐)는 발굴 보고서를 기초로 아래와 같은 추가 연구 결과를 발표하였다.[5]

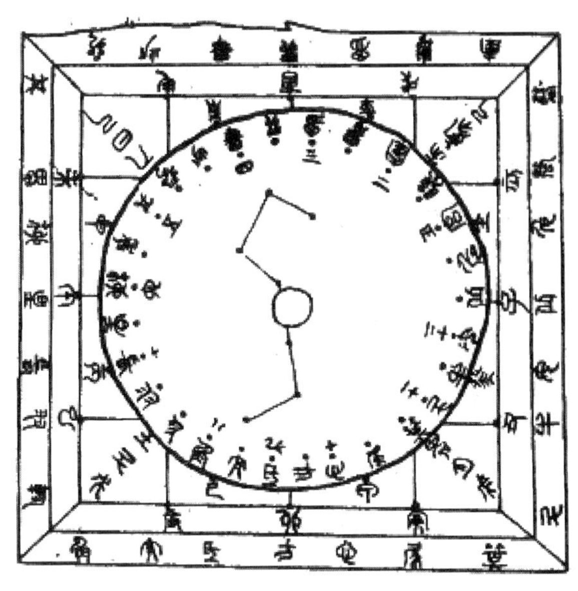

그림 165. 안휘(安徽) 부양(阜陽) 출토 서한초기의 점반(占盤)

천문도는 원래 한 폭의 긴 그림으로 12칸으로 나뉘어 있으며 마지막 한 칸은 가운데가 기둥에 의해 가려져 있다. 성도의 배열은 동에서 서로 이어져 있다(그림의 순서는 해석을 위해 연구자가 임의로 붙인 것이다). 첫째 그림과 일곱째 그림은 각각 태양과 달을 그려 놓았음을 쉽게 알아볼 수 있다. 나머지 열 개의 그림에는 흰색의 바탕위에 붉은 점으로 별을 그려 놓았다. 별과 함께 그려진 구름은 붉은색과 검정색을 이용해 그려져 있다. 별은 모두 55개가 그려져 있는데(달 그림 우측 아래위에 그려진 2개 포함) 어떤 별자리를 그려 놓은 것인지는 명확하지 않다. 하내는 두 번째와 세 번째 그림의 동쪽에 그려진 7개의 별을 둥근 모양의 '관색(貫索)'으로 보았으며 세 번째 그림에서 관색 옆에 있는 세 개의 별을 방수(房宿)로 보았다. 네 번째 그림에 그려진 별자리는 필수(畢宿)와 묘수(昴宿) 그리고 다섯째 그림의 별자리는 심수(心宿)로 보았다. 여섯째 그림의 별자리는 장수(張宿)로, 일곱째 서쪽부분 별 2개와 여덟 번째 그림의 별을 허수(虛宿)와 위수(危宿) 두 별자리로 보았으며 아홉째 그림은 하고(河鼓)와 보성(輔星)[6]으로 보았다. 열 번째 그림의 별자리는 직녀(織女)로, 열한 번째는 류수(柳宿)나 성수(星宿)로 보았고 마

---

4) 河南省文化局文物隊: 「洛陽西漢壁畵墓發掘報告」, 『考古學報』, 1964年 第4期.

5) 夏鼐: 「洛陽西漢壁畵墓中的星象圖」, 『考古』, 1965年 第2期.

6) [역자주] 하고(河鼓)의 보성(輔星)은 하고 위아래에 위치한 좌기(左旗)와 우기(右旗) 별자리를 말한다.

지막 그림은 삼수(參宿)의 일부로 보았다. 앞의 해석대로라면 낙양(洛陽)에서 출토된 서한 시대의 성도는 28수의 일부 별자리와 함께 관색(貫索)을 그려놓은 셈이 된다. 그러나 실제 벽화가 그려진 시기가 오래되어 별도 명확하지 않을 뿐 아니라 시의성(示意性) 성도의 특징도 보이고 있어 이러한 해석이 의미 있다고 보기는 어렵다.

서한 시대의 무덤 벽화에는 일반적으로 성도가 많이 그려져 있다. 앞에서 설명한 낙양의 성도 또한 이 시대의 것으로 낙양 성도에는 28수 별자리가 비교적 잘 남아 있는 편이다.

1972년 섬서성(陝西省) 천양(千楊)의 무덤에서 훼손된 채로 남아 있는 성도가 발견되었다. 성도가 발견된 무덤은 서한 말부터 왕망(王莽) 시기의 것으로 알려졌다. 훼손된 벽면 일부가 복원

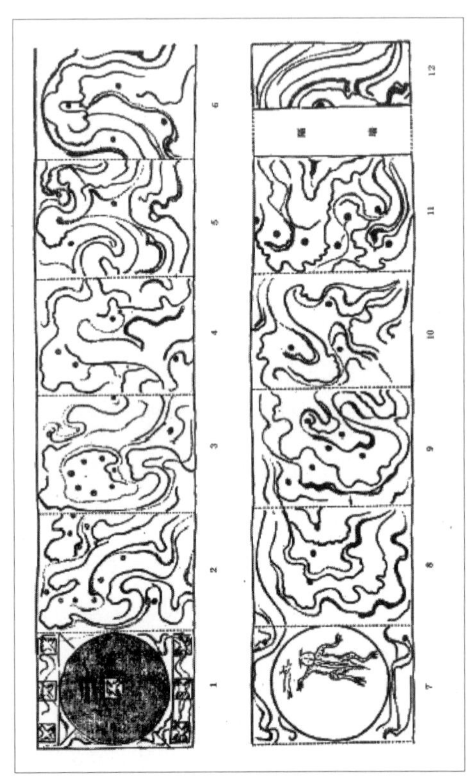

그림 166. 낙양 서한시대 벽화묘에 남아있는 일, 월, 성상도 (탁본)

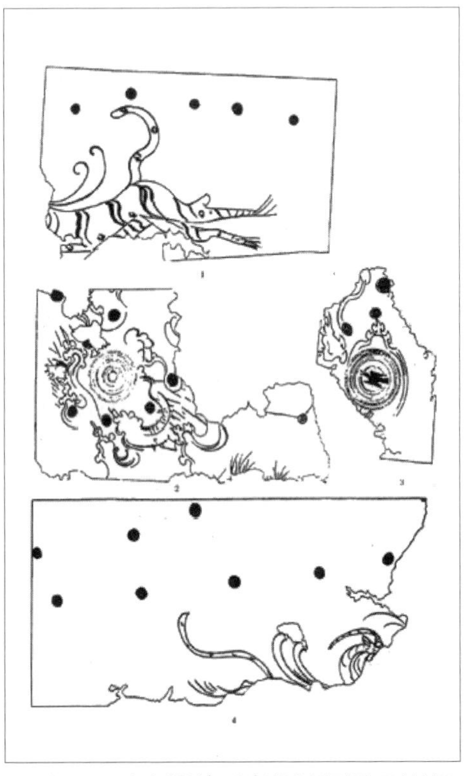

그림 167. 섬서 천양(千楊)에서 발견된 묘실성도 벽화(서한시기~왕망(王莽)시기)

1.동쪽벽: 창룡 꼬리부분　2.서쪽벽: 월륜도(月輪圖)
3.동쪽벽: 금오도(金烏圖)　4.서쪽벽: 백호 꼬리부분
(모두 모사본으로 대략 1/5에 해당)

되었는데 그 가운데 별자리와 관련된 그림 네 조각에서 발견되었다.[7] 무덤 안쪽의 동쪽 벽에는 해를 그린 일상도(日象圖)와 창룡도(蒼龍圖)의 꼬리가 남아 있으며 서쪽 벽에는 달을 그린 월상도(月象圖)와 백호도의 윗부분이 남아 있다. 그림이 훼손되어 창룡과 백호의 전체 모습이 남아 있지는 않지만 백호와 창룡을 그린 그림임은 분명하다. 이 성도는 28수를 그린 것으로 짐작되지만 네 조각 외에 나머지 부분은 없어져 확인할 방법이 없다(그림 167).

1987년 4월 섬서성(陝西省) 서안교통대학(西安交通大学) 부속 초등학교 교정에서 서한(西漢) 말기의 28수 성도[8] 하나가 발견되었다. 이 성도는 무덤에 그려진 채색 벽화 중의 한 폭이었는데 1991년에서야 실제 사진과 관련 연구 논문이 처음으로 발표되었다(그림 168).[9] 이 벽화는 가운데 붉은색 마름모꼴 기하무늬 도안을 중심으로 위아래로 나눌 수 있다. 위에는 천문도가 있으며 아래쪽에는 사람이 생활하는 땅을 나타낸다. 이러한 개념은 당시 중국 사람들이 생각한 하늘과 땅의 구조를 잘 보여준다. 연구에 따르면 이 천문도에는 일상도(日象圖), 월상도(月象圖)와 28수 가운데 항(亢), 저(氐), 방(房), 심(心), 미(尾), 두(斗), 우(牛), 여(女), 허(虛), 위(危), 실(室), 벽(壁), 규(奎), 루(婁), 묘(昴), 필(畢), 자(觜), 삼(參), 귀(鬼)의 19개 별자리와 '큰 새(大鳥)'가 그려져 있다. 28수 중에 나머지 별자리(위(胃), 익(翼), 각(角), 방(房), 류(柳), 진(軫), 기(箕), 성(星)과 정(井))는 아직 찾지 못했다. 천문도에서 별자리 그림은 바깥쪽 두 개의 원 사이에 고르게 그려져 있다. 별자리와 함께 용이 그려져 있어 동쪽을 상징하는 창룡임을 알 수 있다. 창룡 반대쪽에 있어야할 백호는 보이지 않는다. 별자리가 그려진 원의 안쪽에는 일상도(日象圖)와 월상도(月象圖)가 구름과 함께 그려져 있다. 별자리 그림 가운데에는 사람(주로 남자) 모습도 있으며 일부는 동물도 그려져 있다. 이러한 그림은 무

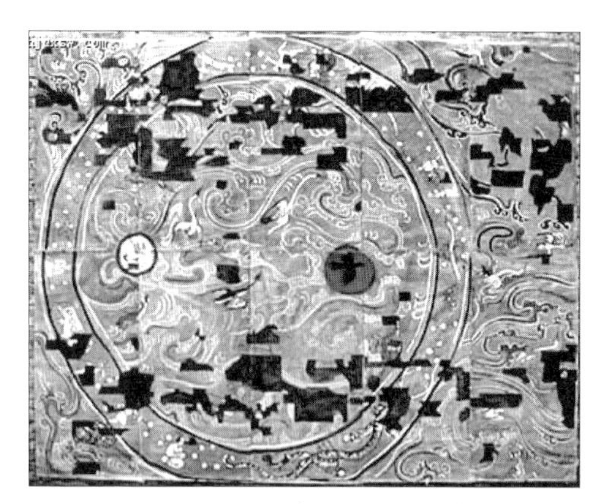
그림 168. 서안교통대학(西安交通大学) 출토 서한(西漢) 무덤 채색 성도(출처: 中華荊楚萧氏網)

7) 寶鷄市博物館, 千陽縣文化館: 「陝西千陽縣漢墓發掘簡報」, 『考古』 1975年 第3期.

8) 陝西省考古研究所, 西安交通大学: 「西安交通大学西漢壁畫墓發掘簡報」, 『考古與文物』 1990年 第4期.

9) 維啓坤: 「西安交通大学西漢墓葬壁畫二十八宿星圖考釋」, 『自然科學史研究』, 1991年 제10期.

덤의 주인이 저승에서 누군가의 시중을 받고 있음을 나타낸 것으로 보인다. 서안교통대학에서 출토된 28수 천문도는 모든 별자리가 그려진 완전한 28수 성도는 아니지만 지금까지 중국에서 발견된 가장 오래되고 뛰어난 것이라 할 수 있다.

고고학 자료 가운데 한대(漢代)에서 위진(魏晉) 시대까지 많은 별자리 그림이 발견되었다. 별 그림은 무덤의 벽화뿐 아니라 돌에 새겨진 화상전(畵像磚) 등에서도 발견되었다. 남북조시대 북위(北魏)의 무덤 벽화에서 아래와 같이 많은 시의성 성도가 발견되었다.

1974년 2월 낙양(洛陽) 맹진현(孟津縣) 향양촌(向陽村)에서 발굴된 북위(北魏) 시대의 원예묘(元乂墓)에서는 무덤 천장에 그려진 성도 하나가 발견되었다.[10] 사진을 통해 알려진 성도를 보면 부분적으로는 훼손되었지만 전체적으로는 온전한 성도로 보인다. 별 300개 정도가 그려져 있는데 모두 작은 원으로 표현해 놓았다. 일부 별들은 서로 연결되어 별자리를 표현하고 있으며 성도 가운데에는 은하수를 표현한 넓은 띠도 보인다. 그림 169는 성도에 그려진 별 중에서 연결선이 있는 별자리만을 표시한 것이다. 낱개로 그려진 많은 별들은 실제 하늘에 있는 별의 위치를 표시했다기보다는 하늘에 매우 많은 별이 있다는 것을 표시한 것으로 해석할 수 있다.

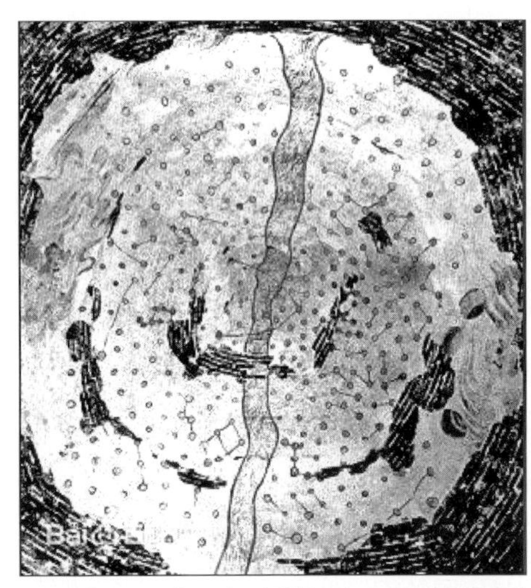

그림 169. 하남(河南) 낙양(洛陽) 출토 북위(北魏) 시대의 원예묘(元乂墓)성도

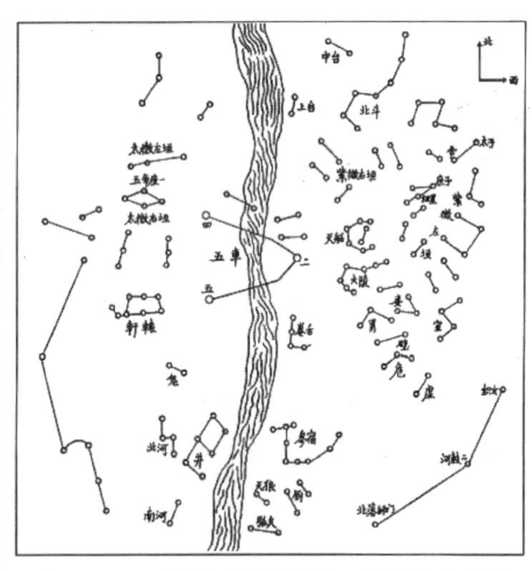

그림 169-1. 하남 낙양 북위(北魏) 시대의 원예묘(元乂墓)성도 사진(출처: Baidu 백과사전「元乂墓」)

10) 王車, 陳徐:「洛陽北魏元乂墓的星象圖」,『文物』1974年 第12期.

원예묘(元乂墓)에서 발견된 것과 한대(漢代)의 성도는 여러 면에서 차이가 있다. 원예묘 성도가 완벽하게 28수를 표현하고 있지는 않지만 완성도 여부를 떠나 여러 별들을 함께 그렸다는 점에서 28수 별자리의 한계를 뛰어넘는 새로운 성도의 모습을 보여준다(그림 169). 이 성도는 1월이나 7월의 하늘의 모습을 그린 것으로 보인다. 하늘을 상징적으로 나타냄과 동시에 실제 하늘을 표현한 그림이다.

2절. 돈황천문도(敦煌天文圖)와 오대오월천문도(五代吳越天文圖)

남북조 이후 326년을 뛰어넘은 수당(隋唐) 시대는 천문역법은 발달하였으나 전해져 내려오는 천문도는 없다. 수당시대 고분 중에서도 천문도가 발견되는 일은 매우 드물다. 사료 기록에 따르면 수당시대의 국가천문학자들은 천문도 제작에 대해 모두 관심이 많았다. 수대 기록을 예로 들면 다음과 같다.

蓋圖已定, 仰觀雖明, 而未能正昏明, 分晝夜, 故作渾儀, 以象天體。今案自开皇已後, 天下一統, 靈臺以後魏鐵渾天儀, 測七曜盈縮, 以蓋圖列星坐, 分黄赤二道距二十八宿分度。而莫有更爲渾象者矣。[11]

개도가 확정된 다음, 고개를 들어 하늘을 보게 되면 잘 이해는 되었으나 (그것을 사용하여) 혼명시간을 정하거나, 낮과 밤을 구분할 수는 없었다. 그래서 혼의를 만들어 천체운행을 모방하였다. 현재 살펴보면, 개황(隋, 수문제의 연호) 이후 천하가 하나로 통일되면서 영대에서는 후위시기에 만든 철 혼천의를 사용하여 일월과 오행성의 위치를 관측하였다. 이로써 개도에 성좌를 나열하고, 황도와 적도가 28수로부터 떨어져있는 분도를 나누었으며 별도로 혼상을 제작하지는 않았다.

이것은 바꿔 말하면 수대(隋代)에 '개도(蓋圖)'를 그렸다는 것이고 그것은 한대 부터의 화법이 발전해 왔음을 뜻한다. 성상도의 중심은 북극이고 황도와 적도가 북극을 돌며 일주(一周)하고

11) 『隋書』 卷十九 「天文志」上

28수 분계선이 북극으로부터 분사되어 나오고 있다. 성도에서 황도와 적도는 같은 평면위에 있지 않으며 두 면의 교각은 약 23.5도이다. 만약 적도면을 기준으로 하여 투영평면상에 투영한다면, 적도는 바른 원(正圓)이 되고 황도는 당연히 타원 모양이 된다. 그러나 중국 역사상 황도를 타원의 모양으로 그린 성도는 없었다. 일행(一行: 본명은 張遂)이 가장 먼저 이 문제에 주목하였으나 해결할 방법은 없었다.[12)]

일행은 새로운 방법으로 '황도도(黃道圖)'를 그렸다고 알려져 있으나 그의 도안은 남아있지 않다. 후세의 학자들 또한 일행의 도안을 받아들이지 않았기 때문에 이후 송명(宋明) 시기에 그려진 천문도(대다수는 개도)는 모두 두 개의 둥근 원을 사용하였고 예외인 것은 없었다.

고고학적 관점에서 보면 돈황에 다수의 천문도가 보존되어 있는데 이른 시기의 것으로는 당대(唐代) 전기의 것도 있다. 오대(五代) 시기의 오월(吳越) 묘실회화 가운데에서도 여러 차례 천문도가 발견되었다. 이것은 수당시기 천문도의 빈자리를 어느 정도 채워주고 있다.

돈황은 '실크로드'의 요충지에 위치하고 있기 때문에 중국과 외국의 문화교류 중심지가 되었다. 남북조 시대부터 불교는 지금의 감숙성 돈황시 남쪽에다 동굴을 파고 빠른 속도로 발전하였다. 당대에 이르러 불교는 가장 흥성한 시기를 맞이하면서 동굴도 점차 많아졌다. 이 때 동굴 벽화에는 다량의 채색벽화가 그려졌고, 또한 많은 경전두루마리와 기타 문자 자료들도 만들어졌다. 이 유물들은 지난세기 말까지 보존되다가 금세기초 영국의 Mark Aurel Stein(1862-1943)과 프랑스의 Paul Pelliot(1878-1945)에 의해 잇따라 약 1만권의 자료가 유출되어 각각 런던 브리티시박물관과 파리국가도서관에 소장되었다. 돈황에 있던 두루마리 경전들은 현재 영국브리티시도서관이 소장되어 있는데 그 가운데는 천문도 원본들도 포함되어 있다.

돈황에 남아있던 성도는 크게 두 부류로 나눌 수 있는데, 하나는 종이에 그린 성도이고, 다른 하나는 동굴 벽 위에 그린 성상도이다. 종이에 그려진 성도는 다시 두 개의 작은 부류로 나눌 수 있다. 하나는 전천(全天)성도이고 다른 하나는 자미원 중심의 북쪽하늘을 그린 작은 범위의 천문도이다.

종이에 그려진 전천성도는 Mark Aurel Stein이 가져간 것으로 현재 영국이 소장하고 있으며 유물의 일련번호는 MS3326이다. 이것은 하나의 비교적 긴 두루마리로 전체는 운기잡점(雲氣雜占)을 설명한 것이며 그 가운데 일부가 천문도이다. 이 성도는 이전의 개도(蓋圖)와 달리 전체 하늘을 하나의 띠 모양 형태로 펼쳐 놓았다. 이 성도는 12월부터 시작해서 매달 태양의 위치에

12) 李迪: 『唐代天文學家張遂(一行)』, 上海人民出版社, 1964年.

따라 12칸과 자미원으로 나누었다. 앞의 12칸은 적도대 부근의 항성을 메르카토르(G. Mercator 1512-1594)와 유사한 원통투영의 방법을 사용하여 그려냈다(그림 169-2).

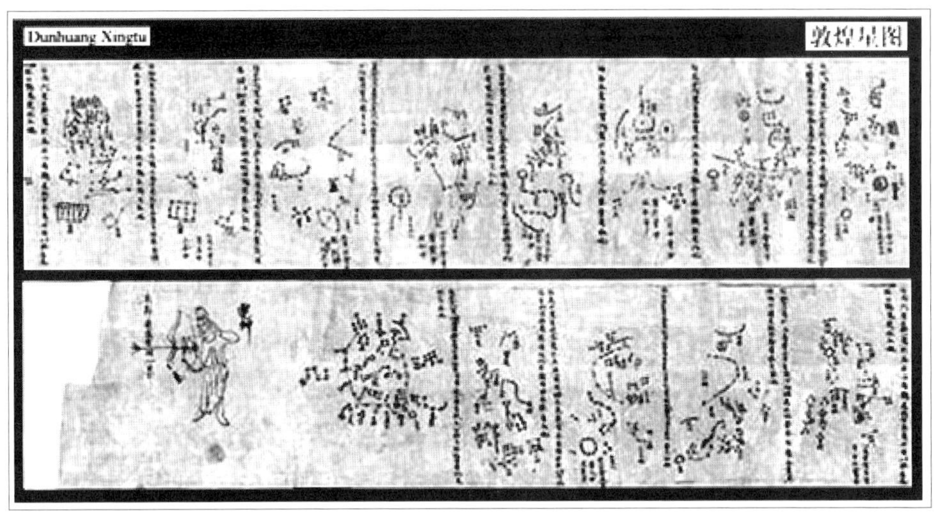

그림 169-2. 돈황성도(敦煌星圖). 매달의 성도와 자미원도(출처: 互動百科)

자미원은 항현권(恒顯圈)안에 있는 북쪽 하늘의 별들로 중국인의 관습에 의하면 반드시 있어야한다. 그러나 원통 모양 투영에서는 자미원을 그려 넣을 곳이 없기 때문에 어쩔 수 없이 11월 뒤에 붙여 놓았다.

30여 년 전, 석택종(席澤宗)은 성도 가운데 나타난 별자리 이름과 별의 숫자를 당시 사람들이 알고 있는 자료와 비교하였다. 그 결과 성도에는 1,359개의 별이 있고 누락된 별은 71개로 모두 1,430개 별로 이루어져 있었다. 진탁이 말한 1,464의 별 개수와 비교해보면 34개의 별이 적다(그림 170&171&172).[13)]

모든 달의 성도 앞에는 세로로 기록된 설명문이 몇 줄씩 있다. 예를 들면 12월의 첫머리에 있는 세 줄은, 그 내용이 그 달의 성상과 성점이 아닌 전체적인 설명을 아래와 같이 적고 있다.

古已上合氣象有四十八條, 臣曾考有驗, 故錄之也。未曾占考不敢輒備入此卷。臣不揆庸宥, 見敢(?)愚情, 掇而錄之, 具如前件。濫陳阶庭, 弥加戰越, 死罪死罪, 謹言。

13) 席澤宗: 「敦煌星圖」, 「文物」 1966年 第3期.

옛 기록에는 하늘과 일치하는 기상 48항목이 있었는데, 소신이 일찍이 증험해본 결과 이것을 기록하는 것이다. 아직 점을 쳐 조사한 적이 없는 것은 감히 바로 이 두루마리에 수록하지 못하였나이다. 소신의 관리 소홀을 어찌 용서해주실 수 있으신지, 외람되오나 어리석은 저에게 정을 (베풀어 주소서), 두 손으로 공손히 그것을 기록하여 이전의 문서와 같이 준비 하였나이다. 진부한 말만 늘어놓고 더하느라 황공해서 몸 둘 바를 모르겠나이다. 죽어 마땅하오나 삼가 아룁니다.

문장의 내용을 보면 대신(大臣)이 황제에게 쓴 것으로 보인다. 지위가 아주 낮은 관리나 평민이 쓴 것은 절대로 아니고, 일반 백성들에게 쓴 것도 아니다. 이 점은 다음에서 다시 논하겠다.

나머지는 각 달의 내용에 따라 기록되어 있다. 일반적으로 그 달 저녁에 본 하늘의 '영역'으로 예를 들면 12월은 "여수(女宿) 8도에서 위수(危宿) 10도 까지", 또 5월은 "정수(井宿) 16도에서 류수(柳宿) 8도까지" 등의 내용이 적혀있다.

사람들은 왜 통(筒) 모양의 천문도를 생각했는지에 대한 설명은 찾을 수가 없다.

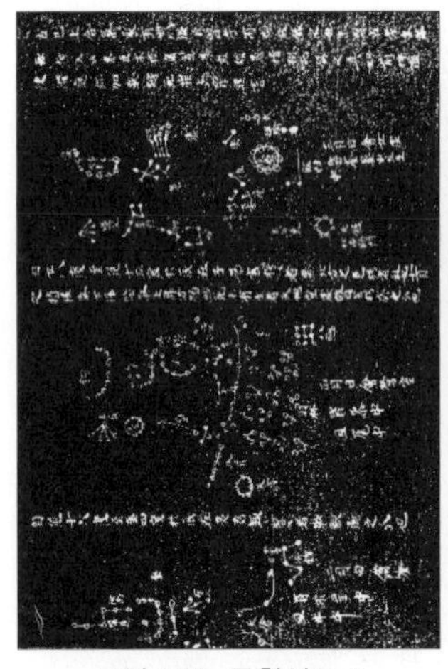

그림 170. 돈황성도 1 (12월, 1월, 2월)
1.여수, 허수, 위수, 실수 2.위수, 실수, 벽수, 규수(오른쪽부터 시작)

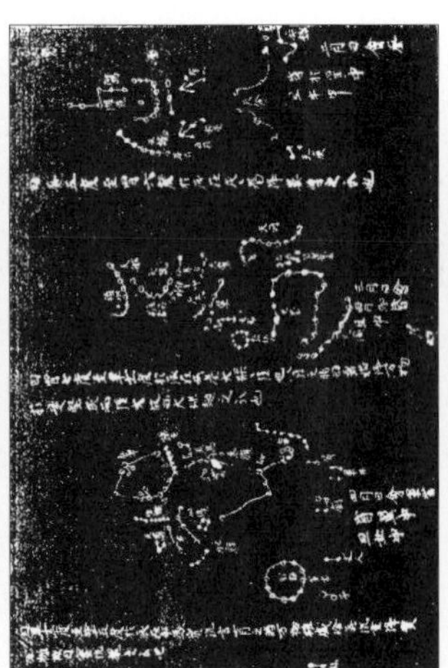

그림 171. 돈황성도 2
1.벽수, 규수, 루수, 위수 2.위수, 묘수, 필수 3.필수, 자수, 삼수, 정수

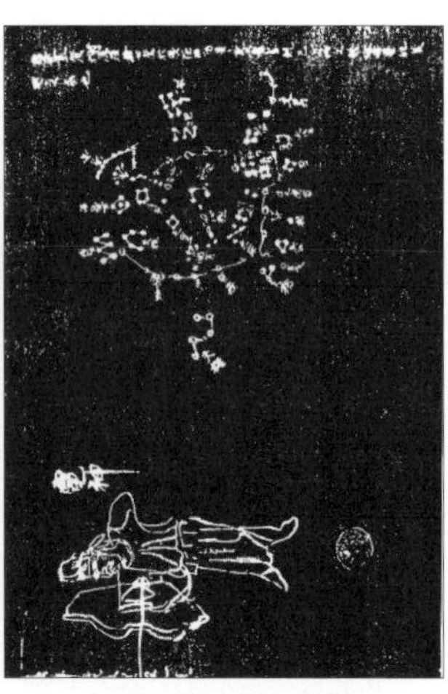

그림 172. 돈황성도 3
1.자미원 2.전기신(電神)

그러나 어느 기록에 의하면 "天文橫圖一卷, 高文洪撰[14] –천문횡도1권, 고문홍이 씀–"이라고 적혀 있다. 그 연대는 분명히 수대(隋代)보다 늦지 않다. 또 "횡도"라고 부르는 것으로 보아, 돈황성도와 비슷할 것이므로 그 시대는 수대(隋代)나 그보다 더 앞선 것으로 생각된다.

통(筒) 모양의 천문도는 문헌상에서는 북송(北宋) 후기에 나타나는데, 소송(蘇頌, 1020–1101)은 『신의상법요 (新儀象法要)』에 이런 종류의 천문도를 수록하였다. 그러나 소송의 것은 12개월에 따른 것이 아닌 '동북방'과 '서남방'을 기준으로 두 폭의 성도로 그려져 있다. 각각의 성도에는 14개 성수가 그려져 있고 '북극도'와 '남극도'도 함께 그려져 있다. 이런 천문도는 쉽게 말아 두루마리로 보관할 수 있기 때문에 휴대하기가 편리하지만 역사적으로 크게 유행하지는 않았다.

돈황 천문도의 연대는 매우 이르다. 연구에 따르면, MS3326의 일부에 명확히 기록한 사람의 이름을 언급되어 있는데, 현존하는 잡점(雜占) 부분의 15번째 줄에 다음과 같은 설명이 있다. "...臣淳風言, 凡此郡邑出公侯。青色者疫病; 白色者有兵起; 黑色者邑有盜賊兴也。[15] –신하 순풍이 말하길, 무릇 이 군읍에서 공후(직위가 높은 관리)가 나왔다. 파란색은 역병을 말하며, 흰색은 군사가 일어난 것을 말하며, 검은색은 고을에 도적이 성행한다는 것을 말한다.–" 여기서 말한 '신하 순풍 (臣淳風)'은 바로 당(唐)대 전기의 유명한 천문학자 이순풍(7세기)을 가리킨다. 그는 천문역법과 수학뿐만 아니라 성점(星占)도 연구하여 『을사점(乙巳占)』 등의 책도 저술하였다. 천문도 부분에서 '신(臣)'이라고 말한 단락은 의심할 여지없이 이순풍 스스로가 자칭한 것이다. 이를 통해 돈황 천문도가 적어도 이순풍이 자료를 모아 기록한 것이라는 사실을 알 수 있다. 여러 정황상 그가 직접 그렸을 가능성도 매우 높다. 그 이유는 당시 이순풍처럼 훌륭한 학자가 다른 사람의 천문도를 베꼈을 것이라고 생각하기 어렵고, 또한 천문도상의 문자가 이순풍이 남긴 필적임이 분명하기 때문이다.

돈황 천문도의 종이에 그린 두 번째 부류 또한 한 폭의 천문도이다(乙本). 첫 번째는 자미원도로, 원본은 현재 돈황시 박물관에 소장되어 있다(그림 173). 종이에 손으로 쓴 두루마리로, 너비 31cm, 남아 있는 길이 299.5cm로, 정면과 뒷면에는 모두 문자와 그림이 있으며, 자미원 부분의 길이는 31cm가 된다.[16] 이 천문도 역시 한 폭의 완벽한 천문도의 일부분으로, 앞에서 언급한 마지막 천문도 부류에 해당한다. 추측컨대 훼손된 앞부분의 것은 28수 또는 앞의 천문도처

14) 『隋書』 卷三四 「經籍志」三.

15) 馬世長: 「敦煌星圖的年代」, 『中國古代天文文物論集』, 文物出版社, 1989年.

16) 馬世長: 「敦煌寫本紫薇垣星圖」, 『中國古代天文文物論集』, 文物出版社, 1989年.

럼 매달마다 그려진 통형 천문도(횡도) 일 가능성이 높다. 이 성도 한쪽 위 정 중앙에는 세로로 '자미궁(紫微宮)'이라는 세 글자가 적혀있는데 성도 가운데 있는 별자리와 일치한다. 두 개의 동심원이 있는데 안쪽은 항현권이고 밖의 것은 하지권을 그렸으나 원 안의 별은 완전하지 못하다.

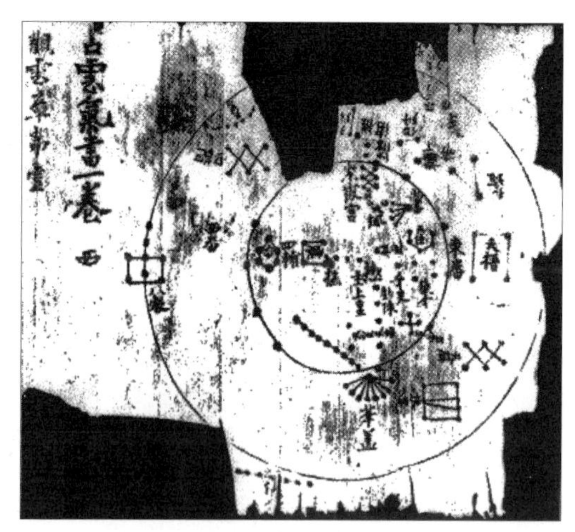

그림 173. 돈황성도(敦煌星圖) 을본(乙本)

이 천문도의 제작연대는 확정하기가 어려운데 연구자는 베껴 그린 연대가 대략 당(唐) 말기에서 오대(五代) 초기라고 추측하고 있다.[17] 일부 학자들은 당(唐) 천보(天寶) 초년 이라고도 생각하고 있으나 그보다 더 빠를 가능성은 없어 보인다. 앞서 만들어진 천문도가 개원(開元) 중기나 그보다 약간 늦게 편집·제작된 것이므로 이를 베껴서 그린 시기는 더 늦을 것이다. 두 폭 중 한 폭은 개원, 천보(開元, 天寶)연간의 것이며, 돈황성도 을본(乙本) 역시 당(唐)말기 오대(五代)의 필사본이다.[18]

앞서 소개했듯이 두 폭의 성도는 동일한 유형으로 모두 통형횡도로 생각된다. 다만 후자는 겨우 마지막 한 단락만 남아있을 뿐이다. 이 성도들의 제작 연대와 베껴 쓴 연대에 대해서는 아직 여러 의견들이 있지만 기본적으로 모두 당에서 오대 사이라고 주장하고 있다.

돈황의 두 번째 부류 천문도는 벽화에 그려진 형상도로, 예를 들면 제 61 굴에 있는 황도 12궁 형상도를 들 수 있다. 남북 벽에 6궁(宮)씩 그려져 있다. 북쪽 벽에는 황소자리(금우), 처녀자리(실녀), 궁수자리(인마), 물병자리(보병), 양자리(백양), 사자의 6궁이 있고, 남쪽 벽에는 쌍둥이자리(쌍자), 천칭자리(天平), 전갈자리(천갈), 염소자리(마갈), 게자리(거해), 물고기자리(쌍어)의 6궁이 있다. 그 중 북쪽 벽에 있는 사자, 보병, 인마와 남쪽 벽에 있는 쌍어, 거해, 쌍자궁 도형은 부분적으로 벗겨졌으나, 다른 나머지들은 아직 뚜렷하게 남아있다(그림 174, 175).[19]

---

17) 上同

18) 夏鼐:「另一件敦煌星圖寫本一「敦煌星圖乙本」,『中國古代天文文物論集』, 文物出版社, 1989年.

19) 王進玉:『漫步敦煌藝術科技畵廊』, 科學普及出版社, 1989年.

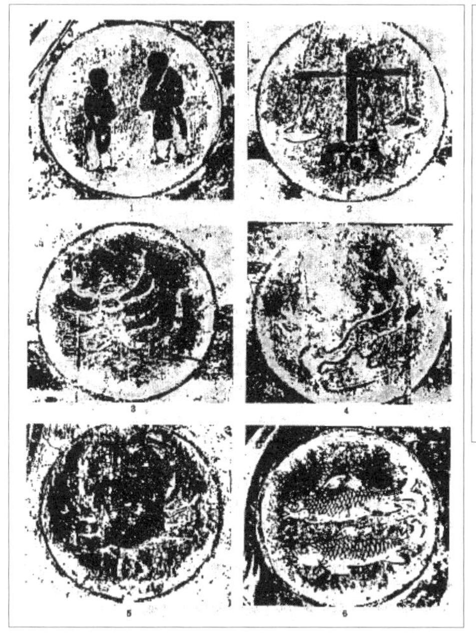

그림 174. 막고굴 61굴 통로 남쪽 벽에 남아있는 황도 12궁

1. 쌍둥이자리(쌍자) 2. 천칭자리(天平) 3. 전갈자리(천갈) 4. 염소자리(마갈) 5. 게자리(거해) 6. 물고기자리(쌍어)

그림 175. 막고굴 61굴 통로 북쪽 벽에 남아있는 황도 12궁

1. 황소자리(금우) 2. 처녀자리(실녀) 3. 궁수자리(인마) 4. 물병자리(보병), 양자리(백양)와 사자자리는 훼손되어 남아있지 않음.

황도 12궁은 바빌로니아와 그리스에서 만들어져, 수당(隋唐) 시기에 중국으로 들어와 중국의 형태로 바뀌었다. 돈황 61굴의 12궁도는 연대상으로는 비교적 늦은 것으로 간주되는데, 서하(西夏) 혹은 원대(元代)의 것이라는 설(說)이 있다.

또 다른 중요한 성도로는 신장 투루판에서 출토된 두 개의 천문도를 들 수 있다. 하나는 도굴로 인해 국외로 나간 사본의 일부로 28수 가운데 7수(진, 각, 항, 저, 방, 심, 미)와 12궁 가운데 3궁(쌍녀, 천평, 천갈궁으로, '天蝎'을 '天蠍'로 잘못 적다)만이 남아있으며, 성도의 제작 시기는 대략

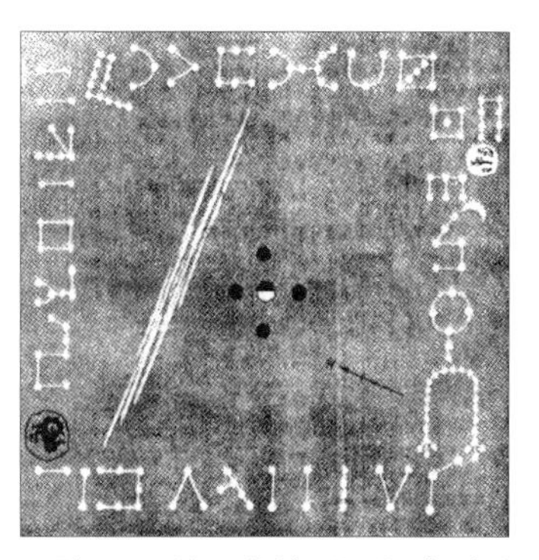

그림 176. 아스다날(阿斯塔那) 당대(唐代) 무덤 출토 천문도(天文圖)

서기 7-8세기로 보인다. 다른 하나는 60년대 투루판 아스다날(阿斯塔那)-합랍화탁(哈拉和卓) 옛 무덤가운데서 발견된 천문도로, TAM38호 주실 천장과 네 개의 벽 위에 그려져 있다. 이 천문도는 하얀 점으로 28수를 표시하고 점 사이를 하얀색 선으로 연결하여 별자리를 표시하였다(그림 176).

동북쪽 벽에 그려진 붉은색 동그라미는 태양을 상징한다. 서남쪽 벽에는 달을 상징하는 하얀색 동그라미가 그려져 있고, 그 달 안에는 계수나무와 절구공이를 들고 있는 옥토끼가 그려져 있다. 그 옆에는 조각달이 있어 삭망(朔望)을 상징하고 있다. 그리고 은하수를 상징하는 하얀색의 가늘고 긴 선이 묘 천장을 가로질러 그려져 있다.[20] 성도의 가운데에는 반은 검고 반은 하얀 원이 있고 그 주위로 4개의 검은색 원이 그려져 있는데 이는 월령의 변화를 나타낸 것으로 보인다. 이 성도의 제작 시기는 성당(盛唐, 7세기 중엽)에서 중당(中唐, 8세기 중엽) 시기까지로 보인다. 오대(五代)는 아주 짧은 반세기 동안만 존재했었다. 중원지역에서는 전쟁이 끊이지 않았으나 당말(唐末)부터 줄곧 지금의 강소성(江蘇省)과 절강성(浙江省) 일대에 터전을 잡았던 전씨(錢氏)가 세운 오월(吳越)은 상대적으로 안정되어 있었다. 오월은 895-978년까지 84년 동안 존재했었다. 전씨 통치자와 그들의 후궁의 묘실 안에도 1996년까지 5폭의 천문도가 발견되었다.

1958년 겨울, 시가산(施家山) 남쪽 언덕에서 952년 사망한 오월왕 전원관(錢元瓘)의 두 번째 부인 오한월(吳漢月)의 묘를 발굴하였다.[21] 그리고 이어서 1965년 여름, 절강성 박물관은 항주(杭州) 옥천산 玉泉山) 아래에서 941년 사망한 전원관의 묘를 발굴하였다.[22] 1978년 11월, 절강성 임안현(臨安縣 현재의 임안시)에 있는 전관(錢寬)의 묘를 발굴하였는데 전관은 오월왕 전류(錢鏐)의 아버지로 당(唐) 말기에 살았던 사람이다.[23] 1980년에는 901년에 사망한 전관의 처 수구씨(水邱氏)의 묘를 발굴하였다.[24] 그리고 1996년 11월, 절강성 임안시 상리촌(祥里村)에서 전원관의 부인 마왕후(馬王后) 묘를 발굴하였다.[25]

---

20) 新疆維吾爾自治區博物館: 「吐魯番縣阿斯塔那-哈拉和卓古墓群發掘簡報」 (1963-1965), 『文物』 1973年 第(10)期.

21) 伊世同: 「杭州吳越墓石刻星圖」, 『中國古代天文文物論集』, 文物出版社, 1989年.

22) 上同

23) 浙江省博物館, 杭州市文館會: 「浙江臨安晚唐錢寬墓出土天文圖及“官”字款白瓷」, 『文物』, 1979年 第十二期.

24) 藍春秀: 「浙江臨安五代吳越國馬王后墓天文圖及其他四幅天文圖」, 『中國科技史料』, 1999年 第20卷 第1期.

앞서 설명한 다섯 묘의 묘실은 모두 석판으로 되어있고 석판에는 인물이나 용 등의 여러 종류의 도형들이 조각되어 있었다. 묘의 천장에는 모두 천문도가 새겨지거나 그려져 있었다. 천문도는 전반적으로는 전통에 따라 28수 중심으로 그려져 있었는데, 성도의 형태는 원형과 타원의 두 종류로 나눠진다. 아래에서 각각 하나씩 예를 들어보겠다.

전관묘의 천문도는 묘 주인이 매장된 900년에 조각된 것으로 보인다. 성도는 타원형으로 후실 꼭대기에 위치하고 있으며, 석회로 칠한 천장 벽 위에 그려져 있다. 성도는 28수와 북두로 구성되어 있는데, 28수는 사상(四象)에 따라 분포되어 있다. 성도의 일부 별들은 훼손되어 있었다. 현재까지 확인된 별은 모두 154개이다(그림 177). 수구씨의 묘 천장에 그려진 천문도 역시 타원형으로 되어있다(그림 177-1).

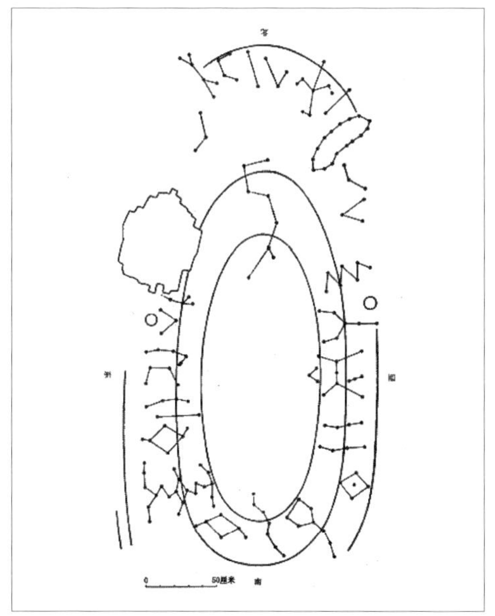

그림 177. 임안(臨安) M23 전관(錢寬) 무덤의 천장 성도(900년)

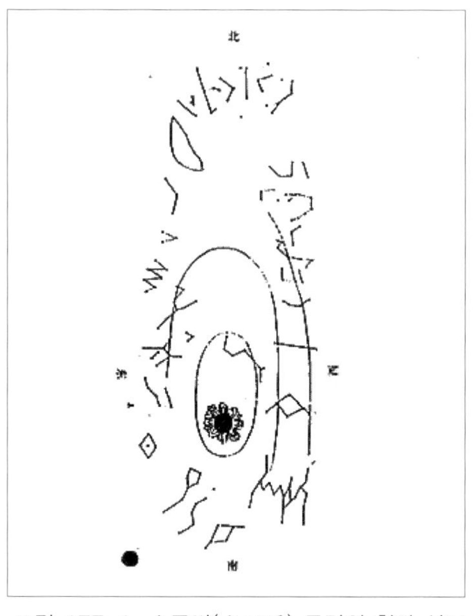

그림 177-1. 수구씨(水邱氏) 무덤의 천장 성도(901년) (출처: 藍春秀, 1999, 中国科技史料)

전원관의 무덤에 그려진 천문도는 묘 주인이 사망한 941년에 조각된 것으로 보인다. 천문도는 묘의 후실 석판위에 조각되어 있는데 일부는 갈라져 있다. 천문도는 원형으로, 안쪽 중간에

25) 上同

는 두 개의 동심원이 있어, 각각 항현권과 적도를 나타내고 있다(그림 178).[26] 다른 두 폭의 원형 천문도에는 모두 적도권이 없다.

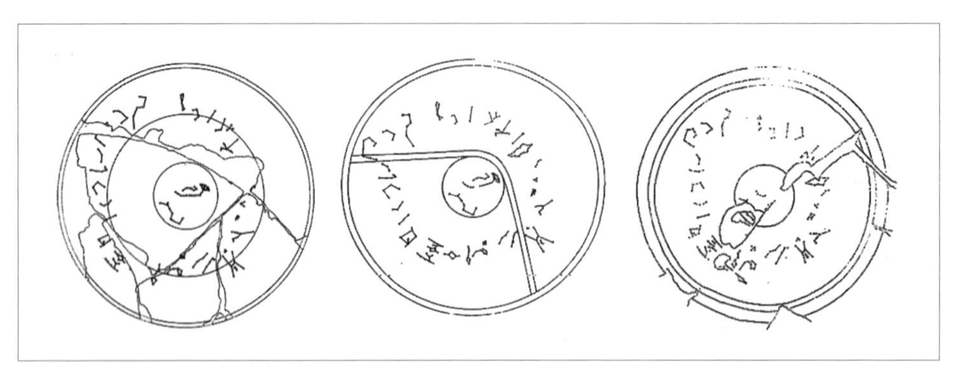

그림 178. 전원관(錢元瓘) 무덤의 천장 성도 (941년, 좌측), 마왕후(馬王后) 무덤의 천장 성도(940년, 가운데), 오한월(吳漢月) 무덤의 천장 성도(952년, 우측) (출처: 藍春秀, 1999, 中国科技史料)

위에서 소개한 천문도는 대다수가 모두 시의성을 띤 것으로, 가장 가치 있는 것은 앞에서 서술한 돈황에서 출토된 통형태의 횡으로 그려진 천문도라 하겠다.

3절. 송원(宋元) 시대의 천문도(天文圖)

북송(北宋) 시기부터 원(元)에 이르는 400여 년 동안, 여러 차례 항성 관측이 이루어졌다. 연구에 따르면, 북송 시기에는 대규모의 관측이 다섯 차례 있었고,[27] 원대에는 한 차례, 북송과 병존했던 요(遼)에서는 실제 관측이 없던 것으로 보인다. 서하(西夏) 역시 실제 관측 기록이 남아있지 않다. 그러나 이 시기에는 극소수의 천문도만이 전해질 뿐 묘실 내부에서조차 천문도가 발견되지 않았다는 점은 큰 의문으로 남아있다. 이 시기의 천문도로 그 중요성을 인정받고 있는

26) 그림 178-1과 179 출처: 「浙江臨安五代吳越國馬王后墓天文圖及其他四幅天文圖」, 『藍春秀』, 1999年 第1期 第20卷

27) 薄樹人: 「中國古代的恒星觀測」, 『科學史集刊』 第三期, 1960年.

것으로는 요(遼)대의 선화천문도와 남송(南宋)의 석각천문도이다. 지금까지 원(元)대 천문도는 발견되지 않고 있다.

1974년 겨울에서 1975년 봄까지, 하북성(河北城) 고고학계 종사자들은 장가구시(張家口市) 선화구(宣化區)에 있는 요(遙)대 묘 한 구를 발굴하고 정리하였다. 묘 주인은 장세경(張世卿)으로 천경(天慶) 6년(1116)에 사망하였는데 요가 망하기 10년 전이었다. 장세경의 묘 발굴에서 가장 중요한 수확 중 하나는 안에 있던 채색 벽화였다. 벽화는 묘실 사방 벽과 천장 부분에 분포되어 있었다. 총면적은 약 86평방미터이고, 내용은 대부분 묘주인 생전의 사치하고 부패한 생활을 묘사하였다. 인물의 옷은 거란식으로 보이며, 불교를 신봉하는 표현들도 있다. 묘의 후실 둥근 천장 정중앙에는 채색 천문도가 한 폭 있는데, 직경 2.71m의 안에 별이 그려져 있었다. 천장 천문도는 4.40m의 높이에 그려져 있다. 성도의 중앙에는 청동거울 하나가 매달려 있으며 사방 둘레에는 연꽃잎이 그려져 있다. 성도의 밖으로는 석회 바탕위에 엷은 파란색을 한 겹 칠해 맑은 하늘을 표현하고 있다. 연꽃의 동북쪽에는 북두칠성이 그려있고, 사방 둘레에는 5개의 붉은 별과 4개의 파란별이 그려져 있다. 동쪽은 태양으로, 안에 금오가 그려져 있다. 나머지 붉은 별 4개와 파란 별 4개는 전체적으로 정방향과 기울어진 방향에 따라서 분포되어 있다 (그림 179).[28]

선화(宣化) 요대(遼代)의 천문도는 중국과 외국의 장점이 잘 융합된 개도(蓋圖)의 방식으로 그

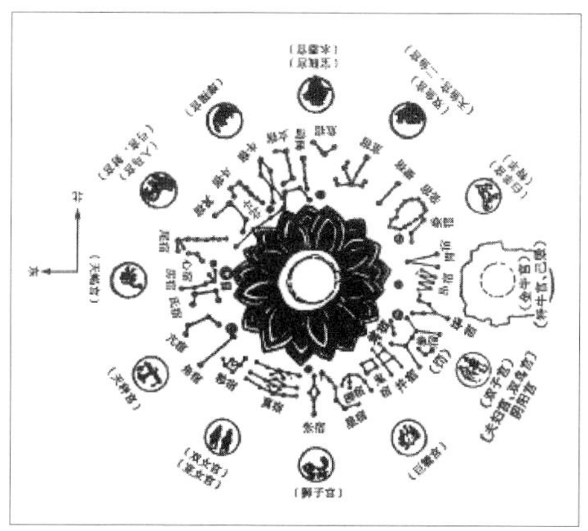

그림 179. 선화(宣化) 출토 요대(遼代) 장세경(張世卿) 무덤 성도 (천경天慶 6년)

그림 179-1. 선화(宣化) 출토 요대(遼代) 장세경(張世卿) 무덤 성도 (출처: 中國古建筑營造網)

28) 河北省文物管理處, 河北省博物館:「河北宣化遼壁畫墓發掘簡報」,『文物』1975年 第8期.

려졌으며 성도는 3단으로 나눠진다.[29)] 가장 안쪽은 앞서 설명한 것처럼 전통 개도의 자미원 부분에 해당하는데 여기서는 연꽃으로 별자리를 대신하였다. 두 번째 층에는 28수를 그려 놓았다. 별은 직경 2–3cm의 붉은 점으로 표현하였고, 별들 사이는 직선으로 연결하여 별자리를 표시하였다. 별은 모두 171개로 기존의 문헌에 알려진 것과 일치한다.

세 번째 가장 바깥층은 황도 12궁이 그려져 있다. 모든 궁(宮)은 도형으로 표시되었으며 바깥쪽에는 직경 21cm의 큰 둥근 테두리가 그려져 있다. 12궁(宮)의 모양은 앞에서 설명한 돈황 12궁과 마찬가지로 서양의 모습이 아닌 중국 형식으로 변경되어 그려져 있다.

1993년 3월 하순, 하북성 문물연구소와 장가구 선화문물부서가 함께 요대의 무덤 하나를 발굴하였다. 1974년에서 1975년까지 발굴 정리한 장세경의 무덤에서 동남쪽으로 약 50m 떨어진 곳에 위치하고 있다. 이것은 하나의 고분군으로, 제 5, 6, 7, 9, 10호 묘의 다섯 구가 발굴되었는데 이들 무덤은 모두 쌍실 벽화묘이다. 이 중에서 7호와 9호 묘가 보존이 잘되어 있었다. 특히 묘실 안의 벽화는 매우 귀중한 자료로 확인되었다. 제 7호 묘는 묘지와 묘 주인이 "遼歸化州清河郡張文藻 (요)귀화주 청하군 장문조"로 되어있는데, 장세경 숙부 연배의 사람이었다.

장문조 무덤의 후실 천장에는 채색 천문도 한 폭이 그려져 있는데 흰 바탕에 붉은 색으로 되어있다(그림 180).[30)]

그림 180. 요대(遼代) 장문조(張文藻) 무덤 벽화 성도

천문도는 원형이며, 테두리는 굵은 붉은색 동그라미로 두 층이 나뉘어 있다. 중간에는 얇은 붉은색 동심원 하나가 있는데 그 안쪽에는 꽃잎이 사방으로 펼쳐 있는 연꽃 하나가 있다. 바깥층은 천문도로, 모두 붉은 점으로 별을 표시하였다. 별은 붉은 선으로 연결되어 있는데 모두 211개의 별이 그려져 있다. 성도는 28수와 북두 그리고 12개의 흩어져 있는 별들과 해와 달로 구성되어 있다. 성도의 전체적인 모습은 장세경의 무덤 성도와 같으나 바깥둘레의 황도 12궁 그림은 없다.

---

29) 河北省文物管理處, 河北省博物館: 「遼代彩繪星圖是我國天文史上的重要發現」, 『文物』 1975年 第8期.

30) 河北省文物研究所, 張家口市文物管理處, 宣化區文物管理所: 「河北宣化遼張文藻壁畫墓發掘報告」, 『文物』 1996年 第9期.

소주 비각박물관에 전시 중인 '천문도(天文圖)'는 국내외 천문학계에 잘 알려진 것으로 현재 중국에 남아 있는 가장 오래된 석각 천문도이다. 이 천문도는 '지리도(地理圖)' '평강도(平江圖)' '제왕소운도(帝王紹運圖)'와 함께 '송대사대비각(宋代四大碑刻)'으로 불린다. 천문도 비각의 높이는 216cm, 너비 108cm로, 비각의 머리에는 '천문도(天文圖)'라는 세 글자가 새겨져 있다. 전체 비석은 위아래 두 부분으로 나뉜다. 윗부분은 한 폭의 원형 전천 성도로 가장 바깥 원의 직경은 91.5cm이고, 성도의 직경은 약 85cm이다. 성도는 북극을 중심으로 전통적인 개도 방식으로 새겨져 있으며 3개의 동심원을 이용하여 안에서부터 밖으로 각각 항현권, 적도와 항은권을 표시하였다. 적도와 황도는 같은 크기로 서로 엇갈리게 새겨져있다. 세 동심원의 직경은 각각 19.9cm, 52.5cm, 91.5cm이다. 3개 동심원과 정면으로 교차하는 것은 28개의 항현권에서 방사되어 나오는 직선으로, 28수 수도(宿度)를 표시하는 선이다. 그러나 수도의 크기가 일정하지 않기 때문에 28개 선의 분포도 균일하지 않다. 항은권 밖에는 또 하나의 둥근 띠가 있고 그곳에 28수에 대응하는 12차 및 주국분야 12개가 적혀있다. 전체 천문도는 '삼원'과 28수를 체계로 만들어졌으며 모두 1,434개 항성과 은하수 경계도 그려져 있다.[31] 성도의 아랫부분은 내용 설명으로 역시 '천문도(天文圖)' 세 글자로 제목이 적혀있다. 본문은 모두 41줄로, 소주(小注)를 포함하면 모두 2,140자로 주로 기본적인 천문지식을 서술하였다.

소주천문도를 돌에 새긴 연대는 정확하고, 그 작가는 남송 중기의 황상(黃裳, 1151-1195)이다. 황상은 건도(乾道) 5년(1169)에 진사에 급제하였고, 소희(紹熙) 원년(1190)에 가왕부 익선(翊善)이 된 후, "8개 도(圖)를 만들어 바쳤다"고 한다.

그 가운데 '천문도'가 포함되어 있고, 각 도(圖)에 대하여 "各述大旨陳之[32] -각 주요 내용을 서술하여 놓는다.-"라고 적고 있다. 여기서 알 수 있듯이 비석 아래 부분의 설명 역시 황상이 쓴 것이다. 이후에, 왕응린(王應麟, 1223-1296)은 그의 저서 중에서 이 문장을 넣으며 '황씨왈(黃氏曰)'[33]이라고 썼는데 이를 보더라도 천문도의 설명은 황상이 쓴 것임이 틀림없다(그림 181). 황상이 그린 이들 그림은 처음에 송(宋) 태자 조확(趙擴, 1168-1224)[34]에게 강의할 때 사용하려던

31) 潘鼐: 「蘇州南宋石刻天文圖碑考釋」, 「中國古代天文文物論集」, 文物出版社, 1989年.

32) 『宋史』 卷二九三 「黃裳傳」.

33) 王應麟: 『玉海』 卷五七, 「藝文類-圖繪名臣」.

34) 조확(趙擴)은 1195년에 왕의 자리에 올랐으며 남송(南宋)의 영종(寧宗)이 되어 1224년까지 재위하였다.

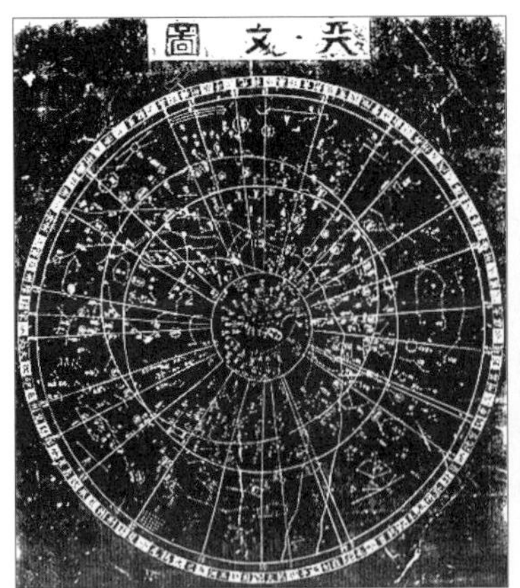

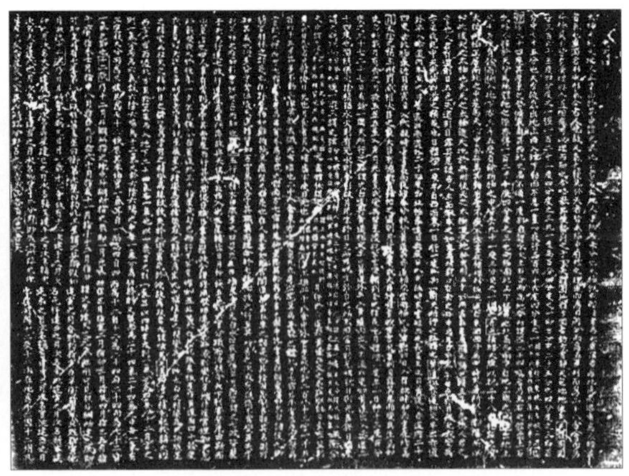

그림 181. 소주(蘇州) 남송(南宋) 석각천문도 성도(좌측)와 명문(우측)[자료: 양홍진]

것으로 이후에는 계속 깊은 궁궐에 묻혀 있었다. 반세기가 지난 후인, 순우(淳祐) 7년(1247) 왕치원(王致遠)이 얻어서 돌에 새겼다.

황상은 천문학자가 아니기 때문에 그가 그린 천문도는 자신이 실제 관측한 것은 아니고 분명 다른 성도를 참고하였을 것이다. 황상의 천문도는 태자를 가르치기 위한 것이었으므로 분명 좋은 성도를 참고하였을 것이며 아마도 왕실 천문대의 천문학자가 그린 천문도였을 가능성이 높다. 이렇게 소주 남송천문도는 왕실에서 유래한 대표 천문도의 성격을 지니고 있었을 것이다. 성도에 그려진 별의 실측 연대는 대략 1000년에서 1100년 사이이다.[35)]

4절. 명청(明清) 시대의 천문도

명청시기의 천문도는 수량으로 보자면 이전의 어느 시대보다도 월등히 많다. 고고 유물에 남아 있는 것까지 합하면 모두 5–6종류가 되는데, 명대(明代) 상숙석각천문도(常熟石刻天文圖), 명대(明代) 함강천후궁천문도(涵江天后宮天文圖), 북경(北京) 융복사조정천문도(隆福寺藻井天文圖), 청대(清代) 석각몽문천문도(石刻蒙文天圖文), 청대(清代) 태문구요위치도(傣文九曜位圖置) 등이 있다.

35) 潘鼐: 「蘇州南宋石刻天文圖碑考釋」, 『中國古代天文文物論集』, 文物出版社, 1989年.

명대(明代) 상숙천문도(常熟石刻天文圖)는 원래 상숙읍 학례문 안에 있었는데 지금은 상주시 비림관(常州市 碑林館)에 소장되어있다. 연구에 따르면 이 석각천문도는 명(明) 정덕원년(正德元年, 1506)에 새긴 것이다. 비각의 높이는 2m 남짓하며 너비는 1m 정도이고 두께는 24cm로, 그 외형의 크기 및 북극을 중심으로 그린 위쪽의 성도와 아래쪽의 설명 모두 남송 석각천문도와 비슷하다.[36] 현재 전해지고 있는 석각천문도는 당시 상숙 현령이었던 계종도(計宗道)가 그의 전임자였던 양자기(楊子器)가 7–8년 전에 새긴 천문도를 다시 새긴 것이다. 양자기의 발문에 의하면 그는 남송 소주석각천문도를 번각하였고 동시에 "감씨, 석씨, 무함씨의 성경을 연구하여 정정하였다(乃考甘, 石, 巫氏經訂正)"라고 적고 있다. 따라서 정덕천문도(正德天文圖, 常熟石刻天文圖)는 소주석각천문도를 원본으로 하여 약간의 수정을 한 천문도임을 알 수 있다(그림 182). 이 석각천문도 역시 항현권, 적도, 항은권 3개의 동심원으로 구성된 개도로 이들 원의 직경은 각각 18.4cm, 45cm, 70.8cm이다. 적도와 비스듬히 교차하는 황도의 직경은 44.5–45.0cm이며 항현권에서 방사되어 나온 28개의 직선은 28수 수도(宿度)를 나타낸다. 항은권 밖에 둥근 띠가 있는데 12진, 12차와 분야의 이름이 새겨져 있어 소주석각천문도와 같은 모습이다. 천문도에는 284 별자리 1,466개의 별이 새겨져 있다. 이 천문도는 소주천문도에 비해 4 별자리 33개의 별이 더 많다. 소주천문도의 무질서한 부분들을 수정하기는 하였으나 세차는 보정하지 않았고 전체적인 수준은 소주천문도보다 떨어지는 모습이다.

명대(明代) 함강(涵江) 천후궁천문도(天后宮天文圖)[37] –함강 천후궁은 복건성(福建省) 포전현(莆田縣) 함강진(涵江鎮)에 있다. 포전현문화관은 해방 초에 명대 천문도 한 폭을 수집하였다. 천문도의 제작 시기는 천문도의 왕량(王良)–각도(閣道) 별자리 옆에 신성(新星)으로부터 확인할 수 있다. 이 신성은 『명실록(明實錄)』에 기록된 융경(隆慶) 6년(1572)에서 만력 2년(1574)에 기록된 객성의 위치와 일치하며 강희 황제의 이름인 현엽(玄燁)의 '玄'자를 피휘(避諱)하지 않은 것으로부터 명대에 제작된 성도임을 추정할 수 있다. 천후궁 천문도는 길이 160cm, 너비 90cm의 직사각형 종이 위에 그려져 있는데 천문도는 중앙 윗부분에 있다. 위쪽에는 간단한 문장이 쓰여 있으며 아래에는 긴 문장이 있다. 이 천문도 역시 전통적인 개도 방식으로 북극을 중심으로 3개의 동심원이 있으며 원의 직경은 3cm, 17cm, 62cm이다. 이들 원은 항현권, 적도 그리고 항은권을 나타낸다. 적도와 비스듬히 만나는 황도와 28수 수도의 분계선(分界線) 28개가 그려져 있다.

---

36) 王德昌, 車一雄, 黃步青: 「常熟石刻天文圖」, 『中國古代天文文物論集』, 文物出版社, 1989年.

37) 福建省莆田縣文化館: 「涵江天后宮的明代星圖」, 『文物』 1978年 第7期.

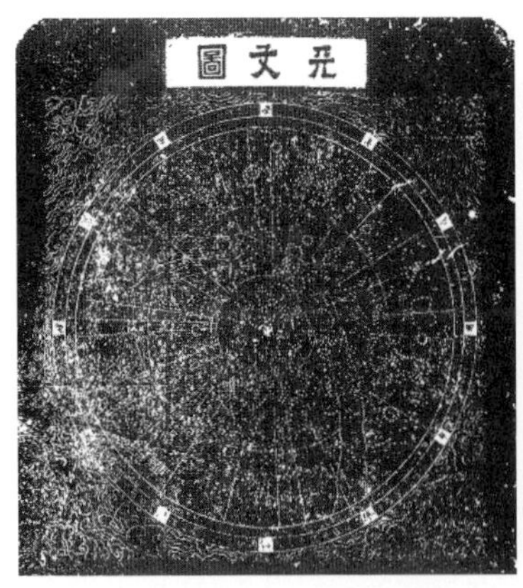

그림 182. 명대(明代) 상숙천문도(常熟石刻天文圖)

탁본그림 182-1. 명대(明代) 상숙천문도(常熟石刻天文圖) 복각본(출처: 百度百科「常熟石刻天文圖」)

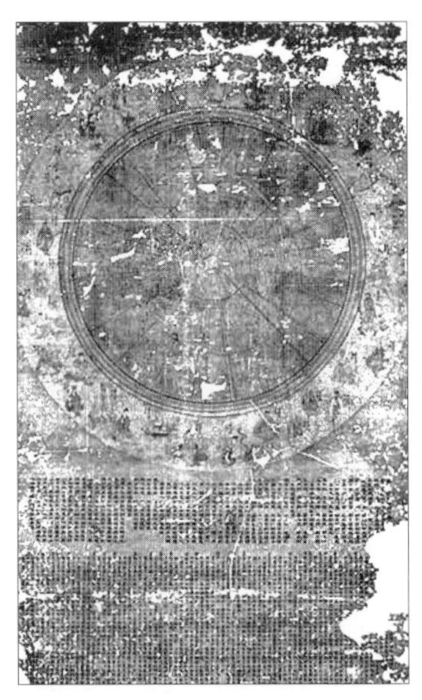

그림 182-2. 명대(明代) 함강(涵江) 천후궁(天后宮) 천문도(출처: Baidu 백과사전)

항은권 밖의 2.5cm 안에는 작은 눈금이 있는 두 개의 테두리가 있다. 안쪽 테두리는 묵선으로 377칸이 그려져 있고 바깥 테두리에는 붉은 선으로 391칸이 그려있다. 이들이 무엇을 표현한 것인지는 분명하지 않다. 천문도는 별자리 288개 별 1400여 개가 그려져 있다. 별의 일부는 명확하게 보이지 않는다. 주요 별자리는 붉은 색을 사용하였고, 나머지는 모두 검은 테두리에 흰 점으로 그렸다. 별의 크기가 다른 것은 별의 등급을 표시한 것으로 보인다. 성도의 가장 바깥 둘레에는 너비 12cm의 테두리가 있고 그 위에 세밀화로 정교하게 그린 구요 및 28수 신상이 있다.

융복사조정천문도(隆福寺藻井天文圖)[38] -1977년 여름이 끝나갈 무렵, 북경 융복사에 훼손된 건축물을 철거하던 중 정각전(正覺殿) 조정(藻井) 꼭대기에서 천문도가 발견되었다. 천문도의 제작 시기는 명대(明代)이지만 그 원본은 훨씬 이전의 것으로 생각된다. 융복사천문도는 조정의 천화(天花 -藻井과 달리 평탄한 평면천

38) 伊世同:「北京隆福寺藻井天文圖」,『中國古代天文文物論集』, 文物出版社, 1989年.

장)판 위에 그려있는데, 판 두께는 4cm, 한 변의 길이가 75.5cm인 정팔각형으로 상당히 크다. 판 위에는 두꺼운 천으로 덧대었고 다시 진한 남색 도료를 칠했다. 별자리와 연결선 그리고 명문 등은 모두 역분(瀝粉), 도료, 금박을 입히는 등의 공예수법을 사용하였다. 아마도 처음 천문도가 제작되었을 당시에는 매우 생동감 넘치는 모습이었으리라 생각된다. 그러나 세월이 많이 흐르고 오랜 기간 향불에 그을린 원인 등으로 천문도 표면이 검게 변하였고 별자리도 구분하기 어려운 상황이다(그림 183).

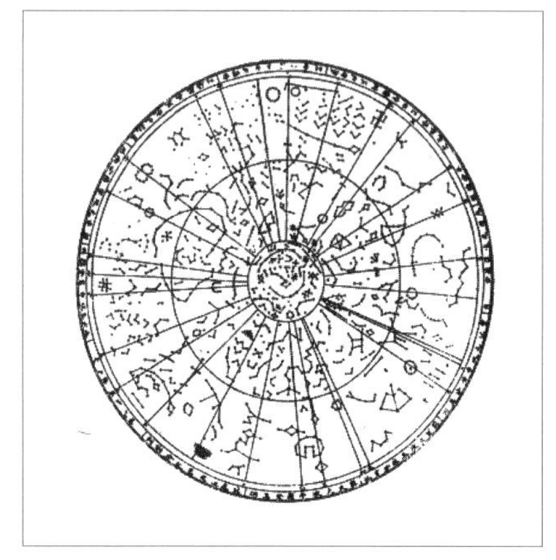

그림 183. 북경 융복사(隆福寺) 조정천문도(藻井天文圖) 모사도

이 천문도 역시 전통 개도 방식으로 항현권, 적도 그리고 항은권이 그려져 있다. 각 원의 직경은 31.6cm, 95cm, 161cm이다. 이 성도는 고대 천문도 가운데 가장 큰 성도 중 하나이다. 항은권 밖으로는 너비 3.4cm의 둥근 테두리도 있고, 테두리에는 궁차와 분야가 표기되어 있다. 이전의 여러 천문도와 마찬가지로, 항현권에서 방사된 28개 직선이 항은권까지 이르러 28수 수도를 나타내고 그 끝에는 28수 별자리 이름이 쓰여 있다. 이 천문도에는 황도와 은하를 나타내는 선이 없다. 연구에 따르면 현재까지 발견된 조정 위에 그려진 천문도는 융복사 천문도가 유일하기 때문에 매우 가치 있는 천문도로 평가받고 있다.

석각몽문천문도(石刻蒙文天圖文)[39] —이 천문도는 내몽고 호화호특시(呼和浩特市) 자등사(慈燈寺) 금강좌사리보탑(속칭 '五塔(오탑)') 뒷벽 동쪽에 있다. 흰 대리석으로 층층히 쌓아올렸고 중앙에는 수미산(須彌山) 분포도가 있으며 서쪽에는 육도윤회도(六道輪回圖)가 있으며 동쪽에는 천문도가 있다(그림 184).

천문도는 8조각의 직사각형 석재를 이용해 만든 것으로 위아래는 4층에 걸쳐 있으며 각 층마다 2조각으로 되어있다. 그러나 천문도가 원형이기 때문에, 위쪽 6조각 석재의 둘레는 둥근 원으로 잘려 있으며 원의 직경은 144.5cm이다. 아래쪽의 2조각은, 위쪽과 연결된 둥근면을 제외하고 나머지 부분은 산맥과 구름 등이 양각으로 조각되어 있다.

39) 李迪, 蓋山林, 陸思賢: 「呼和浩特市石刻蒙文天圖文」, 『中國古代天文文物論集』, 文物出版社, 1989年.

이 천문도의 모든 별이름과 별자리 그리고 기타 명문은 모두 몽골어로 표기되어 있고, 숫자는 티벳어숫자(藏码)로 표시되어 있다. 지금까지 발견된 석각몽문천문도는 이것이 유일하다. 천문도에는 북극을 중심으로 하는 동심원이 5개가 그려져 있다. 이들은 각각 항현권, 하지권, 적도, 동지권과 항은권을 나타낸다. 황도는 작은 칸으로 나누어진 쌍선으로 새겨져 있는데 하지권과는 외접하고 동지권과는 내접하고 있다. 이것은 매우 과학적인 표현법으로 천문학자가 그렸을 가능성이 높다. 황도를 타원으로 그린 것 역시 지금껏 본 적이 없는 것이다. 5개 동심원 밖으로는 흰색과 검은색의 둥근 테두리 4개가 서로 번갈아가며 있다. 검은색 테두리에는 몽골어로 24절기와 28수가 적혀 있으나 흰색 테두리에는 문자는 없다. 원의 직경은 각각 13.0cm, 46.1cm, 71.4cm, 95.5cm, 127.6cm이며 가장 바깥의 큰 원은 144.5–146.0cm이다(그림 185). 천문도에 사용한 원주는 360°로 이것은 명말 서양에서 들어온 방식이다. 별자리를 선으로 연결한 것은 중국의 전통 별자리이지만 선으로 연결하지 않고 그려진 낱별은 새롭게 추가된 것들이다. 성도에는 모두 270여 성좌, 약 1,550개의 별이 그려져 있는데 이 중에 약 420개 정도는 새롭게 추가된 별이다.

그림 184. 후허하오터시(呼和浩特市) 석각(石刻) 몽문천문도(蒙文天文圖)

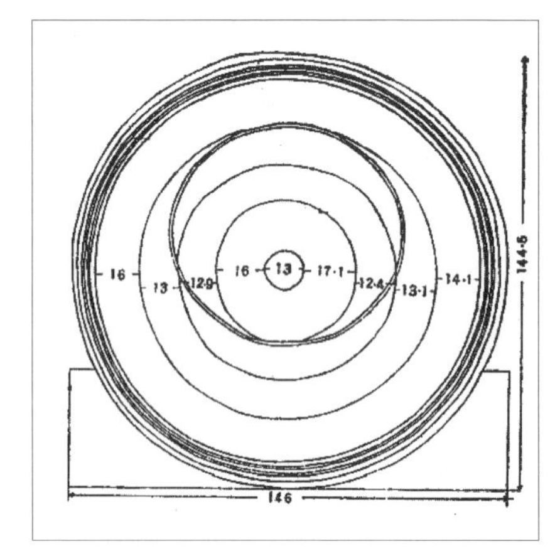

그림 184. 후허하오터시(呼和浩特市) 석각(石刻) 몽문천문도(蒙文天文圖)

이 천문도가 전통천문도와 다른 한 가지는 천문도의 28수가 이전의 천문도와는 반대로 시계반대방향으로 배열되어있다는 것이다. 이런 방법의 성도가 그려진 원인은 하늘 밖에서 천체를 관측한 앙시도(仰視圖)에서 유래된 것으로 보인다. 몽문천문도는 바로 하늘 밖에서 천체를 관측한 복시도(伏視圖) 방법을 이용해 그렸기 때문에 별자리 배열이 반대로 그려진 것으로 보인다. 천문도의 좌측 아래쪽 동지권과 항은권 사이의 직사각형 안에 설명과 서명이 있으며 중간에는 별 7개가 새겨있다. 별 위에는 몽골어로 '성등(星等)'이라는 글자가 있으며 별의 오른편에는 몽골어로 숫자가 새겨있다. 현재 '3' '4' '5' 등의 숫자가 보이는데 6등성을 표시한 것으로 생각된다. 숫자 아래는 '기(氣)'라고 쓰여 있는데 성단(星團)이나 성운(星雲)을 표시한 것으로 보인다. 그러나 별의 크기가 일정하지 않고 심지어 5 등급의 별이 거의 같은 크기로 새겨져 있어 제 역할을 못하고 있다. 이것은 돌에 천문도를 새겼던 사람이 천문을 이해하지 못해 생겨난 것으로 보인다. 설명 왼쪽의 서명 위에는 "흠천감에서 천문도를 제작하다"라는 글이 남아 있어 이 천문도가 왕실 관천대인 흠천감에서 유래한 것임을 말해준다. 자등사 절이 세워진 연대와 기타 자료를 참고해보면 몽문천문도 원본은 건륭(乾隆) 26년(1761) 이전에 제작된 것으로 보인다.

이 시기는 몽골의 유명한 천문학자 명안도(明安圖)가 북경의 흠천감에서 재직했던 기간과 비슷하다.[40] 명안도는 몽골어에 능통했기 때문에 몽골어 번역도 명안도가 했을 것으로 생각된다. 지금까지 230여 년의 역사를 갖는다. 몽문천문도는 기본적으로 중국의 전통 방법에 따랐으며 동시에 서양의 천문지식들도 받아들였는데. 이것은 당시 중국 천문학의 상황과도 일치한다.

태문비각의 구요위치도(九曜位圖置)[41] −1976년 여름, 운남성(雲南城) 서쌍판납(西雙版納) 태족자치구(傣族自治區) 경굉현(景宏縣) 대맹롱향(大勐籠鄉)에서 태문석비 하나가 발견되었다. 비각의 머리에는 4폭의 구요위치도가 새겨져 있었다. 구요는 일, 월, 오성(금, 목, 수, 화, 토)과 '나후(羅喉)', '계도(計都, 태족 말로 '格德')'를 가리키는데, 황도12궁과 대응되어 있다(그림 186). 태족 12궁은 0궁(양자리)에서 시작해서, 순서대로 황소자리, 쌍둥이자리, 게자리, 사자자리, 처녀자리, 천칭자리, 전갈자리, 궁수자리, 염소자리, 물병자리와 물고기자리 순이다(그림 187). 구요의 위치는 그림 188에 제시하였는데, 12궁에 의거해 구요의 위치를 추산할 수 있다. 예를 들면, 태력

그림 186. 태문(傣文) 석각 천문도 탁본

---

40) 李迪: 『明安圖傳』(蒙文), 內蒙古科學技術出版社, 1992年.

41) 張公瑾, 陳久金: 「西雙版納大勐籠傣文碑刻上的九曜位置圖」, 『中國古代天文文物論集』, 文物出版社, 1989年.

1162년 6월 2일(즉 서기 1801년 3월 16일)을 생각해보면, 그 결과는 다음과 같다. 태양 11번째 궁, 달 11번째 궁, 화성 2번째 궁, 목성 11번째 궁, 수성 3번째 궁, 금성 0번째 궁, 토성 3번째 궁, 나후 11번째 궁, 격덕 첫째 궁으로 그림 188과 같다.

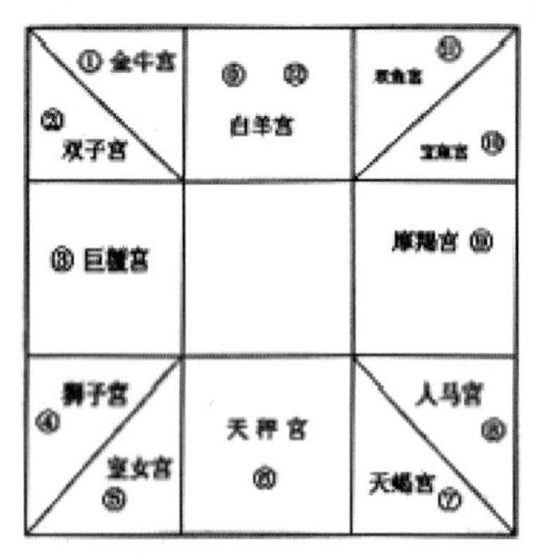

그림 187. 운남성(雲南城) 서쌍판납(西雙版納) 태문(傣文) 석비 구요(九曜)와 황도 12궁 분포 모형도그림

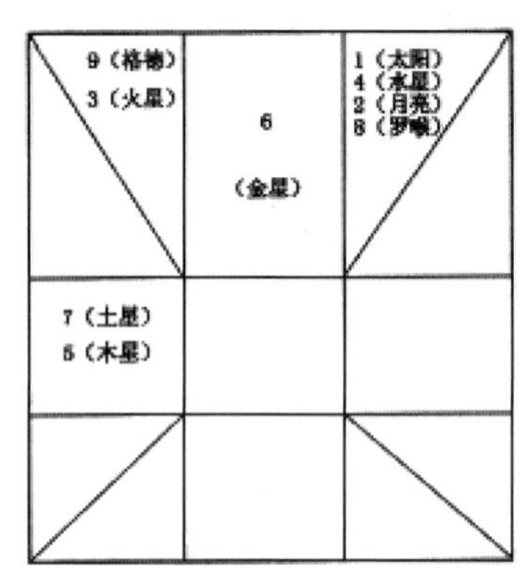

188. 운남성(雲南城) 서쌍판납(西雙版納) 태문(傣文) 석비 구요(九曜)와 연, 월, 일(年月日) 관계 모형도

이것은 석비 위에 표기된 것으로 태력 1162년 6월 2일 값과 비교해 보면, 화성만 1궁이 차이가 날 뿐 나머지는 모두 일치한다. 태족석비구요도는 태족이 일찍이 1801년 이전에 자신만의 독립된 역법을 갖고 있었다는 것을 말해주며 지금까지도 이 역법은 여전히 이어지고 있다. 이 역법의 기원은 서기 638년 3월 22일이다. 태력은 음양력으로 1년은 12개월 354일이고 윤달을 포함하고 있다.

15

간백(簡帛)에 기록된 천문역법(天文曆法)

간백(簡帛)은 중국에서 춘추전국과 진한(秦漢) 그리고 위진(魏晉)에 이르기까지 약 천 년 동안 문자를 기록한 도구였다. 간백은 이후에 종이로 대체되었다. 간백에서 간(簡)은 죽간과 목독(木牘-글씨가 새겨진 목판)의 줄임말이며 백(帛)은 직물을 총칭한다. 많은 수의 간백이 발견되었는데 천문과 역법 관련 자료는 여러 곳에서 발견되었다. 근래 들어 가장 중요한 것으로는 장사(長沙)에서 발견된 한(漢)대 마왕퇴(馬王堆) 무덤의 백서를 들 수 있다. 아울러, 임기한간(臨沂漢簡), 주가태진간(周家台秦簡), 돈황(敦煌) 그리고 거연(居延) 등에서 출토된 한간(漢簡)에 기록된 천문역법 자료도 중요한 자료들이다.

1절. 마왕퇴백서(馬王堆帛書)의 혜성도(彗星圖)

1972-1974년까지 2년여 동안 호남성(湖南省) 장사시(長沙市) 마왕퇴에서 서한(西漢) 초기의 무덤 3기가 발견되었다. 무덤의 많은 출토 유물은 완벽히 보존된 상태로 발굴되었다. 3호 무덤

에서는 많은 백서가 발견되었는데 성(星), 혜(彗), 운(雲), 기(氣) 등을 이용해 길흉을 점친 내용이 들어 있었다. 이 자료가 기록된 책은 출토 당시 여러 조각으로 찢어져 있었으며 일부는 부패된 상태였다. 고고학 연구를 통해 백서는 원래 너비 150cm, 높이 48cm의 크기였음을 알게 되었고 이를 복원할 수 있었다. 백서의 하단부 일부를 제외하면 내용은 여섯 개의 단으로 나뉘어 있으며 각 단은 다시 여러 항목으로 구분되어 있었다. 훼손된 내용을 고려하면 모두 300개 정도의 항목이 있었을 것으로 추정된다. 모든 항목에는 검은색과 붉은색으로 그려진 도형이 있으며 도형 아래에는 이름과 해석 또는 점문(占文)이 있다.[1] 출토 당시 이것은 연구자들에 의해 『운기혜성도(雲氣彗星圖)』 또는 『천문기상잡점(天文氣象雜占)』으로 불렸다. 내용을 살펴보면 이들 이름이 적당하지만 이 책에서는 백서로 부르도록 하겠다. 3호 무덤은 기원전 168년에 만들어진 것으로 안에 남아 있는 백서는 그 이전에 만들어진 것으로 보인다.[2]

백서의 6째 줄 중간에는 29개의 다양한 혜성 그림이 있는데 천갈(天蝎)과 북두 설명의 사이에 위치하고 있다. 혜성 그림 가운데 보이지 않는 하나와 불분명한 도형 하나를 제외하면 나머지는 모두 온전한 모습으로 명칭까지 잘 남아 있다. 이 그림은 백서에서 가장 잘 정렬된 모습이며 내용도 완벽하게 남아 있어 중요한 자료로 판단된다. 석택종(席澤宗)은 혜성 그림 아래에 적혀 있는 점성술의 내용에 대해 아래와 같이 해석하였다(그림 189, 190).[3]

1. 赤灌, 兵興, 將軍死. 北宮。 적관, 군사가 들고 일어나고 장군이 죽는다. 북궁.
2. 白灌見, 五日, 邦有反者. 北宮。 백관이 5일 동안 보이면 나라에 반역자가 생긴다. 북궁.
3. 天箾[4]出, 天下采, 小人負於姚 (逃)。 천소가 나타나고 천하가 어지러우며 백성들은 패배하여 도망간다.
4. 天箾, 北宮曰: 小人唬啼號, 它同。 천소에 대해 북궁이 말하길: 백성들이 울부짖으며 패배하여 도망간다.
5. 毚[5]出, 一邦亡。 '참'이 나타나면 나라가 망한다.

---

1) 顧鐵符: 「馬王堆帛書「雲氣彗星圖」硏究」, 『中國古代天文文物論集』, 文物出版社, 1989年.

2) 湖南省博物館, 中國科學院考古硏究所: 「長沙馬王堆二, 三號漢墓發掘簡報」, 『文物』 1974年 第7期.

3) 席澤宗: 「馬王堆漢墓帛書中的彗星圖」, 『文物』 1978年 第2期.

4) "箾"의 발음은 shuō이고, 춤추는 사람이 들고 있는 악기를 뜻한다.

5) "毚"은 天欃(천참-혜성 이름)을 가리킨다.

6. 彗星, 有兵, 得方者勝。 혜성이 보이면 전쟁이 발생하는데 땅을 얻는 자가 승리한다.
7. 是胃(謂)白灌, 見五日而去, 邦有亡者。 백관이 5일간 보이다 사라지면 나라에 도망가는 이가 생긴다.
8. 是胃(謂)赤灌, 大將軍有死者。 적관이 보이면 대장군 중에 죽는 이가 생긴다.
9. 蒲彗, 天下疾。 포혜, 세상에 질병이 돈다.
10. 蒲彗星, 邦疢(灾), 多死者。北宮。 포혜성, 나라에 재앙이 생기고 많은 사람이 죽는다. 북궁.
11. 是謂秆彗, 兵起, 有年。 간혜가 보이면 전란이 일어나고 풍년이 든다.
12. 同占, 秆彗。北宮。 간혜의 점괘와 같다. 북궁.
13. 是是帚彗, 有內兵, 年大孰。 추혜가 보이면 나라에 전란이 생기고 큰 풍년이 든다.
14. 厲(厉) 彗, 有小兵, 黍麻為。北宮。 '여혜', 작은 전란이 일어나며 기장과 깨가 잘 된다. 북궁.
15. 是是竹彗, 人主有死者。 죽혜가 보이면 임금 중에 죽는 사람이 생긴다.
16. 竹彗, 同占。北宮。 죽혜와 점괘가 같다. 북궁.
17. 是是蒿彗, 兵起, 軍几(飢)。 호혜가 보이면 전란이 일어나고 군사들이 기근에 허덕인다.
18. 蒿彗, 軍阪(叛), 它同。北宮。 '호혜', 군대가 반역을 일으키며 앞의 호혜와 점괘가 동일하다. 북궁.
19. 是是苦彗, 天下兵起, 若在外歸。 고혜가 보이면 천하에 전란이 일어나고, 외지에 있다면 귀향하게 된다.
20. 苦彗, 天下兵起, 軍在外罷。北宮。 고혜, 천하에 전란이 일어나고 군대는 외지에서 전쟁을 끝낸다. 북궁.
21. 누락.
22. 是是苦彗, 彗兵起, 几(飢)。 고혜, 혜성이 보이면 전란이 일어나고 기근이 든다.
23. 甚(椹)星, 致兵疢 (灾)多, 恐敗, 而衣「卒」戰果。 심성, 군사들에게 재앙이 생기며 두려워 패배하고 衣가 죽으면 전쟁이 끝난다.
24. 癗 (墻)星, 小戰三, 大戰七。 장성, 작은 전쟁이 3번, 큰 전쟁이 7번 일어난다.
25. 枘(內)星, 兵□也, 大戰。 예성, 군사가--하며 큰 전쟁이 일어난다.
26. 名曰干彗, 兵也。 간혜, 전란이 발생한다.
27. 苦彗星, 兵起, 歲幾(飢)。北宮。 고혜가 보이면 전란이 일어나고, 그 해에 기근이 든다.

북궁.

28. 蚩又(尤)旗, 兵在外歸。 치우기, 군사가 외지에 있다 돌아온다.

29. 翟[6]星出, 日(春) 見歲 孰(熟), 夏見旱, 秋見水, 冬見□。小兵戰。 적성이 봄에 보이면 그 해의 작황을 알 수 있으며, 여름에 보이면 가뭄이 발생하고, 가을에 보이면 홍수가 생기며, 겨울에 보이면 ~가 나타난다. 작은 전쟁이 일어난다.

이상의 29개 항목(1개는 누락)을 살펴보면 적관(赤灌), 백관(白灌), 천소(天箾), 참(毚), 혜(彗), 포혜(蒲彗), 간혜(稈彗), 추혜(帚彗), 여혜(厲彗), 죽혜(竹彗), 호혜(蒿彗), 고혜(苦彗), 심혜(甚(樵)彗), 장성(癗(墻)星), 예성(柄(內)星), 간혜(干彗), 치우기(蚩又(尤)旗), 적혜(翟彗) 등 18개의 명칭을 사용하였는데 이 중에서 절반 정도는 현재 전해지지 않고 있다. 전체적으로 해석에는 큰 문제가 없으나 일부 문장에 대해서는 추가적인 연구가 필요하다고 생각된다.

혜성의 이름과 도형의 모양을 살펴보면 그 이름은 모양을 근거로 했으며 비슷한 모습의 사물 이름을 차용했음을 알 수 있다.

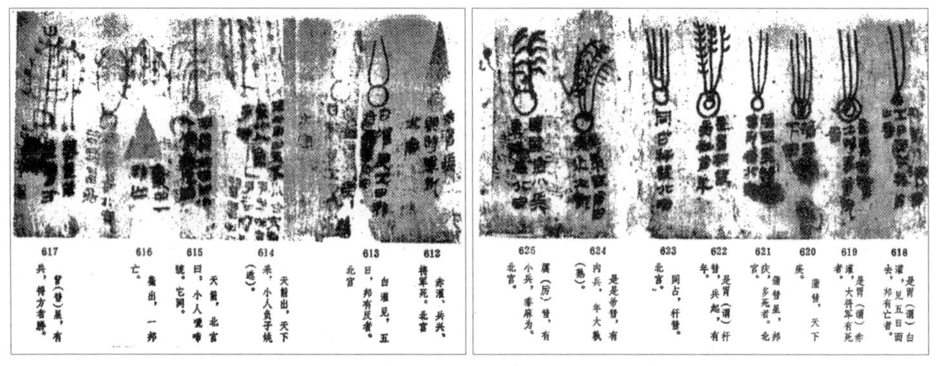

그림 189. 마왕퇴백서 「천문기상잡점(天文氣象雜占)」 혜성 부분

6) "翟"의 발음은 dí로, 의복과 장신구를 만들 때나 춤출 때 도구로 사용하는 꿩 깃털을 말한다.

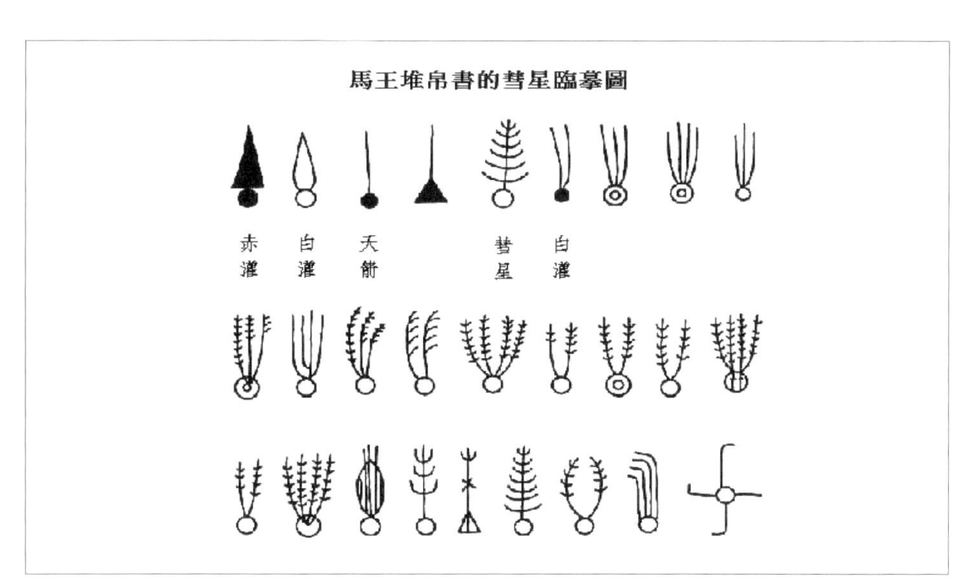

그림 189-1. 마왕퇴 백서에 남아 있는 혜성 그림 모사도 (출처: 星辰在線)

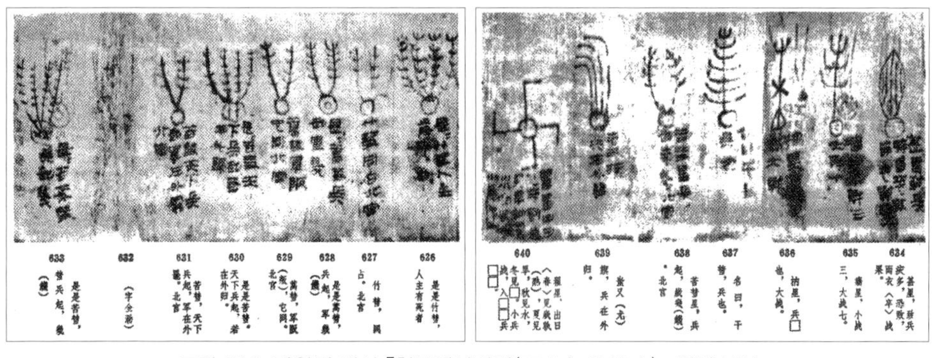

그림 190. 마왕퇴 백서『천문기상잡점(天文氣象雜占)』 혜성 부분

혜성을 맨눈으로 볼 수 있는 부분은 혜성의 머리(핵과 코마로 구성)와 꼬리 정도이다. 혜성의 꼬리는 다양한 형태로 보이는데 대부분은 빗자루처럼 펼쳐진 모양이다. 태양풍(太陽風)의 영향으로 혜성의 꼬리는 태양의 반대편에 나타난다. 마왕퇴 백서의 혜성은 머리와 꼬리가 명확하게 구분되어 그려져 있다. 그러나 혜성이 태양과 함께 그려져 있지 않아 태양의 위치와 꼬리의 방향과의 관련성은 알 수 없다.

고대 사람들에게 혜성은 '불청객'으로 인식되었다. 혜성은 항성이나 행성과는 달리 언제 나타날지 미리 알 수 없었다. 또한 일반적인 천체와 다른 모습으로 보였기 때문에 사람들은 혜성의 출현을 전란이나 세상의 불안함, 나라의 망함 또는 큰 기근의 발생 등 불행의 징조로 여겼다. 따라서 점성술에서 혜성은 불행의 조짐으로 해석되었다. 그러나 실제로 혜성은 태양계의 구성 천체 중의 하나이다. 혜성의 궤도는 타원, 포물선 그리고 쌍곡선의 세 가지로 나눠지는데 궤도상의 세 곳의 위치만 확인되면 궤도의 모양과 근일점(近日點) 등을 알아낼 수 있다. 타원궤도를 갖는 혜성은 주기혜성(週期彗星)으로 주기적인 방문을 예측할 수 있다.[7] 혜성이 태양계의 실제 구성원인지의 여부는 추가적인 연구가 필요하다. 혜성은 우주 공간에서 떠돌아다니다가 태양의 중력 범위 안으로 들어오면 궤도가 변하게 된다. 일부 혜성은 태양의 중력을 벗어나 움직이는데 포물선이나 쌍곡선 궤도를 갖게 되며 이후 태양계와 멀어지게 된다. 그러나 일부 혜성은 태양이나 목성 등 질량이 큰 태양계 천체의 중력에 의해 타원 궤도로 바뀌게 되어 주기적으로 태양 주변을 회전하게 되기도 한다.

마왕퇴백서에 그려진 혜성은 학술적 가치가 매우 높다. 백서의 혜성 그림은 당시 사람들이 오랫동안 관찰하여 그 모습을 묘사해 기록한 것이다. 일부는 과장되거나 허구인 것들도 있으나 전체적으로 대부분의 혜성은 실제 모습과 같게 그려져 있다. 백서의 혜성 그림은 세계에서 가장 오래된 것으로 그 이후의 것으로는 17세기 중국의 황정(黃鼎)이 『관규집요(管窺輯要)』에 그린 '이성(異星)'의 일부가 혜성으로 이해되고 있다(그림 191).[8] 외국에서 혜성을 언제부터 그렸는지는 알 수 없으나 현재 알려진 혜성의 그림이나 사진들은 대부분 후대의 것들이다. 프랑스 천문학자 Camille Flammarion(1842-1925)은 그의 저서에 1744년의 혜성 그림을 인용했는데 혜성의 머리는 지평선 아래에 있고 지평선 위에는 꼬리만 보이게 그려져 있다.[9]

앞서 언급했듯이 마왕퇴 혜성 그림은 늦어도 기원전 168년 이전에 그려진 것으로 실제 제작연도는 그보다 55년 이상 앞당겨질 것으로 예상된다. 이것은 기원전 223년 초나라 멸망 이전, 전국시기에 초나라 사람이 그렸다고 생각할 수 있다.[10]

혜성 그림의 아래에는 여러 차례 '북궁(北宮)'이라는 글자가 기록되어 있다. 『사원(辭源)』의 기

---

7) 주기혜성(週期彗星)은 1758년에 서양에서 사실로 증명되었다.

8) 陳遵媯: 『中國古代天文學簡史』, 上海人民出版社, 1955年.

9) (France) Nicolas-Camille Flammarion, 「Popular Astronomy」, vol.2, (trans. 1894)

10) 席澤宗: 「馬王堆漢墓帛書中的彗星圖」, 『中國古代天文文物論集』, 文物出版社, 1989年.

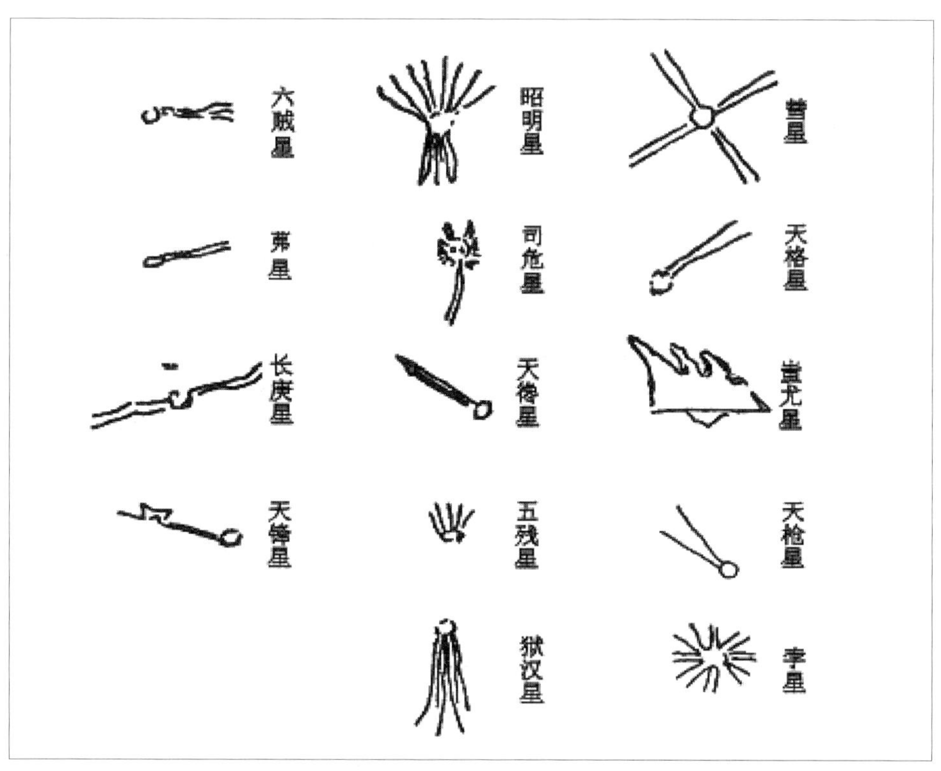

그림 191. 『관규집요(管窺輯要)』에 그려 있는 '이성(異星)' – 혜성

록에 따르면 '북궁'에 대한 해석으로 다음의 세 가지가 남아 있다. 첫째, 고대 왕후의 침궁은 왕의 침궁 북쪽에 있었다는 것을 나타낸다. 둘째, 한(漢)대 초기의 궁(宮)의 이름이다. 셋째, 춘추시기의 두 글자 성씨(復姓)로 한(漢)대 까지도 남아 있었다.[11] 첫째와 둘째 해석은 적합하지 않기 때문에 세 번째 해석이 가장 타당하다고 생각된다. 만약 당시에 북궁(北宮)이라는 성을 가진 천문학자이자 점성술사가 있었다면 본인이 작성한 도형과 문헌기록 말미에 본인의 성씨를 적었을 가능성을 생각해 볼 수 있다. 이상을 정리해보면 마왕퇴 백서의 혜성 그림은 중국 천문학사에서 중요한 의미와 가치를 갖고 있다.

11) 『辭源』 第一冊, 商務書書館, 1979年.

2절. 마왕퇴백서(馬王堆帛書)의 오행성 기록

한대 마왕퇴 3호 묘에서 출토된 백서 중에는 약 8천자 분량의 천문 관련 기록이 있다. 주요 내용은 오행성의 출몰에 따른 점괘를 적어 놓은 것으로 『오성점(五星占)』으로 불리고 있다. 내용에 따라 9개의 장으로 분류되며 그 해석도 발표되었다.[12] 해석문을 살펴보면 앞의 6장은 성점에 대해 적고 있으며 뒤의 3장은 목성, 토성, 금성의 이동과 위치에 대해 설명하고 있다. 아래는 목성의 점성 해석의 일부분이다(그림 192).[13]

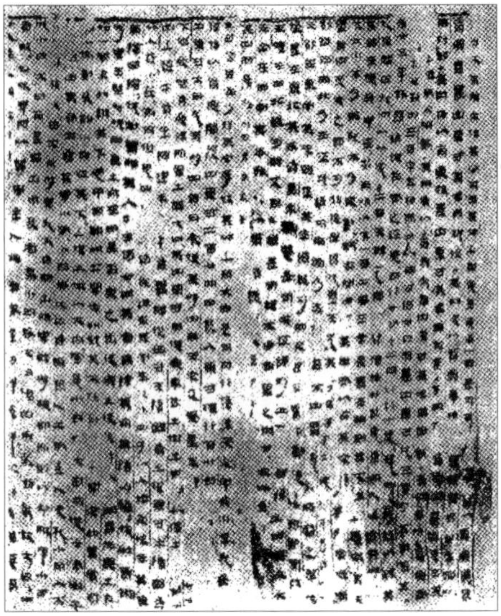

그림 192. 장사 마왕퇴(馬王堆)에서 출토된 『오성점(五星占)』백서의 일부분

東方木, 其帝大[14]浩(昊), 其丞句荒(芒),[15] 其神上爲歲星. 歲處一國, 是司歲。

동방은 목(星)으로, 그 임금은 태호(日)요, 그 신하는 구망(月)이고, 그 신은 세성(辰)이다. 일 년간 한 나라에 머무는 것을 사세라 한다.

歲星以正月與營室晨【出東方, 其名為攝提格。

세성이 정월에 영실과 함께 새벽에 동쪽에 나오니, 그 이름은 '섭제격'이라 한다.

---

12) 馬王堆漢墓帛書整理小組: 「馬王堆漢墓帛書「五星占」釋文」, 「中國天文學史文集」, 科學出版社, 1978年.

13) [참고자료] 중국의 고대천문학에서 사방위와 그에 해당하는 행성과 관련 내용은 아래와 같다.
東方木, 其帝太昊(태호), 其丞句芒(구망), 其神上为岁星(세성)。
西方金, 其帝少昊(소호), 其丞蓐收(욕수), 其神上为太白(태백)。
南方火, 其帝炎帝(염제), 其丞朱明(주명), 其神上为荧惑(형혹)。
北方水, 其帝颛顼(전욱), 其丞玄冥(현명), 其神上为辰星(진성)。
中央土, 其帝黃帝(황제), 其丞后土(후토), 其神上为填星(전성)。

14) [역자주] 원서에는 '少'로 적혀있으나 '大'의 오타로 보임.

15) 둥근 괄호 앞의 글자는 이체자와 고체자이고, 괄호 안 글자는 주석을 단 사람이 통용하는 한자를 달아놓은 것이다.
下同(아래에도 이와 같다).

其明歲以二月與東壁晨出東方，其名】[16] 為單閼。

그 다음 해 2월에 동벽과 함께 새벽에 동쪽에 나오니, 그 이름은 '단알'이라 한다.

其明歲以一[17]三月與胃晨出東方，其名為執徐。

그 다음 해 3월에 위수와 함께 새벽에 동쪽에 나오니, 그 이름은 '집서'라 한다.

其明歲以四月與畢晨【出】[18]東方，其名為大荒【落。

그 다음 해 4월에 필수와 함께 새벽에 동쪽에 나오니, 그 이름은 '대황락'이라 한다.

其明歲以五月與東井晨出東方，其名為敦牂。

그 다음 해 5월에 동정과 함께 새벽에 동쪽에 나오니, 그 이름은 '돈장'이라 한다.

其明歲以六月與柳】晨出東方，其名二為汁給(協洽)。

그 다음 해 6월에 류수와 함께 새벽에 동쪽에 나오니, 그 이름은 '즙급(협흡)'이라 한다.

其明歲以七月與張晨出東方，其名為芮英(涒灘)。

그 다음 해 7월에 장수와 함께 새벽에 동쪽에 나오니, 그 이름은 '예영(군탄)'이라고 한다.

其明歲【以】八月與軫晨出東方，其【名為作鄂。

그 다음 해 8월에 진수와 함께 새벽에 동쪽에 나오니, 그 이름은 '작악'이라 한다.

其明歲以九月與亢晨出東方，其名為閹茂】。

그 다음 해 9월에 항수와 함께 새벽에 동쪽에 나오니, 그 이름은 '엄무'라 한다.

其明歲以十月與心晨出三【東方】，其名為大淵獻。

그 다음 해 10월에 심수와 함께 새벽에 동쪽에 나오니, 그 이름은 '대연헌'이라 한다.

其明歲以十一月與斗晨出東方，其名為困敦。

그 다음 해 11월에 두수와 함께 새벽에 동쪽에 나오니, 그 이름은 '곤돈'이라 한다.

其明歲以十二月與虛【晨出東方，其名為赤奮若。

그 다음 해 12월에 허수와 함께 새벽에 동쪽에 나오니, 그 이름은 '적분약'이라 한다.

其明歲以正月與營宮晨出東方】，復為攝提四【格，十二歲】而周。

그 다음 해 정월에 영실과 함께 새벽에 동쪽에 나와, 다시 '섭제격'이 되니, 12년 동안 한 바퀴를 돈 것이다.

---

16) 【 】안의 글자는 주석을 단 사람이 보충한 것이다. 이하 같음.

17) 오른쪽 아래모서리의 작은 숫자는 원래 백서의 줄의 순서를 표시한 것이다. 이하 같음.

18) 둥근 괄호( ) 안의 글자는 보충하는 글자거나 앞글자의 오류를 바로잡은 것이다. 이하 같음.

皆出三百六十五日而夕入西方, 伏卅日而晨出東方,

모두 365일간 나왔다가 저녁에 서쪽으로 들어가고, 30일 동안 보이지 않다가 새벽에 동쪽으로 나왔으니,

凡三百九十五日百五分【日而復出東方】。

모두 395日 105分(105/240)이며, 다시 동쪽으로 나온다.

□[19] □□□□□□□□□□□□□□ 視下民公 □□□ 五羊(祥), 廿五年報昌, 進退左右之經度。

□ □□□□□□□□□□□□□□ 視下民公 □□□五羊(祥), 25년 報昌, 좌우로 나아가고 들어온 경도가,

日行廿分, 十二日而行一度。

하루에 20分(분)을 나아가고, 12일에 1度를 나아간다.

歲視其色以致其 □□□□□□□□□□□□□□□□□□□□爲相星 □□ 六列星藍正, 九州以次, 歲十二者, 天斡也。

세성은 그 빛깔을 살펴 그 □□□□□□□□□□□□□□□□□□□□ 爲相星 □□六列星藍正, 九州를 순서에 따라 돌면, 12년이 되고, 하늘이 일주하는 것이다.

營室攝提格始昌, 歲星所久處者有卿(慶)。〔以正月與營室晨出東方, 名曰益隱。其伏蒼蒼若有光, 其國有〕德, 黍稷之匿七; 其國失(無)德, 兵甲嗇嗇。其失次以下一若「舍」[20]二若「舍」三舍, 是胃(謂)天維(縮), 紐, 其下之〔國有憂、將亡, 國傾敗; 其失次以上一舍二舍三舍, 是謂天〕贏, 於是歲天八下大水, 乃不天列(裂), 不, 乃地動; 紐亦同占。視其左右以占其夭壽, □□□□□□□□□□□□□□□□□□□□□□□□□□用兵, 所往之九野有卿, 受歲之國不可起兵, 是胃(謂)伐皇, 天光其不從, 其陰大凶。歲星出〔入不當其次, 必有天祆見其所當之野, 進而東北乃生慧星, 進而〕東南乃生天一十部(棓), 退而西北乃生天鑒(槍), 退而西南乃生天슚槐; 皆不出三月, 見其所當之野, 其〔國凶不可舉事用兵, 出而易所, 當之國受〕央(殃), 其國必亡一一。

營室과 攝提格이 盛해지기 시작하니, 세성이 오래 머문 곳에 경사스런 일이 생긴다.〔정월에

19) '□'는 식별할 수 없는 한자를 표시한 것이다. 이하 같음.

20) 「　」안의 글자는 앞글자의 오류를 바로잡은 것이다. 下同.

영실을 따라서 새벽에 동쪽에 나오고, 이름을 謚隱이라 한다. 그것은 숨어 있으나 짙은 푸른 빛이 나는 것과 같고, 그 나라에 덕이 있으면, 큰 풍년이 든다. 나라에 덕이 없으면 전쟁이 자주 일어난다. (세성이) 가야 하는 곳까지 가지 않고, 뒤로 一舍, 二舍, 또는 三舍와 같이 물러나니, 이를 天維(縮) 또는 紐라 한다. 그러면 나라에 우환이 생기고, 장군들이 죽고, 나라가 국운이 쇠하여 패하게 된다. 세성이 원래 운행보다 一舍, 二舍, 三舍 빨리 가는 것을 천영(天贏)이라 하며 그 해에 세상에 큰 물난리가 난다. 하늘이 무너지지 않으면, 땅이 흔들린다. 紐 역시 같은 성점이다. 그 좌우를 보고 이로써 그 수명의 길고 짧음을 점치고, □□□□□□□□□□□□□□□□□□□□□□□□□□□□□ 군사를 쓰고, 그 머무는 분야(野)에 경사스런 일이 있게 된다. 세성이 머무는 나라는 전쟁을 일으켜서는 안 되고, 이를 伐皇이라 한다. 天光이 따르지 않으면 그 어둠으로 인해 큰 흉작이 든다. 歲星의 출입이 순서에 맞지 않게 되면 반드시 하늘의 재앙이 해당하는 분야(野)에 나타난다. 東北으로 나아가면 慧星이 생겨나고, 東南으로 나아가면 天部(棓)가 생겨나고, 西北으로 물러나면 天鑒(槍)이 생겨나고, 西南으로 물러나면 이에 천참(天欃)이 생겨난다. 세성이 있어야 할 곳에 3개월 동안 보이지 않으면, 그 나라에는 재앙이 있은 것으로 군사를 일으킬 수 없다. 세성이 나타났지만 제 위치가 아니면 해당하는 나라는 재앙을 받게 되고 반드시 망하게 된다.

天部(棓)在東南, 其來「本」類星, 其來「末」銳長可七尺, 是司雷大動, 使□毋動, 司反□□□□□□□□□□□□□□□□□□□□□□一二。

天部(棓)는 東南에 있는데 본래 類星(별의 일종)으로 그 끝의 뾰족한 부분의 길이는 7척 가량으로 천둥을 주관하고, □로 하여금 움직이지 못하게 하며, 司反□□□□□□□□□□□□□□□□□□□□□□。

(慧)星在東北, 其本有星, 末類慧, 是司失正逆時, 土□□者駕(加)之央(殃), 其咎大□□□□□□□□□□□□□□□□□□一三。

(慧)星은 東北에 있고, 그것은 본래 星이 있으며, 끝 부분은 類慧(혜성의 일종)로 정상에서 벗어나 반대로 갈 때, 土□□者가 재앙을 더해, 그 재앙은 크게□□□□□□□□□□□□□□□□□。

天鑒(槍) 在西北, 長可數丈, 左口銳, 是司殺不周者駕之央, 其咎亡主一四.

天鑒(槍)은 西北에 있으며 길이는 數丈정도이다. 좌측 입구는 뾰쪽하며 살인을 주관하고 재앙을 더하니 그 재앙으로 주인이 죽는다.

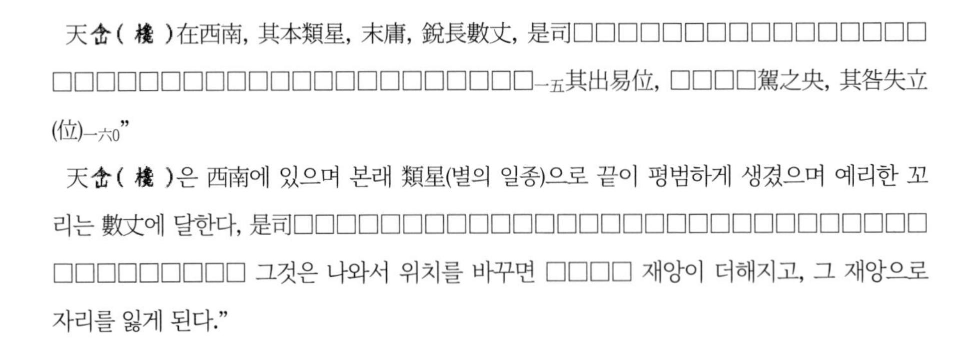

天㑹(欃)在西南, 其本類星, 末庸, 銳長數丈, 是司□□□□□□□□□□□□□□□□□□□□□□□□□□□□□□□□□□□□□一五其出易位, □□□□駕之央, 其咎失立(位)一六0"

天㑹(欃)은 西南에 있으며 본래 類星(별의 일종)으로 끝이 평범하게 생겼으며 예리한 꼬리는 數丈에 달한다, 是司□□□□□□□□□□□□□□□□□□□□□□□□□□□□□□□□□□□□□□ 그것은 나와서 위치를 바꾸면 □□□□ 재앙이 더해지고, 그 재앙으로 자리를 잃게 된다."

위에서 인용한 문장은 크게 두 부분으로 나눌 수 있다. 첫 번째 부분은 처음부터 '歲十二者, 天榦也'까지이며, 그 이후가 둘째 부분이 된다. 첫째 부분은 모두 천문과 관련된 것으로 점술과 관련된 내용은 언급하지 않고 있다. 이 가운데 가장 중요한 것은 항성에 대한 목성의 회합주기를 설명한 것이다. 행성의 회합주기에 대한 정의는 다음과 같다. 지구에서 행성을 관찰했을 때, 행성이 태양에 대해서 천구상의 같은 위치로 돌아오는데 걸리는 시간을 말한다. 내행성의 경우 행성이 태양 안쪽에서 지구와 직선에 위치하는 경우를 내합이라고 하며 바깥쪽의 일직선에 위치하는 경우를 외합이라고 한다. 외행성의 경우 행성이 지구 뒤쪽에 일직선으로 놓이는 경우를 충(외행성-지구-태양)이라고 부르고 태양 너머에 일직선으로 위치하는 경우는 합(외행성-태양-지구)이라고 부른다. 그러나 마왕퇴 백서(상)에는 다르게 기록되어 있다. 목성이 정월 새벽에 처음 보인 때부터 다음 번 정월 새벽에 처음 보일 때까지가 365일이 되는데, 그 기간에 30일간 보이지 않는다(伏卅日)고 기록하고 있다. 따라서 실제로는 395.44일(凡三百九十五日百五分)이 주기가 되며 이 주기가 지나야 다시 새벽에 목성이 보이게 된다. 이것은 현대의 목성 주기에 대한 설명과도 잘 맞는다. 현재 알려진 목성의 주기는 398.88일이며 고대의 기록과는 3.44일의 오차가 있다.

행성의 주기는 행성이 연속적으로 두 차례 동일한 천구상의 위치를 지나는 시간을 말한다. 마왕퇴 백서에 기록된 목성의 항성주기는 12년인데 이것은 현재 알려진 목성 주기인 11.86년과 비슷한 수치이다. 한편, 백서에 기록된 금성의 회합주기는 584.4일(현대 측정값 584.922일)이다. 화성의 주기는 1.88년으로 현재 알려진 값과 같다. 토성의 회합주기는 377일(현대 측정값 378.09일)이며, 항성주기는 30년(현대 측정값 29.46년)이다.

백서의 『오성점』 가운데 마지막 3장이 중요한 이유는 목성, 토성, 금성의 운동에 대한 정확한 측정값이 기록되어 있기 때문이다. 백서에는 진시황 원년(BC 246)부터 서한(西漢) 문제(文帝) 3년(BC 177)까지인 70년 동안의 기록이 남아 있다. 비록 연속적인 기록이 남아 있지는 않지만 현존하는 자료에는 모두 연대가 기록되어 있다. 『오성점』은 문자가 간략하므로, 석문(釋文)을 기록한 후 분석을 해보고자 한다.

1. 7장 목성행도(第七章 木星行度)21)

목성의 위치	연호와 시기					
相與營室晨出東方 영실과 함께 새벽에 동쪽에 나온다.	秦始皇帝元	三	五	七	九	【二】七七
與東辟(壁)晨出東方 동벽과 함께 새벽에 동쪽에 나온다.	二	四	六	【八】	【十】	【三】七八
與婁晨出東方 루수와 함께 새벽에 동쪽에 나온다.	三	五	七	【九】	一	【四】七九
與畢晨出東方 필수와 함께 새벽에 동쪽에 나온다.	四	六	八	【卅】	二	【五】八0
與東井晨出東方 동정과 함께 새벽에 동쪽에 나온다.	五	七	九	漢元	孝惠【元】	【六】八一
與柳晨出東方 류수와 함께 새벽에 동쪽에 나온다.	六	八	卅	二	二	【七】八二
與張晨出東方 장수와 함께 새벽에 동쪽에 나온다.	七	九	一	【三】	【三】	【八】八三

21) [참고자료] (출처: Baidu 백과사전「秦-西汉, 帝王世系」)
진시황(秦始皇) (재위기간: BC 246 - BC 210) (37년)
진이세(秦二世) (재위기간: BC 210.7月- BC 207) (3년)
한고조 유방(漢高祖 劉邦) (재위기간: BC 206- BC 195.6月) (12년): BC206년에 秦을 멸하고, 漢왕조를 세웠고, 202년에 황제에 올랐기에 대부분의 역대표에는 한고조의 재위기간을 BC202-195으로 표기한다.
한혜제 유영(漢惠帝 劉盈) (재위기간: BC 195- BC 188) (7년)

與軫晨出東方 진수와 함께 새벽에 동쪽에 나온다.	八	廿	二	【四】	四	【元】八四
與亢晨出東方 항수와 함께 새벽에 동쪽에 나온다.	九	一	三	五	五	二八五
與心晨出東方 심수와 함께 새벽에 동쪽에 나온다.	十	二	四	六	六	三八六
與斗晨出東方 두수와 함께 새벽에 동쪽에 나온다.	一	三	五	七	七	八七
與婺女[22]晨出東方 무녀와 함께 새벽에 동쪽에 나온다.	二	四	六	八	代皇	八八

秦始皇帝元年正月, 歲星日行廿分, 十二日而行一度, 終〔歲行卅〕度百五分, 見三〔百六十五日而夕入西方, 伏〕卅日, 三百九十五日而複出東方。〔十二〕歲一周天, 廿四歲一與大〔白〕八九合營室九0。

진시황 원년(BC 246) 정월, 세성은 하루 동안 20分[23]을 운행하니, 12일이 되면 1度를 운행하게 된다. 1년 동안 30度 105分을 나아간다. 365일 동안 보였다가 저녁에 서쪽으로 들어가 30일 동안 보이지 않는다. 395일이 되면 다시 동쪽에서 보인다. 12년 동안 하늘을 一周하고, 24년에 한 번 태백(금성)과 영실에서 만난다.[24]

---

22) [참고자료] 婺女 : 星宿名, 即女宿。又名须女, 务女。二十八宿之一, 玄武七宿之第三宿, 有星四颗。별자리이름으로, 女宿를 말한다. 수녀(须女)나 무녀(務女)로도 부른다. 28宿 중의 하나이며 북방현무의 세 번째 宿로, 4개의 별로 이루어져 있다.(출처: Baidu 백과사전「婺女」)

23) 20분 = 20/240도(0.833도)
[참고자료] 中国还有比较少见的240分法, 即将一度分为240分。由於分母統一為240, 所以在文字中只記載多少分, 例如長沙馬王堆出土的《五星占》, 記「歲星日行廿分, 十二日而行一度。」即歲星每日在天球上運行, 當運行12日, 便走了12x (20/240)度, 即一度, 所以說「十二日而行一度」。중국에서 비교적 드물게 보이는 240分法이 있는데, 1度를 240分으로 나눈 것을 말한다. 분모는 240으로 통일하기에, 문구에선 몇 分으로만 기록한다. 예를 들면, 장사 마왕퇴에서 출토된「오성점」에「歲星日行廿分, 十二日而行一度。」라는 말이 있는데, 즉 세성이 매일 천구상에서 운행을 하는데, 12일 동안 운행하였을 때, 12*(20/240)度로 즉 1度를 간 것이 된다. 그래서「十二日而行一度」라고 한 것이다. (출처: Yahoo!奇摩部落格「中國古代星圖3」http: //tw.myblog.yahoo.com/)

24) [참고자료] 태세기년법(太岁纪年法)
岁星由西向东的运行, 和人们所熟悉的十二辰的方向正好相反, 所以岁星纪年法在实际生活中应用起来很不方便。为此, 古代的天文学家便设想出一个假岁星叫“太岁”, 让它和真岁星“背道而驰, 这样就和

2. 8장 토성행도(第八章土星行度)[25]

토성의 위치	연호와 시기		
【相】營室晨出東方 영실과 함께 새벽에 동쪽에 나온다	元. 秦始皇	一	二 九一
與營室晨出東方 영실과 함께 새벽에 동쪽에 나온다	二	二	三 九二
與東壁晨出東方 동벽과 함께 새벽에 동쪽에 나온다	三	三	四 九三
與(奎)晨【出】東方 규수와 함께 새벽에 동쪽에 나온다	四	四	五 九四
與婁震出東方 루수와 암께 새벽에 동쪽에 나온다	五	五	六 九五
與胃晨出東方 위수와 함께 새벽에 동쪽에 나온다	六	六	七 九六

十二辰的方向顺序相一致, 并用它来纪年。太岁是《汉书●天文志》的叫法, 『史记●天官书』叫岁阴, 『淮南子●天文训』叫太阴。根据《汉书●天文志》记载的战国时天象记录, 某年岁星在星纪, 太岁便运行到析木(寅), 这一年就是 "太岁在寅", 第二年岁星运行到玄枵, 太岁便运行到大火(卯), 这一年就是 "太岁在卯". 此外古人还为 "太岁在寅"、"太岁在卯"等12个年份取了专门名称, 如摄提格、单阏等, 对应如下表: 세성은 서쪽에서 동쪽으로 운행하므로, 사람들에게 익숙한 12진의 방향과는 정반대였기에, 세성기년법을 실제생활에 응용하기는 매우 불편했다. 이 때문에, 고대의 천문학자들은 가짜 세성인 "태세"를 만들어내, 그것을 진짜 세성과 반대방향으로 가게 만들었다. 이렇게 하자 12진의 방향 순서와 서로 일치하게 되어 그것을 기년에 사용하게 되었다. 태세는 『한서』「천문지」에서 부르는 이름으로, 『사기. 천관서』에서는 세음으로, 『회남자』「천문훈」에서는 태음으로 불렀다. 『한서』「천문지」에 기록되어있는 전국시기의 천상기록에 따르면, 어느 해에 세성이 성기(星紀)에 있고, 태세는 석목(析木)(寅)까지 운행한다. 이 해가 바로 "太岁在寅"이다. 그 다음해 세성은 현효(玄枵)까지 운행하고, 태세는 바로 大火(卯)까지 운행하며, 이 해가 바로 "太岁在卯"이다. 이 밖에도 옛사람들은 "太岁在寅"나 "太岁在卯" 등 12년을 나눈 것에 고유 명칭을 붙였는데, 예를 들면, 섭제격(摄提格), 단알(单阏)등으로 대응하면 아래 표와 같다.(출처: 互动 백과사전 「太岁纪年法」)

「十二次(由西向東: 서쪽에서 동쪽으로)——十二辰(由東向西: 동쪽에서 서쪽으로)」

太歲年名	太歲位置	歲星位置	太歲年名	太歲位置	歲星位置
섭제격(攝提格)	寅(析木)	星紀(醜)	군탄(涒灘)	申(實沈)	鶉首(未)
단알(單閼)	卯(大火)	玄枵(子)	작악(作噩)	酉(大梁)	鶉火(午)
집서(執徐)	辰(壽星)	諏訾(亥)	엄무(閹茂)	戌(降婁)	鶉尾(巳)
대황락(大荒落)	巳(鶉尾)	降婁(戌)	대연헌(大淵獻)	亥(諏訾)	壽星(辰)
돈장(敦牂)	午(鶉火)	大梁(酉)	곤돈(困敦)	子(玄枵)	大火(卯)
협흡(協洽)	未(鶉首)	實沈(申)	적분약(赤奮若)	醜(星紀)	析木(寅)

25) [참고자료] 한고황후 여치(漢高皇后 呂雉) (재위기간: BC 188–180)
: 유방의 부인으로, 황제라 칭하지 않았으나, 그 권력은 황제와 같았다. 이 당시의 황제로는 전소제 유공(前少帝 劉恭: 재위기간 BC 188-184)과 후소제 유홍(后少帝 劉弘: 재위기간 BC 184-180)이 있다.(출처: Baidu 백과사전 「西汉, 帝王世系」)

與茅(昴)晨出東方　묘수와 함께 새벽에 동쪽에 나온다	七	七	八 九七
與畢晨出東方　필수와 함께 새벽에 동쪽에 나온다	八	八. 張楚[26)	文帝元 九八
與觜角晨出東方　자수 각수와 함께 새벽에 동쪽에 나온다	九	九	二 九九
與伐晨出東方　伐과 함께 새벽에 동쪽에 나온다	十	卅	三 一00
與東井晨出東方　동정과 함께 새벽에 동쪽에 나온다	一	漢元	一0一
【與東】井晨出東方　동정과 함께 새벽에 동쪽에 나온다	二	二	一0二
與鬼晨出東方　귀수와 함께 새벽에 동쪽에 나온다	三	三	一0三
與柳晨出東方　류수와 함께 새벽에 동쪽에 나온다	四	四	一0四
與七星晨出東方　북두칠성과 함께 새벽에 동쪽에 나온다	五	五	一0五
與張晨出東方　장수와 함께 새벽에 동쪽에 나온다	六	六	一0六
與翼晨出東方　익수와 함께 새벽에 동쪽에 나온다	七	七	一0七
與軫晨出東方　진수와 함께 새벽에 동쪽에 나온다	八	八	一0八
與角晨出東方　각수와 함께 새벽에 동쪽에 나온다	九	九	一0九
與亢晨出東方　항수와 함께 새벽에 동쪽에 나온다	廿	十	一一0
與氐晨出東方　저수와 함께 새벽에 동쪽에 나온다	一	一	一一一
與房晨出東方　방수와 함께 새벽에 동쪽에 나온다	二	二	一一二
【與】心晨出東方　심수와 함께 새벽에 동쪽에 나온다	三	孝惠元	一一三
【與】尾晨出東方　미수와 함께 새벽에 동쪽에 나온다	四	二	一一四
與箕晨出東方　기수와 함께 새벽에 동쪽에 나온다	五	三	一一五
與斗晨出東方　두수와 함께 새벽에 동쪽에 나온다	六	四	一一六
與牽牛晨出東方　견우성과 함께 새벽에 동쪽에 나온다	七	五	一一七
與婺女晨出東方　무녀와 함께 새벽에 동쪽에 나온다	八	六	一一八
與虛晨出東方　허수와 함께 새벽에 동쪽에 나온다	九	七	一一九
與危晨出東方　위수와 함께 새벽에 동쪽에 나온다	卅	高皇后元	一二0

26) [참고자료] 張楚: 「高祖本纪」 云: "秦二世元年秋 ,陈胜等起蕲 ,至陈而王 ,号为'张楚'。 -진이세 원년 가을에, 진승 등이 봉기하여, 진승이 왕이 되고, 연호를 장초라 하였다" 陳勝과 吳廣이 농민봉기를 일

秦始皇帝元年正月，填星在營室，日行八分，卅日而行一度，終〔歲〕行〔十二度卅二分。見三百四十五〕日，伏卅二日，凡見三百七七日而復出東方。卅歲一周于天，廿歲一二一與歲星合為大陰之紀一二二。

진시황 원년 정월，진성(토성)은 영실에 있고，하루에 8分씩 운행한다. 30일 동안 1度를 운행하고 1년 동안 12度 32分을 운행한다. 345일 동안 보이고 32일 동안 보이지 않으니 377일을 주기로 동쪽에 나타난다. 30년 동안 하늘을 一周하고，20년마다 세성과 大陰(토성)이 규칙적으로 회합한다.

3. 9장 금성행도 운행주기

正月與營室晨出東方二百廿四日，以八月與角晨入東方。

정월에 영실과 함께 새벽에 동쪽으로 나와 224일이 되면，8월에 각수와 함께 새벽에 동쪽으로 들어간다.

〔秦元〕〔九〕〔七〕五 三. 漢元 九 五 六 一二三

浸行百二十日，以十二月與虛夕出西方，取廿一於下。一二四

보이지 않게(외합전후) 120일간 운행했다가，12월에 허수와 함께 저녁에 서쪽에서 나오고，21일 동안 보이다가 땅으로 들어간다.

與虛夕出西方二百廿四日，以八月與翼夕入西方。

허수와 함께 저녁에 서쪽에서 나와 224일이 되면，8월에 익수와 함께 저녁에 서쪽으로 들어간다.

〔二〕〔十〕〔八〕六 四 二 十 六 七 一二五

伏十六日九十六分，與軫晨出東方。一二六

16일 96분 동안 보이지 않다가，진수와 함께 새벽에 동쪽에 나온다.

以八月與軫晨出東方二百廿四日以三月與茅晨入東方，餘七十八。一二七

8월에 진수와 함께 새벽 동쪽에 나와 224일 되면 3월에 모(茅)와 동쪽으로 들어가며 78이 남

으켜，중국 역사상 첫 번째 농민정권을 세웠고，그 국호를 장초라 하였다. 그러나 장초에 대한 해석에 대해 아직 역사가들의 의견이 다양하다.(출처: Baidu 백과사전「高祖本纪」)

는다.

浸行百廿日, 以九月與〔翼夕〕出西方。

보이지 않게(외합전후) 120일간 운행하다가, 9월에 익수와 함께 저녁에 서쪽에 나온다.

三 〔一〕 九 七 五 三 一 七 八 一二八

以八月与翼夕出西方, 二百廿四日, 以二月與婁夕入西方, 餘五十七。 一二九

8월에 익수와 함께 저녁에 서쪽에 나오고, 224일이 되면, 2월에 루수와 함께 저녁에 서쪽으로 들어가며 57이 남는다.

伏十六日九十六分, 以三月與茅晨出東方。

16일 96분 동안 보이지 않다가, 3월에 모(茅)와 함께 새벽에 동쪽에 나온다.

四 〔二〕 廿 八 六 四 二 〔高〕皇后. 元 一三0

以三月與茅晨出東方二百廿四日, 以十一月與箕晨〔入東〕方。 一三一

3월에 모(茅?)와 함께 새벽에 동쪽에 나와서 224일 되면, 11월에 기수와 함께 새벽에 동쪽으로 들어간다.

浸行百廿日, 以三月與婁夕出西方, 餘五十二。 一三二

보이지 않게(외합전후) 120일간 운행하고, 3월에 루수와 함께 저녁에 서쪽에 나오고, 52가 남는다.

〔以三月〕與婁夕出西方二百廿日, 以十月與心夕入西方。

3월에 루수와 함께 저녁에 서쪽에 나와 220일 되면, 10월에 심수와 함께 저녁에 서쪽으로 들어간다.

五 〔三〕 〔一〕 九 七 五. 惠元二 二 一三三

〔伏〕十六日九十六分, 以十一月與箕晨出東方, 取七十三下。 一三四

16일 96분 동안 보이지 않다가, 11월에 기수와 새벽에 동쪽에 나오고, 73을 더해야지 땅으로 들어간다.

以十一月与箕晨出東方二百廿四日, 以六月與柳晨入東方。

11월에 기수와 함께 새벽에 동쪽에 나와서 224일 되면, 6월에 류수와 함께 새벽에 동쪽으로 들어간다.

六 〔四〕 〔二〕 〔卅〕 〔八〕 六 二 三 三 一三五

浸行百廿日，以九月與心夕出西方，取九十四下． 一三六

보이지 않게(외합전후) 120일간 운행하다가 9월에 심수와 함께 저녁에 서쪽에 나오고, 94를 더하면 땅으로 들어간다.

以九月與心夕出西方二百廿四日，以五月與東井夕入西方。

9월에 심수와 함께 저녁에 서쪽에 나와서 224일 되면, 5월에 동정과 함께 저녁에 서쪽으로 들어간다.

七 〔五〕 〔三〕 〔一〕 〔九〕 〔七〕 三 四 一三七

伏十六日九十六分，以九月與輿鬼晨出東方。 一三八

16일 96분 동안 보이지 않다가, 9월에 여귀와 함께 새벽에 동쪽에 나온다.

以六月與輿鬼晨出東方二百廿四日，以正月與西壁晨入東方。餘五。 一三九

6월에 여귀와 함께 새벽에 동쪽에 나와서 224일 되면, 정월에 서벽과 함께 새벽에 동쪽으로 들어간다. 5가 남는다.

浸行百廿日，以五月與東井夕出西方。

보이지 않게(외합전후) 120일간 운행하다가 5월에 동정과 함께 저녁에 서쪽에 나온다.

八 〔六〕 〔四〕 〔二〕 〔廿廿〕 〔八〕 四 五 一四0

以五月與東井夕出西方二百廿四日，以十二月與虛夕入西方。 一四一

5월에 동정와 함께 저녁에 서쪽에 나와서 224일 되면, 12월에 허수와 함께 저녁에 서쪽으로 들어간다.

〔伏十〕六日九十六分，以正月與東壁晨出東方。 一四二

16일 96분 동안 보이지 않다가, 정월에 동벽과 함께 새벽에 동쪽에서 나온다.

秦始皇帝元年正月，太白出東方，〔日〕行百廿分，百日上極〔而反，日行一度，天〕十日行有〔益〕疾，日行一度百八十七分以從日，六十四日而復逮日，晨入東方，凡二百廿四日。浸行百廿日，夕出西方。〔太白出西方始日行一度百八十七分，百日上極而反，〕行益徐，日行一度，以待之六十日；行有益徐，日行四十分，六十四日而夕入西方，凡二百廿四日。伏十六日九十六分。〔太白一復〕為日五〔百八十四日九十六分日。凡出入東西各五，復〕與營室晨出東方，為八歲。

(진시황 원년 정월, 태백이 동쪽에 나온다. 매일 120分 운행하고, 100일째 가장 높은 곳에 도달하면 다시 반대로, 매일 1度씩 운행한다. 10일 동안은 운행하는 속도가 점점 빨라져 하루에 1度 187

分씩 태양을 좇아 운행하며, 64일째 다시 해를 따라 잡는다. 새벽에 동쪽으로 들어가니, 모두 224일이 걸린다. 외합전후 태양에 가려진 채 120일을 운행한다. 저녁에 서쪽으로 나온다. (태백은 서쪽에서 나와 하루에 1度 187分씩 운행하기 시작하는데, 백일동안 점점 느려져, 하루에 1度씩 운행하니, 60일이 걸린다. 운행이 점차 느려져, 하루에 40分을 운행하고, 64일째 저녁에 서쪽으로 들어가니, 모두 224일이 걸린다. 16일 96分동안 보이지 않는다. 태백의 1 회합주기는 584日 96分이다. 동서로 나타나기를 각각 5번씩 하고, 다시 영실과 함께 동쪽에 나오는 데 8년이 걸린다.)

앞서 언급한 마왕퇴 백서에 남아 있는 목성, 토성, 금성 세 행성의 운행 자료는 매우 소중한 자료이다. 특히 금성의 자료는 상세하게 기록되어 있다. 해설문 가운데, 123행부터 142행까지는 모두 금성 운행의 실제 기록이고, 뒷부분(142~146)은 결론을 정리한 것으로 금성의 시운동에는 순행(順), 역행(逆), 유(留)의 현상이 있음을 말하고 있다. 행성이 하늘의 별자리들을 배경으로 서쪽에서 동쪽으로 움직이는 것을 순행이라 부르며, 그와 반대되는 현상을 역행이라고 부른다. 순행의 시간은 길며, 역행의 시간은 짧다. 순행에서 역행으로 바뀌는 매우 짧은 시간이 있는데 유(留-멈춤)라고 부른다. 마찬가지로 역행에서 순행에도 유(留)가 있다. 행성의 운행에도 빠르고 느린 변화가 있는데, 순행은 빨랐다가 느려지며, 역행은 빨랐다가 느려진 이후 잠시 멈추게 된다. 한 번의 회합주기 동안 이러한 운행이 진행된다. 백서 중에 '順', '逆', '留'의 세 글자가 나타나지는 않지만 내용을 살펴보면 이러한 운동이 있었음을 알 수 있다.

금성은 내행성이기 때문에, 금성의 운행 주기는 외합에서 외합까지 또는 내합에서 내합까지가 된다. 백서의 기록에 따르면 '晨出東方'에서 '晨出東方'까지를 1주기로 삼았는데, 제 2장에는 아래의 중요한 기록이 있다.

以正月與營實晨出東方, 二百廿四日晨入東方; 浸行百二十日; 夕出西方二百廿四日, 入西方; 伏十六日九十六分; 晨出東方

정월에 영실과 함께 새벽에 동쪽에 나와, 224일째 새벽에 동쪽으로 들어간다. 보이지 않게(외합전후) 120일을 운행한다. 저녁에 서쪽으로 나와 224일이 되면 서쪽으로 들어간다. 16일 96분 동안 보이지 않다가 새벽에 동쪽으로 나온다.

여기서 '浸'은 바로 금성이 태양과 비교적 가까운 위치로 움직였다는 것으로 외합의 전후이며 태양빛에 가려지게 된다. '伏'은 내합부근에서 금성을 볼 수 없는 시간을 가리킨다. 이 문장은 제9장 결론부분의 요약으로 금성 운행을 네 단락으로 나누고, 각각의 운행 시간을 표시하였다. 수식으로 표현하면 다음과 같다.

224 + 120 + 224 + 16(96/240) = 584.4 (日)

이것이 결론 부분에서 말했던 '太白一復爲日五百八十四日九十六分日'로 바로 금성의 1 회합주기이다. 앞서 금성의 5회 회합주기를 8년이라고 했는데 즉, 584.4×5=2922(日)로, 이것은 8년의 날짜수와 일치한다. 석택종은 다음과 같이 설명하였다. "중국이 2000여 년 전에 이러한 주기를 이용해 70년 동안의 금성의 움직임을 나타내는 표를 만들었다는 것은 매우 놀라운 일이다."[27]

9장의 결론에서는 특히 금성 운행의 속도변화에 대해 설명하고 있는데 '질(疾)'은 빠른 것이고, '서(徐)'는 느린 것을 뜻한다. '行益徐'는 운행이 점차 느려지는 것을 뜻하며, '行有益徐'는 운행이 여전히 느려지고 있다는 것을 말한다. '行有益疾'은 점점 빨라지고 있다는 것을 의미한다. 이것은 실제 현상과 잘 일치한다. 당시 천문학자들의 자세한 관측 기록이 현대에 소중한 자료로 남겨졌음을 알 수 있다. 목성과 토성은 외행성으로, 이들의 시운동은 내행성과는 다르다. 내행성은 외합 이후 태양의 동쪽에 나타나지만 외행성은 합 이후 태양의 서쪽에 나타난다. 따라서 외행성은 회합주기 동안 별자리에서의 위치 이동이 내행성과는 차이가 있다.

앞서 기술한 것을 살펴보면 전국(戰國) 말기인 진시황 원년부터 서한(西漢) 초년까지의 기간동안 진시황은 6국(國)을 정벌하고 전국을 통일하여 진(秦) 왕조를 세웠다. 그리고 이어 유방(劉邦)에게 패하는 전란의 시기를 겪었지만 천문관측은 계속 이어졌다. 비록 천문 관측의 목적이 점성을 위한 것도 있었지만 관측은 실제 하늘을 정확하게 기록한 것이었다. 고대에 통치자는 점성을 위해 천문학의 발전을 꾀하였고, 영대(靈臺)와 같은 천문 시설은 전국시대의 진(秦)나라에도 존재하였음을 말해준다.

---

27) 席澤宗:「中國天文學史的一個重要發現 -- 馬王堆漢墓帛書中的「五星占』,『中國天文學史文集』, 科學出版社, 1978年.

3절. 간독(簡牘)에 기록된 역법

죽간과 백서에는 또 하나의 중요한 천문역법 기록이 남아있다. 이들은 초기의 역보(曆譜)로 간독에 많이 남아있는데 주로 죽간(竹簡)에 남아 있다. 출토된 간독의 역보 내용을 살펴보면 수량은 많지만 내용이 짧게 분산되어 있어 몇 개월이나 일 년 정도의 연속적인 자료는 거의 볼 수 없다. 죽간 중에서 중요한 것으로는 이 책의 저술 당시 『문물(文物)』지에 발표한 주가태(周家台)에서 출토된 진시황 34년(BC 213), 36년(BC 211)과 37년(BC 210)의 월령 간지 및 달의 대소(大小) 등이 있다. 이들은 130매의 죽간으로 「역보 曆譜」라고 불린다.[28]

주가태(周家台)는 호북성(湖北省) 형주시(荊州市) 사시구(沙市區) 서북쪽 교외에 위치하고 있다. 1992년 11월부터 다음해 6월까지 고고학자들은 이 일대에서 진한(秦漢) 시기의 여러 고분들을 발굴하였다. 그 중에서 주가태 진(秦)시대 무덤의 일련번호는 ZM30이다. 30호 진(秦) 무덤에서 출토된 유물 가운데 목독(木牘)이 하나 있었는데 그 곳에 진이세(秦二世) 원년(BC 209)의 역보가 있었다. 역보에는 1년 모든 달의 간지와 대소(大小) 뿐 아니라 10월을 세수(歲首)로 정했음을 기록하고 있다. "진시황삼십사년역보(秦始皇三十四年曆譜)" 64매에는 한 해 전체의 간지가 기록되어 있으며 모두 13개월(윤9월 포함)이 기록되어 있다. 석문(釋文)이 발표되었지만 아래에서 몇 달만을 인용하여,[29] 간단한 내용설명을 하고자 한다.[30]

---

28) 湖北省荊州市周梁玉橋遺址博物館: 「關沮秦漢墓淸理簡報」, 『文物』 1999年 第6期.

29) 彭錦華: 「周家臺30號秦墓竹簡 "秦始皇三十四年曆譜"釋文與考釋」, 『文物』 1999年 第6期.

30) [참고자료] 위의 주석은 아래의 논문과 그 내용을 참조하였다.
彭锦华. 周家台30号秦墓竹简 "秦始皇三十四年历谱" 释文与考释 『文物』(京)1999年06期, 第63~69p
1. 竸(竟)陵- "竞(竸의 간체자)"通竟。"竞陵"即竟陵, 地名, 在今湖北省潜江市西北
경릉- "竞"은 "竟"으로 이해된다. "竞陵"은 "竟陵"으로 지금의 호북성 잠강시 서북쪽에 위치해 있다.
2. 韓鄉-《说文》训 "韩"为 "井垣"。"井韩乡", 地名。如果按照前一天 "宿竞(竟)陵"、后一天 "宿江陵"推算, "井韩乡"的地理位置应在上述二地之间
한향- 『설문』에는 "韓"이 "정원"으로 해석되었다. "정한향"은 지명이다. 만약 하루 전날 경릉에서 잤고, 이틀후에 강릉에서 잤다고 생각해보면, "정한향"의 지리적 위치는 경릉과 강릉 사이로 생각된다.
3. 江陵- 楚旧都郢, 在今湖北省荆州市荆州区境内。
강릉- 초나라의 옛 수도 영(郢 Yíng)으로, 지금의 호북성 형주시 형주구 경내에 위치한다.
4. 铁官- 负责铁矿开采和冶炼的官府机构。
철관- (중국 秦漢시기: BC221-AD220) 철광석 채굴과 제련을 책임졌던 관청 기관

진시황삼십사년역보(秦始皇三十四年曆譜)

〔■ -十一月戊戌〕一壹	〔■ -十二月丁酉〕一貳	■ 二月丙申宿競(竟)陵. 一叁 경신일에 경릉에서 자다.
〔己亥〕二壹	戊戌 二貳	丁酉宿韓鄕。二叁 정유일에 한향에서 자다.
〔庚子〕三壹	己亥 三貳	戊戌宿江陵。三叁 무술일에 강릉에서 자다.
〔辛丑〕	庚子	己亥
〔壬寅〕四壹	辛丑 四貳	庚子 四叁
〔癸卯〕五壹	壬寅 五貳	辛丑 五叁
甲辰 六壹	癸卯 六貳	壬寅 六叁
乙巳 七壹	甲辰 七貳	癸卯 七叁
丙午 八壹	乙巳 八貳	甲辰 八叁
丁未 九壹	丙午 九貳	乙巳 九叁
戊申 一0壹	丁未 一0貳	丙午 一0叁
己酉 一一壹	戊申 一一貳	丁未起江陵。一一叁 정미일에 강릉에서 출발하다.
庚戌 一二壹	己酉 一二貳	戊申宿黃郵。一二叁 무신일에 황유에서 자다.

5. 守丞- 及以下文字分双行书写, 下一简亦同。守, 试守。"丞", 县丞。从笔迹看, "守丞登到"系一句。
수승-및 아래 글자는 두 행으로 나눠 적혀있는데, 그 다음 글자도 역시 똑같다. "守"는 "試守"로, 서한과 동한시기에 문무관원(중앙이나 지방)을 1년 동안 수습과정을 두었던 제도. "丞"은 縣丞(현령 보좌역)이다. 필적으로 보아, "守丞登到"는 한 문장이다.
6. 竖- 人名。简上 "竖"下原有钩识。
수- 사람이름. 죽간 위의 "竪"아래에는 원래 갈고리 표시가 있었다.
7. 除-《汉书·景帝纪》"初除之官", 颜师古注: "凡言除者, 除故官就新官也。"
제-「한서. 경제기」에 "初除之官"이라는 말이 나오는데, 안사고는 다음과 같이 주석을 달았다. "무릇 除라고 말하는 것은, 옛 관리가 물러나고 새 관리가 온다는 것을 의미한다"
8. 嘉平- 腊日。『史记·秦始皇本纪』"三十一年十二月, 更名腊曰嘉平。"
가평- 납일을 뜻한다. 「사기. 진시황본기」에는 "31년 12월을 납일가평으로 이름을 바꾼다"라고 되어있다.
腊月最重大的节日, 是十二月初八, 古代称为 "腊日", 俗称 "腊八节"。从先秦起, 腊八节都是用来祭祀祖先和神灵, 祈求丰收和吉祥。
납월은 가장 중대한 절기로, 12월 초8일을 말한다. 고대에는 "납일"을 "납팔절"이라고도 불렀다. 납팔절은 조상과 신령에게 제사지내며, 풍년과 행운을 비는 날이다.
9. 但- 人名。단은 사람이름이다. "繫(系의 번체자)", 拘禁。'구금하다'는 뜻이다.

辛亥 一三壹	庚戌 一三貳	己酉宿競(竟)陵。一三叁 기유일에 경릉에서 자다.
壬子 一四壹	辛亥 一四貳	庚戌宿都鄉。一四叁 경술일에 도향에서 자다.
癸丑 一五壹	〔壬〕子 一五貳	辛亥宿鐵官。一五叁 신해일에 철관에서 자다.
〔甲寅〕一六壹	〔癸丑〕一六貳	壬子治鐵官。一六叁 임자일에 철관에서 일보다.
乙卯 一七壹	甲寅 一七貳	癸丑治鐵官。一七叁 계축일에 철관에서 일보다.
丙辰 一八壹	乙卯 一八貳	甲寅宿都鄉。一八叁 갑인일에 도향에서 자다.
丁巳 一九壹	丙辰守丞登, 史竪, 除。到。一九貳 병신일에 수습을 마친 縣丞(縣令 보좌역)이 관직에 오르고, 사관 竪(인명)이 물러나다.	乙卯宿競(竟)陵。一九叁 을묘일에 경릉에서 자다.
戊午 二0壹	丁巳守丞登□史□□之□□。二0貳	丙辰治競(竟)陵。二0叁 병신일에 경릉에서 일보다
己未 二一壹	戊午 二一貳	丁已治競(竟)陵。二一叁 정기일에 경릉에서 일보다.
庚申 二二壹	己未 二二貳	戊午治競(竟)陵。二二叁 무오일에 경릉에서 일보다
辛酉 二三壹	庚申 二三貳	己未治競(竟)陵。二三叁 기미일에 경릉에서 일보다
壬戌 二四壹	辛酉。嘉平。二四貳 嘉平은 腊日(조상과 신령에게 제사지내는 날)이라는 뜻.	庚申治競(竟)陵。二四叁 경신일에 경릉에서 일보다
癸亥 二五壹	壬戌 二五貳	辛酉治競(竟)陵。二五叁 신유일에 경릉에서 일보다
甲子 二六壹	癸亥 二六貳	壬戌治競(竟)陵。二六叁 임술일에 경릉에서 일보다
乙丑 二七壹	甲子 二七貳	癸亥治競(竟)陵。二七叁 계해일에 경릉에서 일보다
丙寅 二八壹	乙丑史但擊(繫) 二八貳 을축일에 사관 但(인명)이 구금되다.	甲子治競(竟)陵。二八叁 갑자일에 경릉에서 일보다
....	....	....
■後九月大 五九壹	壬寅 六三貳	壬子 六一肆
癸巳 六0壹	癸卯 六四貳	癸丑 六二肆

甲午 六一壹	●甲辰 五九叁	甲寅 六三肆
乙未 六二壹	乙巳 六0叁	乙卯 六四肆
丙申 六三壹	丙午 六一叁	●丙辰 五九伍
丁酉 六四壹	丁未 六二叁	丁巳 六0伍
●戊戌 五九貳	戊申 六三叁	戊午 六一伍
己亥 六0貳	己酉 六四叁	己未 六二伍
庚子 六一貳	●庚戌 五九肆	庚申 六三伍
辛丑 六二貳	辛亥 六0肆	辛酉 六四伍

진시황 34년 역보는 한 해의 내용을 담고 있는데 윤달을 포함하여 모두 13개월로 되어있다. 위에서 인용한 10월, 12월, 2월과 윤9월(윤달)은 모두 기록이 온전하게 남아있다. 숫자로 날짜를 적는 대신 간지를 이용해 날짜를 기록하였다. 석문 가운데 '▬', '■', '●'는 모두 죽간에 있던 기호이다. '▬'는 평달의 앞에 표시되어 있으며, '■'는 윤달 앞에 표시되어 있다. '●'은 윤달이 있는 달의 날짜에 6일마다 표시되어 있다. 간지 뒤에는 한자 一, 二, ..가 쓰여 있는데 이것은 주석을 붙이는 과정에서 죽간의 번호를 표시한 것이다. 이어서 기록한 壹, 貳, ... 등의 표기는 석문이 포함된 죽간의 순서를 표시한 것이다. 윤9월의 마지막 날인 '辛酉六四伍' 뒤에는 내용이 없는 죽간 4매가 있다.

죽간의 간지와 달의 배치로 살펴보면 일 년의 시작은 10월이며 마지막 달은 윤9월이다. 역보의 세수(歲首)는 10월이며, 윤달은 마지막 달 뒤에 두었다는 것을 의미한다. 죽간에는 연대 뿐아니라 '진시황 34년 秦始皇三十四年'이라는 글자도 없었다. 그러나 죽간에 기록된 간지를 장배유(張培瑜)의 「中國先秦史曆表. 秦漢初朔閏表」와 비교한 결과 진시황 34년의 역보와 정월, 5월, 7월의 간지가 하루 차이 나는 것을 제외하고 나머지 달의 삭일 간지는 모두 일치하는 것을 알아냈다. 따라서 주가태 30호 묘에서 출토된 죽간 역보는 진시황 34년의 역보임을 추정할 수 있다. 이 역보의 달의 대소는 윤9월에만 분명히 '대(大)'로 쓰여 있고 나머지에는 기록이 남아 있지 않다. 간지를 세어 확인해 보면 7달(10월, 12월, 정월, 2월, 4월, 6월, 8월)은 작은 달이고 나머지는 큰 달이다. 12월, 정월, 2월은 세 달이 연이어 작은 달로 되어있고, 9월, 윤9월은 연이어 큰 달로 되어있다. 그러나 정월 초하루에 병인(丙寅)을 누락한 채, 정묘(丁卯)부터 적어 놓았기 때문에 병인(丙寅)이 추가된다면 정월은 큰 달이 될 수 있다. 이러한 죽간을 통해 진(秦)대의 역법을 개략적으로 알 수 있다. 한편, 이런 종류의 역보는 서한무제(西漢武帝) 초기까지 이어졌으며 구체적인 내용은 아래에서 살펴보겠다.

앞의 진시황 34년 역보는 국가에서 만든 역서가 아니라, 아마도 개인이 국가의 역서를 기초로 연중 행사를 매일 기록한 것으로 보인다. 역서를 만든 사람은 관원으로 보이며 정월, 2월과 3월에 경릉(竟陵), 강릉(江陵), 도향(都鄕), 철관(鐵官), 황우(黃郵), 정한향(井韓鄕), 노음(路陰) 등의 지역을 다녀왔다. 3월의 기록인 '辛巳賜－신사일에 하사하다'와 '癸未奏上－계미일에 진시황께 올리다'로 짐작컨대 이 역서의 주인은 진시황과 직접 접촉이 가능한 고위 관리였음을 알 수 있다.

아래에서는 서한(西漢) 원광원년(元光元年: BC 134)의 역보(曆譜)에 대해 설명하고자 한다.

산동(山東)의 고고학자는 1974년 4월 임기시(臨沂市) 은작산(銀雀山)에서 서한 시대 고분 두 개를 발굴하였다. 2호 묘에서는 여러 개의 죽간이 출토되었는데 32매로 된 하나의 역보였다. 첫째 죽간에는 연도가 기록되어 있었고 둘째 죽간에는 월이 기록되어 있었다. 죽간은 10월을 세수(歲首)로 하여 순서대로 윤9월까지 모두 13개월이 기록되어 있었다. 셋째부터 32번째 죽간까지는 날짜(간지)가 기록되어 있었다. 이들을 배열해보면 원광원년(元光元年: BC 134) 전체 역일이 된다.[31] 석문(釋文)[32]은 아래와 같다.

원광원년(元光元年 : BC 134년) 曆譜

01[33]	七年__(曆) 日
02	十月大　十一月小　十二月大　正月大　二月小　□□□　四月小　五月大 六月小　七月大　八月小　九月大　後九月小
03	……　□□　戊子　□□　丁亥反　丙辰　丙戌反　乙卯　乙酉　甲寅　甲□
04	……　己丑　戊午　戊子　丁巳　丁□　丙辰　丙戌反　乙□　乙□□
05	三　辛卯　辛酉反　庚寅　庚申反　□□　□未　己丑　戊午　戊□夏日至 丁巳　……
06	□　壬辰　壬戌　辛卯　辛酉　辛卯　庚申反　庚寅　己未反　己丑　戊午 戊子　丁巳　丁亥

31) 吳九龍:『銀雀山漢簡釋文』, 文物出版社, 1985年.

32) 上同

33) "01" 등의 숫자는 역보죽간의 일련번호로 연구자가 1-32까지 붙여놓았다.

07	□ 癸巳 癸亥 壬辰 壬戌 壬辰 辛酉 辛卯 庚申□ 庚寅 己未反 己丑 戌午反 戊子
08	…… □巳反 □亥□ 癸巳反 壬戌 壬辰 辛酉 辛卯 庚申 庚寅 己未 ……
09	七 乙未 乙丑 甲午 甲子 甲午 癸亥 癸巳反 壬戌 壬辰反 辛酉 辛卯 庚申 庚寅
10	八 丙申 丙寅 乙未 □□ 乙未 甲子 甲午 癸亥 癸巳
11	九 丁酉 丁卯反 丙申 丙寅反 丙申 乙丑 乙未 甲子 甲午 癸亥 癸巳 壬戌 壬辰
12	十 戊戌 戊辰 丁酉 丁卯 丁酉 丙寅反 丙申 乙丑反 乙未 甲子 甲午 癸亥 癸巳
13	十一 己亥 己巳 戊戌臘 戊辰 戊戌 丁卯 丁酉 丙寅 丙申 乙丑反 乙未 甲子 子 甲午
14	十二 甲子反 庚午 己亥反 己巳 己亥反 戊辰 戊戌 丁卯 丁酉 丙寅 丙申 乙丑 乙未
15	十三 辛丑 辛未 庚子 庚午 庚子 己巳 己巳 己亥反 戊辰 戊戌反 丁卯 丁酉 丙寅 丙申
16	十四 壬申 辛□ 辛□□ 辛丑 庚午 庚子 己巳 己亥 戊辰 戊戌反 丁卯 丁酉反
17	十五 癸卯 癸酉反 壬□ 壬申反 立春 壬寅 辛未 辛丑 庚午 庚子 初伏 己巳 己亥 戊辰 戊戌
18	十六 甲辰 甲戌 □□ □□ 癸卯 壬申反 壬寅 辛未反 辛丑 庚午 庚子 己巳 己亥
19	□□ □巳 乙亥 甲戌 甲辰 癸酉 癸卯 壬申 壬寅 辛未反 辛丑 庚午反 庚子
20	十八 丙午反 丙子 乙巳反 乙亥 □巳反 甲戌 甲辰 癸酉 癸卯 壬申 壬寅 辛未 辛丑
21	十九 丁未 丁丑 丙午 丙子 丙午 乙亥 乙巳反□ 甲戌 甲辰反 癸酉 癸卯 壬申 壬寅
22	廿 戊申 戊寅 丁未 丁丑 丁未 丙子 丙午 乙亥 乙巳 甲戌立秋 甲辰反 癸酉 癸卯反
23	廿一 己酉 己卯反 戊申 戊寅反 戊申 丁丑 丁未 丙子 丙午 乙亥 乙巳 甲戌 甲辰
24	廿二 庚戌 庚辰 己酉 己卯 己酉 戊寅反 戊申 丁丑反 丁未 丙子 丙午 乙亥 乙巳
25	廿三 辛亥 辛巳 庚戌 庚辰 庚戌 己卯 己酉 戊寅 戊申 丁丑反 丁未 丙子子 丙午
26	廿四 壬子反 壬午 辛亥出億(種)反 辛巳 辛亥反 庚辰 庚戌 己卯 己酉 戊寅 戊申 丁丑 丁未

27	廿五 癸未 壬子癸丑 壬午 壬子 辛巳 辛亥反立夏 庚辰 庚戌反中伏 己卯 己酉 戊寅 戊申
28	廿六 甲寅 甲申 癸丑 癸未 壬午 壬子 辛巳 辛亥 庚辰後伏 庚戌反 己卯 己酉反
29	廿七 乙卯 乙酉反 甲寅 甲申反 癸□ □丑 壬午 壬子 辛巳 辛亥 庚辰 庚戌
30	廿八 丙辰 丙戌冬日至 乙卯 乙酉 乙卯 甲申反 甲寅 癸未反 癸丑 壬午 壬子 辛巳 辛亥
31	廿九 丁巳 丁亥 丙辰 丙戌 丙辰 乙酉 乙卯 甲申 甲寅 癸未反 癸丑 壬午反 壬子
32	卅 戊午反 丁巳反 丁亥 丙戌 乙酉 甲申 癸未

이것은 기원전 134년의 역보로 연도에 대한 정보는 첫째 죽간에 '七年䜉(曆)日'라는 네 글자만 있을 뿐, 연호는 기록되어 있지 않다. 이 역보는 한(漢) 무제(武帝) 원광원년(元光元年: BC 134)의 것으로 알려져 있다. '칠년(七年)'은 역법이 제작된 연호(건원-建元)의 7번째 되는 해를 말한다. 역법을 제정한 당시에는 '元光元年'이라는 연호를 사용하지 않았기 때문에 이전부터 사용한 건원의 연호 년수를 사용한 것으로 보인다. 원광원년(元光元年)은 그 해 10월부터 시작되고 이전의 달은 건원(建元) 6년에 포함된 달이 된다. 그러나 진원(陳垣)의 「이십사삭윤표(二十四朔閏表)」에서는 정월부터 9월까지를 원광원년(元光元年)에 포함시키고 있어[34] 독자에게 혼동을 주고 있다. 세수(歲首)를 10월에서 정월로 바꾼 것은 태초원년(太初元年: BC 104) 5월에 결정되었다. "夏五月, 正曆, 以正月爲歲首。[35] –음력 5월에, 역법을 개정하여, 정월을 세수로 정한다.–" 따라서 실제 정월 세수는 태초(太初) 2년부터 시작되었다. 정월 세수는 계절 등의 자연 현상이나 달의 순차적 배열과 잘 맞기 때문에 지금까지도 계속 사용되고 있다.

이 역보의 기록 방식은 눈여겨 볼 만하다. 석문과 달리 원문은 표 4와 같이 오른쪽에서 왼쪽으로 세로로 적혀있다. 표 4는 죽간의 형식에 따른 것으로 모든 죽간 위의 두 자리 숫자는 죽간의 일련번호를 나타낸다. 내용 중에 일부 간지(干支)는 주석과 함께 추가된 것이다. 3번 죽간부터 32번 죽간까지 적혀 있는 12쌍 또는 13쌍의 간지(干支)는 날짜를 나타낸다. 3번 죽간에는 각 달의 초하루 간지를 적고 있으며 4번 죽간에는 매달 이튿날의 간지를 적어 놓았다. 31번 죽간

34) 陳垣: 『二十史朔閏表』, 中華書局, 1978年.

35) 「漢書」 卷六 「武帝紀第六」, 中華書局, 1970年.

에는 매달 29일의 간지를, 32번째 죽간에는 매달 30일의 간지를 적고 있다. 32번째 죽간에 비어 있는 달은 29일까지만 있는 작은 달임을 나타낸다. 이것은 2번째 죽간에 기록된 달의 대소(大小)와 일치한다. 죽간을 사용하는 방법은 먼저 2번째 죽간을 이용해 달을 찾고, 날짜에 해당하는 죽간을 왼쪽으로 찾아보면 된다. 예를 들면, 6월 3일은, 5번째 죽간의 '무자(戊子)'일로, 이날은 '하일지(夏日至)'로 하지가 된다.

표 4. 한원광원연간역보곡원표(일부)/ 漢元光園年曆譜復原表 (部分)

32	31	30	05	04	03	02	01
卅戊午反	九廿丁巳 丁亥	八廿丙辰 丙戌冬日至	三辛卯 辛酉反	二庚寅 庚申	一己丑 己未	十月大 十一月小	七年曆日
丁己反	丙辰	乙卯	庚寅	己丑 己朱	戊子 戊午	十二月大	
丁亥	丙戌	乙酉	庚申反	己丑	戊子	正月大	
	丙辰	乙卯	庚寅	戊午	丁巳	二月小	
丙戌	乙酉	甲申反	己未	戊子	丁亥反	三月大	
	乙卯	甲寅	己丑	丁巳	丙辰	四月小	

五月大 六月小 七月大 八月小 九月大 後九月小

丙戌反 乙卯 乙酉 甲寅 甲申

丁亥 丙辰 丙戌 乙卯 乙酉反

戊午 戊子夏日至 丁巳 丁亥 丙辰 丙戌

癸赤反 癸丑 壬午 壬子 辛巳 辛亥

甲申 甲寅 癸未反 癸丑 壬午反 壬子

乙酉 甲申 癸未

석문에서는 '하지(夏日至)', '동지(冬日至)', '입춘(入春)', '입하(立夏)', '입추(立秋)' 등 24기에 해당하는 명칭이 적혀 있는데 입동(入冬)이나 춘분(春分) 그리고 추분(秋分)과 같이 중요한 절기는 빠져 있다. 역보의 해석에 따르면 초복(初伏)과 중복(中伏), 말복(後伏)도 있는데 초복은 하지이후 12번째 날에 해당하며 초복과 중복 사이는 9일이다. 중복에서 말복까지는 31일의 간격이 있어 현재의 삼복 날짜와는 다르게 되어 있다. 13번 죽간의 12월 일진인 무술(戊戌) 아래에는 '납(臘)'이라고 쓰여 있는데 이것은 조상에게 제사지내는 날을 표시한 것이다. 조상의 제사는 12월에 행해졌기 때문에 이후 12월을 납월(臘月)이라고 불렀다. 26번 죽간의 12월 일진인 신해(辛亥) 아래에는 '출동(出僮)' 두 글자가 쓰여 있는데 '출종(出種)'의 의미인지 여부는 명확하지 않다. 여러 간지의 아래에 '반(反)'자가 덧붙어 있다. 같은 달에 적혀 있는 두 개의 '반(反)'자는 5일 간격으로 되어 있다. 한편, 9월에는 두 개의 '자(子)'가 있는데 '반(反)'자를 잘못 적은 것으로 보인다. 두 달에 걸쳐 연속으로 기록된 '반(反)'자는 5일 간격으로 쓰여 있지는 않다. 여기에 적힌 '반(反)'은 금기일(反支)이라는 의미를 가지고 있다.

역보의 형태를 살펴보면 이것은 국가에서 만든 역보의 형태를 따르고 있다. 국가에서 만든 역보를 개인적으로 베껴서 사용한 것으로 개인적으로 생활의 필요에 따라서 만들어 사용한 것은 아니다. 이 점은 주가태에서 출토된 진시황 34년 역보와는 다른 점이다. 역보 자체로만 본다면 두 역보는 거의 비슷하며 서한(西漢) 태초(太初) 이전의 역법은 진(秦)의 역법을 답습했다고 볼 수 있다.

진(秦)에서 서한(西漢) 초기까지 사용했던 역법에 대해서는 여전히 의문점이 남아 있다. 당시 사용한 역법이 「전욱력(顓頊曆)」이었는지 아니면 진(秦)이 통일 이후에 새로 만든 역법을 사용하였는지는 여전히 불분명하다. 그러나 앞서 설명한 상황을 추측해보면 진시황 34년은 중국을 통일한 이후의 연대이므로 진시황 통일 이후의 정책을 고려해 보면 새로운 역법을 만들어 사용했을 가능성이 높아 보인다.

간독역보와 관련된 자료들은 많이 출토되었다. 30여 년 전 진몽가(陳夢家)는 추정 가능한 한나라 죽간에 남아 있는 역보가 모두 15건이라고 밝혔는데, 다음과 같다. "본시(本始) 2년(BC 72), 본시(本始) 4년(BC 70), 원강(元康) 3년(BC 63), 신작원년(神爵元年: BC 61), 신작(神爵) 3년(BC 59), 오봉원년(五鳳元年: BC 57), 영광(永光) 5년(BC 39), 홍가(鴻嘉) 4년(BC 17), 영시(永始) 4년(BC 13), 건평(建平) 2년(BC 5), 거섭원년(居攝元年: AD 6), 거섭(居攝) 3년(AD 8), 영원(永元) 6년(AD 94), 영원(永元) 17년(AD 105), 영흥원년(永興元年 : AD 153)"[36] 이후로는, 운몽진간(雲夢秦簡), 마왕퇴(馬王堆)와 강릉(江陵) 한묘(漢墓)에서 출토된 목독(木牘) 등에 역보가 발견되었으나 앞서 이 책에서 소개한 두 종류만큼 완벽하지 않기 때문에 여기서 더 이상 소개하지 않겠다.

4절. 간독(簡牘)의 연대(年代) 분류와 고찰

연대학(年代學)은 고고천문학에서 매우 중요한 위치를 차지한다. 그러나 이 책에서는 연구 자료가 부족하기 때문에 연대에 대해서는 간단히 소개하기로 하겠다. 일부 연대 자료는 부분적으로 확인된 자료도 존재하는데 이러한 자료는 향후 추가적인 연구가 필요할 것으로 본다. 연

36) 陳夢家: 「漢簡年曆表叙」, 『考古學報』 1965年 第2期.

대가 없거나 연(年), 월(月), 일(日) 또는 간지(干支)가 명확하지 않은 많은 간독 자료일수록 더욱더 그러하다. 이러한 연대 문제를 해결하기 위해 최근 몇 년 동안 나견금(羅見今)은 해결 방법을 제시하였다. 아래는 연대학에 대한 그의 연구 결과를 정리한 것이다.

과학사와 방법론은 학자들에게 과학적인 연구를 위해 먼저 연구 대상에 대한 과학적인 분류 작업이 선행되어야 한다고 말한다. 이전의 간독 연구자들 또한 나름대로 간독의 연대 분류법을 제시하였다. 대부분은 간독의 내용과 성격, 그리고 출토지점과 시간의 선후를 함께 고려하였다. 출토된 간독이 적을 경우에는 연대학 분류는 중요한 문제가 되지 않는다. 그러나 몇 만 또는 십 만 이상의 간독이 발견되면 간독의 연대 분류는 중요한 요소가 된다.

연대학 분류의 원칙에 따르면 간독의 연대 판단은 간독에 남아 있는 연(年), 월(月), 삭(朔), 윤(閏), 간지(干支), 팔절(八節), 복납(伏臘), 건제(建除), 반지(反支) 등의 시간 관련 기록을 근거로 정확하게 판단해야 한다. 실제로 많은 시간의 기록은 매년 발행한 역보로부터 확인할 수 있으며 때로는 천문기록으로부터 확인할 수 있다. 대부분의 연대가 죽간의 역보로부터 확인되기 때문에 그것을 '역간(曆簡)'이라고도 부른다. 죽간에 실수로 잘못 적거나, 간독이 훼손되거나, 글자를 판별하기 어렵거나 또는 주석 문장이 명확하지 않은 등의 이유로 인해 역간 또한 100% 믿을 수 있는 것은 아니다. 그러나 남아 있는 역간의 자료는 여전히 중요하게 연구해야할 대상이다.

역간(曆簡)은 아래의 몇 가지 종류로 나눌 수 있다.

1. 기년간(紀年簡)

이것은 매우 중요한 역간이다. 거연한간(居延漢簡)을 예로 들어보면, 이들은 전체 출토 연대 자료 중 7% 정도를 차지한다. 대부분은 다음과 같은 형식으로 기록되어 있다. '정화(征和) 4년(BC 89) 시월임진삭계사(十月壬辰朔癸巳)'[37] 연호와 월삭이 모두 명확하게 기록되어 있다. 『사기』, 『한서』, 『후한서』에 기록된 큰 사건의 경우에는 날짜를 기록하고 있으나 삭일(또는 일식)에 대해서는 많은 기록이 없다. 따라서 간독에 기록된 월삭 기록은 사서(史書)의 연대관련 부족한 부분을 채워주는 중요한 자료가 된다. 일부 기년간에는 삭간지(朔干支) 대신 월명(月名)과 일간지(日干支)만이 남아 있어 정확한 날짜를 알 수 없다. 그러나 이러한 자료라도 많이 남아 있다면 역법의

37) 甘肅省文物工作隊等編: 『居延新簡·甲渠候官第275.22號』, 中華書局, 1984年.

수학적 배치 방법을 이용해 월삭을 추정하여 시기를 알아낼 수 있을 것이다.

기년간은 함께 출토된 문물의 시간을 판단하는데 참고 자료가 될 수 있다. 유물의 분포 시기와 해당 시기의 죽간의 수량 등을 통계적으로 분석해서 활용할 수 있다. 이미 갑거후관(甲渠候官)에서 출토된 기년간을 이용한 삭윤표(朔閏表)가 작성되었으며[38] 이러한 기년간의 자료는 데이터베이스 구축을 통해 향후 활용될 수 있을 것이다. 저자들은 잘 알려진 돈황(敦煌)과 거연(居延) 죽간을 이용해 연대를 확인하려고 시도하였다. 또한 『사기』, 『한서』, 『후한서』에 기록된 동한과 서한의 날짜 정보를 데이터베이스화 하여 분석하였으나 여러 문제점이 발견되었다. 연대 문제를 해결하기 위해서는 앞으로도 많은 기년간 자료가 보충되어야하며 이러한 대규모 프로젝트에 의해 연대 문제를 해결해야 할 것이다.

2. 역보간(曆譜簡)

고대의 역보를 연구하는 것은 매우 중요한 일이다. 고대의 역보는 실제로 사용한 역법(曆法)으로 후대에 추산한 결과가 아니기 때문에 중요한 자료가 된다. 역보는 기년간(紀年簡)과 함께 사서(史書)의 부족한 연대 기록을 보충해 줄 수 있다. 역보는 필사본과 영인본의 오류를 알려 줄 수 있으며 추보와의 오차도 알려준다. 또한 역보는 역법사의 변화를 알려주는 자료가 된다. 1984년 호북(湖北) 강릉(江陵) 장가산(張家山) 258호 묘에서 출토된 역보는 문제(文帝) 전원(前元) 5년(BC 175) 또는 그 이후의 것으로 알려져 있다. 1972년 산동(山東) 임기(臨沂) 은작산(銀雀山) 2호 묘에서 출토된 원광원년(元光元年, BC 134)역보는[39] 거의 온전하게 보존되어 매우 중요한 자료가 된다. 최근 발표된 윤만(尹灣) 6호 묘의 원연원년(元延元年, BC 12) 역보는 하나의 둥근 목독 위에 한 해 전체의 내용이 포함되어 있어 과학적인 자료로 활용이 가능하다.

돈황과 거연 등에서 발견된 역보간 중에서 온전한 것은 매우 적고 대부분 연호가 남아 있지 않다. 따라서 이들 자료를 활용한 연대 판단에는 고증과 해석이 필요하다.

진몽가(陳夢家)의 연구에 따르면 1930년 이전에 출토된 역보간은 15년에 걸쳐져 있었으며 그

---

38) 任步云: 「甲渠候官漢簡年號朔閏表」, 『漢簡硏究文集』, 甘肅人民出版社, 1984年.

39) 陳久金, 陳美東: 「臨沂出土漢初古曆初探」, 『文物』 1974年 第3期.

연대가 모두 고증되었다고 주장하였다.[40] 그러나 역법과 수학적인 방법으로 조사해보면 진몽가의 결과 중 3년간의 연대 추정에 오류가 있음을 알 수 있다. 예를 들면, 프랑스 학자 Edouard Chavannes(沙畹, 1865~1918)와 중국 학자 나진옥(羅振玉)이 영흥원년(永興元年, 153)의 것이라고 주장했던 298호 죽간은 원강원년(元康元年, BC 65)의 것으로 밝혀졌다. 또한 왕국유(王國維)가 건안(建安) 10년(AD 205)의 것이라고 주장했던 49: 5호 죽간은 영시(永始) 4년(BC 13)의 것으로 밝혀졌는데[41] 이러한 연대의 오류는 연구 방법에 문제가 있었던 것으로 보인다. 이 외에도 새롭게 고증한 역보 12매는 6년에 걸쳐진 것으로 확인되었다. 이러한 연대 연구는 주기적으로 반복되는 세차(歲次)의 기초 위에서 이루어진다.

3. 월삭간(月朔簡)

기년간과 다른 것으로 매달의 삭간지(朔干支) 또는 월삭 간지를 추정할 수 있는 것을 '월삭간'이라고 할 수 있다.[42] 예를 들면, '사월기묘삭 四月己卯朔', '삼월이십육일갑인 三月廿六日甲寅' 등이 이러한 기록이다. 많은 죽간에는 연호가 기록되어 있지 않거나 훼손되어 알아보기 어려운 것이 많다. 이 경우 동월동삭간지(同月同朔干支, 같은 달, 같은 삭간지)의 기록이 있는 경우, 주기성을 이용해 월삭간이 있는 연대를 알아 낼 수도 있다. 실제로, 고대의 역보를 연구하면서 이러한 연대 고증을 진행하기도 한다. 예를 들면, 돈황 171호 죽간에는 '팔월정해소(八月丁亥小)'라고 기록되어 있으며 이어서 정해(丁亥)부터 을묘(乙卯)까지 모두 29개의 연속적인 간지(干支)가 적혀있다. 프랑스 학자 Edouard Chavannes(沙畹)은 이에 대해 오봉원년(五鳳元年, BC 57)의 것으로 고증하였다. 이렇게 한 달의 역보를 조사하면서 월삭간의 개념을 생각하게 되었다. 이러한 바탕 위에 돈황의 오래된 연보(舊簡) 16매[43]와 거연의 오래된 연보 58매와 최근의 연보 73매[44]에 대해 연대 고증을 마쳤다. 연대 고증에 사용된 죽간에는 기본적으로 월삭이 기록되어 있

40) 陳夢家: 『漢簡綴述』, 中華書局, 1980年.

41) 羅見今, 關守義: 「敦煌, 居延若干曆簡年代考釋與質疑」, 臺北『漢學研究』 1997年 第2期.

42) 羅見今, 關守義: 「敦煌漢簡中月朔簡年代考釋」, 『敦煌研究』 1998年 第1期.

43) 上同

44) 羅見今: 『居延新簡-甲渠候官」中月朔簡年代考釋」, 『中國科技史料』 1997年 第3期.

거나 유물의 시기가 명확하게 기록된 자료에 의해 이루어졌다.

달에 대한 기록이 없거나 삭간지만 남아 있는 죽간에 대해서는 특별한 상황에서만 연대 고증이 가능하므로 여기에서는 더 이상 설명하지 않겠다.

4. 간지간(干支簡)

간지간은 줄임말로서 달과 날짜의 간지만이 남아 있어 한 달의 날짜 수가 분명하지 않은 죽간을 가리킨다. 간독과 유물 그리고 사서 중에 자료가 많이 있으며 연(年)이 기록되지 않았기 때문에 달과 간지만을 이용해 연대를 고증하기는 어렵다. 그러나 죽간의 수량이 많거나 특수한 상황에서는 삭간지를 추산해 연대를 알아 낼 수도 있다. 예를 들면, "三月甲辰, 卒十四人, 其一人養, 定作十三人。除沙三千七百五十石, 率人除二百九十石. 與此六萬六千五百六十石. (EPT57.117)–3월 갑진, 인부 14명, 한 명은 취사담당, 13명이 노동 참여. 돌 3,750개를 골라내 치웠고, 한 사람당 돌 290개를 치웠다. 이렇게 모두 66,560개의 돌을 치웠다.–" 기록된 갑진(甲辰)으로 계산해보면 돌 66,560개를 치우려면 18일이 필요하다. 3월 초하루부터 시작된 날짜를 거꾸로 계산해보면 3월삭이 정해(丁亥)라는 것을 추산할 수 있고 아울러 함께 출토된 기년간의 기간(時限)을 참고한다면 이 죽간은 건평(建平) 2년(BC 5)의 것임을 알 수 있다. 연대를 알아낼 수 있는 간지간(干支簡)의 수량이 매우 적고 일반적인 방법으로 알아내기에는 어렵기 때문에 특별한 방법이 필요하기도 한다. 그러나 이렇게 숫자의 조합을 이용해 수수께끼를 풀어내는 방법은 사람들에게 흥미를 일으키는 요소가 되기도 한다.

5. 연호결자간(年號缺字簡)

원래의 글자를 알아보기 어렵거나 죽간이 끊어져 누락된 것을 의미한다. 예를 들면: '□露二年十一月丙戎朔庚寅食时☑'(敦620號)에서 "□"는 알아보기 어려운 글자이고, '☑'는 죽간이 끊어져 누락된 것임을 나타낸다. 이 죽간은 연구를 통해 감로(甘露) 2년(BC 52)의 것으로 알려졌는데 기년간(紀年簡)과는 다른 것이다. 고증 과정에도 오류가 있을 수 있으며 글자가 누락된 죽간이라도 모두 글자를 복원할 수 있는 것은 아니다. '☐寧元年十二月辛丑甲渠☐'(EPT50.120)를 예로 들어보자.

한대(漢代)에 '寧'자가 포함된 연호는 경녕(竟寧, BC 33)과 영녕(永寧, AD120), 그리고 건녕(建寧, AD168)이 있다. 영녕원년 12월 계축삭(永寧元年十二月癸丑朔)은 신축(辛丑)과 월삭간이 다르므로 제외할 수 있다. 경녕원년(竟寧元年)의 가능성이 크지만 함께 출토된 유물의 시대를 고려해 결론을 내야 한다.

6. 삭윤특이간(朔閏特異簡)

중국의 대표적인 연력표로는 청대(淸代) 왕왈정(汪曰楨)의 『역대장술집요(歷代長術輯要)』,[45] 진원(陳垣)의 『24삭윤표(二十史朔閏表)』[46] 그리고 장배유(張培瑜)의 『3500년역일천상(三千五百年曆日天象)』[47] 등이 있다. 이들은 주로 역법을 기초로 추산한 자료이며 일부는 사료에 근거해 수정되기도 하였다. 이러한 책들은 십 수종이 있는데 대부분 내용은 같으나 치윤(置閏)만이 차이가 있는 경우가 많다. 그러나 간독(簡牘)의 기록이 알려지면서 책과 다른 내용을 보여주고 있어 많은 주목을 끌고 있다. 간독은 1차 사료라는 이유 때문에 후대에 만들어진 연력표에 오류가 있음을 알려준다. 물론, 간독의 기록이 부정확하거나 오류가 있을 가능성도 있다. 따라서 특별한 간독(特異簡) 자료를 조사해야 한다. 돈황과 거연에서 발견된 죽간 자료는 2만 건에 해당하지만 이들 중 확인된 자료는 60건 정도이다.[48] 죽간의 기록에 문제가 있는지 아니면 연력표에 오류가 있는지에 대해서는 과학적인 방법을 이용해 분석해야 할 것이다. 이 책에서 제시하는 '以簡證簡−죽간으로 죽간을 증명한다', 또는 '以史證簡−역사 사료로 죽간을 증명한다'의 방법은 간독(簡牘)과 사서의 삭윤간지(朔閏干支)의 자료 데이터베이스를 이용해 찾을 수 있다. 예를 들면, 거연(居延)에서 발견된 죽간 중에 「建武三年(AD 27)후속군소책구은사(候粟君所責寇恩事)」(EPF22.1~36)에는 다음과 같이 적혀있다. "以去年(按指建武二年)十二月廿日爲粟君捕鱼盡今(年)(AD 27)正月閏月二月积作三

45) 汪曰楨: 『歷代長術輯要』, 見『四部備要·子部』.

46) 陳垣: 『二十史朔閏表』, 中華書局, 1978年.

47) 張培瑜: 『三千五百年曆日天象』, 河南教育出版社, 1990年.

48) 羅見今, 吳守義: 「敦煌, 居延漢簡中與朔閏表不合諸簡考釋」, 『中國天文研討會論文』 徐州, 1977年 10月.

月十日不得賈直時– 작년(건무 2년을 가리킴) 12월 20일에 속군(粟君–사람이름)이 고기를 잡아 다 팔아 달라고 했으나 올해 정월, 윤 정월, 2월까지 석 달 열흘이나 되었으나 장사한 값을 제때에 주지 않는다.–"(EPF22.15, F爲房屋) 이 기록은 당시 최초의 지역 소송 문건이며 법률 문서이다. 따라서 사건을 기록한 시간은 신뢰할 수 있다. 즉, 건무(建武) 3년은 윤정월(閏正月)이 된다. 또 다른 죽간(EPF22.26)에도 같은 내용이 적혀있다. 그러나 대부분의 연력표에는 '建武三年 二月戊子朔, 閏二月戊午朔'으로 추산하고 있어 죽간의 윤정월(閏正月) 기록과 비교해보면 1개월이 늦게 된다. 임보운(任步云)은 이러한 차이에 대해 진위 판단을 기다려 봐야 한다고 언급하였다.

서기 27년의 간지 기록은 비교적 많은 편이다. 자료 데이터베이스에는 13개의 죽간과 사서 17곳의 기록이 남아있다. 그중에 『후한서』「광무제기(光武帝紀)」에는 "三年春正月甲子", "辛巳", "壬午" 다음에 "閏月乙巳, 大司徒鄧禹免。 –윤월 을사일에, 대사도 등우를 파면하다"이라는 기록이 있다. 그리고 연이어 적미(赤眉)[49]와의 전쟁이 기록되어있다. 광무제(光武帝)가 직접 출정하였으며, "己亥, 幸宜陽。甲辰, 親勒六軍, 大陳戎馬··· –기해에 황제가 직접 의양으로 행차하다. 갑신에 황제가 친히 6군을 이끌고 군사들을 크게 통솔하였으며 ..." "丙午, 赤眉君臣面縛–병오에 적미의 군신들이 투항하였으며", "戊申, 至自宜陽–무신에 의양에서 돌아오다"에서 기유(己酉)까지 임금의 명을 받아 제사를 지내고 작위를 하사받은 내용이 상세히 기록되어 있다. 이어서 "二月己未, 祠高庙, 受傳國玺[50] –2월 기미일에, 고묘에서 제사지내고, 나라의 옥새를 전해 받다.–"라고 기록되어 있다. 기록된 열 개의 간지는 정월(正月), 정윤월(閏正月), 2월(二月)의 세 달 안에 포함된 것으로 삭윤표에 오류가 있음을 알 수 있다.

7. 其它(기타)

역간 가운데 연월삭윤간지(年月朔閏干支) 외에 팔절(八節), 복납(伏腊), 반지(反支–금기일), 건제

49) [참고자료] 赤眉(chì méi) "赤麋 "라고도 부른다. 指 汉末以 樊崇(번승–사람이름) 等为首的农民起义军。因以赤色涂眉为标志。
한나라 말기에 번승 等이 주도하여 일으킨 농민의군으로, 눈썹을 붉게 칠해 관군과 구별되게 하였기에 "적미"라고 불렀다.(출처: Baidu 백과사전 「赤眉」)

50) 『後漢書』 卷一上 「光武帝紀」.

(建除), 혈기(血忌), 신살(神煞) 등의 기록[51]도 자주 보인다. 중국의 전통 역법은 양력과 음력이 합쳐진 태음태양력으로 월상(月象)의 변화와 함께 계절의 변화도 알려준다.

절기는 회귀년을 따라 변하는데 양력과 관련이 있다. 한편, 건제십이객(建除十二客)의 배열은 절기를 따르며 같은 절기와 간지는 주기적으로 나타난다.

예를 들면, 황문필(黃文弼)이 1930년대에 나포뇨이(羅布淖爾- 新疆 维維吾爾自治區-신강 위그르 자치구)에서 발굴한 26호 죽간의 첫 머리에는 "기미입춘(己未立春)"이라고 적혀있다. 기미입춘은 비슷한 시기에 80년에 한 번씩 나타나는데 원삭(元朔) 4년(BC 125) 12월 24일 기미입춘(十二月廿四日己未立春), 초원(初元) 4년(BC 45)정월 9일 기미입춘(正月九日己未立春), 건무(建武) 11년(AD 36) 12월 22일 기미입춘(十二月廿二日己未立春)[52]이 있다. 나포뇨이(羅布淖爾)에서 출토된 기년간(紀年簡)을 참고하면 이 죽간은 기원전 45년의 것임을 알 수 있다.[53] 이 밖에, 복납(伏腊)과 반지(反支)의 배열은 음력에 덧붙여 있으므로 월삭지지(月朔地支)와 관련이 있다. 간독의 연대를 추정하는 연구는 아직 미흡한 실정으로 향후 더 많은 연구가 필요하다.

간독연대학(簡牍年代学)의 관련 논문은 많지 않은 편이다. 또한, 중국 내외에 연구 자료가 흩어져 있어 전반적인 연구 상황을 알기는 어렵지만 전문적인 연구가 필요한 것으로 판단된다. 이러한 역간고고(曆簡考古)의 많은 문제는 수학과 함께 역사 그리고 문화에 대해서도 체계적이고 종합적인 연구가 이루어져야만 해결될 수 있을 것이다.

---

51) 陳夢家: 『漢簡綴述』, 中華書局, 1980年.

52) 張培瑜: 『三千五百年曆日天象』, 河南教育出版社, 1990年.

53) 羅見今, 關守義: 「敦煌漢簡中月朔簡年代考釋」, 『敦煌研究』 1998年 第1期.

16

중국의 고고천문학 연구

앞서 15장에서 보았듯이 중국에는 고고천문 자료가 많이 남아 있다. 그러나 서론에서 설명했듯이 중국의 고고천문은 서양과 달리 주로 고고학 발굴에서 시작되었다. 이 책에서는 지난 100년간의 중국 고고천문학의 연구 성과를 종합해서 설명하였다. 그러나 독립적인 연구 해석으로 인해 각 장마다의 설명이 다른 경우도 있다.

1절. 초기의 중국 고고천문학

중국 최초의 고고천문 자료 기록은 송대(宋代) 여대림(呂大臨)이 『고고도(考古圖)』에 수록한 '승상부누호(丞相府漏壺)'로 볼 수 있다. 이후, 많은 사람들은 이 누호에 대해 많은 연구를 하였다. 그리고 북송 시기의 왕보(王黼)는 그의 저서 『선화박고도(宣和博古圖)』에 삼삽좌(三插座)를 그려놓았다. 삼삽좌는 한대(漢代)에 만들어진 것으로 세 개의 쇠막대가 서로 수직하게 연결된 모양의 규표좌(圭表座)로 생각된다. 이 그림은 현재까지도 계속 사람들에게 인용되고 있으나 실제 규표

좌인지의 여부는 아직 명확하지 않다. 청대(淸代)의 오대징(吳大澂, 1835-1902)은 그의 저서 『고옥도고(古玉圖考)』에서 벽(璧)과 종(琮) 등이 포함된 상주(商周) 시대의 옥기(玉器)에 대한 자료를 설명하였다. 그 가운데에는 가장자리에 큰 톱니 3개와 몇 개의 작은 톱니가 있는 옥반(玉盤-중간에 둥글고 큰 구멍 있음)이 있는데, 오대징은 이것을 『서경』에 기록된 천문의기인 '선기(璇璣)'로 보았다. 이후, 미국의 B. Laufer(1874-1934)는 1912년 그의 논문인 「Jade; a Study in Chinese Archaeology and Religion」에서 오대징의 의견과 같은 주장을 하였다. 20세기, 1940-50년대 벨기에 학자 H. Michel은 이와 관련된 논문을 발표하였는데, 1947년에 발표한 「Les Jades Astronomigues Chinois; une Hypothese sur Jeur Usage」에서는 '중국옥기천문학'이라는 명칭을 사용하였다. 그리고 옥기를 이용해 북극을 관측하는 방법도 적어 놓았다. 이어서 영국의 J. Needham은 「Science and Civilization in China」 3권 천문편(1959)에서 옥기에 대한 선행 연구를 상세히 설명하였다. 그 이후, 20-30년 동안은 톱니를 달고 있는 이러한 종류의 옥반은 천문의기인 선기로 인식되었다. 그러나 이후에 영국 학자 C. Cullen과 중국 학자 하내는 옥기를 선기로 해석하는 의견에 동의하지 않았다.

중국학자 왕의영(王懿榮, 1845-1900)은 1899년 갑골문을 발견하여 학계의 주목을 받았다. 이후, 고고학자들은 1928년 하남성(河南省) 안양(安陽) 서북쪽의 소둔(小屯)에서 많은 갑골을 발굴해 전 세계를 놀라게 하였다. 학자들은 1930년대부터 갑골문 연구결과를 발표하였는데 이중에는 천문역법과 관련된 내용도 많이 있다. 동작빈(董作賓, 1895-1963)은 1931년 「卜辭中所見之殷曆」을 발표하여 활발한 논쟁을 일으켰다. 유조양(劉朝陽, 1901-1975)은 곧이어 세 편의 논문(「殷曆質疑」-1931, 「再論殷曆」-1933, 「三論殷曆」-1936)을 통해 동작빈과 다른 의견을 주장하였다. 고균(高均)과 상승조(商承祚) 등의 학자도 이들의 논쟁에 참여하였다. 이후 1934년 동작빈은 「殷曆中幾個重要問題」을 발표하여 그의 의견을 다시금 주장하였다. 동작빈과 유조양은 1945년 각각 자신의 연구 결과를 발표하였는데 동작빈은 『은력보(殷曆譜)』를 출판하였고, 유조양은 220쪽 분량의 『만은장력(晩殷長曆)』과 『관어은주역법지기본문제(關於殷周曆法之基本問題)』를 발표하였다. 이후, 동작빈은 1948년 『은력보후기(殷曆譜後記)』를 발표하였다. 외국의 학자들도 갑골문에 대한 연구에 합류하였다. 1949년 W. Eberhard는 「Review and eritiguelf(?) Liu Chao-Yang on the ancient calendars」를, 미국의 H. H. Dubs (1892-1969)는 1947년 「Canon of Lunar Eclipses for Angang and China, BC 1400-1000」를 발표하였다. 특히, 미국학자 Dubs는 갑골문 연구를 통해 BC1000-1400년까지의 교식표(交蝕表)를 제안하였는데 이것은 중요한 자료로 알려져 있다.

많은 연구자들이 갑골문에 기록된 역법과 교식에 대해 연구하였는데 특히 역법 문제에 대해 많은 토론이 이루어졌다. 갑골문에는 천상에 관한 관측기록도 매우 많다. 갑골문의 천상 기록을 가장 먼저 주목한 학자는 호후선(胡厚宣)으로 그는 1941년에 「甲骨文中之天象記錄」이라는 논문을 발표하였다.

갑골문보다 약간 늦은 금문(金文)에도 천문 역법과 관련된 내용이 일부 남아 있어 갑골문과 동시에 금문에 대해서도 함께 연구가 시작되었다. 금문을 가장 먼저 체계적으로 연구한 사람은 일본학자 신성신장(新城新藏)으로 그는 금문 자료를 연구해 1928년에 박사논문 「상대금문 연구(上代金文ノ研究)」를 발표하였다. 이 논문은 '『支那學』' 저널 5권 3호에 게재되었다. 이후, 중국학자 심선(沈璿)은 이 논문을 중국어로 번역하여 「中國上古金文中之曆日」이라는 제목으로 1933년 『동양천문학사연구(東洋天文學史硏究)』에 게재하였다. 이후, 중국의 여러 학자들도 본격적으로 금문 연구를 시작하였는데 대표적인 학자는 오기창(吳其昌)이다. 오기창은 금문과 갑골문을 함께 연구하여 아래의 논문 4-5편을 잇달아 발표하였다.

1929년 「殷周之際年曆推證」

1929년 「金文曆朔疏證」

1932년 「金文曆朔疏證續補」: 3호에 나누어 발표

1934년 「叢甄甲骨金文中所涵殷曆推證」

1934년 논문에서는 금문 자료를 활용하여 은(殷) 시기의 역법 문제를 역으로 추론하기도 하였다. 1944년 유조양은 「周初曆法考」라는 논문에서 금문을 연구하였다. 1930년대 막비사(莫非斯) 등 또한 금문을 이용해 주(周)대 초기의 역법을 연구해 논문을 발표하였다. 여동방(黎東方)은 1946년 금문에 기록된 월령 관련 자료를 연구해 「金文月相新考」 논문을 발표하였다. 논문 발표 당시, 생패(生霸)와 사패(死霸) 등에 대한 토론이 매우 활발하였다. 갑골문과 금문에 기록된 역법에 관한 연구가 진행됨과 동시에 고고천문학 연구도 시작되었다. 1927년부터는 고대 일구(日晷)에 대한 연구가 시작되었는데 당시 대표적 연구자로는 고로(高魯, 1877-1947)와 유복(劉復)(字-半農)이 있다. 고로는 초기에 「옥반일구고(玉盤日晷考)」라는 짧은 연구 논문을 발표하였다. 1932년 유복(劉復)(字-半農)은 30-40쪽 분량의 「서한시대적일구(西漢時代的日晷)」를 발표하였고, 1935년 고로가 다시 「劉半農的西漢日晷」라는 연구 논문을 발표하면서 일구에 대한 연구를 발전시켜갔다. 고균(高均)은 명대의 간의 위에 설치된 일구반(日晷盤)에 대해 연구하였다.

미국학자 F. B. Robinson은 1930년 북경고관상대에 대해 「The Astronomical Observatory in Peking」이라는 논문을 발표하였다. 고관상대의 의기를 처음으로 연구한 학자는 상복원(常福元)으로 그는 1919년 「北京觀象臺儀器殘缺記」라는 논문을 발표하였다. 그리고 『天文儀器志略』이라는 책에서 고관상대에 남아 있는 의기에 대해서 자세히 소개하였다.

중국 중앙연구원에서는 1937년 봄 천문학자와 고고학자 그리고 건축학자로 구성된 조사팀을 만들어 하남(河南) 등봉(登封) 고성진(高成鎭)에 있는 '주공측경대(周公測景臺)'를 체계적으로 조사하였다. 조사에 참여한 학자들은 동작빈(董作賓), 여청송(余青松), 왕현정(王顯廷), 고평자(高平子), 유돈정(劉敦楨), 양정보(楊廷寶), 이감징(李鑒澄) 등이다. 현지 조사 결과는 『周公測景臺調查報告』라는 논문 형식의 보고서로 정리되었다. 보고서의 앞에는 주가화(朱家驊)가 쓴 서문이 있고 본문은 다음과 같이 세 부분으로 구성되어 있다.

1. 『周公測景臺調查報告』(동작빈)
2. 『告成周公廟調記查』(유돈정)
3. 『圭表測景論』(고평자)

보고서의 마지막에는 양사영(梁思永)이 쓴 영문 요약문이 있다. 보고서에는 실측값과 평면도 그리고 사진 등이 수록되어 있다. 이 보고서는 많은 참고문헌을 이용하였기 때문에 지금까지도 가치 있는 자료로 이용된다. 동작빈이 집필한 부분은 전체의 중심 내용으로 7개 항목으로 나뉘어 있다.

1. 고성의 연혁
2. 주(周)대 토규측경고
3. 한당(漢唐) 무렵 양성 측경에 관한 기록
4. 당나라 사람의 석표[1)]
5. 원(元)나라 '관성대' 및 '양천척(量天尺)'(「설숭(說嵩)」의 기록 및 그 현황, 관성대, 양천척–석

1) [역자주] 주요한 내용은 표를 세운 시대, 석표의 모양 그리고 하짓날 '沒影(그림자의 변화)'의 원리 등을 설명하고 있다. 척도 계산을 통해 (당)개원척(開元尺)에 따라 만들어졌음을 확인할 수 있다.

규(石圭), 원대도(元大都)의 측경장표(測景長表), 원나라 사람의 장표측경이 역법상에서 갖는 가치, 동호적누의 일례)

6. 明清이래의 주공묘

7. 보존 계획(최저한도의 보존법, 숭산(嵩山) 풍경구의 확대 보존법.

소주(蘇州)의 문묘(文廟)에는 남송 시대에 돌에 새겨 만든 『천문도』가 있는데 오랜 기간 잊고 있다가, 1928년 고균(高均)에 의해 널리 알려졌다. 몇 년 뒤 일본인 학자 신성신장(新城新藏)도 이 석각 천문도를 소개하였다. 비록 간단한 소개였으나 세상에 석각 천문도를 알리는 계기가 되었다. 19세기말, 감숙성 돈황의 장경동(藏經洞)에서 많은 경전이 발견되었는데 그 가운데에는 천문역법 자료도 남아 있었다. 돈황의 경전은 영국, 프랑스, 일본 등 해외와 중국 각지로 분산되면서 중국에서 연구하기가 어려워졌다. 1930년대 북평도서관(北平圖書館)의 왕중민(王重民) 관장은 프랑스 파리 국립도서관에서 P. Pelliot(1878-1945)가 가져간 문헌 중에서 역법관련 자료를 발견하였다. 문헌은 이미 훼손되어 완전하지 않았지만 1937년에 「敦煌本曆日之硏究」라는 논문을 통해 그 내용을 소개하였다. 이후, 그의 논문은 「善本書籍經眼錄」에 「記敦煌石室所出寫本曆日」이라는 제목으로 다시 게재되었다. 1956년 정복보(丁福保), 주운청(周云青)은 다시 이 논문을 「四部總錄天文編」에 수록하였다. 이 논문에는 연호가 포함된 5개의 자료와 역일이 훼손된 6개의 자료, 그리고 나진옥(羅振玉, 1866-1940)이 『敦煌石室碎金』에 수록한 3개의 자료를 포함해 모두 14종의 자료가 포함되어 있다. 연호가 포함된 5개의 자료를 통해 오대(五代)에서 북송初까지의 역일을 확인하였다. 1941년 장용(章用, 1911-1939)의 유작 『敦煌殘曆疑年舉例』가 출판되었다. 그리고 1942년 동작빈은 「敦煌寫本唐大順元年殘曆考」라는 논문을 발표하였다. 당 대순(大順) 원년은 890년으로 앞에서 말한 오대(五代)에서 북송(北宋) 초까지보다 빠른 시기이다. 이러한 역법 관련 연구는 돈황 문헌들 중 일부의 결과이다.

20세기 초, 고고학자들은 돈황과 거연(居延) 등에서 다량의 한간(漢簡-漢代의 죽간)을 발견하였다. 한간에는 서한시대의 역보가 포함되어 있었는데 왕국유(王國維)와 사원(沙畹) 등의 학자에 의해 연구되었다. 돈황에서 발견된 4종의 서한 말기 역보는 왕국유의 『流沙墜簡考釋』에 수록된 이후 『西部總錄天文編』 에 다시 게재되었다. 이들 4종의 역보는 훼손되어 완전하지 않은 것으로 원강(元康) 3년(BC 63), 신작(神爵) 3년(BC 59), 오봉(五鳳) 원년(BC 57)과 영원(永元) 5년(BC 39)의 역보가 그들이다. 1947년 동작빈은 「漢簡永元六年曆譜考」라는 논문을 발표하였는데 이것은 한간 가운데 영원 6년(AD 94)의 역보를 연구한 것으로 동한(東漢) 중기에 해당한다. 실제로 한간 중에는 훼손된 채로 남아있는 역보도 있는데 진몽가(陳夢家)의 1965년 『漢簡年曆表敘』를 참고하면 된다. 프랑스 학자 De Saussure는 1909년부터 시리즈로 『通報』 저널에 『Les Origines de l' Astronomie Chinoise』라는 제목의 논문 9편을 발표하였다. 이들 논문에는 중국 천문학 기원을 포함해 고고천문학 내용도 간단히 소개하고 있다.

최근 몇 십 년 동안 많은 연구자들이 고고천문학을 연구하고 있는데 천문학자를 포함해 고고학자와 자연과학자도 포함되어 있다. 대표적인 고고천문학 연구자로는 정산(丁山), 곽말약(郭沫若), 진몽가(陳夢家), 진서농(陳書農), 축가정(竺可楨), 손해파(孫海波)와 일본 학자 수내청(藪內淸) 등이 있다.

2절. 역사시대 이전의 고고천문학: 최근 50년 연구사

중화인민공화국 창립(1949년 10월 1일) 이후 50년 동안 중국의 고고천문학은 빠른 발전을 이루었다. 많은 성과 뿐 아니라 연구 인력도 매우 빠르게 증가하였다. 본 책에서는 중국 역사시대 이전의 고고천문학 연구에 대해서만 소개하겠다. 역사시대 이전의 사적, 유적, 유물 가운데 천문과 관련된 자료가 있다는 것을 알게 된 것은 1960년대부터이다. 예를 들면, 묘저구유형(廟底溝類型)과 반파유형(半坡類型)의 질그릇에 남아 있는 두꺼비 문양에 대해 일부 학자들은 달과 관련된 것이라고 해석하였다. 묘저구유형의 비조태양문(飛鳥太陽紋) 도안에 대해서도 『회남자』의 기록인 "日中有踆烏-태양 가운데 삼족오가 있다."와 서로 관련이 있다고 해석하였다. 특히 대문구문화의 도존 위에 남아 있는 일출-일몰 모양의 그림에 대해 대부분의 학자들이 천문과 관련이 있다고 설명하고 있다.

하남 정주 대하촌(大河村)에서 발견된 채색질그릇(彩陶) 위에 일, 월, 성신 등의 천문 도안이 발견되자 많은 학자들이 천문학적 관점에서 이를 해석하였으며 천문학계의 관심도 높아졌다. 천문 도안이 발견되자 대하촌의 고대인들이 태양운동과 월령변화 뿐 아니라 항성에도 관심을 갖고 있었다는 것이 알려졌다. 또한 채색질그릇 복원을 통해 나타난 12개 태양문 도안에 대해 학자들은 대하촌의 고대인들이 1년 12달을 기준한 역법을 갖고 있었다고 주장하였다.

1960-70년대 암각화 조사 연구를 통해 많은 고고천문학 관련 그림들이 발견되었다. 내몽골 자치구에 위치한 음산암각화(陰山岩刻畵)에는 천신군상(天神群像)과 성점석각(星占石刻) 그리고 성점판도 발견되었다. 성점판은 태양과 달을 중심으로 많은 별이 둘러싸고 있다. 여러 별들 가운데 묘성단(昴星團, pleiades cluster)이 가장 눈에 띄는데 이로부터 고대 북방 민족이 묘성단을 숭배했음을 알 수 있다. 암각화에는 태양과 달을 숭배한 것으로 보이는 도안도 남아 있다.

그림 192-1. 내몽골 음산암각화(陰山岩刻畵) (출처: Baidu백과사전)

황하 기슭에 있는 탁자산암각화(桌子山岩刻畵)에는 태양신을 나타내는 그림이 있다. 많은 빛살은 태양신의 수염과 머리카락을 나타내고 있으며 우주의 주인과 같은 모습을 하고 있다. 근처 산의 정상에서 일출과 일몰을 보면 눈부신 붉은 빛이 고비사막을 비추는 모습을 볼 수 있다. 마치 금빛 쟁반에 붉은 태양을 올려놓은 것처럼 아름다운 모습으로 보인다. 이 암각화가 표현하고 있는 것은 천문과 자연의 아름다운 모습이다. 더 자세한 내용은 개산림(蓋山林)의 『陰山岩畵』를 참고하기 바란다.

그림 192-2. 탁자산(桌子山) 암각화에 그려진 태양신(太陽神) 도안(출처: 內蒙古新聞網-2011.04.12.)

1980년대 초반 연운항 장군애 암각화(連雲江 將軍崖 岩刻畵) 유적은 역사시대 이전 고고천문학 연구에 새로운 장을 열어주었다. 특히, B조 암각화 성상도는 이홍보(李洪甫)에 의해 소개된 이후, 천문학계의 주목을 받게 되었다.

조사 과정에서 B조 암각화는 고대의 태호족(太昊族), 소호족(少昊族)과 관련이 있다고 알려졌다. 고대 문헌 기록에 따르면 소호족은 '조왕국(鳥王國)'으로도 불렸고 '조력(鳥曆)'(『좌전』「소공 17년」)을 사용하였다고 한다. 따라서 학계에서는 이 암각화를 '조력천상도(鳥曆天象圖)'라 부르고 천문학적 관점에서 암각화를 연구하였다.

1980년대 중국 고고학계에 가장 활발한 토론 주제는 중국 문명의 기원에 관한 것이었다. 홍산문화의 동산취(東山嘴)에서 발견된 석축 제단은 유진상(劉晉祥)에 의해 처음으로 고대 '천원지방(天圓地方)'의 우주 관념이 포함된 것으로 해석되었다. 홍산문화 우하량(牛河梁)에서 발견된 여신묘와 적석총의 형태는 많은 별들이 북극성을 에워싸고 있는 모습인 천도(天道)의 개념으로 이해되었다. 이들 유적과 관련해서 소병기(蘇秉琦)는 높은 유적지의 지리적 특성은 제사를 지내기 편리한 적당한 곳으로 이해했으며, 실제로 옛사람들이 '교(郊)', '료(燎)', '체(禘)' 등의 제례를 지내왔다고 주장하였다.[2] '교(郊)'는 하늘과 태양에 제사지내는 것으로 일월성신에 대한 숭배를 의미한다. 따라서 천상관측은 필수적인 것이었다. 문명의 기원을 토론하는 과정에서 일부 학자는 『주역. 건(周易. 乾)』을 인용하여 다음과 같이 설명했다. "見龍在田, 天下文明[3] 여기서 '용(龍)'은 천상의 동방창룡을 가리키는 것으로 문명의 기원과 고대천문학이 밀접한 관계가 있음을 보여준다. 이후, 몇 년 동안 중요한 몇몇 고고 자료들이 발표되었다. 예를 들면, 양저(良渚)문화의 제단, 진안(秦安) 대지만(大地灣)의 원시궁전 등이 있는데 이들은 모두 학계의 주목을 끌었다. 1980년대 후반, '화하제일룡(華夏第一龍 –복양 서수파 조개용)'이 출토되었을 때 학자들은 그것을 성도(星圖)로 이해했다. 역사시대 이전의 천문학은 '華夏第一龍'의 발견에 힘입어 많은 발전이 시작되었다. 1990년대에 이르러 많은 학자들이 '환경고고학'에 관심을 갖게 되었는데 실제로 천상과 기상의 변화는 자연환경에 많은 영향을 준다.

역사시대 이전의 고고천문학 자료는 매우 드물고 귀하다. 고고천문학 자료 중에는 '예술성'과 결합된 것이 있어 천문 자료로 쉽게 인식하기 어려운 것도 많다. 따라서 남아 있는 많은 자료를 더 자세히 살펴볼 필요가 있다. 이 책에서 소개하려는 것들은 역사시대 이전 고고천문학에서 이미 확인된 성과들로 아래의 8가지 내용으로 정리 할 수 있다.

---

2) 「筆談東山嘴遺址」, 『文物』 1984年 第11期.

3) [참고자료] 孔颖达 说; "天下文明者, 阳气在田, 始生万物, 故天下有文章而光明也。천하에 문명이란 것은 양기가 밭에 있어 만물이 자라나기 시작하니 천하에 문장도 있고 광명도 있다.[출처: Baidu 백과사전 「文明」]"

1. 역사시대 이전의 고대인들은 오래 전부터 일월성신을 관찰해 왔다. 북경 산꼭대기 동굴에 살았던 산정동인(山頂洞人)은 시체 주위에 붉은색 철광 가루를 둥글게 뿌렸는데 이것은 죽은 영혼을 하늘나라로 이끌기 위한 목적이었다고 생각된다. 철광 가루의 붉은 색은 화염과 빛 그리고 태양을 상징한다. 그리고 길현(吉縣) 시자탄(柿子灘) 암각화(岩刻畵)에 새겨진 와점문(窩點紋)은 성신(星辰)을 나타낸다.
2. 고대인들은 일월성신을 예술적으로 표현하였는데, 예를 들면 조보구(趙寶溝)문화의 어미녹용생일도(魚尾鹿龍生日圖), 어미녹용월상도(魚尾鹿龍月相圖), 어미녹용성신도(魚尾鹿龍星辰圖) 등이 그러한 것들이다. 한편, 야저수우각룡(野猪首牛角龍)은 별자리인 동궁창룡(東宮蒼龍)을 표현한 것이다.
3. 하늘을 네 개의 영역으로 나눈 것을 사궁(四宮) 또는 사상(四象)이라고 하는데 지금부터 6000년 전인 복양 서수파 앙소(仰韶) 시대에 이미 최초의 형태가 나타난다. 즉 동궁룡(東宮龍), 남궁조(南宮鳥), 서궁호(西宮虎), 북궁록(北宮鹿)이 그것이다. 이것은 사방사시(四方四時)를 표현한 예술적 성격의 성도(星圖)로 방위 천문학이 이미 싹트고 있음을 의미한다. 또한 '방(蚌)'은 '신(辰)'으로 여겼는데 이것은 당시에 이미 일월성신, 시각, 시진의 개념도 생겨났음을 의미한다.
4. 복양 서수파 45호 묘실 평면에는 고대인들의 우주관이 표현되어 있다. '하늘은 둥글고 땅은 네모지다'라는 '천원지방(天圓地方)'의 우주론은 후세에 '개천설' 우주구조론(宇宙構造論)으로 발전하였다. 우하량(牛河梁)과 홍산문화(紅山文化)의 삼환석단(三環石壇)은 원시적인 '개도(蓋圖)'의 표현으로 후세에 『주비(周髀)』에서 언급한 '개천'의 기원이 되었음을 짐작할 수 있다.
5. 『주비』에서는 "비자고야(髀者股也)"라고 적고 있는데 여기서 '고(股)'는 막대기를 세워 해 그림자를 측정하는 '표(表)'에 해당한다. 복양 서수파 무덤에서 발견된 북두 모양은 사람의 경골로 두병(斗柄)을 만들어 표현하였는데 아마도 중국 최초의 '비(髀)'로 생각된다. 이것은 지금부터 6000년 전의 사람들이 이미 막대기를 세워 해 그림자를 측정하는 것(규표의 원리)을 알았다는 것을 의미한다.

   반파, 대문구문화, 양저문화 등의 고대인들도 토템 기둥을 이용해 해 그림자를 측정하였는데 이렇게 해의 그림자를 관측하는 일은 '규표'의 기원이다.
6. 천문 관측의 기본은 방향을 결정하는 '변방정위(辨方正位)'에서 시작된다. 연운항 장군애

암각화의 정상부에 새겨 있는 십자 선은 정남북으로 그어져 있어 성상도가 실측을 통해 새겨진 것임을 보여준다. 많은 팔각성문(八角星文) 도안의 출현은 사방사우(四方四隅) 개념이 이미 명확해졌고 방위천문학이 시작되었음을 의미한다.

7. 역사시대 이전의 사람들도 별자리에 대한 개념이 있었으며 도형을 이용해 비교적 자세히 표현하였다. 예를 들면 북두, 각수(角宿-龍角), 방수(房宿), 대화(心宿 둘째 별), 자수(觜宿-虎角) 등이 있다. 만약 조개 무덤의 용이 동궁(東宮)을 나타낸 것이라면 분명 미수(尾宿)를 포함하고 있어야 하며, 조개 무덤의 호랑이가 서궁(西宮)을 나타낸다면 분명 삼수(參宿)를 포함해야한다. 또한 조개 무덤의 사슴이 북궁(北宮)을 나타낸 것이라면 위수(危宿)를 포함해야하며[4] 남궁주작 또한 마찬가지이다. 반파문화 중에 인면어문(人面魚文)과 그물 문양이 결합은 '월리어필(月離於畢-달은 필수로부터 떨어져 있다)'의 뜻을 나타내기 때문에 반드시 필수(畢宿)가 포함되어야 한다. 또한, 암각화에는 묘성단(昴星團, pleiades cluster)의 모양이 많이 보이는데 이로부터 당시 사람들이 묘성단을 관심 있게 관찰했음을 짐작할 수 있다

8. 복양 서수파 유적에는 조개무덤 동지도와 하지도가 있는데 이것은 당시 사람들이 회귀년의 개념을 이미 파악하고 있었음을 보여준다. 회귀년의 기점은 동지로, 춘분, 하지, 추분을 거쳐 다시 동지로 돌아오는데 이것이 바로 1 회귀년이다. 반파(半坡)문화 인면어문월상도(人面魚紋月相圖)는 월상의 주기적 변화를 '초승달(朏)-상현(上弦)-보름달(望)-하현(下弦)-그믐(晦)-초승달(朏)'로 표현하고 있는데 삭(朔)은 빠져 있다. 대하촌 채색질그릇에는 12개 태양이 일주하는 그림이 있는데 12개월을 표현한 것으로 보인다. 이러한 사실은 역사시대 이전에 이미 역법이 있었음을 의미한다. 만약 회귀년에 월령의 주기 변화에 따라 달을 정하고 윤달을 둔다면 바로 음양력이 된다. 그러나 당시에 이와 같이 사용했는지의 여부는 아직 알려지지 않았다.

앞의 여덟 가지는 중요한 것들을 설명한 것으로 전체의 고고천문 자료를 수록하고 있지는 않다. 역사시대 이전의 고고천문학 자료들은 주로 고고학 발굴 작업을 통해서 얻어진다. 그리고 이러한 기초 위에 고고학자와 천문학자 또는 과학사학자 등이 함께 연구를 하며 천문학적 의미를 찾는다. 아래에서는 고고천문의 대표 연구 결과에 대해 설명하기로 하겠다.

---

4) 위수(危宿)는 이후 증후을묘(曾侯乙墓) 칠기상자 위의 성도에 나타나는데, 서수파 무덤 이후 삼천 수백 년의 시간의 간격이 있다.

모영항(牟永抗)은 하모도문화와 양저문화에 대해 뛰어난 연구 업적을 남겼다. 하모도 유적지에서 출토된 '나비모양 그릇'과 상아에 조각된 '나비모양 도안'은 그에 의해 처음으로 '쌍봉조양(雙鳳朝陽)'으로 명명되었다. 쌍봉조양은 하나의 태양에 두 마리의 새머리가 밖으로 나와 있는 모습이다. 이후, 그는 많은 하모도문화와 양저문화 유적에 남겨진 도형을 천상과 관련해서 해석하였다.

소망평(邵望平)과 고광인(高廣仁)은 산동(山東)과 그 주변지역의 역사시대 이전의 문화에 대해 잘 알고 있었고 특히, 대문구문화에 대해 많은 연구를 하였다. 대문구문화 가운데 태양이 떠오르는 것을 상징한 원시 그림이 있는데 소망평은 가장 먼저 '인빈출일(寅賓出日)–寅 방향에서 해가 떠오르는 것을 기다리다'의 관점에서 해석하였다. 이러한 고대 문자에 대해 고광인은 "관상수시"의 필요에 의해서 그려진 것이라고 보았다. 소광평(邵廣平)과 로앙(盧央)은 역사시대 이전의 방위천문학에 대하여 연구하였다.

이세동(伊世同)은 연운항 장군애 암각화를 연구하여 암각화의 천문학적 의의를 설명하였다. 앞에서 언급한 자오선 문양도 이세동이 처음으로 주목했다. 그는 복양 서수파의 조개무덤 성도로 미루어 고대인들이 성상을 관측한 역사는 매우 오래되었음을 주장하였다. 고대의 가장 원시적인 관측 방법은 '以身爲度–사람으로서 척도를 삼다'인데, 이세동은 이로부터 막대를 세워 해 그림자를 측정하는 것으로 발전해 나갔다고 설명하였으며 아울러, 역사시대 이전부터 이미 규표로 해 그림자를 측정하는 방법이 있었다고 추정하였다.

풍시(馮時)는 선사시대 이전의 고고천문학 분야에 많은 연구를 하였다. 『星漢流年』이라는 저서에서 그는 가장 먼저 '화하제일룡(華夏第一龍)'에 대해 언급하였다. 복양 서수파 45호 묘에서 발견된 조개 무덤 용과 호랑이는 성도(星圖)로 해석하였으며 지금부터 6000년 전 춘분시기의 천상을 나타낸 것으로 보았다. 또한 조개 무덤에 있는 북두 도안을 찾아 중국 천문학의 기원에서 북두칠성이 매우 중요하다고 주장하였으며 북두칠성의 관측 역사도 만년이 넘었음을 주장하였다. 그는 역사시대 이전의 개천설 우주론에 대해서도 언급하였다. 풍시(馮時)는 '비(髀)'와 '고(股)'가 막대기를 세워 해 그림자를 측정했던 '표(表)'와 같다고 보았으며 이러한 문화는 복양 서수파 조개 무덤 시대까지 거슬러 올라간다고 보았다. 우하량과 홍산문화의 삼환석단도 역사시대 이전의 '주비'로 이해되고 있다.

육사현(陸思賢)은 논문을 통해 역사시대 이전의 고고자료를 천문학적 관점에서 해석하였다. 그는 팔각성문 모양은 '사방사우(四方四隅)'를 의미한다고 보았으며 토템기둥 역시 규표의 기원으로 보았다. 석택종(席澤宗)과 두승운(杜升云) 등의 학자들도 역사시대 이전의 고고천문 연구 논문을 발표하였다.

3절. 역사시기의 고고천문학: 최근 50년 연구사

지난 50년 동안, 역사시대의 고고학이 발전함에 따라 고고천문학도 많은 성과를 이루었다. 이러한 성과를 세 부분으로 나누어 살펴보겠다. 첫째는 갑골문, 금문, 간독, 백서와 돈황 자료에 포함되어 있는 천문역법에 관한 내용이다. 갑골문의 천문 역법에 대한 논문은 약 20편 정도 발표되었는데 장배유(張培瑜), 서진도(徐振韜), 풍시(馮時) 등이 대표적인 연구자들이다. 장배유가 발표한 논문 6편에는 은력(殷曆)의 문제에 대해 설명하고 있다. 그 중에서 「殷商西周時期中原五城可見的日蝕」은 천체물리학적 계산을 통해 확인해 보면 기원전 1499년부터 기원전 773년까지 북경, 안양(安阳), 낙양, 강릉(江陵)과 서안에서 볼 수 있었던 일식 328회에 대한 내용이다. 비록 갑골문을 사용하지는 않았으나 이 연구는 역법에 있어서 매우 중요한 참고 자료이다. 그는 이전에도 「甲骨文日蝕記錄的整理研究」의 논문에서 갑골문의 일식 기록에 관하여 종합적인 연구를 하였으며 이를 기초로 상대(商代) 갑골문에 기록된 일식을 확인할 수 있었다. 서진도(徐振韜)와 장요조(蔣窈窕)는 갑골문 천문 기록에 대하여 3편의 논문을 발표하였는데 그 중 한 편은 『Archaeoastronomy』에 게재되었다. 이 논문은 연구의 전반적인 내용을 담고 있으며 다른 한 편은 갑골문 중의 혜성 관련 내용만을 담고 있다. 나머지 한편은 한국에서 발표하였다. 풍시(馮時)는 주로 갑골문 가운데 역법에 대해 연구하였고 복사을사일식(卜辭乙巳日蝕)에 대해서도 연구하였다. 이것은 은(殷)대 복사 가운데 확인된 유일한 일식 실현 기록이다. 은왕조 갑(甲) 시기의 을사(乙巳) 일식은 시기적으로 기원전 1161년 10월 31일으로 은도(殷都) 또는 은도의 동쪽에서 보였던 부분 일식이다.

갑골문을 종합적으로 정리·연구한 학자로는 엄일평(嚴一平)과 온소봉(溫少峰) 등이 있다. 엄일평은 「中國文字」 제 2호(1987)에 「殷商天文志」 한 편을 발표하여 갑골문에 있는 천문과 관련된 거의 모든 내용을 소개하면서 은대(殷代)에 이미 사천(司天)이라는 관원이 있었음을 처음으로 밝혔다. 온소봉과 원정동(袁庭棟)이 저술한 『殷墟卜辭研究-科學技術篇』의 2장은 천문 역법에 대해 설명하고 있다.

이 책의 1장은 주로 천문 관측에 대해 설명하고 있는데, '입중(立中)'은 막대를 세워 해 그림자를 측정하는 것으로 되어있다. 입중에 대해서는 소량경(蕭良瓊)도 같은 의견을 발표하였다. 제2장 역법에서는 주로 하루 동안의 시진(時辰)과 기시법(記時法), 그리고 역법에 관한 내용을 골고루 설명하고 있다. 이학근(李學勤)과 장입해(張入楷), 왕휘(王暉), 진방회(陳邦懷), 육사현(陸思賢), 상옥지(常玉芝), 총박(寵朴) 등의 학자들도 모두 갑골문의 천문역법에 대해 연구하였다. 이학근은 갑골문에 기록된 별에 대해 연구하였으며 팽유상(彭裕商)과 함께 갑골의 시기 구분에 대해서도 연구하였다. 특히, 다섯 번의 월식 기록 연구 결과는 실제 천문 현상과 잘 일치한다. 1999년 8월 20-23일에 '갑골문 발견 100주년 기념 국제학술 심포지움'이 중국에서 개최되었는데 국내외 학자 200여명이 참석하였다. 학회 즈음에 중국학자 상옥지(常玉芝)는 새로운 저서 『殷商曆法研究』를 발간하여 학자들에게 나누어 주었으며 참석한 학자들은 천문역법 관련해 7편의 논문을 발표하였다. 이 심포지엄은 성공적으로 이루어졌으며 갑골문의 천문역법 연구에 중요한 원동력이 되었다.

금문에 기록된 천문역법에 대해서도 많은 논문이 발표되었다. 중국학자 황성장(黃盛璋), 마승원(馬承源), 유계익(劉啓益), 하지민(夏之民)과 일본학자 천원달랑(淺原達郞)과 미국학자 D. S. Nivision 등이 대표적인 연구자들이다. 황성장은 그의 논문 「從銅器銘刻試論西周曆法若干問題」에서 오랜 시간동안 논쟁이 있었던 '초길(初吉, first auspiciousness)'과 '기망(既望, after the full moon)', '기생패(既生霸, after the growing brightness)', '기사패(既死霸, after the dying brightness)'에 대해 의견을 피력하였으며 서주(西周) 시대에 '사분설(四分說)' 존재 여부에 대해서도 설명하였다. 그의 주장에 따르면 한 달을 두 개로 나누어 앞의 15일을 기생패 뒤의 15일을 기사패라고 한다. 그리고 기망은 대략 16-17일로 달의 모양에 따른 것이지 확정된 날짜를 의미하는 것은 아니라고 밝혔다. 비슷한 의미로 초길은 음력 초하루에서 열흘까지 정도를 의미한다. 역법에서 윤달을 연말에 두면 13월이 된다. 역법 계산에서 소수점에 의해 발생하는 달의 대소 문제로 연대월(連大月)을 해결할 수는 없다고 주장하였다. 마승원(馬承源) 등의 학자들도 이러한 문제에 대해 연구하였는데 이들의 연구는 매우 전문적이었기 때문에 초기 연구자들인 신성신장(新城新藏)과 동작빈(董作賓) 등의 의견과 일부 다른 점이 있었다.

간독(簡牘) 자료가 대량으로 새롭게 발견되었기 때문에 천문역법에 대한 연구는 나날이 활발해졌다. 간독의 문헌 기록은 대략 춘추(春秋) 시기부터 시작하여 서진(西晉) 초까지 약 1000년 정도 이어졌다. 현재 출토된 간독은 대부분이 죽간으로 한(漢)대에 집중되어 있다. 그러나 근래 장사(長沙) 주마루(走馬樓)에서 출토된 10만 여개의 죽간은 삼국 오(吳)나라 지역에서 사용했던 것으로 알려졌다. 천문역법과 관련된 진한간(秦漢簡)은 주로 역보 위주로 되어 있는데 장배유(張培瑜), 진미동(陳美東), 진구금(陳久金), 진몽가(陳夢家), 오구룡(吳九龍) 등이 대표적인 연구자들이다(자세한 내용은 15장 참고). 전국시대 초(楚)나라 역법에 관한 연구는 주로 왕승리(王勝利), 증헌통(曾憲通), 하유기(何幼琦), 무가벽(武家壁), 유빈휘(劉彬徽), 유신방(劉信芳)과 일본학자 평세륭랑(平勢隆郎) 등에 의해 이루어졌다. 이들의 연구는 주로 죽간을 중심으로 이루어졌으며 일부 다른 사료를 사용하기도 하였다. 우호량(于豪亮), 이학근(李學勤), 유락현(劉樂賢), 상민걸(尙民杰) 등은 운몽수호지진간(云夢 睡虎地 秦簡 –湖北省 운몽縣 수호지에서 출토된 秦나라 간독)중의「日書(일서)」에 대해 연구하였다. 간독에 대해서는 다른 방법을 이용한 연구도 있었는데 주로 나견금(羅見今)의 독자적 연구나 관수의(關守義)와 공동 연구로 진행되었다. 연구 방법은 수학적 계산을 통해 한간(漢簡)에 있는 월삭을 이용해 죽간의 연대를 확정하는 것이다. 이미 여러 편의 논문이 발표되었고 여전히 관련 연구가 진행 중에 있다.

간독과 함께 천문 역법에 대한 자료로 언급되는 것 중에는 백서(帛書)가 있다. 백서는 그 수가 매우 적게 남아 있는데 지금까지 알려진 것으로는 두 종류가 있다. 하나는 초(楚) 나라 백서이며 다른 하나는 마왕퇴(馬王堆) 서한(西漢) 백서이다. 이학근(李學勤), 진구금(陳久金), 조금염(曹錦炎), 이세동(伊世同) 등이 초백서를 연구한 대표적인 학자들이며 이들은 주로 초백서에 기록된 '월령(月令)'과 '평성(平星)'에 대해 연구하였다. 서한 마왕퇴 무덤에서 출토된 백서에는 중요한 천문역법 자료들이 포함되어있는데 그 중 가장 중요한 것으로는 혜성도와『오성점』이 있다. 혜성도는『天文氣象雜占』의 내용에 포함되어 있으며 석택종(席澤宗)과 고철부(顧鐵符)가 본격적인 연구를 하였다. 여기에는 모두 29종의 다양한 혜성 그림이 수록되어 있는데 세계에서 가장 오래된 혜

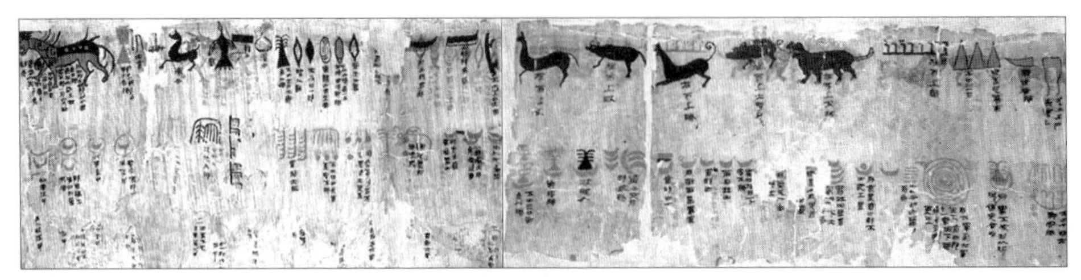

그림 192-3. 초백서 천문기상잡점(天文氣象雜占) (출처: 新華網江蘇频道)

성 그림들이다(그림 192-3). 『오성점』은 연구자의 해석이 제시되어 있는데 모두 9장으로 구성되어 있으며 오행성(木, 金, 火, 土, 水)의 움직임에 대한 기록이 적혀 있다(그림 192-4). 오성점에 대해서는 석택종이 많은 연구를 하였다.

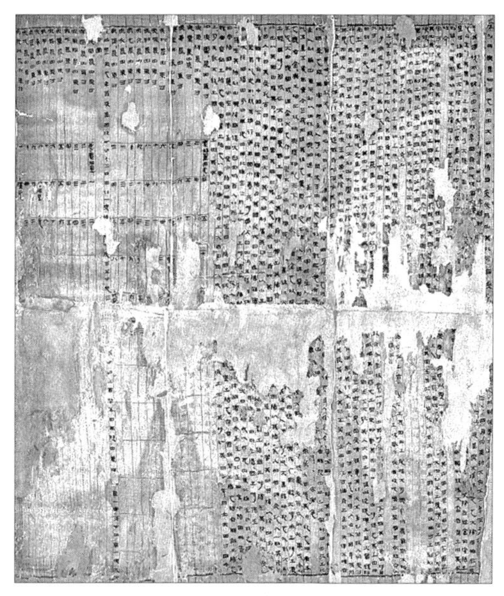

그림 192-4. 초백서 오성점(五星占) (출처: 湖南省博物館)

돈황과 투루판 등에서 발견된 종이 두루마리에는 많은 천문-역법 자료가 포함되어 있다. 천문-역법 자료 중에서 가장 중요한 두 가지는 역일(曆日)과 성도이다. 역일에 대하여서는 일본학자 수내청(藪內淸)과 등지황(籐枝槐)이 각각 일본 『東方學報』에 논문을 게재하였다. 중국학자로는 반내(潘鼐), 엄돈걸(嚴敦杰), 유조남(劉操南), 석택종(席澤宗), 황일농(黃一農), 유홍량(柳洪亮), 등문관(鄧文寬) 등이 관련 논문을 발표하였는데 그 중에서 등문관이 가장 활발하게 연구하였다. 그는 10편 가량의 관련 논문을 발표하였다. 성도에 대해서는 석택종(席澤宗), 마세장(馬世長), 하내(夏鼐) 등의 중국학자들의 연구가 있었다. 석택종은 그의 논문에서 처음으로 돈황 성도(星圖) 사진을 공개하였다. 등문관은 돈황의 천문-역법자료를 전체적으로 정리하여 『敦煌天文曆法文獻輯校』라는 책을 출간하였다. 중국학자 장배유(張培瑜), 로앙(盧央) 등은 흑성(黑城)에서 새롭게 발견된 원대(元代)의 역법에 대해 연구하였다.

두 번째는 고분 등에서 출토된 천문 자료와 무덤에 그려진 성도(星圖) 등의 고고천문 내용을 들 수 있다. 이들 중 가장 유명한 것은 28수 별자리 이름이 기록된 호북(湖北) 증후을묘(曾侯乙墓)에서 출토된 전국(戰國) 시기의 칠기상자이다. 이에 대해서는 왕건민(王健民), 양주(梁柱), 왕승리(王勝利), 장문옥(張聞玉), 왕휘(王暉), 황건중(黃建中) 등이 많은 연구를 하였다. 상자의 일부 별자리 이름은 후대에 사용된 것들과 다르게 표현되어 있다. 별자리 이름이 적힌 중앙에는 전서로 '두(斗)'자가 크게 적혀 있으며 그 측면에는 청룡과 백호가 그려져 있다. 안휘성(安徽省) 부양(阜陽) 여음후묘(汝陰侯墓)에서 출토된 서한(西漢) 시대의 둥근판에도 천문 관련 내용이 있다. 왕건민

(王健民)과 유금이(劉金沂)는 이 유물의 28수의 거도(距度)에 대해 연구하였으며, 엄돈걸(嚴敦杰)과 은척비(殷滌非)는 천문학적 의미에 대해 연구하였다. 천문유물의 형태는 위쪽은 둥글고 아래쪽은 사각으로 되어 있는데 이적(李迪)은 이를 중국의 개천(蓋天) 우주모형을 표현한 것이라고 주장하였다.

그림 192-5. 낙양(洛陽) 금촌(金村)에서 발견된 구의(晷儀) (출처: 潘鼐「中國古天文圖錄」)

그림 192-6. 내몽골 탁극탁(托克托)에서 발견된 구의(晷儀) (출처: 内蒙古晨报-2007.12.14.)

서한 묘에서 출토된 유물 가운데에는 누호 3개와 사각형 석구(石晷) 2개가 있다(그림 192-5, 6). 진미동(陳美東) 등의 학자들은 누호에 대해 깊이 있는 연구를 하였다. 석구에 대해 많은 학자들이 일구(日晷)라고 부르고 있지만 이감징(李鑒澄)은 일구가 아니라 방향을 측정할 때 사용하는 의기이므로 '구의(晷儀)'로 불러야 한다고 주장하였다. 구의라는 용어는 이미 한(漢) 나라 때 사용된 적이 있다. 강소성(江蘇省) 의정(儀征)에서 동한(東漢) 시대 동규표가 하나 출토되었는데 차일웅(車一雄) 등은 이를 현존하는 가장 오래된 규표 유물이라고 보았다.

고분에서 출토된 천문도 중에서 가장 빠른 시기의 것은 서안(西安) 교통대학에서 발굴한 서한(西漢)시대 무덤에서 출토된 28수(宿) 성도가 있다. 이 성도는 여러 색깔을 이용해 묘실 천장에 그려져 있다. 성도의 중앙 양쪽에는 해와 달을 상징하는 그림이 있으며 원의 바깥쪽에는 다양한 그림과 함께 28수 별자리를 그린 것으로 보이는 원이 그려져 있다. 락계곤(雒啓坤) 등은 이 천문도를 깊게 연구하였다. 하남성(河南省) 낙양(洛陽)과 섬서성(陝西省) 천양(千陽)의 무덤에서도 성도가 발견되었다. 낙양의 무덤은 남북조시기의 것으로 알려졌으며 천양의 것은 서한 말부터 왕망(王莽) 시기의 것으로 알려져 있다. 신장(新疆) 아스다날(阿斯塔那)-합랍화탁(哈拉和卓) 지역에서 발견된 당(唐) 시대의 무덤에서도 성도가 발견되었다. 이후, 후대의 무덤에서도 여러 성도가 발견되었는데 당대(唐末) 말기 오대(五代) 오월(吳越) 무덤에서 모두 5개의 성도가 발견되었다. 이에 대해서는 이세동(伊世同)과 남춘수(藍春秀) 등의 학자들이 많은 연구를 하였다. 또한 요(遼)대의 무덤인 장문조(張文藻)와 장세경(張世卿)의 무덤에서도 각각 채색 성도가 발견되었다. 이들 성도에 대해서는 하내(夏鼐)의 연구가 있다. 이러한 무덤 성도와 돈황의 종이 두루마리에 그려진 성도의 공통된 특징은 이들이 모두 비교적 간단하게 그려졌다는 것이다.

요대(遼代) 성도와 돈황의 벽화 성도에는 모두 황도 12궁이 그려져 있는데 이들은 일정 부분 중국화(中國化) 되었다. 성도의 대부분은 기본적으로 모두 28수(宿)를 그리고 있다.

세 번째는 지상에서 발견된 천문 유물에 관한 것이다. 크게는 고대의 천문대 유적과 오래전부터 전해오는 천문 유물로 나눌 수 있다. 고대의 천문대 유적과 관련해 유차원(劉次元)은 주대(周代)의 영대(靈臺) 유적을 조사하였으며 중국사회과학원 고고연구소에서는 낙양(洛陽) 한위(漢魏)의 영대 유적지에 대해 발굴 조사를 하였다. 육사현(陸思賢)과 이적(李迪)은 내몽고에 있는 원대(元代)의 상도(上都) 천문대를 연구하였다. 장가태(張家泰)는 고성진(告成鎭)에 있는 원대(元代) '관성대(觀星臺)'를 새롭게 측정과 조사를 하였으며 이세동(伊世東) 등과 박수인(薄樹人)은 명청(明淸) 시기에 사용된 북경의 고관상대에 대해 연구 논문을 발표하였다.[5] 박수인(薄樹人)과 란행려(欒杏麗)는 강서(江西) 원주(袁州) 초루(譙樓)에 관한 연구를 하였는데 이 또한 고대의 천문대 유적에 해당한다.

예부터 전해오는 천문 유물은 천문도와 천문의기로 나눌 수 있다. 천문도에 대해서는 석택종(席澤宗), 반내(潘鼐)와 두승운(杜升雲) 등이 각각 소주 석각천문도에 대해 연구하였다. 자금산천문대(紫金山天文臺)에서 발간한 자료에는 강소(江蘇) 상숙석각천문도(常熟石刻天文圖)에 대한 연구가 정리되어 있으며 이세동(伊世東)은 북경 융복사(隆福寺)에 있는 조정천문도(藻井天文圖)에 대해 연구하였다. 복건(福建) 포전(莆田) 함강(涵江) 천후궁(天后宮)에서 발견된 종이에 그려진 천문도는 명대의 유물로 알려져 있다. 이적(李迪), 개산림(盖山林), 육사현(陸思賢)은 내몽골 후허하오터시(呼和浩特市)에 있는 몽문(蒙文) 천문도에 대해 연구하였다.

각종 의기에 대해서는 지난 50년 동안 많은 조사와 연구가 있었다. 섬서(陝西)와 서안시(西安市)의 일구(日晷) 등에 대해서는 백상서(白尚恕), 진구금(陳久金)과 유차원(劉次元) 등의 연구가 있었

5) 薄樹人, 1962,「北京古觀象臺介紹」,『文物』第3期.

고, 반내(潘鼐)와 서진도(徐振韜)는 명대(明代)의 천문의기에 대해 연구하였다. 이세동(伊世東) 등은 간의에 대해 연구하였으며 이적(李迪)과 백상서(白尙恕)는 북경 고궁박물관에 소장되어있는 수이팔괘전명각누호(獸耳八卦篆銘刻漏壺)에 대해 연구하였다(그림 192-7). 이들은 또한 추백기(鄒伯奇)가 만든 의기 및 기형무진의(璣衡撫儀) 등에 대해서도 연구하였다. 기형무진의에 대해서는 동연(童燕), 이세동, 이동승(李東升) 등이 연구하였으며, 원대(元代) 유물로 전해지는 누호와 청대(淸代) 면동서일구(面東西日晷)에 대해서도 연구가 진행되었다.

이상으로 간단하게 중국고고천문학 백 년 동안의 연구와 발전에 대해 살펴보았다. 책에서 소개한 자료 중에는 저자들의 제한된 지식과 정보로 인해 누락된 것들도 많으리라 생각한다.

▼색인

ㄴ

ㄷ

ㅅ

ㅈ

ㅊ